工程机械手册

HANDBOOK OF CONSTRUCTION MACHINERY

BRIDGE CONSTRUCTION MACHINERY

桥梁施工机械

主编　刘自明

副主编　毛伟琦　周治民　胡国庆

清华大学出版社
北京

内 容 简 介

本书由中铁大桥局集团有限公司组织编写，内容涵盖了桥梁工程的基本施工方法和主要施工机械设备。

全书共分为六篇：桥梁概论、桥梁基础施工机械、架梁设备、钢筋加工机械、混凝土机械、水上施工设备。本书通过大量桥梁工程案例全面系统介绍了各类桥梁施工机械的发展概况、基本构成、工作原理、技术性能参数、安全使用规程等，可作为桥梁工程设备人员的日常工具书，也可作为桥梁工程建设相关技术人员和管理人员的使用参考书。

版权所有，侵权必究。举报：010-62782989，beiqinquan@tup.tsinghua.edu.cn。

图书在版编目（CIP）数据

工程机械手册. 桥梁施工机械/刘自明主编. —北京：清华大学出版社，2024.5
ISBN 978-7-302-66047-7

Ⅰ. ①工… Ⅱ. ①刘… Ⅲ. ①工程机械－技术手册 ②桥梁施工－施工机械－技术手册 Ⅳ. ①TH2-62 ②U455.3-62

中国国家版本馆 CIP 数据核字(2024)第 070809 号

责任编辑：王　欣
封面设计：傅瑞学
责任校对：赵丽敏
责任印制：丛怀宇

出版发行：清华大学出版社
网　　址：https://www.tup.com.cn，https://www.wqxuetang.com
地　　址：北京清华大学学研大厦 A 座　　邮　编：100084
社 总 机：010-83470000　　邮　购：010-62786544
投稿与读者服务：010-62776969，c-service@tup.tsinghua.edu.cn
质量反馈：010-62772015，zhiliang@tup.tsinghua.edu.cn
印 装 者：三河市东方印刷有限公司
经　　销：全国新华书店
开　　本：185mm×260mm　　印　张：40.5　　字　数：1060 千字
版　　次：2024 年 5 月第 1 版　　印　次：2024 年 5 月第 1 次印刷
定　　价：298.00 元

产品编号：086615-01

《工程机械手册》编写委员会名单

主　编　石来德　周贤彪
副主编　（按姓氏笔画排序）
　　　　丁玉兰　马培忠　卞永明　刘子金　刘自明
　　　　杨安国　张兆国　张声军　易新乾　黄兴华
　　　　葛世荣　覃为刚
编　委　（按姓氏笔画排序）
　　　　卜王辉　王　锐　王　衡　王永鼎　王国利
　　　　毛伟琦　孔凡华　史佩京　付　玲　成　彬
　　　　毕　胜　刘广军　李　刚　李　青　张　珂
　　　　张丕界　周　崎　周治民　孟令鹏　赵红学
　　　　郝尚清　胡国庆　秦倩云　徐志强　徐克生
　　　　郭文武　黄海波　曹映辉　盛金良　程海鹰
　　　　傅炳煌　舒文华　谢正元　鲍久圣　薛　白
　　　　魏世丞

《工程机械手册——桥梁施工机械》编写委员会名单

主　编　刘自明

副主编　毛伟琦　周治民　胡国庆

编　委（按姓氏笔画排序）

王天斌	王效知	王寅峰	甘一鸣	叶宝梁
叶耀升	白金强	印炳浩	吕效刚	刘士伟
刘纯刚	刘春涛	刘秋芳	刘朝晖	许连杰
纪梦飞	李　伟	李梦程	杨　乐	杨元鹏
肖美龙	何加江	佟　丹	张　强	张大伟
张文斌	张国荣	张瑞霞	陈春华	林明伟
罗　军	周　君	周玉明	宗洋洋	赵永存
赵高云	胡小军	段善元	贺尚宏	袁太明
夏建成	郭　磊	郭建恒	唐　勇	唐善琳
黄　辉	曹佩銮	曾献柏	雷大可	蔡少华

总序

PREFACE

根据国家标准,我国的工程机械分为20个大类。工程机械在我国基础设施建设及城乡工业与民用建筑工程中发挥了很大作用,而且出口至全球200多个国家和地区。作为中国工程机械行业中的学术组织,中国工程机械学会组织相关高校、研究单位和工程机械企业的专家、学者和技术人员,共同编写了《工程机械手册》。首期10卷分别为《挖掘机械》《铲土运输机械》《工程起重机械》《混凝土机械与砂浆机械》《桩工机械》《路面与压实机械》《隧道机械》《环卫与环保机械》《港口机械》《基础件》。除港口机械外,已涵盖了标准中的12个大类,其中"气动工具""掘进机械"和"凿岩机械"合在《隧道机械》内,"压实机械"和"路面施工与养护机械"合在《路面与压实机械》内。在清华大学出版社出版后,获得用户广泛欢迎,斯普林格出版社购买了英文版权。

为了完整体现工程机械的全貌,经与出版社协商,决定继续根据工程机械型谱出齐其他机械对应的各卷,包括:《工业车辆》《混凝土制品机械》《钢筋及预应力机械》《电梯、自动扶梯和自动人行道》。在市政工程中,尚有不少小型机具,故此将"高空作业机械"和"装修机械"与之合并,同时考虑到我国各大中城市游乐设施亦很普遍,故也将其归并其中,出一卷《市政机械与游乐设施》。我国幅员辽阔,江河众多,改革开放后,在各大江大河及山间峡谷之上建设了很多大桥;与此同时,在建设了很多高速公路之外,还建设了很多高速铁路。不论是大桥还是高速铁路,都已经成为我国交通建设的名片,在我国实施"一带一路"倡议及支持亚非拉建设中均有一定的地位,在这些建设中,出现了自有的独特专用装备,因此,专门列出《桥梁施工机械》《铁路机械》及相关的《重大工程施工技术与装备》。我国矿藏很多,东北、西北、沿海地区有大量石油天然气,山西、陕西、贵州有大量煤矿,铁矿和有色金属矿藏也不少,勘探、开采及输送均需发展矿山机械,其中不少是通用机械,在专用机械如矿井下作业面的开采机械、矿井支护、井下的输送设备及竖井提升设备等方面均有较大成就,故列出《矿山机械》一卷。农林机械在结构、组成、布局、运行等方面与工程机械均有相似之处,仅作业对象不一样,因此,在常用工程机械手册出版之后,再出一卷《农林牧渔机械》。工程机械使用环境恶劣,极易出现故障,维修工作较为突出;大型工程机械如盾构机,价格较贵,在一次地下工程完成后,需要转场,在新的施工现场重新装配建造,对重要的零部件也将实施再制造,因此专列一卷《维修与再制造》。一门以人为本的新兴交叉学科——人机工程学正在不断向工程机械领域渗透,因此增列一卷《人机工程学》。

上述各卷涉及面很广,虽撰写者均为相关领域的专家,但其撰写风格各异,有待出版后,在读者品读并提出意见的基础上,逐步完善。

石来德

2022年3月

前 言
FOREWORD

桥梁施工机械是指用于桥梁工程施工的机械设备，既有为桥梁施工专门设计制造的专用机械设备，又有桥梁施工中经常使用的通用工程机械。

我国的桥梁施工机械伴随着桥梁建造技术的发展，从无到有，从小到大，从仿制引进到自制研发，经历了较长的发展阶段。20世纪50年代建造"万里长江第一桥"——武汉长江大桥时，许多施工作业都靠人拉肩扛完成，机械设备也多为简易、小型机械，关键的机械设备依靠苏联专家提供的图纸进行仿制，如大桥桥墩基础管柱下沉使用的ВП4型90吨振动桩锤、钢梁架设使用的ДК-35型35吨桅杆式吊机等。一直到改革开放前，桥梁施工机械仍发展缓慢，桥梁施工工地见到的主要机械设备仍然是仿制苏式万能杆件搭设的龙门吊机、ГМК20桅杆式吊机。改革开放后，从20世纪80年代初开始，我国引进了部分国外先进的工程机械，其中包括许多桥梁施工机械，如打桩机、套管钻机、混凝土搅拌站、混凝土输送车、混凝土泵、汽车起重机、履带起重机等，使我国的桥梁施工水平有了一次大的跃升。随着改革开放的进一步深入，通过技术交流合作和承揽国外桥梁工程项目，我国引进和采购了大量国外先进的桥梁施工技术和专用装备，如旋挖钻机、地下连续墙成槽机、大型液压振动锤、移动模架、节段拼装架桥机等。进入21世纪的这20多年以来，随着我国高速铁路、公路的快速建设，一批世界级桥梁工程项目相继建成，如京广高铁、京沪高铁、东海大桥、杭州湾大桥、港珠澳大桥、平潭海峡大桥、沪苏通长江大桥、武汉杨泗港长江大桥等，我国建桥技术得到了飞速发展，桥梁施工机械的制造能力和装备水平也得到了极大提升，涌现出一批国内外知名桥梁施工企业和桥梁施工装备制造企业，越来越多的中国桥梁企业和桥梁机械产品走向国际市场，中国已成为世界建桥强国。

几十年来，中国桥梁建设取得的成就是巨大的，桥梁施工机械的发展是其中的重要方面。总结桥梁施工机械发展历程，展示发展成果和创新产品，编撰出版《桥梁施工机械》是十分必要和有意义的工作。《桥梁施工机械》为中国工程机械学会组织编写的国家出版基金资助项目《工程机械手册》中的一卷，根据《工程机械手册》的总体布置要求，由中铁大桥局集团有限公司负责《桥梁施工机械》编写组织工作。2018年12月在武汉召开了首次《桥梁施工机械》编写工作会议，对编写工作进行了部署和分工，全面启动编写工作。由中铁大桥局集团有限公司时任董事长刘自明任主编，中铁大桥局集团有限公司时任总工程师毛伟琦、中铁大桥局集团有限公司机械设备部部长周治民、中铁大桥局集团有限公司机械设备部教授级高级工程师胡国庆任副主编，中铁大桥局各单位的50名技术人员作为编委，组成编委会。编委会对本书内容进行了多次认真研究讨论，确定为6篇、33章：第1篇（第1~4章）：桥梁概论；第2篇（第5~10章）：桥梁基础施工机械；第3篇（第11~20章）：架梁设备；第4篇（第21~22章）：钢筋加工机械；第5篇（第23~28章）：混凝土机械；第6篇（第29~33章）：水上施工设备。

本书凝聚了全体编写人员的心血，编写过程中进行了多次审核修改。本书主要特点如下：

（1）结合桥梁施工方法介绍桥梁施工机械。本书专门用一篇的篇幅介绍了桥梁概况和桥梁施工方法，针对分部分项工程介绍其一般的施工方法，提出施工机械的基本型式和要求，以使读者达到全面了解所用机械的来龙去脉，避免知其然不知其所以然的目的。

（2）重点介绍桥梁施工专用机械，涉及通用工程机械时也以桥梁施工常用机械设备为主，避免与《工程机械手册》其他卷内容雷同。

（3）结合工程案例介绍机械设备。桥梁施工机械常常是针对某项特定工程而专门设计制造的专用设备，通过案例使读者了解机械设备的基本构造、原理和技术性能。

（4）尽量收录目前最新、最典型的机械设备，使读者能够了解桥梁施工机械的最新技术。

感谢中国工程机械学会和清华大学出版社的悉心指导与支持，特别感谢石来德教授对编撰工作的帮助与指导。感谢中铁大桥局集团有限公司为本书编撰工作提供的支持和帮助，感谢叶宝梁、肖美龙、段善元三位机械领域的专家认真细致的审稿工作，感谢甘一鸣同志协助主编做了大量组织与协调工作。

由于桥梁施工机械没有明确的范围界定，专用非标设备多，本书所涵盖的内容不一定全面，加之编者水平有限，书中有疏漏和不妥之处在所难免，恳请广大读者批评指正。

编者

2023 年 8 月于武汉

目 录
CONTENTS

第1篇 桥梁概论

第1章 概述 ………………………… 3
1.1 桥梁的定义 ……………………… 3
1.2 桥梁的功能 ……………………… 4
　1.2.1 桥梁的总体功能 …………… 4
　1.2.2 桥梁主要结构的功能 ……… 5
参考文献 ……………………………… 6

第2章 桥梁的分类与组成 ………… 7
2.1 桥梁的分类 ……………………… 7
　2.1.1 按结构形式分类 …………… 7
　2.1.2 其他分类方法 ……………… 8
2.2 桥梁的组成 ……………………… 8
　2.2.1 上部结构 …………………… 9
　2.2.2 下部结构 …………………… 9
参考文献 ……………………………… 10

第3章 国内外桥梁发展史及未来发展趋势 ………………… 11
3.1 国内外桥梁发展史 ……………… 11
　3.1.1 国内桥梁发展史 …………… 11
　3.1.2 国外桥梁发展史 …………… 23
3.2 国内外桥梁发展趋势 …………… 30
参考文献 ……………………………… 31

第4章 桥梁施工方法 ……………… 32
4.1 基础施工方法 …………………… 32
　4.1.1 明挖基础 …………………… 32
　4.1.2 桩基础 ……………………… 33
　4.1.3 沉井基础 …………………… 37
　4.1.4 负压沉箱基础 ……………… 39
　4.1.5 管柱基础 …………………… 40
　4.1.6 复合基础及特殊基础 ……… 40
4.2 塔墩施工方法 …………………… 43
　4.2.1 塔墩施工概述 ……………… 43
　4.2.2 混凝土塔墩施工 …………… 44
　4.2.3 钢塔墩施工 ………………… 46
4.3 主梁施工方法 …………………… 49
　4.3.1 混凝土主梁 ………………… 49
　4.3.2 钢主梁 ……………………… 53
　4.3.3 钢混结合梁 ………………… 54
4.4 缆索施工方法 …………………… 55
　4.4.1 悬索桥主缆施工 …………… 55
　4.4.2 斜拉桥拉索施工 …………… 56
参考文献 ……………………………… 62

第2篇 桥梁基础施工机械

第5章 打桩机械 …………………… 65
5.1 定义 ……………………………… 65
5.2 分类 ……………………………… 65
5.3 柴油打桩锤 ……………………… 65
　5.3.1 概述 ………………………… 65
　5.3.2 结构及工作原理 …………… 67
　5.3.3 设备选型 …………………… 68
　5.3.4 安全使用与维保 …………… 70
　5.3.5 典型机型 …………………… 71
5.4 液压打桩锤 ……………………… 72
　5.4.1 概述 ………………………… 72
　5.4.2 结构及工作原理 …………… 73

5.4.3 设备选型及应用 …… 76	7.5.4 结构组成及工作原理 …… 126
5.4.4 安全使用与维保 …… 78	7.5.5 常用设备介绍 …… 133
5.4.5 典型机型及工程案例 …… 80	7.5.6 选用原则 …… 139
参考文献 …… 82	7.5.7 安全使用规程 …… 141
	参考文献 …… 141

第 6 章 振动桩锤 …… 83

- 6.1 定义 …… 83
- 6.2 分类 …… 83
- 6.3 电动振动桩锤 …… 84
  - 6.3.1 国内外发展概况 …… 84
  - 6.3.2 结构组成及工作原理 …… 84
  - 6.3.3 常用设备介绍 …… 85
  - 6.3.4 选用原则 …… 92
  - 6.3.5 桥梁施工中的应用 …… 95
  - 6.3.6 安全使用规程 …… 96
- 6.4 液压振动桩锤 …… 98
  - 6.4.1 国内外发展概况 …… 98
  - 6.4.2 结构组成及工作原理 …… 98
  - 6.4.3 常用设备介绍 …… 99
  - 6.4.4 选用原则 …… 101
  - 6.4.5 桥梁施工中的应用 …… 102
  - 6.4.6 安全使用规程 …… 104
- 参考文献 …… 105

第 7 章 钻孔桩施工机械 …… 106

- 7.1 概述 …… 106
- 7.2 分类 …… 106
- 7.3 冲击钻机 …… 107
  - 7.3.1 结构组成及工作原理 …… 107
  - 7.3.2 常用设备介绍 …… 107
  - 7.3.3 安全技术规程 …… 107
- 7.4 回转钻机 …… 109
  - 7.4.1 定义 …… 109
  - 7.4.2 分类 …… 109
  - 7.4.3 转盘式钻机 …… 109
  - 7.4.4 动力头钻机 …… 115
  - 7.4.5 泥浆处理器 …… 122
- 7.5 旋挖钻机 …… 124
  - 7.5.1 定义 …… 124
  - 7.5.2 用途 …… 124
  - 7.5.3 国内外发展概况 …… 124

第 8 章 地下连续墙成槽机 …… 142

- 8.1 概述 …… 142
  - 8.1.1 定义 …… 142
  - 8.1.2 国内外发展概况 …… 142
- 8.2 地下连续墙成槽机分类及选用原则 …… 143
  - 8.2.1 成槽机分类 …… 143
  - 8.2.2 选用原则 …… 145
- 8.3 典型的地下连续墙成槽机 …… 147
  - 8.3.1 地下连续墙成槽机在桥梁施工中的应用 …… 147
  - 8.3.2 虎门大桥锚碇施工及成槽设备 …… 147
  - 8.3.3 珠江黄埔大桥锚碇施工及成槽设备 …… 149
  - 8.3.4 武汉鹦鹉洲长江大桥锚碇施工及成槽设备 …… 150
  - 8.3.5 至喜长江大桥锚碇施工及成槽设备 …… 153
  - 8.3.6 杨泗港长江大桥锚碇施工及成槽机 …… 156
  - 8.3.7 五峰山大桥南岸锚碇施工及成槽机 …… 157
  - 8.3.8 棋盘洲大桥锚碇施工及成槽设备 …… 158
  - 8.3.9 平南三桥锚碇施工及成槽设备 …… 159
- 8.4 成槽机使用、维护保养及安全注意事项 …… 160
  - 8.4.1 成槽机使用注意事项 …… 160
  - 8.4.2 成槽机的维护与保养 …… 161
  - 8.4.3 成槽机的安全注意事项 …… 161
- 参考文献 …… 163

第9章 沉井下沉设备 …………… 164

9.1 概述 ……………………………… 164
9.2 典型的沉井下沉设备 …………… 164
 9.2.1 机械抓斗 ………………… 165
 9.2.2 潜水式挖泥机 …………… 167
 9.2.3 空气吸泥机 ……………… 168
 9.2.4 荷兰达门 DOP 绞吸泵 … 170
 9.2.5 空气幕下沉法 …………… 172
参考文献 ……………………………… 173

第10章 围堰施工设备 …………… 174

10.1 概述 ……………………………… 174
10.2 典型的围堰施工设备 …………… 176
 10.2.1 挖掘机振动打桩机 ……… 177
 10.2.2 静压植桩机 ……………… 178
 10.2.3 围堰取土设备 …………… 181
 10.2.4 圈梁吊挂下放系统 ……… 181
 10.2.5 围堰封底设备 …………… 185
参考文献 ……………………………… 185

第3篇 架 梁 设 备

第11章 预制梁整孔架桥机 ……… 189

11.1 定义 ……………………………… 189
11.2 分类 ……………………………… 189
11.3 我国架桥机的发展概况 ………… 190
11.4 典型设备结构组成及工作原理 … 190
 11.4.1 双导梁公路架桥机 ……… 191
 11.4.2 跨海大桥 1300 t 公路架桥机 …………………… 204
 11.4.3 TJ165 型铁路架桥机 …… 211
11.5 安全使用规程 …………………… 218
 11.5.1 一般规定 ………………… 218
 11.5.2 作业前的安全规定 ……… 218
 11.5.3 作业中的安全规定 ……… 218
 11.5.4 作业后的安全规定 ……… 219
11.6 使用维护保养 …………………… 219
 11.6.1 保养的目的 ……………… 219
 11.6.2 例行保养项目 …………… 219
 11.6.3 每月保养项目 …………… 219
 11.6.4 长期保养项目 …………… 219
参考文献 ……………………………… 220

第12章 移动模架 …………………… 221

12.1 定义 ……………………………… 221
12.2 国内外发展概况 ………………… 221
12.3 移动模架施工法的特点 ………… 221
12.4 移动模架的分类 ………………… 222
 12.4.1 上行式移动模架 ………… 222
 12.4.2 下行式移动模架 ………… 223
12.5 典型移动模架的结构组成及工作原理 …………………… 223
 12.5.1 DSZ32/900 上行式移动模架 …………………… 223
 12.5.2 MZ50/1900 下行式移动模架 …………………… 226
12.6 移动模架的一般操作规程 …… 231
 12.6.1 操作人员要求 …………… 231
 12.6.2 安装与试验要求 ………… 232
 12.6.3 一般操作规程 …………… 232
参考文献 ……………………………… 233

第13章 预制节段拼装架桥机 …… 234

13.1 概述 ……………………………… 234
 13.1.1 定义 ……………………… 234
 13.1.2 国内外发展概况 ………… 234
 13.1.3 预制节段拼装施工法的特点 ……………………… 235
 13.1.4 预制节段拼装混凝土桥梁的主要优点 …………… 236
13.2 预制节段拼装架桥机的分类 … 237
13.3 典型的预制节段悬臂拼装架桥机 …………………… 238
 13.3.1 石长铁路长沙湘江大桥 96 m 跨架桥机 …………… 238
 13.3.2 孟加拉国帕克西大桥 109.5 m 跨架桥机 ………… 241
 13.3.3 文莱大摩拉岛大桥 TPJ250 型架桥机 ……………… 245

——桥梁施工机械

13.4 典型的上行式逐跨拼装架桥机 ………………… 248
　　13.4.1 嘉浏高速公路新浏河大桥 DP450 型架桥机 …… 248
　　13.4.2 嘉鱼长江大桥 TPJ180 型架桥机 ………………… 251
13.5 典型的下行式逐跨拼装架桥机 ………………… 254
　　13.5.1 城市轻轨/快速公交桥梁下行式逐块拼装架桥机 … 254
　　13.5.2 铁路客专 48 m 简支箱梁 TP48 型下行式节段湿拼架桥机 …………… 257
13.6 节段拼装架桥机安全操作规程 ………………… 260
　　13.6.1 架桥机安全一般性规定 … 260
　　13.6.2 架桥机安全操作规定 …… 260
参考文献 ……………………………… 261

第 14 章　钢梁悬臂架设起重机 … 262

14.1 概述 ……………………………… 262
14.2 分类 ……………………………… 262
14.3 发展概况及发展趋势 …………… 262
　　14.3.1 发展概况 ………………… 262
　　14.3.2 发展趋势 ………………… 263
14.4 典型设备的结构及工作原理 … 263
　　14.4.1 WD 型 70 t 桅杆起重机 … 263
　　14.4.2 芜湖长江三桥（商合杭铁路芜湖长江公铁大桥）DWQ800 型双臂架变幅式架梁起重机 ………………… 267
　　14.4.3 平潭海峡公铁两用跨海大桥 JL 型 1100 t 架梁起重机 …………… 275
　　14.4.4 沪苏通长江公铁大桥 JL 型 1800 t 架梁起重机 …… 285
参考文献 ……………………………… 291

第 15 章　节段箱梁架设起重机 … 292

15.1 概述 ……………………………… 292
　　15.1.1 定义 ……………………… 292

15.1.2 用途 ……………………… 292
15.1.3 分类 ……………………… 292
15.1.4 国内外发展概况 ………… 292
15.2 典型的节段箱梁架设起重机 … 293
　　15.2.1 鳊鱼洲长江大桥 DWQ 型 650 t 整体变幅式节段箱梁架设起重机 ……… 293
　　15.2.2 武汉青山长江大桥 CQC 型 500 t 分体固定式节段箱梁架设起重机 ……… 295
　　15.2.3 海南铺前大桥 QMD 型 140 t 分体千斤顶式节段箱梁架设起重机 ……… 298
15.3 节段钢梁架设起重机安全的使用规程 ………………… 301
15.4 各型节段箱梁架设起重机的优缺点对比 ……………… 303
15.5 结语 ……………………………… 303
参考文献 ……………………………… 303

第 16 章　悬索桥缆载起重机、紧缆机、缠丝机 …………… 304

16.1 缆载起重机概述 ………………… 304
　　16.1.1 定义 ……………………… 304
　　16.1.2 国内外发展概况 ………… 304
16.2 缆载起重机分类 ………………… 305
　　16.2.1 卷扬机式缆载起重机 …… 305
　　16.2.2 液压千斤顶式缆载起重机 …………………… 305
　　16.2.3 几种不同的走行方式 …… 306
16.3 典型缆载起重机 ………………… 307
　　16.3.1 概述 ……………………… 307
　　16.3.2 汕头海湾大桥 180 t 缆载起重机 ………………… 308
　　16.3.3 润扬长江公路大桥 370 t 缆载起重机 ………………… 311
　　16.3.4 湖南矮寨大桥 500 t 缆载起重机 ………………… 314
　　16.3.5 南溪长江大桥 400 t 缆载起重机 ………………… 315
　　16.3.6 鹦鹉洲长江大桥 500 t 缆载起重机 ………………… 318

16.3.7 杨泗港/五峰山长江大桥900 t缆载起重机 ……………… 322
16.4 缆载起重机使用、维护保养及安全注意事项 ……………… 326
  16.4.1 液压提升千斤顶安装和使用注意事项 …………… 326
  16.4.2 液压提升千斤顶的维护和保养注意事项 ………… 327
  16.4.3 夹片保养注意事项 …… 328
  16.4.4 缆载起重机安全注意事项 ……………………… 328
16.5 悬索桥主缆紧缆机 ……… 328
  16.5.1 定义 ………………… 328
  16.5.2 紧缆机总体构造 …… 328
  16.5.3 典型紧缆机主要技术参数 ……………………… 329
16.6 悬索桥主缆缠丝机 ……… 329
  16.6.1 定义 ………………… 329
  16.6.2 缠丝机总体构造 …… 329
  16.6.3 典型缠丝机主要技术参数 ……………………… 330
参考文献 ……………………… 331

第17章 缆索起重机 ……… 332
17.1 概述 …………………… 332
  17.1.1 定义 ………………… 332
  17.1.2 用途 ………………… 332
  17.1.3 分类 ………………… 332
  17.1.4 国内外发展概况 …… 332
17.2 成贵铁路鸭池河大桥2×150 t缆索起重机 ……………… 334
  17.2.1 桥梁工程概况 ……… 334
  17.2.2 缆索起重机简述 …… 334
  17.2.3 缆索起重机的主要结构组成 ………………… 334
17.3 安全使用规程 …………… 339
  17.3.1 缆索起重机拼装施工的安全注意事项 ………… 339
  17.3.2 缆索起重机试吊的操作规程 ………………… 339
  17.3.3 缆索起重机试吊的安全规程 ………………… 341

17.3.4 缆索起重机使用安全规程 ………………… 341
参考文献 ……………………… 342

第18章 桥梁转体施工设备 ……… 343
18.1 定义 …………………… 343
18.2 特点 …………………… 343
18.3 转体桥分类 …………… 343
18.4 平转体施工关键技术设备的选用 ……………………… 343
  18.4.1 转体设备结构组成 … 343
  18.4.2 转体系统安装精度控制 … 347
  18.4.3 施力设备及测点布置实施方案 ……………… 347
  18.4.4 转体施工设备配置 … 348
  18.4.5 转体步骤 …………… 349
  18.4.6 操作注意事项 ……… 350
  18.4.7 安全使用规程 ……… 350
18.5 竖转体施工关键技术设备的选用 ……………………… 351
  18.5.1 基本原理 …………… 351
  18.5.2 竖转体系组成 ……… 351
  18.5.3 转体施工步骤 ……… 354
  18.5.4 竖转施工 …………… 356
  18.5.5 整个竖转系统竖转油缸的动作同步控制 …… 356
  18.5.6 载荷均衡和位置同步控制方案 ……………… 356
参考文献 ……………………… 358

第19章 桥梁顶推施工设备 ……… 359
19.1 定义 …………………… 359
19.2 适用范围 ……………… 359
19.3 分类 …………………… 359
19.4 国内外发展概况 ……… 361
19.5 结构组成及工作原理 … 361
19.6 典型设备介绍 ………… 361
19.7 选用原则 ……………… 363
19.8 安全使用规程 ………… 363
19.9 典型案例介绍 ………… 364
  19.9.1 总体施工方案 ……… 364

19.9.2 顶推设备……364
19.9.3 主要辅助措施及设施……365
19.9.4 顶推步骤……369
19.9.5 顶推纠偏……370
19.9.6 同步控制……371
19.9.7 高程与压力控制……371
参考文献……371

第20章 高速铁路箱梁搬提运架设备……372

20.1 概述……372
20.2 国内外发展概况……372
  20.2.1 高铁发展……372
  20.2.2 高铁施工特点……372
  20.2.3 我国高铁搬提运架设备发展概况……373
20.3 搬运机……373
  20.3.1 定义……373
  20.3.2 分类……373
  20.3.3 MDEG900 t 搬运机……374
  20.3.4 搬运机安全使用规程……377
20.4 提梁机……378
  20.4.1 定义……378
  20.4.2 分类……378
  20.4.3 DQ500 t 提梁机……378
  20.4.4 安全使用规程……381
20.5 运梁车……382
  20.5.1 定义……382
  20.5.2 分类……382
  20.5.3 MBEC900C 型轮胎式运梁车……383
  20.5.4 安全操作规程……385
20.6 架桥机……385
  20.6.1 定义……385
  20.6.2 分类……386
  20.6.3 国内外发展概况……388
  20.6.4 JQ900 型下导梁架桥机……389
  20.6.5 SPJ900/32 型箱梁架桥机……393
  20.6.6 1000 t/40 m 箱梁架运一体机……394
  20.6.7 架桥机的选用……395
  20.6.8 安全使用规程……399

参考文献……401

第4篇 钢筋加工机械

第21章 钢筋加工中心……405

21.1 概述……405
  21.1.1 钢筋加工中心的定义……405
  21.1.2 钢筋加工中心的发展……405
21.2 智能钢筋加工中心设备种类……405
  21.2.1 立式智能钢筋弯曲中心概述……405
  21.2.2 智能钢筋弯箍机概述……406
  21.2.3 智能液压钢筋剪切生产线概述……406
  21.2.4 智能钢筋锯切套丝生产线概述……407
  21.2.5 智能钢筋水平弯曲中心概述……408
21.3 典型钢筋加工机械产品的结构、组成、工作原理及技术性能……408
  21.3.1 立式智能钢筋弯曲中心……408
  21.3.2 智能钢筋弯箍机……412
  21.3.3 智能液压钢筋剪切生产线……413
  21.3.4 智能钢筋锯切套丝生产线……414
  21.3.5 智能钢筋水平弯曲中心……417
21.4 安全操作及维护保养规程……418
  21.4.1 立式智能钢筋弯曲中心安全及保养规程……418
  21.4.2 智能钢筋弯箍机安全及保养规程……419
  21.4.3 智能液压钢筋剪切生产线……421
  21.4.4 智能钢筋锯切套丝生产线安全及保养规程……422
  21.4.5 智能钢筋水平弯曲中心……423
21.5 钢筋加工机械常见故障及排除方法……424

21.5.1 立式智能钢筋弯曲中心常见
故障及排除方法 …………… 424
21.5.2 智能钢筋弯箍机常见故障
及排除方法 ………………… 426
21.5.3 智能液压钢筋剪切生产线
常见故障及排除方法 ……… 427
21.5.4 智能钢筋锯切套丝生产线
常见故障及排除方法 ……… 427
21.5.5 智能钢筋水平弯曲中心
常见故障及排除方法 ……… 428

第22章 钢筋笼滚焊机 …………… 430
22.1 概述 …………………………… 430
22.1.1 定义 ………………………… 430
22.1.2 用途及特点 ………………… 430
22.2 滚焊机工作原理、结构组成及
生产过程 ……………………… 431
22.2.1 滚焊机工作原理 …………… 431
22.2.2 滚焊机结构组成 …………… 431
22.2.3 滚焊机生产过程 …………… 432
22.3 滚焊机分类及主要产品的
技术性能参数 ………………… 433
22.3.1 滚焊机分类 ………………… 433
22.3.2 滚焊机主要产品技术
参数 ………………………… 433
22.4 滚焊机安全操作规程、维护
与保养 ………………………… 434
22.4.1 滚焊机安全操作规程 ……… 434
22.4.2 滚焊机维护与保养 ………… 434
22.5 滚焊机故障及排除方法 ……… 435
22.5.1 滚焊机易出现故障及
处理方法 …………………… 435
22.5.2 滚焊机液压系统故障及
处理方法 …………………… 435

第5篇 混凝土机械

第23章 混凝土搅拌站 …………… 439
23.1 混凝土基础知识 ……………… 439
23.1.1 概述 ………………………… 439
23.1.2 混凝土的分类及特点 ……… 439
23.1.3 混凝土的发展史 …………… 441
23.1.4 混凝土的发展趋势 ………… 441
23.1.5 国外混凝土搅拌站
发展概况 …………………… 443
23.1.6 国内混凝土搅拌站
发展概况 …………………… 445
23.2 混凝土搅拌站的用途与分类 … 445
23.2.1 混凝土搅拌站的用途 ……… 445
23.2.2 混凝土搅拌站的分类 ……… 445
23.2.3 国内外主要产品介绍 ……… 446
23.3 混凝土搅拌站构造及工作
原理 …………………………… 449
23.3.1 概述 ………………………… 449
23.3.2 混凝土搅拌站的基本
构造 ………………………… 450
23.3.3 工作原理 …………………… 460
23.4 电气控制系统 ………………… 461
23.4.1 控制系统概述 ……………… 461
23.4.2 电气系统 …………………… 461
23.4.3 计算机系统 ………………… 462
23.5 混凝土搅拌站的安装与调试 … 463
23.5.1 设备安装准备与要求 ……… 463
23.5.2 设备安装步骤 ……………… 463
23.5.3 安装后的检查 ……………… 465
23.5.4 系统的调试 ………………… 465
23.6 混凝土搅拌站的保养与维护 … 467
23.6.1 日常检查 …………………… 467
23.6.2 易损件的更换 ……………… 468
23.6.3 检查保养周期 ……………… 468
23.6.4 空压机的使用、维护 ……… 468
23.6.5 双卧轴搅拌主机的维护 …… 469
23.6.6 皮带输送机维护与保养
内容 ………………………… 470
23.6.7 粉料罐的维护与保养 ……… 471
23.6.8 电磁阀的保养 ……………… 472
23.6.9 搅拌机常见故障的处理 …… 472
23.6.10 螺旋输送机常见故障的
处理 ………………………… 473

23.6.11 空气压缩机常见故障的处理 …… 473
23.6.12 皮带输送机常见故障的处理 …… 475
23.6.13 气路系统常见故障的处理 …… 475
23.6.14 皮带输送机的传动装置常见故障处理 …… 477
23.6.15 其他常见故障的处理 …… 477
23.6.16 电气控制系统常见故障的诊断与排除 …… 478
23.7 混凝土搅拌站的选型及施工范例 …… 480
23.7.1 选型原则 …… 480
23.7.2 混凝土搅拌站使用范例介绍 …… 481
23.8 混凝土搅拌站试验技术及评定 …… 483
23.8.1 性能指标 …… 483
23.8.2 试验技术与评定 …… 486
23.8.3 检测标准 …… 490

第24章 混凝土搅拌运输车 …… 494

24.1 概述 …… 494
24.1.1 定义 …… 494
24.1.2 用途 …… 494
24.1.3 国内外发展概况及趋势 …… 494
24.2 分类 …… 495
24.3 搅拌车基本构造及工作原理 …… 495
24.3.1 总体构造 …… 495
24.3.2 机械系统的基本构造 …… 496
24.3.3 液压驱动系统的基本构造与工作原理 …… 499
24.3.4 电气控制系统的基本构造与工作原理 …… 501
24.4 核心技术分析 …… 502
24.4.1 设计手段分析 …… 502
24.4.2 产品的关键技术与最新技术 …… 502
24.4.3 钢结构技术分析 …… 503
24.5 选用原则和选用计算 …… 504
24.5.1 与搅拌站配套 …… 504
24.5.2 与泵送设备配套 …… 505
24.5.3 典型施工范例介绍 …… 505
24.6 安全使用规程 …… 506
24.6.1 维护周期 …… 506
24.6.2 维护前的安全准备 …… 507
24.6.3 日常使用维护 …… 507
24.7 常见故障及排除方法 …… 508
24.7.1 机械系统常见故障的诊断与排除 …… 508
24.7.2 液压系统常见故障的诊断与排除 …… 509
24.7.3 电气控制系统常见故障的诊断与排除 …… 510
24.7.4 其他故障的诊断与排除 …… 511

第25章 混凝土泵送设备 …… 512

25.1 臂架式混凝土泵车 …… 512
25.1.1 定义 …… 512
25.1.2 用途 …… 512
25.1.3 分类 …… 512
25.1.4 国内外发展概况 …… 513
25.1.5 结构组成及工作原理 …… 515
25.1.6 典型设备介绍 …… 516
25.1.7 选用原则 …… 516
25.1.8 安全使用规程 …… 518
25.2 车载式混凝土输送泵 …… 525
25.2.1 定义 …… 525
25.2.2 用途 …… 525
25.2.3 分类 …… 525
25.2.4 国内外发展概况 …… 526
25.2.5 结构组成及工作原理 …… 526
25.2.6 典型设备和选用原则 …… 527
25.2.7 安全使用规程 …… 528
25.3 拖式混凝土输送泵 …… 529
25.3.1 定义 …… 529
25.3.2 用途 …… 529
25.3.3 分类 …… 529
25.3.4 国内外发展概况 …… 530
25.3.5 结构组成及工作原理 …… 530
25.3.6 冷却系统 …… 532

25.3.7 润滑系统的基本构造及工作原理 ……………………… 532
25.3.8 超高压泵送与水洗技术介绍 …………………………… 533
25.3.9 三级配混凝土泵送技术 …… 536
25.3.10 选用原则 ………………… 536
25.3.11 安全使用规程 …………… 537

第26章 预应力混凝土张拉设备 ……… 539

26.1 概述 …………………………… 539
　26.1.1 定义 ……………………… 539
　26.1.2 发展概况及趋势 ………… 539
26.2 预应力混凝土智能张拉设备类型简介 ………………………… 540
26.3 典型的后张预应力混凝土智能张拉设备工作原理 …………… 540
　26.3.1 机构组成及工作原理（技术性能） ………………… 540
　26.3.2 设备参数控制原理 ……… 540
　26.3.3 典型的智能张拉设备示例 …………………………… 541
　26.3.4 预应力混凝土张拉设备（智能）主要构造 ………… 542
26.4 常用的预应力混凝土张拉设备的技术性能指标 ……………… 543
　26.4.1 预应力混凝土张拉设备（智能）性能要求 ………… 543
　26.4.2 典型预应力混凝土张拉设备（智能）主要性能参数 …………………………… 544
　26.4.3 试验技术及评定标准、出厂检验标准 ……………… 545
26.5 选型及应用范例 ……………… 546
　26.5.1 选型 ……………………… 546
　26.5.2 应用范例 ………………… 546
26.6 安全使用规程 ………………… 546
　26.6.1 设备操作规程 …………… 546
　26.6.2 设备保养与维修 ………… 548
26.7 设备安装及调试（张拉设备的标定） ………………………… 548
26.8 常见故障及排除 ……………… 550
参考文献 ……………………………… 551

第27章 混凝土压浆设备 ……………… 552

27.1 概述 …………………………… 552
　27.1.1 定义 ……………………… 552
　27.1.2 国内外发展概况及趋势 … 552
27.2 混凝土智能压浆设备类型 …… 553
27.3 典型的后张预应力混凝土压浆设备工作原理 ………………… 553
　27.3.1 系统构成与工作原理 …… 553
　27.3.2 典型的智能压浆设备 …… 554
　27.3.3 预应力混凝土智能压浆设备主要构造 ……………… 554
27.4 常用的预应力混凝土智能压浆设备的技术性能指标 ………… 555
　27.4.1 主要性能参数 …………… 555
　27.4.2 试验技术及评定标准、出厂检验标准 ……………… 555
　27.4.3 孔道压浆工艺铁路与公路的区别 ………………… 555
27.5 选型及应用范例 ……………… 557
　27.5.1 选型 ……………………… 557
　27.5.2 应用范例 ………………… 557
27.6 安全使用规程 ………………… 557
　27.6.1 设备操作规程 …………… 557
　27.6.2 维护与保养 ……………… 558
27.7 设备安装及调试 ……………… 559
27.8 常见故障及排除 ……………… 559
参考文献 ……………………………… 560

第28章 混凝土布料机 ………………… 561

28.1 概述 …………………………… 561
28.2 布料机的用途 ………………… 561
28.3 布料机的分类 ………………… 561
28.4 布料机国内外发展概况 ……… 561
28.5 结构组成及工作原理 ………… 562
28.6 典型设备重点技术介绍 ……… 563
　28.6.1 技术参数 ………………… 563
　28.6.2 关键技术 ………………… 563
28.7 选用原则 ……………………… 564
28.8 安全使用规程 ………………… 564
28.9 布料机选型与应用范例 ……… 565

第6篇 水上施工设备

第29章 抛锚定位船 ······ 569
29.1 概述 ······ 569
29.1.1 抛锚定位船的定义 ······ 569
29.1.2 抛锚定位船的用途 ······ 569
29.1.3 国内外发展概况 ······ 569
29.2 抛锚定位船的分类及选用原则 ······ 571
29.2.1 抛锚定位船的分类 ······ 571
29.2.2 抛锚定位船的选用原则 ······ 571
29.3 抛锚定位船在工程中的应用 ······ 571
29.3.1 项目概况 ······ 571
29.3.2 "圣发167"基本参数 ······ 571
29.3.3 "圣发167"基本结构及组成 ······ 572
29.3.4 "圣发167"工作原理 ······ 573
29.3.5 "圣发167"的安全操作规程 ······ 574
29.3.6 "圣发167"的施工应用 ······ 574
参考文献 ······ 575

第30章 起重船 ······ 576
30.1 概述 ······ 576
30.1.1 起重船的定义 ······ 576
30.1.2 起重船的用途 ······ 576
30.1.3 国内外发展概况 ······ 576
30.2 起重船的分类及选用原则 ······ 579
30.2.1 起重船的分类 ······ 579
30.2.2 起重船的选用原则 ······ 580
30.3 "大桥雪浪号"400 t全回转起重船 ······ 580
30.3.1 工程概况 ······ 580
30.3.2 "大桥雪浪号"基本参数 ······ 580
30.3.3 "大桥雪浪号"结构与组成 ······ 582
30.3.4 "大桥雪浪号"安全操作规程 ······ 583
30.3.5 "大桥雪浪号"在南京大胜关长江大桥建设中的应用 ······ 584
30.4 "大桥海鸥号"3600 t固定臂架式起重船 ······ 584
30.4.1 工程概况 ······ 584
30.4.2 "大桥海鸥号"基本参数 ······ 584
30.4.3 "大桥海鸥号"基本结构与组成 ······ 585
30.4.4 "大桥海鸥号"安全操作规程 ······ 586
30.4.5 "大桥海鸥号"在平潭海峡公铁大桥建设中的应用 ······ 587
30.5 "天一号"3600 t固定架中心起吊式起重船 ······ 587
30.5.1 工程概况 ······ 587
30.5.2 "天一号"技术参数 ······ 588
30.5.3 "天一号"基本结构 ······ 588
30.5.4 "天一号"施工方案 ······ 590
30.5.5 "天一号"施工工艺流程 ······ 591
30.5.6 "天一号"在帕德玛大桥建设中的应用 ······ 593
30.6 "小天鹅号"2500 t固定架中心起吊式起重船 ······ 593
30.6.1 工程概况 ······ 593
30.6.2 水文地质 ······ 593
30.6.3 施工过程 ······ 593
参考文献 ······ 595

第31章 打桩船 ······ 596
31.1 概述 ······ 596
31.1.1 打桩船的定义 ······ 596
31.1.2 打桩船的用途 ······ 596
31.1.3 国内外发展概况 ······ 596
31.1.4 打桩船的发展趋势 ······ 598
31.2 打桩船的分类及选用原则 ······ 598
31.2.1 打桩船的分类 ······ 598
31.2.2 打桩船的选用原则 ······ 599
31.3 "大桥海威951"108 m打桩船 ······ 599
31.3.1 项目概况 ······ 599
31.3.2 "大桥海威951"技术参数 ······ 599

31.3.3 "大桥海威951"的基本
        结构与组成 ………… 600
31.3.4 "大桥海威951"打桩船的
        工作原理 …………… 601
31.3.5 "大桥海威951"打桩船
        施工过程 …………… 601
31.3.6 "大桥海威951"打桩船
        施工应用 …………… 602
31.4 "海力801"全旋转打桩船 ……… 603
    31.4.1 工程概况 …………… 603
    31.4.2 打桩设备介绍 ………… 603
    31.4.3 沉桩施工过程 ………… 604
    31.4.4 沉桩施工效果 ………… 606
参考文献 ……………………………… 606

第32章 混凝土搅拌船 ……………… 607
32.1 概述 ……………………………… 607
    32.1.1 混凝土搅拌船的定义 …… 607
    32.1.2 混凝土搅拌船的用途 …… 607
    32.1.3 混凝土搅拌船国内外
           发展概况 …………… 607
    32.1.4 混凝土搅拌船的发展
           趋势 ………………… 608
32.2 混凝土搅拌船的分类及选用
     原则 ……………………………… 609
    32.2.1 混凝土搅拌船的分类 …… 609
    32.2.2 混凝土搅拌船的选用
           原则 ………………… 610

32.3 "大桥海天2号"150 m³/h
     混凝土搅拌船 …………………… 610
    32.3.1 工程概况 …………… 610
    32.3.2 "大桥海天2号"性能
           参数 ………………… 611
    32.3.3 "大桥海天2号"结构及
           组成 ………………… 612
    32.3.4 "大桥海天2号"工作
           原理 ………………… 613
    32.3.5 "大桥海天2号"施工工艺
           流程 ………………… 614
    32.3.6 "大桥海天2号"施工
           过程 ………………… 615
    32.3.7 "大桥海天2号"在工程中
           的应用 ……………… 616
参考文献 ……………………………… 617

第33章 粉料船 ……………………… 618
33.1 概述 ……………………………… 618
    33.1.1 粉料船的定义 ………… 618
    33.1.2 粉料船的用途 ………… 618
    33.1.3 国内外发展概况 ……… 618
33.2 粉料船的分类及发展趋势 ……… 619
    33.2.1 粉料船的分类 ………… 619
    33.2.2 粉料船的发展趋势 …… 622
33.3 粉料船的构造 …………………… 622
    33.3.1 粉料船的结构组成 …… 622
    33.3.2 典型粉料船的技术参数 … 624
参考文献 ……………………………… 625

第1篇

桥梁概论

第1章

概　　述

1.1　桥梁的定义

　　桥梁的定义也可以说是什么被称为桥梁。桥梁的定义也是从简单走向成熟和标准化的。科学上定义桥梁就是跨越障碍的一种可通行的构筑物。这种构筑物通常架设在江河湖海上，也经常跨越山谷和穿越既有建筑物，它最主要的作用就是让车辆和行人顺利通过交通线。

　　古代桥梁的雏形就是一个称作蹬（dèng，石级）步（图1-1）的石块，一般在小溪小河中用石块或短木放置在或插入土层中作为脚踏使用。随着知识的积累、手工业技术的发展，在小溪小河或沟壑两岸，由石块、木材等堆砌或搭建成为跨度较大的单孔桥梁（图1-2）或拱桥（图1-3）；后来形成了由基础、墩柱、主梁等构成的多孔桥梁；如今，已形成了以主塔、主梁、索束为主体的超大跨现代化桥梁。

图1-2　跨越河流的古桥梁

图1-3　跨越沟壑的古桥梁

图1-1　蹬步（桥梁雏形）

　　中国《辞海》中桥梁的定义是：架在水上或空中以便通行的建筑物。《说文解字》中关于桥梁的诠释是："桥，水桥也"。美国的《韦氏大词典》(Merriam-Webster's Collegiate Dictionary)中对桥梁的第一条释义为"让大小道路跨越洼地或障碍的结构物"，第二条释义为"衔接或过渡的时间、空间的手段"。第一条释义可以说是对桥梁的实物定义；第二条则是抽象定义。

土木工程学科中对桥梁的定义为：一种具有承载能力的架空建筑物，它的主要作用是供铁路、公路、渠道、管线和人群等跨越江河、山谷和其他障碍，它是交通线的重要组成部分。除跨越大江大河的桥梁外，还有像港珠澳大桥（图1-4）、平潭海峡公铁大桥（图1-5）等许多跨越海洋的桥梁，已成为著名的地标建筑和国家名片。

图1-4　港珠澳大桥

图1-5　平潭海峡公铁大桥

现代桥梁已成为跨越或穿越交通障碍物的重要枢纽工程。随着技术发展、结构创新、功能需求、材料工艺的进步，桥梁也将被赋予新的内涵。

1.2　桥梁的功能

1.2.1　桥梁的总体功能

古代桥梁的用途就是行人，后来建筑工匠们通过实践积累，拓展了桥的功能及用途，建造出了承载能力较大的石拱桥（图1-6），在南方水域宽广的区域建成了长跨廊桥，在行人的功能上增加了休息、集市等生活功能（图1-7），桥梁的用途得到了一定的提升。

图1-6　石拱桥

图1-7　廊桥

经过几千年的发展，桥梁的整体功能更加丰富，涵盖了交通、政治、经济、军事、文化等多种功能。一般来说，桥梁的交通功能是第一要素，其他功能可以说是为这一功能锦上添花。

1．交通功能

桥梁最重要的功能是将道路两端顺利连接起来，让交通线通达和畅通。因为桥梁处在道路运输网纵横贯通的关键节点上，是交通线的重要组成部分，所以，政府在处置应急事件时常常将桥梁设置为盘查的关卡点。

2．政治功能

桥梁工程是政府规划区域交通时所要考虑的最重要的基础工程项目之一，也是促进社会和谐稳定的战略保证，同时还能起到缩小江河两岸经济差别、扩大行政区域、提高行政效率的作用。特别是港珠澳大桥这样的海上桥梁，更是承担着维护国家统一的重要政治功能。

3. 经济功能

首先，桥梁建设投入占比较大，对GDP起到明显的首轮拉动作用；其次，桥梁建成通车后对交通运输业的发展起到第二轮拉动作用；最后，桥梁建成后也会对城市带、产业带、市场带、旅游带的形成和区域经济区的发展起到长远的第三轮拉动作用。目前，许多现代化的大跨长桥就是一道亮丽的风景线，已经成为旅游打卡地（图1-8），具有旅游价值，对当地经济发展起着重要作用。

4. 军事功能

桥梁更是重要的军事设施，是军事攻防要地。特别是在重要的桥梁上都会设置军事管

图1-8　人行景观桥（旅游打卡地）

控岗，时刻保护着桥梁的安全和畅通。长征时，红军飞夺泸定桥，打破了敌人的围追堵截；1937年，为阻挡日军进攻，设计师忍痛将刚建成不久的钱塘江大桥炸毁（图1-9），其军事功能可见一斑。

图1-9　被炸毁的钱塘江大桥

5. 文化功能

在必须满足桥梁主体工程的各项安全质量指标的前提下，景观设计已成为现代桥梁最关注的一项文化因子。其文化功能最能体现建筑产品与环境美学的融合，同时也是文艺创作与文艺活动的焦点。体现桥梁的文化内涵是它的一项基本功能。

1.2.2　桥梁主要结构的功能

桥梁一般从支座位置划分结构层，支座以上为上部结构，支座以下为下部结构（图1-10），其结构的功能如下。

图1-10　桥梁的主要结构功能

1. 上部结构的功能

上部结构的功能是跨越障碍物，主梁承受车辆、行人等交通载荷，然后将上部全部载荷传给支座。

2. 下部结构的功能

下部结构的功能是支撑上部结构，并由支座将上部结构的载荷通过墩台层层传递给基础（承台、桩基、沉井、沉箱等），最后将载荷全部传递给地基（土石）。

参考文献

[1] 唐寰澄.中国古代桥梁[M].北京：中国建筑工业出版社,2011.

[2] 万明坤,项海帆,秦顺全,等.桥梁漫笔[M].北京：中国铁道出版社,2015.

第2章

桥梁的分类与组成

2.1 桥梁的分类

桥梁的分类方法有很多种,可以按用途、跨越的障碍、桥梁结构采用的材料、结构形式等分类。一般工程技术图书中按桥梁的结构形式分类,其他的分类基本是对桥梁结构形式分类的详细补充。

2.1.1 按结构形式分类

桥梁按结构形式及受力特点,一般分为梁式桥及刚构桥、拱桥、斜拉桥、悬索桥及组合体系桥。

1. 梁式桥及刚构桥

梁式桥(图 2-1)及刚构桥的特点是主梁以承受弯矩为主。主梁可以是单跨,也可以由众多的梁跨组成。根据主梁单元之间的连接方式,又细分为简支梁桥、连续梁桥、悬臂斜腿 V 形梁桥、T 形刚构桥等。这两类桥梁所用材料主要是混凝土,少部分桥梁用的是钢与混凝土材料。

2. 拱桥

拱桥(图 2-2)的拱圈或拱肋单元主要承受巨大的轴向压力,其拱肋形状为圆曲线形、抛物线形等。这种结构在拱脚处除产生竖向反力外,还产生很大的水平推力,所以一般对地基的要求很高。古代拱桥的代表作是河北赵州桥,直到现在,拱桥仍是常见的一种桥梁结构形式。

3. 斜拉桥

斜拉桥(图 2-3)是一种添加高强度材料的

图 2-1 梁式桥

图 2-2 拱桥

大跨桥型,其上部结构由主塔、斜拉索、主梁组成。它主要用斜向的高强柔性索束按一定的间距分别锚固在梁塔端,斜拉索以辐射形、竖琴形、扇形及星形等形式组成美观的索面。斜拉桥是大跨桥梁的主要桥型之一。

4. 悬索桥

这是古代原始桥梁的一种结构形式,更是

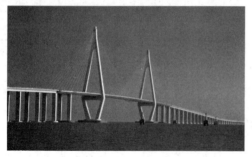

图 2-3　斜拉桥

图 2-5　斜拉悬索桥

现代超大跨桥梁最常选用的形式。其明显的特点是将用来吊挂主梁的高强缆索牢牢地系在两岸的锚碇上（图 2-4）。它的上部结构组成有锚碇、索塔、缆索、吊杆及主梁等。目前，该种桥型的最大跨度可达到 3000～4000 m。

图 2-6　斜拉拱肋桥

图 2-4　悬索桥

5．组合体系桥

在一座桥梁上，当上部结构采用两种以上的结构形式时，这种桥梁就称为组合体系桥。目前，组合体系桥主要有斜拉悬索桥（图 2-5）、斜拉拱肋桥（图 2-6）等形式。

2.1.2　其他分类方法

（1）按用途分类：公路桥、铁路桥、公铁两用桥、农桥、人行桥、过水桥等。

（2）按桥梁全长和跨径分类：特大桥、大桥、中桥、小桥。

（3）按主要承重结构采用的材料分类：圬工桥、钢筋混凝土桥、预应力混凝土桥、钢桥、木桥。

（4）按跨越的障碍分类：跨河桥、跨线桥、高架桥、栈桥。

（5）按上部结构的行车道位置分类：上承式桥、中承式桥、下承式桥。

2.2　桥梁的组成

桥梁主要分为上部结构、下部结构及其附属结构（图 2-7）。

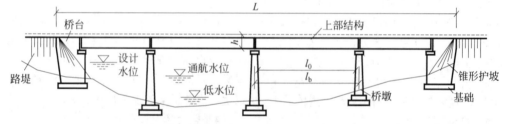

图 2-7　桥梁组成结构示意图

2.2.1 上部结构

梁式桥的上部结构主要由主梁及其附属结构组成;拱桥的上部结构主要有拱肋和桥面结构;斜拉桥的上部结构主要有主梁、主塔及斜拉索等;悬索桥的上部结构主要有主梁、主塔、缆索及吊杆等。综合后,桥梁上部结构基本由主梁、主拱、主塔及索束组成。

1. 主梁、主拱

主梁、主拱是承受车辆行人载荷的结构件,也是载荷直接作用在其上的结构件。主梁、主拱是梁桥、拱桥最重要的组成部分。

2. 主塔

主塔是斜拉桥和悬索桥的上部结构的重要组成部分,对于超千米级跨的桥梁而言,若其主塔高度超过 300 m,则其施工工期占桥梁总工期的三分之一左右。

3. 索束

斜拉索用于斜拉桥中,缆索及吊杆是悬索桥的组成部分,其材料相同,都用于承受拉力,且都是由高强度钢丝加工而成。

另外,上部结构的附属结构还有防护装置、照明系统、防排水、桥面系、伸缩缝、桥梁与路堤衔接处的桥头搭板等。

2.2.2 下部结构

下部结构主要由支座、墩台、基础等组成。

1. 支座

支座设在墩台顶,是用于支承上部结构的传力装置,它不仅要传递很大的载荷,还要保证上部结构能按设计要求产生一定的变位,能适应主梁的伸缩及变形,承担着将载荷传递给墩台的作用。

按支座能否有一定的活动量,将支座分为固定支座、单向活动支座及多向活动支座。一般根据桥梁的跨度来选用支座:中小跨度的公路桥一般采用板式橡胶支座;大跨度的连续梁桥一般采用盆式橡胶支座;铁路桥一般采用钢支座。

2. 墩台

墩台是将上部结构传来的恒载和车辆等活载传至基础的中间结构,包括桥墩和桥台两个部分。桥台设置在桥两端,设置在桥中间的墩子称为桥墩。桥台除了上述作用外,还与路堤相衔接,并可抵御周围路堤土的压力,还可防止桥台后填土的坍落。

3. 基础

桥墩、桥台底部的结构称为基础。基础承担着从桥墩、桥台传来的全部载荷,这些载荷包括上部结构传来的载荷、地震力、船舶撞击墩身引起的水平载荷是桥梁的重要结构。由于基础往往深埋于水下地基中,因此,基础在桥梁施工中是难度最大的部分。

桥梁基础可分为明挖基础、桩基础、管柱基础、沉井基础以及特殊基础(地下连续墙、沉箱基础、设置基础)等。

(1) 明挖基础:明挖基础是指由开挖地基进行施工的基础,将桥梁载荷通过基础底面直接分布于浅部地层,又称扩大基础、浅基础。

(2) 桩基础:桩基础是以桩体外壁与其周围土壤的摩擦力或桩尖的承载力来传力的基础。一般分为预制桩和灌注桩。预制桩是用各种桩工机械将桩压入和插打到土壤中;灌注桩是先人工挖孔或用钻机在土层上钻出深孔,再灌注混凝土的基础。

(3) 管柱基础:直径较大的空心圆形桩称为管柱。用管柱修建的桩基础又称管柱基础。管柱基础一般适用于深水、无覆盖层、厚覆盖层、岩面起伏等桥址条件。管柱基础可以穿越各种土质覆盖层或溶洞,支承于较密实的土上或新鲜岩面上。一般采用钢筋混凝土管柱、预应力混凝土管柱或钢管柱(图 2-8)。这种基础目前已较少在桥梁中使用。

(4) 沉井基础:沉井基础有混凝土沉井、钢沉井及钢砼沉井。沉井是一种无底多格式筒状结构,一般采用边排土边下沉的方式。沉井一般由井壁、刃脚、隔墙、剪力键、封底和盖板等组成。

沉井基础具有承载能力高、刚性大、稳定性好、抗震能力强、不需要维护防护和施工可靠的特点,能下沉到深度较大、承载高的理想基层上。沉井本身是基础的组成部分,在下沉的过程中起着挡土和防水的围堰作用,同时顶面又是施工平台。

(5) 沉箱基础:沉箱是一种带盖板的筒状

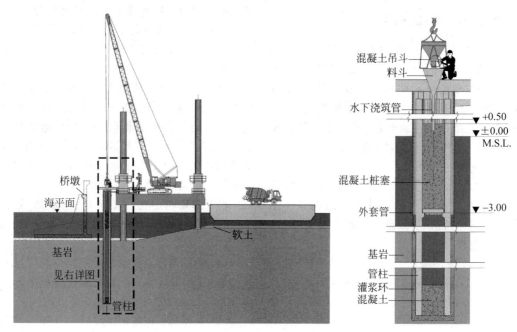

图 2-8 管柱基础施工

结构,由井壁、盖板及气压系统组成。由于其承载力及刚度大,可快速到位,因此,广泛应用于桥梁、建筑、市政工程、港口、码头以及海上工程。桥梁上的沉箱基础一般指气压沉箱基础,通过向箱内输入压缩空气来将水排开以提供无水的工作条件,用人工或机械在箱内开挖下沉,到位后将工作室用封底混凝土填充,故称为气压沉箱(图 2-9)。

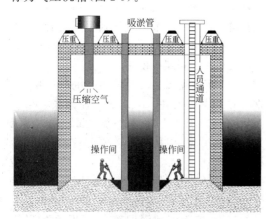

图 2-9 气压沉箱施工示意图

（6）设置基础：设置基础就是将预制好的箱形基础通过浮运的方式运到桥位处,通过定位放置在已经处理好的水下河床上。预制的箱形基础一般具有自浮的功能。水下河床需进行处理后方可承载。对于土砂质土层而言,一般采用插打管桩、水下填筑整平等方式进行加固；对于岩石河床而言则需对河床进行爆破、挖掘整平。箱形基础可以在岸上或船坞内进行整体或分节制作,我国桥梁较少使用这种基础,2020 年建成通车的商合杭铁路芜湖长江公铁大桥,主桥 3#墩首次采用设置沉井基础。在建的甬舟铁路西堠门公铁两用大桥,金塘侧主塔墩拟采用直径 58 m 圆形设置沉井基础。国外设置基础应用较为广泛,1998 年建成的日本明石海峡大桥,P2#、P3#主桥墩,均采用直径 80 m 的设置基础。水下地基施工机械主要有海底疏浚船、振冲碎石桩机、大型拖轮、水下抛填及整平设备等。

参考文献

[1] 裴伯永,盛兴旺.桥梁工程[M].北京：中国铁道出版社,2001.

[2] 万明坤,项海帆,秦顺全,等.桥梁漫笔[M].北京：中国铁道出版社,2015.

[3] 何龄修.读顾城《南明史》[J].中国史研究,1998(3)：167-173.

第3章

国内外桥梁发展史及未来发展趋势

3.1 国内外桥梁发展史

桥梁的发展能体现人类文明的进步,其发展按历史进程可分为古代、近代及现代三个时期。古代桥梁的雏形有搭木或石蹬,发展到如今已有3000多年的历史。建桥材料从最初的木材、石材发展为高强度的钢材和混凝土;桥梁形式也从单孔的梁桥、拱桥、索桥逐渐发展为复杂、大跨、连续的长大桥梁。

3.1.1 国内桥梁发展史

1. 古代桥梁的发展

古代桥梁一般用木材、石材建造。早期木桥多为梁式桥,在公元前550年左右,汾水上建有木柱木梁桥。秦代在渭水上建的渭桥,即为多跨梁式桥。木梁桥跨径不大,伸臂木桥能适当加大跨径。建于清朝年间的四川新龙波日桥(图3-1)为伸臂木桥,全长125 m,桥面宽3 m,孔径跨度为60 m。八字撑木桥和拱式撑架木桥也可加大跨径。

早期的悬索桥是古老的。生活在热带雨林的"原始人"利用森林中的藤、竹、树茎做成悬索桥以渡小溪,使用的悬索有竖直的、斜拉的,或者两者混合的。公元前3世纪,在我国四川境内就修建了"笮"(zuó,竹索桥)。秦取西蜀,四川《盐源县志》记:"周赧王三十年(公元前285年)秦置蜀守,固取笮,笮始见于书。至

图 3-1 四川新龙波日桥

李冰为守(公元前256—前251年),造七桥。"七桥之中有一笮桥,即竹索桥。可见至少在公元前3世纪,我国已经用文字记录了竹索桥。据记载,最迟在唐朝中期,我国从藤索、竹索发展到用铁链建造吊桥,而西方在16世纪才开始建造铁链吊桥。

至今尚保留下来的古代索桥有四川灌县的安澜桥(世界上最古老的索桥,图3-2)和四川泸定县的大渡河铁索桥(图3-3)。前者始建于

图 3-2 四川灌县的安澜桥

宋朝(990年),1803年仿旧制重建,桥长340 m,分为8孔,最大跨度为61 m。

图3-3　四川泸定县的大渡河铁索桥

宋代虹桥构造奇特,北宋张择端在其名画《清明上河图》中所描绘的便是汴京(今河南开封)的虹桥。该桥采用两套木拱(两套木拱通过横梁交叉搭置,相互承托,形成稳定的超静定拱形结构,图3-4),净跨约为20 m,建于1041—1048年。

图3-4　虹桥木拱图式

四川新龙波日桥建于元末明初,并于1844年重建,1933年之后多次维修,2006年列为中国第六批全国文物保护单位。波日桥为木石结构三孔平桥,东西走向,总长70余米。整座桥由桥身、桥墩和桥亭组成,桥墩由圆杉木、卵石、片石相间叠砌而成,两桥墩中部用4～6根圆木渐渐撑成拱形,长度自下而上逐步递增形成悬挑臂,悬臂上架横梁、铺桥板、装栏杆。整座桥每一个接合部均用木楔连接,原始而实用。

我国早在公元前50年(即汉宣帝甘露四年)就已经在四川建成长达百米的铁索桥。1665年,徐霞客在《徐霞客游记·黔游日记》中记载了他游历贵州北盘江铁索桥的经历。该桥建成于1631年,位于灌岭、晴隆二县交界处,跨越北盘江,跨度约45 m。有名的四川大渡河上由9条铁链组成的泸定桥(图3-3),是在1706年建成的。可见,我国古代的悬索桥是独创发明并领先的。

据考证,我国早在东汉时期(25—220年)就出现了石拱桥,现在尚存的赵州桥(又名安济桥,图3-5),建于605—617年,净跨径为37 m,宽9 m,首创在主拱圈上加小腹拱的空腹式(敞肩式)拱,造型美观、构思巧妙、工艺精致,被誉为"国际土木工程里程碑"。我国古代石拱桥的拱圈和墩一般都比较薄,如建于816—819年的宝带桥(图3-6),全长317 m,薄墩扁拱,结构精巧。

图3-5　河北赵县赵州桥

图3-6　江苏苏州市宝带桥

我国陕西省西安附近的灞桥原为石梁桥,建于汉代,距今已有2000多年。11—12世纪南宋泉州地区先后建造了几十座较大型石梁桥,其中有洛阳桥、安平桥。洛阳桥又名万安桥(图3-7),该桥现长834 m,共47孔,是目前世界上尚保存的工程最艰巨的石梁桥。在建桥时先顺桥向抛填大量块石,在水面上形成一条长堤,然后在块石上放养牡蛎,靠蛎壳与块石相胶结形成的整体基础来抵抗风浪。在这条水下长堤上,用大条石纵横叠置(不用灰浆)形成桥墩,再架设石梁。1240年建造并保存至今的福建漳州虎渡桥(图3-8),全长335 m,其采用的巨型条石尺寸达3.7 m×3.9 m×24.7 m,质量将近200 t。据记载,这些巨型石梁是利用潮水涨落浮运架设的。

图3-9　浙江杭州钱塘江大桥

图3-7　福建泉州洛阳桥(万安桥)

图3-10　浙江杭州钱塘江大桥钢梁浮运

3. 现代桥梁的发展

新中国成立初期,我国修复并加固了大量旧桥,随后在第一、二个五年计划期间(1953—1962年),修建了不少重要桥梁。20世纪五六十年代,修订了桥梁设计规程,编制了桥梁标准设计图纸和设计计算手册,培养了一支强大的工程队伍。特别是1978年党的十一届三中全会之后,我国的工作重点转移到社会主义经济建设上来,大力发展能源和交通工程,我国的公路、铁路桥梁建设达到了发展高潮。

图3-8　福建漳州虎渡桥

2. 近代桥梁的发展

近代鸦片战争后,我国桥梁基本由国外企业主持修建。1876年,英商在上海私修淞沪铁路,是我国有铁路和铁路桥的开端,但大部分铁路桥梁由外商垄断包办;在公路方面,可供通车的里程很少且修建质量低劣,桥梁大多为木桥,年久失修。20世纪30年代,我国自己设计建造了一些钢桁架梁桥和混凝土拱桥,如著名的杭州钱塘江大桥(图3-9、图3-10)。其为压气沉箱基础,主跨16×65.84 m,公铁两用,由我国桥梁先驱茅以升先生主持修建,该桥修建过程中,为插打1440根长木桩,制造了2艘能起重140 t的打桩机船,结合"射水法"将打桩效率提高了30倍。但与当时国外桥梁施工技术相比,还非常落后。

自20世纪60年代以来,我国在学习、跟踪、引进西方发达国家新材料、新技术和新工艺的基础上,结合国内实情,通过再实践、再创新,取得了空前的、举世瞩目的成就。但与发达国家相比,还存在一定差距,在自主创新、质量和耐久性、桥梁美学等方面还有提升空间。现代桥梁的发展历程可以从以下几个桥型的建造过程来了解。

1) 钢桁梁桥

1957年,我国第一座长江大桥——武汉长江大桥(图3-11)建成通车,正桥为3联3×128 m连续公铁两用钢桁梁,包括引桥在内全长

1670.4 m。在苏联专家的帮助下，其8个桥墩除第7墩外，其他桥墩都采用"大型管柱钻孔法"——我国首创的新型施工方法。主梁钢梁采用膺架对称悬拼。该桥的胜利建成，既结束了我国万里长江无桥的状况，也标志着我国修建大跨度钢桥的技术水平达到了新的高度。

图 3-11　武汉长江大桥

1969年，我国又成功建成了南京长江大桥（图3-12），这是我国自行设计、制造、施工，并使用国产高强钢材建成的现代大型桥梁。该桥正桥除北岸第一孔为128 m简支钢桁梁外，其余为3联3×160 m的连续钢桁梁，公铁两用，包括引桥在内，铁路桥梁全长6772 m，公路桥梁全长4589 m。因桥址处水深流急，河床地质极为复杂，所以建设时采用我国首创的浮式钢沉井加管柱的复合基础。该桥的建成是我国完全自主建设长江大桥的一个里程碑，显示出我国钢桥建设已接近世界先进水平。

图 3-12　南京长江大桥

1993年，九江长江大桥（图3-13）竣工通车，该桥铁路部分全长7675.4 m，公路部分全长4215.9 m，主桥的通航主孔为（180＋216＋180）m的钢桁梁与钢拱组合体系。该桥采用国产优质高强度、高韧性低合金钢，完成了由铆焊结构向栓焊结构的过渡，是一座结构新颖、施工复杂的公铁两用特大钢桥。该桥在建设过程中采用我国首创的双壁钢围堰大直径钻孔基础施工法；首次将"触变泥浆套"和"空气幕"施工工艺用于下沉深度达50 m的沉井基础；试制成功直径2.5 m反循环回转钻机；首次采用双层吊索架全伸臂安装180 m钢桁梁；采用自行设计制造的吊重300 t架桥机；架设跨度40 m铁路箱梁。

图 3-13　九江长江大桥

2）预应力混凝土梁桥

20世纪50年代，我国在修建大量小跨径钢筋混凝土梁桥的同时，开始对预应力混凝土梁桥进行研究与试验。1956年，我国在公路上建成了第一座跨径为20 m的预应力混凝土简支梁桥。之后，这种梁桥逐步实现了系列标准设计，使预应力混凝土简支梁桥广泛应用于中小跨度桥。至今我国已建成的铁路预应力混凝土梁桥大多采用这种梁型。

20世纪60年代，我国首次采用平衡悬臂施工法建成一座T形刚构桥。之后于1971年用该法建成了福建乌龙江大桥（主孔为3×144 m的T形刚构桥）。

而预应力混凝土连续梁桥的起步较晚，用顶推法施工的有湖南望城县沩水河桥（3联4×38 m）、包头黄河大桥（3联3×65 m）等桥梁。从20世纪80年代起，采用悬臂法施工的大跨度预应力混凝土连续梁桥以及连续刚构桥得到迅速发展。1985年建成的湖北沙洋汉江大桥,主桥跨径为(63＋6×111＋63)m,全长1819 m,该桥首次采用2000 t级盆式橡胶支座。1986年,在广西防城建成的茅岭江桥为主跨80 m的单线连续梁。

1997年建成通车的广州虎门大桥辅航道桥是跨径为(150＋270＋150)m的预应力混凝土连续刚构桥,其施工过程中的最大悬臂长度达134 m。该桥施工过程中采用了自行设计的自动化水上拌和船。

2006年建成的重庆石板坡长江大桥为连续刚构桥,主跨达330 m,为世界梁桥第一跨径,其主跨采用混合梁形式,在中部103 m处采用钢箱梁取代混凝土梁。该桥主梁悬浇施工采用自锚三角挂篮(图3-14),103 m的钢箱梁在武汉制造后采用整体自浮方式水运至桥位。

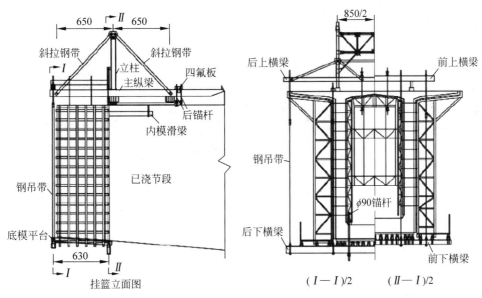

图3-14 重庆石板坡长江大桥挂蓝图

2017年建成的南龙铁路闽江特大桥为主跨216 m的连续刚构桥,是世界跨度最大的铁路连续刚构桥(图3-15)。

图3-15 南龙铁路闽江特大桥

3) 拱桥

我国有悠久的修建拱桥的历史。在新中国成立初期,广大建桥职工继承和发扬我国建造石拱桥的优良传统,因地制宜、就地取材,修建了大量经济美观的石拱桥。

20世纪60年代,我国建成了云南南盘江长虹桥(主跨112.5 m);1962年建成了跨越伊河的洛阳龙门大桥(图3-16),主跨90 m,两侧

图3-16 河南洛阳龙门大桥

边跨各 60 m，全长 265 m。该桥拱圈薄而坦，造型美观。其施工拱架由临时墩和钢桁架组成。目前，世界上跨径最大的石拱桥是我国于 2001 年建成的山西晋城丹河大桥（图 3-17），跨径达 146 m。该桥拱架采用万能杆件组拼的空间排架式结构，主拱圈砌筑摈弃了传统的缆索吊和扒杆，采用塔吊直接吊装施工。

图 3-17　山西晋城丹河大桥

除石拱桥外，我国还创造了不少结构新颖的拱桥。1964 年创建的双曲拱桥具有节省钢材、造价低、施工简便、外形美观和无须大型起吊设备等优点，其很快在全国公路上得到应用和推广，对加快我国公路桥梁的建设速度曾起了很大的作用。目前，这种拱桥跨径在百米以上的共有 16 座，最大跨径达 150 m（河南嵩县前河大桥，1969 年，如图 3-18 所示）。此外，全国各地还因地制宜地创建了各具特色的拱式桥。其中江浙一带推广较快的有结构自重小、适于软土地基修建的钢筋混凝土桁架拱桥和刚架拱桥；河南的双曲扁拱、广东的悬砌拱、湖南的石砌肋板拱等，这些拱结构各具特色，曾为探索经济合理的中、小跨径拱桥建设做出了贡献。

图 3-18　河南嵩县前河大桥（双曲拱桥）

1976 年建成的河南嵩县伊河刚架拱桥（图 3-19），全长 494 m，是 9 孔 50 m 跨径的预应力混凝土桁架拱桥，拱顶建筑高度 1.2 m。上部构造首次采用两片桁架及横向搁置预应力混凝土空心板桥面的形式，使结构更为简洁、经济。该桥的每片桁架分 3 段预制，吊装组合，中间段为实体段，最大吊装质量约 30 t。桁架段受拉斜杆采用后张法来施加预应力。下部构造为钻孔灌注桩低桩承台，每墩由 4 根直径为 1.6 m 的钻孔桩组成。

图 3-19　河南嵩县伊河刚架拱桥

多年来的实践发现，由于双曲拱桥和刚架拱桥的整体性较差，承受重载的能力不足，因此，目前已较少采用。

在拱桥施工技术方面，除了有支架施工外，对于大跨径拱桥而言，目前还广泛采用无支架施工。从 20 世纪 70 年代中期起，随着缆索吊装技术和转体施工法的发展，较大跨径的拱桥采用了薄壁箱形结构。

1988 年，我国成功地用无平衡重转体法建成了重庆涪陵乌江大桥，跨度达 200 m；1990 年用劲性钢骨架代替钢拱架建成了四川宜宾金沙江大桥，跨度 240 m。20 世纪 90 年代开始兴起钢管混凝土拱桥，又使大跨径拱桥的建造技术得到了进一步的发展。该类桥先利用钢管作为施工拱架，具有自重轻、易于架设安装的特点，内注混凝土后，又利用钢管混凝土作为主拱，钢管对混凝土的紧箍作用又能提高主拱的强度。用此法建成的广东南海三山西桥（主跨 200 m，1995 年）、广西南宁三岸邕江大桥（主跨 270 m，1998 年）和广州市高速公路丫髻沙大桥(主跨360 m,2000年)等,都是这种拱桥的典范。其中丫髻沙大桥为三孔系杆自锚式无推力钢管混凝土中承式拱桥,孔跨布置为(76+360+76)m,拱肋采用先竖转再平转的组合施工法(图3-20),拱肋拼装用汽车吊和万能杆件悬臂龙门吊辅助施工。

图3-20 丫髻沙大桥的竖转状态

20世纪90年代发展了用型钢或钢管混凝土为钢骨架,再外包混凝土的拱桥。我国已建成的此类拱桥有广西南宁三岸邕江大桥(主跨312 m,1996年)、重庆万州长江大桥(主跨420 m,1997年)和澜沧江特大桥。

2003年主拱合龙的巫山长江大桥(图3-21),为跨径460 m的中承式无铰拱桥,两条拱肋为由钢管混凝土组成的桁架结构,拱顶截面高7.0 m,工作者们自主设计研发了索跨576 m、吊重170 t、索塔高度150.22 m、起吊高度260 m的缆索吊机系统,在该缆索吊机系统中首创研制了主动式承索器。

图3-21 巫山长江大桥拱肋施工

2003年,我国在上海建成了跨越浦江的卢浦大桥(图3-22),该桥的主桥跨径为(100+550+100)m,是一座中承式无推力飞鸟形钢箱肋提篮拱桥,论拱桥的跨径,它突破了美国自1977年起一直保持世界纪录的新河桥(主跨518 m),该桥在结构设计和施工工艺等方面的卓越成就,引起了全球桥梁界的瞩目。该桥在建设过程中通过128 m高的临时钢索塔并采用"扣索法"来架设主拱,拱肋段提升采用185 t的拱上吊机。

图3-22 上海卢浦大桥拱肋架设

2006年开工建设的澜沧江特大桥为上承式劲性骨架钢管混凝土铁路提篮拱桥(主跨342 m,2016年合龙,图3-23)。拱肋为钢管混凝土劲性骨架外包混凝土结构,桥址位于V形深沟峡谷地带,桥面距水面大于270 m。在其主拱施工工程中,依山就势设置主拱拼装支架,半拱分两段拼装,二次竖转到位,解决了峡谷施工场地狭小的问题,并易于保证主拱拼装线型,降低了施工难度。该桥采用二次竖转工法,这在世界建桥史上尚属首次,同时二次竖转角度之和达130°,主拱单边竖放质量达2500 t,两者均为世界之首。此外,我国还成功地用悬

图3-23 澜沧江特大桥

臂施工法建成了多座钢筋混凝土桁式组合拱桥，其中跨度最大的是贵州江界河乌江桥，跨度达 330 m，居同类桥型世界之最。

2007 年建成的重庆菜园坝长江大桥(图 3-24)，为世界上第一座公轨两用钢管混凝土拱桥，跨径 420 m，建设过程中采用 400 t 缆索吊机安装拱肋。该桥结构采用中承式无推力钢管混凝土系杆拱桥，是集钢管拱、钢箱梁、钢桁梁等各种新型桥梁结构形式和科技成果于一身的现代化桥梁。

图 3-24　重庆菜园坝长江大桥拱肋施工

2009 年在重庆建成的朝天门长江大桥(图 3-25)，主桥长 932 m，采用(190＋552＋190)m 的中承式连续钢桁系杆拱桥，为双层桥面布置的公轨两用大桥，是目前世界上最大跨径的拱桥。该桥采用 80 t 爬坡式架梁吊机、斜拉扣挂技术，结合抬高梁体标高使主桥转动的思路，实现先拱后梁零应力合龙模式，为世界首例，成桥线型更易保证。

图 3-25　重庆朝天门长江大桥拱肋架设

2011 年建成通车的南京大胜关长江大桥(图 3-26)六跨连续钢桁拱桥，跨度布置为(108＋192＋336＋336＋192＋108)m，是世界首座六线铁路大桥，建成时是世界上跨度最大的双跨连拱高速铁路桥，也是世界上设计载荷最大的高速铁路桥。该桥首次采用了 Q420 级高强度、高韧性与良好焊接性能的新型钢材，主桥钢梁首次采用了三片主桁承重结构、正交异性钢桥面板。施工过程中研制使用了 KTY4000 型动力头钻机(图 3-27)，"大桥雪浪号"400 t 全回转浮吊，70 t 变坡爬行架梁吊机和高 70 余 m、重 2000 余 t 的三层吊索塔架等新材料、新结构、新设备、新工艺，解决了施工过程中的技术难题。

图 3-26　南京大胜关长江大桥

图 3-27　KTY4000 型动力头钻机

4) 斜拉桥

自 20 世纪 50 年代公路斜拉桥问世以来，这种桥梁形式得到了迅猛发展。70 年代，我国开始探索和实践斜拉桥，从修建重庆云阳汤溪河桥(主跨 76 m)和上海松江县新五桥(主跨 54 m)开始，到 80 年代修建了 20 余座预应力混凝土斜拉桥和一座钢斜拉桥，其中跨度超过

200 m 的有 8 座，如济南黄河公路大桥（主跨 220 m，1982 年）、山东省东营黄河大桥（主跨 288 m，1987 年）等。

1991 年，上海南浦大桥（双塔双索面叠合梁斜拉桥，主跨 423 m，图 3-28）建成，开创了我国 400 m 以上斜拉桥的先河，使我国斜拉桥建设水平开始步入世界先进行列。该桥主梁采用 30 t 的变幅梁面吊机双悬臂来架设，部分节段采用 300 t 的汽车吊机来安装。

图 3-28 上海南浦大桥主梁架设状态

2000 年建成通车的芜湖长江大桥（图 3-29）是又一座规模宏大、结构新颖的公铁两用钢桁梁斜拉桥，其矮塔结构为世界首创。铁路部分长 10 497 m，公路部分长 5647 m，主跨为连续钢桁架梁加低塔斜拉索加劲的组合体系，分跨为（180＋312＋180）m，其余为最大跨度 144 m 的连续钢桁梁，主跨基础采用大直径双壁围堰钻孔桩。同时研发了钢筋混凝土桥面板与主桁结合的板桁组合新结构，KPG3000、KPG3000A、KTY3000 型等大功率工程钻机，QLY50/16 型架梁吊机，300 t 架桥机，爬模等大型桥梁设备。

图 3-29 芜湖长江大桥主梁架设状态

2001 年，我国建成了南京长江第二大桥（双塔双索面钢箱梁斜拉桥，主跨 628 m）和福建青州闽江大桥（双塔双索面叠合梁斜拉桥，主跨 605 m），这使我国的斜拉桥建设技术进一步提高。青州闽江大桥为世界最大跨径叠合梁斜拉桥。

2002 年，天津建成的海河大桥为单塔双索面斜拉桥，主跨 310 m，是亚洲最大的单塔混合体系（混合梁）斜拉桥。

2008 年建成的苏通长江公路大桥（图 3-30）为主跨 1088 m 的双塔双索面钢箱斜拉桥，是世界首座跨径超 1000 m 的斜拉桥。该桥使用了静力限位与动力阻尼组合的新型桥梁结构体系及关键装置，使得千米级斜拉桥在世界上首次得以实现；开发了内置式钢锚箱组合索塔锚固结构和大型群桩基础结构及设计方法，已在苏通长江公路大桥等多座国际重大桥梁工程中得到广泛应用；在国际上首次提出了千米级斜拉桥的施工控制目标、总体方法、过程与内容以及控制精度标准；基于几何控制法原理，在国际上首次系统地建立了多构件三维无应力几何形态和设计制造安装全过程控制方法。以上这些技术的革新和应用有力地支撑了苏通长江公路大桥的建设。苏通长江公路大桥的建设实现了千米级斜拉桥关键技术的突破，为世界斜拉桥技术的发展做出了重要贡献。

图 3-30 苏通长江公路大桥

2009 年建成的武汉天兴洲长江大桥（图 3-31）是按四线铁路修建的双塔三索面三主桁公铁两用斜拉桥，主梁采用板桁结合钢桁梁，主跨 504 m，是世界上载荷最大的公铁两用桥。建设过程中提出并采用三索面三主桁斜拉桥结构,解决了桥梁跨度大、桥面宽、活载重、列车速度快等带来的技术难题,实现了我国铁路桥梁跨度从 300 m 级到 500 m 级的跨越;用边跨公路混凝土桥面板与主桁结合、中跨公路正交异性钢桥面板与主桁结合共同受力的混合结构,解决了超大跨度公铁两用桥梁中跨加载时的边墩负反力问题,同时提高了桥梁结构的竖向刚度,以适应高速列车运行;钢桁梁安装首次采用节段整体架设技术,实现了我国钢桁梁架设从传统的单根杆件安装向工厂整体制造、工地大节段架设的转变;采用吊箱围堰锚墩定位及围堰随长江水位变化带载升降技术,实现了大型深水围堰的精确定位,提高了围堰的度汛能力;研制了 KTY4000 型全液压动力头钻机,把长江深水中的钻孔能力从 3 m 直径提高至 4 m;研制了 700 t 架梁吊机,实现了桁段架设中的多点起吊和精确对位。

图 3-32 港珠澳大桥

2020 年 7 月建成通车的沪苏通长江公铁大桥(图 3-33)主跨 1092 m,是四线铁路修建的千米级公铁两用斜拉桥,主桥 6 个主墩全部采用整体沉井基础施工技术,研发了大直径钢桩刚性定位系统、1800 t 架梁吊机等多项先进装备,主塔施工采用 2700 t·m 塔吊进行锚箱安装。

图 3-31 天兴洲长江大桥主梁架设状态

图 3-33 沪苏通长江公铁大桥主梁安装

此后我国陆续建立了多座跨径位于世界同类桥梁前列的斜拉桥,如 2009 年建成的香港昂船洲大桥(主跨 1018 m)、铜陵长江公铁大桥(主跨 630 m)等。

2018 年建成的举世瞩目的港珠澳大桥(图 3-32),其三座通航桥均采用斜拉桥结构形式,融入文化元素的风帆主塔造型,利用了斜拉桥跨越能力大、造型优美、抗风性能好以及施工快捷方便的特点。该桥在建设过程中,在结构制造、构件安装、水下施工等方面进行了多维度创新,大规模采用了预制安装工法,体现了先进的桥梁建造理念。

2020 年 10 月建成通车的平潭海峡公铁大桥(图 3-34),其桥位处建设条件极为恶劣,被称为"建桥禁区",其三座通航桥均采用斜拉桥,施工过程中采用了专门研发的"大桥海鸥号"3600 t 起重船(图 3-35)、KTY5000 型动力头回转钻机(图 3-36)、1100 t·m 塔吊及 1100 t 架梁吊机等先进的桥梁工装设备。

图 3-34 平潭海峡公铁大桥钢梁架设

图 3-35 "大桥海鸥号"架设整孔钢梁

图 3-36 KTY5000 型动力钻机

5) 悬索桥

我国现代悬索桥的建造始于 19 世纪 60 年代,其中,在西南山区建造了一些跨度在 200 m 以内的半加劲式单链和双链式悬索桥,其中较著名的是 1969 年建成的重庆朝阳大桥。1984 年建成的西藏达孜桥,跨度达到 500 m。

20 世纪 90 年代,我国悬索桥掀开了新的历史篇章。1991 年开工、1995 年建成的主跨 452 m 的广东汕头海湾大桥(图 3-37),被誉为中国第一座大跨度现代悬索桥,其主跨位居预

图 3-37 广东汕头海湾大桥

应力混凝土加劲悬索桥世界第一。自主研发了悬索桥的"三大件(主缆挤紧机、缆载起重机、缆索缠丝机)",填补了大跨度悬索桥施工专用设备的空白。

1996 年建成通车的西陵长江大桥,主跨 900 m,是国内自主设计的第一座全焊接钢箱加劲梁悬索桥,每根主缆长 1478 m,钢丝采用英国布顿公司的高强钢丝,由上海浦江公司制造成钢束。70 个主梁节段由船运至桥下,用缆载起重机安装。

1997 年建成通车的广东虎门大桥,其主跨 888 m 的流线型钢箱梁悬索桥,桥面宽 35.6 m,加劲梁采用漂浮体系,桥面在两塔处设置了德国的毛勒伸缩缝,最大伸缩量为 1.5 m。其中西锚碇采用"沉井+桩基"的复合基础形式。

1997 年建成的香港青马大桥(图 3-38)为主跨 1377 m 的公铁两用加劲桁悬索桥,桥塔高 131 m,在青衣岛侧采用隧道式锚碇,在马湾岛侧采用重力式锚碇,加劲桁梁高 7.54 m,高跨比 1/185。

图 3-38 香港青马大桥

1999 年建成的江苏江阴长江公路大桥(图 3-39),其主跨为 1385 m 的钢箱加劲悬索桥,主墩分别设置在山坡下和 1 m 水深的浅滩上,其中在浅滩区的北主墩采用了 96 根直径为 2 m 的钻孔桩,为当时最大的跨径悬索桥之一。

2005 年竣工的江苏润扬长江公路大桥南汊大桥,其主跨为 1490 m 的单孔双铰钢箱梁悬索桥,主塔高 215.58 m,主缆缠丝采用的是国内首次使用的 S 形钢丝,所用缠丝总长度近 3200 km,相当于北京至上海的 3 倍距离,完成的两根主缆每根长 2600 m,为国内第一长缆。

图 3-39　江阴长江公路大桥

2007年建成的阳逻长江大桥为主跨1280 m的双塔单跨悬索桥，锚碇基础平面尺寸为65 m×60 m，深度超50 m，被称为"神州第一锚"。165 m高的主塔施工采用了最先进的液压爬模系统；塔间126 t超大"剪刀撑"采用整体制作、整体吊装起吊高度130 m，并实施精确定位。首创了主跨、两侧边跨"三合为一"的全贯通式"猫道"施工以及拖拉索循环系统。

2009年建成的舟山西堠门大桥（图3-40）为主跨1650 m的分体式钢箱加劲梁悬桥。国内首次采用直升机牵引先导索过海，其中放索系统与直升机分离的模式为国际首创，首次实现了先导索过海不封航作业。

图 3-40　舟山西堠门大桥

2012年建成的矮寨特大悬索桥，跨越矮寨大峡谷，为主跨1176 m的钢桁加劲梁单跨悬索桥，桥面设计标高与地面高差达330 m。飞艇牵引450 kg先导索飞过峡谷对岸，采用"轨索滑移法"架设钢桁梁，即利用大桥永久吊索，在其下端安装水平轨索，再将水平轨索张紧作为加劲梁的运梁轨道，实现由跨中往两端节段拼装大桥的钢桁加劲梁，此技术极大地减少了钢桁梁的高空拼装作业，可节省工期和投资。另外，岩锚索预应力筋材采用高性能的碳纤维。

2012年建成的泰州长江大桥，首次采用了主跨2×1080 m的三塔双跨钢箱梁悬索桥。中塔基础采用平面尺寸为58 m×44 m的钢沉井，其中塔柱因刚柔相济的受力特性而选择了钢塔结构，塔柱采用工厂分节制造，由MD3600塔吊安装。

2013年建成的马鞍山长江大桥左汊主桥为三塔两跨悬索桥，结构呈对称布置，主梁跨径为2×1080 m，梁宽38.5 m，主梁分为135个节段安装，缆载吊机起重节段最大质量275 t。中塔柱钢塔节段底节采用浮吊安装，其他标准节段采用专门研发的D5200型塔吊安装。

2014年建成的鹦鹉洲长江大桥，为主跨2×850 m的三塔四跨主缆连续悬索桥，中塔采用钢砼结合，高152 m，下塔柱最大吊重388 t，上塔柱最大吊重204 t，采用D5200型塔吊节段安装（图3-41）。全桥加劲梁有143个节段，总质量2.6万t，最大节段重450 t，采用4台500 t的缆载吊机协调架设（图3-42）。

图 3-41　鹦鹉洲长江大桥中塔吊装

2019年建成的武汉杨泗港长江大桥，为主跨1700 m的双层钢桁梁悬索桥（图3-43），主梁最大节段1010 t，采用研发的两台LZD900型900 t缆载吊机抬吊安装。

2020年12月建成通车的江苏五峰山长江大桥，为主跨1092 m的板桁结合钢桁梁公铁两用悬索桥，塔高191 m。南锚碇基坑开挖采用钢

图 3-42 鹦鹉洲长江大桥首段钢梁吊装

图 3-43 杨泗港长江大桥首段钢梁吊装

筋混凝土地下连续墙支护结构,开挖外直径90 m。主梁节段最大吊重1432 t,架设过程中采用两台LZD900型900 t同步提升缆载吊机。

3.1.2 国外桥梁发展史

国外桥梁出现较早的有16世纪意大利的巴萨诺"八字撑"木桥。现存最古老的石桥在今希腊伯罗奔尼撒半岛,是一座公元前1500年左右用石块干砌的单孔石拱桥。古代桥梁的基础是在罗马时代开始采用围堰法施工,即将木板桩打成围堰,抽水后在其中修筑桥梁基础和桥墩。下面从不同的桥型述说国外桥梁修建的发展史。

1. 拱桥

在罗马时代,欧洲建造石拱桥较多,如公元前200—200年间,在罗马台伯河建造了8座石拱桥。罗马时代的拱桥多为半圆拱,拱石经过细凿,砌缝不用砂浆。因当时不能修建深水基础,桥墩宽度与拱跨之比大多为1/3～1/2,阻水面积过大,因此,所修建的跨河桥大多已被冲毁。

此外,罗马时代出现了许多石拱水道桥,如现存于法国的加尔德引水桥,该桥建于公元前18年,顶层全长275 m,下层分7孔,最大跨度24.4 m。

公元98年,西班牙建造了阿尔坎塔拉大桥(图3-44),该桥为6孔石拱桥,高达52 m,最大跨度约28 m,因桥墩建在岩石上,所以至今保存较好。

图 3-44 西班牙阿尔坎塔拉大桥

罗马帝国灭亡后数百年,欧洲桥梁建筑因封建割据进展不大。11世纪以后,尖拱(拱石加工较粗,砌筑用石灰砂浆,拱弧在顶部往往形成尖角)技术由中东和埃及传到欧洲,欧洲开始出现尖拱桥,如法国在1178—1188年建成的阿维尼翁桥,为20孔跨径达34 m的尖拱桥。为使桥面纵坡平缓,以利交通,欧洲城市拱桥的矢跨比明显降低,拱弧曲线相应改变,出现了椭圆拱和坦拱,石料加工亦趋精细。

1542—1632年法国建造的皮埃尔桥(图3-45)为七孔不等跨椭圆拱,最大跨径约32 m。在18世纪,欧洲石拱桥达到最高水平。

图 3-45 法国皮埃尔桥

1890年，德国不来梅工业展览会上展出了一座跨径40 m的人行钢筋混凝土拱桥。

20世纪初，钢筋混凝土材料逐渐受到桥梁界重视，被用在拱桥和梁式桥中。1898年，德国修建了沙泰尔罗钢筋混凝土三铰拱桥，跨径52 m。1905年，瑞士建成塔瓦纳萨桥，跨径51 m，是一座箱形三铰拱桥，矢高5.5 m。1934年，瑞典建成跨径为181 m、矢高为26.2 m的特拉贝里拱桥，1943年又建成跨径为264 m、矢高近40 m的桑德拱桥。钢筋混凝土拱桥的跨度纪录不断被刷新，从20世纪20年代初的50 m，到20世纪40年代的264 m。然而钢筋混凝土实腹梁桥则进展不大，跨度纪录只达到78 m（法国老维勒那沃-圣乔治桥）。

20世纪60年代初，拱桥无支架施工方法得到了应用和发展。钢拱由于自重轻，易于吊装，其跨越能力比混凝土拱桥大。1967年，捷克斯洛伐克在伏尔特瓦河上建成两铰钢箱形拱桥，跨度330 m。

1963年，联邦德国修建的费马恩海峡桥（跨度248.8 m，公铁两用，图3-46）是一座造型独特的系杆拱桥，其梁部为正交异性板钢箱，吊索成交叉网状布置（又称尼尔森（Nielsen）体系），两片柔性钢箱拱肋斜置并交会于拱顶。其拱跨施工时设置一座临时中间支架，采用一台缆索起重机进行架设。主墩基础、墩身的施工均采用由浮箱构成的可升降平台。

图3-46　联邦德国费马恩海峡桥

1973年，美国弗莱蒙特桥（跨度382.6 m，提升架设）采用钢箱截面拱圈，是世界上最大的系杆拱桥。1977年，美国建成新河谷桥（缆索吊装，图3-47），跨度518.2 m。该桥主拱圈为钢桁架，且采用耐候钢以减少养护工作量。

图3-47　美国新河谷桥

钢筋混凝土拱桥虽自重较大，但造价低、养护量小、抗风性能好，使用较广泛。目前，国内外大跨度混凝土拱桥普遍采用箱形截面作为主拱圈。1980年南斯拉夫在建成的克尔克（Krk）Ⅱ号桥（图3-48），跨度达390 m，采用悬臂拼装法施工。

图3-48　南斯拉夫克尔克桥

2．梁式桥

国外钢桥的发展较早，1918年建成的加拿大魁北克铁路桥在跨度上最有代表性。1974年，日本建成的大阪港大桥（图3-49）的跨度也达510 m。

图3-49　日本大阪港大桥

1950年，正交异性钢桥面板开始在联邦德国科布伦茨的内卡河桥（分跨(56＋75＋56) m）上使用。这种桥面较轻，1951年用于杜塞尔多夫-诺伊斯莱茵河桥，使钢实腹梁桥跨度达到206 m。

1974年，巴西修建的尼特洛伊大桥（图3-50）的跨度达300 m。从近几十年来的钢桥建设中可以看到，正交异性板的钢箱结构以及钢实腹梁与混凝土桥面板的组合结构为悬索桥、斜拉桥等大跨度桥梁提供了经济、合理和美观的梁部结构。

图3-51 联邦德国本多夫桥

图3-50 巴西尼特洛伊大桥

1875—1877年，法国园艺家莫尼埃建造了一座人行钢筋混凝土桥，跨径16 m，宽4 m。20世纪30—40年代，法国、联邦德国等国家就开始尝试用预应力混凝土建造桥梁。1945年，法国的欧仁·弗莱西奈采用预应力钢筋将预制的梁段串连成整体的方法，在马恩河上建造了跨度为55 m的双铰刚架桥。

1951年，联邦德国采用悬臂灌注法修建了主跨为62 m的预应力混凝土桥。1952—1964年，又用同一施工方法建成了沃尔姆斯桥（主跨114.2 m，具有跨中剪力铰的连续刚构桥）和本多夫桥（主跨达208.0 m，不对称有铰刚构，图3-51）。

在20世纪50—70年代，世界上修建了一些大跨T形刚构桥，如日本的滨名大桥（主跨240 m，1975年，五跨有铰）和巴拉圭的亚松森桥（主跨270 m，1978年，多跨带铰）。

1974年，法国建造了跨度最大的预应力混凝土斜腿刚架桥博诺姆桥，主跨186.3 m。

1979年，瑞士克利斯汀·梅恩（Christian Menn）教授设计建造了利用双薄壁墩的柔性克服温度效应并可削去负弯矩尖峰的连续刚架桥，使预应力混凝土梁式桥的跨越能力得到进一步提高。

1986年，澳大利亚建成的门道桥（图3-52）跨度达260 m，是当时国外跨度最大的连续刚架桥。

图3-52 澳大利亚门道桥

1998年在挪威建成的斯道尔玛桥（主跨301 m）和拉夫特桥（主跨298 m），又重新刷新了连续刚架桥的世界纪录。拉夫特桥在施工过程中为保证平衡悬臂施工、加强悬臂状态下结构的稳定性，在主跨两双薄壁墩的外侧各设立一个施工辅助墩，全桥合龙后将其拆除。

3. 斜拉桥

1) 钢斜拉桥

钢斜拉桥的早期工艺技术（正交异性板、钢箱形梁、预应力工艺、施工方法等）发展于联邦德国，建桥材料以钢为主。1955年，由德国人迪辛格设计的第一座当代钢斜拉桥（斯特罗海峡桥，分跨(74.7＋182.6＋74.7) m）在瑞典建成。

1959年，联邦德国修建了主跨达302 m的塞韦林独塔斜拉桥。

1975年，法国建成圣·纳泽尔桥（主跨404 m），使钢斜拉桥的跨度突破400 m。其边跨带一段主跨的悬臂梁全部浮运顶升就位，主跨分段拼装。

从20世纪80年代中期开始，日本接连修建了10余座钢斜拉桥，如名港四大桥（主跨405 m，1985年）、生口大桥（主跨490 m，1991年）、名港中央大桥（主跨590 m，1997年，图3-53）等。1999年建成的多多罗大桥（图3-54）主跨为890 m，成为当时斜拉桥跨度之最。在其钢主梁及钢主塔施工过程中采用了3500 t浮吊、160 t级塔吊及600 t架梁吊机等大型施工机械。

图3-55 法国米约大桥

2012年建成的俄罗斯岛大桥（图3-56），主跨达1104 m，为当代斜拉桥跨度之最。

图3-56 俄罗斯岛大桥

2）混凝土斜拉桥

1962年在委内瑞拉建成的马拉开波湖桥（主桥为混凝土斜拉桥，主跨235 m，图3-57）开创了混凝土斜拉桥的先例。之后于1966年联邦德国霍姆伯格（H. Homberg）又设计了第一座密索体系斜拉桥（主跨288 m，1966年）。

图3-53 日本名港中央大桥

图3-54 日本多多罗大桥

2004年，法国建成的米约大桥为七塔八跨斜拉桥（分跨（204+6×342+204）m，图3-55），为世界上最高斜拉桥，采用塔梁整体顶推架设。

图3-57 委内瑞拉马拉开波湖桥

自20世纪70年代以来，混凝土斜拉桥得到较快发展，如意大利的波尔赛弗拉桥（主跨206 m，1967年）、美国的P-K桥（主跨299 m，1974年）和达姆岬桥（主跨396.34 m，1984年）、法国的勃鲁东桥（主跨320 m，1977年，首座单索面混凝乳斜拉桥)、西班牙的卢纳桥(主跨440 m,1983年)、阿根廷的PE桥(主跨330 m,1984年)等。

1991年,挪威修建了斯卡尔桑德桥,把混凝土斜拉桥的跨径提高到530 m。

3) 结合混合斜拉桥

在结合梁斜拉桥方面,西班牙在1978年修建了主跨达400 m的兰德大桥,加拿大在1986年修建了主跨达465 m的安纳西斯桥。

在混合梁斜拉桥方面,1995年完工的法国诺曼底大桥(图3-58)一枝独秀,主跨达到856 m,该桥为三跨斜拉桥,边跨为混凝土连续梁,中跨包括桥塔两侧各116 m长的混凝土梁和中部624 m长的钢梁。悬出的混凝土梁段对中部钢梁起到加劲作用,改善了结构在风载荷下的动力特性。该桥首先采用平行钢绞线拉索和防雨振的螺旋表面处理,在构造处理和施工工艺方面都是当代杰出的著名大桥。

图3-58 法国诺曼底大桥

4. 悬索桥

美国自19世纪中期从法国引进了近代悬索桥技术后,19世纪70年代,移居美国的德国桥梁大师约翰·奥古斯·罗布林(John A. Roebling)又发明了主缆的"空中纺线法"编纺桥缆。20世纪30—60年代,美国建造了若干座大跨悬索桥。

1931年,世界上第一座现代悬索桥——华盛顿桥(主跨1066.8 m)建成通车。1937年,著名的旧金山金门大桥建成,主跨达1280.16 m。

1940年,美国塔科马悬索桥(主跨854.4 m)因风振致毁。这促使人们对悬索桥结构的空气动力稳定问题进行研究。英国通过对塞文桥(主跨987.55 m)的动力分析和风洞试验,提出以梭形扁平钢箱梁来代替传统的钢桁架(加劲)梁。这种结构不仅具有良好的抗风性能,而且节省大量钢材,外形也显得纤细流畅。

1964年,纽约市建成(按重载标准设计的)韦拉扎诺桥(主跨1298.45 m)。同年,英国建成的福斯悬索桥(主跨1005.8 m)成为欧洲第一座跨度超过1000 m的桥。这些桥梁均采用钢桁架作为加劲梁,采用"空中纺线法"现场编制大缆。

1966年塞文桥建成通车,成为第一座采用梭形扁平钢箱梁作为加劲梁的悬索桥。以后陆续建造的悬索桥,如丹麦的小贝尔特桥(主跨600 m,1970年)、土耳其博斯普鲁斯Ⅰ桥(主跨1074 m,1973年)和Ⅱ桥(主跨1090 m,1988年)等,均采用这类加劲梁。

20世纪90年代,引人注目的大跨悬索桥是丹麦大贝尔特桥(图3-59)和日本明石海峡大桥(图3-60)。前者主跨长1624 m,边跨长535 m,塔高254 m,主梁架设采用了1400 t跨缆吊机,于1998年6月建成通车。后者是目前世界上跨度最大的桥,达到创纪录的1990 m。该桥塔高280 m,桥面宽35 m,设6车道;两根大缆的直径为3.222 m。其基础施工中采用了大型抓斗挖泥船、1200 t锚锤和400 t线型卷扬机,主缆引导索架设采用了直升机。1998年4月,该桥顺利开通,为20世纪的桥梁工程建设添上了辉煌的 笔。

图3-59 丹麦大贝尔特桥

图 3-60 日本明石海峡大桥

5. 桥梁科技研究

20 世纪六七十年代以来,德、法、英、美、瑞士、日本和丹麦等国,不仅在新材料、新结构和新工艺上有许多创造,而且在桥梁设计理论和方法方面也有突破,如钢桥的正交异性桥面、结合梁、斜拉桥的施工控制、预应力混凝土桥的配索原理、桥梁稳定和振动等,都做出了很大的贡献。

1) 理论研究

近代桥梁建造促进了桥梁科学理论的兴起和发展。1857 年,圣维南在前人对拱的理论、静力学和材料力学研究的基础上,提出了较完整的梁理论和扭转理论。这个时期,连续梁和悬臂梁的理论也建立起来。桥梁桁架分析(如华伦桁架和豪氏桁架的分析方法)也得到解决。19 世纪 70 年代后,经德国人 K. 库尔曼、英国人 W.J.M. 兰金和 J.C. 麦克斯韦等人的努力,结构力学获得很大的发展,能够对桥梁各构件在载荷作用下发生的应力进行分析。这些理论的发展,推动了桁架、连续梁和悬臂梁的发展。19 世纪末,弹性拱理论已较完善,其促进了拱桥的发展。20 世纪 20 年代,土力学的兴起推动了桥梁基础的理论研究。

19 世纪中期,钢材问世,静定桁架的内力分析方法逐步被工程界所掌握。1867 年,德国的 H. 格贝尔建造了一座静定悬臂桁架(称为 Corbel 桁架)梁桥。1880—1890 年,英国采用该桥式建成了跨度空前的福思湾铁路桥(悬臂桁架梁,主跨 523.2 m,总长 1620 m,支承处桁高达 110 m,图 3-61),在悬臂桁架施工工程中使用了杆件悬拼吊机。该桥被看作是现代桥梁的典型代表。1869—1883 年,美国建成了至今仍在使用的布鲁克林大桥(城市悬索桥,主跨 487 m,图 3-62)。该桥提供了用加劲梁来减弱震动的经验,抗风性能好,为悬索桥向更大跨度发展开创了先例。其钢缆直径 400 mm,由 19 根钢绞线组成,施工过程中采用移动轮跨越塔顶鞍座来回往返将钢绞线逐根运输至彼岸,然后用涂面钢丝将钢绞线缠紧,形成圆截面主缆。此后美国建成的长跨悬索桥均采用加劲梁来增加刚度,如 1937 年建成的旧金山金门大桥(主跨 1280 m,边跨 344 m,塔高 228 m),以及同年建成的旧金山奥克兰海湾大桥(主跨 704 m,边跨 354 m,塔高 152 m),都是采用加劲梁的悬索桥。

图 3-61 英国福思湾铁路桥(悬臂施工)

图 3-62 美国布鲁克林大桥

从 20 世纪初期至中期,结构力学的弹性内力分析方法普遍用于超静定结构的桥梁设计,这为梁、拱和悬索桥等桥式向前所未有的跨度发展奠定了有力的科学基础。1918 年,加拿大采用 Corbel 桁架建成了魁北克铁路桥(主跨 548.6 m,钢桁架拱)。公路桥有代表性的桥例是：澳大利亚悉尼港湾大桥（钢桁架拱，主跨 503 m，1932 年，图 3-63）、美国纽约乔治·华盛顿悬索桥（跨度 1066.8 m，1931 年），以及本节提及的美国旧金山金门大桥（跨度 1280 m，1937 年）等。

图 3-63　澳大利亚悉尼港湾大桥

1940 年，美国建成的华盛顿州塔科马海峡桥（图 3-64），主跨为 853 m，边跨为 335 m，加劲梁高为 2.74 m，桥宽为 13.9 m。这座桥于同年 11 月 7 日，在风速仅为 67.5 km/h 的情况下，中跨及边跨便相继被风吹垮。这一事件，促使人们研究空气动力学与桥梁稳定性的关系。

图 3-64　美国塔科玛海峡桥（主梁扭转）

2）材料研究

18 世纪，铁的生产和铸造为桥梁提供了新的建造材料。但铸铁抗冲击性能差，抗拉性能也低，易断裂，并非良好的造桥材料。19 世纪 50 年代以后，随着酸性转炉炼钢和平炉炼钢技术的发展，钢材成为重要的造桥材料。钢的抗拉强度大，抗冲击性能好，尤其是 19 世纪 70 年代出现的钢板和矩形轧制断面钢材，为桥梁的部件在厂内组装创造了条件，使钢材应用日益广泛。

18 世纪初，用石灰、黏土、赤铁矿混合煅烧而成的水泥被发明出来。19 世纪 50 年代，开始采用在混凝土中放置钢筋以弥补水泥抗拉性能差的缺点。此后，于 19 世纪 70 年代建成了钢筋混凝土桥。

欧洲在 18 世纪中期开始采用铸铁建造桥梁。由于铸铁性脆，受拉强度低而受压强度高，故铸铁主要是用以修建拱桥。第一座铸铁拱桥是英国在 1779 年建造的科尔布鲁克代尔桥（图 3-65），桥跨 30.5 m，矢高 14.7 m，有 5 片半圆形铸铁拱肋。该桥曾使用 170 年，现作为文物保存。之后的几十年间，英、德、法等国家建造了一些扁平铸铁拱桥。

图 3-65　英国科尔布鲁克代尔桥

锻铁抗拉性能优于铸铁。19 世纪初，开始使用锻铁建造悬索桥和梁桥。英国在 1820—1826 年在梅奈海峡建造的跨度达 177 m 的锻铁链杆柔式悬索桥，历经风霜而保存至今。1832 年，英国采用工型截面锻铁建造梁式桥，跨度曾达到 9.6 m。在 1845—1850 年，建成不列颠箱管桥（4 跨连续，分跨（70＋140＋140＋70）m，列车从箱中驶过，图 3-66）。该桥单孔箱梁重 1285 t，在工地预制组装后用趸船运至桥位，用放置于墩上的巨型液压千斤顶提升就位。由于在兴建这座桥的过程中所做的试验证实了实腹梁的可靠性，因此，从 19 世纪后期起（钢）板梁桥在小跨度铁路桥中被普遍采用，直到 20 世纪 50 年代才逐渐为钢筋（预应力）混凝土梁所代替。

3）施工技术

在桥梁基础施工方面，18 世纪开始应用井

图 3-66　英国不列颠箱管桥

筒，英国在修威斯敏斯特拱桥时，将木沉井浮运到桥址后，先用石料装载将其下沉，而后修基础及墩。1851年，英国在肯特郡的罗切斯特处修建梅德韦桥时，首次采用压缩空气沉箱（下沉深度达18.5 m），从此结束了深水江河不能修桥的历史。当采用压缩空气沉箱基础时，工人在压缩空气条件下工作，若工作时间较长，或从压缩气箱中未经减压室骤然出来，或减压过快，易引起沉箱病。

1845年以后，英国J.内史密斯发明了蒸汽打桩机，并开始用于桥梁基础施工。

近代，国外桥梁深水基础施工以预制装配化为主，带动了桥梁行业大型工装设备的研发方向。

3.2　国内外桥梁发展趋势

世界桥梁发展的历史是桥梁跨度不断增大的历史，是桥型不断丰富的历史，是结构不断轻型化的历史。发展现状预示世界桥梁将迎来更大规模的建设高潮。主要有如下几点发展趋势。

1. 大跨度桥梁的发展方向

研究大跨度桥梁在气动、地震和行车动力作用下，其结构的安全和稳定性，拟将截面做成适应气动要求的各种流线型加劲梁，以增大特大跨度桥梁的刚度；特大跨桥梁采用以斜缆为主的空间网状承重体系或采用悬索加斜拉的混合体系；采用流线型钢箱或采用轻型而刚度大的复合材料作加劲梁；采用自重小、强度高的碳纤维材料做主缆；斜拉桥在密索体系基础上采用开口截面，以减小梁的高跨比；大跨度桥梁上部结构轻型化问题。

2. 新材料的开发和应用

新材料应具有高强、高弹模、轻质的特点，通过研究超高强硅粉和聚合物混凝土、高强双向钢丝纤维增强混凝土、纤维塑料等一系列材料来取代目前桥梁用的钢和混凝土。

3. 大跨度桥梁的预应力技术应用

部分预应力、体外预应力仍将得到应用和发展；增加大吨位预应力应用；无黏结预应力结构；应用锚固于箱梁腋上的平弯预应力索，减小板件厚度，解决局部应力问题；双预应力或预弯预应力梁得到更多应用。

4. 大型深水基础工程的难点突破

目前，世界桥梁基础工程实践尚未超过100 m深海。而直布罗陀海峡桥的悬索桥和多跨斜拉桥方案，其基础深达300 m，美国将在墨西哥湾修建的石油钻井平台基础，水深达411 m，解决100～300 m深海基础的施工难题迫在眉睫。

5. 云计算在桥梁工程的应用

未来的云计算平台能够满足桥梁朝规模增大、结构形式复杂化、对计算结果要求精细化等方向发展的需求。同时，通过云计算模型数据库中存储的海量关联规则和规律，自动查找符合的计算模型，使不同数据之间构建起相关联系，从而利用数据的精加工和深度利用，实现数据的有效价值。如通过挖掘桥梁监控的有用数据，可以提高在建桥梁的施工质量，提前预测和解决施工过程中可能遇到的问题，以加快施工进度；可以掌握已建桥梁的实时健康状况，预测未来的使用状况并做好相关养护措施等。

6. 智能化桥梁监测技术

智能化桥梁监测技术通过自动监测和管理系统来保证桥梁的安全和正常运行。当发生故障或损伤时，将自动报告损伤部位和养护对策。光纤传感技术的发展也将给桥梁健康监测与检测注入新的活力。

7. 既有桥梁加固

无损检测、纤维增强复合材料（fiber

reinforced polymer,FRP)等桥梁修复新工艺和新材料也将得到广泛的应用。对于逐渐拥挤的现代城市来说,既有桥梁的加固既能确保城市交通的安全通顺畅行,又能节省社会资金,作用日益突出。既有桥梁加固检测技术的开发应用将成为未来桥梁工程领域的另一道风景线。

8. 桥梁机械的再制造和智能化

桥梁机械的再制造是追求低碳、环保、绿色制造,是桥梁机械升级替代的发展方向。随着近几年人口老龄化的日益严峻,以及劳动力短缺,人力成本显著上升,桥梁机械智能化已成为大势所趋。

9. 重视桥梁美学及环境保护

桥梁是人类最杰出的建筑之一,闻名遐迩的美国旧金山金门大桥、澳大利亚悉尼港湾大桥、英国伦敦桥、日本明石海峡大桥、中国上海杨浦大桥、南京八卦洲长江大桥、香港青马大桥等这些著名大桥都是一件件宝贵的空间艺术品,成为陆地、江河、海洋和天空的景观,成为城市标志性建筑。宏伟壮观的澳大利亚悉尼港湾大桥与现代化别具一格的悉尼歌剧院融为一体,成为今日悉尼的象征。因此,未来的桥梁结构必将更加重视建筑艺术造型、桥梁美学和景观设计、环境保护,以达到人文景观同环境景观的完美结合。

总之,未来桥梁的发展将向大跨、重载、轻型、美观等方向发展,装配化、智能化及低碳化将是桥梁建造发展的总旋律。

参考文献

[1] 唐寰澄.中国古代桥梁[M].北京:中国建筑工业出版社,2011.

[2] 万明坤,项海帆,秦顺全,等.桥梁漫笔[M].北京:中国铁道出版社,2015.

[3] 刘汉中,何炜.三峡工程西陵长江大桥的设计与施工[J].水力发电,1996(3):57-60.

[4] 戴竞.虎门大桥设计与施工[J].土木工程学报,1997(4):3-13.

[5] 李陆平,冯广胜,罗瑞华.武汉鹦鹉洲长江大桥三塔悬索桥缆索系统施工技术[J].城市道桥与防洪,2016(6):198-201.

[6] 李陆平,冯广胜,罗瑞华.武汉鹦鹉洲长江大桥主桥加劲梁架设施工技术[J].桥梁建设,2016(2):1-6.

[7] 黄峰.杨泗港长江大桥主桥全焊结构钢桁梁安装施工技术[J].世界桥梁,2019(5):11-15.

[8] 汪伟.我国桥梁技术的现状与展望[J].产业导向,2019(3):29-30.

[9] 龚维明,杨超,戴国亮.深水桥梁基础现状与展望[C]//中国公路学会桥梁和结构工程分会2014年全国桥梁学术会议论文集.北京:人民交通出版社,2014.

第4章

桥梁施工方法

由于桥梁所处的位置、自然条件、结构形式及科技水平发展不同,因此,桥梁的施工方法也会迥然不同。目前,现代桥梁主要有梁桥、拱桥、斜拉桥及悬索桥等,每种桥型从下到上都可分为基础、塔墩、主梁、索束等。这里以分部分项工程介绍其一般的施工方法。

4.1 基础施工方法

桥梁基础主要有明挖基础、桩基础、沉井基础、负压沉箱基础、管柱基础、复合基础及特殊基础等形式。目前,我国常用的基础主要有前四种形式。

4.1.1 明挖基础

明挖基础一般适用于地质条件比较好的区域,其形状主要有圆形、圆端形、矩形、八角形及U形等。开挖方法根据是否需要支护,分为无支护开挖(图4-1)和支护开挖(图4-2)。平原上的土层明挖基础基本以挖掘机为主,挖除的土由卸土车运输至弃渣场。山体中的石层明挖基础则采用爆破开挖,施工时要控制炸药量,以减少对基岩承载力的破坏。

现代化的明挖基础基本是以机械化的开挖方式进行开挖;基础开挖一般需要进行地基处理,20世纪50年代的地基处理技术有普通砂井法、石灰桩法,70年代发展了高压喷射注浆法、振冲法、强夯法、袋装砂井法、浆液深层

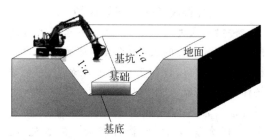

图 4-1　土层明挖基础(无支护开挖)

图 4-2　石层明挖基础(支护开挖)

搅拌法和土工合成材料法等,80年代发展了真空预压法、刚性桩复合地基法、强夯置换法、锚杆静压桩法、树根桩法、沉管碎石桩法和粉体喷射搅拌法等,90年代则发展了聚苯乙烯泡沫(EPS)超轻质填料法等。在基坑开挖防护方面,发展了井点降水、喷射混凝土护壁、钢板桩支护、锁扣钢管桩支护、混凝土沉井支护(锚墩施工)、双壁钢围堰支护和地下连续墙支护等多种支护方式。

作为防护措施的地下连续墙施工法,可根据结构分为柱列式和壁式两大类。前者主要通过将水泥浆及添加剂与原位置的土进行混合搅拌来形成桩,并在横向重叠搭接形成连续

墙。后者则有水泥浆与原位置土搅拌形成连续墙和就地灌注混凝土形成连续墙两种。柱列式和壁式连续墙在施工中均可插入芯材，前者可根据桩径及间隔插入H型钢，后者除了H型钢外也可插入钢筋笼等。对于壁式地下连续墙来说，除了H型钢及钢筋笼外，还可将钢制或混凝土制的板桩埋入，也可进行埋入型地下连续墙的施工。该工法利用长螺旋钻孔机进行就地灌注桩的重叠搭接施工。

柱列式地下连续墙施工一般采用长螺旋钻孔机和原位置土混合搅拌壁式地下连续墙（TRD工法）施工设备；壁式地下连续墙施工一般采用抓斗式成槽机、回转式成槽机及冲击式三大类施工设备，抓斗式包括悬吊式液压抓斗成槽机、导板式液压抓斗成槽机和导杆式液压抓斗成槽机三种，回转式包括垂直多轴式成槽机和水平多轴式回转钻成槽机（铣槽机）两种。

我国在地下连续墙施工中，常用设备如图所示（图4-3）。

(a) (b) (c)

图4-3 我国地下连续墙常用成槽设备
(a) 伸缩导杆式液压抓斗；(b) 导板式液压抓斗；(c) 双轮液压铣槽机

在桥梁领域，地下连续墙最初的主要用途是作为防渗墙、挡土墙和挡水围堰，是一种临时结构，后来逐步用于桥梁基础中，尤其是悬索桥的锚碇基础。

地下连续墙有以下优点：施工振动小、噪声低、对周围工程影响小，非常适用于城市施工；墙体刚度大、整体性好、变形小，可兼作围护结构和主体结构；防渗性能好，墙体接头形式和施工方法的改进使得地下连续墙几乎不透水；可贴近已有建筑物施工；可用作刚性基础，替代桩基础、沉井基础或者沉箱基础，承受更大载荷。其缺点是：不适用于软的淤泥质土、含漂石的冲积层和超硬岩石等土层；废土泥浆的处理问题成为影响城市环境的一个不利因素。

4.1.2 桩基础

早期的桩基础采用石器或铁器将原木直接敲打入土中作为基础应用。自从发明了钻机后，钻孔桩已成为建筑工程的"宠儿"。但随着现代工业及智能建造的发展，预制桩由于施工快速、质量安全性好、绿色环保等优点将会成为桥梁工程的首选基础形式。目前，桩基础是现代桥梁适用最为广泛的基础形式，适用于任何地质土层，发展最为迅猛。现在，桥梁基础的最大桩径达6.3 m，其承载能力达数十万吨，桩基础根据成孔方法的不同分为钻孔桩、挖孔桩及打入桩。

1. 钻孔桩

我国开始应用钻孔桩最早在20世纪60年代，采用的机械是河南省制造的一种人力回转钻机,钻孔时由人力推动钻杆上的推杆连同钻头切进土中,然后由人力推磨带动简易绞车上的齿轮,使滚筒上的钢丝绳提升钻头取土。这种半机械化的人力回转钻机在打井作业中取得了显著效果,一般情况下,25 m 的井孔施工 6~7 天就可完成。此外,钻孔桩钻机研发及钻孔工艺得到了不断的完善提高。

钻孔桩(图 4-4)在漂卵石、黏砂土、碎石、淤泥质黏土层等各种土石中均可施工。钻孔前应根据设计及土质情况选择合适的钻机设备。通常,施钻前需下护筒,护筒埋设长度需根据土层情况确定,遇到软弱易塌孔层,应选择护筒跟进施工。

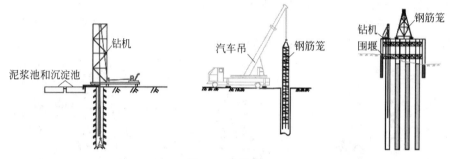

图 4-4 钻孔桩

护筒下至岩面或硬土层后,就可进行钻孔。在钻孔过程中,应向孔内输送泥浆,以起固壁、防渗、悬浮钻渣等作用。施钻过程中应及时检查泥浆的各项技术指标。当钻孔达到预定标高且经验孔确认后,立即进行清孔、安放钢筋笼和灌注水下混凝土。钻孔灌注桩常用的钻机有回转钻、冲击钻、旋挖钻三种类型。不同的建桥条件及不同的地质勘探采用的钻机因地制宜,其施工方法有所区别。

1) 回转钻

回转钻用钻孔机驱动钻杆和钻头进行回转,同时向下施压,钻头旋转将切下的土壤混入泥浆中排出孔外。钻头是钻孔的主要工具,它安装在钻杆的下端。钻头视钻孔的土质及施工方法的不同有不同的形状,其切削刃也有许多不同的形式,便于在钻孔时合理选用。

钻机在泥浆护壁条件下慢速钻进,通过泥浆排渣成孔,是国内最为常用和应用较广的成桩方法。其优点是:可用于各种地质条件,有各种大小孔径(300~6300 mm)和深度(40~130 m);护壁效果好,成孔质量可靠;施工无噪声,无振动,无挤压;机具设备简单,操作方便,费用较低。缺点是:成孔速度慢,效率低,用水量大,泥浆排放量大,污染环境,扩孔率较难控制。

根据钻孔时泥浆循环运动方向的不同,可分为正循环和反循环两种方法。

正循环施工:泥浆流动的方向顺着钻孔的方向形成正向循环。即将清水从胶管顺着钻杆和钻头的中心孔送向孔底。冲起的渣浆沿孔壁向孔口溢出,然后流进沉淀池。沉淀后的清水再用水泵吸出,送入钻杆和钻头的中心孔。泥浆就这样顺着钻孔方向形成反复的正向循环。

反循环施工:泥浆流动的方向逆于钻孔方向,即水从泥浆池经流槽流进钻杆外面的钻孔中,冲起的渣浆用泥浆泵由钻杆的中心孔吸出,经胶管排入沉淀池内。沉淀后的水流入泥浆池继续使用。泥浆就这样逆着钻孔方向形成反复的反向循环。为了增加硬质岩石的钻进效率,我国研制系列先进的动力头回转钻机,其中 KTY5000 型动力头液压回转钻机(图 4-5)的最大扭矩为 450 kN·m,钻孔直径可达 5 m。

2) 冲击钻(图 4-6)

冲击钻成孔用冲击式钻机或卷扬机悬吊冲击钻头(又称冲锤)垂直上下往复向下冲击,将硬质土或岩层破碎成孔,部分碎渣和泥浆挤入孔壁中,大部分成为泥渣,用淘渣筒掏出成

图 4-5　KTY5000 型钻机及钻头

图 4-7　旋挖钻机

图 4-6　冲击钻

孔,然后再灌注混凝土成桩。

冲击钻成孔灌注桩的特点是:设备构造简单,适用范围广,操作方便,所成孔壁较坚实、稳定,塌孔少,不受施工场地限制,无噪声和振动影响。其施工工艺程序是:场地平整→桩位放线,开挖浆地、浆沟→护筒埋设→钻机就位,孔位校正→冲击造孔,泥浆循环,清除废浆、泥渣,清孔换浆→终孔验收→下钢筋笼和钢导管→灌注水下混凝土→成桩养护。

3)旋挖钻机(图 4-7)

旋挖钻机一般适用于黏土、粉土、砂土、淤泥质土、人工回填土及含有部分卵石、碎石的地层,借助钻具自重和钻机加压力,耙齿切入土层,在回转力矩的作用下,钻斗同时回转配合不同钻具,适用于干式(短螺旋)、湿式(回转斗)及岩层(岩心钻)的成孔作业。根据不同的地质条件选用不同的钻杆、钻头及合理的斗齿刃角。对于具有大扭矩动力头和自动内锁式伸缩钻杆的钻机而言,可以适应微风化岩层的施工。目前,旋挖钻机的最大钻孔直径为 3 m,最大钻孔深度达 120 m(主要集中在 40 m 以内),最大钻孔扭矩 620 kN·m。

旋挖成孔桩基的施工方法具有施工质量可靠、成孔速度快、成孔率高、适应性强的优点,大大缩短了工期;另外,废浆少、低噪声、污染小,保护了环境,克服了机械成孔时孔底沉淤土多、桩侧摩阻力低、泥浆管理差的缺点,极大地提高了施工质量。尽管一次投入费用较大,但成孔费用消耗等经济技术指标比其他方法成孔费用低。

2.挖孔桩

挖孔桩指采用人工挖掘成孔,到达设计位置后,清理基底,安放钢筋笼,浇筑混凝土而成的桩(图 4-8)。它施工方便,占用场地少,不需要大型机械设备,易于控制质量且施工时不易产生污染,广泛应用于交通不便的山区、临近既有线或施工前期缺少大型设备的桩基工程中。但挖孔桩对地质土层要求比较高,需要有中硬以上的黏土层,中密以上的砂土层、卵石层、岩层等作为持力层。持力层需在地下水位以上或地下承水不是很困难的位置,所穿越的土层不含淤泥层、流砂层,经降水后,挖进中不会造成垮塌。为便于开挖,其桩径不宜小于 1.0 m。由于挖孔桩作业条件差、劳动强度大,因此,安全和质量显得尤为重要。受地质条

图 4-8 挖孔桩示意图

件、地下水位制约,以及人力成本的上升,挖孔桩在大型桥梁中应用较少。

3. 打入桩

打入桩是用沉桩设备将桩打入、压入或振入土中。我国桥梁领域采用较多的预制桩为混凝土桩和钢桩。混凝土预制桩有混凝土实心方桩和预应力混凝土空心管桩,在房屋建筑、港口码头等工程中应用较为广泛。预制桩插打有锤击法、静压法和预钻孔插桩等方法。

1) 锤击法(图 4-9)

图 4-9 锤击预应力混凝土桩

在锤击法中,沉桩机械通常采用柴油锤、液压锤,不宜采用自由落锤,其特点是穿透能力强、承载力高、施工成本较低、应用广泛,缺点是存在着噪声及振动污染。

桥梁打入桩一般采用钢桩,钢桩有质量轻、承载力高、桩长易于调节、接头连接简单、能够承受较大的锤击力、工程质量可靠、施工速度快等优点,但也存在钢材用量大、工程造价较高、打桩机具设备较复杂、振动和噪声较大、桩材保护不善易腐蚀等问题。同时为适应海上大跨度桥梁及斜桩施工的需要,相应研制了大桥海威 951 打桩船(95 m)(图 4-10),可插打直径 2.5 m、最大桩质量 120 t 的钢管桩,已经用在海上桥梁及海上风电项目中。

图 4-10 大桥海威 951 打桩船

钢桩的施工由早期的振动打桩锤施打下沉,武桥重工研制的中字系振动打桩锤,为中-30~中-250,最大振动力可达 300 t;兰州建筑机械总厂研制的 DZ 系列振动桩锤(图 4-11),振动力为 5~130 t;永安机械研制的 DZJ 高频振动桩锤,最大振动力可达 800 t。后大桥海威 951 打桩船又引进国外的 APE-400(图 4-12)、600 型打桩锤,振动力达 400 t、600 t。随着打桩能力的提高,钢桩桩径也越来越大,入土也越来越深,已建成的孟加拉国帕德玛(PADAMA)大桥,全桥近 300 根桩采用专制的导向架配合德国孟克(MENKE)公司的 MHU-2400S(图 4-13)、3500 型液压振动桩锤,打入的钢桩直径 3 m,壁厚 6 cm，入土深度达百米，单桩承载力近万吨。

图 4-11　DZ 系列振动桩锤

图 4-12　APE-400 振动桩锤

2) 静压法

为解决沉桩产生的强噪声和废气污染，静压法施工应运而生。静压法是通过静压桩机（图 4-14）自重和机架上的配重来提供反力，从而将预制桩压入土中的沉桩工艺，其施工的优点是噪声和振动不明显，污染小，适合在市区人口密集地区施工，缺点是穿透能力差，对机械装备的性能要求较高，设备笨重，难以下到较深的基坑中施工，且有些靠基坑壁的边桩不能施工。

图 4-13　MHU-2400S 振动桩锤

图 4-14　静压桩机

压桩施工的流程：场地平整，放出桩位；压桩机吊桩对位，将桩压入土中 1～2 m，校正桩垂直度后，启动压桩油缸，适当加快压入速度；接桩后继续将桩压入土层，桩尖到达持力层后放缓压桩速度；按设计要求完成终桩施工。

4.1.3　沉井基础

沉井在大跨桥梁中应用比较广泛。沉井施工一般分为陆地（筑岛）施工、水上施工两种，主要是底节制造方式有所区别。陆地沉井一般直接在基础设计位置上制造并就地下沉，视地基的情况决定是否对地基进行处理，首先要保证首节混凝土灌注后不发生大的沉降。在地质较好的区域，可直接开挖成刃脚的形状作为胎模，再在其上立模灌注首节混凝土。也可以在地基上铺设抽垫木支撑刃脚，首节混凝土灌完后，对称抽出垫木，配合井内取土下沉沉井。在浅水地区，可以人工筑岛，在岛上制井下沉。方式与陆地沉井相同。

水上沉井一般由底节及接高节段组成。底节沉井可在岸边或船坞内制造，沉井下水后由拖轮拖至桥墩处定位，同时，在桥位处设置锚碇系统，为定位沉井。为减少拖航阻力，可在井孔内设置钢气筒以增加浮力。钢沉井浮运（图 4-15）到桥位后由定位系统调整平面位置，后通过灌水或放气使沉井快速着床、下沉至稳定深度。目前，钢沉井大多采用双壁钢结构，其自身就是个浮体，着床后再在井壁内灌注混凝土，继续沉井接高下沉（图 4-16）。

沉井内取土开挖分排水下沉（图 4-17）和不排水下沉（图 4-18）。前者适用于渗水量不大、稳定的黏土层（如黏土、粉质黏土及各种岩质土），或在砂砾层中渗水量虽很大但排水并不困难时使用。后者适用于流砂严重和渗水量较大且无法抽干的情况，或者大量抽水会影响临近建筑物安全的情况。排水下沉有降水干挖取土下沉、冲吸排渣下沉等方法。不排水下沉通常采用空气吸泥机吸泥进行排渣下沉。在不排水开挖的沉井施工中，也可视渗水量的大小采用井内排水降低井内水位、减小浮力、增大下沉重量的施工方式，但井内水位要严加控制，不能因此而造成井内翻砂危及沉井安全（比如发生整体位移或破损）。

图 4-17 沉井排水下沉

图 4-15 钢沉井浮运

图 4-18 沉井不排水下沉

随着井内土面逐渐降低，井身借助其自重或增设助沉装置来克服井壁与土之间的摩擦阻力及刃脚底部的端承载力，不断下沉至设计标高，然后在底部灌注水下混凝土进行封底。

图 4-16 沉井接高下沉

在施工过程中,为了减少井筒下沉时井壁与土间的摩擦力,可在筒壁内预埋钢管并压入高压水、泥浆(这种方式现在很少采用)或高压气流,以辅助下沉。

随着工业化水平的提高,沉井的下沉设施和工法也由最初的人挖肩扛,逐步发展到吸沙泵排泥、空气吸泥机(图 4-19)、巨型抓斗、水下自动控制挖掘机(图 4-20)和水下自动控制绞吸机等,使沉井应用领域进一步拓宽。目前,我国桥梁沉井施工主要还是以水力吸泥机和空气吸泥机为主,这两种方式的成本较低,但随着桥梁智能工装化的大力推进,沉井水下挖掘、水下检测监控正在向自动机器人方向发展。

图 4-19 空气吸泥机

图 4-20 水下自动控制挖掘机

4.1.4 负压沉箱基础

沉箱基础与沉井类似,过去也有将沉箱叫作闭口沉井的。二者不同之处在于,沉井是施工人员不能进入水下作业,沉箱则是由排水装置将底部水排开后,施工人员可进入水下工作。过去的气压式沉箱施工以人工为主,因为有可能导致沉箱病,所以,在我国桥梁中应用较少,发展较为缓慢。日本在 20 世纪 20 年代初从美国引进了气压沉箱工法。1969 年,日本建设省开发了无人气压沉箱挖掘机,克服了地上走行式挖土机走行性能不好以及切削能力不足的缺点,可以适应各种地质条件,从而实现了整个施工过程无人化,然而这项技术仅局限于一些较小尺寸沉箱。1970 年,日本白石会社首次研发了沉箱内高效挖掘机,1971 年将 6 台新开发的高效挖掘机应用于阪神高速公路工程中,从此气压沉箱工法开始进入真正的机械化施工时代。1981 年开发成功大气压环境圆筒状操作室内远距离操作系统,基本上实现了无人化施工。工作人员只要通过显示屏就可以进行远距离遥控操作。但在挖掘机检查维修等特殊情况下,作业人员仍不得不进入高压工作室内。

沉箱基础依靠自重(减去浮力)来克服侧面摩阻力和端部承载力而下沉。通过气体排开水后,施工人员下到底部的工作室里去作业,能直接清除土层或障碍物,其适用于如下情况:①待建基础的土层中有障碍物而用沉井无法下沉,基桩无法穿透时;②待建基础邻近有埋置较浅的建筑物基础,要求保证其地基的稳定和建筑物的安全时;③待建基础的土层不稳定,无法下沉井时;④地质情况复杂,要求直接检验并对地基进行处理时。

气压沉箱的施工步骤如下(图 4-21):先将气压沉箱的气闸门打开,在气压沉箱沉入水下达到覆盖层后,再将闸门关闭,并将压缩空气输送到工作室中,将工作室中的水排出;施工人员就可以通过换压用的气闸及气筒到达工作室内进行挖土工作,挖出的土通过出土通道及气闸运出沉箱;变气闸的作用是通过逐步改变闸内气压,来使工作人员逐渐适应工作室内外的气压差,同时又可防止由于人员出入工作室而导致的高压空气外溢;这样沉箱就可以利用其自重或借助其他压重,下沉到设计标高,然后用混凝土填实工作室做成基础的底节,沉箱上部的接高工作和沉井类似。

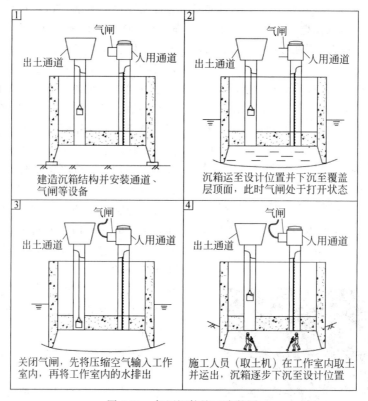

图 4-21 气压沉箱施工步骤图

4.1.5 管柱基础

管柱基础即采用强迫下沉的方法,把空心管柱下沉到设计位置形成套管,然后在管柱内腔通过冲击或钻进成孔,并填充混凝土,以形成嵌岩的柱桩结构的基础。

管柱基础使用专用机械设备在水面上进行施工,具有不受季节限制、能改善劳动条件、加快施工进度、降低工程成本的优点。按施工方法又可分为需要设置防水围堰施工和不需设置防水围堰施工。需要设置防水围堰的管柱基础,其施工较为复杂,技术难度较高,图4-22为设置防水围堰的管柱基础施工流程图。

管柱下沉应根据覆盖层土质和管柱下沉深度的不同而采用不同的施工方法:有振动沉桩机振动下沉、振动与管内除土下沉、振动配合吸泥机吸泥下沉、振动配合高压射水下沉、振动配合射水和射风吸泥下沉等。施工时,根据设计要求、管柱下沉深度、结构特点、振动力大小及其对周围建筑设施的影响等具体情况,规定振动下沉速度的最低限值,每次连续振动时间不宜超过 5 min。管柱下沉到设计标高后,进行凿岩钻孔,管柱内安放钢筋骨架后进行水下混凝土浇筑。

4.1.6 复合基础及特殊基础

复合基础就是将不同类型的桥梁基础,根据墩位处的地质、水文等条件,将两种基础形式进行合理组合的基础形式,常采用的形式是沉箱(沉井)+木桩(管柱、桩基)。

沉井+管柱复合基础(图4-23)的施工方法是先将工厂加工的沉井浮运至墩位处,采用下沉辅助措施使其下沉至设计位置,再通过起重设备将管柱振动下沉至稳定持力层,最后浇筑封底混凝土,使沉井与管柱形成整体,共同受力。其施工工艺流程见图4-24。

在水流湍急的条件下,砂土层极易受到河水冲刷,在钻孔桩施工时,地基坍塌事故时有

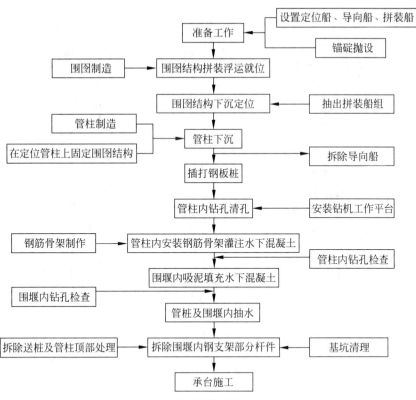

图 4-22 设置防水围堰的管柱基础施工流程图

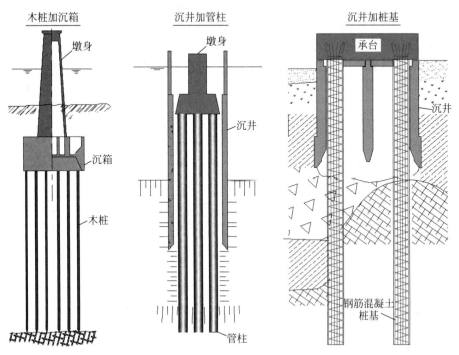

图 4-23 沉井＋管柱复合基础示意图

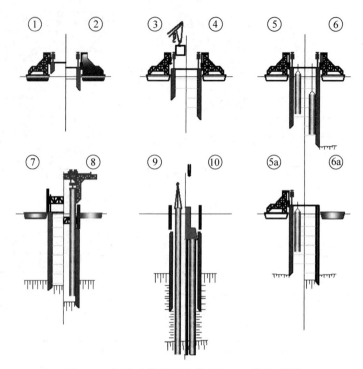

图 4-24　沉井＋管柱复合基础施工工艺流程图

发生。为解决桩基施工时成孔难度大的问题，常采用沉井＋桩基的复合基础。这种复合基础有两种施工方法，一种是顺作法，即先插打木桩或钢桩于覆盖层中，再在其上下沉沉箱。另一种是逆作法，即先下沉沉井，在沉井井壁上预留钻孔桩孔洞，待沉井下沉至设计深度后，再进行钻孔桩施工，然后浇筑封底混凝土，使沉井与桩基形成整体。

沉井＋桩基复合基础的优势在于先下沉井，再钻孔，既满足了基础的埋深要求，又解决了深基础的水下施工难题。它既能避免沉井下沉过深带来的施工困难，又有利于避免钻孔桩在松散或软弱地层容易坍孔的问题。从结构上说，沉井内套钻孔桩减短了桩的自由长度，限制墩顶变位，利于稳定。而且沉井给钻孔施工提供了一个稳固的平台，利于施工。在条件适宜的情况下，沉井可在陆地上加工完成后再整体下河浮运到墩位进行下沉，可有效节省围堰筑岛的工程量，且井顶围堰也可考虑使用钢板桩或钢套箱。

为解决深水、覆盖层浅及岩性复杂的问题，一般桥梁基础施工困难，需要采用特殊构造以解决这些难题，这时就需要一些特别的基础形式，如双承台管柱基础、地下连续墙基础、设置基础等。

我国在 1987 年建成通车的广茂线肇庆西江大桥，由于管柱自由长度大、稳定性差，因此，在施工中首创了双承台管柱基础(图 4-25)，巧妙地将主体结构和施工结构相结合。双承台管柱基础修筑上、下两个承台，以此加大基础的侧向刚度，减小管柱的计算长度。

双承台管柱基础的优点是能避免因设计低桩承台而需抵抗的高水头，也可避免因设计高桩承台桩基础的自由长度过长而引起的稳定性差等问题；缺点是基础需施工两个承台，施工过程复杂，施工难度较高。

对于许多跨越海峡的大桥而言，由于水深、流急、浪高、航运频繁，因此，修建深水基础现场作业特别困难。为尽可能减少现场作业，美国和日本等国在明挖扩大基础和无压沉箱基础的基础上，发展出一种新型的桥梁基础——设置基础，也可以理解为是设置在深水中的经过

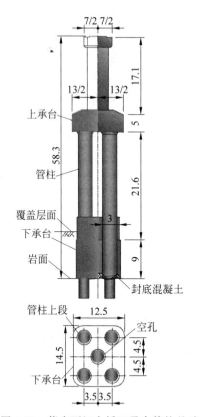

图4-25 肇庆西江大桥双承台管柱基础

图4-26 希腊安特里翁桥的桥基础结构图

4.2 塔墩施工方法

4.2.1 塔墩施工概述

各种桥型的塔墩和墩身结构作为主要受力结构,不仅要承受巨大的轴力,还要承受很大的弯矩。从建造材料上来区分,塔墩主要可分为钢筋混凝土塔墩、钢塔墩及钢混组合塔墩三种,钢筋混凝土塔墩与钢混组合塔墩使用最广泛。

混凝土塔墩(图4-27)一般可采用支架翻模法分段浇筑、液压自动爬模法分段浇筑等方法施工。当混凝土塔墩高度较小时,多采用支架翻模法施工,但施工效率和经济性较差。当混凝土塔墩高度较大时,多采用液压爬模法施工。爬模施工具备适用性广、模板合模及脱模施工简便、模板定位精确、爬架爬升自动化程度高、操作方便等优点。

钢塔墩一般采用节段拼装法施工,按配置的起重设备来合理划分节段;随着起重设备能力的提升,对于高度和重量较小的钢塔墩来说,可采用整体吊装法安装,或者水平分节段拼装后再进行竖转就位的方式安装。对于高度较高和质量较大的钢塔墩来说,则可采用竖向原位分节段拼装的方式。

钢混组合塔墩(图4-28)一般下部采用混凝土塔墩,上部采用钢结构。其中,混凝土部分按混凝土塔墩的施工方法进行施工,钢结构部分按钢塔墩的施工方法进行施工。

地基处理的扩大基础。这种基础的核心是将基础的部分或整体在岸上或船坞内进行预制,现场则主要是地基的处理。如果是岩石的话,则需要水下整平;如果是覆盖层的话,则视情况进行地基加固,然后将预制好的基础,通过浮运或船运至墩位,通过下放,或边下放边接高的方式,置于已经处理好的地基上,形成基础。

如2004年建成通车的希腊安特里翁桥,就是采用覆盖层上的设置基础。桥位处水深达65 m,河床下500 m处仍没有岩床,软弱土层非常厚,并处于一些活动断层有可能造成强烈地震的区域。施工时,首先在水下插打250根直径2 m的钢管桩,以此来对海床进行加固,然后抛填3 m厚的碎石并整平,然后将预制好的设置基础运至墩位,边接高边下沉,落至加固好的地基上。如图4-26所示。

图 4-27　混凝土塔墩

图 4-28　钢混组合塔墩

4.2.2　混凝土塔墩施工

在混凝土塔墩施工中,要根据施工吊重、施工场地布置、施工方案、吊幅及塔柱高度选择合适的型号,一般选用附着式塔吊作为起重设备。塔吊布置位置的不同,对塔吊型号选择及施工技术都有很大的影响。塔吊布置要充分考虑塔吊的利用率,并应综合考虑大型构件的运输路线、堆放位置、安装位置以及塔吊的起重性能。

混凝土塔墩的混凝土浇筑以泵送为主,根据塔墩高选择相适应的输送泵。对于高度较高的塔墩来说,可选多级泵送方式输送混凝土。通常是每个塔柱单独布置一套输送泵,混凝土泵管可以布置在塔柱内。少数情况下,对混凝土材料性能、施工方法等有特殊要求时,也可采用料斗直接吊装浇筑的方式。

模板一般有胶合板、钢板、塑料板。胶合板有竹胶合板和木胶合板两种。由于塔柱施工通常有较高的外观质量要求,因此塔柱模板常采用具有吸水性的胶合板。模板设计要求结构安全可靠,具有足够的强度和刚度,同时结构设计应简单合理,便于制作、安装、调整定位、拆除和重复使用。模板骨架通常采用型钢支撑结构。

混凝土塔墩有滑模、翻模和爬模三种施工法。滑模法是利用混凝土随时间硬化的特性,待模内混凝土强度达到能自立时,利用液压千斤顶使滑模板上滑,进行连续混凝土施工。翻模法(图 4-29)是每个塔柱一套模板,施工过程中模板交替轮番提升安装,每节都立在已浇筑好的混凝土模板顶。如此循环至塔顶。爬模法(图 4-30)的特点是每节混凝土浇筑并达到一定强度后,模板脱落混凝土。提升轨道、支架和模板系统沿轨道爬升。到位后模板移动到工作位置。在大跨桥梁中,滑模是首选。国内翻模施工通常采用钢质模板,爬模施工采用钢质模板时有如下缺点:爬架爬升就位不便捷,操作不方便;受重量限制,爬架操作空间有限,模板的拆除、清理、安装及调位不方便;模板为钢材,需除锈。

第4章 桥梁施工方法

1. 翻模施工方法

（1）根据模板设计高度,从墩顶往下排,不足整节模板高度者称为零节,零节模板可单做,也可用整节模板代用,但需注意脱模后重新立上一节模的支垫和与零节混凝土的锁固,不得出现接缝错台、漏浆。

（2）在翻模施工过程中,起吊前应仔细检查模板与混凝土之间是否完全脱离,起吊扣件是否牢固,操作平台上的机、具、料是否清理干净,防止出现安全隐患。

（3）在墩顶实心段施工时,应提前做好预埋件或预留孔的准备工作。预埋件的位置要准确,定位要牢固,并防止混凝土浇筑过程中位置移动。

（4）内模板支撑加固必须牢固,在相邻模板之间的连接翻升过程中须断开,拼装时应连接成整体。

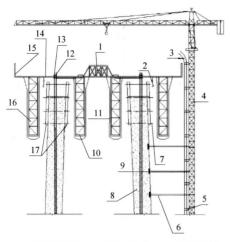

1—液压控制台；2—倒链滑车；3—砼输送管道；4—塔吊架；5—输送管连接件；6—连结杆；7—拉杆；8—已施工墩身；9—预埋件；10—内吊架；11—安全网；12—千斤顶；13—顶杆及套管；14—平台；15—平台安全围栏；16—外吊架；17—内、外模板。

图4-29 翻模施工结构形式图

2. 爬模施工方法

（1）模板面板及爬架平台能适用于不同形状的塔柱和倾斜度,当索塔截面形状改变时,只需对模板面板及平台做少量调整即可。

（2）木模板体系自重小,采用车间组拼、现场安装的方式,利用爬架上设置的模板悬挂及纵、横向调节系统进行模板的闭合、调位及脱模,操作十分便捷,效率高。

（3）爬架采用液压油缸顶升的方式,自动化程度高,安全性能高,能加快工程进度,确保工期和施工安全。

（4）模板使用优质木面板,能有效减少混凝土表面缺陷,获得较好的混凝土外观效果。

液压爬模的工作原理简便易操控,施工流程如图4-31所示。

各种不同高度的塔墩根据结构要求,设置一层或多层横梁。横梁多为预应力混凝土箱形结构,一般采用支架现浇。在距离基础高度不大的情况下,多采用落地式支架。支架多采用钢管＋适应下横梁底面线型的焊接梁的支架形式,具有拆装方便,变形可控,不易使下横梁底板产生裂缝的优点。桥墩下横梁支架的布置形式如图4-32所示。

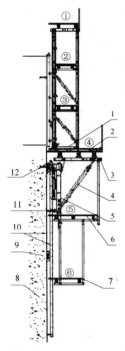

1—后移横梁；2—主平台；3—承重三脚架横梁；4—承重三脚架斜撑；5—承重三脚架立杆；6—液压操作平台；7—吊平台；8—剪力墙；9—埋件；10—导轨；11—附墙撑；12—附墙装置。

图4-30 爬模结构示意图

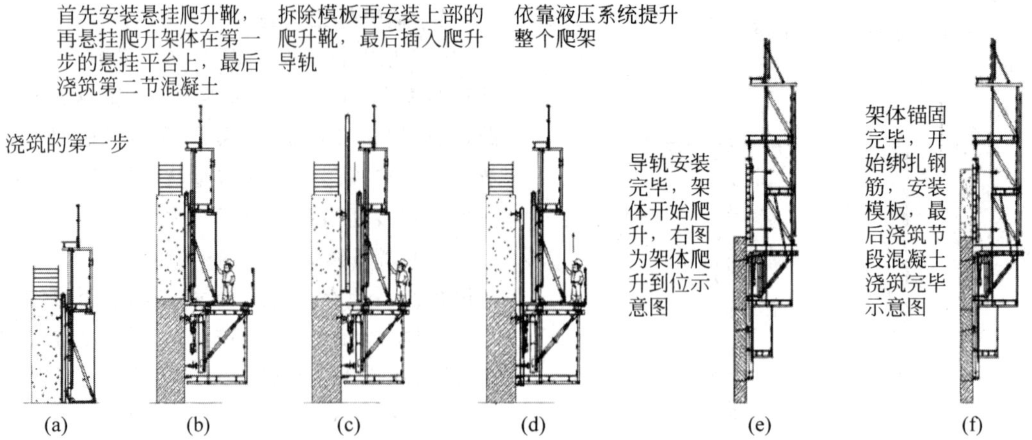

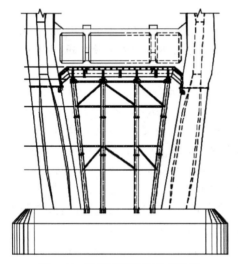

图 4-31 液压爬模施工流程图

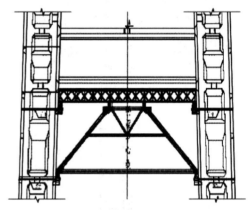

图 4-33 塔墩上横梁支架布置图

图 4-32 塔墩下横梁支架布置图

在距离基础高度较大的情况下,多采用非落地式支架。随着现代施工管理理念的发展,缩短工期和节省施工成本越来越成为施工技术发展的重要考量因素。一是横梁距支架支承点高度较大,支架搭设成本较大,高空作业量大,安全风险高;二是横梁支架支承在下横梁时,使得上横梁浇筑与墩顶梁段施工不能同时进行。桥墩上横梁支架的布置形式如图 4-33。

塔梁或者墩梁可采用同步施工或异步施工。一直以来,塔墩与横梁施工多采用塔梁同步的施工方法,具有下横梁钢筋及预应力施工简便、整体性好、无交叉作业、安全风险小等优点。但它也有其缺点:塔柱模板需反复改造及安装,施工工期长。

因此,在工期紧张的情况下,塔墩施工过程中采用异步施工,即在塔墩塔柱爬模升至横梁顶面以上后再进行横梁施工。该方法虽然存在横梁钢筋及预应力施工相对困难,预埋精度要求较高,存在交叉作业安全风险等缺点,但能减少塔柱液压爬模的拆装次数,降低吊装作业安全风险,便于施工组织,增加工作面,节省工期。

4.2.3 钢塔墩施工

钢塔墩架设的核心问题是采用有效的技术措施,来保持工厂匹配制造时相连节段的相对几何位置和相连节段的端面金属接触率。另外,钢塔架设的难点和重点是构件超重、超大、超高吊装施工。安装方案需考虑以下因素:钢塔的规模如塔形、塔高、塔柱节段尺寸、质量和连接方式;架设地点的现场条件,如地形、地域、气候等。

钢塔施工中,钢索塔主要有分节段安装和整体安装两种方式。根据设计结构及施工条件,常用的安装施工方法有:浮式吊机安装法、塔式吊机安装法、爬升式吊机安装法、液压自爬升门式吊机安装法、竖转法等。

1. 浮式吊机安装法

浮式吊机安装从水上利用浮吊进行起吊安装,其优点是可以大大缩短工期,但由于浮吊起吊高度有限,且受桥位地理环境影响较大,一般适用于高度较小的索塔。如图4-34所示。

慢。也可在索塔横桥向两侧各布置一台,减小塔吊吊装半径,对塔吊起重性能要求相对降低,且两台塔吊同时施工,进度相对较快,但对协同操作要求较高。

图 4-35 塔式吊机安装法

3. 爬升式吊机安装法

爬升式吊机安装在索塔塔柱侧壁上安装导轨,吊机沿此导轨爬升,钢塔通过爬升式吊机起吊安装。该方法虽然不受塔高限制,但由于爬升式吊机支撑在索塔塔柱侧壁上,因此,吊机自重使塔柱受力偏心,增加了塔柱安装精度(垂直度)的控制难度,同时塔柱需做局部加强,而且吊装重量不宜过大。如图4-36所示。

4. 竖转法施工

常用的竖向转体施工方法有两种,一种是利用塔架竖提进行转体,另一种是利用竖转架起扳转体。另外还有一种利用两台浮吊进行空中竖转安装的方法。

1)塔架竖转施工(图4-37)

首先需要在塔座旁搭设大型承重塔架,然后将钢塔节段在地面拼装焊接成形,通过塔架上的液压提升器拉紧前后拉索,对前后拉索分级对称施加拉力,使钢塔脱离拼装焊接平台,直至竖转到指定位置。塔架转体的优点是:钢塔本身受力小,前后拉索的拉力较小,施工阶段水平载荷也较小。此方法适合用于"先塔后梁"。

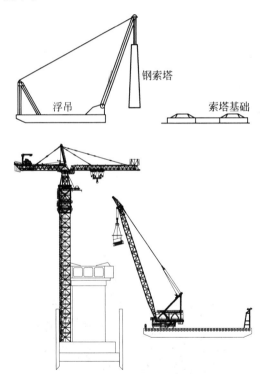

图 4-34 浮吊大节段吊装钢索塔示意图

2. 塔式吊机安装法

塔式吊机安装在索塔旁预先安装大型塔式起重机,通过吊机来分节段进行起吊安装(图4-35)。吊机根据吊装能力和工期进行选择和布设。采用布设单台塔机吊装的方案,对塔吊起重性能要求较高,且施工进度相对较

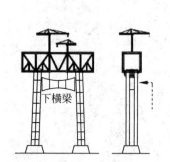
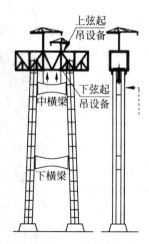
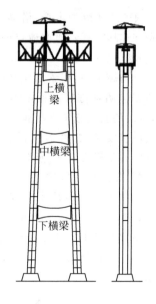

图 4-36　爬升式吊机安装法

图 4-37　塔架竖转施工

2）扳转体施工（图 4-38）

先在桥面搭设拼装焊接平台，在平台上完成钢塔的拼装焊接成型，然后在钢塔上安装一个临时的竖转架，安装好竖转架体系后，再利用布置在桥面的液压提升装置对后拉索进行对称分级加载，使钢拱塔离地，再将钢塔转体到位。竖转架起扳法的优点是，减少高空作业，整个竖转体系安装和拆卸迅速、方便，工程量小；将后拉点锚固在桥面梁上，后拉索、竖转架、桥面梁三者形成一个三角形，将较大的水平力转化为桥面梁的内力。此方法多用于"先梁后塔"的桥梁施工。

图 4-38　扳转体施工

3）空中竖转法

空中竖转法利用大小两台浮吊完成空中竖转动作，其施工方法为：①整体钢塔在工厂完成制造，运至下水码头；②钢塔运输采用大吨位运输船运至桥位附近；③利用大小浮吊协同操作完成转体。图 4-39 为港珠澳大桥江海直达船航道桥的钢塔安装。

图 4-39　大小浮吊竖转法

4.3　主梁施工方法

梁部结构是桥梁工程的重要组成部分,其施工方法根据结构形式、桥位条件、设备资源等有不同的方法。这里按主梁材料分成混凝土主梁、钢主梁和钢混结合梁等三种施工方法。

4.3.1　混凝土主梁

采用混凝土结构作为主梁的施工方法有支架现浇法、移动模架法、悬臂浇筑法、节段拼装法、整体预制架设法和顶推法施工。

1. 支架现浇法

支架现浇主要以落地支撑或者附着于墩柱上的三角托架作为支撑结构,在支撑上部,以安装平台作为主梁浇筑过程的承载结构。现浇支架分为满堂支架和少支点支架以及两种支架的组合。

(1) 满堂支架主要采用碗扣单元件或盘扣单元件,其施工方法为处理地基,使其满足基础承载力及排水要求,按规范及设计要求搭设好支架,安装模板,对支架进行预压,调整好模板线型,然后,绑扎钢筋浇筑混凝土。这类支架主要适用于主墩高度在10 m 左右,且地质条件较好的现浇梁。

满堂支架分为碗扣式(图 4-40)和盘扣式(图 4-41)两种。盘扣式支架承载力大,现已广泛应用在主梁施工中,其立杆采用套管承插连接,水平杆和斜杆采用杆端和接头卡入连接盘,用楔形插销连接,形成结构几何不变体系的钢管支架。承插型盘扣式钢管支架由立杆、水平杆、斜杆、可调底座及可调托座等配件构成。

图 4-40　碗扣式支架及管件接头

图 4-41　盘扣式支架及管件接头

(2) 少支点支架(图 4-42)又称为钢管立柱支架,主要充分利用钢管的承载力大的特点,通过少量的钢管做立柱,用型钢或贝雷片做成承重梁的浇筑支撑平台。其施工方法为基础施工、安装钢管立柱、安装浇筑平台、对支架进行预压、安装模板、绑扎钢筋、浇筑混凝土。这类支架主要适用于墩高在 10 m 以上的各类现浇主梁。对于地质条件较好的地区钢管立柱基础可采用扩大基础,在地质条件较差的地方可采用直接打入式钢管或钻孔桩作为基础。

图 4-42　钢管立柱支架图

2．移动模架法

移动模架造桥机是一种自带模板,利用承台或墩柱作为支承,对桥梁进行现场浇筑的施工机械。其主要优点是施工质量好、施工操作简便、成本低廉等。移动模架造桥机主要由支腿机构、支承梁、内外模板、主梁提升机构等组成。可完成由移动支架到浇筑成型等一系列施工。

移动模架施工流程为:

（1）设计制造移动模架系统。

（2）牛腿的组装:牛腿为钢箱梁形式,吊装牛腿时在牛腿顶面用水准仪抄平,以便推进平车在牛腿顶面顺利滑移。

（3）支撑梁安装:承重梁在桥下组装,根据现场起吊能力可采用临时支架将主梁分段吊装在牛腿和支架上。组成整体后拆除临时支架。也可将全部主梁组装完成后用大吨位吊机整体吊装就位。

（4）横梁及外模板的拼装:主梁拼装完毕后,接着拼装横梁,待横梁全部安装完成后,主梁在液压系统作用下,横桥向、顺桥向依次准确就位。在墩中心放出桥轴线,按桥轴线方向调整横梁,并用销子连接好。然后铺设底板和外腹板、肋板及翼缘板。

（5）绑扎钢筋,安装预应力及内模板等。

（6）浇筑梁体混凝土。

根据结构的特点移动模架分为上行式移动模架(图 4-43)和下行式移动模架(图 4-44)。

图 4-43　上行式移动模架

图 4-44　下行式移动模架

3．悬臂浇筑法

悬臂浇筑法指的是在桥墩两侧设置挂篮,对称地逐段向两侧悬臂浇筑水泥混凝土梁体,并逐段施加预应力的施工方法。悬臂浇筑的梁体主要有混凝土变截面连续梁及连续刚构,以及悬臂施工的混凝土斜拉桥。悬臂浇筑法的主要设备是一对能走行的挂篮,挂篮在已经张拉锚固并与墩身连成整体的梁段上移动,绑扎钢筋、立模、浇筑混凝土、施预应力都在其上进行。完成本段施工后,挂篮对称向前各移动一节段,进行下一对梁段施工,循序前行,直至悬臂梁段浇筑完成。

悬臂浇筑前一般采用托架施工墩顶主梁段,如图4-45所示为现浇托架。现浇托架以三角架作为主要支撑结构,通过提前预埋在墩身中的预埋件固定于墩身。现浇托架主要用于墩身较高的主梁现浇,一般用于连续梁或连续刚构的0#节段或边跨直线段(图4-46)。对于墩高较高或地质较差的整孔现浇梁而言,三角托架可取代钢管支架用作上部现浇平台的支撑结构。但是考虑到不平衡弯矩的影响,还需要对主体结构墩身进行结构计算。

一般的变截面梁采用普通挂篮悬臂施工(图4-47),挂篮自身质量为最大悬臂节段质量的0.3~0.4倍,适应的节段长度为2.5~6.0 m。

图4-47 普通挂篮悬臂施工

对于节段较长、较重的混凝土斜拉桥主梁而言,则利用主梁拉索来牵索挂篮施工(图4-48),即斜拉索作为挂篮前支点参与挂篮结构受力。牵索挂篮主要的施工步骤:挂篮拼装就位,挂篮载荷试验,挂设前端斜拉索并进行第一次索力张拉,挂篮立模绑扎钢筋,浇筑第一次混凝土,斜拉索第二次张拉,浇筑第二次混凝土,混凝土达到强度后斜拉索索力转换到浇筑完成的主梁上,挂篮下降走行到下浇筑节段。牵索挂篮自身质量为最大悬臂节段质量的0.45~0.55倍,适应节段长度为5~10 m。

图4-45 现浇托架

图4-48 牵索挂篮悬臂施工

4. 节段拼装法

节段拼装法将主梁分成若干节段进行预制,然后运输到现场拼装。主要步骤:墩顶

图4-46 边跨直线段现浇托架

0#（或0~1#块）浇筑及墩梁锚固→拼装架桥机或桥面吊机→吊装梁段就位→与已架段连接成整体，吊机前移进入下一循环至悬拼完成→合龙段施工→体系转换。

主梁节段利用移动式悬拼吊机将预制梁段起吊至桥位，采用环氧树脂胶和预应力钢丝束连接成整体。拼装的分段长为2~5 m。拼装施工适用于预制场地及运吊条件好的情况，特别是工程量大和工期较短的梁桥工程。如图4-49为主梁节段拼装施工图。

图4-49 节段拼装施工图

5. 整体预制架设法

整体预制架设法主要适用于整体预制的空心板梁、槽梁、T梁及箱梁等，主梁一般在预制场集中预制，由大型运输设备运输至桥位，再使用架桥机或其他吊装设备架设。该方案适用于数量较大的简支梁。目前，公路、铁路等引桥跨已广泛应用，主要设备包括：龙门吊机、大型提梁机、搬运设备以及架桥机等，如图4-50为梁场内龙门吊机吊装节段梁；图4-51为搬运机运输主梁；图4-52为架桥机吊装T梁；图4-53为架桥机吊装孔箱梁。

图4-51 搬运机运输主梁

图4-50 梁场内龙门吊机吊装节段梁

图4-52 架桥机吊装T梁

6. 顶推法施工

顶推法施工（图4-54）是在沿桥轴线方向的桥台后设置预制场，设置钢导梁和临时墩、滑道、水平千斤顶施力装置。具体做法：分节段预制混凝土梁段，用纵向预应力筋连成整体，将梁逐段顶出去（拖出去），再在窄出的制梁台座上继续下一梁段浇筑，这样反复循环施工的方法即顶推法施工。

工中广泛采用,主要是受城市道路运输和施工场地的限制。将钢梁加工成若干块段,采用大型汽车吊或者履带吊机或龙门吊机安装。由于钢结构能承受块件的重量,故仅用少量支撑,支撑在块件之间的连接位置即可。钢梁安装到位后,现场将块件焊接成整体即可。如图 4-55 所示。

图 4-53 架桥机吊装孔箱梁

图 4-55 支架拼装法安装钢梁

2. 悬臂拼装法

采用悬臂拼装的钢梁主要适用于大跨度的斜拉桥及连续梁桥等,主要是跨越江河或高山峡谷。跨越江河的桥梁在运输条件满足的情况下,将工厂制造好的节段梁通过船舶运输到桥位采桥面吊机或缆载吊机或缆索吊机进行悬臂架设。如图 4-56 为桥面吊机悬臂拼装主梁节段;图 4-57 为缆索吊机拼装主梁;图 4-58 为缆载吊机安装钢箱梁。

图 4-54 顶推法施工

顶推法的特点是:不需要支架和大型机械,工程质量容易控制,占用场地少,不受季节影响。但仅适用于等高度的直线桥或等半径的曲线桥。

顶推法施工不仅可用于连续梁桥,还可用于其他桥型,如简支梁桥,也可先连续顶推施工,就位后解除梁跨间的连续。

4.3.2 钢主梁

大跨桥梁一般采用钢主梁,其施工方法基本与混凝土主梁相同,都是先在工厂预制后,再在现场组装成型。由于钢主梁加工精度高,因此,一般由专门钢结构厂制造完成。根据桥位施工场地、吊装能力、施工工期等条件,钢主梁可加工成小单元块件,也可制造成节段或整孔运到现场,再用大型吊装设备进行安装。钢主梁的施工方法有支架拼装法、悬臂拼装法、顶推法、整孔架设法。

1. 支架拼装法

钢主梁采用支架拼装法,这在城市高架施

图 4-56 桥面吊机悬臂拼装主梁节段

3. 顶推法

钢梁顶推法与前述混凝土梁顶推法的思路基本一致,唯一不同的是钢梁是在顶推平台上将单元块件焊接成整体后顶推,但是由于钢结构的受力特性,因此,钢梁顶推时临时墩布距较混凝土梁大,且对于顶推跨度不大的情况

图 4-57 缆索吊机拼装主梁

图 4-58 缆载吊机安装钢箱梁

而言,通过计算钢梁可以不用辅助导梁直接顶推。如图 4-59 所示为顶推施工的钢梁。

图 4-59 钢梁顶推

4. 整孔架设法

钢梁整孔架设有一定的局限性,首先是在大水域上的桥梁,其次桥梁结构基本一致适合工厂批量化生产,再次需要大型的下水场地及船舶运输,最后采用大型浮吊进行安装架设。如图 4-60 所示为整孔钢梁安装。

图 4-60 整孔钢梁安装

4.3.3 钢混结合梁

钢混结合梁即钢-混凝土组合梁,是在钢结构和混凝土结构的基础上发展起来的一种新型结构形式。它主要通过在钢梁和混凝土翼缘板之间设置剪力连接件(栓钉、槽钢、弯筋等),来抵抗两者在交界面处的掀起及相对滑移,使之成为一个整体而共同的工作。钢-混组合梁结构轻、跨度大,后期进行桥面板施工时,下部钢结构可以作为施工的平台和模板,其施工方法有顶推法、悬臂假设法、整孔安装法等,其施工方法与其他钢梁类似,此处不再介绍。图 4-61 为钢混组合梁(先钢梁后混凝土桥面板)的施工图片;图 4-62 为钢混组合梁整体安装的图片。

图 4-61 先钢梁后混凝土桥面板安装

图 4-62 钢混组合梁整体安装

4.4 缆索施工方法

缆索是一种高强度受拉材料,是大跨度索束桥梁至关重要的组成部分,如悬索桥的主缆、吊杆以及斜拉桥的斜拉索等。

4.4.1 悬索桥主缆施工

（1）猫道安装：悬索桥主缆的架设通常是先建立临时人行天桥,俗称"猫道"（图 4-63）,它是重要的空中走道和作业平台。在主缆架设、主缆紧缆、索夹和吊杆安装、主缆缠丝以及防护涂装等过程中,猫道可以帮助施工人员到达主缆的任何一个位置。而在猫道架设前,需要架设一根导索,然后采用往复牵引的方法架设猫道索。导索过江的方法有直升机牵引法（图 4-64）、船运牵引法（图 4-65）、射弹法（图 4-66）等。

（2）主缆施工：具有较长缆索的悬索桥,缆索的编制可以采用空中纺线法（AS法,图 4-67）、预制平行钢丝索股法（PPWS法,图 4-68）。两者的区别主要是前者牵引单根钢丝,后者则是成束（预制索股）牵引,因此,PPWS法可以减轻现场工程量和避免气候的影响,能够加快安装速度。

不论采用何种方法,在全部索股就位后都需要将缆索压紧,这里就要用到紧缆机（图 4-69）。在紧缆的过程中,缆索的形状由六边形变为接

图 4-63 猫道全景及横断面图

图 4-64 直升机牵引法

图 4-65 船运牵引法

图 4-66 射弹法

图 4-67 空中纺线法

图 4-68 平行钢丝索股法

近于圆形。紧缆工作完成后安装索夹,索夹之间的缆索需要用到缠丝机(图 4-70)进行缠丝捆扎。

4.4.2 斜拉桥拉索施工

与悬索桥的主缆相比,斜拉索的截面和长度都要小得多。在现代斜拉桥中,斜拉索通常是以单束平行钢丝或单根钢绞线的形式出现。

图 4-69 紧缆机

图 4-70 缠丝机

平行钢丝束或钢绞线由工厂预制,检验合格后卷盘成型,经汽车运输或驳船运至工地,整盘起吊上桥,斜拉索的施工主要是放索、牵引、安装等工序。

1. 平行钢丝束施工

根据斜拉索在梁塔端安装的先后顺序,将其分为三种方法。

1) 先装梁端,再牵引安装塔端

这种挂索方法常用于主梁为预制安装或梁端没有操作条件,而塔端有操作净空的斜拉桥。施工方法简捷明了,挂索设计也相对比较简单。一般情况下,为获得较高的施工效率,塔端需安装大吨位的电动卷扬机、滑车组和张拉设备等。同时,为提供施工方便,塔上还需安装临时牵引锚固件、转向滑车、脚手架等一系列施工辅助件。施工作业大多在塔上进行,高空作业较多。

该方案的挂设原则是先利用塔上起吊设备将斜拉索锚头提升到距塔上索道管一定高度,再将梁端斜拉索锚头安装到位,最后在塔端锚头处利用软、硬牵引装置将斜拉索牵引张拉到设计位置。

该方案的工艺流程如下:安装固定放索系统及转向滑车→放索(图 4-71)→在斜拉索塔端安装张拉杆及起吊夹具→塔上起吊设备提升塔端锚头至一定高度→继续放索,梁端利用卷扬机牵引梁端锚头到位→利用接长杆将斜拉索与牵引挂篮联结→塔端利用牵引杆牵引塔侧锚头到位→在塔端处按设计及监控要求张拉斜拉索索力。

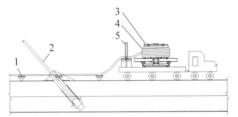

1—单轴小车;2—已挂斜拉索;3—放索盘;
4—斜拉索;5—转向架。

图 4-71　梁端放索与桥面展索

2)先装塔端,再牵引安装梁端

这种挂索方法适用于主梁采用支架法或挂篮悬浇法施工且塔端没有足够的操作净空的情况。因主要的施工作业是在梁面或梁端施工平台上完成,故作业条件相对较好,而塔端也只需布置较简易的辅助设备即可。大部分的牵引、张拉及相应的辅助设备安装在宽松的梁面或作业平台上,施工的安全性大大提高了。此外,因低吨位的牵引在梁端进行,故可适当放宽对卷扬机的能力要求。

该方案的挂设原则是先挂塔端,再利用塔上起吊设备将斜拉索锚杯在塔端锚固板上戴帽,然后在斜拉索梁端锚杯上按要求安装好张拉杆及牵引杆,最后在梁端锚处利用软、硬牵引装置将斜拉索牵引张拉到设计位置。

该方案的工艺流程如下:安装固定放索系统及转向滑车→放索→在梁端处安装张拉杆,在塔端处安装起吊夹具→塔上起吊设备提升塔端锚头至相应索道管口→利用塔端卷扬机牵引塔端锚头到位锚固→梁端利用牵引杆牵引梁端锚头到位→在梁端处按设计及监控要求张拉斜拉索索力。

3)安装接长一端,再将接长的另一端牵引到位

这种方法适用于塔梁两端都具有施工操作条件的情况。因两端都可操作,故挂索设计条件相对宽松,从而有条件可按照最优化的施工顺序和操作步骤选配施工设备和连接件,使施工对设备能力的要求降到较低的程度,从而提高经济效益。

2. 钢绞线斜拉索安装

钢绞线斜拉索索体一般由多股无黏结、高强度、低松弛、平行镀锌钢绞线组成,外层装有高密度聚乙烯(high-density polyethylene,HDPE)外护套管,其组成如图 4-72 所示。相对于应用比较广泛的平行钢丝斜拉索的笨重,挂索施工很费力,平行钢绞线拉索的"单根安装,单根张拉"施工技术就显得非常轻松。其次平行钢绞线拉索是一根根钢绞线独立锚固的,所以,它可以单根钢绞线调整索力,也可以逐根钢绞线进行换索,而平行钢丝拉索就需要整根拉索进

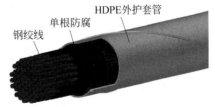

图 4-72　钢绞线斜拉索断面组成示意图

行调索或换索,施工相对困难,但平行钢绞线拉索对施工技术水平要求较高,施工前和施工过程中均需要进行详细、准确、科学的施工计算和施工控制,以下主要对斜拉桥平行钢绞线拉索的施工方法进行介绍。

1) 挂索施工总体方案

平行钢绞线斜拉索施工的主要工艺流程如图 4-73 所示。

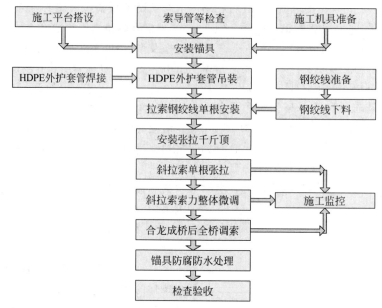

图 4-73 平行钢绞线斜拉索施工流程示意图

平行钢绞线斜拉索施工主要包括施工准备、HDPE 外护套管安装、钢绞线安装及张拉、索力调整四部分。

为保证斜拉索顺利安装,需要设置一些施工临时辅助结构,如塔顶吊架结构、塔外施工平台、塔内施工平台等,其中塔顶吊架主要是给塔外平台及塔内平台提供高空吊点,并作为塔内外平台以及锚具、HDPE 吊装时的主要受力构件。塔内平台一般采用垂直升降悬挂式平台,根据在单根挂索与整体张拉时需要的操作空间不同,并结合现场环境条件,将塔内平台设置成上下两层,并可根据实际需要进行交互使用。

2) HDPE 外护套管及锚具安装

(1) 外套管安装。HDPE 外护套的作用是保护单根防护的钢绞线束,使其与外界隔绝,防止紫外线照射,避免腐蚀,提高拉索外表的美观性,并使其具有改变拉索空气动力学性能的作用(图 4-72)。外护套采用高密度聚乙烯制作,其外表面同步挤出双螺旋线,其外壁凸起的肋条可有效阻止雨水在风的作用下在 HDPE 外护套表面形成水线,从而有效降低因风雨作用对拉索造成的不良振动,具有良好的抗风雨激振性能。

由于斜拉索外套管为 HDPE 管,因此运抵现场的原材料长度较短。HDPE 外护套管运抵现场后,首先要将短节的 PE 管通过焊接机的镜面对焊(图 4-74)来形成每根斜拉索所需要的长度。现场一般采用热熔对接焊工艺来完成斜拉索护套管的焊接工作,HDPE 外护套管为圆形结构,需根据环境和材料的不同而采用不同的焊接参数,焊接后接点位置的强度必须高于母材的强度,且不允许出现空洞、凹陷等缺陷,避免防水困难。在焊接过程中,需要对加热压力、加热时间、对焊压力、卷边高度以及冷却时间进行严格控制。

在桥面上,按设计要求长度将 HDPE 外护套管焊接好,移至塔下,以备起吊。摆放时用支架或枕木将护管架立,防止 HDPE 外护套管损伤,在吊装 HDPE 外护套管前,首先要把第一根钢绞线穿于聚乙烯管内(在起吊之前进行),用于辅助 HDPE 外护套管的安装,同时在 HDPE 外护套管两端安装抱箍。

图 4-74　HDPE 外护套管的焊接示意图

利用塔吊等起吊设备将钢绞线（钢绞线吊点前预留一定长度,用以穿入塔上锚具）和圆管一起吊起（图 4-75）,到达预定高度后将钢绞线穿入塔上锚具并固定,利用千斤绳和葫芦将护管吊挂在塔外管口相应位置。护管下端牵引至下端索导管口,先将钢绞线穿入下端锚具并固定。通过张拉钢绞线使外护管挺直抬起达到设计的角度,以方便下一步挂索工作的进行。

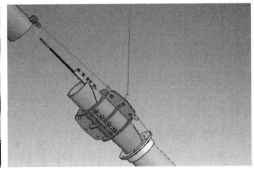

图 4-75　HDPE 外护套管的吊装示意图

（2）张拉端锚具安装。张拉端锚固点设在塔内锚垫板顶面,锚具安装前先在锚垫板上焊三个对中垫块（单根张拉后敲掉）,然后用塔吊将锚具组装件吊到相应锚固点处直接放入即可,并用手拉葫芦调整到位。安装时要将锚具灌浆孔调整至低点。

（3）固定端锚具安装。桥面吊机前移到位后,即开始在节段梁上安装固定端锚具。将牵引绳从索导管下放至下层铁路桥面,启动上层桥面卷扬机,将梁端锚具整体提起并牵引进梁端索导管。在单根钢绞线安装之前,将钢丝绳从桥面索导管口向下穿过锚具锚孔再反向穿出,之后用绳夹做临时性固定,防止锚具滑出下端索导管口。

3）钢绞线安装

在斜拉索外套管和第一根钢绞线安装完毕后,应逐根安装斜拉索外套管内其余钢绞线,首先需要在桥面上对单根钢绞线进行下料（图 4-76）,一般在桥面索道管后方布置下料台座,钢绞线下料长度需通过计算确定。

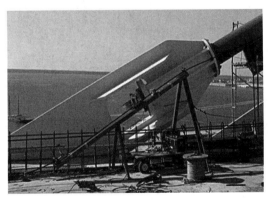

图 4-76　单根钢绞线下料施工

钢绞线一般采用循环牵引系统来逐根安装(图 4-77),首先应完成环牵引动力系统安装。循环系统安装步骤如下。

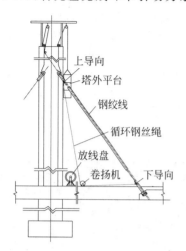

图 4-77 钢绞线循环挂设示意图

设置导向,将卷扬机移动到位→从塔外将循环钢丝绳一端加配重,穿过 HDPE 外护套管放到桥面→将循环钢丝绳与牵引器连接→钢丝绳另一端通过塔外导向后,沿索塔向放到桥面→钢丝绳通过桥面导向引入卷扬机→从卷扬机引出循环钢丝绳,通过挂索点导向后与牵引器另一端连接→在桥面导向处对循环钢丝绳进行预紧→操作卷扬机进行试循环→循环装置安装完成。

钢绞线运输到桥面后,将索盘吊装于放线机上。因挂索时从 HDPE 外护套管下端向上牵引(图 4-78),故将放线方向朝向梁端索导管处,放线机与索导管之间布置铺垫及导向,以防钢绞线 PE 损伤。钢绞线经放索机从来料盘展开并切丝墩头后,与循环钢丝绳上的专用牵引装置连接,启动循系统将钢绞线顺着 HDPE 外护套管牵引至上端管口,然后将钢绞线和从锚具孔穿过的牵引索连接(图 4-79),解除循环系统上的牵引装置,通过塔柱内的葫芦等工具将钢绞线拉出锚板孔,塔内作业人员相应辅助直到满足单根张拉所需的工作长度,安装一副临时夹片,拆除穿束器,准备牵引下一根钢绞线。

最后将已牵引出料盘的钢绞线在下料台座上按照标记长度切断并切丝墩头,与穿过下

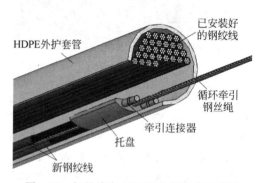

图 4-78 钢绞线在 HDPE 外护套管内牵引

图 4-79 钢绞线与牵引连接器连接

端锚具的牵引索连接,人工辅助穿过梁端锚具锚孔,安装夹片,打紧并顶压,完成钢绞线单根挂设。

3. 斜拉索牵引方法

挂设过程包含放索、牵引、张拉等主要过

程,具有所需起吊设备大、牵引力大和牵引距离长、机械设备多等特点。因此,要根据设计要求和施工条件选择牵引方法。采用的牵引方法一般有卷扬机牵引法、辅助设施牵引法、软牵引法、硬牵引法等。

1) 卷扬机牵引法

当斜拉索所需牵力较小时,可直接采用卷扬机牵引,分为塔端和梁端牵引两种。

塔端采取索塔施工时的提升吊机(图4-80),用特制的扁担梁捆扎拉索起吊。拉索前端由索塔索道管内伸出的塔顶大吨位的卷扬机钢丝绳作牵引索引入索塔索道管内。

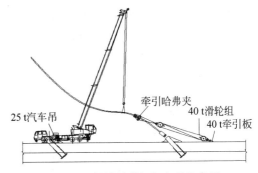

图 4-81　梁端处卷扬机牵引示意图

2) 辅助设施牵引法

在索塔上部安装一根斜向悬索,并以此作为导索。当斜拉索上桥后,前端拴上牵引索,在导索上每隔一段距离设置一个吊点,吊起拉索,使拉索沿导索运动,将牵引索从预穿索道管中引出即可。因吊点较多,易保持拉索大致呈直线状态,故两端无须用大吨位千斤顶牵引。

3) 软、硬牵引法

采用钢绞线做牵引杆接长拉索,用小吨位穿心式千斤顶将其牵引至张拉锚固面。

根据需要确定硬牵引(张拉杆)长度,当需张拉杆太长时,可加刚性张拉接长杆。接长杆可采用多根50 cm左右长度的短拉杆连接而成,与主拉杆连接后,使其总长度满足牵引长度。利用千斤顶多次运动,逐渐将张拉端拉出锚固面,并逐根拆掉多余的短拉杆,安装锚固螺母。软硬组合牵引见图4-82。

图 4-80　塔顶处卷扬机牵引示意图

梁端采取在梁上放置转向滑轮的方法,将牵引绳从索管道中伸出,用吊机将拉索端头吊起后(图4-81),随锚头逐渐地由大吨位的卷扬机牵入索道管,缓慢放下吊钩,向索道管口平移,直至将锚头穿入索道管内。

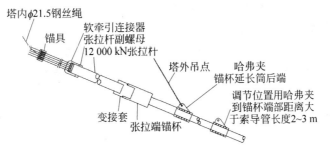

图 4-82　斜拉索软牵引及硬牵引示意图

4. 斜拉索起吊、运输、放索设备

1) 斜拉索起吊上桥设备

斜拉索在工厂生产及检验后卷盘成型,经运输汽车或驳船运至工地。整盘起吊上桥。斜拉索起吊设备的吊重应大于斜拉索加索盘的重量,索越重,所需的提升及梁上运输设备的能力也就越大。一般选用10~16 t的塔式吊机辅助塔端挂索。对于小于塔式吊机起吊能力的轻索而言，直接用塔式吊机起吊上桥；对于大于塔式吊机起吊能力的重索而言，一般在梁面上设置梁面吊机等起吊设备起吊上桥。

2）塔端索头起吊设备

当塔端挂索在自由状态单点起吊索头时，随着起吊高度的增加，水平力逐渐加大，为此不宜直接用塔式吊机挂索，应在塔顶设置吊索膺架及滑车组作为挂索的上吊点。当挂索时，在待挂索的上一层索道管口设转向滑车或定滑车，以调整牵引方向，即将斜拉索向管口方向牵引。塔顶滑车组吊点一般由 5 t 卷扬机走 10 或 10 t 卷扬机走 5 构成。

3）梁上放索设备

通常在梁上铺设放索滑道，安装放索支架，利用卷扬机、滑车组等完成。

4）梁端索头起吊设备

选用 16～25 t 的汽车吊机或设置简易吊架来起吊梁端锚头，辅助梁端挂索。

5）卷扬机

当挂索所需牵引力较小，且卷扬机可以胜任时，可采用 5 t 或 10 t 的卷扬机及其滑车组牵引。在使用方便和安全的前提下，应尽可能加大卷扬机和滑车组的牵引能力，以求尽量缩短费时的千斤顶牵引长度，从而加快整个施工进度。

6）牵引杆及小吨位千斤顶

软牵引索力以内的挂索采用 4～6 根 ϕ15.24 mm 钢绞线做牵引杆，依靠 150～200 t 的小吨位千斤顶进行软牵引；软牵引索力至设计永久索力需依靠斜拉索张拉千斤顶进行硬牵引。根据经验，牵引长度超过 2 m 一般都要设置软牵引。

7）张拉杆、接长杆和斜拉索张拉千斤顶

应根据最大索力设计配备张拉杆和斜拉索张拉千斤顶。考虑调索需要，张拉千斤顶和张拉杆的具体数量、规格宜视塔、索型式及张拉要求等配备足够的数量，另外还应考虑备用部分。考虑硬牵引需要，当张拉杆不够牵引长度时，需加设张拉接长杆，见图 4-83。

图 4-83 斜拉索、张拉杆安装示意图

参考文献

[1] 郑机. 桥梁施工技术[M]. 北京：中国铁道出版社，2009.

[2] 李军堂. 沪通长江大桥主航道桥沉井施工关键技术[J]. 桥梁建设，2015(6)：13.

[3] 董学武，周世忠. 希腊里翁-安蒂里翁大桥的设计与施工[J]. 世界桥梁，2004(4)：4.

[4] 钱华. 无支护式明挖扩大基础深基坑开挖施工技术[J]. 中国科技博览，2015(2)：1.

[5] 李方峰，张瑞霞，涂满明. 孟加拉帕德玛大桥大直径钢桩插打施工关键技术[J]. 世界桥梁，2019(2)：6.

[6] 陈龙剑，胡海滨，胡国庆. 桥梁工程机械技术性能手册[M]. 北京：中国铁道出版社，2012.

[7] 秦顺全. 走进桥梁[M]. 武汉：华中科技大学出版社，2020.

第2篇

桥梁基础施工机械

桥梁基础的作用是承担桥梁上部结构、下部结构传递下来的全部载荷,是桥梁结构的重要组成部分。为确保桥梁安全,必须有牢固的基础。

与一般建筑物基础相比,桥梁基础有比较特殊的要求和结构形式。由于作用在桥梁基础上的载荷集中而强大,且其埋置较深,加之浅层土一般比较松软,很难承受住这种载荷,故有必要把基础向下延伸,使其置于承载力较高的地基上。对于水中墩台基础而言,由于河床受到水流的冲刷,因此,桥梁基础必须有足够的埋深,以防冲刷基础底面而造成桥梁沉陷或倾覆。

桥梁基础分为明挖基础、桩基础、管柱基础、沉井基础以及特殊基础(地下连续墙、设置基础、沉箱基础)等。不同的基础形式采用不同的施工方法,使用的施工机械也各不相同。而用于基础施工的机械设备种类繁多:有打入预制桩的各种打桩机、振动桩锤;有钻孔灌注桩施工的各种钻挖机械;有用于沉井下沉的设备;有用于围堰施工的设备;等等。有些设备专门用于基础施工,如各种打桩机、振动桩锤、钻机等,称之为基础施工机械;有些设备既是通用设备,也是基础施工时必不可少的设备,如起重机、空压机、高压水泵等。

本篇分为打桩机械、振动桩锤、钻孔桩施工机械、地下连续墙成槽机、沉井下沉设备、围堰施工设备,共 6 章,将对桥梁基础施工机械分别进行介绍。

第5章

打 桩 机 械

5.1 定义

打桩机械是通过冲击方式将预先制作好的桩插打到地层一定深度的机械设备。在施工前预先制作好的桩,称为预制桩。预制桩一般有钢筋混凝土预制桩、钢桩(钢管桩、钢板桩)、木桩等。这种施工方法一般称为打入法。它是利用桩锤冲击桩头,使桩在桩锤的冲击作用下打入土中。

5.2 分类

常见的打桩机械可分为以下四类。

(1)落锤:这是历史上最久远的一种打桩机械。其工作原理是利用提升动力装置(如绞车、卷扬机)提升一个重锤至一定高度,然后脱开,让重锤自由下落打击桩头。落锤的优点是构造简单、使用方便,不足之处是生产效率低、贯入能力差、对桩头的损坏大。

(2)蒸汽打桩锤:这是以蒸汽为动力的打桩机械。其工作原理是利用蒸汽的压力使锤头提升,然后冲击桩头。由于需使用老式的蒸汽机与之配合,因此,现已被淘汰。

(3)柴油打桩锤:是以柴油为动力的打桩机械。其工作原理是以柴油的爆发力来推动锤头升高,然后下落打击桩头。其打桩效率较高,使用也方便,但噪声和废气污染较严重,国内许多大城市已禁止使用。

(4)液压打桩锤:是以液压为动力的打桩机械。其工作原理是液压油缸提升锤头至一定高度后,将压力油迅速排回油箱,使锤头落下冲击桩头。由于其提升高度可调,因此其打击能量可以视施工要求而定。液压打桩锤噪声小、公害少,因而在国内外得到了广泛应用。

目前,在桥梁基础施工领域采用的打入桩多为水中或海上桥墩基础,采用打桩船配套大型打桩锤进行打桩,也有采用专用桩锤导向架和钢桩导向架进行打桩。在此,仅对柴油打桩锤和液压打桩锤进行介绍。

5.3 柴油打桩锤

5.3.1 概述

1. 用途与应用领域

柴油打桩锤是采用打入法将预制桩打入地层至设计要求标高的主要桩工机械,其打桩原理为利用柴油爆燃释放的能量提升冲击体,并通过燃油爆炸力及冲击体自由下落时的瞬时冲击作用于桩头,从而破坏桩的静力平衡状态,实现桩体下沉,如此反复,最终将桩贯入地层。

柴油打桩锤不需要外部能源,燃料消耗少,作业效率高,锤击速度和能量大,桩架轻,一般不损坏桩头,移动灵活方便且运费较低,适合于木桩、预制混凝土桩、钢管桩、钢板桩等类型桩基的直桩和斜桩。但其存在噪声和废气污染,低温和软土启动困难,不能长时间持续工作,故适用于一般土层和含砾石的砂黏土层。

2. 发展历程和现状

由于在桩基施工中,打击法是最早的成桩工艺,所以锤击式桩锤也出现最早。

国外柴油打桩锤的系列化生产开始于20世纪20年代,苏联于1929年制造出首台杆式柴油打桩锤,德国于1940年制造出首台筒式柴油打桩锤,随后日本、美国和英国等国也开始了柴油打桩锤的研制和生产。

苏联柴油打桩锤的生产在20世纪70年代发展较快,其所生产的桩锤均采用水冷却方式,通过对筒式柴油锤和导杆式柴油锤的性能进行对比试验,来证明筒式柴油锤相对于导杆式柴油锤具有打击能量损失少、打击能量大的优点,并对筒式柴油锤和导杆式柴油锤制定了相应的国家标准。

德国主要有两个公司生产柴油打桩锤:DELMAG公司和MENCK公司。它们所生产的柴油打桩锤均采用空气冷却、变量燃油泵和自动润滑系统。DELMAG公司生产柴油打桩锤的历史较长,所生产的柴油打桩锤主要为筒式,型号从D6至D260,有多种。MENCK公司于1966年开始生产筒式柴油打桩锤,主要型号有H30、H2500、H3500、H5000四种。

日本生产柴油打桩锤的公司主要有三家:石川岛播磨公司(现为IHI公司)、神户制钢株式会社和三菱重工业株式会社。石川岛播磨公司生产的柴油打桩锤最初采用水冷冲击雾化和IDH型完全燃烧方式,后通过改进燃油泵、喷油嘴和燃烧室形状,研制出了IDH-C(净化型柴油打桩锤)系列。神户制钢株式会社生产的柴油打桩锤有直桩用的K系列、斜桩所用的KB系列,二者均采用水冷冲击雾化的方式。后又研制出日本最早的净化型柴油打桩锤KC系列,采用喷嘴喷射雾化的方式,实现自动润滑。三菱重工通过对H系列进行改进,研究生产出了用于打直桩的MH系列、用于打斜桩的MH-B系列及净化型柴油打桩锤MHC系列,各系列均为水冷冲击雾化。

美国最初生产柴油打桩锤的厂家为林可-贝尔特-斯皮德尔公司,主要生产筒式空冷柴油打桩锤,最大型号为520型。英国最初生产柴油打桩锤的厂家为英国钢铁公司(B.S.P)和英国麦吉尔南-特里(Makiernan Terry)公司,产品类型分别为导杆式和筒式柴油打桩锤。

我国自20世纪50年代开始仿照苏C268、苏C254生产导杆式柴油打桩锤,由于未加改进,所以,产品初期存在冒黑烟、油耗大、动力小等问题。1985年年底,我国开始自行设计DD25导杆式柴油打桩锤,并逐步对老式结构加以改进和提高,不仅使初期问题得以改善和解决,而且各种吨级的导杆式打桩锤也得到相应发展,现已有多种型号,冲击体质量在150～50 000 kg不等。目前,国内生产厂家主要有无锡信仁通用机械有限公司、上海工程机械厂有限公司、江苏巨威机械有限公司、广东力源液压机械有限公司等。

我国于20世纪70年代自行研制成功并批量生产了筒式柴油打桩锤,当时,筒式柴油打桩锤的规格型号较小,上活塞的最大吨位仅为4000 kg,型号为D2系列,冷却方式为水冷。早期,筒式柴油打桩锤的结构较为简单,打击能量小。1985年,上海工程机械厂有限公司率先引进德国DELMAG公司D系列的9种规格风冷筒式柴油打桩锤的整套产品和技术,并改进了柴油打桩锤上活塞材料的性能指标,不仅使原先必须依赖进口的关键毛坯件,如柴油打桩锤的下汽缸、上下活塞等全部实现了国产化,而且使柴油打桩锤的性能指标达到或优于DELMAG公司。随着石油钻井平台、海上风电场和跨海大桥工程建设的不断增加,以及钢管桩直径的加大,大中型筒式柴油打桩锤开始制造。自2003年起,上海工程机械厂有限公司又陆续研制出D128～D400等多种规格的大吨位柴油打桩锤,打击能量得到很大提高,最大已可打195 t规格的桩。目前,国产柴油打桩锤在海上石油平台、深水港码头、跨海铁路、跨海大桥等的沉桩作业中应用广泛,并出口美国、韩国和东南亚等国家。

3. 发展趋势

由于柴油打桩锤在施工中存在公害,因此在较多国家和地区的城市建设施工中已被限制使用,但它因具有轻便、不需要外部能源、打击能量大、安装和使用方便、价格较低等其他打桩锤无法替代的优点,所以,未来应用领域将为海上风电桩、大型桥梁、边远地区及不发达国家和地区的桩基础工程。为适应未来的环保要求及桩基础规格朝大型化发展的趋势,柴油打桩锤产品不仅需要解决大吨位柴油作业过程中的严重发热问题,以使其能够连续作业;还需要解决大吨位、大截面活塞杆的制造难、受冲击易断裂的难题,也需要研制打击力更大的产品;更要在解决柴油打桩锤的公害问题上继续努力。总之,研制大吨位柴油打桩锤并降低其公害,将是柴油打桩锤制造企业未来努力的方向。

5.3.2 结构及工作原理

1. 结构

柴油打桩锤按结构可分为导杆式柴油锤和筒式柴油锤。导杆式柴油锤以柱塞为锤座压在桩帽上,以汽缸为锤头沿两根导杆升降,其结构如图 5-1 所示。筒式柴油锤以汽缸为锤座,并直接以加长了的缸筒内壁为导向,省去了两根导杆,柱塞是锤头,可在汽缸中上下运动,其结构外形如图 5-2 所示。

图 5-1 导杆式柴油锤　　图 5-2 筒式柴油锤

1) 导杆式柴油锤的结构

导杆式柴油锤是打桩机的主要工作机构,其主要包括活塞、缸锤、导杆、顶横梁、起落架、桩帽座及燃油供给系统。

活塞:圆柱部分上部有活塞环,上平面中心装有喷油嘴,下部有燃油贮存室,油泵立装于燃油贮存室上,下部侧面有两只导向,与桩架立柱导轨相配,作为桩锤上下运动的导向。

缸锤:为打桩锤的冲击部分,内有汽缸体、燃烧室,外部装有撞击销体。

导杆:用两根导杆将顶横梁和活塞连接起来,并作缸锤和起落架做上下运动的导向滑道。

顶横梁:用柱销固定在导杆上部,作用为保证两导杆的平行位置和挂起落架。

起落架:用以吊起缸锤。其由锤钩左右挂钩及脱钩操纵系统组成。该件还可以使缸锤在高空脱钩下落。

桩帽及桩帽座:该件为桩锤与桩相接触的部分,其机锤冲击力,通过它传递给桩。桩帽与桩帽座之间为弧形接触面,作为调心用。

燃油供给系统:当缸锤靠自重下落且下落到一定位置时,其缸锤外部的撞击销转子给供油曲臂一个外力,这样曲臂给油泵柱塞一个作用力,燃油经过油管,喷油嘴成雾状喷入燃烧室内,并附有油量调节柄以控制缸锤的起跳高度。

2) 筒式柴油锤的结构

筒式柴油锤根据冷却方式分为水冷式柴油锤和风冷式柴油锤。水冷式柴油锤利用焊接于锤筒上的水箱中的水,来吸收爆炸产生的热量,以实现冷却。在柴油锤的早期发展中,水冷式柴油锤应用较多。由于水冷式柴油锤经过一段时间的使用后,水箱焊缝处会因发生破裂而漏水,所以风冷式柴油锤逐渐得到推广。风冷式柴油锤是目前最为成熟的柴油打桩锤,下汽缸下部设计有散热片,通过散热片周围空气的流动来带走爆炸产生的热量,实现冷却。

筒式柴油锤主要由锤体、燃油系统、润滑油供应系统、冷却系统和起落架组成。

2. 工作原理

1) 导杆式柴油锤的工作原理

柴油打桩锤是按二冲程柴油机原理进行工作的。其通过卷扬机将缸锤吊起挂在顶横梁上,拉动锤钩摇臂上的麻绳,松开锤钩,缸锤即靠自重作用沿导杆自由落下,当缸锤套及活塞上升时,包在活塞与汽缸间的空气受压缩,温度升高,当压缩到一定程度时,固定在缸锤外侧的撞击销将油泵曲臂压向左方,推动油泵芯子,将柴油压入油管,通过喷油嘴后,呈雾状喷入缸内,这时,雾状柴油和高压高温气体相混,由于混合气体的温度超过燃油着燃点,因而发生燃烧做功。由于燃烧产生高压气体,因而汽缸与活塞作相反方向运动。即作用于活塞的力使桩下沉,作用于汽缸上的力使缸锤向上运动,当缸锤脱离活塞时,排出废气,吸入新鲜空气,然后在其作用下重新下落,另一个工作循环又开始,如此反复工作,直到关闭油门才停止工作。

2) 筒式柴油锤的工作原理

(1) 起落架下降。将一根长绳系在起落架操纵杆端部孔内,拉操纵杆至极限位置,并使其保持在该位置,驱动打桩架卷扬机使起落架下降。此时,提锤滑块缩入起落架内,使起落架得以通过提锤挡块。启动杠杆碰到桩锤的下碰块后向上抬起,当与此联动的启动钩伸出并钩住桩锤的上活塞时,松开系在操纵杆上的长绳,使其恢复到原位。

(2) 桩锤提升。在确保起落架内的提锤滑块钩住提锤挡块时,驱动打桩架卷扬机,将起落架及桩锤提升至工作位置。

(3) 上活塞提升。拉住系在操纵杆上的长绳至极限位置,并使其保持在该位置,此时,提锤滑块缩入起落架内。通过驱动打桩架卷扬机来提升起落架,启动钩提升上活塞,使其随起落架一起上行。当启动杠杆碰到柴油打桩锤的上碰块时,上活塞便从启动钩中自动脱钩而自由下落。

(4) 喷柴油/压缩空气。上活塞落下撞击燃油泵杠杆,使燃油泵将一定量的柴油喷至下活塞的冲击面上。当上活塞继续下落经过吸排气口时,就开始压缩汽缸内的空气。逐渐增加的空气压力将下活塞和缸帽紧密地压在桩头上。

(5) 冲击和爆炸。上活塞的头部撞击下活塞,使其冲击面上的柴油,并使柴油雾化飞溅至燃烧室内,同时将桩打下。燃烧室内的油雾和高压空气混合后被点燃爆炸,爆炸力继续将桩打下,同时将上活塞向上弹起。

(6) 排气。上活塞升离吸气口,高温高压废气向外排出,汽缸内恢复常压。

(7) 扫气。上活塞继续向上升起,使汽缸内产生负压,新鲜空气通过吸气口被吸入,并彻底将废气扫清。燃油泵的压油杠杆被释放恢复至原位,燃油泵重新吸入一定量的柴油。如此循环往复,实现筒式柴油锤的施工作业。

5.3.3 设备选型

1. 选型原则

柴油打桩锤的特点如表5-1所示。选用柴油打桩锤进行沉桩作业时,应考虑选择何种容量的桩锤。当所选用的桩锤容量过大时,在打桩的初期不仅会使桩下沉得过快而不能连续点火,而且也容易使桩产生纵向压曲或局部破坏。当选用的桩锤容量过小时,不仅沉桩困难,而且还会因为长时间的超负荷工作而损坏桩锤及桩头。为保证好的打桩效果,提高施工的经济性和打桩效率,必须选用合适容量的柴油打桩锤。

表5-1 柴油打桩锤的特点

锤型	使用范围	优 点	缺 点
柴油打桩锤	最适合打细桩、木桩和斜桩;适宜于一般土层、砂土、含砾石砂黏土层,不适宜层厚较大的软弱黏土和坚硬土层	不需要外部能源,桩架轻,移动灵活、方便,运费较低,燃料消耗少,锤击速度大,锤击力大,一般不损坏桩头,功效高	在软土中效率低,桩锤启动困难,噪声和振动大,存在油烟污染公害

柴油打桩锤的选型原则如下。

(1) 桩锤的打击能量必须充分超过克服桩的打入阻力(包括桩尖阻力、侧面摩阻力等)所做的功和桩的弹性工作量产生的能量损失。

(2) 保证桩能打穿较厚的土层(包括硬夹层)并进入持力层,达到预计设定的深度。

(3) 桩受到的锤击应力应小于桩材的容许强度,并保证桩不受到破坏。

(4) 打桩时的总锤击数和总锤击时间应进行适当控制,以避免桩的疲劳和破坏或降低桩锤的效率和施工生产率。

(5) 按照不同容量柴油打桩锤的动力特

性、不同的土质条件、桩材强度和沉桩阻力,选用功效高、能顺利将桩打入至预定深度的柴油打桩锤的规格型号。

2. 选型方法

1) 按桩重选用

桩重一般应大于选用桩锤的重量。在柴油打桩锤的施工中,桩重量以相当于桩锤重量的1.5～2.5倍为佳,以"重锤低击"打桩为好。如采用轻锤,即使落距加大,通常也难以达到打桩效果,且易击碎桩头,并因回弹损失较多的能量而减弱打入效果。所以,应在保证桩锤落距在3 m内能将桩打入的情况下,选定桩锤的重量。

2) 按桩锤的冲击力选用

桩的总贯入阻力 P_U 的大小与土质、桩型和桩长等因素有关。当所选用液压打桩锤的冲击力 P_k 大于桩的总贯入阻力 P_U 时,桩才能穿透土层打入到预定深度。若所选锤的冲击力过大,则将会使桩因产生过大的锤击应力而破损。

桩锤的冲击力可根据式(5-1)和式(5-2)进行估算。

开口桩:
$$P_k > P_U = K(S_j R_d + U_0 l_F f_0 + U_i l_i f_i) \tag{5-1}$$

闭口桩:
$$P_k > P_U = K(S R_d + U_0 l_F f_0) \tag{5-2}$$

式中:S_j——开口桩桩底的折算面积,cm^2,一般为桩底环形面积的2倍;

S——闭口桩桩底的截面积,cm^2;

U_0——桩的外周长,cm;

U_i——桩的内周长,cm;

l_F——桩侧摩阻力集中区的高度,cm,一般可取 $7 \sim 8D$,D 为桩的外径,cm;

f_0——桩侧土的摩阻力,kPa;

l_i——桩内土芯高度,cm;

f_i——桩内土芯的摩阻力,kPa,软土地基中一般可取 30 kPa;

K——桩身阻力系数,开口桩为 1.05～1.15,闭口桩为 1.2～1.3;

R_d——桩底处土体的强度,kPa。

其中 f_i 和 R_d 的取值与土质和标准贯入锤击数 N 相关,参考表5-2。

表5-2 土体的动力强度　　kPa

f_i	土质	R_d
灰亚黏土 $N=7\sim10$	250	3000～4000
灰亚黏土 $N=20\sim25$	250～300	4000～6000
粉砂 $N=30\sim50$	350	6000～8000

根据式(5-1)和式(5-2)算出 P_U 的值,再按照桩锤的冲击力大小,选用合适的桩锤。

3) 按桩的极限支承力选用

桩的极限支承力可通过动力学和静力学公式分别算出,目前,国内外普遍通过将两种算法所得结果进行比较的方法来确定液压打桩锤的型号。

动力学计算式为

$$R = \frac{2\overline{W}H}{S+K} \cdot \frac{\overline{W}+n^2 p}{\overline{W}+p} \tag{5-3}$$

式中:R——桩的极限支承力,t;

$\overline{W}$——锤芯质量,t;

H——锤芯落下高度,cm;

S——桩的最终贯入度,cm;

K——桩帽、桩、土壤的瞬时弹性变形量之和,cm;

n——恢复系数(可取为0);

p——桩的质量,t。

若已知或已测出 $\overline{W}$、H、S、K、n、p 的值,可根据式(5-3)算出桩的极限支承力 R。若已知 R、H、S、K、n、p,则可求得所需的液压打桩锤锤芯的质量 $\overline{W}$。

静力学计算如下:

$$R_u = 40NA + \frac{\overline{N}L\varphi}{5} \tag{5-4}$$

式中:R_u——桩的极限支承力,t;

N——桩前段土壤的标准贯入锤击数;

A——桩前端的面积,m^2;

$\overline{N}$——桩周围地层的平均 N 值;

L——桩的插入部分长度,m;

φ——桩的周长,m。

当已知打桩地点的地质条件和设计的桩

的规格与入土深度时,由式(5-4)可算出桩的贯入阻抗或极限支承力。将式(5-3)和式(5-4)的计算结果进行比较,当 $R = (1.2 \sim 1.3)R_u$ 时,所选择的液压打桩锤的型号最为合适;反之若 $R \neq (1.2 \sim 1.3)R_u$ 时,则要反复试算,重新确定桩锤的型号。

4) 按波动方程选用

桩锤锤击桩体的过程实质上是应力波产生和传播的过程,可将桩锤锤击沉桩的过程分为两个阶段,即桩锤对桩的冲击过程和桩在冲击能下的贯入过程。波动方程法可以模拟不同的地质条件、桩型、打桩系统和桩锤的工作情况,计算出打桩时桩的承载力和桩身应力,以进行桩锤和打桩系统的选择。应用波动方程的方法选用桩锤的主要依据是沉桩曲线,即桩的承载力、锤芯行程、桩身最大拉应力、桩身最大压应力与沉桩时每米锤击数的关系曲线。目前,应用较广泛的 GRLWEAP 程序就是使用波动方程方法选用合适锤型的分析程序。使用时,先收集桩、地质、桩锤、打桩系统的资料,对不同的桩锤进行模拟计算,得出各个桩锤的沉桩曲线;然后再对这些曲线的承载力、拉应力、压应力和锤体行程等因素进行分析,并考虑施工效率和以往的经验,从而选定桩锤。

5.3.4 安全使用与维保

1. 导杆式柴油锤的安全使用规范

1) 使用前的准备工作

(1) 在开始工作前,必须检查桩锤、供油系统,以及活塞环在活塞槽中的活动性,起落架各转动体及紧固体是否符合使用要求。

(2) 燃油必须经过过滤。确保清洁的燃油注入油箱。燃油中不得有水分。

(3) 推动曲臂若干次,直到喷油嘴内喷出的燃油没有气泡为止。

(4) 将桩锤提升到打桩所需高度,并用保险销卡住。

(5) 将桩吊起竖好,放下桩锤,落在桩帽头上,桩顶与桩帽头之间最好垫上麻袋,尽量使桩锤打在桩的中心上,并用钢丝绳把桩帽头系在活塞的提耳上。

(6) 操纵油量调整杠杆者应熟悉操作,以便随时关闭油门。

(7) 将 4 根活塞环缺口间隔布置,并尽量使活塞环与活塞同心。

2) 使用

(1) 开动卷扬机,落下起落架,将缸锤提挂在顶横梁上,然后将卷扬机制动带松开一些,使离合器及止回卡子脱开。

(2) 将调整杠杆调至中等供油量。

(3) 将系在起落架上的绳向下拉,使缸锤脱钩落下,打桩工作开始。

3) 油量调节

利用调节杠杆的位置来调节供油量。当调节杠杆向右(顺时针)转动时,油量逐渐减少,直到停止供油,缸锤的跳起高度也相应变小至停止工作;当调节杠杆向左(逆时针)转动时,油量逐渐加大,极左位置的油泵供油量最大,缸锤跳起最高。

4) 使用中应注意的事项

(1) 开始工作时,缸锤的起跳高度不应太高,而应逐渐增大。

(2) 操作者应根据不同的沉桩情况,调节油门,以便有效地进行打桩作业。

(3) 打桩时,随桩的下沉,卷扬机上的钢丝绳应随时放松,以免钢丝绳在桩锤下落时被拉断。

(4) 检查喷油嘴、活塞环,清除积炭。在清洁活塞环槽等工作时,应将缸锤用保险销固定好,并用起落架将缸锤吊住,卷扬机钢丝绳收紧,制动带刹紧,卡住卷扬机的止回卡子。

(5) 值桩时,桩体应尽量与桩架立柱平行,否则将引起打桩机立柱导向及桩锤本体损坏。

(6) 桩锤使用一段时间后,应及时清洗油箱,去除油箱内各种沉淀异物,并更换清洁柴油,以保证油路畅通。

5) 安全规范

(1) 在操作导杆式柴油锤前,必须了解和熟悉本机的性能、构造、维护、保养和使用方法等相关知识。

(2) 在打桩作业进行中,严禁进行润滑和修理工作。这些工作必须在桩锤停歇时进行。

(3) 如果必须在桩锤升起的情况下进行维修与润滑,则应保证吊锤卷扬机的制动可靠,卷扬机止回卡子放入大齿轮齿内,同时桩锤本身用保险销搁住。在桩锤高悬的情况下,如不采取预防措施,严禁任何修理和润滑。

(4) 操作工人在桩锤未完全停止且未固定在安全位置时,不准离开工地。

(5) 在灌注燃油时,严禁烟火,灌注完毕后,应将溢流的燃油擦拭干净。

2. 筒式柴油锤的安全使用规范

1) 燃烧室清洗

(1) 每天在首次启动前必须清除存在于燃烧室内的润滑油,以防止积存的润滑油助燃,使上活塞跳得太高,甚至卡在阻挡环槽内。

(2) 当燃油泵置于0挡位置时,拆除螺塞。提升上活塞,空打5次,使积存的润滑油从螺孔中排出,然后装上螺塞。

2) 燃油供给系统排气

(1) 新购买或大修后的筒式柴油锤第一次启用,以及因断油而停机的桩锤,在使用前必须对其燃油供给系统进行排气。排气必须在提升上活塞使燃油泵压油杠杆处于复位状态以及燃油畅流的情况下进行。上活塞必须提升到起落架的启动钩离上汽缸上碰块约20 cm处。

(2) 将变量燃油泵调节到4挡位置,松开喷油嘴上的接头螺钉2~3牙(注意不可完全松开),左右反复拉动燃油泵操纵绳,直至无气泡的柴油从接头处流出为止。然后拉动燃油泵中间的停车操纵绳,使回油阀打开约5 s,使燃油泵中的空气通过油管向燃油箱排出。如此重复进行3次。

3) 汽缸压缩性能试验

将燃油泵置于0挡位置,提升起落架及上活塞,让上活塞自由下落,撞击下活塞表面,如果汽缸内的压缩空气能使上活塞持续反跳3次以上,则表明筒式柴油锤具有足够的空气压缩量。

4) 桩锤启动

(1) 首次启动桩锤打桩时,应将燃油泵置于0挡位置。

(2) 第二次启动桩锤打桩时,应将燃油泵置于3挡位置。桩锤启动后再将燃油泵置于4挡位置。

(3) 根据打桩施工的要求,变换燃油泵的挡位,使每次打桩的冲击能量适用施工情况。

(4) 若要进行两次泵油,则应首先将燃油泵置于4挡位置。当上活塞跳升至最高位置时,拉动右操纵绳,即可进行两次泵油。

5.3.5 典型机型

柴油打桩锤典型机型的主要技术参数见表5-3。

表5-3 D系列柴油打桩锤的主要技术性能表

项目		型号				
		D128	D138	D160	D180	D220
上活塞质量/kg		12 800	13 800	16 000	18 000	22 000
每次打击能量/(N·m)		426 500	459 800	533 000	590 000	733 000
打击频率/min^{-1}		36~45	36~45	36~45	36~45	35~45
作用于桩上的最大爆炸力/kN		3600	3900	4500	4800	6200
适宜最大打桩规格/kg		70 000	8000	120 000	150 000	220 000
起落架导向滑轮钢丝绳最大直径/mm		32	32	37	37	42
油耗	柴油/(L·h^{-1})	36.6	40.5	46.0	54.0	70.0
	润滑油/(L·h^{-1})	2.9	2.9	4.5	4.5	6.5
打直桩时柴油箱容积/L		200	200	240	240	360
润滑油箱容积/L		28.6	28.6	40.3	40.3	100
质量	柴油锤质量/kg	27 000	28 000	35 000	37 500	45 400
	起落架质量/kg	770	770	1700	1700	2400

续表

项　目		型　号				
		D128	D138	D160	D180	D220
外形尺寸	柴油锤高/mm	7600	7600	8020	8150	7900
	下活塞外径/mm	960	960	1070	1070	1200
	柴油锤宽/mm	1136	1136	1160	1160	1335
	连接导向板宽度/mm	910	910	1020	1020	1100
	柴油锤中心到油泵保护装置的距离/mm	625	625	700	700	820
	柴油锤中心到导向板螺钉中心的距离/mm	420	420	465	465	500

5.4　液压打桩锤

5.4.1　概述

1. 用途与应用领域

液压打桩锤是近几十年发展起来的一种较理想的预制桩施工机械,也是目前桩基础施工建设中比较常用的重要装备之一。它是通过发动机或电动机驱动油泵,来将稳定的高压油输送到液压油缸,液压油缸再将锤芯提升到设定的高度后,锤芯下落产生冲击力打击桩体的设备。它与传统的柴油打桩锤相比,具有噪声小、效率高等特点,能在对环保要求较高的工程中使用。液压打桩锤同其他桩锤相比具有以下优点。

(1) 可根据土质情况及桩材质的强度,合理选择并随时调节控制桩锤的冲击力,以保证冲击能量的充分发挥而不损坏桩身,施工时可省去桩垫。

(2) 在打桩过程中,可同时获得冲击力和贯入度指标。

(3) 适用于各类土层和桩型,具有较好的打斜桩能力及水下桩基施工能力。

(4) 与传统的气动锤和柴油打桩锤相比,打桩效率高。

(5) 对环境污染小,噪声低。

(6) 施工时通过桩帽将桩锤固定在桩上,一般不需要特别的夹桩装置,可不受限制地对各种形状的钢板桩、钢管桩、混凝土预制桩等进行沉桩作业。

因此,液压打桩锤正被广泛地应用于工业建筑、民用建筑、道路、桥梁以及海上平台、大型港口、深水码头等桩的基础施工中,已成为不可或缺的主要施工设备。目前,已经被很多国家所采用,并形成系列化。

2. 发展历程和现状

20世纪60年代,液压打桩锤技术开始逐步发展。1964年,荷兰IHC公司开始研究液压打桩锤,1965年试制成功了世界上第一台液压打桩锤,1969年制成了HBM型液压打桩锤。1976年,英国BSP公司研制成功10 t重的液压打桩锤。日本日立建机公司买进英国BSP公司的专利并于1979年试制成功并开始投入使用。特别是1983年,液压打桩锤被《建设者》的"建设技术评定等级"所确定,因此,进一步得到了普及推广。20世纪70—80年代,德国、苏联、芬兰、美国、瑞典等国家也先后制造出了各种形式的液压打桩锤,国外液压打桩锤技术得到了快速发展。目前,大型液压打桩锤主要以德国MENCK公司和荷兰IHC公司的产品为主,例如,德国MENCK公司生产制造的MHU3500S、MHU2400S、MHU1900S等型号液压打桩锤,荷兰IHC公司生产制造的IHC3000、IHC2000等型号液压打桩锤。

而我国在进入20世纪90年代后,才开始液压打桩锤的研发生产。太原重工、广东力源、永安机械等单位开展了相关研究。在最大打击能量为1000 kJ以下的产品已经趋于成熟并得到广泛应用。随着国家海洋兴国和"一带一路"倡议的深入实施,海上风电开发、跨海大桥、深海矿产和油气资源的开采对大型液压打桩锤的需求很大,液压打桩锤是目前海洋资源开发施工市场的主要设备之一。2021年,永安机械研制的国内首台最大打击能量3080 kJ的大型液压打桩锤成功完成打桩试验,并在长乐外海海上风电项目成功应用(如图5-3所示),填补了国内大型液压打桩锤技术领域的空白,为更大能量的液压打桩锤的研制奠定了基础。

图 5-3 永安机械 YC180 液压打桩锤应用于长乐外海海上风电项目

3. 发展趋势

基于现代施工对液压打桩锤的工作性能要求,液压打桩锤的发展趋势可归纳为以下几个方面。

1) 自动化程度将不断提高

自动化程度是衡量现代工程机械工作性能的重要标准之一。高度的自动化不仅能够有效地替代部分人工劳动,而且能够提高施工过程中操作的准确性、连贯性,在提高施工效率的同时,最大限度地避免误操作对施工对象以及设备的损坏。

2) 零部件的集成化是其发展的必然趋势

集成化不仅减小了液压控制模块的体积,提高了控制系统的可靠性,而且在一定程度上降低了生产成本。通过集成,不仅有效地缩短了油路的长度,提高了控制部件对控制信号的反应速度,而且也在很大程度上避免了接头松动、胶管弹性变形等因素对系统性能产生的消极影响。

3) 智能化也将逐渐体现在打桩的设计研究中

智能化是对现代工程机械更高层次的要求。通过智能化设计,能使得设备在施工过程中,根据施工条件的变化自动调节其工作参数,必要时可采取停机保护措施,从而提高了设备的适应性,在尽量避免设备损坏的同时,更好地完成施工任务。

4) 人性化设计将逐渐融入其设计工作中

产品的人性化设计是现代工业设计发展的大趋势。任何产品的存在都以人为目的,产品的设计、研究如果脱离了人就没有任何存在的价值。因此,在产品的设计中进行人性化设计的研究具有重要的现实意义。

5) 产品节能环保概念已经深入人心,将对其设计提出更高要求

建筑施工活动是人类对自然资源、环境影响最大的活动之一,会对周边环境造成较大影响。随着人们环保意识的不断增强,对施工设备也提出了更高的要求。

6) 重型化是现代工程施工对其提出的新要求

在现代工程施工中,工程用预制桩桩径由起初的300 mm、400 mm,逐渐增大到现在的1000~5000 mm;海上风电技术的蓬勃发展,让基础钢管桩的直径提高到5000~7000 mm,且桩径还有继续增大的可能;最大有效桩长增加到80~120 m等级。现有的小吨位打桩机在施工过程中,不仅打击能量无法满足桩的贯入要求,而且难以产生与大承载力预制桩地基相匹配的打桩效果,因此,重型化是液压打桩锤发展的必然。

5.4.2 结构及工作原理

1. 结构

液压打桩锤的结构形式虽然多样,但基本结构大致相似,一般可划分为锤体、动力源、油路系统和电气控制系统等。

以德国 MENCK 公司生产的 MHU2400S

液压打桩锤为例,逐一介绍各部分的结构特点。

机械部分构成液压打桩锤的主体部分,实现液压打桩锤对外做功;液压系统部分为液压打桩锤对外做功提供动力源;电气系统部分是液压打桩锤的控制中枢。

1) 锤体

液压打桩锤锤体包括驱动单元、控制单元、悬挂单元、锤芯、锤室、减振器、替打、桩帽等。图 5-4 所示为 MHU2400S 液压打桩锤的锤体结构图。

油箱、发动机、液压油路系统、连接液压管道附件等构成,如图 5-5、图 5-6 所示。

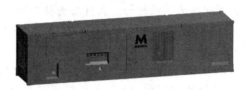

图 5-5 动力柜外壳

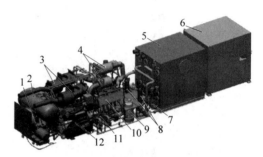

1—压缩机;2—压缩空气储气罐;3—排气系统;4—空气过滤器;5—液压油和柴油油箱;6—操作室;7—补偿管;8—液压油回油过滤器;9—海水泵;10—歧管;11—液压油主泵;12—柴油发动机。

图 5-6 动力柜内部结构图

3) 电气控制系统

液压打桩锤的电气控制系统包括动力柜控制和液压打桩锤动作控制。主要设备包括控制面板、电控柜、传感器等,通过 CAN 总线电缆连接。所有的电气控制操作全部集成在操作室内的控制面板上,如图 5-7 所示。

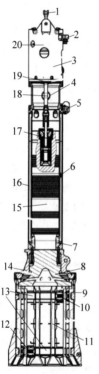

1—吊装卸扣;2—软管连接;3—驱动单元;4—检查口;5—软管夹紧装置;6—接近传感器;7—减震器环;8—替打;9—桩帽;10—上部导向块;11—支撑条;12—下部导向块;13—导向块支撑架;14—桩锤底座(锤脚);15—锤芯;16—锤套;17—悬挂单元;18—活塞杆;19—中间法兰;20—驱动单元。

图 5-4 MHU2400S 液压打桩锤的锤体结构

2) 液压动力源及油路系统

液压打桩锤的液压系统主要为液压打桩锤提供液压动力源,简称动力柜。

动力柜主要由动力柜主体框架、操作室、

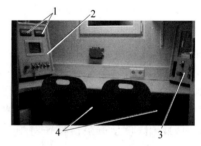

1—发动机参数显示;2—动力柜控制面板;3—液压打桩锤动作控制面板;4—实时计算机。

图 5-7 操作室

2. 工作原理

液压打桩锤按工作原理可分为单作用式和双作用式两大类。

单作用式液压打桩锤通过液压油将锤芯提升到一定高度后快速释放压力,来使锤芯在自重的作用下以接近自由落体的方式下落打击桩体。

双作用式液压打桩锤通过液压油将锤芯提升到一定高度后,由液压系统控制液压油改变方向,推动锤芯以大于重力加速度的方式下落打击桩体。

单作用式和双作用式液压打桩锤的工作原理基本相同,都是锤芯与液压油缸活塞杆刚性连接,通过油路系统将动力传递给液压油缸上下腔的压力油,由控制系统进行电子控制以提升锤芯至设定高度并使锤芯下落,实现连续打击。

德国 MENCK 公司生产的 MHU2400S 液压打桩锤是双作用式液压打桩锤,本书以此锤为例,介绍其工作原理。

1) 锤芯提升

如图 5-8 所示,控制单元 11 被激活,油缸的上气室 13 与回油管路 T 连通,油缸的下气室 14 与供油管路 P 连通。泵 4 将液压油箱 5 中的油输送到供油管 P 中。供油管 P 内的压力会持续升高,直到锤芯 15 向上移动。油缸的上气室 13 中的液压油通过控制单元 11 排到回油管路 T 中。

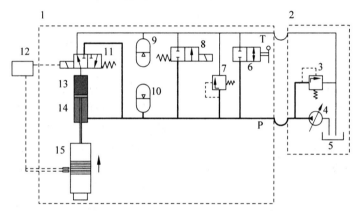

1—液压锤;2—动力站;3—溢流阀;4—液压泵;5—液压油箱;6—手动旁路阀;7—溢流阀;8—电动液压旁路阀;9—低压蓄能器;10—高压蓄能器;11—控制单元;12—控制系统;13—油缸上气室;14—油缸下气室;15—锤芯;P—液压泵供油管路(高压管路);T—回油管路(低压管路)。

图 5-8 锤芯提升液压原理图

2) 锤芯下落

如图 5-9 所示,控制单元 11 换向,油缸的上气室 13 与供油管路 P 连通。油缸的两个气室现在都与供油管路 P 连通。液压泵 4 仍将液压油输送到供油管路 P 中。由于活塞两个面 S1 和 S2 上的压强相同,但 S1 的面积大于 S2 的面积,所以上气室的压力会大于下气室的压力,从而产生向下方向的液压力。液压力和锤芯自身重力使锤芯 15 向下加速运动。

3. 电气控制系统的工作流程

电气控制系统的工作流程主要分为以下几个步骤。

(1) 系统自检。检查各传感器(位置传感器、压力传感器等)、线路是否正常。

(2) 用户根据现场实际情况设定所需打桩能量。

(3) 系统根据所设定的能量计算出锤芯所需提升的高度。

(4) 控制系统通过控制主阀的换向来控制锤芯上下移动。

(5) 检测锤芯的运动情况及动力站内参数(如液压油温度、室内温度等)。

上述流程中除第(2)步为手动操作外,其余四个步骤均为控制系统自动行为。具体工作流程图如图 5-10 所示。

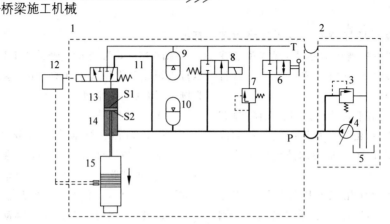

1—液压锤；2—动力站；3—溢流阀；4—液压泵；5—液压油箱；6—手动旁路阀；7—溢流阀；8—电动液压旁路阀；9—低压蓄能器；10—高压蓄能器；11—控制单元；12—控制系统；13—油缸上气室；14—油缸下气室；15—锤芯；P—液压泵供油管路（高压管路）；T—回油管路（低压管路）；S1—活塞上表面；S2—活塞下表面。

图 5-9 锤芯下落液压原理图

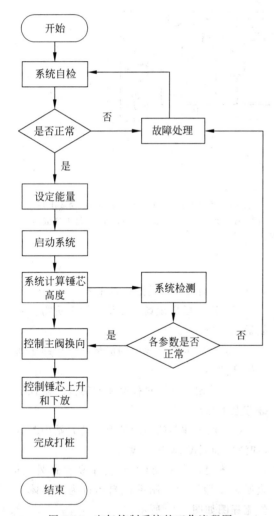

图 5-10 电气控制系统的工作流程图

5.4.3 设备选型及应用

1. 选型

1) 选型原则

在沉桩施工中，选锤是比较复杂又重要的一项工作，既要考虑沉桩的可能性和沉桩效率，又要防止桩顶和桩身受到大的锤击应力而破坏。故应考虑地质、桩型、周围环境、工程量等因素。

液压打桩锤的选型原则如下。

（1）桩锤的打击能量必须充分超过克服桩的打入阻力（包括桩底阻力、侧面摩阻力等）所做的功和桩的弹性工作量产生的能量损失。

（2）保证桩能打穿较厚的土层（包括硬夹层），进入持力层，达到预计设定的深度。

（3）桩所受到的锤击应力应小于桩材的容许强度，保证桩不受到破坏。

（4）打桩时的总锤击数和总锤击时间应进行适当控制，以避免桩的疲劳和破坏降低桩锤的效率和施工生产率。

（5）贯入度不宜小于 1 mm/锤，以免损坏桩和锤。

（6）按照不同型号液压打桩锤的动力特性，不同的土质条件、桩材强度和沉桩阻力，选用功效高，能顺利将桩打入至预定深度的液压打桩锤。

2）选型方法

液压打桩锤的选型方法有按桩锤的冲击力选用、按桩的极限支承力选用和按波动方程选用，具体内容见5.3.3节。

2．应用

1）预制桩施工

预制桩主要有混凝土预制桩和钢桩两大类。常用的混凝土预制桩有混凝土实心方桩和预应力混凝土空心管桩。钢桩主要是钢管桩和H型钢桩。

常用的施工方式如下。

（1）配套桩架使用。根据桩型和大小选用相应的液压打桩锤的型号及桩帽。桩架一般多为步履式桩架、履带式桩架以及使用起重机改制的吊架。桩架与液压打桩锤通过导轨、导向块相连，可进行直桩、斜桩施工，如图5-11所示。

图5-12　IHC800在平潭海峡大桥的应用

图5-11　履带式桩架在施工中的应用

图5-13　MENCK锤在孟加拉帕德玛大桥的应用

（2）定制钢桩导向架，选用合适的起重机或起重船进行吊打施工，如图5-12、图5-13所示。

2）高速基础夯实施工

在高速堤的填筑中，因碾压分层过多，不易控制质量，而使路面施工后沉降大，甚至导致路边坡失稳，特别是在某些特殊地段，由于施工条件的限制，路基土或回填难以压实，致使运行后出现各种异常情况，严重时甚至影响道路的正常运行，如桥头跳车、路面破损等现象。利用液压打桩锤进行高速夯实，其原理为相对高频动态夯实，即采用较低的单击夯实能连续夯击，压缩土体孔隙，提高基土承载力。可以用冲击波的理论解释这种土的加固效果。土体在夯击时，受到较大的冲击波作用。在这种冲击波的作用下，锤底瞬间产生一个巨大的压力，使土体沉降且随着深度使土体扩散加密。当土体夯击时，侧向变形较小，即锤底土瞬间由静态下沉，与周围土体产生相对剪切变形，此时，周围土体还没来得及变形，冲击过程已经完毕。

与其他加固方法相比，高速夯实机加固地基与填土具有下列优点。

（1）设备自动化安装程度高，安装便利。

（2）锤体直接接触地面，施工时没有碎石飞散，安全程度高。

（3）锤体直接接触地面，能量可有效地传输到地基或填土中。

（4）运行控制器可以调整能量的大小，适

合不同的场地应用,保证最优的效率运行。

(5) 具有自检地基处理效果的功能。数据记录器可记录地基处理结果。如每锤的夯击能量、夯击次数,最后一锤的变形量、总变形量等参数。可以利用计算机对这些数据进行分析。

(6) 一次性处理地基土层的厚度较厚,工作效率高。

3) 岩石破碎施工

在现有的岩石破碎施工中,常采用火药爆破或液压破碎锤等方式。受火药爆破的安全性差以及液压破碎锤功率小、破碎深度有限等因素的影响,传统的施工方式具有一定的局限性,难以满足大型岩石破碎施工的需求。采用液压打桩锤进行岩石破碎施工,利用其强大的冲击力将裂变器逐渐打入岩石,随着裂变器的深入,破碎截面积增大,从而将岩石破碎。

液压打桩锤具有如下优点。

(1) 冲击力大,破碎能力更强。

(2) 单次冲击深度深,破碎范围大。

(3) 自动化程度高,可自行安装,操作便捷。

(4) 更加节能、环保和安全。

5.4.4 安全使用与维保

1. 液压打桩锤的安全使用

1) 操作前的注意事项

(1) 吊装前,检查吊装使用的钢丝绳、卡环、锤体吊耳等是否完好。

(2) 在启动柴油机前,应检查柴油、机油、冷却水的液位是否在标准位置,各吸油口、回油口的蝶阀是否已开启。

(3) 检查各电路、电缆及液压管路的连接部位是否完好牢固,接头及密封件是否松动、漏油或渗油。

(4) 检查各处按钮、旋钮、急停开关等是否在安全位。

(5) 检查电控柜指示灯是否显示正常,集控系统控制面板上的参数设置是否正确,有无报警及错误显示,检查各传感器的指示是否正常。

(6) 检查发动机冷却水泵、冷却水管等是否正常工作。

2) 打桩时的注意事项

(1) 操作时要经常观察显示器上发动机的各项参数是否正常,发现异常情况,应立即停止操作,查找原因,排除故障。

(2) 当环境温度低于10℃时,系统先无负荷运行,待油温升至30℃以上时再工作。时刻关注控制面板上液压油的温度变化,当液压油温度超过65℃时,必须停锤冷却液压油。

(3) 当系统发生漏油、喷油时,要立即停机,进行检修。

(4) 蓄能器只能充氮气,禁止充氧气或其他易燃气体,以免引起爆炸。

(5) 液压油必须保持清洁,禁止使用已经污染的液压油,不同型号的液压油不得混合使用。

(6) 新油泵在使用前一定要向壳体灌油,并且需要排气。

(7) 刚开始时,必须用小能量打桩,待打桩稳定后,根据打桩数据选择合适的打桩能量,避免因溜桩而对锤和吊机造成损伤。

2. 维护与保养

由于液压打桩锤的工作环境一般比较恶劣,因而容易导致故障的发生。为了消除故障隐患,缩短维修周期,有必要对其实施日常和定期的保养及维护。

1) 日常保养及维护

每次打完桩后,将桩锤放置在安全平稳的固定位置,然后按表5-4中的检查项目对桩锤进行维护保养。

2) 定期保养及维护

(1) 根据使用频率,定期检查蓄能器、减振器的氮气压力是否足够,是否有漏气。

(2) 应定期清洗或更换发动机的空气滤芯器、机油滤芯器、柴油滤芯器。

(3) 根据发动机保养手册,定期对发动机进行保养。

(4) 定期清洗动力柜油箱,更换液压油,根据使用情况及液压油的清洁程度对液压油滤芯进行更换。

表 5-4 打桩后的日常检查

任 务	标 准	所 需 操 作
目视检查桩锤	检查是否存在明显的损坏和泄漏,如裂缝、钢制件变形、螺钉松脱丢失、液压油泄漏等	确定损坏或泄漏的程度。如果是轻微损坏或泄漏,应经常检查是否变为更加严重的损坏或泄漏。根据实际情况对其修复或更换
目视检查并轻敲所有可以够得到的螺栓接头	检查螺栓接头有无明显松脱,检查螺栓接头周围的涂漆层是否存在裂缝	如果存在松脱的螺栓,则应按照相应的装配图纸中给定的拧紧力矩重新拧紧螺栓
目视检查所有可触及的密封位置和软管连接	检查密封位置是否存在泄漏和损坏,以及软管连接是否松脱或损坏	如有松脱,则重新拧紧软管连接;如有损坏,则根据损坏程度,考虑是否更换。经常检查轻微损坏处
检查所有可触及的电气连接器	检查是否存在松脱的连接器和电缆损坏	重新紧固松脱的电气连接器或更换损坏的电缆。在重新紧固松脱的连接器前,应检查电气接头插针
目视检查桩帽内的导向块	检查导向块是否损坏或磨损严重,检查连接螺栓是否松脱或丢失	如果导向块磨损严重,则应考虑更换新的导向块;如果连接螺栓松脱或丢失,则应重新拧紧或更换
目视检查桩帽内的支撑条	检查是否存在裂缝	对可见裂缝的尺寸进行分类。对小裂缝进行标记,经常检查其扩大程度。如果裂缝的长度增加,则将损坏桩锤的安全性,应对支撑条进行维修
目视检查所有吊装卸扣螺栓的开口销	检查开口销是否丢失或损坏	立即更换损坏或丢失的开口销

(5) 最多 5 万次锤击后,必须在锤室与锤芯的接触表面涂抹油脂,以确保足够的润滑度。

(6) 最多 40 万次锤击后,必须更换驱动单元内部的所有密封。

3. 常用故障分析与诊断

一般引起每种故障的可能原因比较多,需要结合集控系统中故障显示的信息和代码与具体现象进行判断。根据液压打桩锤的使用情况,将使用过程中可能遇到的问题及可能的原因与解决办法列入表 5-5 中。

表 5-5 液压打桩锤故障

故 障	可能的原因	解 决 办 法
锤芯不能移动,油压始终较低	桩锤的手动旁通阀被打开	关闭手动旁通阀
	液压软管连接错误,高低压油管错接	检查并更正连接
	无油流进油缸	打开阀门进行泵送;调整可调泵的行进角度
	电动旁通阀故障	手动打开电动液压旁通阀,如果未检测到油压变化,则检查电动液压旁通阀
	控制单元故障	手动打开控制单元,如果油压不变,且从控制单元听不到咔嗒声,则检查控制单元
	驱动单元故障	检查驱动单元

续表

故障	可能的原因	解决办法
锤芯不能移动，油压达到安全阀压力	液压回油管由于接头故障被关闭	如果在打开旁通阀时无法进行油循环，则更正接头连接或修理接头
	控制单元故障	手动打开控制单元，如果油压不变，且从控制单元听不到咔嗒声，则检查控制单元
	锤芯和油缸活塞杆断开	检查活塞杆、悬挂杆和锤芯之间的连接
	驱动单元故障	检查驱动单元
桩锤跳桩	最大液压油压力过高	降低油流速/锤击率
	水下作业时，压差过高	减少桩锤的空气供给
	低反转点调整不正确	调整低反转点
	蓄能器故障	检查蓄能器压力
	减振器故障	检查减振器压力
发动机不启动	电池主开关或电源开关关闭；电池的电压过低或启动电压过低	打开电池主开关或电源开关，检查电池和连接，如有必要，给电池充电或更换电池
	紧急停机按钮被按下未复位	检查所有紧急停机按钮（顺时针旋转四分之一圈进行解锁和复位）
	不供应燃油/燃油管的截流阀关闭	检查油箱中的油位（如有必要，给油箱加油）/打开燃油管截流阀
	警报自动停止发动机	检查是哪个警报造成的发动机停机，并参考发动机操作手册了解操作步骤
	排气风门片关闭	打开排气风门片

5.4.5 典型机型及工程案例

1. 典型机型及技术性能

液压打桩锤典型机型的主要技术参数见表5-6。

表5-6 液压打桩锤的主要技术性能表

项目	参数					
型号	YC-110	YC-120	YC-130	YC-180	IHC-S800	MHU2400S
冲击能量/kJ	1870	2040	2200	3060	800	2400
工作行程/mm	1700	1700	1700	1700		
冲击频率/bpm	20/55	20/55	20/55	18/55	30/60	24/60
锤芯质量/t	110	120	130	180	40	120
总长度/mm(不含桩帽)	11 700	12 350	12 410	14 930	14 610	16 147
锤体质量/t	137	176	193	287	83	250
发动机型号	KTA50-C2000				CAT C15	CAT C18
额定压力/MPa	32	32	32	32	25	24

2. 工程案例

孟加拉帕德玛(Padma)大桥位于孟加拉国首都达卡偏西南约 40 km 处，横跨 Padma 河，距印度洋入海口的直线距离约为 150 km，是连接 Mawa 与 Janjira 的主要交通要道。主桥共42 墩，其中有 40 个水中墩，每墩有 6 根外径为 $\phi 3.0$ m 的钢斜桩，沿圆周均匀分布，斜度 1∶6，壁厚 60 mm。在 40 个水中墩中，有 22 墩在中心设有一根直桩，桩径为 $\phi 3.0$ m，壁厚 60 mm；全桥共有钢管桩 262 根，桩长 101～125 m，沉桩示意图如图 5-14 所示。

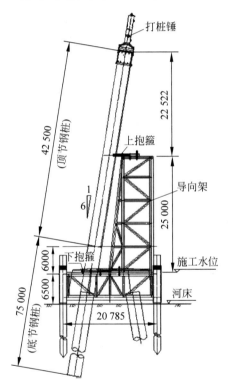

图 5-14 孟加拉帕德玛大桥的沉桩示意图

为满足钢管桩插打施工工作的需求，该项目使用德国 MENCK 公司生产的型号为 MHU2400S 的大型液压打桩锤。

由于 Padma 大桥的主桥钢管桩桩长长，斜度大，因此，为提高钢管桩的插打效率及插打精度，该项目将单根钢管桩分两节插打，并采用固定式平台及导向架来实现对钢管桩倾斜度精度的控制。具体的插打施工工序如下。

(1) 安装打桩平台。钢管桩插打平台采用固定式平台及导向结构。平台采用 6 根定位桩支承。定位桩与平台通过抱箍连为一体。运输驳船将固定平台运输至待施工墩位，并用三向调整装置精确调整定位，后使用液压振动桩锤逐根插打 6 根定位桩，并将定位平台锚固在定位桩上。

(2) 安装导向架。利用浮吊吊装导向架，并将导向架与定位平台固定。导向架由钢管架平台和导向架架体及上、下可调导向装置(即抱箍)组成。导向架高 25 m、宽 10.8 m。为了插打不同位置的钢桩，导向架与固定平台采用轴销连接，导向架可绕平台中心旋转。

(3) 钢管桩插打。单根钢管桩分二节插打，底节长度约 70 m，顶节长度为总桩长减去底节长度。

钢管桩起吊。主桥钢管桩直径 3.0 m，壁厚 60 mm，首节 70 m，质量约 305 t。钢管桩起吊采用 1000 t 浮吊，两个吊钩对准钢管桩上的两个吊耳，同时起吊，通过钢丝绳来调节钢管桩的角度，并调整导向架上的导向装置，使之符合钢管桩的插打要求。钢管桩在自重作用下，入土约 5 m。

锤击沉桩。吊装 MHU2400S 打桩锤，让桩在打桩锤的自重作用下再次下沉，然后开动打桩锤，锤击钢管桩。打桩时，测量人员随时用全站仪观测钢管桩的倾斜和位置，技术人员做好打桩记录。

(4) 接桩及二次插打。接桩：当首节钢管桩插打完成后，将打桩锤吊至驳船上，起吊顶节钢管桩与底节钢管桩进行对接，对好位置稳定后，在钢管桩外围开始焊接钢管桩。焊接完成后，对焊缝质量进行检测，合格后方可进行下步工序施工。二次插打：吊装 MHU2400S 打桩锤对顶节钢桩进行插打，直至到设计标高处。

(5) 旋转导向架，重复步骤(1)～步骤(4)，完成平台的剩余钢桩插打。

(6) 拆除导向架，拔出定位平台定位桩，进行下一墩位的钢桩施工。

参考文献

[1] 何清华.桩工机械[M].北京:清华大学出版社,2018:172-229.

[2] 建筑机械编辑部.我国桩工机械行业60年发展及成就回顾(上)[J].建筑机械,2009(8):14-24.

[3] 兰毓蕃.我国桩工机械的现状与展望[J].建筑机械化,2002(1):13-16.

[4] 邓明权,陶格兰.现代桩工机械[M].北京:人民交通出版社,2004.

[5] 德国MENCK公司.MHU2400S液压打桩锤操作与维护手册[Z].[出版者不详]

[6] 陈龙剑.桥梁工程机械技术性能手册[M].北京:中国铁道出版社,2012.

[7] 王效知.MHU2400S液压打桩锤在孟加拉Padma大桥施工中的应用[J].价值工程,2019(8):4.

第6章

振 动 桩 锤

6.1 定义

振动桩锤是桩基础施工中的重要设备之一,它通过偏心体转动产生的振动,来将桩体周围的土"液化",以减少桩土阻力,迅速达到沉拔桩的目的。与其他桩工机械相比,振动桩锤同时具有沉桩和拔桩两种功能,可施制预制桩和灌注桩。在桥梁施工中,振动桩锤主要用于钻孔桩钢护筒埋设、预制桩插打、施工栈桥支撑桩和平台支撑桩的插打和拔出,围堰钢板桩和锁口桩的插打和拔出等。由于振动桩锤施工效率高、效果好,沉桩时桩的横向位移和变形小,不损伤桩头,费用低,因此振动桩锤一直是桩工机械大家庭的重要成员之一。同时,随着我国国民经济的迅速发展,振动桩锤技术在我国取得了很大的发展。振动桩锤在我国现代化建设中正发挥着无可替代的作用,它为我国桩工机械行业的发展注入了新的活力。

6.2 分类

振动桩锤的分类及代号如图 6-1 所示。

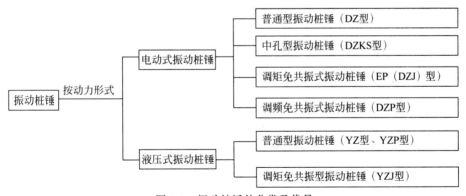

图 6-1 振动桩锤的分类及代号

(1) 振动桩锤根据振动方式又可分为两大类,即通过偏心轴旋转运动而产生振动的回转式振动桩锤和通过液压油缸驱动活塞在缸体里往复运动而产生振动的往复式振动桩锤。但往复式振动桩锤目前使用很少,故在本章介绍的振动桩锤中不包含往复式振动桩锤。

(2) 不同厂家、不同国家之间,产品代号会有所不同,按我国国家标准应理解为:

DZ——普通电动式;

——桥梁施工机械

DZJ——调矩电动式；

DZP——调频电动式；

DZKS——中孔双电机式；

YZ——普通液压式；

YZP——调频液压式；

YZJ——调矩液压式。

(3) 调矩电动振动桩锤在日本被誉为"新时代振动桩锤"，EP 表示"新时代"（epoch）的意思，故 DZJ 型振动桩锤在国外也称为 EP 型振动桩锤。

(4) 根据我国新标准 JB/T 10599—2021《建筑施工机械与设备 振动桩锤》，取消产品代号标准，即各厂家可有自己的产品代号，但这也产生了混乱，如有的厂家将不具有调矩功能的振动桩锤也称为 DZJ 型，故今后在选择产品时不能仅凭代号来判定产品的性能。

6.3 电动振动桩锤

6.3.1 国内外发展概况

1934 年，苏联制造出了世界上最早的电动振动打桩机，但苏联真正应用振动打桩施工法是在"二战"之后。首先在苏联的水电站建设中用于打拔钢板桩。1950 年，苏联在桥梁建设中使用 BⅡ-1 型振动打桩机打入 25×25 cm，45×45 cm，长 16 m 的混凝土桩。

1953 年，我国引入苏联技术，仿制了 BⅡ-1 型振动打桩机，用于修建武汉长江大桥，振动打桩施工法得以引起世界各国注目。武汉长江大桥工程局在苏联专家的指导下，先后制造了激振力大小不同的几种 BⅡ型振动打桩机，成功完成了水中墩大型混凝土管柱施工。武汉长江大桥振动下沉混凝土管柱新技术的应用大大缩短了建桥工期，这一技术一度让世界各国同行为之惊叹。在武汉长江大桥成功应用的激发下，1960 年前后，法国、美国、西德和日本也开始制造振动打桩机，掀开了振动桩锤发展历史上的重要一页。

1958 年，我国开始将振动桩锤用于工业及民用建筑的基础施工。振动灌注桩是振动桩锤在现浇灌注混凝土工程中的成功应用，它具有效率高、成本低、适用范围广的优点，在我国逐步得到推广。我国还创造了振动桩锤加压的方法，大大提高了振动桩锤的贯入能力。

振动桩锤在我国真正得到迅速发展是在改革开放以后。20 世纪 80 年代，由于国民经济的持续增长，多项建设工程的投资规模不断扩大，因此，对振动桩锤的需求量大大增加，仅浙江省瑞安市就曾涌现出 20 余家振动桩锤制造厂。从此，振动桩锤的发展进入了黄金时代，先后开发了中孔式振动桩锤、可调偏心力矩式振动桩锤、液压驱动式振动桩锤等多种新产品。特别是 EP(DZJ) 型偏心力矩无级可调免共振电动振动桩锤，是 20 世纪 90 年代由北京建筑机械化研究院、浙江振中工程机械股份有限公司和日本国建调株式会社共同开发的以免共振为特征的第二代振动桩锤。在研发初期，该型产品主要出口日本等发达国家，并被誉为"新时代振动桩锤"。近些年来，由于对节能、环保、高效、安全等方面的要求提高，因此，国内使用 EP(DZJ) 型振动桩锤的比例也逐渐增大。

6.3.2 结构组成及工作原理

利用电动机带动成对偏心块作相反的转动，使它们所产生的横向离心力相互抵消，而垂直离心力则相互叠加，通过偏心轮的高速转动使齿轮箱产生垂直的上下振动，从而达到沉桩的目的。电动振动桩锤主要由吸振器、振动器及电气装置三大部分组成。

电动振动桩锤在工作时，两轴（或双数多轴）上对称装置的偏心体在同步齿轮的带动下相对反向旋转。若每个成对的两轴上的偏心体产生的离心力相合成，则水平方向的离心力相互抵消，垂直方向的离心力相互叠加，成为一个按正弦曲线变化的激振力，如图 6-2、图 6-3 所示。

当振动桩锤和桩连接在一起沉桩时，激振力使桩产生和激振频率一致的振动。当桩振动时，桩侧面土壤的摩擦阻力和桩端部阻力将迅速降低，在振动桩锤和桩的总重力大于土壤

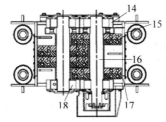

图 6-2　偏心体转动离心力的合成激振力

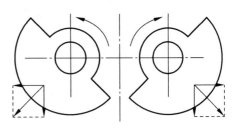

图 6-3　偏心体转动离心力合成产生激振力

对桩端部阻力的情况下,桩便开始下沉。这里需指出的是,桩是在重力的作用下下沉的,振动只是降低土对桩的阻力(包括侧面摩擦阻力和端面阻力)。

6.3.3　常用设备介绍

1. DZ 型普通振动桩锤

DZ 型普通振动桩锤的构造如图 6-4 所示。

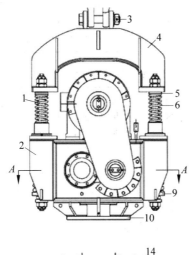

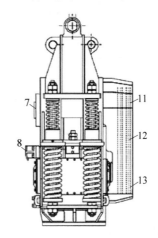

1—减振装置；2—激振器；3—吊环；4—减振横梁；5—减振上弹簧；6—弹簧轴；7—电机；8—防碰架；9—减振下弹簧；10—连接法兰；11—主动轮；12—传动皮带；13—从动轮；14—轴承；15—箱体；16—偏心轴；17—偏心块；18—同步齿轮。

图 6-4　DZ 型普通振动桩锤

激振器 2 的电机 7 上的主动轮 11 通过传动皮带 12 带动从动轮 13 旋转,然后通过偏心轴 16 上的同步齿轮 18 带动另一偏心轴 16 反向旋转。偏心块 17 由偏心块盖板(图中未画出)压紧在偏心轴 16 上。偏心轴 16 通过轴上的键带动偏心块 17 旋转。偏心轴 16 通过支承于轴承 14 上的偏心块 17 做相向转动产生激振力,来使激振器 2 上下振动。由于减振装置 1 上的减振上弹簧 5、减振下弹簧 9 具有吸振、减振作用,因此,减振装置 1 的振动通过弹簧 5、9 的减振后,对减振横梁 4 及吊环 3 的振动影响很小,能达到减振的作用。

浙江振中 DZ 系列振动桩锤的产品参数见表 6-1。

浙江八达 DZ 系列振动桩锤的产品参数见表 6-2。

浙江永安 DZJ 零启动调频系列振动打桩锤的产品参数见表 6-3。

浙江永安 DZJ 普通及高频系列振动打桩锤的产品参数见表 6-4。

表 6-1 浙江振中普通耐振电机 DZ 系列振动桩锤参数

型号	电机功率/kW	偏心力矩/(N·m)	振动频率/(r·min⁻¹)	激振力/kN	空载振幅/mm	允许拔桩力/kN	振动质量/kg	空载加速度/(m·s⁻²)	尺寸/m 长	尺寸/m 宽	尺寸/m 高
DZ45A	45	245	1150	363	8.9	200	3800	13.2	1.29	1.23	2.12
DZ60A	60	360	1100	486	9.6	200	5110	12.9	1.21	1.37	2.24
DZ90A	90	460	1050	570	10.3	240	6160	10.3	1.25	1.53	2.60
DZ120A	120	600	1000	657	10.5	400	7600	11.5	1.72	1.40	2.60
DZ150A	150	150	620	645	17.6	450	10 250	12.6	1.91	1.42	5.62
DZ60KSA	60	370	1050	460	10.0	200	5540	12.4	2.10	1.28	2.10
DZ90KSA	90	460	1000	514	8.3	240	7500	9.3	2.50	1.42	2.21
DZ120KSA	120	700	1000	786	8.3	400	11 760	9.3	3.12	1.69	2.54

表 6-2 浙江八达普通耐振电机 DZ 系列振动桩锤参数

型号	电机功率/kW	偏心力矩/(N·m)	振动频率/(r·min⁻¹)	激振力/kN	空载振幅/mm	允许拔桩力/kN	振动质量/kg	尺寸/m 长	尺寸/m 宽	尺寸/m 高
DZ45A	45	244	1150	361	8.9	160	3200	1.32	1.15	2.10
DZ60A	60	360	1100	487	9.8	200	4000	1.43	1.25	2.30
DZ90A	90	463	1050	570	10.3	240	5200	1.53	1.37	2.50
DZ120A	120	534	1050	658	11.6	350	7000	1.72	1.54	2.80
DZ150A	150	1195/878	900/1050	1082	12.2	350	9000	1.43	1.60	2.90
DZ60KSA	60	374	1100	370	7.6	200	5600	2.05	1.50	2.10
DZ90KSA	90	430	1050	570		320	7800	2.80	1.60	2.20
DZ120KSA	120	629	1050	775		320	11 600	2.95	1.65	2.30

表 6-3 浙江永安 DZJ 零启动调频系列振动打桩锤参数

型号	电机功率/kW	偏心力矩/(N·m)	激振力/kN	偏心轴转速/(r·min⁻¹)	空载振幅/mm	允许拔桩力/kN	桩锤质量/kg	外形尺寸/mm 长	外形尺寸/mm 宽	外形尺寸/mm 高
DZJ-45	45	0~287	0~380	0~1100	0~6.2	180	4000	1650	1200	2300
DZJ-60	60	0~487	0~492	0~960	0~7.0	215	5000	1750	1250	2400
DZJ-90	90	0~573	0~579	0~960	0~6.6	254	5800	1850	1300	2500
DZJ-120	120	0~750	0~823	0~1000	0~7.5	392	7200	2100	1400	2700
DZJ-135	135	0~806	0~883	0~1000	0~8.2	420	7800	2100	1400	2700
DZJ-150	150	0~941	0~950	0~960	0~9.5	420	8600	2200	1500	3300
DZJ-150B	150	0~2266	0~1148	0~680	0~13.5	450	8600	2200	1500	3300
DZJ-180	180	0~968	0~977	0~960	0~17.4	450	11 000	2250	1550	3300
DZJ-200	200	0~2388	0~1592	0~780	0~16.7	588	12 600	2200	1700	3500
DZJ-240	240	0~1804	0~1822	0~960	0~12.2	588	15 000	2000	2000	3500
DZJ-300	300	0~2164	0~2185	0~960	0~18.7	686	18 500	2200	2500	3500
DZJ-400	400	0~4766	0~3184	0~780	0~18.2	750	31 000	2500	2500	3500
DZJ-480	480	0~3608	0~3644	0~960	0~33.5	1176	39 000	2700	2700	3500
DZJ-600	600	0~4328	0~4370	0~960	0~33.5	1352	58 000	2700	3000	3500

表 6-4 浙江永安 DZJ 普通及高频系列振动打桩锤参数

型号	偏心力矩/(N·m)	最大转速/(r·min⁻¹)	额定激振力/kN	最大拔桩力/kN	最大激振力/kN	最大液压功率/(kW/hp)	最大流量/(L·min⁻¹)	总质量/kg	最大振幅/mm	外形尺寸/mm 长	外形尺寸/mm 宽	外形尺寸/mm 高	推荐动力站	推荐夹具
625	6.0	2500	410	120	533	117/159	201	1460	12.9	1520	646	1790	200	60TU
1223	11.5	2300	670	240	871	190/258	326	2545	12.8	1810	452	2096	400	100TU
1423C	14.0	2300	812	240	1056	216/294	370	3240	12.8	1919	625	2325	400	100TU
416L	23.0	1600	645	400	839	209/284	359	4390	16.2	2546	490	2271	400	100TU
32NF	32.0	1650	955	400	1242	203/272	370	5210	21.6	2546	490	2215	400	130TU
322D	32.0	2000	1400	400	1820	285/388	489	7250	12.9	2666	892	2818	600	160TU
815C	46.0	1570	1250	400	1625	356/484	610	8550	18.2	2700	920	3250	600	160TU
55NF	54.0	1700	1710	500	2223	360/489	617	7000	30.0	2540	790	2988	600	200TU
6420	81.0	1700	2570	800	3341	518/704	800	10400	20.5	2580	790	2500	900	320TU
120NF	120.0	1380	2509	800	3621	525/714	830	13250	24.7	2680	1080	4687	900	320TU
200NF	200.0	1400	4400	1800	5720	980/1333	1680	29000	21.0	3000	1600	3350	1600	2×150DC
300NF	286.0	1400	6150	4000	7995	1633/2221	2800	44000	21.0	4600	1800	4300	2800	4×200DC

2. EP(DZJ)型偏心力矩无级可调免共振电动振动桩锤

EP(DZJ)型偏心力矩无级可调电动振动桩锤的构造如图6-5所示。振动桩锤虽然具有结构紧凑、使用方便、高效等特点,但传统的普通振动桩锤同时也存在一些问题,其中最突出的是:①振动桩锤在启动、停止时要经过共振区域而产生"共振"现象,"共振"会引起周围建筑物和设施的振动,造成影响和破坏;②振幅均为固定式,除启动困难外,使用时还无法满足针对不同地质条件选用不同最佳振幅以实现最佳施工振幅的要求。

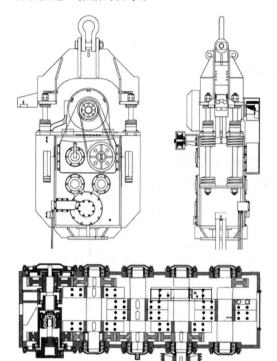

图6-5　EP(DZJ)型偏心力矩无级可调电动振动桩锤结构

EP(DZJ)型偏心力矩无级可调免共振电动振动桩锤可以在启动、停止及运行过程中,非常平稳自如地实现偏心力矩从"0～最大"或"最大～0"的无级调节,实现了机器在工作过程中对不同工况、土质等进行自如的偏心力矩调节。

偏心力矩调整的主要工作原理:在非工作状态下,4个转轴上的偏心块在重力作用下都处于垂直向下的位置上,活塞杆处于推伸到底的位置,此时偏心力矩最大;启动时,由液压油缸向小腔供油,活塞杆受阻退回,调整轴随之被拉出,此时,调整轴上的前后矩形螺旋外花键套相背旋轴90°,经相互啮合的齿轮传动扭矩,使4根带偏心体的转轴相背转动90°,此时惯性力相互抵消,偏心力矩为0,从而实现偏心力矩"最大～0"的无级连续调控;当液压油缸改向大腔供油时,驱使活塞杆外伸,这时将调整轴向里推,4根转轴上的偏心块返回垂直向下的位置,此时偏心力矩最大,实现偏心力矩"0～最大"的无级连续调控。所以,通过调节控制液压油缸向大腔或小腔的供油量便可控制活塞杆的伸缩位置,实现偏心力矩"0～最大""最大～0"的无级连续调控和零力矩启动、零力矩停机,从而实现振动桩锤的振幅按需调节和启动,停机过程无"共振"的情况。

EP(DZJ)型偏心力矩无级可调免共振电动振动桩锤与传统普通电动振动桩锤相比,优越性如下。

(1) 该机可以在无偏心力矩的条件下启动,即空载启动,解决了普通电动振动桩锤带偏心力矩启动而需要大容量电源的问题。

(2) 克服了带偏心力矩启动和停止产生的"共振",使机器能平稳自如地启动和停止,防止了由"共振"产生的剧烈振动噪声和对其他零部件产生破坏现象的发生。

(3) 大型振动桩锤采用调频耐振电机双出轴,激振器前、后皮带轮和各对称安装传动的皮带,使轴承受力分散、均匀,且减少了对轴承的压力,使轴承温升低且不易损坏。

上海振中机械制造有限公司近几年对EP(DZJ)型偏心力矩无级可调免共振电动振动桩锤进行了再创造,相继开发了EP120KS、EP160、EP160KS、EP200、EP240、EP240KS、EP320、EP320KS、EP400、EP540、EP650、EP800、EP1100、EP1600等型号的电动振动桩锤,特别是对大型电动振动桩锤来说,更加优化了机械构造(见图6-6),使其适用范围更广,产品品质更高。

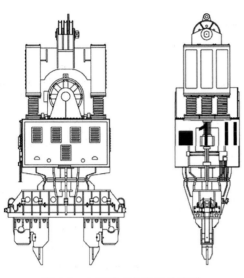

图 6-6 大型卧式电动振动桩锤

上海振中、浙江振中 EP(DZJ)系列振动桩锤的产品参数见表 6-5。

3. DZP 型变频免共振电动振动桩锤

DZP 型变频免共振电动振动桩锤是近几年出现的新型免共振振动桩锤(见图 6-7),它通过电控元件来实现能量的快速转化,从而避免"共振"的出现。目前,仅上海振中机械制造有限公司制造。DZP 型变频免共振电动振动桩锤的结构原理及停机过程能量转换系统示意如图 6-8 所示。

DZP 型变频免共振电动振动桩锤包括电控器和振动桩锤两大部分。仅从振动桩锤外观上看,其与普通电动振动桩锤差别不大,但振动桩锤的电机是变频耐振电机。与普通耐振电机相比,其绕组线圈具有更高的绝缘性,带有的风叶盏使得散热效果更好。

表 6-5 上海振中、浙江振中 EP(DZJ)系列偏心力矩无级可调电动振动桩锤参数

型号	电机功率/kW	静偏心力矩/(kN·m)	振动频率/(r·min^{-1})	激振力/kN	空载振幅/mm	允许拔桩力/kN	振动质量/kg	总质量/kg	最大加速度/(m·s^{-2})	外形尺寸(长×宽×高)/(mm×mm×mm)
EP60	45	0～210	1200	0～340	0～6.6	180	3180	4050	10.8	2370×1650×1100
EP80	60	0～360	1100	0～490	0～7.0	220	4340	5150	11.2	2530×1710×1200
EP120	90	0～410	1100	0～560	0～8.0	250	5100	6300	10.9	1520×1265×2747
EP120KS	45×2	0～700	950	0～710	0～7.8	400	9005	10 860	7.9	2580×1500×2578
EP160	120	0～700	1000	0～780	0～9.7	400	7227	8948	10.8	1782×1650×2817
EP160KS	60×2	0～700	1030	0～830	0～6.0	400	11 830	16 520	7.0	2740×1755×2645
EP180	135	0～770	1000	0～860	0～10.7	400	7190	8900	12.0	3420×1930×1350
EP200	150	0～770	1100	0～1040	0～10.0	400	7660	9065	13.5	1963×1350×3520
EP240	180	0～1500	860	0～1240	0～13.3	600	13 320	16 640	11.0	2450×1630×3850
EP240KS	90×2	0～1200	960	0～1230	0～6.7	600	17 870	22 630	6.9	3350×2066×3187
		0～1800	780		0～10.0		17 980		6.8	
EP270	200	0～3000	660	0～1460	0～21.0	600	14 280	17 000	10.2	6540×1650×1730
EP320	240	0～3000	690	0～1610	0～18.4	900	16 280	21 500	10.0	2490×1730×3660
		0～2200	810		0～13.5		15 800	21 100	10.2	
EP320KS	120×2	0～1800	880	0～156	0～8.5	900	21 170	26 070	7.4	3350×2066×3187
		0～2400	750	0～1510	0～10.7		22 470	27 370	6.7	
EP400	300	0～4000	660	0～1950	0～18.5	900	21 600	28 300	9.0	2697×1880×4710
		0～3000	760		0～14.0		21 000	27 700	9.2	
EP550	400	0～3000	820	0～2250	0～13.8	900	21 500	29 200	8.9	2697×1880×4710
		0～4000	700		0～18.1		22 100	28 700	10.2	

续表

型号	电机功率/kW	静偏心力矩/(kN·m)	振动频率/(r·min⁻¹)	激振力/kN	空载振幅/mm	允许拔桩力/kN	振动质量/kg	总质量/kg	最大加速度/(m·s⁻²)	外形尺寸(长×宽×高)/(mm×mm×mm)
EP650	240×2	0～5800	680	0～3000	0～18.0	1200	32 000	40 100	9.4	3250×2160×5255
		0～4800	750		0～15.0		31 700	39 800	9.5	
EP800	300×2	0～5600	750	0～3500	0～15.9	1800	35 200	48 300	9.9	3350×2160×5350
EP1100	400×2	0～560	820	0～4200	0～15.7	1800	35 700	49 700	11.8	3350×2160×5350
EP1300L	240×4	0～11 600	680	0～6000	0～14.3	3600	81 000	108 000	7.4	3010×4300×8900
EP1600L	300×4	0～11 200	750	0～7000	0～12.0	3600	93 000	120 000	7.5	3540×4310×6050
EP1600	600×2	0～11 200	750	0～7000	0～18.1	3600	61 670	90 850	11.3	5655×2240×5360

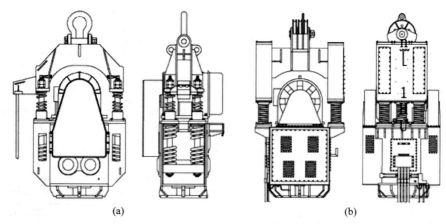

图 6-7 DZP 型变频免共振电动振动桩锤
(a) DZP 型中小型锤；(b) DZP 型大型锤

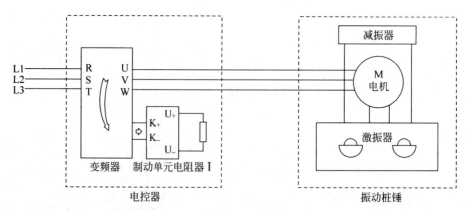

图 6-8 DZP 型变频免共振电动振动桩锤的结构原理及停机过程能量转换系统示意图

振动桩锤的免共振技术主要通过振动桩锤的电机和电控器内的电控元件来完成。启动时，变频器输出电压驱动电机，振动桩锤开始转动，随着变频器频率的提高，振动桩锤的转速越来越大，此时，变频器直流母线的正负端连接制动单元，因变频器直流母线正负端的电压未达到触发制动单元的设定电压而不动作。当停机或减速时，在变频器频率减小的瞬间，电机的同步转速随之下降，但由于机械惯性的原因，使得电机转子转速未变，因此，当同步转速小于转子转速时，转子电流的相位几乎改变了180°，电机从电动状态变为发电状态。同时，电机轴上的转矩变成了制动转矩，这使得电机的转速迅速下降，电机处于再生制动状态。电机再生的电能经变频器内二极管全部整流后反馈到直流母线电路。由于直流电路的电能无法通过整流桥回馈到电网，因此，仅靠变频器本身的吸收，虽然其他部分能消耗一部分电能，但电容仍有短时间的电荷堆积，形成"泵升电压"，使直流母线电压升高。这时，制动单元开启工作，将负载拖动电机所产生的再生电能传导并通过发热方式消耗在制动电阻上，以提高变频器的制动能力，确保电机能在设置的时间内快速停车。电机的快速停车可以有效地避免振动桩锤机械端的共振，起到保护变频器、电机及相关机械部件和机械设备的作用。

DZP型免共振变频振动桩锤显出的优越性如下。

（1）使用变频器变频启动，降低启动能耗。配置的电源功率一般仅是振动桩锤电机功率的2倍以内，符合节能减排的要求。

（2）使用变频器调节振动频率，满足针对不同地质条件选用不同最佳频率，以实现最佳施工频率的要求。

（3）停机时，通过能量转换系统，实现了转动动能快速转化为电能，电能再转化为热能释放出来的目的，使停机过程既快速又平稳，避免了"共振"的产生，防止了由"共振"产生的强烈振动噪声和对振动桩锤本身及相关设备破坏现象的发生。

（4）配置的电机是专用的变频耐振电机，与普通耐振电机相比，使用寿命更长。

上海振中DZP系列变频免共振电动振动桩锤的参数见表6-6。

表6-6 上海振中DZP系列变频免共振电动振动桩锤参数

型号	电机功率/kW	静偏心力矩/(kN·m)	最大振动频率/(r·min^{-1})	激振力/kN	空载振幅/mm	空载加速度/(m·s^{-2})	允许最大拔桩力/kN	振动质量/kg	总质量/kg	外形尺寸（长×宽×高）/(mm×mm×mm)
DZP45	45	250	1150	370	8.9	13.0	200	2800	3820	1190×1100×2340
DZP60	60	370	1100	500	9.8	13.5	200	3744	5109	1370×1250×2395
DZP90	90	470	1050	580	10.2	12.1	250	4560	6160	1523×1250×2330
DZP90KS	45×2	520	1000	580	9.7	10.8	250	5370	7190	2390×1420×2060
DZP120	120	710	1000	800	13.8	12.9	400	5195	7190	1720×1310×2640
DZP120KS	60×2	710	1000	800	8.3	9.3	400	8610	11 780	3120×1690×2540
DZP150	150	970	970	1030	14.0	14.9	400	6900	8800	1975×1425×3061
								6750	8650	
DZP180	180	2500	660	1210	25.7	12.8	600	9700	12 800	1980×1500×3570
		1500	850		15.4					
DZP240	240	3000	690	1620	21.7	11.1	800	14 280	19 100	2190×1730×4040
		2200	810		15.4					
DZP240KS	120×2	1420	1000	1600	8.3	9.3	800	17 220	21 500	3585×1746×3470

续表

型号	电机功率/kW	静偏心力矩/(kN·m)	最大振动频率/(r·min^{-1})	激振力/kN	空载振幅/mm	空载加速度/(m·s^{-2})	允许最大拔桩力/kN	振动质量/kg	总质量/kg	外形尺寸(长×宽×高)/(mm×mm×mm)
DZP300	300	4000	660	1950	19.0	9.3	1200	21 010	27 200	2320×1963×4580
		3000	760		14.3					
DZP500	500	5800	680	3000	20.5	10.6	1200	28 300	35 900	2580×2241×5185
		4800	750							
DZP600	300×2	5600	750	3500	19.5	12.1	1400	28 725	32 640	3060×1910×6690

4. 中孔式电动振动桩锤

20世纪80年代末，我国根据实际施工的需要，开发出了中孔式电动振动桩锤。中孔式电动振动桩锤在原有电动振动桩锤的中间位置设计了一个由上向下的通孔，这样，振动桩锤在进行灌注桩施工时，就可以从中孔直接插入钢筋笼，大大方便了施工。由于施工效率高，因此，这种振动桩锤曾在我国迅速普及。

中孔式电动振动桩锤的结构示意如图6-9所示，中孔管1位于桩锤的中间，两根偏心轴位于中孔管的两侧，同步齿轮2之间增加了一对过桥齿轮3，过桥齿轮轴4是固定的，过桥齿轮3中装有轴承。中孔式振动桩锤由于中孔管长度尺寸比较大，一般采用双电机同时驱动两偏心轴，因此，每根偏心轴上都装有皮带轮，中孔式振动桩锤的其他部分和普通的振动桩锤基本相同。

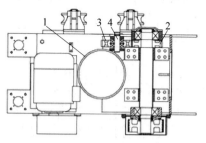

1—中孔管；2—同步齿轮；3—过桥齿轮；
4—过桥齿轮轴。

图6-9 中孔式振动桩锤结构

近几年，上海振中机械制造有限公司将免共振技术应用在传统的中孔式振动桩锤上，成功开发出了变频免共振中孔式电动振动桩锤和偏心力矩无级可调中孔式振动桩锤（见图6-10），再配上特制的中孔式钢管夹具，就使中孔式振动桩锤使用范围更广。由于无"共振"，因此，新型中孔式振动桩锤可与钻孔机组合施工。用中孔式振动桩锤沉拔钢护筒，同时用钻孔机钻取钢护筒内的土，完成带套管钻孔施工的要求（见图6-11）。与传统钻机泥浆护壁施工相比，中孔式振动桩锤具有环保、高效等特点。

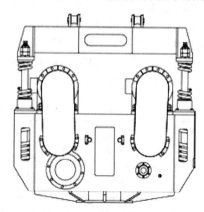

图6-10 偏心力矩无级可调中孔式振动桩锤

6.3.4 选用原则

当使用振动桩锤对钢管桩、钢板桩、H型钢桩等现成桩材进行打入或拔出施工时，要事先就下面几项进行充分的调查、检讨、分析，判断其适应性。

（1）施工现场及地形。

（2）气象及海况条件。

（3）周边环境条件。

（4）对象桩的形状、大小、质量及构造形式（如锁口形状、锁口数量等）。

图 6-11 振动套管长螺旋钻机

(5) 地层土性及基于标准贯入试验的标贯数 N 值。

(6) 振动沉桩时作用在桩上的力和桩的应力关系。

(7) 工期及施工时期。

在满足沉桩所需的振幅条件下,通过振动桩锤的振动,将作用于桩的静力阻力(静侧阻力和静端阻力)减小为动力阻力(动侧阻力和动端阻力)。在同时满足振动桩锤的激振力大于桩动侧阻力,包含桩、夹具在内的振动桩锤的全装备重力大于桩动端阻力的条件下,桩下沉才成为可能(见图 6-12)。

振动沉桩的条件要素有以下几方面。

1) 必要的振幅(实际振幅与临界振幅的关系)

桩的振沉和拔出存在经验上的最小必要振幅值。基于设定的振动频率和地质条件,按照经验,这些最小必要振幅可以确定为临界值。表 6-7 为最小必要振幅的参考值。

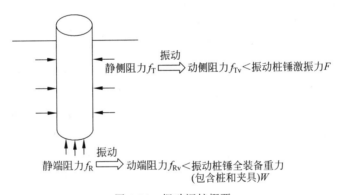

图 6-12 振动沉桩概要

表 6-7 最小必要振幅的参考值

振动频率		地质条件							
		砂 质 土				黏 性 土			
		松 $N \leqslant 10$	中等 $10 < N \leqslant 30$	密 $30 < N \leqslant 50$	极密 $N > 50$	极软 $N \leqslant 1$	柔软 $1 < N \leqslant 4$	中等 $4 < N \leqslant 8$	坚硬 $8 < N \leqslant 20$
最小必要振幅 (A_m/mm)	$f \leqslant 15$ Hz ($n \leqslant 900$ r/min)	3	5	7	8	4	5	6	7
	15 Hz $< f \leqslant$ 25 Hz (900 r/min $< n \leqslant$ 1500 r/min)	3	4	5	6	2	3	4	5

振动桩锤振动桩时产生的振幅值不能比振动沉拔桩的临界振幅值小,此关系用公式表示如下:

$$A_v \geqslant A_m \qquad (6-1)$$

式中:A_v——用振动桩锤振动桩时的振幅值,mm,见式(6-2);

A_m——用振动桩锤振动沉拔桩时基于经验的临界振幅值,mm。

$$A_v = (K \times 10^3)/mg \qquad (6-2)$$

式中:K——振动桩锤的偏心力矩,N·m;

m——总振动质量,即振动桩锤的振动质量和夹具、桩的质量之和,kg;

g——重力加速度,9.8 m/s²。

2) 必要的激振力(激振力和摩擦力以及锁口阻力的关系)

在桩贯入土中后,当静止时,桩和土之间存在着某种大小的静态摩擦力。

桩在振动桩锤的激振力作用下会产生稳定的调和振动,这种调和振动又传达到和桩接触的土粒子。土粒子的振动会使粒子间的内部摩擦力减小,即激振力作用前存在的静侧摩擦力因转变为动侧摩擦力(动侧阻力)而急速减小。

由于桩在土里的振动属于阻尼振动,因此,为使桩获得稳定的调和振动,则振动桩锤的激振力必须比桩与土之间的动侧阻力大,此关系用公式表示如下:

$$F > f_{Tv} \qquad (6-3)$$

式中:F——振动桩锤的激振力,kN;

f_{Tv}——桩的动侧阻力,kN,如式(6-4)所示。

$$f_{Tv} = \mu_i U \sum L_i f_i \qquad (6-4)$$

式中:μ_i——由振动加速度决定的各土质的桩表面摩擦阻力的减小率;

U——桩的外周长,m;

L_i——桩的入土深度,m;

f_i——各土质层的桩侧表面摩擦力度,kN/m²,如表6-8所示。

表6-8 表面摩擦力度(kN/m²)一览表

符号	土质类别	表面摩擦力度
f_1	砂质土	2N
f_2	粉土、淤泥土	5N

注:N为各土质层的标贯击数的平均值。

3) 必要的重量(重力和桩端阻力的关系)

在振动沉桩时,桩会给予与桩顶端相接触的土层冲击,这将使得土的粒子间的结合力降低,最终导致沉桩变得容易。

但是,当桩的振动振幅过小时,桩端的微小振动将会压密桩顶端的土,这反而会使得土的压缩强度变大,这将导致桩更不容易下沉,这种情况应引起注意。

此外,特别是当直径较小的钢管桩贯入到承载层时,被压缩的土闭塞于管内顶端部分,将使桩的端阻力增大,甚至使桩无法沉入到指定深度。

虽然振动使桩端的静阻力转变为动阻力,从而使桩的端阻力减小。但桩能否下沉还涉及桩、振动桩锤的全装备重力能否足以抵抗桩的端阻力。因此,桩、振动桩锤的全装备重力与端阻力的关系必须满足如下关系:

$$W > f_{Rv} \qquad (6-5)$$

式中:W——动桩锤、夹具、桩的总重力,kN;

f_{Rv}——桩的动端阻力,kN,如式(6-6)所示。

$$f_{Rv} = f_R \times e^{-a\sqrt{I}} \qquad (6-6)$$

式中:f_R——桩的静端阻力,kN,如式(6-7)所示;

a——桩端阻力减小系数(对于钢桩而言,$a = 0.0208$);

I——振动桩锤的振动冲量,kg·m/s。

$$f_R = \sigma_i N_i A_i \qquad (6-7)$$

式中:σ_i——各土质的桩端阻力系数,kN/击数,如表6-9所示;

N_i——桩端土层的标贯击数平均值;

A_i——桩端的有效截面积,m²。

表 6-9　桩端阻力系数

符号	土质情况	系数/(kN·击数)
σ_1	砂质土	4×10^2
σ_2	粉土、淤泥土	8×10^2
σ_3	黏质土	

4) 必要的功率(马达额定功率与实际消耗功率的关系)

对于振动桩锤来说,功率是个主要的参量。施工所选的振动桩锤的功率过大而负载不足,会使效率低、耗能大,如果所选的振动桩锤的功率过小,则又容易使负载过大而无法使用,甚至烧坏马达。通常认为,当实际负载为额定负载的60%~80%时,无论从设备使用效率还是从设备使用寿命来看,均是最合理的。但地下情况千变万化,异常复杂,用振动桩锤进行沉桩时遇到复杂地层,其实际负载往往变化很大。所以,如能根据勘察的地质情况,结合沉桩要求,合理选配振动桩锤是非常重要的。

振动桩锤实际消耗的功率由两部分组成:一部分是振动桩锤内部本身消耗的,即使振动桩锤空载运转时,振动桩锤本身也要消耗的能量;另一部分是振动桩锤带着桩在振动下沉的过程中,克服土的阻力做功而消耗的能量。这部分能量是主要部分,也是直接用于打桩部分的能量。两部分消耗的功率分别为 P_{v1}、P_{v2},总消耗功率为 P_v,则

$$P_v = P_{v1} + P_{v2} \quad (6-8)$$

振动桩锤的额定功率对电动振动桩锤来说,就是电机马达的额定功率。设额定功率为 P_0,则实际消耗的功率 P_v 与额定功率间的关系为

$$P_v < 1.5 P_0 \quad (6-9)$$

式(6-9)表明,电动振动桩锤在使用时可以超载,但一般不得超载50%。电机的实际输出功率可表示为

$$P_v \approx 1.3 \times I_A \times U \times 10^{-3} \quad (6-10)$$

式中:I_A——电机电流值;
U——电机电压值。

所以,根据安装在电控箱里的电流表、电压表的读数,可知电机的实际输出功率。

选择一种合适的振动桩锤对于既定工况下的打桩起着决定性作用。如果选电机功率过小的振动桩锤打桩,就会出现桩打不下去或者沉桩过程很慢的情况;反之,若是选电机功率过大的振动桩锤打桩,则其相对的能耗大,不能达到经济环保的理想效果。那么,振动桩锤桩如何选型才能使其最大限度地发挥功效,才能使其既能快速有效沉桩又能做到低能耗?

振动桩锤的选型一方面取决于桩的参数和土质情况,其中起决定性因素的有三个,即临界振幅、静侧阻力和静端阻力;另一方面也与振动桩锤的参数有着密不可分的联系,这些参数主要有振动桩锤的偏心力矩、转速、激振力、振动质量、总质量和额定功率。振动桩锤的实际振幅只有在满足大于或者等于其临界振幅的时候,桩才有可能下沉,这是桩下沉需要满足的振幅条件。同时,桩在振动下沉过程中主要克服的是动侧和动端阻力,只有满足当振动桩锤的激振力大于动侧阻力,振动桩锤的总装备重力大于动端阻力的情况下,才能满足沉桩要求,这是桩下沉需要满足的动端、动侧阻力条件。当然,为了保证振动桩锤能够安全有效地施工,其输出功率需要满足小于或等于额定功率的1.5倍。因此,总的来说,振动桩锤的选型主要有四大因素:满足振幅条件、满足动侧阻力条件、满足动端阻力条件和满足实际的能耗条件。

6.3.5　桥梁施工中的应用

芜湖长江大桥钢护筒(直径 ϕ3.2 m,长度24 m,厚度22 mm,质量42.3 t)的插打采用了2台中-250型打桩锤双机并联施工,中250型打桩锤是当时武汉铁道部大桥工程局的最大电动振动桩锤,单机最大激振力为 2.94×10^6 N,偏心力矩为 5390 N·m,转速为570、636、700 r/min,电机功率为355 kW。当时,该振动桩锤的使用效果并不理想,主要问题是电机功率偏小,带载启动困难,零件容易振松,不能长时间工作;钢护筒壁厚较薄,无法吸收能量,振动桩锤实际未能满负荷运行。

黄冈长江大桥钢护筒的插打施工使用了浙江永安公司的 DZJ600 振动桩锤(图 6-13),嘉绍大桥钢护筒的插打施工使用了浙江永安

公司的 DZJ480 振动桩锤(图 6-14),DZJ480 和 DZJ600 振动桩锤的技术参数见表 6-3。

图 6-13　DZJ600 振动桩锤在黄冈长江大桥施工图

图 6-14　DZJ480 振动桩锤在嘉绍大桥施工图

6.3.6　安全使用规程

在对机器进行维护时,应注意所有相适用的安全守则。对机器的充分保养可以最大限度地确保重要部件的工作可靠性,延长其使用寿命。相对未遵照保养说明而引发的故障而言,保养所需做的工作和花费的时间很少。

(1) 在开始保养工作时,将机器放在平坦坚实的地面上。

(2) 在进行保养工作前,彻底清洁机器。

(3) 在液压系统上进行工作之前,先将管路卸压。

(4) 对电气系统进行保养时,必须由专业的电工来进行。

(5) 对位置较高的零部件进行保养时,应使用安全可靠的登高平台或踏脚。

(6) 将流出的润滑油和液压油收集起来,不要让它们渗入地下、流入下水道或河道,应以环保的方法进行处置。

1. 初次运行使用说明

新机器或经过大修后的机器在初次投入使用时,除了规定的日常保养工作以外,还必须进行以下保养工作。

(1) 在完成第一根桩的作业后,检查皮带张紧程度,必要时进行张紧。

(2) 在 40 h 作业结束后,更换激振器内的润滑油。

2. 保养表

在进行保养工作的同时,也要进行在此期间内间隔时间更短的各项保养项目(见表 6-10)。

表 6-10　保养表

编号	保养项目	备注
1	检查桩锤各个零部件连接的螺栓是否有松动,若有松动,按螺栓的额定拧紧力矩将其拧紧	采取适当的防松措施
2	向导向座尼龙套、加压滑轮、起吊滑轮、导向滑轮和耐振电机上的各个润滑点及滑轮槽内注钙基润滑油脂	视需要适量
3	检查激振器体内润滑油的油位	通过油位螺塞
4	检查液压操纵箱内液压油的油位	通过油位观察窗

续表

编号	保养项目	备注
5	检查电缆线连接是否有松动,压板是否压紧,以及是否有损伤。若有松动,则将其紧固;若导线有损伤,则用绝缘胶带包扎后再用聚氯乙烯胶带缠扎;若损伤严重,则需更换	
6	检查液压胶管接头是否松动漏油,胶管是否有损伤。若有松动漏油,则将其拧紧或更换密封圈;若胶管损坏,则进行更换	
7	检查电机传动三角胶带是否因磨损打滑,若有打滑则进行张紧	
8	检查电机传动三角胶带的状况,若胶带表面有损坏和裂缝,则进行更换	
9	检查操纵控制箱仪表板(n)上的液压油回油滤清器,"堵塞"报警指示灯是否灯亮报警,若灯亮,则清洗滤清器	
每隔 300 h		
1	更换激振器体的润滑油	每年至少一次
2	清洗液压油箱内的进油和回油滤清器	
每隔 1000 h		
1	更换液压油箱内的液压油	每年至少一次

3. 张紧电机传动三角胶带

电机传动三角胶带必须在桩锤停机并切断电源后才能进行张紧工作,否则可能发生人身伤害事故。

若检查发现电机传动三角胶带打滑,则进行张紧工作,其步骤如下。

(1) 将桩锤从桩架下放到地面,切断电源,或从吊机下放到固定支架上,并切断电源。

(2) 用 S75 扳手分别松开耐振电机底脚上的固定螺母。注:只需松开,不必取下。

(3) 用 4 根 M30×150~M30×200 的六角头顶紧螺栓拧入电机底脚上的 4 个 M30 螺孔。

(4) 均匀地分别拧紧 4 根顶紧螺栓,将电机均衡地从箱体安装台上顶起,从而将皮带张紧。

(5) 测量电机底脚与箱体安装面之间的间隙。

(6) 将适量厚度的调整垫片塞入此间隙中。

(7) 松开并取下此 4 根螺栓,松螺栓时注意 4 根螺栓应交替地旋松后取下。

(8) 重新拧紧电机底脚上的固定螺母,拧紧力矩应符合螺栓的额定拧紧力矩规定。

若三角胶带磨损严重或有损伤裂缝,则须及时更换。建议整组更换并进行选配。同组三角胶带的长度基本相同,更换时注意以下几点。

(1) 新的三角胶带必须与原装三角胶带为同一型号规格,不得混合不同型号的胶带。

(2) 检查新的三角胶带,其表面必须完好无损,橡胶层没有老化。

(3) 更换时必须使用专用工具,不准用任何钢筋、钢丝绳等作为工具,以防损伤三角胶带。

更换三角胶带的方法如图 6-15 所示。

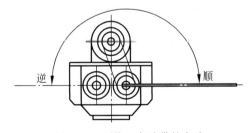

图 6-15 更换三角胶带的方法

(1) 拆下皮带轮罩壳,取下旧的三角胶带。

(2) 将被动皮带轮的压板螺栓和压板拆下。

(3) 将自制的专用工具(长柄杠杆)用螺栓固定在被动皮带轮的轴端上。

(4) 套入新的三角胶带。

(5) 用长柄杠杆带动皮带轮及偏心块旋转约180°后,将三角胶带的上部套入主动皮带轮槽内,并将三角胶带下部的部分卡入被动皮带轮槽内,并用头部圆滑的钢钎卡入槽内,以防胶带滑出。

(6) 转动长柄杠杆,恢复到原水平位置。由于钢钎随皮带轮和三角胶带同时转动,因此,三角胶带就会顺利滑入槽内。

4. 机器的储存

需要长期储存的振动桩锤应放在干燥、通风、防晒、防蚀的场所,并定期检查。电液操作控制箱应放在通风、干燥、防蚀的室内,且只能正立安放。该室内不得堆放易燃、易爆和有挥发性、腐蚀性气体的杂物。因电液操作控制箱内装有变频器,所以,若该机暂不使用,则为了使产品能够符合生产公司的保修条件以及日后的维护,储存时务必注意下列事项。

(1) 必须置于无污垢、干燥的环境。

(2) 储存环境的温度必须在 $-20 \sim +65$ ℃ 的范围内。

(3) 储存环境的相对湿度必须在 $0\% \sim 95\%$ 的范围内,且无结露。

(4) 避免储存在含有腐蚀性气体、液体的环境中。

在桩锤上进行维修时,必须先切断电源,并在醒目的地方放上警示牌,严禁他人通电和启动。在高处作业时,请系上安全带。

6.4 液压振动桩锤

6.4.1 国内外发展概况

液压振动桩锤诞生于20世纪70年代的欧洲。英国BSP公司早在1972年就率先研制出了第一台液压打桩锤。经过7年的试验和完善,液压打桩锤的制造和施工工艺逐渐被发展成熟。我国液压锤的发展大致可划分为三个阶段。

(1) 引进使用阶段:20世纪80年代末—90年代,代表工程为汕头LNG码头3号泊位188根1m直径钢管桩。

(2) 推广试制阶段:20世纪末—2012年,代表工程为长江口航道整治二期工程直径为12.5 m的大直径圆桶(多锤联动)。

(3) 逐步成熟提高阶段:2010年以来,随着我国高铁建设中的跨江越海大型桥梁的建设、港珠澳大桥等工程的开工,港口、桥梁、海洋石油、风电以及大型基础设施的建设又上了一个新的台阶,同时在"一带一路"倡议的引领下,海外大批施工建设项目的开展,在建工程桩基的断面尺寸也越来越大,特别是海洋石油工程、风电单桩结构的桩基,都促进了国内桩基设备制造业的快速发展。

虽然当今液压振动桩锤的发展已达到非常成熟的水平,但欧美地区和亚洲地区使用振动桩锤的情况却有所不同。欧美地区以液压振动桩锤为主,而亚洲地区则以电动振动桩锤为主。

欧美地区液压振动桩锤的制造厂商主要有:美国 ICE、荷兰 ICE、美国 APE、法国 PTC、英国 BSP、德国 MGF、德国 MULLER 等公司。目前,液压振动桩锤也有少量在我国使用,主要是 APE(美)和 ICE(美、荷)的产品。PE 液压振动桩锤的偏心力矩是固定不变的,但振动频率可调。最大型号的振动桩锤激振质量达500 t。ICE 液压振动桩锤的偏心力矩有固定不变的系列,也有无级可调的系列,如美国 ICE-ZR 系列、荷兰 ICE-RF 系列。力矩无级可调系列振动桩锤由于力矩零启动、零停机、能避免共振而出现。

6.4.2 结构组成及工作原理

液压振动桩锤一般由振动桩锤、液压夹具、减振器、动力站四部分组成。在工作时,振动桩锤、液压夹具与动力站之间用液压软管连接(见图6-16)。

该振动桩锤由柴油发动机驱动液压油泵,由泵出口的高压油经液压控制系统、输油管道来驱动振动箱的液压马达。液压马达通过齿轮副带动偏心块的回转轴旋转,来使振动桩锤产生正弦波状的垂直振动。振动力通过液压钳传递给桩身,桩身在偏心块的竖向离心力和

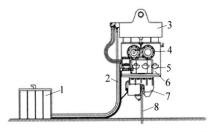

1—动力站；2—液压软管；3—减振器；4—液压马达；
5—偏心块；6—激振器；7—液压夹具；8—桩。

图 6-16 液压振动桩锤的组成

自重作用下沉入土中。液压电动桩锤的工作原理和 6.3.2 节中电动振动桩锤的工作原理基本相同，不同的是，液压振动桩锤由液压马达取代电机进行驱动。

6.4.3 常用设备介绍

液压振动桩锤在我国的桩工机械市场发挥的作用越来越大，国外的产品对我国市场的影响也越来越大。常用的液压振动桩锤产品有武汉中铁工程机械研究设计院生产的液压振动桩锤、上海振中公司生产的液压振动桩锤、浙江永安公司生产的液压振动桩锤以及德国 Krupp 公司、荷兰 ICE 公司、美国 ICE 公司、美国 APE 公司及法国 PTC 公司生产的液压振动桩锤等。相应的设备参数见表 6-11～表 6-16。

表 6-11 武汉中铁工程机械研究设计院的液压振动桩锤参数

型号	频率/Hz	偏心力矩/(N·m)	最大激振力/kN	振幅/mm	功率/kW	振动箱质量/t
SFA80	27.0	2.8	800	26.4	206	2.1
SFA120	27.8	3.9	1200	29.6	298	2.6
HFV100	35.0	0～3.4	1660	14.0	435	4.9

表 6-12 上海振中公司的液压振动桩锤参数

型号	偏心力矩/(kN·m)	最大转速/(r·min⁻¹)	激振力/kN	空载振幅/mm	最大空载加速度/(m·s⁻²)	允许最大拔桩力/kN	最大液压油量/(L·min⁻¹)	最大液压油压力/MPa	最大液压功率/kW	振动质量/kg	总质量/kg
YZPJ50	0～80	2400	0～530	0～4.0	26.3	180	200	31.5	105	2000	2850
YZPJ50A	0～140	1800	0～510	0～4.1	15.0	200	266	23.0	102	3400	4200
YZPJ80	0～220	1800	0～800	0～4.8	17.4	450	343	28.0	160	4600	5850
YZPJ100	0～460	1400	0～1000	0～6.7	14.0	600	463	28.0	216	6718	8470
YZPJ150	0～680	1400	0～1500	0～7.6	16.7	900	642	28.0	300	9000	11 540
YZPJ200	0～920	1400	0～2000	0～9.1	20.1	1200	797	31.5	418	9946	12 980

表 6-13 浙江永安公司的液压振动桩锤参数

型号	偏心力矩/(kN·m)	最大转速/(r·min⁻¹)	额定激振力/kN	最大激振力/kN	最大拔桩力/kN	最大振幅/mm	最大流量/(L·min⁻¹)	总质量/kg	外形尺寸/mm 长	宽	高
YZ230	105	1410	2300	2990	1200	33	705	11 500	2450	1100	3550
YZ230B	76	1700	2410	2980	800	32	800	6900	2550	530	2380
YZ230F	34	2500	2300	2900	800	20	800	6700	2600	7900	2350

续表

型号	偏心力矩/(kN·m)	最大转速/(r·min⁻¹)	额定激振力/kN	最大激振力/kN	最大拔桩力/kN	最大振幅/mm	最大流量/(L·min⁻¹)	总质量/kg	外形尺寸/mm 长	宽	高
YZ300	137	1410	3000	3700	2000	37	1015	16 000	2650	1150	4300
YZ300L	133	1400	2860	3530	1600	30	1040	13 900	3440	943	2450
YZ400	226	1300	4185	4850	2500	40	1300	18 500	2650	1400	4300
YZ400B	250	1400	5370	5820	2500	35	1400	22 000	2960	1450	4000
YZ400L	200	1400	4300	4980	2500	37	1220	21 000	4710	840	2600
YZ600	300	1400	6450	6990	5000	30	2400	35 000	3400	1300	4200
YZ800	550	1350	11 000	12 100	6000	35	3000	66 300	5400	2000	4510

表 6-14 德国 Krupp 公司的液压振动桩锤参数

型号	频率/(r·min⁻¹)	偏心力矩/(N·m)	最大激振力/kN	振幅/mm	功率/kW	振动箱质量/t
MS-25H2	28	2.5	774	25.9	260	1.9
MS-50H2	27	5.0	1430	29.9	370	3.3
MS-24HFV	39	0~2.4	1450	16.6	420	2.9

表 6-15 荷兰 ICE、美国 ICE 的液压振动桩锤参数

	型号	偏心力矩/(kN·m)	激振力/kN	频率/(r·min⁻¹)	总质量/kg	长/cm	宽/cm	高/cm
荷兰ICE	815C	46	1250	1570	8550	270	92	325
	1412C	110	2300	1380	13 250	268	108	468
	28RF	0~28	0~1624	2300	7100	265	55	338
	ICE170NF	170	3654	1400	28 000	386	122	420
美国ICE	44B	51	1844	1800	5647	246	55	254
	V360	130	3720	1600	11 750	244	107	379
	18ZR	0~18	0~1044	2300	3160	164	50	220

表 6-16 美国 APE 公司、法国 PTC 公司的液压振动桩锤参数

	型号	偏心力矩/(kN·m)	激振力/kN	频率/(r·min⁻¹)	总质量/kg	长/cm	宽/cm	高/cm
美国APE	100	25	783	400~1650	3583	223	36	173
	200T	60	1788	400~1650	7483	256	36	226
	400	150	320	400~1400	21(两夹) 26(四夹)	305	66	353
	600	230	4750	400~1400	35 600	518	94	427
法国PTC	60HD	60	1830	1650	7060	260	250	116

6.4.4 选用原则

液压振动桩锤的选用原则同 6.3.4 节电动振动桩锤的选用原则，但需要说明的是：对于振动桩锤的理解，人们可能会存在一些认识误区。比如说：转速或频率越高的振动桩锤，打桩的效果就越好。这里所说的效果好主要是指沉桩效率高和能耗低两方面，然而，这不是一个正确的观点。在振动桩锤频率偏大的情况下，其偏心力矩往往偏小，从而导致振动桩锤的振幅偏小，而在振幅过小的情况下，土层往往会"液化"不了或使土层的土被振动得更加密实而使桩下沉不了。如果振动桩锤的频率偏小、偏心力矩偏大，则会导致振动桩锤的振幅偏大。过大的振幅往往带来的问题就是能耗大、振感强。由大量的沉桩经验得知，不同的土层存在着谐振频率，只有当振动桩锤的振动频率等同或者接近于谐振频率时，才能达到最理想的沉桩效果，即低能耗、效率高。

又有不少人认为，振动桩锤的质量越轻越好，这同样是一个认识误区。如果振动桩锤过轻，则会导致其总重力小于动端阻力而不能满足其沉桩条件，因此，桩就不能下沉。但是如果振动桩锤的质量过重，则会导致振幅偏小，土也就"液化"不了。因此，振动桩锤的质量大小在沉桩过程中也起着不可忽视的作用，在选择上不可盲目取轻或重，应视具体情况而定。

需要指出的是，目前有不少人认为在电动振动桩锤和液压振动桩锤的选择上，液压振动桩锤优于电动振动桩锤，这实际上也是误导。电动振动桩锤和液压振动桩锤除了驱动方式不同外，电动振动桩锤另有的特点是质量重、频率低、振幅大；液压振动桩锤另有的特点是重量轻、频率高、振幅小。正是因为有这样的不同特点，所以在激振力或功率相当的情况下，一般电动振动桩锤更有利于沉桩，而液压振动桩锤更有利于拔桩；电动振动桩锤更有利于在黏性土层里沉拔桩，而液压振动桩锤更有利于在砂性土层里沉拔桩；电动振动桩锤更有利于在桩端面积大的情况下沉桩，而液压振动桩锤更有利于在桩端面积小的情况下沉桩；电动振动桩锤更有利于沉重型桩的情况，而液压振动桩锤更有利于沉轻型桩的情况。所以，需要根据土层地质和沉拔桩的具体情况来进行分析比较，并结合性价比合理地选择振动桩锤型。

随着海洋工程的开发，特别是海上人工岛和海上风电的开发建设，其基础桩呈现出以下特点。

（1）超大化。桩直径超 5 m，甚至达 20 m。如我国港珠澳大桥项目中人工岛建设的大圆筒桩直径达 22 m。在日本，大圆筒桩的最大直径达 26 m。

（2）超深化。海上风电桩的基础持力层往往超过 50 m 深，甚至达 100 m 深。

（3）超重化。由于这种超大、超深桩的壁厚达 40～80 mm，因此，整根桩的质量往往在 500 t 以上，甚至达 1000 t。为了使振动桩锤有足够大的振幅和激振力来沉下超大型桩，就需要足够大的振动桩锤，其功率要在几兆瓦以上，外形大小尺寸也达数十米。要制造出这么大的振动桩锤，无论是从工厂的加工能力，还是从诸如专用电机、轴承等配套采购方面来看，其难度是可以想象的。然而，即使工厂能制造出这种超大型的振动桩锤，但由于超高、超宽、超重也无法运输到施工场地。为解决这些矛盾及困难，在国外，特别是在日本，通常采用振动桩锤多锤联动技术来进行施工。

多锤联动就是通过联动技术使多台振动桩锤成为一个大振动系统，这就要求多台振动桩锤在振动时具有高度的同步性。

在日本，为了解决海上人工岛和围堰工程，在下沉大圆筒钢管桩时，通常采用若干台相同规格的振动桩锤，并按轴向均匀分布在振动圈梁上。相邻的各台振动桩锤用联轴器和万向节连接起来，以确保各锤在工作时，各转动轴转动（或相位）同步（见图 6-17，图 6-18）。

在海上风电桩的基础施工方面，由于受空间位置所限，所以，多锤的联动常按平行向布置（见图 6-19）。

在国内外，联动的振动桩锤大都是偏心力矩固定式的。这种偏心力矩固定式的振动桩锤的联动技术只能解决多台振动桩锤的转动相位同步，在实际施工过程中还是会出现"共振"现象。超大型振动系统的"共振"对施工设备，特别是对大型起重机会造成很大的伤害，

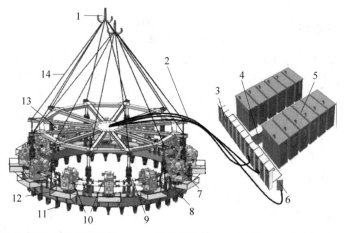

1—起吊挂钩；2—二次电缆、液压油管；3—电/液控制箱；4——次电缆；5—柴油发电机组；6—集中控制盘；7—振动桩锤；8—轮胎联轴器；9—减振器；10—万向接头；11—液压夹具；12—振动圈梁；13—起吊圈梁；14—起吊钢丝绳。

图 6-17　多锤联动下沉大圆筒钢管

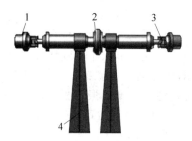

1—花键连接套；2—轮胎联轴器；
3—十字万向节；4—传动轴支架。

图 6-18　转动相位同步的机械连接示意图

影响它的寿命并给施工安全留下隐患。

6.4.5　桥梁施工中的应用

2001年，为满足孟加拉帕克西桥的施工需要，国内某工程局引进了一套美国APE公司生产的APE 400B并联型液压振动桩锤。该锤由锤体和动力柜组成。锤体主要有减振器、齿轮箱、连接梁、夹头等。工作原理是以柴油发动机带动液压油泵作为液压动力源，液压油驱动液压马达带动偏心块旋转而产生振动。

APE 400B液压振动桩锤主要用于桥梁基础施工中大直径、长钢护筒的下沉，具有沉桩速度快，无噪声和无废气污染的特点。主要技术规格见表6-16。在帕克西桥施工中，插打和上拔钢护筒的直径为3.4 m，长度为40 m（见图6-20、图6-21、图6-22）。

(a)

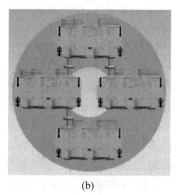

(b)

图 6-19　多锤联动外形图
(a) 两锤联动施工图；(b) 四锤联动概念图

在引进美国APE公司生产的液压振动桩锤的同时，还引进了一套法国PTC公司生产的60HD型液压振动打桩锤，用于插打围堰钢板桩，主要技术规格见表6-16。该机回国后曾投入到九江鄱阳湖大桥的工地使用。

沉直径22 m、高40～60 m、质量450～600 t 的钢围堰。

图6-20　APE400B液压振动桩锤在帕克西桥施工

图6-21　APE400B液压振动桩锤在嘉绍大桥施工

图6-22　APE400B液压振动桩锤在武汉天兴洲长江大桥施工

随着钻孔桩基础朝着超大、超深方向发展，多锤联动打桩在桥梁施工中的应用也越来越广，图6-23为港珠澳大桥人工岛项目中某工程局用8台APE600液压振动桩锤并联施工下

图6-23　8台APE600振动桩锤在港珠澳大桥人工岛施工

2015年，为满足孟加拉帕德玛大桥主墩导向架定位桩的插打、拔除的施工需要，国内某工程局引进了一套美国APE公司生产的APE 600B并联型液压振动桩锤，并在孟加拉帕德玛大桥施工中下沉直径2.4 m的钢护筒，护筒长度为36～38 m，每根护筒质量为80～100 t。APE 600B液压振动桩锤在帕德玛大桥的施工见图6-24。

2018年，为满足粤电阳江海上风电植入嵌岩三桩导管架基础钻孔桩钢护筒的插打施工需要，国内某工程局从荷兰ICE原装进口了新型液压振动桩锤，双锤并联悬挂质量为68.3 t，最大激振力可达730 t，最大夹持直径为4.5 m。在阳江项目施工中下沉60根直径2.94 m的钢护筒，护筒长度为51～58 m，每根护筒的质量为78.6～87.2 t。ICE170NF液压振动桩锤在阳江项目的施工见图6-25。

图 6-24 APE600B 液压振动桩锤在孟加拉帕德玛大桥施工

图 6-25 ICE170NF 液压振动桩锤在阳江项目的施工

6.4.6 安全使用规程

液压振动桩锤的操作使用可以参照 6.3.5 节电动振动桩锤的操作维护规程,但还需注意以下几个方面。

1. 液压系统保养的注意事项

在液压系统维护期间,清洁是至关重要的。要确保没有污物或其他不洁物质进入系统内。因为细小的颗粒会将阀体拉毛,造成阀或油泵咬死。

(1) 如果每天在检查油位时发现油位下降,则应检查所有管路和液压件上是否有泄漏。

(2) 将外部泄漏立即封住,如有需要,则应通知相关的服务部门。

(3) 在拧开接头、油箱盖之前,先将其和周围表面清洁干净,以防污物侵入。

(4) 在没有必要时,不要将液压油箱的加油口敞开,应关上以防止污物掉入。

(5) 在添加液压油时,需使用过滤器将油加入,以保证液压油的清洁度。

2. 润滑油和液压油

选择合适的润滑油和液压油,并且定期更换。这对提高相关零部件的使用寿命和确保振动桩锤工作可靠是至关重要的。表 6-17 为振动桩锤所使用的润滑油和液压油的推荐表。

表 6-17 润滑油和液压油的推荐表

部 位	燃油或润滑油	用 量	更 换 周 期
激振器	N-200 工业齿轮油	按照油位刻度指示,DZP90 约 17 kg,DZP120 约 30 kg	初次换油时间间隔为 40 h,以后每间隔 300 h 换油一次
液压油箱	N-46 抗磨液压油	按照油位刻度指示	1000 h
导套起吊滑轮加压滑轮导向滑轮	钙基润滑油脂	视需要	每班

3. 更换激振器体内的润滑油

由于激振器只能在工作温度下更换润滑油,因此,先让桩锤空运转一段时间,等油温上升后再进行换油,勿将旧油放干净。收集排放出来的润滑油,并以环保的方式处置。

换油步骤如下。

(1) 将一合适的容器置于放油口的下方。

(2) 拧开加油口(通气口)螺塞。

(3) 拧下放油塞及密封垫圈,放掉并收集所有的润滑油。

(4) 在润滑油放完后,清洁放油塞和垫圈,把它重新拧上并拧紧。

(5) 拧下油位塞,并从加油口加入润滑油,直到有油从油位孔溢出为止,关于润滑油的规格及用量,参见润滑油和液压油的推荐表。

(6) 将油位塞和加油口螺塞及垫圈清洗干净,并把它们重新拧紧。

(7) 将机器试运转数分钟,检查是否有渗漏油。

注意:若是新机或旧机大修后,应在使用40 h 后初次换油。在将旧的润滑油放净以后,应将激振器两边的侧盖打开,并将箱体内的底部油污、尘埃、金属粉末清洗干净,之后再重新装妥侧盖。在装侧盖时,应检查密封垫是否完好无损。

激振器在空运转 60 min 以后,器体内润滑油的固体污染清洁度应符合 JB/T 10599—2021《建筑施工机械与设备 振动桩锤》的规定。

4. 螺栓的额定拧紧力矩

螺栓的额定拧紧力矩如表 6-18 所示。

表 6-18 螺栓的额定拧紧力矩

N·m

螺栓尺寸	8.8	10.9	12.9
M8	25	35	45
M10	50	75	83
M12	88	123	147
M14	137	196	235
M16	211	300	358
M18	290	412	490
M20	412	578	696
M22	560	785	942
M24	711	1000	1200
M27	1050	1480	1774
M30	1420	2010	2400

注:螺栓的强度等级打印在螺栓的六角头部。

参考文献

[1] 何清华.工程机械手册:桩工机械[M].北京:清华大学出版社,2018.

[2] 沈保汉.桩基础施工技术现状及发展趋向浅谈[J].建设机械技术与管理,2005(3):20-26.

[3] 郭传新,张立新.国内桩工机械发展趋势[J].建筑机械,2004(1):40-43.

[4] 黄志明.现代桩工机械十年发展回顾与展望[J].建筑机械,2012(11):32-38.

[5] 宋刚.全回转套管施工工艺拓展研究及应用[J].建筑机械,2010(7):82-86.

[6] 黄辉,刘朝阳,贾盐.发展大直径钻孔灌注桩捆绑式气动潜孔锤的一种设想[J].资源环境与工程,2009,23(2):141-143.

[7] 李星,谢兆良,李进军,等.TRD 工法及其在深基坑工程中的应用[J].地下空间与工程学报,2011,7(5):945-950.

[8] 阎耀保,黄姜卿,胡兴华,等.国外几种典型液压锤液压系统及性能比较[J].建筑机械化,2012(2):63-66.

[9] 张忠海.液压式振动锤发展现状及选型应用[J].建设机械技术与管理,2001(3):39-41.

[10] 陈鸣.ICE 液压振动沉拔桩机结构特点及应用[J].建筑机械,1999(2):54-56.

[11] 彭大用,袁相瑞.预制钢筋混凝土桩的施工:桩基工程手册[M].北京:中国建筑工业出版社,1995.

第7章

钻孔桩施工机械

7.1 概述

钻孔桩施工机械的种类很多,本章仅介绍桥梁基础钻孔桩常用的钻挖成孔机械。随着我国桥梁技术和基础施工装备的发展及国外先进施工技术和设备的引进消化吸收,深水大跨度桥梁基础施工技术也日益成熟,超大直径超长钻孔桩基础逐渐增加。20世纪90年代之前,我国桥梁桩工设备技术水平落后,钻机以冲击钻和10 t·m以下机械式转盘钻机为主(BRM系列和GPS系列钻机为代表)。当时的桥梁钻孔桩径不超过2 m,武汉长江二桥主墩为2 m钻孔桩,桩深不到80 m,为国内先进水平。20世纪90年代中期至2004年,芜湖长江大桥3 m直径嵌岩桩的施工研制了3000系列20 t·m液压钻机,我国建桥桩工设备和技术水平得到极大提高,这一时期的桥梁基础钻孔桩直径大多在3 m及3 m以内,桩深超百米,与世界先进水平尚有一定差距。

2005—2013年,武汉天兴洲长江大桥直径3.4 m嵌岩桩和稍晚的嘉绍大桥直径3.8 m摩擦桩的施工研制了KTY4000系列30 t·m液压动力头钻机,并研制了配套使用的大型起重吊船和水上混凝土工作船,且引进了世界上先进的液压振动桩(APE600),这一时期的桥梁钻孔桩直径大多在4 m以内,桩深达150 m,我国建桥桩工设备和技术水平得到更大提高,达到或超越世界先进水平。

2014年,平潭海峡公铁大桥直径4.5 m嵌岩桩的施工研制了5000型液压动力头50 t·m钻机。目前,国内正在研制100 t·m动力头钻机,同时,大扭矩旋挖钻机得到进一步发展,并更多地应用于桥梁大桩的施工中来。为满足在各类复杂地质、江河湖海水文条件下桥梁工程基础施工的需要,我国建桥桩工设备和技术水平得到更大提升,超越世界先进水平。

7.2 分类

传统的成孔设备有冲击钻机、回转钻机,其中,回转钻机包括转盘式钻机动力头钻机等。随着桩工机械技术的发展,我国涌现出了许多高效成孔设备和新的成孔工法,如冲击式反循环钻机和潜孔锤式钻机,提高了硬岩的钻进效率,但目前主要还是在小孔径桩中应用。此外,徐工、三一、中车等大型工程机械制造企业在旋挖钻机研发方面的实力提升,极大地提高了在一般地层中的钻进效率。目前,在孔径3 m以内、深度120 m以内的各类地层桩中得到大量使用。为满足国内大跨度桥梁桩基施工技术的要求,国内专门研制出5000、6000、7000系列的大孔径、超长桩、液压动力头钻机,可施工直径在6 m左右、孔深为150 m以内的各类地层桩,今后将克服百米水深,孔深达200 m左右。

全套管全回转钻机是一种新型、环保、高效的钻进技术。近年来,在城市地铁、深基坑围护咬合桩、废桩(地下障碍)的清理,高铁、道桥、城建桩的施工，水库水坝的加固等项目中得到了广泛应用。

7.3 冲击钻机

冲击造孔是一种古老的钻孔方法，冲击钻机就是利用冲击造孔原理而制成的一种简易钻机。

冲击钻机的适用条件和主要优缺点如下。

（1）冲击钻机适用于各种地层钻孔。既可在覆盖层钻孔，又可在岩层钻孔，尤其是在岩石强度较高的情况下，钻岩效果相对更好。

（2）适应中小孔径钻孔桩，一般不宜超过 $\phi 2.5$ m。直径太大对破岩效果、成孔质量、埋钻风险等都十分不利。

（3）桩长不宜太长，一般不大于 60 m。桩长太长时的排渣效果不好，钻进效率低。

（4）设备运输、安装方便，工程上马快。

（5）设备简单，施工成本低。

（6）对施工条件要求不高，尤其是施工作业不便的山区，钻机可在山上山下很快安装就位展开施工。

（7）冲击钻机成孔质量相对较差。扩孔率、垂直度难以控制；采用泥浆正循环系统排渣，泥浆比重大，泥皮厚度大，孔底沉渣厚度难以控制。

7.3.1 结构组成及工作原理

冲击钻机主要由电气系统、钻架、卷扬机等组成，图 7-1 所示为简易冲击钻机示意图。

冲击钻机是一种做垂直往复运动、依靠冲击力进行钻孔的工程钻机设备，其工作原理类似于凿岩的锤子，都是靠冲击力进行钻孔作业。作业时，电动机通过传动装置驱动冲击机构，带动钢丝绳使钻具做上下往复运动。在向下运动时，靠钻头本身的重量切入并破碎岩层，向上运动靠钢丝绳牵引。钻头冲程根据地质情况确定，一般为 0.5～1 m，冲击频率为 30～60 次/min。

冲击钻机泥浆循环主要是正循环，通过高比重泥浆将钻渣浮起，溢流至泥浆池后分离沉淀钻渣。成孔后再通过导管进行反循环清孔，

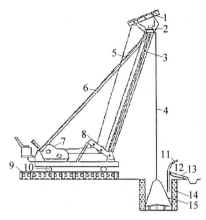

1—额柄；2—主滑轮；3—主杆；4—前拉索；5—后拉索；6—拉杆；7—双滚筒；8—导向轮；9—垫木；10—钢管；11—出浆口；12—溢流口；13—泥浆泄槽；14—护筒回填土；15—钻头。

图 7-1 简易冲击钻机示意图

降低泥浆比重，直至符合灌注要求。单纯的冲击工程钻机由于效率低，已经无法满足市场的需求，所以，国内外很多相关制造企业都在研究新型的冲击钻机，如冲击反循环钻机等。而这种冲击钻机结合了反循环钻机的优点和自身的优点进行了有效的改进，从而使得钻孔的效率得到了质的提升，并且能针对各种复杂地层进行钻孔作业，告别了传统冲击钻机只能针对较硬地层钻孔的尴尬局面。有效地满足了市场要求，得到了广泛使用。

7.3.2 常用设备介绍

常用冲击钻机的型号和技术参数见表 7-1。

7.3.3 安全技术规程

1. 开机前的准备工作

（1）在钢轨上用夹轨器固定钻机，收紧绷绳，紧固所有连接螺栓。检查钻具重量是否与钻机性能参数相符。所有钻头、抽筒均应焊有易拉、易挂、易捞装置。

（2）检查并调整各操纵系统，使之灵活可靠。

（3）按钻机保养、使用规程检查各润滑部位的加油情况。

（4）钻机上应有的安全防护装置应齐备、适用、可靠。

表 7-1 常用冲击钻机

基本参数型号	冲孔直径/mm	冲孔深度/m	主卷扬型号	冲锤最大质量/t	副卷扬型号	冲击次数/min	外形尺寸/(m×m×m)	质量/kg
CK900	600～900	80	JKL3	2	JK1.5	5～6	6×2×6.3	5500
CK1500	900～1500	80	JKL5(A)	4	JK1.5	5～6	7×2×7	6500
CK1800	1200～1800	80	JKL6(A)	4.8	JK2	5～6	7×2×7	6700
CK2000	1500～2000	80	JKL8(A)	6	JK2	5～6	7×2×7.2	9500
CK2200	2000～2200	80	JKL10(A)	8	JK2	5～6	7×2×7.2	9800
CK2500	2200～2500	80	JKL12.5	10	JK2	5～6	7.5×2.2×7.5	13 500
CK3200	2500～3000	80	JKL15	12	JK2	5～6	7.5×2.2×7.5	13 500

(5) 检查冲击臂的缓冲弹簧,其两边压紧程度应保持一致,否则应进行调整。

(6) 按电气操作规程检查电气部分。三相按钮开关应安装在操作手把附近,以方便操作。

2. 冲击钻进

(1) 开机前应拉开所有离合器,严禁带负荷启动。

(2) 开孔应采用间断冲击,直至钻具全部进入孔内且冲击平稳后,方可连续冲击。

(3) 钻进中应经常注意和检查机器运行情况,如发现轴瓦钢丝绳、皮带等有损坏或机件操作不灵等情况,应及时停机检查修理,严禁带"病"作业。

(4) 下钻速度不能过快,应严格控制下落速度,以免翻转、卡钻。

(5) 每次去下钻具、抽筒应由三人操作,并检查钻角、提梁、钢丝绳、绳卡、保护铁、抽筒活门、活环螺丝等处的完好程度,发现问题应及时处理。

(6) 钻机突然发生故障,应立即拉开离合器,如离合器操作失灵,则应立即停机。

(7) 操作离合器手把时,用力应平稳,不得猛拉猛推,以免造成钻机震动过大或拉断钢丝绳。

(8) 为杜绝翻车事故,凡属下列情形之一的,严禁开车:钻头距离钻机中心线 2 m 以上时;钻头埋在相邻的槽孔内或深孔内提起有障碍时;钻机未挂好、收紧绑绳时;孔口有塌陷痕迹时。

(9) 遇到暴风、暴雨、雷电时,禁止开车,并应切断电源。

(10) 钻进时,开孔钻头和更换钻头均应采用同一规格;在钻进一定深度后,应起钻、下抽筒,清理孔底钻渣,以免卡钻。

(11) 钻进中,突然发现有塌孔迹象或成槽以后突然大量漏浆,应立即采取措施进行处理。

(12) 钻机配用的钢丝绳应符合:大绳直径28～32 m,小绳直径15～16 m,不符合此规定者禁止使用。

(13) 改变电动机转向,应在电机停稳后进行。

(14) 运行中,如遇钢丝绳缠绕,应立即停机拨开,钻机未停稳前严禁拨弄。

(15) 钻机移动前,应将车架轮的道掩取掉,松开绷绳,摘掉挂钩,钻头、抽筒应提出孔口,经检查确认无障碍后,方可移车,并慎用副卷扬移车。

(16) 在电动机停止运转前,禁止检查钻机和加注润滑脂,严禁在桅杆上工作。

(17) 当钻具提升到槽口时,应立即打开大链离合器,同时将卷筒闸住。禁止将钻具提升在桅杆中部进行抽砂作业。

(18) 钻进中使用的各种钻具,用完后应及时放回适当位置,不能放在槽孔边缘,以免掉入槽孔内。

(19) 上杆进行高空作业时,应佩戴安全带;动力闸刀应设专人看管。严禁高处作业人员与地面人员闲谈、说笑。

(20) 钻机后面的电线应架空,以免妨碍工作及造成触电事故。

(21) 因突然停电或其他原因停机,而在短时间内不能送电、开机时,应采取措施将钻具提离孔底 5 m 以上,以免钻具埋死。若采用人工转动,则应先拉掉电源。

(22) 孔内发生卡钻、掉钻、埋钻等事故,应在分析原因并摸清情况后,方能采取有效措施进行处理。不得盲目行事。

7.4 回转钻机

7.4.1 定义

回转钻机是一种通过驱动装置驱动拼装连接起来的钻杆及钻头回转来进行钻进,并通过钻杆来进行泥浆反循环方式排渣的钻机。这种钻机边钻进、边排渣,提高了施工效率,是目前国内桥梁基础工程应用较广泛的钻机。

7.4.2 分类

回转钻机主要分为转盘式钻机和动力头钻机。转盘式钻机在此基础上,随着现场施工的不同需求,也出现了一些履带式的移动钻机及其他钻机。泥浆循环方式也分为气举反循环和泵吸反循环两种。泥浆循环的辅助设备有空气压缩设备、泥浆分离设备等。

7.4.3 转盘式钻机

转盘式钻机的回转驱动装置即转盘固定在钻机底盘上,转盘是一个中心具有方孔(或异形孔)的回转部件,它通过钻杆带动孔内钻具回转。钻头钻进和提升通过提升机构提升钻杆顶部的水龙头来实现升降。

转盘式钻机又分为电动式和液压式两种形式。

1. 发展概况

桥梁基础钻孔桩最早采用转盘式钻机是在20世纪70年代的京九铁路九江长江大桥中,在80年代的新菏铁路长东黄河大桥中开始大量使用,钻机规格以小型为主,转盘扭矩为1~8 t·m。90年代,建设芜湖长江大桥时研制了首台KPG-3000A型全液压式转盘钻机。

转盘式钻机适用于中小型钻机,主要取决于其钻杆的结构形式。大扭矩钻机若采用转盘式钻机,则其钻杆将因截面形状而容易产生变形和断裂。如果加大钻杆截面、提高强度,则将会带来钻杆结构加大,重量增加等许多问题,因此,转盘式钻机的大型化发展受到较大限制。

2. 结构组成及工作原理

KPG-3000A型液压钻机主要由钻架、转盘、水龙头及动滑轮组、钻具、液压卷扬机、钻杆起吊回转装置、电气及控制系统、液压站和司机室等部件组成。钻机结构如图7-2所示。

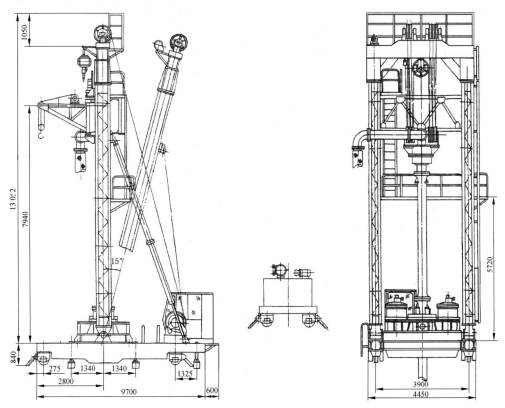

图7-2 KPG-3000A型液压钻机结构示意图

转盘用液压马达驱动,采用了国际先进的低速大扭矩液压马达。液压马达型号为 MK-43-04700,能实现无级调速,工作平稳可靠,使用寿命长,过载自动保护。转盘搁置在钻架底座轨道上并固定,连通油管快速接头。拆卸钻头时,可通过 HSGK01-150/105E 油缸驱动转盘在轨道上往返移动。

钻架为"∩"结构,由两个 GGK1-90/63 油缸驱动,钻架可以后仰 0°～15°。钻架底座为可拆卸式,便于运输。封口平车最大承载负荷 80 t。转盘可以移开,让出孔位后,可直接吊入 φ3.0 m 的钻头,即一次找准对正孔位后,直至终孔都不需移动主机。

水龙头和吊具合二为一,使结构紧凑,有利于降低钻架高度。在配气环与衬套之间装有帽形橡胶密封圈;衬套顶端与上盖之间装有矩形密封圈,由此防止了压气和泥浆的泄漏。

主卷扬机采用低速大扭矩液压马达驱动。正常提升和下放时由主油泵供油,进给时由进给油泵供油。在自动进给状态下,分"液动"进给和"电动"进给。

该钻机采用自动控制系统,能随时控制和显示钻压、扭矩、转速的参数。在给定的钻压下实现恒压自动进给,并且能够实现过载自动保护和误操作保护,其液压原理如图 7-3 所示。

主系统回路分为两部分。

其一,主泵Ⅰ(7-1)输出的液压油经单向阀(21-1)进入主阀。主阀Ⅰ是整体式液动控制换向的两路阀:第一路经双速阀Ⅰ、Ⅱ分别进入马达(26-1、26-2)驱动转盘工作;第二路经双速阀Ⅲ进入马达(23),对主卷扬回路进行双泵合流。主阀Ⅰ配有进油口溢流阀,用于调整主泵Ⅰ系统工作压力,第一路滑阀配有一个二次溢流阀,当转盘反转时,系统处于低压工况。双速阀为组合式,配有控制马达处于低速或高速转动的双速滑阀和马达过载安全保护阀。马达(26-1、26-2)均为低速大扭矩马达,在双速阀Ⅰ、Ⅱ的控制下,可以使其全部或一半数量的柱塞参加工作,即马达的排量分为全排量和半排量工况,从而使马达的工况分为低速大扭矩和高速小扭矩两种工况。马达壳体泄油经旋式阀门(36)回油箱。

其二,主泵Ⅱ(7-2)输出的液压油经单向阀(21-2)进入主阀Ⅱ。其第一路经双速阀Ⅲ进入马达(23),驱动主卷扬升降;第二路经双速阀Ⅰ、Ⅱ进入马达(26-1,26-2),对转盘回路进行双泵合流。双速阀Ⅲ与双速阀Ⅰ的结构大致相同(多一个进油单向阀),过载安全阀的作用与双速阀Ⅰ相同,反向平衡阀在主卷扬马达下放工作时起平稳下放和限制下放超速的作用。制动器释放阀(27)使主卷扬马达在升降工作时均能及时松开刹车装置。

主泵Ⅰ、主泵Ⅱ均为液压控制变量轴向柱塞泵,分别各由一个功率 110 kW 的电动机驱动,两泵设有独立的吸油滤(1-1,1-2),工作油经主阀Ⅰ及主阀Ⅱ的中位卸荷通路于阀后合流,经冷却器(5),回油滤(4)流回油箱。两泵的壳体泄油口经阀 36 流回油箱。

控制系统回路如下。

控制泵(8)输出的液压油经滤油器(6-1)分别向先导阀(18)、先导阀(19)、电磁阀(13-3)、制动器释放阀(27)供油。电磁溢流阀(Ⅱ)使控制泵在卸荷状态下起动,当电磁阀 1DT 通电时,控制系统回路建立工作压力。当 1DT 通电时,4DT、5DT 同时通电。先导阀(18)为双手柄三点定位的减压式先导阀,用于转盘、主卷扬机的操作。

转盘单泵侧手柄控制主阀Ⅰ第一路阀芯换向。转盘在单泵供油下工作。转盘双泵侧手柄控制主阀Ⅰ第一路阀芯和主阀Ⅱ第二路阀芯同时换向。转盘在双泵合流下快速转动。

主卷扬机单泵侧手柄控制主阀Ⅱ第一路阀芯换向,主卷扬机在单泵供油下工作。主卷扬机双泵侧手柄控制主阀Ⅱ第一路阀芯和主阀Ⅰ第二路阀芯同时换向,主卷扬机在双泵合流下快速升降。

先导阀(19)为单手柄任意位置停止和脱放的减压式先导阀,用于调节主泵Ⅰ、主泵Ⅱ的变量机构,使其输出流量改变,达到对转盘和主卷扬机的无级调速。

电磁阀(13-3)之 16DT 在断电状态下,使转盘马达处于低速大扭矩工况。16DT 通电使转盘马达进入高速工况,扭矩减半。当主系统压力达到 20 MPa 时,压力继电器(31)发讯切

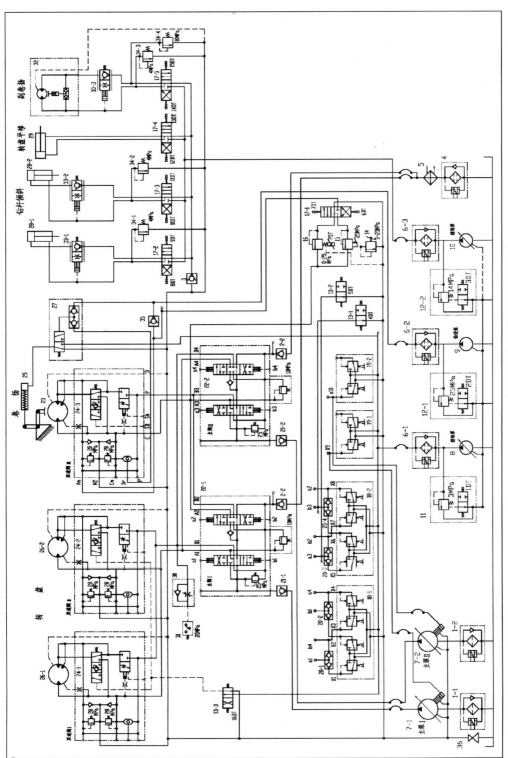

图 7-3 KPG-3000A 型液压钻机液压系统原理图

断 16DT 电源,对高速工况下的转盘马达进行过载保护。

电磁阀(13-1、13-2)与泄油路相通,当 4DT、5DT 通电时,切断泄油口,并在自动进给选择开关处于"手动"时,才能操纵主卷扬机工作。当钻进系统 6DT 或 7DT 通电时,自动进给选择开关处于"电动"或"液动"。电气系统自动切断 4DT、5DT 电源使之不能通电,从而达到对误操作进行保护的目的。

控制泵(8)是轴向柱塞式定量泵,驱动功率 3 kW。

钻进系统回路如下。

钻进泵(9)的输出油经滤油器(6-2)、单向阀(35)向主卷扬马达(23)的提升油口供油,另一路经制动器释放阀(27)松开刹车装置。当钻进系统工作时,电磁阀 6DT 得电,将自动进给选择开关置于"电动"状态下工作,钻进泵(9)输出的油液流经电磁比例式溢流阀(16),并在有压状态下经主系统回油路流回油箱。

当电磁阀 7DT 得电时,钻进系统在"液动"状态下工作,钻进泵(9)输出的油液流经溢流阀(15),并在有压状态下经主系统回油路流回油箱,其压力由远程调压阀(14)调节,根据钻进所需要的钻压调整液压力,使主卷扬钢丝绳始终处于调整好的张紧力下提起钻具的一部分重力进行液控恒压自动钻进,此时马达(23)自动跟进钻进速度下放钻具,马达(23)处于泵工况。当跟进速度超过钻进速度时,钢丝绳产生松弛,钻压增大,此时由钻进泵(9)输出的油液使马达(23)产生卷上的转动,使钢丝绳再度张紧,保持恒压钻进。

电磁溢流阀(12-1)使钻进泵(9)在卸荷状态下起动。当电磁阀 2DT 通电时,钻进泵进入工作状态。钻进泵(9)是手动变量轴向柱塞泵,驱动功率 7.5 kW。

辅助操作系统回路如下。

辅助泵(10)输出的油液经电磁换向阀(17-2~17-5)向各个机构供油。当 8DT、10DT 得电时,钻架倾斜油缸大腔供油,小腔回油,钻架竖起;当 9DT、11DT 得电时,油缸小腔进油,大腔回油,经过平衡阀(33-1、33-2)回油箱,钻架后仰。平衡阀起限速和闭锁作用。电磁换向阀(17-4)控制转盘前后方向移动。电磁阀(17-5)控制副卷扬的升降运动。

3. 常用设备介绍

目前,市场上符合桥梁施工的转盘式钻机较少,主要有 BRM-4 和 KPG-3000A 钻机,其参数如表 7-2 和表 7-3 所示。

表 7-2　KPG-3000A 型液压钻机技术性能表

主要项目		单位	参数		
钻孔直径	一般土层	m	$\phi 1.5 \sim \phi 6.0$		
	硬土层	m	$\phi 1.5 \sim \phi 4.0$		
	岩层($\sigma_c \leq 200$ MPa)	m	$\phi 1.5 \sim \phi 3.0$		
钻孔深度		m	130		
排渣方式			空气反循环		
转盘转速		r/min	0~3.5	0~7.0	0~14
及相应扭矩		kN·m	200	200	8~100
转盘通孔直径		mm	750		
转盘移动距离		m	2.65		
水龙头提升能力		kN	1200		
水龙头提升速度		m/min	3.5/7.0		
卷扬机牵引力		kN	112		
钻杆规格(全主动钻杆、法兰盘连接)		mm	$\phi 351 \times 25 \times 5000$		
封口平车最大承载负荷		kN	800		
钻架后倾角度			0°~15°		

续表

主 要 项 目	单位	参 数
钻杆起吊回转最大负荷	kN	20
钻机总功率	kW	110×2+18
主机外形尺寸(长×宽×高)	mm×mm×mm	9700×4450×13 892
主机质量(不含钻具)	t	60

表 7-3 BRM-4 钻机技术性能表

名 称	单位	数 据					
钻孔直径	m	1.5；2.0；2.2；2.5；3.0					
钻孔深度	m	40～80					
转盘转速	r/min	6	9	13	17	25	35
转盘扭矩	kN·m	8000	5500	4000	3000	2000	1500
转盘通孔直径	mm	590					
提吊能力	t	60					
提升速度	m/min	2～2.6					
钻杆内孔直径	mm	241					
卷扬机牵引力	kN	7500					
卷扬速度	m/min	16～24					
钻机排渣方式		空气反循环					
钻具适合岩石强度	kg/cm²	800～1000					
外形尺寸(长×宽×高)	mm×mm×mm	7945×4470×13 280					
钻机总质量	t	61.877					

4．选用原则

钻孔设备的选用一般根据钻孔直径、地质情况、效率及经济性等多方面综合选择。但转盘式钻机由于技术落后和新产品出现等因素，目前，在桥梁施工方面使用较少，尤其是 BRM 系列钻机。BRM-4 型工程钻机是 20 世纪 80 年代铁道部大桥局自行设计、生产的桥梁深水大口径转盘回转式桩基施工设备，目前仅在一些孔径较小的摩擦桩中使用。

5．安全使用规程

1) 钻机的安装

(1) 安装钻机前应对当地的地形、地质、水文、气象及洪水等进行全面检查，将地面异物清理干净，并检查现场地基有无地下管道及电缆，如有，则应事先与有关单位联系撤迁。钻架距高压电线的距离应符合有关规程规定。

(2) 钻机钻架基础要夯实、整平。轮胎式钻机的钻架下要铺设枕木，以垫起轮胎，使其离开地面，所垫枕木长度不得少于 4 m。钻机垫起后要保持整机处于水平位置。

(3) 钻机的安装和钻头的组装要严格按说明书规定进行。在竖立或放倒钻架时，应在机长或熟练工人的指挥下进行。人员分工要明确，各自要了解自己的职责，熟悉周围环境、指挥信号、联络方式。在大雨、大雪及六级以上大风中不得立钻架。

(4) 钻架的吊重中心及钻机的卡孔和护井管中心应在同一垂直线上，钻杆中心偏差不得大于 20 mm。

2) 开工前的检查

(1) 检查钻机各部安装紧固情况,发现松动应及时拧紧;转动部位和传动带应有防护罩;钢丝绳应完好;离合器、制动带应功能良好。

(2) 检查各运转总成的油面高度,按说明书规定对各润滑部位加注润滑油、润滑脂。

(3) 检查电气设备是否齐全,电路配置是否完好,发现问题及时处理。

(4) 检查管路接头是否齐全和密封,并进行必要的紧固工作。

(5) 各部位应无漏气、漏油、漏水现象。

(6) 清除钻机作业范围内的障碍物,详细检查护井管内有无工具、配件等物,检查后立即将工作平台覆盖严密,以免作业时的工具、配件掉入井孔。

(7) 将各部操纵手柄置于空挡位置,用人力盘动检查各部转动是否灵活。最后合闸检查电机旋转方向,若发现反向,则应改变电动机接线。确认一切正常后,方可正式开机。

(8) 钻头和钻杆连接的螺纹质量要良好,滑扣不得凑合使用。钻头崩刃缺角要换新。合金头焊接要牢固,不得有裂纹。钻头、钻杆连接处可加 3 mm 厚垫圈,便于工作后拆卸钻杆。

3) 使用中的注意事项

(1) 配备泥浆泵的回转钻机在开车时,应先送浆后开钻;停钻时要先停钻后停浆。泥浆泵要有专人看管,并与钻机操作人员密切联系泥浆供应情况,观察泥浆质量(密度、含沙率、胶体率、黏度)和浆面高度,并随时测量和调整。浓度要合适,浆面低于孔口不得超过 0.5 m。特别是停钻时,发现漏浆要及时补浆,要及时清除沉淀池中的钻渣、杂物等,保持泥浆纯净,以免塌孔。

(2) BRM 系列回转钻机在开钻时,要先送风、空转,后给进,钻头略微拉起,稍离孔底,以免卡钻。

(3) 开孔阶段,钻压要轻,转速要慢。

(4) 在钻进过程中,要根据地质情况和钻进深度,选择合适的钻压和转速,均匀给进。在地质不均或岩层交接处钻进时,应减小钻压和转速,减缓给进速度。当钻头进入黏土层时,应采取措施,消除糊钻现象,同时改用低速运行,以防烧坏电动机。在钻水下混凝土时,应采取应急措施,防止混凝土中存留的铁件或异物损坏钻机。

(5) 在变速箱换挡时,应事先停车,挂上挡之后才能开车。

(6) 在加接钻杆时,应预先检查密封圈是否完好无损,并做好连接处的清洁工作。连接螺栓是特制的螺栓,不能用其他螺栓代替。凡使用过的旧螺栓,应仔细检查,在确认螺栓头与杆部过渡处无疲劳裂纹时,才准再次使用。连接螺栓要均匀紧固,保证其连接处的密封性。弯曲的钻杆应及时修理和更换。

(7) 在开钻前与钻进过程中,要对破岩、回转、升降、洗孔排渣等系统做好检查及运行观察工作。遇有问题,应及时查明原因,妥善处理,并认真填写施工记录。

(8) 在钻进过程中,应随时注意机器的运转情况。如发生异响,钢丝绳、转向滑车、千斤顶等起吊索具破损,水龙头漏气、漏渣,以及其他不正常情况时,要立即停车,查明原因采取措施后,方可继续开钻。

(9) 在提钻、下钻时,动作要谨慎均匀,轻提轻放,不要过猛。钻机下及井孔周围 2 m 以内,以及高压胶管下不得站人。水龙头与胶管连接处须用双夹卡住,并缠上铁丝。在钻进过程中,应调整好钢丝绳,绝不允许钻具在孔内时,钢丝绳处于不受负荷的状态,以免扩孔过大或钻偏。钻杆在旋转时绝对不许提升,以防卡瓦带起飞出伤人。

(10) 发生上卡(提钻受阻)时,不准强行提钻具,应设法使钻具活动后再慢慢提升。下卡(钻进受阻)时,可用缓冲击法解除。解除后应查明原因,在采取措施后,方可钻进。

(11) 钻架、钻台平车、封口平车等承载能力及部位均有限制,不得超载。

(12) 使用空气反循环时,其喷浆口应遮拦,并固定管端。

(13) 经常监视润滑情况,适时添加润

滑油。

(14) 当钻进进尺达到要求时,要根据钻杆长度换算孔底标高。确认无误后,把钻头略微提起,转速由高变低,空转 5~20 min。停钻时,先停钻后停风,使孔底的钻渣被清洗干净。

(15) 钻机的移位要严格按说明书规定进行。明确分工,专人指挥。

4) 作业后的注意事项

(1) 钻机在转移孔位的拆、运过程中,应避免碰撞,防止变形,以减少安装时的维护修理和避免施钻时遇到的意外困难。

(2) 钻机用完后,要按说明书的规定进行清洗和保养。

7.4.4 动力头钻机

1. 发展概况

动力头钻机是钻机向大型化发展和液压技术在工程机械领域日趋成熟的条件下发展起来的。二十世纪七八十年代,德国公司就开始生产全液压动力头钻机。全液压动力头钻机结构紧凑、质量轻,尤其是钻杆结构简单、制造容易、不易断裂、性能可靠。国内首台全液压动力头钻机是由原铁道部大桥工程局桥机厂生产的 KTY3000 型 20 t·m 钻机,应用于芜湖长江公铁大桥 3 m 直径钻孔桩。后又生产了 KTY3000A 钻机、KTY3000B 钻机、KTY4000 钻机、KTY5000 钻机。目前,KTY5000 钻机是国内同类桥梁钻孔桩施工中最领先的设备,KTY5000 钻机主要体现在超大直径钻孔、输出功率高、智能化水平高等方面。

2. 结构组成及工作原理

动力头钻机主要由动力头、滑移横梁、钻机结构(含底盘、钻架、封口盘等)、钻具、司机室、液压站、电气控制系统等组成。以 KTY5000 钻机为例进行介绍。图 7-4 为 KTY5000 型钻机示意图。

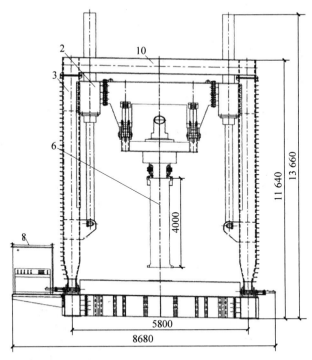

1—动力头;2—滑移横梁;3—钻架;4—底盘;5—封口盘;6—钻杆;7—液站;8—操作室;9—钻杆起重机;10—标牌。

图 7-4 KTY5000 型钻机示意图

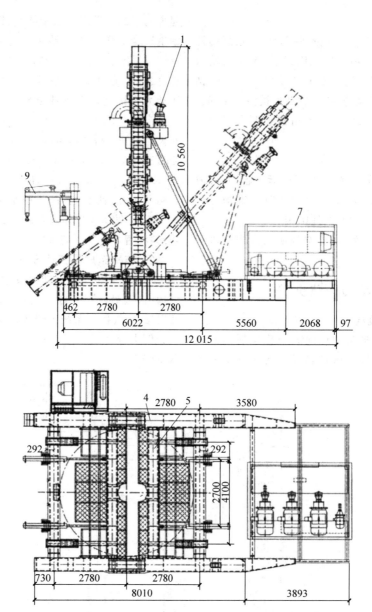

图 7-4 （续）

1) 动力头

动力头同时起着承受钻具重量、安装钻杆装拆机构、为钻进提供动力和输送压缩空气、排渣等各项作用，是该型钻机的核心部件，结构如图 7-5 所示。

动力头由三台高速液压马达驱动，通过三台行星减速机及一级闭式齿轮传动来将动力传递给钻具系统，工作平稳可靠，使用寿命长，可实现无级调速和过载自动保护。动力头的

图 7-5 动力头结构示意图

中心管上设置有承重轴承和防跳轴承,两个径向轴承用以提高运动精度和运转的平稳性。动力头系统由中心管内的衬管排渣,压缩空气则通过配气环进入钻具的风道。其衬套磨损后拆卸更换,各密封圈均安装于便于拆卸更换的套和盖中。

动力头的密封形式为旋转轴用齿形组合密封件,该密封件具有密封效果好、寿命长等特点。

动力头通过吊耳悬挂于滑移横梁下,由两个180/110-435油缸驱动,可实现45°旋转,便于安装和拆卸钻杆。

动力头由液压马达驱动。液压马达及减速机应采用质量性能可靠的品牌产品。动力头装置应结构紧凑。传动齿轮应采用硬齿面,以提高齿轮强度。

2) 滑移横梁

滑移横梁能沿钻架轨道上下滑移。滑移动力及支承由两个320/250-4300液压缸完成。液压缸是提升动力头及钻具上下移动的动力机构。滑移横梁上下移动的距离为4300 mm,左右侧的油缸采用机械刚性同步,结构如图7-6所示。

图7-6 滑移横梁结构示意图

3) 钻机结构

钻机结构主要包括钻架、底盘及封口盘。钻架为门型结构,其与底盘间用双销轴和拉杆连接。抽出一个销轴后,在两个油缸驱动下,钻架可后仰0°~40°,且销轴的插拔动作分别设置了插拔销系统,可有效减轻工人的劳动强度。

底盘外形为矩形结构,下平面设置四个调平油缸,以方便底盘调平。钻机底盘、钻架设计为可拆分式的,以方便运输。封口盘为油缸支顶开合式,其驱动由四个油缸完成。能调整开口以卡住钻杆。结构如图7-7所示。

图7-7 钻机结构示意图

4) 钻具系统

钻具系统主要由标准钻杆、钻杆稳定器、风包钻杆、异径接头、风包、钻头稳定器、配重等组成。

钻具系统有足够的强度,连接可靠、密封性好、排渣效率高。钻具系统能施加足够钻压,保证钻头有效破岩,全断面快速钻进。钻杆装拆、提放钻头快速方便。标准钻杆为全被动钻杆,法兰盘连接,双壁结构。风包钻杆为钻进过程中的中间供风钻杆。异径接头一为连接钻杆与重型钻杆的过渡接头,异径接头二为重型钻杆和风包的过渡接头。

上述钻具均可悬挂在钻机封口盘上,方便钻具连接。结构如图7-8所示。

图7-8 钻具系统结构示意图

5) 液压站

液压站独立设置。液压站与主机间用快

速接头相连。液压站的动力选用电动机驱动。3台H1V160液控柱塞变量主泵采用3台110 kW的电机驱动,需要同时工作时,2台主泵供动力头油缸提升,1台主泵供动力头旋转。当钻进时,可3台主泵供动力头旋转。控制泵与辅助泵采用三联齿轮泵。液压站设有2个风冷却器,以降低油温,保证钻机连续运转。

6)钻进系统

该型钻机使用液控(同时带智能控制)的减压自动进给系统。在给定的钻压下实现恒压自动进给。其原理为钻具系统始终保持减压状态和垂直状态,能实现自动钻孔作业,并且能够实现过载自动保护,还能保证孔径精度和孔深的垂直度。

7)液压系统

主系统回路如下。

主系统回路分成两部分,主系统液压原理如图7-9所示,分别如下。

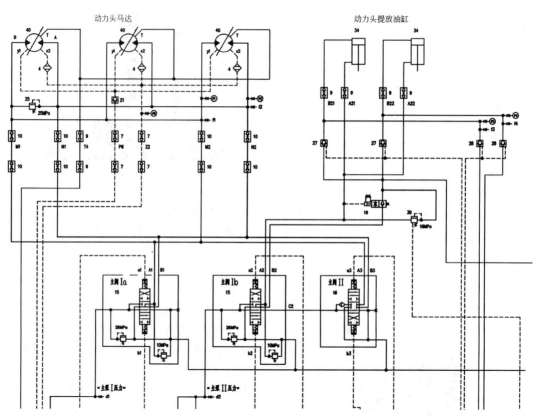

图7-9 主系统液压原理图

其一,液控柱塞变量主泵Ⅱ、主泵Ⅲ由2台功率为110 kW的电机驱动,分别经各自的吸油滤、旋式阀门从油箱吸油,其输出的液压油分别经各自的单向阀、阀块总成后,进入主阀Ⅰb进油口,该阀后续油口进入主阀Ⅱ进油口。

主阀Ⅰb为单联三位六通液动换向阀,其两个工作油口分别进入两个提放油缸,完成动力头"提升""停止""下降"的工作状态。提放油缸供油管路设置了两组液控单向阀,通过控制可调整提放油缸的工作状态,实现"液控减压钻进"或"智能减压钻进"。溢流阀用于"液控减压钻进"。动力头下降,回油管路设置单向调速阀,用于控制其下降速度,同时,其附加的单向阀功能在系统停止时能锁住和提放油缸固联的动力头。两个提放油缸的提升油路上分别设置压力传感器。主阀Ⅰb配有一次先导溢流阀,用于调整主泵Ⅱ、主泵Ⅲ的工作压力,出厂时设定为 26 MPa。同时,还配有一个二次直动溢流阀,当动力头下降时,供油管路处于低压工况,出厂时设定为 10 MPa。

主阀Ⅱ为单联三位六通液动换向阀,其两个工作油口分别进入三个动力头马达,实现"动力头加快""正转、停止、反转"的工作状态。

主阀Ⅰb、主阀Ⅱ回油口经阀块总成、3个单向阀、2个风冷却器、3个回油滤后,回油箱。

回路工作的参数为 480 L/min、26 MPa。

主泵Ⅱ、主泵Ⅲ均为液压比例控制排量变量油泵。当液控油口不供油时,主泵处于最小排量工作状态(0 mL/r);当先导阀比例控制供油(0.8～2.8 MPa)时,主泵排量无级调节(0～160 mL/r),从而使动力头升降或转动速度改变。两个主泵液控油口均设置了滤油器。阀块总成中相应油路带溢流阀。

在供电功率不允许时,可停掉主泵Ⅱ、主泵Ⅲ中任一台,此时动力头提升速度降低,但提升力不变。

其二,液控柱塞变量主泵Ⅰ由 1 台功率为 110 kW 的电动机驱动,经吸油滤、旋式阀门从油箱吸油,其输出的液压油经单向阀、阀块总成后,进入主阀Ⅰa进油口。

主阀Ⅰa为单联三位六通液动换向阀,其两个工作油口分别进入三个动力头马达,完成动力头"正转""停止""反转"的工作状态。动力头马达正转供油管路设置了溢流阀;动力头马达两工作油路分别设置了压力传感器。其液控油路设置了电磁换向阀,以改变其排量。主阀Ⅰa配有一次先导溢流阀,用于调整主泵Ⅰ的工作压力,出厂时设定为 26 MPa。同时,还配有一个二次直动溢流阀,当动力头反转时,供油管路处于低压工况,出厂时设定为 10 MPa。

主阀Ⅰa回油口经阀块总成、3个单向阀、2个风冷却器、3个回油滤回油箱;各马达泄漏管路合并后经阀块总成直接回油箱。

回路工作参数为 240 L/min、26 MPa。

主泵Ⅰ为液压比例控制排量的变量油泵。当液控油口不供油时,主泵处于最小排量工作状态(0 mL/r);当先导阀比例控制供油(0.8～2.8 MPa)时,主泵排量无级调节(0～160 mL/r),从而使动力头转动速度改变。该主泵液控油口设置了滤油器。阀块总成中的相应油路带溢流阀。

三个动力头马达均为液压比例控制排量的变量马达。当液控油口不供油时,马达处于最大排量工作状态(225 mL/r);当先导阀比例控制供油(0.6～1.8 MPa)时,马达排量无级调节(225～112 mL/r),从而使动力头输出速度和扭矩改变。马达外供油管路上设置了单向阀;三个动力头马达液控油口均设置了滤油器。

控制系统回路如下。

三联齿轮泵中的控制泵由功率为 15 kW 的电动机驱动,经吸油滤、旋式阀门从油箱吸油后,其输出的液压油经压油滤、阀块总成后,分别向两个先导阀的供油口、三个主泵的外供动力油口、三个马达的外供动力油口供油。

如图 7-10 所示:先导阀Ⅰ为双手柄多点定位及脱放的先导阀,分别操纵"主泵变量""动力头升、降",其下降输出控制油路带电磁换向阀。先导阀Ⅱ为双手柄多点定位及脱放的先导阀,操纵"动力头转动及加快"。

阀块总成中的相应油路带电磁溢流阀,可电控控制系统回路的工作压力。回路工作参数为 15 L/min、4 MPa。

辅助系统回路如下。

三联齿轮泵中的两个辅助泵分别由功率为 15 kW 的电动机驱动,经吸油滤、旋式阀门从油箱吸油后,其输出的液压油经压油滤、阀块总成后分别向两个提放油缸、六联手动换向阀进油口供油。

通过操纵阀块总成中的电磁阀来向两个提放油缸供油可完成"智能减压钻进"。

如图 7-11 所示:通过操纵阀块总成中的电磁阀来向六联手动换向阀进油口供油可完成辅助操纵;第一联完成"钻进、动力头微落",在钻进时给提放油缸大腔供油,其压力由溢流阀控制和远程调压阀调节,根据钻进所需的钻

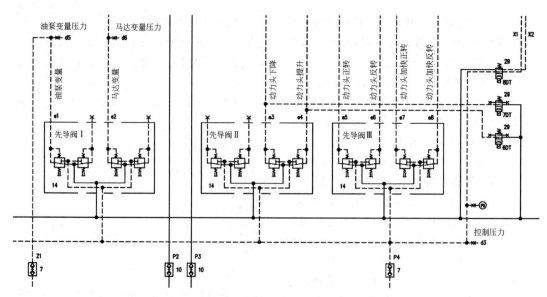

图 7-10 控制系统液压原理简图

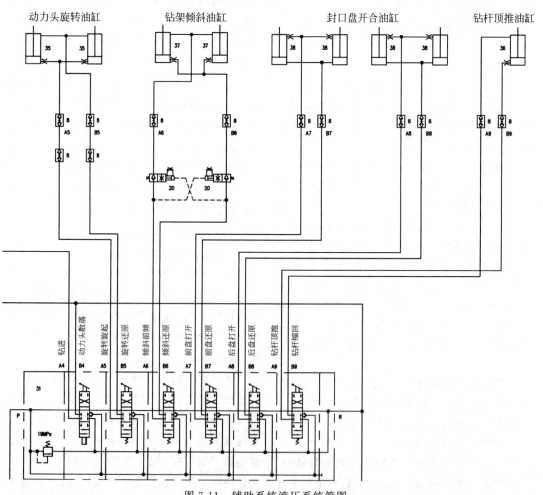

图 7-11 辅助系统液压系统简图

压来调整提升力,使提放油缸在保持一定钻压下提起钻具一部分重力,并通过手动跟进钻进速度下放钻具,从而实现恒压钻进工况。远程调压阀的调压范围为 0~19 MPa,提升力为 0~280 t;第二联完成"动力头旋起、还原";第三联完成"钻架前倒、还原";第四联完成"前封口盘打开、还原";第五联完成"后封口盘打开、还原";第六联完成"插销合上、脱开"。

六联手动换向阀回油口经阀块总成、3 个单向阀、2 个风冷却器、3 个回油滤回油箱。回路工作参数为 2×15 L/min,0~19 MPa。

3. 常用设备技术性能(表 7-4)

表 7-4 常用设备技术性能表

主要项目	单位	KTY3000B	KTY4000	KTY5000	ZJD5000
最大钻孔直径	m	$\phi 1.7 \sim \phi 3.0$	$\phi 2.0 \sim \phi 4.0$	$\phi 3.6 \sim \phi 5.0$	$\phi 3.6 \sim \phi 5.0$
钻孔深度	m	130	130	180	180
排渣方式		气举反循环	气举反循环	气举反循环	气举反循环
最大扭矩	kN·m	200	300	450	450
最大转速	r/min	16	15	11.6	12.5
动力头提升力	kN	1200	1800	3000	3000
封口盘承载力	kN	1200	1500	3000	3000
钻架倾斜角度	(°)	0~30	0~40	0~40	0~30
外形尺寸(长×宽×高)	m×m×m	5×4.4×7.8	7.4×7.4×8.1	12×8.7×13.7	10.1×7.3×10.45
主机质量	t	33	46	74	78
液压站质量	t	7	10	13	10
总功率	kW	285	285	356	356

4. 选用原则

钻孔设备的选用一般根据钻孔直径、地质情况、效率及经济性等多方面来综合选择。孔径 $\phi 2.5$ m(含)以内的,一般选用 KTY3000B 型钻机,如果岩石强度较高,可选用 KTY4000 型钻机;孔径 $\phi 2.5$ m~$\phi 4.0$ m 可选用 KTY4000 型钻机;孔径 $\phi 4.0$ m~$\phi 5.0$ m,选用 5000 型钻机。目前,KTY4000 型钻机属市场主流钻机,对孔径大于 $\phi 5.0$ m 的钻孔桩来说,则需要根据工程需求改造钻机或研制新型钻机。

5. 安全使用规程

(1) 钻机开钻前的准备工作:钻机拼装好后,检查各连接螺栓和紧固螺栓是否连接好,各润滑部位应加注润滑油。

(2) 将封口盘打开,把连接好的钻头、风包、稳定器、配重和异径接头吊入井孔内,将封口盘合龙并卡住异径接头支承部位。

(3) 旋转动力头安装钻杆。在连接钻杆时,应先检查和清洗各密封圈的密封圈槽,并涂上润滑脂,经开口弹性销定位对准后,装入 16 个 M42 螺栓。连接螺栓采用风动扳手拧紧,M42 螺栓的拧紧力矩约为 2000 N·m。

(4) 动力头应按表 7-5 定期加注润滑脂,开钻前检查动力头是否有漏浆和漏气现象。若有漏浆和漏气现象,则应拆开检查密封圈是否损坏,如有损坏,应及时更换。

表 7-5 常用设备保养表

序号	润滑部位	润滑种类	间隔时间
1	动力头	极压耐磨齿轮油 ISO VG320 机油	每 2000 h 换油一次,每次约需油 350 L
		钙基润滑脂	24 h
2	立柱销轴	钙基润滑脂	100 h
3	钻架滑轨	钙基润滑脂	300 h
4	提放油缸杆端部	钙基润滑脂	2000 h

续表

序号	润滑部位	润滑种类	间隔时间
5	倾斜油缸杆端部	钙基润滑脂	2000 h
6	封口盘铰轴	钙基润滑脂	2000 h
7	减速机	壳牌奥马拉油 320	见减速机日常维护每次约需油 75 L

（5）动力头起动前，应先起动润滑油泵。动力头的旋转方向为顺时针。

（6）排渣方式：钻进用空气反循环排渣，循环泥浆量可达 600 m³/h，钻孔深度在 50 m 以内时，只用下部风包即可；当钻孔深度大于 50 m 时，需连接中间风包钻杆。配备空气压缩机的风量为 30 m³/min，风压 $p=1.2$ MPa 或风量为 20 m³/min，风压 $p=2.5$ MPa。

（7）开钻时应先送风，后进给。钻进过程中应保持钻头减压钻进，排渣中断时，应将钻头提起，待钻渣排出时再慢慢放下钻头，停钻时应先提钻头，然后停风。钻机钻压可按以下公式计算：

$$T = 14.42(p_0 - p)$$

式中：T——钻机钻压值，t；

p_0——当前全提钻具时提升压力值，MPa；

p——当前钻进时提升给定压力值，MPa。

（8）在钻机工作过程中，操作人员应经常观察各种仪表的指示是否正常，若有异响应及时停车检查。

（9）钻机润滑可按表 7-5 进行。

7.4.5 泥浆处理器

1. 发展概况

泥浆分离设备的发展从 20 世纪 90 年代开始。随着国家大型桥梁、公路、铁路以及深水码头和港口工程的兴建，国家环境保护政策的逐步提高和完善，钻孔桩施工时产生的钻渣必须按规定清运和排放，泥浆分离设备配合桩基础施工也得到了广泛的应用。现在，普遍应用在桥梁钻孔桩施工领域的是 ZX 系列的泥浆处理设备。

2. 结构组成及工作原理

泥浆分离设备主要由机架、振动筛、泵系统、旋流器等部件组成。

1) 振动筛

振动筛由两台振动电机组、一个振动筛箱、一副出筛板或二副细筛板、四组隔振弹簧、两组调整垫板组成。振动电机是振动筛的激振源，由电机直接带动偏心装置产生离心力。两台振动电机作同步反向运转，使振动筛产生直线振动。通过调整偏心块的夹角可实现激振力的变化。出厂时，激振力调整到最大值的 85%。在运行期间，振动电机轴承应保证良好的润滑。

振动筛箱为框架式焊接结构，由四组隔振弹簧支撑。良好的结构刚性使其性能可靠地承受装在其顶部的振动电机传递的激振力。通过双向斜面楔紧机构和标准间的连接紧固，使粗筛安装在预筛器内，细筛安装在脱水筛内。粗细筛板均为不锈钢条缝筛板，粗筛筛孔尺寸为 5×35 mm，细筛为 0.4×35 mm。振动筛的倾斜角度是由调整垫板的高度所决定的。可根据渣料筛分效率及生产率的变化而变化。

2) 泵系统

泵系统由渣浆泵、驱动电机、流量控制分配阀组成。卧式离心渣浆泵采用副叶轮轴封。运转中应注意及时添加润滑脂，润滑密封填料。泵不能空转，以免填料烧损。流量控制分配阀由反冲阀组成，能控制进入旋流器的泥浆压力和流量。

3) 旋流器

整个装置对泥浆的最终净化效果主要取决于旋流器的颗粒分选指标。除砂效率的具体指标体现为对 −0.074 mm 粒级的分离程度。主要取决于以下几种因素：泥浆黏度和含砂量；旋流器的进浆压力及流通量；旋流器的溢流管与沉砂嘴的直径之比。

旋流器工作中出现的故障主要是由沉砂嘴堵塞造成的。此时砂停止排出，溢流泥浆含砂量与污浆没有区别。为防止旋流器的堵塞，开机前必须注意检查储浆槽内不得有长度或宽度尺寸超过 5 mm 的异物。

3．工作原理

反循环砂石泵由孔底抽吸出的污浆通过总进浆管输送到泥浆处理系统的预筛器。经过其振动筛选将粒径在 5 mm 以上的渣料分离出来。经过第一道筛的泥浆同时进入两台除砂机的储浆槽，由除砂机的渣浆泵从槽内抽吸泥浆。在泵的出口具有一定储能的泥浆沿输浆软管从水力旋流器进浆口切向射入。通过水力旋流器分选，粒径微细的泥沙由旋流器下端的沉砂嘴排出落入细筛。细筛脱水筛选后，较干燥的细砂料被分离出来。经过第二道筛选的泥浆循环返回储浆槽内。处理后的干净泥浆从旋流器溢流管进入中储箱然后沿总出浆管输送回孔。

在除砂机的渣浆泵出口安装一条由反冲阀控制的支路，该支路与储浆槽连通。通过开启反冲阀可以扰动储浆槽内沉淀的渣料，使储浆槽不致因长期使用导致淤积漫浆。

在泥浆循环过程中，由中储箱与储浆槽之间的一个控制浮标来保持除砂机储浆槽内的液面高度恒定。一旦储浆槽内输出的浆量大于供给，那么，浮标将随液面的下降而下落，中储箱的泥浆将通过开启的补浆管转送到储浆槽，液面因此上升直至恢复原状，控制浮标也随之上升并封住中储箱补浆管，此时，如果供给浆量大于输出的，则储浆槽的溢流管将会溢流，以防止漫浆。

当要求更高质量的泥浆时，可通过减少总进浆量，重复旋流其中的泥浆分选过程来达到目的。

4．常用设备介绍（表 7-6、表 7-7）

表 7-6　三一 SRF 系列泥浆处理器技术性能表

主要参数	单位	SRF50	SRF100	SRF200	SRF250	SRF500
泥浆处理能力	m³/h	50	100	200	250	500
分离粒度 d50	μm	50	50	60	60	60
渣料筛分能力	t/h	10～26	25～50	25～80	25～80	75～240
长	mm	2300	3000	3500	3500	9000
宽	mm	1200	2000	2200	2200	3400
高	mm	2500	2400	2800	2800	4500
总重	kg	2100	3500	4800	5200	12 500
总功率	kW	17.2	24.2	48	58	119

表 7-7　黑旋风 ZX 系列泥浆处理器

主要参数	单位	ZX50	ZX100	ZX200	ZX250	ZX500
泥浆处理能力	m³/h	50	100	200	250	500
分离粒度 d50	μm	50	30	60	60	60
渣料筛分能力	t/h	10～25	25～50	25～80	25～80	25～160
长	mm	2200	1900	3540	3540	11 700
宽	mm	1280	1900	2250	2250	5900
高	mm	2460	2250	2830	2830	5400
总重	kg	2100	2700	4800	4900	24 120
总功率	kW	17.2	24.2	48	58	237

5．选用原则

泥浆分离器的选用主要考虑泥浆处理器的处理能力。目前，在桥梁钻孔桩施工中，泥浆处理能力一般需要在 200 m³/h 以上。

6．安全使用规程

1) 操作程序

启动程序如下。

(1) 合上空气开关，接通主电源。

(2) 按下"预筛启动"按钮,启动振动筛。

(3) 在储浆槽浆面高度超过泵顶部后,按"泵启动"按钮,启动渣浆泵:逐渐打开泵出口阀门,同时观察压力表的压力是否上升至规定值(2.0~2.5 kg/cm²)。如果泵启动后压力表显示低于规定值,则应停机检查渣浆泵。同时观察电流值,运行时,电流在80A左右,出渣效果最佳,否则检查设备。

停止程序如下。

(1) 停止反循环砂石泵的泥浆供应。

(2) 让渣浆泵多运转一会儿,处理储浆槽内的剩余泥浆。

(3) 按"泵停止"按钮,停止渣浆泵的运转。

(4) 让振动筛多运转一段时间,直到旋流器内空载为止。

(5) 按"筛停止"按钮,停止振动筛的运转。

(6) 长时间停机前,必须注入清水运转10 min,用钢丝刷清理筛网。

(7) 打开储浆槽的放浆阀,将剩余泥浆清理干净。

2) 运转中的检查和注意事项

(1) 电动机三角皮带由专人调整。

(2) 开机时,由具有经验的电工对电控柜内各电气元件及线路进行检查。三相五线制接线是否完好,接地线是否符合标准。连接电源线时,应注意点动渣浆泵,确保叶轮按要求正转。当电路出现故障时,非专业人员不得擅自打开电控柜检查。

(3) 电控柜内的电气元件在运转中不应出现剧烈抖动,否则应检查连接件是否紧固,设备安装基础是否平实,振动筛及泵是否工作正常。

(4) 在出现雨雪天气或有泥浆喷溅的情况下,应注意电控柜及电机的防水。

(5) 检查储浆槽,不允许其中有长度或宽度尺寸超过5 mm的异物存在,以免泵和旋流器出现阻塞。

(6) 开启振动筛时,注意听工作噪声,不应超过80 dB,不能有"咔嗒"声。

(7) 振动电机运行累计时间在100 h以内,为初运转期。在初运转期内,每班应对地角螺栓的紧固程度检查一次。

(8) 设备运转时,切勿接触三角皮带、振动电机、弹簧,以免受伤。

(9) 渣浆泵不能空转,否则会使盘根烧损,而泵送液体能起到冷却作用。因此,当储浆槽液面低于吸浆管口时,应立即停泵。

7.5 旋挖钻机

7.5.1 定义

旋挖钻机是一种安装于履带底盘,通过伸缩钻杆驱动钻头旋转来钻挖成孔的设备。主要适用于淤泥质土、黏土、砂土、卵石、风化岩等地层的施工,在灌注桩、连续墙、基础加固等多种地基的基础施工中得到广泛应用。旋挖钻机的额定功率一般为125~709 kW,动力输出扭矩为120~468 kN·m,最大成孔直径可达1.5~4.4 m,最大成孔深度为60~140 m,可以满足各类大型基础施工的要求。

7.5.2 用途

旋挖钻机在桥梁工程中主要适用于引桥基础中的小直径钻孔桩。随着旋挖钻机逐步向大扭矩、大直径、超长度发展,旋挖钻机在桥梁主墩基础钻孔桩施工中的应用也越来越多。旋挖钻机具有自动化程度高、劳动强度低、钻进效率高、成孔质量好、环境污染小、自带动力等优势,能显著提高工程施工效率和工程质量。

7.5.3 国内外发展概况

1. 旋挖钻机的现状

旋挖钻机是结合回转斗钻机和全套管钻机的优点发展起来的。回转斗钻机于第二次世界大战以前在美国的卡尔维尔德公司率先研制成功。20世纪50年代,法国BENOTO公司尝试采用全套管钻机进行桩基础施工。这两种工法被欧洲一些国家引进后,在使用过程中进行了一些合并和改善,现代旋挖钻机初具锥形。但是,这种旋挖钻机的动力头的位置是固定的，地层适应范围较窄。1960年，可动式动力头同时在德国的维尔特公司和盖尔茨盖特公司研制成功，极大地提高了其施工便利性。在此之前，由于受钻桅长度的限制，旋挖钻机的钻杆长度难以满足钻孔深度的需求。经过多方努力，德国的宝峨（BAUER）公司终于在1975年研制出了伸缩式钻杆，并将其安装在BG7旋挖钻机上。此外，该旋挖钻机的钻进扭矩在原有基础上增大了许多，配置的伸缩式钻杆通过凸台设置实现了加压钻进，从而使得地层适应范围进一步被拓宽。

国外旋挖钻机的研制和施工应用是从20世纪初开始的，发展至今，其种类繁多，制造商也越来越多。目前，国外生产旋挖钻机的主要厂家有德国的宝峨、Liebherr（利勃海尔），意大利的Soilmec（土力）、MAIT（迈特）、CMV（神威）、CASAGRANDE（卡萨格兰地）、IMT（意马）、天锐，美国的卡特皮勒，新加坡的TWINWOOD，西班牙的LAMADA，芬兰的JUNTTAN，日本的日本车辆、日立建机、住友等。

国内的旋挖钻机起步较晚。20世纪80年代初，从日本引进过工作装置，并配装在KI-125履带起重机上。1984年，天津探矿机械厂引进了美国RDI公司的旋挖钻机，并进行消化吸收。1988年，北京城建机械厂根据土力公司的样机开发了1.5 m直径的履带起重机附着式旋挖钻机。1994年，郑州勘察机械厂引进了英国BSP公司的附着式旋挖钻孔机的生产技术，但都没有形成批量生产。1992年，德国宝峨公司在北京设立了代表处，并于1995年在天津成立了独资子公司——宝峨天津机械工程有限公司，组装适合我国市场的宝峨BG20旋挖钻机。1998年，上海又成立了中德合资的上海宝峨金泰工程机械股份有限公司，生产组装BG15旋挖钻机。国家重点工程青藏铁路于2001年正式启动，2002年3月，大量旋挖钻机进入青藏铁路施工，到8月中旬有10多台，其中国产设备9台。青藏铁路旋挖钻机的大量使用引起了施工和生产企业的格外关注，这无疑推动了旋挖钻机的开发和应用。2000年，徐工集团研制成功RD18旋挖钻机，2001年，北京经纬巨力工程机械有限公司成功研制ZY120、ZY160、ZY200旋挖钻机，并加入了青藏铁路建设的施工热潮。2003年，山河智能率先成功研制了自制专业履带伸缩式底盘的SWDM20旋挖钻机，并先后在青藏铁路、首都机场、北京鸟巢等工地接受了施工考验。

我国对旋挖钻机的开发速度加快，国内先后有多家单位对旋挖钻机进行了研发，主要生产厂家有山河智能、三一重机、徐工基础、中联重科、南车时代、上海金泰、郑宇重工、福田重工等。由于国内企业对旋挖钻机的研究和开发的力度加大，旋挖钻机的整体水平大幅度上升，特别是在性价比方面明显优于进口产品。因此，从2005年下半年开始，国内旋挖钻机市场已经从进口机为主变为以国产机为主，并逐步销往国外。

2．旋挖钻机的发展趋势

1）发展机遇

"十一五""十二五"期间，我国投巨资进行铁路、公路、电力、城市公共设施等的建设，尤其高铁建设为我国旋挖钻机的发展带来前所未有的机遇。

（1）主要生产厂家实现旋挖钻机产品种类的多样化。

（2）国内旋挖钻机在功能实用性和性能提升中自主创新的产品逐渐增多。

（3）国内厂家的售后服务水平逐步加强，市场服务体系增强。

（4）钻杆、钻具等国产配套件已满足绝大部分施工需要。但在特殊工程的应用方面，材料和制造的质量还有待进一步提高。

（5）已有厂家开展旋挖钻机施工配套工艺工法的研究。我国地域辽阔且地质情况复杂，针对不同的地质类型，需要明确不同的施工方案以及选用合适的施工设备。例如，东南沿海地层较软，西南西北大部分地区地层复杂，像兰新线基本都是卵石层、岩层，在这些地区如何成孔，如何提高施工效率，需要企业下很大的功夫去研究工艺和配合主机共同解决现场施工实际问题。

2) 发展趋势

经过近几年的发展,国产旋挖钻机整机的主要性能已接近或达到国际先进水平。目前,我国已能生产从 40 kN·m 到 580 kN·m 的小中、大型等多种规格的旋挖钻机。2022年,山河智能公司生产了最大输出扭矩高达 1280 kN·m,最大钻孔直径可达 7 m,深度超过 170 m 的 SWDM1280 型旋挖钻机,刷新了行业纪录,创世界之最。

旋挖钻机朝大小两头和多功能化发展的趋势日趋明显。

(1) 加大旋挖钻机的成孔深度和成孔口径,制造超大扭矩和功率的钻机,配备多种工法装备,实现一机多用,如山河智能、南车时代、徐工基础、三一重机、中联重科等公司开发的大型旋挖钻机应用在长江、黄河大型桥梁柱的基础施工,大大提高了施工效率,缩短了工期。

(2) 旋挖钻机的型号多种多样,向小动力、低使用成本的工民建常备机型发展,进一步符合工程市场的需求,逐步取代仍在大量使用的正反循环钻机。如山河智能生产的 SWDM04、SWDM06、SWDM10 等小型旋挖钻机在工民建桩基础施工领域取得了非常好的业绩,运输转场方便快捷、维护方便、使用成本低、回报快,非常适合小型施工单位或个人群体。

(3) 旋挖钻机多功能化日趋明显,体现在一机多能上。如山河智能的旋挖钻机上可以配备多种附属装置,以实现 CFA、DX 桩、全护筒跟进、液压扩底钻头、大直径潜孔锤、深孔超大直径反循环、高压旋喷、地下连续墙、液压冲击锤、液压振动桩锤、底部给料振动碎石桩等多种工法施工。

7.5.4 结构组成及工作原理

1. 机械结构

旋挖钻机的主要部件有:底盘(包括走行机构、车架、回转平台、主卷扬、副卷扬)、工作装置(包括变幅机构、桅杆、动力头、随动架、提引器、钻杆、钻具等),如图 7-12 所示。

1) 底盘

底盘由走行机构、车架、回转平台、主卷扬、副卷扬等组成,如图 7-13 所示。

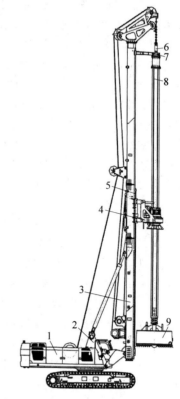

1—底盘;2—变幅机构;3—桅杆;4—动力头;5—加压装置;6—提引器;7—随动架;8—钻杆;9—钻具。

图 7-12 旋挖钻机示意图

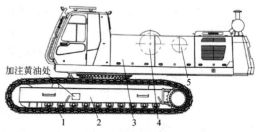

1—走行机构;2—车架;3—回转平台;
4—主卷扬;5—副卷扬。

图 7-13 旋挖钻机底盘示意图

走行机构主要用于实现钻机的走行和移动,主要由液压马达、走行减速机、履带总成、导向轮及张紧装置、支重轮、托链轮、驱动轮等部件组成。走行装置由液压系统控制,可实现前进、后行、左转弯、右转弯、原地转向等动作。

履带调节系统使用高压润滑脂来使履带

保持张紧,可通过向张紧装置中加注润滑脂来实现履带张紧。张紧油缸的注油口位置如图7-14所示。

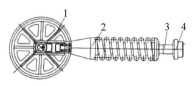

1—导向轮;2—张紧弹簧;3—张紧油缸;4—注油嘴。

图7-14 旋挖钻机履带调节系统示意图

车架用于安装走行机构,并与回转平台相连。内部装有液压油缸和回转接头。液压油缸通过伸缩运动可实现走行机构的伸展和回缩。中心回转接头可将上车液压系统的工作压力油传输到下车。

回转平台上车安装的主要部件有变幅机构、驾驶室、发动机、液压及电气系统、回转机构、配重、主卷扬、副卷扬、覆盖件等。

2) 变幅机构

变幅机构是旋挖钻机非常关键的一个部件,支承旋挖钻机工作装置的重量。变幅机构的结构形式主要有两种:一种是平行四边形结构;另外一种是大三角结构。两种变幅机构的优缺点比较如表7-8所示。

表7-8 四边形结构与大三角结构的优缺点

项目	平行四边形结构	大三角结构
优点	工作半径变幅范围大,桅杆可平动,易调节;运输时桅杆后倾,无须拆卸	在钻进深孔或硬地层时,桅杆的稳定性好
缺点	在钻进深孔或硬地层时,桅杆晃动厉害,特别是采用挖机底盘的钻机尤为明显	运输时,上钻桅、鹅头架、动力头须拆下单独运输,费时费力;工作半径变幅范围小;钻桅后倾角度小,移机安全性低于平行四边形结构

平行四边形结构由动臂、三角架、支承杆、平举油缸和桅杆变幅油缸等组成。通过平举油缸和桅杆变幅油缸的作用,可以调节桅杆的工作幅度以及方便对准桩位,也可以调节运输状态的整机高度,并可以改变桅杆的前后左右倾角。

大三角结构由动臂、三角架、动臂油缸、桅杆变幅油缸、桅杆等组成,如图7-15所示。通过动臂油缸和桅杆变幅油缸的作用,可以调节桅杆的工作幅度,以方便对准桩位,并可调节桅杆的前后左右倾角。

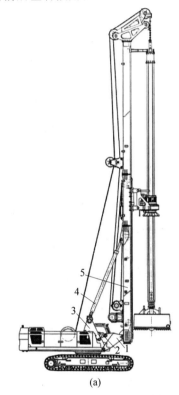

1—动臂;2—动臂油缸;3—三角架;
4—桅杆变幅油缸;5—桅杆。

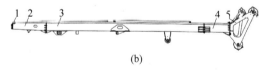

1—内藏式辅助支腿;2—下桅杆;3—中桅杆;
4—上桅杆;5—鹅头架。

图7-15 大三角变幅机构和桅杆示意图
(a) 大三角变幅机构;(b) 桅杆

3) 桅杆

桅杆由上桅杆、中桅杆、下桅杆、鹅头架、内藏式辅助支腿等组成,如图7-15所示。桅杆是钻杆、动力头的安装支承部件及工作进尺的导向部件。其上装有加压油缸或加压卷扬支承在桅杆上。桅杆左右两侧有矩形导轨、动力头，随动架可沿着导轨滑动。桅杆可折叠，运输时为减小整机长度，将下桅杆、上桅杆和鹅头架折叠。

下桅杆可安装内藏式辅助支腿：一方面可以安放孔口护筒；另一方面又可安全方便地进行履带的维护和保养。

4）动力头

动力头由滑架和回转器等组成，如图 7-16 所示。

5）加压装置

加压装置分为两种类型：一种是油缸加压；另外一种是卷扬加压，如图 7-17 所示。

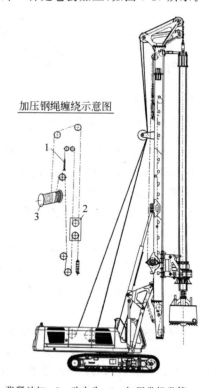

1—张紧油缸；2—动力头；3—加压卷扬卷筒。

图 7-17　旋挖钻机的履带调节系统示意图

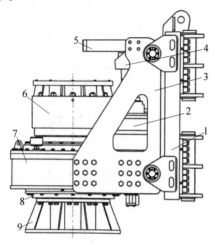

1—滑架；2—减速机；3—左右连接板；4—液压马达；
5—防护架；6—缓冲装置；7—动力箱；8—驱动套；
9—压盘。

图 7-16　旋挖钻机的动力头示意图

滑架用以支承回转器，使之在桅杆滑轨上运行，并传递压力。回转器由钻进的液压马达、减速机，高速抛土的液压马达、减速机，动力箱，离合器，缓冲装置，左右连接板，驱动套，压盘组成。钻进时，由液压泵供油带动钻进液压马达，经钻进减速机和驱动齿轮的两级减速后，以低速大扭矩的形式通过驱动链条传递给钻杆，实现钻机钻孔工作的旋转运动。抛土时，钻进的液压马达和减速机通过离合器与驱动齿轮脱开，高速抛土的液压马达和减速机驱动齿轮以高速小扭矩的形式通过驱动链条传递给钻杆，实现高速抛土。

另外，取下动力头上的压盘，安装护筒驱动器，可以利用动力头驱动下套管。

加压油缸固定在桅杆上，活塞杆与动力头滑架相连。通过加压油缸活塞杆的伸出，来实现钻孔时的进给加压。加压油缸杆缩回，起拔动力头。加压油路上装有平衡阀，在不向加压油缸供油的情况下，可以将动力头可靠地锁定在加压行程的任意位置上。这种加压方式操作简单、故障率低。

加压卷扬一般安装在中桅杆上，通过多个滑轮转向与动力头滑架相连。可分别对动力头实现加压和起拔。这种加压方式的加压行程长，方便下长护筒，也可以用作 CFA 工法等。

摩阻式钻杆的加压方式是：钻杆旋转，钻杆键侧与动力头驱动套（或驱动链条）产生正压力，从而产生摩擦力。加压油缸对动力头的加压动作使此摩擦力实现钻杆钻孔工作的进给运动。

机锁式钻杆的加压方式是：加压油缸的加压力通过动力头驱动套（或驱动链条）的端面与钻杆加压点接触,实现钻杆钻孔工作的进给运动。

6) 随动架

随动架是钻杆工作的辅助装置,如图 7-18 所示。一端装有回转支承,用螺栓与钻杆连接,对钻杆起回转支承作用；另外一端有导槽与桅杆滑轨滑动连接,是钻杆工作的导向部件。

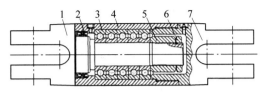

1—上接头；2—密封圈；3—轴承；4—本体；
5—锁紧螺母1；6—锁紧螺母2；7—下接头。

图 7-19　旋挖钻机提引器示意图

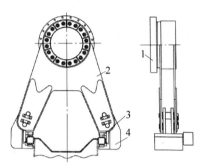

1—回转支承；2—随动架本体；3—耐磨板；4—夹爪。

图 7-18　旋挖钻机随动架示意图

7) 提引器

提引器是连接主卷钢丝绳和钻杆的关键部件。一端通过销轴与钻杆连接,另一端通过重型套环、销轴与主卷钢丝绳连接。提引器的转动灵活性及可靠性直接影响主卷钢丝绳的使用寿命。其结构如图 7-19 所示。

8) 钻杆

钻杆是钻机向钻具传递扭矩和压力的重要部件,一般采用凯氏(伸缩式)钻杆。钻杆第一节(最外层一节)采用矩形牙嵌与动力头配合,以传递扭矩和压力,上端通过回转支承和随动架与桅杆滑轨连接,使之自由转动的同时能随动力头上下滑动。里面各节钻杆也是采用矩形牙嵌与其外面一节钻杆相配合,当牙嵌嵌合时,可传递扭矩轴向压力；当牙嵌分离时,各节钻杆可自由伸缩。最里面一节钻杆的上端通过提引器与主卷钢丝绳相连,下端方头与钻头相连。当钻杆缩回时,各节杆(机锁式钻杆在解锁后)通过主卷钢丝绳来提升。

根据钻孔时采用的钻进加压方式不同,钻杆分为三种类型：①摩擦加压式钻杆(简称摩擦式钻杆)；②机锁加压式钻杆(简称机锁式钻杆,又称凯式钻杆)；③组合加压式钻杆(简称组合式钻杆)。

摩擦式钻杆：一般用于较软地层的钻孔施工,可钻进淤泥层、泥土、(泥)砂层、卵(漂)石层,结构如图 7-20 所示。

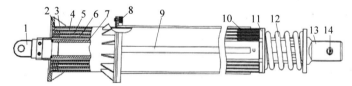

1—扁头；2—一杆挡环；3—第一节钻杆；4—第二节钻杆；5—第三节钻杆；6—第四节钻杆；7—第五节钻杆；
8—减振器总成；9—一杆外键；10—一杆内键；11—弹簧座(托盘)；12—钻杆弹簧；13—方头；14—销轴。

图 7-20　旋挖钻机摩擦式钻杆示意图

机锁式钻杆：不但可以用于软地层,也可用于较硬地层施工。机锁式钻杆可钻进淤泥层、泥土、(泥)砂层、卵(漂)石层和强风化岩层等,结构如图 7-21 所示。

组合式钻杆：是近年来出现的一种机锁杆(如第一、二、三节钻杆)和摩擦杆(如第四、五节钻杆)组合在一起的钻杆。该钻杆在孔深 0～30 m 范围可钻较硬地层,在孔深 30～60 m 范围可用于软地层钻孔施工。该钻孔特别适用于上硬下软的较深桩孔的钻孔施工,如图 7-22 所示。

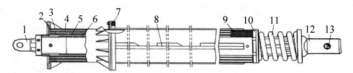

1—扁头；2——杆挡环；3—第一节钻杆；4—第二节钻杆；5—第三节钻杆；6—第四节钻杆；7—减振器总成；8——杆外键；9——杆内键；10—弹簧座(托盘)；11—钻杆弹簧；12—方头；13—销轴。

图 7-21　旋挖钻机机锁式钻杆示意图

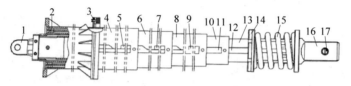

1—扁头；2——杆挡环；3—减振器总成；4—第一节钻杆(机锁)；5——杆外键；6—第二节钻杆(机锁)；7—二杆外键；8—第三节钻杆(机锁)；9—三杆外键；10—第四节钻杆(摩擦)；11—四杆外键；12—五杆外键；13—第五节钻杆(摩擦)；14—弹簧座(托盘)；15—钻杆弹簧；16—方头；17—销轴。

图 7-22　旋挖钻机组合式钻杆示意图

9) 钻具

钻具是决定成孔效率的关键部件。钻具有捞砂头、土钻头、螺旋头、筒钻、清底钻头、扩孔钻头等。可根据不同地质情况配置不同的钻具，使钻机在大多数地质条件下都能高效作业。

(1) 岩石螺旋钻头：钻头所用切削刃具为头部镶焊有钨钴硬质合金的截齿。主要用于风化基岩，胶结较好的卵、砾石地层及硬质永冻土层，结构形式有直螺和锥螺，根据地层和钻头甩土性能分别有各种螺距(升角)的单头单螺、双头单螺、双头双螺钻头。其特点如下：直螺较锥螺导向性好，携渣能力强，但回转阻力矩较大；单螺钻头钻进速度快，清渣容易，回转阻力小；双螺钻头导向性能好，携渣能力强，但回转阻力大，如图 7-23 所示。

(2) 土层短螺旋钻头：所用切削刃具为铲形耐磨合金斗齿或斗齿加截齿。该钻头主要用于地下水位以上的土层、砂土层、含少量黏土的密实砂层以及粒径不大的砾石层。结构形式为直螺，有单头单螺、双头单螺、双头双螺三种。单螺钻头清渣容易，回转切削阻力矩小，适合钻进卵砾石层及胶结性好的土层。双螺钻头携土能力强，导正性能好，适合钻进松散地层及软硬互层地层，如图 7-24 所示。

(3) 旋挖钻头(筒式封底)：旋挖工法用旋挖钻头钻进并装载钻渣，提升至孔外卸渣，主要用于含水量较高的砂土、淤泥、黏土、淤泥质亚黏土、砂砾层、卵石和风化软基岩地层。可根据钻头直径和钻机类型及所钻地层将钻头设计为直筒或锥筒，开合机构可设置为手动开合、机动开合或手动机动两用开合三种。可根据地层情况制定斗齿焊接角度。旋挖钻头底板一般采用高强度锰板制作，切削具可为：①适合钻进软至中软土层、黏土层、泥质地层的耐磨合金钢铲式斗齿；②适合钻进卵石层及硬质土层的截齿；③适合钻进软硬互层及胶结性强的卵砾石层的斗齿与子弹头截齿混装。

因此，根据地质条件的不同，钻头底部有单层底板和双层底板，进土口有单开口及双开口两种。单层底板旋挖钻头统称为钻头，适合钻进黏性地层及胶结性强的地层。双层底板旋挖钻头统称为捞渣钻头，适合钻进砂土层及胶结性差的卵砾石地层。

单开口钻头由于开口大，因此，适合于钻进较大砾径的砾石层及大的卵石层、漂石层等。双开口钻头适合钻进一般砂土层及小直径砾石层。各种类型的筒式钻头如图 7-25 所示。

(4) 取芯钻头(筒式不封底)：在钻进部分中风化、微风化、未风化岩层时使用，采取环状切削并取芯(当无法取芯时，可采取憋断岩心或下岩石短螺旋破碎再捞渣)的方式进行入岩

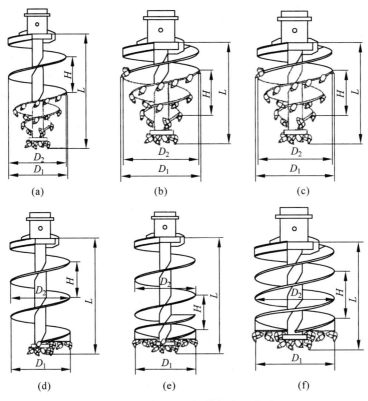

图 7-23 旋挖钻机螺旋钻头示意图

(a) 单头单螺锥螺岩石钻头；(b) 双头单螺锥螺岩石钻头；(c) 双头双螺锥螺岩石钻头；
(d) 单头单螺直螺岩石钻头；(e) 双头单螺直螺岩石钻头；(f) 双头双螺直螺岩石钻头

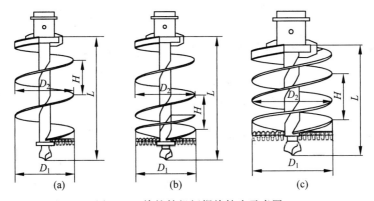

图 7-24 旋挖钻机短螺旋钻头示意图

(a) 单头单螺；(b) 双头单螺；(c) 双头双螺

层施工。根据环状布齿的类型主要分为截齿取芯筒钻、截齿不取芯筒钻。其尺寸依照筒钻外缘齿直径而定，如图 7-26 所示。

（5）扩底钻头：与旋挖钻机配套的扩底钻头也分为用于一般土层钻进、切削具有合金块或合金钎头的土层扩底钻头，及用于硬质冻土层钻进、切削具有截齿或牙轮的岩石扩底钻头两大类。根据所用钻机的不同，又分为适合小型钻机钻进的下推式扩底钻头及适合大型钻机钻进的上压式扩底钻头。

与旋挖钻机配套的扩底钻头本身没有清渣机构，完成一次扩孔一般需要两次提出钻头

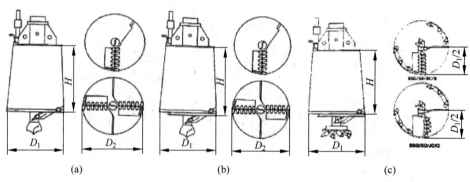

图 7-25 旋挖钻机筒式钻头示意图
(a) 单层底板单开口、双开口旋挖斗；(b) 双层底板单开口、双开口旋挖斗；(c) 双层底板单开口镶齿钻头

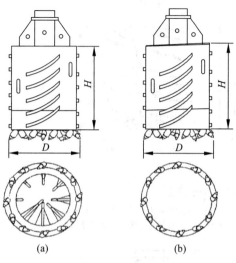

图 7-26 旋挖钻机取芯钻头示意图
(a) 截齿取芯钻头；(b) 截齿不取芯钻头

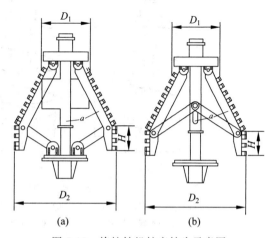

图 7-27 旋挖钻机扩底钻头示意图
(a) 上压式扩底钻头；(b) 下推式扩底钻头

或靠钻头底部将部分岩粉带出或下入捞砂斗将岩粉捞出。对于黏性太大的黏土层来说，不适合用扩底钻头扩孔。

当桩设计要求底部扩径时，使用扩底钻头。其结构形式如图 7-27 所示。

2．动力系统

旋挖钻机的动力系统普遍采用柴油发动机作为原动力。与汽油机相比，柴油机具有工作转速低、输出扭矩大、油耗低、负荷高及质量大的特点，与旋挖钻的低速、大扭矩负载特征具有良好的动力匹配性。

发动机系统为整个机器提供动力源，包括发动机及维持发动机正常工作的进气系统、排气系统、冷却系统、燃油系统、支承系统、联轴器、电气系统等。

发动机系统配有压力表、水温表、转速表、工作小时表、电控油门等，另外，根据不同的使用环境和使用要求，可以方便地增加辅助加热系统、辅助液压油泵等。

3．液压系统

旋挖钻机循环取土成孔。一个标准工作循环分为放钻、钻进（加压）、提钻、回转、抛土、回转归位共六道工序，其动力装置柴油发动机通过联轴器直接或经过分动箱与主泵相连，同时驱动发动机冷却风扇、发电机和空调等设备。整机的所有动作都依靠全液压驱动。非钻孔作业状态的动作有：履带伸缩、整机走行、支腿升降、变幅调整、副卷扬的提升与下放；钻孔作业的主要动作有：动力头正反旋转、动力头提升和加压、主卷扬提升和下放、上车正反回转。

目前，国内外全液压旋挖钻机的液压系统普遍采用开式系统。一般情况下，液压系统以单个或多个并联恒功率变量泵为主泵,一个副泵外加若干个辅助泵为泵源。根据液压参数及功能的不同,液压系统大致可分为:主泵与高压大流量多路阀、执行油缸或马达及其他辅件组成的主泵系统;副泵与高压小流量多路阀、执行油缸或马达及其他辅件组成的副泵系统;提供先导油的先导系统和驱动冷却风扇进行油冷的冷却系统。

4. 电气系统

旋挖钻机的电气系统包括电控发电机、控制器、操作面板、传感器及显示仪等几个单位。采用了先进的 CAN 总线可编程控制器、图形导引显示控制器、发动机功率极限调节控制器等智能模块,成为一个集数据采集、可编程控制、虚拟仪表、总线传输、故障诊断于一体的智能控制系统。电控发动机电子控制器通过某种通信协议与可编程控制器进行数据传输,而可编程控制器与显示仪表则通过 CANopen 通信协议进行数据交换。操作人员通过操作面板上的按钮、开关发出指令,传感器检测机器的工作参数和极限参数,可编程控制器对指令信号和传感信号进行放大、联锁及逻辑运算,驱动执行器(电磁阀等),完成包括电控发动机在内的监控与故障诊断、机器走行、钻孔作业、桅杆自动调平、上车自动回转、各种传感器故障自诊断、数据存储等功能;系统运行的各种状态参数实时通过 CAN 总线传输到图形导引显示控制器,完成钻孔深度显示、车身工作状态动画显示、虚拟仪表等功能,并且能通过显示器进行参数设定与系统标定。

5. 钻进工艺原理

旋挖钻进成孔称为"旋挖工法",它利用旋挖钻机和底板安装有耐磨性强、强度高且具有较高冲击韧性的材料切削刀,在伸缩式钻杆自重(含钻头重)和固定于桅杆上的油缸液压压力的作用下,通过动力头旋转切削土体。当被切削刃切削下的土体在回阻力矩推动下被挤入钻头内空腔装进钻头后,若使用双层底板旋挖斗,则让其反转关闭底部入口,提升钻头至地面卸土(钻渣)。在钻头快提离泥浆面之前向钻孔内补入新配制好的泥浆,以避免由于钻头提出泥浆面后导致孔内液面降低而垮孔。终孔后要清除孔底沉渣。清除方法可用局部悬浮法或在下钢筋笼之前用捞渣钻头捞除。

6. 旋挖钻进方法的特点

旋挖钻进工艺的最大特点如下。①短回次,包含两项内容,一是回进尺短,0.5～0.8 m,二是回次时间短,一般 30～40 m 的孔深,回次时间不超过 3～4 min,纯钻进时间不足 1 min。②钻进过程为多回次重复过程(一般 40 m 的孔深约 50 个回次),主要受钻头长度的限制。③每回次钻进都是一个变负荷过程。开始时,钻头切削刃齿在钻具自重(钻头、部分钻杆)下切入土层一个较小的深度,随钻头回转切削前方的土层,并将切削下的土块挤入钻头内;随钻头切入的钻孔深度不断增加,钻头重量亦不断增加,回转阻力也随之增大;随阻力矩的增大,回转速度相应降低,内外钻杆传扭槽、键接触面上的压力也随之增大(摩擦式钻杆)。此时若操纵加压油缸向钻杆柱加压,则压力会传到钻头,增大钻齿切入深度,钻进负荷又随之增大,转速进一步降低,甚至会出现瞬时停止转动的情况。这样一个在很短时间内,切入深度和回转阻力矩逐级增大,负载和转速在很大范围内波动的过程,就是钻头钻进方法的显著特点。

因此,在钻头下到孔底,启动动力头带动钻头回转之初,属自重钻进而不加压(若要在回转阻力矩不大的情况下加压,则需要使由于内外钻杆传扭槽、键接触面上的正压力和由此而产生的轴向摩擦力过小,否则将导致钻杆柱往上收缩而达不到加压效果)。若采用锁紧式钻杆,则由于锁定结构设计不同,有时在键体的两端和中部开设较大的切口,有时则在整个键体上连续开有等间距的小切口(齿形键条,如意马公司钻杆)。前者在加压时必须使公母键条啮合方能加压(正向转动 15 啮合,反转 15 退出啮合),因此钻头在未提离孔底前退出啮合比悬吊时退出啮合较合理,它可以减少钻杆键的磨损,且在操作上容易退出。

7.5.5 常用设备介绍

表 7-9～表 7-13 列举了国内旋挖钻机的主要生产厂家及常用机型的性能参数,以供选择。

表 7-9 山河智能旋挖钻机主要技术参数

项 目	单位	SWDM20II	SWDM200A	SWDM260	SWDM260B	SWDM280	SWDM280A	SWDM360	SWDM360H	SWDM420	SWDM520	SWDM550	SWDM600W
钻孔最大直径	mm	1800	1600	2200	2000	2500	2300	3000	3000	3000	3500	3500	3000
最大钻孔深度	m	62	62	72	72	86	86	102	102	110	125	135	120
整机质量（工作状态）	t	60	60	75	75	85	85	116	118	141	185	190	175
发动机 型号		QSB6.7-C260	QSB6.7-C260	QSL9~325	QSL9-325	QSM11-335	QSM11-335	QSM11-C400	QSX15-C535	QSX15-C535	QSX15-C600	QSX15-C600	QSX15-C600
发动机 额定功率/转速	kW/(r·min⁻¹)	194/2200	194/2200	242/2100	242/2100	250/2100	250/2100	298/2100	399/2100	339/2100	447/2100	447/2100	447/2100
动力头 最大扭矩	kN·m	200	200	260	260	300	300	360	418	420	520	550	600
动力头 转速	r/min	6~26	6~26	6~26	6~26	6~28	6~28	6~31	6~24	6~24	5~22	5~22	5~22
加压油缸 最大加压力	kN	200	230	200	270	240	280	280	340	420	480	480	480
加压油缸 最大提升力	kN	210	230	210	270	240	280	280	340	420	480	480	480
加压油缸 最大行程	mm	5000	13 700	5000	16 100	6000	16 600	6000	13 000	8000	9000	9000	9000
主卷扬 最大卷扬力	kN	170	170	280	880	280	280	370	370	450	580	600	580
主卷扬 最大卷扬速度	m/min	75	75	60	12	65	65	60	60	50	50	50	50
副卷扬 最大卷扬力	kN	80	80	80	80	110	110	110	110	110	110	110	110
副卷扬 最大卷扬速度	m/min	55	55	55	55	55	55	55	55	55	55	55	55
底盘 履带宽度	mm	700	700	800	800	900	900	900	900	900	1000	1000	900
底盘 履带伸缩宽度	mm	2900~4200	2900~4200	3000~4400	3000~4400	3000~4500	3000~4500	3300~4800	3300~4800	3400~5000	6000	6000	5800

表 7-10　三一重机旋挖钻机主要技术参数

项　目		单位	SR280RC	SR285RC8	SR315RC8	SR360Ⅲ	SR385RC8	SR405R-H10	SR415R-H10	SR425C10-SR	SR445R-H10	SR460	SR485R-H10
钻孔最大直径		mm	2200	2300	2500	2500	2900	2800	3000	3200	3000	3000	3200
最大钻孔深度		m	84	88/51	88	96	110/12	106/69	112/72	122/80	116/95	120	120/100
发动机	型号		6D24-TLCV1B	6D24-TLC1B	CATC-13	BB-6WG1XQA	BB-6WG1QA-02	ISUZU6WG1	ISUZU6WG1	QSX15-C600	ISUZU6WG1	CATC18	CATC15
	额定功率/转速	kW/(r·min⁻¹)	250/2000	250/2000	305/1800	310/1800	360/1800	377/1800	377/1800	441/800	377/1800	412/1800	403/1800
动力头	最大扭矩	kN·m	280	285	360	315	380	405	415	425	445	410	485
	转速	r/min	9~24	9~24	5~20	5~21	4~21	4~23	4~23	4~21	4~22	5~20	5~18
加压油缸	最大加压力	kN	220	220	320	210	350	320	360	420	400	380	475
	最大提升力	kN	220	220	320	260	350	335	360	360	400	380	475
	最大行程	mm	1300	1300	6000	6000	800	6000	6000	10 000	10 000/20 000	8000	10 000
主卷扬	最大卷扬力	kN	290	290	425	350	460	400	520	550	560	600	600
	最大卷扬速度	m/min	48	48	60	15	40	75	63	50	60	45	50
副卷扬	最大卷扬力	kN	110	110	90	90	90	90	90	90	90	140	90
	最小卷扬速度	m/min	10	10	10	10	10	70	70	70	70	64	70
底盘	履带宽度	mm	800	800	1000	800	800	800	800	800	800	1000	900
	履带伸缩宽度	mm	3524~4140	3190~4490	3000~4400	3500~4840	3500~4800	4860	4900	4840	4900	3500~6300	4900

表 7-11 中联重科旋挖钻机主要技术参数

项　目	单位	型号 ZR160A-1	ZR220A	ZR250C	ZR280C	ZE330	ZR360C	ZR420
钻孔最大直径	mm	1500	2000	2500	2500	2500	2800	3000
最大钻孔深度	m	55	60	84	86	92	98	122
整机质量（工作状态）	t	52	12	83	98	110	123	160
发动机 型号		6C8.3	QSL9	QSL9	QSM11	QSM11	QSM11	QSX15
发动机 额定功率/转速	kW/(r·min⁻¹)	186/2000	242/2000	242/2000	298/2100	298/2100	298/2100	418/1800
动力头 最大扭矩	kN·m	160	220	250	280	330	360	420
动力头 转速	r/min	5～31	1～26	6～24	5～21	6～22	6～26	6～22
加压油缸 最大加压力	kN	150	180	200	210	250	300	380
加压油缸 最大提升力	kN	160	200	220	220	250	300	380
加压油缸 最大行程	mm	4500	5300	5300	5300	6000	6000	6000
主卷扬 最大卷扬力	kN	160	200	214	290	300	330	503
主卷扬 最大卷扬速度	m/min	10	63	68	68	68	68	65
副卷扬 最大卷扬力	kN	60	90	90	90	90	90	112
副卷扬 最小卷扬速度	m/min	51	66	66	66	66	66	60
底盘 履带宽度	mm	100	800	800	800	800	800	1000
底盘 履带伸缩宽度	mm	3000～4000	3100～4400	3100～4400	3100～4400	3450～4100	3450～4100	4050～5500

表 7-12 徐工旋挖钻机主要技术参数

项目		单位	型号										
			XR120D	XR150DⅡ	XR180D	XR220DⅡ	XR260D	XR280DⅡ	XR320D	XR360	XE400D	XR460D	XRS1050
钻孔最大直径		mm	1300	1500	1800	2000	2200	2500	2500	2500	3000	3500	2500
最大钻孔深度		m	44	55	60	61	80	88	90	92	108	120	105
整机质量(工作状态)		t	40	49	58	10	19	88	95	92	132	158	114
发动机	型号		B5.9-C	B5.9-C	QSB6.1-C260	QSL9-325	QSL9-325	QSM11-C400	QSM11-C400	QSM11-C400	QSX15-C500	QSX15-C600	QSM11-C400
	额定功率/转速	kW/(r·min⁻¹)	112	133	194	242	242	298	298	298	313	441	298
动力头	最大扭矩	kN·m	120	150	180	220	260	280	320	360	400	460	390
	转速	r/min	6~28	8~28	1~21	1~22	1~22	1~22	1~22	1~20	1~22	6~20	1~18
加压油缸	最大加压力	kN			180	250		250	330		300	300	
	最大提升力	kN		155	180	250		300	350		400	400	
	最大行程	mm			12 500	15 000		16 000	16 000		16 000	16 000	
主卷扬	最大卷扬力	kN	100	155	180	230	260	260	280	320	420	520	400
	最小卷扬速度	m/min	10	15	65	10	10	60	15	12	30	60	60
副卷扬	最大卷扬力	kN	45	50	50	80	80	100	100	100	100	100	100
	最小卷扬速度	m/min	10	60	10	60	60	65	65	65	65	65	65
底盘	履带宽度	mm	100	100	100	800	800	800	800	800	900	1000	800
	履带伸缩宽度	mm	3400	3.00~4100	2960~4200	3500~4400	3250~4400	3500~4800	3500~4800	3500~4800	3100~5100	4050~5500	3500~4800

表 7-13 中车旋挖钻机主要技术参数

项 目		单位	型号							
			TR160D	TR280D	TR280DI	TR360DH	TR460F	TR500C	TR550	TR580D
钻孔最大直径		mm	1800	1800	2500	2500	3000	4000	4000	4000
最大钻孔深度		m	51.5	60	80	95	110/120	130	130	130
整机质量(工作状态)		t	51.5	55.5	13	105	130	200	200	200
发动机	型号		C-1电喷	C-1电喷	C-9电喷	C-13电喷	C-15电喷	C-18电喷	C-18电喷	C-18电喷
	额定功率/转速	kW/(r·min^{-1})	141/1800	181/1800/213/1800	261/1800	305/1800	380/1800	412/1800	412/1800	412/1800
动力头	最大扭矩	kN·m	168	200	280	360	450	475	520	580
	转速	r/min	6~32	1~35	6~23	6~19	6~21	6~20	5~20	6~16
加压油缸	最大加压力	kN	150	150	180	225	440	440	440	160
	最大提升力	kN	160	190	200	360	440	440	440	440
	最大行程	mm	4000	4500	5300	14 000	12 000	13 000	13 000	13 000
主卷扬	最大卷扬力	kN	165	110	250	345	400	510	510	510
	最大卷扬速度	m/min	18	18	63	58	55	46	30	30
副卷扬	最大卷扬力	kN	50	102	120	120	120	130	130	130
	最大卷扬速度	m/min	90	68	65	65	72	26	65	65
底盘	履带宽度	mm	800	800	800	800	1000	1000	1000	1000
	履带伸缩宽度	mm	3000~4000	3000~4300	3000~4300	3000~4400	6860	6300	6300	4000~6300

7.5.6 选用原则

1. 选型原则

旋挖钻机的主要选用原则是能满足用户目前的主要工程需求,并兼顾今后可能发生的工程需求。旋挖钻机根据其主要工作参数,即动力头扭矩、发动机功率、钻孔直径、成孔深度及钻机整机质量,有四种类型可供选择(见表7-14)。

表 7-14 旋挖钻机的选型原则

项 目	超小型机	小型机	中型机	大型机
动力头扭矩/(kN·m)	40~60	80~100	120~240	大于240
发动机功率/kW	90以下	150以下	240以下	250以下
钻孔直径/m	0.35~1.0	0.4~1.3	0.6~2.0	1.0~3.5
成孔深度/m	28以内	48以内	60以内	125
整机质量/t	25以下	25~40	40~80	80以下
应用市场定位	各种楼座的护坡桩;楼的部分承重结构桩;城市改造市政项目的各种小于1m的桩。超小型机特别适用于农村、狭窄地方、低净空的施工场所	各种楼座的护坡桩;楼的部分承重结构桩;城市改造市政项目的各种小于1.3m的桩;适用于其他用途的桩。小型机的市场工作量覆盖比例达到30%以上	各种高速公路、铁路等交通设施桥梁的桥桩;大型建筑、港口码头承重结构桩;城市内高架桥桥桩;其他适用桩。中型机的市场工作量覆盖比例达到80%以上	各种高速公路、铁路桥梁的特大桥桩,其他大型建筑的特殊结构承重基础桩。大型机的市场工作量覆盖比例达到90%以上

国内旋挖钻机的关键部件都是进口的,在性能、价格、配件、售后服务等方面各有优势,用户可根据自己的实际情况选择。目前,可供选择的旋挖钻机性能范围非常大,各厂家主导产品的最大钻孔直径在0.9~3.5 m之间,为用户提供了一个非常宽的选择范围。各厂家钻机采用的加压方式有两种,主要体现在钻杆的形式上。摩阻式钻杆在软地层钻进效率高,机锁式钻杆虽然适用于钻进硬岩层,但对操作手的要求也高。

每种钻机都有不同的优点,有的价格较为便宜,有的自动化程度高但对操作的要求也高,有的性能优异但价格比较贵。用户可根据自己的资金情况及常用的工程情况,综合考虑性价比,选购不同价格、不同性能优势的钻机。

2. 选购旋挖钻机需要考虑的主要参数

目前,国外进入我国市场的旋挖钻机种类较多,虽性能可靠但价格昂贵;国内旋挖钻机经过近二十年的发展,性能基本可靠,但价格相对便宜得多。

1) 选型时应重点考虑的问题

若想买到性能、价格、售后服务都比较理想,且适合自己开拓市场需要的机型,在选型时要着重考虑以下几个问题。

(1) 根据所施工的桩基领域,选择钻孔能力适宜的机型。

(2) 对不同厂家、同等钻孔能力的机型来说,要重点对比动力头的额定输出扭矩及转速、主卷扬额定单绳拉力及提升速度、机器重量三个参数,选择三者较大的机型。

(3) 认真分析钻机的性价比。

(4) 尽量选择售后服务好、配件供应及时的厂家。

(5) 清楚动力头的额定输出扭矩及转速、液压系统的额定工作压力,以及流量、主卷扬的安全系数等衡量钻机实际能力和工作可靠性的重要参数。

(6) 运输的方便性。

(7) 油耗比。

2) 选购旋挖钻机需要考虑的参数

在确定了机型大小以后,选购旋挖钻机需要考虑的参数有以下几个。

(1) 钻机扭矩。依据工程需要选择钻机扭矩,确保钻机能够可靠地工作在钻机的高效区。钻机的高效区一般指钻机在正常钻进时,能够平均进度 5 m/h 以上。例如,使用现在常用的短螺旋钻头和筒式钻头,在土层,成孔直径 800 mm 的钻机应有 80 kN·m 的扭矩,成孔直径每扩大 100 mm,钻机扭矩应增大 10 kN·m。在密实度大的砂层、砾石层,成孔直径 800 mm 的钻机应有 100 kN·m 的扭矩,成孔直径每增大 100 mm,钻机扭矩应增大 15~20 kN·m。必须指出,当钻机有了成孔需要的扭矩后,成孔速度和钻头的结构参数有非常密切的关系。钻头的结构和钻齿形式、安装角度等参数不同,钻进速度就不同。确保钻机能够可靠地在高效区工作,还必须仔细选择钻头。

(2) 动力、液压、电气系统。动力系统要求工作可靠,无故障工作时间长。一般应采用国内备件好解决的名牌发动机,如康明斯、卡特彼勒、五十铃等。液压、电气系统要求与动力系统类似:性能可靠、无故障工作时间长、服务好、国内备件好解决等。

(3) 钻杆。钻杆要将动力头的全部扭矩传递到孔底的钻头上,并且还要将加压液压缸的压力、动力头自重和钻杆自重等钻压稳定地传递到几十米以下的钻头上,因此,当钻进较坚硬的地层时,钻杆可能要同时承受大扭矩和大钻压,还要克服很大的弯矩,这样使得钻杆的受力条件变得非常复杂,如果钻杆本身的能力达不到要求,则很容易损坏。因此,选择钻杆时需考虑以下几点。

① 根据钻机的钻进能力参数:钻孔直径、可钻深度,按 $D/d=4.5$ 的经验比值确定钻杆直径 d(钻杆外径),其中 D 为钻孔直径。钻杆最大允许长度要根据桅杆的有效高度和自重条件下的稳定性确定 L,再根据钻机的设计孔深和每根钻杆的有效使用长度确定钻杆的节数。

② 钻杆类型的选择。我们已经介绍了钻杆分摩擦式和机锁式两类,选择哪一类钻杆主要由地层情况决定。一般地层(如土层、砂层、砂砾层、淤泥地质层)选摩擦式钻杆。遇砾卵石、漂石层、硬质板砂和硬岩层,选机械锁定式钻杆。而机锁式钻杆也适用于一般地层。有条件的,最好购置两种类型的钻杆。

③ 钻杆的重量。在选择钻杆时还必须考虑升降系统中主卷扬的最大拉力能否与钻杆重量、钻头重量及钻渣重量相适应。

(4) 钻桅调整结构。目前,钻桅调整结构有大三角形和平行四边形两大类,各有优势。在施工现场,从钻机现场安装、拆卸、施工的灵活性以及施工中穿越空中障碍等情况来看,平行四边形的钻桅调整结构,具有更大的实用优势。但在硬地层施工时,大三角形钻桅调整结构的稳定性更好。

(5) 辅助系统。

① 旋挖钻机应有自动测深装置,既可测量每次钻深,又可测量总的钻深。这对钻机成孔质量和安全操作来说,必不可少。

② 钻机应配有垂直纠偏装置。有自动和手动两种方式,以便随时、快速地调整和修正钻杆的垂直状态,保证成孔质量。

③ 回转可自动复位。

④ 钻机应具有以下联锁与保护功能:主卷扬上升限位、回转限制与作业联锁、桅杆倾角限制、调整/作业互锁。

⑤ 钻机应有安全装置,包括紧急停车和驾驶室防护装置。

⑥ 钻机应配有相应的监视器来观察主卷扬钢丝绳,回转时观察配重后方的情况。

⑦ 钻机各部位应有能够进行维修保养的空间,需要经常保养更换的零部件应更换方便,钻机配备的专用工具和通用工具应齐全、耐用。

⑧ 钻机应配备必要的随机配件和随机

备件。

（6）钻具。购买钻机时，根据具体情况应考虑同时购买部分钻头。

（7）运输尺寸。根据我国运输车辆和城市道路、桥梁的实际情况，钻机的运输尺寸应控制在最大长度 18 m、宽度 3.2 m 以内、高度 3.4 m 以下。

7.5.7　安全使用规程

首先要保证设备有最佳利用率，要做到严格防止超负荷运转。操作人员必须经专门技术培训，掌握设备结构性能、技术原理、操作方法和维护调整技能，并考核合格后方能上岗操作。

设备管理部门要制定并严格执行设备使用、保养维修规章制度，如建立岗位责任制、设备安全操作规程、设备操作程序、定期检查维修规程，使设备经常处于正常状态。

设备使用中的技术状态是否正常靠的是什么呢？主要靠保养、靠维护、靠及时修理来恢复其应有的技术状态。因此要做好小、中、大修计划。

成孔施工期间，为避免任何涉及人身健康的危险发生，应采取以下措施。

（1）所有工作及储放区域应使用带有明显危险标识的临时围挡进行防护，并与公共场所隔离开。

（2）处于停工期间的正在施工的或已完成但尚未回填的桩孔，应加以覆盖保护或使用高度至少 1.5 m 的围挡隔离。

（3）在停工期间，储放并锁好全部施工设备及工具。

（4）夜间施工时要有足够的施工场地及照明。

（5）应根据制造商的建议对设备及机具进行持续的保养和安全防范工作。

（6）现场人员应配备适当的工作服及安全帽、安全带等安全装备。

参考文献

何清华.工程机械手册：桩工机械[M].北京：清华大学出版社，2018.

第8章

地下连续墙成槽机

8.1 概述

8.1.1 定义

成槽机是地下连续墙施工的专用机械设备,用于从地表向下开挖成槽。作业时,根据地层条件和工程设计,采用多种不同的工艺方法(包括冲击、抓挖、切割、锐削等),选择合适的成槽机,在土层或岩体开挖成一定宽度和深度的槽形空间,放置钢筋笼和灌注混凝土而形成地下连续墙。

地下连续墙成槽机在桥梁基础工程中主要用于墩(台)基础、护坡基础、围堰工程、锚碇基础的地下连续墙施工。

8.1.2 国内外发展概况

地下连续墙工艺是近几十年来在地下工程及基础工程中应用较为广泛的一项工程技术。它以其特有的优点——结构刚性大、防渗性能好、适应地质条件范围广、用途多等,在世界范围内得到了普遍的推广,被广泛应用于城市地下空间建设、地铁建设、工民建基坑支护、江河湖泊堤坝堤防和围堰防渗处理以及桥梁基础等工程施工中。

地下连续墙施工技术起源欧美。1938年,在意大利首次进行了地下连续墙的试验;20世纪50年代,意大利通过不断改进完善,发明了地下连续墙施工技术,首次应用于意大利的桑坦马林大坝防渗工程(深40 m的截水止漏墙)。此阶段,成槽机械主要由钻孔桩机、带导向板的索式抓斗及卷扬机组成。索式抓斗必须配以大型双卷扬履带式起重机进行作业,其中一个卷扬用于抓斗的提升,另一个卷扬用于抓斗的启闭。根据机械原理的不同,有"中心提拉式导板抓斗"与"斗体推压式导板抓斗"之分,前者应用于软土层,后者比前者具有更高的效率和切土力,应用较广。由于依靠卷扬机钢丝绳实现升降的索式导向板抓斗以自重保持所挖槽段的垂直度,依靠钢丝绳收放的机械作用闭合抓斗,因此,施工精度与抓斗重量、起重机性能、操作者水平及土质坚硬程度关系很大。当土质 $N>30$ MPa 时,进尺速度急剧下降,抓斗的上下往复作用对槽坑壁面稳定性不利,易于发生塌孔现象。

为了克服索式导板挖斗的缺点,20世纪60年代初,法国、德国、日本等国家相继研制出采用液压方式启闭的带导板的索式液压抓斗。这种抓斗的升降依然利用起重机来实现。卷扬机钢丝绳与启闭抓斗的高压油管同步收放。索式液压抓斗利用油缸(25~28 MPa)推动斗体切土闭斗,因此闭合力大、挖掘力强、施工效率高。由于抓斗靠卷扬机实现升降,因此可通过匹配合适的起重机来进行冲击式操作,使切土力大为提高。其主要缺点是导向性稍差,施工精度也稍差。

随后各国又在索式液压挖斗的基础上改进研制出了导杆式液压抓斗。导杆式液压抓斗比索式液压挖斗多了一套导向方杆装置。作业时,斗体的升降依然依靠卷扬机,抓斗的闭合依靠液压油缸,而导向系统在垂直方向上保证斗体在挖掘过程中处于悬垂位置,从而确保地下连续墙的垂直度。导杆式液压抓斗因其结构特点无法完成冲击式成槽机械所能完成的冲击动作,因而在破碎岩层上存在局限性,适用范围受到一定限制。

由于索式挖斗、导杆式抓斗在破碎岩层方面存在局限性,因此,20 世纪 60 年代末,又相继研制出多头钻成槽机。成槽机机头装备 5～7 个垂直钻头,钻头由电机经变速箱带动,采用反循环方式出渣。多钻头成槽机具有工作状态稳定、壁面平滑、带倾斜纠偏装置、施工精度高、对地质适应性好、无噪声振动等优点,但其机械结构复杂、泥浆量大、处理系统庞大,在市区较难使用。

1973 年,法国索列丹斯公司研制出了液压铣式成槽机,其机头上有两个铣轮,由液压马达驱动,以相反方向绕水平轴转动,铣轮上的刀具碾压碎泥石、切割土层、切削岩层,再用反循环法将渣土抽吸到地面。通过各国厂商的不断改进完善,各类成槽机技术得到快速发展。

我国也是较早应用地下连续墙施工技术的国家之一。1957 年,中国水利代表团考察了意大利地下连续墙施工技术;1958 年,在北京密云水库、青岛月子口水库建造了深 44 m 的排桩式地下连续墙。

1963 年,上海为筹建地铁车站施工,进行了槽壁法地下连续墙的试验研究,试用地质钻探设备配以抓斗作为挖槽机械;1974 年,用普通抓斗挖槽进行地下连续墙试验。1976 年,广东省首先将地下连续墙施工技术应用于工业与民用建筑基础。1977 年,上海研制出了导板抓斗和多头钻成槽机,随后使用此成槽机建造上海港造船厂港池,该试验的成功加速了国产成槽机的技术发展。

20 世纪 90 年代,通过技术引进与自主研发,国产成槽机设备得到高速发展。1996 年,我国首次引进了一台德国宝峨 BC30 型液压铣槽机,并用于长江三峡二期工程。上海金泰通工程机械有限公司通过与德国宝峨公司合资办厂,技术研发得到长足进步。

进入 21 世纪,润扬长江公路大桥、阳逻长江大桥等一些大型桥梁的锚碇施工中也相继采用了地下连续墙施工技术;同时,一大批国产成槽机设备生产商通过技术引进与技术研发,已使国产成槽机技术逐步追上国际水平,并逐步占领国内成槽机市场。

8.2 地下连续墙成槽机分类及选用原则

8.2.1 成槽机分类

成槽机械设备按其工作原理主要分为抓斗式、回转式和冲击式三大类。

1. 抓斗式

抓斗式成槽机常称为液压连续墙抓斗。早期的抓斗式成槽机为钢丝绳悬吊的机械抓斗,其结构简单、操作简易、维修方便、价格便宜、使用较为广泛。但这类抓斗的闭合力靠吊车的提升力转换而来。在抓斗工作时,虽对岩土有一定的冲击力,但由于闭合力不足,因此难以对岩土抓碎成槽,抓斗的有效装载率不高,成产率较低,抓斗开挖槽段时导向性较差,成槽质量不高。后期,为提升抓斗工作效率,提高成槽质量,逐步改进为液压式抓斗。液压连续墙抓斗主要由底盘系统、起重系统、导向系统、抓斗系统组成。通过起重系统控制抓斗的升降,使抓斗到达施工部位后,抓斗系统液压油缸控制抓斗闭合进行开挖成槽,起升抓斗完成取土。

根据导向系统的差异,目前常用的地下连续墙液压抓斗可分为钢丝绳悬吊式液压抓斗、全导杆式液压抓斗和半导杆式液压抓斗。

1) 钢丝绳悬吊式液压抓斗

采用钢丝绳进行抓头体的升降。通过安装于抓斗上部的液压油缸驱动连杆机构来完成抓斗的闭合。钢丝绳悬吊式液压抓斗配有专用底盘和液压动力系统,以驱动油缸启闭抓斗,驱动卷筒使钢丝绳与高压胶管同步。目前,国内市场以上海金泰工程机械有限公司为代表的国产钢丝绳悬吊式液压抓斗已成为市场主流。图 8-1 为钢丝绳悬吊式液压抓斗图片。

图 8-1 液压抓斗

2) 全导杆式液压抓斗

全导杆式液压抓斗由可伸缩方钻杆作为抓斗升降的导向杆,定点卸料或抓斗重新进入槽段时无钢丝绳摆动问题。最初开挖时,垂直度也由方钻杆予以保证,成槽质量好。但由于伸缩导杆间总有间隙,长时间使用后间隙会加大,因而会影响施工质量。同时,由于抓斗自身质量大,抓斗侧面的导向板不能做得很长。因此,在深槽中下落时,抓斗的整个重心偏于抓斗上部,会影响槽段施工的垂直度。

3) 半导杆式液压抓斗

从抓斗由地表开挖,到抓斗进入地表以下1.5 m 以前,方导杆在导向架中运行,以此作为抓斗升降的导向。在抓斗进入地下 1.5 m 以后,钢丝绳悬吊式液压抓斗运行。由于不是全导杆,抓斗重心偏下,因此,抓斗按自由落体自重来导向。采用半导杆后,抓斗可采用较长导向板,以增加挖槽时的抓斗稳定性。

2. 回转式

回转式成槽机主要有双轮铣槽机和多钻头成槽机,主要由底盘系统、起重系统、导向系统、多钻头钻机或铣轮机组成。多钻机利用多个钻头对作业面进行钻孔。铣轮机利用铣轮上的刀具铣削泥石,再利用反循环法将渣土抽吸至地面。

1) 双轮铣槽机

双轮铣槽机是为适应于坚硬地层和岩石深部地下连续墙的建设需要而开发的成槽设备。双轮铣槽机设备主要由主机(履带吊或钻机底盘)、双轮铣槽机(入地的掘进机头)、泥浆制备及筛分系统等三部分组成。

双轮铣槽机底部有两个铣轮,通过液压系统来驱动两个铣轮转动,水平切削破碎地层。主机卷扬系统控制铣槽机的提升和下放,工作状态下控制铣轮切削岩石的进给,保证双轮铣成槽工作的效率和稳定性。两铣轮相对旋转,经铣轮铣削破碎的岩屑,由离心式泥浆泵反循环排出,经泥浆管输送到泥浆处理装置内。经过处理后的泥浆再送回到槽段内,如此连续循环工作,直到达到成槽的设计深度。图 8-2 为双轮液压铣的施工图片。

图 8-2 双轮液压铣

2) 多头钻成槽机

多头钻成槽机是采用多个钻头组合而成的成槽机。多头钻成槽机由钻机头、机架和底座组成,所有配套的机电设备均安装在底座上。

多头钻机头悬挂在专用机架前部,有多个并排的钻头和多块侧刀进行切削土体。被切削的土、砂混合在槽底的泥浆中,由中空的钻头轴通过软管吸送至地面。图 8-3 为多头钻机的施工图片。

图 8-3 多头钻机

3. 冲击式

冲击式成槽机主要由底盘系统、起重系统、冲击钻头组成。通过钻头的冲击力来对施工部位的冲凿钻孔形成沟槽,再利用反循环法将渣土抽吸至地面。传统的冲击式成槽机已很少见,现在常见的是结合液压抓斗而生产的冲击式液压抓斗。图 8-4 为冲击钻的施工图片。

图 8-4 冲击钻

8.2.2 选用原则

地下连续墙已被公认为是深基坑工程中最佳的挡土结构之一,它具有如下显著优点:施工具有低噪声、低振动等优点,工程施工对环境的影响小;连续墙刚度大、整体性好,基坑开挖过程中安全性高,支护结构变形较小;墙身具有良好的抗渗能力,坑内降水对坑外的影响较小。

由于受到施工机械的限制,地下连续墙的厚度具有固定的模数,不能像灌注桩一样对桩径和刚度进行灵活调整,因此,地下连续墙只有用在一定深度的基坑工程或其他特殊条件下才能显示其经济性和特有的优势。地下连续墙的选用必须经过技术、经济比较,确实认为是经济合理时才可采用。

一般情况下,地下连续墙适用于如下条件的基坑工程:对深度较大的基坑工程来说,一般开挖深度大于 10 m 时,才有较好的经济性;邻近存在保护要求较高的建、构筑物,对基坑本身的变形和防水要求较高的工程;基地内空间有限,地下室外墙与红线距离极近,采用其他围护形式无法满足留设施工操作空间要求的工程;围护结构亦作为主体结构的一部分,且对防水、抗渗有较严格要求的工程;当采用逆作法施工,或地上和地下同步施工时,一般采用地下连续墙作为围护墙;在超深基坑中,如 30~50 m 的深基坑工程,当采用其他围护体无法满足要求时,常采用地下连续墙作为围护体。

成槽机的具体选型需根据地质条件及周边环境进行综合考虑。

1. 抓斗式成槽机

(1) 广泛应用于地质较松软的冲积地层,适用于标准贯入度值小于 40 的地层,不适用于大石块、漂石、基岩等地层。

(2) 适用于各种地下建设工程的地下连续墙施工,各种高层建筑、大型建筑的地下整体基础施工,水利水电工程的挡水防渗连续墙施工等。

2. 铣轮式成槽机

(1) 对地层适应性强,更换铣轮上不同类型的刀具即可在淤泥、砂砾及坚硬的岩石、混凝土等不同地质条件下施工,不适用于漂石、大孤石底层。

(2) 钻进效率高，施工速度快。双轮铣设备的施工进度与传统连续墙抓斗在软弱地层中相比，优势并不明显，但一旦进入岩段，双轮铣就显出其优势。

(3) 孔形规则，成槽精度高。双轮铣槽机可通过进给压力、铣削调速和姿态纠偏共同作用，来控制地下连续墙体的垂直度误差在0.2%以下。

(4) 双轮铣施工地下连续墙的墙体中不存在接头管或接头箱等易影响施工质量的装置。地下连续墙防渗性能好、墙体刚度大，可承受很大的侧向压力。

(5) 成槽深度大。目前，最深可达250 m，可有效地将基底嵌入岩石中，提高地下连续墙的稳定性。

(6) 双轮铣槽机设备造价高，使用和维护成本高。

3. 多头钻成槽机

多头钻成槽机或虽然挖掘速度快，但设备体积、自重均较大，不便在市区施工作业，适用于大多数地层，不适用于基岩、卵石、漂石等地层。除特殊地质条件外，已逐渐被液压抓斗和液压铣槽机取代。

4. 冲击式成槽机

冲击式成槽机虽结构简单、价格便宜，适用于一般软土地层及砂砾石、卵石、基岩等地层，但施工效率低、噪声大、震动大、环境污染大。目前已很少单独使用，主要配合液压抓斗、液压铣槽机等进行硬岩施工。

成槽机的选型主要由地下连续墙的分段形式与接头方式，以及施工地质条件、施工环境、施工周期、施工成本等多个因素共同确定。在实际运用中，特别是在地层复杂的地段，采用多种成槽机械交叉作业可充分发挥各种设备的特点，可以改善施工成本。图8-5为地下连续墙的施工工艺流程。

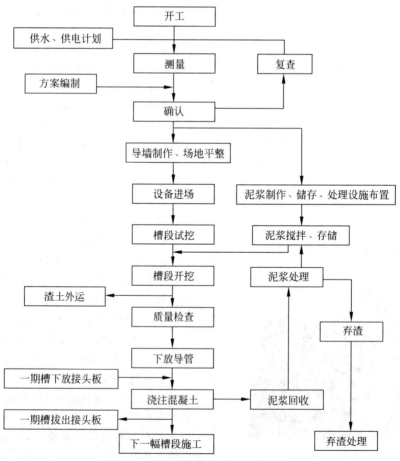

图8-5 地下连续墙的施工工艺流程

8.3 典型的地下连续墙成槽机

8.3.1 地下连续墙成槽机在桥梁施工中的应用

地下连续墙施工技术于20世纪50年代末引入我国,在我国桥梁基础中的应用相对较晚。地下连续墙在功能上主要有两种方式:一是作为基坑支护结构,往往可兼作基础结构的一部分;二是作为基础结构。随着施工技术的成熟和进步,地下连续墙在大型桥梁基础中的应用也日益增多,在超深超大基础中大有取代沉井基础、桩基础的趋势。以虎门大桥东锚碇圆形地下连续墙基坑支护结构为标志拉开了部分地下连续墙基础工程实践的大幕。润扬长江公路大桥北锚碇在国内首次实施了矩形地下连续墙基础方案,取得了丰富的成果和经验。武汉阳逻大桥则首次在国内典型厚覆盖层地质条件下设计实施了深大圆形地下连续墙基础方案,取得丰富的成果、经验和非常好的效果,从此深大圆形地下连续墙基础在国内被大量推广应用。后续的平面葫芦形或∞形地下连续墙本质上也是为适应锚体布置和经济性需求而采用的考虑结构平面拱效应的圆形地下连续墙。建成时为世界第一拱桥的平南三桥北拱座基础采用了圆形地下连续墙,是地下连续墙在拱桥基础施工中的典范。表8-1为国内桥梁采用地下连续墙基础工程的实例统计。

表8-1 国内桥梁采用地下连续墙基础工程的实例统计

桥 名	建成年份	锚碇基础方案	成槽设备
虎门大桥	1997	悬索桥外径61 m、厚0.8 m的圆形地下连续墙	SF60多头钻机、CZ6冲击钻机
润扬长江公路大桥	2002	悬索桥平面69 m×50 m、厚1.2 m的矩形地下连续墙	BC32铣槽机、BH-12液压抓斗、冲击钻机
武汉阳逻大桥	2007	外径73 m、厚1.5 m的圆形地下连续墙	HF12000铣槽机、HD852液压抓斗、CZ15冲击钻机
珠江黄埔大桥	2008	外径73 m、厚1.2 m的圆形地下连续墙	HF12000铣槽机、KL1200机械抓斗
南京长江第四大桥	2012	两个外径59 m、厚1.5 m的纵向∞形地下连续墙	BC32铣槽机、CZ6冲击钻机
武汉鹦鹉洲长江大桥	2014	外径68 m、厚1.5 m的圆形地下连续墙	BC32铣槽机、CZ6冲击钻机
宜昌至喜长江大桥	2016	外径60.0m、厚1.2m的圆形地下连续墙	SG50液压抓斗、CZ6冲击钻机
武汉杨泗港长江大桥	2019	直径98 m的圆形地下连续墙	SG60液压抓斗、BC40铣槽机
五峰山大桥	2020	直径为88.5 m的圆形地下连续墙	SG60液压抓斗、BC32铣槽机、BC40铣槽机
棋盘洲大桥	2020	内径61 m、厚1.5 m的圆形地下连续墙	SG60液压抓斗、BC40铣槽机
平南三桥	2020	外径60 m、厚1.2 m的圆形地下连续墙	SG60液压抓斗、SX40铣槽机

8.3.2 虎门大桥锚碇施工及成槽设备

1. 桥梁工程概况

虎门大桥是连接广州市南沙区与东莞市虎门镇的跨海大桥,位于珠江狮子洋之上,为珠江三角洲地区环线高速公路南部联络线的组成部分,于1992年10月28日动工建设,1997年6月9日建成通车。主桥为单跨双铰简支钢箱梁悬索桥,跨径888 m,桥面为双向六车道高速公路,设计速度120 km/h。

锚碇基础区域为暗礁区,石笋林立,岩石风化腐蚀不一,周边的岩面高差达10 m,因无法采用沉井施工方法,故采用地下连续墙围水施工的技术方案。地下连续墙为圆形结构,其外径61 m,内径59.4 m,墙厚80 cm。环形折线墙体共分为35节段,墙段间用"人"形钢板接头,使墙段相互契合。分段墙的基底标高根据岩面起伏确定。由于岩面严重起伏,因此,部分墙段的高差达到3 m,平均入岩深度达到1.95 m,最大入岩深度达3.5 m。

地下连续墙施工采用冲、钻结合的方法,先成排孔再修壁成槽。修壁所用的方形锤根据现场槽型尺寸加工。主要成槽设备为SF-60多头钻机与CZ-6型冲击钻。

2. 多头钻机的主要参数性能(表8-2)

表8-2 SF-60多头钻机的主要参数

项 目	参	数
成槽壁厚/mm	600	800
成槽单幅全宽/mm	2600	2800
成槽单幅有效宽/mm	2000	
钻头个数:	5	
钻头回转速度/(r·min^{-1})	30	
吸浆管通径/mm	ϕ150	
电动机功率/kW	18.5	
机头质量/t	9.7	10.2
最大工作深度/m	60	

3. 多头钻机的主要构造

多头钻机主要由机头、导板箱、配套系统组成。

1) 机头

多头钻机悬挂在机架上,机架为多头钻机的受力结构主体,保证机头的成槽工作。机头上安装有左右、前后的倾斜传感器,能连续送出机头两个方向的倾斜度讯号。通过讯号电缆于机架操纵台上的显示仪指示出倾斜度值。机架的外挂滑轮上亦安装有倾斜传感器,同样于机架操纵台上的显示仪指示出机头与悬挂点之间连线的倾斜度值。根据两显示仪读出的倾斜度值,操纵机头上的纠偏汽缸,推动纠

偏导板,使机头向槽段的设计轴线靠拢,纠正机头的工作状态。机头的进给速度(单位时间进给量)要根据地层土质情况、反循环排渣能力和电子秤指示吨位等参数调整至最佳状态;要根据土层硬度、反循环排渣能力,相应地对机头采取自动连续、自动断续或手动进给三种不同进给方式。当遇到坚硬土层时,应采用小量、高频的进给方式。在挖槽过程中,当机头在槽内遇到障碍或机内故障等原因造成的电机超负荷工作时,机头会自动停机,自动提升,脱离危险状态,避免或防止事故发展。机头在槽内的工作深度能在操纵台上连续指示,通过运算得到的进给速度用数码显示装置向外显示。多头钻机架前方有一对电动轮,操纵按钮可直接驱动机架走行。

2) 导板箱

导板箱为厚钢板和槽钢焊接而成的两端半圆形的框式结构,固定滑轮、砂泵、潜水钻和侧刀系统均安装在导板箱上。导板箱由四根钢丝绳悬吊于机架上,由大功率慢速卷扬机提升。在导板箱中还装有偏斜检测传感器。偏斜情况通过电流的变化反映在操作台的仪器中。测深装置安装在机架顶上,测定钢丝绳的通过量,由同轴自整角机带动计数器,把钻头进入孔中的位置显示出来。拉刀位于导板箱下缘两侧,由一台潜水电钻带动,以凸轮滑块机构实现拉刀往复运动。

3) 配套系统

多头钻成槽机要有完整的、连贯的辅助机械的配合,才能进行正常的施工作业。配套机械对于充分发挥多头钻机工作效率和降低地下连续墙的施工成本尤为重要,主要配套机械有组合式反循环泵、振动筛、旋流器、泥浆搅拌机等。

(1) 组合式反循环泵。采用两只同样规格、口径为ϕ150 mm的砂泵,并联组合,其中一只为启动注水用泵,另一只为工作泵。其最大流量为180 m^3/h,扬程18 m,吸程8.5 m,轴功率17 kW。由于气力提升的泥浆循环,其最小工作深度为7 m,因此机头自地面开始成槽时,就必须采用泵吸反循环排屑。而且泵吸反循环动力消耗较少,有利于降低成本。但其有效

工作深度一般在 30~40 m,大于该深度的可以采用气力提升法,机头上已设计有该装置。

（2）振动筛。振动筛是从循环泥浆中分离出切屑的主要机械,一般能从泥浆中筛出 50% 以上的土。该振动筛系采用 SZ1250×2500 惯性振动筛改制,上网 20 目/in(1in＝0.0254 m),下网 10 目/in,通常对于黏性土和粒径较大的砂性土都是有效的,而对于粉细砂土则效果不佳。

（3）旋流器。水力旋流器是泥浆循环中必不可少的处理装置之一,通常可分离出槽段中总土量 10%~20% 的切屑。其作用原理是将带有颗粒的流体用泵压入上下有口的圆锥形桶内,在一定压力和一定速度的条件下旋转流动,而颗粒由于密度大,离心力大,附着于锥形桶体壁上,并受重力作用而逐渐下降,最终在排砂口排出。该水力旋流器的最大排渣比重曾达 1.9。

（4）泥浆搅拌机。泥浆搅拌机是地下连续墙施工必备的机械之一。我们采用的是高速旋涡式泥浆搅拌机,有搅拌效果好、动力消耗少、生产率高的特点。其结构是在 ϕ1000 mm 圆筒底半径 1/2 处,装置 ϕ200 mm 直径的涡轮叶片,以 480 r/min 旋转,电机功率 4.5 kW,筒容量 800 L,实际搅拌量 600 L/罐,搅拌机生产率 4.2 m³/h。

8.3.3 珠江黄埔大桥锚碇施工及成槽设备

1. 桥梁工程概况

广州珠江黄埔大桥是连接黄埔区和番禺区的过江通道,于 2004 年 12 月 23 日动工建设,2008 年 12 月 16 日全线竣工通车。主桥为双塔单跨钢箱梁悬索桥,主跨 1108 m;桥面为双向八车道高速公路,设计速度 100 km/h。

主桥北锚碇（重力式嵌岩锚）基础设计采用圆形地下连续墙方案。地下连续墙外径为 73.0 m,深度 35.0~44.19 m,墙体厚度 1.2 m,设计要求嵌入弱风化混合基岩（斑状花岗岩）不小于 3.0 m。北锚碇基础地面标高约为 5.6 m,第四纪覆盖层厚度 11.31~27.75 m,下伏基岩为下古生界混合岩,岩面标高-5.71~-21.65 m。地下连续墙需穿过和嵌入的地层为淤泥质土,厚度 7.2~8.8 m,为流塑状;粗、砾砂,厚度为 2.1~6.5 m,为松散-稍密状,含水量丰富;亚黏土,最大层厚 13.4 m,硬塑状,遇水易松散崩解;全-强风化混合岩,孔隙比较大,压缩性较低,遇水易松散崩解,稳定性差;弱风化混合岩分布均匀,承载力较高,压缩性低,天然抗压强度平均值为 21.5 MPa,为地下连续墙的持力层。

地下连续墙的周长为 225.57 m,划分为 50 个槽段,采用液压铣槽机成槽施工,Ⅰ、Ⅱ期槽段各 25 个。其中Ⅰ期槽长 6.72 m,分三铣成槽,边孔长 2.8 m,中间孔长 1.12 m;Ⅱ期槽长 2.8 m,一铣成槽。槽段之间连接采用铣接法,Ⅰ、Ⅱ期槽孔在地下连续墙轴线处的搭接长度为 25 cm。

主要成槽设备包括利勃海尔 HF12000 液压铣槽机和 KL1200 机械式钢丝绳抓斗。

2. HF12000 液压铣槽机的主要性能参数（表 8-3）

表 8-3　HF12000 液压铣槽机的主要技术性能参数

项　目	参　数
生产厂家	利勃海尔
最大开挖深度/m	150
开挖尺寸/(m×m)	(0.62~2)×2.8
发动机功率/kW	400
最大起重能力/t	120
泥浆泵排量/(m³·h⁻¹)	400
泥浆净化设备处理能力/(m³·h⁻¹)	150
铣槽机机体及动力站质量/t	18
整机质量/t	约 110

3. HF12000 液压铣槽机的主要构造

HF12000 液压铣槽机主要由双轮铣、起重设备、泥浆制备及筛分系统等组成。图 8-6 为利勃海尔双轮铣槽机施工图片。

（1）主要工作部位为铣刀架,提引器可使刀架旋转 90°,铣刀架高约 12 m,质量约 40 t,刀架带有电气与液压控制系统,底部安装 3 个水平向排列的液压马达,马达两侧装有铣齿的铣轮。作业中,两个铣轮分别按相反方向低速

图 8-6 利勃海尔双轮铣槽机

转动,用其铣齿使地层围岩破碎铣削,通过铣轮中间的泥浆泵(400 m³/h)吸沙口将破碎铣削的石渣与泥浆混合物排放至地面泥浆筛分机进行处理,之后再使筛分后的泥浆返回槽段内,如此往复循环至成槽。

(2) 刀架的前后和左右侧面上有 12 块可独立活动的推板,操作员通过电脑屏幕上显示的 x 轴、y 轴、z 轴数据,通过调整推板位置实时调整刀架姿态。在调整推板的同时也可以通过两个铣头的扭矩和转速进行纠偏,两个铣头可以独立或同时摆动进行纠偏。

(3) 在铣槽机刀架上安装刷壁铲板,既便于铲板能嵌入工字钢腹腔内部,又利于铲板在工字钢腹腔内的上下运动。工作时,随着铣槽机刀架往下铣挖,铲板紧贴着工字钢腹板往下把腹板内部的附着物铲除。通过铣槽机纠偏系统来控制刀架的垂直度和左右方向,以确保铲板紧贴腹板。铲板实际上在刀架上左右各一个,对于左右两侧的工字钢来说,当刀架上下运动时,都能起到相应的刷壁作用。刷壁铲板与钢丝刷壁器相比,利用了铣槽机刀架自重较大、垂直度控制较好和实时纠偏的特点,且刷壁铲板的刚度高,附着在腹板上的混凝土也能通过刀架的反复上下运动被铲除。

(4) 双轮铣槽机铣轮上的铣齿按照地层适用性分为标准齿和锥齿。可根据不同工程地质特点,选用相适应的铣轮。

(5) 泥浆筛分系统采用了三级筛分。筛分系统循环处理后的泥浆质量很高,可以在铣切过程中随时保持较高的泥浆质量,提高成槽效率和护壁质量。同时,在铣槽完成后,泥浆基本已经达到清孔要求,无须再用较长时间来清孔,既能提高施工效率,又能保证浇筑质量。

8.3.4 武汉鹦鹉洲长江大桥锚碇施工及成槽设备

1. 桥梁工程概况

鹦鹉洲长江大桥是武汉市连接汉阳区与武昌区的过江通道,始建于 2010 年 8 月,于 2014 年 12 月 28 日建成通车。主桥为三塔四跨钢-混结合加劲梁悬索桥,全长 3420 m,其中主桥长 2100 m,主桥跨径布置(200+2×850+200)m,主桥设计双向八车道,桥宽 38 m。

南锚碇位于长江南岸武昌侧,采用重力式锚碇基础,以圆形地下连续墙加环形钢筋混凝土内衬作为基坑开挖的支护结构,地下连续墙外径 68.0 m,壁厚 1.5 m,底板厚度≥6.0 m,填芯厚度 5.5 m,顶板厚度 14.5 m。

地下连续墙嵌岩深度:当强风化与中风化白云质灰岩厚度大于 5 m 时,地下连续墙嵌入微风化白云质灰岩 1.5 m;当强风化与中风化白云质灰岩厚度大于 3 m 小于 5 m 时,地下连续墙嵌入微风化白云质灰岩 2.5 m;当强风化与中风化白云质灰岩厚度小于 3 m 时,地下连续墙嵌入微风化白云质灰岩 3 m。

地下连续墙主要采用一台宝峨 BC32 型液压双轮铣槽机进行成槽施工,圆形地下连续墙轴线直径为 66.5 m,周长 208.92 m,划分为 48 个槽段。Ⅰ、Ⅱ期槽段各 24 个,交错布置。Ⅰ期槽段采用三铣成槽,边槽长 2.8 m,中间槽段长 0.805 m,槽段共长 6.405 m;Ⅱ期槽段长 2.8 m,一铣成槽。槽段连接采用铣接法,即在两个Ⅰ期槽中间进行Ⅱ期成槽施工时,铣掉

Ⅰ期槽端头的部分混凝土，形成锯齿形搭接。Ⅰ、Ⅱ期槽孔在地下连续墙轴线上的搭接长度为 25 cm。图 8-7 为宝峨 BC32 型双轮铣槽机的照片。

图 8-7　宝峨 BC32 型双轮铣槽机

2. BC32 型液压双轮铣槽机的主要性能参数（表 8-4）

表 8-4　BC32 型液压双轮铣槽机的主要技术性能参数

项　目	参　数
生产厂家	宝峨
双轮铣槽机型号	BC32
齿轮箱规格	2×BCF 8
最大扭矩	81 kN·m
转速	0～25 r/min
铣槽长度	2800～3200 mm
铣槽厚度	640～1200 mm
总体高度	9.3 m
泥浆泵排量	450 m³/h
泥浆管直径	ϕ152 mm
总质量	22～32 t
可选配齿轮	平齿轮铣，锥齿轮铣，球齿轮铣
重载循环工作车型号	MC 64
最大起重能力	100 t
吊臂长度	48.4 m
发动机型号	CAT C18
发动机功率	570 kW

续表

项　目	参　数
主卷扬机	2×250 kN
最大起重能力	110 t
工作质量	105 t
履带板宽度	900 mm
下底盘外形尺寸	6900 mm×5060 mm
卷管导向系统型号	HTS50
卷管长度	50 m

3. 宝峨 BC-32 型液压双轮铣槽机的主要构造

宝峨 BC-32 型液压双轮铣槽机由铣槽机机体、铣槽机控制系统、旋转装置、卷管导向系统、主机等系统部件组成。图 8-8 为铣槽机的结构图。

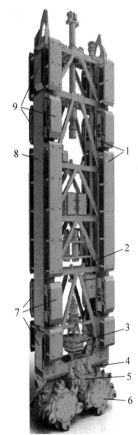

1—根据铣槽厚度配置的导向板（选装）；2—泥浆管；3—泥浆泵；4—齿轮箱；5—吸浆口；6—铣轮；7—纠偏板；8—铣头支架；9—纠偏板。

图 8-8　铣槽机结构图

1) 铣槽机机体

铣槽机作为整套系统的核心部件,主要由铣轮、铣槽机机架和齿轮箱组成。其中,齿轮箱安装在铣槽机机架底部,可绕水平轴线相对运动。铣轮安装在齿轮箱外部,其适用于各种底层条件,由齿轮箱驱动铣轮转动、松动和破碎底层,将破碎后的土和岩层碎屑与护臂泥浆混合,并将其输送至泥浆泵的吸渣口。为确保齿轮箱在承受破碎大块岩石或卵石产生的冲击力时而不被损坏,在铣轮与齿轮箱之间安装减震器。

液压驱动的离心泵安装在铣轮上方,泥浆泵将混杂渣土与岩屑的泥浆持续不断地泵送至地面并输送至泥浆处理装置。在松散土层或使用大比重泥浆(如单液浆系统)时,泥浆泵的排量是决定成槽工效的关键因素。泥浆泵与铣轮齿轮箱都配有压力均衡系统,可避免因泥浆侵入而损坏。

铣槽机的施工效率主要取决于铣头自重形成的进给力与铣轮输出的扭矩这两个因素的相互影响。为了达到最佳成槽能力,可通过高灵敏度的电控进给卷扬来调节进给力。根据土壤强度变化,操作时的依据参数为铣轮进给速度(软底层)或铣轮对地层的压力(硬地层)。由于进给系统为电控,因而安全且易于设置与调节。

铣槽机通过摆齿技术以切削铣轮支撑架下方的脊状土屑,因此,吸渣口与铣轮支架在选型时应与铣槽宽度相匹配。

铣轮的效率与地质条件密切相关,因此,选择最合适的铣轮类型是至关重要的。铣轮有多种尺寸可搭配选择,以适应不同成槽宽度的需求。图8-9为铣轮选用参考表。

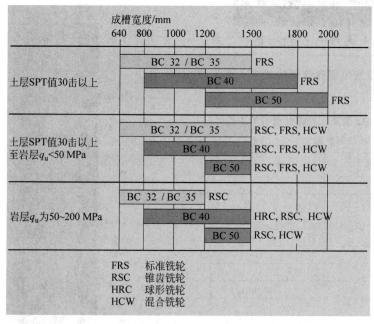

图8-9 铣轮选用参考表

(1) 标准铣轮。标准铣轮主要用于各种简单底层,可配置大量不同形状的硬质合金齿尖的铣齿。铣齿的可选择范围从锋利的铣齿到耐磨、抗冲击铣齿。加长的齿座使铣齿更换简便易行。安装在吸渣口的刮泥板可清除齿座间的土屑,特别适用于黏性土层。

(2) 锥齿铣轮。主要设计用于固结砂层、卵石层、砾岩及其他风化岩层。该类铣轮配置的为锥齿,铣轮上的全断面铣齿布置确保即使在具有挑战性的地质条件下,仍能保持高效稳定的成槽速度。

(3) 球齿铣轮。球齿铣轮是专为极硬岩层($q>120$ MPa)铣槽而研发的,铣轮上牙轮的布置可确保全断面铣槽的效率。牙轮成槽所需要的大钻压,可通过在铣槽机机架上加装配重来实现。

(4) 混合铣轮。混合铣轮上配置有按特定规律混合布置的锥齿和标准齿。其主要适用范围是:黏性或非黏性土下有硬土层或岩层的底层。

2) 铣槽机控制系统

铣槽机采用集成化控制系统,可操控铣槽机的各种动作,并可通过大屏幕触摸式显示器实时监控铣槽机的各项工作参数,可显示实时铣槽深度、每个铣轮的转速及液压油压力、泥浆泵排浆量、铣轮上的进给压力、铣槽进尺量、铣槽机垂直度、齿轮箱内部压力、齿轮箱内部温度、进给卷扬预紧力等参数,还可监控整机的工作参数,并可进行记录,方便维修保养。

安装在铣槽机机架内的测斜传感器持续测量铣槽机在 x 向和 y 向的垂直度。回转仪用于测量铣槽机绕垂直轴线旋转的角度。在铣槽过程中,驾驶室内的显示屏上实时显示垂直度偏差角度。如果铣槽机位置出现偏斜,则安装在铣槽机机架上的可独立操控的 12 块纠偏板能够在槽内纵向与横向调节铣槽机的位置;槽段纵向垂直度偏差还可通过调节铣轮转速来校正。

3) 卷管导向系统

泥浆管与液压油管必须在恒定张紧状态下随铣槽机进入槽内。对于深槽施工而言,早期的软管导轮与张紧卷扬系统必须加长桅杆并相应地使用重型主机才能实现深槽施工。对于深槽施工及在狭窄场地的成槽施工而言,可采用将软管卷起的方案。液压油管和深槽施工情况下的泥浆管,可安装在特殊的拖链内,以减小软管所受的拉力。

(1) 悬管系统 HTS。泥浆管与液压油管通过导向轮放入槽内。导向轮悬挂在恒定张紧的卷扬上,以保持软管均匀张紧。这种系统可使得铣槽机的成槽深度达到相当于导向轮行程两倍的深度,其需要的主机重量级别取决于铣槽机的重量和桅杆高度。

(2) 卷管系统 HDS。将泥浆管和液压油管缠绕在两个液压驱动的大型绞盘上,以减少桅杆高度和主机的重量级别,另外,可减小整台设备的尺寸。

(3) 同步卷管系统 HSS。泥浆管和液压油管的导向轮,以及悬管铣槽机的钢丝绳安装在特制的滑架上。滑架由主机上的主卷扬机提升和下降,并沿桅杆上下运动。由于导轮的同步运动,软管与悬管钢丝绳的垂直运动可实现机械同步。

(4) 主机(重载循环工作吊车)。铣槽机的全部动力来自主机,其液压系统是专为铣槽机而设计的。主机的上部车身可以非常便捷地加装 HTS 悬管导向系统及 HDS 卷管绞盘系统。MC64 重载循环工作吊车拥有重型底盘,900 mm 的履带板,配备双卷扬的上部车身、操作装置,标准配重 25 t,18.4 m 长的主臂包括 A 形架、吊臂卷扬、滚动支座底板、卷扬钢丝绳、吊臂支座、6 m 长的嵌入吊臂、吊臂头、拉绳和带定滑轮的桅杆头,100 t 吊钩等。

4) 旋转装置

铣槽机通常置于和主机上部车身垂直的位置。当开挖拐角槽段、凹形槽或在狭窄的空间里施工时,则需将铣槽机旋转至与主机平行的位置。

配置 HDS、HSS 卷管系统的铣槽机,其机架可在槽内相对于卷管装置旋转,最大旋转角度取决于成槽宽度。对于配置 HTS 悬管系统的铣槽机来说,软管的旋转由安装在桅杆顶部和底部的平行四边形支架来完成,铣槽机旋转角度可达 90°;固定在导墙上的折叠式附加导轮可将软管导入槽段中央。

HDS-T 卷管系统适合铣槽机在旋转的位置,用于更大深度的铣槽施工(大于 70 m)。铣槽机旋转通过桅杆头与滑轮共同完成。铣槽机旋转角度可在 $-50°\sim 95°$ 之间无级调节。

8.3.5 至喜长江大桥锚碇施工及成槽设备

1. 桥梁工程概况

至喜长江大桥是宜昌市连接点军区与西陵区的过江通道,大桥于 2012 年 11 月 18 日动工兴建,于 2016 年 7 月 18 日通车运营。至喜长江大桥为 2 塔 3 跨悬索桥结构,主跨跨径为(250+838+215)m，大桥全长3230 m，宽31.5 m，桥面为双向六车道城市主干道，设计速度为60 km/h。

北侧锚碇为重力式嵌岩锚，锚碇为圆柱形，基础采用圆形地下连续墙加环形钢筋混凝土内衬支护结构；地下连续墙外径60.0 m，墙厚1.2 m，墙高26.0 m。

北锚碇所处位置自上而下为素填土层、冲洪积粉质黏土层、冲洪积卵石夹漂石层、残坡积粉质黏土层、中风化泥质砂岩。地下连续墙施工需穿过冲洪积卵石层，该层显稍密～密实状态，卵石粒径2～30 cm，卵石含量高达65%～95%，漂石粒径一般为20～50 cm，含量为5%～15%，该层墙厚为9.0～15.0 m。该层的存在给地下连续墙施工成槽带来很大困难。为确保地下连续墙施工的顺利进行，先进行低压注浆，以对卵石层进行稳固处理。

地下连续墙成槽施工采用H型钢接头槽段划分，一期槽段18副，长度6.27 m，二期槽段18副，长度4.18 m，共36副槽段；成槽施工设备采用18台CZ-6型冲击钻及冲击抓斗、1台金泰SG50液压连续墙抓斗进行施工。图8-10为金泰SG50连续墙液压抓斗的施工照片。

图8-10　金泰SG50连续墙液压抓斗

2．SG50液压连续墙抓斗的主要性能参数（表8-5）

表8-5　SG50液压连续墙抓斗的主要性能技术参数

项　　目	参　　数
生产厂家	上海金泰
液压连续墙抓斗型号	SG 50
成槽宽度	0.3～1.5 m
最大成槽深度	75 m
最大提升力	500 kN
卷扬机单绳拉力	2×250 kN
系统压力	33 MPa
系统流量	2×380 L/min
抓斗质量	14～25 t
主机质量（不含抓斗）	78 t
整机主要尺寸	
总高度	18 490 mm
抓斗最大离地高度	4500～5500 mm
履带长度	5800 mm
抓斗中心到回转中心的距离	4675～5345 mm
回转中心到机具尾部的距离	4390 mm
柴油发动机型号	QSM11-Tier3
发动机最大转速	1900 r/min
发动机额定输出功率	266 kW
履带底盘型号	JT85
履带外侧的距离	3400～4580 mm
履带板宽度	800 mm
牵引力	580 kN
走行速度	1.5 km/h

3．SG50液压抓斗主要构造

液压连续墙抓斗的主要组成部件有：底盘、变幅卷扬、主卷扬、胶管绞盘、天车、抓斗、电缆卷扬等。液压抓斗采用液压和电气控制，将动力系统和液压系统进行合理匹配，从而使整机的工作效率发挥到最大。图8-11为金泰SG系列的液压抓斗结构图。

1）主机

液压抓斗分为挖机底盘、履带吊底盘和专用底盘。虽结构有区别，但一般均由发动机、走行驱动、H梁、回转驱动、车架平台等组成。目前，大多采用可伸缩式履带；履带在工作时拉力降低到一定值时,主卷扬机下放停止,从而有利于保证成槽的垂直精度。主卷扬的单拉力必须足够大,拉伸质量一般均在12 t以上。抓斗的升降均依靠履带底盘卷扬机的钢绳来完成。为了提高工作效率,抓斗升降用的钢丝绳要有较大的线速度,所以钢丝绳道数不能太多。抓斗的质量都很大,有的甚至高达20 t。卷扬机钢绳的拉力必须与之相适应。

3) 胶管绞盘

胶管绞盘装置主要由减速机、马达、连接座、管绞盘、防脱盘等部分组成。其主要功能是向抓斗主油缸输送动力油,从而实现抓斗的开启和闭合。连接座通过螺栓与桅杆连接。连接架的两端又连接两个卷盘减速机,减速机分别通过两个胶管绞盘马达带动绞盘转动,从而实现胶管的提升和下放,以便向抓斗斗体的主推油缸供油,实现抓斗斗体的开启和闭合,同时保证了左、右绞盘的同步运动。左、右绞盘胶管在任意时刻都同斗体保持同步升降,为此,设计了绞盘随动液压系统。绞盘随动液压系统通过液压马达给胶管绞盘以向上的恒定转矩,使胶管一直处于张紧的状态,并且拉力不足以损坏胶管,避免影响软管的寿命。由于液压抓斗需要快速开合,以提高生产效率,所以软管中的油液流量要求很大,软管很粗。同时为了防止软管过分弯曲,绞盘卷筒直径做得也很大。

4) 电缆卷筒

电缆卷筒是为抓斗测斜装置和纠偏装置提供控制电源和信号传输的,需要与抓斗同步上升与下落。电缆卷筒主要由液压驱动卷筒、电滑环和电缆组成,可将抓斗的工作状态参数传入上车控制系统和上车屏幕显示系统,同时把上车控制信号传送到工作装置抓斗,从而控制抓斗的动作次序与工作状态。电缆卷筒采用国外进口设备,性能稳定可靠,提高了整机的使用寿命。

5) 桅杆

桅杆采用箱形结构或履带吊式桁架结构,下端与回转平台通过销轴相连,上端和天车连接。在抓斗运输时,需要卸下连接轴,使上、下

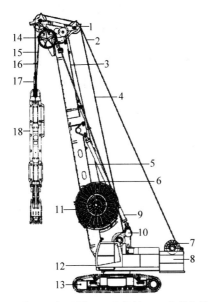

1—天车;2—钢丝绳;3—上桅杆;4—信号电缆;
5—下桅杆;6—电缆卷筒;7—后卷扬机;8—配重;9—起塔油缸;10—前卷扬机;11—胶管绞盘;12—上底盘;13—下底盘;14—胶管导轮;15—胶管;16—提升限位装置;17—提升装置;18—抓斗。

图8-11 金泰SG系列液压抓斗结构图

可展宽,以提高整机工作的稳定性;履带在运输时可收回,通过减小整机的宽度,来适应公路交通法规的要求。走行装置主要是满足设备在施工、场地转移时的移动和回转需要,具有质量高、强度大、稳定性强的特点,为设备的稳定性提供了坚实的基础。

2) 卷扬机

有单卷扬和双卷扬两种形式。由液压马达、减速机、卷筒、卷扬支架、压绳器等组成。卷扬的功能是提升或下放抓斗,其提升和下放抓斗的工作由液压系统实现。抓斗的提升和下放均设有安全保护装置,当提升高度超过限定位置(过卷)时,限位开关切断卷扬的先导控制油路,提升方向主油路被切断,抓斗停止上升并制动。系统中设置有急停开关,一旦在运行中发生故障,急停开关可将先导供油油路切断,从而使所有执行机构停止工作。与此同时,信号指示灯发出故障警示信号。设置有触底保护功能。当抓斗下放到槽底,同时钢丝的

桅杆分离。上桅杆与天车一体，下桅杆与底盘一体，两部分分开运输，大大减少了运输时的长度和质量，从而大大降低了运输成本。桅杆是连接工作装置的关键部件，也是保证整机安全的重要部件。目前，市场上的连续墙抓斗的桅杆结构形式主要有两种：一种是桁架式结构，这种形式具有结构简单、重量轻、成本低的优点，但稳定性相对较差；另一种是箱形结构，其强度高、稳定性好，但质量大。为考虑整机的质量性能与安全因素，一般设计采用箱形结构。主机工作时，桅杆与地面保持一定的角度。

6) 天车

天车上部装有钢丝绳导向滑轮组、电缆导向滑轮组和液压胶管导轮组。天车上均装有防脱装置，以保证工作的安全、可靠。一般在卷扬和卷盘导轮下端装有提升高度限位器，以防止抓斗和卷管的过度提升；钢丝绳固定端单独装有防旋转提引器，从而确保驱丝绳不缠绕、不扭转；在天车上部连接销轴中装有电子传感器，自动测量绳的拉力，避免工作时卷扬机钢丝绳过松，提高钢丝绳寿命。

7) 抓斗

抓斗按其类型一般分为定量抓斗、变量抓斗、冲击抓斗等三大类。抓斗主要由抓斗架体、开合斗油缸、推杆、抓斗头、纠偏装置等部件组成。垂直安装于抓斗斗体内的液压油缸可提供很大的闭斗力。开、合斗的时间仅为5～10 s，保证了抓斗的施工效率。抓斗内体密封箱内装有倾角传感器。上车显示器上显示倾角超出设定允许值时，可以操纵纠偏装置进行强制纠正。同时还根据施工工地的实际工作情况增加了抓斗斗体的回转功能。当抓斗与导槽不平行时，只需左右转动抓斗即可，不用移动机器，大大缩短了设备工作的辅助对槽时间，在拐角处和弧形墙处施工极为方便。抓斗两侧板与前刃板通常采用高强度耐磨钢板。侧板斗刃采用堆焊耐磨焊条，以增加抓斗的抗磨性。铲斗侧板和斗耳、连杆轴耳周边全部堆焊耐磨焊条。抓斗内部还装有刮泥板，该机构在抓斗闭合抓土时，可随斗内土量的增加而自动抬起，不影响斗容空间。当斗瓣张开卸土时，刮泥机构一次可将斗内95%的土刮掉。

8.3.6 杨泗港长江大桥锚碇施工及成槽机

1. 桥梁工程概况

杨泗港长江大桥位于武汉市，是连接汉阳区与武昌区的过江通道，是一座单跨悬吊双层钢桁梁公路悬索桥。大桥于2014年12月开工建设，2019年9月建成通车。主跨长1700 m，上层桥面为双向六车道城市快速路，设计速度为80 km/h，下层桥面为双向四车道城市主干道，设计速度为60 km/h。

南北两岸锚碇基础均采用圆形地下连续墙结构。圆形地下连续墙的轴线直径为96.5 m，周长303.01 m。地下连续墙主要采用液压抓斗和铣槽机相互配合进行成槽施工，共划分68个槽段，Ⅰ、Ⅱ期槽段各34个，交错布置。Ⅰ期槽段采用三抓（铣）成槽，边槽长2.8 m，中间槽段长1.016 m，槽段共长6.616 m。先采用液压抓斗开挖至岩面，然后采用双轮铣槽机修孔下放至孔底后铣削岩石至设计标高成槽。Ⅱ期槽段长2.8 m，一铣成槽，全部采用双轮铣槽机进行开挖成槽。槽段连接采用铣接法，即在两个Ⅰ期槽中间进行Ⅱ期槽成槽施工时，铣掉Ⅰ期槽端头的部分砼形成锯齿形搭接，Ⅰ、Ⅱ期槽孔在地下连续墙轴线上的搭接长度为25 cm。

北岸地下连续墙主要施工机械为1台上海金泰SG60液压抓斗与1台意大利土力SC120型液压双轮铣槽机；南岸地下连续墙主要施工机械为2台上海金泰SG60液压抓斗与1台德国宝峨BC40型液压双轮铣槽机。

2. SG60液压连续墙抓斗的主要参数性能（表8-6）

表8-6 SG60液压连续墙抓斗的主要性能技术参数

项　　目	参　　数
生产厂家	上海金泰
液压连续墙抓斗型号	SG60
成槽宽度	0.8～1.5 m

续表

项　目	参　数
最大成槽深度	80 m
最大提升力	660 kN
卷扬机单绳拉力	2×330 kN
系统压力	35 MPa
系统流量	2×380 L/min
抓斗质量	14～25 t
主机质量(不含抓斗)	93.5 t
整机主要尺寸	
总高度	18 490 mm
抓斗的最大离地高度	4500～5500 mm
履带长度	5800 mm
抓斗中心到回转中心的距离	4675～5345 mm
回转中心到机具尾部的距离	4390 mm
柴油发动机型号	QSM11-Tiers
发动机最大转速	1900 r/min
发动机额定输出功率	266 kW
履带底盘型号	JT90
履带外侧距离	3450～4600 mm
履带板宽度	800 mm
牵引力	700 kN
走行速度	1.5 km/h

3．SG60 液压抓斗的主要构造

SG60 液压抓斗主要由底盘、变幅卷扬、主卷扬、胶管绞盘、天车、抓斗、电缆卷扬等部件组成。其为 SG50 液压抓斗的升级产品，最大提升力增加至 660 kN，成槽宽度为 0.8～1.5 m。

8.3.7　五峰山大桥南岸锚碇施工及成槽机

1．桥梁工程概况

五峰山大桥是镇江市境内连接丹徒区与京口区的过江通道。大桥于 2016 年 1 月开工建设，2022 年 12 月建成通车。大桥为钢桁梁公铁两用悬索桥，主桥跨径 1092 m，大桥上层为双向八车道高速，设计速度为 100 km/h，下层为双向四线高速铁路，设计速度为 250 km/h。

南锚碇位于五峰山山坳冲沟处。冲沟自锚碇东北向西南流过。锚碇区山势高低不平。地下连续墙覆盖层主要为残坡积黏性土，基岩为凝灰质砂岩，弱、微风化基岩岩体较破碎，岩质硬。锚碇基础采用外径 90 m，壁厚 1.5 m 的圆形地下连续墙加环形钢筋混凝土内衬作为基坑开挖的支护结构。为防止地下连续墙底脚发生渗流及踢脚破坏，及有利于增加基坑的抗隆起稳定性，地下连续墙嵌入基底 2 m。

圆形地下连续墙周长 278.03 m，共划分 64 个槽段，Ⅰ、Ⅱ期槽段各 32 个，交错布置。地下连续墙主要采用人工成槽与液压铣槽机成槽相结合的方式进行施工。机械成槽区段：Ⅰ期槽段采用三铣成槽，共长 6.4 m，边槽长 2.8 m，中间槽段长 0.8 m；Ⅱ期槽段长 2.8 m。Ⅰ期槽段 15 个，Ⅱ期槽段 14 个，在地下连续墙轴线上搭接长度为 0.25 m，接头采用铣接法接头。人工成槽区段：一期槽段 20 个，二期槽段 19 个，三期槽段 19 个；接缝槽段 2 个。机械槽段与人工槽段结合部采用人工成槽。

地下连续墙主要施工机械为 1 台宝峨 BC32 液压双轮铣槽机、1 台宝峨 BC40 液压双轮铣槽机、2 台上海金泰 SG60 液压连续墙抓斗。

2．BC40 液压双轮铣槽机的主要性能参数（表 8-7）

表 8-7　BC40 液压双轮铣槽机的主要性能技术参数

项　目	参　数
生产厂家	德国宝峨
双轮铣槽机型号	BC40
齿轮箱规格	2xBCF 10
最大扭矩	100 kN·m
转速	0～25 r/min
铣槽长度	2800～3200 mm
铣槽厚度	800～1800 mm
总体高度	12.6 m
泥浆泵排量	450 m³/h
泥浆管直径	ϕ152 mm
总质量	32.5～41 t
主机型号	MC 96
发动机功率	570 kW
总体高度	33～45 m
铣槽深度	38～100 m
卷管导向系统型号	HDS100
卷管长度	100 m

3. BC40 液压双轮铣槽机主要构造

宝峨 BC40 液压双轮铣槽机由铣槽机机体、铣槽机控制系统、旋转装置、卷管导向系统、主机等系统部件组成。其为 BC32 液压双轮铣槽机的升级换代产品,主要结构与 BC32 液压双轮铣槽机基本相同。铣槽轮的最大扭矩增加至 100 kN·m,铣槽宽度为 800～1800 mm。

8.3.8 棋盘洲大桥锚碇施工及成槽设备

1. 桥梁工程概况

棋盘洲大桥是湖北省 S78 蕲嘉高速公路的过江通道,是国家规划的长江干流过江通道之一,也是武汉城市圈环线高速公路跨越长江的重要桥梁。主桥为主跨 1038 m 的单跨双绞钢箱梁悬索桥。于 2016 年 6 月 30 日动工兴建,2021 年 9 月正式通车。主桥全长 3328.5 m,桥面为双向六车道高速公路,设计速度 100 km/h。

大桥南锚碇位于东湖新村居民区内,房屋建筑密度高,总体地貌属冲积平原地貌。锚碇处地层自上而下依次为素填土、粉质黏土、淤泥质粉质黏土、细砂、中砂、卵石、强风化泥质粉砂岩、中风化泥质粉砂岩、微风化泥质粉砂岩。锚碇处基岩埋深较深,上部砂层厚度较大,属于强透水层,且临近长江,地下水与江水处于连通状态,含水量丰富。1.5 m 的圆形地下连续墙+钢筋混凝土内衬作为基坑开挖支护结构。地下连续墙嵌入中风化岩层至标高 -50.5～-41 m,地下连续墙总深度 58～67.5 m,开挖深度 52 m,基础持力层为卵石层。

地下连续墙采用铣接法施工,槽段分Ⅰ期、Ⅱ期各 22 个槽段,共 44 个槽段。Ⅰ期槽段采用三铣成槽,共长 6.622 m;Ⅱ期槽段长 2.8 m。Ⅱ期与Ⅰ期槽段在地下连续墙轴线处的搭接长度(即铣刨深度)为 0.25 m。

主要成槽设备为 2 台宝峨 GB60 液压抓斗、3 台宝峨 BC40 铣槽机、1 台旋挖钻机。

2. GB60 液压抓斗的主要性能参数(表 8-8)

表 8-8 GB60 液压抓斗的主要性能技术参数

项　目	参　数
生产厂家	德国宝峨
液压抓斗型号	GB60
成槽厚度	0.35～1.5 m
成槽深度	80 m
最大提升力	600 kN
卷扬单绳拉力	300 kN
发动机额定输出功率	354 kW
系统压力	30 MPa
主泵最大流量	2×320 L/min
抓斗质量	32 t
主机质量	80 t

3. GB60 液压抓斗的主要构造

宝峨 GB60 液压抓斗主要由主机上、下底盘,卷扬系统,液压胶管卷盘,抓斗体,抓斗电控系统组成。图 8-12 为宝峨 BC 系列液压抓斗的图片。

图 8-12 宝峨 BC 系列液压抓斗

1) 底盘

底盘可 360°回转,由液压油缸驱动履带伸缩,牵引力大,其大尺寸的承载面积可承受较大的倾覆力矩。

2) 上车

车体回转半径小,设备机动性能强;装有后视摄像头、卷扬摄像头、闪烁警示灯以及可视反向警示系统的多功能驾驶舱；可变的组合式配重；综合检修平台方便进行维修工作。

3）卷扬系统

单排绳、大直径卷筒，双主卷扬完美同步，可实现快速提升、下放；绳槽与钢丝绳旋向合理匹配，最大程度降低磨损；拥有快速冲击功能，更好应对硬质底层。

4）液压胶管卷盘

采用加强型结构，更加适应超深底层施工。大通径液压胶管，开、闭斗时间短，工作高效；高性能回转支承，运行稳定，结构不受冲击。

5）抓斗体

斗体设计科学，能适应大厚度连续墙施工；斗头布齿合理，匹配大推力油缸，挖掘能力更强；模块化设计，根据成槽需要匹配厚度，预留配重空间，满足实际施工需求；拥有纠偏装置，纠偏能力强。

6）抓斗电控系统

CAN 总线传输，液压阀压损小，直控液压泵，能量损失小；实时监测设备施工数据；远程故障诊断；高精度测斜仪，保障成槽施工精度的要求；自动抓取功能，一键自动纠偏。

8.3.9 平南三桥锚碇施工及成槽设备

1. 桥梁工程概况

平南三桥是荔浦至玉林高速公路平南北互通连接线上跨越浔江的一座特大桥，位于广西平南县西江大桥上游 6 km 处。大桥全长 1035 m，主桥为跨径 575 m 的中承式 CFTS 拱桥，桥面宽 36.5 m，设双向四车道，另设 2 条非机动车道、2 条人行道。于 2018 年 6 月开工建设，2020 年 12 月正式建成通车。

北岸拱座地质条件差，覆盖层为黏土、粉质黏土及卵石，厚度约 13～40 m，岩层主要为中风化泥灰岩，局部发育溶洞，施工风险较大，采用地下连续墙施工。基坑开挖平面为圆形，开挖面积约为 2827 m²，开挖总方量约 40 389 m³。基坑采用外径 60 m 的圆形地下连续墙，地下连续墙成墙采用抓铣结合的工艺，Ⅰ期槽段采用三铣成槽，Ⅱ期槽段采用一铣成槽。

成槽施工设备采用 SX40 双轮铣槽机一台，型号 SG60 液压抓斗一台。

2. SX40 液压双轮铣槽机的主要参数（表 8-9）

表 8-9 SX40 液压双轮铣槽机的主要性能技术参数

项 目	参 数
生产厂家	上海金泰
双轮铣槽机型号	SX40
成槽宽度	0.8～1.5 m
成槽深度	80 m
双轮铣输出扭矩	100×2 kN·m
双轮铣转速	0～25 r/min
卷扬机提升拉力	2×330 kN
系统压力	33 MPa
系统流量	(2×380+130+330) L/min
双轮铣质量	40 t
主机质量（不含双轮铣）	98 t
主机牵引力	630 kN
走行速度	1.5 km/h

3. SX40 液压双轮铣槽机的主要构造

SX40 液压双轮铣槽机由主机、铣头、铣削刀盘、卷管系统、气举反循环排渣系统、微量给进装置、槽口工作装置组成。图 8-13 为金泰 SX40 双轮铣槽机的图片。

图 8-13 金泰 SX40 双轮铣槽机

1) 主机

主机选用 SG60 液压抓斗,通过模块化设计,将抓槽功能和铣槽功能在同一工作平台上实现。

2) 铣头

铣头是双轮铣工作装置的核心部件。铣头的转动由液压马达驱动 3 级行星减速器回转,带动缓冲装置、刀具旋转,SX40 可配置 80 kN·m 和 100 kN·m 的两种扭矩的铣头,以适应不同的地层。铣头内设有泥浆信号传感器,随时监控润滑油的污染状况,防止铣头内部大量进浆造成损失。为确保齿轮箱能够承受在破碎大块岩石或卵石时产生的冲击而不被损坏,在铣轮与齿轮箱之间安装有减震器。铣轮齿轮箱配有压力均衡系统,可避免因泥浆侵入而损坏。

安装在双轮铣机架内的测斜传感器持续测量铣槽机在 x 向和 y 向的垂直度。在铣槽过程中,驾驶室内的显示屏上实时显示垂直偏差角度;如果铣槽机位置出现偏斜,则安装在铣槽机机架上的、可独立操控的 12 块纠偏板,能够在槽内纵向与横向调节铣槽机的位置;槽段纵向垂直偏差可通过调节铣轮转速校正。

3) 铣削刀盘

铣头旋转带动铣刀盘转动从而切削土层或岩层,抗压强度 40 MPa 以下的地层选用板齿刀盘,大于 40 MPa 的选用截齿刀盘。

4) 卷管系统

将液压油管、气管和电缆管缠绕在两个液压驱动的大型绞盘上,随着铣削进行同步随动。

5) 气举反循环排渣系统

排渣管内径 200 mm,压缩空气通过绞盘软管送至铣头混合器位置,排渣管内压缩空气释放的巨大能量产生压力差,抽吸混合器下部浆液,并将浆液送达地面。深槽采用气举方式排渣优势更加明显,深度越深,气举效果越好。吸渣口和排渣管通径大,双排多个吸渣口,且大粒径渣块的通过能力强,卵石地层更加明显,大直径卵石不需要重复破碎,可直接排出。

8.4 成槽机使用、维护保养及安全注意事项

8.4.1 成槽机使用注意事项

1. 作业前检查

(1) 操作人员应详细了解槽孔的孔斜、深度及地层等情况,确认抓斗施工的可行性,检查成槽机停机处土壤的坚实性和稳定性,防止成槽机倾覆。

(2) 各安全防护装置及各指示仪表齐全完好。

(3) 钢丝绳及连接部位符合规定。

(4) 顶部滑轮组防脱装置是否安全可靠;各限位器、传感器是否安全可靠。

(5) 燃油、润滑油、液压油、冷却水等添加充足。

(6) 严禁任何人员在成槽机作业区内滞留。

2. 作业过程中的注意事项

(1) 严禁随意调整发动机(调速器)以及液压系统、电控系统。液压系统的压力调整要严格按照说明书中的方法和规定执行,不得随意调整数值。一经调好应锁紧螺母,严禁乱拧各种液压阀手柄。

(2) 禁止利用抓斗击碎坚固物体。当遇到较大石块或坚硬物体时,应先清除后,再继续作业。

(3) 禁止将成槽机布置在上、下两个成槽段内同时作业。成槽机在工作面内移动时应先平整地面,并清除通道内的障碍物。

(4) 禁止用抓斗油缸全伸出方法顶起成槽机。当抓斗没有离开地面时,成槽机不能作横行行驶或回转运动。

(5) 禁止用成槽机动臂横向拖拉他物;不能用冲击方法进行挖掘。

(6) 成槽机在作回转运动时,不能对回转手柄作相反方向的操作。

(7) 驾驶员应时刻注意成槽机的运转情况,发现异常应立即停车检查,并及时排除

故障。

（8）当成槽机在运行中遇到电线、交叉道、桥涵时，应了解情况后再通过，必要时设专人指挥。成槽机与高压电线的距离不得少于5 m。应尽可能避免倒退走行。

（9）成槽机运行时，其动臂应与走行机构平行，转台应锁止，抓斗离地面1 m左右。

（10）成槽机走行路线应与边坡、沟渠、基坑保持足够距离，以保证安全；越过松软地段时应使用低挡匀速行驶，必要时使用木板、石块等予以铺垫。

（11）停止作业后成槽机应停放在平坦、坚实、不妨碍交通的地方，挂上倒挡并实施驻车制动，必要时，如坡道上停车，其走行机构的前后垫置楔块。

（12）转正机身，抓斗落地，工作装置操纵杆置于中位，锁闭窗门后驾驶员方可离开成槽机。

8.4.2 成槽机的维护与保养

设备应当进行定期检查与维护，以使其保持安全、高效的状态。维护间隔根据运行时间或日历时间确定，以先到达的时间为准。在极端环境条件（如大量灰尘和极度潮湿等工作环境）下，可能需要在更短的保养周期内进行维护、保养工作。

（1）液压油箱应于每月或者每工作250 h后进行油样检测。根据检测结果再行确定是否需要更换。

（2）输送软管卷筒，每天检查旋转装置是否处于正常状态。每周检查润滑旋转装置、润滑轴承、润滑用于转动软管滚筒的油缸、变速箱中的油位，并在必要时加注。每年检查齿环是否处于正常状态，并更换齿轮油。

（3）输送管应每天进行清洁，同时检查是否处于正常状态。

（4）液压软管卷筒应每天检查旋转装置是否处于正常状态，检查液压软管输送带钢是否处于正常状态。每周检查润滑旋转装置、润滑轴承和变速箱中的油位，并在必要时加注。每年更换齿轮油。

（5）整个机头部位应每周目检钢制部件的完整性及是否完好无损（损坏、裂缝、磨损、锈蚀），连接件是否完整以及安装是否牢固，如有需要，更换新的连接件。每月设置测斜仪。每年更换电气箱中的干燥剂。

（6）滑轮组应每天清洁，目检是否处于正常状态。每半年换油和润滑。

（7）铣槽齿轮箱应每天清洁；目视检查变速箱罩上的残油、变速箱护板上的易损件是否处于正常状态；取出油样，检查其是否有固体物、皂土、水及其他污物；检查油位，必要时加注。应每周目视检查螺栓连接的位置是否牢固，是否完好未受损；取出油样，将其沉淀至少10 h，然后检查其是否有固体物、皂土、水及其他污物。必要时，更换齿轮油；检查滑环密封件。

（8）刀盘或斗齿应每天清洁；目检片齿及指定的易损件是否处于正常状态；目检铣齿或斗齿是否处于正常状态。

（9）只使用规定的润滑剂。请勿将合成润滑剂和矿物润滑剂混合。请勿将含锌润滑剂和无锌润滑剂混合。如果不正确使用润滑剂，可能会对设备造成损伤。

（10）在长期停用或库存（>1年）后，如果再次使用或除蜡过程不按规定进行，则可能损坏设备。应根据保养规程进行保养，检查所有运行部件是否灵活，完成日常调试的所有措施之后，试运行较长时间，然后进行目检。

8.4.3 成槽机的安全注意事项

1. 为防止使用设备时发生安全事故，必须严格遵守安全规程

（1）当机头悬挂在桅杆上时，上底盘的回转直接威胁着人身安全。机头质量极大，如果回转时碰到人，会导致严重的伤害甚至死亡。因此，在桅杆回转时，应确保人员在安全范围之内。

（2）如果超过底盘的承载力强行起吊，设备就会翻倒，将会引起严重的损坏，造成人员伤害甚至死亡。因此，在设备工作时既要保证不超载，也要保证负载限制的安全装置不损坏。

（3）设备的负载安全装置是用于预防事故的，不能拆除，也不能对其做有可能影响设备安全性能的任何改动。

（4）设备的液压系统泄漏有可能导致严重的火灾和中毒。因此，要注意液压系统是否泄漏，一旦发现泄漏或部件受损，要立即更换、修理。

（5）在设备进行维修、保养过程中，意外移动或重新启动设备都有可能导致严重的人身伤害或死亡。因此，在设备维护之前要正确关闭刹车、控制器、发动机、电池组电源开关等，以保证设备不能意外滑动。

（6）非专业人员操纵设备可能引起人身死亡以及损坏设备、造成损失，严禁非专业人员操作设备。操作人员在离开设备时要正确关机并拿下点火钥匙，锁上驾驶室的门。

2．设备倾翻危险

（1）施工作业时的上车旋转运动可能会导致设备倾翻。完成建筑施工之后方可解除上车和下车之间的联锁。

（2）实施拆除作业时的上车旋转运动可能会导致设备倾翻。在拆除作业开始之前，应将上车和下车相互联锁。

（3）在履带底盘伸缩缸已收回的设备上作业或使用其施工，可能会造成设备倾翻。在设备卸载之后以及继续进行安装工作之前，需伸出履带底盘的伸缩缸。

（4）履带底盘伸缩缸随意收回可能造成设备倾翻。

（5）如果在起升/下放动臂时设备未正确对准，则设备可能倾翻。在起升/下放动臂时，应确保钢丝绳处于垂直位置。在起升/下放动臂时，吊起的负载需放在地面上。

（6）不按顺序安装会造成设备倾翻。在安装作业机构之前，配重必须已经完全安装完毕。在作业执行机构安装完毕之后，不可更改配重/或将其从设备上取下。

（7）当稳定性不足时，设备可能会倾斜和翻倒。不得超过规定的载荷、角度和伸距极限值。

（8）如果升起钻具，则动臂可能会被折弯并会超出容许的伸距，设备可能会倾覆和翻倒。每次操作运行前应检查动臂伸距。

（9）如果运输用支架没有位于水平的、平坦的且具有足够承载力的地面上，则铣槽机可能发生倾翻。将运输用支架放置在具有相应合适承载层的平坦地基上。采取适当的分散负载力的措施，以确保地面承载力。

（10）如果停用的铣槽机未进行充分固定，则可能会倾翻。用合适的吊具固定铣槽机，以防翻倒。在执行保养和维修作业时，始终将铣槽机水平放置在地面上。

（11）底盘上完全伸出的支撑缸在设备安装/拆卸过程中可能会导致设备倾翻。支撑缸在设备安装/拆卸过程中不得完全伸出。

3．操作事故危险

（1）拆卸不当可能造成配重从设备上掉落或翻倒。这种情况下可能造成处于危险区域中的人员伤亡。在拆卸配重时，不可有人员处于危险区域之内、配重之上或之下。不要使身体部位处于设备和配重之间。始终按照规定的顺序逐个拆卸配重并从设备处取下。

（2）在操纵设备上/下移动，且伸距和相应的倾斜不匹配时，伸出臂可能会向后倾斜。此时，作业执行机构可能和驾驶室相撞。这种情况下可能伤及人员，造成重伤甚至死亡。在上下移动时，要检查伸距，如果伸出臂上的角度显示不再为最大伸距值，则要重新设置。

（3）在接通紧急控制系统计算机的级别时，回转机构制动装置处于失效状态。在紧急控制系统激活时，运行设备可能导致事故。在这种情况下可能会造成人员重伤或死亡。仅在紧急情况下可使用紧急控制系统，以便使发生事故或损坏的设备离开危险区域。在应急运行中要特别小心地操作设备。

（4）如果收卷/放卷液压软管带/输送软管不相应地收卷/放卷铣槽绳，则可能会拉断液压软管带/输送软管。在这种情况下，可能会伤及人员，从而造成人员重伤或死亡。仅在自动运行模式下操作液压软管卷盘/输送软管卷盘。在手动模式和紧急模式下，均匀地用液压软管带/输送软管收卷/放卷铣槽绳。

（5）使用遥控器时粗心大意可能会导致设备或设备组件意外地、不受控制地动作。这种情况可能会伤及设备周边的人员，从而造成人员重伤或死亡。注意正确选择操作界面（屏幕上的显示）。必须格外小心地操作遥控器的操作元件。

（6）在起桅/落桅铣削机时，铣槽轮的部件可能会松动。因意外松开或缺少刚性连接、传力连接和过渡材料连接，可能会造成部件铣削机击中人员造成重伤甚至死亡。在起桅/落桅铣削机时，在铣槽轮下垫上合适材料。在起桅/落桅铣削机时，严禁人员处于危险区域。

4．人身伤害危险

（1）在铣刀提升、降下、旋转、摆动，软管换向滚轮、软管卷筒运动及动臂回转和倾斜时，会产生挤压面和剪切边。若有人员处于此棱角之间，则可能造成重伤或死亡。不要使任何身体部位处于运动部件之间。请保持足够的安全距离。

（2）如果液压管与输送管在运动中，则这些软管或元件可能会波及人员，并造成伤亡。不要使任何身体部位处于运动部件之间。

（3）卷入危险。刀盘、软管换向滚轮及软管卷筒的旋转运动可能会挂住或卷入人员，从而造成人员重伤或死亡。不要使任何身体部位处于运动部件之间。作业运行时，不得在设备的危险区域内停留。操作铣刀时，按下刀盘遥控器上的紧急停机按钮。

（4）从槽中提出铣槽机时，可能会甩出泥浆、石头和泥土。这种情况若涉及设备周边的人员，则将会造成伤亡。切勿将铣槽机提升得超过所需高度。在将铣轮提出的过程中，应相应地减小铣轮的速度。如果发现铣槽机上有较大的物体，则暂停提出过程并进行适当清除。请保持足够的安全距离。

（5）挤伤危险、剪切危险。在铣削机上的不当操作会导致挤伤及/或切伤身体部位。在开始保养工作之前，应将控制翻板完全收回。固定控制翻板，以防意外收回。

（6）在工作模式下有可能溅出混悬剂，伤及人员眼睛。穿上相应的个人防护装备。

（7）若启用了柴油电机的再生系统，则会从排气系统中排出高温废气。人员会被高温废气灼伤。不要在排气系统附近停留。

（8）在铣槽机上进行保养工作时可能会有悬浊液体溅出并因此导致人员受伤。将输送软管完全排空。必须穿上相应的个人防护装备。

参考文献

[1] 陈春光. 国外地下连续墙成槽机的发展[J]. 广东水利水电, 1998(1)：2.

[2] 熊孝波. 地下连续墙发展史[EB/OL]. (2015-4-13)[2020-08-08]. https://blog.sciencenet.cn/blog-614989-881951.html.

[3] 何清华, 朱建新, 郭传新, 等. 工程机械手册：桩工机械[M]. 北京：清华大学出版社, 2018.

[4] 宋翔雁, 刘昭明. 地下连续墙及其施工设备[J]. 岩土钻凿工程, 1995, (2)：23-29.

[5] 韩艳桃. 双轮铣成槽机技术初探[J]. 山西建筑, 2007, 33(4)：2.

[6] 付忠. 地下连续墙施工工艺介绍[EB/OL]. (2013-6-18)[2020-08-08]. https://wenku.baidu.com/view/e3da9cf04328915f804d2b160b4e767f5bcf8043.html?_wkts_=1668409357450.

[7] 德国宝峨机械设备有限公司. 成槽机技术资料[EB/OL]. (2019-12-13)[2019-12-13]. https://www.bauer.de/bma/Produkte/Produktuebersicht/.

[8] 上海金泰工程机械有限公司. 成槽机技术资料[EB/OL]. (2019-12-14)[2019-12-14]. http://www.jintai-sh.com/Index/pro_list/cid/4.html.

[9] 杨仁杰. SF地下连续墙多头钻成槽机[J]. 工业建筑, 1981, 11(8)：12-16.

第9章

沉井下沉设备

9.1 概述

沉井是井筒状的结构物,它是以井内挖土,依靠自身重力克服井壁摩阻力后下沉到设计标高,然后经过混凝土封底并填塞井孔,使其成为桥梁墩台或其他结构物的基础。技术上比较稳妥可靠,挖土量少,对邻近建筑物的影响比较小,沉井基础埋置较深,稳定性好,能支承较大的载荷。图 9-1 为杨泗港长江大桥 2#墩沉井,图 9-2 为沪通长江大桥 28#墩沉井。相比其他基础施工,沉井具有如下优点。

图 9-2 沪通长江大桥 28#墩沉井

图 9-1 杨泗港长江大桥 2#墩沉井

(1) 埋置深度可以很大,整体性强、稳定性好,有较大的承载面积,能承受较大的垂直载荷和水平载荷。

(2) 沉井既是基础,又是施工时的挡土和挡水结构物,下沉过程中无须设置坑壁支撑或板桩围壁,简化了施工。

(3) 沉井施工对邻近建筑物的影响较小。

9.2 典型的沉井下沉设备

本节接下来以武汉杨泗港长江大桥 2#主塔的基础施工为例,介绍沉井下沉的相关设备。

杨泗港长江大桥 2#主塔的基础采用带圆角的矩形结构沉井,标准段井身尺寸为(77.2×40.0)m,圆角半径为 12.9 m,平面布置 18 个(10.6×10.6)m 的井孔,井壁 2.3 m,隔墙 1.8 m。下部采用钢构沉井的形式。钢沉井尺寸为长×宽×高=(77.2×40×28)m,底部刃脚部位较标准段每侧增加 0.2 m,平面尺寸为(77.6×40.4)m,底口刃脚高 2.0 m,设计量约 4850 t。混凝土沉井分标准节段一(BZ-1)、标准节段二(BZ-2)、标准节段三(BZ-3)及顶节段(DJ),节段高度分别为 5 m、5 m、4.35 m 及 7.65 m。标准节段沉井外壁厚 2.3 m,内隔墙厚 1.8 m;顶节段壁厚 1.5 m。

23 m 钢沉井自桥址上游华夏船厂内制造并下水,浮运至墩位处汉阳侧临时停靠,待沉井助浮措施解除完成后,将 23 m 钢沉井溜放至 2#塔设计桥位处,采用前后定位船锚碇系统对 23 m 钢沉井进行定位。

浮态接高顶节 5 m 钢沉井。接高完成之后,先粗略调整 28 m 钢沉井的中心及偏位,之后注水下沉,在使 28 m 钢沉井接近河床面时,调整好拉缆受力,28 m 钢沉井精确定位后继续注水下沉着床。之后进行井壁及隔舱混凝土的浇筑作业,遵循对称加载的原则:对称的隔舱,同时浇筑混凝土,且方量一致,以防沉井发生倾斜。浇筑完成后安装吸泥平台,开始吸泥下沉。沉井吸泥下沉拟分四次进行。第一次在顶节 5 m 段,钢沉井接高完成,是在浇筑完井壁及隔舱混凝土后进行的,第一次吸泥下沉 2 m 至底标高-2 m(顶标高+26 m);接着进行第二次 7.5 m 的高砼沉井接高施工,待第二次砼沉井接高完成之后,进行第二次吸泥下沉 10.5 m 至底标高-12.5 m(顶标高+23 m);接着再进行第三次 6.85 m 的高砼沉井接高施工,待第三次砼沉井接高完成之后,进行第三次吸泥下沉 14.85 m 至底标高-27.35 m(顶标高+15 m);最后进行第四次 7.65 m 高砼井、16 m 高双壁钢沉井的接高施工,完成之后进行第四次吸泥下沉 11.65 m 至底标高-39 m。

沉井下沉采用不排水法空气吸泥下沉。不排水下沉采用空气吸泥机伸入基底,将压缩空气压入吸泥机混合室。由于泥水气混合液的密度低于水的密度,因此,在水压作用下将基底泥砂吸出沉井,水压越大吸泥机效果越明显。为保证沉井内吸泥均匀下沉,吸泥机配备小型门吊,利用门吊移动吸泥机。吸泥机吸出的泥水混合物直接通过管道输送至泥浆中转池,然后利用大功率泥浆泵接力将泥浆输送到泥砂船上。

不排水吸泥取土下沉施工阶段的场地布置仅在沉井接高施工阶段的基础上增加了空气吸泥机供气系统和水循环系统。吸泥机供气系统由 18 台空压机组成。下沉时刃脚处黏土层采用定向爆破取土;舱中心处土层由气举反循环绞吸式挖泥机和机械抓斗相互配合取土。设备配置详见表 9-1。

表 9-1 主要设备配置表

名 称	数量	规 格 型 号	备 注
门吊	18	20 t	
潜水挖泥机	18	KQJ800	自带潜水砂石泵
高压水泵	18	125D5	
空压机	18	23 m³/min	
空气吸泥机	20		
储气罐	9	10 m³	
浮吊	2	200 t	
履带吊	2	160 t	
机械抓斗	4	2 m³	
地质钻机	20	XY-1 型/150 型	
绞吸泵	2	DOP250	荷兰达门生产,进口

9.2.1 机械抓斗

1. 定义

抓斗指起重机抓取干散货物的专用工具。由两块或多块可启闭的斗状颚板合在一起组成容物空间,装料时,使颚板在物料堆中闭合,物料被抓入容物空间,卸料时,颚板在料堆上,在悬空状态下开启,物料散落在料堆上。颚板的开合一般由起重机起升机构钢丝绳操纵。抓斗作业无繁重体力劳动,可达到较高的装卸效率并确保安全,是港口主要干散货的装卸工具。按作业货物的种类,可分为矿石抓斗、煤炭抓斗、粮食抓斗、木材抓斗等。机械抓斗适用于沉井下沉初期明挖阶段的施工。图 9-3 为机械抓斗示例图,图 9-4 为机械抓斗实物图。

2. 分类

按驱动方式可分为液压式抓斗和机械式抓斗两大类。液压式抓斗本身装有开合结构,一般用液压油缸驱动。由多个颚板组成的液压式抓斗也叫液压爪。液压抓斗在液压类专用

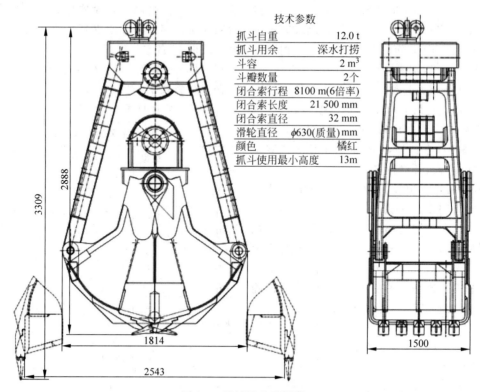

图 9-3 机械抓斗示例图

技术参数

抓斗自重	12.0 t
抓斗用余	深水打捞
斗容	2 m³
斗瓣数量	2 个
闭合索行程	8100 m(6倍率)
闭合索长度	21 500 mm
闭合索直径	32 mm
滑轮直径	φ630(质量)mm
颜色	橘红
抓斗使用最小高度	13m

图 9-4 机械抓斗实物图

设备中应用比较广泛,如液压挖掘机、液压起重塔等。机械式抓斗本身没有配置开合结构,通常由绳索或连杆外力驱动,按操作特点可分为双绳抓斗和单绳抓斗,最常用的是双绳抓斗。

3. 双绳机械抓斗的工作原理

工作开始时,支持钢丝绳将抓斗起吊到适当的位置上,然后放下开闭钢丝绳,这时,靠下横梁的自重迫使斗部以下横梁大轴为中心将斗部打开,当斗部打开至两耳板的碰块相撞时,即斗部打开到最大极限。开斗时,上横梁滑轮和下横梁滑轮的中心距加大,然后支持钢丝绳落下,先将已开的抓斗落在要抓取的堆积物上面,然后再收拢开闭钢丝绳,将上横梁与下横梁滑轮的中心距恢复到原来的位置,这样就完成了抓取物料的过程。当闭合的斗笠已装满物料时,提升开闭钢丝绳,整个抓斗被吊起,经起重机移动到物料所需卸料场,开闭卸下所抓取的物料。

4. 设备参数

针对硬塑黏土层内水下挖土的特殊工况要求及抓斗型式,通过与无锡新华起重工具有限公司进行技术讨论研究,拟选用带齿结构的双瓣机械抓斗,具体参数如下。

(1)抓斗自身质量:12 t。

(2)抓斗斗容积:2 m³。

(3)抓斗斗齿:共5根,一瓣3根齿,另一瓣2根齿,凹凸相嵌,齿长350 mm,单根齿受力面积约0.2 m²,齿厚较薄。

(4)抓斗挖掘力:7倍率。

9.2.2 潜水式挖泥机

1. 定义

KQJ 系列潜水绞吸式挖泥机是由潜水动力装置与潜水砂石泵组合而成的循环式挖泥设备。图 9-5 为潜水式挖泥机示例图，图 9-6 为潜水式挖泥机实物图。

2. 用途

潜水式挖泥机可用于沉井施工及河道、港口清淤等工程。适用于淤泥、黏土、砂层及含有少量砾卵石的土层施工。适用于沉井下沉初期涉水阶段的施工，挖掘深度较小。

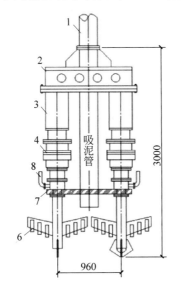

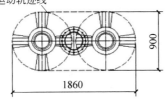

潜水挖泥机主要技术参数：
(1) 双头绞刀钻头：$\phi 900$ mm；
(2) 绞刀转速：65 r/min；
(3) 总功率：30×2 kW；
(4) 潜水工作深度：50 m；
(5) 单件总质量：约 4 t。

1—接吸泥导管；2—过渡箱；3—潜水电机；4—潜水电机动力头；5—射水嘴；6—钻头；7—连接块；8—高压射水管。

图 9-5　潜水式挖泥机示例图

3. 工作原理

工作时，提升架吊起挖泥机进入作业区域，启动潜水动力装置和砂石泵，潜水动力装置驱动钻头旋转切削地层，随即由潜水砂石泵将钻渣与水的混合物经由钻杆（排渣管）排出水面，达到挖掘的效果。这种作业方式称为泵举反循环。当挖掘深度较大（大于 60 m）时，为了提高钻进效率，潜水动力装置也可与空压机组合，向吸渣口注入高压空气，经由钻杆（排渣管）将钻渣与水的混合物带出水面，称为气举反循环。如此连续循环工作，可实现水下挖掘钻进。

图 9-6　潜水式挖泥机实物图

4. 常用设备介绍

KQJ800 型潜水式挖泥机的主要技术参数见表 9-2。

表 9-2　KQJ800 型潜水式挖泥机的主要技术参数表

项目	参数
钻头直径	800 mm
钻头转速	35 r/min
最大排量（泵举）	190 m^3/h
总功率	74 kW
其中潜水钻机	2×22 kW
潜水砂泵	30 kW
总质量（泵举+风包）	7896 kg
钻具质量	5000 kg

5. 使用条件

(1) 海拔不超过 1000 m。
(2) 介质温度 −10~40 ℃。
(3) 空气相对湿度不大于 85%。
(4) 网络电压波动在 −5%~5% 范围内。
(5) 倾斜不超过 5%。

6. 安全使用规程

(1) 本机操作人员必须经过培训，了解挖泥机的构造及技术性能，熟练掌握其操作要领，对可能出现的非正常情况要有一定的预见能力。

(2) 非专职操作人员不得随意登机操作，操作人员在酒后或患病时不得操作。

(3) 每次钻进开始前，应对设备进行全面检查。电气设备是否完好正常；各润滑部位应加油保养，潜水电机和砂泵电机中分别注以变压器油（DB25 号），减速箱和密封箱中注以 L-CKC220 轮油；保证各连接部位连接可靠，无松动，检查完后方可开机。

(4) 在钻进过程中，要时刻注意进尺速度是否正常，挖泥机有否异常响声，液面是否有异常变化等现象。

(5) 因故需停钻处理时，须将钻具提出。

(6) 现场工作人员必须穿绝缘胶鞋，戴安全帽。

(7) 挖泥机在使用前，务必将沉井内的钢筋、大块坚硬石块（如混凝土、砖、石等）、长条纤维（如绳索、织物）等易损坏机具的物品清除干净。

(8) 全面检查完毕后，接通电源，试机观察钻头、潜水砂泵的旋转方向是否正确。单个启动电机试机，接通电缆卷筒与钻具主机间的电缆。接通电源后，逐个点转启动主机试车，使钻头旋转方向正确。潜水砂泵在入水后通电，看出水是否充足，以判断其旋转方向是否正确。

(9) 潜水动力装置启动后，控制起吊设备缓缓下放钻具，掌握潜水动力装置的工作电流，一般不超过 40 A。潜水砂泵没入水中后，方可启动砂泵排渣（工作电流一般不超过 55 A）。钻至预定深度后停钻、停泵，将挖泥机提出。重复以上过程，进入下一位置。钻进时，应保证减压钻进，以防止钻具倾斜。

(10) 本机工作时应随时监视电气仪表，倾听各运动机件的响声是否正常，是否有漏油现象。若不正常，则应立即停机检查。所有紧固件必须经常检查，如有松动，则需加以紧固。

(11) 本机长时间不用时，应拆开机具，更换新油，予以维护。

9.2.3　空气吸泥机

1. 定义

空气吸泥机是由空气压缩机、高压空气胶管、进气管及接头法兰、导管等组成的气举反循环装置，由吊机提升控制导管底口与河床基底的距离，以实现沉井内河床基底泥、砂的排出。图 9-7 为空气吸泥机实物图，图 9-8 为空气吸泥机示意图。

图 9-7　空气吸泥机实物图

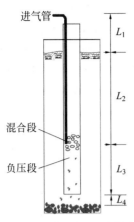

图 9-8 空气吸泥机示意图

2. 工作原理

高压气体喷出风管后与水混合,分散在导管内形成许多气泡,由于密度小,这些气泡将受到水向上的浮力,并带动周围的水(黏滞力)向上运动,且在上升的过程中压力降低、体积增大。因此,在气液混合段下方形成负压。由于该段下部的水不断补充,因此,河床底泥、砂在水运动的带动下进入导管,随水排出沉井,形成一个连续稳定的运动过程。因此,空气吸泥机适用于沉井下沉中后期深水阶段的施工,挖掘深度较大。

3. 参数设置

导管底部距沉井底的距离 L_4 保持在 0.5~1.5 m。当沉井底泥砂密度、黏度较大时,循环启动可先适当增大 L_4,等循环顺畅时再下放至正常距离。

气体压力基本与风管出口端的泥浆压力相等,但是由于气体具有一定的初速度,因此 L_3 的距离不能小于 3~4 m,以防部分气体冲出导管。

L_2 的长度决定了风管气体压力的大小(原因:不带储气罐的空压机提供的气体压力与外部载荷压力相等)。为保证气体的压力和流量,L_2 的长度宜大于(L_2+L_3)的三分之二,同时小于空压机最大额定压力水柱的深度。

尽量减小 L_1 的高度,以减小泥砂输送的距离和损耗。

4. 关键设备及国内外发展前景

空气吸泥机的核心组成为空气压缩机,其结构与水泵构造类似。大多数空气压缩机是往复活塞式旋转叶片或旋转螺杆。其作用是提供气源动力,是气动系统的核心设备,是机电引气源装置中的主体,它是将原动机(通常是电动机或柴油机)的机械能转换成气体压力能的装置,是压缩空气的气压发生装置。空压机的常见分类见表 9-3。

表 9-3 空压机的常见分类表

按工作原理分类	容积式						速度式	
	往复式		回转式				喷射式	透平式
	活塞式	膜式	单轴		双轴		离心式	轴流式
			滑片式	涡旋式	单螺杆	双螺杆	螺茨式		
按空压机输出压力的大小分类	低压		中压		高压		超高压	
	0.2~1.0 MPa		1.0~10 MPa		10~100 MPa		>100 MPa	
按空压机的输出流量分类	微型		小型		中型		大型	
	1~10 m³/min		1~10 m³/min		10~100 m³/min		>100 m³/min	

我国空压机的制造业起步于20世纪50年代,最初只是消化吸收苏联的产品,到20世纪六七十年代,开始实现自主研发。改革开放后,随着国民经济的发展,国际知名空压机的制造商纷纷到我国设厂,如阿特拉斯、寿力、日本神钢、英格索兰等。与此同时,我国空压机

制造企业积极引进和学习国际先进技术(含装备)、管理理念和管理制度,并结合我国国情进行消化吸收、再创新,使我国空压机制造业得到较大发展,涌现出了一大批创新能力强、技术水平突出的企业,如沈阳鼓风机集团有限公司(大型往复活塞压缩机)、上海大隆机器厂股份有限公司(大型螺杆压缩机和大型往复活塞压缩机)、开山集团股份有限公司(螺杆压缩机)、安瑞科(蚌埠)压缩机有限公司(螺杆-活塞串联压缩机)、宁波鲍斯能源装备股份有限公司(螺杆压缩机)、贵州振华亚普精密机械有限公司(单螺杆压缩机)等企业。

国际上,压缩机企业主要集中在欧美地区。由于有雄厚的工业基础作保证,因此,欧美产品的总体设计水平、成套水平均优于我国,其制造工艺水平比我国更高一等。国外压缩机产品的机电一体化得到加强。采用计算机自动控制,自动显示各项运行数据、报警与保护,产品设计重视工业设计和环境保护,压缩机外形美观,更符合环保要求。

5. 安全操作规程

(1) 在空压机操作前,应该注意以下几个问题:①保持油池中的润滑油在标尺范围内。空压机在操作前应检查注油器内的油量不应低于刻度线值。②检查各运动部位是否灵活,各连接部位是否紧固,润滑系统是否正常,电机及电气控制设备是否安全可靠。③在空压机操作前,应检查防护装置及安全附件是否完好齐全。④检查排气管路是否畅通。⑤接通水源,打开各进水阀,使冷却水畅通。

(2) 空压机操作时应注意:长期停用后,首次起动前,必须盘车检查,注意有无撞击、卡住或响声异常等现象。

(3) 机械必须在无载荷状态下起动,待空载运转情况正常后,再逐步使空气压缩机进入负荷运转。

(4) 空压机操作时,正常运转后,应经常注意各种仪表读数,并随时予以调整。

(5) 在空压机操作中,还应检查下列情况:①电动机温度是否正常,各电表读数是否在规定范围内。②各机件运行声音是否正常。③吸汽阀盖是否发热,阀的声音是否正常。④空压机的各种安全防护设备是否可靠。

(6) 空压机操作 2 h 后,需将油水分离器、中间冷却器、后冷却器内的油水排放一次,储风桶内的油水,每班排放一次。

(7) 空压机操作中发现下列情况时,应立即停机,查明原因,并予以排除:①润滑油中断或冷却水中断。②水温突然升高或下降。③排气压力突然升高,安全阀失灵。

空压机操作动力部分遵照内燃机的有关规定执行。

9.2.4 荷兰达门DOP绞吸泵

1. 用途

DOP绞吸机是一种强大的泥沙石疏浚工具,广泛应用于卸船作业、基坑清理、水电站清淤、清洁钢板桩、港口维护、作为加力站、清除污染物(钻机)、吹填造地、河道清淤、承台清淤、隧道施工、软基工程、人工岛施工等领域。适用于沉井下沉后期的深水施工阶段,挖掘深度较大。图9-9为达门泵示意图。

图 9-9 达门泵示意图

2. 产品特点

设计先进;吸泥深度最大可达 600 m;多功能,基本泵可配多种吸头,实现不同的功能;采用耐用式机械密封,不需要供给润滑液或润滑油；排泥距离达 1000～2000 m；采用高强材料制造的外壳，可保证设备在恶劣环境下工作；不同的系列产品可供客户选择；高生产效率；高品质材料制造的耐磨件，易于更换；采用机械密封，无须封水。

3. 结构组成及工作原理

DOP绞吸机主要由刀头、动力柜、冲水泵和泥沙泵组成。其工作原理为由冲水泵配合刀头破坏河底填充物，由液压站驱动泥沙泵将泥水混合物排出沉井外部，以实现沉井下沉功能。达门经过长期的经验积累以及根据客户的不同施工需求，提高了设备的利用率，开发出了不同的刀头。一台设备只需更换刀头即可适应不同的施工领域。以下为不同刀头的施工介绍。

1) 标准采砂头

图 9-10 为配备标准采砂头的绞吸泵，含高压水管及喷嘴。可硬性连接或软性连接，如安装于吊车、挖掘机皆可。适用于采砂、清淤作业。

图 9-11 标准配置含水管及圆环的绞吸泵

图 9-12 配备标准采砂头的绞吸泵

图 9-10 配备标准采砂头的绞吸泵

2) 平头型

图 9-11 为标准配置含水管及圆环的绞吸泵，适用于狭小空间作业、清淤、吸砂。

3) 铰刀头

图 9-12 为配备标准采砂头的绞吸泵，适用于积砂层、板结层、强风化石，单独马达带动刀头旋转切削物料。此连接要求硬性连接。

4) 盘形吸头

图 9-13 为配备盘形吸头的绞吸泵，用于清

洁和整平区域底部或地表。

图 9-13 配备盘形吸头的绞吸泵

5) 螺旋刀头

图 9-14 为配备螺旋刀头的绞吸泵，用于精密疏浚，例如用于环境治理中的清理污染物。

图 9-14 配备螺旋刀头的绞吸泵

4. 常用机型的参数（详见表 9-4）

表 9-4 绞吸泵的常用机型及参数

项 目		型 号					
		DOP150	DOP200	DOP250	DOP350L	DOP350	DOP450L
性能	混合物容量/$(m^3 \cdot h^{-1})$	600	800	1250	2400	2400	4000
	最大泵速/$(r \cdot min^{-1})$	1300	1200	900	460	580	470
	轴处功率/kW	80	120	195	180	360	400
液压要求	流量/L/min	200	300	485	440	900	1000
	压力/MPa	25	25	25	25	25	25
冲水泵	内径/mm	80	100	125	200	200	250
	能力/$(m^3 \cdot h^{-1})$	125	180	300	600	600	1100
	压力/MPa	0.8	0.8	0.8	0.8	0.8	0.8
尺寸	吸泥内径/mm	150	200	250	350	350	450
	排泥内径/mm	180	200	250	350	350	450
	通过粒径/mm	77	125	130	180	150	165
质量	泥泵/kg	1100	1360	2425	5250	5330	9250
刀头	轴处功率/kW	13	17	28	47	47	60

9.2.5 空气幕下沉法

1. 定义及原理

空气压缩机除用作空气吸泥机外，还用于空气幕法下沉施工。空气幕法系将压缩空气经预埋在井壁混凝土内的竖向送气管进入水平层管路，并通过小孔从气龛排出。当气孔沿井壁在沉井周围形成一层空气帷幕时，将使其周围的土壤松动或液化，以达到减少井壁和土壤间的摩擦阻力，促使沉井顺利下沉的目的。

2. 适用范围

空气幕法下沉沉井，适宜地下水位较高的粉、细、中砂类土及黏性土层，也可用在水中桥墩的沉井基础。适用于沉井下沉后期定位阶段的施工，精度较高。

3. 发展历程

20世纪60年代以来，我国有部分铁路桥梁基础采用了空气幕法下沉钢筋混凝土轻型沉井和钢沉井，突破了我国长期应用大坞工量重型沉井的局限。通过九江长江大桥、天津永定新河大桥、长东黄河大桥和援缅仰光-丁茵大桥等工程实践,表明采用空气幕法下沉沉井是一种增加设备不多但经济效益较好的施工方法。

4. 质量要求

采用空气幕法下沉沉井除必须遵照桥梁施工的相关规范外,还应注重以下几点。

(1) 埋设风管一定要在模板完全立好后,再按设计位置安设。

(2) 安装竖直风管时,其顶端要高出沉井顶面 20 cm 左右,并及时将管口塞好,以免掉进杂物,造成管路堵塞,还应对风管及时做好编号,以免混乱。

(3) 钻喷气孔时,应注意钻通,并将周围毛刺清理干净,以保证喷气畅通。

(4) 为保证气龛的通畅,每节沉井下沉之前,还必须对新制气龛进行压气检查,使每个气龛均能发挥作用。

(5) 气龛的耗气量是空气幕法沉井下沉时必不可少的数据,应做好管路空气流量的测量。

参考文献

[1] 卫康. 基础工程[M]. 北京:清华大学出版社,2017.

[2] 付厚利. 地下工程施工技术[M]. 武汉:武汉大学出版社,2016.

[3] 马广文. 交通大辞典[M]. 上海:上海交通大学出版社,2005.

[4] 河北新钻钻机有限公司. 一种潜水式挖泥机:CN104790449A[P]. 2015-07-22.

[5] 汪学进,贾雷刚. 空气幕在沉井施工中的应用[J]. 世界桥梁,2011(5):5.

第10章

围堰施工设备

10.1 概述

围堰指在水利工程建设中,为建造永久性水利设施而修建的临时性围护结构。其作用是防止水和土进入建筑物的修建位置,以便在围堰内排水,开挖基坑,修筑建筑物。一般主要用于水工建筑中,除作为正式建筑物的一部分外,围堰一般在用完后拆除。围堰高度高于施工期内可能出现的最高水位。在桥梁基础施工中,当桥梁墩、台基础位于地表水位以下时,需根据当地材料修筑成各种形式的土堰;在水较深且流速较大的河流中,可采用木板桩或钢板桩(单层或双层)围堰,以及双层薄壁钢围堰。围堰的作用既可以防水、围水,又可以支撑基坑的坑壁。常见的围堰种类主要有钢板桩围堰、锁扣管桩围堰、套箱围堰和双壁钢围堰等。

钢板桩围堰适用于水深20~30 m的桥位围堰和砂性土、黏性土、碎石土及风化岩石等河床的深水基础。钢板桩是带有锁口的一种型钢,其截面有直板形、槽形及Z形等,采用打桩机施工。图10-1和图10-2为钢板桩围堰实物图。

锁扣管桩围堰适用于各种复杂地质、地层,比如水下地层有障碍、密集孤石、片石堆积等深水基础的施工。锁扣钢管桩围堰的主要结构是支护钢管桩、锁扣、水平支撑和封底混凝土。其原理是靠精密加工的锁扣和在锁扣处

图10-1 钢板桩围堰实物图(1)

图10-2 钢板桩围堰实物图(2)

灌注的止水材料(石油泥浆、砂等)来达到止水效果。通过锁扣钢管桩插打、混凝土封底、抽水、承台施工四个阶段来实现大型桥梁深水桩基承台等作业的无水施工。图10-3和图10-4为锁扣钢管桩围堰实物图。

图 10-3　锁扣钢管桩围堰实物图(1)

图 10-4　锁扣钢管桩围堰实物图(2)

套箱围堰适用于流速小于 2 m/s、埋置不深的水中基础,也可以修建桩基承台,构造多为圆形或椭圆形。下沉套箱之前,需清除河床表面的障碍,若套箱设置在岩层上时,还应整平岩面;如果基岩岩面倾斜,还要将套箱底部做成与岩面相同的倾斜度,以增加套箱的稳定性。图 10-5 和图 10-6 为套箱围堰实物图。

图 10-5　套箱围堰实物图(1)

图 10-6　套箱围堰实物图(2)

双壁钢围堰适用于深水基础施工。围堰的尺寸及高度应根据基础的尺寸及放样误差、墩位处河床标高、围堰下沉深度和施工期间可能出现的最高水位以及浪高等因素确定。在场内加工制造并浮运至桥位处,通过船只和缆绳将其在流水中定位,再向空壁内注水下沉,并逐层接高压重,同时稀泥下沉。图 10-7 和图 10-8 为双壁钢围堰实物图。

图 10-7　双壁钢围堰实物图(1)

图 10-8　双壁钢围堰实物图(2)

10.2 典型的围堰施工设备

套箱围堰和双壁钢围堰一般为场内加工制造焊接而成。钢板桩围堰和锁扣管桩围堰一般为现场插打而成。下文以青山大桥19#墩的围堰施工为例,对围堰施工设备进行详细介绍。

青山大桥的19#墩承台为哑铃形结构,顶高程+12.0 m,厚度9 m,两端为ϕ39.5 m的圆形结构,中间采用系梁连接,厚度与承台相同,承台总尺寸为98.9 m×39.5 m。

19#墩的锁扣钢管桩围堰的布置呈哑铃形,围堰平面尺寸101.6 m×44.1 m,围堰内尺寸较承台外边大1.0 m,满足立模及施工空间的需要。围堰由锁扣钢管桩、内支撑、内支撑连接系和封底混凝土等结构组成。图10-9为19#墩的锁扣钢管桩围堰平面图。

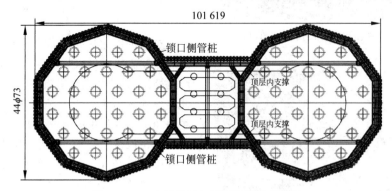

图10-9 19#墩的锁扣钢管桩围堰平面图

锁扣钢管桩的主管型号为ϕ820×18 mm,长度33 m,其中底高程-10.5 m,顶高程+22.5 m(钢管桩顶部后期接单壁钢围堰),墩位处地层自上而下分布为粉细砂层和粉质黏土。阳锁口采用ϕ121×6 mm的钢管,阴锁口采用ϕ152×8 mm的钢管,长度均为30 m(主管底部3 m未设锁口),锁口管材质均为Q345B,整个围堰所需锁扣钢管桩共计274根。施工拟投入的主要施工机械见表10-1。

表10-1 青山大桥19#墩的围堰施工主要机械设备配置表

序号	机械设备名称		型号	数量	施工内容
1	围堰运输、安装设备	履带吊机	50 t	4	锁口桩导向架安装、圈梁组拼、吸泥等辅助工作
2		履带吊机	350 t	1	锁口桩插打、圈梁内支撑卸船、拼装、吸泥等
3		履带吊机	320 t	1	
4		履带吊机	280 t	1	
5		履带吊机	250 t	1	锁扣钢管桩插打、圈梁内支撑安装等
6		履带吊机	180 t	1	锁扣钢管桩插打
7		履带吊机	120 t	1	栈桥拼装、围堰各构件吊装
8		打桩锤	EP650/EP400	2	锁扣钢管桩插打
9		打桩锤	YZ300	3	锁扣钢管桩插打
10		打桩锤	DZJ300	1	栈桥钢管桩插打
11		平板运输车	13 m	4	导向架、钢筋等构件运输
12		工程铁驳	400 t	2	锁口桩及圈梁内支撑运输
13		柴油拖轮	73 kW	2	
14		千斤顶	200 t	32	圈梁及内支撑整体下放

续表

序号	机械设备名称		型号	数量	施工内容
15		挖掘机	200	2	围堰取土
16	围堰内取土	长臂挖掘机	臂长 22 m	4	围堰取土
17		伸缩臂挖机	臂长 30 m	1	围堰取土
18		运输翻斗车	15 m³	6	取土外运
19		泥浆泵	30 kW	10	围堰内吸泥
20		高压水泵	30 kW	10	围堰内吸泥
21	围堰内吸泥	潜水泵	4 kW	10	围堰内吸泥
22		接力泵	160 kW	2	围堰内吸泥
23		运渣船	1500 t	4	围堰内吸泥
24		空气吸泥机	—	6	围堰内吸泥
25		绞吸泵	—	4	围堰内吸泥备用
26		水封导管	22 m	30	围堰封底
27		灌注总槽	20 m³	2	围堰封底
28	封底	搅拌站	2×HZS120	2	混凝土供应
29		砼运输车	10 m³	12	混凝土运输
30		汽车泵	48 m 臂长	4	围堰封底及承台浇筑
31		小料斗	1.5 m³	10	围堰封底
32	电力设备	变压器	800 kV·A	2	施工生产用电保证
33		发电机	300 kW	1	备用发电

钢管桩围堰施工的第一步是插打钢管桩。施工的常用设备包括履带式起重机和振动沉拔桩机。振动沉拔桩机的常见种类有电动振动桩锤和液压振动桩锤,详细介绍请参考第 6 章内容。除振动沉拔桩机外,常见的打桩机械还有挖掘机振动打桩机和静压植桩机。

10.2.1 挖掘机振动打桩机

1. 定义

振动打桩机是一种桩工机械,主要安装在挖掘机上使用。挖掘机包括陆地上的挖掘机和水陆两用的挖掘机。挖掘机打桩机主要用于打桩,桩的类型包括管桩、钢板桩、钢管桩、混凝土预制桩、木桩及水上打的光伏桩等。图 10-10 为挖掘机振动打桩机的实物图。

2. 用途

挖掘机振动打桩机特别适用于市政、桥梁、围堰、建筑地基等中短桩工程。噪声小,符合城市标准。

3. 国内外发展现状

在 20 世纪 70 年代的欧洲,随着城市现代

图 10-10 挖掘机振动打桩机的实物图

化的发展和环保法规的逐步完善,曾是打桩市场主力的柴油打桩锤由于其自身结构无法解决的问题,即噪声、振动和油烟污染问题而逐步被禁止使用。而且由于热容积和效率的限制,理论上讲,最大的柴油锤的冲击锤芯质量也只能达到 15 t,不能满足大型预制桩的施工要求。为了寻求柴油打桩锤的升级替代产品,各国都在研究新的打桩设备和施工工艺,挖掘机振动打桩机就是在这种形势下发展起来的。

挖掘机振动打桩机由于打桩效率高、噪声低、振动小、无油烟污染,其先进性已经被广泛认可。如今,在西方发达国家和亚洲的日本、韩国、新加坡等国家和中国香港地区,挖掘机振动打桩机已经完全取代了柴油打桩锤,成为打桩市场的绝对主力。

4. 设备结构组成及工作原理

挖掘机振动打桩机由桩锤、副臂、夹嘴等设备组成,利用其高频振动,以高加速度振动桩身,将机械产生的垂直振动传给桩体,导致桩周围的土体结构因振动发生变化,强度降低。桩身周围土层液化,减少桩侧与土体的摩擦阻力,然后以挖机下压力、振动沉拔锤与桩身自重将桩沉入土中。拔桩时,在一边振动的情况下,以挖机上提力将桩拔起。

5. 安全使用规程

(1) 操作人员须经专业训练,了解所操作的桩机的构造、原理、操作和维护保养方法。持有操作证之后,方可操作。

(2) 对桩机所配置的动力装置、液压装置、电气装置等应按其操作规程操作。

(3) 桩机的电气故障必须由电工处理。

(4) 桩机的试车、安装、拆卸、拖运等应严格执行使用说明书的规定。

(5) 遇雷、雨、雪、雾和六级以上风等恶劣气候时,应停止作业。

(6) 每班作业前首先空运转,待确定各部件状态正常后方可作业。

(7) 如使用夹桩器,应先夹紧桩后再作业,作业时不得松开夹桩器。停止作业时,必须先停止振动桩锤的振动,后松开夹桩器。

(8) 桩机走行、回转、对桩位时,必须有专人指挥。

(9) 桩机回转制动应缓慢,同向连续运转应小于一周。

(10) 吊振动桩锤、吊料、吊桩、走行和回转等动作,严禁两个以上动作同时进行。

(11) 操作人员不能擅自离开岗位。

(12) 如振动桩锤减振横梁振幅长时间过大,则应停机查明原因。

(13) 沉桩时,应及时校正桩的垂直度。桩入土3 m后,严禁采用桩机走行或回转等动作来校正桩的垂直度。

(14) 每天作业停止时,应将桩管沉入土以下,或将振动桩锤放到地面,切断桩机的电源,使全部制动生效。长期停机时,应将桩机停放在坚实平整的地面上,振动桩锤必须落下垫起,并采取防御措施。

(15) 拆卸油管时,应保证管接头不受污染。

(16) 由于液压振动桩锤的工作环境一般比较恶劣,易导致故障的发生,因此,为了消除故障隐患,缩短维修周期,有必要对其实施日常和定期的保养及维护。

(17) 振动桩锤保持清洁,每班作业后要擦干净锤体和动力站上的油污、灰尘、锈迹、水迹。

(18) 各紧固件要经常检查,保持连接牢固、可靠。

(19) 各润滑点要按润滑要求进行润滑。

(20) 油箱中的液压油应保持正常液面,油温应保持正常。要经常检查油液的清洁度,防止其污染。

(21) 经常检查液压油箱内是否进水,若进水造成油液乳化,则应立即除水或更换液压油。

(22) 应经常检查各仪表是否稳定、正常,否则应维修或更换。

(23) 检查油路系统是否有漏油,并及时处理。

(24) 检查柴油箱、机油箱、冷却水水箱的液面是否正常,如果液位过低,请及时补充。要定期清洗油箱,更换液压油。磨合期连续工作500 h,更换第一次液压油,三个月后更换第二次,第九个月更换第三次。以后更换时间视情况而定。

10.2.2 静压植桩机

1. 定义

静压植桩机是一种全新的环保型桩基施工设备。图10-11为设备结构示意图,图10-12为设备实物图,表10-2为常用机型参数表。

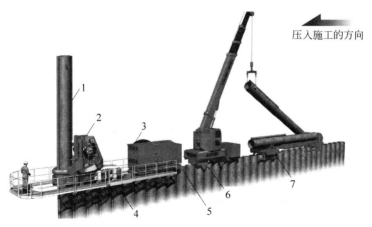

1—压入桩；2—静压植桩机；3—动力单元；4—作业平台；
5—动力单元自走装置；6—桩用自走式吊车；7—钢管板桩搬运装置。

图 10-11　设备结构示意图

图 10-12　设备实物图

2．用途

人类基础设施工程建设中的桩基工程施工所带来的振动和噪声及污染等建设公害问题引起了社会各界的关注。静压植桩机是满足社会需求的无振动、无噪声的液压式压拔桩机。可适用于各种不同的地质和环境工况条件，已在世界各地得到了广泛应用。现今，可施工桩材，包括 U 形拉森钢板桩、Z 形钢板桩、钢管桩、混凝土桩等。

3．国内外发展现状

从 1975 年第 1 台静压植桩机在日本高知问世，在将近 40 多年的历程里，静压植桩机也发生了很大的改变。静压植桩机变得更加精练、更加迅速、更加多样。近几年，世界各地由于异常气象、洪水、台风、地震、火山爆发等自然灾害频繁发生。当各种自然灾害发生时，需要及时采取应急抢险措施，保护人民生命财产安全，将灾害损失降低到最小限度。静压植桩机的独特施工工艺可以有效地应用于各类自然灾害的应急抢险施工。

4．压入机理

传统的动能打桩机是利用冲击力将桩贯入地层的桩工机械。静压植桩机应用了与各类传统型打桩机完全不同的桩基贯入工艺机理。静压植桩机采用的是通过夹住数根已经压入地面的桩（完成桩），将其拔出阻力作为反力，利用静载荷将下一根桩压入地面的"压入机理"。

5．安全使用规程

（1）压桩机的安装地点应按施工要求进行先期处理。应平整场地。地面应达到 35 kPa 的平均低级承载力。

（2）安装时，应控制好两个纵向走行机构的安装间距，使底盘平台能正确对位。

（3）电源在导通时，应检查电源电压并使其保持在额定电压范围内。

（4）各液压管连接时，不得将管强行弯曲。在安装过程中，应防止液压油过多流失。

（5）安装配重前，应对各紧固件进行检查，在紧固件未拧紧前不得进行配重安装。

（6）安装完毕，应对整机进行试运转，对吊桩用的起重机应进行满载试吊。

（7）作业前应检查并确认各传动机构、齿轮箱、防护罩等良好，各部件连接牢固。

表 10-2 常用机型参数表

项 目		ZYS80	ZYS120	ZYS180	ZYS240	ZYS320	ZYS400	ZYS500	ZYS600	ZYS700	ZYS800	ZYS900	ZYS1000
额定压桩力/tf		80	120	180	240	320	400	500	600	700	800	900	1000
压桩速度/(m·min⁻¹)	高速	5.5	5.5	7.8	7.7	6.5	6.5	6.0	6.0	6.0	6.0	5.5	5.5
	低速	1.1	0.9	1.1	1.8	1.57	1.23	1.2	1.2	1.3	1.3	1.0	1.0
一次压桩行程/m		1.4	1.5	1.6	1.8	1.8	1.8	1.8	1.8	1.8	1.8	1.8	1.8
一次走行距离/m	纵向	1.4	1.6	2.4	2.4	3.6	3.6	3.6	3.6	3.6	3.6	3.6	3.6
	横向	0.4	0.4	0.5	0.6	0.6	0.6	0.6	0.6	0.6	0.6	0.7	0.7
每次转角/(°)		15	15	15	15	15	11	11	11	11	11	8	8
升降行程/m		0.6	0.8	1.0	1.0	1.0	1.0	1.1	1.1	1.1	1.1	1.1	1.1
适用方桩/mm	最小	□200	□200	□250	□300	□350	□400	□400	□400	□400	□400	□400	适用于H形和其他异形钢桩
	最大	□300	□300	□400	□400	□450	□500	□500	□500	□500	□600	□600	
适用圆桩/mm	最小	…	φ300	φ300	φ300	φ300	φ300	φ400	φ400	φ400	φ400	φ400	800管桩
	最大	…	φ300	φ300	φ300	φ300	φ400	φ500	φ600	φ600	φ600	φ600	600×600方桩
边桩距离/mm		400	450	780	900	1300	1382	1380	1380	1380	1380	1650	1650
角桩距离/mm		800	1100	1600	2600	2600	2800	2800	2800	2800	2800	2000	3000
吊机起质量/t		3.0	5.0	8.0	12.0	12.0	12.0	16.0	16.0	16.0	16.0	25.0	25.0
吊机长度/m		7	10	12	14	14	14	15	15	15	15	15	15
功率/kW	压桩	15	22	44	74	74	111	111	119	119	119	135	135
	起重	7.5	11	22	30	30	30	30	30	30	30	37	37
主要尺寸/m	工作长	5.94	8.00	10.00	11.00	12.50	13.00	13.00	13.40	13.80	14.00	17.7	17.7
	工作宽	4.05	4.44	5.32	6.50	7.00	7.00	7.60	8.04	8.04	8.14	8.20	8.40
	运输高	2.60	2.88	2.88	2.95	3.00	3.05	3.1	3.15	3.15	3.15	3.45	3.40
总质量/t		80	120	180	240	320	400	500	600	700	800	900	1000

(8) 作业前应检查并确认起重机的起升、变幅机构正常,吊机、钢丝绳、制动器良好。

(9) 应检查并确认电缆表面无损伤,保护接地电阻符合规定,电源电压正常,旋转方向正确。

(10) 应检查并确认润滑油、液压油的油位符合规定,液压系统无泄漏,液压缸动作灵活。

(11) 冬季应清除机上积雪,工作平台应有防滑措施。

(12) 压桩作业时,应有统一指挥,压桩人员和吊桩人员应密切联系,相互配合。

(13) 当压桩机的电动机尚未正常运行前,不得进行压桩。

(14) 起重机吊桩进入夹持机构进行接桩或插桩作业时,应确认在压桩开始前,吊钩已安全脱离桩体。

(15) 接桩时,上一节应提升 300~400 mm,此时不得松开夹持板。

(16) 压桩时,应按接桩技术性能表作业,不得超载运行。操作时,动作不应过猛,避免冲击。

(17) 顶升压桩机时,四个顶升缸应二个一组交替动作,每次行程不得超过 100 mm。当单个顶升缸动作时,行程不得超过 50 mm。

(18) 压桩时,非工作人员应离机 10 m 以外。起重机的起重臂下严禁站人。

(19) 压桩过程中,应保持桩的垂直度,如遇到地下障碍物,不得采用压桩机走行的方法强行纠正,应先将桩拔起,待地下障碍物清除后,再重新插桩。

(20) 当桩在压入过程中,夹持机构遇桩侧出现打滑时,不得任意提高液压缸压力,强行操作,而应找出打滑原因,排除故障后方可继续进行。

(21) 当桩的贯入阻力太大,使桩不能压至标高时,不得任意增加配重,应保护液压元件和构件不受损坏。

(22) 当桩顶不能最后压到设计标高时,应将桩顶部分凿去,不得用桩机走行的方式,将桩强行推断。

(23) 当压桩引起周围土体隆起,影响桩机走行时,应将桩机前进方向隆起的土铲平,不得强行通过。

(24) 压桩机走行时,长短船于水平的坡度不得超过 5°。纵向走行时不得单向操作一个手柄,应两个手柄一起动作。

(25) 压桩机在顶升过程中,船形轨道不应压在已入土的单一桩顶上。

(26) 压桩机上挂设的起重机及卷扬机的使用,应执行起重机及卷扬机的有关规定。

(27) 作业完毕后,应将短船运至中间位置,停放在平整地面上,其余液压缸应全部回程缩进,起重机吊钩应升至最上部,并应使各制动生效,最后应将外露活塞杆擦干净。

(28) 作业后,应将控制器放在"零位",并依次切断各电源,锁闭门窗,冬季应放尽各部积水。

(29) 转移工地时,应按规定程序拆卸后,用汽车装运。所有的油管接头处都应加闷头螺栓,不得让尘土进入,液压软管不得强行弯曲。

10.2.3 围堰取土设备

钢管桩围堰施工的第二阶段是围堰内取土,涉及明挖取土和水中取土两部分,常用设备包含挖掘机、抓斗、潜水式吸泥机、空气吸泥机、绞吸泵等,具体可参照第 9 章沉井下沉设备的介绍。

10.2.4 圈梁吊挂下放系统

1. 组成及下放步骤

各分段加工成型的圈梁经水上运输至 19#墩下游侧,采用 320 t 的履带吊机站位于平台下游侧直接起吊,经过分别站位于圆端范围内的 280 t、250 t 的履带吊机吊装到位,两台吊机分别自上而下安装各自圆端范围内的三层圈梁内支撑。围堰圈梁内支撑在逐层拼装的同时,分别接高 5#、9#、22#、26#、35#、39#、52#、55#共计 8 根钢护筒,护筒接高完成后,在其顶端位置安装、焊接吊挂下放分配梁,并在每处下放分配梁上安装 4 台 200 t 的千斤顶,采用 $\phi 40$ mm PSB900 级精轧螺纹钢筋分别连接底、中层圈梁,圈梁及支撑在提升吊点位置的预留孔,便于精轧钢筋的穿入。

顶层圈梁直接在设计标高处进行安装,安

装完成后采用混凝土浇筑的方式进行顶层圈梁与锁扣钢管桩的灌注抄垫；然后利用挖机进行堰内取土，在挖泥至+11.0 m时，下放中层圈梁至+13.0 m设计高程，并完成该圈梁与锁扣钢管桩之间的抄垫；自+11.0 m开始采用吸泥方式将堰内标高降至+7.4 m，继续下放底层圈梁至+8.0 m设计高程，完成该圈梁与锁扣钢管桩之间的缝隙水下灌注抄垫；继续吸泥至-2.0 m封底高程，完成围堰内的吸泥及圈梁下放作业。图10-13为围堰吊挂系统平面布置图，图10-14为围堰单处吊挂系统示意图，图10-15为围堰单处吊挂系统实物图。

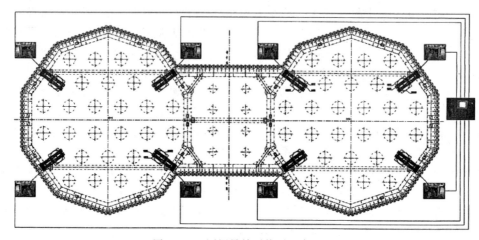

图10-13 围堰吊挂系统平面布置图

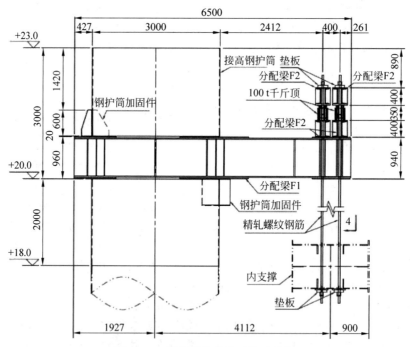

图10-14 围堰单处吊挂系统示意图

2．工作原理

下放共布置8个点，每个点4台200 t的千斤顶，共32台千斤顶，整体水平度控制在2 mm以内。配套8台泵站，每一台泵站控制一个点的4台千斤顶。8台泵站采用光纤通信连接，保证对每个点的每一个千斤顶进行实时位移

图 10-15 围堰单处吊挂系统实物图

及压力监测,并进行及时自动调整,保证钢围堰下放的同步及安全。其中一台泵站为主泵站,其余泵站为远程受控泵站。主泵站操作人员控制泵站操作及指挥。详细操作如下。

步骤一:下放前,泵站预设压力为 5 MPa,预紧千斤顶分配梁上螺帽,千斤顶上行,所有千斤顶到预设压力后,液压锁自动锁定。图 10-16 为下放步骤一图。

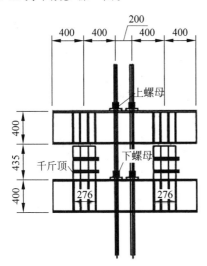

图 10-16 下放步骤一图

步骤二:预紧千斤顶下分配梁螺帽,松开千斤顶上分配梁螺帽(不少于 190 mm)。图 10-17 为下放步骤二图。

步骤三:千斤顶低压找平后,每个点的 4 台千斤顶(全场 32 台同步顶升,PLC 设置 190 mm)同时顶升,顶升高度通过油缸上的位

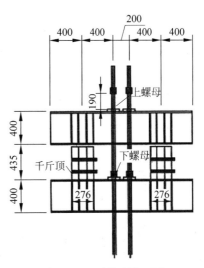

图 10-17 下放步骤二图

移传感器实时反馈到泵站 PLC,并在预设的精度范围内实时调整每台千斤顶的速度,从而保证同步,油缸无偏载。每台千斤顶的内部压力也实时监控,保证油缸无过载。千斤顶上行至设置的行程数值时,液压锁定位,预紧千斤顶上分配梁螺帽,此时,同步顶升工作完成(检查各顶的受力情况,注意单独调整千斤顶的承载能力,以满足设计要求)。图 10-18 为下放步骤三图。

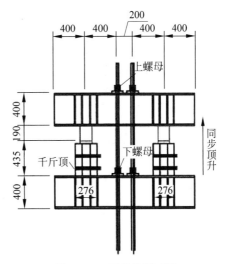

图 10-18 下放步骤三图

步骤四:松开千斤顶下分配梁螺帽(不少于 190 mm),千斤顶同步下降,每一次的下降

高度都可以根据调整泵站的内部参数来设定。与同步顶升一样,其下放高度通过油缸上的位移传感器实时反馈到泵站 PLC,并在预设的精度范围内实时调整每台千斤顶的速度,从而保证同步,油缸无偏载。每台千斤顶的内部压力也实时监控,保证油缸无过载。图 10-19 为下放步骤四图。

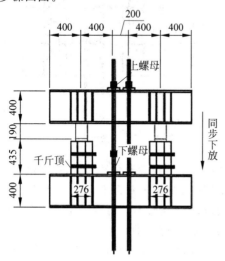

图 10-19　下放步骤四图

步骤五:千斤顶活塞杆回缩到位后,完成一个下放行程,重复以上步骤直至圈梁下放到位。图 10-20 为下放步骤五图。

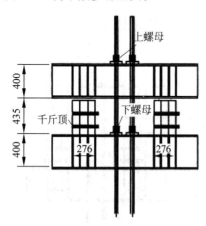

图 10-20　下放步骤五图

3. 同类设备介绍

除上述介绍的千斤顶加精轧螺纹钢吊挂下放系统外,连续千斤顶加钢绞线也是桥梁施工中常用的吊挂下放系统。图 10-21 为连续千斤顶示意图,图 10-22 为连续千斤顶吊挂系统实例图。其工作原理如下。

图 10-21　连续千斤顶示意图

图 10-22　连续千斤顶吊挂系统实例图

连续千斤顶的中锚与千斤顶的活塞相连,下锚与油缸底部的撑脚相连,每台液压千斤顶共 3 套自动工具锚。为使设备工作时能开闭夹片,每个自动工具锚包含了锚板、工具夹片、连接螺栓、压紧弹簧、压紧套、压紧板、小千斤顶、夹片顶松套和固定板。通过主液压泵站向提升千斤顶提供压力油,推动主千斤顶活塞作伸、缩缸运动。伸缸时,设置在活塞顶端的中锚卡紧承载钢绞线,使提升重物随之一同向上移动。缩缸时，与撑脚相连的下锚卡紧承载钢绞线，以保证提升重物安全可靠地停留在新的位置，同时设置在活塞顶端的上锚放松承载钢绞线，活塞回程准备下一行程的提升。当构件提升到位后，需进行下放时，主千斤顶活塞回缩到位，用上夹持器的小千斤顶松上锚，主千斤顶活塞伸缸直到上限位开关尚有 3 cm 到位，然后紧上锚继续伸缸到位，松下锚，活塞缩缸带动重物下降。在接近完全缩缸的位置时，紧下锚，使下夹持器卡紧承载钢绞线，主千斤顶活塞回缩到位，上夹持器放松承载钢绞线后松上锚，往复循环上述操作，在近乎完全伸缸的位置处上夹持器再次卡紧承载钢绞线，下夹持器又放松承载钢绞线，如此依次循环，直至提升重物准确地在设计位置就位。相较于普通的千斤顶，连续千斤顶的同步性更好，始终保持前后顶均衡无缝交替受力，有效控制牵引全过程平稳、无冲击颤动；连续千斤顶、液压泵站实现变频闭环无级调速，轻松实现在即将牵引到接近目标时的低速微动就位。

4. 安全操作规程

（1）为了保证顶压力值的精确，应定期对设备液压系统的各组成部分（千斤顶、油泵、控制阀、管路、压力表等）进行检查和校正。校正时，应将千斤顶的实际工作吨位和相应压力表读数作详细记录，制成图表，以供使用时查对。

（2）千斤顶应采用优质矿物油，油内不含水、酸及其他混合物，在普通温度下不分解、不变稠。油液应严格保证清洁，经常精细过滤、定期更换。

（3）经常在活塞杆表面涂润滑脂，以保证活塞杆始终保持油膜存在。

（4）在工作时，应严格控制超压和超行程工作，并注意压力表变化，如有异常，则应立即停车检查，以免损坏设备。

（5）千斤顶加荷时，应平稳、均匀、徐缓。在降压时，也应平稳无冲击。

（6）千斤顶在开始使用时或在使用过程中，如混入气体，则应将本千斤顶空行程往返两次，以便排出机械的气体。

（7）连接油泵和千斤顶的油管在使用前应检查有无裂伤。油泵应经常保持清洁，闲置不用时用防尘帽封住油管接头。

（8）新油管使用时，勿直接和油嘴连接，应事先清洗或用油泵输出油液，清洗干净之后才可连接。卸下油管后，油泵及千斤顶油嘴应用塑料防尘堵头封住，严防污泥混入。

（9）千斤顶的外露表面应经常擦拭干净，其余外露表面应保持清洁，搬运时应小心注意，防止摔伤碰伤。

（10）工作完毕后，千斤顶活塞杆应回程到底，并加罩防尘。

（11）千斤顶应根据实际情况进行定期维修、清洗内部等保养工作，如发现千斤顶在工作中有故障、漏油、工作表面刮伤等现象，则应停止使用，进行维修。

（12）安全方面。①工作时，在接头和负载接触处不得站人，以免发生危险。②在千斤顶有油压的情况下，不得拆卸油压系统中的任何零件。

10.2.5 围堰封底设备

锁扣钢管桩围堰施工的最后一步是围堰水下封底施工，所用设备可参考水下混凝土灌注桩的施工所用设备。

参考文献

[1] 中铁大桥局集团有限公司.一种深水围堰施工方法：CN110878556A[P].2020-03-13.
[2] 陈国主.静压植桩机在河川港湾工程中的应用[J].市政技术，2012(3)：2.

第3篇

架 梁 设 备

桥梁施工进入上部结构(也称桥跨结构)施工时,就必须通过架梁设备来将上部结构安装架设到墩台之上。由于桥型的不同和施工方法的不同,所使用的架梁设备也各不相同。

桥梁的桥型分为梁桥、拱桥、悬索桥、斜拉桥等,其中梁桥使用最为广泛。

梁桥的常用施工方法有预制装配施工法、现场现浇施工法和顶推施工法,使用的架梁设备主要有各种架桥机、门式起重机、移动模架、施工挂篮和顶推设备。

拱桥的施工方法与拱桥的结构形式有关,拱桥的架梁设备主要有缆索起重机、拱上架梁起重机等。

悬索桥的架梁设备主要为缆载起重机。对山区峡谷地区的悬索桥来说,即使无法在桥下喂梁,也可采用缆索起重机架设。悬索桥的主缆成型和防护钢丝的缠绕还需要使用主缆紧缆机、主缆缠丝机。

斜拉桥的施工方法较多,有预制、有现浇,架梁设备有长平台牵索式挂篮、短平台复合型牵索挂篮、架梁起重机等,以架梁起重机架设最多。

为满足不同桥型和不同施工方法的需要,架梁设备种类繁多,功能、规格、型式各不相同,本篇将分为10章对各种架梁设备进行分别介绍。

第11章

预制梁整孔架桥机

11.1 定义

预制梁整孔架桥机是支承在桥梁结构上，可沿纵向自行变换支承位置，将整跨预制桥梁梁体安装在桥墩（台）指定位置的一种专用架梁设备。

预制梁整孔架设方式的主要特点是架设工况受力明确，需要的辅助设备少，操作简单，架梁效率高。采用预制梁整孔架桥机架设桥梁，实现了流水式施工作业。预制梁整孔架桥机在铁路、公路和市政桥梁工程中广泛使用。

11.2 分类

预制梁整孔架桥机的种类繁多，结构形式不同，规格大小相差悬殊，分类方式也不一样。

按照适用范围，可分为公路架桥机、铁路架桥机。图 11-1 为公路架桥机的施工图片，图 11-2 为铁路架桥机的施工图片。公路架桥机指用于公路和市政桥梁架设的架桥机，常规的公路架桥机用于架设跨度为 30~50 m，梁重为 80~160 t 的公路 T 梁或小箱梁。随着技术的发展，高速公路和跨海大桥的梁型结构也在不断变化，其跨度和梁重也在不断提高，公路架桥机也越来越大。铁路架桥机指用于普通铁路线路桥梁 32 m 及以下 T 梁架设的架桥机。高速铁路架桥机在 20.2 节中另作介绍。

图 11-1　公路架桥机

图 11-2　铁路架桥机

架桥机按照过孔方式，可分为走行式、步履式、导梁式。走行式架桥机依靠支腿在桥面上（铁路架桥机铁道车体在铺设的轨道上）走行来实现架桥机过孔；步履式架桥机设置多组支腿，依靠支腿的换位和主梁相对于支腿的运动来实现过孔；导梁式架桥机借助导梁完成过孔作业。

11.3 我国架桥机的发展概况

我国架桥机发展起步较晚，改革开放后由于经济高速发展，铁路公路桥梁大量建设，架桥机也得以快速发展。

我国早期公路架桥机多以简易架桥机为主，主要由贝雷架、万能杆件、战备军用梁拼装成机架，由卷扬机、滑轮组和移动机具等组拼而成，为非定型临时设备，架梁施工完成后又拆分成各自部件。20世纪90年代初，专用的公路架桥机开始出现，1992年，武汉工程机械研究所设计制造了我国第一台公路架桥机JQG80型，架设30 m公路T梁，开启了公路桥梁采用专用架桥机的时代。之后，相继有郑州大方公司、江西日月明公司设计生产了公路架桥机，公路架桥机逐步被广泛使用。目前，公路架桥机仍以架设跨度为30～50 m、梁重80～160 t的公路T梁或小箱梁为主。一些高速公路桥梁项目已经开始尝试新型大跨度桥梁，如祁娄高速采用了JQ400-60型架桥机架设了60 m跨600 t的钢混叠合梁。杭甬复线宁波滨海高架桥采用了世界上最大的公路架桥机"越海号"架桥机，架设了单幅单片重达1800 t的50 m跨整孔预制箱梁。

我国铁路架桥机在20世纪50年就开始了使用，主要为65 t、80 t和130 t的悬臂式架桥机，这种架桥机轴重大，对路基线路承载力要求高，一旦路基下沉，将容易造成架桥机倾覆。20世纪60年代中期，我国开始研制单梁式和双梁式简支架桥机。由于简支式架桥机显著改善了机器的受力状况，安全性能得到保障，所以得到了发展和推广。这类架桥机横移梁难度大，全套设备太多。可喜的是，得失相较，利远大于弊，因此是技术进步，上了一个台阶。20世纪70—80年代的铁路架桥机正是因为有简支架梁式架桥机的实践，且在实践中发现了种种问题、种种可改进的地方、种种潜力之所在，所以跃进到胜利(战斗)型架桥机。这类架桥机的成功，使架桥机技术上又跃上一个台阶。90年代初，对于胜利型这种单梁机臂上置式的简支式架桥机，从业者既有成功的喜悦，又对横移梁的性能特差深为苦恼，因为其不能一次落梁到位，必须三次横移梁片到位。此性能既比不上悬臂式架桥机(架梁时机臂高扬9 m以上)，也比不上双梁机臂侧置式的简支式架桥机(吊梁行车纵向走行，上有小车可吊梁横向走行)。这时的设计者都已经看到横移梁困难这一问题，都认为箱形梁的机臂是可以承受扭矩的。只因这种大型轨行式机械受限于限界、轴重、稳定性等因素，设计过程中各个部件的形状、尺寸等的限制又矛盾重重，无暇顾及这一问题，从而一拖就是30年。1991年6月，铁道部建设司在京召开铁路工程建设"八五"技术进步规划论证会，与会专家认为必须研制新一代的架桥机，其关键则是要解决横移梁(或称空中移梁)的问题。后由建设司立项，1992年7月，武汉工程机械研究所、武汉工程机械厂、铁一局与长沙铁道学院四方联合，利用铁一局在厂大修的胜利型架桥机，进行模拟空中移梁试验成功。1992年8月，由中国铁路工程总公司在京主持召开了JQ130型新一代单梁式简支架桥机技术设计审定会，之后又生产了JQ160、TJ165和DJK140型。这类架桥机的出现，极大地提高了架梁作业的生产率和安全性。

由于我国高速铁路的发展与建设，普通铁路线路相应减少，加之有些铁路桥梁的运输架设无须在既有运营铁路上过轨运输，因此，专用铁路架桥机的使用逐渐减少。

11.4 典型设备结构组成及工作原理

纵观我国几十年来桥梁的发展历程，桥梁设计的革新与架梁设备的发展始终是相伴而行的，技术相互促进，相互发展进步。当前，预制梁整孔架桥机的种类繁多，本节将着重介绍适用于公路桥梁的几种典型预制梁整孔架桥机和普通铁路架桥机TJ165的主要结构和工作原理。

11.4.1 双导梁公路架桥机

双导梁公路架桥机是目前公路工程建设中最为典型和广泛使用的一种架梁设备,起重量为80~180 t,主要用于公路桥梁30~50 m跨度的预制T梁和小箱梁整片简支架设。图11-3为双导梁公路架桥机结构图。架桥机能适应多种梁型架设作业,能实现自行纵移过孔,在允许跨度范围内变化跨度,能架设曲线梁、斜交梁(桥梁与桥墩成斜交角度),吊梁、移梁、定位、安装一次连续完成。

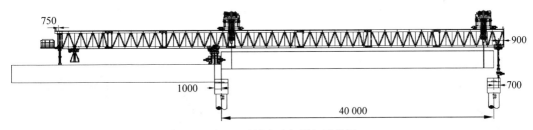

图11-3 双导梁公路架桥机结构图

本节以DF40-160型双导梁公路架桥机为例进行说明,该型架桥机的最大架设跨度为40 m,最大架梁梁重160 t。

1. 主要构造

双导梁公路架桥机一般由前支腿、中支腿、起重天车、主梁、过孔托辊、后支腿、电气系统、液压系统、安全监控系统等组成。架梁时,架桥机始终处于水平状态,通过增加刚性垫墩来实现纵坡和横坡的转换。

1)前支腿

前支腿是架桥机的前端支撑机构,工作时支撑于前方桥墩上,过孔时随主梁前移到前方桥墩上。主要由前支腿结构、下横梁、顶升油缸、横移台车、横移轨道、液压系统等组成。图11-4为公路架桥机前支腿结构图。

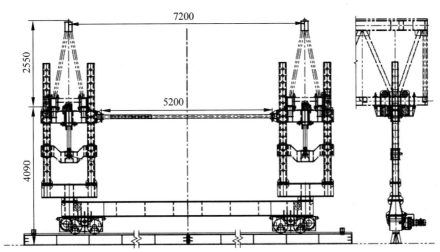

图11-4 公路架桥机前支腿结构图

前支腿下部一般都设置有一条主横梁,主横梁上部安装有立柱横梁,立柱横梁与内套管通过螺栓连接,内套管分别与油缸上下横梁通过销轴连接,油缸上横梁与主梁通过双头螺栓与主梁下弦在架梁状态时锚固成一个整体;油缸上横梁在主梁两侧安装有四个吊挂,当前支腿需要调整架设梁长时,可驱动吊挂到相应位置;油缸上下横梁通过油缸连接成一个整体,当需要调整前支腿高度时，可伸缩油缸，由油缸下横梁带动内套管，循环调整前支腿高度；主横梁下部安装有走行轮箱，走行轮箱支撑在横移轨道上，横移轨道在架梁时，下方支垫硬枕木，支垫尺寸为 1 m 之内，主梁的水平度可通过液压油缸或下方垫枕木来实现；前支腿下走行轮箱安装于横移轨道上，前支腿下走行轮箱与中支腿下走行轮箱配合可实现整机横移。

在架梁状态时，一定要保证前支腿销轴受力，不能让油缸受力。

2）中支腿

中支腿是架桥机的主受力和功能支腿，过孔需要，架梁也需要，主要包括托辊梁、纵移机构、悬挂装置、中支腿结构、横梁、横移台车、横移轨道、油缸、液压系统、锁紧装置、旋转装置等。图 11-5 为公路架桥机中支腿结构图。

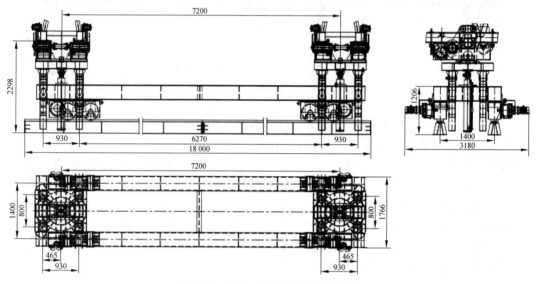

图 11-5　公路架桥机中支腿结构图

托辊梁用于支撑架桥机主梁，纵移机构为架桥机过孔提供动力，通过纵移机构驱动主梁向前移动，来带动架桥机前移过孔；支腿结构上部连接托辊梁，下部与横梁连接，支腿结构中安装有旋转装置，可使架桥机做旋转运动，实现架桥机的曲线架梁功能；横梁下部安装横移台车，用于架桥机横移。

锁紧装置的作用是在架桥机架梁时，将纵移托辊与主梁下弦锁紧；中支腿还配置有两个液压油缸，根据架设桥梁的纵坡来调整后支腿高度。

中支腿配置有两条横移轨道，用于架桥机横移时走行支撑，轨道端部设置止挡安全装置。架梁时，要求两条轨道水平，两条轨道的平行度误差应≤10 mm，中支腿的两条轨道与前支腿的轨道平行度≤50 mm；中支腿的横移轨道下方支垫硬枕木或钢支墩，支垫间距需小于 1 m，架桥机的水平度可通过液压油缸或下方垫枕木来调整实现，要求支垫物的强度良好，在承压下，不得有损坏。悬挂装置，带动中支腿向前或向后运行，方便调整中支腿的站位位置。

3）起重天车、吊具

起重天车是架桥机的起重机构，主要由天车结构、走行机构、起升机构等组成。起重天车的纵移走行轨道设置在主梁上，与主梁上弦焊接成一个整体。天车的纵移轮箱与天车主承重梁用螺栓连接成一个整体，天车主承重梁上焊接有走行轨道，横移小车放置于走行轨道上，并能沿走行轨道左右走行；横移小车上装配有定滑轮组，定滑轮组通过钢丝绳把动滑轮组和吊具连接成整体；起重天车吊具根据所吊梁的宽度不同，选择不同的间隔，起吊前要保证预制梁水平。天车纵移机构每侧有 2 个走行轮,天车横移小车每侧有 2 个走行轮。起重天车吊装预制梁片可以通过纵向和横向移动,来将梁片安装到预定位置。图 11-6 为公路架桥机起重天车及吊具结构图。

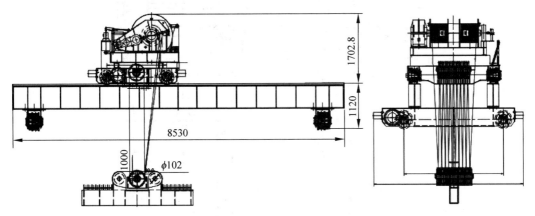

图 11-6 公路架桥机起重天车及吊具结构图

4）主梁

双梁架桥机的主梁由两根桁架梁（俗称"主梁"）及连接主梁的前、后连接杆组成。主梁是架桥机的主要承载、受力构件,主要承受起重天车的运行载荷,并通过主梁将载荷传到支腿及地面支撑上。主梁上弦上方设有轨道,供起重天车纵移走行。每根主梁的前后端头均设置有刚性车挡,刚性车挡通过螺栓与主梁连接。主梁下弦是主梁纵移、移动支点的纵行轨道。主桁架梁一般为三角形结构,每根主梁由若干个标准节段和非标准节段组成,方便运输和安装。节段之间通过销轴连接。主梁两端设有横向连接杆,以增加主梁的横向稳定性,有特殊要求时,根据稳定性要求,可在两主梁中间增加可开合式的横向连接杆。一般一侧主梁上设置有人走行道,允许人员到达设备的前支腿,通过前支腿下到前方盖梁。图 11-7 为公路架桥机主梁结构图。

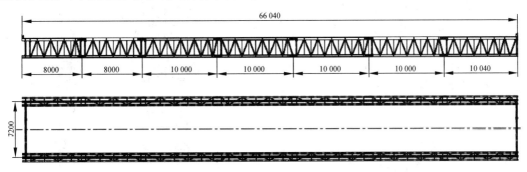

图 11-7 公路架桥机主梁结构图

5）过孔托辊

过孔托辊为架桥机架梁时的辅助支腿、过孔时的临时支撑支腿。架桥机的整机一般配置有两台过孔托辊,每根主梁下各安装一台,每台过孔托辊均由上横梁、内外套柱、加高节、托辊吊挂、液压系统、油缸、泵站等组成。过孔托辊的设计高度根据所架梁的高度尺寸及中支腿的高度来确定。架桥机过孔时,过孔托辊与中支腿配合推动主梁向前移动。架梁时,要把过孔托辊纵移轮箱与主梁下弦锚固,并确保销轴受力。图 11-8 为公路架桥机过孔托辊结构图。

6）后支腿

后支腿是架桥机的尾部支撑支腿。过孔

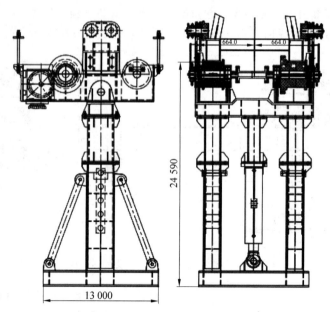

图 11-8 公路架桥机过孔托辊结构图

时,与架桥机前支腿共同支撑整机自重,供中支腿和过孔托辊纵移变换站位位置。后支腿主要由内套管、下支座、下导向梁、上支撑梁、油缸、泵站等组成。油缸底部通过螺栓与上支撑梁连接,通过销轴与下导向梁连接。当需要调整高度时,通过油缸伸缩带动导向梁,导向梁拉伸内套管,来实现后支腿的高度调节。图 11-9 为公路架桥机后支腿结构图。

7)电气系统

电气控制参与完成动作的主要有 3 个系统:前天车控制系统、后天车控制系统、支腿控制系统。主要包括大车走行、小车走行、起吊部分、中支腿的纵横移和转向、前支腿的纵横移、过孔托辊的纵移、主梁的纵移等。整机的操作方式为遥控操作和面板操作。遥控操作指的是通过遥控器来对机构进行控制。每种模式下对应 3 段速度。面板操作为遥控器系统故障后的应急操作,设有低速、中速和高速 3 种模式。在架桥机司机室的操作平台上设置有警示灯,在一些危险情况下,对架桥机做出预警。电气控制显示装置用于观察架桥机在作业时的每个部分能否正常工作,操作架桥机作业的操作按钮以及急停按钮等。

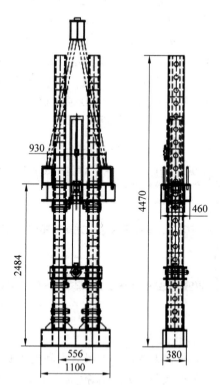

图 11-9 公路架桥机后支腿结构图

8)液压系统

架桥机的液压系统主要由液压泵站、液压油缸及一系列管路和液压元件等组成。泵站作为油缸的动力源。前支腿、中支腿、过孔托辊和后支腿均设置有油缸,通过油缸的伸缩来完成支撑和横移作业。在纵坡上,顶升油缸调节架桥机主梁的水平状态和架桥机的作业高度。每只油缸都装有平衡阀,用来锁定油缸并使油缸动作平稳。换向阀为手柄操作阀,可根据扳动手柄的行程来控制油缸的速度。支腿横移油缸驱动架桥机横移,在架桥机制动停止后液压锁死,以免架桥机在停车后因支腿移动而发生事故。后支腿油缸在中支腿纵移时降落,顶在梁上,支撑主梁以免下挠过大。中支腿油缸在架桥机横移时升上去,在横移结束后落下。

9)安全监控系统

架桥机的一些关键运动部件均须安装机械、电气限位装置,如主梁的两端、起重小车的起升下降等。限位开关动作后,可以先于机构动作停下相关运动。架桥机的尾部、司机室等地方需安装急停按钮,在遇到紧急情况时按下急停按钮,切断电源停车。在卷扬机卷筒上安装传感器,以检测卷筒的速度,若卷筒失速,则卷扬机断电,起吊机构紧急制动。在天车上设置超载传感器,在架桥机超载后,吊钩只能降落不能上升。安装风速报警器,当风速大于设计值时,断电停车。

2. 架桥机的配套运梁车

常规公路架桥机的配套运梁车一般为轮胎式运梁车,俗称运梁炮车,由两个分别独立的运行机构(主车、副车)组成。主车为整车提供驱动力,设置有转向机构和制动机构,一般都设有多个前进挡和后退挡。副车由单缸柴油机为液压转向提供动力。运梁炮车兼有运梁和给架桥机喂梁的功能。图 11-10 为公路架桥机的配套运梁车施工图片。

3. 主要技术参数

双导梁公路架桥机的主要技术参数包括起重量,起升、纵移速度,跨度,起升高度,横移速度,适应风速(过孔、架梁),弯曲半径,整机质量,总功率,适应梁型(箱梁、T 梁)等。下面以 DF40-160 型双导梁公路架桥机为例,列举其主要技术参数(表 11-1)。

图 11-10 公路架桥机的配套运梁车

表 11-1 DF40-160 型双导梁公路架桥机的主要技术参数

项 目	参 数
总质量	142 t
额定架设能力	80 t+80 t
起升高度	6 m
最大跨度	40 m
最大工作风压	250 N/m²
最大非工作状态风压	800 N/m²
最大工作纵坡	±5%
最大工作横坡	±5%
空载起升速度	0~1(±10%)m/min
重载起升速度	0~1(±10%)m/min
横移速度	0~3 m/min
天车纵移速度	0~5 m/min
整机过孔速度	0~2 m/min
最大额定功率	30 kW
架梁曲线半径	≥350 m
适应梁型	公路 T 梁、箱梁
喂梁方式	尾部运梁车喂梁

4. 作业流程

双导梁公路架桥机的作业流程主要分为两部分:架梁作业和架桥机的纵移过孔。

一般双导梁公路架桥机的架梁基本施工工艺为铺设轨道→拼装架桥机→前移落支腿→喂梁→天车吊梁→纵向移梁→落梁→横移梁→安装支座→落梁→松绳→结束。下面对架桥机的架梁作业流程进行具体介绍。

(1)前、后运梁车运梁进入架桥机内,前、后起重天车运行到图 11-11 所示位置。

(2)前起重天车提梁,与后运梁车一起同步向前运行,运行到后起重天车的提梁位置停止,如图 11-12 所示。

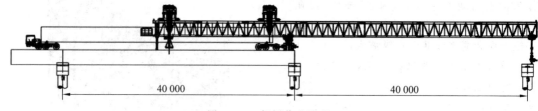

图 11-11　架梁作业流程 1

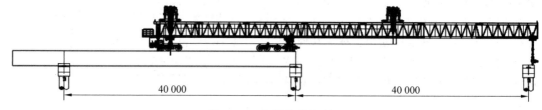

图 11-12　架梁作业流程 2

(3) 后起重天车提梁，前、后起重天车同时提梁向前运行，如图 11-13 所示。

(4) 前、后起重天车同时落梁至盖梁上，一片梁架设完成，如图 11-14 所示。

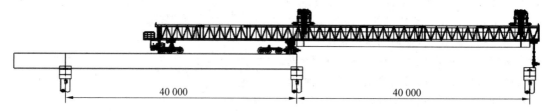

图 11-13　架梁作业流程 3

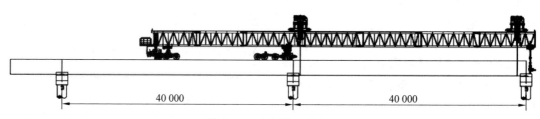

图 11-14　架梁作业流程 4

一般情况下，公路架桥机可适应 20～40 m 的跨度预制 T 梁和小箱梁。架设不同跨度的梁时，架桥机各支腿的位置也不同。图 11-15 为架设 20 m 梁时各支腿与主梁的相对位置图；图 11-16 为架设 25 m 梁时各支腿与主梁的相对位置图；图 11-17 为架设 30 m 梁时各支腿与主梁的相对位置图；图 11-18 为架设 35 m 梁时各支腿与主梁的相对位置图；图 11-19 为架设 40 m 梁时各支腿与主梁的相对位置图。

架桥机在架设完单片梁之后整机横移，架设剩余的梁片。在架设边梁时，架桥机先在指定位置就位，待天车将梁片运到桥跨上面后，吊梁小车横移，调整梁片的位置，落梁就位。图 11-20 为架桥机前支腿边梁架设结构图；图 11-21 为架桥机后支腿边梁架设结构图。

在完成当前整跨的架梁任务后，架桥机就要纵移过孔至下一跨的位置处，进行下一跨梁的架设工作。下面以 40 m 跨度为例，对架桥机的纵移过孔作业流程进行具体介绍。

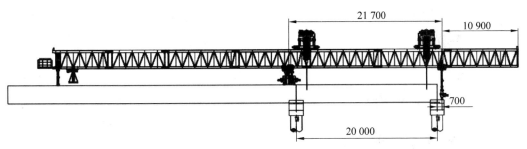

图 11-15　架设 20 m 梁时各支腿与主梁的相对位置图

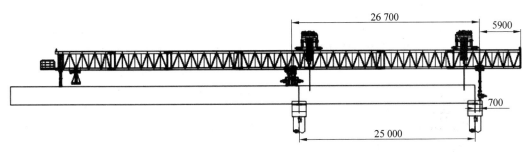

图 11-16　架设 25 m 梁时各支腿与主梁的相对位置图

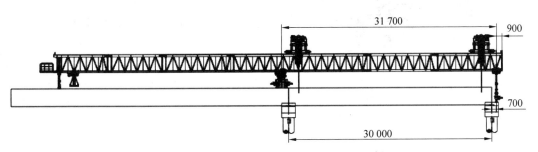

图 11-17　架设 30 m 梁时各支腿与主梁的相对位置图

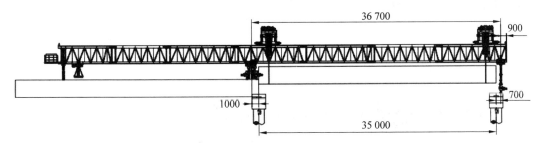

图 11-18　架设 35 m 梁时各支腿与主梁的相对位置图

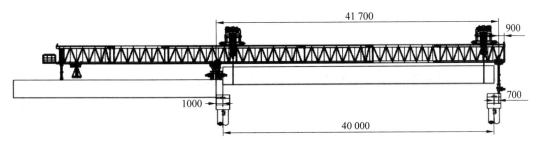

图 11-19　架设 40 m 梁时各支腿与主梁的相对位置图

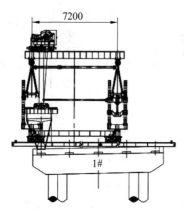

图 11-20　前支腿边梁架设结构图

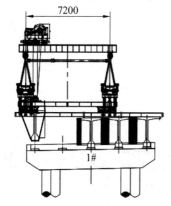

图 11-21　后支腿边梁架设结构图

（1）架桥机准备过孔。此时要拆除中支腿、过孔托辊与主梁的锁定装置，并放在易取、安全的地方，架桥机整机横移到能顺利过孔的一幅桥的大概位置，如图 11-22 所示。架桥机各部位安排专业人员盯控。（注意：调整主梁过孔时前端上翘，控制在 1% 以内，不准下挠。）

（2）后支腿支撑，过孔托辊收起油缸，向前纵移 18 m，移动到位后过孔托辊下方须垫实，如图 11-23 所示。（注意：后支腿支撑时，下方一定要垫实垫平，确保销轴受力。）

（3）确认过孔托辊下方垫实垫平后，保证托辊销轴受力起支撑作用。中支腿收起油缸，可带着半幅横移方钢向前移动 40 m，到达前支腿后方，横移方钢下用枕木垫水平垫实，摆正中支腿位置，如图 11-24 所示。（如果边梁预留挡墙钢筋过高，则可先用前起重天车吊着中支腿横移方钢到指定位置，下面用枕木垫实垫水平后，中支腿再自走行到位，伸出油缸与横移方钢触实，与主梁触实；如果是架设曲线桥，则中支腿横移方钢的位置需以前支腿横移方钢的位置为参照摆放，且与前支腿横移方钢的平行度误差小于 50 mm。）

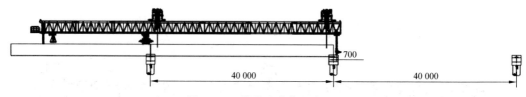

图 11-22　纵移过孔作业流程 1

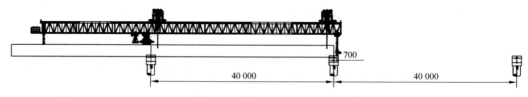

图 11-23　纵移过孔作业流程 2

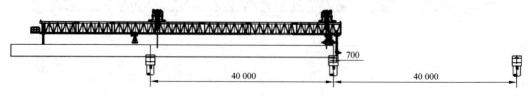

图 11-24　纵移过孔作业流程 3

(4) 前、后起重天车运行到过孔托辊上方,如图 11-25 所示。(注意:需要保证中支腿和过孔托辊下方都要垫实垫平,并保证销轴受力。)

(5) 后支腿收起油缸,前支腿收起油缸悬空,过孔托辊和中支腿一起推动主梁向前纵移 18 m,如图 11-26 所示。(前支腿可携带 18 m 轨道一起前行。)

(6) 后支腿和中支腿支撑,过孔托辊前行 22 m,前、后起重天车也随着向前移动 22 m,如图 11-27 所示。

(7) 主梁再次向前纵移之前,需考虑到整机抗倾覆稳定性的要求,通过计算,先让运梁车运梁进入架桥机内,再起重天车提梁作为尾部配重,如图 11-28 所示。

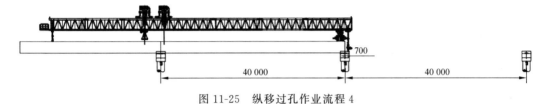

图 11-25　纵移过孔作业流程 4

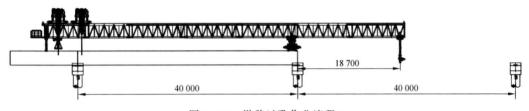

图 11-26　纵移过孔作业流程 5

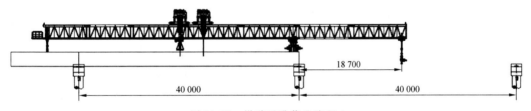

图 11-27　纵移过孔作业流程 6

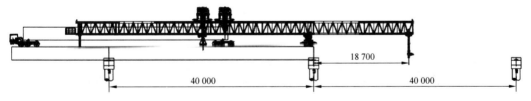

图 11-28　纵移过孔作业流程 7

(8) 中支腿和过孔托辊一起推动主梁向前纵移 22 m,前支腿到达前方盖梁,支撑前支腿,过孔完成,如图 11-29 所示。(前支腿到位后,轨道下方垫实垫平,调整与盖梁架设匹配的尺寸,并保证轨道水平,误差不超过 0.5‰,同时调整中支腿轨道与前支腿轨道的平行度,前、中支腿轨道平行度误差小于 5 cm。)

5. 架桥机安装

1) 准备工作

依照设备使用说明书及其他有关出厂技术文件,了解设备组成、结构特点,准备组装场地、机具和人力,明确具体组装任务。负责设

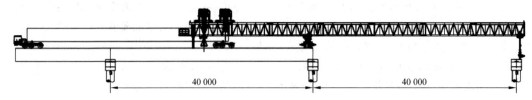

图 11-29　纵移过孔作业流程 8

备组装的人员必须经过批准和培训,允许操作起升装置和相关设备,并必须遵守有关人员的安全保护规定。架桥机现场安装必须统一指挥,要有严格的施工组织及安全防范措施,在拼装前要根据人员、设备和场地编制安全合理的安装方案。

架桥机经长途运输到达工地后,应首先检查以下事项。

(1) 检查清点各构件、连接件、机电设备总成部分、电气元件及电缆数量是否符合,结构和机电元件是否完好无损。

(2) 检查各连接部位有无损伤变形的情况,各部螺栓和销子有无脱落、丢失、损坏等情况,应注润滑油部位是否已注润滑油或润滑脂等。

(3) 清理各部件特别是运动机构的附着杂物,以达到整洁的目的。

(4) 检查电缆是否安全、可靠,须无断路和绝缘损坏现象。

(5) 起升设备和相关部件(绳索、链条、带子、吊钩等)是否满足所吊载荷的要求,并留有必要的富余度。

2) 组拼安装

架桥机要求在无风无雨、天气晴朗、光线良好的环境拼装。一般情况下,在桥头路基上完成拼装。拼装场地要有一定的工作面,还要有足够的大小。地基要有足够的承载力,要能满足架桥机安装及试运载荷的要求。场地可以设置纵坡,但要求平顺,且纵坡不能超过1%。利用汽车吊和叉车,将架桥机部件搬运并安全地存储到装配场地的存储区域。在设备部件的底部应加垫木料,以降低设备重量对道路造成的损坏,同时也避免对设备本身造成损害。架桥机部件的装配和支立顺序应严格按照安装方案所描述的步骤进行。下面以DF40-160型双导梁公路架桥机为例,介绍按适应 40 m 跨度工作的架桥机组装过程。

(1) 按尺寸在路基端头放置中支腿横移轨道,并保证横移轨道水平。横移轨道下方用枕木垫平,在横移轨道上拼好中支腿,过孔托辊在相距中支腿中心 16 m 处放置,两侧过孔托辊也要求水平放置,中支腿和过孔托辊的吊挂先不安装,如图 11-30 所示。

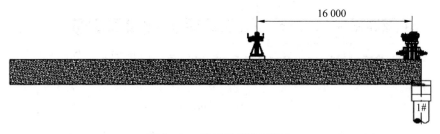

图 11-30　架桥机拼装步骤 1

(2) 在路基上把架桥机前端两侧的主梁安装成一个整体,然后按图 11-31 所示的位置分别吊装到过孔托辊和中支腿上。主梁前端与中支腿中心相距 2.74 m,主梁和支腿用压板锁死,防止滑动,并装好前框架。接下来安装中支腿和过孔托辊的吊挂,并通电保证吊挂能正常运行,之后安装中支腿和过孔托辊的泵站,保证中支腿和过孔托辊的油缸能正常伸缩。

(3) 拼装前支腿。前支腿中心与前端相距 0.9 m。先在前方盖梁安装前支腿横移轨道。

图 11-31　架桥机拼装步骤 2

前支腿轨道下方要用枕木垫实,要求横移轨道水平,然后整体吊装前支腿,并安装在横移轨道上。前支腿用压板与主梁下弦锚固,安装前支腿泵站,并保证前支腿油缸伸缩正常。前支腿拼装好后,要注意前支腿的稳定性,要用钢丝绳把前支腿与盖梁锁紧,如图 11-32 所示。

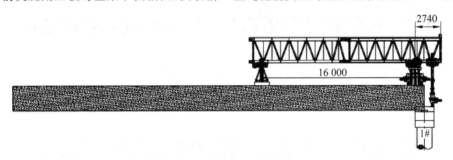

图 11-32　架桥机拼装步骤 3

(4) 在路基上,用汽车吊拼装两侧的两节主梁,然后分别安装在架桥机已安装好的主梁上,要保证主梁间的中心距,并注意各支腿的稳定性,如图 11-33 所示。

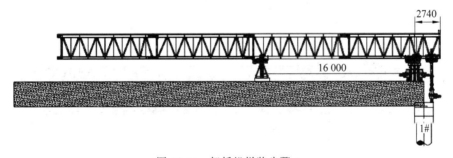

图 11-33　架桥机拼装步骤 4

(5) 分别交替顶升过孔托辊、前支腿油缸和中支腿油缸。中支腿和过孔托辊沿着主梁分别向前运行 20 m。各支腿站位如图 11-34 所示,在交替换腿时,注意各支腿的稳定性,并要安排专业人员盯控。

(6) 利用汽车吊拼装架桥机尾部两侧的最后三节主梁,并安装主梁后连接杆,如图 11-35 所示。

(7) 利用汽车吊拼装后支腿及配电柜平台,如图 11-36 所示。

(8) 安装前、后起重天车,如图 11-37 所示。

(9) 连接好架桥机其他各部位的电路和液压管路后,试运行各机构,运行正常后,各支腿调节至如图 11-38 所示位置,准备过孔。

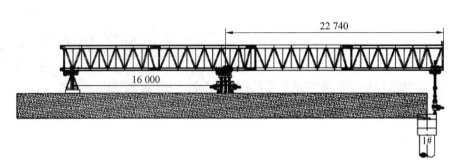

图 11-34 架桥机拼装步骤 5

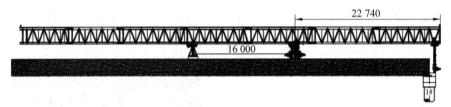

图 11-35 架桥机拼装步骤 6

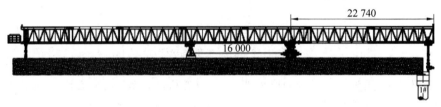

图 11-36 架桥机拼装步骤 7

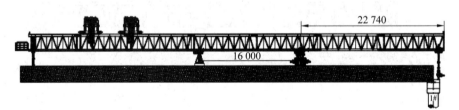

图 11-37 架桥机拼装步骤 8

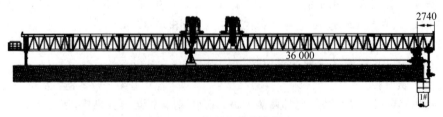

图 11-38 架桥机拼装步骤 9

3) 安装注意事项

(1) 组装时,对各连接部位、运动机构有无不整洁、附有杂物情况进行检查,若有则应认真检查清理干净后,再进行组装。

(2) 在吊装时,选用汽车吊或龙门吊作业时,应由专人指挥吊机作业。

(3) 安装支腿过程中,要测量各支腿间的平行度,保证各支腿的托辊中心在一条直线上,误差小于 5 mm。

(4) 在横移台车落在横移轨道上后,应用硬木楔或铁挡头固定横移走行梁,防止滑行移位。

(5) 在安装主梁前,应对主梁各节段进行编号,以免出错。

(6) 在安装主梁和交替换腿的过程中,要注意各支腿的稳定性,并安排专业人员盯控。

(7) 在组装前支腿与走行机构后,应及时用缆风绳将前支腿拉紧,同时用圆木将前支腿顶死,防止前支腿前后摆动,使其站立稳定。

(8) 在支腿顶升作业完成后,应及时插好固定销。

(9) 组装架桥机系高空作业,要注意防止事故发生,冬季、雨天、雾天更应注意。

6. 架桥机调试及试验

1) 调试

(1) 检查所有栓接和销接的部位,确保连接可靠。

(2) 检查所有动力设备以及电气控制元器件和线路是否良好,若有问题,则应即时处理。

(3) 检查所有液压元件和管路是否良好,若有问题,则应及时处理。

(4) 加注润滑脂、齿轮油和液压油。

(5) 点动液压泵,无误后进行空载运行。检查管路、阀门连接是否可靠,仪表是否正常。

(6) 操纵各油缸空载起升、降落,检查其单动、联动是否可靠。

(7) 点动单台起重天车进行运行、起落动作和两台同步联锁动作,无误后方可进入空载单动和空载联动。

(8) 分别顶升前支腿、中支腿、过孔托辊和后支腿油缸,使前支腿、中支腿车轮分别离开轨面约 10 mm,点动横移台车动作,然后进行联锁无负荷动作,无误后可落下油缸,进行整机空载横移运行。

2) 空载试验

(1) 启动起重天车卷扬机,上下升降运动,检查卷扬机的运转状况是否正常。

(2) 起重天车在横梁上做横向往复运动,检查起重天车的运行情况。

(3) 起重天车在主梁上做纵向往复运动,检查起重天车的运行情况。

(4) 起动前支腿及中支腿,横移台车在横移轨道上做往返运动,检查整机运行的平稳情况,同时应派专人负责观察横移轨道情况。

(5) 检查行程限位、制动器等工作情况。

3) 静载试验

支撑好前支腿、中支腿,收回后支腿油缸,准备静载试验。

(1) 静载试验应以额定起重量的 1.25 倍的负荷进行试验。

(2) 前、后起重天车分别位于纵导梁前、中支腿中部,并于天车横梁跨中试验。逐渐加负荷做起升试运转,直至加至额定起重量后,起重天车在横梁上横向往返数次,之后在主梁上纵向往返数次,各部分应无异常现象,卸去负荷后,结构应无异常现象。

(3) 前、后起重天车分别位于主梁前、中支腿中部,并于天车横梁跨中无冲击地起升 1.25 倍的载荷,在离地面高度 100~200 mm 处,停留时间不应小于 10 min,并应无失稳现象,卸去负荷,将前、后起重天车开至中支腿处,检查金属结构,且应无裂纹、焊缝开裂、油漆脱落及其他影响安全的损坏或松动等缺陷。

(4) 检查架桥机主梁及天车横梁的静刚度,静刚度应符合要求。

4) 动载试验

(1) 动载试验负荷为额定起重量的1.1倍。

(2) 起重天车吊重在横梁上横向运行,起重天车在主梁上纵向运行,整机在横移轨道上运行,累计启动和运行时间应不小于1 h。检查各部分及整机运行的稳定性。

(3) 进行落边梁试验,记录极限尺寸。

11.4.2 跨海大桥1300 t公路架桥机

1. 概况

跨海大桥由于特殊的海洋环境,桥梁梁型设计以大型箱梁为主,以达到抗腐蚀性好,使用寿命长的目的。我国已建成的上海东海大桥、杭州湾跨海大桥等引桥均为大型箱梁。在水深允许的条件下,采用大型起重船进行整孔安装架设,在浅水和海滩区域,起重船无法架设的情况下,必须采用架桥机架设。由于大型箱梁跨大、梁重大,因此架桥机也十分庞大。杭州湾跨海大桥南岸引桥50 m预应力混凝土箱梁,单片梁重1430 t,采用意大利DEAL公司生产的LGB1600型架桥机架设。浙江杭甬高速公路复线宁波东线海域50 m预制混凝土箱梁,单片梁重1800 t,采用中铁科工生产的"越海号"1800 t架桥机架设。

浙江省三门湾大桥由中铁大桥局施工,该工程为40 m预应力混凝土箱梁,单片梁重1263 t,采用中铁科工生产的JQ1300型架桥机架设。下面以该型架桥机为例,介绍跨海大桥大型箱梁架桥机。图11-39为JQ1300型架桥机在三门湾大桥架梁施工的图片;图11-40为YL1300型运梁车在三门湾大桥运梁施工的图片。

图11-39 JQ1300型架桥机在三门湾大桥架梁

图11-40 YL1300型运梁车在三门湾大桥运梁

2. JQ1300型架桥机的主要技术参数(表11-2)

表11-2 JQ1300型架桥机的主要性能参数表

序号	名　　称	参　　数
1	额定起重量	1300 t(双小车)
2	架设梁型	40 m预制箱梁
3	最小架设曲线	4500 m
4	最大架设纵坡	20‰
5	整机工作级别	A3
6	过孔方式	步履式过孔
7	吊装方式	四点起升、三点平衡
8	起升高度	7.5 m
9	起升速度	0.1~0.5 m/min(重载); 0.1~1 m/min(空载)
10	小车走行速度	0.1~2.5 m/min(重载); 0.1~5 m/min(空载)
11	小车横移速度	0~1.0 m/min(重载); 0~2.0 m/min(空载)
12	作业速度	≤4 h/片
13	架桥机过孔速度	0~3 m/min
14	整机质量	1200 t
15	整机配电功率	550 kW(自发电)
16	整机外形尺寸 (长×宽×高)	97.4 m×28.6 m×14.5 m
17	最大部件运输质量	25 t
18	起吊冲击系数	1.05
19	起升钢丝绳安全系数	6
20	吊杆拉伸应力安全系数	5
21	结构强度计算安全系数	1.5
22	机构传动零件安全系数	1.5
23	抗倾覆稳定系数	≥1.79

3．架桥机的材料

（1）主要钢结构(含机臂、各支腿及小车结构架)使用材料：Q345C,其余构件不低于Q235A。

（2）滑轮：Q345C(热轧)。

（3）链轮：40Cr。

（4）轴：40Cr,42CrMo。

（5）吊杆：40CrNiMoA。

4．架桥机的组成

JQ1300型步履式架桥机主要由主梁、起重小车、前辅助支腿、前支腿、中支腿、后支腿、牵引机构、电气系统、液压系统、动力系统、走台爬梯等构成。图11-41为JQ1300型架桥机结构图。JQ1300型步履式架桥机的架梁作业原理：架桥机后支腿外翻→四台运梁车载梁驶入→二次纵移喂梁就位→架桥机后支腿下落，上层框架支撑在后运梁车纵梁上→架桥机主、副起重小车同步吊梁前行至前方待架跨→收起架桥机后支腿，运梁车空载退出，架桥机后支腿下层框架支撑在桥面上→起重小车横移对位落梁。架桥机通过后支腿、中支腿、前支腿、前辅助支腿和起重小车配合，来完成架桥机主机的过孔和变跨。

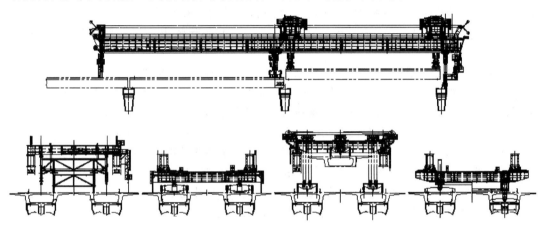

图11-41　JQ1300型架桥机结构图

1）主梁

主梁为双箱梁结构。全长91.9 m,箱梁高3.1 m,腹板中心距2 m。两主梁中心距23 m,节段间采用10.9级摩擦型高强螺栓连接。主梁通体为等截面，前端通过前横梁连接，后端通过后横梁连接。前、后横梁与主梁形成一封闭框架结构。

前横梁与前辅助支腿铰接并作为其承载结构。前、中支腿通过托挂轮系统与主梁形成活动连接。后横梁与后支腿铰接并作为其承载结构。

主梁上方设有起重小车走行轨道。下方设有轨道和耳梁，用于架梁和过孔时前、中支腿的走行。

（1）质量。整体质量：560 t。最大单件质量：25 t。

（2）尺寸。整体尺寸(长×宽×高)：(91.7×25.2×3.2)m。单件最大尺寸(长×宽×高)：(10.5×2.2×3.2)m。

（3）材料。主梁：Q345C。销子：42CrMo。连接螺栓：高强度摩擦型螺栓。通用件、连接件及销、栓、垫和高强螺栓均应符合我国的相关规定。

2）前辅助支腿

前辅助支腿位于架桥机最前端，与主梁的前横梁铰接，形成柔性支腿，作为整机过孔时的辅助支撑。该支腿设计成C形结构，主要由双轴铰座、C形柱、桁架梁、支撑油缸、翻转机构、走台爬梯等部分组成。前辅助支腿配有独立的液压泵站。

前辅助支腿整体质量约15 t,下层支撑中心距为13 000 mm,上层支撑中心距为10 200 mm。

（1）质量：30 t。

(2) 柱体结构尺寸(长×宽×高):(14.05× 4.2×9.76)m。在墩台上的支撑面积:(0.6× 0.6×2)m² = 0.72 m²。

(3) 前辅助支腿中心至桥墩的纵向中心距:1000 mm。

(4) 前辅助支腿的最大垂直载荷:185 t。

(5) 支撑油缸的最大顶升载荷:2×106.5 t。

(6) 升降油缸行程:1300 mm。

(7) 主梁过孔走行到位时主梁前端最大下挠量:340 mm。

(8) 功能实现方式。前辅助支腿的功能是调平主梁纵移过孔时前端的挠度,确保前支腿能够运行到前方桥墩上,该支腿不参与混凝土箱梁的架设作业。

正常架梁过孔时,前辅助支腿C形柱结构通过双轴铰座的主轴与主梁的前横梁铰接,在架桥机主梁纵移到位后,通过其下部的液压油缸支撑在前方桥墩前半部。架设末孔梁过孔时,前辅助支腿C形柱结构通过双轴铰座的副轴与主梁的前横梁铰接,柱体下部由翻转机构带动向上翻折,通过上层桁架液压油缸支撑在前方桥台或已架设桥面上。前支腿过孔前,将前辅助支腿C形柱结构双轴铰座的主、副双轴全部连接到位,使前辅助支腿变成刚性支腿,保证前支腿过孔安全。

3) 前支腿

前支腿支撑在前方墩台前半部支撑垫石上,主要由托挂轮机构、横移装置、横梁、铰支座、门型分配梁、走台爬梯等部分组成。

架梁作业时,前支腿与主梁纵向固定成铰接结构,成为柔性支腿,满足架梁作业支撑要求。纵移作业时,前支腿与机臂之间可相对运动,实现架桥机的步履纵移。

托挂轮机构由托轮、托轮箱、挂轮、挂轮箱、多级均衡梁、铰支座等组成,是架桥机梁、主梁纵移过孔的滚动支撑机构,同时挂轮吊在主梁的耳梁上,通过卷扬拖拉机构来实现前支腿的过孔作业。

横移装置主要由横移平台和横移油缸组成。当架桥机进入曲线段施工时,通过横移油缸带动横移平台移动,实现主梁整体横向移位,以满足曲线架梁的要求。

门型分配梁是前支腿的主要支撑结构,可实现载荷在墩顶两侧支撑位的合理分配。门型结构避免了辅助支腿支撑油缸的干涉。

为防止前支腿倾斜甚至倾覆,在架梁作业时,前支腿与主梁底部锚固。在过孔作业时,前支腿与已架梁片锚固,保证架桥机作业安全。

(1) 质量:90 t。

(2) 柱体结构尺寸(长×宽×高):(26.2× 3.3×8.6)m。在墩台上的支撑面积:(1.0× 0.8×4)m² = 3.2 m²。

(3) 前支腿中心至桥墩的纵向中心距:1050 mm。

(4) 前支腿沿机臂纵向移动的距离:40 m。纵移方式:悬挂走行(纵移拖拉机构驱动)。纵移走行速度:0.1~3.0 m/min。

(5) 前支腿的最大垂直载荷:961 t。

(6) 吊梁横移到位时前支腿一侧铰座的最大垂直载荷:782 t。

(7) 托挂轮系统。托轮的个数:32。托轮的最大轮压:60.5 t。挂轮的个数:32。挂轮的最大轮压:6 t。

(8) 功能实现方式。支腿顶部设有连杆,通过插销与主梁定位座连接,满足架设40 m箱梁时支腿纵向定位。依靠横移油缸来实现主梁的摆头,最小适应4500 mm曲线梁的架设。通过拆除门型分配梁的立柱,将门型分配梁的横梁直接支撑于桥台上,完成末孔梁的架设。

4) 中支腿

中支腿是架桥机架梁和纵移过孔的主要支撑,主要由托挂轮机构、横移装置、横梁、均衡梁和支撑油缸、走台爬梯等部分组成。

中支腿位于主梁中部,两侧上部通过托挂轮机构与主梁连接,下部通过横梁连接在一起,横梁下部两侧各安装2个均衡梁,每个均衡梁有2个支撑油缸。

(1) 质量:110 t。

(2) 立柱中心距:23 000 mm。

(3) 铰座中心距:16 750 mm。

(4) 均衡梁支撑距：6500 mm。
(5) 顶升油缸纵向间距：2500 mm。
(6) 中支腿架梁最大垂直载荷：1628 t。
(7) 吊梁横移到位时，中支腿一侧铰座的最大垂直载荷：960 t。
(8) 顶升油缸的最大顶升载荷：8×110 t。
(9) 顶升油缸的最大锁紧承载载荷：8×250 t。
(10) 顶升油缸的行程：400 mm。
(11) 适应曲线时，中支腿横移量：±400 mm。
(12) 横移油缸的最大推力：120 t。
(13) 横移油缸的行程：840 mm。
(14) 中支腿的纵移速度：0.1~3.0 m/min。
(15) 中支腿的纵移中心距：40 m。
(16) 托挂轮系统。托轮的个数：32。托轮的最大轮压：60 t。挂轮的个数：32。挂轮的最大轮压：8 t。
(17) 功能实现方式。支腿顶部设有连杆，通过插销与主梁定位座连接，满足架设 40 m 梁箱时支腿纵向定位。中支腿下部设有均衡梁，以实现各支撑点的受力均匀，避免梁片因受力不均而受损。架梁作业时，中支腿先支撑油缸顶升到位，再通过抱箍承载，保证重载时油缸不承力。在整机纵移过孔时，中支腿和后起重小车通过连接杆固定连接。在起重小车的驱动下，主梁通过托轮机构走行来实现过孔作业。横梁下部通过螺纹钢锚固在梁片吊孔处，保证整机过孔稳定。在整机纵移过孔时，中支腿纵移到位后，与前辅助支腿配合顶升以脱空前支腿，实现前支腿的走行过孔。依靠横移油缸来实现主梁的摆头，最小适应 4500 mm 曲线梁的架设。中支腿通过安装在主梁上的拖拉机构驱动，来实现自身在主梁下部耳梁上的纵移。

5) 后支腿

后支腿位于架桥机的最后端，与主梁的后横梁铰接，形成柔性支腿，作为架桥机架梁的后承重支腿。后支腿主要由可折叠的双层钢桁架、外侧主支腿、内侧辅助支腿、伸缩油缸、支撑油缸等部分组成。

后支腿有内外两套支腿，外支腿是架桥机的后承重支腿。起吊箱梁时，外支腿支撑在运梁车的后车组上。内支腿是架桥机的后辅助承重支腿，起吊箱梁时，内支腿支撑在桥面上，以降低运梁车的载荷。偏载落梁和整机过孔时，内支腿支撑在已架箱梁的顶面上，以配合其他支腿完成整机过孔。后支腿配有独立的液压泵站。

(1) 质量：35 t。
(2) 后支腿外支腿支撑中心距：16 750 mm。
(3) 后支腿内支腿支撑中心距：8350 mm。
(4) 架梁时，后支腿的最大垂直载荷：917 t。
(5) 过孔时，后支腿的最大垂直载荷：359 t。
(6) 外支腿伸缩柱体最大支撑载荷（内外套筒+插销）：450 mm。
(7) 外支腿油缸的最大顶升载荷：2×476 t。
(8) 外支腿顶升油缸的行程：1600 mm。踩运梁车上时，伸出留有 200 mm 余量，缩 950 mm（考虑下挠 450 mm 左右，留 500 mm 左右间隙）。
(9) 内支腿的最大支撑载荷：2×197 t。
(10) 内支腿油缸的最大顶升载荷：2×205 t。
(11) 内支腿顶升油缸的行程：2400 mm。支撑在桥面上时，伸 200 mm（用于主梁调平的余量），缩 700 mm（留有 250 mm 左右间隙）。
(12) 功能实现方式。

下层桁架翻折时，上层桁架通过外侧主支腿支撑在运梁车大梁上，与中支腿一同构成后跨提梁的支撑。主支腿由顶升油缸、内外伸缩柱、插销组成。顶升油缸仅作为主梁调平之用。吊梁时，通过插销将内外伸缩套锁死，保证顶升油缸不承受吊梁载荷。架桥机偏载落梁时，下层桁架向下翻转并锁死，内侧支腿的支撑油缸撑于桥面上，按计算模型得出的支撑力施加支反力形成柔性反拱，以减小中支腿对桥面的支撑力，避免箱梁因载荷过大而受损。架桥机过孔时，下层框架向下翻折并锁死，内侧支腿的支撑油缸撑于桥面上，作为整机过孔的后支撑。依靠后支腿中内侧支腿的支撑油缸来改变后支腿的长度,最大适应25‰的架梁坡度变化。

6)起重小车

JQ1300型步履式架桥机配有前、后两台起重小车,靠近前支腿的称为前起重小车,靠近主梁尾部的称为后起重小车。起重小车设有起升机构、走行机构和横移机构。每台起重小车均装有两套独立的起升机构。吊梁作业时,通过电气控制系统控制各吊点载荷,以保证箱型梁受载均衡,平稳起落。

起重小车由大车总成、大车走行驱动机构、横移小车、横移驱动机构、起升卷扬系统、动滑轮组、定滑轮组、吊具等组成。

大车的走行轮组不带动力,由链条、链轮驱动机构拖拉走行。每台大车共有32个走行轮。走行由链条牵引,链条在架桥机主梁前后两端固定,每台大车设置两套链条链轮驱动机构,驱动机构由电机、减速机、链轮组成,起重小车在驱动机构的作用下,沿链条在主梁上拖拉运行。

横移机构同样采用链条、链轮驱动机构拖拉走行进行横移,最大横移量为±8650 mm,以满足架设曲线双幅桥的需要。

7)液压系统

JQ1300型步履式架桥机的液压系统根据其结构及使用特点,采用分散式布局,分为前辅助支腿、前支腿、中支腿、后支腿、起重小车五个分系统。各系统分别安装在各自部件附近。

前支腿和后支腿的液压系统均采用开式系统。执行元件主要为左右升降油缸,油缸可同时动作或分别动作。当油缸出现不同步时,可分别进行调整。升降油缸装有平衡阀,可使油缸平稳下降,并使油缸能在任意位置锁定。前、后支腿另配有翻折油缸系统,以满足驮运工况。

中支腿液压系统主要为支撑油缸系统,左右油缸能同时动作或分别动作。

起重小车液压系统为打开盘式制动器的开式回路,由液压泵站、控制元件和执行元件等组成。通过电磁换向阀两个卷筒上的四个制动器提供开启压力。控制两个二位四通电磁换向阀,可以打开或关闭卷筒低速级制动器。换向阀得电则制动器缓解;失电则制动器失压制动。

8)电气系统

架桥机的电气部分包括PLC控制系统、安全监控管理系统。PLC控制系统由司机室主站、前起重小车、前支腿、中支腿和运梁机等子系统的工作站组成。运梁机电气系统作为一个独立的子系统可以单独运行,在喂梁作业时,与架桥机控制系统联网运行,由架桥机电气系统统一控制与管理。控制室的数据管理系统提供完整的人机界面,实时同步显示系统的关键点数据及电气系统本身各部分的工作状态,监视各项安全保护参数的动态变化,提供多媒体声像报警。系统操作以司机操作为主,遥控可辅助操作,并配置专门的紧急停机遥控器。

采用三菱CC-LINK协议总线型网络进行控制。采用LCD屏及声音等多媒体手段同步显示各个电气部分和所监控的结构部分技术参数变化,并向司机提供设备状态,操作确认数据参数,故障提示及报警等信息,具有紧急停机,电气过载,缺相漏电保护等安全装置。设置计算机工况识别,误操作自动判定和预警设施。设置主控计算机故障情况下机位控制装置,可以对吊点重量、风速、整机纵向及横向水平状态的监测和显示。安全监控管理系统可对运行状态、故障自行记录。视频监控系统对主要的关键部位进行监控和记录。电气柜防雨、防尘。电缆为阻燃型,且抗油污侵蚀,电缆都有电缆槽保护。限位开关和传感器适合户外安装,符合我国的有关标准。设置有遥控操作装置,对设备的各项工况可遥控操作。

5. 配套运梁车

架桥机的配套运梁车为YL1300型。运梁车主要由车体、轮组、驮梁台车、动力系统、电气系统、液压系统等组成,采用4车联运方式运梁,驮运的预制混凝土箱梁和机体载荷至少由4片箱梁承载,并且轮组载荷位于箱梁腹板上方附近。图11-42为YL1300型运梁车的结构图。车体采用分组模块化设计,即整机采用4

个单独台车,呈矩形分布结构,如图 11-42 所示,前后车之间通过电子控制实现"软刚性"连接,左右车之间通过驮梁台车的承载横梁连接;前驮梁台车为移动式,支撑在车体上,可以沿前车体的两根纵向轨道运行,而后驮梁台车为固定式,当运梁车载梁驶入架桥机尾部时,运梁车后车组推动箱梁作二次纵移,大大缩短了架桥机的长度。YL1300 运梁车与 JQ1300 架桥机配合能方便快捷地实施运梁和架梁,驮运或转移架桥机,实现了桥间的短途运输。具有液压均衡、走行自动调平的功能,紧急止动的功能,接近障碍物在一定距离时自动停止走行的功能(在运梁车的两端各设置有激光测距仪)。

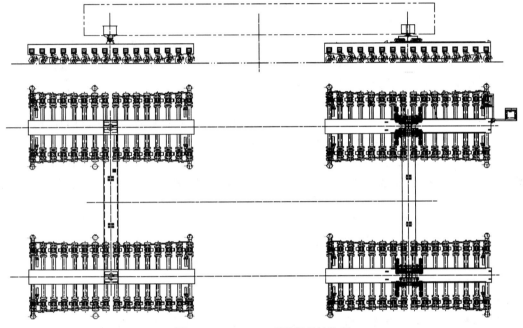

图 11-42　YL1300 型运梁车结构图

1) 车体

(1) 运梁车的主车架是承受和传递载荷的主要部件,由箱形钢梁焊接而成。单个车体总长约 19 m,车体质量约 55 t。

(2) 前车体顶部位于腹板上方的位置设有驮梁台车走行的轨道。

(3) 车架结构具有足够的强度和刚度,以保证运载混凝土箱梁的正常支承。车架结构采取液压悬挂系统,可使所有轮轴均匀受载。承载时,任意轴线间的负荷偏差<5%,以保证全车轮胎载荷分布均匀。

(4) 车体与轮组间采用高强度螺栓加抗剪块的连接形式。高强度螺栓抵抗弯矩,抗剪块抵消竖直力、轮组驱动制动水平力以及扭矩。

2) 走行轮组

走行轮组采用双胎并置的结构形式,每轴线与车体通过单梁形式连接。

(1) 运梁车的轴重、轴距、轮距不超过运梁时所通过结构的允许承载能力。

轮距:6500 mm

轴距:1200 mm

轴重:28.9 t

(2) 轮胎。型号:250-15NHS。尺寸:直径 735 mm,宽 250 mm。轮胎数量:512 个。

(3) 由于采用了液压均衡悬挂系统,因此,运梁车行驶时,每个轮子的受力均匀,承载时任意轴线间的负荷偏差均<5%,同组悬挂油缸的负荷相同,每组悬挂具有位移自动补偿功能,最大升降行程±300 mm。

3) 转向系统

采用连杆转向,最大转角±30°。

(1) 液压控制转向。

(2) 转向模式：连杆转向。

(3) 轮组可以前后和左右摆动,保证运梁车行驶时的每个轮子受力均匀。

(4) 可以在最大负荷时实现转向。

(5) 液压油缸轴承采用免维护轴承。

4) 驮梁台车

(1) 设有两台驮梁台车,前驮梁台车为移动式,支撑在车体上,可以沿前车体的两根纵向轨道运行,而后驮梁台车为固定式。因此,当运梁车载梁驶入架桥机尾部时,运梁车后车组能够推动箱梁作二次纵移(此时前车组固定支撑不动,前驮梁台车与架桥机吊梁小车同步拖梁走行),并能确保箱梁运输到架桥机起吊位。

(2) 前驮梁台车与架桥机吊梁小车同步拖梁走行,完成喂梁作业;驮梁台车运行距离能够满足架桥机吊梁小车起吊箱梁吊点的位置要求。

(3) 为降低运梁车和架桥机的总体高度,提高设备的工作稳定性,运梁车前后承载横梁设计为下凹式曲梁结构。

(4) 后承载横梁与左右独立车体的一端采用球铰连接,一端采用滑块连接,既可以旋转,又可以在一定纵向范围内进行动态调整,以避免左右独立平车由于不完全同步而形成的较大内应力。

5) 伸缩油缸支腿

运梁车进入架桥机尾部,在进行二次纵移喂梁时,随着前驮梁台车的运行,运梁车前车组前端轮组的受力逐渐加大。为避免轮组载荷超限,在运梁车前车组前端设有一组伸缩油缸支腿,以分担前车组前端轮胎在前驮梁台车纵移时增加的部分载荷,同时也承担了由二次纵移所致的纵向水平推力。

架桥机起吊箱梁时,其后支腿支撑在运梁车后车组上,为此,在运梁车后车组该轮组支撑点处设有一组伸缩油缸支腿,以分担后车组轮胎在架桥机起吊箱梁时的部分载荷。

伸缩油缸支腿与车体采用高强度螺栓和受剪板连接,前后伸缩油缸支腿均支撑在已架箱梁的腹板正上方,以确保已架箱梁受力良好。

6) 驾驶室

(1) 驾驶室采用全封闭双驾驶室,视野开阔。

(2) 驾驶室采用安全玻璃,带雨刷器、电喇叭、声光报警灯等附件,座位可调,带扶手,安装了空调,并配有工具箱。

(3) 驾驶室装有液晶显示屏,可以直观显示当前的运行动作及参数。当系统出现故障时,可以发出声光报警,也可以直观地检查出故障的具体位置,所有的动作均可在操作室集中控制。

(4) 前驾驶室能旋转 90°,以保证给架桥机喂梁,并保证运梁过程中有足够的视野。驾驶室底部离地面 1 m。

(5) 驾驶室内的噪声标准≤65 dB。

(6) 两个相同功能的驾驶室分别位于运梁车两端。

7) 动力系统

发动机：能为运梁车自行、支承油缸的液压系统和拖梁台车提供足够的动力。有一定的功率储备。

(1) 发动机型式：V 型 8 缸增压、水冷、全程电控调速的柴油发动机。

(2) 型号及生产厂家：德国 BF8M1015CP 型道依茨柴油发动机。

(3) 额定输出功率(SAE 标准)：4×360 kW。

燃油箱容量为 1.5 m^3,燃油箱容量可满足运梁车 14 h 连续工作。

传动系统：液压驱动,先导控制,具有用 PLC 控制方法控制的自动驾驶系统和人工驾驶系统。

8) 液压系统

液压系统由以下部分组成：液压走行系统、液压转向系统、均衡系统、液压制动系统、液压散热系统、液压支腿系统。设有液位、油温显示,液压器堵塞报警装置。当液压管路爆裂时,所有油缸锁闭,驱动轮制动,运梁车处于安全状态。当某一轮胎爆裂时,系统通过截止阀切断该轮组油路,运梁车仍能运行。系统设计的溢流压力为 35 MPa。

9）电气系统

（1）运梁车电气系统的核心部分采用了进口的、专为工程移动车辆设计的控制器，使得运梁车具有操纵灵活、转向速度快（转 20°仅需 2～3 s）、系统稳定可靠等特点。采用 CAN 总线 1939 协议采集发动机的运行数据并控制发动机转速。采用先进的 CAN 总线绝对值编码器，精确测量每组轮胎的转向角度。运梁车安装了一套自动防跑偏系统，工作过程如下：当运梁通过桥面时，沿桥面画一条识别线，安装在运梁车前后车体位置的智能传感器检测到识别线，自动分析出此线偏离车体中心线的方向，并将分析出的偏移数据传输给控制系统，该控制系统根据偏移数据自动调整轮胎转向。在运梁车前后各安装有一个防撞预警装置，当运梁车将要驶入危险区域时，提前给控制系统预警，防止撞击前方障碍物。由于整个系统在一套精密计算好的软件下协调工作，因此可使得运梁车及其箱梁安全快速的运行。

本系统包含以下安全保护系统：①过载保护；②马达及油缸欠压保护；③电源欠压保护；④走行跑偏报警及自动停车保护；⑤轮组转向异常保护；⑥限位保护。

（2）电压：控制系统和照明采用直流 24 V 供电。另配 5 kW 的柴油发电机，供司机室空调。

（3）全套设备电力线路布置合理、安全可靠。电缆采用线号标识、航空插头。

（4）电气控制元件制造商主要为法国施耐德产品，性能稳定、质量可靠。控制系统设有可编程控制器。

（5）在驾驶室内、车体右前、左后侧面各设置一个紧急停车按钮。在紧急情况下，运梁台车所有的操作均可以通过急停按钮停机。

（6）运梁车设置故障报警装置。运梁车配备有防撞系统，在运梁车前后端设置防撞预警装置，防止与前方障碍物发生碰撞。设置有足够数量的警示信号，并设置拖梁台车运行限位装置。

（7）电气系统结构。①主控部分：以 PAC（可编程自动控制器）为核心的工作站。运梁时作为一个独立的系统工作。当给架桥机喂梁时，由架桥机司机室统一操作。②操作部分：运梁车走行时，走行、转向均采用手柄控制，无级调整。其中方向手柄与转角检测组成闭环控制系统，以保证控制的精度。走行马达采用无级调速，以保证速度的平稳性。整机走行速度也在检测范围，可显示在触摸屏上。运梁车驮运台车拖拉采用交流变频调速技术，当与架桥机同步拖梁时，整个拖梁动作由架桥机来控制，此时，两者的拖拉系统通过控制网络组成一个控制系统，以保证同步。

11.4.3　TJ165 型铁路架桥机

TJ165 型铁路架桥机用于新建和旧线改造速度为 200 km/h 以下的客货共线 T 型梁（通桥 2201、2101 梁）、铁路 32 m 及以下的混凝土梁 T 梁的倒运和架设。能够方便进行曲线铺轨架梁和变跨架梁，能够满足隧道口架梁，能够满足机上空中横移梁的要求，还具有边架 T 梁边铺设轨排的特点，并能够满足铁路货物运输限界的要求，可在铁路上过轨运输，因此在铁路建设中得到广泛使用。

1. TJ165 型铁路架桥机的组成

TJ165 型铁路架桥机由主机、机动平车、倒装龙门吊三大独立部分组成。

主机定位架桥，机动平车运梁，龙门吊倒装梁片的作业方式具有工作效率高、安全性能好的优点。图 11-43 为 TJ165 型铁路架桥机的施工图片。

图 11-43　TJ165 型铁路架桥机

2. TJ165 型铁路架桥机的主要技术参数

TJ165 型铁路架桥机的主要技术参数见

表 11-3～表 11-6。

表 11-3 主机的主要技术参数

序号	项目		单位	参数值
1	额定起重量		t	165
2	总质量		t	255
3	工作状态外形尺寸（长×宽×高）		m×m×m	64×4.8×7.36
4	发电机组功率		kW	150
5	正常架设梁片的最小曲线半径		m	600
6	拨道架设梁片的最小曲线半径		m	300
7	通过最小曲线半径		m	180
8	自行速度		km/h	0～12
9	自行最大爬坡度		‰	16
10	机臂前端摆头量（左右）		mm	2000
11	梁片最大横移量（左右）		mm	1150
12	吊梁走行速度		m/min	6
13	吊梁横移速度		m/min	0.25
14	吊轨起升速度		m/min	4.5
15	吊轨走行速度		m/min	19.3
16	拖梁速度		m/min	6
17	轴重	半悬状态	t	35
18		自力走行	t	28
19	自行状态时重心高度		m	2.4
20	液压系统工作压力		MPa	≤20
21	工作海拔高度		m	≤2000

表 11-4 机动平车的主要技术参数

序号	项目	单位	参数值
1	额定载质量	t	165
2	发电机组功率	kW	150
3	整机总质量	t	85
4	最大轮廓尺寸	m×m×m	30×3.5×2
5	单机通过最小曲线半径	m	180
6	自行速度	kW/h	12
7	液压系统工作压力	MPa	≤20
8	重载最大爬坡度	‰	16
9	工作海拔高度	m	≤2000

表 11-5 倒装龙门吊的主要技术参数

序号	项目		单位	参数值
1	额定起重量		t	85
2	横移量（左右各）		mm	200
3	单台总质量		t	13.2
4	起升速度	电动机	m/min	0.92
		柴油机	m/min	1.2
5	液压系统工作压力		MPa	≤20
6	工作海拔高度		m	≤2000
7	电动机功率		kW	15
8	柴油机功率		kW	42
9	内部净空（宽×高）		mm×mm	4100×5250

表 11-6 长途运输的主要技术参数

项目		参数值
轴重	主机	19 t
	机动平车	12 t
	龙门吊平车	12 t
	机臂装载平车	18.6 t
重心高度	主机	1.505 m
	机动平车	1.117 m
	龙门吊平车	1.880 m
	机臂装载平车	1.908 m
超限等级	主机	超级超限
	机动平车	超级超限
	龙门吊平车	机车车辆限界
	机臂装载平车	Ⅱ级超限
可通过曲线半径		180 m
运行速度		80 km/h
编组长度		143.504 m

3. 架桥机组装作业程序

1) 组装场地要求

架桥机组装应在无接触网的平直线路上进行。特殊情况下必须满足线路坡度＜3‰，曲线半径＞2000 m 的要求。在接触网下组装架桥机时，必须通知相关部门停电，并有专人负责。

2) 组装程序

拆除所有装载加固的元件。按要求组装倒装龙门吊（以下简称为龙门吊），两龙门吊的间距为 24 m 或 33 m，龙门吊的吊点不得与机臂上的附属部件（柱顶，吊梁小车，吊轨小车等)和机臂专用转向架干涉,龙门吊垫木应高出轨面200 mm以上。机臂装载平车组进入龙门吊内。主机折叠柱根恢复到工作位,连接折叠柱根与车体的螺栓,螺栓用加力扳手紧固均匀。移动一号柱顶到铺轨位并插机臂中心销,移动二号柱顶,使之与一号柱顶间距为9m,并用楔形块锁定。龙门吊起吊机臂,上升100 mm后停留10 min,无异常后继续起升至组装高度(分两步进行,先起吊一定高度,在机臂专用转向架上加垫块400~500 mm,然后在机臂下平面与起吊钢丝绳之间加垫300 mm垫木,再起升至最高位)。机臂装载平车拖出龙门吊,主机进入龙门吊内并与柱顶对位,连接柱顶与柱身的连接螺栓,并用加力扳手紧固均匀。组装一号柱、二号柱。主机驶出龙门吊。连接机臂电缆。机臂回缩至自力走行位,机臂尾部置于三号柱上。组装液压管路。机臂上升至最高位组装零号柱。架桥机的组装和组装后的第一片梁的架设应在白天进行,以便观察。

4. 架桥机使用前的检查

(1)架桥机必须经过全面检查方可投入使用。

(2)检查的内容包括以下部分。

结构部分:主要钢结构件(零号柱,一号柱,二号柱,机臂,吊梁小车,吊轨小车,顶梁扁担,运梁小车,龙门吊吊重扁担等)无变形,焊缝无开裂等缺陷。

车辆部分:转向架、风制动和走行机构完好无损,牵引减速箱挂挡(摇把转动不少于17圈)。必须检查空气制动系统和基础制动系统是否良好,特别注意制动梁是否变形和焊缝是否开裂,如有故障,立即排除。

电气部分:各电路接头良好,仪表完好,发动机工作正常,电机绝缘良好。

液压部分:各液压元件无损伤且性能良好,液压油达到使用液面高度(油箱容积的50%~75%)且清洁无变质,回油滤清器和吸油滤清器清洁且性能良好。

机械部分:各机械部件(拖梁机构,梁走行机构,吊梁小车卷扬机,横移机构)运转正常,

润滑良好,连接牢固,制动可靠。

起重部分:钢丝绳按《起重机 钢丝绳保养、维护、检验和报废》(GB/T 5972—2023)执行。吊钩、滑轮组等按《起重机械安全规程 第1部分:总则》(GB/T 6067.1—2010)执行。对起升卷扬机与电机连接的花键(内花键和外花键)进行检查,花键应完好无损。该花键应定期(每架设600片T梁)进行检查。

紧固件部分:支柱(1号柱、2号柱、3号柱和零号柱、折叠柱根)和起升卷扬、拖拉卷扬、走行部位、制动部位等连接的螺栓用加力扳手紧固均匀,采用分级加力多次紧固的方法进行紧固,螺栓还应定期(每架设200片T梁)进行检查,不得有裂纹、螺纹损伤和断裂等缺陷。

(3)架桥机的试运转按《起重设备安装工程施工及验收规范》(GB 50278—2010)进行。架桥机解体转场组装后必须进行试运转调试。

5. 架桥机自力走行

架桥机在短途转场和架桥作业中都需要自力走行。为了保证架桥机的自行安全,必须严格执行以下规定。

(1)架桥机(主机、机动平车)在自力走行前,必须检查空气制动系统和基础制动系统是否良好,要特别注意制动梁是否变形和焊缝是否开裂,如有故障,应立即排除。

(2)严禁架桥机全悬臂走行。

(3)架桥机主机在非桥面上自力走行时,机臂应降到最低位。一号柱插销插入机臂自力走销孔位,机臂尾部落在三号柱上,吊轨小车开到一号柱顶下,吊梁小车(2台)开到二号柱与三号柱之间。架桥机组的自行速度不得超过12 km/h。

(4)架桥机主机在桥面自力走行时,机臂可在最高位,机臂应回缩到铺轨位置,其自行速度不得超过5 km/h。

(5)架桥机的经过线路必须按《铁路架桥机架梁暂行规程》(铁建设〔2006〕181号)中的6.2条规定进行压道处理。

(6)桥头线路必须按《铁路架桥机架梁暂行规程》(铁建设〔2006〕181号)中的6.3条规定进行桥头线路加固。

(7) 架桥机通过隧道时，机臂必须落到最低位，机臂中心销插机臂前端自力走行孔位，并应停车，探明洞内情况，确定无障碍后，再以 5 km/h 的速度运行通过。

(8) 架桥机的自力走行爬坡能力为 16‰，当线路坡道超过 16‰时，必须由机车顶进，推进速度不得超过 12 km/h。

6．架桥作业

架桥机作业时必须严格按《铁路架桥机架梁暂行规程》(铁建设〔2006〕181 号)的有关规定进行，确保作业安全。其作业过程按下列程序进行。

1) 主机对位

主机进入施工现场后，距离桥头 100 m 处必须停车。

主机对位时，停车位置必须十分准确，主机五轴转向架第一轮中心到胸墙(或梁前端)的距离为 2.47 m。架 24 m 梁时，按 32 m 梁位伸臂，到胸墙的距离为 10.47 m。

主机对位时车速应＜0.5 km/h，主风缸风压应＞0.7 MPa，并在停车位前 100～200 mm 处预置车轮停止器。

主机对位后，制动机处于制动位，当单独制动阀处于全制动时，制动缸的压力为 0.3 MPa(可以通过调整阀的调整手轮来调节压力)，车轮下打好铁鞋，并放下前后液压支腿，支腿的顶升高度以车体上升 5 mm 左右为宜。支腿油缸下部必须垫枕木，枕木高度必须高于轨道高度，严禁支腿直接压轨道。

2) 伸机臂

根据所架梁片高度，将一号柱、二号柱上升到所需高度。一号柱、二号柱的柱顶高度应相同。插好一号柱、二号柱柱销，再将一号柱油缸卸压，二号柱油缸上顶，使插销压牢受力。

将吊梁小车与一号柱柱顶的定位销插好，拔出一号柱顶与机臂的中心销，开动机臂伸缩卷扬机，机臂即可前伸。

当机臂前伸时，应随时调整吊轨小车的位置，保持吊轨小车与前吊梁小车的距离小于 5 m。

机臂伸到位后，插好一号柱顶与机臂的中心销，并拔出一号柱顶与吊梁小车的定位销。

当机臂伸缩时，一号柱、二号柱必须插好柱销。

当机臂全悬时，严禁吊轨小车前行，禁止吊轨小车吊重物前行。

3) 立零号柱

立零号柱前应先根据线路坡道情况计算零号柱高度，并根据坡度适当增减零号柱高度，必须保证零号柱和一号柱的水平高度差＜100 mm，使机臂基本处于水平状态。计算公式为

$$h = L \times \alpha$$

式中：h——计算高度；

L——零号柱与一号柱间距(38.5 m、30.5 m)；

α——坡度，‰。

零号柱到达前方桥墩后，拔出二号柱的插销，二号柱油缸下拉，使机臂前端抬起一定高度，再将零号柱摘挂吊钩下行，放下零号柱折叠部分，穿好螺栓，拧紧螺帽。

零号柱所有螺栓必须上全、拧紧。

零号柱主支承面下方必须用硬质木板(或刚性支垫)填平垫稳。支垫的长度和宽度应大于零号柱两侧承力(刚性节两侧各 500 mm 范围)部分的尺寸，支垫的高度以零号柱立好后，机臂处于水平状态为宜。

零号柱立稳后，应检查其是否处于垂直状态，垂直度应小于 5 mm。二号柱油缸上顶使零号柱压牢，压力为 4 MPa。

曲线架梁时，机臂头部根据线路情况偏摆一定距离之后，再立零号柱。

摆臂时，必须插好一号柱与机臂锁定的机臂中心销，拔出一号柱与吊梁小车的定位销，同时，一号柱、二号柱必须插好柱销。

零号柱摘挂的吊钩与零号柱连接时，中间要加过渡千斤绳，绳长应根据实际情况来定，通常采用的钢丝绳为 $(6 \times 37 - 1770 - \phi 20 \times 3)$ m。

4) 立龙门吊

龙门吊一般架立在直线、无坡度地段，特殊情况时，线路坡度小于 6‰，曲线半径大于

1200 m，龙门吊到桥头的距离一般为 200～500 m。

立龙门吊处的地基必须坚实，地基沉降不得超过相关标准，并至少垫放两层枕木。

龙门吊的两立柱与水平面垂直，垂直度≤2/1000，龙门吊中心与线路中心重合，误差≤10 mm。

两龙门吊的中心距离（表中所示不是最佳吊装点。方便吊装，不与运梁车转向架干涉，根据实际情况确定最佳吊点位置）见表 11-7。

表 11-7　两龙门吊的中心距离

梁片跨度/m	32	24	20	16	12
两龙门吊的最小间距/m	24	18	13	12	8

5）换装梁片

龙门吊立好后，将梁片从运梁平车上换装到机动平车上。第一次吊梁时，当梁片起升100 mm 后，停留 10 min，检查梁片是否有下滑现象和基础下沉情况，如无异常现象，方可继续起升梁片。油缸下降量应≤3 mm。

将梁片继续起高，运梁平车退出，机动平车开行到梁片下方，将梁片落到机动平车上。梁片前端悬出机动平车前端，应符合桥梁装运规定，最小不能小于 3200 mm，并用撑杆将梁片支牢，防止梁片倾斜。

曲线架梁时可将梁片前端偏装，利于过梁。

6）机动平车运梁

机动平车载梁的运行速度为 0～7 km/h，距主机 50～100 m 时一度停车，与主机的对位速度≤0.5 km/h。

机动平车运梁线路应符合《铁路架桥机架梁暂行规程》（铁建设〔2006〕181 号）的要求。

机动平车运梁时，梁片必须支撑牢固。运轨排时，机动平车的拖梁小车必须锁定，轨排需加固。

机动平车运梁时，必须有专人引道。

当机动平车作为短距离牵引车时，在≤6‰的坡度可牵引装载两片 32 m 梁的列车运行，当>6‰时，只能牵引载有一片梁的列车运行，严禁超载。

7）过梁

机动平车载梁与主机对位后，顶梁扁担顶起梁片前端，主机拖梁小车运行到梁片下方合适位置，垫好木板，落下顶梁扁担，梁片落到拖梁小车上，支好撑杆即可进行拖梁工作。

主机拖梁小车分主动和被动两种拖梁小车。梁片前端落在主动拖梁小车上，走行一定距离后再将梁片后端落在被动小车上。任何梁型都应使小车尽量接近梁片的两端。

顶梁扁担升降时，应同步进行，两侧偏差应不大于 10 mm。顶梁扁担下降时，压力不得大于 2 MPa，不得强行下拉油缸。

拖梁小车行轮轴承有异常时，应及时排除，不得带病作业。

说明：架设 130 t 以上梁片时，主动、被动拖梁小车合二为一；架设 130 t 及以下梁片时，主动、被动拖梁小车可以分开使用。

8）吊梁

吊梁小车的中心位置一般在梁两端 3～4 m 处。吊梁前卷扬机钢丝绳必须排列整齐。在卷扬机起落过程中，必须派专人监控钢丝绳的排列情况，防止乱绳，同时观察钢丝绳的状况，按《起重机　钢丝绳　保养、维护、检验和报废》（GB/T 5972—2023）的要求决定钢丝绳是否应该更换。

第一次吊梁时和更换钢丝绳后，应检查钢丝绳的绕组情况，钢丝绳倍率为 12。梁片吊起后，应停留 5 min，观察卷扬机是否有溜钩现象。吊梁钢丝绳与梁片接触处必须有铁瓦保护梁片。

吊梁时，可在梁片两侧加垫木块，以保证起吊钢丝绳竖直起升，减少夹角。

9）出梁

梁片吊起后，确认起升机构无异常情况之后，方可出梁。

当梁片前端接近零号柱时，应缓慢对位，严禁梁片撞击零号柱，紧急情况下，可拉零号柱前端吊梁小车的急停开关。

10）落梁

落梁时，梁片应保持水平状态，前后高度

差应小于 200 mm，左右高度差应小于 20 mm。

11）梁片横移

梁片横移时，梁应尽量接近桥墩（第二片梁应尽量接近第一片梁），横移距离不得超过 1150 mm。机上移梁不到位时，可用 10 t 以上手拉葫芦少量牵拉，牵拉距离不得大于 200 mm。

梁片横移时，严禁吊钩升降或小车进退。

梁片横移时，前后横移小车应同时开动，前后相差应小于 100 mm。

梁片横移后，禁止吊梁小车前行或后退。

双线大桥横移梁的架设方法如下。

架桥机的架梁顺序为左线边梁、左线中梁、右线边梁、右线中梁。

当左线边梁落至最低位时，进行纵向对位（对位时宁少勿多），纵向误差在允许范围之内时开始向左横移梁，横移量不得大于 1100 mm，横移到位后落在滑梁跑道上，梁底垫上托盘。向左跑梁到位后再用千斤顶顶起梁体，撤去滑道，支座下垫 20~30 mm 的干硬性砂浆，松千斤顶，就位。

左线中梁的架设过程与左线边梁相同。

左线梁架设完毕后，即可架设右线边梁。当梁落至最低位置时，进行纵向对位，向右横移时，梁底与墩台的垫石高度不超过 100 mm，横移到位后直接就位。如需要调整纵横向误差，可以用千斤顶进行调整。

右线边梁架设完毕后，即可架设右线中梁。出梁时，梁走行至合适位置后先下落 1.45~1.55 m，然后再进行纵向对位（对位时宁少勿多），其梁底与边梁将要接触时即向左横移，待两片梁相距已足够落梁时即下落就位。若纵向位置有偏差，则可用人工的方法进行纵向移梁，直到其就位。严禁无约束地横向顶、拉，以防发生意外事故。

梁片在起吊时，横向应尽量保持水平，若肉眼发现倾斜，应及时调正，严防出现三点受力的现象。

梁片宜高位行车，因低位走行摆动量大，易发生撞击事故。

走梁时，应设专人在桥墩台上监视梁动力情况，特别是梁片即将到位时，桥墩台监视人员、指挥人员、操作司机要特别谨慎，密切合作，严防梁片撞击前支腿或零号柱。墩台设专人拉限位开关，以策安全。

梁片应先落后移，避免高位横移。梁片横移时，横移小车在丝杆传动装置的驱动下，吊起梁片最大横移量左右各 1150 mm。

梁片就位时，支座底面中心线应与墩台顶面放出的十字线重合。梁端伸缩缝和梁片间的间隙应符合规定尺寸。梁梗垂直。支座底面和墩台顶面应密贴，上下座板间无缝隙，整孔桥梁无三条腿现象。就位后的支座十字线与墩台十字线间的错动量，及两片梁支座中线间的错动量和两片梁支座中线的横向距离误差应在设计允许范围内。

12）梁片落位，安装支座

桥墩顶面应画好支座中心位置。梁片落位后，误差符合线路要求的有关规定。第二片梁就位后，应立即将两梁片的连接板焊好，使两片梁形成一个整体。

13）铺设桥面轨

在铺设桥面轨时，机臂回缩，零号柱中心距一号柱中心 25.5 m，零号柱悬空，机臂呈半悬臂状态，两台吊轨小车开行到三号柱附近。

用换装梁片的相同方法，将轨排送到主机上，两台吊轨小车同时吊起轨排，两吊点中心距轨排两端 6 m 左右。

轨排吊起后，两台吊轨小车同时向前运行。当轨排前方接近零号柱时，将前吊轨小车吊钩下落，使轨排前端低于零号柱，两台吊轨小车再同时向前运行。当轨排后端离开主机车体后，即可将轨排下落至路基上，用鱼尾板连接好轨道，并按有关规定整好道床，即完成铺轨工作。

铺设轨排时，轨排不得撞击零号柱。

架桥机在铺设桥间轨时，应将零号柱拆除，一次可装运 4 层轨排。

架桥机必须定点铺轨，严禁主机吊轨后自力走行。

7. 特殊条件架桥作业

特殊条件架桥作业包括特殊线路（小半径

曲线、大坡道、隧道口)、特殊气候(大风、大雨、大雪)和特殊墩台、特殊梁、换架梁等。在这些情况下架桥作业,必须遵照《铁路架桥机架梁暂行规程》(铁建设[2006]181号)的规定进行架桥施工,以确保作业安全。

8. 架桥机装载加固及过轨运输

(1) 架桥机过轨运输时,必须按《关于印发〈TJ165型架桥机主机车辆和机动平车车辆技术条件(暂行)〉和〈TJ165型架桥机组及无装备车辆过轨运输技术条件(暂行)〉及该架桥机组车辆样车技术审查意见的通知》(科技装[2006]134号)装载加固,其解体过程与架桥机组装过程相反,详见组装作业程序。

(2) 架桥机组过轨运输按《关于印发〈TJ165型架桥机主机车辆和机动平车车辆技术条件(暂行)〉和〈TJ165型架桥机组及无装备车辆过轨运输技术条件(暂行)〉及该架桥机组车辆样车技术审查意见的通知》(科技装[2006]134号)执行。

(3) 架桥机装载加固和过轨运输的重点注意事宜。

减速机、电机吊杆顶端的上部必须有≥30 mm的空间。

弹簧调节:弹簧的预压缩量为20～30 mm。

安全绳调节:安全绳长度、松紧适宜,一般控制在不干涉减速箱及电机的有效串动为宜。

吊杆座焊缝不得有裂纹、开裂等缺陷。吊杆不得有裂纹、伤痕等缺陷。

牵引走行减速机完全脱挡(摇把转动不少于17圈),牵引电机加盖橡胶防雨垫。

1#、2#柱的柱根加固:柱根向车内折叠,并用专用法兰、螺栓紧固。

司机室加固:主机4个司机室分别用8号度锌铁丝4股拉牵加固,并加垫防磨。

支腿油缸加固:4个支腿油缸头部用8号度锌铁丝4股与车体拉牵加固,并用插销固定。

机动平车拖梁小车加固:用专用销与车体连接加固。

每台龙门吊底部用14个M16螺栓固定在槽钢框架上;在每台龙门吊两侧,用钢丝绳2股各拉牵一个倒八字形,捆绑在车侧丁字铁或支柱槽上。

在每台龙门安装架底部用8个M16螺栓固定在槽钢框架上。

横移油缸和吊具用8号镀锌铁丝6股2道直接捆绑在龙门安装架底部。

两个机臂专用转向架(转向架应成对使用,一固一活)的中心分别位于两负重车纵、横中心的交叉点上,活动盘中心销轴置于长孔距内侧180 mm(距外侧125 mm)处。

机臂装载为两车负重,中间和两端各加挂1辆游车,跨装5车(长13 m木地板平车,N16除外)。均衡装载,机臂及臂上附属部件的总重心投影位于中间货车纵中心线上。加固材料:不小于φ16 mm的钢丝绳(破断拉力不小于131 kN)、钢丝绳夹,8号镀锌铁线,螺栓,圆钢钉,(3000×150×140)mm的横垫木。加固线与货物及车辆的棱角接触处采取防磨措施。

挂运时,主机和机动平车空气制动机必须处于联挂位置,并起出操纵手柄,妥善保管,整列编组车辆处于无火回送状态。

其他散件按《铁路货物装载加固规则》的要求进行装载加固。

发运前必须检查各部装载、捆扎情况,并检查挂运的有关设备(制动系统、转向架、轮对、弹簧、销轴等)状况,确认良好后方准放行。

托运时必须有人员押运,押运人员要加强与司机和车检人员的联系,注意运行速度和甩挂作业是否符合规定,并经常检查装车情况,发现问题应及时处理,必要时向有关部门汇报。

TJ165架桥机属于单臂简支型结构,能实现全幅机械横移梁片,达到一次落梁到位的目的,具有结构简单、重量轻、一机多用、运输方便等特点。该型架桥机具有边架T梁边铺设轨排的特点,在铁路建设中得到广泛运用。在施工中,稳定性好、架梁效率高、安全可靠。

11.5 安全使用规程

11.5.1 一般规定

(1) 机组人员必须体检合格,并经过严格的技术培训,熟悉架桥机的结构、原理、性能、操作、保养及维修要求。

(2) 机组人员必须考试合格后持证上岗,严禁无证操作。

(3) 机组人员在作业前、作业中、作业后,必须严格执行所有的安全措施及安全警示。

(4) 机组人员在作业中必须集中精力,严禁在作业中聊天、阅读、饮食、嬉闹及从事与工作无关的事情。

(5) 禁止串岗、擅离职守,班前严禁饮酒。

(6) 机组人员必须佩戴安全帽,高空作业系安全带,穿防滑鞋,冬季施工应采取保暖防冻措施。

(7) 机组人员必须有专人指挥,指挥信号统一,多岗位人员分工必须明确,保持协调一致。

(8) 机组人员应保持相对稳定。

(9) 禁止与工作无关人员进入起吊、架梁现场,禁止在架桥机主梁上方、导梁上方往下随意抛物品。

(10) 禁止对起吊程序进行修改,禁止随意改变或调整安全设备。

(11) 禁止不按说明书要求随意维修设备,禁止对部件功能进行修改。

(12) 禁止在超过天气规定的气候下使用架桥机,禁止在湿滑道路上运行架桥机。

(13) 禁止在不具备照明条件、能见度低的情况下进行架梁作业。

(14) 禁止用不正确的方式操作、关机和使用安全装置。

(15) 遵守现场设备和司机室上的所有安全警示。

(16) 遵守所有装配、使用、保养手册中的指令,以便能安全有效地控制零部件和设备功能。

(17) 不允许限位开关长时间处于自动关闭状态。

(18) 对吊具、钢丝绳、制动装置、限位开关等重工安全设备应有专人进行监控,定期填写报告表。

11.5.2 作业前的安全规定

(1) 作业前必须严格认真交接班。

(2) 接班人员必须共同对主要安全装置进行检查。

(3) 操作者必须确定本人在安全状态,设备也在良好状态。

(4) 操作者必须确定没有闲杂人员逗留现场,其他人员没有处于危险状态中。

(5) 操作者必须确定工作区无障碍物,确保起吊、操作和行进具有足够的空间。

(6) 操作者必须检查制动器、限位开关、紧急制动开关。

(7) 检查泵站及油缸压力表读数处于控制范围内。

(8) 检查钢丝绳处于张紧状态,卷筒槽、滑轮内钢丝绳缠绕正常。

(9) 检查发动机、电气装置和所有机件处于完好状态后,将控制柄处于零位,鸣铃后方可开机。

11.5.3 作业中的安全规定

(1) 禁止吊运区内有人的情况下起吊载荷,禁止在载荷悬吊的情况下操作人员离开。

(2) 禁止触摸正在旋转的滑轮、移动的钢丝绳及起吊状态下的吊具。

(3) 禁止起吊载荷在空中长时间停留,禁止在悬吊的载荷下穿行、停留。

(4) 禁止起吊超过额定能力的载荷,禁止在载荷不平衡时起吊。

(5) 禁止用架桥机拖拉、牵引、翻转重物。

(6) 禁止用架桥机吊与地面连接的载荷。

(7) 禁止用钢丝绳直接吊装载荷。

(8) 禁止将吊具放在地上或被起吊的重物上。

(9) 禁止多步操作时快速变化步骤。

(10) 按照操作程序进行操作。

(11) 作业过程中对重要部分进行监视运行。

(12) 架设过程中必须保证主梁的水平度、垂直度。

(13) 工作人员一旦发现其他人有危险,必须紧急制动。

(14) 发现架桥机异常或部件损坏,必须立即停止操作。

(15) 起吊时不允许滑轮撞击架桥机。

(16) 起吊时不允许超过额定速度起吊。

(17) 起吊时检查起吊装置是否位于垂直平面位置,使其平衡。

(18) 架桥机运行时避免和其他物体碰撞。

(19) 行驶过程中,在接近桥梁或接近终止位置应减速。

(20) 运行期间,应有专人监护。

11.5.4 作业后的安全规定

(1) 架桥机停止工作后,必须让停机制动器处于工作状态。

(2) 吊钩升起时,所有控制手柄须处于零位。

(3) 按规定进行保养。

(4) 安排专人看护。

11.6 使用维护保养

11.6.1 保养的目的

(1) 保证架桥机处于良好的状态。

(2) 在合理使用的条件下,减少故障,保证机械工作的可靠性。

(3) 消除隐患,以保安全,防止事故发生。

(4) 在运行过程中降低电力、润滑材料和钢丝绳等运行材料的消耗,以获得最佳的经济效益。

(5) 使起重机的零部件的磨耗降至最低限度,以延长架桥机或其总成在两个修理间隔期间的运行时间。

11.6.2 例行保养项目

(1) 清扫司机室和机身上的灰尘和油污。

(2) 检查制动器间隙是否合适。

(3) 检查联轴节上的键及联结螺栓是否紧固。

(4) 检查电铃、各安全装置是否灵敏可靠。

(5) 检查制动带及钢丝绳的磨损情况。

(6) 检查控制器的触头是否密贴吻合。

(7) 检查主梁、支腿、横梁等钢结构构件的连接螺栓及销轴。

(8) 检查卷扬机、吊具、吊点及绳卡等部位的情况。

(9) 对发电机组例行保养。

(10) 检查液压油箱液面高度,液压元件及管路是否固定牢固,有无渗漏,软管有无扭曲。

(11) 各润滑部位检查补充。

(12) 检查电气柜、接线盒内各接点是否牢固,触点有无烧损。

例行保养是日常运行工作中的保养,由操作者在作业前、作业后和作业中利用间歇时间进行。

11.6.3 每月保养项目

(1) 给滚动轴承加油。

(2) 检查所有电气设备的绝缘情况。

(3) 检查控制屏、保护盘、控制器、电阻器及各接线座、接线螺母是否紧固。

(4) 检查减速器的油量、制动液压电磁铁的油量及润滑情况。

(5) 检查架桥机轨道的紧固情况,有无裂纹、断裂及几何尺寸误差。

每月保养是架桥机运行至规定的时间间隔后,由操作者进行的保养作业。

11.6.4 长期保养项目

(1) 为保持金属结构符合技术条件规定的几何形状,要求每年作一次主梁下挠的检测。

(2) 检查主梁,下导梁,前、后、辅支腿,小车架,吊具等焊缝及螺栓的联结情况。

(3)每年应作一次油漆检查,掉漆面积不应超过总面积的10%;正常情况下,每2~3年应重新涂油漆装饰防腐。

参考文献

[1] 中国国家标准化管理委员会.架桥机安全规程:GB 26469—2011[S].北京:中国标准出版社,2011.

[2] 中国国家标准化管理委员会.架桥机通用技术条件:GB/T 26470—2011[S].北京:中国标准出版社,2011.

[3] 唐经世.桥隧线工程与机械[M].北京:中国铁道出版社,2001.

[4] 吴普成.公路架桥机的现状及其发展趋势[J].建设机械技术与管理,2001,14(3):3.

[5] 唐智奋.我国公路架桥机的现状与发展趋势[J].工程机械,1996,27(10):6.

第12章

移 动 模 架

12.1 定义

移动模架是一种自带模板可在桥跨间自行移位,逐跨完成混凝土梁现场浇筑施工的大型制梁专用设备。移动模架施工法不需要建设庞大的预制梁场,不需要大吨位运架梁设备,不需要搭设满堂支架,从而减少了制架梁的大型设施建设和设备购置费用,施工成本低,架设速度快。因此,移动模架现在是一种普遍应用的桥梁施工设备。

12.2 国内外发展概况

移动模架施工法(movable scaffolding system,MSS),最早于1959年由联邦德国的施特拉巴克公司开发,始用于Andemach附近联邦9号高速公路的克钦卡汉大桥(该桥为13 m×39.2 m)的预应力混凝土连续箱梁,因其制造费用昂贵,用钢量很大,推广应用一度受到很大的局限性。1970年,挪威桥梁工程师和机械制造商合作设计出了新型的MSS造桥机。该系统在超过100个桥梁工程的实践中,经过多年反复优化,发展成为质量轻、安装简易、操作高效的享誉世界的桥梁施工设备。20世纪70年代移动模架传入日本、美国,现已推广于全世界,成为主要的建桥方法之一。

就我国而言,移动模架最早使用于1984年竣工的由中国公路桥梁工程公司在伊拉克建造的摩索尔四号桥和五号桥(跨度56 m),移动模架为联邦德国PZ公司研制生产。国内首次应用于公路桥梁施工的是1991年建成通车的福建厦门高集海峡大桥,选用了45 m等跨径、等截面、分离式双箱预应力混凝土连续梁桥,总长2070 m,移动模架为联邦德国PZ公司研制生产。国内首次应用于铁路桥梁的是2000年中铁大桥局承建的秦沈客运专线小凌河大桥,架设32 m铁路双线简支箱梁,移动模架由中铁大桥局研制生产。我国采用移动模架工法的施工跨度从30 m、40 m到50 m,发展到广州珠江黄埔大桥的62.5 m,钢筋混凝土载荷达到了2650 t,施工跨度及载荷均已达到了世界之最。

目前,我国移动模架的设计、制作和验收的标准规范正在逐步完善,各主要设备厂家也渐渐形成了自己的设计特色和设计能力,能够针对不同桥梁的特点研制出效率更高、更安全的移动模架,同时尽可能地增强其再利用的通用性。

12.3 移动模架施工法的特点

移动模架施工法现在已成为最主要的建桥方法之一,与以往的混凝土桥梁施工方法主要采用的满堂支架现浇、挂篮施工或顶推施工技术相比具有明显的优势,主要特点如下。

(1) 集制梁和架梁为一体,无须梁场,占地少;不需要大型提梁运梁设备,设备投入少。

(2) 施工周期短，机械化程度高。上、下部结构可平行施工，在下部结构超前完成2~3跨后，上部箱梁施工可按顺序进行，有利于加快全桥整体施工进度。

(3) 工序重复，易于掌握和管理。由于每跨梁的模板、钢筋、混凝土浇筑、预应力体系等工序和工艺基本相同，易于掌握和管理，同时移动模架反复周转使用，有效地降低了综合施工成本。

(4) 移动模架工厂化施工，标准化作业，梁体整体性好，利于工程质量和安全控制。

(5) 不需要进行基础处理，使用范围广。移动模架适应各种高度的桥梁施工，适用于软土地基、深谷、河滩、海滩、跨铁路、公路和河流等各种施工环境的桥梁施工。

(6) 施工不受河流、道路、桥下净空等条件影响，安全性高。移动模架对于高墩桥梁，尤其是城市立交桥和高架桥的施工，具有显著的安全性。在交通繁忙区域施工不中断交通。

(7) 施工占地少，对环境的影响和污染少，有利于文明施工。因施工是从桥的一端向另一端逐跨推进，施工完毕的箱梁桥面可用作半成品的加工和堆放场地，对于施工场地狭窄的工程具有独特的优势。

(8) 施工时的受力与运营时受力一致，不需要增加施工受力钢筋，减少了材料消耗。

(9) 移动模架可设置防雨、防寒、防晒顶棚围护措施，施工期间受天气影响较小，有利于掌握工期。

(10) 移动模架主梁结构承载能力强，抗弯刚度大，混凝土梁预拱度便于调整控制。

(11) 移动模架工法适用于跨径25~65 m的简支或连续梁桥。

(12) 上行式移动模架能适应平曲线 $R >$ 600 m 的多跨连续梁施工。

(13) 移动模架设备兼容性好、利用率高。可对主梁进行改进、完善和改造，做到一机多用，节省投资，综合效益好。

移动模架施工法虽然在我国桥梁工程建设中得到了广泛的应用，在设计制造及施工使用等各个方面都积累了非常丰富的经验。但从目前现状来看，还有以下关键技术值得深入探讨。

(1) 移动模架施工法的适用性及其分析方法。

(2) 移动模架的设计及分析验算。

(3) 移动模架的加工质量控制及产品验收办法。

(4) 移动模架使用过程中的安全监控。

(5) 移动模架施工法混凝土桥梁的质量控制。

(6) 移动模架施工法的系列指南及规范、标准的研究与制定。

12.4 移动模架的分类

移动模架按支承和走行方式的不同分为上行式、下行式两种。移动模架主梁支承在桥面上走行的为上行式移动模架；主梁在桥面下的墩身和承台上支承走行的为下行式移动模架。

12.4.1 上行式移动模架

上行式移动模架如图12-1所示。

上行式移动模架承载的主梁系统位于桥面上方，外模系统吊挂在主梁上，主梁系统支腿支撑在梁端、墩顶或承台上。过跨时外模系统横向开启或旋转打开以避开桥墩，外模系统随主梁系统一同纵移。支腿可自行向前倒运安装。

上行式移动模架占用桥下空间小，对低矮墩和高墩桥梁都具有适应性，而且能适应较小的曲线半径桥梁施工，首跨和末跨施工方便。

上行式移动模架由于其较强的适应性，应用最为广泛，其主要特点如下。

(1) 采用双主梁结构比单主梁结构稳定性更好。

(2) 采用两跨式结构比采用一跨半式结构过孔更快捷。

(3) 外模系统横向整体平移的开、合模方式比采用底模单独平移的开合方式效率更高，且成梁更美观。

(4) 外模系统横向平移的开模方式比采用外模旋转打开方式更能适应桥下净空的限制，

图 12-1　上行式移动模架

可适应最低桥下净空的高度约为 1.50 m。

(5) 移动模架的升降、开合模、前移过孔多采用液压驱动,动作平稳、安全可靠。

(6) 各支腿能自行前移就位安装,减少了辅助起重运输机械的投入,降低了劳动强度,同时提高了施工效率、降低了施工成本。

(7) 支腿直接支撑在墩顶或已浇梁面上,对桥墩形状、高度无严格要求。

(8) 整体可通过已施工连续梁梁面以实现桥间转场,方便快捷。

12.4.2　下行式移动模架

下行式移动模架如图 12-2 所示。

图 12-2　下行式移动模架

下行式移动模架承重的主梁系统位于桥面的下方,外模系统支撑在主梁上,主梁系统通过支腿支撑在承台或桥墩上(墩身设置预埋件),并利用高强精轧螺纹钢筋将支撑托架对拉在桥墩上,下行式移动模架外模系统随主梁一同横向开启或单独横向开启以避开桥墩。支腿可自行向前倒装或利用辅助吊机向前倒装。外模系统随主梁系统一同向前纵移。

下行式移动模架的主要特点如下。

(1) 采用下行式结构,利用桥墩或承台安装承重支腿。

(2) 整机受力明确。承重支腿一般采用高强度精轧螺纹钢对拉与桥墩抱紧。

(3) 整机升降、横向开合、前移过孔均采用液压驱动,动作平稳、安全可靠。

(4) 各支腿可自行前移过孔就位安装,方便了高桥高墩的施工,减少了辅助起重运输机械的使用,节约了施工成本。

(5) 设置有三套支腿,通过额外的起重机械倒运支腿的方案,效率更高,但仅适用于桥墩不高的场合。

(6) 上部作业空间不受限制,方便钢筋吊运、内模安装和混凝土浇筑。

(7) 因为与桥墩发生了联系,适用性比上行式移动模架要差。

12.5　典型移动模架的结构组成及工作原理

12.5.1　DSZ32/900 上行式移动模架

本节以郑州新大方重工科技有限公司生产的 DSZ32/900 上行式移动模架(图 12-3)为例进行说明。DSZ32/900 上行式移动模架针对铁路客运专线双线整孔砼箱梁原位现浇施工而设计,其适应性好、操作方便、成梁美观,

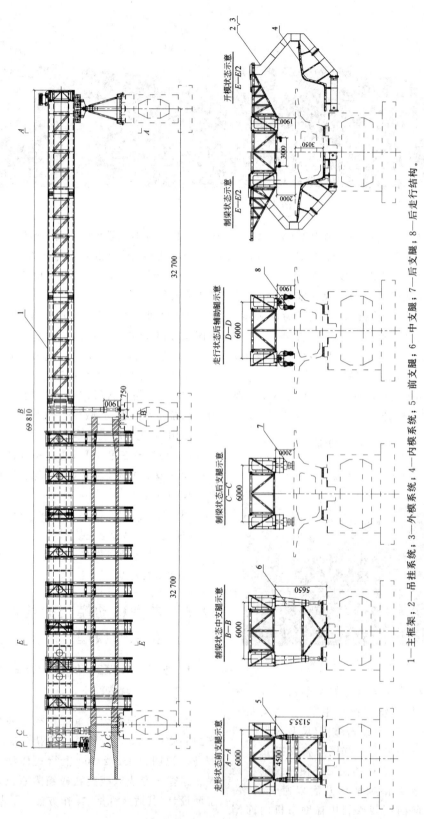

图 12-3　DSZ32/900 上行式移动模架总图

1—主框架；2—吊挂系统；3—外模系统；4—内模系统；5—前支腿；6—中支腿；7—后支腿；8—后走行结构。

在国内多条铁路客运专线上得到了应用。

1. 主要特点

(1) 采用上行式结构。承重钢箱梁位于待浇筑砼梁体上方，支腿支撑于已浇梁面或墩顶；对墩形和墩高的适应性较强，墩高大于1.65 m 即可施工；无须拆除外模系统即可通过连续梁。

(2) 外模系统采用整体平移打开方式，开、合模仅中间一条缝。开、合模的工作量小，成梁美观。

(3) 采用两跨式结构比采用一跨半式结构，过孔更快捷，可一次性前移过孔到位。

(4) 移动模架整机升降、开合模均采用液压控制，动作平稳、安全可靠。过孔采用电机驱动走行，效率更高。

(5) 对比"单钢箱梁＋底模单独平移开合"的方案，整机质量偏重，但效率更高。

2. 主要技术参数

施工工法：逐跨原位现浇。
施工桥跨：24 m、32 m。
简支混凝土梁质量：≤900 t。
适应纵坡：≤2.0%。
适应平曲线半径：≥2000 m。
适应最低墩高：1.65 m。
钢箱梁挠跨比：<1/700。
总功率：约 80 kW。
整机质量：约 530 t（含内模散模）。
工作效率：约 12 天/孔。

3. 主要结构组成和功能介绍

DSZ32/900 上行式移动模架主要由主框架（钢箱梁＋导梁＋挑梁）、吊挂系统、模板系统（外模＋内模＋端模）、前支腿、中支腿、后支腿、后走行结构、起吊小车、5 t 电动葫芦及轨道、电液系统等组成。

1) 主框架

由并列的 2 组纵梁＋连接梁、挑梁组成，总重约 225 t，是移动模架的主要承重部件。每组纵梁由 3 节承重钢箱梁和 3 节导梁组成，全长约 70 m，2 组纵梁中心距为 6 m。浇筑状态时，钢箱梁的设计刚度大于 1/700。钢箱梁接头采用螺栓节点板连接。导梁为空腹式箱梁结构，接头为螺栓节点板连接。钢箱梁盖板和腹板材质为 Q355B。主梁连接系共 9 组，挑梁每侧 8 组。挑梁与连接系位置对应，便于力的对称传递。

2) 吊挂系统

吊挂分为中间标准吊挂 6 组和边吊挂 2 组，边吊挂用以适应首跨和末跨施工。中间标准吊挂分为 4 段，由 2 段上肋、2 段下肋和限位装置组成；边吊挂分为 6 段，由 2 段上肋、2 段中肋、2 段底肋和限位装置组成。吊挂在挑梁上滑动时，限位装置起到导向和防止侧翻的功能。1 组吊挂约 10 t。吊挂系统在上部横移油缸的推动下在挑梁上滑动，进而带动外模板开合。为了减轻吊挂的重量，采用精轧螺纹钢协助受力，精轧螺纹钢挂载于主梁下盖板上。吊挂系统如图 12-4 所示。

3) 外模系统

由底模、腹模、翼模、可调支撑系组成，模板通过可调支撑系支撑在吊挂外肋上。底模随着吊挂外肋从中部剖分，便于横向打开和合

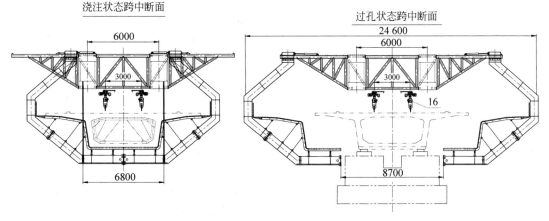

图 12-4　吊挂系统

龙。模板由面板及骨架组焊而成，其腹模及翼模面板厚为 6 mm、底模面板厚为 8 mm，每块模板在横向和纵向都有螺栓连接。墩柱处的底模现场使用散模组立并固定牢靠。外模纵向标准按 4 m 分段。外模板应预先起拱，起拱度的设置应按移动模架钢箱梁承受的由实际混凝土载荷（包括钢筋）+ 内模自重产生的曲线特征值以及设计要求的砼梁体预下拱度进行，以使成桥后桥梁曲线与设计值吻合。移动模架顶升就位后，应调整底模标高（侧模、翼模也应随底模一起起拱且必须是同一线型、同一拱量），使其与所提供（或修正后）的预拱曲线特征值吻合。侧模及底模的起拱通过可调撑杆实现，底模共设置 32 根可调撑杆，侧模共设置 48 根可调撑杆。外模的设计应满足 32 m 梁且兼顾 24 m 梁的现浇施工，拆除尾部 2 个 4 m 标准段，将梁端处的腹模、翼模和底模向前移动 8 m 即可实现 24 m 梁的现浇施工。

4）前支腿

共 1 套，由托辊机构、上横联和下立柱框架等组成。前支腿设置在导梁前端，直接支撑于墩顶，与后走行机构一起实现移动模架的纵移过孔。托辊机构共设 8 个从动轮，最大轮压为 39.5 t。将下立柱框架拆除后，即可实现上桥台和过既有桥梁。

5）中支腿

共 1 套，由支撑立柱、下横联和 400 t 竖向支撑油缸等组成。中支腿固定于主梁的中部，直接支撑在墩顶上，纵向距离墩中心 0.75 m。中支腿上桥台或过既有桥梁时，需先拆除支撑立柱，400 t 竖向支撑油缸直接支撑在钢箱梁上。

6）后支腿与后走行机构

后支腿共 1 套，位于主梁系统的尾部，支撑于已浇筑好的桥梁端部，由横梁和 400 t 液压支撑油缸组成。后走行机构为轮轨式，由电机驱动（8×1.5 kW），以实现移动模架的纵移过孔。其走行速度为 1.5 m/min。后走行轮共 8 个，启动时最大轮压为 39.5 t，走行至跨中时最大轮压为 30.5 t。

4．工作原理和施工工艺流程

移动模架是一个可在桥墩处移动的混凝土工厂，自带模板以完成桥梁上部结构在桥墩原位现浇制梁。DSZ32/900 移动模架为上行式方案，按其支承方式的特点，整个模床由前后两个支承机构支承，然后传力于墩顶或已浇梁端。

根据移动模架的工作过程，分以下几种工况。

1）浇筑混凝土工况

钢筋混凝土重量由模板→吊挂/精轧螺纹钢→主梁→中、后支腿，然后传力到墩顶或已浇梁端。模板闭合以形成混凝土浇筑空间，从而可浇筑混凝土。

2）脱模工况

整个模床在中、后支腿的竖向支撑油缸的作用下，整体下降 100～200 mm。拆除精轧螺纹钢和底模纵向中间缝的连接螺栓后，横向开模油缸推动吊挂系统在挑梁上滑动，进而带动底模和侧翼模分别向两边打开，让出桥墩横向空间，完成脱模工作。

3）纵向走行过孔工况

操作泵站使中、后支腿竖向支撑油缸脱空，由前支腿和后走行机构承载，驱动后走行机构使移动模架前移一跨。此时，前、中支腿位于同一桥墩上。中、后支腿横向调整，竖向支撑油缸支承、锁定，起吊小车将前支腿吊起前移一孔就位，并在墩顶安装好。合模、调整模床标高和中心线、安装精轧螺纹钢。完成整个过孔工作。

12.5.2　MZ50/1900 下行式移动模架

MZ50/1900 下行式移动模架是秦皇岛天业通联重工科技有限公司针对湛江市调顺大桥引桥 50 m 连续砼箱梁的现浇施工而设计制作的，采用了"下行式＋自动倒腿"的总体方案。

调顺大桥东岸和西岸引桥 50 m 预应力混凝土连续箱梁跨度 50 m、梁高 3 m、梁顶宽 15.75 m，50 m＋10 m 梁重不超过 1900 t。西岸（2×4×50）m，共计 8 孔，分左右幅；东岸（3×4×50）m，共计 12 孔，分左右幅。由于工期较紧，西岸和东岸分别采用两套下行式移动模架并行施工。MZ50/1900 下行式移动模架总图如图 12-5 所示。

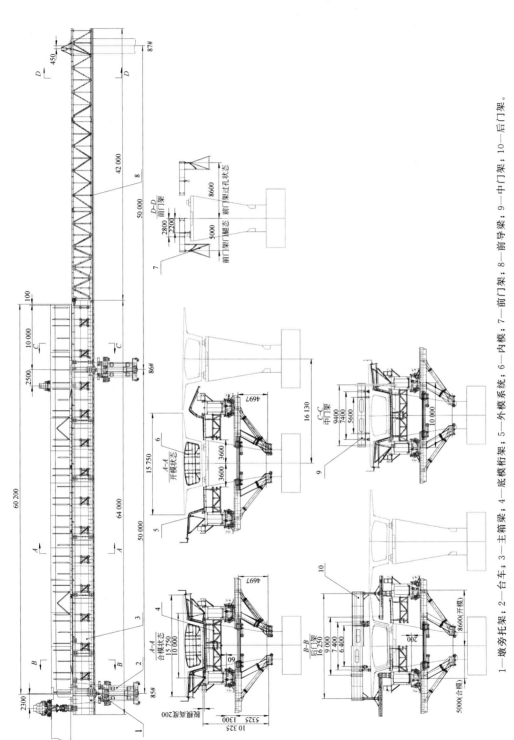

1—墩旁托架；2—台车；3—主箱梁；4—底模桁架；5—外模系统；6—内模；7—前门架；8—前导梁；9—中门架；10—后门架。

图 12-5 MZ50/1900 下行式移动模架总图

1. 主要特点

(1) 采用下行式方案,钢筋绑扎、内模安装和混凝土浇筑的上部作业空间不受限制。

(2) 采用自动倒运支腿的方案,无须额外的起重运输机械配合,节省了成本。

(3) 主梁设计为两跨式,前、后支腿可同步倒运,一次性过孔到位,提高了作业效率。

(4) 因桥墩高度较大,未采用立柱支承在承台上的方案,而是在墩身开孔,墩旁托架下部的剪力梁插入开孔中再通过精轧螺纹钢对拉以与桥墩抱紧,避免了立柱过高而引发失稳问题。

(5) 顶升和纵、横移动作均为液压驱动,平稳可靠。

2. 主要技术参数

施工梁跨:50 m+10 m。

梁重:1900 t(50 m+10 m)。

梁宽:15.75 m。

适应最大纵坡:2.5%。

适应最大横坡:2%。

适应平曲线半径:≥3500 m。

整机纵向移位速度:>0.5 m/min。

横向移位速度:>0.5 m/min。

移位时风压:≤150 Pa。

主梁首跨挠跨比:≤$L/550$,L 为跨度。

整机总质量:约 870 t。

3. 主要结构组成和功能介绍

MZ50/1900 下行式移动模架主要由主框架(主箱梁+底模桁架+导梁)、支撑系统(墩旁托架+台车)、模板系统(外模系统+内模系统)、门架系统(前、中、后门架)、电液系统、平台栏杆和配重等组成。

1) 主框架

由主箱梁+底模桁架+导梁组成。主箱梁为对称的两组钢箱梁,是移动模架的主承重梁,采用 Q355C 材质,分为 7 个节段,节段之间通过节点板用高强度承剪螺栓连接。主箱梁的腹板开孔,以方便作业人员从主箱梁内腔进入底模桁架。底模桁架是以对扣焊接的槽钢为上下弦杆组拼成的方形桁架,底模桁架主要是作为底模撑杆的承力结构,进而传力至主箱梁。

导梁为三角形桁架结构,是支腿倒运和移动模架前移过孔时的辅助结构,其在移动模架浇筑作业时不受力。

2) 支撑系统

由 4 个墩旁托架和 4 个台车组成。浇筑状态时,将移动模架的整机承载传力至墩身。

墩旁托架为箱形杆件组拼成的空间三角形结构,与桥墩墩身通过高强度精轧螺纹钢筋连接,单根精轧螺纹钢的预紧力为 23 t。墩旁托架把承受的重量传递给墩身开孔。

支承台车包括支承架、承重机构、纵/横移油缸、顶升调节油缸等,能完成移动模架标高调整、曲线调整、纵/横移、开合模等动作。支承台车上部设置反挂轮,在托架卸载之后,支腿(托架+台车)可在卷扬机拖拽作用下沿主箱梁和导梁的下缘向前滑行,如图 12-6 所示。

3) 模板系统

主要有外模、内模、端模和墩顶散模组成。其中,端模和墩顶散模为小块散模,无特殊要求,单块重量控制在人工可以搬运的范围内即可。

外模板系统由非标段模板、标准段模板、支撑杆件和平台栏杆组成。标准段外模板纵向按 4.5 m 长度进行分块,单块模板之间通过螺栓连接。为防止外模起拱后翼模板之间的接缝缝隙过大而漏浆,或者翼模板因压载下挠而翘曲变形,在翼模的横桥向连接缝处留有 2 mm 的伸缩缝,每两块翼模板之间嵌有厚的橡胶板。在侧、翼模的横向连接缝处,可使用 2~3 mm 厚的泡沫板填充或刮腻子填充。外模板起拱线型按二次抛物线特征进行,其跨中最大起拱值应根据砼梁体初张拉前的目标值和压载试验过程中测得的外模弹性变形值确定。侧模和底模起拱必须是同一线型同一拱量。螺旋支撑杆件的作用是调节外模外形尺寸和预拱度,并把外模承受的载荷传递给底模桁架。

内模为散模,主要由非标准段模板、标准段模板和支撑骨架组成,每块模板在横向和纵向都有螺栓连接,其面板厚度一般为 4 mm,支撑骨架由型钢框架和螺旋撑杆组成。单块内模板的质量控制在 35 kg 以内,方便工人搬运和拆装。

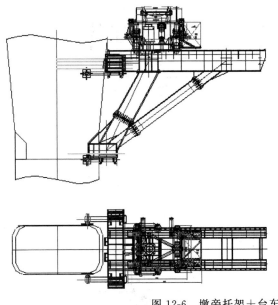
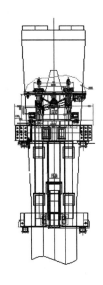

图 12-6 墩旁托架＋台车

施工时,内模系统搁放在预先放置于外模底板上的混凝土垫块上,如图 12-7 所示。

图 12-7 预拼装中的内模

4) 门架系统(前、中、后门架)

门架系统主要由前门架(图 12-8)、中门架(图 12-9)和后门架(图 12-10)组成。

作用一:支腿倒运。在前、中、后三个门架同时提升作用下,支腿卸载并向前倒运安装,完成支腿倒运的动作。

作用二:开模与过孔。在支腿倒运完成并安装好后,前门架和中门架卸载,移动模架前部重量由支腿承载,后部重量由后门架承载。在后支承台车和后门架横移油缸作用下,完成开模动作,以避开桥墩的横向空间。之后,拆除后门架与主箱梁之间的精轧螺纹钢,前、后支承台车的纵移油缸顶推移动模架,后门架在梁面预先铺好的轨道上被动滑行,移动模架前移过孔(图 12-11)。

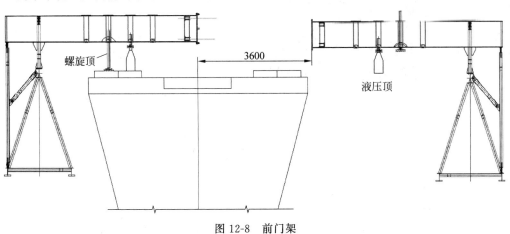

图 12-8 前门架

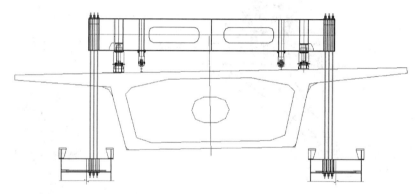

图 12-9 中门架

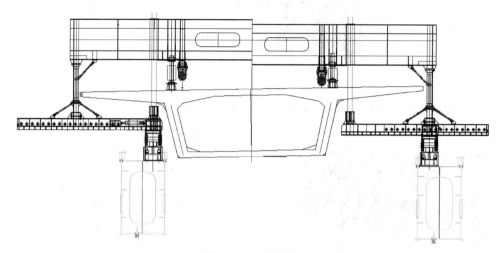

图 12-10 后门架

图 12-11 过孔中的移动模架

作用三：减缓错台。浇筑工况下，中门架站位于连续梁 10 m 悬臂端头附近，作为后支点悬挂使用，承受部分砼梁体＋设备自重的载荷，以减缓新、旧混凝土接缝处的错台。

4．工作原理和施工工艺流程

移动模架是一个可在桥墩处移动的混凝土工厂，自带模板以完成桥梁上部结构在桥墩原位现浇制梁。MZ50/1900 移动模架为下行式方案，按其支承方式的特点，整个模床由前、后两组支腿支承，然后传力于墩身。

施工工艺流程如下。

（1）脱模前的准备工作：前一跨梁体浇筑、养护及张拉完成后，适时拆除内模；检查、清理移动模架；各液压站的工作人员就位并检查液压站是否正常；各支承处人员就位并检查支承台车位置是否正确；解除所有竖向约束（主要是主箱梁与桥墩间的锚固、外模与墩顶间的锚固等）；水平横移及纵移油缸处于自由状态。

（2）脱模：启动主顶升油缸的超高压驱动按钮，首先向上略微顶起约 2 mm，以脱开机械螺母；然后启动主顶升油缸的高压驱动按钮徐徐下落模床,4台主顶升油缸同步偏差不大于30 mm;在主箱梁下部轨道快接触到支承台车时,各支承处人员再次检查台车位置是否正确;这时主顶升油缸完全收缩使整个模架基本同步落至各台车滑道上,脱模工作完成。

(3) 支腿(墩旁托架+台车)倒运:主箱梁落到支承台车上,检查外模板脱离情况,避免外模板与砼梁体未脱开现象;前、后支腿的主顶升大油缸顶升主箱梁脱离台车,后门架到达后墩附近顶起并支起螺旋支撑,中门架到达前墩附近顶起并支起螺旋支撑,分别将中、后门架和主箱梁用精轧螺纹钢连接好;用穿心千斤顶分别对中门架的每根精轧螺纹钢均匀施加预紧力,对后门架的每根精轧螺纹钢均匀施加预紧力;前门架在超前墩支起,并提升前导梁前端至不影响前支腿倒运安装的高度;前、后支腿的主顶升油缸缩回,支腿卸载,前、中、后三个门架承载移动模架;台车反挂轮挂载在主梁下缘将台车限位,之后松开托架的精轧螺纹钢,利用台车提升机构将托架提升,使托架底座离开桥墩开槽孔,向外侧横移托架至脱离桥墩范围,锚固台车的反挂轮;利用卷扬牵引机构依次将前、后支腿移动到超前墩和前墩位置,之后再利用台车横移机构和提升机构横移并下放托架至墩身开槽孔安装锚固;在支承台车的主顶升油缸作用下,前门架和中门架卸载。至此,移动模架前部由前支腿支承,中部由后支腿支承,后部由后门架支承。

(4) 开模:解除底模桁架的中间连接螺栓;解除底模板的中间连接螺栓;启动前、台车和后门架的横移油缸,推动模床分别向两边打开,以避开桥墩的横向空间。此动作前后应基本同步进行。

(5) 纵移过孔:在已浇梁面上预先铺设好后门架的走行轨道,在前10 m范围内轨道应呈下坡趋势,以防止后支腿处主箱梁腾空;利用后门架顶升油缸调整后门架标高,收起螺旋支撑,让后门架的走行轮落在轨道上;在前、后支腿纵移油缸的共同作用下,移动模架步履式前移,后门架被动走行,直至移动模架到达下一孔浇筑位置。

(6) 合模:移动模架纵向移动到位后,驱动横移油缸,使两边模床向中间靠拢合模,前后左右动作应基本同步进行;当接近合龙时,底模桁架等各连接点处应有人检查,合龙后连接各处螺栓;调整好模床的纵、横向中心线后,启动前、后支腿共4个主顶升油缸,同步顶升模床至浇筑标高;主梁与桥墩锁紧、外模板和墩顶锁紧;精确微调外模板;再次检查各处支承和连接情况。

(7) 安装墩顶散模,绑扎底板及腹板钢筋,布管。

(8) 安装内模、端模。

(9) 扎顶板钢筋。

(10) 浇筑混凝土。

(11) 砼梁体保养、张拉。

至此,一个标准作业流程完成。

12.6 移动模架的一般操作规程

12.6.1 操作人员要求

移动模架是一种混凝土现浇施工用的非标专用设备,正常使用过程中各种作业必须分工明确,统一指挥,要设固定指挥员、专职技术员和专职安全检查员、测量人员、固定操作员、专职电工,要有严格的施工组织及安全防范措施,以确保施工安全,具体人员要求如下。

指挥员1名,熟悉移动模架及桥梁施工作业的基本原理和要求,并有一定组织指挥能力,熟悉指挥信号,安全意识强,责任心强。

专职技术员和专职安全检查员各1名,熟悉移动模架及桥梁施工作业的基本原理和要求,对移动模架施工作业前进行技术和安全检查,消除隐患。同时,对人员作业中不符合安全规范的行为进行制止和更正。

测量人员2名(兼职)。

电工1名,熟悉移动模架电路图基本原理和要求,并能在实际工作中迅速排除故障,业务熟练且反应敏捷者可同时担任和负责移动模架的操作。

起重工1名,具备多年从事起重工作经验,

责任心强,具备一定的力学知识,熟悉起重工操作规程和安全规程。

液压工1名,熟悉移动模架液压系统基本原理和要求,并能在实际工作中迅速排除故障,业务熟练且反应敏捷者也可担任和负责移动模架的操作(没有时可由机械钳工经学习后替代)。

钳工2名,具备一定的专业知识,熟悉移动模架和桥梁施工。

辅助工4名。

在设备进场之后,厂家会对移动模架作业人员进行培训考核,经考核合格后方可加入移动模架操作工班。培训分为理论培训和现场培训两个部分。只有在操作人员正常操作的前提下,设备的安全才有保障。

12.6.2 安装与试验要求

(1)未经现场技术人员和工程部认可,不得对主体结构进行改动。

(2)连接螺栓应按设计要求的规格和数量上满拧紧。无特定预紧力要求的,按常规通用要求。

(3)所有销轴均应上开口销,以防销轴脱落。

(4)因错孔等原因使得螺栓安装的数量缺少时,每个连接面的螺栓数量缺少数不应超过总量的3%,且每块连接板上的缺少数不超过1个。

(5)参与移动模架安装的作业人员均应经过技术培训和技术交底,并熟悉移动模架的结构组成、工作原理。

(6)外模板应按要求设置预拱度。底模安装调整后,底模面板的间隙应不大于1 mm,错台不大于1 mm,任意方向的不平整度不大于3 mm/m。翼模横向连接缝之间预留2 mm伸缩缝,并设置橡胶条,防止漏浆及压载后翼模板挤压翘曲。侧、翼模的面板错台不大于2 mm,任意方向的平整度不大于3 mm/m。外模的整体断面尺寸和梁形断面尺寸一致,误差在允许的范围之内。

(7)移动模架整体安装完成之后,应做空载动作试验和重载预压试验,以检验结构的安全性,消除非弹性变形,并得出主梁和外模的弹性变形值(下挠值)。下挠值用来比对理论计算刚度及指导首孔施工时的外模预拱度设定。重载试验的压载物可以是沙袋、水袋、钢筋等,要注意其重量核定和模拟混凝土梁的重量分布。

12.6.3 一般操作规程

(1)移动模架的纵移。①必须在相关技术人员的监视下进行,检查所有影响前行移位的约束是否已解除、移动方向是否有障碍。②纵移油缸的左、右侧操作应基本同步,两侧的前行量偏差不超过50 mm,注意随时纠偏。③必须对前方桥墩的支腿站位处进行清理、抄平,检查标高测量是否满足要求。

(2)在移动模架各支腿到达前方桥墩位置后,应有专人再次检查各支承位置的情况,并尽快安装就位。

(3)所有机构相对运动(面)处,应涂3号钙基润滑脂。

(4)在混凝土浇筑时,振动棒不得触及预埋件。

(5)起吊物品时应严格按起重机操作规程执行。

(6)脱模过程中注意观察外模板是否与砼梁体完全脱开,在未完全脱开之前,脱模动作应缓慢进行。四个点的竖向支承油缸应基本同步,偏差不超过30 mm。

(7)在浇筑混凝土的过程中,随时注意观察结构可能的变形和异响。

(8)对液压系统。①启动液压泵之前,检查截止阀是否关闭、换向阀是否在中位。②启动液压泵,检查系统压力是否正常,泵的响声是否正常,管路是否有渗油。③若竖向支承油缸为单作用油缸,则每施工一孔要对该油缸进行排气。④操作各阀门或按钮时,应注意所对应是哪个油缸、哪个动作或方向,严禁出现误动作。⑤快速接头拆开后应有保护措施,严禁任何杂质进入其内部。⑥当泵站不使用时,应及时切断电源。⑦注意检查油温、泵温、油面高度和油质。⑧操作各液压站动作时,应由经培训的专门人员负责。

(9) 操作人员必须听从指挥人员的统一指挥,严禁出现误动作。

(10) 电气系统。当移动模架在动作过程中出现异常情况,应立即切断电源,查排故障,严禁带电作业。遵守一般用电规程。

参考文献

[1] 郑州新大方重工科技有限公司.DSZ32/900上行式移动模架使用说明书[Z].

[2] 秦皇岛天业通联重工科技有限公司.MZ50/1900下行式移动模架使用说明书[Z].

第13章

预制节段拼装架桥机

13.1 概述

13.1.1 定义

预制节段拼装架桥机是将整跨桥梁分成若干节段预制的节段块,在桥位进行吊装组拼,通过张拉后,使预制节段拼接成为整体桥梁结构,并能移动到新的安装位置架梁的设备。架桥机一个完整的工作循环完成一跨梁的架设,通常用于预应力混凝土简支梁和连续梁的架设。

13.1.2 国内外发展概况

预制节段拼装架桥机是伴随着桥梁预制节段拼装施工法而产生和发展的。预制节段拼装施工法是近几十年逐渐发展起来的施工方法,其基本方法是将梁体纵桥向划分为若干个节段,在预制梁场预制后,运送到桥位进行组拼成为桥梁。

预制节段拼装施工法最早起源于法国,20世纪40年代,法国工程师尤金·弗莱西奈(Eugene Freyssinet)率先采用分段预制方法用于混凝土预应力桥梁施工中,在巴黎东部的马恩河上建造了吕藏西(Luzancy)桥(见图13-1)。

1951年,德国工程师芬斯特瓦尔德(Finstwalder)在拉恩河(Lahn)上用平衡悬臂和节段浇筑施工法建造了第一座悬臂浇筑施

图13-1 吕藏西(Luzancy)桥

工的预应力混凝土桥梁,形成了现代意义上的悬臂浇筑施工法。将节段预制与平衡悬臂施工相结合,加快了施工进度,提高了施工质量。

1962年,法国工程师让·穆勒(Jean Muller)建造了第一座预制节段悬臂拼装施工的舒瓦西勒鲁瓦(Choisy-Le-Roi)桥,该桥采用浮吊进行悬臂拼装施工,首次采用长线法浇筑施工预制节段。自此,预制节段拼装施工技术开始在世界各国陆续发展起来。

1966年建成的法国奥莱龙(Oleron)海峡大桥,首次采用了上行式移动拼装支架进行节段悬臂拼装施工,这标志着世界上首台预制节段拼装架桥机的诞生,这也是对预制节段拼装施工技术的巨大革新。自此,预制节段拼装施工技术在欧洲国家开始了广泛应用,与此同时,预制节段拼装架桥机也得到了快速发展。目前,欧洲主要设计和制造预制节段拼装架桥机的厂商有挪威的结构公司(Strukturas AS)、

NRS 公司（NRS AS）等。图 13-2 所示为奥莱龙（Oleron）海峡大桥上行式节段拼装架桥机。

图 13-2　奥莱龙（Oleron）海峡大桥上行式节段拼装架桥机

我国对预制节段拼装预应力混凝土桥梁的研究应用始于 20 世纪 60 年代。1966 年竣工的成昆铁路旧庄河 1 号桥采用预制节段悬臂拼装法施工，孙水河 4 号桥等 7 座桥采用预制节段逐跨拼装施工。随后在津浦线子牙河大桥应用了节段逐跨拼装法施工，但受当时施工设备的制约，只能采用万能杆件、军用梁拼装架设施工，没有使用专用的架桥机。这些项目在当时基于试验的目的，由于预制节段拼装对机械的调整精度以及对施工控制的要求较高，试验没有取得令人满意的效果，故在后期的施工中未能得到推广。

1996 年，由铁道部大桥工程局修建的石长铁路长沙湘江公铁大桥，首次采用专用移动式拼装支架进行预制节段悬臂拼装施工，时称"96 米造桥机"，这是我国第一台预制节段悬臂拼装架桥机，架设桥梁跨度 96 m，起吊节段梁质量 160 t，由铁道部大桥局桥梁机械制造厂设计制造。长沙湘江公铁大桥节段梁采用长线法预制。

我国公路部门最早采用预制节段逐跨拼装施工法的是 1990 年建成通车的福州洪塘大桥滩孔 31 m×40 m 预应力混凝土连续箱梁桥，采用托梁支架配合万能杆件拼装的架桥机实现逐跨拼装成桥。其节段梁采用长线法预制。

1988 年建成的佛开高速公路九江大桥采用预制节段悬臂拼装施工，架设桥梁跨度 160 m，架梁设备为贝雷桁架组装而成的悬拼吊机，起吊节段梁块质量 80 t。

2001 年建成的嘉浏高速公路新浏河大桥，主桥 3 m×42 m 预应力混凝土简支箱梁，是我国首次采用专用预制节段逐跨拼装架桥机实现逐跨拼装法施工。架桥机采用郑州大方桥梁机械有限公司生产的 DP450 型架桥机。此后，上海沪闵高架桥二期、北京跨四环高架桥也采用了预制节段逐跨拼装法施工。

进入 21 世纪以后，桥梁预制节段拼装技术在国内得到了快速发展，在城市高架桥、高速公路、高速铁路等工程中都得到普遍应用，满足桥梁施工的各种型式节段拼装架桥机被设计制造出来。目前，国内设计制造节段拼装架桥机的主要厂家有武汉通联路桥机械技术有限公司、秦皇岛天业通联重工股份有限公司、郑州新大方重工科技有限公司、武桥重工集团股份有限公司等。

13.1.3　预制节段拼装施工法的特点

1. 预制节段拼装施工方法

（1）逐跨施工法，即一跨接一跨地完成节段拼装的施工方法。适用于中小跨度，一般跨度在 30～50 m。

（2）平衡悬臂施工法，即以每个墩柱为中心，采用对称平衡悬臂拼装节段的施工方法，适用于较大跨度桥梁，跨度 50～160 m。

2. 预制节段块接缝拼接形式

预制节段块接缝拼接形式分为三种：胶接、湿接和干接。

胶接，即节段块之间采用胶结剂将节段块黏结成整体；湿接，即节段块之间预留一定距离，采用现浇混凝土把节段块连成整体；干接，即节段块之间不涂任何黏结材料，直接匹配在一起。

干接形式由于在受力性能、抗震性能和耐久性等方面严重不足，2003 年美国国家公路与运输协会（American Association of State Highway and Transportation Officials，AASHTO）标准规定，新建预制节段拼装桥梁不再使用干接形式。

目前节段块接缝拼接形式主要是胶接和湿接两种,胶接法应用更多,两者各有其优缺点。从施工周期来讲,胶接法较短,湿接法较长,因为湿接缝需要等待混凝土强度时间长。从预制节段精度要求来讲,胶接要求高,湿接法要求低。从节段线型控制来讲,胶接法控制难度大,湿接法控制难度小。从抗震能力来讲,胶接缝抗震性能差,地震时,混凝土剪力键可能出现脆性破坏,梁体被突然剪断,湿接缝抗震性能强,接缝处设计同预制梁块。从接缝处混凝土耐久性来讲,胶接缝在冻融循环地区若桥面防水有问题时,水易渗入接缝处导致混凝土剪力键逐渐破坏,海洋环境、多雨等不良环境地区,有害物资易侵入接缝处导致混凝土剪力键出现耐久性病害;湿接缝处混凝土一般均设计为高性能混凝土,耐久性好,抗病害能力强。

桥梁设计时根据设计要求不同,采用的接缝拼接形式会有所不同,或胶接或湿接,因此,架桥机的型式也会相应不同。

3. 节段梁预制方法

节段梁预制方法分为两种:长线法和短线法。

(1)长线法:预制台座底模长度为整跨梁长,将整跨主梁分成若干段,在按设计线性做成的台座上匹配浇筑形成节段直至完成整跨主梁的方法。图 13-3 所示为长线法示意图。

图 13-3　长线法示意图

(2)短线法:预制台座底模长度为一个节段的长度,利用预制完成的前一节段作为后一节段的一侧端模,固定的钢模板作为另一侧的端模,逐段进行预制的方法。图 13-4 所示为短线法示意图。

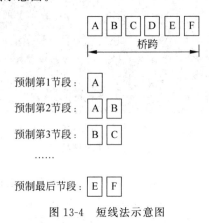

图 13-4　短线法示意图

13.1.4　预制节段拼装混凝土桥梁的主要优点

预制节段混凝土桥梁施工技术代表了标准化、快速化、工厂化的制造工艺,是现代预应力混凝土桥梁建造发展方向之一,具有以下技术特点。

(1)经济优势。预制节段梁具有尺寸统一、生产标准化等特点,并且模板能重复利用,具有明显的经济优势。预制节段拼装施工法可不使用临时支架,临时支架不仅费用高,而且临时支架在铁路、通车的公路及通航的河道上不允许架设或使用,受到较为严格的限制。预制节段拼装施工可依靠架桥机来完成,架桥机成本虽然较高,但施工路线较长时其分摊费用并不高,并且架桥机能够重复使用。

(2)质量及耐久优势。节段梁一般在预制场内进行标准化生产,自动化程度高,这大幅降低了外界各种不利因素对混凝土梁段的影响,使梁段质量得到有效保证,也可降低施工误差及意外发生的概率。

此外,在灌浆密实的情况下,内部预应力钢束可以得到很好的保护,其耐久性得到保证,但是完全密实的灌浆技术在管理和施工上均存在一定的难度。

(3) 安全和使用优势。梁段工厂化预制可以提供充足的施工作业空间,架桥机作业的自动化程度高,需要的作业人员较少,且对作业人员的素质要求较高,因此预制节段施工法的安全性可以得到较好的保障。

此外,预制节段拼装施工法可利用已完成的桥梁来运送相关设备、材料及节段梁。对于城市地区、河流峡谷等复杂地形或重要的环境区域,预制节段拼装施工法可最大限度地降低施工作业对环境及环境敏感区的干扰,并且对交通要道无须进行交通疏解,从而可以减少对现有交通的影响。

(4) 工期优势。在进行基础施工的同时,节段梁可以在梁场提前预制完成并达到设计强度,节段梁的预制不占用工期,因此,可以大大缩减工程总体工期。一般情况下,连续梁悬臂浇筑一个节段需 8 天左右,而采用悬臂拼装法施工一个节段最快只需 2 天,因此预制节段拼装施工的工期优势十分明显。

(5) 预应力混凝土的干缩徐变较小。节段梁在施加预应力时已经获得足够的养护时间,其强度及弹性模量均已达到设计要求,成桥后梁体因徐变而产生的变形以及预应力的长期损失较现浇梁都要小,因此可以有效地控制梁体线性。

13.2 预制节段拼装架桥机的分类

预制节段拼装架桥机根据预制节段拼装施工方法的不同,所使用的架桥机型式也不相同,如图 13-5 所示。平衡悬臂施工法采用悬臂拼装架桥机,如图 13-6 所示;逐跨施工法采用逐跨拼装架桥机。逐跨拼装架桥机根据施工条件和要求的不同,又分为上行式和下行式两种逐跨拼装架桥机。上行式架桥机的前支点一般支承在前方桥墩上,后支点支撑于已拼装桥面上,在桥面上走行,如图 13-7 所示。下行式架桥机的前后支点,一般均支承在从桥墩两侧墩旁托架上,在桥面下走行,如图 13-8 所示。

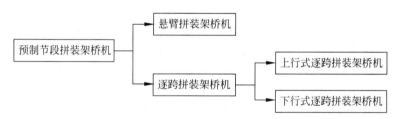

图 13-5 预制节段拼装架桥机分类

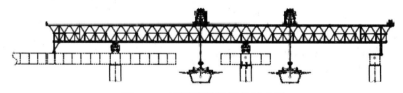

图 13-6 悬臂拼装架桥机示意图

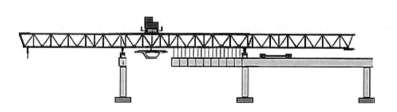

图 13-7 上行式逐跨拼装架桥机示意图

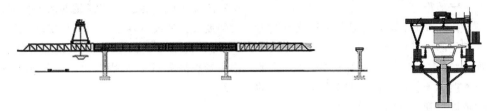

图 13-8 下行式逐跨拼装架桥机示意图

上行式和下行式逐跨拼装架桥机各有其技术特点,采用逐跨施工法时,是选用上行式还是下行式,主要从以下几方面考虑。

(1) 节段块拼接方式。胶接法既可以是上行式也可以是下行式架桥机,若使用湿接法只能采用下行式架桥机。

(2) 桥梁型式。直线桥梁既可以是上行式也可以是下行式架桥机,若为曲线桥梁时只采用上行式架桥机。

(3) 桥墩型式。桥墩较低、外形尺寸基本一致,架桥机不影响桥下交通,这样的桥墩有利于设置架桥机墩旁托架,采用下行式架桥机更为方便。桥墩不便于设置架桥机墩旁托架时采用上行式架桥机。

(4) 节段块运输和喂梁方式。节段块从桥上运输、在架桥机尾部喂梁时采用上行式架桥机较为合适。节段块从桥下运输、在架桥机下方吊梁时上行式和下行式架桥机均可行。

(5) 现场安装条件。架桥机型式必须符合现场安装使用条件,上行式架桥机首跨安装时必须提前完成墩顶节段块安装或浇筑,否则需另外搭设临时支撑。

(6) 设备通用性。上行式架桥机通用性好,适应性强,再利用率高。下行式架桥机对墩身、节段变化的适应性较差,再利用改造工作量相对较大,再利用率相对较低。

13.3 典型的预制节段悬臂拼装架桥机

13.3.1 石长铁路长沙湘江大桥96 m跨架桥机

1. 桥梁工程概况

石长铁路长沙湘江大桥位于湖南省长沙市,由铁道部大桥工程局承建,1994年9月开工,1998年3月建成。石长铁路长沙湘江大桥正桥桥式为(61.65+7×96+61.65)m,单线铁路预应力混凝土连续箱梁。正桥架设是我国首次采用架桥机进行预制节段悬臂胶拼施工,架设跨度96 m。正桥全长795.3 m,共分为195个预制节段,除8个墩顶0#块、两个边跨直线段和9个跨中合龙段分别为现浇和悬浇外,其余176个节段箱梁均在梁场采用长线法预制,其中1#～10#节段箱梁每节长4 m,11#节段长3.7 m,支座处梁高7.4 m,跨中及边支点梁高4.4 m,上翼缘顶板宽度7 m,下翼缘呈曲线型变化,最大节段块质量141 t。

96 m架桥机由铁道部大桥工程局桥梁机械制造厂设计制造。图13-9为96 m架桥机示意图。

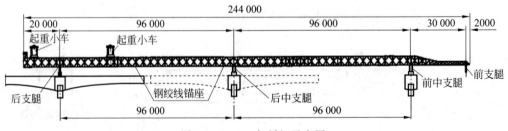

图 13-9 96 m架桥机示意图

2．主要性能参数

架桥机型式：上行式，悬臂拼装架桥机。
架设跨度：96 m。
主梁长度：244 m。
主梁截面尺寸：5 m×2 m。
主梁中心距：7 m。
整机纵移方式：液压牵引，滑动支承。
总质量：877 t。
起重小车起升能力：160 t。
起升速度：重载 0.4 m/min，空载 1.9 m/min。
起升高度：轨面上 3.6 m，轨面下 12.4 m。
走行速度：0～20 m/min。
前支腿顶升行程：2.2 m。
前支腿顶升力：80 t。
中支腿顶升行程：0.6 m。
中支腿顶升力：1200 t。
后支腿最大反力：642 t。

3．主要构造

96 m 架桥机由主桁结构、前支腿、中支腿（附牵引主梁前移设备）、后支腿、起重小车、液压系统及电控系统等部件组成。图 13-10 所示为 96 m 架桥机架梁施工现场。

图 13-10　96 m 架桥机架梁施工

1）主桁结构

主桁采用拆装式菱形钢桁梁。桁高 5 m，由 4 片主桁组成，每两片主桁组成一组单梁，单梁主桁中心距 2 m，两组单梁距离 5 m，横向全宽 9 m。两组单梁之间除在下弦杆支承处设置横撑外，每隔一定距离设置一组剪刀撑以增强桁梁结构的整体稳定性。起重小车走道置于主桁上弦。

主桁前端为 30 m 长导梁，导梁共 2 片，宽 5 m，导梁为主桁内侧 2 片桁架的延长。

两组单梁之间在与导梁连接处和距后中支腿 54 m 处设有固定的横向连接系；在最大悬臂根部处设有一道在主梁移动时需要安装的横向连接系；在后中支腿和后支腿上方设有活动横向连接系，当较高的起吊梁块通过时需要临时打开活动横联。

2）前支腿

前支腿在导梁的最前端，前支腿由连接小梁、油缸、内外伸缩套、活动关节支座、液压站、分配梁及钢垫块组成。

前支腿的作用是主梁前移到达前方桥墩时进行起顶，将前端悬臂顶至水平状态，通过起重小车吊运中支腿到前支腿所处的桥墩 0♯顶上并取代之。

3）中支腿

中支腿共有两套，每套中支腿由支腿结构、顶升机构、主机走行垂直反力支承滑道和水平牵引机构、中支腿自走行电动机构、分配梁和钢垫块组成。

中支腿主要功能：支承架桥机主桁反力的中间支点；主桁前移；自身向前移动，并成为工作状态下的前支点。

每一中支腿包括和分配梁连在一起的两个单独支架，分配梁通过垫块将力传至混凝土梁腹板。为传递架桥机滑移时提供水平阻力及其他水平力，垫块下部带有减震橡胶和锚固螺栓孔。架梁时需通过锚固螺栓使支腿与 0♯块锚固。

两个单独承重平台上分别装有四个顶升油缸，用它调整架桥机的工作高度和中支腿拆除时的主梁挠度。支腿顶升油缸旁装有四个螺旋千斤顶，当支腿调平后把螺旋千斤顶旋下，以满足架桥机架梁工况承载需要。

主桁的重量通过摩擦板传递到支腿上，具体构造是支腿上部支承梁设有不锈钢滑道，在不锈钢滑道和主桁下平面之间有一层橡胶和聚四氟乙烯板组成的摩擦板，摩擦板随着主桁架前移。

由于主桁架下弦采取节点受力，每次必须将摩擦板垫在主桁下弦节点处，节点间距为

2 m 而滑道总长为 2.5 m。

主桁前移用装在中支腿上的穿心式水平千斤顶牵引钢绞线来实现,钢绞线长 130 m,另一端锚头固定在主桁单梁两片下弦的中间。

4) 后支腿

后支腿固定连接在主桁上,主要由与主桁相连的支腿结构、连接铰、分配梁及垫块、滑移设备、工作时的防滑顶组成。

架桥机前移时,后支腿一直在混凝土梁顶面滑行,滑移设备由上支座、滑块、下支座组成,上支座下面铆焊了一层不锈钢板,以减小滑移时的摩擦力,滑块为聚四氟乙烯板,下支座为长条钢板。支承下支座的混凝土桥面应用抹平。

5) 起重小车

起重小车是架桥机吊运混凝土梁块的工作装置,共有两台。起重小车由起重架结构、起重平台、卷扬系统、横移系统、走行系统和辅助结构等组成。

(1) 起重架结构。起重架结构由主梁、支腿、上横梁、下横梁组成,顺桥向为龙门架结构,各件均为箱形焊接结构,通过螺栓连接。

(2) 起重平台。起重平台为焊接结构件,在平台的端梁上布置有四个承载轮,车轮在金属结构的主梁上滚动,轮距 2 m,轨距 2.5 m,平台上布置有定滑轮组、卷扬机、液压系统、横移油缸及栏杆等工作装置,整个平台外形尺寸为 $(2.5 \times 2.6 \times 1.7)$ m。

(3) 卷扬系统。卷扬系统由两台 10 t 液压卷扬机、定滑轮组、吊环滑轮组及钢丝绳组成,钢丝绳倍率为 16,滑轮用 MC 尼龙制造。为了能使节段块件进行回转,在吊环滑轮组上设置了回转轴承。

(4) 横移装置。在起重平台两侧设置了水平油缸,用于起吊梁块时进行水平位置调整。吊点横移量为 ±300 mm。

(5) 走行系统。起重小车走行系统为 4 台双轨台车,均为主动台车,每台台车由一个低速大扭矩液压马达驱动,为了防止车轮打滑,两个主动车轮用一根通轴串联起来,这样,任何时候每台台车都有至少一个主动车轮与钢轨接触,不会产生打滑现象,从而使 4 台台车均能产生基本相同的驱动力矩。

由于架桥机结构的特殊性,为了最大限度地减少轮压不均现象,台车结构采用了沿顺桥向和横桥向的双向铰结构。

4. 架梁施工

1) 1♯节段块悬拼

预制节段平衡悬臂拼装的一个 T 构由一个 0♯块(长 6 m),一个合龙段(2.6 m),22 个节段箱梁构成,架桥机首先拼装 1♯节段块,由于该节段块是在梁场预制的,而 0♯节段块是在墩顶现浇的,为了调整位置,保证整体线性,在 0♯节段块和 1♯节段块之间以 15 cm 长现浇混凝土湿接头连接。架桥机两台起重小车先后将 1♯节段块吊运到架桥机前跨和后跨,在 0♯节段块前、后两侧到位后,安装接头孔道、钢筋、模板,浇筑湿接头混凝土,待混凝土养护到设计强度,张拉完纵向预应力钢筋后,架桥机起重小车松钩卸载,1♯节段块拼装完毕。

2) 2♯~11♯节段块悬拼

架桥机两台起重小车先后将 2♯节段块吊运到架桥机前跨和后跨,与 1♯节段块进行对位、预拼,检查拼接缝的密贴程度,决定不同部位的涂胶稠度,检查线型(高程和中线),掌握纠偏的方向和程度。

预拼完毕后,将节段箱梁脱开,涂胶。正式拼装,张拉临时定位束。等接缝胶结料达到设计张拉强度时,进行对称张拉主体束,压浆。架桥机起重小车松钩卸载,进行下一对节段块施工,直至 11♯节段块拼装完成。最后浇筑合龙段。

5. 过跨前移

当一跨合龙后,架桥机过跨前移,进行下一个 T 构架设。主机前移的基本步骤如下:

(1) 前起重小车空载位于后支腿前方 28 m,后起重小车空载位于后支腿后 14 m,主桁架由位于中支腿处的水平牵引机构前移推进 68 m,前支腿到达前方墩上方。

(2) 前支腿起顶支撑,前起重小车吊运后中支腿向前走行 122 m,并将其悬挂在主桁下弦。

(3) 前起重小车回退 84 m，前方中支腿走行至导梁前端。

(4) 前方中支腿起顶，前支腿卸载，主桁架前移 28 m 到位。架桥机进入下一个 T 构悬拼作业状态。

13.3.2　孟加拉国帕克西大桥 109.5 m 跨架桥机

1. 桥梁工程概况

帕克西（Paksey）大桥位于孟加拉国西北部，是一座横跨帕德玛（Padma）河的公路大桥，由中国中铁大桥局集团有限公司承建，2000 年 8 月开工建设，2004 年 5 月建成通车。图 13-11 所示为孟加拉国帕克西大桥。

该桥为预应力混凝土连续梁桥，桥跨布置为 (71.75+109.5×15+71.75) m，全长 1786 m，全桥为一联。桥梁架设采用预制节段、悬臂胶拼法施工。全桥箱梁节段共计 490 块，采用长

图 13-11　孟加拉国帕克西大桥

线法预制。每个 T 构节段块组成为：墩顶块 2 块，长度 2 m，高度 7 m；变高节段每侧 8 块，共 16 块，长度 3.375 m，高度 3.5～7 m；直线等高节段每侧 6 块，共计 12 块，长度 4.25 m，高度 3.5 m。节段梁质量 116～167 t。

架梁设备采用 109.5 m 悬臂拼装架桥机，由挪威的 NRS 公司总体设计，中铁大桥局桥机厂制造。图 13-12 为帕克西大桥 109.5 m 悬拼架桥机示意图。

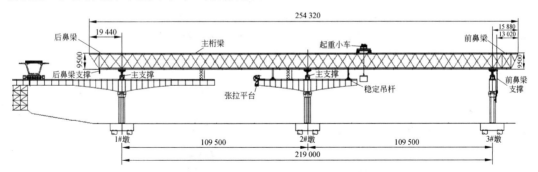

图 13-12　帕克西大桥 109.5 m 悬拼架桥机示意图

2. 主要性能参数

架桥机型式：上行式，悬臂拼装架桥机。

架设跨度：109.5 m。

主桁梁长度：219 m。

前鼻梁长度：15.88 m。

后鼻梁长度：19.44 m。

主桁梁截面：A 形截面，底宽 3.05 m，桁高 8.62 m。

两主桁中心距：9.5 m。

整机纵移方式：液压驱动，滚轮推进桁架纵移。

整机总质量：1800 t。

起重小车起升能力：180 t。

起升速度：重载 0.6 m/min，空载 2 m/min。

起升高度：轨面上 2 m，轨面下 23 m。

走行速度：0～10 m/min。

3. 主要构造

本架桥机主要由主桁梁、前鼻梁、后鼻梁、主支撑、推进台车、前鼻梁支撑、后鼻梁支撑、稳定吊杆、起重小车、液压系统、电气系统等组成。

1) 主桁梁和前、后鼻梁

架桥机有两根桁梁，桁梁分为三部分，主桁梁长 219.00 m，前鼻梁长 15.88 m，后鼻梁长 19.44 m。桁架在前、后鼻梁处进行横向联结，主桁梁横向间距 9.50 m。起重小车在两桁

梁之间吊运节段块。

主桁梁采用标准模段化设计,横断面为 A 形,底宽 3.05 m,桁高 8.62 m,模段长 11.40 m。上、下弦杆为重型、箱形断面,一根上弦杆,两根下弦杆。上、下弦杆之间由撑杆连接,斜撑杆为 X 形构造,下弦杆的横联撑杆为 V 形构造。采用杆件构件形式便于制造、运输和组装。图 13-13 为主桁梁模段结构示意图。

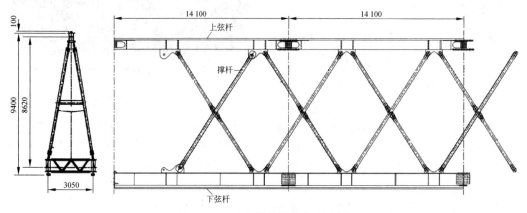

图 13-13　主桁梁模段结构示意图

主桁梁上下弦杆与撑杆之间的连接采用了一种特殊的连接方式——膨胀销(press key connection)。膨胀销与普通销轴连接和拼接板螺栓连接相比,消除了销孔之间的间隙,保证了杆件连接可靠和桁架刚度。图 13-14 为膨胀销示意图。

主支撑顶部装有两组推进台车。主支撑通过 8 根精高强度轧螺纹钢筋锚固在节段梁块的吊点处。

主支撑与墩顶块块之间的接触面应垫氯丁橡胶,保证载荷分配均匀。图 13-15 为主支撑示意图。

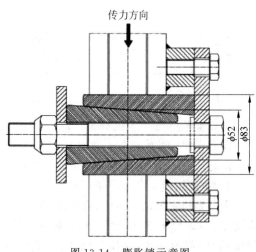

图 13-14　膨胀销示意图

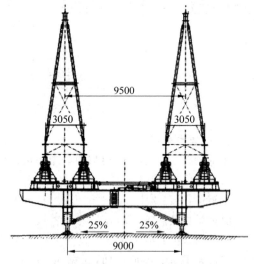

图 13-15　主支撑示意图

2) 主支撑

架桥机共有 3 个主支撑,布置在前、中、后 3 个墩顶节段块上。

主支撑将推进台车传递下来的载荷传递到主支承油顶上。每组主支撑由 4 个主油顶支承,

3) 推进台车

推进台车布置在主支撑上,每个主支撑左右各有一组推进台车,整个架桥机共有 6 组推进台车,推进台车是架桥机纵移和侧移的导向支承。图 13-16 为推进台车示意图。

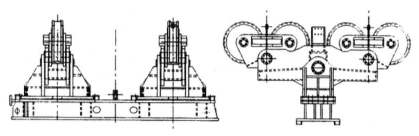

图 13-16 推进台车示意图

每组推进台车有 8 个车轮,其中为 4 个液压驱动的主动轮。主支撑顶部铺设有带不锈钢板的滑动梁,推进台车通过其底部的塑料滑动板由液压油缸推动进行横向调整移动。

4) 前鼻梁支撑

前鼻梁支撑安装在前鼻梁下方,通过液压油缸可垂直调节支腿长度,支腿长度调节到位后,用栓销锁定。图 13-17 为前鼻梁支撑示意图。

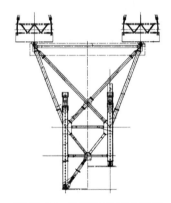

图 13-17 前鼻梁支撑示意图

前鼻梁支撑有两项功能:①在进行悬臂节段块安装时,作为前支点支撑主桁梁前端;②起重小车吊装墩顶节段块时,起临时支撑的作用,直到主支撑安装就位并将架桥机落在推进台车上后,即可卸载,转入架桥机过跨工况。

5) 后鼻梁支撑

后鼻梁支撑的功用是在主支撑降落和移动到新的支撑位置的过程中,起支撑架桥机尾部的作用。支撑时底部与节段块吊装孔进行锚固,与节段块之间的接触面应垫氯丁橡胶,保证载荷分配。

6) 稳定吊杆

本架桥机只配有一台起重小车架梁,不能保证理论上的平衡悬臂架梁,不平衡力主要包括节段自重不平衡、一侧多出的一块节段梁重、风力机临时载荷等,这些都会对桥梁结构的安全性、稳定性和可靠性产生较大的影响。

架桥机悬臂架设前 3 对节段块时,不平衡力由墩旁托架承担。后续悬臂架设不平衡力由架桥机设置的稳定吊杆承担。架桥机共需 4 套稳定吊杆,每套稳定吊杆由 8 根精轧螺纹钢筋组成,稳定吊杆将架桥机主桁梁与节段块连接在一起。安装一孔梁,稳定吊杆需转化 3 次:第 1 次安装于第 3 块悬臂节段上,然后进行体系转化,解除墩梁固结系统;第 2 次安装于第 7 块悬臂节段上,拆卸第 3 块节段上的稳定吊杆;第 3 次安装于第 10 块悬臂节段上,第 7 块节段上的稳定吊杆卸载;合龙段张拉后拆卸第 10 块悬臂节段上的稳定吊杆。

预制节段悬臂拼装架桥机采用稳定吊杆装置,可以解决悬臂拼装存在不平衡力的问题,减少起重小车数量,这是本架桥机的技术特点之一。

7) 起重小车

起重小车主要由起重架结构、卷扬机构、走行台车、吊具、液压系统、电气系统等组成。图 13-18 为起重小车示意图。

起重架结构一侧设置成固定支腿,另一侧为活动支腿,这一设计主要为了适应架桥机主桁梁的横向变形。由于主桁梁横向刚度较弱,左右两侧主桁梁中间没有设置横向连接系,因此主桁梁顶面轨道间距存在一定偏差,活动支腿可以横向自由活动调节起重小车跨距以适

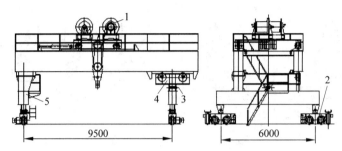

1—液压卷扬机；2—走行台车；3—铰座；4—活动支腿；5—固定支腿。

图 13-18 起重小车示意图

应轨距变化，调整范围为±250 mm，可防止起重小车走行时啃轨甚至掉轨。活动支腿侧设置有平衡铰座，可适应两侧主桁轨道高度差，保证起重小车的 4 个走行台车在主桁梁顶面轨道上正常接触和载荷均匀。

起升卷扬机为两台 10 t 液压卷扬机，卷扬机底座可由液压油缸顶推移位进行吊点横向调整，调整范围为±500 mm。节段块吊具系统可进行多向调整，可 360°水平回转；可水平调整节段梁重心；可调整节段梁竖向转角。

起重小车有 4 个走行台车，均为主动台车，每个台车由一个低速大扭矩液压马达驱动。

4．工作过程

（1）架桥机在桥台前路基上 S1、S2、S3 三个临时基础上组装，组装完成后进行测试和试吊。图 13-19 为架桥机架梁示意图。

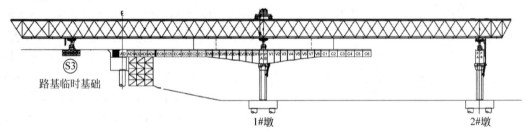

图 13-19 架桥机架梁示意图

（2）架桥机向前移动一跨，主桁梁由 S2、S3 两个主支撑支承，前鼻梁支撑处于 1#墩上方，起重小车安装前鼻梁支撑托架，然后前鼻梁支撑安装到托架上。

（3）用起重小车安装 1#墩墩顶块 PA、PB，然后将后方的主支撑吊运安装到 1#墩的 PA 和 PB 墩顶块上，支撑主桁梁，前鼻梁支撑脱开。

（4）架桥机向前移动一跨，主桁梁由 S3、1#墩两个主支撑支承，前鼻梁支撑处于 2#墩上方，起重小车安装前鼻梁支撑托架，然后前鼻梁支撑安装到托架上。

（5）安装桥台跨节段块在支架上。

（6）进行 1#墩节段块悬臂拼装，V1/EV1、V2/EV2、V3/EV3 节段块。

（7）在 V3 和 EV3 节段块上安装稳定吊杆。

（8）继续拼装节段块，至 V7 和 EV7 块时安装稳定吊杆。

（9）继续拼装至节段块 C2 和 EC2，V3 和 EV3 节段块上的稳定吊杆安装至 C2 和 EC2。

（10）继续拼装，完成全部悬拼后，安装 2#墩顶 PA 和 PB 节段块。

（11）浇铸 AD4 和 EC6 湿接缝。

（12）起重小车吊运摆放在 S3 前方的主支撑至 2#墩顶并安装，支撑主桁梁，前鼻梁支撑脱开。架桥机准备过垮，继续下一跨工作循环。

13.3.3 文莱大摩拉岛大桥 TPJ250 型架桥机

1．桥梁工程概况

文莱大摩拉岛大桥是一座连接文莱摩拉区与大摩拉岛的公路跨海大桥,于2015年5月开工,2018年5月建成通车。图13-20为文莱大摩拉岛大桥图片。

图 13-20　文莱大摩拉岛大桥

文莱大摩拉岛大桥由岛上西引桥(7×60+8×60)m、跨海主桥(80+2×120+80)m和陆上东引桥(7×60+8×60+8×60)m三部分组成,全长2680 m,由于地形所限,东引桥在海边拐了一个将近90°的急转弯。东、西引桥均采用预制节段胶接拼装法施工,架桥机架设。预制箱梁宽23.6 m,底宽8 m,高4 m,为单箱单室结构,箱梁顶面在直线段设2.5%倒V形横坡,在缓和曲线段有大幅变坡(-2.5%~8%),桥梁曲线段的曲率半径为550 m。东引桥预制节段394块,西引桥257块,全桥共计651块。

该桥采用了武汉通联路桥机械技术有限公司生产的TPJ250型架桥机,既可对称悬臂架设T构节段块,又可吊挂架设每一联两端边跨段,同时满足小曲线、大纵坡架设,一台设备架设全桥预制节段块。图13-21为TPJ250型架桥机示意图。

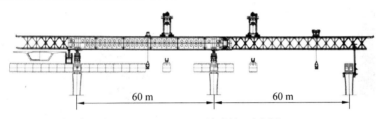

图 13-21　TPJ250 型架桥机示意图

2．主要性能参数

架桥机形式:上行式,悬臂拼装+边跨吊挂。

架设跨度:60 m。

吊挂最大载荷:1500 t。

主梁结构:箱形梁结构。

前后导梁结构:矩形桁架结构。

最大工作纵坡:≤3.4%。

最大工作横坡:≤8%。

最小工作曲线半径:550 m。

起重天车:2台,起重能力250 t。

最大起升高度:30 m。

起升速度:0~2.5 m/min(重载),0~5 m/min(空载)。

起重天车纵向走行速度:0~15 m/min。

天车横向调整范围:±800 mm。

行车:20 t、10 t各一台。

架桥机纵移方式:油缸顶推滑移。

吊具:360°旋转,纵横向角度调整。

喂梁方式:尾部或下方。

3．主要构造

本架桥机主要由主梁、前后导梁、前支腿、中支腿、后支腿、墩前托架、起重天车、吊具、吊挂系统、20 t行车、10 t行车、张拉作业平台等组成。

1）主梁及前后导梁

主梁采用钢箱梁结构形式,为方便运输,设计成上、下两层叠合,中间采用螺栓连接。主梁顶面设有起重天车和行车轨道。主梁上盖板内侧全部通长设有吊挂纵梁,节段梁块可以悬挂在主箱梁上任意位置。主梁下盖板两边分别设纵移滑道,中间设有纵移顶推轨道。

图13-22为架桥机主梁结构图。

图13-22 架桥机主梁结构图

主梁与前导梁之间为铰连接,可平转9°,以满足曲线桥架设。

导梁为矩形桁架结构,分为前后导梁,前导梁总长72 m,分为6节,每节长12 m。后导梁为2节,共20 m长。导梁也分为上下两层,由螺栓连接。

导梁顶面设有起重天车和行车轨道,底部两侧设有纵移滑道。

2)前支腿、前支腿托架

前支腿固定铰接在前导梁前端下方,主要由顶升油缸、内伸缩套、外伸缩套、上横梁和斜撑组成。通过油缸推动伸缩套,可调节支腿长度。前支腿设有翻转机构,上横梁以下部件能够翻转避让前方障碍物。图13-23为前支腿图片,图13-24为前支腿托架图片。

图13-23 前支腿

前支腿工作时支撑于前支腿托架上,主要是将前支腿的作用力传递给桥墩。前支腿托

图13-24 前支腿托架

架共有两套,正常情况下采用吊机倒运到超前墩安装,可以节省施工时间,也可与架桥机一起走行安装。

托架上设有操作平台,便于工人进行墩顶块调整作业。

3)中支腿

架桥机共有两套中支腿,其主要功能为支承和顶升整个架桥机、驱动架桥机前移过孔和横移。图13-25为中支腿图片。

图13-25 中支腿

中支腿结构从上至下分别是滑动支承、回转铰座、纵移顶推机构、主梁支撑、旋转台、横移机构、支撑梁、顶升装置。旋转台是为架设曲线桥而专门设置的结构,架桥机经过曲线段时,主梁可在旋转台上偏转。

4)后支腿

后支腿固定在后导梁的后端,工作时根据使用需要安装在相应的安装位上。

后支腿结构主要由顶升油缸、伸缩套、支撑桁架、滑道和斜撑组成。顶升油缸是由独立液压站驱动工作,通过液压缸的伸缩来改变伸缩套的高度。横梁下部还设计有伸缩系统、走行系统和锚固装置。走行系统仅供自身空载走行。图13-26为后支腿图片。

图 13-26 后支腿

5) 起重天车

起重天车共有两台,由机架结构、卷扬系统、卷扬机横移机构、天车走行机构、液压站、司机室、供电系统、遥控装置等组成(如图 13-27 所示)。

图 13-27 起重天车

机架一侧为固定支腿、一侧为活动支腿,活动支腿的横向移动能自动调整天车跨度,以适应架设曲线梁时主梁横向间距的变化。活动支腿侧还带有分配梁,保证起重天车 4 台台车均匀受力。天车 4 台走行台车可实现水平转动,保证天车在主梁和导梁成转角时顺利通过转折点。

每台天车卷扬机采用了 2 个卷筒,卷扬机高速端采用块式制动器制动,低速端采用带式制动器制动。起升机构和走行机构均可变频调速,起重天车动力采用恒张力电缆卷筒供电。整机动作通过司机室内的操作平台或无线遥控器控制。遥控操作包括卷扬机升降、卷扬机横移、天车纵向走行等。

6) 吊具

吊具能实现 360°回转,可实现纵坡、横坡调整。所有调整为无线遥控,操作人员可以在拼接梁面范围内的适当位置进行作业。吊具横梁里安装有控制横移和纵移油缸的液压泵站。

7) 吊挂系统

吊挂一共有 9 套,每套吊挂对应一块节段梁块。其中 8 套用于边跨悬挂时的节段块吊装,第 9 套用于墩顶块的吊装。每个吊挂上安装有可以横向移动的调节横梁,以适应不同的曲线线形,调节横梁由 4 根精轧螺纹钢挂在架桥机主箱梁内,针对桥梁纵横坡度大的特点,每根吊杆都增加了一个万向铰座,确保每根吊杆都只承受拉力。

8) 小行车

架桥机配有一台 20 t 行车、一台 10 t 行车。20 t 行车在 T 构施工时吊运前跨张拉作业平台,同时也是前支腿托架安装的起吊设备。10 t 行车在 T 构施工吊运后跨张拉作业平台。

4. 架桥机的工作原理

1) 架桥机的安装就位

在正常工作状态下,架桥机中支腿支承在桥梁墩顶的 0# 块上,前支腿支承在前方桥墩支腿托架上,由一个前支腿、两个中支腿支承架桥机工作时的全部外力,通过支腿托架传力给桥墩。

2) 节段块的架设

(1) 中跨 T 构节段悬拼架设。架桥机由前支腿、中支腿分别支承在三个桥墩上,即整机跨两跨,由两台起重天车按梁块顺序分别吊装 T 构节段梁进行对称悬臂拼装施工。

基本步骤为:尾部喂梁→起吊→初对位(标高调整)→移开→涂环氧树脂→精对位→临时预应力张拉→永久悬拼预应力钢束张拉。

重复上述步骤直至中跨 T 构最后一对箱梁拼装完毕。T 构架设后进行前方墩顶块的架设。

(2) 边跨施工。桥梁每联首半跨和末半跨的拼装均在两个中支腿之间的支撑跨完成,基本步骤为:逐块起吊半跨各节段块→将各节段块调整至设计理论空间位置→在匹配面涂抹环氧树脂→张拉临时预应力束→安装湿接缝模板系统并浇筑湿接缝→张拉跨中永久预应力束。

(3) 架桥机纵移过跨。架桥机利用起重天车移动后方中支腿前移至前方墩顶块上安装,并在中支腿纵移油缸的顶推作用下实现架桥机的整机过孔。通过装在中支腿上的旋转座调整架桥机前进方向,在水平曲线上推进。

过孔基本步骤为:后支腿支起→解除后中支腿约束→后中支腿移位至前支腿处支起锚固→前、后支腿收起→中支腿纵移油缸顶推→架桥机主梁前移至下跨位→前、后支腿支起固定→检查锚固→准备架梁。

13.4 典型的上行式逐跨拼装架桥机

13.4.1 嘉浏高速公路新浏河大桥 DP450 型架桥机

1. 桥梁工程概况

嘉浏高速公路新浏河大桥位于上海市北端,主桥上部结构为 3 跨 42 m 简支箱梁,分上、下行线共 4 幅,每跨简支箱梁分为 13 个预制节段,全桥共计 156 个预制节段,采用长线法预制。节段外形尺寸为 3.3 m×8.9 m×2.2 m (长×宽×高),节段块吊装质量不大于 40 t。

新浏河大桥是我国首次采用专用架桥机进行预制节段逐跨胶拼法施工的桥梁,因此,该桥使用的郑州大方桥梁机械有限公司生产的 DP450 型架桥机也成为我国首台上行式预制节段逐跨拼装架桥机。图 13-28 为 DP450 型架桥机示意图。

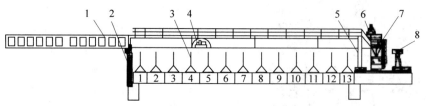

1—导梁及主梁;2—前支腿;3—吊杆;4—50 t 小车;5—后支腿;
6—调梁小车;7—操作室、电气及液压系统;8—辅助中支腿。

图 13-28 DP450 型架桥机示意图

2. 主要性能参数

架桥机型式:上行式,逐跨拼装架桥机。
架设跨度:42 m。
主梁长度:72 m。
总质量:230 t。
天车起升能力:50 t。
起升速度:0.82 m/min。
天车走行速度:0~3 m/min。
调梁小车起吊能力:40 t(单侧 20 t)。
调梁小车走行速度:1.2 m/min。
整机过孔走行速度:0~1.5 m/min。
适应纵坡:3%。
适应横坡:2%。

适应平曲线半径:600 m。

3. 主要构造

1) 主梁结构

主梁为单根钢箱梁,端面为 Ⅱ 型,全长 72 m,分为 6 节段,其中前 2 节为导梁。

2) 支腿及走行系统

共有前、中、后三条支腿,前支腿为架桥机前端支撑点,高度通过千斤顶调整。架梁时由螺旋千斤顶支承主梁。底部为支腿垫块,垫块下部与墩顶预埋件通过螺栓连接。辅助中支腿为轮轨式台车,利用运梁道自动走行移位,上部带托辊,下部车架带液压千斤顶。后支腿为两个单柱结构,上部一侧以法兰形式与主梁螺栓连接,下部设置自动走行轮箱,后支腿可纵移及横移。图 13-29 为 DP450 架桥机架梁施工图像。

图 13-29　DP450 架桥机架梁施工

3) 走行系统

走行系统包括前支腿上端托辊走行部分、辅助中支腿上端托辊走行部分和后支腿下端走行轮箱部分。由以上三部分组成的走行系统可以实现架桥机整机过孔走行、整机后撤和整机横移等走行移位功能。

4) 起吊及吊挂系统

天车起吊系统由卷扬机组、滑轮组、走行机构、旋转吊具组成。它首先将预制箱梁节段吊起,再经过走行机构带动,移动到吊挂位置,然后通过机械旋转方式旋转 90°,并成为拼装形式。此时上部调梁小车的千斤顶油缸回落,吊杆下降,将钢丝绳套环组件、带把螺栓与小横梁连接在一起,调整千斤顶行程,使钢丝绳处于受力状态,并通过起吊系统卸载,使预制箱梁节段转换为吊挂状态。将伸缩梁缩回,旋转吊具复位落下调梁小车力臂,并与移动小车结合,开动调梁小车,微调混凝土梁,以达到拼装对位的目的。

5) 液压系统

液压系统包括前支腿液压系统、辅助中支腿液压系统和调梁小车液压系统,它们分别担负着架桥机各种工况下支腿的工位转换、主梁的纵移过孔、梁块的调整定位等工作。

6) 电气控制系统

主钩卷扬机采用 JZR 三相交流电动机,利用凸轮控制器手动控制以实现电机的正反向运行。电控部分采用 PLC 可编程序控制器。天车走行机构、辅助支腿走行机构的电机采用变频控制。

4. 工作过程

1) 架桥机过跨操作步骤

步骤一:辅助中支腿到位,与桥面预埋件锚固,托辊与主梁顶紧,利用调梁小车将前腿与支腿垫块分离,托辊顶升主梁 100 mm,之后后支腿转换为走行状态,50 t 天车吊 1 号块与架桥机尾部压重(图 13-30)。

步骤二:架桥机前移 19 m,后支腿轮箱用止轮器或楔块抄实,并用 2×5 t 倒链将轮箱与 8 号块就地锚固(图 13-31)。

步骤三:调梁小车吊运前支腿走行 23 m 到位,利用调梁小车升降作业,将前支腿与支腿垫块锚固完毕,然后降低辅助中支腿 100 mm,升起前支腿托辊 150 mm 左右并顶紧前导梁为止。50 t 天车将 1 号块落至运梁车上返回存梁场(图 13-32)。

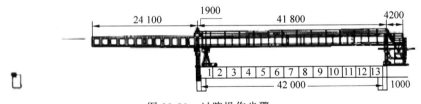

图 13-30　过跨操作步骤一

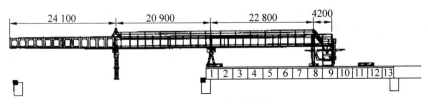

图 13-31　过跨操作步骤二

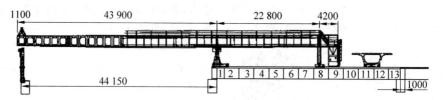

图 13-32 过跨操作步骤三

步骤四：架桥机走行 23 m 到位。将前、后支腿分别转换为工作状态，前支腿顶部螺旋千斤顶与主梁螺栓连接，后支腿底部与桥面预埋件锚固。辅助中支腿退回至存梁场（图 13-33）。

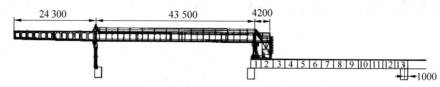

图 13-33 过跨操作步骤四

2）架桥机架梁施工步骤

步骤一：运梁车喂梁，利用 50 t 天车吊装 1 号块并运挂至图示位置，然后依次吊装 2 号～10 号块至图示位置，再分别将 13 号块、12 号块吊运至图示位置，并预留 11 号块吊装旋转的空间（图 13-34）。

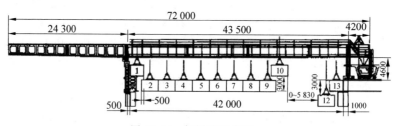

图 13-34 架梁施工步骤一

步骤二：运梁车喂梁，50 t 天车吊装 11 号块，运至图示虚线处位置，落梁约 3 m，继续纵移约 2.5 m，旋转 90°至指定位置悬吊。50 t 天车将 10 号块、12 号块梁段升降至桥面胶接的高度位置为止，然后采用调梁小车依次从 13 号块向 1 号块逐步预先对拼（图 13-35）。

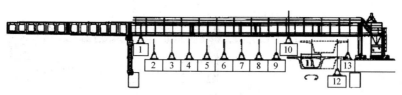

图 13-35 架梁施工步骤二

步骤三：利用调梁小车依照梁段胶拼工艺逐段对接完毕，胶拼张拉，然后穿预应力钢绞线，从箱梁两端按次序张拉施工完毕。检查箱梁张拉完毕后的上拱度和回弹值（图 13-36）。

步骤四：架桥机主梁卸载。①辅助中支腿走行至后支腿附近起顶（约 260 t），使托辊与主梁顶紧；将后支腿螺旋千斤顶逐步卸载，使轮箱与轨道接触；落梁 100 mm。②辅助中支腿脱离后支腿，走行至前支腿附近的指定位置即过跨位置，起顶（约 260 t），使托辊与主梁顶紧并与桥面预埋件锚固；将前支腿顶端螺旋千斤顶逐步卸载使前支腿托辊轮箱与主梁轨道接触为止;落梁 100 mm。③利用调梁小车逐根拆除吊杆与梁块之间的连接件,将吊梁扁担运回至存梁场预先安装(图 13-37)。

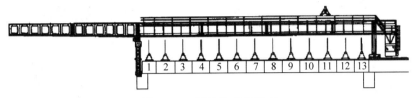

图 13-36 架梁施工步骤三

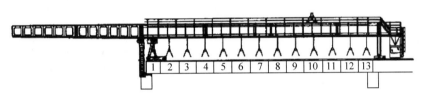

图 13-37 架梁施工步骤四

13.4.2 嘉鱼长江大桥 TPJ180 型架桥机

1. 桥梁工程概况

嘉鱼长江大桥是位于湖北省洪湖市和嘉鱼县之间的一座公路斜拉桥,全长为 4.66 km,其中跨长江主桥长为 1650 m,为双塔双索面混合梁斜拉桥,主跨长为 920 m。大桥于 2016 年 2 月 23 日开工,2019 年 11 月建成通车。

大桥南岸滩桥平面位于直线和半径 $R=4800$ m 的曲线范围内,跨径组合 $(8×(6×50)+5×50)$ m 预应力混凝土连续箱梁,共 9 联,全长 2650 m。采用节段预制,逐跨胶接拼装法施工,架桥机架设。架桥机为武汉通路桥技术有限公司生产的 TPJ180 型上行式逐跨拼装架桥机。图 13-38 为 TPJ180 型架桥机示意图。

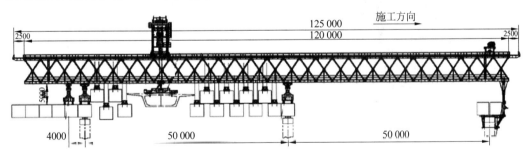

图 13-38 TPJ180 型架桥机示意图

2. 主要性能参数

架桥机形式:上行式,逐跨拼装架桥机。
架设跨度:50 m。
最大吊挂载荷:1600 t。
主梁结构:三角形桁架型结构。
工作纵坡:<3%。
工作横坡:<3%。
最小工作曲线半径:>800 m。
起重天车额定起重量:180 t。

起重天车最大起升高度:60 m(吊具以下)。
起重天车起升速度:重载 0~2.5 m/min,空载 0~4 m/min。
起重天车纵向走行速度:0~15 m/min。
起重天车吊点横向调整范围:±800 mm。
行车:20 t。
吊具:360°旋转,纵横向角度调整。
喂梁方式:尾部或下方。

3. 主要构造

TPJ180型架桥机主要由主梁、前支腿及前支腿托架、中支腿、后支腿、起重天车、吊具、吊挂、20 t 行车、电气系统、液压系统等组成。

1) 主梁

架桥机有两根主桁梁,结构左右对称,单边主桁梁总长 120 m,等分为 10 节。主桁梁前后设平联,并在前半部分设置一个中联兼作施工通道。

主桁横截面为三角形,上弦设天车轨道,两个下弦杆的下表面为纵移滑动面,下弦中间设吊挂纵梁,同时也是纵移孔道。

2) 前支腿及前支腿托架

前支腿固定铰接在主梁最前端,主要由顶升油缸、内伸缩套、外伸缩套、上横梁和斜撑组成。通过油缸推动伸缩套运动,从而调节支腿的长度。前支腿设有翻转机构,上横梁以下部件能够翻转避让前方的障碍物。前支腿和前支腿托架如图 13-39 所示。

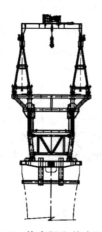

图 13-39 前支腿和前支腿托架

前支腿托架通过拉杆锚固安装在墩旁,前支腿支撑在托架上,将支撑力传递给桥墩。前支腿托架上设有操作平台,可方便工人进行墩顶块的调整作业。

前支腿托架可由 20 t 行车倒运安装,也可以采用工地其他吊机倒运到超前墩安装,节省施工时间。

3) 中支腿

架桥机共有两套中支腿,其主要功能为支承和顶升整个架桥机、驱动架桥机前移过孔和横移。中支腿和后支腿如图 13-40 所示。

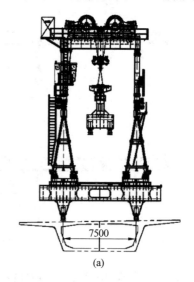

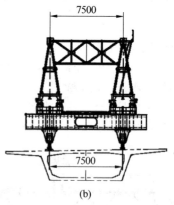

图 13-40 中支腿和后支腿
(a) 中支腿;(b) 后支腿

中支腿从上至下分别是台车、横梁、纵移顶推机构、横移机构、顶升机构等。

台车由平衡梁、上转台、下转台等组成。平衡梁上表面安装有滑板,纵移顶推时主梁在滑板上滑行,下部与上转向纵向铰接;上、下转台之间设有平转圆形滑板,可适应曲线桥施工。

横梁上部横向铺设有不锈钢板,便于台车在上面横移。横梁端部设有法兰,当架桥机需要整体变幅。从左幅桥横移到右幅桥,或者同右幅桥横移到左幅桥时,与变幅横梁连接,实现架桥机变幅。中支腿下部设有顶升机构。

4) 后支腿

后支腿安装在后中支腿后方的节段梁梁面处,并与梁面预埋孔连接锚固。后支腿无须在梁面走行,无须在梁面设置轨道,即可实现整机过孔。

后支腿主要由台车、横梁及顶升油缸等组成。台车功能与中支腿台车功能基本相同,有纵移、横移及平转滑板,但无动力,为被动型台车。

后支腿横梁设计成充当变幅横梁使用,当架桥机需要整体变幅时可与中支腿横梁对接加长,实现架桥机整机变幅横移。横梁下部有四台顶升油缸,通过顶升油缸的伸缩来调整后支腿的标高。

5) 起重天车

起重天车由机架结构、卷扬系统、卷扬机横移机构、天车走行机构、液压站、供电系统、遥控装置、司机室等组成。起升采用了两台独立的卷扬机,卷扬机高速端采用块式制动器制动,低速端采用液压盘式制动器制动。起升机构和走行机构均可变频调速。起重天车动力采用恒张力电缆卷筒供电。整机动作通过司机室内的操作平台或无线遥控器控制,遥控操作包括卷扬机升降、卷扬机横移、天车纵向走行等。

6) 吊具

吊具能实现360°回转,纵、横坡±4%的调整范围。所有调整为无线遥控,操作人员可以在拼接梁面范围内的适当位置进行作业。吊具横梁里安装有控横移和纵移油缸的液压泵站。图13-41为吊具的图片。

图 13-41 吊具

7) 吊挂

吊挂梁一共有14套,与节段梁下挂座均设置为可以无级横调的结构,可适应跨内所有节段的连接。吊挂梁上挂座设有长圆孔,便于悬挂在主桁梁上进行调整,以适应曲线。上挂座其中一端两吊点通过铰接的扁担梁与吊挂横梁连接,使其4点悬挂均匀受力。图13-42为吊挂梁的图片。

图 13-42 吊挂梁

4. 工作原理

1) 架桥机的安装就位

TPJ180型架桥机两个中支腿前后支承在两个桥梁墩顶的0#块上,前支腿支承在前方桥墩支腿托架上,由一个前支腿、两个中支腿承担架桥机工作时的全部载荷。

2) 节段块架设

TPJ180型架桥机由前支腿、前中支腿和后中支腿分别支承在三个桥墩上,整机跨两跨。起重天车按梁块顺序分别悬挂主梁正下方。基本过程为:尾部喂梁→起吊→节段梁全部悬挂到位→节段块初定位→初对位(标高调整)→移开→涂环氧树脂→精对位→临时预应力张拉→跨内所有节段拼装完成→浇湿接缝→永久悬拼预应力钢束张拉→整机卸载→拆除吊杆及吊挂→倒运吊挂→准备过孔前的准备工作。

3) 架桥机纵移过跨

TPJ180型架桥机利用起重天车移动后中支腿前移至超前墩相应位置,并在中支腿纵移油缸的顶推作用下,实现架桥机的整机过孔。在曲线段架设时,可通过装在中支腿上的横移油缸及旋转座调整架桥机在水平曲线上的推进方向。

过跨的步骤为：后辅助支腿支起→解除后中支腿约束→后中支腿移位至前支腿处支起锚固→前、后支腿收起→中支腿纵移，油缸顶推→架桥机主梁前移至下跨位→倒运墩前托架→前、后支腿支起固定→检查锚固→架设超前墩墩顶块→准备当前跨的架梁。

13.5 典型的下行式逐跨拼装架桥机

13.5.1 城市轻轨/快速公交桥梁下行式逐块拼装架桥机

随着城市的快速发展，城市轻轨和快速公交高架桥越来越多，这类桥梁一般具有长度长、跨度小、载荷小、桥梁高度不高、曲线半径小、穿过人口稠密区、施工周期短等特点，大量采用节段预制拼装施工法施工，以达到高质量、快速化施工的目的。下面以厦门市快速公交(bus rapid transit，BRT)工程为例，介绍一款下行式逐块拼装架桥机。

1. 桥梁工程概况

厦门市快速公交工程一号线一期工程岛内高架桥约 15.14 km，联络线高架桥约 2.12 km。桥梁上部结构采用预制节段胶接法拼装，先简支后连续的三跨及四跨预应力混凝土连续箱梁结构体系。箱梁截面采用箱形断面，单箱单室结构，标准跨度 30 m，梁高 1.8 m，标准主梁顶宽 9.8 m，底宽 4.45 m。标准预制极端长 3 m，吊重约 52 t。

架桥机采用武汉通路桥技术有限公司生产的 TPX35 型下行式节段拼装架桥机。图 13-43 为 TPX35 型下行式节段湿拼架桥机示意图。

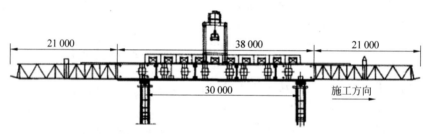

图 13-43 TPX35 型下行式节段湿拼架桥机示意图

2. 主要性能参数

架桥机型式：下行式，逐跨拼装，胶接。

架设跨度：25 m、30 m（最大 35 m 跨能力）。

满跨载荷：600 t。

工作纵坡：±3.25%。

桥梁横坡：2%。

最小工作平曲线半径：400 m。

起重天车起重能力：60 t。

起重天车起升高度：20 m。

起重天车起升速度：0～2 m/min。

起重天车走行速度：0～12 m/min。

起重天车吊点横向调整范围：±0.5 m。

整机纵移方式：液压油缸顶推。

吊具：自主旋转，360°。

喂梁方式：尾部喂梁/前部喂梁/桥下喂梁。

3. 架桥机主要构造

TPX35 型架桥机由主梁、前后导梁、支承台车、墩旁托架及立柱、起重天车、调节支撑和支撑立柱等部分组成。图 13-44 为 TPX35 型架桥机施工状态图。

图 13-44 TPX35 型架桥机施工状态图

1）主梁

主梁由两幅钢箱梁通过横梁联结成一体，是架桥机施工载荷的承重结构。主梁总长 38 m，最大架设跨度可达 35 m。主梁上面板上铺设有起重天车走行轨道，采用 T 型钢截面，内侧铺设供调节支撑纵移的滑道。下面板两侧设有架桥机前移过跨的纵移滑道，截面采用方钢板。两侧钢箱梁和导梁底部设置有纵移过跨的顶推轨道，顶推轨道与主梁连接全部采用螺栓连接。

主梁外侧设通长的平台，以方便在整个主梁长度方向走行，进行节段梁块标高调节和纵向移动作业。

主梁横联为矩形桁架结构。横联之间采用高强度螺栓连接，横联与主梁之间采用销连接。

两组横联须全部连接，包括架梁状态与过孔状态，只有在走行过孔状态下，当横联与桥墩相干涉时，才将横联向两边打开，以避开桥墩。顺桥向避开桥墩后，立即将横联连接。横联的开合动力采用电动环链提升机。

2）前、后导梁

前、后导梁采用桁架结构，对称布置。前、后导梁上部设有起重天车走行轨道，天车通过该轨道可以越过前墩或者后墩，完成前墩取梁或者尾部喂梁两种取梁方式。导梁的弦杆和腹杆均采用槽钢扣成箱形结构。

由于整个架桥机要求转弯半径比较小，前导梁、后导梁与主梁之间需有旋转功能，采用平铰连接，通过调节导梁内侧的垫板的数量改变厚度，使之形成夹角，从而使架桥机适应不同的曲线半径。

在前导梁的后节导梁上安装有横联，其作用是把两根前导梁连接为一个整体，以克服天车走行时形成的扭矩。

3）墩旁托架及立柱

墩旁托架是整机的承载部件，所有的重量最终由托架经立柱传递到桥墩承台。

架桥机共配三组墩旁托架，每次使用两组。每组托架由左右两侧托架成对使用，由精轧螺纹钢对拉固定在桥墩的两侧，工作中始终紧抱桥墩。

墩旁托架主要由底梁、承重梁、横移梁、连接梁、直支承、斜支承等几部分组成。墩旁托架外侧安装有操作平台，通过主梁上的爬梯，操作人员可以通行于主梁平台和墩旁托架平台上，在托架平台上可进行架桥机顶升、纵移、横移操作。

立柱由四根矩形截面的箱形钢柱组成，其作用是把架桥机全部载荷通过墩旁托架直接传递到桥墩承台上。立柱分成多个节段，在不同的桥墩高度时调整使用。

4）支承台车

支承台车安装在墩旁托架之上，实现架桥机纵移、横移和顶升动作。图 13-45 为支承台车的图片。

图 13-45　支承台车

支承台车主要由滑板支承系统、下部支承系统、顶升系统、横移系统、纵移系统等几个部件组成。滑板支承系统安装有复合材料滑板以减少纵向过孔跨时的摩擦力，具有纵向微调的功能来消除纵坡引起的受力不均匀性。支承台车和墩旁托架由汽车吊运到超前墩安装。

5）起重天车

起重天车由机架结构、走行机构、卷扬系统、横移机构、回转吊耳、电气系统等组成。图 13-46 为起重天车的图片。

起重天车的走行机构由四个相同的走行台车组成，采用了全驱动方式（四轮全驱动），可避免打滑，溜坡，卡轨等现象发生。另外，还配备了防风液压制动铁楔，使停车、制动更加有效。

起重天车采用 C 形支腿结构，C 形支腿的

图 13-46 起重天车

图 13-47 节段块调节支撑

中空结构正好可以避开正在安装的梁块，采用这种结构能够有效缩小天车支腿之间的跨距，使架桥机主梁以下结构更加紧凑，节省施工空间。天车上部为双主梁结构，主梁采用箱形结构，安装检修方便。天车机架结构采用了"一刚一柔"的支腿结构，刚性支腿与主梁全部采用高强度的螺栓连接，而柔性支腿与主梁采用球铰连接，通过释放纵横两个方向的约束，既可以保证天车在轨道高度出现误差时四个车轮受力均匀，也可以消除天车轨道跨距偏差引起的啃轨现象。

卷扬机安装在天车主梁轨道上，在横移油缸的作用下可在桥墩中心线两侧分别横移 500 mm，从而实现节段块在横桥向上的调整。

回转吊除了安装动滑轮组外，还在吊钩侧边对称安装了两个电机，通过一小一大两个齿轮传动，可以使电机控制整个吊具 360°自由旋转，方便节段块在拼接过程中精确对位。

6）调节支撑

预制节段梁块依靠调节支撑安装在翼缘板上，每组调节支撑上安装有四个螺旋机械千斤顶，在起重天车把节段块放到调整支撑上面以后，可以通过个螺旋机械千斤顶调节节段块上下高度，以满足节段块对接的需要。调节支撑同时可以在主梁上纵向移动，以适应不同长度和不同数量的节段拼装。图 13-47 为节段块调节支撑的图片。

调节支撑是梁块架设的主要支撑机构，它由调节支座、滑行轨道和纵移装置三大部分组成。

调节支座是主要的支撑机构，它将梁块负载通过轨道传递给主梁。调节支座的主要工作单元是调节螺杆，通过调节螺杆的旋出长度来调整梁块的相对高度，螺杆端部的球头座可微量旋转，以适应顶点位置变化而产生的斜度变化。

调节装置滑行的轨道在单幅主梁上有两条，一条是钢板轨道，一条是角钢轨道。角钢轨道可以限制调节支撑横桥向的移动，并且主要承受横桥向的水平分力。调节支撑的纵移通过安装在主梁两端的油缸实现，油缸之间通过一根通长主梁的钢绞线连接。纵移时，将需要纵向移动的那组调节支撑上的绳夹夹紧钢绞线，然后启动主梁端头的纵向调节油缸，通过油缸拉动钢绞线带动需要移动的那组调节支撑纵向移动。

4．工作原理

1）安装就位

在正常工作状态下，TPX35 型架桥机呈前、后两个墩旁托架支撑状态，架桥机全部载荷由前、后支承托架传递作用到前后墩下面的承台上面。

2）节段块拼装架设

起重天车走行到后导梁上，将节段块通过吊挂装置从前到后逐节支撑在主梁两侧调节支撑上。节段块初步就位主要由天车纵向走行实现节段块纵向放置位置。节段块纵向、横向的精确定位通过调整调节支撑的纵向、横向调整装置来实现，竖向标高由调节支撑上 4 个机械千斤顶进行调节。

整个工作流程为：尾部喂梁（前部喂梁）→起吊→初对位并临时支撑固定（纵向位置初步调整）→支撑所有节段块→精对位→支撑固定→预应力钢束初张拉。节段块调位是一个反复调整，逐渐趋近的过程，故在施工中按：纵向调整→横向调整→竖向调整的次序反复循环调整,直至达到设计要求。

3) 架桥机纵移过跨

过跨步骤为:把支腿托架台车吊到超前墩,安装锚固→前后台车油缸下降,主梁直接落于台车滑板→支承台车的纵移油缸的顶推→架桥机前移至下跨位→前后台车油缸顶起→检查锚固→准备架梁(同时把后墩台车托架立柱倒换到超前墩)→调整姿态,架梁。

13.5.2 铁路客专 48 m 简支箱梁 TP48 型下行式节段湿拼架桥机

1. 桥梁工程概况

大西高速铁路(大同至西安)晋陕黄河特大桥位于陕西省与山西省交界处禹门口至潼关段黄河上,桥梁全长为 9.969 km,孔跨布置为:(31—32 m)简支箱梁+(54+2×90+54)m 连续梁+(17—48 m)节段拼装简支箱梁+(2—40 m)节段拼装简支箱梁+(15—2×108 m)单 T 刚构加劲钢桁组合结构+(63—48 m)节段拼装简支箱梁+(8—2×48 m)单 T 刚构+(48+80+48)m 连续梁+(3—2×48 m)单 T 刚构+(1—2×35 m)单 T 刚构。

其中大量采用了 48 m 预应力混凝土简支箱梁,采用节段预制湿拼法施工。每跨预制节段共 11 个块,包括:中间标准段 7 节,每节长度为 3.9 m,重量为 120 t;两端各设有 1 节 3.9 m 长的渐变节段和 1 节 3.2 m 长的端头节段。梁高为 4.6 m,顶宽为 12 m,底宽为 5.5 m,节段块间设有 80 cm 湿接缝,最大节段块重约 168 t。

本桥采用由武汉通联路桥机械技术有限公司设计制造的 TP48 型架桥机。图 13-48 为 TP48 型下行式节段湿拼架桥机示意图。

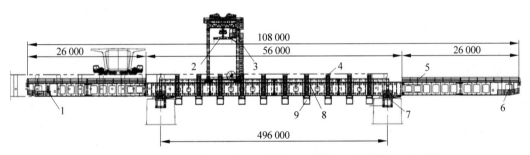

1—后支腿;2—吊具;3—起重天车;4—主梁;5—导梁;6—前支腿;7—中支承;8—湿接缝外模板;9—节段块支撑横梁。

图 13-48 TP48 型下行式节段湿拼架桥机示意图

2. 主要性能参数

架桥机型式:下行式,逐跨拼装,湿接缝。
架设跨度:49.6 m(预留 32 m 跨)。
满跨载荷:1600 t。
主梁结构:钢箱梁结构。
前、后导梁结构:矩形桁架结构。
工作纵坡:2.5%。
工作横坡:2%。
最小工作平曲线半径:2500 m。
起重天车起重能力(含吊具):180 t。
起重天车起升高度(吊具以下):55 m。
起重天车起升速度:满载 0~2 m/min,空载 0~4 m/min。
起重天车走行速度:0~15 m/min。
起重天车吊点横向调整范围:±0.6 m。
整机纵移方式:液压顶推。
吊具:自主旋转 360°。
喂梁方式:尾部喂梁/桥下喂梁。

3. 主要构造

TP48 型架桥机主要由主梁、前导梁、后导梁、前支腿、中支承、后支腿、中支承倒运机构、节段支撑横梁、起重天车、液压系统、电气系统等组成。

1) 主梁

主梁由两幅钢箱梁通过横梁联结成一体,分置在混凝土预制箱梁的两侧,是架桥机施工载荷的承重结构。主箱梁为两副箱式组合梁,由上下两层钢箱梁通过高强度精制螺栓连接组合而成,下部钢箱梁稍加改造可以作为其他架梁设备的主箱梁使用。这种箱式组合梁,使制造、安装都很方便,同时解决了运输超限问题,也使主箱梁的再利用率大大提高。主梁上面板上铺设有供起重天车作业的走行轨道,下面板两侧设有架桥机前移过孔的纵移滑道,另外在两侧钢箱梁和前导梁底部正中设置有纵移过孔的顶推轨道,采用螺栓固定。主箱梁中心距为 9.5 m,分别在前、后设有横联,使钢箱梁不仅能承受较大的竖向弯矩、剪力,还可以承受较大扭矩,从而提高了整个主梁结构的稳定性。

2) 前导梁、后导梁

前导梁、后导梁采用矩形桁架结构,长度均为 26 m,结构型式相同,对称分布。各个导梁节段之间采用高强度螺栓连接。

前、后导梁外侧上弦杆设有起重天车走行轨道,起重天车通过该轨道吊运墩旁托架和台车到前方墩安装,实现跳跃性倒换支腿。

3) 前支腿、后支腿

前支腿主要在中支承系统跨越式倒运时起支承前导梁的作用。前支腿安装在距前梁最前端 2 m 处。图 13-49 为前支腿的图片。

图 13-49 前支腿

前支腿结构主要由前支腿主梁、伸缩支腿、顶支油缸、前支腿液压站等组成,前支腿主梁是变截面箱梁,以中心线对称设置了中心距为 5 m 的伸缩内套,伸缩支腿共两组,单个伸缩支腿上面有若干间距为 200 mm 的定位孔,支腿的顶支端设有球头支座,工作中用横联将两伸缩支腿连起,以提高稳定性。前支腿的伸缩顶支油缸上下伸缩实现动作。

后支腿结构形式及工作原理与前支腿完全相同,过跨时通过油缸进行开合。

4) 中支承

TP45 型架桥机共有前、后两组中支承,前、后中支承结构相同,可以实现倒腿互换。每组中支承由对称安装在桥墩两侧的墩旁托架和台车组合而成。图 13-50 为中支承的图片。

图 13-50 中支承

墩旁托架是承载部件,施工载荷最终由托架传递给桥墩墩顶。托架上部由 8 根 $\phi 32$ 的精轧螺纹钢筋对拉,下部由 1 根 $\phi 32$ 的精扎螺纹钢筋对拉,上下均设有顶紧支座,工作中先预紧精轧螺纹钢,让托架始终紧抱桥墩,提供工作中所需的纵向支反力和水平反力。台车下端支承在托架上,上端支承主梁,是实现整机上部结构横移、纵移和竖向顶升的机构。

5) 中支承倒运装置

TP45 型架桥机中支承采用跳跃式倒腿,即将后中支承越过前墩的前中支承,整体倒运、安装在超前墩上。中支承倒运机构是为架桥机托架台车在倒腿时移出或移入而设计,其主要工作原理为将后墩的台车在托架上横移到主梁外侧后,用该机构将台车锚固吊起,起重天车将托架吊起微微受力,然后天车电动葫芦与倒退横移油缸共同作用,将托架也横移到钢箱梁的外侧,然后由起重天车变换吊点,将托架、台车整体起吊、移出并倒运到前导梁前端,之后按照相反的动作将托架台车安装到超前墩上,并张拉锚固好。然后前支腿卸荷,让前导梁落在台车滑板上,准备过跨工作。

6) 节段支撑横梁

节段支撑横梁为节段块提供支撑点,同时为安拆湿接缝模板提供操作平台。其主要由支撑平台、调节撑杆、开模旋转液压系统等组成(如图 13-51 所示)。

图 13-51 节段支撑横梁

支撑平台由双头螺杆吊挂在主箱梁上,承受调节撑杆传递的节段块重量。支撑平台从梁段中心线处打开,整机纵移过孔时避开前方桥墩。支撑平台上设有模板连接座,可存放拆下的模板底板。

调节撑杆直接支撑节段块且将重量传给支撑平台。调节撑杆的螺旋撑杆可以调节节段块的竖向标高,旋转撑杆与地板间为球面接触,可以消除横向与竖向受力不均匀。

开模旋转液压系统为打开和合龙支撑平台提供动力。

7) 起重天车

起重天车由机架结构、卷扬系统、卷扬机横移机构、天车走行机构、回转吊耳、电动葫芦组、电气系统等组成(如图 13-52 所示)。

图 13-52 起重天车

起重天车技术性能如下所示。

起升能力(含吊具质量):180 t。

主起升速度:满载 0~2 m/min,空载 0~4 m/min。

主起升高度:60 m。

主吊点横移范围:±600 mm。

大车走行速度:0~15 m/min。

最大轮压:35 t。

最大坡度:纵坡 2.5%。

4. 工作原理

1) 架桥机安装就位

在正常工作状态下,架桥机的前后导梁呈悬臂,主梁通过前、后中支承分别支承在前、后墩顶上。架桥机的自重和全部外部载荷由前、后中支承托架传递作用到前后墩上。

2) 节段块拼装架设

运梁平车尾部喂梁,起重天车走行到后导梁上,将节段块从前到后逐节摆放在支撑横梁上。节段块初步就位主要由天车纵向移动来实现节段块纵向放置;竖向标高和横、纵坡的精确度通过四个螺旋撑杆来调整。整个工作流程为:运梁车尾部(下部)喂梁→起吊→初就位并临时支撑固定(纵向位置定位)→吊装所有节段块初对位→精定位→支撑固定→安装湿接缝模板→施工湿接缝混凝土→预应力钢束初张拉。节段块调位是一个反复调整,逐渐趋近的过程,故在施工中按"纵向调整→横向调整→竖向调整"的次序反复循环调整,直至达到设计要求。

3) 架桥机纵移过跨

TP45 型架桥机纵移过跨的关键问题是倒换托架台车,采用跨越式倒腿,即利用起重天车将安装在后墩上的后中支承托架台车整体拆开,吊运到超前墩上安装。然后在前后支承台车的纵移油缸的共同顶推作用下,实现架桥机的整机过孔,且可通过装在支承台车和墩旁托架间的横移机构调整架桥机前进时在水平曲线上的推进方向。

过跨的步骤为:模板拆除,旋转打开湿接缝工作平台→驱动前中支承台车油缸推动主梁纵移过跨→前支腿支承到超前墩→后支腿合龙,油缸支起→后中支承台车对称横移到钢箱梁外侧并锁定在倒腿支架上→解除后墩旁托架与桥墩约束→前支腿油缸工作将前导梁前端顶起→起重天车到后墩将墩旁托架拆开、横移,连同后中支承台车一起吊装到超前墩并锚固→前支腿油缸回收使前导梁下落到台车上→后支腿油缸回收并打开→驱动后方中支承台车的纵移油缸的顶推→架桥机前移至下跨位→检查锚固→准备架梁。

13.6 节段拼装架桥机安全操作规程

13.6.1 架桥机安全一般性规定

(1) 架桥机安装、拆卸必须制订专项施工方案,经评审后方可按方案严格组织实施。安装、拆卸作业必须由有相应资质的施工队伍进行。

(2) 架桥机安装完成后,必须经具有资质的检验检测机构进行检验,并办理安全检验合格证。

(3) 架桥机施工作业必须制订专项施工方案,经评审通过后方可按方案严格组织实施。

(4) 特种设备操作人员需经过专门培训机构培训考核通过后,持有效证件上岗作业。

(5) 所有作业人员必须经过相应的安全生产知识教育培训、架桥机基础知识培训,必须熟练掌握本岗位和所操作机械设备的安全操作规程。遵章守纪,服从指挥,规范作业。

(6) 架桥机使用单位要制订专项管理制度,架桥机作业必须明确分工,统一指挥,安全责任落实到人。

(7) 应建立施工作业过程检查签证制度,结合架桥机的具体情况详细制订架桥机过跨前、架梁前的检查签证表,逐项检查,责任人签字确认,全部合格后才能进行下道作业工序。

(8) 要按特种设备管理规定,对架桥机进行自行检查和定期检验。发现问题必须立即排除和处理。

13.6.2 架桥机安全操作规定

1. 结构检查

(1) 检查结构各处焊缝情况,对有缺陷的焊缝进行处理。

(2) 检查各处结构连接情况,是否有错装或者漏装螺栓和销。连接螺栓必须按规定紧固,连接销轴均应有保险开口销。

(3) 检查调节螺杆的吃丝量,丝扣部分应涂润滑脂。

(4) 随时检查主要受力构件的焊缝。

(5) 高强度螺栓连接必须按设计技术要求处理并用专用工具拧紧。

(6) 轨道的接头处不应有凸台,否则应进行修磨,使轨道接头平滑过渡。

2. 起重天车安全操作规程

(1) 凡有下列情况之一,禁止使用起重天车:

① 钢丝绳达到报废标准;

② 吊钩、滑轮、卷筒达到报废标准;

③ 制动器刹不住车,制动片磨损严重;

④ 主要受力件有裂纹、开焊;

⑤ 车轮裂纹、掉片、严重啃轨;

⑥ 电气接零保护失去作用或绝缘达不到规定值;

⑦ 电动机温升超过规定值;

⑧ 轨道松动、断裂,终端车挡损坏。

(2) 操作前检查:

① 检查卷扬限位开关、制动器刹车可靠性;

② 检查钢丝绳、吊钩吊具;

③ 观察天车上是否有工具或杂物,以防掉落伤人。

(3) 操作中:

① 必须保持钢丝绳卷绕排列整齐,发生出槽乱卷现象应及时整理;

② 起吊时禁止从人头及设备上越过;

③ 吊梁操作要平稳,应有引导绳,不得摆晃;

④ 运行时,发出停车信号时应立即停车;

⑤ 操作中必须精力集中,不准吸烟、吃东西和与他人谈话;

⑥ 操作时要始终做到稳起、稳行、稳落,有人员或车辆靠近时应及时警告。

3. 液压系统操作规程

(1) 控制台应置于不受雨淋、暴晒和强烈振动的地方,注意作业时的油温变化。

（2）液压油管应排列整齐,不得扭曲,应有较大弧度。

（3）作业前应检查各油管接头连接牢固,无渗漏,油箱油位适当；各阀门手柄是否在规定位置上。

（4）油泵启动后应检查压力表是否正常,油泵运转是否有异响,油管路是否有漏油现象。

（5）各元件、管路如发生故障时应立即停机,由经过训练的专职技术人员检查修理,其他人员不可擅自拆卸。

（6）在寒冷季节使用时,液压油温不得低于10℃；在炎热季节使用时,液压油温度不应超过70℃。

（7）进场保持千斤顶的清洁,防止污物进入液压系统。

（8）作业后应切断总电源；

（9）定期进行液压油油质检测,油质不达标应及时更换。

参考文献

[1] 陈彪.桥梁预制节段拼装施工技术发展概述[J].筑路机械与施工机械化,2014,31(3):6.

[2] 张立青.铁路节段预制胶接拼装法建造桥梁技术与应用[J].铁道建筑技术,2015(1):5.

[3] 张喜刚,刘高,赵君黎.现代桥梁设计理念与技术创新[J].预应力技术,2010(4):7.

[4] 陆元春,李坚.预制节段混凝土桥梁的设计与工程实践[J].预应力技术,2005(6):6.

[5] 李伟超.节段预制胶接拼装混凝土梁受力行为试验研究[D].北京:北京交通大学,2017.

[6] 张志华,熊春奎.采用 DP450 型架桥机施工上海浏河大桥 42 m 预制节段箱梁[J].铁道标准设计,2002(2):4.

[7] 大桥局桥机厂.大跨度预应力混凝土梁造桥机说明书[Z].

[8] 挪威 NRS AS.孟加拉帕克西桥上承式造桥机操作说明书[Z].

[9] 武汉通路桥技术有限公司.节段拼装架桥机操作说明书[Z].

第14章

钢梁悬臂架设起重机

14.1 概述

随着我国社会经济的快速发展,我国的桥梁建设也越来越多,桥梁工程建设中,钢梁作为一种跨越能力大、安装速度快、便于运输、维护修复简单的材料,得到了广泛的应用。现代桥梁建设中,用于钢梁悬臂架设的起重设备称之为钢梁悬臂架设起重机。

在我国现代桥梁施工中,斜拉桥、拱桥等钢结构桥梁多采用悬臂架设施工工艺,将钢梁架设起重机放置在桥面上,采用电动(绝大多数)或液压驱动,其具有起重能力大、设备稳定性高、维修保养简单等特点。

14.2 分类

钢梁悬臂架设起重机根据起重机型式可分为:桅杆式(如 WD 型 70、100 系列)、变幅式(如 DWQ 型 800 系列)、整体菱形吊架式(如 QMD 型 750 系列、JL 型 1100 系列、CQ 型 1800 系列)、分体菱形吊架式(如 QJ 型 2×300 系列、CQC 型 2×500 系列)。

钢梁悬臂架设起重机根据钢梁架设方式可分为:杆件、桁片悬臂散拼架设起重机,整节段架设起重机。

桅杆式起重机适用于钢梁杆件、桁片的悬臂散拼架设方式,变幅式、菱形吊架式适用于整节段架设方式。

14.3 发展概况及发展趋势

14.3.1 发展概况

我国1957年建成的武汉长江大桥,是新中国成立后修建的第一座公铁两用的长江大桥。该桥是钢桁梁结构,采用悬拼杆件散拼架设,架梁设备为一台苏式ДК型35 t 拼装吊机和一台苏式双动臂吊机,额定起重能力分别为35 t和(2×40) t 两台吊机,主要采用电动机正反转驱动卷扬机,控制方式采用遥控的成套磁控制盘,是当时比较先进的技术,整机使用轻便灵巧,满足武汉长江大桥的钢梁架设需求,后又用于南京长江大桥等多个桥梁的架设。但该设备回转方式为半回转式,吊装作业具有较大局限性。

20世纪70年代,中铁大桥局研制了第一代东风7025型、7035型"全回转"自行式架梁起重机,先后应用于安徽淮南淮河大桥、肇庆西江大桥、九江长江大桥的建设。该设备技术特点为全回转、机械式集中传动、气动控制方式。全回转吊机与半回转吊机相比,能在360°范围内吊装作业,解决了不能从吊机后方喂梁的弊病,极大地方便了架梁施工。建设芜湖长江大桥期间,中铁大桥局研制了第二代"QLY50/16型架梁吊机",其采用全液压驱动,额定起重能力50 t，具备微动性能好、整机质量轻、起重能力高等特点，是在7035型架梁起重机基础上的一次技术跨越。随着2009年邕江上的南宁大桥、2011年韩家沱长江大桥的建设和2019年江汉七桥的建设，桥梁的钢梁重量逐步增加，原有的架梁起重机已不能满足架设要求，因此研制产生了第三代WD70型、WD100型全回转起重机，采用电气驱动、变频调速、可编程逻辑控制(programmable logic control, PLC)技术，具备调速性能好、起吊能力大、工况适应强等特点。

武汉天兴洲大桥是国内首座"整节段"架设的桥梁，钢梁质量超过600 t。因此，研制了四台700 t悬拼架设起重机，以主塔为中心，两台设备对称吊装架设整节段钢梁。该设备的关键技术是具有三套起升机构，采用电气自动控制技术保证了三个起升吊点同步控制、载荷分配均匀。桥梁建设的发展历程中，桥梁架设起重机从最大起重量35 t发展至700 t，结构形式、设备性能得到了充足提升。

近年来，桥梁建造技术朝着大跨径、创新结构型式方向发展，为提高桥梁建设质量、降低建设成本、缩短施工工期，钢梁架设技术逐步向整节段架设发展。在沪苏通长江大桥、平潭海峡公铁两用跨海大桥、武汉青山长江大桥、杭绍台铁路椒江大桥等超级工程的建设中，相继研发的QMD型750系列、JL型1100系列、CQ型1800系列等一系列菱形框架式架梁起重机均实现了钢梁整节段架设。例如，平潭海峡公铁两用跨海大桥，桥址为世界三大风口海域之一，海洋复杂环境下，具有风大、浪高、水深、涌急等恶劣环境，其建设条件比起目前我国已经建成的其他任何一座大桥都要恶劣。为将重达1000余吨的桥梁整节段吊装架设，研发了8台1100 t架梁吊机，为这项超级工程的顺利合龙奠定了坚实基础，推动了桥梁架设技术向整节段吊装发展。图14-1为JL1100架梁起重机的图片。

14.3.2 发展趋势

目前，我国钢结构桥梁的悬臂架设，主要

图14-1 JL1100架梁起重机

采用钢梁杆件散拼、整体桁片式架设、整节段架设的方法，悬臂架设起重机将逐步向大型化、智能化、通用化发展。

1. 起重吨位大，整机质量轻

随着新材料新工艺的不断研发使用，钢梁悬拼架设起重机的起重能力将越来越大，在同等起吊能力下机身质量将越来越轻。

2. 产品功能智能化，集成化

应用先进的智能化、信息化技术，将先进的计算机技术、互联网技术、微电子技术、电力电子技术、液压传动技术、模糊控制技术运用到架梁起重机的驱动和控制系统中，设备将会功能多样化、模块化，实时监测设备的运行状态，自动判断、处理设备故障，实现钢梁悬臂架设起重机的智能化和自动化。

3. 优化设备设计，提高便捷性、通用性

利用先进技术和实践积累，优化设备结构设计，使设备的安装拆卸、运输、使用更加方便快捷，提升适用性、通用性、便捷性。

14.4 典型设备的结构及工作原理

14.4.1 WD型70 t桅杆起重机

1. 适用范围

WD型70 t桅杆起重机是一款通用全回转架梁起重机，适用于斜拉桥钢桁梁悬臂平坡散拼、钢拱桥拱上散拼作业。该设备通用性强，针对桥梁不同结构尺寸，只需将下底盘结构尺寸的长和宽按照桥梁主桁结构尺寸进行改造,使设备下底盘的前后支点站立于主桁受力位置,即可适用于结构尺寸不同的钢梁悬拼架设。针对钢拱桥梁架设,该设备可配置爬坡走行机构,具备拱上走行、拱上吊装作业功能。图 14-2 为 WD 型 70 t 桅杆起重机爬坡作业的图片。

图 14-2　WD 型 70t 桅杆起重机(爬坡)

2. WD 型 70 t 桅杆起重机主要性能参数

其性能参数如表 14-1 所示。

表 14-1　WD 型 70 t 桅杆起重机性能参数

项　目	参　数
额定起重量	70 t(主钩)/15 t(副钩)
主钩起升速度	0～6 m/min(满载)
	0～12 m/min(空载)
副钩起升速度	0～12 m/min(满载)
	0～24 m/min(空载)
变幅速度	0～4 m/min
吊臂变幅角度	18.6°～79.6°
最小/最大工作幅度	8 m/36m(主钩)
起升高度	135 m(轨道面以下 100 m)
最大起重力矩	1.9208×10^3 N·m
回转角度	360°
回转速度	0～0.5 r/min
走行方式	油缸顶推步履走行
走行速度	0～1 m/min
工作适应坡度	1%
整机装机容量	280 kW
动力型式	三相五线制,交流 380 V/50 Hz
整机质量	≤200 t
单件最大质量	≤20 t
单件最大外形尺寸	满足公路运输
工作时前后支顶间距	13.5 m
工作时横向支顶间距	14.7 m
轨道中心线间距	12.5 m

续表

项　目	参　数
吊臂长度	36.5 m
工作时单点最大支反力	≤201 t
工作时单个最大拉力	≤73 t

3. WD 型 70 t 桅杆起重机主要构造

WD 型 70 t 桅杆起重机为单臂架全回转式安装型起重机,主要工作机构包括主起升机构、副起升机构、变幅机构、回转机构、走行机构和锚固机构等。采用变频器驱动卷扬机,控制方便、维护简单。根据不同的施工阶段,主要用于安装钢梁杆件及桥面板等构件。该起重机可在钢梁上纵向移动(非吊装工作状态),在纵向走行到工作位置后,需要通过四个支顶油缸将整机调平并利用锚固装置将起重机锚定在已架设的钢梁上,从而达到吊装作业状态。图 14-3 为 WD 型 70 t 桅杆起重机在平坡状态下的图片。

图 14-3　WD 型 70 t 桅杆起重机(平坡)

1) 结构部分

(1) 吊臂。吊臂长度 36.5 m,截面为矩形,采用格构式组合构件形式,主要材料为 Q345B 钢材,缀条材料为 20 号钢。吊臂由尾段、2 节中间段、首段及副臂组成,总重量为 15.3 t。

吊臂通过臂根铰轴安装于上转台,与上转台一起回转。臂头上装有重量检测装置及滑轮组。为减轻吊臂重量,臂头滑轮为 MC 尼龙轻型滑轮。图 14-4 为 WD 型 70 t 吊臂的图像。

(2) 三角架。三角架采用 Q345C 钢板焊成箱形杆件,形成人字形主结构。由前部撑杆、后部拉杆、辅助撑杆、防倾装置四部分组

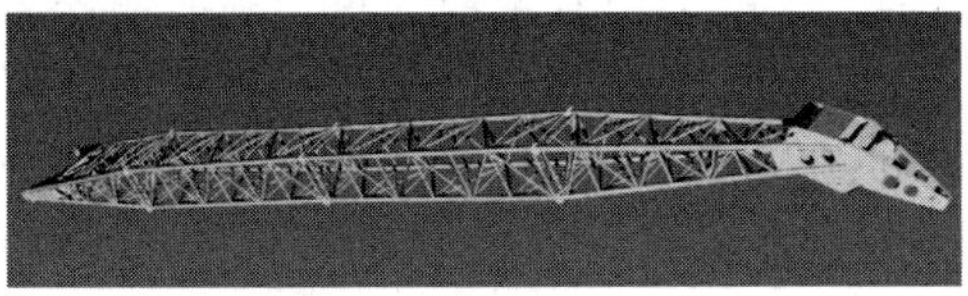

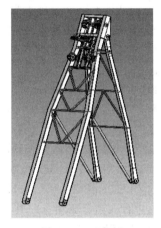

图 14-4　WD 型 70 t 吊臂

成。其中前撑杆上安装有变幅定滑轮组、变幅平衡滑轮组及副钩转向滑轮。三角架下端通过铰轴安装于上转台。图 14-5 为三角架的图片。

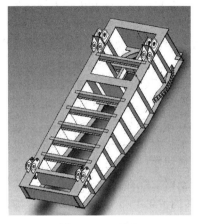

图 14-6　上转台

图 14-7　底盘

图 14-5　三角架

（3）上转台。上转台为框架式金属结构，采用工字形纵梁、横梁及圈梁断面，材料为 Q345C 钢材。转台上设有吊臂铰轴支座和三角架铰轴支座。转台下部通过三排滚柱式回转支承与上底盘相连。转台上装有主起升、副起升、变幅三台卷扬机及司机室及控制系统等。

上转台为可拆式结构，由横梁、纵梁、中间梁等各种箱形及工字形梁组成框架结构，材料为 Q345C 钢材，前横梁中心线向后 3 m 处设置回转支承。图 14-6 为上转台的图片。

（4）底盘。底盘为可拆分式结构，由横梁、纵梁、中间梁等各种箱形梁组成框架结构。前横梁中心线向后 3 m 处设置回转中心，两根主横梁左右两端下方各安装一个支顶调平油缸。图 14-7 为底盘的图片。

2）机构部分

（1）主起升机构。主起升机构采用一台单绳拉力为 200 kN 的电动卷扬机，电机功率为 90 kW，钢丝绳倍率 $m=4$，卷扬机中上部出绳。额定载荷时的起升速度为 0～6 m/min，空载时起升速度可达到 12 m/min。主起升卷扬机配有过、欠缠绕保护装置及超速开关。在高速轴端采用电力液压块式制动器，同时在低速端设有失效保护钳盘式制动器，高、低速制动器均能满足单独制动要求。主起升机构采用变频调速控制。

（2）副起升机构。副起升机构采用一台单绳拉力为 90 kN 的电动卷扬机，电机功率为 37 kW，钢丝绳倍率 $m=2$，卷扬机中部向上出绳。额定载荷时起升速度为 0～12 m/min，空载时起升速度可达到 24 m/min。副起升卷扬机配有过、欠缠绕保护装置及超速开关，在高速轴端采用电力液压块式制动器，同时在低速端设有失效保护钳盘式制动器，高、低速制动器均能满足单独制动要求。副起升机构采用变频调速控制。

(3) 变幅机构。变幅机构采用一台单绳拉力为 160 kN 的电动卷扬机,电机功率 75 kW,钢丝绳倍率 $m=12$,卷扬机尾部出绳。变幅速度 $0\sim 4$ m/min,卷筒容绳量为 240 m。变幅卷扬机配有过、欠缠绕保护装置及超速开关,在高速轴端采用电力液压块式制动器,同时在低速端设有失效保护钳盘式制动器,高、低速制动器均能满足单独制动要求。变幅机构采用变频调速控制。

变幅钢丝绳通过设在三角架顶部的定滑轮组、转向滑轮组和与吊臂头部相连的动滑轮组来实现变幅。

(4) 回转机构。回转机构采用双驱动系统,回转速度为 0.5 r/min。机构型式为变频制动电机+回转减速机+开式齿轮传动。两套回转驱动装置左右对称布置于转台两侧。变频电机功率为 22 kW。支承型式为三排滚柱式全回转支承。

(5) 支顶、锚固系统。起重机位于工作位后,四个支顶直接顶在分配梁上,通过锚杆把起重机底盘与钢梁相连,承担吊机工作时的向上拉力,工作时后锚的最大拉起重量为 73 t。

(6) 走行系统。由轨道梁、走行油缸和走行滑靴等组成。底盘与轨道梁接触处设有滑靴,在滑靴导向槽的作用下,整机可以沿轨道梁滑动。在轨道前移时,反钩装置将轨道吊起,避免轨道在钢梁上拖行。

步履走行的原理和步骤:①起重机通过支顶油缸支顶于已架钢梁上,此时轨道梁被悬吊于滑靴上,前后横梁均与钢梁锚固在一起;②操作走行油缸,走行油缸的行程最大为 1 m,通过油缸的多次伸缩动作和插拔销,使轨道梁沿走行滑靴槽向前移动一个钢梁节间,到达支撑位,拆除锚固装置;③回缩支顶油缸,使轨道梁放置于钢梁上,此时整机自重通过走行滑靴全部承受在轨道梁上;④通过走行油缸的多次伸缩动作,吊机沿轨道梁向前移动,到达工作位;⑤伸出支顶油缸,使轨道梁与钢梁面腾空,调平整机下底盘,完成一个走行循环。

3) 电气系统

电气系统在设计时充分考虑到架梁起重机的特殊性,采用日本的安川系列变频器、西门子可编程控制器(PLC)及天水二一三公司的系列低压电器,具备较高的安全性、可靠性及完备的防止误操作功能,能够满足起重机大范围平稳调速的要求。

整机电气系统分为电源、主起升机构、变幅机构、副起升机构、回转机构、安全报警、控制及监控、视频监控和照明电路等组成。整机功率约为 300 kW。

(1) 电源系统。进线电缆先进入总接线 P1 柜中的总断路器 QM 和总接触器 KM,再通过中央集电环接入上车体的进线 P2 柜中,对整个上车体的电气控制柜进行供电。其参数如下所示。

电源:AC400 V/4P/50 Hz。

电机额定电压:AC380 V/3P/50 Hz。

照明电源:AC220 V/2P/50 Hz。

控制电源:AC220 V/2P/50 Hz 或 DC24 V。

其他:AC220 V/2P/50 Hz 或 DC24 V。

(2) 主、副起升,变幅系统。主、副起升,变幅系统各由一台变频器驱动一台电动机,采用矢量开环控制,其速度设定为 30%、50%、100% 的额定速度(可根据现场情况调整速度),当重物下降或由高速转成低速时,电动机将处在发电制动状态,这部分能量通过变频器制动单元经制动的电阻发热消耗,实现能耗制动。主起升机械制动器包括一个高速端制动器和一个低速端钳盘式制动器。停止时,先将电气能耗制动至接近零速,再进行机械制动,实现设备平稳制动。

(3) 回转系统。回转系统由一台变频器驱动两台电机,采用 V/F 开环控制,其速度初步设定为 30%、50%、100% 的额定速度(可根据现场情况调整速度),当高速转成低速时,电动机将处在发电制动状态,这部分能量通过变频器制动单元经制动电阻发热消耗掉,运行机构制动减速。回转制动器为电机自带的电磁制动器。停止时,先将电气能耗制动至接近零速,再进行机械制动,实现设备回转平稳制动。

(4) 安全报警系统和视频监控系统。在系统设计时,接触器、限位开关、超速保护开关的通断信息都送到PLC进行判断,通过程序设计成安全联锁状态,PLC就能自动识别,并封锁错误操作指令或快速切断故障回路,从而有效防止安全事故的发生。

变频器本身具备缺相检测、相序检测、失压保护、过压保护、过流保护、超速保护等保护功能,同时还具有自诊断和外部机械抱闸逻辑控制功能。

本机安装有力矩限制器,当吊重力矩超过规定值时,将自动切断起重机向危险方向运行(吊钩上升或者吊臂变幅下降),并且发出声光报警以提醒操作人员。此时,起重机只能向安全方向运行。

主起升、变幅和副起升卷扬机上安装有上下限位开关,牵引卷扬机安装有钢丝绳过欠缠绕限位开关,当相关机构运行到极限位置时,可自动切断运行,使机构只能向安全方向运行。

设备安装有风速检测仪,当风速超过设定值时,将自动停止机构的运行,起到停机保护作用。

设备安装有力矩限制器,实时显示所吊重物重量及力矩数值,当重量或力矩超过设定值时,将限制设备向不安全状态运行,只允许设备向安全状态运行,保障设备使用安全。

司机室前方安装有两台摄像头用于监视爬坡时牵引走行情况,起重机的三角架上安装有两台摄像头用于监控各卷扬机的工作情况。视频监控器放置在司机室内,便于操作人员查看。

(5)控制系统。系统的控制部分采用西门子系列PLC组成,具有可靠性高、系统简洁、技术先进、编程和修改方便等特点。PLC是整个控制系统的大脑,负责系统所有输入、输出控制信号的逻辑分析、控制,主要用于接受操作指令信号、档位信号、外部保护限动信号、运行状态反馈信号,经过预设程序逻辑处理,输出相关机构控制信号给变频器,由变频器驱动电动机旋转,带动卷扬机运转,实现机构可控、可靠运转。

(6)照明。本机照明回路由单独的照明变压器供电,设置照明接线控制箱,控制左右四盏投光灯及司机室照明空调等。

4)液压系统

在底盘上设有一个小型液压站,通过一个功率为15 kW的电动机带动齿轮泵提供压力油,由一个四联手动换向阀分别控制车体两侧的四个支顶油缸,其回油经单向阀、回油滤回到油箱。溢流阀压力为25 MPa,FD型平衡阀用于支顶油缸支撑状态时的锁定。当操作一个油缸动作时,其顶出速度约为0.9 m/min;当操作四个油缸同时工作时,其顶出速度约为0.15 m/min。液压站额定压力为25 MPa,功率为15 kW,流量为45L/min。

14.4.2 芜湖长江三桥(商合杭铁路芜湖长江公铁大桥)DWQ800型双臂架变幅式架梁起重机

1. 桥梁工程概况

芜湖长江三桥位于安徽省芜湖市,由中铁大桥局承建,2014年12月开工,2019年12月建成。芜湖长江三桥为主桥全长1234.6 m,双塔双索面高低塔钢箱钢桁组合梁斜拉桥,其北岸塔高155 m,南岸塔高130.5 m。集客运专线、市域轨道交通、城市主干道路于一体。大桥上层为双向八车道城市道路,下层为两线客运专线和两线按城际铁路(预留)标准建设的市域轨道线组成的四线铁路。主梁为钢箱钢桁结合梁结构,主梁上层为板桁结合,下层为钢箱结合钢桁梁,三角型桁架,两片主桁,上层桁中心距为33.8 m,下层桁中心距为38 m,主桁桁高15 m,节间长度14 m。由于主梁采用三角形桁架,一个钢梁节段分上下两层两次吊装,上、下层纵向交叉错位,因此架梁起重机必须采用动臂变幅式起重机。图14-8为芜湖长江三桥的图片。

2. 设备主要性能参数

DWQ800型双臂架变幅式架梁起重机参数如表14-2所示。

图 14-8 芜湖长江三桥

表 14-2 DWQ800 型双臂架变幅式架梁起重机参数

整 机 性 能			
整机工作级别	A3	变幅范围	5～22 m
结构工作级别	M4	安全装置	力矩显示器、风速仪、安全监控系统
整机质量	543 t		
最大起重能力	800 t	限位装置	极限位置限动
最大起升高度	85 m	电源	380 V/50 Hz/5AC
设 备 参 数			
起 升 机 构		变 幅 机 构	
起升速度	0～2 m/min	变幅速度	0～0.68 m/min
倍率/单绳拉力	2×24/25 t	倍率/单绳拉力	2×20/25 t
卷扬机	JT25(4 台)	卷扬机	JM25(2 台)
钢丝绳	35 W×7-42-1870	钢丝绳	35 W×7-42-1870
电机功率	4×135 kW	电机功率	2×75 kW
工作级别	M4	工作级别	M4
走 行 机 构			
走行方式	油缸顶推	后顶升油缸	120 t,行程 0.1 m
额定速度	1 m/min	泵站	25MCY
顶推油缸	50 t,行程 1.05 m	泵站电机功率	18 kW
前顶升油缸	250 t,行程 0.1 m	工作级别	M4
吊具调整机构			
吊具调整油缸	100 t,行程 1 m	泵站	10MCY
泵站电机功率	7.5 kW		

3．设备主要构造

DWQ800 型双臂架变幅式架梁起重机结构由起重部分和走行部分等组成。起重部分通过变幅、起升实现起重功能,主要包含臂架、人字架(后拉杆、后斜杆)、起升系统、变幅系统等。走行部分通过顶推、锚固实现纵向走行和起重锁定功能,走行部分主要包含底部结构、走行系统、顶推系统、锚固装置。其中两大部分同时也包含了吊机的电气及液压装置。图 14-9 为 DWQ800 型双臂架变幅式架梁起重机的结构。

1) 结构部分组成

(1) 人字架。人字架由后拉杆、斜杆及小斜杆组成,后拉杆、斜杆及小斜杆的下部均销接于底部结构上,后拉杆上部与斜杆上部销接,小斜杆上部与斜杆中部销接。

后拉杆为箱形梁结构,主要承受向上的拉力。斜杆为箱形梁结构,主要承受轴向压力。共分成 3 段制造,每段之间均用法兰板进行连接。第一段为头部结构,由两根斜杆的头部及中间的横梁组成,横梁上布置变幅系统的定滑轮组;第二段为中间段,中间段的横梁上布置有变幅系统的导向滑轮;第三段为底部节段,其与底部结构连接,并在前方布置有变幅限位装置。

小斜杆主体为钢管结构,在两端焊接耳板与斜杆及底部结构上的支座连接,对人字架起稳定作用。图 14-10 为人字架结构示意图,图 14-11 为人字架效果图。

图 14-9 DWQ800 型双臂架变幅式架梁起重机

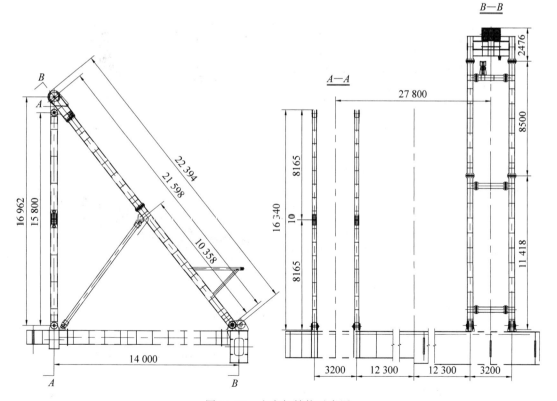

图 14-10 人字架结构示意图

图 14-11　人字架效果图

（2）双臂架。臂架采用箱形双肢桁架梁结构形式（双臂架），材质为 Q345C 钢材，主肢间距 3200 mm，主肢标准截面为 1000 mm×590 mm（高×宽），横梁标准截面为 440 mm×400 mm（高×宽）。臂架有效长度 24 500 mm，共分四段，其中臂架第 4 段包含起升机构定滑轮组；臂架通过法兰板螺栓连接为整体。图 14-12 为臂架结构总体示意图，图 14-13 为臂架效果图。

（3）底部结构。底部结构作为吊机整机的承重结构部件，主要由前横梁、后横梁、边纵梁及卷扬机平台组成。前横梁及后横梁为方便工地拼装和运输，均分成三段制造，分段处采用螺栓连接，方便拆卸，底部结构均采用箱形截面。图 14-14 为底部结构示意图。

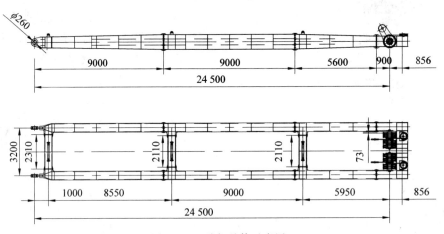

图 14-12　臂架总体示意图

前横梁上端分别与吊机的臂杆和人字架的斜杆连接，作为吊机的承重构件。纵梁作为连接前后横梁的连接杆件，纵梁与前后横梁的连接均采用螺栓连接，后横梁上端与人字架的竖杆连接，下端与后锚装置连接，作为吊机承重构件。

卷扬机平台杆件为吊机卷扬机的安装平台，平台杆件也为箱形截面，该杆件前端与前横梁采用螺栓连接，后端与后横梁采用螺栓连接，为卷扬机提供支撑和锚固的构件。

（4）后锚固系统。后锚固系统为吊机提供锚固力，后锚固系统由锚固分配梁和锚固拉板

图 14-13　臂架效果图

及销轴组成。分配梁与后横梁的锚固耳板销轴连接，锚固拉板将钢梁的锚固耳板与锚固分配梁连接成整体，分配梁采用销轴连接以满足现场锚固耳板高度误差。图 14-15 为后锚固系统结构示意图，图 14-16 为锚固分配梁效果图。

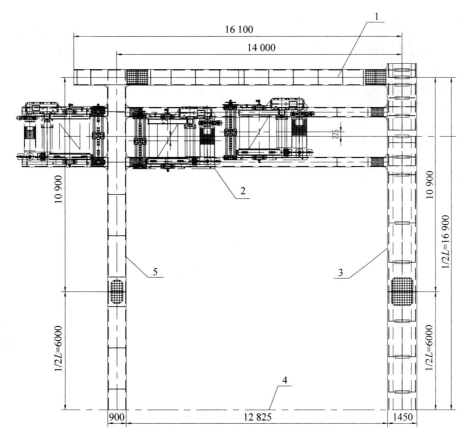

1—纵梁；2—卷扬机平台；3—前横梁；4—底部结构中心线；5—后横梁。

图 14-14　底部结构示意图

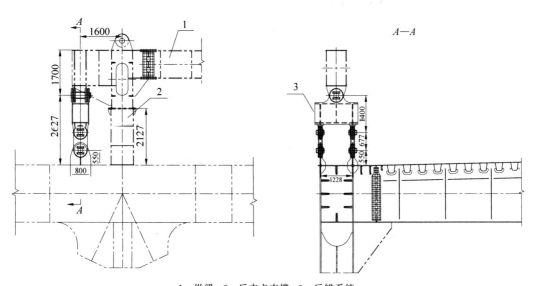

1—纵梁；2—后支点支撑；3—后锚系统。

图 14-15　后锚固系统结构示意图

图14-16 锚固分配梁效果图

2)机构部分组成

(1)走行顶升系统。走行顶升系统用于实现起重机整机走行,主要由滑道梁、前滑靴、后滑靴、油缸反力座、走行油缸、前后顶升油缸等部件组成。图14-17为走行系统结构示意图,图14-18为走行顶升系统结构图。

(2)变幅系统。起重机变幅系统分为四大部分,由卷扬机、定滑轮组、动滑轮组及连接拉板组成,单台起重机共两套变幅系统,由电气系统同步控制。图14-19为变幅系统布置示意图,图14-20为变幅系统结构示意图。

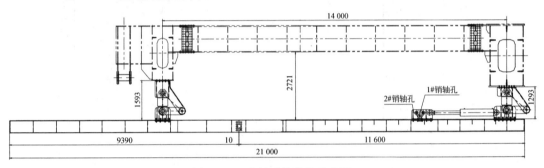

图14-17 走行系统结构示意图

图14-18 走行顶升系统结构图

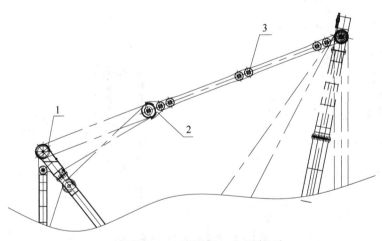

1—定滑轮组;2—动滑轮组;3—变幅拉板。

图14-19 变幅系统布置示意图

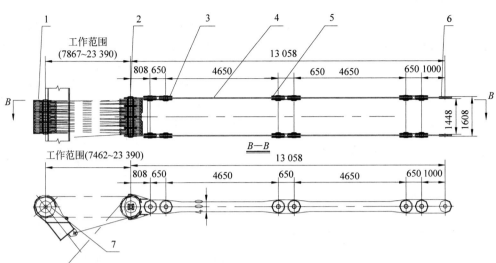

1—变幅定滑轮组；2—变幅动滑轮组；3—动滑轮组连接板；4—拉板；5—拉板连接板；6—臂杆连接板；7—变幅定滑轮组。

图 14-20 变幅系统结构示意图

钢丝绳自卷扬机出线,过人字架斜杆横梁上的导向轮,从变幅动滑轮组进入,经过定滑轮组,最后从动滑轮组出线,固定于人字架顶部横梁下死头固定结构。图 14-21 为变幅钢丝绳绕线示意图。

(3) 起升系统。单台起重机共两套起升系统,由电气系统同步控制。起重机起升系统由起升卷扬机、定滑轮组、动滑轮组及吊具系统四部分组成,其中定滑轮组与臂杆以销轴形式铰接,动滑轮组连接吊具 C 形框架,吊具系统包含 C 形框架、扁担梁、分配梁、拉板。图 14-22

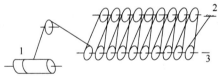

1—变幅卷扬机；2—定滑轮组；3—动滑轮组。

图 14-21 变幅钢丝绳绕线示意图

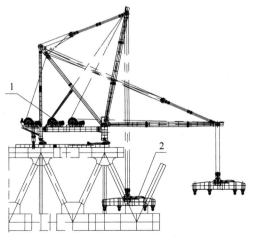

1—起升卷扬机；2—吊具。

图 14-22 起升系统布置示意图

为起升系统布置示意图,图 14-23 为起升系统钢丝绳绕线示意图。

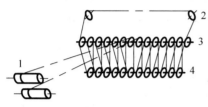

1—起升卷扬机;2—导向滑轮;
3—定滑轮组;4—动滑轮组。

图 14-23 起升系统钢丝绳绕线示意图

3) 电气控制系统

本机共有两套主钩机构、两套变幅机构。四个机构均采用交流变频电动机驱动,整个系统由一台可编程控制器统一控制。

本机采用交流低压供电,供电电源为三相交流 380 V。电源系统分成三个部分:动力电源、控制电源和照明电源。控制和照明电源均为单相交流 220 V,控制电源经专用变压器 TC2 降压给出,监控和力矩电源经专用变压器 TC1 降压给出,吊具机构控制回路电源为直流 24 V(由直流电源供给)。

本机各种开关信号均经过 PLC 进行处理,控制保护联锁可靠,当故障发生时,相关部位会自动进行保护,故障指示灯发出报警指示,触摸屏显示故障内容。为了保证安全,在本机的各个关键部位均设置了紧急停车按钮。紧急停车按钮能可靠分断整机电源,进行紧急停车。

(1) PLC 控制。PLC 作为电气控制系统核心,可以实现全部逻辑关系和联锁功能。其输入用于检测各机构状态和外部保护信号,起升、回转、变幅操作手柄的挡位信号对应于调速装置的速度给定信号;输出是根据输入环节的执行元件如主电源、起升制动器、回转运行等接触器状态,反馈这些触点用于检查对应系统和机构是否正常运行。输入到 PLC 主要外部保护信号有重量限制器、驱动装置、电路保护回路、限位开关、主令开关。

(2) 起升控制。主钩起升机构采用变频器驱动卷扬机的变频电动机,采用无 PG 矢量控制方式,以提高电机速度和转矩的控制精度、响应速度。本机构由右联动台上 3-0-3 主令控制器(上升、下降各三挡)配合实施控制,操作方向与机构运动趋势一致,操作手柄具有零位保护。操作手柄时应逐挡地、有间隔地均匀操作,禁止一个方向的动作尚未结束时立即反向操作,以避免切换和加速过程过快给机构带来的机械冲击。为提高功效,空钩情况下,主钩在高速挡时踩下脚踏开关 14SA1 延时 3 s 后,主副钩会以 100 Hz 高速运行。操作手柄设置三挡速度:低速(10 Hz)、中速(30 Hz)、高速(50 Hz)。

(3) 变幅运行机构。本机构由两台交流电动机各驱动一台变频器,通过选择按钮选择左侧单动、右侧单动或联动。变幅电动机减速、制动时,变频器将惯性能量通过制动电阻吸收掉,以达到平稳减速和制动。

本机构由右联动台上 3-0-3(增幅、减幅各三挡)主令控制器实施控制。操作手柄具有零位保护,有三挡速度切换:低速、中速、高速。

(4) 吊具机构。吊具机构由液压油缸驱动,控制吊具的纵、横向微调。吊具控制系统由吊具控制箱和手持操作手柄等部分组成。吊具控制箱配有手持操作手柄,也能对液压油缸进行控制,可根据不同工况选择合适的控制方式。

(5) 走行泵站控制系统。走行泵站控制柜上设有联动/单动模式转换旋钮,用于选择走行油缸的控制方式以适应不同的工况要求。在联动模式下,选择联动按钮,走行系统左右侧走行、支腿顶升能够在驾驶室内操作。如果选择单动模式,左右侧走行系统分别通过两个控制走行操作手柄控制走行、支腿顶升。

(6) 视频监视系统。视频监视系统由硬盘录像机、摄像头、显示器、云台、电源、解码器、控制键盘等部分组成。摄像头安装在可观察到卷扬机运行、立柱顶部及整机走行的位置。显示器安装在司机室右前方,能显示四路画面信号,操作人员通过显示器可观察室外机构工作情况。硬盘录像机带有记录存储功能,方便操作人员随时查看之前的记录,图 14-24 为视频监视系统示意图。

4) 液压系统

(1) 走行液压系统。本起重机采用一套行

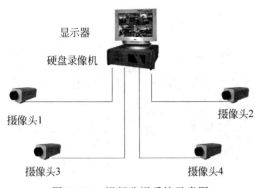

图 14-24 视频监视系统示意图

走液压系统,该液压系统控制两个前顶升油缸、两个后顶升油缸、两个走行油缸、两个插销油缸,系统额定压力为 25 MPa,系统流量 37.5 L/min,系统功率 18.5 kW。

液压泵提供压力油,溢流阀用于限制系统最高压力,电磁换向阀控制油缸的伸、缩动作;在前顶升油缸、后顶升油缸上设有液压锁,用于油缸不动作时锁紧油缸;在走行油缸上设有单向节流阀,用于调整油缸速度,达到油缸同步的效果。图 14-25 为走行液压系统原理图。

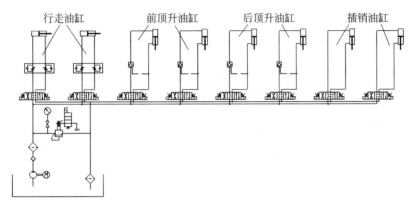

图 14-25 走行液压系统原理图

(2) 吊具液压系统。本起重机采用两套吊具液压系统,每套吊具液压系统控制一个吊具调整油缸,系统额定压力为 25 MPa,系统流量 15 L/min,系统功率 7.5 kW。液压泵提供压力油,溢流阀用于限制系统最高压力,电磁换向阀控制油缸的伸、缩动作,在吊具油缸上设有液压锁,用于油缸不动作时锁紧油缸。图 14-26 为吊具液压系统原理图。

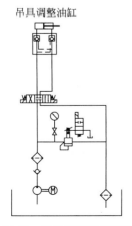

图 14-26 吊具液压系统原理图

14.4.3 平潭海峡公铁两用跨海大桥 JL 型 1100 t 架梁起重机

1. 桥梁工程概况

平潭海峡公铁两用跨海大桥是福州至平潭铁路——福平铁路、长乐至平潭高速公路——长平高速公路的关键性控制工程,是合福高速铁路的延伸、北京至台北铁路通道的重要组成部分,是连接长乐副中心城市和平潭综合实验区的快速通道,是我国首座跨海公铁两用桥,也是世界上最长的跨海公铁两用大桥,也是"十三五"规划中北京至台湾高铁的先期工程。

平潭海峡公铁两用跨海大桥总投入 147 亿元,先后投入 30 万 t 钢铁、266 万 t 水泥。这些材料,足以建造 8 座迪拜塔。由中国中铁大桥局承建的平潭海峡大桥堪称"超级大桥",可以公路、铁路两用,上层是设计时速为 110 km 的六车道高速公路,下层是设计时速为200 km的双线Ⅰ级铁路。2018年4月26日,平潭海峡公铁两用跨海大桥突破"建桥禁区"首个航道桥主塔封顶;2019年6月5日,福平铁路平潭海峡公铁两用跨海大桥元洪航道桥主桥正式合龙;2019年7月17日,福平铁路平潭海峡公铁两用跨海大桥平潭段实现公路铁路全部贯通;2019年9月25日,福平铁路平潭海峡公铁两用跨海大桥全线贯通;2020年12月底,公路段正式投入运营。图14-27为平潭海峡公铁两用跨海大桥的全景图。

图14-27 平潭海峡公铁两用跨海大桥全景图

2. 设备主要性能参数

在建设平潭海峡公铁两用跨海大桥中使用的JL型1100 t架梁起重机性能参数如表14-3所示。

表14-3 JL型1100 t架梁起重机性能参数

项目	参数	项目	参数
整机工作级别	A3	机构工作级别	M4
额定起重量	1100 t(吊具以下)	起升高度	80 m(水面到桥面)
重载起升速度	0~1.5 m/min	空载下放速度	0~3 m/min
卷扬机	电动卷扬机	卷扬机单绳拉力	36 t
吊点纵移范围	17.5~23.25 m	吊点纵移速度	0~1 m/min
吊点横调距离	±100 mm	吊点横调速度	0~0.5 m/min
整机纵移速度	0~1 m/min	整机及吊点纵移油缸行程	单次换销有效行程大于1 m
吊具坡度调节能力	适应节段梁±1%纵坡	纵移工作风速	≤15.5 m/s
吊装工作风速	≤20 m/s	非工作风速	≤44 m/s
装机功率	约500 kW	工作电制	380 V/50 Hz/5AC
整机质量	约420 t	控制方式	司机室控制
安全装置	力矩限制器、风速仪、安全监控系统	结构强度安全系数	1.48
机械零件强度安全系数	1.48	钢丝绳安全系数	4
后锚固安全系数	3	抗倾覆稳定性	>1.5

3. 设备主要构造

本桥面吊机主要由金属结构、起升系统总成、吊具、变幅及横移机构、移动及锚固系统、梯子平台、整体式工作室、液压系统、电气系统(含监控系统)等组成。图14-28为JL型1100 t桥面吊机整机示意图。

1) 金属结构

金属结构是桥面吊机的传力构件,能够将吊重力转化为桥面的支撑和锚固力,它是主要的承载部件。

金属结构采用成熟的菱形框架形式,主要受力类型为轴向拉压(二力杆),各杆件均采用实腹式箱形结构,主要材料为Q460C钢材,部分材料采用Q345C钢材。图14-29为金属结构正视图,图14-30为金属结构俯视图,图14-31为金属结构侧向视图。

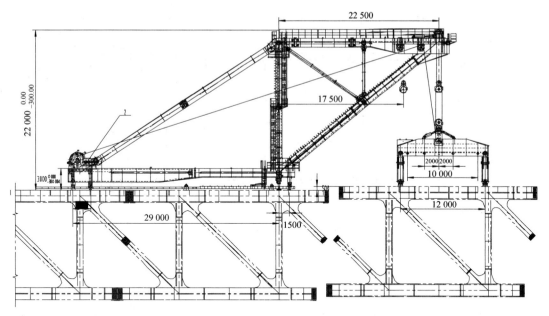

图 14-28　JL 型 1100 t 桥面吊机整机示意图

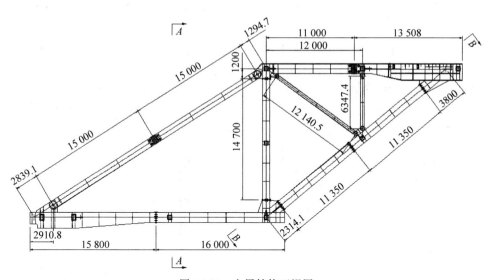

图 14-29　金属结构正视图

金属结构主要由上纵梁、前斜撑、立柱、后拉杆、下纵梁、横向连接梁及斜撑等组成。除上纵梁和后拉杆采用承剪型螺栓节点板连接外,其余主要结构皆采用法兰连接,辅助连接杆均采用销轴连接。

2) 起升系统总成

整机共由两组吊点起重钢梁节段,每组吊点安装在单侧的竖直平面桁架的上纵梁前端,吊点能实现钢梁节段的起升、横移微调对位、纵横坡调整等功能。

整个起升系统共配有 4 台卷扬机作为起升动力,其中每 2 台卷扬机共用一条钢丝绳来起吊一侧的单吊点,每台卷扬机单绳拉起重量可达 36 t,走 9 倍率,合计 36 倍率,钢丝绳采用高强度不旋转钢丝绳,规格:40NAT35W×K7-2160,强度级别 2160 MPa,破断拉力达到

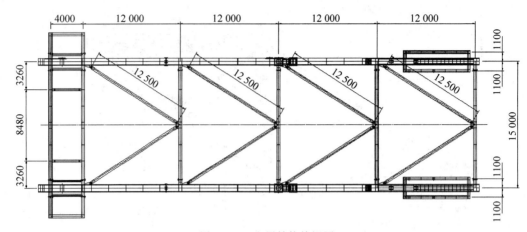

图 14-30　金属结构俯视图

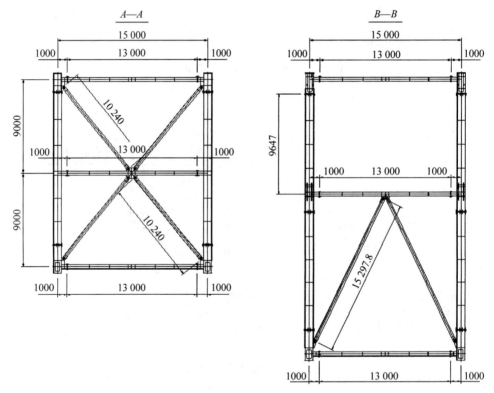

图 14-31　金属结构侧向视图

1560 kN。图 14-32 为单侧 2 台卷扬机钢丝绳缠绕的示意图,图 14-33 为 36 t 折线式绳槽卷扬机的正视图,图 14-34 为 36 t 折线式绳槽卷扬机的俯视图。

卷扬机是起重设备最典型的部件,它的参数直接决定了设备的工作能力。由于桥面吊机起升高度可达 80 m,导致卷扬机的容绳量很大,达到约 800 m。缠绕的钢丝绳直径粗达 $\phi 40$ mm,绳筒的缠绕层数达到 5 层。为了确保钢丝绳良好的排列,绳筒设计采用更加先进的折线式绳槽,并控制卷扬机出绳角不超过 1.5°(实际出绳角为 0.96°)。另外,绳筒上还设置有过渡块和补偿块,有助于钢丝绳顺利变层并防止下陷。

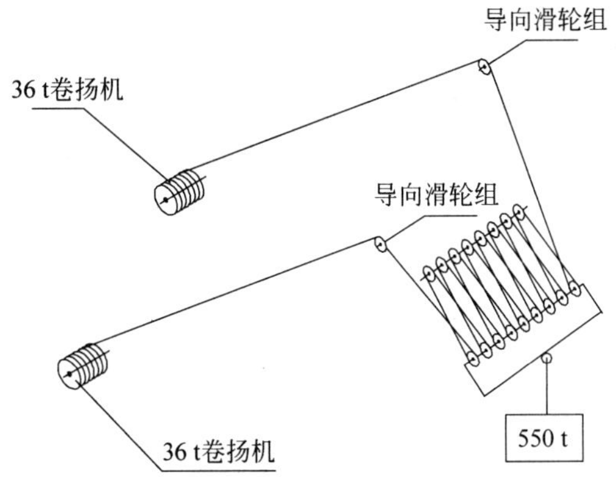

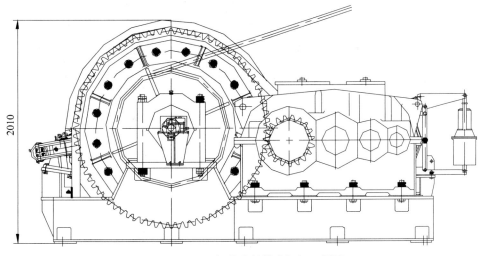

图 14-32 单侧 2 台卷扬机钢丝绳缠绕图

图 14-33 36 t 折线式绳槽卷扬机正视图

起升采用 110 kW 变频电机,通过硬齿轮减速机和外齿轮副的二级减速,驱动绳筒收放钢丝绳。高速端配有 YWZ 型电力液压块式制动器,低速端还装有 2 套 SBD 液压盘式制动器,确保卷扬机的可靠减速及停机。每台卷扬机都通过高强度螺栓固定在底架上,方便拆装及维护。

绳筒轴上安装有 DXZ 型高度限位器和多圈编码器。编码器用于控制卷筒的转速和同步性。DXZ 型高度限位器用于控制起升上、下极限位置。

定滑轮组由 2 块吊板穿过上纵梁和中间梁的两侧直接悬挂在小车架上,钢丝绳穿过固定在上纵梁两侧边梁的导向滑轮,直接进入到动滑轮组,然后与动滑轮组相连。动滑轮组直接与吊具相连,起升系统工作时,吊具连接钢梁节段,将钢梁节段起升到位并调整好纵横向空间姿态,实现节段对位及安装。

3) 吊具

吊具由动滑轮组、连接杆、纵坡调节油缸、吊具主梁、分配梁等组成,结构材料均为 Q460C 钢材,销轴采用 40Cr 钢。整机共配置 2 套吊具,图 14-35 为吊具正视图。

2 套吊具横向间距 15 m,纵向设置有三组尺寸,分别用于吊装不同节段钢梁。通过吊具主梁、分配滑轮组和吊带将吊重均匀分配给 4 个节段吊耳。钢梁节段每组吊耳上预先安装好吊装滑轮,吊具上装配的吊带往吊装滑轮上一套,安装好挡板就可以起吊,采用此种方法

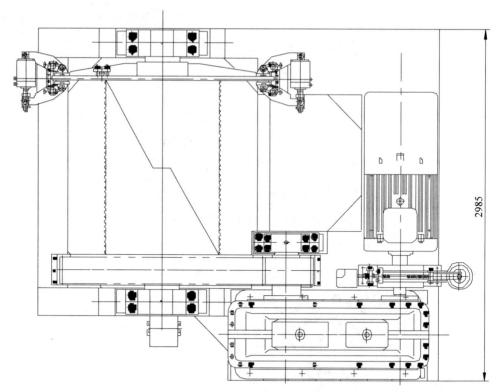

图 14-34　36 t 折线式绳槽卷扬机俯视图

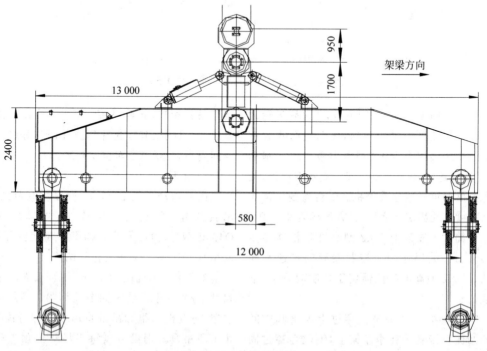

图 14-35　吊具正视图

吊装，对位方便且定位精度要求不是很高，而且稳定性好、承载能力强、工人操作轻便，而且有效地抵消了吊耳位置误差，连接、拆除方便。图 14-36 为吊具与钢梁吊耳起吊连接示意图。

每套吊具上设置有 1 套调整油缸，用于节段的纵坡调整，最大调整能力为±4%。吊具采用独立的带发电机的液压站供电，通过遥控控制，方便人员在桥面或船上进行操作，一套供电系统驱动 2 套吊具。

4）变幅及横移机构

变幅及横移机构控制着节段的纵向水平移动、横向水平移动、水平旋转三个自由度的动作。主要由变幅油缸、横移油缸、平衡梁、变幅滑座、长吊板及定滑轮组等构成。

变幅范围为 17.5～22.5 m，变幅量为 5 m，采用行程 1 m 的变幅油缸。横移范围为±100 mm。所有滑动副均采用 MGB 滑板和不锈钢自润滑的方式。图 14-37 为变幅及横移机构图（单侧），图 14-38 为变幅及横移机构图（单侧俯视）。

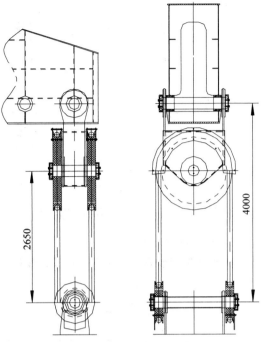

图 14-36　吊具与钢梁吊耳起吊连接示意图

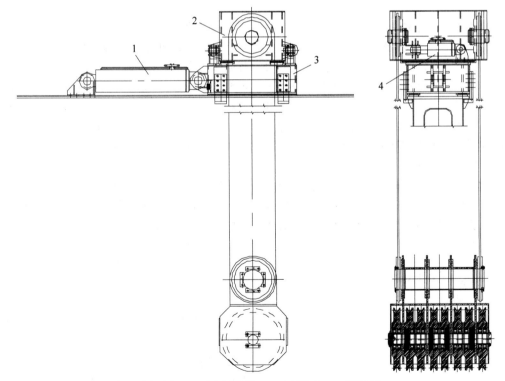

1—变幅油缸；2—变幅平衡梁；3—变幅滑座；4—横移油缸。

图 14-37　变幅及横移机构图（单侧）

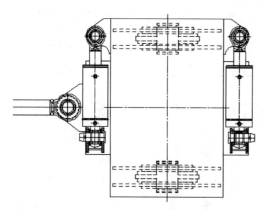

图 14-38 变幅及横移机构图(单侧俯视)

5）移动及锚固系统

移动及锚固装置主要包含走行及纠偏机构、支撑及锚固机构、前后顶升机构等部件。

6）走行及纠偏机构

在金属结构底部设计有液压步履走行机构，通过走行轨道和油缸推拉实现整机的前后移动。整机共配置2套走行机构，图14-39为走行机构示意图。

在走行前，依靠顶升油缸先把整机抬起，将下滑道梁腾空，依靠纵移推拉油缸的伸缩，把下滑道梁一步一步往前移，每步前移1m；然后顶升油缸缩回，整机落在下滑道梁上；再依靠纵移推拉油缸实现整机前移，使吊机步履式前进，一次步进最大距离为7m。本项目标准节段长为28m，通过4次循环操作就能实现一次前移站位。

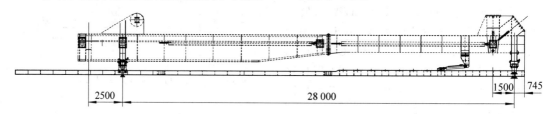

图 14-39 走行机构示意图

下滑道梁与纵移推拉油缸是通过棘轮棘爪机构连接的，在下滑道梁的上盖板等距1m布置着一个长方形孔，纵移推拉油缸收缩到最短时，棘轮棘爪机构的工作块卡在下一个长方形孔里，推拉油缸伸出时，工作块靠自重下落并卡在下滑道梁的长方形孔里，然后产生的反作用力将整机推动滑到前方，如此循环动作，推动吊机步进式前移。

当需要拖拉下滑道梁向前移动时，挡销从后方的销孔拔出，插入前方的销孔，利用同样的方法，拉动轨道步进式前移。图14-40为纵移走行棘轮棘爪架构示意图。

整机走行时是不能锚固的。为了确保走行倾覆安全，在每次锚固解除前，必须用变幅及横移机构将上纵梁上方的起升系统和吊具一起后退至17.5m幅度位置，然后再解除锚固，进行纵移工作，确保整机的倾覆稳定性。

在走行状态，整机通过4组滑靴(每侧2组)支撑在2条下滑道梁上，前、后滑靴为主受力部件。轨道底面不设置垫块或垫板，直接铺设在桥面钢箱梁上，各组滑靴的滑座与上方采用球铰连接，能适应走行梁顶面2‰的横坡。

本设备液压系统预留有纠偏油缸油管和控制接口，如果整机纵移时走偏，需要纠正时，临时安装纠偏装置即可。

7）支撑及锚固机构

当吊装作业时，桥面吊机前支点处通过2套分配梁将支撑力平均分配给4个支撑点，分配梁采用销轴连接，单点最大支撑力650t。前支撑作用在桥梁节点上，横向支撑间距1.2m，图14-41为前支撑机构的单侧示意图。

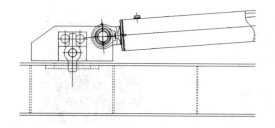

图 14-40 纵移走行棘轮棘爪架构示意图

第14章　钢梁悬臂架设起重机

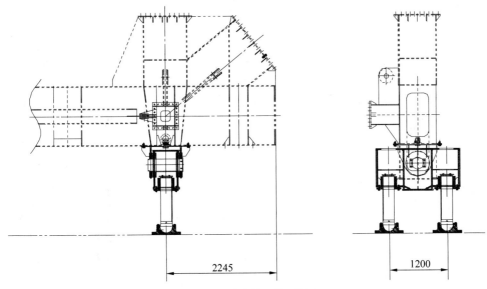

图 14-41　前支撑机构(单侧)

前支撑采用机械顶撑形式,下部支撑在节段钢箱梁腹板上,上部通过法兰与纵梁连接,法兰中间有回转挂销。整机走行时,前支撑收起,回转 90°以避开中线两侧的吊耳。图 14-42 为前支撑机构走行时旋转 90°后状态示意图。

当吊装作业时,桥面吊机后部通过 2 组后锚固,共 4 根锚杆进行连接,锚固力最终传递给箱梁后锚耳板(即吊耳),单点最大后锚力 236 t,图 14-43 为后锚固机构(单侧)示意图。

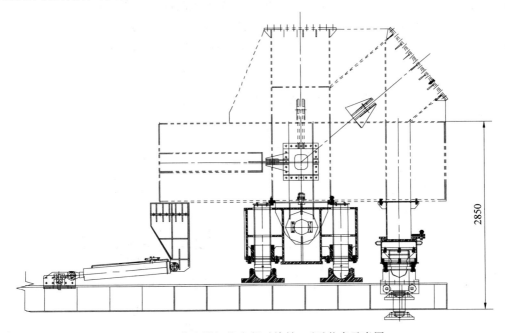

图 14-42　前支撑机构走行时旋转 90°后状态示意图

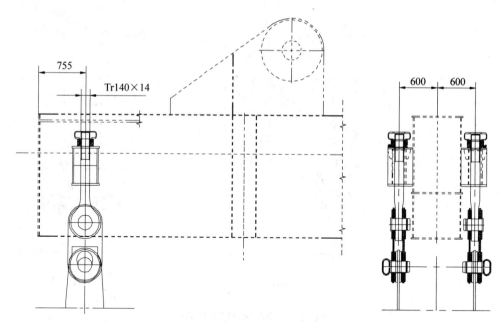

图 14-43 后锚固机构(单侧)示意图

后锚杆与锚板采用双销轴连接,有效地抵消锚点偏差,下部连接销孔采用钥匙孔设计,能够方便进行匹配。

后锚固通过特制的螺杆和销轴,平均分配到钢箱梁的 4 个临时吊点处。每一次吊装钢箱梁前都应当调整特制螺杆螺母,使 4 根螺杆受力一致。

8) 前后顶升机构

前后顶升机构主要用于整机调平或整机走行时临时支撑配合走行油缸倒运下滑道梁。本设备在前部配备有 2 套顶升机构,共 4 只油缸,后部也配备有 2 套顶升机构,共 2 只油缸,图 14-44 为前部顶升机构(单侧)示意图,图 14-45 为后部顶升机构(单侧)示意图。

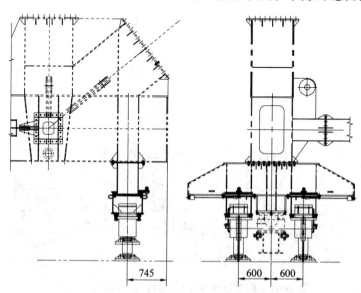

图 14-44 前部顶升机构(单侧)示意图

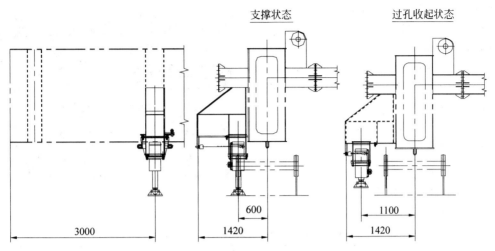

图 14-45 后部顶升机构(单侧)示意图

前部顶升机构位于前支撑前方 1.5 m 处,处于节段钢箱梁小隔板位置,吊装作业时横向间距 1.2 m,过孔作业时向两侧滑移打开,横向间距 2.2 m。后顶升机构位于后锚固前方 2.5 m 处,处于节段钢箱梁小隔板位置,吊装作业时横向偏外侧 0.6 m,过孔作业时继续向外侧滑移,横向距中心线 1.1 m。

9) 液压系统

本设备共有 4 套液压系统:

(1) 主液压系统,1 套,额定压力 25 MPa,功率 45 kW。主液压系统控制整机的主要动作,包括变幅、横移、走行、纠偏、顶升等。

(2) 吊具液压系统,1 套,额定压力 25 MPa,功率 5.5 kW。吊具液压系统控制着 2 套吊具的 2 只纵坡调节油缸的动作。

(3) 盘式制动器液压系统,2 套,额定压力 12 MPa,功率 1.1 kW。每台液压站控制 2 台卷扬机 4 个盘式制动器的工作。

10) 电气系统及安全保护装置

桥面吊机采用集装箱式的电控室,便于拆装与维护,有利于控制系统的防风固定。电气系统主要控制卷扬机和液压系统电磁阀的工作,以及同步和系统安全的把控。

为了保障工作人员的人身安全和吊机、梁块的安全施工,本机配备了各种安全保障装置。起升卷扬机在高速轴上装有电力液压块式制动器,低速轴上安装有钳盘式制动器,并且配有高低位限位器,防止钢丝绳缠绕超过允许高度;在滑轮可能产生跳绳的位置都设置了防跳绳装置,保证钢丝绳正常、安全的收放;在实际起吊过程中可能出现吊重超过额定起重量的情况,为此,吊机安装有起重量限制器,超载时报警并且停止起吊;司机室内部配有力矩显示器,可以直观地表现出当前起吊状态下产生的力矩大小。

整机还配备有独立的安全监控系统,除具备上述的一些功能要求,还有一些额外的监控参数,确保桥面吊机使用安全。

14.4.4 沪苏通长江公铁大桥 JL 型 1800 t 架梁起重机

1. 桥梁工程概况

沪苏通长江公铁大桥是江苏省境内连接苏州市和南通市的通道,位于苏通长江公路大桥上游、江阴长江公路大桥下游,是通锡高速公路、沪苏通铁路、通苏嘉甬高速铁路共同的过江通道,跨越长江江苏段。沪苏通长江公铁大桥于 2014 年 3 月开工,2020 年 7 月建成通车。大桥南起苏州市张家港市,北至南通市通州区,大桥全长 11.072 km(其中公铁合建桥梁长 6989 m),包括两岸大堤间正桥长 5827 m、北引桥长 1876 m、南引桥长 3369 m。大桥上层为双向六车道高速公路(通锡高速公路),设计速度 100 km/h;下层为双向四线铁路,设计速度200 km/h（沪苏通铁路）、250 km/h（通苏嘉甬高速铁路）。图14-46为沪苏通长江公铁大桥的全景图像。

大桥主航道桥主跨为1092 m，是国内最大跨度的斜拉桥，也是世界上最大跨度的公铁两用斜拉桥。大桥的结构型式为双塔三索面三桁结构斜拉桥，单节段钢桁梁重量接近1800 t，在桥梁建设中实现了1800 t超大吨位三桁钢梁整节段桥梁架设工艺工法。

2. 设备主要性能参数

其设备的性能参数如表14-4所示。

图14-46 沪苏通长江公铁大桥

表14-4 JL型1800 t架梁起重机性能参数

项　　目		参　　数
整机总质量		1022 t
工作级别	整机	A3
	主起升机构	M4
	走行机构	M4
整机性能	整机质量	1022 t
	环境温度	−10℃～+50℃
	最大起重力矩	405 720 kN·m
	最大起升高度	75 m
	最大吊距	23 m
	非工作最大风速	35.8 m/s
	吊装最大风速	20 m/s
	纵移最大风速	15.5 m/s
	中桁恒压顶	油泵流量：2 L/min，油泵压力：40 MPa
	限位装置	极限位置限动
	电源	380 V/50 Hz/5 AC
起升机构	额定起重量	1800 t（不含吊具）
	起升速度	0～1.8 m/min（满载）
		0～3.6 m/min（空载）
	倍率/单绳拉力	2×24/36 t+24/36 t
	钢丝绳型号	35 W×k7-40-1960
	卷扬机型号	DC36/DC36×3
	电机功率	132 kW×6
	容绳量	960 m/960 m×3
吊点调整机构	纵移调整范围	13～16 m
	工作幅度	单节段：13～15.15 m；双节段：20～22.15 m
其他性能、参数	横向三支承点距离	17.5 m，17.5 m
	前后支承点距离	26.4 m
	单个前支点最大反力	1450 t
	后锚固距离前螺旋顶	26.4 m
	吊具调平性能	具备纵向调平功能
	整机运行方式	液压油缸顶推步履式

3. 设备主要构造

本起重机主体结构采用四桁结构,内侧两桁片通过法兰连接,以方便需方改造成两台两桁架梁起重机。整机起升系统由三个吊点组成,三个吊点按等腰三角形布置,通过电气系统及液压油缸控制,实现三个吊点受力均衡。

起重机吊装钢桁梁节段分为 28 m 双节段、14 m 单节段两种。其中 28 m 双节段钢梁系统线长 28 m、宽 35 m、高约 16 m,锚拉板高度约 2.4 m,吊耳位于节点前方 1.6 m 处,吊耳纵向间距 14 m,横向共有三组,位于三片主桁上弦杆上。28 m 双节段最大重量约为 1743 t。公路桥面板为钢制,与桁架焊为一体,架梁起重机纵移时可直接走行在桥面板上。14 m 单节段钢梁系统长 14 m、宽 35 m、高 16 m,锚拉板高度约 2.4 m,吊耳位于距节点 5.6 m 处,吊耳纵向间距 13.2 m,横向共有三组,位于三片主桁上弦杆上。14 m 单节段最大质量约为 865.9 t。图 14-47 为起重机总体结构的示意图。

图 14-47　起重机总体结构示意图

1）机架结构

机架结构由四桁菱形桁片组成,分为两片边桁及两片中桁,中桁与边桁的结构形式类似但是截面不等。机架结构主要由后锚梁、下主梁、后拉杆、上主梁、底前横梁、立柱、前撑杆、各连接系等组成,采用高强度螺栓或销轴连接。图 14-48 为架梁起重机的施工图片。

2）顶升系统

顶升系统由三个前支腿及四个后支腿组成。

前支点共三个支腿,分别布置在钢梁的三个上弦杆上,一个中桁恒压支腿及两个边桁支

图 14-48　架梁起重机的施工

腿,中桁恒压支腿配有一台 2000 t 恒压油缸来控制中桁支撑力,恒压油缸的行程为 200 mm。边桁支腿为调节螺杆式刚性支腿,设计支撑力为 1400 t。后支撑共布置四个调节螺杆式刚性支腿,设计支撑力为 100 t。图 14-49 为顶升系统的示意图。

3）走行系统

本起重机整机走行系统为油缸顶推步履式走行,由液压驱动,实现整机及轨道的前移和后退。整机走行系统共布置四根走行轨道,每根走行轨道上各布置一个前滑靴、一个后滑靴、一个轨道悬挂机构。油缸顶推换步能自动进行,不需人工插拔销轴。四条轨道走行需同步,走行额定速度为 1 m/min,机构工作级别 M4。图 14-50 为走行系统效果图。

4）起升系统

起升系统由两套边桁起升系统及一套中桁起升系统组成,每套起升系统均由定滑轮组、动滑轮组、吊具、钢丝绳组成。边桁起升系统由吊点调整机构中的大横梁进行纵横向调整,中桁起升系统由吊点调整机构中的小横梁进行纵横向调整,三套起升机构间可单独动作和联合同步动作,设置的同步控制系统保证了联动时两台吊机起升的同步性。图 14-51 和图 14-52 为两套边桁起升系统示意图。

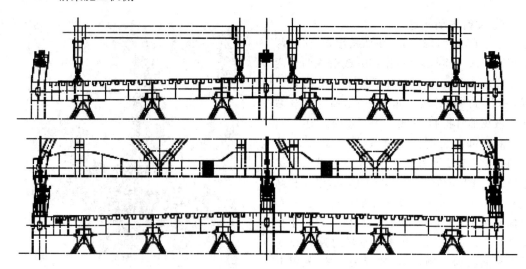

图 14-49 顶升系统示意图

图 14-50 走行系统效果图

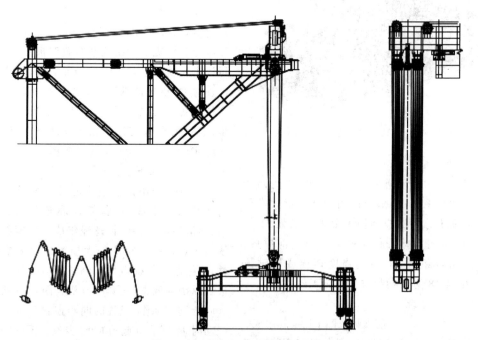

图 14-51 边桁起升系统示意图 1

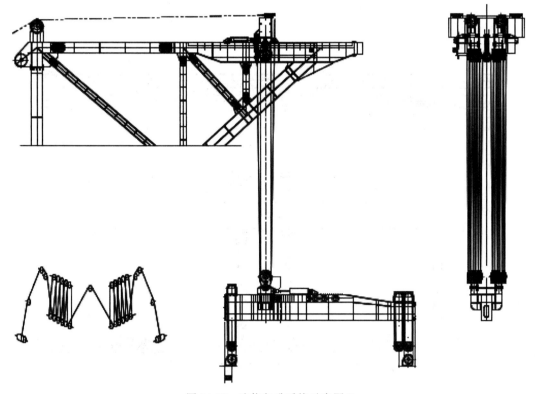

图 14-52 边桁起升系统示意图 2

5) 吊点调整系统

吊点调整机构由纵移大横梁、纵移小横梁组成。纵移大横梁总长 38.5 m,制造时分为三段进行。纵移大横梁落在边桁上纵梁的滑座上,不与中间两桁片接触,其主要承受两个边桁吊点的载荷。纵移小横梁总长 8 m,落在中桁上纵梁的滑座上,其主要承受中桁吊点的载荷。图 14-53 为吊点调整系统示意图。

6) 导向系统

本起重机共布置有三个吊点,吊点分布较分散,而且每个吊点配置两台卷扬机,为保证钢丝绳的出入绳角度满足规范要求,为每根钢丝绳设计符合规范的导向滑轮系统。图 14-54 为卷扬机布置及导向系统示意图。

边桁吊点的两台卷扬机在靠近边桁的卷扬机平台上前后布置,钢丝绳从一台卷扬机伸出,经过立柱上横梁挑出的导向滑轮进入到吊点,调整大横梁上方的导向滑轮,再经过机架上部端横梁内侧的导向滑轮进入到动滑轮组。钢丝绳再沿相同的路径回到另一台卷扬机。

中桁吊点的两台卷扬机在靠近中桁的卷扬机平台上左右布置,钢丝绳从一台卷扬机伸出,经过立柱上横梁挑出的导向滑轮进入到吊点,调整小横梁上方的导向滑轮,再经过机架上部端横梁内侧的导向滑轮进入到动滑轮组。钢丝绳再沿相同的路径回到另一台卷扬机。

7) 后锚固系统

后锚固系统分为边桁锚固系统及中桁锚固系统。主要有螺杆、分配梁、拉板三大部分。图 14-55 为边桁锚固系统示意图,图 14-56 为中桁锚固系统示意图。

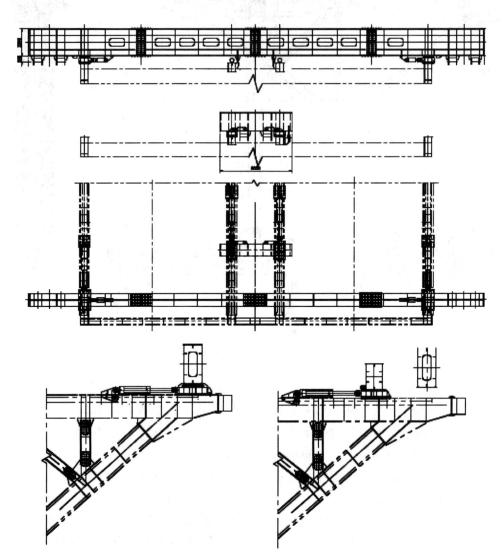

图 14-53 吊点调整系统示意图

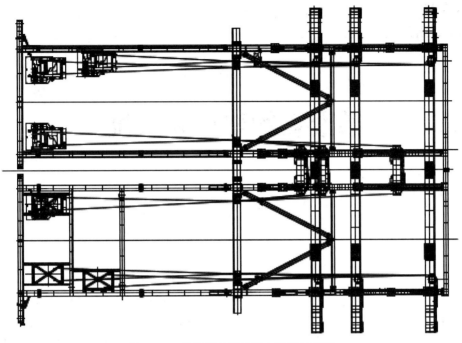

图 14-54　卷扬机布置及导向系统示意图

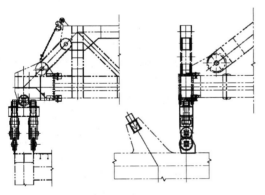

图 14-55　边桁锚固系统示意图

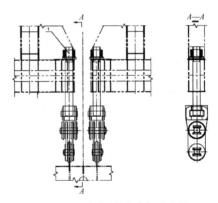

图 14-56　中桁锚固系统示意图

参考文献

[1] 陈龙剑.桥梁工程机械技术性能手册[M].北京：中国铁道出版社,2012.

[2] 中铁大桥局集团有限公司,武桥重工集团股份有限公司,桥梁杂志社.桥梁工程装备论文集[M].北京：人民交通出版社,2012.

[3] 吴志敏,阳胜峰.西门子 PLC 与变频器、触摸屏综合应用教程[M].北京：中国电力出版社,2009.

第15章

节段箱梁架设起重机

15.1 概述

15.1.1 定义

节段箱梁架设起重机又叫桥面悬臂吊桥机,简称桥面吊机,是一种主要用于跨江或跨海等大跨度斜拉桥的悬臂钢箱梁或其他标准梁段的拼装施工的起重机。施工时利用该起重机将运输设备(或施工栈桥)上的钢箱梁段安全准确地提升至桥面进行对位拼装和焊接,并沿纵桥向方向逐跨推进,依次序逐节段组拼,同时施加外力(挂索),使之成为整体结构。

15.1.2 用途

桥面吊机主要用于主跨梁体多处于水中或峡谷等交通不便之处的施工中,桥梁梁体通常采用工厂化加工制造,运输至施工现场,然后采用桥面架梁吊机等大型架设起重设备提升至安装位置。这类起重机具有结构较为简单、装拆方便、起重量大、受施工场地限制小的特点,特别是吊装大型构件受环境和水位等条件影响大,而又缺少大型起重机械时,这类起重设备更显它的优越性,但这类起重机需设较大的后锚,移动也不方便,起重半径幅度小,灵活性较差。因此,一般多用于构件较重、施工环境限制多,而又缺乏其他合适的大型起重机械的情况。

15.1.3 分类

桥面吊机主要分为变幅式、不变幅式(即普通固定吊臂式)、塔柱式(此类型又分为卷扬机式和连续作用千斤顶式)三种结构形式。

15.1.4 国内外发展概况

1962年,米勒尔第一个采用预制拼装建造法国舒瓦齐勒罗瓦大桥,自此之后,节段预制拼装造桥技术持续发展,并从欧洲逐步推广到全世界,成为建造桥梁的主要技术之一。

在我国节段拼装应用较早,1966年竣工的成昆铁路旧庄河一号桥采用了预制节段逐跨拼装施工,但由于工程条件限制,试验未取得满意效果,该技术在当时未得到很好推广。随着我国桥梁建造技术的发展,20世纪90年代始,节段预制拼装造桥技术重新得到应用和发展,在公路和市政领域有福州洪塘大桥(预制节段逐跨拼装施工)、上海沪闵二期高架桥梁(短线法预制)、上海新浏河大桥(采用专用造桥机逐跨拼装)等,广州城市轨道交通四号线和厦门BRT的建设也较大规模采用了该技术;在铁路领域有灵武杨家滩黄河特大桥(专用移动支架造桥机、短线法预制逐跨拼装)、石长铁路湘江特大桥(悬臂拼装连续梁)、兰州河口黄河特大桥(移动支架造桥机逐跨拼装小半径连续弯梁)、郑西客运专线磨沟河大桥(高铁、单箱单室双线简支梁)、温福铁路白马河特大桥(高铁、双幅单箱单室纵横向湿接缝纵横向预应力)、黄韩候铁路芝水沟大桥(胶拼)等。

整体而言,相对于我国每年建造的桥梁总量,采用节段拼装技术的桥梁所占比例极少,其应用范围与其技术优势不匹配。近年来,工程领域内桥梁设计计算与仿真分析、试验检测和精确控制、工程机械起重与液压电控等技术持续发展,原来限制该技术规模应用的主要难题得到了有效解决,节段预制拼装法建造桥梁技术逐步往大型化、智能化、模块化方向发展,值得进一步推广。

15.2 典型的节段箱梁架设起重机

15.2.1 鳊鱼洲长江大桥 DWQ 型 650 t 整体变幅式节段箱梁架设起重机

1. 桥梁工程概况

鳊鱼洲长江大桥位于湖北省黄冈市黄梅县与江西省九江市柴桑区交界处,是京九客运专线和合九客运专线过长江通道的铁路大桥。其主桥钢箱梁梁段全长 1060 m,其中索交叉区钢段长 72 m,全桥钢梁共分为 63 个节段,其中标准节段 37 个,交叉索区段 6 个,主塔节段 2 个,过渡段 15 个,合龙段 1 个,钢-混结合段 2 个。钢箱梁标准节段长度为 18 m,质量为 583 t;交叉段长度为 12 m,质量为 341 t。

2. 整体变幅式节段箱梁架设起重机的主要结构组成

DWQ 型 650 t 节段箱梁架设起重机结构由起重部分和走行部分等组成。起重部分通过变幅、起升实现起重功能,主要包含臂杆、人字架(后拉杆、后斜杆)、起升系统、变幅系统,其结构示意图如图 15-1 所示。走行部分通过顶推、锚固实现纵向走行和起重锁定功能,走行部分主要包含底部结构、走行系统、顶推系统、锚固装置。其中,起重部分和走行部分同时包含了吊机的电气及液压装置。

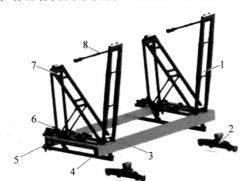

1—臂杆;2—吊具;3—底部结构;4—走行系统;5—后锚固装置;6—变幅卷扬机;7—人字架;8—变幅装置。

图 15-1 DWQ 型 650 t 架梁起重机示意图

1) 人字架

人字架由后拉杆、斜杆及小斜杆组成,后拉杆、斜杆及小斜杆的下部均销接于底部结构上,后拉杆上部与斜杆上部销接,小斜杆上部与斜杆中部销接,其结构示意图如图 15-2 所示。

后拉杆为箱形梁结构,主要承受向上的拉力。整体长度为 16.34 m,为方便运输,将后拉杆分成两段,中间用拼接板连接。

斜杆为箱形梁结构,主要承受轴向压力。共分成 3 段制造,每段之间均用法兰板进行连接:第一段为头部结构,由两根斜杆的头部及中间的横梁组成,横梁上布置变幅系统的定滑轮组;第二段为中间段,中间段的横梁上布置有变幅系统的导向滑轮;第三段为底部节段,其与底部结构连接,并在前方布置有变幅限位装置。

小斜杆主体为钢管结构,在两端焊接耳板与斜杆及底部结构上的支座连接,对人字架起稳定作用。

2) 臂杆

臂杆采用箱形双肢桁架梁结构形式,共分 4 段,其中臂杆 4 包含起升机构定滑轮组。臂杆通过端法兰板螺栓连接为整体,其结构示意

——桥梁施工机械

1—斜杆;2—小斜杆;3—竖杆;4—变幅定滑轮组。

图 15-2　人字架效果图

图如图 15-3 所示。

1—臂杆1;2—横梁;3—臂杆2;4—臂杆3;5—臂杆4。

图 15-3　臂杆效果图

3)底部结构

底部结构作为吊机整机的承重结构部件,主要由前横梁、后横梁、边纵梁及卷扬机平台组成,其结构示意图如图 15-4 所示。前横梁及后横梁为方便工地拼装和运输,均将其分成三段制造,分段处采用螺栓连接,方便拆卸;底部结构均采用箱形截面,外形尺寸为 28 m×14 m,以适应现场钢梁工况,满足现场吊装要求。

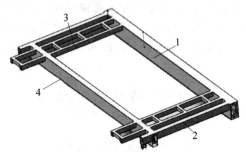

1—前横梁;2—边纵梁;3—卷扬机平台;4—后横梁。

图 15-4　底部结构效果图

4)后锚固系统

根据鳊鱼洲大桥钢梁结构特点,改制后起重机的锚固采用单耳板锚固形式。新制后锚固系统采用拉板形式与钢梁上单耳板销接,拉板上接单耳板螺杆组件,螺杆组件支撑于后横梁尾部,其结构示意图如图 15-5 所示。

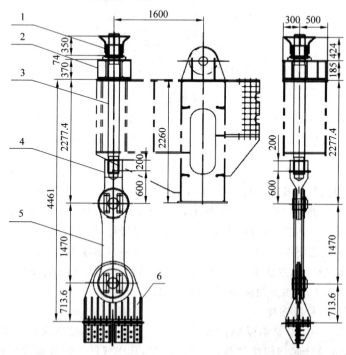

1—螺母;2—垫座;3—拉杆;4—耳座;5—拉板;6—钢梁锚固耳板。

图 15-5　后锚固系统结构示意图

5) 走行顶升系统

走行顶升系统用于实现起重机整机走行,主要由滑道梁、前滑靴、后滑靴、油缸反力座、走行油缸、前后顶升油缸等部件组成,其结构示意图如图 15-6 所示。

1—后顶升油缸;2—后滑靴;3—走行油缸;4—前顶升油缸;5—前滑靴;6—油缸反力座;7—滑道梁。

图 15-6　走行顶升系统结构示意图

起重机走行步骤如下:①前、后顶升油缸向上收缩,使轨道梁脱离桥面,走行油缸收缩,使轨道梁向前滑移至指定位置(每轮次走行 6 m,此时滑道梁下方斜垫板压在桥面板横梁正上方);②前、后顶升油缸向下伸出,使轨道梁与桥面接触,并逐渐受力,此时前支点不受力,解除后锚固,走行油缸向前顶推,带动整机向前滑移;③重复步骤①和②即可实现架桥机向前走行。注意:走行时吊具起升至最高位置,并将臂杆变幅调至最小幅度。

6) 变幅系统

起重机变幅系统分为三大部分,由定滑轮组、动滑轮组和变幅拉板组成,其结构如图 15-7 所示。单台起重机共两套变幅系统,由电气系统同步控制。

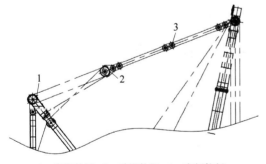

1—定滑轮组;2—动滑轮组;3—变幅拉板。

图 15-7　变幅系统布置示意图

7) 起升系统

起重机起升系统分为起升卷扬机、定滑轮组、动滑轮组及吊具系统四部分,起升系统布置示意图如图 15-8 所示。其中,定滑轮与臂杆以销轴形式铰接,动滑轮组连接吊具C形框架;吊具系统包含C形框架、扁担梁、分配梁、拉板。

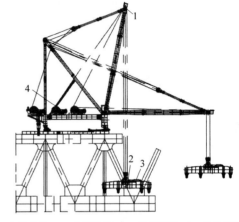

1—定滑轮组;2—动滑轮组;3—吊具系统;4—起升卷扬机。

图 15-8　起升系统布置示意图

15.2.2　武汉青山长江大桥CQC型 500 t 分体固定式节段箱梁架设起重机

1. 概述

目前使用比较广泛的分体固定式节段箱梁架设起重机一般是双桁片菱形结构,采用天车系统实现纵向变幅和小范围的横向移动,整机走行为液压驱动的步履式走行。

2. 分体固定式节段箱梁架设起重机的主要构造

分体固定式节段箱梁架设起重机主要由:机架结构、走行系统、天车系统、起升系统、锚固系统、液压系统、电气控制系统及司机室、栏杆梯子平台等组成。图 15-9 为青山桥 CQC 型 500 t 架梁起重机侧视图,图 15-10 为青山桥 CQC 型 500 t 架梁起重机立面图,图 15-11 为青山桥 CQC 型 500 t 架梁起重机效果图。

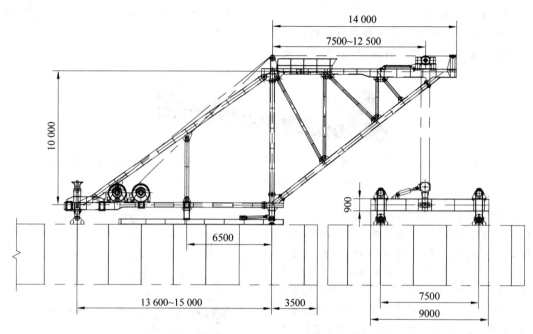

图 15-9　青山桥 CQC 型 500 t 架梁起重机侧视图

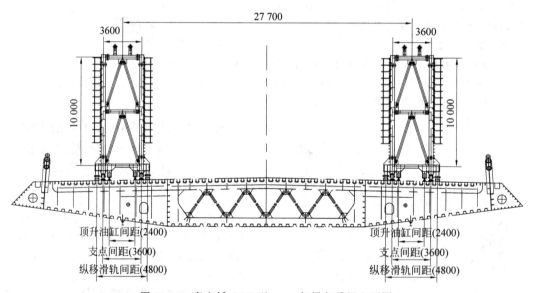

图 15-10　青山桥 CQC 型 500 t 架梁起重机立面图

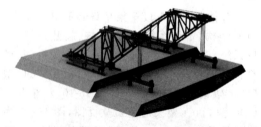

图 15-11　青山桥 CQC 型 500 t 架梁起重机效果图

1) 机架结构

机架采用双桁片菱形结构，主要结构为箱形截面，机架结构主要由下主梁、后拉杆、立柱、连接系、上主梁及前撑杆组成。其中，上主梁与上横梁、立柱、前撑杆，下横梁和立柱、前撑杆、下横梁，立柱与立柱横梁，分别采用高强度螺栓连接，其余采用销轴连接。

2）走行系统

整机采用液压油缸顶推步履式走行，实现整机及轨道的前移和后退，其结构如图 15-12 所示。油缸顶推换步能自动进行，不需人工插拔销轴。在底盘下合适位置布置 2 条纵向轨道，两侧走行可实现同步，轨道纵移时轨道悬挂于机架下牛腿上。

3）天车变幅系统

天车变幅系统由纵移滑座、纵移油缸、纵移油缸座、横移油缸、横移滑座组成，其结构如图 15-13 所示。纵移时，由纵移油缸驱动纵移滑座在上主梁面板上纵向滑动；横移时，由固定在纵移滑座上的横移油缸驱动横移滑座在纵移滑座上横向滑动。

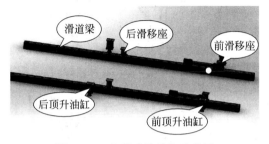

图 15-12 走行系统结构示意图

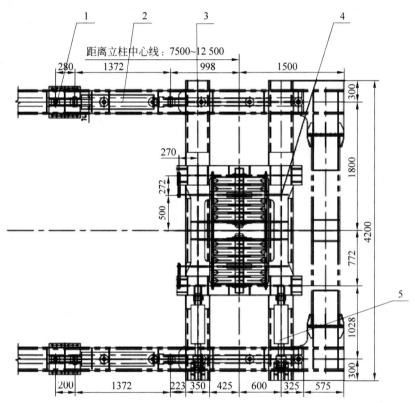

1—纵移支座；2—纵移油缸；3—纵移滑座；4—横移滑座；5—横移油缸。

图 15-13 天车变幅系统结构示意图

4）锚固系统

锚固系统将起重机下主梁与桥面上的吊装吊耳进行锚固，用来克服起重机在起重状态时的支反力，其结构如图 15-14 所示。锚固装置采用栓接机构，连接方便迅捷，锚固点与立柱中心距离可调。

5）吊具

吊具由扁担梁、钢管扁担梁、钢丝绳、滑轮轮组、油缸组件组成，动滑轮组轮箱与吊具销接，吊具通过钢丝绳、钢丝绳轮组及销轴与钢箱梁设计吊耳销接，其结构示意图如图 15-15 所示。油缸组件可调节行程为 500 mm，可通过调整油缸来调整钢梁重心。

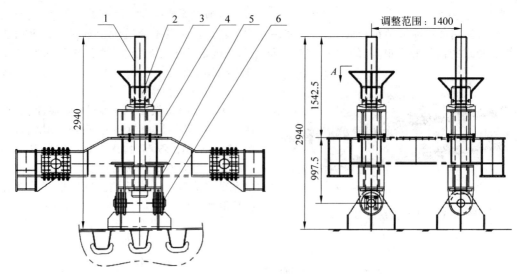

1—锚固螺杆；2—调整手盘；3—凹凸块；4—垫梁；5—分配梁；6—销轴。

图 15-14　锚固系统结构示意图

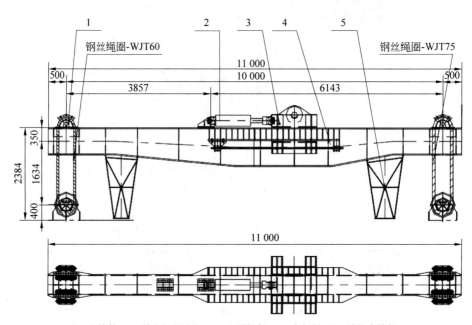

1—上挂件；2—吊具调整油缸；3—C形框架；4—扁担梁；5—吊具支撑架。

图 15-15　吊具结构示意图

15.2.3　海南铺前大桥 QMD 型 140 t 分体千斤顶式节段箱梁架设起重机

1. 桥梁工程概况

铺前大桥起点与文昌滨海旅游公路相接，终点与海口江东大道二期工程相接，全长 5.597 km。其中主跨 46 m，两个边跨长 23 m。由钢索支撑，其结构为钢制箱形梁，共计 40 个节段，全部节段场外工厂焊接而成。节段分为 A～H 梁段，其中 D～H 梁段为桥面吊装梁段。每片吊装梁段质量分别为 $m_D = 233.9$ t，$m_E = 228$ t，

$m_F = 230.2$ t, $m_G = 144.7$ t, $m_H = 171.8$ t。

2. 起重机的主要构造

分体千斤顶式节段箱梁架设起重机结构将按照国际通用的设计规程设计成功率大、重量小的桥面吊机。由主桁架、提升系统、轨道及走行系统、锚固系统、电气系统等组成，图 15-16 为海南铺前大桥 QMD 型 140 t 架梁起重机侧视图。

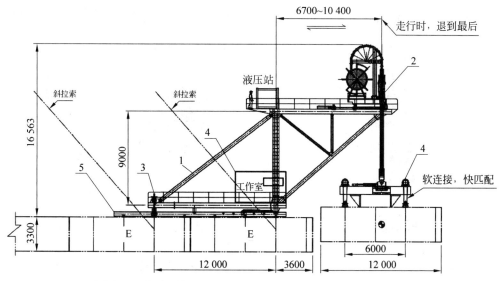

1—主桁架；2—提升系统；3—轨道及走行系统；4—后锚固机构；5—电气系统。

图 15-16　海南铺前大桥 QMD 型 140 t 架梁起重机侧视图

1）主桁架结构

主桁架由两个独立的菱形架组成，是支撑连续吊升设备的主桁架。菱形结构架主要由顶部主梁、斜撑杆、后拉杆及立柱等组成。各杆件在结点处采用销轴连接而成，以利于运输和现场组装；主受力杆件均为二力杆，通过销轴将前纵梁、立柱、斜撑杆及下纵梁、立柱、斜拉杆分别连接成两个稳定的直角三角形结构。

2）提升系统

提升系统由连续提升千斤顶、钢铰线卷线架及吊具组成，其结构如图 15-17 所示。每台吊机的提升系统包括一个 KTTS200-300 液压提升控制系统钢绞线千斤顶，其结构如图 15-18 所示，该千斤顶安装在专门设计的车架上。车架上有液压千斤顶负责边侧和纵向运动，可以对钢箱梁进行微调。

提升动作时，上锚具油缸进行缩缸动作，锚片预夹紧钢绞线，下锚具油缸不动作，主油缸进行伸缸动作，提升负载，同时进一步夹紧钢绞线。一次提升动作到位后，下锚具油缸进

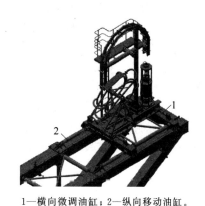

1—横向微调油缸；2—纵向移动油缸。

图 15-17　提升系统结构

行缩缸动作，锚片夹紧钢绞线，上锚具油缸进行伸缸动作，锚片松开钢绞线，随后主油缸缩缸动作至初始位置，准备下一次提升。

钢绞线千斤顶可以非常安全地用于提升载荷，因为在液压失效时，载荷可安全地控制在钢绞线千斤顶下锚固件内。当锚固件内有载荷时，即便未使用液压系统支撑载荷，工作人员仍可在桥面单元安全作业。

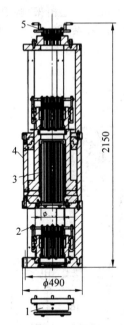

1—构件夹持锚；2—下夹持顶；3—导向管；
4—提升千斤顶；5—安全夹持锚。

图 15-18　提升千斤顶结构图

吊具包括一个桥面调平系统，其结构如图 15-19 所示，由一个双向液压泵提供动力。该泵推动一根钢梁沿扁担梁滑行，从而改变桥面单元重心上方的主吊销栓的位置。由于主吊销栓随时保持垂直于桥面单元重心上方的状态，这样，便可改变桥面单元纵向坡度。该活动钢梁有一螺纹杆系统，在桥面调平油缸闲置时，可锁定钢梁。保荷阀将吊至该泵两端，以防止漏荷，同时，在液压软管破裂时可将泵锁定。

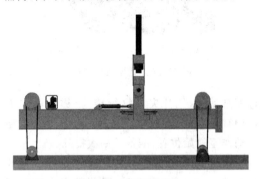

图 15-19　吊具结构

3）轨道及走行系统

走行系统主要由轨道、走行油缸、支撑滑靴组成，其结构如图 15-20 所示。可通过液压油缸和走行梁在操作位之间实现走行。由于每个工作面上的两台桥面吊机使用独立工作的液压走行系统，所以可以根据需要独立或联合走行。因为走行系统的安全性高，无须对滑动界面进行涂脂润滑。采用螺栓正向穿过桥面进行连接，以抵抗桥面吊机后端处的上举力。

图 15-20　走行系统结构

出于安全和简化操作的考虑，在桥面吊机背部使用 2 台走行油缸。由于桥面吊机完全受到平面支撑，因此可以只靠 2 台走行油缸，使用两台走行油缸不会对支撑走行导向系统的桥面吊机平面产生的巨大压力。该走行油缸可通过控制设备进行操作。桥面吊机沿轨道走行时可水平导向。导向装置通过临时焊接剪切板（此类剪切板侧面剪切容量的安全工作负荷为 12 t）定位在桥面上。

4）锚固系统

其锚固系统由前部螺旋顶、后部拉锚及前、后液压支顶组成。

螺旋顶及液压支顶：底盘前部装有两个机械螺旋支顶和两个液压支顶（吊重时可作为机械顶），后部安装有两个液压支顶。桥面吊机前移到工作位后，操作前、后液压支顶油缸顶出，使走行滑靴悬空，向下旋紧机械螺旋支顶并缩回液压油缸，前支反力通过机械螺旋顶和钢支座传递至钢梁上。

后部拉锚：后部拉锚是通过设在底盘主纵梁上的锚梁将桥面吊机尾部与钢梁的吊耳连接，承受桥面吊机工作时向上的拉力。拉锚采用手动螺旋结构，螺旋座搁置在锚固横梁上，螺杆头耳板同钢箱梁的吊耳铰接。

3. 起重机的工作性能特点

(1) 液压提升设备与同吨位的常规吊装机

具相比体积小、质量轻、占用场地小,特别适用于空间狭窄吊装机具无法进入的施工场合。

(2) 液压系统设有过压保护,校正与操作简便。

(3) 承载用钢绞线以卷盘供应,在施工现场可按所需长度切取,施工方便。

(4) 通过电缆传输控制信号,主控台可根据施工场地的实际情况放置在安全的地方。

(5) 控制系统可在吊装的工况下实现带载升、降与停留,并具有八缸联动和单缸调整功能。根据施工作业需要可以选择手动操作或自动运行。还可以利用阀块上的操作柄进行各种动作的操作。

15.3 节段钢梁架设起重机安全的使用规程

1. 使用环境要求

(1) 不得在大风、雨雾、冰雪等恶劣天气条件下使用起重机。

(2) 风力超过 5 级时不允许进行移位作业,风力超过 6 级时不允许进行架梁作业,并提前将吊机退后 2 个节段并锚固好,起重机的制动装置处于锁紧状态。卷扬机配电箱必须临时撤除,液压泵站、驾驶室必须与机架临时焊牢。

(3) 为防止雷害,本起重机要求与桥梁钢结构部分进行可靠的电气连接,桥梁的钢结构部分也必须可靠接地。除此以外,在本起重机的立柱顶端安装有避雷针 1 只,以防直击雷击中作业人员及设备,在总受电柜的进线处安装有过电压保护器,防止感应雷沿线路侵入起重机,损坏电气设备。

(4) 夜间施工应按照安全规则进行,在工作区域和通道处提供适当的照明,以改善可见度,确保施工安全。

2. 操作人员要求

(1) 操作人员必须经过专业的培训,具有特种设备操作上岗证。

(2) 操作人员必须熟悉设备及起重工作的基本原理和要求,熟悉操作方法,熟悉指挥信号,安全意识强,责任心强。

(3) 身体和精神状态不稳定的人员,不得操作起重机。

(4) 操作人员和所有参与工作的人员,未穿戴好合适的工作服,不得对设备进行操作。

3. 吊装载荷要求

(1) 不得起吊质量超过额定容量的载荷,也不得将超过吊钩额定容量的载荷放在起重机上。

(2) 不得起吊不平衡的载荷。

(3) 不得使用该设备吊人或送人。

(4) 不得用载荷撞击障碍物,例如,桥墩、钢梁及其他设备或机械。

4. 走行要求

(1) 走行前测量风速,风速不得大于 12 m/s (风力不大于 6 级)。

(2) 检查结构及连接、电气、液压等是否完好。

(3) 吊具起升至最高处。

(4) 检查轨道梁、限位孔润滑正常,无变形,节段连接正常。

(5) 检查滑动面不锈钢板应无破损,支座挡块转动灵活,位置符合要求。

(6) 轨道梁及架梁吊机走行线路上障碍物已清除。

5. 操作使用要求

(1) 不得在悬挂的载荷下方穿行、停留和作业。

(2) 不得将载荷悬于空中,无人照管。

(3) 不管出于何种原因,不得触摸正在旋转的滑轮、运动中的钢丝绳、处于负载连接的区域、正在升降或受力的吊钩和吊具。

(4) 当起升机构运行时,不得使用快速挡抵达"行程末端"区域。

(5) 当设备行驶或起吊时,不得突然改变方向。

(6) 设备在开动前检查是否有人在危险区域,用适当的信号提醒一定区域范围内的人员。

(7) 在设备旁指定一个安全负责人以确定设备运行前没有人在提升钢梁里面或者下面。

(8) 突然停止设备的运动,对其自身来说也是一个不利的事情,它可能引起重物震动和悬挂载荷的摆动,在使用紧急停止按钮停止设备前,人员应该训练来应对这类事件。

6. 起升机构安全操作注意事项

(1) 每次吊装时必须先进行短距离试吊,以检查刹车性能,必要时可调整刹车片间隙,满足吊装要求。

(2) 在任何情况下禁止超负荷使用。

(3) 钢丝绳切断时,应有防止绳股散开的措施。

(4) 安装钢丝绳时,应在清洁的环境下拖拉、施工,应防止对钢丝绳划、磨、碾压和过度弯曲,钢丝绳应保持良好润滑,新用的润滑剂应符合钢丝绳的要求,并不影响外观检查,润滑时应特别注意看不到和不易接近的部位。

(5) 当用新的钢丝绳来更换旧的钢丝绳时,要确保滑轮工作导槽和卷筒没有磨损,如果出现损坏情况,要将滑轮导槽修复到原有形状。更换钢丝绳时,检查轴承及衬套有没有损坏,确认滑轮是否可以自由运行,有没有过多的偏移。

(6) 在卷筒上缠绕钢丝绳时,应紧密相靠并拉紧,保持钢丝绳拉力最小直到将其全部缠完。

(7) 如果用旧绳子将新绳子拉到滑轮上,要认真操作避免旧钢丝绳有任何扭结,并防止将这种扭结传给新钢丝绳,这种情况会缩短绳子的使用寿命,更严重的会导致绳股断开或呈网状。

(8) 钢丝绳在卷筒上应有大于3圈的安全圈数。严格按照《起重机 钢丝绳保养、维护、检验和报废》(GB/T 5972—2023)进行钢丝绳的安装、检查、报废、更换。

7. 整机操作安全要求

(1) 起重机现场拼装完毕后,要进行载荷和功能试验,确认正常后才能正式投入吊梁作业。

(2) 正常工作前,应先作空载运行,以检查整机结构和起升、走行机构及电气、液压系统等部件有无异常声音和异常现象,并检查制动功能是否正常。

(3) 每个工作日开始时,必须全面进行一次检查,发现问题及时处理并办理签认记录手续。

(4) 定期检查制动器和限位开关,确认这些元件的功能正常。

(5) 定期检查钢丝绳和操作按钮面板确认工作正常,无损坏现象。

(6) 确认吊具和吊杆无裂纹、非正常磨损、损坏或缺少安全装置等现象。

(7) 起吊和运行时,应确保起升空间、运行道路没有障碍物妨碍。

(8) 每次作业之前,操作人员必须遵守所有安全标准,设备本身处于正常的工作状态;确认没有人员处在上部走台、梯子等不安全的环境之中。

(9) 上部走台和梯子供检查维修人员使用,其他无关人员不得随意攀登;检查维修人员在检查主梁及天车设备时,也应检查走台跳板的连接螺栓及栏杆的连接是否紧固。

(10) 每项动作开始前要求鸣铃警告所有在场的工作人员。

(11) 当发出各种不同命令时,避免快速改变正在执行的命令。

(12) 在离开操作室之前,先将起重机停机,然后再切断电源。

(13) 所有人员在进行各种作业时,应穿戴合适的劳保工作服,确保符合现行的安全作业规程。

(14) 操作人员每次开始工作之前,必须检查制动器和限位开关功能是否正常。

(15) 操作人员一旦发现设备出现功能方面的故障或严重问题(故障可能导致重大安全隐患,可能发生设备损坏,危及人身安全,如突然间动作失常、异常噪声等),应立即停止作业,并向安全员及设备主管人报告。

(16) 当设备存在安全缺陷或隐患未搞清楚前,安全员及设备负责人应及时检查维修,并采取安全防范措施,不容许设备"带病"工作。

(17) 遵守并坚持维护原则,每次维护后,应将观察到的所有有关吊钩、钢丝绳、制动器和限位开关等有关安全方面的情况记录在档。

（18）在起重机工作之前、工作期间、工作完毕，所有相关人员都要严格遵守安全规程、警告、警示和安全防护措施，确立预防为主的意识，确保设备及人身安全。

15.4　各型节段箱梁架设起重机的优缺点对比

卷扬机式与千斤顶式对比如表 15-1 所示。

表 15-1　卷扬机式与千斤顶式起重机对比

对比项目	卷扬机式	千斤顶式
自重	较重	较轻
定位调整	通过卷扬机调整高程,调整精度低,操作性差	通过液压装置进行高程调整,调整精度高,操作方便
走行速度	较快	较慢
提升速度	较快	较慢
钢丝绳与钢绞线	钢丝绳损坏不易更换	钢绞线损坏易更换

整体式与分体式对比如表 15-2 所示。

表 15-2　整体式与分体式起重机对比

对比项目	整体式	分体式
安装便利性	结构部件较少,质量大,需大吊机配合	结构部件较多,质量小,不需要大吊机配合;两个分体同时安装时,安装速度较快
适用性	较长的钢梁定位调整较难,吊重较轻	可用于较长的钢梁,吊重较大

固定式与变幅式对比如表 15-3 所示。

表 15-3　固定式与变幅式起重机对比

对比项目	固定式	变幅式
定位调整	通过卷扬机调整高程,千斤顶调整幅度与平整度,定位速度较慢	通过卷扬机调整高程、幅度,千斤顶调整平整度,定位速度较快
适用性	吊重幅度较小,送梁位置相对固定,定位需准确	吊重幅度较大,送梁位置选择较多,灵活便利

15.5　结语

随着社会的发展，桥梁施工技术的日益成熟，越来越多的大型机械设备投入到桥梁施工中。其中节段箱梁架设起重机的出现，大大加快了现代桥梁工程节段箱梁的施工速度，在多种多样的节段箱梁架设起重机中，可根据起重机自身质量、钢梁尺寸大小、质量、吊装位置、取梁方式等，选择最经济合适的节段箱梁架设起重机，以实现安全、快速施工。

参考文献

[1] 中铁九桥工程有限公司.DWQ 型 650 t 桅杆起重机操作使用说明书[Z].

[2] 中铁九桥工程有限公司.CQC 型 500 t 桅杆起重机操作使用说明书[Z].

[3] 浙江合建重工科技有限公司.QMD140 t 桥面吊机操作使用说明书[Z].

[4] 阳斯成,范开凡,付中,等.两种桥面吊机在叠合梁斜拉桥施工中的应用对比分析[J].交通世界,2020,(15)：87-89.

第16章

悬索桥缆载起重机、紧缆机、缠丝机

16.1 缆载起重机概述

16.1.1 定义

缆载起重机(也可叫缆载吊机、跨缆吊机)是悬索桥施工中采用垂直提升法吊装主梁段时所使用的一种专用设备。它以主缆为支撑,走行于其上,并能跨越索夹。

16.1.2 国内外发展概况

现代悬索桥技术起源于欧美地区,悬索桥的基本施工方法和专用施工设备也源自欧美地区。缆载起重机的发展有一个逐步变化的过程,早期的主梁段吊装方法采用的是卷扬机加滑轮组机构,最早应用在1936年建成的美国旧金山海湾大桥(San Francisco-Oakland Bay Bridge),运输驳将质量约为200 t的桁架式主梁段运到桥下抛锚定位,然后通过4吊点将主梁段提升到位。每主塔侧各设4台卷扬机,钢丝绳沿主缆到4套滑轮组提升主梁段。为保证吊梁过程中梁段不倾斜,在梁段上设置摆锤装置,当梁段倾斜时,摆锤使电路连通发出梁段水平调整信号。

1952年,建造中的美国切萨皮克湾大桥(Chesapeake Bay Bridge)钢梁架设(图16-1)使用了安装在主缆上的4套滑轮组,将99 t的钢梁从运输驳上起吊。

1966年,英国建成了世界上第一座以钢箱

图 16-1 美国切萨皮克湾大桥架梁施工

梁代替钢桁梁为加劲梁的悬索桥——威尔士塞文桥,提升箱梁用缆载起重机将卷扬机布置在塔顶临时施工平台上,每塔侧使用2台双滚筒卷扬机,缆载起重机走行轮为木制滚轮,吊梁时起重机端梁下面的弧形钢靴支撑在主缆上。卷扬机引出的起升钢丝绳顺主缆通过缆载起重机的动、定滑轮组提着一横向扁担梁,两点起吊箱梁,箱梁梁重130 t。

1968年,建造中的美国纽波特大桥钢梁架设(图16-2)主梁段由两台主缆上走行的起重机起吊,起重机由木制滚轮骑在主缆上走行,其主梁段重140 t。

日本也是一个悬索桥建设大国,自20世纪70年代开始,日本修建了一大批长大跨度悬索桥,如明石海峡大桥、濑户大桥、丰岛桥等,其在缆载起重机技术上也基本以卷扬机式为主,但在起重机主缆走行技术上有所进步。

随着机电液控制技术的发展,国外先进的缆载起重机大量采用了液压千斤顶提升设备,

图 16-2 美国纽波特大桥架梁施工

如丹麦大带桥建设中使用的缆载起重机。

我国的缆载起重机最早使用于广东省汕头市海湾大桥。汕头海湾大桥由中铁大桥局设计建造，1992年3月开工建设，1995年12月建成通车。汕头海湾大桥被誉为中国第一座大跨度现代悬索桥。施工使用的4台180 t缆载起重机（图16-3）由中铁大桥局自行研制生产，这也是我国最早的缆载起重机。缆载起重机4个吊点，采用4台电动卷扬机提升，卷扬机布置在主塔承台上，起升钢丝绳通过转向滑轮、托轮平行主缆进入缆载起重机端梁后进入定滑轮组和动滑轮组，实现起升动作。

图 16-3 汕头海湾大桥缆载起重机

自汕头海湾大桥建成之后，我国悬索桥建设的序幕也被拉开，西陵长江大桥、虎门大桥、江阴长江大桥、厦门海沧大桥、润扬长江公路大桥、黄埔大桥、阳逻长江大桥、西堠门大桥、鹦鹉洲长江大桥、杨泗港长江大桥等一大批大跨度悬索桥相继建设完成，我国的缆载起重机技术取得了快速发展。虎门大桥在使用传统的卷扬机式缆载起重机的同时，研制了国内首台液压千斤顶式缆载起重机。江阴大桥架设使用了英国公司提供的液压千斤顶提升式缆载起重机，随着国内液压提升设备产品的发展和提高，液压提升式缆载起重机得到了普遍认可和应用。目前，国内液压提升设备的主要生产厂家有柳州欧维姆机械股份有限公司和上海同新机电控制技术有限公司。目前，国内缆载起重机单机起吊质量已达900 t。

为解决某些悬索桥无法在缆载起重机正下方垂直挂梁提升的问题，中铁大桥局进行过缆载起重机带载（吊梁）走行的技术研究。带载走行需要起重机频繁、快速地在主缆上运行，最关键的问题是需要对主缆进行可靠防护。一种方法是需要在主缆上铺设能承载的走行轨道；另一种方法是缆载起重机需设置特殊的走行机构，同时需要设置过索夹的辅助装置，两种方法都需要进行大量的辅助施工作业，施工成本很高。

16.2 缆载起重机分类

缆载起重机按起升机构的不同，可分为卷扬机式和液压千斤顶式两种。

按走行方式的不同可分为滚轮走行式、步履走行式、夹缆走行式3种。

16.2.1 卷扬机式缆载起重机

早期的缆载起重机都是以卷扬机作为起升机构，其结构相对简单，造价便宜，如汕头海湾大桥、西陵长江大桥、厦门海沧大桥、黄埔大桥等。卷扬机通常与缆载起重机主机分开布置，将其布置在主塔承台或主塔顶处，这样可减轻缆载起重机自身重量，优化主机结构。卷扬机起升钢丝绳通过转向滑轮沿主塔、主缆进入起重机定滑轮组、动滑轮组，提升架设主梁段。由于卷扬机钢丝绳速度快，卷扬机式缆载起重机最大的优点是起升和降落速度快。但也有明显的缺点：卷扬机安装布置不方便；起升钢丝绳需要进行很多次转向、导向；由于卷扬机与主机分开布置，起吊操作指挥联络不便；不便于缆载起重机在主塔两侧移位倒用。

16.2.2 液压千斤顶式缆载起重机

液压千斤顶式缆载起重机以液压提升千

斤顶为起升机构，通过钢绞线提升重物。

液压提升千斤顶如图 16-4 所示，其工作原理是通过钢绞线提升和下放重物。当提升重物时，上夹持器夹紧钢绞线，下夹持器松开，千斤顶顶升，使重物提升，千斤顶行程到位后，下夹持器夹紧钢绞线，上夹持器松开，千斤顶回缩到位后，上夹持器夹紧，下夹持器松开，千斤顶再次进行顶升，周而复始地进行循环提升重物。当下放重物时，下夹持器夹紧钢绞线，上夹持器松开，千斤顶伸出到位后，上夹持器夹紧，下夹持器松开，千斤顶回缩到位后，下夹持器夹紧，上夹持器松开，千斤顶再次伸出，周而复始地进行循环下放重物。

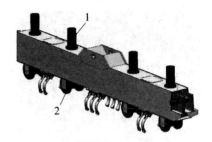

1—千斤顶；2—走行轮。

图 16-5　滚轮走行机构

滚轮为腰鼓形，骑跨在主缆上，弧形轮廓与主缆形成吻合接触。为了防止滚轮对主缆钢丝产生损伤，滚轮材料采用铸型 TMC 尼龙。

走行驱动有卷扬机牵引、电动葫芦牵引、液压连续千斤顶牵引等几种方式。

滚轮走行方式结构简单、安全可靠，用卷扬机牵引时走行速度快，施工效率高。虎门大桥缆载起重机将起升卷扬机同时用作走行牵引卷扬机，当缆载起重机走行移位时，将牵引索具与起升钢丝绳用绳卡连接，通过操作起升卷扬机实现走行牵引。杨泗港大桥缆载起重机采用主机上安装的液压卷扬机通过挂设在索夹上的钢丝绳滑车组进行牵引。鹦鹉洲大桥缆载起重机采用液压连续千斤顶牵引。汕头海湾大桥采用电动葫芦牵引。

2. 步履走行式

步履式走行机构如图 16-6 所示，其基本原理是，缆载起重机走行时，载荷转换千斤顶将起重机顶起脱离主缆，牵引千斤顶牵引起重机在轨道上向前移动，走到行程尽头后，载荷转换千斤顶落下，起重机到主缆上，提升导轨脱离主缆，导轨走行千斤顶将导轨向前顶推到行程尽头后，载荷转换千斤顶落下导轨到主缆上，将起重机顶起脱离主缆，牵引千斤顶再次牵引起重机在轨道上向前移动，循环此动作，使起重机向前走行。

步履走行方式的特点是，起重机只在主缆上作支点支撑，没有滚轮在主缆上的全程滚动碾压，对主缆的损伤较小，对保护主缆有利，走行机构的主体长度相对较短。江阴大桥、润扬长江大桥、西堠门大桥、矮寨大桥等缆载起重机均采用步履走行方式。

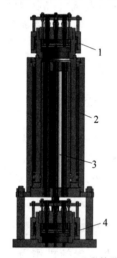 

1—上夹持器；2—提升千斤顶；
3—钢绞线导管；4—下夹持器。

图 16-4　液压提升千斤顶

液压千斤顶式缆载起重机具有结构紧凑、整机重量轻、起重能力大、操作和控制方便、通用性好、适用范围广的特点。目前，缆载起重机基本上以液压千斤顶式为主。

16.2.3　几种不同的走行方式

1. 滚轮走行式

滚轮走行式是依靠滚轮在主缆上滚动走行。每台缆载起重机一般设计有两组（两侧）走行轮组，每侧走行机构的端梁有 4 个走行轮组（图 16-5），每个走行轮可在千斤顶控制下做垂直升降动作，4 组走行轮交替动作可在主缆上走行时跨越索夹。

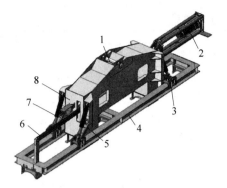

1—销轴；2—牵引千斤顶；3—行走滚轮；4—导轨；5—支撑拉杆；6—导轨行走千斤顶；7—载荷转换千斤顶；8—行走机构钢结构主体。

图 16-6　步履走行机构示意图

3．夹缆走行式

夹缆走行方式最主要特征是不需要专门的走行牵引机构，由夹缆装置夹紧主缆克服下滑力，走行油缸推进走行。

夹缆走行机构如图 16-7 所示，主要由走行架、穿过走行架靠滚轮支撑的滑动端梁、设置在滑动端梁的矩形导向支腿、走行油缸、升降油缸、夹缆装置、支撑座等组成。走行油缸的活塞杆端同滑动端梁铰接，缸筒端与走行架铰接。走行架下部前、后端安装与主缆形成支撑的夹缆装置，矩形导向支腿由内外套筒构成，分别与升降油缸的两端铰接，外套筒与升降油缸缸筒端铰接并与滑动端梁固定，内套筒与升降油缸的两端铰接并固定在自动夹缆装置的支撑座上。在走行架内部设置了减小摩擦力的聚四氟乙烯滑块。走行系统通过行桁连接轴与缆载起重机主桁架连接。走行开始时，4 套夹缆装置处于定点起吊时的夹缆状态。松开走行架下方的夹缆装置，支腿升降油缸顶升到跨越索夹的高度，走行油缸向前顶推到指定位置后，再用升降油缸下放至主缆，重新夹紧走行架的夹缆装置，由走行架支撑承载。松开支腿夹缆装置，支腿油缸提升支腿，走行油缸回缩向前顶推滑动端梁，到位后，放下支腿支撑到主缆上，支腿夹缆装置夹紧主缆，再进行下一走行步骤。用同样方法提升、移动、下放滑动端梁，依靠走行架和滑动端梁的交替承载、交替走行完成整机在缆上的自动走行。

夹缆走行机构自动化程度高、走行速度快，但机构较为复杂，对滑动端梁刚度要求大。该机构在四川南溪大桥缆载起重机上使用。

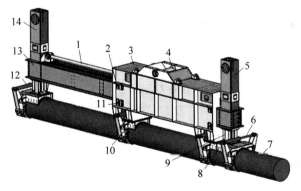

1—走行油缸；2—上滚轮；3—走行架；4—连接铰轴；5,14—支腿；6,12—夹缆装置；7—主缆；8—支腿支撑；9—升降油缸；10—走行架支撑；11—下滚轮；13—端梁。

图 16-7　夹缆走行机构

16.3　典型缆载起重机

16.3.1　概述

我国大跨度悬索桥建设技术自 20 世纪 90 年代初开始经过 30 余年的发展已经达到了国际领先水平，悬索桥缆载起重机技术也在一步一个台阶地进步和提高，国内一批大型悬索桥工程项目对缆载起重机的发展起到了重要的推进作用。表 16-1 所示为国内典型缆载起重机。

表 16-1 国内典型缆载起重机

序号	桥梁名称	起重量/t	型 式	技术进步和意义	建成时间
1	汕头海湾大桥	180	卷扬机提升、卷扬机牵引、滚轮走行	国内首次研制应用的缆载起重机。技术被广泛采用	1995
2	广东虎门大桥	360	液压千斤顶提升、卷扬机牵引、滚轮走行(同时也使用了卷扬机式缆载起重机)	国内首台液压千斤顶提升式缆载起重机。早期设备,技术性能不够完善	1997
3	江阴长江大桥	1500(双机抬吊)	液压千斤顶提升、千斤顶牵引、步履走行	从英国公司租用。国外先进缆载起重机首次在国内使用	1999
4	润扬长江大桥	370	液压千斤顶提升、千斤顶牵引、步履走行	国内首台自行研制的达到国外同等先进水平的液压提升式缆载起重机。液压提升系统关键设备从国外引进。后在西堠门大桥、泰州长江大桥、大连星海湾跨海大桥等使用	2004
5	矮寨大桥	500	液压千斤顶提升、千斤顶牵引、步履走行	首台完全国产化的性能先进的液压提升式缆载起重机,首次采用钢绞线动力收器。首创悬索桥加劲梁轨索滑移架设工法	2012
6	南溪长江大桥	400	液压千斤顶提升、夹缆走行	第一台采用夹缆走行技术的缆载起重机	2012
7	鹦鹉洲长江大桥	500	液压千斤顶提升、千斤顶牵引、滚轮走行	模块化设计、通用性好。后在宜昌至喜长江大桥(庙嘴)、重庆寸滩长江大桥、怀来官厅水库公路大桥等项目使用	2014
8	杨泗港长江大桥/五峰山长江大桥	900	液压千斤顶提升、卷扬机牵引、滚轮走行	国内最大的缆载起重机	2019

16.3.2 汕头海湾大桥 180 t 缆载起重机

1. 桥梁工程概况

汕头海湾大桥被誉为我国第一座大跨度现代悬索桥,由铁道部大桥工程局设计建造,1992 年 3 月开工建设,1995 年 12 月建成通车。其示意图如图 16-8 所示。

汕头海湾大桥为双塔三跨悬索桥,主跨为 (154+452+154)m,主缆中心距为 25.2 m,主缆直径 ϕ550 mm。主梁采用预应力混凝土箱型加劲梁,全桥三孔加劲梁共有 121 个预制节段,节段长度为 5.7 m,全桥横截面宽度为 26.52 m,标准节段梁重为 170 t。全桥施工共 4 台缆载起重机,由铁道部大桥工程局设计制造,汕头海湾大桥缆载起重机是我国最早的缆载起重机。

2. 缆载起重机主要性能参数

汕头海湾大桥 180 t 缆载起重机如图 16-9 所示,其性能参数如下。

型式:卷扬机式。

额定起重量:4×45 t=180 t。

起重机跨度(主缆间距):25.2 m。

最大工作坡度:25°。

起升卷扬机:4 台 8 t 电动卷扬机,布置在主塔承台。

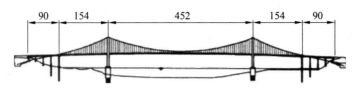

图 16-8 汕头海湾大桥示意图

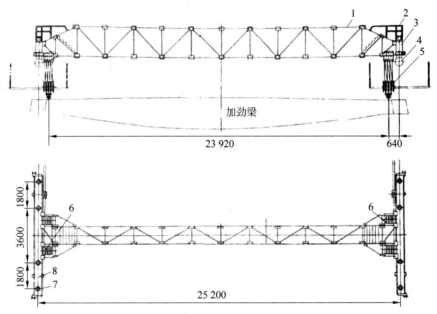

1—主梁；2—扶梯；3—端梁；4—主缆；5—动滑轮组；6—定滑轮组；7—踏步油缸；8—端梁。

图 16-9 汕头海湾大桥 180 t 缆载起重机示意图

起升高度：90 m。
起升速度：2.25 m(绳速 18 m/min)。
容绳量：1000 m。
钢丝绳规格：ϕ28 mm。
走行方式：电动葫芦牵引。
牵引葫芦规格数量：10 t,2 台。
牵引时整机质量：30 t。
走行轮压：3.75 t。
走行油缸缸径/行程：ϕ125/250 mm。
主机质量：22 t。

3. 缆载起重机主要构造

缆载起重机由两根箱形端梁、一根桁架主梁构成 H 形承载结构，卷扬机、钢丝绳、转向滑轮、导向托轮、动滑轮组、定滑轮组构成起升系统，走行轮组、踏步油缸、牵引葫芦等构成走行机构，还包括液压系统和电气系统等。

1) 主结构

(1) 端梁。缆载起重机两根端梁结构型式相同，左、右对称制造，端梁为长 8 m、高 0.8 m 的箱形结构，是各种机构及结构的骨架，其上安装有走行轮组、定滑轮组、夹紧机构、抱紧机构、承压-抗滑装置等。

(2) 主梁。主梁是由角钢拼焊而成的桁架结构，承受端梁传递来的载重及自身的重量，主梁长 23.1 m，高 1.6 m，宽 1.0 m，由两节长 7.54 m 的主梁分段和一节长 8.04 m 的主梁分段组成，每节主梁之间及端梁与主梁之间采用螺栓连接，主梁两侧与端梁之间装有稳定拉杆。

(3) 承压-抗滑结构。承压-抗滑装置如图 16-10 所示，安装于端梁底部，吊机定位后支承在索夹顶面，其作用是承受起吊加劲梁时的竖向载荷；承受沿主缆方向的下滑力。为满足不同长度索夹情况下能满足吊机精确定位，承压-抗滑装置设置有不同厚度的调整垫块。

2) 起升机构

起升机构由卷扬机、转向滑轮、导向托轮、

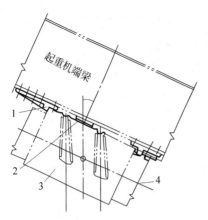

1—抗滑块;2—承压块;3—索夹;4—主缆。

图 16-10　承压-抗滑结构

定滑轮组、动滑轮组组成。卷扬机安装在主塔承台上,起升钢丝绳通过转向滑轮、托轮平行主缆进入定滑轮组和动滑轮组,实现起升动作,如图 16-11 所示。缆载起重机共有 4 个吊点,由 4 台卷扬机驱动,每个吊点可单独起落,也可同时起落。由一侧主缆的两个吊点通过平衡滑轮串联起来,实现 4 吊点转换为 3 吊点静定体系。4 台卷扬机由一个操纵台集中控制。

每台卷扬机钢丝绳设置了 2 个转向滑轮,一个安装在塔身设置的牛腿支架上,一个安装在主塔顶。托轮安装在主缆索夹上,每 18 m 安装一组,控制起升钢丝绳非起重时的下垂度和摆动。

定滑轮组分带平衡轮的定滑轮组和不带平衡轮的定滑轮组两种,每种定滑轮组各 2 个,

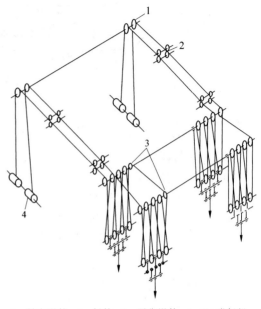

1—转向滑轮;2—托轮;3—平衡滑轮;4—8 t 卷扬机。

图 16-11　起升钢丝绳穿绕图

单根端梁只安装一种定滑轮组。4 个动滑轮组为起重机 4 个吊点。

3）走行机构

缆载起重机共有 8 个走行轮组,每侧端梁安装 4 个。走行轮为腰鼓形,滚轮材料为铸型 TMC 尼龙。每一个走行轮上部有一个踏步油缸驱动,可垂直升降,走行时可抬起避让索夹。同一端梁的 4 个走行轮为一组,由一台液压站控制,同一组的走行轮可单独升降,也可同时升降。走行机构如图 16-12 所示。

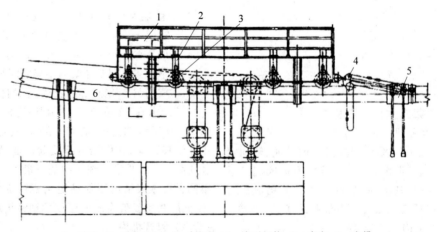

1—端梁;2—踏步油缸;3—走行轮;4—牵引机构;5—索夹;6—主缆。

图 16-12　走行机构示意图

走行牵引机构由半圆夹板、连接板、电动葫芦等组成。半圆夹板、连接板安装在主缆上，电动葫芦一端挂在连接板孔内，一端挂在起重机端梁上，通过电动葫芦的收放，实现缆载起重机的前进和后退。

汕头海湾大桥架设完成后，该缆载起重机改造后用于西陵长江大桥架设。西陵长江大桥缆载起重机跨度（主缆间距）为 20 m，额定起重量为 120 t。

16.3.3 润扬长江公路大桥 370 t 缆载起重机

1. 桥梁工程概况

润扬长江公路大桥横跨越长江连接镇江、扬州两座历史文化名城，江心洲—世业洲的北汊桥为斜拉桥，南汊主桥为悬索桥。南汊主桥采用主跨 1490 m 的单孔双铰钢箱梁悬索桥，跨径长度为（470＋1490＋470）m。主缆中心横向间距为 34.3 m，缆径 φ906 mm。钢箱梁全宽 38.7 m，梁高 3.0 m，钢箱梁梁段总长 1485.23 m，总质量为 22 000 t。全桥共分为 47 个钢箱梁节段，其中，32.2 m 长的标准节段 42 个，吊装质量为 492 t；18.4 m 长的跨中节段 1 个，吊装质量为 321 t；25 m 长的端补节段 2 个，吊重质量为 404 t。与跨中节段相连的两个 32.2 m 节段质量为 520 t。

润扬长江公路大桥共使用了 4 台 370 t 缆载起重机（图 16-13），钢梁吊装时采用两台起重机抬吊作业。该缆载起重机由中交第二公路工程局有限公司（二公司）研制生产。

2. 缆载起重机主要性能参数

主要技术性能参数如下。
型式：液压千斤顶式。
额定起重量：2×185 t＝370 t。
起重机跨度（主缆间距）：34.3 m。
最大工作坡度：30°。
提升千斤顶：2 台英国 Dorman Long 技术公司 DL-S185 型 185 t 提升千斤顶。
提升速度：36 m/h。
放索速度：30 m/h。
钢绞线长度：250 m。
走行方式：液压千斤顶牵引，步履走行方式。

图 16-13　润扬长江大桥缆载起重机

牵引千斤顶规格数量：60 t，2 台英国 Dorman Long 技术公司 DL-S60 型千斤顶。
牵引时整机质量：140 t（包含扁担梁）。
动力：柴油发动机驱动液压站，2×37 kW。

3. 缆载起重机主要构造

缆载起重机主要由主桁架、液压提升系统、步履走行机构、液压动力柜、集中控制系统、自爬升安装系统等构成，图 16-14 为润扬大桥 370 t 缆载起重机示意图。

1) 主桁架

主桁架是缆载起重机的主要受力结构，也是安装起吊系统、动力系统、控制系统及辅助系统的工作平台，其采用模块化设计，由 1 个中间段、2 个插入段和 2 个尾段 5 部分组成。模块化设计可使起重机仅更换中间段就可适应不同主缆间距桥梁加劲梁的吊装需求。

主桁架与步履走行机构之间采用铰接方式，缆载起重机在主缆坡道上时，可始终保持主桁架的水平工作状态，在节段荡移时可自由转动。

2) 液压提升系统

液压提升系统如图 16-15 所示，主要由钢绞线提升千斤顶、钢绞线、导线器、钢绞线回收装置等组成。

钢绞线提升千斤顶采用英国 Dorman Long 技术公司生产的 DL-S185 型千斤顶，额定提升能力 185 t，每台起重机安装 2 套。

钢绞线收线器为无动力式，钢绞线收放时跟随转动。无动力收线器的缺点是不能在空载时进行吊具的快速升降，必须依靠提升千斤顶实现钢绞线提升和下放，速度慢、工效较低。动力收线器是钢绞线收线笼，可由液压马达驱动，特别是在未吊重情况下，主提升千斤顶上

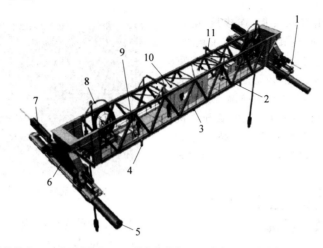

1—双机连接移位拉索；2—液压卷扬机；3—模块化桁架；4—桁架尾段移动架；5—主缆；6—步履走行机构；7—牵引千斤顶；8—提升千斤顶、导线器及钢绞线回收装置；9—液压动力柜；10—集中控制室；11—桁架中间段起吊架。

图 16-14　润扬长江大桥缆载起重机

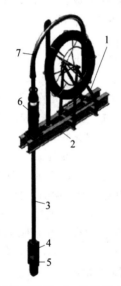

1—钢绞线收线器；2—千斤顶支承座；3—钢绞线；4—钢绞线锚固座；5—吊耳；6—提升千斤顶；7—导线器。

图 16-15　提升系统

夹持器全部松开,通过液压马达驱动,可实现空载吊具的快速提升和降落,提高作业效率,减少占用航道时间。

3) 步履走行机构

本起重机走行方式为千斤顶牵引、步履走行,如图 16-16 所示,走行机构主要由走行主体结构、走行轨道、牵引千斤顶、轨道移动油缸、竖向载荷转移油缸等组成。

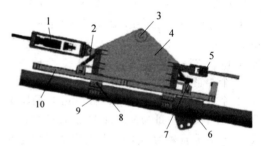

1—牵引千斤顶；2—竖向载荷转移油缸；3—桁架连接销；4—走行主体构件；5—双机连接移位锚头；6—主缆索夹；7—轨道移动油缸；8—支撑脚；9—抱箍；10—走行轨道。

图 16-16　步履走行机构

起重机在空载条件下走行,走行时由牵引千斤顶牵引,支撑脚和走行轨道在主缆上交替支撑,走行轨道和起重机本体交替向前移动,实现步履走行。走行到吊装位置后,抱箍固定支撑脚和主缆,与主缆索夹用承载垫圈顶紧抗滑定位。牵引千斤顶为英国 Dorman Long 技术公司生产的 DL-S60 型 60 t 千斤顶。

抬吊作业时的双机移位,下方的起重机通过锚头连接到上方的起重机,通过自身牵引千斤顶走行。

4) 液压动力柜

每台缆载起重机配备两套功率为 37.1 kW

的柴油机驱动的液压动力柜,为起重机全部液压设备提供液压动力,由英国 Dorman Long 技术公司与液压提升千斤顶和牵引千斤顶配套提供。液压动力柜具有液压油冷却器和加温装置,能保证液压油的正常工作油温,防止油温过热和低温环境下液压系统无法工作。

5) 集中控制系统

集中控制系统是缆载起重机的中枢机构,由计算机系统、传感器控制系统和操作平台等组成,用于控制和监测缆载起重机安装、箱梁吊装、缆上走行就位等全过程中缆载起重机上全部千斤顶、动力系统、液压卷扬机的工作状态和操作过程。工作开始前,需将千斤顶载荷、千斤顶之间的载荷和伸长量差值的预设范围输入到控制系统之中。集中控制系统可以满足以下要求:①按照程序设计能自动控制所有液压千斤顶的单独或同步运行、停止;②能自动检测所有千斤顶的工作载荷、伸长量及固定锚具夹片的开、合状态;③起重机工作状态能自动进行程序修整、状态调整和制动报警。每台起重机配置一套集中控制系统,也可以在双机抬吊作业时控制两台起重机的所有动作机构。

6) 自爬升安装系统

一般的缆载起重机通常采用在主塔旁利用塔顶门架、塔式起重机进行安装,由于高空作业,零部件散拼,安装速度慢、安全风险大。往往在安装完成后,要花很长时间走行到跨中再开始节段梁吊装,浪费宝贵的施工时间。

本缆载起重机具有自爬升安装系统,能在主缆任何区域进行整体上缆安装。缆载起重机首先在码头上利用吊机在运输驳上进行整体组装,然后运输驳运至主缆下的待装位置,在主缆上安装提升钢绞线与缆载起重机相连,利用提升千斤顶将缆载起重机整体提升安装到主缆上。

自爬升安装步骤如图 16-17 所示。

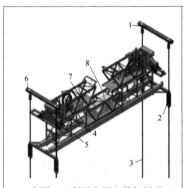
步骤一:利用专用安装架提升缆载起重机

步骤二:提升至走行轨道超过主缆高度

步骤三:安装顶推油缸顶推主桁尾段至主缆上方

步骤四:液压卷扬机起吊主桁中间段

步骤五:连接主桁中间段

步骤六:缆载起重机支撑在主缆上

1—主缆;2—提升千斤顶;3—提升钢绞线;4—安装顶推油缸;5—专用安装架;6—主缆;7—液压卷扬机;8—主桁中间段。

图 16-17 缆载起重机自爬升安装步骤示意图

步骤七：下放专用安装架

图 16-17 （续）

润扬长江公路大桥370 t缆载起重机是我国自主研发的技术先进、功能完备的缆载起重机,如图16-18所示。由于采用了模块化设计,具有较好的通用性、适应能力强的特点,继润扬长江公路大桥之后又在西堠门大桥、泰州长江大桥等大型桥梁工程中先后改造使用。

图 16-18　润扬长江公路大桥缆载起重机自爬升施工

16.3.4　湖南矮寨大桥 500 t 缆载起重机

1. 桥梁工程概况

矮寨大桥位于湖南省湘西土家族苗族自治州吉首市矮寨镇境内,是长沙至重庆通道湖南段吉(吉首)茶(茶峒)高速公路中的重点工程,大桥为双层公路、观光通道两用桥。桥型方案为钢桁加劲梁单跨悬索桥,全长1073.65 m,悬索桥的主跨为1176 m,主缆间距为27 m。钢桁梁全长1000.5 m,主桁节间长7.25 m,桁高7.5 m,桁宽27 m。标准节段长14.5 m,全桥69个标准段,1个跨中合龙段。最大节段吊装质量120 t。大桥于2007年正式开工,2012年3月正式通车。

大桥共使用2台500 t缆载起重机(图16-19),由湖南路桥建设集团有限公司与柳州欧维姆机械股份有限公司联合研制生产,该机为国内首台完全国产化、性能先进的液压提升式缆载起重机。其缆载起重机结合加劲梁在轨索上的牵引运输吊装形成的"轨索滑移法"为该桥的重大技术创新之一。

图 16-19　矮寨大桥缆载起重机

矮寨大桥钢桁梁节段最大质量120 t,并不需要500 t起重能力,缆载起重机设计时留有余地,便于其他桥梁工程使用。

2. 缆载起重机主要性能参数

主要技术性能参数如下。

型式:液压千斤顶式。

额定起重量:2×250 t=500 t。

起重机跨度(主缆间距):27 m(可35.8 m)。

最大工作坡度：30°。
提升千斤顶：2台,柳州欧维姆250 t液压提升千斤顶。
提升速度：35 m/h。
放索速度：30 m/h(提升千斤顶放线)；80 m/h(收线器动力放线)。
千斤顶行程：500 mm。
钢绞线长度：250 m。
走行方式：液压千斤顶牵引,步履走行方式。
走行速度：12 m/h。
牵引千斤顶规格数量：60 t,2台。
支撑油缸：4个,行程800 mm。
动力供应：1台柴油发电机组供电,2台电动液压泵站。

矮寨大桥缆载起重机主机的基本结构型式与其他液压千斤顶提升式起重机基本相同,本机的钢绞线收线器首次采用了动力收线器,比无动力收线器在技术上有所提高。动力收线器由液压马达驱动,在未吊重情况下,主提升千斤顶上夹持器全部松开时,可实现吊具的快速提升和降落。

3. 矮寨大桥钢桁加劲梁架设方法（轨索滑移法）

由于矮寨大桥处于典型的高山峡谷地形,桥面距谷底300多 m,钢梁节段无法运输到桥下地面,无法按常规方法直接从桥下吊梁。本桥采用的方法是,利用悬索桥吊索,在吊索下部安装吊鞍,在吊鞍上挂设轨索（图 16-20）,行程全桥通常的轨索,运梁小车吊挂钢桁加劲梁节段悬挂于轨索（图 16-21）,由卷扬机牵引系统使节段梁沿轨索逐段运输至缆载起重机下方吊装节段梁。

图 16-20　吊鞍及轨索

图 16-21　轨索滑移示意图

16.3.5　南溪长江大桥400 t缆载起重机

1. 桥梁工程概况

南溪长江大桥是四川省宜宾市境内一座跨长江的桥梁,是成渝地区环线高速公路宜泸段的组成部分。该桥为单跨钢箱梁悬索桥,桥面布置为双向四车道高速公路,全长1295.89 m,主跨长820 m,主桥宽29.8 m,主缆横桥向中心间距为29.1 m。主桥为钢箱梁,共分为65个梁段,其中标准梁段60个,特殊梁段5个,主桥钢箱梁设计采用12.8 m的标准吊索间距,梁段最大吊重约180 t,全桥钢箱梁钢材总重约9919 t。大桥于2008年11月开工建设,2012年12月建成通车。

南溪长江大桥工程由四川路桥建设股份有限公司承建,钢梁架设使用2台400 t缆载起重机,如图16-22所示,由四川路桥建设股份有限公司与西南交通大学联合设计,武桥重工集团股份有限公司制造。本机最突出的特点是首次采用夹缆走行方式。南溪大桥钢梁节段质量180 t,并不需要400 t起重能力,缆载起重机设计时留有余地,便于其他桥梁工程使用。

2. 缆载起重机主要性能参数

其主要技术性能参数如下。
型式：液压千斤顶式。
额定起重量：2×200 t=400 t。
起重机跨度(主缆间距)：29.1 m。
最大工作坡度：30°。
提升千斤顶：2台上海同新公司产200 t连续千斤顶。
提升速度：30 m/h。

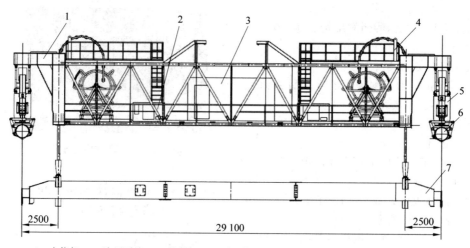

1—主桁架;2—液压泵站;3—控制柜;4—液压提升系统;5—走行系统;6—主缆;7—吊梁扁担。

图 16-22　南溪大桥 400 t 缆载起重机示意图

放索速度:10 m/h。
千斤顶行程:125 mm。
钢绞线长度:250 m。
走行方式:夹缆走行方式。
走行速度:30 m/h。
走行油缸:2 个,行程 4000 mm。
夹紧油缸:8 个,行程 630 mm。
支撑油缸:4 个,行程 800 mm。
液压泵站:2 台,电机驱动。

3. 缆载起重机主要构造

缆载起重机主要由主桁架、液压提升系统、夹缆走行机构、液压泵站、集中控制系统等构成。

1) 主桁架

主桁架分为 5 个部分:左右端梁、左右插入段、中间段,整体尺寸为(29 100×3200×4720)mm。

端梁由板件焊接而成的类箱形结构通过高强度螺栓拼接形成倒 L 形。连续提升千斤顶安置于其底部横梁上,其另一端伸出耳板与走行系统通过销轴连接,可实现主桁架的转动。插入段与中间段是由 H 型钢组成的桁架式结构,最小桁架单元为三角形,桁架内安装有液压泵站、集中控制柜及钢绞线收线器。结构部分均为螺栓连接。

2) 液压提升系统

液压提升系统包括连续提升千斤顶、钢绞线、钢绞线导向架及收线器、吊具等。液压提升系统如图 16-23 所示。

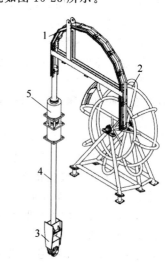

1—导向架;2—收线器;3—吊具;4—钢绞线;
5—液压连续千斤顶(200 t)。

图 16-23　提升系统示意图

本机配备有两台上海同新公司 TX200LJ 型 200 t 连续千斤顶,连续千斤顶有别于缆载起重机常用的单油顶式提升千斤顶(间歇式)。连续千斤顶相当于两个分别带有锚夹持器的液压千斤顶上下组合为一体,上、下千斤顶接力进行提升,转换千斤顶时中间无停顿间歇,使被提升物得到连续提升运动。

连续千斤顶如图 16-24 所示,其上升工作步骤如下:初始位置→上夹持器夹紧,下夹持器松开→上千斤顶伸缸,下千斤顶缩缸→上千斤顶伸缸到位→下夹持器夹紧→上夹持器松开→下千斤顶伸缸,上千斤顶缩缸→下千斤顶伸缸到位→回到初始位置,继续下一个循环。如此往复循环,即实现连续上升。下降的工作步骤与上升的工作步骤类似。

提升油缸的关键部位为钢绞线夹持器,上、下夹持器均采用主动加载,通过夹持器油缸施加外部载荷,确保锚夹片压紧在锚板内部,与钢绞线咬合更加紧密。

连续千斤顶顶部设置有安全锚固夹持器,在设备检修和故障处理时通过安全锚固夹持器夹紧钢绞线,防止重物下落。

连续千斤顶与单油顶的间歇式千斤顶相比,其提升动作连续、起吊物运行较为平稳、冲击小,但是油缸行程小、外形尺寸大、质量更重,而追求的提升速度没有明显的提高。

3)夹缆走行机构

夹缆走行机构是本机最突出的特点,夹缆走行机构由滑移式端梁、走行架、支腿、夹缆装置、走行油缸、支腿升降油缸等组成。夹缆走行机构如图16-25所示。

1—上夹持器;2—上千斤顶;3—下夹持器;
4—下千斤顶;5—安全锚固夹持器。

图16-24 200 t连续千斤顶

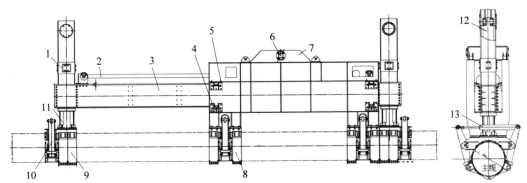

1—支腿外套;2—走行油缸;3—滑动端梁;4—下滑动滚轮;5—上滑动滚轮;6—走行与主桁架连接销轴;7—走行架;8—走行架支撑;9—支腿支撑;10—夹缆装置;11—支腿内套;12—支腿升降油缸;13—夹缆油缸。

图16-25 夹缆走行机构示意图

滑移式端梁为焊接箱形结构,其上安装有油缸、滚轮、滑块。走行架由两件大型H型钢通过中间连接板连接组成,并且在H型钢其中一个端面上装有不锈钢滑道,油缸铰座安装于走行架端部。走行架插入端梁中空部分,通过油缸的伸缩,在滑块和滚轮的辅助下完成相对动作。

支腿由内、外套筒构成,均为焊接箱形结构,外套筒四面均安装有滑块,内套筒四周均具有滑道,可以实现内、外套筒的相对运动。端梁支撑及走行架支腿支撑具有相同的结构,均有上下两个圆弧形构件组成,通过螺栓连接形成一个主缆抱箍,与主缆夹紧。

夹缆装置是一个由油缸驱动的三瓣式夹块抱缆机构,如图 16-26 所示。主缆顶部承压块为固定块,两侧为活动块,当夹缆油缸伸出时夹缆装置将主缆抱紧,当夹缆油缸回缩时夹缆装置打开。夹紧块内衬有垫块,可调整垫块厚度适应不同主缆直径。

图 16-26 夹缆装置

缆载起重机走行时的基本操作为:松开走行架下方的夹缆装置,支腿升降油缸顶升到跨越索夹的高度,走行油缸向前顶推到指定位置后,再用升降油缸下放至主缆,重新夹紧走行架的夹缆装置,由走行架支撑承载;松开支腿夹缆装置,支腿油缸提升支腿,走行油缸回缩向前顶推滑动端梁,到位后,放下支腿支撑到主缆上,支腿夹缆装置夹紧主缆;再进行下一走行步骤,用同样的方法提升、移动、下放滑动端梁,依靠走行架和滑动端梁的交替承载、交替走行完成整机在缆上的自动走行。

夹缆走行机构在主缆上走行、移动全部由机构自身完成,无须外置其他走行牵引设备,操作灵活方便。需要注意的是,由于滑动端梁较长,支撑跨度大,设计时滑动端梁必须有足够的刚度,保证端梁顺畅地顶推滑动。

本机也具备自爬升安装功能,可适应不同安装条件的桥梁工程项目。

16.3.6 鹦鹉洲长江大桥 500 t 缆载起重机

1. 桥梁工程概况

鹦鹉洲长江大桥(图 16-27)位于武汉市中心城区,大桥全长 3420 m,其中主桥长 2100 m,采用三塔四跨钢-混结合加劲梁悬索桥的方案,主梁跨径布置为:(200+2×850+200)m。主缆横向布置两根,中心间距为 36 m,主缆直径:索夹内 697.6 mm、索夹外 706.3 mm,吊索间距 15 m。

图 16-27 鹦鹉洲长江大桥

加劲梁采用钢-混凝土结合梁,梁高 3 m,由钢主梁、钢横梁和混凝土桥面板组成。其中钢主梁高 2.423 m(中心线处),横梁高 2.735 m(跨中),混凝土桥面板厚为 0.2 m,桥面铺装 0.065 m。主梁标准节段长 15 m,横向设两片主梁,中心距 31.2 m。吊索横向间距 36 m,吊索锚点设在主梁外侧的风嘴上。

全桥共有 11 种类型的加劲梁,节段共 143 个。单个边跨有 14 个节段,支墩及边塔横梁处两个节段无吊杆。单个中跨有 57 个节段,边塔及中塔横梁处两个节段无吊杆,中塔横梁顶加劲梁为过渡梁段。梁段节段最大质量约 450 t(含砼板及湿接缝)。鹦鹉洲长江大桥共使用了 4 台 500 t 缆载起重机。

鹦鹉洲大桥于 2012 年 4 月开工建设,2014 年 12 月通车。

2. 缆载起重机主要性能参数

其主要技术性能参数如下。

型式:液压千斤顶式。

额定起重量:500 t(含梁块及吊具质量)。

起重机跨度(主缆间距):36 m。

最大工作坡度:32°。

提升千斤顶:2 台,柳州欧维姆公司 350 t 液压提升千斤顶。

提升速度:30 m/h。

放索速度：30 m/h（提升千斤顶放线）；80 m/h（收线器动力放线）。

千斤顶行程：500 mm。

钢绞线长度：200 m。

走行方式：千斤顶牵引、滚轮走行。

走行速度：30 m/h。

牵引千斤顶：2台，75 t。

千斤顶行程：500 mm。

尾部液压卷扬机：单绳最大承重7 t。

允许最大索夹尺寸：2720 mm×300 mm（长×高）。

液压站：2台，柴油发动机直接驱动液压泵。

流量：109 L/min。

发动机功率：2×47 kW。

整机质量：140 t（不含吊具）。

3. 缆载起重机主要构造

缆载起重机主要由一个钢主桁梁、两个在主缆上的轮滚走行机构、两套液压提升系统（含提升千斤顶、钢绞线收线装置）、两套液压站、两套吊具、一个集中控制柜等部分组成。鹦鹉洲长江大桥500 t缆载起重机示意图如图16-28所示。

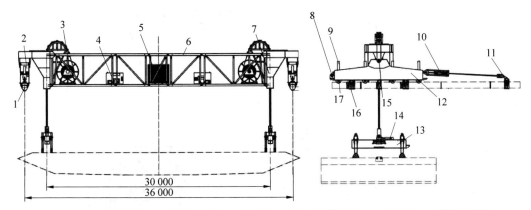

1—主缆；2—走行机构；3—动力收线器；4—液压站；5—集中控制系统；6—主桁梁；7—提升千斤顶；8—尾部卷扬机；9—走行轮油缸；10—牵引千斤顶；11—牵引锚固装置；12—端梁；13—吊具；14—重心调节油缺；15—主桁梁销轴；16—制动块；17—走行轮。

图16-28 鹦鹉洲长江大桥500 t缆载起重机示意图

1）主桁梁

主桁梁采用模块化设计，既能满足鹦鹉洲长江大桥大主缆间距、大吊重的要求，又能满足其他桥梁主缆间距改造使用的要求，同时具有运输、安装、拆卸和连接的方便性。主桁梁设计成7段：2段端承重梁，5段中间桁架梁。桁架梁断面尺寸为高4 m、宽3.2 m，桁架梁之间采用销轴连接。当主缆间距增大或减小时，只需对桁架中间节段进行加长或减短改造即可，桁架其他结构无须改造。

2）液压提升系统

液压提升系统包括液压提升千斤顶、钢绞线、钢绞线导向架及动力收线器等。

本机选用两台柳州欧维姆公司生产的LSD3500-500B提升千斤顶，提升能力为350 t。

缆载起重机额定起重能力为千斤顶提升能力的71%，可避免千斤顶总是满负荷工作，保证可靠运行。提升千斤顶示意图如图16-29所示。

提升千斤顶的上夹持器与主油顶的活塞相连，下夹持器与主油顶下部的撑脚相连，每台提升千斤顶有2个夹持器。

提升工况行程：通过液压泵站向提升千斤顶提供压力油，推动千斤顶活塞作伸缸、缩缸运动；伸缸时设置在活塞顶端的上夹持器卡紧承载钢绞线使提升重物随之一同向上移动；缩缸时与撑脚相连的下夹持器卡紧承载钢绞线，保证提升重物安全可靠地停留在新的位置，同时设置在活塞顶端的上夹持器放松承载钢绞线，活塞回程准备下一行程的提升。

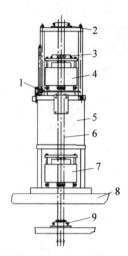
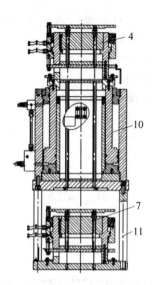

1—位移传感器支架;2—导向部件;3—预紧导向块;4—上夹持器;5—主油顶;6—钢绞线;
7—下夹持器;8—承重构件;9—安全夹持器;10—主油顶;11—撑脚。

图 16-29　提升千斤顶示意图

下降工况行程：主油顶活塞在近乎完全伸缸的位置处上夹持器卡紧承载钢绞线,下夹持器放松承载钢绞线,活塞缩缸带动重物下降;在接近完全缩缸的位置处下夹持器卡紧承载钢绞线,上夹持器放松承载钢绞线后活塞空载伸缸;在近乎完全伸缸的位置处上夹持器再次卡紧承载钢绞线,下夹持器再次放松承载钢绞线,如此依次循环直至重物准确地在设计位置就位。

提升千斤顶及泵站的液压回路上设置了液控单向阀和平衡阀,在遇到突然停电等突发事件时,可对油路进行闭锁,使提升重物保持安全悬挂。

提升千斤顶顶部设置有安全夹持器,在设备检修和故障处理时,通过安全夹持器夹紧钢绞线,防止重物下落。

本机钢绞线收线器采用动力驱动式,钢绞线收放盘由液压马达驱动。鹦鹉洲大桥在长江主航道上,为了减少吊装时对航道的影响,尽量缩短封航时间,需加快吊具起落速度。动力收线器(图 16-30)收放线速度可达 80 m/h。同时也可采用主油顶和动力收线器分别放钢绞线的方式。

收线器动力驱动装置由液压马达、行星齿轮组成,它运用齿轮传动机构减速,运用液压

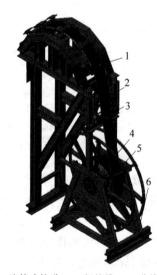

1—滚筒式轨道;2—钢绞线;3—分线路;
4—液压马达;5—壳转减速机;6—底座。

图 16-30　动力收线器示意图

马达背压来制约收线盘的越程转动,制动力矩可达输入力矩的 4～5 倍,制动可靠。

3) 滚轮走行机构

本机走行采用液压千斤顶牵引、滚轮走行方式,这种走行方式相比其他方式更为快速和安全可靠。滚轮走行机构如图 16-31 所示。

缆载起重机共有 8 个走行滚轮组,每根端

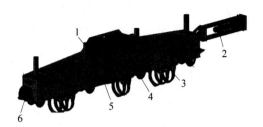

1—走行轮油缸；2—牵引千斤顶；3—支撑脚、抱箍；4—走行滚轮；5—端梁；6—尾部液压卷扬机。

图 16-31　滚轮走行机构示意图

梁安装 4 个走行滚轮组，安装于同一端梁的 4 个走行滚轮组为一组，由一台液压泵站控制，同一组的走行滚轮组可单独起落，也可同时起落。每个走行滚轮轴向均留有间隙，用来自动补偿主缆间距误差。

在起重机两条端梁沿主缆各安装有一台 75 t 液压牵引千斤顶，作为起重机沿主缆向上走行的动力和向下走行的限制装置，通过一端锚固在上坡的临时夹具上，另一端锚固在走行端梁上。在起重机移动前，解开起重机支撑脚与主缆的连接抱箍，收起支撑脚直至完全悬空，逐渐将载荷转换至滚轮上，操作起重机沿主缆移动，过索夹时通过控制滚轮走行油缸，交替伸缸和缩缸，即可完成整个的走行动作。

鹦鹉洲长江大桥钢箱梁架设过程中，缆载起重机存在有上坡走行和下坡走行两种工况，所以要求两个方向均能牵引走行，因此将走行机构设计成完全对称的结构，牵引千斤顶和尾部液压卷扬机可以根据工况进行对换。

尾部液压卷扬机单绳拉力额重为 7 t，当缆载起重机向下走行在跨中缓坡段下滑力不够时，尾部液压卷扬机可利用滑车组反拉提供辅助下滑力使起重机走行。

4）液压站

本机配备两套液压站，每套液压站为缆载起重机一侧的液压系统提供压力油。液压站为柴油发动机直接驱动，结构紧凑，便于布置和维护保养。

发动机功率/转速为 47 kW/2600 r·min^{-1}（30 kW/1500 r·min^{-1}），柴油发动机后端驱动一台三联齿轮泵和一台单联齿轮泵，四个独立的回路系统分别为提升系统、牵引系统、夹持系统及走行系统(含液压卷扬机马达和动力收线器马达)。

提升系统泵：76.5 L/min(高速)；44 L/min(低速)；压力 21.5 MPa。

牵引系统泵：28.7 L/min(高速)；16.5 L/min(低速)；压力 21.5 MPa。

夹持系统泵：19.1 L/min(高速)；11 L/min(低速)；压力 7 MPa。

走行系统泵：26.3 L/min(高速)；15.2 L/min(低速)；压力 21.5 MPa。

5）集中控制系统

本机配置有一套集装箱式集中控制柜，便于布置和人员操作。集中控制系统采用分布式计算机网络控制系统，由 1 个主控台、2 个泵站启起箱、若干传感器、若干数据线组成，来自提升千斤顶、牵引千斤顶、走行轮油缸、液压泵站、收线马达和牵引马达的所有检测信号经过数据线传送到主控台。主控台根据各种传感器采集到的位置信号、压力信号，按照一定的控制程序和算法，决定油缸的动作顺序，完成集群千斤顶的协调工作。同时，控制柴油机转速的大小(高速挡和低速挡)，驱动油缸以规定的速度伸缸或缩缸，从而实现千斤顶的同步控制。

主控台上可显示每台千斤顶的实时油压值、载荷力值及位移数值(走行油缸显示压力值和载荷力值)；可设定千斤顶的最高压力值和夹持器的预松锚时间；远程手动或调整控制；远程执行自动运行程序；显示当前系统的运行状态；具有数据保存功能和故障报警功能。当达到预先设定的压力值或负载限制时自动停机报警，起到对整个系统及构件的安全保护。

配备有两个手持遥控盒，一个为提升牵引线控盒，用于就地控制与一台泵站相连接的各千斤顶的选择及动作。一个为收线盘线控盒，用于就地手动操作与提升千斤顶配合收放钢绞线的收线盘进行收线和放线工作及牵引马达的正反转操作。手持遥控盒通过线控电缆以防水插头插座的方式连接至现场控制箱，易于插拔。提升牵引线控盒上还带有急停按钮，在紧急情况时，能够切断输出信号，确保系统的安全。

6）吊具

全桥共有 11 种类型的箱梁节段，吊点横向布置为 30 m，纵向布置有多种尺寸。吊具设计采用了可移动吊耳，吊耳可以在吊梁扁担顶面移动安装，以适应不同的纵向吊点尺寸，如图 16-32 所示。

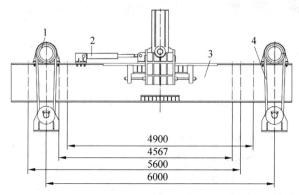

1—可移动吊耳；2—重心调整油缸；3—吊梁扁担；4—钢丝绳圈。

图 16-32 吊具示意图

吊具与节段梁的连接采用无接头钢丝绳绳圈，连接快速方便。

节段梁的重心可通过重心调节油缸推动进行调节，同时吊具还可进行竖向转动对位调整。

16.3.7 杨泗港/五峰山长江大桥 900 t 缆载起重机

1. 桥梁工程概况

900 t 缆载起重机是目前国内最大的缆载起重机，该机为武汉杨泗港长江大桥和镇江五峰山长江大桥两座特大型悬索桥加劲梁架设施工而设计制造。杨泗港长江大桥和五峰山长江大桥均由中铁大桥局承建，由于两桥的钢梁架设工期一前一后正好错开，因此，缆载起重机设计之初就兼顾了两个工程项目，一次设计制造，在两个项目上使用。

杨泗港长江大桥是一座主跨 1700 m 的单跨悬吊双层钢桁梁公路悬索桥，上下两层均走汽车，共 12 条汽车道。加劲梁采用华伦式桁架结构，桁高 10 m，两片主桁中心距 28 m，标准节间长 9 m，全桥加劲梁节段共 49 个，分 4 种类型，其中最长最重的梁段有 44 个，长 36 m，净重 1050 t。主缆间距为 28 m，挤圆后索夹内直径 ϕ1075 mm，索夹外直径为 ϕ1088 mm。大桥于 2014 年 12 月开工建设，2019 年 9 月建成通车。

连（连云港）镇（镇江）铁路五峰山长江大桥是一座主跨 1092 m 的钢桁梁公铁两用悬索桥，上层为 8 车道公路，下层为 4 线铁路。加劲梁采用板桁结合钢桁梁结构，桁高 16 m，节间距 14 m，主桁横向中心距 30 m，其横断面采用带副桁的直主桁形式，吊索两吊点由外侧纵梁延伸形成，横向间距 43 m。全桥加劲梁节段 53 个，其中两边跨各 8 个，中跨 39 个。中跨加劲梁节段不携带铁路二期恒载最大吊重为 1432 t。主缆间距为 43 m，挤圆后直径为 ϕ1300 mm。大桥于 2015 年 10 月开工建设，2020 年 12 月建成通车。

杨泗港长江大桥和五峰山长江大桥均使用 4 台 900 t 缆载起重机，如图 16-33 和图 16-34 所示。起重机起吊能力按满足杨泗港大桥节段梁和五峰山大桥节段梁安装。杨泗港大桥节段梁质量在 900 t 额定起重量内的采用单机吊装，超过额定起重量的采用双机抬吊；五峰山大桥节段梁均采用双机抬吊。

2. 缆载起重机主要性能参数

900 t 缆载起重机主要性能参数见表 16-2。

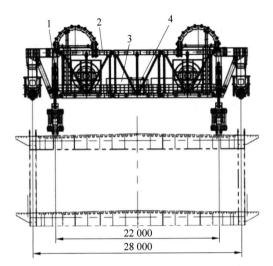

1—提升千斤顶；2—主桁梁；3—液压泵站；4—集中控制台。

图 16-33 杨泗港长江大桥缆载起重机示意图

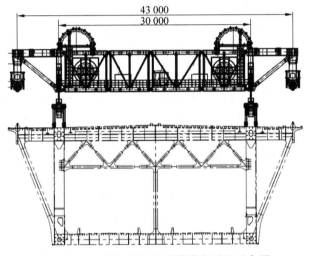

图 16-34 五峰山长江大桥缆载起重机示意图

表 16-2 900 t 缆载起重机技术参数表

项 目	性 能 参 数	
	杨泗港长江大桥	五峰山长江大桥
型式	液压千斤顶提升式	
额定起重量	900 t(不含钢绞线及吊具)	
起重机跨度(主缆间距)	28 m	43 m
主缆直径	索夹内 1075 mm 索夹外 1088 mm	索夹内 1284 mm 索夹外 1300 mm
主缆最大坡度	24.5°	23°
吊点中心线与主缆中心间距	3 m	6.5 m
液压提升千斤顶	2 台,上海同新 600 t 千斤顶	

续表

项　目	性　能　参　数	
	杨泗港长江大桥	五峰山长江大桥
千斤顶行程	400 mm	
平均提升速度	30 m/h(液压提升时)	
最大下放速度	30 m/h(液压千斤顶下放)	
动力下放速度	80 m/h(液压马达放线)	
钢绞线收放装置	2 台,动力收放,容量 250 m(须满足最大起升高度 75 m 的要求)	
走行方式	液压卷扬机牵引、滚轮走行	
前方牵引卷扬机(主)	10 t,滑轮倍率 14	
尾部牵引卷扬机(辅助)	10 t,滑轮倍率 3	
平均走行速度	不小于 50 m/h	
跨索夹尺寸能力	2460 mm×300 mm	
索夹间距	水平距离 18 m	水平距离 14 m
单件最大质量	17 t	17 t
最大荡移角度	18°	无荡移
液压站	2 台液压站。柴油发动机直接驱动,单机功率/转速为 194 kW/2200 r·min^{-1}	
机身质量	单机 282.5 t,双机 565 t	单机 316 t,双机 632 t
抬吊工作受力状况	变四吊点为三吊点	

3. 缆载起重机主要构造

缆载起重机主要由一个钢主桁梁、两个在主缆上的轮滚走行机构、两套液压提升系统(含提升千斤顶、钢绞线收线装置)、两套液压站、两套吊具、一个集中控制柜等部分组成。杨泗港长江大桥缆载起重机示意图如图 16-33 所示,五峰山长江大桥缆载起重机示意图如图 16-34 所示。两桥缆载起重机的差别主要是主桁梁长度、走行轮、承压块及抱箍等规格不同。

1) 主桁梁

主桁架主要是由钢板和型钢组拼而成的长方体空间桁架结构,分为 2 个部分:一是端头承重梁;二是中间桁架。

中间桁架主要是对整体结构起刚性支撑作用,桁架的空间用于安放液压提升系统的钢绞线收放装置、液压泵站、主控台、驾驶室等,并为施工操作提供工作平台。两端的承重梁为主要负重结构,用来安放液压提升千斤顶。桁架截面尺寸为 5.6 m×3.5 m(高×宽)。

主桁梁用于杨泗港长江大桥架梁作业时,主桁架横桥向间距为 28 m,吊点间距为 22 m,由 2 个端头承重梁和 3 个中间桁架节段组成。

用于五峰山长江大桥架梁作业时,主桁架横桥向间距为 43 m,吊点间距为 30 m,由 2 个端头承重梁和 4 个中间桁架节段组成。端头承重梁与中间桁架各节段之间均采用销轴连接,端头承重梁的中间横杆与竖杆采用栓接,斜拉杆与承重梁采用销轴连接,中间桁架斜腹杆之间采用螺栓连接。采用 Q500D 高材质钢材目的是减轻主梁重量。

2) 液压提升系统

液压提升系统包括液压提升千斤顶、钢绞线、钢绞线导向架及动力收线器等。

本机选用两台上海同新公司生产的 600 t 提升千斤顶,缆载起重机额定起重能力为千斤顶提升能力的 75%。提升千斤顶主要由主油缸、上下锚具油缸、安全锚具油缸、位移传感器、锚具传感器、疏导板、底锚组件、钢绞线导向机构、支撑立柱、安装底板和钢绞线等组成。

整个千斤顶可通过安装底板固定在提升平台上。下锚具油缸固定在安装底板上,主油缸通过支撑立柱固定在安装底板上。下锚具和主油缸是千斤顶的固定部分,无法运动;上锚则固定在主油缸的活塞杆上,能够随主油缸的活塞杆上下运动。

提升千斤顶设有安全锚具油缸,该安全锚具油缸工作时处于常开状态,非工作状态或意外状态时自动夹紧钢绞线。

钢绞线收放装置为动力式,由导向架和动力收线卷筒组成,收线卷筒的长度为 250 m。收线卷筒由液压马达驱动,通过电液比例调节,可实现适应提升工况的慢速转动,又可实现最重吊具的快速下放,快速下放速度可达 80 m/h。

单个 600 t 千斤顶配 40 根 $\phi 17.8$ mm 的钢绞线,钢绞线长度为 270 m。

3) 滚轮走行机构

本机走行采用液压卷扬机牵引、滚轮走行方式,这种走行方式是几种走行方式中最为快速的一种,同时又安全可靠。其走行牵引示意图如图 16-35 所示。

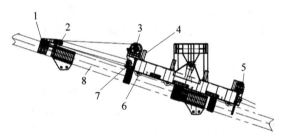

1—牵引固定抱箍;2—定滑轮组;3—牵引卷扬机;4—走行轮油缸;5—尾部卷扬机;6—走行轮;7—动滑轮组;8—主缆。

图 16-35 缆载起重机走行牵引示意图

缆载起重机共有 8 个走行轮组,每根端梁安装 4 个走行轮组,安装于同一端梁的 4 个走行轮组为一组,由一台液压泵站控制,同一组的走行轮组可单独起落,也可同时起落。起重机走行时 4 个走行轮组交替动作跨越索夹。

两侧走行端梁前方各设置一台 10 t 液压卷扬机,牵引钢丝绳动滑轮组设在走行端梁前部,定滑轮连接到牵引锚定抱箍上,牵引锚定抱箍抱紧主缆,滑轮组倍率为 14。卷扬机牵引方式走行速度快,可大大提高走行作业效率。两台缆载起重机共同走行时,在走行机构之间用可调式连接机构连接,由前方起重机牵引卷扬机牵引走行。

在走行端梁后方各设置一台 10 t 液压卷扬机,为平缓坡度时缆载起重机的下行提供下滑力,滑轮组倍率为 3。

走行机构的走行滚轮、承压块考虑了杨泗港长江大桥和五峰山长江大桥主缆的直径变化,转化时需作较小的改造加工,抱箍需重新更换。

4) 液压泵站

缆载起重机配有两台柴油机直接驱动的液压泵站。液压泵站技术参数见表 16-3。每台液压泵站驱动 1 套 600 t 提升千斤顶、4 个走行轮升降油缸、1 个收线盘马达、1 个牵引卷扬机马达及 1 个反向牵引卷扬机马达。

表 16-3 液压泵站技术参数

项 目		参 数
主柱塞泵	额定压力	31.5 MPa
	排量	74 mL/r
辅助柱塞泵	额定压力	31.5 MPa
	排量	60 mL/r
锚具齿轮泵	额定压力	10 MPa
	排量	10 mL/r
冷却齿轮泵	额定压力	0.2 MPa
	排量	50 mL/r
发动机功率/转速		194 kW/2200 r·min^{-1}
油箱容积		1200 L
电加热功率		9 kW
外形尺寸		2.2 m×3 m×2 m

5) 吊具

吊具如图 16-36 所示,主要由 C 形框架、扁担梁、圆管承压座、圆管分配梁、吊具调整油缸、锚梁、泵站牛腿、泵站及钢丝绳圈等组成,主受力构件采用 Q500D 钢材焊接而成,其余构件采用 Q345D 钢材焊接而成。

图 16-36 吊具示意图

杨泗港长江大桥与五峰山长江大桥的吊具主体结构可通用,通用的结构包括扁担梁、C形框架、吊具调整油缸、油缸支座、圆管承压座、泵站、泵站牛腿、钢丝绳。不通用的部分主要是两座桥的吊具与钢梁临时吊耳连接的圆管分配梁。

圆管承压座与扁担梁为栓接,栓接位置可根据需要挪动。C形框架右侧设置有与吊具调整油缸连接的反力支座,吊具调整油缸布置在C形框架的右侧,油缸支座与扁担梁为栓接,油缸支座可根据吊装要求在扁担梁上挪动。这些措施均为满足两桥不同吊点间距要求。

16.4 缆载起重机使用、维护保养及安全注意事项

16.4.1 液压提升千斤顶安装和使用注意事项

(1) 液压提升千斤顶(提升千斤顶)必须用螺栓将连接底板和承重构件固定牢靠。

(2) 吊具夹持器应正确安装固定,吊具夹持器是连接钢绞线与待架钢梁节段的关键部件,组装时应特别仔细。

(3) 提升千斤顶要垂直安装。检测用的接近开关应正确安装,使感应距离在 2~5 mm。

(4) 在进行系统管路、线路连接前需确定千斤顶的编号,按照标牌进行连接。

(5) 穿索前应将锚板上的锥孔擦净,然后在锥孔内均匀抹上一层薄薄的"退锚灵"。穿索时应仔细检查,使每根钢索在提升千斤顶的位置与吊具夹持器锚板上的孔位一一对应。穿索时应从夹片大端向小端方向穿过,如从夹片小端方向穿索,穿到夹片小端时,必须慢慢穿过夹片,必须小心不要把夹片顶出,同时穿索时不应错位、中间交叉、扭转。每个锚孔中的三片夹片在安装时应使其成 120°分布,安装到位后三片夹片的端部应平整。当全部夹片安装完毕后,应及时安装压板并拧紧螺钉。

(6) 穿完钢索后必须立即对提升重物定位,防止吊具夹持器打转。

(7) 在提升千斤顶安装就位、穿索完成、与待架梁穿销挂装完成后,可用初预紧单孔锚卡紧钢索挂在 2 t 的手拉葫芦上对每根钢索进行预紧,加力 20~30 kN。如此反复多次轮流,使每根钢索受力均匀,然后卸下初预紧单孔锚。当手拉葫芦预紧完成后,如有必要也可使用预紧千斤顶进行二次预紧,张拉油压取 2~4 MPa,张拉顺序为先内圈后外圈对称张拉。

(8) 初次安装试吊时,当重物离地后应暂时悬停,再次检查构件夹持器,观察其夹片是否松脱以保证安全。

(9) 在控制提升千斤顶提升重物时,手动松上夹持器之前须先顶紧下夹持器,待下夹持器锚紧带松上夹持器后方可松上夹持器;同理,手动松下夹持器之前须先顶紧上夹持器,待上夹持器锚紧带松下夹持器后方可松下夹持器。不可在上、下夹持器未被锚紧带松前强行松上、下夹持器。只有当提升千斤顶处于安装或拆除状态时才可将千斤顶的上、下夹持器均松开。

(10) 平时当提升千斤顶已穿钢索后,上、下夹持器必须有一个处于夹紧状态,不得同时松上、下夹持器,以防坠落事故发生。当某台千斤顶较长时间处于停止状态时,应将该顶的上、下夹持器夹紧,以防坠落事故发生。

(11) 在连续提升作业时,每次累计提升(或下降)5 m 后或出现"砰、砰"声时,应对上、下夹持器中夹片的锥形表面涂抹专用润滑脂(退锚灵)以提高夹片的使用寿命,切不可涂在钢索表面或夹片的牙面。在吊装过程中,如出现"咯、咯"的响声时应及时停机检查夹片的工作情况,如发现夹片与钢绞线的咬合面磨损严重,必须更换夹片。注意:只有在夹片卸载状态下,才能更换夹片。夹片安装时,应保证每副夹片的外露高度一致。

(12) 拉绳传感器安装前,先检查传感器支架上滑动块是否夹紧滑杆,是否滑动正常,然后调整螺栓,使滑动块上的轴承夹紧滑杆,用手抓住限位块,以其作为受力点,让滑动块在滑杆上来回滑动,如无卡顿现象就可以安装到提升千斤顶上。用螺钉把传感器支架固定于

提升千斤顶,支架上的拨块必须卡住活塞上的感应板,最后装上拉绳传感器。安装主油顶感应开关,要求接近开关与活塞上的感应板的距离约 2~5 mm。调整时让活塞慢慢伸缩一次,仔细观察接近开关与活塞上的感应板的距离,当感应板接近接近开关时,如果接近开关尾部的指示灯亮,则表示接近开关已起作用,否则表示距离过远,接近开关不起作用需要调整距离,调好距离后,再让活塞慢慢伸缩一次,仔细观察接近开关与活塞上的感应板的距离及接近开关尾部的指示灯的情况。注意:千万不能让接近开关碰到感应板,否则会损坏接近开关。

(13) 夹持器顶紧锚、松锚接近开关的安装,当夹持器顶紧锚操作时,夹持顶紧锚到位,这里安装紧锚接近开关,调整接近开关到感应板的距离约 2~5 mm,接近开关尾部的指示灯亮为准。当夹持顶作松锚操作时,夹持顶松锚到位,这里安装紧锚接近开关,调整接近开关到感应板的距离约 2~5 mm,接近开关尾部的指示灯亮为准。注意:安装接近开关时,注意接近开关的尾部,在夹持顶工作时,不能被顶上任何零件碰到,否则会损坏接近开关。

(14) 安装压力传感器,随时监测提升千斤顶油压。安装时提升千斤顶必须卸完油压,然后拆下阀组上的密封螺钉,装上压力传感器。

16.4.2 液压提升千斤顶的维护和保养注意事项

(1) 提升千斤顶使用的液压油要按设备说明书规定使用,油的水分、灰分、酸性值应符合液压油的有关规定,油液必须经过反复过滤后才可使用,根据工作负荷的情况,3~6 个月应更换一次。液压油必须经过滤清,不同标号的液压油不能混合使用。运行过程中,油温维持在 15~60℃。

(2) 各高压胶管连接时,必须按要求连接,进油口和回油口不能装反,其连接处必须用柴油清洗干净,以免将灰尘、杂质带入液压回路系统。工作场地不允许有尖锐物,以防划伤高压胶管。高压胶管及电气控制电缆应捆扎好,避免阻碍通行和施工作业时碰坏、砸断及大风刮落,确保安全施工。工作完成后拆卸油管时,应先使泵站内油压卸完,严禁带压力拔油管。高压胶管拆除后,应戴上各接头盖或用塑料袋包好以免灰尘微粒、杂物进入胶管,保持油管清洁。新油管使用时,勿直接和千斤顶油嘴连接,应事先清洗或用油泵输出油清洗干净之后方可连接。

(3) 钢索不允许折皱。

(4) 设备中的液压泵站要由专人保管和维护。使用人员应熟悉提升千斤顶结构及其动作程序。

(5) 经过使用,如发现泄漏、声音不正常、夹片夹持不住等问题,应与制造厂联系或送专业厂家维修。

(6) 工作完毕,活塞应回程到底,并加罩防尘、防晒、防雨。如设备需要长期存放,应将各部件擦净,并用塑料袋罩好。若重新使用,必须首先排除系统中积聚的空气,更换千斤顶中的易损件,检查提升千斤顶的各种动作是否正确。

(7) 设备在使用前必须进行试压,检查千斤顶是否有渗漏,合格后方能进行使用。

(8) 设备使用后必须把夹持顶上的夹片拆除清洗干净,检查夹片,如损伤严重则必须进行更换,在夹片的锥形表面涂抹专用润滑脂(退锚灵)以提高夹片的使用寿命,切不可涂在钢索表面或夹片的牙面,与夹片配合的锚板锥孔中也要涂上专用润滑脂,以备下一次使用。如设备长期未使用时,一旦重新使用,也必须清洗干净,重新涂抹专用润滑脂。

(9) 保持钢索的清洁,不能有尘土或其他的异物粘在钢索上,防止其带入夹片中,降低夹片的使用寿命。

(10) 本千斤顶应根据实际使用情况定期进行维修、清洗内部等保养工作。如发现千斤顶在工作中有故障、漏油、工作表面刮伤等现象,应停止使用并进行维修,维修时应与制造厂联系或送专业厂家维修。特别注意:系统有压力时,不得拆卸液压系统中的任何零件,必须卸掉压力后或有专业人员指导的情况下才能拆卸。

16.4.3 夹片保养注意事项

提升千斤顶通过夹片锁死钢索来完成钢箱梁提升和吊机走行,因此夹片能否正常有效工作至关重要。鉴于夹片自身的结构特点和所处环境,很容易被铁锈、油污、泥土等填满,一旦填满,夹片就会降低锁紧能力甚至会失效而导致严重后果。所以,起重机吊装作业前必须确保夹片已完全保养好。

(1) 拆除夹片,清理上、下夹持油缸座。

(2) 将夹片浸泡在汽油(周围禁火)中约4 h。

(3) 用硬毛刷除去夹片上的油污及铁锈,夹片内侧凹槽内难以去除的污物,用钢锯条等工具清理。

(4) 用干净的棉布或棉纱揩净夹片内、外侧,晾干封存备用。

(5) 安装到千斤顶前必须在夹片外表面涂专用润滑脂(退锚灵)。

16.4.4 缆载起重机安全注意事项

(1) 非缆载起重机操作人员禁止操作起重机。

(2) 起重机上的栏杆应完整可靠,禁止乱拆乱割。

(3) 每台起重机配备至少两瓶灭火器。应安装在合适高度并固定好以利于取放。灭火器应保证状态良好,随时可用。

(4) 液压管路、信号线路应排列整齐并和油管分开固定,避免管路或线路被踩坏或夹断。管路接头应连接可靠避免漏油,信号线路接头应安装包裹好,避免水、油污进入。

(5) 电气线路应外皮完整并固定可靠,接头应缠包良好,避免发生触电事故,所有用电器具应有良好的接地。

(6) 控制室内保持清洁整齐。起重机操作室内的物品应分类堆放整齐。油料、棉纱等易燃品应远离火源单独堆放。电器等发热器件禁止覆盖,烟头等应及时熄灭,严禁乱丢。

(7) 在起重机上部或走行机构上工作时,应佩戴安全带和安全帽。安全帽和安全带应系好。

(8) 起重机维修时,维修人员应佩戴工具包,防止工具及配件坠落。

(9) 起重机底部及周围应用钢板或木板、防护网等加以覆盖,防止在维修时工具或螺栓掉落伤及他人。

(10) 起重机踏板上的水及油污应及时清理干净,防止发生人员跌伤等人身事故。

(11) 遇到钢索结冰的情况,在没有可靠的加热融冰手段时,不能进行钢绞线收放操作,以免造成因夹片及弹簧底座内结冰导致的夹片失效。

(12) 在缆载起重机上进行焊接时,必须拆掉焊接部件与液压泵站连接的控制信号线,避免电焊机的电流击坏电路板。

(13) 提升千斤顶周围做好安全防护,防止在更换夹片时夹片掉落,造成人身事故。

(14) 钢索应远离焊机、割枪。只能用切割机进行切割下料,打磨机打磨端头。

(15) 若钢索长度不够,不能进行连接。

16.5 悬索桥主缆紧缆机

16.5.1 定义

紧缆机是把主缆挤紧挤圆成设计规定值的专用设备。紧缆机紧缆作业要在股索的全部索股矢度调整后,完成预紧缆(初整圆)之后进行。

16.5.2 紧缆机总体构造

紧缆机总体构造如图 16-37 所示,紧缆机主要由挤紧器、扁担梁、走行机构、配重架、液压站等部件组成。

1. 挤紧器

挤紧器是紧缆机的工作部分,由挤紧架、挤紧油缸、挤紧蹄等部件组成,挤紧器示意图如图 16-38 所示。

为便于在主缆上的安装,一般挤紧架被分为 3 段,用销轴连接成环形整体,作为挤紧器的受力构件。通常挤紧器设置 6 只挤紧油缸均布在挤紧架上,油缸活塞杆端安装有挤紧蹄,挤紧蹄挤紧后成为圆形。

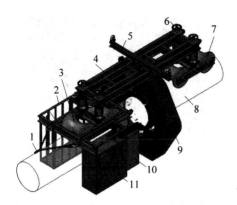

1—牵引绳；2—配重架；3—前走行轮组；4—扁担梁；
5—平衡梁；6—调整装置；7—后走行轮组；8—主缆；
9—挤紧器；10—电控系统；11—液压站。

图 16-37 紧缆机总体结构示意图

1—挤紧架；2—挤紧蹄；3—挤紧油缸。

图 16-38 挤紧器示意图

2．扁担梁

扁担梁是承力结构，由前、后走行轮组支撑，抬住扁担梁中间的挤紧器。

3．走行机构

走行机构用于紧缆机在主缆上走行移位，包括前、后走行轮组。走行轮采用特种高强度尼龙材料，以利于保护主缆钢索的表面镀锌层。

走行系统可自带液压绞车牵引，也可利用主塔顶卷扬机牵引。在离塔顶距离较远时，主缆坡度较缓，自带小型液压绞车可牵引，卷扬机钢丝绳连接前段抱箍装置，抱箍装置提供足够的夹紧锚固力，保证紧缆机能在主缆安全顺畅地走行作业。在靠近塔顶时，由于坡度较大，自带小型液压绞车牵引力不够时可采用主塔顶卷扬机牵引。

走行轮组与扁担梁之间安装有调整装置，可调整扁担梁高度，使挤紧器中心与主缆中心相同。

4．配重架

配重架用于安放配重块，配重块用于调整紧缆机重心，通过加挂配重，使紧缆机整机重心处在主缆中心下方，保证整机稳定。

5．液压站

液压站为紧缆机提供液压动力，一般为电动机驱动。

16.5.3 典型紧缆机主要技术参数

典型紧缆机的主要技术参数如表 16-4 所示。

表 16-4 典型紧缆机技术参数表

项 目	汕头海湾大桥	虎门大桥	江阴大桥	润扬长江大桥	五峰山长江大桥
主缆直径/mm	550	687.2	866	895	1300
挤紧油缸数量/台	6	6	6	6	6
单缸压力/N	980	1470	1470	1960	2450
挤紧蹄宽/mm	400	250	—	250	300
机身质量/t	5.7	—	—	7.8	13.2

16.6 悬索桥主缆缠丝机

16.6.1 定义

缠丝机是对悬索桥主缆进行表面防腐钢丝缠绕的专用设备。

16.6.2 缠丝机总体构造

缠丝机总体构造如图 16-39 所示，缠丝机主要由主缆、牵引卷扬机、前端机架、后端机架、前夹持架、后夹持架、缠丝回转机构、导轨、连接支架、电控柜和操作控制柜等组成。

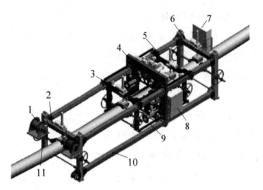

1—牵引卷扬机；2—前端机架；3—前夹持架；4—缠丝回转机构；5—后夹持架；6—后端机架；7—电控柜；8—操作控制柜；9—连接支架；10—导轨；11—主缆。

图 16-39　缠丝机总体示意图

1. 主机架

由前端机架、后端机架和四根空间分布的方形导轨组成缠丝机主机架，支撑整机重量和布置安装其他各机构系统，导轨上安装有齿条，作为缠丝进给的驱动齿条。前、后端机架均安装夹紧装置，缠丝机缠丝作业时，前、后夹紧装置夹紧主缆，固定住主机架，回转机构在机架上回转缠丝并在轨道上进给移动。

2. 夹紧机构

缠丝机共有四套夹紧机构，主机架前端机架和后端机架各有一套，前、后夹持架各一套。夹持机构均为手动操作手轮柄夹紧和松开。夹紧机构的基本结构是丝杆、螺母和闸瓦。

3. 缠丝机构

缠丝机构安装在大齿圈端面上，靠大齿圈的旋转运动实现缠绕动作，通过与旋转相匹配的走行速度实现进给钢丝。缠丝机一般为双头缠丝方式，故齿圈上有两套相同的机构。缠丝机构包括有大齿圈、贮丝轮、张紧装置。图 16-40 为缠丝机构示意图。

图 16-40　缠丝机构

4. 传动机构

主传动机构由调频电机驱动，并采用摆线针轮减速器减速。电机连接液压推动制动器，使制动平稳无冲击。前端有牙嵌离合器，连接驱动机构与小齿轮，然后传至大齿圈，驱动缠丝机构旋转运动。牙嵌离合器可控制大齿圈转动，以适应跨越索夹及吊索时齿圈活动缺口打开通过的要求。前端传动装置上有棘轮装置，防止停车时因钢丝张力作用使齿圈反转，防止已缠好的丝松开。齿圈旋转既可与走行动作匹配，亦可单独旋转，例如，在过索夹前齿圈位置调整及缠绕索夹端嵌入部分时就地转几圈。

5. 跨越索夹系统

缠丝机跨越索夹时，由前、后端机架与在导轨上移动的前、后夹持架 4 个支撑和夹持点交替顺序动作，跨越索夹。

16.6.3　典型缠丝机主要技术参数

典型缠丝机的主要技术参数如表 16-5 所示。

表 16-5　典型缠丝机技术参数表

项　目	汕头海湾大桥	阳逻长江大桥	西堠门大桥	五峰山长江大桥
主缆直径范围/mm	ϕ550	ϕ650～ϕ900	ϕ750～ϕ950	ϕ1000～ϕ1350
主缆最大水平倾角/(°)	25.36	35	30	30
缠绕的钢丝类型	ϕ4 圆钢丝	ϕ4 圆钢丝	S形和圆形钢丝	S形和圆形钢丝
钢丝头数/根	2	2	2	2
钢丝张紧力/kN	1.4～2.0	0～2.8 可调	0～3,可调	0～3.2 可调
缠丝转速/(r·min^{-1})	24	0～20 可调	0～30	0～20 可调
缠丝速度/(mm·min^{-1})	193	0～200 可调	240	0～180 可调

参考文献

[1] 李怡厚,鄢怀斌.汕头海湾大桥架梁用缆载起重机[J].桥梁建设,1995:4.

[2] 任锦江.液压提升式缆载吊机关键技术研究[D].成都:西南交通大学,2011.

[3] 张腾.润扬大桥悬索桥上部结构施工专用设备跨缆吊机的开发研制[J].筑路机械与施工机械化,2005,22(1):4.

[4] 金仓.全液压跨缆吊机的研制与应用[J].筑路机械与施工机械化,2009,26(9):21-25.

[5] Dorman Long 技术公司.缆载起重机技术资料[Z].

[6] 王义程.虎门大桥悬索桥跨缆起重机的特点和改进设想[J].华南港工,1997(1):38-45.

[7] 柳州欧维姆机械股份有限公司.缆载起重机技术资料[Z].

[8] 和锋,简晓春,吴建强.CSJ-950 型大跨径悬索桥主缆缠丝机的研制[J].筑路机械与施工机械化,2009(11):61-64.

第17章

缆索起重机

17.1 概述

17.1.1 定义

缆索起重机是一种以柔性钢索（主索）作为架空支承件，供悬吊重物的小车在主索上往返运行，具有垂直运输（起升）和水平运输（牵引）功能的起重机。

缆索起重机的基本参数有额定起重量、跨度、起升高度和工作速度。额定起重量指吊具以下物品的最大总质量；跨度指主索两端铰接点连线的水平距离；起升高度指吊具允许起落的最高点和最低点的垂直距离；工作速度指吊具垂直运输（起升）的速度和小车水平运输（牵引）时的速度。

17.1.2 用途

缆索起重机是一种非常规起重机械，不受气候、地势和场地条件的限制，跨越能力大，被广泛应用于桥梁、水利水电、码头、森林工业及采矿工业等工程建设的施工作业中。其中，在桥梁工程中多用于悬索桥、拱桥的施工作业，在部分斜拉桥的施工作业中也有使用。

17.1.3 分类

缆索起重机根据主索两端支架运动情况分为固定式和移动式，根据支架运动的轨迹，移动式又分为平移式、摇摆式、辐射式、弧动式、索轨式等。桥梁工程建设多采用固定式缆索起重机。

桥梁用的缆索起重机根据跨度可分为单跨和多跨缆索起重机；根据主索的数量可分为单根单组和多根多组索；根据主索是否可以移动分为固定式索鞍和横移式索鞍；根据牵引索的收放情况可分为循环跑绳和双侧对拉收放跑绳。

17.1.4 国内外发展概况

缆索结构作为能够充分发挥材料抗拉性能的一种结构形式，在古代就为人们所认识，古人用树皮、藤条等韧性材料编成绳索，做成索道跨越深沟或其他障碍；现在云南、贵州等地交通不便的山区仍有沿用小滑车溜钢索的方式跨越山谷、河流。在现代生活中，小到晾衣绳，大到观光缆车、大型桥梁，缆索结构更是得到了广泛的利用，不仅如此，缆索结构在发展过程中逐渐按功能分类，载荷可在索上移动则演化成了应用广泛的缆索起重机。

1. 水利水电工程用的缆索起重机

在20世纪80年代以前，我国大多数缆索起重机依赖国外进口，国内生产厂家从20世纪80年代开始，经历了三个发展阶段。

（1）第一代，生产于20世纪80年代前，主要特点是多根主索和中等速度，以仿制为主。

（2）第二代，生产于20世纪80年代到20世纪末，主要特点是单根主索和中等速度，额定起重量是20 t。

(3) 第三代,生产于21世纪初,主要特点是单根主索和中等速度,额定起重量是30 t。

2. 桥梁工程用的缆索起重机

由于我国桥梁建设技术的突飞猛进,桥梁工程使用的缆索起重机相比水利水电工程用的缆索起重机发展速度更快。目前,已发展成由缆索系统、锚碇系统、塔架索鞍系统、牵引系统、起重系统、电气控制系统、安全监控系统等组成的复杂整体,并由单跨向多跨发展,起重量增加到几十吨、上百吨甚至几百吨,主索由单索发展到组索、多组索,位置由固定式发展到可移动式。

(1) 缆索起重机在拱桥施工中的应用,如表17-1所示。

(2) 缆索起重机在其他桥梁施工中的应用,如表17-2所示。

表17-1 缆索起重机在拱桥施工中的应用

序号	工程名称	跨度/m	吊重/t	施工时间	施工单位
1	吉安阳明大桥	464	2×33	2003年	中铁大桥局集团有限公司
2	重庆菜园坝长江大桥	420	420	2003年	中铁大桥局集团有限公司
3	沪渝高速巫山大宁河特大桥	432	165	2006年	贵州桥梁工程总公司
4	南广铁路西江特大桥	476	4×90	2008年	中铁大桥局集团有限公司
5	大瑞铁路澜沧江特大桥	698	70	2008年	中铁大桥局集团有限公司
6	成渝环线合江长江一桥	450	200	2009年	广西路桥工程集团有限公司
7	成贵铁路鸭池河大桥	459.5	2×150	2014年	中铁大桥局集团有限公司
8	香溪长江公路大桥	601.2	270	2015年	中铁大桥局集团有限公司

表17-2 缆索起重机在其他桥梁施工中的应用

序号	工程名称	跨度/m	吊重/t	施工时间	桥型结构
1	湖南桃源沅水大桥	2×610	40	1997年	4×54 m上承式钢筋混凝土箱肋拱+2×100 m中承式钢管拱+12×54 m上承式钢筋混凝土箱肋拱
2	株洲湘江二桥	619+436	70	2001年	842米11孔上承式钢筋混凝土箱肋拱桥
3	长沙黑石铺大桥	2×635	70	2006年	5×80 m上承式钢筋混凝土箱肋拱+(144+162+144) m中承式钢管混凝土拱+3×80 m上承式钢筋混凝土箱肋拱
4	复兴大桥	700+650	130	2002年	多跨双层组合钢管混凝土系杆拱桥
5	普立大桥	628	200	2011年	双塔单跨钢箱梁悬索桥
6	惠罗高速红水河大桥	503	150	2013年	双塔双索面混合式叠合梁斜拉桥
7	贵黔高速鸭池河大桥	800	250	2014年	钢桁-混凝土梁混合梁斜拉桥
8	丽香铁路金沙江大桥	660	640	2015年	双塔单跨钢箱梁悬索桥

3. 缆索起重机的发展方向和应用前景

随着工艺工装的进步及施工设备的发展,缆索起重机逐步往大跨度、大吨位、智能化的方向发展。与之配套的材料、设备也有了长足的进步。

钢丝绳作为主索的常用材料,有多种直径、多种截面形式、多种强度等级可供选择。例如,索道中常用的密封钢丝绳,其密度系数大,高达0.9以上,为各类钢丝绳之冠,与相同直径普通钢丝绳相比,总破断拉力要高出65%左右,整根钢丝绳近似一根圆棒,支撑表面大,使用时单位面积上承受的压力较小,压力分布均匀,使用寿命长。

作为动力来源的卷扬机也成系列发展,根据缆索起重机的实际要求已发展为起重、牵引两大类,吨位不断增大。变频电动机的出现及变频控制技术的成熟使起重、牵引速度的控制变得越来越轻松,控制线路越来越简单可靠。

电气控制技术也不断地更新,实时模拟量、开关量数值的检测和远距离传输,让缆索起重机的操纵环境变得越来越简单、舒适。随着GPS定位技术的应用,大型被吊物的空中姿态调整不再全凭肉眼观察,而是可以做到毫米级的调整。动力系统已经从最初的继电器控制发展到了PLC微机控制,整个缆索起重机系统朝着更安全、更智能、更适应施工环境、自动化甚至故障自检测的使用方向发展。

17.2 成贵铁路鸭池河大桥 2×150 t 缆索起重机

17.2.1 桥梁工程概况

成贵铁路鸭池河大桥位于索风营水电站上游约8 km处,桥梁起于毕节市黔西市,向东南跨越鸭池河后,终点止于贵阳市清镇市。

主桥为436 m中承式钢-混结合拱桥,拱肋采用钢-混结合拱方案,拱上立柱采用双柱式框架墩,主梁采用单箱三室预应力混凝土梁。

主拱拱肋安装采用无支架缆索吊装系统吊运就位,扣锚系统斜拉扣挂的方式施工。上、下游拱肋共分成54个节段吊装,最大节段质量为212.5 t。拱肋根部K撑最大吊装质量为237 t。

17.2.2 缆索起重机简述

本例缆索起重机整体实物如图17-1所示,采用缆塔与扣塔合建,缆塔底部与扣塔顶部铰接的形式,跨度是459.5 m,上下游各一组起重小车,额定起重能力为2×150 t。

塔架分别设置在两岸拱座顶面,塔架总高度为178.2 m,其中扣塔高142 m,缆塔高36.2 m。成都岸缆塔后锚采用砼结构,通过锚索锚固在山体上,贵阳岸后锚利用桥台在承台内埋设预埋件对主索进行锚固。缆索起重机跨度组成为176.35 m(成都侧)+459.5 m(中跨)+142.86 m(贵阳侧)。主索分2组布置,上、下游各一组,每组主索由12ϕ60钢丝绳组成,垂跨比1∶12;起重索采用ϕ34纤维芯钢丝绳走8布置,选用4台15 t起重卷扬机;牵引索采用ϕ36纤维芯钢丝绳走4布置,选用8台22 t牵引卷扬机分置两岸。

图17-1 2×150 t 缆索起重机整体实物图

17.2.3 缆索起重机的主要结构组成

2×150 t 缆索起重机由缆索系统、锚碇系统、塔架索鞍系统、牵引系统、起重系统、电气控制系统、安全监控系统等组成。

1. 缆索系统

缆索起重机的缆索系统由各种直径、数量、型号不一的钢丝绳组成,按照其在系统中所起的作用分为主索、起重索、牵引索、缆风索、结索、扣索等,如图 17-2 所示。

图 17-2 缆索系统

1) 主索

主索又称承重索或运输天线,是缆索系统中用于承受吊重的钢丝绳,起重小车通过滑车组支承于其上。其顺桥向跨越桥墩,支承于缆索起重机两侧缆塔顶部的索鞍上,两端分别锚固于两侧的地锚。

作用于主索上的载荷有两部分:集中载荷和均布载荷。集中载荷由吊重、吊具和起重小车自重、起重索自重等组成。均布载荷包括主索、起重索、牵引索、支索器等的自重。

主索的根数、直径根据吊运的构件重量、垂度、计算跨度等因素进行选择。根据桥面宽度及设备供应情况可沿桥面横向设置多组主索,每组主索可由若干根平行钢丝绳组成。本工程在桥面上、下游方向各设置 1 组主索,并在缆塔顶部设置了横向移位的机构以满足施工需要。

2) 起重索

起重索又称工作索,布设示意图如图 17-3 所示,是缆索系统中用于控制吊物的升降(即垂直运输)的钢丝绳。其一端固定于起重卷扬机上,通过转向滑轮穿绕至起重小车的定动滑车组后,另一端固定于对岸的起重卷扬机或地锚上。当起重小车在主索上沿桥跨方向往复运行时,可保持起重小车定、动滑轮车组间的起重索长度不随行车的移动而改变。

3) 牵引索

牵引索又称跑绳,是在缆索系统中用于牵引起重小车沿桥跨方向在主索上移动(即水平运输)的钢丝绳。其一端从牵引卷引机引出,通过转向滑轮缠绕于起重小车的牵引滑轮上,再通过转向滑轮连接至牵引卷扬机上,牵引索布置示意图如图 17-4 所示。

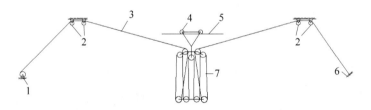

1—15 t 起重卷扬机;2—塔顶转向滑轮;3—起重索 $\phi 34$ 钢丝绳;4—天车;5—主索 $\phi 60$ 钢丝绳;6—锚碇;7—起重索走 8。

图 17-3 起重索布设图

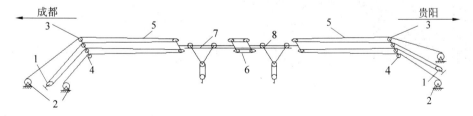

1—地面转向滑轮;2—22 t 卷扬机;3—缆塔转向滑轮;4—塔顶转向滑轮;5—牵引索 $\phi 36$ 钢丝绳走 4;6—连接钢丝绳;7—主索 $\phi 60$ 钢丝绳;8—天车。

图 17-4 牵引索布置(双侧牵引)图

4) 缆风索

缆风索又称缆风绳或风缆，是在缆索系统中用来保证塔架的纵横向稳定及拱肋安装就位后的横向稳定的钢丝绳。

按照缆风索安装的位置又分为后风缆（背缆）、通风缆、侧风缆，如图 17-5 所示。后风缆一端固定于后锚碇系统上，另一端固定于缆塔顶部的缆风锚梁上；通风缆的两端分别固定于两座缆塔顶部的缆风锚梁上；侧风缆一般用于风力较强时加强锚固或防止已安装的桥梁构件发生横向偏移。

拱箱（肋）接头预制的扣环上，另一端通过扣塔或排架固定于地锚上。为了便于调整扣索的长度，可设置手拉葫芦及张紧索。

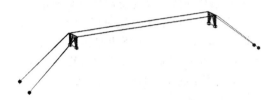

图 17-5　缆风索布置示意图

图 17-6　扣索布置图

5) 结索

结索是在缆索系统中用于悬挂支索器的钢丝绳，以使主索、起重索、牵引索不致相互干扰。它仅承受支索器重量及自重。

6) 扣索

扣索出现在拱桥施工中，用于拱箱（肋）分段吊装时，临时固定拱箱（肋）的钢丝绳（钢绞线），如图 17-6 所示。施工中，扣索的一端系于

2. 锚碇系统

锚碇系统用于锚固主索、缆风索、扣索、起重索及卷扬机等，如图 17-7 所示。锚碇的可靠性对缆索吊装的安全有决定性影响，设计与施工过程中均须高度重视。按照承载能力的大小及地形、地质条件的不同，锚碇的形式和构造可以是多种多样的，还可以利用已有桥梁墩、台作锚碇。

图 17-7　锚碇系统（锚固主索、起重索及卷扬机，锚固缆风索、扣索）

3. 塔架索鞍系统

塔架根据在施工中所起作用的不同分为扣塔和缆塔两种形式。扣塔是用于拱箱（肋）吊装时临时锚固，同时与缆塔共同支承各种受力钢索的结构物，如图 17-1 所示，多见于拱桥桥梁施工中。缆塔是用于提高主索的临空高度及支承

各种受力钢索的结构物,如图 17-1 所示。

塔架的形式按材料可分为木塔架和钢塔架两类,目前多采用钢塔架。钢塔架可采用龙门架式、独脚扒杆式或万能杆件拼装成的各种形式。本例桥梁施工中采用"扣、缆"二塔合一,缆塔位于扣塔上部通过铰座与扣塔连接,如图 17-8 所示。其他桥型施工时,亦可利用已有构造物作为塔架,如斜拉桥、悬索桥主塔的上横梁,抑或山体的隧洞等,例如,2022 年 3 月合龙的云南玉楚高速公路绿汁江大桥,施工中采用的缆索起重机即利用山体挖出的隧道锚作为一侧塔架。

缆塔架顶上设置索鞍。索鞍用来放置主索、起重索、牵引索等,可以减小钢丝绳与塔架的摩擦力,使塔架承受较小的水平力,并减小钢丝绳的磨损。本例施工中主索鞍通过塔顶双侧卷扬机的作用,可以沿塔顶横向移动一定距离,以适应特殊工况的施工需要。

4. 牵引系统

牵引系统由牵引卷扬机、转向滑轮、起重小车上的牵引滑轮组、牵引索组成。通过牵引卷扬机收放牵引索,达到牵引起重小车在桥跨方向移动的目的。

按牵引索的收放方式,可分为双侧收放牵引和单侧收放牵引。双侧收放牵引即沿缆

图 17-8 缆塔和扣塔二合一实物图

起重机的纵向两侧均设置牵引卷扬机,工作时一侧收一侧放,需同时协调操作两侧卷扬机,本工程即采用双侧收放牵引,如图 17-4 所示;单侧收放牵引即只沿缆索起重机的纵向任一侧设置牵引卷扬机,通过牵引索的循环工作在一侧完成收放工作,如图 17-9 所示。

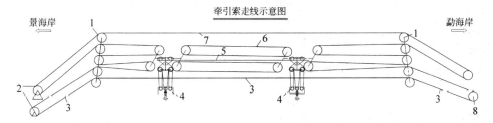

1—塔顶转向轮;2—牵引卷扬机;3—牵引索;4—起重跑车;5—主索(ϕ62 钢丝绳);6—联结绳;
7—牵引索(ϕ36 钢丝绳,走 4 布置);8—牵引索转向轮。

图 17-9 单侧牵引(循环跑绳)示意图

5. 起重系统

起重系统由起重卷扬机(图 17-10)、转向滑轮、起重小车、起重索组成,起重系统示意图如图 17-11 所示。

起重小车又称跑车或天车,由上挂架、下挂架、吊钩组成,上挂架通过滑轮组支承于承重索上,起重用定滑轮组设置于上挂架下部,起重用动滑轮组设置于下挂架上部,二者通过起重索相连。吊钩设置于下挂架下部,在实际施工中下挂架应起吊一定重量的配重物体以使挂架吊平。

6. 电气控制系统

缆索起重机传统的电气控制方式采用继电器控制,近年来随着电气控制技术的进步,PLC集中控制逐渐代替了原有的继电器控制方式。

本例的电气控制系统由 PLC 程序控制和手动控制组成,PLC 程序控制系统采用 PLC 程序控制器、测量仪表、主令开关、按钮、中间继电器、交流接触器等共同控制,当 PLC 程序控制系统出现故障或需维护时,可转换至手动控制,确保设备正常运行,操控台如图 17-12 所示。

图 17-10 卷扬机组实物图

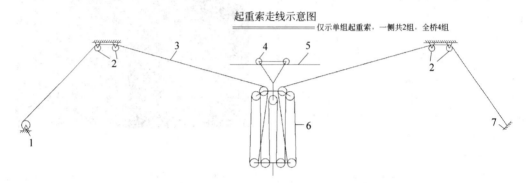

1—15 t 起重卷扬机;2—塔顶转向滑轮;3—起重索 ϕ34 钢丝绳;4—天车;5—主索 ϕ60 钢丝绳;6—起重索走 8;7—锚碇

图 17-11 起重系统示意图

图 17-12 缆索起重机操控台

在新技术应用方面,采用变频器作电动机的动力驱动,采用人机界面显示各卷扬机的运行工况和状态数据,每台卷扬机及对应的起重或牵引索均设置重量传感器、位移传感器和速度传感器。可实现一人操作多机、单机独动和多机联动的自由切换。

7. 安全监控系统

目前,桥梁施工用缆索起重机朝着大跨度、大吨位、大起升高度方向发展,在实际应用中的安全风险越来越大。一台设计良好的缆索起重机必须包括一套完善的安全监控系统。

缆索起重机安全监控系统是一种新型智能化起重机安全监测预警和信息化管理相结合的系统,能够全方位保证缆索起重机的安全运行,包括视频监控系统(图 17-13)和数据采集信息检测预警系统(图 17-14)。

本例安全监控系统是集精密测量、人工智能、自动控制等多种技术于一体的电子系统产品和信息管理、数据储存系统。具有重点部位画面实时监控、起重机防超载、防偏斜、防倾翻、防超速、防碰撞等功能,能够提供起重机安全状态的实时预警和控制。检测数据和监控视频保存于计算机硬盘内,一般数据保存 15 天,重要数据保存至工程结束。

安全监控系统需检测的典型状态量包括

图 17-13 缆索起重机视频监控系统

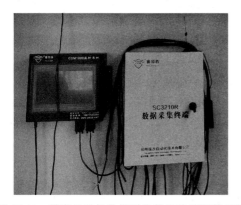

图 17-14 缆索起重机数据采集信息检测预警系统

以下几个方面。

(1) 索力值。包括主索、起重索、牵引索、缆风索的索力值,其中起重索的索力值与起重小车的吊重量相关。

(2) 位移值。包括起重小车的纵向位移、垂直位移。

(3) 速度值。包括起重小车的牵引速度、起升速度、风速。

(4) 位置检测。包括起重小车起升高度的上、下限位置,卷扬机的超速、制动位置,其他运行机械的减速、极限、超限位置。

(5) 状态检测。包括起升机构制动接触粘连检测,控制柜空气断路器、主回路交流接触器运行状态检测,操作台急停按钮、功能按钮、联锁装置的状态检测。

(6) 其他检测。包括电源相数、相序,电源电压等。

17.3 安全使用规程

17.3.1 缆索起重机拼装施工的安全注意事项

(1) 塔架地基要牢固,地基承载力经计算与实测要满足施工要求,地基四周设置排水设施,并保证施工及使用过程中排水通畅。

(2) 塔架的顶端应安装避雷针,避免施工及使用过程中遭受雷击引发安全事故。

(3) 合理设计及调整主索的垂度,拼装结束后需进行索力调整,保证使用过程中每根主索受力均匀。

(4) 地锚施工必须保证形状大小开挖到位,混凝土强度达标,预埋件预埋角度正确。

(5) 塔架拼装过程中应实时监测整体垂直度,调整其垂直度符合设计要求。

17.3.2 缆索起重机试吊的操作规程

(1) 编制缆索起重机试吊专项施工方案,经评审通过后组织相关人员进行试吊安全技术交底。

(2) 安装完毕试吊前,组织相关人员对缆索起重机进行一次全面检查,检查结果应做详细记录,以便随时处理和备查。

(3) 塔架拼装验收项目及塔架拼装尺寸容许偏差详见表 17-3 和表 17-4,表中 H 为塔架总高,L 为两立柱间距。

表 17-3 塔架拼装验收实测项目

序号	检查项目	要求
1	各构件有无变形、错装、漏装	无
2	各构件螺栓连接有无缺损、松动	无
3	连接销是否到位可靠	可靠
4	各焊接部位焊接情况	可靠
5	塔架基础、地质牢固情况	承载力符合设计要求

表 17-4 塔架拼装尺寸容许偏差

序号	项目	容许偏差	检查方法	序号	项目	容许偏差	检查方法
1	塔顶标高	≤50 mm	全站仪测量	5	塔顶纵向偏差	≤20 mm	全站仪测量
2	塔顶平面高差	≤10 mm		6	连接横梁高差	<$L/900$	
3	立柱侧面弯曲	<$H/1500$		7	横梁挠度	<$L/1000$	
4	立柱倾斜	<$H/2000$		8	立柱间的距离	≤15 mm	

检查方法：横梁挠度与立柱倾斜、总体位移等项目应用仪器监测；杆件间及杆件与节点板间拼接密贴与否用塞尺检查；螺栓拧紧与否用塞尺检查或手锤敲击，检查结果应做好详细记录，以便针对问题及时处理。

(4) 按设计规定，缆索起重机试吊至少应进行包括空载、50%设计载荷、100%设计载荷及110%设计载荷的联动动载试吊，以及125%设计载荷的跨中静载试吊。按照"空载→静载→动载"顺序进行试吊，每进行一个步骤，检查无误后才能进入下一个步骤。

① 空载运行调试：检查起重、牵引各种动作的操作和熟练；检查起重、牵引索在轻载时的动作，特别是有没有发生缆索的相互摩擦等；支索器的功能是否满足设计、使用要求（此项结合现场实际可省略）。检验操作人员的实际操作、口令传达练习等。

② 设计额定载荷50%的跑车联动试吊。
③ 设计额定载荷100%的跑车联动试吊。
④ 设计额定载荷110%的跑车联动试吊。
⑤ 设计额定载荷125%的静载试吊。

(5) 观测，并记录相关数据。
① 主索跨中垂度：采用全站仪测量主索跨中垂度，各种试验载荷工况下，观测主索跨中垂度。

② 塔架顶偏位观测：采用全站仪测量。在缆塔顶制作控制点，测量其坐标位置。在各种试验载荷工况下，观测缆塔顶面的平面位置和偏位情况。每个索塔塔柱设置两个，上、下游分别设置。观测点应永久可靠，不易破坏。

③ 塔架基础位移观测：采用全站仪测量。在塔架基础顶部制作控制点，测量其坐标位置。各种试验载荷工况下，观测控制点的平面位置变化（包括垂直度、坐标、标高和偏位变化情况等）。如有扣塔，在每个扣塔及交界墩顶各设置两个观测点，上、下游分别设置。观测点应永久可靠，不易破坏。

④ 锚碇位移观测：采用全站仪测量。应在两岸锚碇上制作控制点，测量其坐标位置。各种试验载荷工况下，观测控制点的平面位置变化。每个锚碇上设置两个观测点。载荷过程中，派专人查看锚碇的边缘，有无松动或滑动。

⑤ 主索索力测试：必要时可采用拉力计对试吊过程中主索索力进行测试。

⑥ 塔架、锚索、锚碇和机电部位、索鞍滑轮组、上下塔架之间的连接座及其他连接的重要部位，均要派专人值班看守。加载过程中，认真检查、记录，发现情况应及时报告给现场技术负责人。

⑦ 在试吊前，加强塔柱、索结构的变形观

测,特别是温度变化后,塔柱的偏位、索的垂度变化等。

17.3.3 缆索起重机试吊的安全规程

(1) 试吊时风速不大于六级,否则应停止试吊。

(2) 参加试吊的有关人员应熟悉缆索起重机的结构、性能及施工工艺、使用说明书的各项有关要求,操作要领与安全规程。

(3) 试吊前,应该认真检查机械设备、电气设备及安全保护装置。

(4) 试吊时,必须设专人指挥,各位置的操作人员必须听从指挥,不得擅自进行起吊和其他作业。但对任何人员发出紧急停车信号后,均应立即停车。

(5) 起吊、牵引操作人员必须在确认指挥信号后,方可进行操作,操作前应先鸣铃或发出信号。

(6) 所有参加试吊的操作人员必须是将来参加正式吊装的操作人员,在正式吊装过程中,不得随意变动对应的操作人员。

(7) 起吊重物下严禁站人;其他施工设备远离起吊范围应不小于 10 m。

(8) 起吊时起落平稳,严禁斜拉、斜吊或超载起吊。

(9) 主索两端和起重索均应设置限位装置。工作完毕,应将起重小车走行到规定位置,将卷扬机置于制动状态并切断电源,电源开关柜应加锁。

17.3.4 缆索起重机使用安全规程

(1) 严禁使用缆索起重机运送人员。

(2) 严禁设备故障原因未查清、未排除便进行作业。

(3) 缆索起重机各种安全保护装置应安装且有效,包括主索两端的限位器、主索的拉力检测仪、起重力检测仪等。

(4) 缆索起重机作业人员要求:

① 缆索起重机作业人员包括操作司机、信号指挥员、吊装作业人员、机电检修员、结构检查人员等;

② 必须接受了相关专业技术及安全教育培训,经考试合格并取得了相关的上岗资格证;

③ 必须身体健康,无任何相关禁忌性疾病。

(5) 操作安全规程:

① 严格执行"十不吊"规定;

② 每次作业前要履行签证制度;

③ 作业前,机电检修员和操作司机应检查机械设备、电源电缆是否正常,操作室上电之后,检查各开关、仪表显示是否正常,安全监控系统是否启动;

④ 正式吊装前应进行空车试运行,确认各个牵引往返、起重升降动作正常,并观察空车制动情况;

⑤ 视线以外的吊运区域,必须严格按照信号指挥人员要求的动作操作;

⑥ 无论是操作司机,还是信号指挥员,如果身体突然不适,必须立即停止操作和指挥,以免误操作而引起事故;

⑦ 指挥信号必须简洁明确,各种信号的表示方法应统一并张贴于操作室内,语音指挥时要吐字清晰不产生歧义;

⑧ 操作人员和指挥人员应分配好指挥权限,配备无线电对讲机,对讲频道应统一管理,不与其他作业频道串台,确保各个部门通讯通畅;

⑨ 指派专职安全员每日巡回检查缆索起重机涉及的各个工作地点,纠违章、查隐患,对锚碇系统的锁紧螺帽、转向滑轮的销轴必须做到每日一检;

⑩ 定期召开安全会议和组织安全培训,认真做好"班前十分钟"安全学习,要通过班前会的开展,使得各作业人员提高安全意识,明确生产任务,从而在一定程度上保证安全与生产的统一性;

⑪ 制定与缆索起重机相适应的维护保养制度和定期检查制度,包括缆索起重机的机械、电气、钢结构、锚碇、缆索等部位,应合理安排针对缆索起重机的每日、每周、每月、每季度、每半年或更长周期的维护保养、检查制度,并细化到每一个责任人。

参考文献

[1] 中铁大桥局集团第五工程有限公司.成贵铁路贵州鸭池河大桥缆索吊机(扣、缆塔)施工方案[Z].

[2] 中铁大桥局集团第五工程有限公司.丽香铁路金沙江特大桥缆索吊机专项施工方案[Z].

[3] 中铁大桥局集团第五工程有限公司.玉楚高速绿汁江特大桥缆索吊机安拆专项施工方案[Z].

[4] 满洪高,李君君,赵方刚,等.桥梁施工临时结构施工技术[M].北京:人民交通出版社,2012.

第18章

桥梁转体施工设备

桥梁转体施工是20世纪40年代以后发展起来的一种架桥工艺。它是在河流的两岸或适当的位置,利用地形使用简便的支架先将半桥预制完成,之后以桥梁结构本身为转动体,使用一些机具设备,分别将两个半桥转体到桥位轴线位置合龙成桥的施工方法。

18.1 定义

在桥台(单孔桥)或桥墩(多孔桥)上分别预制一个转动轴心,以转动轴心为界把桥梁分为上、下两部分,上部整体旋转,下部为固定墩台、基础。根据现场实际情况,上部构造可在路堤上或河岸上预制,旋转角度也可根据地形随意旋转。

18.2 特点

桥梁转体施工的特点如下:①利用地形,方便预制;②施工不影响交通;③施工设备少,装置简单;④节省施工用料;⑤施工工序简单,施工迅速;⑥适合于单跨和三跨桥梁,可在深水、峡谷中建桥采用,同时也适用于在平原区及城市跨线桥。

18.3 转体桥分类

根据桥梁结构的转动方向,可分为竖向转体施工法、水平转体施工法(简称竖转法和平转法,其中平转法分为墩顶转体和墩底转体两种)及平转与竖转相结合的方法。

(1)竖转法:竖转法主要用于拱肋桥,拱肋通常在低位浇筑或拼装,然后向上拉升达到设计位置,再合龙。

(2)平转法:平转法的转动体系主要有转动支承系统、转动牵引系统和平衡系统。

18.4 平转体施工关键技术设备的选用

以京张土木特大桥上跨大秦铁路(60+100+60)m转体施工为例,对平转体施工关键技术设备选用进行说明。

18.4.1 转体设备结构组成

转体设备由下转盘、球铰、上转盘、转体牵引系统等组成。

1. 下转盘

下转盘设置于主墩墩帽顶部,横桥向长11.2 m,顺桥向宽8.8 m,是支承转体结构全部重量的基础,采用强度等级为C50的混凝土建造。下转盘上设有直径为2.44 m的下球铰及中心直径为5.24 m的环形下滑道,如图18-1和图18-2所示。

墩帽全高5 m,分两次浇筑。第一次浇筑4 m高度,第二次浇筑1 m高度。第一次混凝土浇筑前,测量放出下球铰骨架角点、滑道板骨架角点,并预埋L63×4 mm角钢(预埋深度

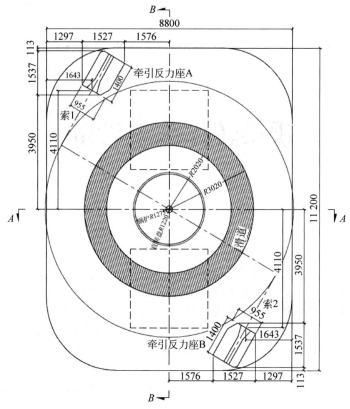

图 18-1 下转盘平面图

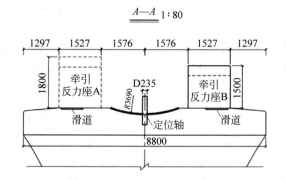

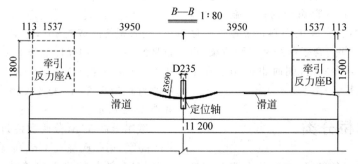

图 18-2 下转盘立面图

20 cm,露出混凝土面 20 cm),作为后续球铰骨架及滑道骨架的定位点和锚固点。

墩帽第一次混凝土浇筑完成后,定位、安装下球铰骨架及滑道骨架,位置和标高调整无误后与预埋角钢焊接固定,防止混凝土浇筑过程中发生位移。然后安装下球铰、滑道板,精确定位后固定。再绑扎下球铰、滑道底部加强筋和下转盘其他钢筋,并注意预埋牵引反力座钢筋。所有钢筋、预埋件安装完成,确认无误后第二次浇筑混凝土。

2. 球铰

球铰中心转盘球面半径为 3.645 m,定位中心转轴的直径为 $\phi 175$ mm。球铰由上下两块钢质球面板及钢筋筒组成,上面板为凸面,平面直径 2.55 m,通过外径 2.55 m 的钢护筒与梁底转盘连接;下面板为凹面,平面直径 2.44 m,嵌固于下转盘顶面。上、下面板均为 40 mm 厚的钢板压制而成的球面,背部设置肋条,防止在加工、运输过程中变形,并方便球铰的定位,加强与周围混凝土的连接。

钢球铰是转体施工的转动系统的核心,是转体施工的关键结构,制作及安装精度要求很高,必须精心制作,精心安装。其制造精度控制如下。

(1) 球铰和接触球面粗糙度不大于 25 μm。

(2) 上球面各处球面度偏差不大于 1 mm。

(3) 球铰边缘各点的高程差不大于 1 mm。

(4) 水平截面椭圆度不大于 1.5 mm。

(5) 下球铰内球面各镶嵌聚四氟乙烯板顶面应位于同一球面上,其误差不大于 1 mm。

(6) 球铰上、下球面形心轴与转动轴重合,其误差不大于 1 mm,钢管务必垂直于地面。

施工中,球铰定位利用固定下球铰骨架及调整螺栓将下球铰悬吊,调整中心位置,然后依靠固定调整螺杆上下转动调整标高。精确定位及调整完成后,对下转盘球铰的中心、标高、平整度进行复查;中心位置利用全站仪检查,标高通过千斤顶进行调整,采用精度为 0.03 mm 的水准仪尺多点复测。

球铰安装要点如下所示。

(1) 保持球面不变形,保证球铰面光洁度及椭圆度。

(2) 球铰方位内混凝土振捣务必密实。

(3) 防止混凝土或其他杂物进入球铰摩擦部分。

球铰安装精度质量控制如下。

(1) 球铰安装顶口务必水平,其顶面任意两点误差不大于 1 mm。

(2) 球铰转动中心务必位于设计位置,其纵横误差小于 1 mm。

球铰安装过程如图 18-3 所示。

(镶嵌MGB滑板→涂抹黄油)

(涂抹黄油→安装上球铰、安装上转盘模板)

图 18-3　球铰安装过程图

3. 撑脚与滑道

上转盘设置 4 组撑脚,每组撑脚由 2 个 $\phi 500 \times 24$ mm 的钢管组成,下设 30 mm 厚钢板。撑脚与下滑道的间隙为 30 mm。撑脚中心线的直径为 5.24 m。撑脚在工厂整体制造后运进工地,在下转盘混凝土灌注完成,上球铰安装就位后安装撑脚和临时支撑。临时支撑采用石英砂箱,并充分考虑支架变形等因素,确保转体前撤去砂箱后撑脚与下滑道的间隙为 18 mm。转体前在滑道面内镀铬钢板上铺设 10 mm 厚的 MGE 板。

在撑脚的下方(即下转盘顶面)设有 0.8 m 宽的滑道,滑道中心的直径为 5.24 m,转体时保持撑脚可在滑道内滑动,以保持转体结构平稳。

滑道现场采取分节段拼装,利用调整螺栓调整固定,要求整个滑道在同一水平面内,任意 3 m 弧长内环道的高差不大于 1 mm。转体时保证撑脚可在滑道内滑动,以保持转体结构平稳。滑道安装示意图如图 18-4 所示。

图 18-4 滑道安装示意图

4. 上转盘

上转盘设于梁底,是转体时的重要结构,在整体转体过程中是一个多向、立体的受力状态,受力较复杂。

上球铰应预先与下层钢护筒焊接为整体,吊装就位、精确安装后,浇筑 C50 补偿收缩混凝土,确保振捣密实。然后安放夹层钢板及上层钢护筒,用高强度螺栓将夹层钢板和上、下层钢护筒连接紧固。

上转盘内预埋牵引索采用 19ϕs15.2 钢绞线,固定端采用"P"型锚具,同一对牵引索的锚固端应在同一直线上并对称于圆心,注意每根牵引索的预埋高度应和牵引方向一致。每根牵引索埋入转台的长度应大于 4 m,每根牵引索的出口点也应对称于转盘中心。牵引索外露部分应圆顺地缠绕在转台周围,互不干扰地搁置于预埋钢筋上,并做好保护措施,防止施工过程中钢绞线损坏或严重锈蚀。

待梁体悬臂施工完后,进行整个转体系统支承体系的转换,使上转盘支承于球铰上。施加转动力矩,使转台沿球铰中心轴转动。检查球铰的运转是否正常,测定其摩擦系数,为转体施工提供依据。

摩擦系数计算式如下:

$$\mu = 3M/2RG$$

式中:μ——摩擦系数;
  M——转动力矩,kN·m;
  R——球铰平面半径,m;
  G——转台总重量,kN。

设计静摩擦系数为 0.1,动摩擦系数为 0.05,若测出的摩擦系数较设计出入较大,应分析查找原因,并做出相应的处理。

5. 转体牵引系统

转体结构的牵引力计算式如下:

$$T = \frac{2}{3} \cdot \frac{RW\mu}{D}$$

式中,R——球铰平面半径,$R=1.275$ m;
  W——转体最大总重量,$W=56\,130$ kN;
  D——转台直径,$D=8.90$ m;
  μ——球铰摩擦系数,$\mu_{静}=0.1$,$\mu_{动}=0.05$。

计算结果如下:

启动时所需要的最大牵引力

$$T = \frac{2}{3} \cdot \frac{RW\mu_{静}}{D} = 530.04 \text{ kN}$$

转动时所需要的最大牵引力

$$T = \frac{2}{3} \cdot \frac{RW\mu_{动}}{D} = 265.02 \text{ kN}$$

计算转体过程撑脚竖向力,考虑的不平衡有:①两侧梁体浇筑偏差,按转体重心偏心 10 cm 考虑;②一侧风向上吹,按 6 级风考虑。

计算撑脚竖向力 $N = 5548.9$ kN,撑脚距球铰重心距离 $L = 2.62$ m,所需牵引力 $T = \mu NL/D = 163.35$ kN,启动时所需要的最大牵引力 $T = 693.39$ kN,转动时所需要的最大牵引力 $T = 428.4$ kN。

由已完工的同类型桥梁施工经验得知,实际施工时最大牵引力可取计算值的 1.2 倍。

故本桥转体选用两套四台 ZLD200 型液压、同步自动连续牵引系统(牵引系统由连续千斤顶、液压泵站及控制台组成),形成水平旋转力,通过拽拉锚固且缠绕于直径 8.90 m 的转盘周围上的 19ϕs15.2 钢绞线,使得转体系统转动。

18.4.2 转体系统安装精度控制

施工时要使用性能和精度优良的测量仪进行平面和高程控制。平面控制采用莱卡 TS15P 全站仪,使中心点的定位精度达到 ±1 mm 以内;高程控制采用天宝 DiNi03 水准仪,精度为 0.03 mm。

球铰中心采用"十字放线"法和坐标放样法。

1. 定位架安装精度控制

首先,安装下球铰和滑道定位架,设计要求下球铰定位架顶面相对高度差不大于 5 mm,滑道定位架顶面相对高度差不大于 2 mm,施工时采用提高定位架的精度的方法,以减少下球铰和滑道安装时的调整工作量,施工中将下球铰定位架相对高度差和滑道定位架相对高度差均提高至不大于 1 mm,中心偏差不大于 1 mm。墩帽混凝土首次浇筑时,预埋定位架定位角钢,定位架安装前,先在定位架底部对应位置设置调平垫板,各垫板顶面高度差控制在 1 mm 以内,定位架安装时用吊车吊入,然后进行精确对中并调整其顶面高程,同时安装定位型钢,将定位架与其定位钢筋、定位型钢焊接牢固。

2. 下球铰安装精度控制

下球铰的安装精度控制是整个转体球铰安装的关键。浇筑完成第一步混凝土后,吊装下球铰使其放在定位架上,人工对其进行对中和调平,安装精度:顺桥向 ±1 mm,横桥向 ±1 mm,下球铰顶面相对高度差不大于 1 mm。施工中在可调精度内提高了下球铰顶面相对高度差安装精度不大于 0.5 mm。检查合格后,固定死调整螺栓,定位架与下球铰之间焊接 10 cm 长的角钢加强固定。然后进行第二次混凝土浇筑。

3. 滑道安装精度控制

(1) 安装时,按照设计要求整个滑道面在同一水平面上,其相对高度差不大于 2 mm,表面局部平面度不大于 0.5 mm。

(2) 下球铰表面和安装孔内清理干净,在下球铰上安装聚四氟乙烯片,聚四氟乙烯片在工厂内进行安装调试后编好号码,现场对号安装,安装后要求顶面在同一球面上其误差不大于 1.0 mm。

(3) 在下球铰上、定位销轴上及套筒内按照比例涂黄油和聚四氟乙烯粉,使其均匀地充满定位销轴上和套筒、滑动片之间的空隙,并略高于聚四氟乙烯片顶面,严禁杂物侵入。

(4) 在上球铰球面上也均匀的涂一层黄油和聚四氟乙烯粉,安装上球铰精确定位,并临时锁定限位并通过直径为 175 mm 定位销轴使其上下球铰中心重合。

18.4.3 施力设备及测点布置实施方案

对上盘承重台施加顶力,在距转体中心线

4 m 处设置 2 台 5000 kN 的千斤顶,分别对转体梁进行顶放,在每台千斤顶上设置压力传感器,用以测试反力值,同时在上转盘底四周布置 4 个百分表,称重时以 T 构的纵、横轴线对称布置。实施梁的不平衡力矩测试。

每台千斤顶需要的顶力:20050.2/(2×4) kN≈2506.3 kN。

测试中所用设备及性能如下。
(1) 500 t 油压千斤顶 2 台,用于施加顶力。
(2) 量程 50 mm 的百分表及百分表支架共 4 只。
(3) 400 t 压力传感器,2 套。
(4) ZX-3006 数据采集仪 2 套,如图 18-5 所示。

图 18-5　测试使用的千斤顶和百分表

18.4.4　转体施工设备配置

考虑穿心径等因数影响,每个桥墩转体配置一个自动连续顶推转体系统,自动连续顶推转体系统由 1 个 QK-8 主控台(图 18-6),2 台 ZLD200 连续千斤顶(图 18-7)和 2 台 YTB 液压泵站组成,该自动连续顶推转体系统可以提供转体结构启动后所需全部扭矩。两台 YTB 液压泵站由同一个主控台控制,确保同步作业。24#、25#墩共配备 2 个主控台、5 台连续千斤顶和液压泵(其中 1 台备用)。

选用 19ϕs15.2 钢绞线作为牵引索,其标准强度 f_{ytp}=1860 MPa,n=19;单根截面面积 A=140 mm^2;钢绞线锚下控制应力 f_k=0.75,f_{ytp}=0.75×1860 MPa=1395 MPa。前面内容计算启动时所需要的最大牵引力 T=693.39 kN。

则单束钢绞线容许应力 $[T]$=nAf_k=19×140×1395/1000 kN=3710 kN>693.39 kN

安全系数 K_1=$[T]/T$=3710/693.39=

图 18-6　主控台

图 18-7　连续千斤顶

5.35＞2,满足要求。

两台连续千斤顶分别水平、平行、对称地布置于转盘两侧,千斤顶的中心线必须与上转盘外圆相切,中心线高度与上转盘预埋钢绞线的中心线水平,同时要求两千斤顶到上转盘的距离相等,且距牵引索脱离转向索鞍的切点距离大于 5 m。

预埋牵引索逐根顺次沿着既定索道排列缠绕后,穿过 ZLD200 型连续千斤顶。先逐根对钢绞线预紧,再用牵引千斤顶在 1～2 MPa 油压下对该束钢绞线整体预紧,使同一束牵引索各钢绞线持力基本一致。牵引索的另一端设置固定锚具,锚具已在上转盘浇筑时预埋入上转盘混凝土体内,作为牵引索固定端。

18.4.5 转体步骤

1．试转体

试转体的目的是,检验转体方案的实用性、可靠性;检验整个指挥系统的协调性;检验操作人员是否明确自己的岗位职责和协同反应能力;通过演练取得经验并找到差距,以便进一步改进预定的转体方案;测试连续千斤顶加载后的工作性能,并确定合理转速的油泵控制参数和停止牵引后转动体在惯性作用下可能产生的转动距离。

试转前须对转体所需设备进行检验、校定,对千斤顶等设备进行空载、载荷试验,并由监理工程师见证。

在下转盘顶布置转体牵引系统的设备、工具、锚具,连接好控制台、泵站、千斤顶间的信号线,连接控制台、泵站电源,接好泵站与千斤顶间的油路并将设备调试完毕。

将钢绞线牵引索顺着牵引方向绕过转盘后穿入 2000 kN 连续千斤顶,先用 10 kN 逐根对钢绞线顶紧,并重复数次保证每根钢绞线受力均匀;再在 2 MPa 油压下对该束钢绞线整体预紧,使同一束牵引索各根钢绞线持力基本一致,预紧应采取对称方式进行。

现场统一指挥,采用对讲机进行通讯联络。试转体时,记录试转时间和停止转动后余转值。将实测结果与计算结果比较,调整转速。试转体成功后,要对现场设施采取覆盖保护措施,切断电源,由专人看护。

试转体时记录连续千斤顶启动时油表读数和均匀转动时油表读数,计算出静摩擦力和滑动摩擦力,与设计值相比较进行检验,记录在 1 s、2 s、3 s、5 s 时的转动角度和两端移动距离,记录梁端由惯性产生的行程,确定梁端即将就位前减速的位置。

2．转体前准备

1）修正转体方案

试转结束,分析采集的各项数据,对转体实施方案进行修正,根据试转时监测结果调整梁体配重,在不影响梁体偏心距的条件下调整中跨段。整个转体基本采用人工指挥控制,成立统一的指挥机构,收集、分析转体过程中的相关数据,并由同一个人下达指挥指令,以达到同步的目的。

2）转体施工的外部条件的确认

转体施工必须在无雨、雾及风力小于 6 级的气象条件下进行,所以转体施工日期的选择必须以气象条件做依据。

桥梁转体时采取对线路进行封锁施工。转体所需总时间不得超过封锁时间。转体前进行精心组织、科学安排,确保在封锁时间内完成。

3）转体监控

转动前在上转盘外圆设置"转动刻度盘"（图 18-8）。转动刻度盘分上、下两行,上行刻度表示梁端中心转过的弧度长,下行刻度表示转过的角度。转角的最小单位为 0.5°,上转盘

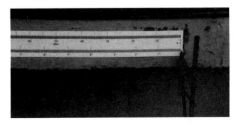

图 18-8　转动刻度盘

对应弧长为 3.9 cm,梁端中心对应的弧长为 42.8 cm。刻度盘显示角度范围为 0°～35°(转体角度 31°,梁端转过弧长 26.51 cm),刻度盘总长度 2.718 m。

下转盘设置指针,初始时将指针停放在 0°刻度上,当指针到达 5°时 T 构试转结束,当指针到达 31°时 T 构转体转动到设计位置。

转体过程中采用 2 台全站仪观测中线,时刻注意观察桥面转体情况,左右幅梁端每转过 1 m,向指挥长汇报一次;在距终点 100 cm 以内,每转过 5 cm 向指挥长汇报一次;在 500 mm 内,结束千斤顶连续工作状态,采取点动方式就位,转体就位后中线控制在设计要求范围内。

4) 安装微调装置

纵向微调装置:在上转盘与下转盘之间,沿桥轴线墩身前后各对称设置一台千斤顶,当转体发生前后俯仰时,采用将标高降低的一端千斤顶顶起的方法对转体进行微调。调整后在滑道与撑脚之间加设抄垫保持调整后的姿态。横向微调装置:在上转盘与下转盘之间,于桥轴线左右各设一台千斤顶,当转体发生左右倾斜时,顶起标高下降一侧的千斤顶,将转体微调扶正,并在撑脚下抄垫保持调整后的姿态。在边跨临时支墩顶安装千斤顶,以备梁体转体到位后进行梁端高程微调。

3. 转体实施

启动动力系统,逐级增大送油压力,直至转体结构启动。每台转体使用的对称千斤顶的作用力始终保持大小相等、方向相反,以保证上转盘仅承受与摩擦力矩相平衡的动力偶,无倾覆力矩产生。

设备运行过程中,各岗位人员的注意力必须高度集中,时刻观察和监控动力系统和转体各部位的运行情况。如果出现异常情况,必须立即停机处理,待彻底排除隐患后,方可重新启动设备继续运行。

4. 精确就位

轴线偏差主要采用连续千斤顶点动控制来调整,根据试转结果,确定每次点动控制的千斤顶行程,换算为梁端行程。每点动操作一次,测量人员测报轴线走行现状数据一次,反复循环,直至转体轴线精确就位。若转体到位后发现有轻微横向倾斜或高程偏差,则采用千斤顶在上下盘之间适当顶起,进行调整。

18.4.6 操作注意事项

(1) 穿钢绞线时注意不能交叉、打搅和扭转,所用的钢绞线应尽量左、右旋均布。

(2) 前后顶的行程开关位置要调整好,既不能让行程开关滑板碰坏行程开关,又不能因距离太远而使行程开关不动作。

(3) 千斤顶的安装应注意和钢绞线方向一致。

(4) 前、后千斤顶进油嘴,回油嘴与泵站的油嘴必须对接好,不能装错。

(5) 油管和千斤顶油嘴连接时,接口部位应清洗、擦拭干净,严格防止砂粒、灰尘进入千斤顶;卸下油管后,千斤顶和泵站的油嘴应加防尘螺帽,以防污泥进入。

(6) 控制系统在运行前一定要经过空载调试,确认无问题后方可投入使用。

(7) 非专业人员禁止更改接线;操作人员在系统运行过程中严禁站在千斤顶后。

(8) 转体前现场墩位附近配备绳锯、相关设备及构配件,发生撑脚卡死现象时能迅速地进行切割处理。

(9) 所有工作人员必须严格遵守有关安全施工操作规程。

18.4.7 安全使用规程

(1) 转体附属施工在转体施工前,完成转体部分桥面附属结构工程,保证转体后不再进行铁路上方的施工作业。

(2) 拆除砂箱要分两组对称拆除;清理滑道,在撑脚底与滑道顶的间隙中垫 5 mm 厚聚四氟乙烯板,并涂抹黄油。

(3) 箱梁不平衡力测试及配重平衡转体施工必须保证转体上部结构在转动过程中的平稳性,尤其是大型悬臂结构且无斜拉索情况,在理论上,水平转体应该绝对保证转体中支点两端重量的一致,也就是保证其两端达到平衡状态。在实际转体施工中,转体上部悬臂结构绝对平衡会引起梁端转动过程中发生抖动,且幅度较大,这不利于转体的平稳性。在实际施工中通过称重和配重使实际重心偏离理论重心 5~15 cm,配重后使转体桥前进端微微翘起,并使得每个转体的撑脚只有 1/3 与滑道平面发生接触。

(4) 设备测试。

① 转体过程中的液压及电气设备出厂前要进行测试和标定,并在厂内进行试运转。

② 设备安装就位。按设备平面布置图将设备安装就位,连接好主控台、泵站、千斤顶间的信号线,接好泵站与千斤顶间的油路,连接主控台、泵站电源。

③ 设备空载试运行。根据千斤顶施力值(启动牵引力按静摩擦系数 0.1,转动牵引力按动摩擦系数 0.05 考虑)反算出各泵站油压值,按此油压值调整好泵站的最大允许油压。进行空载试运行,并检查设备运行是否正常,并在不同时间段,不同温度下进行设备的空载运行及流量控制,空载运行正常后再进行下一步工作。

④ 安装牵引索。将预埋好的钢绞线牵引索顺着牵引方向绕上转盘后穿过千斤顶,并用千斤顶的夹紧装置夹持住,先用 1~5 kN 逐根对钢绞线预紧,再用牵引千斤顶在 2 MPa 油压下对该束钢绞线整体预紧,使同一束牵引索各钢绞线持力基本一致。

⑤ 全面检查转体结构各关键受力部位(特别是中墩负弯矩处)是否有裂纹及异常情况,拆除所有支架后用全站仪对转体结构进行观察,监测时间要求达到 2 h 以上。

(5) 试转。

在上述各项准备工作完成后,正式转动前两天,进行结构转体试运转,全面检查一遍牵引动力系统及转体体系、位控体系、防倾保险体系等是否状态良好。试转时应做好以下两项重要数据的测试工作。

① 每分钟转速,即每分钟转动主桥的角度及悬臂端所转动的水平弧线距离,应将转体速度控制在设计要求内。

② 控制采取点动方式操作,测量组应测量每点动一次悬臂端所转动水平弧线距离的数据,以供转体初步到位后,为进行精确定位提供操作依据。试转过程中,应检查转体结构是否平衡稳定、有无故障,关键受力部位是否产生裂纹。如有异常情况,应停止试转,查明原因并采取相应措施整改后方可继续试转。

18.5 竖转体施工关键技术设备的选用

本节以大理至瑞丽线(大保段)铁路澜沧江特大桥钢管拱劲性骨架二次竖转合龙为例进行说明。其施工总体布置如图 18-9 所示。

18.5.1 基本原理

缆索吊机支架上散拼,在拱脚及拱肋四分之一处设置转铰,利用两岸设置的锚碇,通过计算机控制整体提升、下放技术进行二次竖转、中间转铰、跨中及拱脚合龙。

18.5.2 竖转体系组成

竖转体系由竖转系统转铰、钢绞线及竖转油缸集群(承重部件)、液压泵站(驱动部件)、传感检测及计算机控制(控制部件)和远程监视系统等几个部分组成。

拱脚处竖转铰(图 18-10)设计为接触式铰结构,铰座为钢结构,铰轴为钢管混凝土结构,铰座与铰轴的接触面进行机加工,在两者接触面上涂抹黄油以减小摩擦和防锈。铰座由半圆弧钢板、支撑钢板及底座组成,材质为 Q345D 钢,

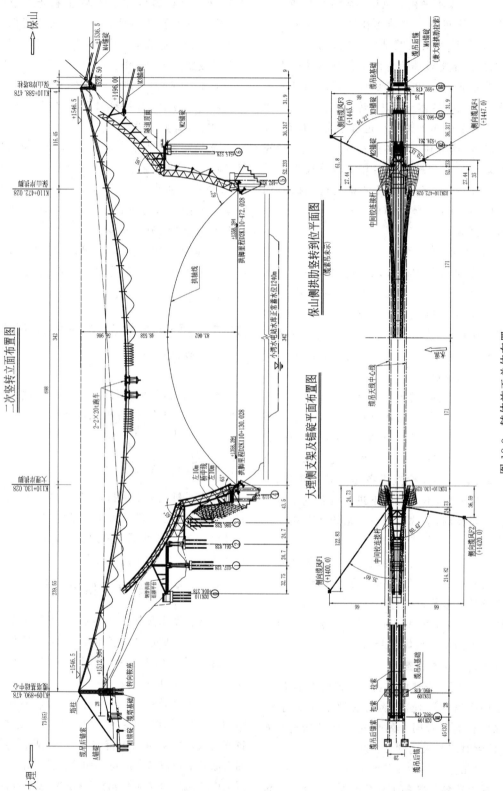

图 18-9 转体施工总体布置

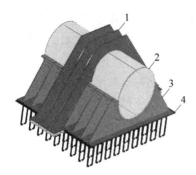

1—铰座扣锁；2—转轴；3—铰座；4—铰座预埋板。

图 18-10　拱脚处转铰结构

半圆弧钢板厚 50 mm，支撑钢板厚 50 mm，铰座内半径为 1110 mm。铰轴为外径 2200 mm、厚 50 mm 的圆钢管及内填充补偿收缩混凝土，圆钢管材质为 Q345C 钢，内填 C50 微膨胀混凝土。

中间转铰根据施工需要，分别在大理岸拱脚转铰以上 72.5 m 处设置大理岸中间转铰，在保山岸拱脚转铰以上 95.3 m 处设置保山岸中间转铰。中间铰由上下两部分组成，上部分与下部分均由支腿、支腿钢管与铰座（耳座）组成，上下两部分通过 ϕ300 mm 的转轴串联在一起，在中间转铰支腿钢管之间及拱肋各节点位置设置了横向风撑钢管，以保持整个转铰的横向稳定。图 18-11 所示为中间转铰。

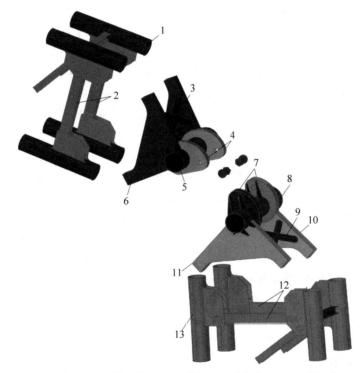

1—上拱肋组装段；2—拉杆 1；3—剪刀撑 2；4—上外铰座/上内铰座；5—上支腿钢管；6—上外支腿；7—下外铰座/下内铰座；8—下支腿钢管；9—剪刀撑 1；10—下内支腿；11—下外支腿；12—拉杆 2；13—下拱肋组装段。

图 18-11　中间转铰

钢绞线及竖转油缸是系统的承重部件，用来承受竖转构件的重量。施工时可以根据竖转重量（竖转载荷）的大小来配置竖转油缸的数量，每个竖转拉点的油缸可以并联使用。

液压泵站是竖转系统的动力驱动部分，它的性能及可靠性对整个竖转系统的稳定工作影响最大。在液压系统中，采用比例同步技术，这样可以有效地提高整个系统的同步调节性能。

传感检测主要用来获得竖转油缸的位置信息、载荷信息和整个被竖转构件空中的姿态信息,并将这些信息通过现场实时网络传输给主控计算机。主控计算机可以根据当前网络传来的油缸位置信息决定竖转油缸的下一步动作,同时,主控计算机也可以根据网络传来的竖转载荷信息和构件姿态信息决定整个系统的同步调节量。

18.5.3 转体施工步骤

钢管拱肋沿山体拼装完成后,安装好转体设施,按如下步骤进行转体施工:大理岸中间铰以上部分拱肋向上转体65°→安装大理岸中间转铰处连接钢管,形成半跨拱肋,完成大理岸拱肋一次转体→牵引索继续工作开始大理岸拱肋二次转体,半跨拱肋整体向下转体40°→保山岸中间铰以上部分拱肋向上转体58°→安装保山岸中间转铰处连接钢管,形成半跨拱肋,完成保山岸拱肋一次转体→牵引索继续工作开始保山岸拱肋二次转体,半跨拱肋整体向下转体62°→大理岸半跨拱肋继续向下转体25°→调整拱肋线型,安装合龙段,完成拱肋竖转。具体流程见图18-12。

转体前的准备工作如下:

1) 锚碇系统检查

锚碇系统是本桥转体施工的关键,在进行转体施工前必须对所有锚碇(包括中间铰处的拉压连接杆)进行仔细检查,对采用岩锚结构的M2、M3、M4锚碇进行单根锚索抗拔试验,从试验结果看,单根锚索能够满足设计要求。

2) 竖转设备的检查和试验

竖转设备的性能及工作状态是转体施工的保障,直接关系到转体施工的成败。转体开始前,必须对转体设备进行仔细检查,并对需要试验的设备进行各项性能试验,确保在转体时各种设备处于良好的工作状态。转体前设备检查和试验工作主要包括竖转泵站检查和试验、竖转油缸检查和试验、计算机控制系统检查和试验等。

3) 人员培训及技术交底

为确保转体施工安全,在转体施工开始前,必须对参与施工的所有人员进行培训和进行详细的技术交底,使参与施工的所有人员清楚施工过程中的关键控制点和注意事项,减少人为因素对转体施工的影响。

4) 竖转设备安装

(1) 将竖转油缸安装到竖转支架内,用7字夹板固定好竖转油缸。

(2) 根据竖转油缸布置图,将竖转油缸及竖转支架安装在两侧的锚碇和竖转锚座上。

(3) 根据竖转泵站布置图,安装竖转泵站,竖转泵站就近放在桥面上,泵站周围需要有安全设施,同时做好泵站固定。

(4) 将地锚固定在地锚支架内并固定好,用拉车拉起地锚支架,安装到拉压杆横梁上,将钢绞线逐根穿过疏导板和地锚。

(5) 在钢绞线头部压P锚,一束钢绞线P锚压好后,在P锚前面加上锚片,将钢绞线及锚片拉入锚座,在P锚后加一块挡板固定。

(6) 将疏导板拉到油缸附近,注意钢绞线不要翻转,根据疏导板上的记号逐根将钢绞线穿入油缸,同时在油缸顶部用U形夹固定钢绞线,依次穿好所有油缸,锁紧油缸上下锚。

(7) 油管安装,控制设备安装。

(8) 用载荷2 t的手动葫芦将钢绞线拉整齐,然后竖转油缸用1 MPa压力带紧钢绞线。

(9) 为了减少钢绞线预紧工作量,在切割钢绞线时,钢绞线切割长度尽量一致,穿钢绞线的过程中,注意穿出的长度要一致。

5) 竖转设备的调试

(1) 在设备安装完毕后,检查各种传感器信号和控制信号是否到位,初始读数是否正确,并做必要的调整。

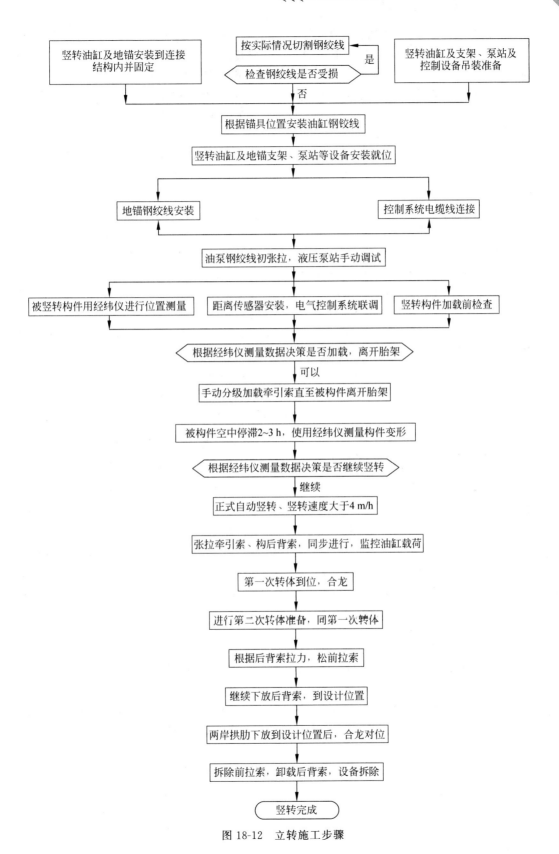

图 18-12　立转施工步骤

(2) 启动液压泵站,检查油管安装是否正确,检查油缸空缸动作和截止阀工作是否正常。

(3) 竖转系统联调,空载运行 2 h,检查竖转系统各信号稳定性。

6) 竖转前整体检查

竖转前,对液压竖转系统、竖转支撑结构、钢拱肋结构以及各种应急措施与预案进行全面的检查。

18.5.4 竖转施工

1. 试竖转

为了观察和检验整个竖转施工系统的工作状态,在正式竖转之前,按下列程序进行试竖转。

1) 竖转加载

(1) 解除主体结构与胎架等结构之间的连接。

(2) 进行 20%、40%、60%、70%、80%、90%、95%、100%分级加载。

2) 竖转支撑结构与竖转主体结构的检查

(1) 检查结构的焊缝是否正常。

(2) 检查结构的变形是否在允许的范围内。

3) 控制方案的检查

检查同步情况,对控制参数进行必要的修改与调整。

4) 竖转设备的检查

(1) 检查各传感器工作是否正常。

(2) 检查竖转油缸、液压泵站和计算机控制柜工作是否正常。

5) 空中停滞

竖转离地后,空中停滞一定时间(具体时间由实际情况选择)。悬停期间,要定时组织人员对结构进行观察。有关各方也要密切合作,为下一步做出科学的决策提供依据。

2. 正式竖转

正式竖转前需要检查各种备件、通信工具是否完备,传感器信号是否到位,控制信号是否到位,竖转油缸、液压泵站和控制系统是否正常,检查锚具压力和主泵溢流阀压力设定。

经过试竖转,观察后若无问题,便进行正式竖转。正式竖转过程中,记录各点压力和高度。正式竖转时应注意以下事项。

(1) 考虑到控制系统下降的风险较大,竖转结束位置应稍微低于理论标高,就位时再做进一步的精确调整。

(2) 应考虑突发灾害天气对竖转的影响,并建立具体应对措施。

(3) 竖转关系到主体结构的安全,各方要密切配合,每道程序应签字确认。

(4) 正式竖转过程应做好各点的负载监视、结构的空中位置姿态监视、竖转通道监视。

3. 结构就位

就位前需要检查设备是否正常,调整好泵站的相应液压阀。就位操作时,根据需要进行上下锚具松紧、伸缸或缩缸操作,位置调整完成后,将负载转换在下锚上,完成油缸安全行程。

4. 设备拆卸

在结构焊接完成后,进行钢绞线卸载和竖转设备的拆卸。

18.5.5 整个竖转系统竖转油缸的动作同步控制

针对钢拱肋结构,在整体竖转时,控制系统必须有效地、有序地控制竖转油缸的动作。在竖转系统中,通过实时控制网络收集各个拉点竖转油缸的状态信息(锚具和主油缸),然后中央控制单元根据一定的控制逻辑顺序控制电磁换向阀,从而控制竖转油缸的锚具和主油缸动作。图 18-13 是竖转系统的动作同步控制方框图。

18.5.6 载荷均衡和位置同步控制方案

1. 通过压力跟踪控制方式实现每个拉点竖转油缸竖转力一致

在每一个竖转压力系统布置一个压力传感器,通过压力传感器,中央控制单元可以实时采集各个竖转油缸的载荷,从而可以知道各个竖转油缸的载荷分配。压力跟踪控制方式可以实现每个拉点竖转油缸竖转力一致,同时

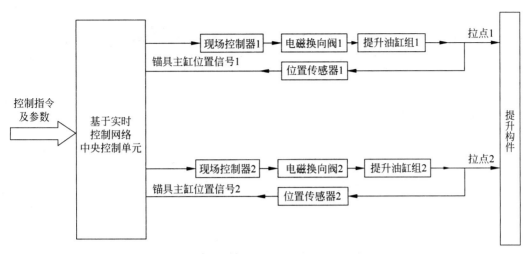

图 18-13 实现整个竖转系统竖转油缸动作同步的控制方框图

通过控制界面监控拉点 1、拉点 2 的载荷,中央控制柜可以根据理想的载荷分配比例进行实时调整。

2. 绝对位移跟踪控制方式实现各拉点位置同步

在钢拱肋拉点两边各布置一台长距离传感器,实时测量各拉点绝对高度,测量精度为 1 mm。设定拉点 1 为主令拉点,拉点 2 与拉点 1 采用绝对位移跟踪控制方式,中央控制柜可以根据各点绝对位移进行实时调整,保证各点位置同步,从而控制竖转构件的空中姿态,保证钢拱肋结构安全。其方框图如图 18-14 所示。

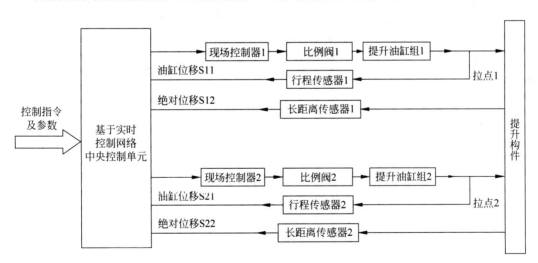

图 18-14 实现位置同步的控制方框图

图 18-15 是控制系统实现载荷均衡的控制方框图。可以看出,整个竖转载荷的合理分配是通过调节液压系统的比例阀、控制竖转油缸速度来实现的。由于液压系统调节线性度较好,载荷均衡调节对结构本体带来的附加载荷极小。

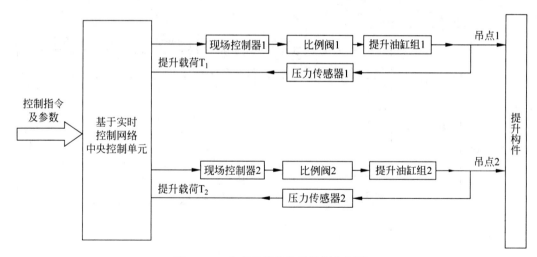

图 18-15 实现载荷均衡的控制方框图

参考文献

[1] 中铁大桥局集团.新建北京至张家口铁路站前及"三电"迁改工程JZSG-5标土木特大桥上跨大秦铁路(60+100+60)m转体连续梁施工方案[Z].

[2] 中铁大桥局集团.新建铁路大理至瑞丽线(大保段)澜沧江特大桥钢管拱劲性骨架二次竖转合龙施工方案[Z].

[3] 国家铁路局.铁路桥涵工程施工质量验收标准:TB 10415—2018[S].北京:中国铁道出版社,2019:02.

[4] 新建铁路大理至瑞丽线澜沧江特大桥施工组织设计[Z].

[5] 朱世峰,周志祥.钢-混凝土组合拱桥竖转施工体系研究[J].施工技术,2009(7):5.

[6] 吴海军,朱世峰,周志祥.钢-混凝土组合拱桥竖转施工误差分析[J].重庆交通大学学报(自然科学版),2010,29(1):5.

[7] 王勇平.竖转钢-砼组合拱桥施工及控制技术研究[D].重庆:重庆交通大学,2008.

第19章

桥梁顶推施工设备

19.1 定义

在沿桥轴线方向的桥台后设置预制拼装场地,设置钢导梁、临时墩、顶推设备。梁体节段预制拼装成整体后,承载至顶推装置上,通过顶推装置提供动力推动或带动梁体前移,再在空出的场地上继续下一梁段预制拼装,这样反复循环施工的桥梁施工方法叫顶推法。

顶推法的构思来源于钢梁纵向拖拉法,它用液压千斤顶取代了传统的卷扬机滑车组,用板式滑动装置取代滚筒,从而改善了用滑轮组卷扬机拖拉在启动时造成的冲击力,板式滑动装置避免了滚筒支承线接触作用引起的应力集中。

19.2 适用范围

顶推法施工不仅只用于连续梁桥(包括钢桥),同时也可用于其他桥型:简支梁桥,可先连续顶推施工,就位后解除梁跨间的连续;拱桥的拱上纵梁,可在立柱间顶推施工;斜拉桥的主梁采用顶推法。

19.3 分类

顶推法根据施工所选用的顶推设备不同,可分为采用水平千斤顶来牵引梁体的拖拉式顶推和采用智能步履式顶推设备的步履式顶推,而根据顶推设备的布置,又可以分为单点顶推和多点顶推。

拖拉式顶推是将梁体支撑在由滑道(不锈钢板)和滑块(聚四氟乙烯、MGE 高分子材料等)组成的摩擦副上,设置在墩台上的水平千斤顶通过拉杆、预应力索与滑块或梁体连接,来推动或拖动梁体前移,另外设置竖向千斤顶来进行起落梁,以便于摩擦副的倒换和支座安装。当水平千斤顶集中设置在靠近预制拼装场地的桥台或桥墩上时,即为单点顶推(如图 19-1 所示);将水平千斤顶分散设置到每个墩台上时,即为多点顶推。

单点顶推存在一个严重缺点,就是全部滑块同梁体之间的摩擦力均由一个点来克服,该点的水平力非常大,而通常又受空间限制,单点无法布置多台水平千斤顶,这就对单台水平千斤顶的吨位要求较高,随着千斤顶吨位的增加,千斤顶的尺寸也随之增加。此外,单点顶推施工中,没有设置水平千斤顶的高墩,尤其是柔性墩在水平力的作用下会产生较大的墩顶位移,甚至威胁到结构的安全。为了克服单点顶推的这些缺点,便产生了多点顶推法。

多点顶推法将集中的顶推力分散到各墩上,利用水平千斤顶传给墩台的反力来平衡梁体滑移时在桥墩上产生的摩阻力,从而使桥墩

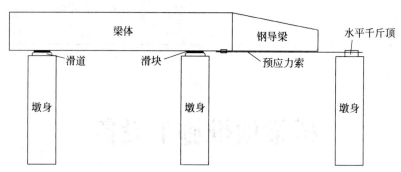

图 19-1 单点拖拉顶推

在顶推过程中承受较小的水平力,所以可以在柔性墩上采用多点顶推施工。同时,多点顶推所需的顶推设备吨位小,容易获得(如图 19-2 所示)。

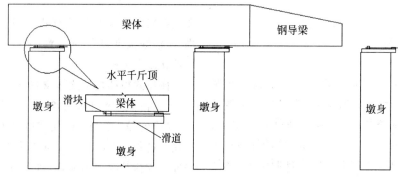

图 19-2 多点拖拉顶推

步履式顶推是通过布置在各个墩台(包括临时墩)顶的步履式顶推设备来进行的顶推法施工,一个顶推动作的循环如图 19-3 所示:竖向千斤顶顶起梁体,水平千斤顶推进一个行程,竖向千斤顶回缩卸载,水平千斤顶回缩开始下一个循环。步履式顶推的最大特点是将顶推水平力转化为设备内力,永久墩或者临时墩不受顶推水平力的影响。

步骤一(顶升):
开启支撑顶升油缸,使得支撑顶升油缸同步上升,直到钢梁脱离落梁调节支座。

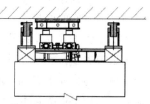

步骤二(平推):
开启顶推油缸,使钢梁与上部滑移结构整体前移,直至平推油缸完成一个行程。

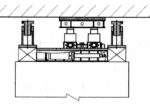

步骤三(下降):
开启顶升油缸,使得钢梁与上部滑移结构整体下降,直到顶升油缸完全脱离钢梁。

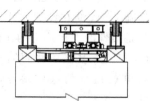

步骤四(回缩):
开启顶推油缸,使上部滑移结构向后回位,回到初始位置,并开始下一个往复行程。

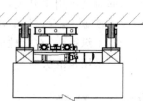

图 19-3 步履式顶推

19.4 国内外发展概况

随着国家经济发展和科学技术的进步,各种跨越已有线路的桥梁建设越来越多,为保障桥下已有线路交通的正常运行,以及考虑施工安全等因素,常常采用顶推法施工工艺。传统的顶推施工方法,多采用拖拉式多点连续顶推施工法技术,其设备简单、工艺成熟、安全可靠。但该法是通过牵引方式实现箱梁的平移,对临时墩或永久墩的墩顶产生水平推力,需对桥墩进行临时加固,增加了工程成本和施工的难度。再有,对于一些平曲线与竖曲线较为复杂的桥型,采用传统的拖拉顶推施工工艺将变得十分困难。

为解决传统顶推工艺存在的问题,引申出较为先进的步履式顶推技术。其特点是顶推装置所加的顶推力为装置本身的内力,桥墩不受水平推力,它只要通过控制系统协调控制千斤顶,就能准确、有效地将箱梁顶推就位。

19.5 结构组成及工作原理

拖拉顶推设备的结构组成包括水平千斤顶、竖向千斤顶、滑道和滑块。其中,千斤顶一般从有资质的生产厂家购买或租赁;滑道和滑块通常为钢结构加工件,滑道顶面贴不锈钢板,两侧设置限位板或设置反力座用来横向纠偏,滑块顶面承载梁体,底面设置MGE板,在拖拉顶推过程中,涂抹黄油润滑,有润滑的MGE板和不锈钢板之间的摩擦系数只有0.03~0.05。

步履式顶推设备的结构组成包括机械系统、液压系统、电控系统三部分(图19-4)。机械系统主要包括上部滑移座构、顶升支撑油缸、纵向顶推油缸、横向调整油缸和底座;液压系统主要包括驱动电机、液压油箱和电磁阀组;电控系统主要包括PLC模块、压力和位移监控元件及安装有顶推控制程序软件的计算机。三者之间通过液压油管和信号线缆连接后,压力和位移监控元件采集各千斤顶的压力和位移量数据,实时反馈回电控系统,通过顶推控制程序计算分析后,下达指令调整液压系统中的电机转速和电磁阀组的闭合,实现各个千斤顶的组合和顺序动作。

19.6 典型设备介绍

目前顶推施工项目上应用较多的顶推设备主要有以下几种。

1. 合建卡特工业股份有限公司200 t智能连续千斤顶

其性能数据如下。

顶推力:200 t。

尺寸:ϕ435 mm(外径)×2280 mm(长)。

质量:950 kg。

拖拉顶推速度:20 m/h。

穿心孔径:175 mm。

钢绞线规格:ϕ15.2 mm,1860 MPa。

图19-5为其结构示意图。

图19-4 步履式顶推系统

图19-5 水平连续千斤顶

2. 合建卡特工业股份有限公司 1000 t 步履式千斤顶

尺寸：2500 mm（长）×700 mm（宽）× 900 mm（高）。

质量：3500 kg。

其规格见表 19-1。

表 19-1　1000 t 步履式千斤顶规格

项　　目	吨位/t	功　　能	行程/mm
竖向顶升千斤顶	2×500	双作用（液压自锁）、位移传感器	200
纵向顶推千斤顶	80	双作用（液压自锁）、位移传感器	1000
纠偏顶推千斤顶	50	双作用（液压自锁）、位移传感器	100

其结构如图 19-6 所示。

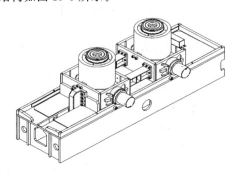 

图 19-6　合建卡特工业股份有限公司 1000 t 步履式千斤顶

3. 合建卡特工业股份有限公司 600 t 步履式千斤顶

尺寸：1690 mm（长）×1090 mm（宽）× 766 mm（高）。

质量：1760 kg。

其规格见表 19-2。

表 19-2　600 t 步履式千斤顶规格

项　　目	吨位/t	功　　能	行程/mm
竖向顶升千斤顶	600	双作用（液压自锁）、位移传感器	200
纵向顶推千斤顶	100	双作用（液压自锁）、位移传感器	400
纠偏顶推千斤顶	100	双作用（液压自锁）、位移传感器	150

4. 合建卡特工业股份有限公司 400t 步履式千斤顶

尺寸：1590 mm（长）×990 mm（宽）× 686 mm（高）。

质量：1300 kg。

其规格见表 19-3。

表 19-3　400 t 步履式千斤顶规格

项　　目	吨位/t	功　　能	行程/mm
竖向顶升千斤顶	400	双作用（液压自锁）、位移传感器	200
纵向顶推千斤顶	60	双作用（液压自锁）、位移传感器	400
纠偏顶推千斤顶	60	双作用（液压自锁）、位移传感器	150

5. 合建卡特工业股份有限公司 250 t 步履式千斤顶

尺寸：1625 mm（长）×840 mm（宽）× 525 mm（高）。

质量：750 kg。

其规格见表 19-4。

表 19-4　250 t 步履式千斤顶规格

项　　目	吨位/t	功　　能	行程/mm
竖向顶升千斤顶	250	双作用（液压自锁）、位移传感器	200
纵向顶推千斤顶	50	双作用（液压自锁）、位移传感器	500
纠偏顶推千斤顶	50	双作用（液压自锁）、位移传感器	150

其结构如图 19-7 所示。

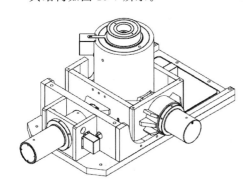

图 19-7　合建卡特工业股份有限公司 250 t 步履式千斤顶

19.7　选用原则

顶推设备的选用原则是确保千斤顶的吨位和行程应满足顶推施工的要求,千斤顶在使用过程中的载荷应不超过其额定吨位的 70%。根据顶推施工方案提供的支反力,确定竖向千斤顶的吨位,竖向千斤顶的行程一般为 0~200 mm 即可满足使用要求;而水平千斤顶的吨位,一般应不小于顶推所需最大水平力的两倍,水平千斤顶的行程决定顶推的速度,当跨铁路线顶推等对速度有要求时,可采取连续千斤顶拖拉或单次行程较大的步履式千斤顶。

19.8　安全使用规程

(1) 设备进场后报验,合格后方可使用。
(2) 控制好各顶推设备的横向标高,顶推设备安装时必须调平。
(3) 箱梁与垫梁之间垫一层 2cm 厚橡胶垫,橡胶垫可以使局部承载均衡,保护梁体,增大箱梁与垫梁的摩擦力。
(4) 顶推设备安装前摩擦面保持清洁并涂上硅脂油。
(5) 竖向千斤顶顶部的钢垫梁要有足够的刚度,且与箱梁底部完全接触,保证箱梁腹板受力。
(6) 竖向千斤顶顶部的钢垫梁要有足够的长度,保证顶推过程中梁体的应力扩散。
(7) 设备安装时要控制水平千斤顶的前进方向,纵向要与桥轴线平行。
(8) 步履式千斤顶操作人员、维护保养人员必须经过专业培训,掌握设备操作技能才能上岗。
(9) 各高压胶管连接时,其连接处必须用柴油清洗干净,以免将灰尘、杂质带入液压回路系统。工作场地不允许有尖锐物,以防划伤高压胶管。高压胶管及电气控制电缆应捆扎好,避免阻碍通行和施工作业时碰坏、砸断及大风刮落,确保安全施工。
(10) 施工作业区内的电源线、高压油管等应不阻碍构件的前进。
(11) 顶推系统由专人保管和维护。使用人员应熟悉系统结构及其动作程序。
(12) 运行过程中,应不定期检测每台千斤顶、液压站运行情况,如有漏油、异常声音等非正常现象,都必须停机检查、维修。
(13) 工作完成后拆卸油管时,应先使千斤顶内油压卸荷完,严禁带压力拔油管。高压胶管拆除后,应戴上各接头盖或用塑料袋包好以免灰尘微粒、杂物进入胶管。

(14) 设备长期存放应将各部件擦净,并用塑料袋罩好。若重新使用,则必须排出系统中积聚的空气,更换千斤顶中的易损件,检查千斤顶的动作是否正确。

(15) 设备必须配套使用,不允许多种千斤顶、泵站、控制系统混用,否则可能会出现非常严重的事故。

(16) 液压泵站中溢流阀的安全压力设定每次施工应核定其负荷大小,根据负荷大小计算出相应的油压,以保护液压系统。

(17) 施工间歇静止过程中,当梁体结构长度较长时,易受温度变化的影响,热胀冷缩产生的伸缩量较大。若整个梁体落在临时支垫上,会对支撑结构产生较大的水平推力,因此在梁体长时间静止时,除最前端支点(保持线形稳定)外,其他各支点都应落在顶推设备上,利用步履式顶推设备的滑移结构,减小温度引起的水平载荷。

(18) 遇六级以上大风,应停止施工。

19.9 典型案例介绍

本节以三门峡顶推施工方案为例对顶推施工进行介绍。

19.9.1 总体施工方案

钢桁梁在桥位小里程位置完成拼装作业,顶推至桥位处。此次顶推施工计划钢桁梁采用 6 台 320 t 步履机进行顶推施工。其大致施工流程如下。

(1) 钢桁梁节段在工厂制造完成后,经运输车辆运至现场,通过起吊设备按相应节段顺序架设至临时支架上。调整各节段高程、平面线形及节段间距,确认无误后,在现场焊接钢桁梁节段,调试步履式千斤顶。

(2) 临时支架在施工前先进行场地平整,安装临时支架桩基和扩大基础,安装支架立柱及顶推设备,顶推设备必须安装在钢桁梁通长腹板下方。

(3) 拼装 43.5 m 导梁与 64 m 钢桁梁,整体向前顶推 105 m 到达设计位置。陇海铁路防护栅栏以外为 27 m,因此钢桁梁顶推跨越陇海位置 78 m,按照每周 2 次天窗点,每次 50 min 计算,上跨陇海顶推时间为 4 个月。

(4) 顶推过程中顶推设备必须同步,顶推过程中必须控制好顶推方向及高程,确保钢梁在顶推过程中钢桁梁定位准确及顶推设备均匀受力,并随时检查钢桁梁是否存在局部变形问题。

(5) 钢桁梁顶推施工完毕后,拆除临时支架。

19.9.2 顶推设备

根据此工程理论计算结果,单节点反力最大为 236 768 kN,只考虑两台设备提供推力,则单台设备所需的最大水平力为 214.13 kN。根据我司现有设备性能,单幅钢桁梁顶推选用 6 台 SLBLJ-320 型步履机进行施工,如图 19-8 所示。

设备性能要求如下所示。

(1) 步履机竖向调节系统能准确控制竖向高度和受力大小。单墩竖向调节既能同步进行,也能分开进行。可满足设备及梁体竖向转动要求,调整因施工载荷造成的支撑点沉降,控制步履机搁放支架的受力,竖向顶升千斤顶由于在顶推过程中需要频繁带负荷上升和下降,所以要在其上安装平衡阀实现平稳无冲击。

(2) 控制系统具备人工点动控制和计算机联动自动化控制两种功能。并且可以根据环境等因素选择联动或点动工作,联动控制一般在施工环境良好,竖向载荷较小的工况条件下使用;点动控制一般在现场变化性大竖向载荷较大的复杂工况条件下使用。

(3) 每台步履机顶推设备旁均放置电液控制单元、油站、位移传感器、泵站、液压管路等各种控制执行元件。每个控制单元均具备检测压力、位移和控制各油缸动作的能力。能根据中心控制器的指令控制群体步履机从站系统内的各执行阀动作。

(4) 整个步履机顶推施工均在一台中央控制器控制下进行,该控制器可对步履机群体从站系统进行总线控制,动态显示每台步履机千斤顶装置的压力、顶升位移高度、顶推位移同

项目	参数
型号	320 t步履机
单台设备尺寸	(2000×862×538) mm
底部滑箱尺寸	(1272×862) mm
单台设备质量	980 kg
油站尺寸	(1100×870×850) mm
同步控制精度	2 mm
动力电源	AC380V
控制电源	DC24V
油站控制模式	1拖2模式
单台油站功率	6 kW
油站工作压力	63 MPa
额定压力	70 MPa
顶升设定压力	52 MPa
顶推设定压力	31.5 MPa
纠偏设定压力	31.5 MPa
垂直顶升力	320 t
最大顶升高度	15 cm
纵向顶推力	30 t
最大顶推行程	60 cm
横向纠偏力	30 t
最大纠偏行程	5 cm
理论顶推速度	7 m/h
统计工况顶推速度	4 m/h

1—顶推顶；2—纠偏顶；3—顶升顶；4—滑座；5—滑槽；6—滑箱。

图 19-8 顶推设备及参数

步距离等信息。

19.9.3 主要辅助措施及设施

1. 尾端滑道

尾端滑道布置于 64 m 钢桁梁拼装区域，用作顶推过程中滑块的平移轨道。尾端滑道由钢结构纵梁与扩大基础组成，钢结构纵梁为钢板焊接而成的箱形结构，纵梁长 7 m、宽 0.7 m、高 0.45 m。滑道与钢桁梁下弦杆平行，滑块前进方向就是钢桁梁顶进方向，如图 19-9 所示。

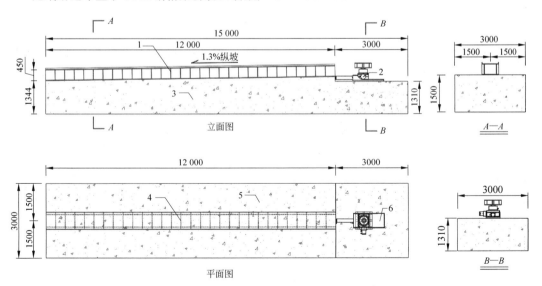

1—钢结构滑道梁；2—步履机；3—混凝土基础；4—钢结构滑道梁；5—混凝土基础；6—步履机。

图 19-9 尾端滑道

2. 3#支架结构

3#顶推支架布置于1#桥墩前方。支架设计为格构形式，基础采用钻孔桩基础。支架构件包括立柱、连接系、纵向滑道梁、操作平台、爬梯、护栏等。支架主体采用$\phi1000\times10$的钢管作为支撑，钢管顶部加"井字劲"加强管端受力，连接系采用$\phi273\times6$的钢管连接。上部纵梁为Z形纵梁，箱形截面，采用Q345钢材，尺寸为$(13700\times700\times2140)$ mm。其结构如图19-10所示。

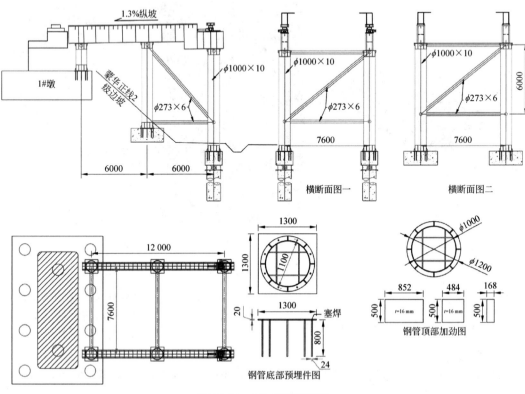

图19-10 3#支架结构图

3. 4#支架结构

4#顶推支架布置于2#桥墩承台上方。支架设计为格构形式，基础采用预埋件与承台相连。支架构件包括立柱、连接系、纵向分配梁、操作平台、爬梯、护栏等。支架主体采用$\phi800\times8$的钢管作为支撑，钢管顶部加"十字劲"加强管端受力，连接系采用$\phi273\times6$的钢管连接。上部纵梁为三拼HN700×300的"H"型钢。其结构如图19-11所示。

4. 顶推导梁

钢导梁设计采用Q345钢材制造，纵向长度约为44.35 m，上、下弦中心高度11 m，导梁下弦横向中心间距7.6 m，导梁上、下弦皆采用箱形结构，整体重量100 t。导梁采用空间桁架结构。钢导梁节段之间采用焊接连接和高栓连接。导梁前端设置"鹰嘴"用于导梁前端上墩，"鹰嘴"台阶高度20 cm，如图19-12所示。

5. 顶推分配梁

顶推施工通常在步履机上方放置分配梁，用以转换力学体系，增大步履机与梁底的接触面积，从而使梁底局部压应力满足施工要求，避免钢梁因局部受力过大而发生形变，降低顶推施工风险。步履机上部分配梁采用Q345钢材制造，分配梁与步履机之间采用M20螺栓连接，分配梁尺寸为$(700\times600\times200)$ mm，顶底板开孔，如图19-13所示。

6. 顶推滑块

顶推滑块为钢桁梁主要受力结构，主要布

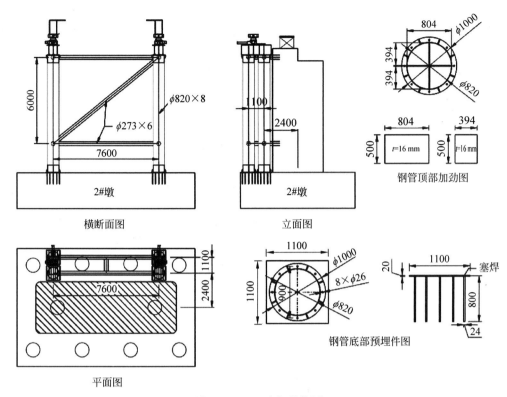

图 19-11 4#支架结构图

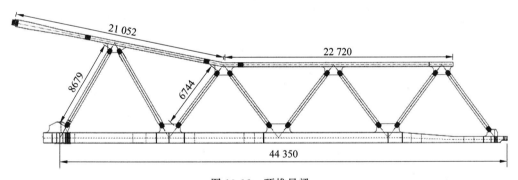

图 19-12 顶推导梁

置于钢桁梁节点下方,用于顶推过程中的结构力系转换,如图 19-14 所示。滑块底层为 MGE 板,与滑道接触,摩擦系数较小;上层为橡胶垫板,主要与钢桁梁下弦接触,摩擦系数较大。顶推时滑块始终在钢桁梁节点处,每当顶推一个节间的长度后,利用步履机在节点处将钢桁梁整体顶起,再将滑块滑移至初始位置,回收部分步履机的起顶形成,将主要竖向承载力转换至滑块之上,进行下一轮顶推施工,如图 19-14 所示。

7. 调平垫块

为避免步履机因顶升行程不足而无法进行顶升或滑块高度不够时滑块脱空,需根据理论计算高差并准备钢垫块,用于调整顶推高程。调平垫块置于滑块上或步履机分配梁上,通过增减垫板调整支点整体标高,保证滑块顶面或步履机顶面始终能与钢桁梁下弦紧密接触,如图 19-15 所示。

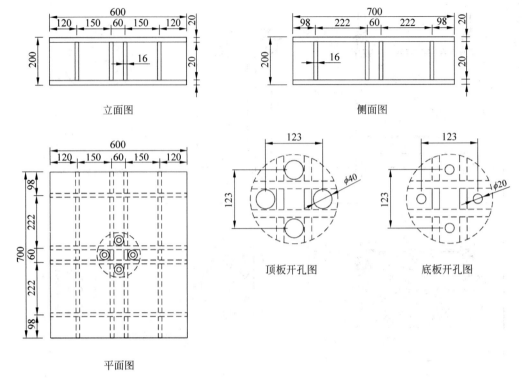

图 19-13 顶推分配梁

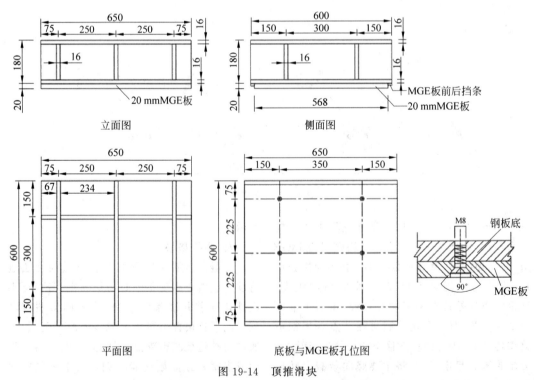

图 19-14 顶推滑块

图 19-15　调平垫块

19.9.4　顶推步骤

步骤一：施工顶推临时墩、拼装胎架和滑道梁，安装步履机、滑块（图 19-16）。

步骤二：在拼装区域安装 64 m 钢桁梁与 43.5 m 钢导梁（图 19-17）。

步骤三：利用步履机与滑块将钢桁梁整体向前顶推 4 个节间长度，利用步履机将钢桁梁顶起，将滑块移至后方节点处（图 19-18）。

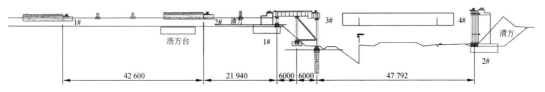

图 19-16　顶推步骤一

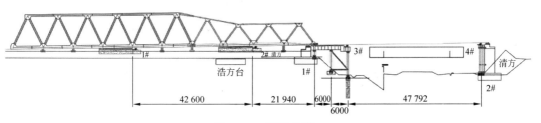

图 19-17　顶推步骤二

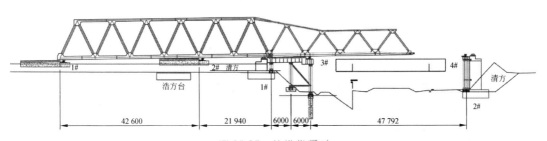

图 19-18　顶推步骤三

步骤四：整体向前顶推 4 个节间长度，利用步履机将钢桁梁顶起，将滑块移至后方节点处，当钢桁梁尾端脱离 1# 步履机后，将 1# 步履机转至前方 4# 支架上（图 19-19）。

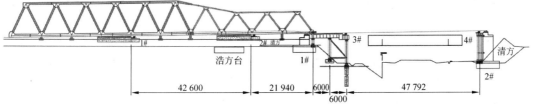

图 19-19　顶推步骤四

步骤五：每次向前顶推1个节间长度，当导梁顶过4#步履机2个节间长度后，利用非天窗点时间拆除前方2个节间范围内的导梁，当整体向前顶推2个节间长度后，钢桁梁到达设计位置（图19-20）。

步骤六：拆除剩余导梁后，整体落梁完成顶推（图19-21）。

支座在钢桁梁顶推前完成上墩就位，整个顶推过程对支座无影响，且2#墩处支座还可作为顶推时的临时支撑。最后落梁高度在步履机最大行程15 cm以内，落梁时直接采用步履机进行落梁，四台步履机同时落梁。落梁完成后，对中支座位置利用步履机进行起梁和支座灌浆工作。支座的预偏量提前设置，并完成垫石锚栓孔的清理工作，利用重力式灌浆技术进行支座灌浆。

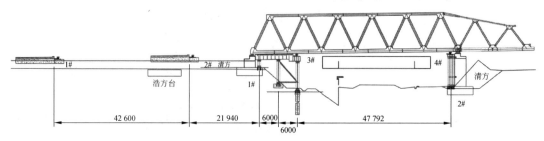

图19-20 顶推步骤五

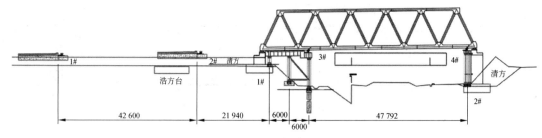

图19-21 顶推步骤六

步骤七：拆除临时支架。

钢桁梁架设完成后，吊装位置受限，支架的拆除采用切割成块的手段将支架体系进行切割后逐件运输至邻近营业线施工范围之外。

19.9.5 顶推纠偏

为了防止钢梁在顶推过程中发生横向偏移，须在每次顶推行程完成后检查钢梁是否发生偏移。若偏移距离在许可范围之内，则可继续顶推；若偏移距离即将超出许可位移，则需进行纠偏。纠偏主要控制措施如下。

（1）在钢梁前端和尾端的中部（中线位置）设置控制标志，标志位置粘贴全站仪测量反光设备。通过既有的桥梁测量控制点，用全站仪测量出其各控制点的坐标，从而反算出钢梁所处位置的对应桩号和所在位置的横向偏移量（偏距），将测量结果反馈给步履机操控人员适时进行纠偏。

（2）在梁底作用点位置做上标记，顶推过程中步履机看守人员必须连续观测，确保顶升的作用点平面位置偏差小于3 cm。条件允许时，可在梁前端和尾部设置平面位置观察点予以监控。当步履机作用点位置偏移值大于3 cm时，必须进行纠偏。

（3）当中央控制系统检测到钢梁梁体发生偏移或工作人员发现梁体偏移后，会根据偏移情况决定要纠偏的步履机号，由于每台步履机都配置有横向纠偏顶，可以对各种情况下的偏移进行调整。若钢梁只有前端发生偏移，则只需对前端步履机进行局部纠偏，若钢梁整体发生偏移或者小幅旋转，则可通过前后纠偏顶调整偏移距离及偏移角度。在纠偏时，步履机竖向千斤顶处于顶升状态，两侧纠偏顶带动步履机上部千斤顶带动钢梁向左或者向右偏移，偏移距离可根据纠偏顶行程进行调整,纠偏完成后,纠偏顶回收,竖向千斤顶回落。然后再进行下一次顶推循环。

19.9.6 同步控制

1. 同步顶升

单个顶推作业面上全部选择同型号步履机,作业面上每台步履机用同型号油站,通过同步控制系统同步控制同型号油站工作,每台步履机供应油站采取流量同步校正,每台油站供油量误差在±5%以内,通过此措施保证步履机的整体顶升同步误差在±5%以内,顶升行程传感器实时反馈各个油缸的实际行程,控制系统实时调节泵站比例阀,控制油缸的顶升速度,使顶升同步误差在±1%以内。同时在计算机控制系统中输入每台步履机的允许顶升压力,通过压力传感器实时控制每台步履机的顶升力。通过以上位移及压力双控手段实现精确同步顶升。

2. 同步顶推

单个顶推作业面上全部选择同型号步履机,作业面上每台步履机用同型号油站,通过同步控制系统同步控制同型号油站工作,每台步履机供应油站采取流量同步校正,每台油站供油量误差在±5%以内,通过此措施保证步履机的整体顶推同步误差在±5%以内,顶推行程传感器实时反馈各个油缸的实际行程,控制系统实时调节泵站比例阀,控制油缸的顶推速度,将单个顶推行程的同步误差控制在±2 mm以内,确保顶推安全。

3. 同步落梁

通过同步控制系统同步控制同型号油站工作,将比例阀调整至小流量状态,通过位移传感器来控制比例阀的回油流量,同时让梁体离开搁墩的距离不超过2 cm,以此来确保单个行程的同步落梁误差在±5 mm以内,从而确保落梁安全。

19.9.7 高程与压力控制

(1) 根据路线高程和钢梁预拱度设计资料计算出钢梁梁底高程。

(2) 根据现场拼装和顶推支架布置,计算出与各步履机相对应的安装高程。

(3) 根据步履机特点(程控方式)计算各相应支点的相对位移后的对应高程。

(4) 顶推施工时,严格按照步履机操作使用说明进行操作,认真核对并按《压力数据变化表》和《高程数据变化表》执行。

(5) 每推进一段距离后,应以相应位置的《压力数据变化表》中的压力数值与《高程数据变化表》中的高程数据来检校各步履机的顶升压力与顶升高程。

(6) 在每次推进后梁体落于搁墩前按高程变化数据调整搁墩高度并保持各前后搁墩距梁底高度一致,防止因前后搁墩距梁底高度不一致对支架产生水平推力。

(7) 现场情况变化导致需要调整顶升高度时,应以《压力数据变化表》中的数据为依据,且不能大于其最大值。

(8) 随时了解顶推支架、导梁、分配梁结构变形和基础沉降数据,防止因结构失稳引发顶升压力突变。

(9) 当分配梁上面需要垫块调高或调坡时,分配梁上面的垫块应满铺并密贴,码放后的顶面要平整,确保分配梁与箱梁底面处于受力密贴状态,确保分配梁方向要与顶推方向一致。例如,横向、纵向倾斜角度大于1%时,及时铺垫相应的调平板,使横向、纵向倾斜角度小于1%,以免顶升顶偏心受压损坏、支架偏心受压产生过大的水平推力,从而避免支架失稳和顶推方向偏移。

参考文献

[1] 合建卡特工业股份有限公司.步履式千斤顶使用说明书[Z].

[2] 中铁大桥局集团.新建北京至张家口铁路工程五标官厅水库特大桥钢梁架设专项方案[Z].

[3] 中铁大桥局集团.新建北京至张家口铁路工程五标施工组织设计[Z].

[4] 中铁建大桥工程局集团.三门峡市64 m单线简支钢桁梁顶推方案[Z].

[5] 康锐敏.125 m钢桁梁顶推施工技术[J].城市建设理论研究,2012(8):1-6.

第20章

高速铁路箱梁搬提运架设备

20.1 概述

高速铁路箱梁搬提运架设备指用于高速铁路箱梁运输、架设的搬运机、提梁机、运梁车、架桥机,是高速铁路整孔预制箱梁架设的成套专用设备。

高速铁路指设计标准等级高、能让列车高速运行的铁路系统,简称高铁。世界上第一条正式的高速铁路系统是1964年建成通车的日本东海道新干线,其设计速度为200 km/h。我国高速铁路是设计速度250 km/h(含预留)以上、列车初期运营速度200 km/h以上的客运专线铁路。

截至2021年年底,我国高铁运营里程突破40 000 km,居世界第一。我国高速铁路网由所有设计速度250 km/h以上新线和部分经改造后设计速度达标200 km/h以上的既有线铁路共同组成。我国高速铁路网分骨干网、重要的区域网、大城市之间的城际高铁三种类型。骨干网就是指规划的四纵四横干线网,即武广高铁、京沪客运专线、京港台高铁、京港客运专线、京哈客运专线、徐兰客运专线等;重要的高速铁路支线有贵广客运专线、西成客运专线等;城际高铁有京津城际铁路、沪宁城际等。我国高铁不仅有无砟轨道技术,而且逐步形成了中国标准动车组的华标体系。

20.2 国内外发展概况

20.2.1 高铁发展

日本、法国、意大利等发达国家在20世纪60年代率先迈入高铁时代,我国在21世纪初建成第一条时速250 km的高铁。我国高铁技术起步虽晚但发展很快,仅用十多年便完成了覆盖全国大部分地区的"四纵四横"高铁线网建设,目前正向国家规划的"八纵八横"高铁网络快速推进。

20.2.2 高铁施工特点

在国内外高速铁路中,桥梁所占比例均较大,高架长桥较多,例如,日本高速铁路桥梁总延长约占线路总长的48%,韩国高速铁路桥梁约占30%,我国高速铁路由于采用"以桥代路"的策略,部分线路中桥梁所占比例达80%以上。同时国内外高铁中,桥梁结构均选用刚度大的结构体系,中、小跨度桥梁比例高,普遍采用箱形截面的混凝土结构。

但是,各国的高速铁路桥梁结构形式和建造模式各有特点,因此采用的施工机械设备各有异同。日本采用大量标准的小跨度钢筋混凝土连续刚架结构,桥位灌注法施工,同时采用大量T梁、集中预制和轮胎吊施工。德国采用大量墩中心距为58 m和44 m预应力混凝土简支箱梁,采用移动模架、顶推和膺架法施工。法国高铁中特殊设计的桥梁较多,施工方法有悬臂浇筑和悬臂拼装。我国高铁桥梁以24 m、32 m预应力混凝土简支箱梁为主,采用预制架设建造模式,大量使用提梁机、运梁车和架桥机等大型施工设备。

20.2.3 我国高铁搬提运架设备发展概况

目前,除中国大陆以外的全球范围内,搬提运架施工最大质量箱梁为中国台湾高铁箱梁,跨度为35 m,质量达910 t。

我国高铁简支箱梁制运架施工技术从24 m/600 t级起步发展到目前的40 m/1000 t级,概括起来,大致经历了以下三次重大技术突破。

2000年,在国内首条时速250 km的秦沈客运专线高铁首次采用24 m、600 t级双线整孔箱梁预制架设施工技术,标志着我国高铁桥梁建造技术实现第一次突破,开启了我国高铁桥梁建造技术的新纪元。

2005年,时速250 km的合宁高铁首次采用32 m、900 t级双线整孔箱梁预制架设施工技术,标志着我国高铁桥梁建造技术实现第二次突破,这种桥梁施工技术在时速350 km的京沪、武广、哈大等高铁项目中被大量推广应用,标志着我国高铁桥梁施工技术走向成熟,完善了我国高铁建造施工技术体系。

2018年,时速350 km的郑济高铁项目首次采用40 m、1000 t级双线整孔箱梁预制架设施工技术,标志着我国高铁桥梁建造技术取得第三次突破,填补了国内外高铁桥梁技术领域空白,在我国乃至世界铁路发展史上具有重要的里程碑意义。

2020年6月,高铁40 m/1000 t梁运架一体机(定名为"昆仑号架桥机")投入福厦高铁湄洲湾跨海大桥使用。40 m跨预应力混凝土简支梁,其制运架成套技术已在福厦高铁、郑济高铁、杭衢高铁、南沿江铁路等工程中推广使用。

我国高速铁路搬提运架设备中,梁场内箱梁转运主要采用门型轮胎式搬运机,箱梁跨线吊装上桥主要采用轮轨式提梁机。现有运梁车中高位运梁车占绝大多数,为了满足运梁过隧的需求,研发低位运梁车的需求越来越多。现有的架桥机中步履式架桥机和导梁式架桥机占绝大多数,为了满足山岭、丘陵地区桥隧相连隧道口架梁的需求,研发隧道内外通用的步履式架桥机和运架一体机的需求也越来越多。

20.3 搬运机

20.3.1 定义

搬运机指将高速铁路预制箱梁从制梁或存梁台座间搬运移动,从存梁台座上起吊,为运梁车装车的一种门式起重机。其起升高度一般为12 m左右,满足"提一过二"要求。

20.3.2 分类

搬运机按起重量可分为450 t、500 t、900 t、1000 t等。可采用两台450 t或500 t搬运机联合抬吊箱梁,也可直接采用单台900 t或1000 t搬运机起吊搬运箱梁。

按大车走行方式可分为轮轨式、轮胎式搬运机。轮轨式需铺设轨道及其基础,纵、横向换向较复杂,工效低,场地建设投入大。因此,常采用单台轮胎式搬运机,其能覆盖整个梁场进行吊运作业,无须铺设轨道,纵横向移动、转向方便,速度快,工效高,相比于轮轨式搬运机设备费用高,场地通道占用面积大。

按支腿结构形式可分为门架支腿式和A形支腿式。门架支腿式可方便运梁车从搬运机支腿下进出,运梁方便,工效高。A形支腿式搬运机支腿受力更合理,结构自重轻,运梁车停步后,由搬运机吊运至运梁车上方装梁,装好后搬运机移开,运梁车再启动运输。

1. 900 t轮胎式门架支腿搬运机

MDEL900A轮胎式搬运机为单主梁门架支腿式,运梁车不送梁或运梁均可从支腿下方进出。此型搬运机更适合与较长车身的运梁车配套使用。图 20-1 为 MDEL900A 轮胎式搬运机。

图 20-1　MDEL900A 轮胎式搬运机

2. 900 t 轮胎式 A 形支腿搬运机

MDEL900B 轮胎式搬运机特点为单主梁 A 形支腿结构。工作时，运梁车先就位不动，由搬运机走行喂梁装车，装车后搬运机移开为运梁车让行。图 20-2 为 MDEL900B 轮胎式搬运机。

图 20-2　MDEL900B 轮胎式搬运机

3. 900 t 单立柱轮胎式搬运机

900 t 单立柱轮胎式搬运机，运梁车进出方式与 A 形支腿结构一样。图 20-3 为 900 t 单立柱轮胎式搬运机。

4. 轮轨式搬运机

轮轨式搬运机因为走行轨道占用场地面积小，适用于制梁场场地受限的条件。另外，轮轨式搬运机造价低、投资省。其缺点是转向操作复杂，需要作业人员多，施工效率较低。图 20-4 为 900 t 轮轨式搬运机。

20.3.3　MDEG900 t 搬运机

1. 概况

MDEG900 t 搬运机适用于铁路客运专线

图 20-3　900 t 单立柱轮胎式搬运机

图 20-4　900 t 轮轨式搬运机

20 m、24 m、32 m 双线整孔箱梁的起吊、运输、转移和装车等工作。适应砼路面、压实的级配石路面。

整机采用机、电、液控制技术，起升部分采用液压卷扬机，走行、起升动力均由发动机驱动的液压泵提供，无须外接电源。

运行模式包括 0°转向、90°转向、0°～90°斜行等。

其起升系统可以实现四点起升、三点平衡，避免箱梁受扭，同时也保证钢丝绳和吊杆受力均衡。

重载原地转向时，由大吨位油缸支撑于地面，减小轮胎的磨损。图 20-5 为 MDEG900 t 搬运机。

2. 主要技术参数

1) 尺寸

外形尺寸(长×宽×高)：(45×27.1×18.2) m。

主梁中心跨度：40.5 m。

支腿内侧纵向净间距：36.037 m。

图 20-5 MDEG900 t 搬运机

支腿内侧横向净间距：15.782 m（地面 3.003 m 以上，满足梁体翼缘 13.4 m 进出要求）；8.066 m（地面 3.003 m 以下，满足运梁车进出要求，运梁车一般宽 7 m 左右）。

有效起升高度：12 m（满足双层存梁"吊一过二"工况要求）。

整机主梁下净空：13 m。

2）载荷

设备总质量：约 460 t。

额定起重量：900 t。

轴载质量：约 42.5 t。

爬坡能力：1.5%。

3）走行系统

纵向走行时轴线数：32 个。

横向走行时轴线数：16 个。

整机满/空载走行速度：(15/28) m/min。

轮胎数量：64 个。

悬挂数量：32 个。

驱动轮/从动轮：20/44 个。

4）转向系统

转向方式：电子独立转向，每个轮组通过单独的转向油缸进行转向。

所在部位：所有轮组。

纵、横向运行转向：±5°。

原地转向：90°。

运行方式：0°转向、90°转向、0°～90°斜行。

5）动力系统

发动机型号/品牌厂家：QSL/美国 Cummins。

发动机功率/转速/台数：260 kW/(1900 r·min^{-1})/2 台。

3．**主要构造**

MDEG900t 搬运机主要由主梁、支腿和支腿横梁、车架、主/从动轮组、支承机构、起升机构、动力系统、液压系统、电气系统、司机室、梯子栏杆等组成。

1）主梁

主梁整体质量 90 t，整体尺寸为 43 m×2.2 m×3.2 m，焊接箱形结构，分段设计，单根主梁最大外形尺寸为 14.8 m×2.2 m×3.2 m。内部设置有加强筋板以防止局部失稳。各段之间连接均采用高强度螺栓（10.9 级）连接方式，连接可靠，拆装方便。材料选用 Q345C 钢材。

2）支腿和支腿横梁

支腿横梁跨中顶部与主梁刚性连接，承受一定的弯矩载荷，支腿上下端分别与支腿横梁和车架刚性连接。支腿与支腿横梁均为焊接箱梁结构，内设加强筋板，材质均为 Q345C 钢材。各部件由高强度螺栓（10.9 级）连接。

3）车架

车架上方与支腿连接，下方与转向架连接，起承载转向架、轮胎组的作用，各部件由高强度螺栓（10.9 级）连接。

4）轮胎组

起重机的走行由 4 个轮胎式走行台车组成，单个走行台车采用 2 纵列 4 轴线共 8 组悬挂，整机共有 16×4＝64 个轮胎。每个轮组配有一个悬挂油缸，以便搬运机在坡道上走行或通过凸凹不平的路面时，自动调整对地面的载荷使之均匀一致。悬挂油缸被分为 4 组，以保证整个设备均衡。悬挂油缸行程为 500 mm。

走行台车能实现起重机满载时纵向、横向及斜向走行。液压悬挂设有管路保险系统，在极端情况下，若轮组中的轮胎爆裂，能够确保整车平衡，避免颠覆。

从动轮组由回转支承、转向架、平衡臂、从动轴、轮辋和轮胎等组成，转向架通过大直径回转轴承与车架连接，大直径回转轴承既能满足两部分之间作相对回转运动，又是重要的承力元件,能同时承受轴向力、径向力和倾覆力矩。

主动轮组由回转支承、转向架、平衡臂、轮边减速器、轮辋和轮胎等组成。

5) 走行及卷扬系统

每套单独的系统由1台发动机驱动2台液压油泵,用两组PSV61/300-5型控制多路阀中的4片控制10个并接的液压马达及走行减速器完成整车走行动作,另外4片控制两套并接的液压马达及卷扬减速器完成整车卷扬动作。走行与卷扬不能同时工作。整车共有两套完全相同独立的走行及卷扬系统,分别放置在两边的车架上。

走行及卷扬系统共用同一油源给控制多路阀供油,通过对4片16路控制多路阀的控制来分别完成对走行及卷扬系统的控制。

走行系统包括32对独立车轮组,其中有8对主动车轮组和4对半主动半从动车轮组,其余全为从动车轮组。主动轮组所处位置为4轴、5轴,半主动半从动车轮组所处位置为2轴、6轴。主动车轮组均采用两组液压马达加减速器来驱动,半主动半从动车轮组均采用一组液压马达加减速器来驱动,该液压马达为定量马达。该减速器带弹簧闭锁液压释放制动器,同时该液压马达均设置了速度传感器可随时检测各马达的运行状态,防止超速失控。每边10组液压马达并接保证整车每边主动车轮运行的一致性和自动跟进,回路设置压力传感器可检测系统工作参数,必要时紧急停车,主动车轮停止时制动为制动器弹簧闭锁。走行卷扬中的液压马达由负载感应控制阀组控制工作,该控制阀组既可控制该液压马达的旋向,还可无级调节液压马达旋转速度。

卷扬系统由4台液压卷扬机组成,液压卷扬机采用液压马达+减速器来驱动卷筒,该减速器带弹簧闭锁液压释放制动器。液压卷扬机制动有三种方式:液压马达停止时单向调速阀复位闭锁;减速器制动器弹簧闭锁;盘式制动器制动。液压卷扬机中的液压马达由负载感应控制阀组控制工作,该控制阀组既可控制该液压马达的旋向,还可无级调节液压马达旋转速度。

走行及卷扬回路皆为两套单独的完全相同的开放式系统,额定工作压力26 MPa,通过操纵手柄控制PSV61/300-5多路阀电控变量装置可使输出流量稳定控制在0~120 L/min的某个值;可改变液压油的流动方向,从而无级调整走行或卷扬的速度及改变走行或卷扬的方向;可控制打开各制动器,该系统最大使用功率约200 kW。

6) 制动系统

起重机设有两套制动系统:常规的制动,适合正常的传动制动,用来制动液压马达;刹车制动,位于减速器和液压马达之间。

7) 转向系统

起重机前后端各有16组轮组。在行驶中需要转向时,所有的轮组将沿起重机转向半径转向。为了保证起重机实现原地90°转向,所有轮组都有各自独立的可以支撑90°正确转向的液压缸、双作用的液压缸和连杆机构支撑轮组转向。这种结构体系保证了每个轮组不同角度转动,但它们的回转轴心在同一条线上。控制起重机转向灯操作杆在驾驶室里。操纵杆控制液压系统的工作阀,溢流阀控制液压系统的最大压力。

8) 起升装置

起升装置包括吊具和提梁小车。钢丝绳缠绕在滑轮机构上,升降过程就是提梁小车升降箱梁的过程。有一套液压系统控制提梁小车队纵向位移和横向位移,在驾驶室内可以控制提梁小车。当起升不同混凝土箱梁时,必须把提梁小车调到适合箱梁吊点的位置上。吊具上设有与箱梁连接的吊杆,吊杆须自由地进入箱梁上的吊孔,只允许承受拉力作用。

9) 卷扬机

起升机构共有4个液压卷扬机。每个液压卷扬机上都有两个开槽卷筒,钢丝绳在卷筒上可以平整缠绕。卷筒轴上装有轴承,卷筒、减速器和液压马达是同轴的。多片盘式制动器位于减速器和液压马达之间,为常闭制动器。当卷扬机到达其行程终点时,行程开关就会终止它的转动。卷扬机安装在主梁的上部,并设有平台,便于它的维修和保养。

10) 动力箱

本机设两个动力箱,动力箱内装有如下设备:发动机、液压泵、液压油箱、电磁阀、蓄电池等。动力箱安装在支腿横梁上。

柴油发动机和水冷装置安装在各自的减震装置上,由司机操作。所有的液压泵都通过一个变速箱传递发动机的功率。主液压泵连接在分动箱的两个输出口上,其余的液压泵连接在另两个输出口上。在油箱盖上装有过滤器。

20.3.4 搬运机安全使用规程

1. 作业条件

(1) 搬运机组装完毕,须经有关部门安全验收合格后,方可投入使用。

(2) 操作司机和信号员须经安全培训、考核合格,持证上岗,并定人定岗。

(3) 存放箱梁的存梁柱对角和高度差符合要求≤2 mm。

(4) 箱梁经过初张拉,满足安全吊装要求。

(5) 搬运机必须按要求配齐制动器、限位器、漏电保护器、灭火器材等安全装置。

(6) 作业时风力小于六级,六级以上风力必须停止作业。

2. 作业前要求

(1) 搬梁前,必须对制动器、控制器、吊具、钢丝绳、安全装置和走道的稳定性等进行全面的检查,发现工作性能不正常时应在操作前排除,确认符合安全要求后方可进行操作。

(2) 搬梁前,应做好警戒措施,搬梁通道障碍物、无关人员全部清除。

3. 作业要求

(1) 司机应集中精神操作,密切注视周围情况,不得做与工作无关的事情;对紧急停机信号,不论何人发出都应立即执行。

(2) 有下述情况之一时,司机不应进行操作:

① 结构或零件有影响安全工作的缺陷或损伤,如制动器、安全装置失灵,吊具、钢丝绳损坏达到报废标准,架体稳定性不牢固;

② 吊杆不牢或不平衡而可能滑动;

③ 工作场地昏暗,无法看清场地和指挥信号;

④ 被吊物上有人;

⑤ 风力大于五级或大雾、雷暴雨等恶劣天气时。

(3) 卷扬机钢丝绳端头固定要牢靠,在卷筒上排列整齐密实,吊点下降至最低工作位置时,卷筒上的钢丝绳必须保持6圈以上。

(4) 在正常运转过程中不得利用限位开关、紧急开关制动停车。

(5) 箱梁提运时应进行小高度、短行程试验,确认安全可靠后再提运。

(6) 当箱梁下降到位时,必须待箱梁放牢固平稳后方可拆除吊具。

(7) 吊装第二层箱梁就位时,应注意避免碰撞。

(8) 搬运机作业必须明确分工、统一指挥,设专职操作员、专职安全检查员,指挥信号统一、明确。

(9) 严格按提运方案进行,禁止斜吊提升,超负荷运转。8个吊点要受力均衡,严禁超载,起吊前确认吊点或受力作用线位于负载中心。

(10) 人员不得站在吊起的箱梁下方或进行检查修补作业。

(11) 非专业电工严禁操作电气设备,防止意外触电。

(12) 变跨作业进入主梁作业人员必须走安全通道,严防坠落。

(13) 安装吊点作业人员,上、下箱梁必须有专用防滑梯子。

(14) 作业人员进入现场必须戴好安全帽,高空作业人员必须系安全带。严禁酒后上岗作业。

(15) 发现可能有危险发生时,必须马上按下紧急停止按钮,避免对设备或部件造成损坏。

(16) 若发现本机有安全或功能方面的隐患必须立即停止工作。

4. 作业后要求

(1) 搬运机所有控制手柄处于零位。

(2) 搬运机操纵室必须关闭上锁。

20.4 提梁机

20.4.1 定义

提梁机是将高速铁路箱梁从地面起吊提升至桥面上为运梁车装车的一种门式起重机。一般情况下，提梁机除为运梁车装车外，还要考虑架桥机在桥面上的拼装，因此，提梁机起升高度较高，根据情况的不同，提梁机起升高度有 38 m、28.5 m、26 m 等。

20.4.2 分类

提梁机按起重量可分为 450 t、500 t 等。常采用 2 台配合抬吊箱梁，跨墩布置，采用轮轨式走行。

根据提升装吊作业需要，提梁机可分为三种型式：大车重载走行，通过小车移动实现箱梁横移；大车空载走行，定点起吊混凝土梁，通过小车移动实现箱梁横移；固定式门架，定点起吊混凝土梁，通过小车移动实现箱梁横移。

按门架结构型式，提梁机可分为箱梁式或桁架式两种型式。

20.4.3 DQ500 t 提梁机

1. 概况

DQ500 t 提梁机是为中铁大桥局集团有限公司承接的高速铁路梁场而设计的，2 台 500 t 提梁机联合作业，完成 20 m、24 m、32 m 双线混凝土整孔箱梁的吊装、移位、装车，并可实现重载直行和通过小车移动实现箱梁横移。走行机构采用变频技术，整机采用 PLC 控制，大车走行和小车走行均采用单轨走行方案。

该机起重量为 500 t，跨度为 32 m，起升高度 22 m。根据不同梁场的使用需求，该机可实现从 32 m 变为 36 m 的有级变跨和从 22 m 变为 26.5 m 的有级变高。图 20-6 为 2 台 500 t 提梁机抬吊现场。

图 20-6 2 台 500 t 提梁机抬吊现场

2. 主要技术参数

起重量：500 t。

跨度：32 m。

起升高度：22 m。

主起升速度：0.5 m/min。

小车运行速度：1～6 m/min。

大车运行速度：1～10 m/min。

起重小车轨距：2.6 m。

小车轮压：69 t。

起重大车轨距：32 m。

大车轮压：70 t。

提梁机机身质量：306 t。

提梁机外形尺寸：(36×17×32.5) m。

整机功率：160 kW。

电源：三相五线制，交流 380 V、50 Hz。

3. 主要构造

提梁机主要由门架、起重小车、小车走行机构、大车走行机构、吊具、司机室、防风装置、电缆卷筒、电气系统、梯子平台等组成。

1) 门架

门架由两片主梁、两片支腿等组成。主梁为箱形结构，采用 Q345C 钢板拼焊而成，工厂分段制造，分段之间采用螺栓连接，有利于制造、运输和现场安装；支腿和横梁等主受力杆件均采用 Q345C 钢板拼焊而成的箱形结构，两端连接均采用端法兰螺栓连接。起重小车走行轨道铺设在主梁顶面。

2) 起重小车

(1) 起重小车由 2 套卷筒组、2 套传动机构、2 套滑轮组、1 套吊具、1 台小车架和小车走行机构等组成。

(2) 每套卷筒组单绳起重量为 15 t，滑轮倍率为 2×24，起升速度为 0.5 m/min。

(3) 每套卷筒组的传动机构由一台 YZR280S-8 电动机、电力液压块式制动器、减速器、开式齿轮传动、卷筒、液压失效保护制动器组成，电机功率为 45 kW。

(4) 起重小车走行机构由 4 台走行台车组成，每台走行台车由两个 ϕ710 mm 的走行轮、一台 YZPEJ3.0 变频电动机、MJAT127MD77 减速器和小车台架组成，电动机的功率为 4×3.0 kW，走行速度为 1~6 m/min。

3) 大车走行机构

大车走行机构采用单轨走行方案，由 8 台单轨走行台车组成，2 台单轨走行台车之间由一根平衡梁连接，支承由支腿传下来的载荷，确保大车走行车轮的受力均匀。

每台单轨走行台车由台车架、车轮组、电动机和减速器组成。由一台 YZPEJ5.5 变频电动机、MJAT127MD87 减速器、小车台架组成，电动机功率为 8×5.5 kW，走行速度为 1~10 m/min，大车走行轮直径为 ϕ710 mm。

当起重小车走行到靠近提梁机一侧支腿上方时，大车车轮最大承重为 70 t，大车走行轨道采用 QU100 起重机用钢轨。

4) 司机室

司机室设置有主起升机构、小车走行机构、大车走行机构等各种操作按钮，还包括起重量显示及报警装置、警铃、照明等，并配置有冷暖空调。

5) 电气系统

提梁机电气系统主要由电源、大车走行机构、小车走行机构、主起升机构、电动葫芦、照明及安全报警装置等组成。采用交流 380 V、50 Hz 三相五线制供电，在提梁机结构支腿下横梁上本侧安装电源控制柜、大车(钢腿)控制柜，在提梁机结构支腿下横梁对侧安装大车(柔腿)控制柜，在起重小车上安装主起升控制柜与小车控制柜，起升控制柜控制核心为西门子 S7-200 系列可编程控制器(PLC)。在司机室里设接线端子箱，司机室里设联动控制台，通过控制柜与接线箱、联动台之间的连接，构成提梁机电气系统。

提梁机整机功率约为 160 kW。

(1) 电源。外接电源电缆采用中部进线，通过电缆卷筒收放馈电，将电源连接到电源控制柜的总开关 QM 上，再通过主接触器 KM 接通主回路电源，当联动控制台电压表有读数，通过电压转换开关 1SA 测量各相的电压，电源电压波动在 380 V±10% 的范围内，此时系统可正常工作运行。控制电源变压器 T1 提供交流 220 V 控制电源，电源模块 1PB 提供直流 24 V 电源，在楼梯入口处和司机室内各设置急停开关一个，供紧急情况下切断提梁机主回路电源。提梁机在运转中，还可通过观测联动控制台电流表监视提梁机运转状况。

(2) 大车运行机构。提梁机大车运行机构采用一台变频器驱动两端 4 台大车运行电动机，变频器采用 V/f 控制模式，司机室左手柄主令控制器 1LS(左右摆动)采用 3-0-3 方式，其速度初步设定为 20%、50%、100% 的额定速度(可根据现场情况调整速度)，当大车运行速度由高速转向低速或回零时，电动机将处在发电制动状态，这部分能量通过变频器制动单元经制动电阻 R11、R12 发热消耗掉，运行机构制动减速。接触器 KM11 控制变频器 BP1 驱动本侧大车机构电动机，接触器 KM13 控制本侧大车制动器电动机，接触器 KM12 控制变频器 BP2 驱动对侧大车机构电动机，接触器 KM14 控制对侧大车制动器电动机。考虑到 1 台变频器控制单边 4 台电动机，而变频器的过流保护是针对其工作的总电流的，为了保护每台电动机，防止电动机过热，每台电动机都独立使用 1 个热继电器，当电动机过热时，相应热继电器(FR11~FR14，FR15~FR18)动作，切断主控电路。此外，为保证提梁机的安全运行，大车机构在极限位置安装有磁性接近开关 SQ11、SQ12，可以起到极限位置停车安全保护作用，此时只能向相反的安全方向走行，大车走行工作时旋转警示灯 1HA~4HA 警示报警。

大车机构为 8 台电动机驱动，每台电动机使用 1 台制动器制动，大车机构电动机功率为 8×5.5 kW。

两台提梁机同时抬吊箱梁时要同步，采用遥控器遥控大车走行，可以同时控制两台提梁机同时走行工作。

(3) 小车运行机构。提梁机小车运行机构采用一台变频器驱动两端 4 台小车运行电动机，变频器采用 V/f 控制模式，司机室左手柄主令控制器 1LS（前后推拉）采用 3-0-3 方式，其速度初步设定为 20%、50%、100% 的额定速度（可根据现场情况调整速度），当小车运行速度由高速转向低速或回零时，电动机将处在发电制动状态，这部分能量通过变频器制动单元经制动电阻 R41 发热消耗掉，运行机构制动减速。接触器 KM21 控制变频器 BP3 驱动大车机构电动机，当电动机过热时，相应热继电器（FR21～FR24）动作，切断主电路。此外，为保证提梁机的安全运行，小车机构在极限位置安装有磁性接近开关 SQ21、SQ22，可以起到极限位置停车安全保护作用。小车运行机构电动机功率 4×3 kW。

(4) 主起升机构。主起升机构为 2 台电动机驱动，采用自激动力制动调速方式，操纵控制台的右手柄主令控制器 2LS（前后推拉）可控制主钩机构工作上升方向主令控制器的各挡，电动机均运行在电动运转状态。下降方向主令控制器的第一、二、三挡为自激动力制动调速挡，电阻器 R31(R41) 为四级可切除电阻和一级常接电阻。在控制回路中采用电流继电器 F31～F33(F34～F36) 作为过载与短路保护之用。零压继电器 K30(K40) 起失压和欠压作用。SQ31、SQ32 是上升限位开关 SQ33(SQ35) 是卷扬机缠绕过保护限位开关，SQ34(SQ36) 是卷扬机缠绕欠保护限位开关。JCJ1(JCJ2) 为监测继电器，二极管 9ZL、10ZL (19ZL、20ZL) 与其配合，用于监测电动机转子桥式整流电路中 1ZL～6ZL (11ZL～16ZL) 的好坏。HXJ1(HXJ2) 为换相继电器，其常闭触头与 KM33(KM43) 接触器线圈构成电气联锁，防止其他运转状态向自激动力制动转换过程中可能出现的短路。Y31(Y33) 为高速端制动器，Y32(Y34) 为低速端制动器，每台电动机都使用高速端与低速端 2 台制动器制动，控制过程是先打开低速端制动器，再打开高速端制动器，同时，起升机构电动机正转或反转。起升机构电动机功率 2×45 kW。

(5) 照明电路。为满足提梁机作业的需要，在提梁机主梁上安装有 6 盏照明灯，在楼梯上设置有楼梯走道照明灯，此外，还设置了司机室照明、电铃等。司机室背部接线箱实际上就是照明控制箱，提供照明电源，相应照明开关在照明控制箱内。

(6) 报警装置。在司机室内装有文本显示器、载荷限制器、大风报警仪等显示报警装置。操作员可以通过文本显示器及时了解提梁机的运行和故障的情况。

载荷限制器在起重量超过额定起重量 90% 时报警，起重量超过额定起重量 108% 时限制主钩起升。详见载荷限制器专用说明书。

大风报警仪在风速超过 15 m/s 时报警。

6) 安全保护装置

(1) 为了确保混凝土箱梁起吊的安全和吊点受力的均衡，采取了以下措施：2 台 500 t 提梁机联合作业，其中一台提梁机的 2 套主起升机构采用 1 根钢丝绳，保证 2 个吊点钢丝绳受力均衡，形成 1 个平衡吊点；另一台提梁机的 2 套主起升机构采用 2 根单独的钢丝绳，形成 2 个平衡吊点；整机 4 点起吊形成 3 个平衡吊点。

(2) 主起升卷扬机构设置了双制动装置，在高速轴端采用电力液压块式制动器，在低速轴端采用液压失效保护制动器，同时配备超载限制器、起吊高度限位器及报警装置，并且主起升卷扬机设有排绳装置和紧急制动装置。

(3) 走行机构均设置缓冲器、夹轨器、极限限位器、报警装置。

(4) 设置风速仪，随时显示高空风速情况。

(5) 整机设紧急停机装置，提梁小车工作时设警示喇叭。

(6) 采用人机界面，时时监控提梁机故障类别、故障位置及运行状态。

(7) 采用无线遥控装置,在2台500 t提梁机共同作业时,实现2台提梁机纵向运行时的同步和平稳,也可实现2台提梁机的提梁小车横向运行、提梁和落梁时的同步和平稳。

20.4.4 安全使用规程

1. 作业前

(1) 操作者的身体和精神状态必须良好,禁止酒后上机操作。

(2) 需对下列主要装置进行检查确认。

① 设备各润滑点加注润滑脂(每周加注一次);卷扬机齿轮箱的油位应符合要求。

② 各操作手柄与按钮灵敏可靠。

③ 制动器、限位器可靠有效。

④ 卷扬机卷筒钢丝绳排列整齐,滑轮钢丝绳缠绕正常;系统钢丝绳处于张紧状态。

⑤ 设备其他主要部件无安全隐患。

⑥ 工作区域无障碍物,起重机起吊、操作和行进有足够空间。

⑦ 无闲杂人员在现场逗留,作业人员处于安全作业位置与状态。

⑧ 指挥联络信号明确、畅通。

⑨ 控制柄应处于零位。

以上各项确认无误方可开始作业。有问题须经解决后方可进行作业。作业前开机必须鸣笛。

2. 作业中

(1) 电气设备启动后应检查各种电气仪表,待仪表指针稳定和正常时,才允许正式工作。

(2) 要求吊点对位准确,严禁斜拉起吊。

(3) 禁止超过额定起重能力起吊。

(4) 禁止载荷不平衡时起吊。

(5) 禁止用起重机拖拉、牵引、翻转重物。

(6) 禁止用起重机起吊与地面连接的载荷。

(7) 起重作业操作步骤应严格按说明书的操作程序进行。

(8) 正常作业时禁止起吊载荷(混凝土箱梁)在空中长时间停留。

(9) 禁止在悬吊的载荷下走行、穿行、停留。

(10) 禁止在载荷悬吊的情况下操作人员离开操作台。

(11) 禁止触摸正在旋转的走行轮、滑轮,运动的钢丝绳及起吊状态下的吊具。

(12) 大车走行时保持鸣笛。

(13) 吊钩底部在工作最低标高(按设计规定)时,钢丝绳在卷筒上的缠绕圈数不得少于3圈。

(14) 作业过程中需对整机进行监视运行,一旦发现异常,必须紧急停机。

(15) 两台提梁起重机吊梁走行应保持同步,同一台起重机两支腿的同步误差、两台提梁起重机的同步误差应符合有关规定和出厂要求。两侧轨道需做标记,走行中必须有人监视,若大于规定值,必须进行调整并检查原因。

(16) 禁止将吊具放在地上或被起吊的重物上。

(17) 两台提梁起重机同时提梁时,电动葫芦应停止工作。

(18) 严禁在设备运行中进行维修、保养、润滑、紧固等作业。

(19) 电气装置掉闸时,应查明原因。排除故障后再合闸,不得强行合闸。

(20) 漏电失火时,应先切断电源,用四氯化碳灭火器或干粉灭火器灭火,禁止用水或其他液体灭火器泼浇。

(21) 发生人身触电时,应立即切断电源,然后用人工呼吸法作紧急救治。但在未切断电源之前,禁止与触电者接触,以免再次触电。

(22) 起重机起吊混凝土箱梁作业时,应有安全员在场负责安全监督。

(23) 六级以上风力必须停止作业。

3. 作业后

(1) 所有控制手柄处于零位。

(2) 操纵室必须关闭上锁。

(3) 关闭电源并锁好闸箱门。

(4) 大小台车夹轨器与轨道夹紧,并将锚固装置锚固锁定。

20.5 运梁车

20.5.1 定义

运梁车是将在制梁厂预制的高铁混凝土箱梁运输到待架处为架桥机喂梁的专用车辆,分轨行式和轮胎式等。主要由几十个驱动轮与从动轮、车架、驾驶室、操纵控制系统、辅助装置等组成。运梁车是架桥机架梁作业的配套设备。

20.5.2 分类

运梁车按起重量可分为 600 t、900 t、1000 t 等。600 t 运梁车一般用于单线箱梁运输架设。

按走行方式可分为轮轨式和轮胎式运梁车,通常采用轮胎式。

按是否能通过隧道,轮胎式运梁车可分为不过隧式运梁车和过隧式运梁车,又叫高位运梁车和低位运梁车。两种运梁车结构基本相同,均采用一根车架主梁中置,主梁两侧纵向均布轮胎组,全液压驱动。高位运梁车通常采用大规格轮胎,可在满足运梁条件下减少承载轴数量,但运梁高度高,难以运输箱梁通过隧道,适应于无隧道线路。随着高速铁路施工向西部地区山岭地区的挺进,高速铁路箱梁运梁车的研制越来越向低位、超低位方向发展,低位运梁车通常采用小轮胎,降低运梁车高度,能驮运箱梁和架桥机过隧道,甚至可配合架桥机在隧道口负距离架梁。

1. 高位运梁车

YLQ900 型运梁车是 2010 年研制出的 900 t 箱梁运输设备。该运梁车采用独立连杆转向,可实现斜行、八字、半八字转向,但不能满足运梁通过隧道的要求。图 20-7 为 YLQ900 型运梁车。

2. 低位运梁车

1) YLSS900B 型低位运梁车

2016 年研制的 YLSS900B 型过隧道低位运梁车,满足驮运梁片和架桥机通过隧道的要求,可在隧道口零距离及负距离架梁,提高了

图 20-7 YLQ900 型运梁车

施工效率。图 20-8 为 YLSS900B 型低位运梁车。

图 20-8 YLSS900B 型低位运梁车

2) YLS1000 型运梁车

YLS1000 型运梁车采用槽形主梁、双胎并置结构形式设计和宽基小轮胎方案,最大载重 1000 t,驮梁高度仅 1500 mm,全车共 31 个轴,由 248 个轮胎均衡受力。YLS1000 型运梁车主梁采用槽形结构形式,与 40 m 箱梁截面形状相贴合,最大程度上利用隧道和箱梁两侧空间,降低了运梁车的结构高度,为解决过隧道技术难题提供了有利条件。图 20-9 为 YLS1000 型运梁车。

图 20-9 YLS1000 型运梁车

20.5.3 MBEC900C 型轮胎式运梁车

1. 概况

MBEC900C 型轮胎式运梁车主要用于铁路客运专线双线整孔 32 m、24 m、20 m 箱梁在路基、桥梁、隧道、梁场的运输及向架桥机喂梁等工作，同时还可以用来驮运架桥机转场。其主要特点如下所示。

（1）车辆自身质量轻（225 t），完全能满足客运专线桥梁和路基对车辆载荷的要求，几何尺寸上完全满足已经通过鉴定的架桥机对运梁车的要求。

（2）运梁车控制系统实现了对全部 34 个车轮组的独立转向控制，使车辆实现了直行、全轮转向、八字转向、斜线行驶、驻车制动等工况，具备自动驾驶导航功能。

（3）走行系统采用闭式回路，利用容积调速系统提高了工作效率，通过调节柴油机转速、油泵输出排量和油马达输入排量可在大范围调节走行速度。通过多组走行马达的并接保证了整车主动车轮运行的一致性和自动跟进。每组走行马达都设置了速度传感器可随时检测各马达的运行状态，并可防止超速失控，回路设置的压力传感器可检测系统工作参数。

（4）转向系统采用负载传感回路，保证多组转向在负载及调节量不一致时都能正常工作，互不影响。

（5）转向系统配备大排量的液压泵，使得转向油缸工作速度更快，响应转向速度高，纠偏动作迅速。

（6）悬挂系统采用负载传感回路，多个悬挂点通过系统配置成三套独立系统，每套独立系统设置的压力传感器可检测系统工作参数，正常工作时每套系统都能按要求自动快速跟进路面不平及坡道产生的影响。每个悬挂点都设置了两个截止阀和一个液控单向阀，运行中，当某处出现爆管时，其独立系统中每个悬挂点在液控单向阀的作用下可保持转向架在当前状态下继续工作，同时操纵两个截止阀一方面可切断系统连接，另一方面释放当前约束，以利做下一步处理。

（7）通过合理选配发动机、液压泵、液压马达，使运梁车的传动效率提高，空车的行驶速度可达 11 km/h。

（8）自动导航控制系统的自动纠偏精度达到 ± 80 mm。

（9）全轮独立转向的转向角度为 $\pm 43°$，使最小转弯半径缩小，提高了车辆的机动能力。图 20-10 为 MBEC900C 型轮胎式运梁车。

图 20-10　MBEC900C 型轮胎式运梁车

2. 主要技术参数

1）载荷

最大运输能力：900 t。

空载运行速度：11 km/h。

满载运行速度：5 km/h。

满载爬坡能力：5%。

运梁车净重：225 t。

2）尺寸

轴距：2320 mm。

总宽度：5740 mm。

总长度（驾驶室位于纵向位置）：45 336 mm。

空载运梁车高度：2730 mm。

3）转向系统

最大走行转向角：$\pm 43°$。

最小中心回转半径：22 m。

最小外回转半径：32 m。

转向方式：5 种。

全轮转向、斜行、前后轴固定转向、驻车转向，可以自动转向（在走行路线上有一条参考标志线),转向推动力来自转向油缸,直行时有"纠偏"设置,纠偏精度±80 mm。

4) 轮对

轴线数:17 轴。

轮对数:34 对。

轮胎数:68 个。

驱动/制动轮对数:12 对。

从动轮对数:22 对。

转向轮对数:34 对。

5) 柴油发动机组

数量:2 台。

总安装功率:2×412 kW=824 kW。

油箱容量:2000 L。

两台发动机可以独立或同时工作,由于某种原因当一台发动机停止工作时,另一台发动机可以单独驱动运梁车,此时运梁车的速度减半。

3. 主要构造

运梁车主要由车架结构、悬挂结构、动力模块、液压系统、气压系统、车电系统、微电控制系统等组成。

整个运梁车的结构以纵梁为主体,所有部件都安装在纵梁上。驱动装置位于正面的后部,这里集中了所有的供电设备。纵向每边排列了 9 根横梁和 3 根双横梁。横梁和双横梁两端共连有 34 个轮对转向架,通过转向架,运梁车可以升高、降低或转向。在转向架上交替安装有驱动轴、制动轴和转轴。双横梁上还装有 4 个弹性支座,用于支撑混凝土梁。前端的弹性支座被固定安装在底座上,后端的弹性支座可手动移位,通过变换后端的弹性支座位置,运输不同跨度的混凝土梁。

全车采用 17 轴线、34 对轮对。其中有 6 轴线、12 对轮对具有驱动功能,分别布置在第 3、4、6、7、9、11 轴线上;其余的 11 轴线上的 22 对轮对为从动轮对。

1) 车架结构

车架是承载的主要部件,为单箱梁、分段结构,边侧的钢横梁与中间纵梁连接在一起,可以最大限度地保证梁在运输和转向过程中的平稳、安全,保持混凝土箱梁位置不变。纵梁上面设有 8 个支座,以适应安放不同的箱梁长度变化,如 32 m、24 m、20 m 梁等。

为保证运梁车在运行时箱梁不受扭曲,整个运梁车轮系采用三区结构并与支撑油缸的油路相连,即形成三点支撑,对应箱梁支撑点,确保箱梁不受扭曲。

整车车架由纵梁和横梁组成。纵梁设计成 4 段,每段均为焊接箱形结构,梁上设有加强筋和隔板,且内部有加强结构,横梁设计成单横梁和双横梁两种。纵梁的各段连接和横梁与纵梁的连接均采用螺栓连接方式,连接可靠,拆装方便。全车车架结构及组件均可拆分运输。

2) 悬挂结构

液压悬挂总成由转向架、摇臂、支承油缸、回转轴承、转向机构、车桥、轮边减速箱、油马达和工程轮胎等部分组成。通过回转轴承和车架连接,实现转向、高度调节等功能。

全车有 34 个液压悬挂总成,液压悬挂相对车架按三点支撑编组,可大大减小车架变形,当路面出现凹凸不平情况,支撑油缸会随机提供补偿,以适应路面工况保持车体平衡,并避免或大大减小车架变形,同时车桥的摆动可使整机适应 5% 横坡,减小车轮不均等变形而引起的受力不均状况,避免轮胎早期磨损。各支撑油缸通过高压管道相互连接,车辆行驶过程中,按地面工况随机调整,使所有轮轴均匀受载。全液压悬挂可使平台"整升整降",亦可单点升降,调整范围为±300 mm。

3) 转向架总成

转向架总成主要由转向架、转向油缸、支承油缸、摇臂、自润滑角接触轴承等组成,通过回转支承与车架相连,转向油缸连接在转向架上,支承油缸连接在摇臂上,通过支承油缸的自由收缩或外伸达到自动调节与其他轮胎承载平衡的目的。

4) 主动轮对

主动轮对由轮胎、轮毂、主动轮轴、摇摆架、摆轴、液压驱动马达、减速机、滑动轴承等组成。摇摆架通过摆轴连接在转向架的摇臂上,液压马达固定在摇摆架上,通过减速机驱动轮毂上的轮胎转动。

5) 从动轮对

从动轮对主要由轮胎、轮毂、从动轮轴、摇摆架、摆轴、滑动轴承、调心滚子轴承等组成，其构造形式与主动轮对一样。

6) 回转轴承

液压悬挂通过大直径回转轴承与车架连接，大直径回转轴承既能满足两部分之间作相对回转运动，又是重要的动力元件，能同时承受轴向力、径向力和倾覆力矩。

全车选用国际先进的四点接触球式结构——单排球式刚转轴承。

7) 轮系及轮胎

全车采用工程车专用子午线大直径轮胎，规格为 23.5R25。

按轮胎厂的技术说明，当充气压力 650 kPa 时，轮胎承载量为 17 t，现轮胎实际承载量为 16.6 t，符合使用要求。

轮辋规格为 19.50/2.5，属于"全斜底轮辋轮廓"，适用于大型工程车辆，由 5 大件组成，一般称谓"5 件套"。轮胎为无内胎型，轮辋带有密封件。

8) 转向机构

转向机构采用全轮独立转向机构，全车 34 套悬挂可根据驾驶员选定的"转向模式"进行工作。各悬挂轮轴均可按设定的转向轨迹进行转动，实现无滑移行驶，不仅可延长轮胎使用周期，而且使整机运行非常灵活。

本车采用"液压-微电-机械"传动来实现上述技术。转向机构传动链是：微电根据选定的"转向模式"瞬间向各电控比例阀发出不同指令，各控制阀按指令要求控制开或关，并控制大小，各油缸也随之动作，各悬挂按相应油缸的行程大小分别转动不同的角度。各悬挂上还装有传感器，反馈微电控制系统转向动作是否到位，以判断是否需要修正，这样的工作过程在瞬间完成。由于采用这项技术使多模式转向成为可能。

9) 司机室

在运梁台车前部和后部的正面分别有一个控制室，控制室可以保护操作员以及操作和显示设备不受气候影响。控制室内设有单人座椅。

所有控制室设置相同。绝大部分的操作和显示设备都安装在控制室内，用于驾驶和控制运梁台车。重要的操作和显示设备有：操纵杆、显示屏、功能按键、其他显示设备及指示灯，控制室内还装有：空调、暖气、雨刷和清洗装置、隔声及隔热装置、减震器。

20.5.4　安全操作规程

（1）认真阅读运梁车的说明书，对整机结构、性能和工作原理有基本了解，必须以安全、负责的态度操作运梁车。

（2）安全隐患必须立即清除。隐患清除前，运梁车应停止运行。运梁车上的所有安全标志必须保持完整并清晰可读。

（3）运梁车启动前，必须确保不会有人在启动过程中受伤。在启动前检查是否已挪开各类工具及装配辅助用具，以及所有隔离阀是否处于工作位置。

（4）运梁车运行时，所有的保护设备必须功能完好。

（5）只有专业人员可操作由电力驱动的部件。定期检查运梁车上的电力设备，如发现损伤，立即由专业人员予以修复。锁紧配电箱，只有经授权的人员才可打开。不得打开电力设备的保护罩。如需对带电的设备进行操作，必须先断电，并确保不会再被接通。

（6）离开运梁车时，必须确保其已安全停放：启动停车制动器、关闭柴油发动机、锁闭控制室。

（7）某些维护操作必须在柴油机运行的情况下才可进行。进行这些操作时，应格外小心。柴油机外罩或壳打开后，当心活动机器部件。

20.6　架桥机

20.6.1　定义

高速铁路架桥机指支承在高速铁路桥梁

结构上,可沿纵向自行变换支承位置,用于将高速铁路预制桥梁整孔梁体安装在桥墩(台)指定位置的一种专用起重机,通常与运梁车一起配套使用。

20.6.2 分类

1. 分类

架桥机按起重量可分为 600 t、900 t、1000 t 等。600 t 架桥机一般适用于高铁单线箱梁架设。

高速铁路架桥机按施工方法均属于整跨架设式架桥机,按过孔方式一般分为导梁式、步履式和走行式。

导梁式过孔,可分为以下两种。

(1) 导梁式架桥机:架桥机借助导梁完成过孔作业。

(2) 吊运架一体式架桥机:架桥机由吊运梁机和独立导梁机两部分组成,能独立完成吊梁、运梁、架梁和过孔作业,且过孔作业是借助独立导梁完成。

步履式架桥机:架桥机设置多组支腿,依靠支腿的换位和主梁相对于支腿的运动实现过孔作业。

走行式架桥机:架桥机依靠支腿在桥面上走行实现过孔作业。

2. 各类型架桥机实例

1) 步履式架桥机

(1) JQ900A 型架桥机为双主梁三支腿龙门式结构,跨一孔架梁,过孔作业简洁、安全可靠。能够实现高速铁路双线整孔 900 t 级箱梁的架设,能够实现变跨梁架设,适应不同跨度、不同曲线半径线路的箱梁架设。整机可由运梁车驮运,转场方便。图 20-11 为 JQ900A 型架桥机。

(2) JQ900B 型架桥机在 JQ900A 型架桥机基础上将二号柱改为轮胎走行并增加了主梁长度。过孔时前支腿前悬,整机走行一次到位,作业效率高。图 20-12 为 JQ900B 型架桥机。

(3) SXJ900/32 型架桥机是针对城际铁路 250 km/h 单箱双室预应力混凝土箱梁的架设

图 20-11　JQ900A 型架桥机

图 20-12　JQ900B 型架桥机

专门研制的,其采用两跨连续双主梁的结构形式,作业程序简洁、架梁效率高、变跨方便,可适用多种梁型的架设并且可以整机驮运通过隧道。该型架桥机特点为整机轮轨式走行,造价较低,但架梁需铺设钢轨。图 20-13 为 SXJ900/32 型架桥机。

图 20-13　SXJ900/32 型架桥机

(4) DF900 型架桥机能够适应高速铁路双线整孔 900 t 级箱梁的架设,结构形式和 SXJ900/32 型架桥机相似,跨一孔架梁,过孔采用轮轨式走行。其特点为主梁框架相对中支腿纵、横向对称,方便双向施工。图 20-14 为 DF900 型架桥机。

(5) JQSS900 型架桥机采用双跨支撑,尾

图 20-14 DF900 型架桥机

部喂梁,同步拖拉取梁的工作方式,能够适用于 200～350 km/h 的高速铁路 20 m、24 m、32 m 标准和 20～32 m 之间的非标 900 t 级双线整孔预应力箱形混凝土梁的架设,架梁最小曲线半径 1500 m。特别能够满足隧道内、外、进、出隧道口及门式墩下架梁,具有隧道内外架梁的通用性。图 20-15 为 JQSS900 型架桥机。

图 20-15 JQSS900 型架桥机

(6) TTSJ900 型架桥机采用双跨支撑,尾部喂梁,后支腿支撑中支腿前进到墩台支撑,两小车同时吊梁前行的作业方式。能够满足隧道内、外、进、出隧道口及门式墩下架梁,具有隧道内外架梁的通用性。图 20-16 为 TTSJ900 型架桥机。

图 20-16 TTSJ900 型架桥机

2) 导梁式架桥机

(1) JQ900C 型架桥机为高位下导梁式架桥机,后支腿采用轮胎走行,单跨支撑,运梁车尾部喂梁。起重小车拖拉取梁,简支架梁,受力明确。该设备满足 900 t 级混凝土箱梁的架梁施工,实现变跨梁架设,可以适应多种跨度、较小曲线半径线路的箱梁架设。操作便利,可由运梁车驮运,转场方便。图 20-17 为 JQ900C 型架桥机。

图 20-17 JQ900C 型架桥机

(2) JQDS 900 型架桥机能适用于 350 km/h、250 km/h 的高速铁路 900 t 级箱梁的架设。整机为轮轨走行式、导梁辅助过孔及喂梁、起重小车定点取梁,跨一孔简支架梁。该设备特别适合山岭地区桥隧相连地段,满足运梁通过隧道、出隧道口零距离及负距离架梁要求的工况。该设备可利用自身部件转换和调整达到驮运状态,方便快捷。图 20-18 为 JQDS900 型架桥机。

图 20-18 JQDS900 型架桥机

(3) DF900D 型导梁式(定点起吊)架桥机采用单跨简支结构确保结构受力明确,设置下导梁确保安全过孔,后支腿采用钢轮走行,吊梁天车采用定点起吊的方式。能适应一定的曲线线路箱梁架设,但作业效率较无导梁式较低。图 20-19 为 DF900D 型架桥机。

图 20-19　DF900D 型架桥机

3) 运架一体机

（1）YJ900 运架一体机集运、架于一体,适用于山区高速铁路（桥隧相连）32 m、24 m、20 m 双线整孔箱梁（含曲线梁、现浇梁前后箱梁的架设），可在没有任何辅助设备的情况下进行桥间转移,能满足隧道进出口零距离、负距离箱梁架设作业。图 20-20 为 YJ900 型运架一体机。

图 20-20　YJ900 型运架一体机

（2）SLJ900/32 流动式架桥机可提运双线整孔箱梁顺利通过 250 km/h 和 350 km/h 的隧道,并可在隧道口甚至隧道内架梁。该机结构上无下导梁,作业程序简单、效率较高。图 20-21 为 SLJ900/32 型运架一体机。

3. 几种架桥机的主要特点

（1）步履式架桥机。该机作业效率高,造价较低,但较难适应小曲线桥梁架设和隧道口架梁。近年来,随着西南地区隧道工程的增多,研制了一种新型步履式架桥机——隧道内

图 20-21　SLJ900/32 型运架一体机

外通用架桥机,代表类型为 JQSS900 型架桥机。该机采用运架分体形式,作业效率较高,可在隧道口架梁,还能适应更小的线路曲线。缺点是费用相对较高。

（2）导梁式架桥机。该机为主机单跨简支,受力明确,架桥机借助下导梁过孔作业。导梁式架桥机能适应小曲线桥梁架设,部分机型能够满足隧道口零距离及负距离架桥。缺点是自重大,造价较高。

（3）运架一体机。该机能满足隧道进出口零距离、负距离箱梁及较小曲线线路的架设作业。缺点是重载过孔时中支腿载荷较大,运距较远时影响作业效率,运输时依靠吊具悬吊箱梁运输对吊孔有一定冲击。

20.6.3　国内外发展概况

1999 年,秦沈客运专线的建设是我国第一次将自主研发的大型架运设备予以应用的线路,开创了 600 t 级以上大型运架设备自主研发的先河。图 20-22 为国内首台架桥机（秦沈 JQ600 型）。

图 20-22　国内首台架桥机（秦沈 JQ600 型）

2006 年 3 月,我国自主研发的 JQ900A 型步履式架桥机在合宁客运专线襄滁河特大桥

成功架设了我国高铁第一孔 32 m 900 t 级双线箱梁,并于 2007 年 4 月通过原铁道部验收,并在合宁、京津、武合、京广、哈大、京沪等后续建设的高铁工程中得到应用。随后又在 JQ900A 型架桥机的基础上研发出全轮胎走行的 JQ900B 型架桥机,其过孔作业简洁、安全可靠,辅助作业少,工人劳动强度低。

同期,为适应在半径较小的曲线上架梁,研发了 JQ900C 型、JQDS900 型、DF900D 型等一系列导梁式架桥机,应用于武广、京沪高铁工程中。与同类型设备相比,其简支架梁、受力明确,适应曲线性能较好,架梁效率尤其是首末孔架设时具有很大提高。

早期架桥机主要为步履式架桥机、导梁式架桥机和运架一体机,后来为适应山岭、丘陵地区桥隧相连工况而研制出了隧道内外通用架桥机。

2012 年研发的 JQDS900 型复合导梁多支腿过隧架桥机,能满足隧道口架梁工况,成功应用于沪昆线、京福线、桂广线的工程中。

2014 年研发的 JQSS900 型隧道内外通用箱梁架桥机,适用于铁路客运专线双线整孔混凝土箱梁(含曲线梁、坡道梁、现浇梁前后的箱梁)的架设,包含进出隧道口、隧道内外工况箱梁的架设,并实现在隧道内外一致的架梁作业流程,成功应用于郑徐线、皖赣线等工程中。

经过十多年高速铁路桥梁建设,我国高速铁路桥梁 900 t 箱梁架桥机设计和制造技术日趋发展成熟,国产架桥机不仅架设的预制梁跨度不断增大,而且吊重与结构形式也得到不断改进,满足国内高铁桥梁工程建设需求,部分架桥机已进入国际市场。

2018 年 9 月,国内首套 40 m、1000 t 级箱梁运架设备在郑济高铁项目首次应用于高速铁路 40 m 箱梁施工并成功首架,填补了技术领域空白,标志着我国高铁桥梁施工及装备技术已领先世界上其他国家。JQS1000 型架桥机可满足 20 m、24 m、32 m、40 m 等多种跨度简支箱梁架设施工,并且能够实现隧道口架梁和利用运梁车驮运架桥机整机过隧道,对大坡度和小曲线桥梁工况具有良好的适应性。

20.6.4 JQ900 型下导梁架桥机

1. 概况

JQ900 型下导梁架桥机用于高速铁路 20 m、24 m、32 m 双线整孔箱形混凝土梁的架设。施工过程如下:架桥机利用下导梁作运梁通道,中支腿展翼,后支腿、前支腿承载,轮胎式运梁台车将混凝土箱梁运送至架梁机腹腔内;中支腿处于收翼状态,待前支腿、中支腿承载后,后支腿卸载,起重天车将混凝土箱梁提离运梁台车;运梁台车退出,利用后纵移天车将下导梁纵移一跨让出被架混凝土箱梁梁体空间,架桥机将混凝土箱梁直接落放至墩顶上进行安装。图 20-23 为 JQ900 型下导梁架桥机。

图 20-23 JQ900 型下导梁架桥机

JQ900 型下导梁架桥机构思巧妙、结构简单合理、受力状态好,控制先进、操作简单易行,功能齐全、安全可靠,其主要性能特点如下。

(1) 运梁、架梁功能分离,架梁机一跨简支,定点架梁,机构、结构简单,起重系统无须走行,架梁施工载荷小且均衡,整机自重轻、重心低,稳定性好。

(2) 通过架梁机支腿的自行换位安装可实现变跨架设和调头架设,通过在墩顶上对下导梁横向微调可实现在曲线段架梁,轮胎式运梁台车驮运整机运输实现转场架设,提高了下导梁架桥机的适应性。

(3) 下导梁墩顶低位自行纵移过孔,架梁机沿下导梁通道台车驮运过孔,快捷、简便、安全可靠。

（4）下导梁桥头首孔自行进入架梁工位，桥尾末孔自行脱离架梁工位，解决了下导梁架桥机架设首末孔梁的难题。

（5）起升系统静定起吊混凝土箱梁，受载均衡，确保了混凝土箱梁及架桥机的安全。起升系统的纵横向微调，实现了混凝土箱梁架设精确定位。

（6）运梁台车具备支承均衡、轮压均衡、调平、方向控制、无级调速等功能，满足了混凝土箱梁运输的需要。

（7）液控系统采用先进的 PLC 计算机控制技术，通过触摸屏实时监控和操作，形成自动检测、控制、监管相结合的一体化系统。

（8）架桥机经简单拆解主梁支腿可由运梁车驮运通过高速铁路双线隧道。

2．主要技术参数

型式：下导梁式。
起吊能力（额定起吊能力）：900 t。
抗起吊冲击系数：1.05。
梁体吊装方式：四点起吊三点平衡。
吊点数：4 个。
每个吊点最大吊重：225 t。
作业最大坡度：12‰。
工作最大横坡：2%。
过孔运行速度：3 m/min。
过孔时抗倾覆稳定系数：≥1.5，其他情况≥1.3。
最小工作曲线半径：3000 m。
工作状态：架桥机不解体运行。
整机质量：468 t。
最大部件运输尺寸：(12.7×1.8×2.4) m。
最大部件质量：18 t。
架梁方式：单跨简支、定点提梁、微调就位。

3．主要构造

JQ900 型下导梁架桥机由提梁机部分（包括主体结构、起升机构、下导梁纵移天车、运提梁机台车、活动油缸吊点、电气系统、液压系统、安全装置等）、下导梁部分（包括下导梁结构、纵移托辊等）组成。图 20-24 为 JQ900 型下导梁架桥机示意图。

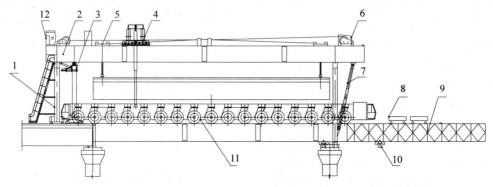

1—后支腿；2—主梁；3—中支腿；4—纵移天车；5—起重天车；6—发电机；7—前支腿；
8—运架桥机台车；9—下导梁；10—托辊；11—运梁台车；12—驾驶室。

图 20-24　JQ900 型下导梁架桥机示意图

1）主体结构

（1）主梁。由两片箱形大梁和六根箱形横梁组成的整体平面框架结构。主梁共分 4 节，且两头对称，主梁盖板上铺设有后纵移天车运行轨道和起重天车纵向微调轨道。根据调头架设要求，主梁设计成前后对称结构，螺栓孔对称布置，实现支腿的换位安装；根据变跨架设要求，主梁设计时预留 32 m 跨、24 m 跨、20 m 跨时的中支腿安装螺栓孔。

（2）后支腿。后支腿由一根支腿横梁、两根弯曲腿组成弯月形刚性门架，与主梁刚性连接。可直接通过混凝土箱梁，后支腿底部设有 4 个 40 t 顶升油缸，可顶升架梁机满足中支腿开启时的需要。后支腿设置有临时吊点，可通过后纵移天车吊装至相应位置与主梁安装,实现架梁机 20 m、24 m、32 m 跨变跨及调头架设。图 20-25 为后支腿结构图。

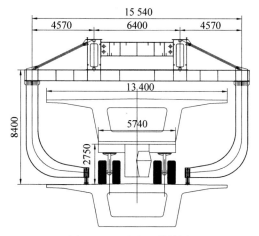

图 20-25 后支腿结构图

(3) 中支腿。中支腿由一根支腿横梁、两根支腿本体、分配梁、展翼油缸组成刚性门架,与前支腿、主梁形成架梁承载结构。中支腿支腿横梁与支腿本体采用双销轴连接结构,拔除一个销轴后,通过展翼油缸伸缩可推动支腿本体相对支腿横梁转动,从而实现架梁时中支腿刚性支承、喂梁时中支腿展翼开启。支腿横梁与支腿本体连接销轴采用油缸自动拔销,油缸动作通过行程开关进行控制。中支腿设置有临时吊点,可通过后纵移天车吊装至不同位置与主梁安装,实现架梁机 20 m、24 m、32 m 跨变跨架设和调头架设。图 20-26 为中支腿结构图。

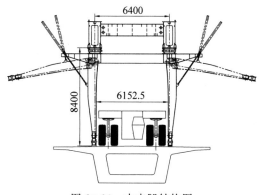

图 20-26 中支腿结构图

(4) 前支腿。前支腿由横梁、支腿本体、斜撑、底梁形成口字形架梁承载结构。支腿本体上设置有牛腿,在架梁机过孔时,该牛腿支承在运架梁机台车上,驮运走行。为满足桥台处支承的需要,前支腿设计成拆装式分节结构。前支腿设置有临时吊点,可通过后纵移天车吊装至不同位置与主梁安装,实现架梁机 20 m、24 m、32 m 跨变跨架设和调头架设。

2) 起升系统

起升系统分为前、后起重小车,每台起重小车由 4 台 12 t 慢速电动卷扬机及底座、起重横梁、定滑轮组、动滑轮组、分配梁、吊具、起重钢丝绳等组成。起重小车固定安装在架梁机主梁上,动滑轮组与吊具通过分配梁铰接变八吊点为四吊点,前起重小车卷扬机起重钢丝绳通过平衡轮串联解决四吊点的超静定的问题,确保了起落梁体过程中梁体受载均匀和起升机构安全。为降低整机高度,起重小车横梁和定滑轮组均采用鱼腹式结构。起重小车具有起升、纵向、横向的三维动作功能,能保证箱梁的准确对位安装,起升动作采用电机→减速器→卷筒→滑轮组的传动方式,纵向、横向微调采用油缸顶推滑移方式。起重卷扬机采用变频器无级调速,平稳、可靠,卷扬机的高速轴和卷筒上均设有制动装置,高速轴采用液压推杆制动器作为常规运行制动,卷筒采用液压钳式制动器作为紧急制动,确保吊梁作业安全可靠。

3) 下导梁后纵移天车

后纵移天车为横跨起升系统的具有三维动作的龙门起重装置,可沿主梁全长运行,用于变跨、调头时安装中支腿、起升系统和纵移下导梁及下导梁横向微调适应曲线梁架设。后纵移天车由走行轮箱、分配梁、主梁、滑移座、横移油缸、主吊点油缸、辅助吊点油缸等组成。主吊点油缸用于提升下导梁,辅助吊点用于提升中支腿、起升系统等,横移油缸用于顶推滑移座。后纵移天车走行机构采用 4 个被动轮、4 个主动轮,通过电力驱动,通过控制系统实现与下导梁纵移托辊同步驱动下导梁。图 20-27 为下导梁后纵移天车结构图。

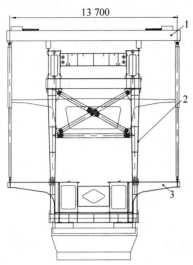

1—后纵移天车；2—前支腿；3—下导梁。

图 20-27　下导梁后纵移天车结构图

4）运架梁机台车

运架梁机台车由独立的前、后两组台车组成，可沿下导梁运行，通过前台车支承前支腿、后台车支承中支腿的方式驮运架梁机纵移过孔。运架梁机台车由轮箱总成、承载主梁、分配轮箱组成，运架梁机台车跨距 4.1 m，走行速度为 3 m/min，采用电动机→减速器→走行轮传动方式驱动。为降低运架梁机台车高度分配，轮箱与轮箱总成采用套箱式结构。

5）前纵移天车

前纵移天车由起重横梁、提升油缸、纵移装置、分配梁等组成，用于协助后纵移天车实现下导梁首孔进入桥位和末孔脱离桥位。在首孔时，当架桥机走行到位后前纵移天车提住下导梁以便拆除临时支架；在正常桥位时，其主要协助跳托辊；在末孔时，前纵移天车在架桥机提起混凝土梁的情况下，与后纵移天车一起将导梁送出桥台，并在末孔将导梁落到待架桥位让架桥机过孔。

6）下导梁结构

下导梁结构由两片箱形纵梁和桁架式加长段，通过中间横梁连接构成一个整体筒支受力结构，提供架桥机喂梁和架梁机纵移过孔通道。下导梁底部设置有纵移托辊运行轨道和下导梁运行轨道。根据下导梁受力工况分析确定，下导梁由两片长 35 m 箱梁和两片长 18 m 桁架组成，全长 53 m，箱梁高 2.4 m，宽 1.8 m，分为 7 个节段，均为 Q345D 钢焊接而成，节段间均采用高强度精制螺栓连接。

7）下导梁纵移托辊

下导梁共设置两个纵移托辊，纵移托辊由托轮、托轮座、底梁组成，悬挂在下导梁下部，可在导梁上自驱动走行。纵移托辊设置有驱动装置，通过控制系统控制和后纵移天车同步驱动纵移下导梁过孔。

8）电气原理

（1）配电箱各供电支路均配备具有过载、断路及漏电保护功能的自动空气开关。主回路开关采用万能式断路器，具有防止供电线路过载、欠电压、过电压、短路、单相接地等功能。

（2）电气控制台（主站）安装于司机室内，各子站控制箱就近布置于所控制的机构附近，通过联网线组成总线型现场控制网。由主控台进行集中操作控制，也可由子站进行就地操作控制。由工控机对架桥的工作状态进行组态模拟，并实时显示各种监测数据。室外安装的电气控制箱的防护等级为 IP44，能够满足防雨的要求。

（3）除需移动电缆外，固定敷设安装的电缆均采用穿金属管或电缆槽保护。

（4）配电箱及控制箱内配线采用 ZRC 或 ZRC-RVB 型阻燃铜芯聚氯乙烯绝缘电线，动力及照明电缆采用 YC/SA 型或 YCW/SA 型阻燃橡套电缆，控制电缆采用 ZRB-KVVR 型阻燃控制电缆。以上电缆均具有一定的抗油污侵蚀能力。

（5）各限位开关及传感器均选用 OMORN、TURCK 等在国际、国内具有较高知名度企业生产的符合 EN60204-1 标准并通过 CE 认证的户外型产品。

（6）所有进入电气控制箱及传感器的接线均通过电缆接头连接，电缆进出室外控制箱通过填料函作密封处理。

（7）所有动力电源为交流电 380 V/30 Hz。

（8）所有禁止联动、互动的机构，其电气操作控制均通过硬件（选择开关）及软件（编程）

两种方式来进行联锁或互锁。

20.6.5 SPJ900/32 型箱梁架桥机

1. 概况

SPJ900/32 箱梁架桥机适用于铁路客运专线 32 m、24 m、20 m 预制混凝土箱梁的架设。额定起重 900 t，采用前、中、后三点支承式，通过吊具起升，天车走行，起重小车横移定位、落梁、转场等全部由司机室控制来完成架梁。具有整机外形美观，操作简单、方便，架梁速度快，设备投资、造价低廉等特点。图 20-28 为 SPJ900/32 箱梁架桥机。

图 20-28　SPJ900/32 箱梁架桥机

2. 主要技术参数

额定起重量：900 t。
适应跨度：32 m、24 m、20 m。
架桥机机身质量：530 t。
外轮廓尺寸：(67.5×18.2×12.2) m。
内部净宽：14.1 m。
架梁最小曲线半径：5000 m。
允许最大作业纵坡：12‰。
吊梁升降速度：0.5 m/min。
最大升降高度：8 m。
主机过孔时最大走行速度：3 m/min。
主机转场时最大走行速度：10 m/min。
桁车重载最大走行速度：3 m/min。
桁车空载最大走行速度：10 m/min。
起重小车横移速度：0.4 m/min。
最大输入功率：148 kW。
允许最大作业风力：6 级。

非作业允许最大风力：11 级。

3. 主要构造

SPJ900/32 箱梁架桥机由后车结构、中车结构、前支腿结构、天车梁、导梁、起重小车等部分组成。

1）后车结构

后车结构是 Ω 形结构形式，由 5 段箱梁用螺栓连接而成。下部与后车台车连接，上部与导梁连接。司机室安装在后车结构上。后车结构部分也是整机过孔时的配重机构，内部净宽按梁型设计，运梁车载梁开进穿过后车空间到中车结构位置。

2）中车结构

中车结构也是箱梁形式，左右两侧各安装了 250 t 液压缸，导梁落在中车结构上，中车结构下部与中车台车组相连接。中车与导梁接触式、无刚性、无螺栓连接，在变跨时，前支腿液压缸起升，使中车结构与导梁脱离，电气控制将中车结构移动到架设 24 m 或 20 m 跨的中车支点位置处。中车移动到位后，用两台 250 t 液压缸顶升中车结构，使中车台车车轮离开轨道面，在台车下部加钢垫板，整个架梁过程中，梁的压力及架桥机的自重经过中车和中车台车车架传递到轨道上。

3）前支腿结构

前支腿由横梁、立柱、斜柱、撑杆用螺栓连接组成，上横梁与下部结构用 4 个销轴连接成活性支腿，下立柱是伸缩套支腿。前支腿安装了 4 个油缸，伸缩油缸 2 个，翻转油缸 2 个。架桥机过孔到位后，前支腿伸缩油缸起升，到位后用 4 个销轴插入下立柱伸缩套中，刚性支撑在桥墩上，与中车结构形成架梁承载结构，架设最后一孔梁时，采用翻转油缸，使前支腿下立柱脱离。实现 32 m、24 m、20 m 跨的架设。

4）天车梁结构

架桥机天车梁共两组，每一组由两件横梁螺栓连接，梁端头连接天车台车组，一侧安装 3 t 电动葫芦，上部安装滑移轨道，配起重小车横移。两天车在导梁轨道上走行，台车走行时可单动、可联动。天车端头可放置电控柜、液压站。

5) 导梁结构

八七式铁路战备钢梁制式器材及特制结构件拼组的双导梁。采用标准杆件及节点板,用特制的 LS1、LS2、LS3 螺栓连接。导梁是整个架桥机的主结构,整个导梁成两片桁架式,在导梁上共有 4 组轨道,两片桁架的轨道中心距 18 100 mm,一片桁架轨道中心距是 1600 mm,使天车梁在其上走行。标准杆件及节点板具有通用性和互换性,使导梁拼装拆卸方便快捷、结构稳定,设计受力分析明确,外形美观。

6) 起重小车

天车梁左右各有 1 台起重小车,每台起重小车由两台 12 t 慢速电动卷扬机及其底座、起重横梁、定滑轮组等组成。起重小车固定安装在架梁机天车梁上,起重小车定滑轮组与吊具动滑轮组通过吊具梁分为四吊点,前起重小车卷扬机起重钢丝绳通过平衡轮串联。

起重小车具有起升、纵向、横向三维动作功能,能保证箱梁的准确对位安装,起升动作采用电机→减速器→卷筒→滑轮组传动方式,纵向、横向微调采用油缸顶推滑移方式。起重卷扬机采用变频器无级调速,卷扬机的高速轴和卷筒上均设有制动装置,高速轴采用液压推杆制动器作为常规运行制动,卷筒采用液压钳式制动器。

起重小车在天车梁上可实现横移,天车上安装了两组横移油缸,油缸安装在两起重小车的中间,横移油缸用于顶推滑移座,通过司机室控制油缸的同步伸缩,同时推动起重小车纵移左右横移。

20.6.6 1000 t/40 m 箱梁运架一体机

1. 概况

高铁 1000 t/40 m 箱梁运架一体机(定名为"昆仑号架桥机")于 2020 年 6 月投入福厦铁路湄洲湾跨海大桥使用。昆仑号架桥机具有不解体携高铁 40 m 箱梁过隧道,能在隧道内及隧道进出口架梁,可兼架 32 m、24 m 梁等功能,是一种"全能型"架桥机。

2. 主要技术参数

整机质量:997 t。

整机外形尺寸(长×宽×高):(116×9.8×9.2) m。

额定起重量:1000 t。

适应梁型:高铁 24~40 m 跨度双线。

适应最小曲线:2000 m。

适应坡度:3‰。

运行最小转弯半径:100 m。

走行速度:空载:0~10 km/h;重载:0~5 km/h。

起升速度:空载:0~1.5 m/min;重载:0~0.5 m/min。

工作状态最大风力:7 级。

非工作状态最大风力:11 级。

3. 主要构造

昆仑号架桥机属于无导梁式架桥机,由主梁、前车、后车、中支腿、主支腿、起吊系统、液压系统、动力系统、电气液压控制系统以及监控系统等部分组成。图 20-29 为昆仑号架桥机。

图 20-29 昆仑号架桥机

4. 昆仑号架桥机架梁流程

(1) 从梁场提吊简支梁运至架梁工位。

(2) 前车顶升,安装主支腿至桥墩。

(3) 前车悬挂收起,完成体系转换,架桥机由后车和主支腿支撑(图 20-30(a))。

(4) 由后车推送,使前车越过主支腿(第一次喂梁)(图 20-30(b))。

(5) 中支腿就位,临时落梁(图 20-30(c))。

(6) 中支腿顶升,主支腿倒运至下一桥墩上。

(7) 安装主支腿,中支腿收缩,完成体系转换。进行第二次喂梁(图 20-30(d))。

(8) 喂梁结束,精确对位,准备落梁

(图 20-30(e))。

(9) 落梁结束,架桥机准备回撤(图 20-30(f))。

(10) 架桥机回撤到位,主支腿回收,准备返回梁场去运梁(图 20-30(g))。图 20-30 为昆仑号架桥机一般工况架梁流程图。

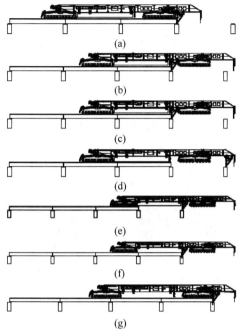

图 20-30 昆仑号架桥机一般工况架梁流程

20.6.7 架桥机的选用

1. 架桥机选用原则

架桥机选用需结合外部条件和架桥机自身特点综合考虑,主要考虑以下方面。

(1) 架桥机主要技术参数需要满足箱梁架设施工要求,如起重量、跨度等。

(2) 架桥机结构型式需要满足施工环境的要求,如桥梁架设曲线半径、是否经过隧道等空间环境影响。

(3) 架桥机结构型式还需满足施工效率、施工成本控制的要求。

(4) 架桥机需与配套运梁车相适应。

(5) 架桥机选用需根据外部施工各项要求,并结合架桥机不同型式自身具有的特点和优缺点综合考虑,综合选择。

2. 各型架桥机选用特点

双线箱梁架设一般采用 900 t 架桥机,能架设 32 m、24 m、20 m 双线箱梁。单线箱梁架设一般采用 450～600 t 架桥机,能架设 32 m、24 m、20 m 单线箱梁。

架桥机有下导梁式架桥机、辅助导梁式架桥机、迈步式架桥机、桁架式架桥机、两跨式架桥机等常见类型。下面分别介绍这些架桥机及其配套运梁车的特点,供综合选用。

1) 下导梁式架桥机及运梁车

下导梁式架桥机是中铁大桥局集团有限公司研制的一种具有独特形式的架桥机,其特点是采用下导梁形式,运梁车直接通过下导梁进入到架桥机正下方,架桥机定点起吊箱梁,架桥机在架梁过程中,起重天车除作微调对位外,无须吊梁移动,使架桥机主机结构更为轻巧。下导梁架桥机比较适合长桥架设,因首末孔架设操作复杂、变跨操作复杂,在区间内短桥多、跨度变化多的情况下使用不太方便。

600 t 下导梁式架桥机用于架设单线箱梁,其结构形式和功能与 900 t 下导梁式架桥机相同。该架桥机架设单线并置箱梁时,因架桥机与相邻混凝土箱梁发生干涉,因此不适用单线并置箱梁的架设。图 20-31 为 900 t 下导梁式架桥机,图 20-32 为 600 t 下导梁式架桥机。

图 20-31 900 t 下导梁式架桥机

下导梁式架桥机配套运梁车,因架桥机采用定点起吊方式而无驮梁小车,相对于其他架桥机的配套运梁车,下导梁式架桥机配套运梁车车身宽度较窄、长度较长、轴线较多。这是

图 20-32　600 t 下导梁式架桥机

因为运梁车需要通过架桥机中支腿受限,车身宽度不能太宽所致。

下导梁式架桥机配套 900 t 运梁车,为全液压驱动轮胎式运梁车,走行轮组可随路面变化而保持轮组载荷均匀分配、车体平衡,保证混凝土箱梁运输过程中同一平面内支撑。各种轮胎式运梁车的功能和机构基本相同,只是转向机构和控制系统各有不同。运梁车额定运载能力 900 t,车辆外形尺寸为(45.3×5.7×2.73) m,采用 23.5R25 轮胎,17 轴线。图 20-33 为下导梁式架桥机配套 900 t 运梁车。

图 20-33　下导梁式架桥机配套 900 t 运梁车

下导梁式架桥机配套 600 t 运梁车,因单线箱梁桥面较窄,因此车身设计也较窄,只能采用小规格轮胎,因此使用轮胎数量多,车轴线多。额定运载能力 600 t,车辆外形尺寸为 (37.6×3.0×2.65) m,轮胎规格 8.25R25,26 轴线。图 20-34 为下导梁式架桥机配套 600 t 运梁车。

图 20-34　下导梁式架桥机配套 600 t 运梁车

2) 辅助导梁式架桥机及运梁车

辅助导梁式架桥机是目前使用较多的一种架桥机,该架桥机的特点如下。

(1) 首末孔架设方便。由于采用高位辅助导梁,辅助导梁首孔安装、过孔、末孔上桥台都比较方便。

(2) 变跨作业方便。变跨操作可通过架桥机前支腿、辅助导梁前支腿运行调整实现变跨。

(3) 适应小曲线半径架设。架桥机主机和辅助导梁分别站位前、后两跨,运梁车尾部喂梁也不受架桥机限制,因此比较适应小曲线半径架梁。图20-35为900 t辅助导梁式架桥机。

图20-35　900 t辅助导梁式架桥机

辅助导梁架桥机配套运梁车带有驮梁小车,喂梁时需与架桥机起重天车同步运送箱梁,运梁车两端带有支撑油缸。相对于下导梁式架桥机配套运梁车,辅助导梁式架桥机配套运梁车车身宽度没有限制,宽度较宽,可采用较宽的轮胎,轮胎接地比压情况更好,因此车轴数较少。辅助导梁式架桥机配套运梁车采用26.5R25轮胎,16轴线。为使架桥机吊梁时尾部悬臂更小,运梁车喂梁时需要更接近架桥机后支腿,因此,该型运梁车前驾驶室均可侧向旋转。图20-36为900 t辅助导梁式架桥机配套运梁车。

图20-36　900 t辅助导梁式架桥机配套运梁车

3) 迈步式架桥机及运梁车

迈步式架桥机是中铁科工集团有限公司生产的系列架桥机,各型号除架桥机过孔驱动方式有所不同外,结构及架梁方式基本相同。该系列架桥机是目前我国使用最多的架桥机之一,其特点是架设首、末孔方便,首孔架设与中间孔架设程序完全相同,末孔架设只需前支腿折叠上桥台即可；变跨操作方便,只需自行调整前支腿位置即可改变跨度；架桥机纵移走行方便,采用轮胎走行机构,无须铺设临时走行轨道。该架桥机的缺点是驮运转场、调头作业不便；机构复杂,制造成本较高。图20-37为900 t迈步式架桥机。

迈步式架桥机配套运梁车带有驮梁小车,喂梁时需与架桥机起重天车同步喂梁,技术性能与辅助导梁架桥机配套运梁车相同。

4) 桁架式架桥机及运梁车

桁架式架桥机是武桥重工集团股份有限公司和石家庄铁道大学联合研制生产的一种架桥机,其特点是架桥机主梁为拼装式桁架,设计意图是主梁标准桁架可拼作其他结构使用。该架桥机结构简单,使用安全可靠,首末孔架设及边跨较为方便。但该架桥机适应小曲线半径和大坡度能力较差,架桥机较宽,要求配套使用的提梁机跨度较大,驮运转场、调头作业不便。配套运梁车为带驮梁小车的运梁车。图20-38为900 t桁架式架桥机及运梁车。

图 20-37 900 t 迈步式架桥机

图 20-38 900 t 桁架式架桥机及运梁车

5) 两跨式架桥机及运梁车

两跨式架桥机是一种传统的架桥机支撑形式，后跨吊梁，运送到前跨架梁。该型架桥机结构受力明确，首末孔架设、变跨操作简单方便，操作安全可靠。但该型机身过长，不适应小曲线半径架梁，调头作业不太方便。

该型架桥机由苏州大方特种车股份有限公司设计制造，配套 900 t 运梁车采用了标准大件运输车小轮组组拼方案，轮胎规格为 7.5R15，22 轴线，每轴线 16 个轮胎，全车 352 个轮胎。该运梁车方案的设计意图是运梁车可改造拆拼成需要的其他运输车辆使用，其他形式的运梁车也能配套该型架桥机使用。图 20-39 为 900 t 两跨式架桥机和运梁车。

图 20-39 900 t 两跨式架桥机和运梁车

6) 辅助导梁式定点起吊架桥机

辅助导梁式定点起吊架桥机是郑州大方桥梁机械有限公司研制的一种具有独特型式的架桥机，其结构形式基本与辅助导梁式架桥机相同，不同的是辅助导梁除具有承担架桥机过孔走道功能外，还具有箱梁喂梁运走行道功能。运梁车喂梁时与辅助导梁对接，箱梁从运梁车通过辅助导梁直接运行到架桥机主梁下方，架桥机天车定点起吊箱梁。该型架桥机既具有下导梁架桥机的特点，又具有辅助架桥机的特点。

配套运梁车带有驮梁小车，运梁车喂梁时其主梁与辅助导梁和轨道进行对接，驮梁小车运行到辅助导梁上。运梁车其他技术性能与辅助导梁架桥机配套运梁车基本相同。图20-40为900 t辅助导梁式定点起吊架桥机及配套900 t运梁车。

图 20-40　900 t 辅助导梁式定点起吊架桥机及配套 900 t 运梁车

7) 单线并置箱梁架桥机

单线并置箱梁架桥机机构形式为梁跨式架桥机，后跨吊梁，运送到前跨架梁。由于单线箱梁梁面窄，而且两线并置，架桥机无法单线占位架设，因此，架桥机横向在两片箱梁上占位，运梁车也在两片并置箱梁上行驶运输，架桥机在双线中心起吊单箱梁，起重天车吊梁运行到前跨后横移箱梁到安装位。该架桥机也采用两跨式，后跨吊梁、前跨架梁，操作简单方便、安全可靠。但该架桥机不能架设完全分开的单线箱梁。图20-41为450 t单线并置箱梁架桥机及运梁车。

图 20-41　450 t 单线并置箱梁架桥机及运梁车

20.6.8　安全使用规程

各类型高速铁路架桥机安全使用规程主要关键点相似，下面以SPJ900架桥机为实例介绍安全使用规程，其他各型架桥机可作参考。

——桥梁施工机械

1. 一般规定

(1) 架桥机机组人员必须经过体检合格并经过技术培训,熟悉架桥机的结构、原理、性能、操作、保养及维修要求。

(2) 架桥机机组人员必须考试合格后持证上岗,严禁无证操作。

(3) 架桥机机组人员在作业前、作业中、作业后必须严格执行所有安全检查及安全警示。

(4) 架桥机机组人员在作业中必须集中精力,严禁在作业中聊天、阅读、饮食、嬉闹及从事与工作无关的事情。

(5) 架桥机机组人员禁止串岗、擅离职守,班前严禁饮酒。

(6) 架桥机机组人员必须佩戴安全帽,高空作业系安全带,穿防滑鞋,冬季施工应采取保暖防冻措施。

(7) 架桥机机组人员必须有专人指挥,指挥信号统一,多岗位人员分工必须明确,保持协调一致。

(8) 架桥机机组人员应保持相对稳定。

(9) 禁止与工作无关人员进入架梁现场,禁止在架桥机主梁上方、导梁上往下乱扔物品。

(10) 禁止未经审查批准修改作业程序,禁止随意改变或调整设备安全装置。

(11) 禁止不按说明书要求随意维修设备,禁止对部件功能进行修改。

(12) 禁止在超过允许的气候条件下使用架桥机,禁止在湿滑道路上运行架桥机。

(13) 禁止照明条件不具备、能见度低的情况下进行架梁作业。

(14) 禁止用不正确的方式操作、关机和使用安全装置。

(15) 遵守施工现场所有安全警示。

(16) 遵守所有装配、使用、保养手册中的指令,以便能安全有效地控制零部件和设备功能。

(17) 不允许限位开关长时间处于自动关闭状态。

(18) 设备各功能正常时才可能使用架桥机。

(19) 对吊具、钢丝绳、制动装置、限位开关等重要安全设备应有专人进行监控。

2. 架梁作业过程中的安全操作规程

1) 架梁前的准备工作

(1) 检查前支腿销轴是否安装到位,中车台车车轮是否悬空。

(2) 检查前支腿支承状况,前支腿是否垂直于墩台垫石基面,支承是否稳固可靠。

(3) 检查各类限位器是否牢固可靠。

(4) 检查吊具有无变形、缺损。

(5) 检查卷扬机的制动是否可靠,制动是否灵敏。

(6) 检查钢丝绳有无损伤,排列是否正确有序,绳卡安装是否正确可靠。

(7) 相关设备的常规检查,运作方向是否正确。监控系统的检查,功能是否完好。

(8) 检查各急停开关工作是否正常。

以上各项确认无误后方可作业,如有异常应及时处理,处理完后才能使用。

2) 测量检查

前支腿站位偏差,左右不超过±5 mm,并保持架桥机处于上坡状态。

3) 喂梁

运梁车进入架桥机腹腔时,要设专人观察运梁车的位置,车架、梁体与架桥机的支腿位置不可碰撞。运梁车退出时,要观察运梁车与后支腿的距离,防止擦碰。

4) 提梁和落梁就位

(1) 提梁前,要确认吊具吊杆螺母已安装可靠。

(2) 吊杆与箱梁连接可靠。检查起重钢丝绳横纵向垂直度。

(3) 落梁过程中,要有专人监视吊梁行车上的卷扬机、制动器的工况,下落梁体不得碰撞架桥机前支腿和已架设箱梁。

(4) 下落时梁体保持相对水平,横向高差 10 cm,前后位高差 30 cm,必要时可单边落梁调整。箱梁就位前应调整好箱梁纵横向的高差,满足千斤顶落梁工艺要求。

(5) 箱梁横移时应在低位作业,禁止连续起停动作,以减少箱梁的晃动对架桥机的横向冲击。

(6) 在吊移、起落梁时,严禁在重物下站人。

(7) 在现场实测风力超过 6 级时,停止作业,并采取相对应保护措施,当风力达到 6 级并有中雨雪天气时不得进行吊梁作业。

(8) 墩台顶面应装好围栏,四周设置安全网,以保护墩台上作业人员的安全。

(9) 架桥机严禁超载运行。

5) 架桥机过孔

(1) 架桥机过孔时,天车梁必须开到后车位置处,前支腿要收起。观察架桥机在预架设梁上运行情况。

(2) 走形轨道安装正确,轨距要控制好。观察架桥机走行的方向性,存在偏差应进行调整。

6) 架桥机变跨

(1) 严格按照变跨作业工序进行作业。

(2) 变跨作业时下部应有专人负责瞭望监护,作业人员必须戴好安全帽,听从监护及指挥人员的指挥。

7) 架桥机驮运安全操作规程

当架桥机完成最后一孔架梁作业后,需要用运梁车驮运进行桥间转行时,必须按驮运转场程序进行驮运作业。在驮运转移过程中,应有护送车监护、清理道路上的障碍。

3. 架梁施工安全技术措施

(1) 架梁作业由架梁作业队完成,由架梁作业队队长(副队长)带班,队长(副队长)单一指挥,机组人员分工明确。由机械管理人员和安全监管人员建立和完善各岗位操作规程和安全岗位责任制并监督其贯彻执行。桥梁架设过程中,严格遵守架桥机架梁规程和使用说明书有关规定。

(2) 架桥机动机作业前,负责架梁的施工指挥人员要带领工程技术人员对线路状态、高架线、途中障碍等周边情况进行全面检查。架桥机桥头对位前应对路基、桥台、桥墩的工程质量和技术数据进行认真的检测。

(3) 架桥机通过路基架运梁时,要求路基达到设计标准,路基断面宽度、路基护坡完成,路基表层级配碎石按设计完成,压实密度达到设计文件的要求,平整且均质性好,桥台与台后路基高差用级配碎石顺平。

(4) 确认运梁车所通过的线路和结构允许承受运梁车的载荷,在新建的路基上运行时,轮胎式运梁车的接地比压不得超过路基的允许承载能力。

(5) 运梁线路填筑要达到路基质量要求,其纵向坡度不大于 3‰,横向坡度(人字坡)不大于 4%,最小曲率半径不小于运梁车允许半径,清除走行界限内障碍物。

(6) 运梁车装箱梁启动起步应缓慢平稳,严禁突然加速或急刹车。重载运行速度控制在 3~5 km/h,曲线、坡道地段应严格控制在 2.7 km/h 以内,当运梁车接近架桥机时应停车,在得到指令后才能喂梁。

(7) 箱梁在移动、运送、存放及装车过程中,按规定的位置设置支点。

(8) 为了防止干扰架梁和发生人身安全事故,设架梁作业警戒区,禁止闲杂人员进入。

(9) 根据桥梁架设施工特点和现场实际,制定安全预检制度、线路负责制度、架桥机防护制度、架梁地区安全防护制度、电气防护制度、架梁作业人员人身安全防护等制度。

参考文献

[1] 陈龙剑,胡国庆. 我国铁路客运专线大型预制混凝土箱梁架设设备及相关问题思考:第二

十届全国桥梁学术会议论文集[C].北京：人民交通出版社,2012.
[2] 陈龙剑.铁路客运专线混凝土箱梁制梁运梁架梁施工设备[M].北京：中国铁道出版社,2007.
[3] 中国铁道科学研究院、中铁工程机械研究设计院有限公司、中铁第五勘察设计院集团有限公司.高速铁路大跨度简支梁提运架设备技术方案研究报告[Z].
[4] 武桥重工集团股份有限公司.SPJ900/32箱梁架桥机使用说明书[Z].
[5] 中铁大桥局第七工程有限公司.JQ900型下导梁式架桥机使用说明书[Z].
[6] 何建华.高速铁路简支箱梁运架一体机的发展与创新[J].铁道标准设计,2022,66(10)：90-97.
[7] 李世龙,王心利.高速铁路箱梁运架施工技术和关键装备的发展及应用[J].建设机械技术与管理,2021,34(5)：6.

第4篇

钢筋加工机械

随着桥梁建设的日益发展，各类桥梁逐步趋向更大化、更高化、更长化，这也对钢筋混凝土提出了更高的要求。需要强度更高的混凝土，需要直径更大、强度更高、长度更长的钢筋。因此钢筋加工机械产品的使用率不断增加，相关加工机械设备的质量和水平也不断提高。传统的技术已经无法满足现代桥梁对钢筋的需求，钢筋加工机械的许多新型产品应运而生，各类钢筋数控弯箍机、钢筋笼焊接生产设备等自动化的机械加工设备开始涌现，给钢筋机械加工提供了更多的选择。并且随着计算机技术和触摸屏等技术的发展，对钢筋加工原材料的运输、焊接及成品的收集工作都可以实现自动智能化的控制，既降低了人力成本，又提高了准确率，对于钢筋加工机械产品的质量的提升也带来了很大的促进。

我国正推行建筑部件系列化、标准化、通用化、配套化，使得建筑产品大力实行工厂化生产、模块化施工。随着计算机仿真技术和虚拟施工技术的发展，施工单位可以根据模块化的设计图纸，生产出模块化的钢筋成品，在现场进行模块化施工，将建筑产品迅速地交给客户使用，这也是未来我国桥梁建设标准化的发展方向之一，相信这必将带来建材业、物流业、施工行业一次新的产业升级与大变革。

目前桥梁施工工艺呈现多样化发展，其中钢筋加工工艺也随着工业发展走向机械化和自动化。应用在桥梁建设的钢筋加工机械种类繁多，按其加工工艺可分为强化、成型、焊接、预应力四大类。

(1) 钢筋强化机械：主要包括钢筋冷拉机、钢筋冷拔机、钢筋冷轧扭机、冷轧带肋钢筋成型机等。其加工原理是通过对钢筋施以超过其屈服点的力，使钢筋产生不同形式的变形，从而提高钢筋的强度和硬度，减少塑性变形。

(2) 钢筋成型机械：包括钢筋调直切断机、钢筋切断机、钢筋弯曲机、钢筋网片成型机等。它们的作用是把原料钢筋，按照各种混凝土结构所需钢筋骨架的要求进行加工成型。

(3) 钢筋焊接机械：主要有钢筋焊接机、钢筋点焊机、钢筋网片成型机、钢筋电渣压力焊机等，用于钢筋成型中的焊接。

(4) 钢筋预应力机械：主要有电动油泵和千斤顶等组成的拉伸机和镦头机，用于钢筋预应力张拉作业。

本篇结合桥梁施工特点，分为钢筋加工中心和钢筋笼滚焊机两章，对桥梁钢筋加工机械进行介绍。

第21章

钢筋加工中心

21.1 概述

21.1.1 钢筋加工中心的定义

钢筋加工中心采用工厂化模式,利用钢筋加工车间厂房内的各种(智能)钢筋加工设备进行钢筋集中加工,为钢筋混凝土工程或预应力混凝土工程提供各种成型钢筋制品。

21.1.2 钢筋加工中心的发展

早期我国桥梁施工中钢筋加工生产多数采用传统的人力加工为主的加工方式,这极大制约了我国桥梁施工现代化程度的提高。随着我国经济的发展和建筑工业化水平的不断提高,新材料、新技术、新工艺、新设备在桥梁建筑施工中的不断应用,提高了钢筋的专业化、工厂化加工程度,实现了钢筋的专业加工,也是桥梁建筑发展的一个新方向。改革开放初期,国产机械式钢筋加工单机设备出现,桥梁用钢筋变为半机械化加工方式,加工地点主要在桥梁施工工地现场搭建的简易工棚或在露天场所,由于所使用的钢筋加工机械技术性能、自动化程度和加工能力较低,制约了桥梁施工现代化水平的提高,也给施工管理带来很大的麻烦。并且,这种钢筋加工方式具有劳动强度大、加工质量难以控制、加工效率低、材料和能源浪费高、加工成本高、安全隐患多、占地大、噪声大等缺点。21纪初,国内许多生产厂家在陆续引进和学习国外相关先进技术后,结合我国国情生产了多种智能型钢筋加工生产设备,大大提高了钢筋加工的生产效率及钢筋产品质量,使钢筋加工专业化、工厂化、智能化成为现实。

21.2 智能钢筋加工中心设备种类

目前,桥梁施工现场钢筋加工中心常用到如下智能钢筋加工设备:立式智能钢筋弯曲中心、智能钢筋弯箍机、智能液压钢筋剪切生产线、智能钢筋锯切套丝生产线、智能钢筋水平弯曲中心、智能钢筋笼滚焊机等。

21.2.1 立式智能钢筋弯曲中心概述

立式智能钢筋弯曲中心棒材加工设备,主要用于钢筋直径 10~32 mm 的棒材钢筋弯曲成型加工,采用 PLC 控制系统,操作简单、使用方便,在确保加工精度和生产效率的同时,减少了人力,便于提升现场的施工管理水平。

立式智能钢筋弯曲中心设备广泛应用于各类施工建设项目,主要涉及高速公路、铁路、机场、水利工程、港口、大桥等国家重点的建设项目。整机的加工程序设计人性化,操作十分简单,可储存多达上百种图形,一次设置,重复使用,配合触屏控制面板,操作方便。两机头立式弯曲中心,实现了在一个工作单元内,同时进行高精度双向弯曲的成熟技术,为了保障设备的加工效率和可操控精度,其专门配备了双计算机数字控制(computer numerical control, CNC)伺服定位系统,此系统弯曲主机可同时移动,效率更高,两个弯曲主机同时工作,可满足同时弯曲多根钢筋的工作需求。移动式弯曲主机,弯曲长度可自由设定,同时配备高配置伺服控制、柔性钢筋锁紧机构,确保钢筋加工精度。一体化高强度移动轨道设计,自动化程度高,大幅降低劳动强度。立式智能钢筋弯曲中心如图 21-1 所示。

图 21-1　立式智能钢筋弯曲中心

立式智能钢筋弯曲中心特点有:

(1) 高性能 PLC 结合触摸屏控制界面,操作方便。

(2) 中心柔性钢筋锁紧机构的设计,确保了弯曲精度。

(3) 弯曲面板的特殊设计,使用寿命长。

(4) 弯曲主轴由伺服控制,弯曲精度高。

(5) 移动式弯曲主机,弯曲长度自由定尺。

(6) 一体化设计,高强度移动轨道设计,经久耐用。

(7) 弯曲主机定位夹紧机构设计,提高了弯曲精度。

(8) 伸缩式弯曲销轴实现了钢筋的双向弯曲。

(9) 高强度料架,承载原材料多。

(10) 设备性能好,一次性可弯曲多根钢筋,可弯曲多个不同角度。

(11) 最大图形数据库可预置数十种图形,方便调取,操作简便。

(12) 生产效率高,平均每班 2 人(8 小时)加工量在 10 t 以上,是传统加工设备产量的 5 倍以上。

(13) 设备适应性好,可加工直径 10～32 mm 的 HRB400 钢筋。

21.2.2　智能钢筋弯箍机概述

智能钢筋弯箍机,集矫直、定尺弯曲成型、切断三种功能于一体,钢筋弯箍,一次成型。具有辅助劳动少、加工速度快、精度高、生产效率高、使用寿命长等特点,可实现全自动化、不间断的流水线钢筋加工作业。该产品广泛用于铁路、公路、桥梁、机场、房地产、大型钢筋加工厂等领域。智能钢筋弯箍机如图 21-2 所示。

图 21-2　智能钢筋弯箍机

智能钢筋弯箍机特点:

(1) 可处理单线 $\phi5\sim\phi12$(螺纹钢 $\phi5\sim\phi10$)、双线 $\phi5\sim\phi10$(螺纹钢 $\phi5\sim\phi8$)的光圆冷轧及热轧钢筋和螺纹钢。

(2) 采用 CNC 伺服控制系统,实现全自动、不间断的弯曲成型加工流程。

(3) 钢筋调直、定尺、弯箍、切断等功能完美结合,同时满足钢筋加工的精度要求,真正实现一机多用。

(4) 最大产能达 1800 个箍筋/小时,相当于多名工人的生产效率,同时最大限度节约材料。

(5) 任意设定所需要加工尺寸,多种图形供选用。钢筋弯箍成型产品及其堆码如图 21-3 所示。

21.2.3　智能液压钢筋剪切生产线概述

本机是一种主要针对大直径、高强度钢筋棒材的下料设备,能够将钢筋棒材按照需要,自动切断成所需要长度,并对下好料的棒材进行分类储存的全自动一体化机器。本机广泛

图 21-3 智能钢筋弯箍机成型钢筋及其堆码

用于建筑、高速公路等建设,适用于各种规格不同长度的钢筋切断工作,对于规格多、批量小的钢筋切断工作更加适用。本机减少了辅助劳动力,做到加工出的产品长度标准、尺寸准确、效率高。智能液压钢筋剪切生产线如图 21-4 所示。

图 21-4 智能液压钢筋剪切生产线

智能液压钢筋剪切生产线特点:

(1) 自动化程度高,大大降低劳动强度。

(2) PLC结合触摸屏控制界面操作方便。

(3) 全机可配备横向上料装置,上料方便。

(4) 采用液压剪切方式,体积小、剪切力大、产量高,与机械冲剪方式相比,具有噪声低、使用寿命长、设备运行稳定等特点。

(5) 精确的定尺系统,回位快速,保证定尺精度,可定尺任意长度(分为自动和手动)。

(6) 多元化的储料装置,可以单仓位使用或多仓位组合,可以提供多种不同的组合模式,增强钢筋存储的灵活性。

(7) 独特的降噪措施,减少噪声污染。

(8) 主机头采用集中润滑系统,保证可靠的工作状态。

21.2.4 智能钢筋锯切套丝生产线概述

该设备是针对国内螺纹钢筋的连接,整体结合国际领先技术,由国内厂家自主研发的集电气、液压、气动为一体的全自动化智能产品,具有国际先进水平。可自动完成直径 12～50 mm,强度为 HRB335、HRB400、HRB500 钢筋的锯切、剥肋、套丝功能,实现了三个工位的在线连续生产,减少了物料二次落地,降低了劳动强度,具有切削效率高、自动定尺、节能省料、操作简单等特点。智能钢筋锯切套丝生产线结构如图 21-5 所示。

图 21-5 智能钢筋锯切套丝生产线结构

本产品原料存储架采用大吨位存储,并可与棒材自动上料机配合使用,实现上一个循环尚未结束时,即可进行下一步配料,以节省循环周期;全自动送料辊道,避免原料的二次搬运;钢筋的输送、翻转、传递等全部由机械完成,大幅度提高了效率;钢筋输送滚轴采用V形耐磨辊,具有耐磨、减噪声、寿命长等特点;缩径、滚丝主机头实现了自动夹紧、送进、缩径、滚丝等功能。

锯切效率:每天(10 h)锯切套丝约800~1000个丝头、400~500根钢筋。

21.2.5　智能钢筋水平弯曲中心概述

智能钢筋水平弯曲中心由移动机头、固定机头、地轨、料架、收料架、翻料架、操作台组件及气动系统组成,集储料、上料、弯曲、放料等多种功能于一体,是一种数控、全自动钢筋弯曲加工机械,最大能加工 φ50 mm 的 HRB400 钢筋。智能钢筋水平弯曲中心结构如图 21-6 所示。该设备广泛用于铁路、公路、桥梁、大型钢筋加工厂等领域,主要针对大直径、高强度直条螺纹钢的成型加工,具有辅助劳动少、加工速度快、精度高、效率高、使用寿命长的特点,具体如下:

(1) 人性化设计,科学的设计与自动化相结合,操作更便捷。

(2) 一体化设计,自动上料、弯曲、收料,极大地提高了自动化程度,降低了劳动强度,提高了生产效率。

(3) 数字化配置,高性能 PLC 结合触摸屏控制界面,实现数字化控制,操作更方便。

(4) 双向弯曲,采用新型弯曲机构,整体结构稳定性更高,实现双向弯曲。

(5) 高性能弯曲,可一次性实现多根钢筋弯曲,而且可弯曲多个不同弧度的钢筋。

(6) 预置多种图形数据库,调取方便,使用更便捷。

(7) 伺服电机控制,精度更高。

(8) 适应性能好,适用钢筋范围广,可一次性加工多根钢筋,加工直径在 12~50 mm 的 HRB400 钢筋。

(9) 生产效率高,加工量是传统加工设备产量的 8 倍以上。

(10) 弯曲主件独特设计,使用寿命长。

(11) 高强度料架,承载原材料多,方便储料与上料。

(12) 滑动式收料装置,适用于不同长度的物料。

(13) 智能化故障识别报警系统,方便设备维护。

图 21-6　智能钢筋水平弯曲中心结构

21.3　典型钢筋加工机械产品的结构、组成、工作原理及技术性能

21.3.1　立式智能钢筋弯曲中心

其结构由一体式机架、左弯曲机头、右弯

曲机头、对齐装置、钢筋夹紧装置、机头定位机构、机头走行机构、电气控制及操作系统组成。此外,设备还可以选配链条移动送料架。

各机构功能如下所示。

1. 一体式机架

由空心矩形方管、大 H 型钢及钢板组焊而成,承重钢板开有方孔,提高了机架减振性和精度保持性。主机机架采用一体化设计,整体式焊接,提升了整机的稳定性和可靠性,同时有利于现场的吊装、转运,缩减了现场安装调试作业周期,可实现设备的快速使用。弯曲主机箱体与机座采用精准螺栓连接,可提升弯曲主机在作业过程中的稳定性,提升了该机构的使用寿命。

2. 弯曲机头

本机设置有左右两个弯曲机头,双弯曲机头是该设备的核心功能部件,弯曲面板采用优质钢板,特殊设计,延长了使用寿命,弯曲主轴由伺服控制,弯曲精度高,弯曲主轴有伸缩机构,实现了双向弯曲。机头结构如图 21-7 及图 21-8 所示。

图 21-7 智能钢筋水平弯曲中心双弯曲机头

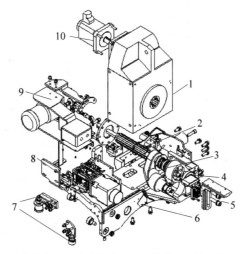

1—减速机箱体;2—花键式弯曲主轴;3—弯曲摆臂;4—弯曲模具支撑立板;5—加长型钢筋托板;6—弯曲机头机架主体;7—走行滚轮机构;8—走行伺服电机;9—弯曲主轴伸缩机构;10—弯曲伺服电机。

图 21-8 智能钢筋水平弯曲中心机头传动结构示意图

(1) 采用 PLC 控制系统,双弯曲主机可实现同一工作面的连续双向弯曲,满足高速、桥梁、机场、水利、民用建筑等诸多领域的棒材钢筋弯曲加工作业,便于人工操作。带有伺服电机的移动机构安装在机头机架主体一侧,为机头提供走行动力。

(2) 弯曲主轴采用花键设计,主轴本身采用优质合金钢并使用特殊工艺制作,具有强度高、耐磨、使用寿命长的特点,为钢筋加工提供足够的扭矩输出。

(3) 连杆式伸缩机构,采用伸缩电机为动力源,驱动弯曲主轴的伸缩,纯电动驱动与行业内普遍存在的外部气源驱动及汽缸驱动弯曲机构伸缩的方式相比,可以克服恶劣天气、恶劣的外部条件等施工现场不良因素,从而保证正常、高效的使用。

(4)可以加工10~32 mm直径的钢筋,机头移动采用数控伺服控制系统,精度准确,可以弯曲正反两个方向。

弯曲主轴如图21-9所示。

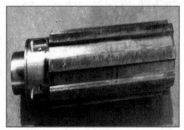

图21-9　智能钢筋水平弯曲中心弯曲主轴

弯曲主轴采用易更换模具设计,只需人工调整固定螺丝即可完成模具的拆卸和安装工作。每台弯曲中心设备在出厂时配备四套专业的模具,不同的模具规格可满足不同直径钢筋加工的弯曲加工作业,也可以根据客户情况定制特殊模具。

3. 对齐装置

对齐装置为手动放置在整机左侧,将待加工某种定尺首捆钢筋中点放置在夹紧装置上,将对齐装置推动与钢筋对齐并与机架锁紧,开始弯曲加工,往后此种钢筋则不用测量寻找中点,与对齐装置对齐即可,如图21-10所示。

图21-10　智能钢筋水平弯曲中心对齐装置

4. 钢筋夹紧装置

钢筋上料后,由电动加紧装置进行加紧锁固,该机构配备了防滑结构,保证了钢筋在弯曲作业过程中不会因为受力不均造成偏转打滑,可有效保证钢筋加工成品的精度,如图21-11所示。

图21-11　智能钢筋水平弯曲中心夹紧装置

5. 机头定位机构

每个弯曲机头各有一个机头定位机构,机头前后各连接一个刹车臂,其中机头前刹车臂与机头固定,机头后刹车臂由固定在其上的滑动导轨和悬挂滑动杆臂组成,刹车臂上用螺钉固定一个刹车块与机架大H型钢的上翼边相对,两个刹车臂下部分别与刹车汽缸的汽缸杆和耳座铰接。刹车松开状态时汽缸杆伸出,当刹车时电磁阀动作给汽缸供气,汽缸杆收缩时机头后面刹车臂向大H型钢的上翼边移动,此时前后两个刹车臂上的刹车块与大H型钢的上翼边压紧,若机头移动则实现摩擦刹车。

6. 机头走行机构

机头走行的动力来自机架两端的伺服电机组合,其输出轴端安装有驱动链轮,机架前中部有两个从动链轮,链条两端分别连在机头底部的连接块上,链轮转动带动链条移动从而实现机头走动。也有产品的机头走行机构为伺服电机齿条传动,进一步提升了弯曲加工的精确性和稳定性。

7. 触摸屏操作平台

触摸屏操作平台如图 21-12 所示。

图 21-12　智能钢筋水平弯曲中心触摸屏操作平台

(1) 采用伺服电机及 PLC 控制系统,性能稳定,精度高。

(2) 操作台具备可调整活动盖板,在设备暂时停止工作后拉下盖板,可有效保护操作平台。

(3) 配备液晶显示屏,全程采用可视化图形输入界面,操作简单。

(4) 内置图形存储系统,并可根据客户需求,对加工数据进行存储,方便箍筋图形的再次使用,操作效率高。

8. 链条移动送料架(选配)

链条移动送料架为设备选配的一个机构。该机构由电机带动链条走动移送钢筋,由电气系统、PLC 控制实现自动上料。具有承载量大、移动灵活的特点。

9. 典型产品

以智能钢筋水平弯曲中心 XXB2-32 为例,其主要技术性能见表 21-1。

表 21-1　智能钢筋水平弯曲中心 XXB2-32 主要技术性能参数

项　　目	参　　数
型号	XXB2-32
外形尺寸/(mm×mm×mm)	12 000×2155×1690(长×宽×高)
工作电压/V	380
总功率	总功率 15.5 kW(实际功耗量 5 kW),50~60 Hz
主机移动速度/(m·s^{-1})	0.1~0.5
弯曲速度/(r·min^{-1})	5~8
总质量/t	约 4.5
最小短边弯曲尺寸/mm	70
最大弯曲角度/(°)	上弯曲 0~220;下弯曲 0~120
双向弯曲(上弯曲或下弯曲)/mm	$\phi 10 \sim \phi 28$
单向弯曲(上弯曲)/mm	$\phi 28 \sim \phi 32$
最小曲边尺寸/mm	$\phi 10\ 560;\phi 32\ 620$
最大边长尺寸/m	10.8
原料台输送速度/(m·s^{-1})	0.6
原料台承载能力/t	3
工作环境温度/℃	−10~50
工作海拔高度	国内均可
剪切直径/mm	$\phi 10$	$\phi 12$	$\phi 14$	$\phi 16$	$\phi 18$	$\phi 20$	$\phi 22$	$\phi 25$	$\phi 28$	$\phi 32$
剪切根数/根	6	5	4	3	2	2	2	1	1	1

21.3.2 智能钢筋弯箍机

工作原理：盘条钢筋首先经过水平和垂直调直轮进行钢筋调直加工后，运送至钢筋弯箍机的弯曲机构，通过 PLC 程序控制如意弯头灵活转动，快速实现箍筋各种形状弯曲成型加工，最后再由钢筋切断机构完成箍筋成品切断。整个加工过程全部自动化控制，无须人工干预。

智能钢筋弯箍机结构由料架、水平矫直机构、进料机构、垂直矫直机构、弯曲机构、切断机构、机架部分以及电气控制部分等组成，如图 21-13 所示。

图 21-13　智能钢筋弯箍机内外部结构

1. 料架
该机构的主要功能是进行导料、预矫直及去氧化皮。

2. 水平矫直机构
水平矫直机构由支架和 2 个压紧对轮、5 个固定轮、5 个双线调节轮、2 组单线调节轮组成。该机构主要进行水平方向的钢筋矫直。

3. 进料机构
进料机构由进料支架、2 个主动轮、2 个压紧轮、汽缸、伺服电机、同步带等组成。该机构主要作用是输送钢筋及控制进给量达到规定尺寸。

4. 垂直矫直机构
该机构由底架、4 个校直轮 B、3 个固定轮、3 个双线调节轮、2 组单线调节轮组成。该机构主要进行垂直方向上钢筋的矫直。

5. 弯曲机构
该机构由弯曲支架、伺服电机、轴、导向平键套、气动系统、如意弯头和弯曲臂等组成。主要负责钢筋的弯曲，把钢筋弯曲到指定角度。

6. 切断机构
由切断臂、动刀片、定刀片、曲臂连杆机构及其支架、制动电机、链轮和链条等组成。主要负责钢筋的切断，如图 21-14 所示。

图 21-14　智能钢筋弯箍机弯曲与切断机构

采用机械式切断，分体式定刀，只需定期更换磨损刀片，无其他易损配件，大大节省了成本费用，剪切刀片采用优质模具钢制作，经久耐用。

7. 机架部分
机架由上架、下架、前面板、左右侧板、前门、汽缸、后门、顶板等组成。机架是整个机器的骨架支撑，主要固定各个部件的位置，保证工作，保护内部设备，牢固可靠。

8. 电气控制部分
电气控制部分由电控柜和操作台等组成。

9. 典型产品
以智能钢筋弯箍机 XXG12B 为例，其主要技术性能见表 21-2。

表 21-2 智能钢筋弯箍机 XXG12B 主要技术性能表

项　　目	参　　数
设备名称型号	智能钢筋弯箍机 XXG12B
单线加工能力/mm	$\phi5\sim\phi13$
双线加工能力/mm	$\phi5\sim\phi10$
钢筋强度/MPa	$\leqslant500$
最大弯曲角度/(°)	180
最大进料速度/(mm·s^{-1})	1200
最大弯曲速度/((°)·s^{-1})	1000
弯曲方向	双向
长度精度/mm	±2
角度精度/(°)	±1
单线最大生产能力/(p·h^{-1})	900(标准尺寸)
双线最大生产能力/(p·h^{-1})	1800(标准尺寸)
气源压力/MPa	≥0.6
总功率/kW	30
设备外形尺寸/(mm×mm×mm)	4000×1080×1975
主机质量/kg	2000

21.3.3 智能液压钢筋剪切生产线

工作原理：通过伺服电机驱动丝杠机构来调整刀口与定位挡板之间的距离，可任意调整剪切钢筋的长度；采用液压剪，体积小，剪切力大、产量高；可双侧翻料，并与数控弯曲中心连成一体，组合联动，减少二次搬运（图 21-15）；由 PLC 控制，可设置钢筋数量、规格等，具备记忆、存储功能。

其结构分为横向上料架、进料线体、剪切机头、出料线体、定尺机构、储存料架及电气控制操作系统。

各机构功能如下。

1. 横向上料架

该机构的主要功能是放置和储存待加工的钢筋棒材，用链条输送钢筋，方便设备上料操作。

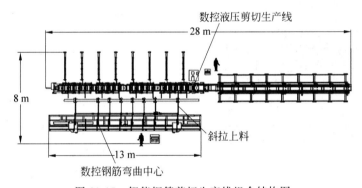

图 21-15 智能钢筋剪切生产线组合结构图

2. 进料线体

该机构是链条传动的辊筒线体，主要作用是输送钢筋棒材。辊筒通过链条驱动，结构简单可靠。该机构附有废料头出料、收集装置，方便废料的取出和收集。

3. 剪切机头

剪切机头是该设备的核心功能部件之一，其主要作用就是切断钢筋。其采用液压剪切方式，体积小、剪切力大、产量高，与机械冲剪方式相比，具有噪声低、使用寿命长、设备运行稳定等特点。机械剪切在剪切过载中容易出现损伤机械结构，而液压剪切在剪切过载过程中能够自动卸压，不会对机械造成损伤，从而提高使用寿命。剪切刀具采用优质刀具合金钢，使用寿命长，每分钟可完成20次剪切动作，增加了生产效率。该机构装有钢筋液压油缸压紧、托举装置，压力大，确保设备在剪切钢筋时，钢筋不弹不跳不会转动，钢筋切头均匀，增加了稳定性。剪切钢筋同时带有自动防护功能，防止因钢筋跳动损伤操作人员，如图 21-16 所示。

4. 出料线体

该机构也是链条传动的辊筒线体，主要功能是输送钢筋。线体两面设计有物料翻转装

图 21-16　智能钢筋剪切生产线剪切机头及液压系统

置,可将剪切好的成品翻转到指定的储料仓内储存。

5. 定尺机构

钢筋定尺机构采用伺服电机控制,通过伺服电机驱动丝杠机构来调整剪切刀口与定位挡板之间的距离,采用编码器测量,定尺精度高,可达±2 mm,可剪切各种长度的钢筋。

6. 储存料架

该机构分为 4 个部分,共 12 个储料格,可分别储存 12 种不同尺寸规格的钢筋,12 个储料格又能够进行不同的组合,储料方便。

7. 典型产品

以智能液压钢筋剪切生产线 XXS-32 为例,其主要技术性能见表 21-3。

表 21-3　智能液压钢筋剪切生产线 XXS-32 主要技术性能表

项　　目	参　　数
型号	XXS-32
钢筋剪切直径范围/mm	12～40
切刀最大剪切力/kN	1200
切刀有效宽度/mm	250
剪切频率/(次·min^{-1})	20
钢筋传送速度/(m·s^{-1})	1.92
钢筋剪切长度范围/m	1～12
剪切长度误差/mm	±2
最小手动剪切尺寸/mm	10
最小自动剪切尺寸/mm	700
最小自动输送尺寸/mm	1000
钢筋收料仓/个	4
加工能力	40 mm 1 根/12 mm 15 根
剪切线总功率/kW	25.5
工作温度范围/℃	－10～50
整机质量/kg	9000
工作电压/V	380
工作气压/MPa	0.7
液压系统最大压力/MPa	31.5
设备占地面积/m	28×3.3×2.5

21.3.4　智能钢筋锯切套丝生产线

智能钢筋锯切套丝生产线实质为智能钢筋锯切机与智能钢筋套丝机合二为一的联合体生产线,自动套丝线与钢筋锯切设备连接,钢筋通过锯切设备将钢筋裁剪到规定长度后直接进入套丝设备,不需要占用场地存放钢筋。国内市场上也有单独的智能钢筋锯切生产线设备(图 21-17)及单独的智能钢筋滚丝生产线设备(图 21-18)销售。

图 21-17　智能钢筋锯切生产线

图 21-18 智能钢筋套丝生产线

锯切套丝生产线主要结构组成（图 21-19）：备料架、锯前输送轨道、锯切主机、定尺机构、锯后输送卸料轨道、套丝生产线（一号及二号送料平台及送料辊道、一号及二号套丝机）、空压机、储气罐、电气控制操作柜等。

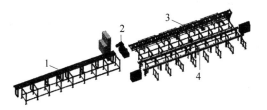

1—前输送轨道；2—锯切主机；3—后输送轨道；
4—套丝生产线。

图 21-19 智能钢筋锯切套丝生产线结构

1．横向上料架

该机构的主要功能是放置和储存待加工的钢筋棒材，方便设备上料操作。

2．进料线体

该机构是链条传动的辊筒线体，主要作用是输送钢筋棒材。辊筒通过输送减速电机带动链条而驱动，结构简单可靠。

3．锯切机头

锯切机头主体由 GB4230 锯床配底座组成，高度可调，如图 21-20 所示。锯床锯削范围为 500 mm×300 mm，为无级调速，装有两个压紧油缸，定尺之后，中部油缸和锯条前部油缸同时压紧。钢筋压紧采用液压油缸两侧压料，压力大、升降平稳、锯切稳定。锯切过程中，钢筋不会转动，减少了对锯条的损伤，钢筋切头均匀、锯切高度低、复位速度快、锯切速度稳定，避免了锯条的磨损。可自动完成对钢筋端头的自动切断，切头端面平整，可直接套丝。

4．出料线体

输出线体长度 12 m，主体采用皮带式线体，线体带挡板，采用液压系统翻转线体，顶升稳定。出料机构采用翻转出料，由油缸顶起线体一侧，另一侧的油缸做拉紧设置，翻转线体进行出料。

图 21-20 智能钢筋锯切套丝生产线锯切机

5．定尺机构

本机构是附加在出料线体上的双挡板式定尺装置，轮流定尺，复位快速、准确度高。钢筋定尺机构采用伺服电机控制，通过伺服电机驱动丝杠机构来调整锯切刀口与定位挡板之间的距离，采用编码器测量，定尺精度高，可达±2 mm，可锯切各种长度的钢筋。对钢筋长度的自动定尺，钢筋长度剪切精确，齐头钢筋尾料最短可达到 1 cm，提高了材料的利用率。

6．送料平台及辊道

一级套丝辊道输送平台采用链条式传动，可对齐头后的钢筋临时储料，实现加工作业的流水线作业，减少设备的二次搬运，提高生产效率。套丝辊道采用 V 形轮输送，无须人工辅助，保证钢筋自动输送至套丝机，套丝完成后可自动翻至下一个工序；V 形轮采用耐磨材料，使用寿命长，如图 21-21 所示。

图 21-21 智能钢筋锯切套丝生产线输送辊道

——桥梁施工机械

图 21-21 （续）

图 21-22 智能钢筋锯切套丝生产线套丝机

7. 套丝机

套丝机使用寿命长，可实现钢筋的自动夹紧、自动剥肋套丝，降低了工人劳动强度，提高了生产效率，如图 21-22 所示。套线机可根据钢筋一端套丝或是两端套丝自动选择套丝流程，也可以根据客户要求（墩粗套丝）来实现最大效率的生产流程。

8. 典型产品

以智能钢筋锯切套丝生产线 XXST-40 为例，其主要技术性能见表 21-4。

9. 设备配置清单

智能钢筋锯切套丝生产线主要设备配置清单见表 21-5。

表 21-4 智能钢筋锯切套丝生产线 XXST-40 主要技术性能表

项 目		参 数
型号		XXST-40
锯切宽度/mm		450
锯切直径范围/mm		$\phi16 \sim \phi40$
钢筋传送速度/(m·min^{-1})		90
钢筋长度范围/m		3～12
长度误差/(mm·m^{-1})		±2
锯切主机	锯切进给调速	无级调速
	夹紧方式	液压
	主电机功率/kW	4
	油泵电机功率/kW	1.1
	冷却泵功率/W	60
装机总功率/kW		约 34.5
锯切线外形尺寸/(mm×mm×mm)		27 000×7000×2000
剪切直径/mm	$\phi16$	$\phi20$	$\phi25$	$\phi28$	$\phi32$	$\phi40$	$\phi50$
剪切根数/根	21	17	14	12	11	9	7

表 21-5 智能钢筋锯切套丝生产线主要设备配置表

序号	名 称	单 位	数 量
1	PLC	套	1
2	操作屏	套	1
3	液压站电机	套	1
4	液压泵	套	1

续表

序号	名　　称	单　位	数　量
5	液压电磁阀	套	1
6	锯床	套	1
7	辊道移动升降机	套	1
8	输送电机减速机	套	1
9	气动系统	套	1
10	空压机	套	1
11	液压系统管道	套	1
12	电气元件	套	1
13	伺服电机	套	1

21.3.5 智能钢筋水平弯曲中心

1. 典型产品结构组成及工作原理

1）移动机头

移动机头主要由移动机架、移动机头弯曲机构、移动机头夹紧机构、移动机头翻料机构、走行减速机组件5部分组成，如图21-23所示。与固定机头和翻料架构成弯曲所需功能组件，首先通过翻料机构上料后，再通过移动机头夹紧机构、走行减速机组件来满足设计尺寸要求，然后通过弯曲机构弯曲出合格的产品，最后再通过翻料机构进行下料。

图 21-23　智能钢筋水平弯曲中心移动机头

2）固定机头

固定机头主要由固定机架、固定机头弯曲机构、固定机头夹紧机构、固定机头翻料机构、挡板装置5部分组成，如图21-24所示。与移动机头和翻料架构成弯曲所需功能组件，弯曲操作与移动机头操作相同。

3）地轨

地轨由钢管、扁铁、角铁组成，为机头及收料架提供移动和放置的平台。

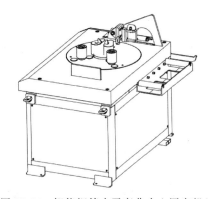

图 21-24　智能钢筋水平弯曲中心固定机头

4）料架

料架由左右料架组成，主要提供原材料储存空间和翻料架走行所需的动力和轨道。

5）收料架

收料架由方管和扁铁焊接而成，是弯曲后的半成品收料装置。

6）翻料架

翻料架是辅助机头翻料机构，进行上料和下料，并且对钢筋提供一定量的支撑和导向作用。

7）操作台

操作台由电控柜和电气元器件等组成，具有可视化界面、触屏参数信息设置，人工操作方便。

8）气动系统

气动系统由空压机、电磁阀、汽缸等组成，主要为翻料装置提供动力。

2. 典型产品

以智能卧龙弯曲机器人XXW50为例，其主要技术性能见表21-6。

表 21-6 智能卧龙弯曲机器人 XXW50 主要技术性能表

项　　目	参　　数								
设备名称型号	智能卧龙弯曲机器人XXW50								
移动机头速度/(m·min^{-1})	40								
弯曲速度/(r·min^{-1})	6～8								
单向弯曲最大角度/(°)	180								
双向弯曲最大角度/(°)	－90～90								
弯曲精度/(°)	±1								
最小中段间距/mm	1525								
系统电压/V,频率/Hz	380,50								
钢筋加工范围									
弯曲柱									
钢筋直径/mm	12	14	16	18	20	22	25	28	32
一次同时弯曲数量/根	6	5	5	5	4	3	3	3	2
大圆棒									
钢筋直径/mm	12	14	16	18	20	22	25	28	32	40	50
一次同时弯曲数量/根	6	5	5	5	4	3	3	3	2	1	1
气源压力/MPa	≥0.6								
总功率/kW	30								
设备外形尺寸/(mm×mm×mm)	14 000×5500×1500								
主机质量/kg	8300								

21.4　安全操作及维护保养规程

21.4.1　立式智能钢筋弯曲中心安全及保养规程

1. 安全操作规程

（1）机器须水平放置，若工地现场地基不平，或者地面沉降导致倾斜过大，须用水平尺测量调平，作业前应准备好各种规格的弯曲柱及工具。

（2）应按加工钢筋的直径和弯曲半径的要求，装好相应规格的弯曲柱和弯曲销套。

（3）机头前端面钢筋支撑平台须调整至与弯曲柱下柱的上平面在同一平面，压紧装置的上压板底面须调整至与弯曲柱上柱的下平面在同一平面。

（4）应检查并确认弯曲柱、弯曲销套等无裂纹和损伤，空载运转正常后方可作业。

（5）作业时，钢筋确认已经压紧后，方可开动弯曲。

（6）作业中，严禁更换弯曲柱、弯曲销套及调速，也不得进行清扫和加油。

（7）对超过机械铭牌规定直径的钢筋严禁进行弯曲，在弯曲带有锈皮的钢筋时应戴防护镜，操作人员作业时须佩戴安全帽。

（8）当所弯曲的钢筋直径变换规格时，应调换相应的弯曲柱。

（9）在弯曲钢筋的作业半径内严禁站非作业人员。弯曲好的半成品，应堆放整齐，弯钩不得朝上。

（10）作业后，应及时清除弯曲柱、弯曲销套等处的铁锈灰、杂物等。

2. 维护与保养

1）每班例行维护项目

（1）每班开机后需要检查并调整气压，一般调至 0.6 MPa。

（2）每班工作后，操作人员应需要使用吹风气管吹灰尘、铁屑，重点部位为弯曲销、弯曲旋转轴套及导轨。

2）每周例行维护项目

（1）检查空气过滤器和调压阀是否失灵，气路有无漏气。

（2）检查电缆电线有无破皮、漏电现象。

(3) 检查接地线是否有效。

(4) 检查电控柜和操作台接线有无松动,并清理灰尘。

(5) 检查控制柜内的散热风扇、过滤网工作是否正常,并进行清理和调整。

(6) 检查各电机、各支架和各部位的所有固定螺栓、螺母有无松动,务必保持紧固状态。如有异声、异响、异动应随时停车检查处理,以免发生故障。

(7) 检查机头走行链条的松紧情况,过松的须张紧。

(8) 检查空压机油面位置,是否有漏油情况。油面位置需在油表红色标记之间,若低于标志,则需要适当添加;若空压机漏油,则需要及时修理。空压机使用68#空压机油。

(9) 机头开式齿轮传动需要涂抹#3锂基润滑脂。

3) 每两周例行维护项目

(1) 每两周排放空压机储气罐存水及过滤器内的废水。

(2) 每两周全面检查刹车一次,包括汽缸连接头是否松动,刹车齿条磨损情况。

4) 每月例行维护

(1) 检查各轴承轴套运行情况,必要时进行调整或更换。

(2) 新机器使用一个月后须对减速机润滑油彻底换新油,减速机使用220#机械齿轮油。

(3) 每三个月检查一次减速机齿轮油的油位和油质。正常油位为油窗2/3处;若发现齿轮油变质,则需要立刻更换。空压机每运行500~800 h,应更换压缩机润滑油。

警告:如减速机出现漏油情况,要及时停机维修。

21.4.2 智能钢筋弯箍机安全及保养规程

1. 安全操作规程

(1) 设备不得露天存放和使用,需在室内或棚内使用,附近无腐蚀、易燃、易爆气体,无高压线及无线电干扰源。

(2) 应由专人使用、维护和保管,并经专门培训,熟悉机器性能。

(3) 加工的钢筋应符合《低碳钢热轧圆盘条》(GB/T 701—2008)和《钢筋混凝土用钢 第2部分:热轧带肋钢筋》(GB/T 1499.2—2018)的有关规定,以保证有良好的加工效果。

(4) 使用环境温度应在-5~40℃,相对湿度在20%~80%的场所。

(5) 保存环境要求干燥通风,温度-20~60℃。

(6) 用电条件应符合有关规定,保证人机安全。

(7) 加工大尺寸的钢筋,速度必须放慢,保证安全。

(8) 不得擅自更改电气控制系统。

(9) 正常生产时应关闭检查门与电控箱门。

(10) 用汽缸打开和关闭检查门时不要站在门的正前方。

警告:违反操作规程将导致机器损坏和对操作人员的伤害!

2. 维护与保养

1) 每班例行维护项目

(1) 每班用油枪向导向平键轴套加一次机油(图21-25)。

(2) 切断臂销轴和如意弯头伸缩块油孔每班用油泵加一次机油(图21-26)。

图21-25 导向平键　　图21-26 加油泵

(3) 每班检查螺栓是否有松动现象,特别要注意检查切断机构(图21-27)、弯曲机构(图21-28)、进料机构(图21-29)、矫直机构(图21-30、图21-31)等与机架的连接处,保证设备始终处于良好的工作状态。

图 21-27 切断机构

图 21-28 弯曲机构

图 21-29 进料机构

图 21-30 垂直调直

图 21-31 水平调直

图 21-32 气动控制面板

图 21-33 弯曲与导料伸缩压力表

散热风扇、过滤网工作是否正常,并进行清理和调整。

(3) 检查电缆电线有无破皮、漏电现象。

(4) 检查接地线是否有效。

(5) 切断机构传动链条每周加油一次(图 21-34)。

图 21-34 链条

(6) 检查各电机、各支架和各部位的所有固定螺栓、螺母有无松动,务必保持紧固状态。如有异声、异响、异动应停车检查处理,以免造成事故。

(7) 检查同步带是否松动,是否跑偏。

(8) 检查空气压缩机的空气过滤器(图 21-35)和压力阀(图 21-36)是否失灵,气路有无漏气。

(9) 检查空压机油面位置,是否有漏油情况。油面位置需在油表红色标记之间(图 21-37),若低于油面标志,则需要适当添加;若空压机漏

(4) 检查气压是否正常,总气压不低于 0.6 MPa。压紧汽缸气压 0.2 MPa 左右,前门开闭 0.5 MPa 左右(图 21-32)。弯曲轴伸缩汽缸和如意头伸缩汽缸 0.2~0.4 MPa(图 21-33)。

2) 每周例行维护项目

(1) 检查电控柜和操作台接线有无松动,并清理灰尘。

(2) 电控柜门应当密封。检查控制柜内的

油,则需要及时修理。空压机使用68#空压机油。

图 21-35　过滤器

图 21-36　压力阀

3) 每月例行维护

(1) 检查各轴承游隙的变化,必要时进行调整或更换。

(2) 切断机构轴承座每月涂抹一次3#锂基润滑脂(图 21-38)。

图 21-37　油位计

图 21-38　切断轴座

(3) 进料支架内链轮(图 21-39)采用机油润滑,每个月给链轮传动机构加一次机油。机油型号选择:冬季低于5℃加SAE20级别机油,其余季节高于5℃加SAE30级别机油。机油位置可用探针测量法和观察法确定,淹没最低一个链轮齿。

(4) 每三个月检查一次减速机齿轮油的油位和油质(图 21-40)。正常油位为油窗2/3处,若不足则需要补充;若发现齿轮油变质,则需

图 21-39　链轮箱

图 21-40　减速机齿轮油油位计

要立刻更换。新机器使用一个月后须将减速机润滑油彻底换新油。减速机使用220#机械齿轮油。

(5) 空压机每运行500～800 h应更换压缩机润滑油。

21.4.3　智能液压钢筋剪切生产线

1. 安全操作规程

(1) 机器须水平放置,若工地现场地基不平,或者地面沉降导致地面倾斜过大,须用水平尺测量调平。

(2) 操作人员在工作时必须戴好安全帽及防护用具。

(3) 剪切机头、控制柜必须严格接电,以防触电。

(4) 开机前首先检查电源及各电路有无异常,确认无异常后,合上总电源开关。

(5) 请勿挤压或者过度用力拉扯电缆,以免造成漏电伤人或引起火灾。

(6) 查看剪切机头的刀口位置动刀片是否在最大行程上,不是则开机将动刀片调整至最高位置。

(7) 操作人员剪切钢筋时应远离切刀位置,防止切断的钢筋伤人。

(8) 在储料架的安全距离范围内严禁站非作业人员。

(9) 机械运行时严禁接触正在运行的钢筋和机械运动部位。

(10) 对超过机械铭牌规定直径和数量的钢筋严禁进行剪切。

2. 维护与保养

(1) 两侧的钣金油箱里的油不能低于油镜位,钣金下部的油阀需要周期性开流,做到切刀局部滴油;加注黄油位需人工按周期用黄油枪加注黄油。

(2) 空气压缩机应在每次工作结束后放水、排气。

(3) 每周查看空压机的润滑油和切断主机的润滑油,低于最低值时要及时加注。

(4) 每班要检查各部位连接的螺栓、皮带有无松动。

(5) 注意机器使用中的工作噪声是否异常（相较机器初期工作噪声），若有异常，需立即停机检查出异常噪声的产生根源并排除，尽可能提前排除小问题以免造成大故障。

(6) 定期检查活动刀及固定刀的刀刃磨损情况，若出现崩刃或圆角刀刃，需立即停机并更换刀刃工作部位（本设备活动刀可左右翻转，固定刀可前后翻转），否则会造成切断负荷加大，对设备传动部件造成一定损伤。

(7) 定期检查是否出刀异常，即不出刀或连续出刀。若出现间断性出刀异常，需拆除离合齿轮，检查芯套圆周面及离合齿轮内圆周面是否有异物卡滞造成的磨损沟痕，磨损不严重情况下，可对磨损沟痕的尖角打磨过渡平滑，装配前对配合面用柴油清洗干净，涂抹上黄油后再装好。

(8) 设备出现故障，不能正常工作时，请咨询相关专业技术人员处理或与厂家联系。

21.4.4 智能钢筋锯切套丝生产线安全及保养规程

1. 安全操作规程

(1) 设备不能露天存放和使用，应在室内或棚内使用，附近无腐蚀、易燃、易爆气体，无高压线及无线电干扰源。

(2) 应由专人使用、维护和保管，并需经专门培训，熟悉机器性能。

(3) 加工的钢筋应符合 GB/T 701—2008 和 GB/T 1499.2—2018 的有关规定，以保证有良好的加工效果。

(4) 使用环境温度应在 0～40℃，相对湿度在 5%～85%。

(5) 电源电压 380 V，频率 50 Hz，电压波动范围为±5%。保证人机安全。

(6) 设备气动系统的工作压力为 0.5～0.8 MPa。

(7) 非专业人员勿随意更改电气控制系统设置。

(8) 正常生产时设备左右两端严禁站人。

(9) 对机器各运动、传动部位定期加润油及润滑脂，一般两周加一次。

(10) 由于驱动器或变频器的输出是变频脉冲电压，因此有高频漏电流发生。在驱动器输入端安装漏电断路器时，请选用专用漏电断路器（建议漏电断路器选择 B 型，漏电流设定值为 300 mA），或者在允许的情况下将漏电断路器改成普通断路器。

警告：违反操作规程将导致机器损坏和人员伤害！

2. 维护与保养

(1) 设备所用带座轴承每月需要加注黄油（锂基润滑脂）一次。

(2) 链条每周加油一次（齿轮油或机油，涂抹即可）。

(3) 进料线体电机、出料线体电机、齿轮箱内需要加 220# 齿轮油进行润滑。新设备运行一个月后，需要更换齿轮油。以后每三个月进行检查，并视油质进行更换和添加。

(4) 空压机每运转 36 h 检查一次润滑油位，并视情况酌情加油。

(5) 空压机每运行 500～800 h，应更换压缩机油（使用的油为 68# 空压机油）。

(6) 液压油需一年更换一次。

(7) 每班例行维护。

① 每班检查锯条磨损情况，特别要注意检查输出线体油缸连接处，保证设备始终处于良好的工作状态。

② 检查气压、液压是否正常。

(8) 每周例行维护。

① 检查空气过滤器和调压阀是否失灵，气路有无漏气。

② 检查电控柜和操作台接线有无松动，并清理灰尘。

③ 检查各电机、各支架和各部位的所有固定螺栓、螺母有无松动，务必保持紧固状态。如有异声、异响、异动应随时停车检查处理，以免造成事故。

④ 检查电缆电线有无破皮、漏电现象。

⑤ 检查接地线是否有效。

⑥ 电控柜门应当密封。检查控制柜内的散热风扇、过滤网工作是否正常，并进行清理和调整。

⑦ 检查链条是否松动。
⑧ 检查空压机是否漏油。
⑨ 检查液压站是否漏油。
⑩ 检查各轴承游隙的变化，必要时进行调整或更换。

21.4.5 智能钢筋水平弯曲中心

1. 安全操作规程

（1）整个安装过程要做好安全防护措施，严禁不相关人员靠近场地。

（2）安装之前要先熟悉安装步骤，预测安装过程中可能出现的安全隐患，并采取措施以杜绝其发生。

（3）准备好安装工具及设备，要检查相关电源的接通情况。

（4）设备就位要缓缓轻放，禁止晃动碰撞，防止安装过程中由于操作不当而引起的设备损坏。

（5）设备安装地面要求：平整的混凝土地面，主机位置混凝土应有较大的抗震能力，抗压能力不低于 $15\ kg/cm^2$。

（6）设备找平调整要仔细，其水平状态会直接影响设备的使用状况及寿命。

（7）漏电保护器、地线要安装正确，并确保其运行安全。

（8）保证移动机头与固定机头的相应旋转轴心面在同一平面。

（9）接通电源后，各单机分别试工作，并观察其工作情况。在保证其无异常情况后，方可联机启动。

（10）联机启动后，严禁在开机状况下身体接近或用手触摸机器，避免挤手或其他意外。

（11）操作台上的急停开关应始终处于容易操控状况，周围空间要足够大，这样有利于工作人员紧急停车。

2. 维护与保养

（1）每天设备工作之前，要对设备状况进行全面检查，主要有如下几个方面：

① 急停按钮（任意一个）是否处于按下状态，控制电源开关是否处于关闭状态；

② 各线路连接是否正常；

③ 是否存在漏油现象；

④ 各螺栓、螺母是否有松动；

⑤ 电气柜内粉尘是否过多。

（2）设备运行过程中，要注意检查电机是否有过热现象。

（3）设备运行过程中，严禁对电气部分进行遮盖，要保持散热顺畅。

（4）机器正常运行一个月后，要对断路器、马达接线端子、电箱内接线端子，在电源切断的情况下进行重新紧固。

（5）正确使用触摸屏，不得用硬物敲击、刮、划触摸屏。

（6）每班例行维护项目：

① 每班开机后需要检查并调整气压，一般调至 $0.6\ MPa$；

② 每班工作后，操作人员应需要清理铁屑，重点部位为机头面板和轨道面。

（7）每周例行维护项目如下。

① 空气过滤器和调压阀是否失灵，气路有无漏气。

② 检查电缆电线有无破皮、漏电现象。

③ 检查接地线是否有效。

④ 检查电控柜和操作台接线有无松动，并清理灰尘，灰尘聚积容易产生安全隐患。

⑤ 检查控制柜内的散热风扇、过滤网工作是否正常，并进行清理和调整。

⑥ 检查各电机和各部位的所有固定螺栓、螺母有无松动，务必保持紧固状态。如有异声、异响、异动应随时停车检查处理，以免发生故障。

⑦ 检查翻料架走行链条及料架滚轮转动链条的松紧情况，过松的须张紧。

⑧ 检查空压机油面位置，是否有漏油情况。油面位置需在油表红色标记之间，若低于标志，则需要适当添加；若空压机漏油，则需要及时修理。空压机使用68#空压机油。

⑨ 机头内部齿轮传动需要涂抹3#锂基润滑脂。

⑩ 对所有润滑油嘴加注黄油一次。

（8）每两周例行维护项目。

① 每两周排放空压机储气罐存水及过滤

器内的废水。

② 每两周全面检查刹车一次,包括汽缸连接头是否松动、齿轮齿条磨损情况。

(9) 每月例行维护,检查各轴承轴套运行情况,必要时进行调整或更换。

(10) 新机器使用一个月后须对减速机润滑油彻底换新油,减速机使用 220# 机械齿轮油。每三个月检查一次减速机齿轮油的油位和油质。正常油位为油窗 2/3 处,若发现齿轮油变质,则需要立刻更换。

(11) 空压机每运行 500~800 h,应更换压缩机润滑油。

(12) 要特别注意如下事项:

① 设备操作人员须经设备供应方的技术人员操作培训方可进行设备操作,要对设备性能进行充分了解;

② 严禁用水或压缩空气对电气设备进行冲洗或吹灰;

③ 严禁用湿布或潮湿刷子对电气柜中的电气器件进行清灰作业;

④ 严禁非操作人员擅自操作设备(如变频器、触摸屏等内置参数擅自修改),否则极易造成设备损坏或伤害他人安全的事故发生。

21.5 钢筋加工机械常见故障及排除方法

21.5.1 立式智能钢筋弯曲中心常见故障及排除方法

以智能棒材弯曲中心 XX2L32 为例,其常见故障及排除方法见表 21-7。

表 21-7 智能棒材弯曲中心 XX2L32 故障原因及排除方法

故障现象	故障原因	故障解决方法
系统不工作	控制柜没电,指示信号灯不亮	检查电源电缆是否接牢固
	系统处于报警状态	检查各感应位置及感应开关是否损坏
	急停按钮被按下	恢复急停控制按钮
弯曲时机头有移动	刹车相关气动元器件、汽阀损坏或气压不够	更换元器件或汽阀、增加气路压力
	气控电磁阀控制线路接触不良或断开	检查发生故障的线路
弯曲销伸缩不到位或动作慢	汽缸压力不够或汽路破损	检查汽路,加大调压阀压力
	汽缸损坏	更换汽缸
	汽阀损坏或消声器堵塞	更换汽阀或清理更换消声器
	汽阀线圈电线断电	检查汽阀线圈线路,重新接线
	机械部分有卡阻	处理机械卡滞点
	机械部分缺少润滑	增加润滑油
压不住钢筋	汽缸压力不够	加大调压阀压力
	压板磨损	更换压板
弯曲角度不准确,形状不规范	使用的钢筋弯曲柱不准确	使用正确的弯曲柱
	弯曲轴原点感应开关不准确	调整原点感应开关到准确位置
	机械配件损坏	更换设备配件
	弯曲角度参数设置不正确	重新按正确的方法来设置参数

当触摸屏主画面上方设备状态为报警时,设备处于不能工作状态,须依据报警类型及时处理故障,断电后再重新工作。

触摸屏报警信息及处理方法如下。

(1) 左弯曲伺服故障。当出现该故障时,首先到电柜箱内查看左起第一个伺服控制器的报警代码是什么,然后依据报警代码类型查找故障原因,故障解除后重新上电再开机运行(注意:设备断电后,要等 4 个伺服控制器均无显示后再上电,否则上电触摸屏会显示报警)。

(2) 右弯曲伺服故障。当出现该故障时,首先到电柜箱内查看左起第二个伺服控制器的报警代码是什么,然后依据报警代码类型查找故障原因,故障解除后重新上电再开机运行(注意:设备断电后,要等4个伺服控制器均无显示后再上电,否则上电触摸屏会显示报警)。

(3) 左移动伺服故障。当出现该故障时,首先到电柜箱内查看左起第三个伺服控制器的报警代码是什么,然后依据报警代码类型查找故障原因,故障解除后重新上电再开机运行(注意:设备断电后,要等4个伺服控制器均无显示后再上电,否则上电触摸屏会显示报警)。

(4) 右移动伺服故障。当出现该故障时,首先到电柜箱内查看左起第四个伺服控制器的报警代码是什么,然后依据报警代码类型查找故障原因,故障解除后重新上电再开机运行(注意:设备断电后,要等4个伺服控制器均无显示后再上电,否则上电触摸屏会显示报警)。

(5) 左弯曲回原点超时。当出现该故障时,首先把急停开关按下,然后打开左机头后罩,转动机头上皮带或大齿轮,将减速机输出轴上的感应铁片转到左弯曲原点与左弯曲负限位时,查看触摸屏I/O监控画面中相应指示灯是否会变红色,不变红色,看感应铁片与接近开关距离是否小于8 mm,如果大于8 mm,则调整感应铁片与接近开关之间的距离,否则为接近开关损坏,需更换接近开关(同一时间只能有一个接近开关灯亮)。

(6) 右弯曲回原点超时。当出现该故障时,首先把急停开关按下,然后打开右机头后罩,转动机头上皮带或大齿轮,将减速机输出轴上的感应铁片转到左弯曲原点与左弯曲负限位时,查看触摸屏I/O监控画面中相应指示灯是否会变红色,不变红色,看感应铁片与接近开关距离是否小于8 mm,如果大于8 mm,则调整感应铁片与接近开关之间的距离,否则为接近开关损坏,需更换接近开关(同一时间只能有一个接近开关灯亮)。

(7) 左移动回原点超时。当出现该故障时,首先把急停开关按下,然后分别用手拨动左机头下方机身工字钢中间位置的原点行程开关摆臂与机身工字钢左端处的正限位行程开关,查看触摸屏I/O监控画面中相应指示灯是否会变红色,不变红色,否则行程开关损坏或行程开关线路故障,需更换行程开关或查找线路故障(同一时间只能有一个行程开关I/O监控信号为红色)。

(8) 右移动回原点超时。当出现该故障时,首先把急停开关按下,然后分别用手拨动右机头下方机身工字钢中间位置的原点行程开关摆臂与机身工字钢右端处的正限位行程开关,查看触摸屏I/O监控画面中相应指示灯是否会变红色,不变红色,否则行程开关损坏或行程开关线路故障,需更换行程开关或查找线路故障(同一时间只能有一个行程开关I/O监控信号为红色)。

(9) 左弯曲超程。当出现该故障时,首先查看I/O监控画面中左弯曲负限位是否为红色,弯曲角度是否处于上下弯曲极限位置。如果未在弯曲极限位置而左弯曲负限位为红色,则检查感应铁片与左弯曲极限开关相对位置是否正常,不正常则调整感应铁片与左弯曲负限位的相对位置,否则开关损坏;如果弯曲角度处于上下弯曲极限位置,则设定角度超出设备加工范围,需修改角度参数,直至不报警为止。

(10) 右弯曲超程。当出现该故障时,首先查看I/O监控画面中右弯曲负限位是否为红色,弯曲角度是否处于上下弯曲极限位置。如果未在弯曲极限位置而左弯曲负限位为红色,则检查感应铁片与右弯曲极限开关相对位置是否正常,不正常则调整感应铁片与右弯曲负限位的相对位置,否则开关损坏;如果弯曲角度处于上下弯曲极限位置,则设定角度超出设备加工范围,需修改角度参数,直至不报警为止。

(11) 左移动超程。当出现该故障时,首先查看I/O监控画面,左移动正限位是否为红色,机头是否超出机身原点与正限位的极限位置。如果未超过移动极限位置而左移动正限位为红色,则检查左移动正限位开关是否正常,不正常则开关损坏,需更换;如果加工长度处于超过左端极限位置或小于原点位置,则设定长度超出设备加工范围,需修改长度参数,直至不报警为止。

(12) 右移动超程。当出现该故障时,首先查看 I/O 监控画面,右移动正限位是否为红色,机头是否超出机身原点与正限位的极限位置。如果未超过移动极限位置而右移动正限位为红色,则检查右移动正限位开关是否正常,不正常则开关损坏,需更换;如果加工长度处于超过右端极限位置或小于原点位置,则设定长度超出设备加工范围,需修改长度参数,直至不报警为止。

警告:出现紧急情况时,请按下急停开关,以防止发生意外伤害。

21.5.2 智能钢筋弯箍机常见故障及排除方法

以智能钢筋弯箍机 XX12B 为例,其常见故障及排除方法见表 21-8。

表 21-8 智能钢筋弯箍机 XX12B 故障原因及排除方法

机构名称	故障现象	故障原因	故障解决方法
整机故障	系统不工作	主机与控制柜未联机	检查联机及电缆是否接牢固
		系统处于报警状态	检查各感应位置及感应开关是否损坏
		急停按钮被按下	恢复急停控制按钮
	执行机构不工作	元器件、汽阀损坏或气压不够	更换元器件或汽阀、增加气路压力
		控制线路接触不良或断开	检查发生故障的线路
		感应开关松动	检查感应开关
进料机构故障	进料伺服电机报警	过热,超负荷	停止工作,电机散热到室温。调整压紧轮汽缸压力到 0.2 MPa,重新调整矫直轮的压紧力,减小电机负荷。
		其他故障	联系公司技术人员解决
	钢筋打滑	压紧轮汽缸压力不够	加大调压阀压力
		压紧轮,进给磨损严重	更换压紧轮与进给轮
		矫直部分的压力太紧	重新调整钢筋矫直部分
弯曲机构故障	弯曲伺服电机报警	脉冲编码器故障、测速机故障、伺服系统故障等	记录故障代码,联系公司技术人员
	弯曲心轴、弯曲如意头伸缩不到位或动作慢	汽缸压力不够	检查汽路,加大调压阀压力
		汽缸损坏	更换汽缸
		汽阀损坏或消声器堵塞	更换汽阀或更换清理消声器
		汽阀线圈电线断电	检查汽阀线圈接线,重新接线
		机械部分有卡滞	处理机械卡滞点
		机械部分缺少润滑	增加润滑油
	弯曲角度不准确、形状不规范	矫直机构没矫直钢筋	调整矫直结构,矫直钢筋
		弯曲轴原点感应开关不准确	调整原点感应开关到准确位置
		心轴与弯曲轴之间的距离是否合适	调整弯曲轴位置
		正反弯参数设置是否正确	重新按正确的方法来设置参数
弯曲部分故障	弯曲角大于弯曲极限	设定弯曲角度大于机械弯曲极限	重新设置弯曲角度至有效值内
		传感器位置移动	联系工作人员,重新定位传感器

续表

机构名称	故障现象	故障原因	故障解决方法
切断机构故障	钢筋剪不断、有毛边	刀片损坏或松动	更换刀片或对刀片加以紧固
		动、定刀片间间隙过大	调整间隙
		动刀停的位置不准	调整感应开关位置或调整、更换调整电机刹车片
			切断臂铜套磨损,间隙过大
	卡刀	电机过热	降低工作节拍,使切断频率不大于15次/分
			检查强制散热风扇是否正常工作
			检查刹车间隙是否正常,需要调节正常
			检查其他机械部分是否有卡滞并排除
		电器故障	检查热继电器是否复位,接触器是否损坏
	切刀没有复位故障	切断传感器松动	出现故障时请检查切刀位置,切断传感器位置归位
放料架故障	放料架卡阻	料架摆放位置是否准确,出料口与主机进料口在一个竖直平面内	重新摆放、固定料架
		检查物料是否放偏或者钢筋缠绕	重新摆放物料,理顺钢筋
		检查放线架托轮是否太高,摩擦托轨	调整托轮到适当位置
		检查放线架轴承是否损坏	更换轴承

警告:遇到紧急事项,请按下急停开关,确认安全后,顺时针扭动恢复。

21.5.3 智能液压钢筋剪切生产线常见故障及排除方法

以智能钢筋剪切机器人XXQ150为例,其常见故障及排除方法见表21-9。

21.5.4 智能钢筋锯切套丝生产线常见故障及排除方法

以智能钢筋锯切机器人XXJ500C为例,其常见故障及排除方法见表21-10。

以智能钢筋滚丝机器人XXS40QD为例,其常见故障及排除方法见表21-11。

表21-9 智能钢筋剪切机器人XXQ150故障原因及排除方法

故障现象	故障原因	故障解决方法
系统不工作	主机与控制柜未联机	检查联机及电缆是否接牢固
	系统处于报警状态	检查各感应位置及感应开关是否损坏
	急停按钮被按下	恢复急停控制按钮
执行机构不工作	元器件、汽阀损坏或气压不够	更换元器件或汽阀、增加气路压力
	控制线路接触不良或断开	检查发生故障的线路
	感应开关松动	检查感应开关
电机报警	过热,超负荷	根据出现的信号分别处理。停止工作、冷却或减轻负荷

续表

故障现象	故障原因	故障解决方法
钢筋打滑	辊轮停转	查看链条与辊轮的连接及轴承转动
钢筋剪切不断	刀片损坏	更换刀片
	动、定刀片间间隙过大	调整间隙

表 21-10 智能钢筋锯切机器人 XXJ500C 故障原因及排除方法

故障现象	故障原因	故障解决方法
系统不工作	主机与控制柜未联机	检查联机及电缆是否接牢固
	系统处于报警状态	检查各感应位置及感应开关是否损坏
	急停按钮被按下	恢复急停控制按钮
执行机构不工作	元器件、汽阀损坏或气压不够	更换元器件或汽阀、增加气路压力
	控制线路接触不良或断开	检查发生故障的线路
	感应开关松动	检查感应开关
电机报警	过热,超负荷	根据出现的信号分别处理。停止工作、冷却或减轻负荷
钢筋打滑	滚筒停转	查看链条与辊轮的连接及轴承转动
锯床锯不断	锯条磨损或断裂	更换锯条

表 21-11 智能钢筋滚丝机器人 XXS40QD 故障原因及排除方法

故障现象	故障原因	故障解决方法
系统不工作	主机与控制柜未联机	检查联机及电缆是否接牢固
	系统处于报警状态	检查各感应位置及感应开关是否损坏
	急停按钮被按下	恢复急停控制按钮
执行机构不工作	元器件、汽阀损坏或气压不够	更换元器件或汽阀、增加气路压力
	控制线路接触不良或断开	检查发生故障的线路
	感应开关松动	检查感应开关
电机报警	过热,超负荷	根据出现的信号分别处理。停止工作、冷却或减轻负荷
钢筋打滑	辊轮停转	查看链条与辊轮的连接及轴承转动
镦粗机不工作	液压油油量或者液压阀	添加液压油或者清洗液压阀
套丝机不工作	液压油油量或者套丝刀片磨损	添加液压油或者更换刀片

21.5.5 智能钢筋水平弯曲中心常见故障及排除方法

以智能卧式弯曲机器人 XXW50 为例。当触摸屏画面弹出报警信息时,设备处于不能工作状态,在任意画面单击"菜单"按钮,选择"报警信息"进入报警信息画面,查看相关故障信息,依据报警类型及时处理故障,断电后再重新工作。

触摸屏报警信息及处理方法如下。

(1) 走行伺服故障。当出现该故障时,首先到电柜箱内查看走行伺服控制器的报警代码是什么,然后依据报警代码类型查找故障原因,故障解除后重新上电再开机运行(注意:设备断电后,要等伺服控制器和变频器均无显示后再上电,否则上电触摸屏会显示报警)。如果伺服没有报警,检查伺服报警输出参数设置是否正确,伺服驱动器到 PLC 输入点 X21 的线路是否通路,PLC 输入点 X21 是否正常。

(2) 固定机头弯曲伺服故障。当出现该故障时,首先到电柜箱内查看固定机头弯曲伺服控制器的报警代码是什么,然后依据报警代码类型查找故障原因,故障解除后重新上电再开机运行(注意:设备断电后,要等伺服控制器和变频器均无显示后再上电,否则上电触摸屏会显示报警)。如果伺服没有报警,检查伺服报警输出参数设置是否正确,伺服驱动器到 PLC 输入点 X22 的线路是否通路,PLC 输入点 X22 是否正常。

(3)移动机头弯曲伺服故障。当出现该故障时,首先到电柜箱内查看移动机头弯曲伺服控制器的报警代码是什么,然后依据报警代码类型查找故障原因,故障解除后重新上电再开机运行(注意:设备断电后,要等伺服控制器和变频器均无显示后再上电,否则上电触摸屏会显示报警)。如果伺服没有报警,检查伺服报警输出参数设置是否正确,伺服驱动器到 PLC 输入点 X23 的线路是否通路,PLC 输入点 X23 是否正常。

(4)急停被按下。当出现该故障时,首先检查急停开关是否被按下或损坏,如果没有按下且开关正常,则检查急停按钮到 PLC 输入点 X6 之间的线路是否通路,PLC 输入点 X6 是否正常。

(5)急停脚踏被踩下。当出现该故障时,首先检查急停脚踏是否被踩下或损坏,如果没有踩下且开关正常,则检查急停按钮到 PLC 输入点 X12 之间的线路是否通路,PLC 输入点 X12 是否正常。

(6)1#上料电机故障。当出现该故障时,首先检查电动机断路器是否保护,如果是电动机断路器保护,检查电机是否损坏、机械卡死及过载;不是电动机断路器保护,检测电动机断路器辅助触点是否损坏,电动机断路器到 PLC 输入点 X17 之间的线路是否通路,PLC 输入点 X17 是否正常。

(7)2#上料电机故障。当出现该故障时,首先检查电动机断路器是否保护,如果是电动机断路器保护,检查电机是否损坏、机械卡死及过载;不是电动机断路器保护,检测电动机断路器辅助触点是否损坏,电动机断路器到 PLC 输入点 X20 之间的线路是否通路,PLC 输入点 X20 是否正常。

(8)托架变频器故障。当出现该故障时,首先到电柜箱内查看托架变频器的报警代码是什么,然后依据报警代码类型查找故障原因,故障解除后重新上电再开机运行(注意:设备断电后,要等伺服控制器和变频器均无显示后再上电,否则上电触摸屏会显示报警)。

第22章

钢筋笼滚焊机

22.1 概述

22.1.1 定义

钢筋笼滚焊机又称钢筋笼成型机,是把纵向钢筋和环向钢筋或盘箍筋以一定间距组焊连接在一起的数控钢筋加工机械,如图22-1所示。

图 22-1 钢筋笼滚焊机

在桥梁施工中,钢筋笼的加工是基础施工的重要环节。在过去传统的施工中,钢筋笼采用手工扎制或手工焊接的方式,除了效率低外,最主要的缺点是制作的钢筋笼质量差,设备尺寸不规范,会影响到工程建设的工期与质量。

钢筋笼滚焊机是将钢筋矫直、弯曲成型、滚焊成型有机地结合在一起,使得钢筋笼的加工基本上实现机械化和自动化,减少了各个环节间的工艺时间和配合偏差,大大提高了钢筋笼成型的质量和效率,为施工单位创造良好的经济效益和社会效益。钢筋笼滚焊机的应用是今后钢筋笼加工的重要发展方向。

22.1.2 用途及特点

在桥梁或者高层建筑施工时,根据要求基础可能需进行钻孔桩施工,用各种工程钻机在地基中进行钻孔作业,孔深达到设计要求后,向桩孔中下放、接长预先制作的钢筋笼,再插入导管进行混凝土灌注,形成钢筋混凝土基桩。这些基础用钢筋笼通常为圆柱形(国外也有椭圆形可变径钢筋笼滚焊机),主要由纵向主钢筋和环向盘箍筋组成。由于钢筋笼对于主筋及箍筋之间的间距精度要求非常高,所以一般的传统手工制作钢筋笼方式对质量的精度难以把控好,而采用智能钢筋笼滚焊机,加工质量稳定可靠。滚焊机由于采用的是数控机械化作业,主筋、缠绕筋的间距均匀,钢筋笼直径一致,产品质量完全达到规范要求,钢筋笼制作的质量能得到很大的保障。另外,采用滚焊机加工钢筋笼速度快,正常情况下备料及滚焊部分5人一班,分两班作业,10个人一天就可以加工出20多个12 m长的成品笼子(备料、滚焊、加强筋安装、探测管安装、导向垫块安装等),工作效率非常高。箍筋拉紧不需搭接,较之手工作业节省材料1.5%,可降低施工成本。主筋配筋可自动上料,减少工人劳动强度。滚焊机还可生产双盘筋、双主筋等高标准要求的钢筋笼产品。

22.2 滚焊机工作原理、结构组成及生产过程

22.2.1 滚焊机工作原理

根据钢筋笼图纸要求,在配筋区将钢筋笼的各主筋配装好,再通过人工将主筋穿过固定转盘相应模板圆孔至移动转盘的相应孔中进行固定,把盘筋端头先焊接在一根主筋上,然后通过固定转盘及移动转盘同步转动把绕筋缠绕在主筋上(移动盘一边旋转一边后移),同时进行焊接,从而形成钢筋笼。滚焊机是运用PLC可编程电脑控制器实现对各机构的走行、转动、停止、托架支撑升降及各种故障信号的智能控制,既保证了钢筋笼的生产质量及生产效率,又保障了施工生产的安全性。

22.2.2 滚焊机结构组成

钢筋笼滚焊机以固定转盘为界主要由配筋区和滚焊区两部分组成,如图 22-2 所示。右区为配筋区,由配筋底梁、固定转盘、主筋上料机构、旋转分料机构等组成;左区为滚焊区,由焊笼底梁、移动转盘、液压托笼系统、盘筋放线架、盘筋调直机构、液压系统及电控系统等组成。

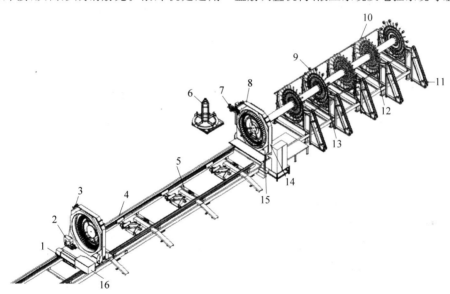

1—小车走行机构;2—移动盘减速机;3—移动盘;4—小车轨道;5—走行底座;6—放线架;7—矫直器;8—固定盘;9—分料支撑轮轴承;10—分料杆;11—自动上料架;12—分料架滚动架;13—分料架支撑架;14—回转体链条;15—回转体支撑;16—走行小车电机。

图 22-2 钢筋笼滚焊机示意图

1. 固定转盘

固定转盘固定在配筋底梁上,由机架、转盘、穿筋管、电机和减速器、链轮、回转体链条等组成。电机为变频电机,通过调节电机转速可使固定转盘以不同的转速旋转。

2. 主筋上料机构

采用链式上料装置,通过传动链将钢筋运送到配筋分料架上。现场施工时只需将钢筋放入传动链上就可以将主筋直接传送进入配筋架,方便现场施工。

3. 分料配筋机构

主要由配筋底梁、配筋分料支撑架、分料盘、分料盘连接管轴组成。其中配筋分料支撑架分为单轨、双轨两种,依次安装在配筋底梁上,用来承托配筋分料盘及其上的钢筋笼纵筋。配筋分料盘有不带辊轮的分料盘和带辊轮的分料盘两种,用分料盘连接管轴将此两种分料盘用螺栓连接成一个整体,轴的一端与固定转盘上的回转盘用螺栓相连,由固定盘的转盘驱动旋转。工作时,钢筋笼纵筋在分料盘上

被分隔，避免相互缠绕，并由分料盘推动实现旋转运动。

4. 移动转盘

移动转盘安装在滚焊区焊笼底梁上，主要由转盘转动系统与移动盘直线走行系统两部分组成。主要部件有机架、转盘、穿筋管、转盘旋转电机＋减速器、链轮、回转体链条、直线走行小车电机＋减速器、齿轮（或链轮）及齿条（链条）。转动电机和移动电机均为变频电机，可使移动转盘实现以不同的速度旋转和移动。移动转盘在旋转的同时顺轨直线移动，从而将箍筋缠绕在主筋上。移动转盘直线走行驱动方式主要有齿轮齿条方式和链轮链条方式。

5. 配筋底梁

由底梁和支撑腿组成，与焊笼底梁连接，用于支撑分料配筋机架。

6. 焊笼底梁

焊笼底梁与配筋底梁相似，其上铺设有齿条或链条作为移动转盘走行的轨道，并给托笼装置提供安装位置。

7. 液压托笼装置

该装置安装在焊笼底梁上，其上安装有自动检测开关，由液压系统进行驱动。当液压缸伸出时，托辊上升，当托辊接触到钢筋笼时，钢筋笼托辊压下并触动检测开关，停止供油，缸杆伸出停止，将钢筋笼托住，防止钢筋笼弯曲。

8. 盘筋放线架

该机构主要由放线盘和底座组成。主机在正常工作时，随着固定转盘与移动转盘的转动，箍筋会缠绕在钢筋笼的主筋外围，带动放线盘旋转，并随着移动转盘的移动，在钢筋笼主筋的外围形成螺旋线。

9. 盘筋调直机构

该机构一般固定在固定转盘上，主要由矫直轮和立辊组成，用以保证钢筋在放线过程中顺利地缠绕在钢筋笼的周围并形成具有一定螺距的螺旋线。

10. 液压系统

液压系统是独立的集成化动力传动装置，它可按主机要求供油，并控制油流方向、压力和流量，以输出可调整的直线往复运动，从而推动执行机构实现各种规定动作和工作循环。液压系统由油箱、电机、油泵、阀组、辅助部件（如冷却器、电气装置）等组成。该液压系统主要是通过外接管路向滚焊区托笼装置提供压力油。

11. 电气控制系统

电气控制系统集成在操作台电控柜内。电控柜内设有 PLC 中央控制系统、各种继电器、接触器、延时器、变频器等组件。电气控制采用模组式结构，各个电气控制单元、控制功能完全独立，相互间的连接及通信以输入输出方式来完成，通过在系统各部位安装感应器，可以将滚焊机的动作转变为电信号，这些信号送给 PLC 控制器分析后，再由 PLC 控制器反向控制变频器电磁阀等器件进行动作，从而使系统按照预定程序工作。操作台面板上附有各种信号指示灯、显示仪表及工作按钮。

22.2.3　滚焊机生产过程

滚焊机生产过程为：上料→穿筋（主筋）→固定→搭上箍筋→开始焊接→正常焊接→终止焊接→切断箍筋→分离固定盘→松筋→分离移动转盘→降下液压支撑托架→卸笼→移动转盘归位

（1）上料。人工或用行车将主筋放在支架上，然后启动自动上料装置，将主筋放入分料架内，用行车将盘筋放在放料架上。

（2）穿主筋固定主筋。将主筋通过固定旋转盘上的模板孔，再穿入移动旋转盘上的模板孔，并通过移动模板上的夹具将主筋按要求固定。

（3）固定箍筋。将箍筋穿过矫直装置，然后焊接在主筋上。

（4）开始焊接成型。钢筋笼焊接成型，主筋随着旋转盘旋转，同时，移动旋转盘夹紧并拖着往前移动；这时，绕筋也自动缠绕在主筋上，绕筋间距通过预先设定好的旋转和前移的速度比值实现。

（5）走行焊接及支撑举升。旋转盘带动主筋旋转向前走行，缠绕筋随主筋缠绕，走行时人工将缠绕筋点焊在主筋上。走到一定距离后，第一个支撑向上抬起，支撑钢筋笼，防止钢筋笼因自重而下垂,再不断向前走行,后面的支撑逐步抬起。

(6) 焊接完成。当移动转盘带动半成品钢筋笼运动快脱离固定盘时,终止焊接,切断缠绕筋,钢筋笼在移动转盘的带动下继续向前移动,脱离固定转盘。端部离开固定转盘的工作平台后停止,然后松开移动转盘上固定主筋的螺栓,移动转盘继续前移,钢筋笼脱开移动转盘。

(7) 卸笼。钢筋笼和移动转盘分离后,支撑一起平稳下降,然后将钢筋笼吊出(或者从支撑中滚出来)。

(8) 移动转盘回位。钢筋笼吊走后,移动转盘复位,进入下一个循环的生产。

22.3 滚焊机分类及主要产品的技术性能参数

22.3.1 滚焊机分类

目前国内钢筋加工机械生产厂家生产的钢筋笼滚焊机的产品型号一般以钢筋笼桩径及钢筋笼长度来标注,前面冠以厂家自命名的拼音字母表示代号,一般是厂家名称的首字母,如XX2000-12,其中,XX代表厂家命名代号,2000代表桩径(mm),12代表笼长(m)。

钢筋笼滚焊机型号意义:

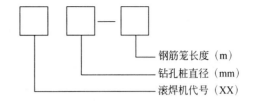

在桥梁施工中,通常钢筋笼桩径大都在400~2500 mm范围内,直径大于2500 mm大孔径钻孔桩主桥墩基础施工时有,但相应钢筋笼如用滚焊机加工就需要占场更大的滚焊设备及装运设备,项目成本方面投入产出不合算,所以一般这部分大孔径钢筋笼基本采用传统方法进行加工。滚焊机加工钢筋笼长度一般标准为12m,如果项目施工需要12 m以上的加长笼,可以与生产厂家协商定制。钢筋笼越长,笼子加工中扭变情况就越严重。同时太长的钢筋笼也要考虑吊装及运输是否便利。钢筋笼焊接方式分手工与自动焊,这个不在本章中详述。

22.3.2 滚焊机主要产品技术参数

滚焊机各厂家的产品其主要技术参数相互有所差异,以下列举几款典型钢筋笼滚焊机的技术参数供参考,见表22-1。

表22-1 典型钢筋笼滚焊机的技术参数

项 目	参 数			
	XX1500-12	XX2000-12	XX2200-12	XX2500-12
钢筋笼桩径范围/mm	600~1500	800~2000	800~2200	1000~2500
钢筋笼长度/m	2~12	2~12	2~12	2~12
缠绕筋直径/mm	5~16	5~16	5~16	5~16
主筋直径/mm	12~40	12~40	12~40	12~40
缠绕筋间距/mm(无级可调)	50~500	50~500	50~500	50~500
移动盘移动速度/(mm·min^{-1})(无级可调)	1100	1100	1100	1100
转盘转动速度/(r·min^{-1})(无级可调)	4	3.5	3.5	3.1
液压系统压力/MPa	10	10	10	10
最大装机容量/kW 380 V/50 Hz/三相	13	23	23	31

续表

项　目	参　数			
	XX1500-12	XX2000-12	XX2200-12	XX2500-12
工作温度/℃	−20～50	−20～50	−20～50	−20～50
设备尺寸（长×宽×高）/(m×m×m)	28×5×2	28×6×2.5	28×6×2.5	28×7×3

注：焊接方式为 CO_2 保护焊；焊接材料为焊丝、焊条。

22.4 滚焊机安全操作规程、维护与保养

22.4.1 滚焊机安全操作规程

（1）设备不得露天存放和使用，需在室内或棚内使用，附近无腐蚀、易燃、易爆气体，无高压线及无线电干扰源。

（2）在使用设备之前必须阅读使用说明书，防止各种错误操作；设备应由专人使用、维护和保管，并需经专门培训，熟悉机器性能。

（3）设备使用环境温度应在 −5～40℃，相对湿度在 20%～80%；保存环境要求干燥通风，温度 −20～60℃。

（4）必须让操作者知道机器在使用过程中存在的潜在危险，包括张贴适当的警告标志，进入设备区域必须佩戴安全帽。设备上的警告和危险标志不得拆掉，如果损坏需更换新的标志。

（5）用电条件应符合有关规定，保证人机安全；当供电总开关闭合时要将控制柜门锁上，防止有人意外触电，控制柜和操作台的钥匙要由专人保管；电源切断后静电放电很危险，断电后有 5 min 的放电时间，直到旋转部件停止转动之前不能接触这些部件；出现任何紧急情况可按急停按钮。

（6）即使没有专门的要求，当进行设备维护、更换零件、维修、清洁、润滑、调整等操作时，都必须切断电源，确保设备工作和维护时没有任何其他人靠近设备。

（7）不得擅自更改电气控制系统。

（8）放线架没有制动系统，连接是人工控制的，出现紧急停车时，直到放线架停止转动工人才能靠近。

（9）禁止触摸正在加工的钢筋件；不准穿戴宽松的衣服或物品（手镯、耳环、项链等），这会产生被卷进机器的危险。

22.4.2 滚焊机维护与保养

（1）每天设备生产之前，要对设备状况进行全面检查，主要有如下几个方面。

① 急停按钮（任意一个）是否处于按下状态、控制电源开关是否处于关闭状态；

② 各线路连接是否正常；

③ 是否存在漏油现象；

④ 各螺栓螺母是否有松动；

⑤ 电气柜内灰尘是否过多。

（2）设备运行过程中，要注意检查马达是否有过热现象。

（3）设备运行过程中，严禁对电气部分进行遮盖，要保持散热顺畅。

（4）机器正常运行 1 个月后，要对断路器、马达接线端子、电箱内接线端子，在电源切断的情况下进行重新紧固。

（5）1～2 个月要对减速机、液压站油量进行定期检查，如有不足，要进行添加，如有漏油现象要及时进行修理。

（6）每星期对所有润滑油嘴涂抹黄油一次。

（7）机器正常运行 1～2 个月后，要对所有的螺栓、螺帽进行重新紧固。

（8）每周要定期用油漆毛刷或微风吹风机清除电气柜中的灰尘，保持柜内清洁，否则可能会引起短路烧坏设备的事故发生。

（9）液压系统维护。液压系统推荐使用32#、46#抗磨液压油,亦可按照规定使用机械油或其他工作介质。液压系统每隔4～6个月应更换一次工作介质,并清洗油箱去除污垢和杂质。设备长期使用后,会出现油缸动作不灵甚至不动作的情况,这大多是因为油缸液压阀中出现异物油污,故应清洗液压阀。

（10）要特别注意如下事项:

① 设备操作人员须经设备供应方的技术人员操作培训方可进行设备操作,要对设备性能进行充分了解;

② 严禁用水或压缩空气对电气设备进行冲洗或吹灰;

③ 严禁用湿布或潮湿的刷子对电气柜中的电气器件进行清灰作业;

④ 严禁非操作人员擅自操作设备(如变频器、触摸屏等内置参数擅自修改),否则极易造成设备损坏或伤害他人安全的事故发生。

22.5 滚焊机故障及排除方法

22.5.1 滚焊机易出现故障及处理方法

滚焊机易出现的故障及处理方法见表22-2。

22.5.2 滚焊机液压系统故障及处理方法

滚焊机液压系统故障及处理方法见表22-3。

表22-2 滚焊机易出现的故障及处理方法

故　　障	产生原因	维修方法
系统不工作	主机与控制柜未联机	检查是否联机
	系统处于报警状态	检查监控位置
	急停按钮被按下	恢复急停控制状态
移动盘倾斜	钢筋笼纵筋被卡	停车消除纵筋被卡现象
钢筋笼纵筋扭转	两转盘旋转不同步	调整两转盘的转速使之同步
减速机过热	原动机、减速机、工作机连接不当	调整至适当位置使三者轴线同轴
	超负荷运转	适当调整负荷
	油封过度摩擦	在油封接口处滴润滑油
	润滑油过少或过多	按油标指示点调整油量
	润滑油杂质多或润滑性差	清洗油池并更换合适的新油
减速机振动	发动机、减速机、工作机固定不良	固定不良部位并正确紧固
	齿轮副齿部磨损	更换齿轮副
	轴承磨损	更换轴承
	螺栓松脱	紧固螺栓
固定盘与移动盘旋转有杂音	大小链轮和轮缘链条齿合不良	调整上下支撑辊的位置至合适位置
	转盘机架内有异物	清除机架内异物
	链条过紧,工作不顺畅	涂抹润滑油
	工作中,轮缘有跳动	微调上下支撑辊的位置
钢筋笼直径变细	箍筋过紧	在钢筋笼起始位置加内箍筋

表 22-3 滚焊机液压系统故障及处理方法

故障特征	可能产生部位	产 生 原 因	检 查 方 法	排 除 方 法
噪声大	油泵吸油区	油箱内油位过低，滤油器堵塞，进油管漏气，油温过低	看油标、查看滤芯、涂黄油找漏，看温度计	加油至规定液位，清洗或更换滤芯排漏，加热至规定值
	油泵装置	泵轴密封破损	—	更换密封圈
		电机与油泵同轴度达不到要求	手盘，看转动是否灵活	调整同轴度至规定值
	油管	支撑间距过长	—	增设支撑管夹
		两油管相互碰撞	—	较长油管彼此分开一定距离
		接头松动，油泵吸空	—	高位排气，消除吸空
	溢流阀	动作失灵	查弹簧锥阀座是否损坏	研修、更换
爬行	油缸	空气进入系统，油缸拉毛；调整阀性能不好	查看回油有无气泡；查最小稳定流量	排气、油缸快速全行程往复；修磨油缸；换调速阀
调压不灵	溢流阀	压力弹簧变形滑阀卡死、阻尼孔堵塞	拆下检查	更换；研修；清洗疏通
油缸不工作	油缸	油液老化，杂质堵塞空隙、调速阀性能差、油温过高	看油液清洁度，查使用时间，检查液压阀动作是否灵活，看温度计	清理空隙更换新油
换向不灵	换向阀	滑阀副变形	—	—
		杂质卡死复位弹簧造成损坏，电磁铁损坏	检查杂质情况；检查弹簧；检查电磁铁	清洗，必要时更换油液
		电液阀控制压力低于 0.3 MPa	—	检查控制压力元件

第5篇

混凝土机械

在现代桥梁工程施工中,桥梁主要结构中的桥基、桥墩和梁大部分采用了钢筋混凝土结构。因此,混凝土搅拌、输送、浇筑机械就成为现代桥梁施工过程中不可缺少的设备。由于混凝土用量较大,在施工现场一般设置有混凝土搅拌站负责混凝土的集中拌和供应;为保证混凝土质量,防止浇筑前凝固,通常使用混凝土搅拌运输车负责运输;现场泵送浇筑作业由混凝土泵送机械负责。由此实现混凝土搅拌、运输、浇筑全过程机械化,节省了作业时间和劳动力,施工效率得以大幅度提升。同时,减少商品混凝土使用量,工程成本得到了降低。

第23章

混凝土搅拌站

23.1 混凝土基础知识

23.1.1 概述

混凝土指将胶结料、砂、石、水等原材料按一定比例配合，经搅拌而成的一种建筑材料。刚搅拌出的混凝土在一定的时间内呈流塑状态，可以制成任意大小和形状的构件。在成型以后，经过一段时间，原材料发生水化反应，使混凝土硬化，硬化后的混凝土具有一般石料的特性。所以，混凝土是一种人工石，又称"砼"。

随着社会的不断进步，混凝土材料科学也得到了长足的发展，而混凝土材料的创新与发展又进一步影响和促进着社会的进步。在社会生活的各个方面都直接或间接地涉及混凝土的运用，例如，由混凝土材料建造的工业与民用建筑、道路、桥梁、机场、海港码头、电站、蓄水池、大坝、混凝土输水管道、排水管，以及地下工程、国防工程、海上石油钻井平台，甚至宇宙空间站等都离不开混凝土。

23.1.2 混凝土的分类及特点

1. 混凝土的分类

随着科学技术的进步和社会经济的发展，社会生活对水泥和混凝土的需求量也越来越大，性能要求越来越高，各种工程的混凝土需求品种也越来越多，因此，其分类方法也是多种多样，较常见的几种分类方法如下。

1）按胶结材分类

（1）无机胶结材混凝土。

水泥混凝土：是以硅酸盐水泥及各种混合水泥为胶结材，可用于各种混凝土结构。

硅酸盐混凝土：是由石灰和各种含硅原料（砂及工业废渣）以水热合成方法来生产水化胶凝物质，可用于制作各种硅酸盐砌块等。

石膏混凝土：是以各种石膏作为胶结材，可制作天花板、内隔墙等。

水玻璃混凝土：是以水玻璃为胶结材，可制成耐酸混凝土结构物，如储酸槽等。

（2）有机胶结材混凝土。

沥青混凝土：以天然或人造沥青为胶结材制成，可用于道路工程。

聚合物胶结混凝土：又称树脂混凝土，是以聚酯树脂、环氧树脂、脲醛树脂等为胶结材制成，适用于在有侵蚀介质的环境中使用。

（3）无机有机复合胶结材混凝土。

聚合物水泥混凝土：是以水泥为主要胶结材，掺入少量聚合物或用掺有聚合物的水泥制成，适用于路面、桥梁及修补工程。

聚合物浸渍混凝土：是以水泥混凝土为基材，用有机单体液浸渍和聚合制成，适用于需要耐磨、抗渗、耐腐蚀等特性的混凝土工程。

2）按骨料分类

重混凝土：用钢球、铁矿石、重晶石等做骨

料,混凝土密度＞2500 kg/m³,用于防辐射的混凝土工程。

普通混凝土:用普通砂、石做骨料,混凝土密度为 2100～2400 kg/m³,是较常用的结构工程材料。

轻骨料混凝土:采用天然或人造轻骨料,混凝土密度＜1900 kg/m³,可用于承重结构或制作保温隔热制品。

大孔混凝土:仅由骨料(重质或轻质)和胶结材制成,骨料颗粒表面包以水泥浆,颗粒间为点接触,颗粒之间有较大的间隙,这种混凝土主要用于墙体。

细粒混凝土:主要是由细颗粒和胶结材制成,多用于制造薄壁构件。

多孔混凝土:这种混凝土既无粗骨料,也无细骨料,全是由磨细的胶结材和其他粉料加水拌成料浆,用机械方法或化学方法使之形成许多微小的气泡后再经过硬化制成,可用于屋盖、楼板、墙体材料等。

3) 按混凝土性能分类

按混凝土的性能分类有早强混凝土、补偿收缩混凝土、高强混凝土、高性能混凝土等。

4) 按施工工艺分类

根据混凝土的工艺不同可分为两大类:一类是现浇混凝土,如泵送混凝土、真空吸水混凝土、碾压混凝土、喷射混凝土、自密实混凝土等;另一类是预制混凝土,如挤压混凝土、离心混凝土、振压混凝土等。

5) 按用途分类

按用途分类有结构混凝土、防辐射混凝土、大坝混凝土、海工混凝土、道路混凝土、耐热混凝土、耐酸混凝土、水下不分散混凝土等。

6) 按配筋方式分类

按配筋方式分类有素混凝土、钢筋混凝土、预应力混凝土、纤维增强混凝土等。

2. 混凝土的特点

1) 混凝土的优点

混凝土材料之所以能够得到不断发展,主要因为它具有一系列的优良性能和优点。

(1) 原材料丰富,能就地取材,生产成本低。

(2) 混凝土强度较高,像天然石材一样坚硬,耐久性好,适用性强,无论陆地、海洋还是寒冷、炎热的环境都能适用。

(3) 可塑性好,能适应不同的结构要求,性能灵活,可根据不同需求配制不同强度、不同性能的混凝土。

(4) 作为基材,混凝土与其他材料的复合能力强,如钢筋混凝土、纤维增强混凝土、聚合物混凝土等。

(5) 混凝土的能源消耗较其他建筑材料要低,见表 23-1。

表 23-1　各种建筑材料的能耗比较

材料品种	能耗/(443.8008 kJ/t)
水泥	1.16
玻璃	3.78
铝材	73.1
砂、石	0.09
砖	1.0
木材	0.35～0.55
混凝土	0.56～0.66
钢材	7.4

(6) 作为建筑材料,较之木材、塑料、钢材,混凝土具有良好的耐火性能。

(7) 混凝土结构物一旦投入使用,维修工作量少、维修费用低。

(8) 可有效地利用工业废渣,如粉煤灰、矿渣、尾矿粉等,节约资源,减轻环境污染。

2) 混凝土的缺点

然而,混凝土材料也有其缺点,限制了它的使用范围,主要有以下几点。

(1) 混凝土的脆性大,抗拉强度低(约为其抗压强度的 1/20～1/12)、抗冲击性能差。

(2) 自重大,混凝土的密度一般在 2350～2450 kg/m³,而普通黏土砖一般在 1800 kg/m³ 左右。

(3) 体积稳定性差,干燥收缩大,在载荷作用下的徐变也大。

(4) 若作为墙体材料,其热导率比较大,约为砖的 2 倍。

鉴于上述问题，可以通过合理的设计、适当的选材、严格的质量管理和控制来加以弥补。而近年来各种新型特种混凝土的出现正逐渐完善混凝土的性能，扩大混凝土的使用范围。

23.1.3　混凝土的发展史

混凝土的出现可以追溯到几千年前，如中国的万里长城、埃及的金字塔、古罗马的建筑等都已经使用了以石灰、石膏或天然火山灰为胶结材的混凝土。1980 年、1983 年，我国考古工作者在甘肃省秦安县大地湾先后发现了两块距今约 5000 年的混凝土地坪，其所使用的胶结材是水硬性的，混凝土强度达到了 11 MPa。古罗马在 2000 年前也曾使用具有较强水硬性的胶凝材料建造地下水道。然而，混凝土生产技术的形成和飞速发展则仅有 160 多年的历史。

1824 年，英国人阿斯普丁（J. Aspdin）第一个获得了生产波特兰水泥的专利。此后水泥和混凝土的生产技术开始迅速发展，混凝土的强度及其性能也都有了很大的提高，混凝土的用量急剧增加。时至今日，混凝土材料已经成为世界上用量最大、用途最广的人造材料。

1850 年，法国人朗波（J. L. Lambat）研究出了使用钢筋混凝土的方法，并首次制成了钢丝网水泥船，使得混凝土的应用范围扩大。1887 年，科伦（Koenen）首先发表了钢筋混凝土的计算方法，为钢筋混凝土的设计提供了理论依据。

1918 年，艾布拉姆斯（D. A. Abrams）发表了著名的"水灰比定律"。1925 年，利兹（Lyse）水灰比学说、恒定用水量学说的出现奠定了现代混凝土的理论基础。

1928 年，法国的佛列西涅（E. Freyssinet）提出了混凝土的收缩和徐变理论，发明了预应力钢筋混凝土的施工工艺。预应力混凝土的出现，是混凝土技术的一次飞跃。预应力技术弥补了混凝土抗拉强度低的缺点，为钢筋混凝土结构在大跨度桥梁、高层建筑，以及在抗震、防裂等方面的应用开辟了新的途径。

传统的混凝土一般由石、砂、水泥、水四种原材料组成，又称为"四组分混凝土"。1960 年前后，混凝土外加剂的出现，尤其是高效减水剂的大量使用，不仅改善了混凝土的各种性能，而且为混凝土施工工艺的发展创造了良好的条件。在混凝土拌和物中掺入减水剂，可以大幅度地降低水灰比，提高混凝土强度和拌和物的流动性，使拌和物的搅拌、运输、浇筑和成型等工艺过程变得容易操作。目前，混凝土外加剂已经成为混凝土原材料中不可缺少的第五种组分。

混凝土的有机化又使混凝土这种结构材料走上了一个新的发展阶段，如聚合物浸渍混凝土及树脂混凝土，不仅抗拉、抗压、抗冲击强度都大幅度提高，而且具有高抗腐蚀等特点，因而在特种工程中得到了广泛应用。聚合物浸渍混凝土的抗压强度和抗拉强度较其基材提高了 2～4 倍，抗渗能力达 5 MPa，抗冻融循环次数在 1100 次以上，并具有很高的耐腐蚀性能。

由于混凝土材料具有原材料来源广、便于施工、可浇筑为任何形状、能适应各种环境、经久耐用等特点，因而混凝土材料被广泛地应用于工业与民用建筑、城市建设、水利工程、地下工程、国防工业等各个方面。目前，全世界的水泥年产量在 2.2×10^9 t 左右，由此估计的混凝土每年用量将超过 6×10^9 m³。我国是世界上的水泥生产大国，全国累计水泥年产量为 9.7×10^8 t，由此估计的混凝土每年用量约 2.6×10^9 m³，占世界总产量的 44% 以上。据国内外专家分析，在以后的 100～200 年内，混凝土仍将是最主要的建筑材料之一。

23.1.4　混凝土的发展趋势

混凝土材料技术发展到今天，已经形成了一套较为完备的从设计、生产、施工、检验到使用等全过程的混凝土质量保证体系，今后混凝土材料技术将主要沿着高强、轻质、复合、经济耐用及环保等方面发展。

1. 高强、高性能、绿色化

1) 向高强度发展

由于混凝土技术的不断进步,特别是近些年的快速发展,世界各国使用的混凝土平均强度不断提高。例如,20世纪30年代的混凝土平均强度为10 MPa,50年代约为20 MPa,70年代已达到40 MPa。目前,在发达国家已普遍使用C60以上的高强混凝土,C80以上的混凝土用量也在不断增加,C100以上的混凝土也已应用到工程上。国内目前在混凝土结构工程中的强度等级普遍为C25、C30、C40、C50、C60的高强混凝土在一些大型工程中的应用量也日渐增多。高强混凝土具有强度高、变形小、耐久性好等特点,适用于高层、超高层、大跨度、耐久性要求高的建筑物。为减轻结构自重,增加使用面积,在预应力管桩构件、超高层建筑的钢管混凝土等结构中已开始使用强度C80以上的混凝土。

2) 向高性能发展

高性能混凝土(high performance concrete,HPC)是当今混凝土材料科学研究的主要课题之一,高性能混凝土是一种新型的高技术混凝土,是在大幅度提高常规混凝土性能的基础上,采用现代混凝土技术,选用优质原材料,在完善的质量控制下制成的。除采用优质水泥、水和骨料以外,必须采用低水胶比和掺加足够数量的矿物细掺料与高效外加剂。高性能混凝土一般有以下几项要求。

(1) 高工作性:混凝土拌和物具有大的流动性,不离析、不泌水、易泵送、易成型、自密实,能保证混凝土的浇筑质量。

(2) 良好的物理力学性能:高性能混凝土应具有较高的强度、较高的弹性模量和体积稳定性。

(3) 高耐久性:这是高性能混凝土最重要的性能。其使用寿命应在100年以上。较高的工程使用寿命是节约资源和能源的有效途径之一。

(4) 经济合理:高性能混凝土的使用不能较大幅度地提高工程造价。

3) 混凝土的绿色化

目前大量使用的硅酸盐水泥和混凝土,均对环境造成了严重的破坏。混凝土工业每年对天然骨料的消耗量约在 8×10^9 t以上;而每生产1 t硅酸盐水泥则要消耗1.5 t石灰石和大量的煤、石油、电能等资源;每生产1 t水泥熟料还要排放1 t二氧化碳,二氧化碳是造成温室效应的主要原因之一。此外,水泥生产中还要向环境排放大量的粉尘、二氧化硫、二氧化氮及其他污染物。因此,水泥工业被认为是高能耗、高污染的工业之一。为此,我国首先提出了绿色高性能混凝土的概念。绿色高性能混凝土应具有如下特征。

(1) 所使用的水泥为"绿色水泥",即在水泥生产过程中的资源利用率和二次能源回收率提高到最高水平,并能够循环利用其他工业废料;严格的质量管理和环境保护措施;粉尘、废渣和废气接近于零排放。

(2) 最大限度地节约水泥,从而减少水泥生产过程中二氧化碳、二氧化硫、氧化氮等气体的排放,以保护环境。

(3) 更多地掺加以工业废渣为主的活性磨细掺合料,如磨细矿渣、优质粉煤灰、硅粉等。这样不仅能节约水泥、改善环境、节约资源和能源,而且还具有降低水化热、改善混凝土耐久性的作用。

(4) 在混凝土中掺加高效能外加剂尤其是高效减水剂,以达到提高拌和物的工作性、提高强度和节约水泥的目的。

(5) 尽量发挥高性能的优势,减少水泥和混凝土的用量。利用高性能混凝土的高强度,减小结构截面积或结构体积,减少混凝土用量,达到节约水泥、砂、石用量的目的。同时,通过改善混凝土的施工性能,以降低噪声和密实成型过程的能耗;通过大幅度提高混凝土的耐久性,延长结构物的使用寿命,以减少维修和重建费用。

(6) 混凝土的循环使用。通过使用拆除建筑的大量旧混凝土,不仅可以废物利用,减少环境污染,还可以进一步利用已硬化混凝土的潜在能量,生产再生混凝土。

此外,大力发展预拌混凝土和混凝土商品化也是绿色高性能混凝土的发展方向之一。通过混凝土生产的专业化集中搅拌,可使保证混凝土质量、节约原材料、降低能耗、减轻劳动强度、提高劳动生产率,有助于施工环境的改善。目前,发达国家的预拌混凝土在混凝土总量中的比例已达80%以上,在我国一些城市,如北京、上海、天津等的比例也已达70%以上。

近年来,欧美一些国家正致力于研究多种超高性能混凝土,例如,法国的活性粉末混凝土,由于超高强度与优异的耐久性,可比高性能混凝土减少结构自重$1/3 \sim 1/2$,减少截面尺寸和改变形状。日本等国也开始研究开发高新技术混凝土,如灭菌、环境调节、变色、智能混凝土等。这些新技术的发展,说明混凝土性能还有很大潜力,在混凝土技术和应用方面有着很大的发展空间。

2. 轻质混凝土的广泛应用

自重大是普通混凝土材料的一大缺点,因而其使用量也受到了一定限制。减轻混凝土材料的自重是混凝土材料学发展的重要目标之一。

减轻混凝土的自重有如下几种方法:采用轻骨料(如浮石、火山渣、黏土陶粒、粉煤灰陶粒等)制成轻骨料混凝土;在混凝土中加入气泡制成多孔混凝土(如加气混凝土、泡沫混凝土等);轻骨料与在水泥浆中引入气泡相结合的轻质混凝土。

发展轻骨料混凝土是使混凝土向轻质、高强方向发展的主要技术途径之一。目前,美国采用高强轻骨料配制的混凝土密度为$1400 \sim 1800 \text{ kg/m}^3$,抗压强度为$30 \sim 70 \text{ MPa}$,德国生产的轻骨料混凝土密度为$1600 \sim 1800 \text{ kg/m}^3$,抗压强度也达到$30 \sim 70 \text{ MPa}$。日本已广泛使用抗压强度为60 MPa的结构轻骨料混凝土。轻骨料混凝土在我国也得到了广泛的应用,在20世纪90年代末,人造轻骨料的年产量已达$3 \times 10^6 \text{ m}^3$以上。强度等级在$C30 \sim C40$的高强轻骨料混凝土也已在高层、大跨度土木工程中得到较多的应用。C50以上的高性能轻骨料混凝土也已在研究开发之中。据估计,未来15—20年我国人造轻骨料的年产量将达到$5 \times 10^7 \text{ m}^3$,其中以粉煤灰、尾矿粉、河川污泥为主要原材料的绿色轻骨料将占主导地位。C40以上的高强、高性能混凝土将被广泛地应用到高层建筑、墙体、桥梁等结构工程中。在轻质方面,除发展传统轻骨料外,近年来有些国家已开始使用废弃的合成树脂制品,如聚苯乙烯、废轮胎等经加工制成多孔骨料,配制出密度为$200 \sim 500 \text{ kg/m}^3$的超轻骨料混凝土。

多孔混凝土尤其是加气混凝土是近几十年来发展迅速的一种轻质材料,它具有良好的保湿隔热性能和较好的可加工性能。由于加气混凝土的原材料来源十分广泛,且可大量使用工业废渣(如粉煤灰、矿渣、尾矿粉等),因而已被世界上越来越多的国家所采用。

3. 复合材料将占据主导地位

混凝土的另一大缺点是易脆、易裂、抗拉强度低,这使得单一的混凝土不可能承受较大的拉载荷和冲击载荷。将混凝土与某些金属材料或非金属材料复合后就可克服上述缺点,使其具有较高的抗拉、抗压、抗弯及抗剪应力,满足各种工程结构对混凝土性能的要求。目前,已使用的复合混凝土有:钢筋混凝土、预应力钢筋混凝土、纤维(钢纤维、合成纤维、玻璃纤维)混凝土、聚合物混凝土等。今后高强度钢筋将会大量使用,钢筋混凝土及预应力混凝土的设计理论亦将进一步完善,其他复合混凝土的使用范围也将会进一步扩大,复合材料在今后的混凝土工程结构中将成为起主导作用的建筑材料。

23.1.5 国外混凝土搅拌站发展概况

自从开发了水泥这种建筑材料,混凝土搅拌设备就跟随诞生和发展。早期的混凝土设备采用单机搅拌形式，真正使用集中搅拌要从商品混凝土应用才开始起步。国外最早使用商品混凝土的是德国，1903年，德国在施塔贝尔建立起了世界上第一个商品混凝土搅拌站。十年之后，也就是1913年，美国在马里兰州的巴鲁奇毛亚市建成了美国第一个商品混凝土搅拌站。这些搅拌站建站初期都是用机动翻斗车或自卸卡车运送混凝土，质量很难满足用户要求，因此发展速度极其缓慢。从20世纪初到50年代末，商品混凝土并不普及，美国到1925年才建成25个搅拌站，法国在1933年才开始建成第一个商品混凝土搅拌站，日本到1949年11月才在东京建成第一个商品混凝土搅拌站。

20世纪60—70年代，这十多年间商品混凝土得到高速发展。在这一阶段由于液压技术的应用和第二次世界大战后的大规模经济建设，世界各国经济发展都较快，促使了商品混凝土的迅猛发展。到1973年美国的混凝土搅拌站达到1万个，商品混凝土年产量达1.773×10^8 m^3。日本商品混凝土搅拌站在1973年达3533个，商品混凝土年产量为1.4954×10^8 m^3。

20世纪80—90年代，商品混凝土趋于饱和状态。据统计，1986年美国商品混凝土搅拌站仍为1万个，而商品混凝土年产量为1.4×10^8 m^3，比1973年下降了21%。到目前为止，美国商品混凝土的年销售量为3.04×10^8 m^3。日本至今搅拌站数量在5000个左右。

在技术上混凝土搅拌设备有了很大发展，单机搅拌已基本淘汰，仅在一些维修工程中才有使用。商品混凝土已全面推广，商品混凝土所占比例一般在60%～70%，多的已达90%以上。搅拌设备的发展特点大致有如下几点。

搅拌站和搅拌楼同时存在，其生产率和技术性能都无大差别。但从工地转移拆迁方便性来看，拆迁式和移动式混凝土搅拌站发展较快。

搅拌主机型式分自落式和强制式。自落式的搅拌容量可以设计得很大，适应大骨料搅拌。美国的移动式搅拌站数量多，主机采用的自落式的多。

强制式混凝土搅拌机又有立轴和卧轴之分，强制式搅拌机搅拌的混凝土质量好，适合搅拌低坍落度和干硬性混凝土。西欧国家用强制式的比较多。

单卧轴和双卧轴在搅拌性能和能耗及易损件寿命等方面无大差别，但双卧轴的容量可以设计得更大，最大一罐可搅9 m^3。

立轴强制式有涡桨式和行星式两种，过去涡桨式的生产品种、规格、数量都比较多。近年来，立轴行星式发展得比较快，生产厂家也增多。这种搅拌机搅拌运动强烈，混凝土搅拌质量好，适合搅拌常规混凝土和特种混凝土，用这种搅拌机做主机组装成的搅拌站受到用户青睐，应用面在不断扩大。

对开式搅拌机是比利时SGMSJ公司的专利产品，在欧洲应用多一些。该搅拌机属自落式，但搅拌叶片布置特殊，能拌低坍落度的混凝土。卸料时拌筒从中部分开，卸料迅速干净。对开式搅拌机所需配套功率是双卧轴的50%，而衬板寿命是双卧轴的两倍，搅拌周期与强制式差不多，但该机种在搅拌站中应用还不多。

为了提高混凝土质量，各国对混凝土配料精度都做出了严格的规定。由于应变式传感器制造水平的提高，其精度、可靠性大为提高，因此目前称量装置大量采用电子秤（三吊点或四吊点）和机械电子秤（单个传感器）。

由于电子技术的发展和计算机的普及，搅拌站的控制系统有了飞跃式的进步。首先是配比设定，混凝土原材料种类可达15种之多，扩大后的记忆配比数可达1000种。记忆的配比资料可根据需要调出，进行修改或删除。在称量方面能进行粗称、精称、落差自动补偿、自动除皮重等功能。在坍落度控制方面，配合砂含水率测试传感器能进行减水加砂。在物料存储方面能显示料仓料位。在整机生产过程中能实现手动、半自动或全自动控制，在计算机屏幕上能显示整机各部分的工艺流程和当前状态。当运行过程中出现故障,计算机可根据设定程序,进行声、光报警和自动停机,并可显示故障部位。在管理功能方面能统计材料消耗、混凝土生产量、混凝土配比号、混凝土配比设定值和实际称量值等并输出打印,可供用户验收或查询。多站联网,可实现用户分配、车辆调度等。总之,实现计算机管理之后,其控制功能和管理功能都大大提高了。

23.1.6　国内混凝土搅拌站发展概况

从20世纪50年代开始,我国就开始生产混凝土搅拌机,一直到60年代初这十年间,一直生产鼓筒型搅拌机,共有五个规格品种,其中JG150和JG250占绝对优势。从60年代中期开始生产立轴涡桨式搅拌机,主要规格有两种,即JW250和JW1000。之后相继生产了JW350和JW500两种。在60年代中期同时开始生产的双锥反转出料式混凝土搅拌机只有JZM350一个品种,一直到80年代中期才增加了JZM750、JZM200、JZC350等规格的产品。从80年代初开始生产卧轴式搅拌机,90年代中期开始生产立轴式行星混凝土搅拌机。到目前为止,JZ系列有8种规格,16个型号;JF系列有6种规格,6个型号;JW系列有4种规格,4个型号;JD系列有7种规格,10个型号;JS系列有7种规格,8个型号;JX系列有3种规格,3个型号。混凝土搅拌机的规格、品种和生产数量基本都能满足施工用户的需求。

我国的搅拌机以单机搅拌为主,商品混凝土这种生产方式在20世纪90年代才大力发展起来,目前商品混凝土在全国所占比例大约只有15%,与发达国家相比存在很大差距。

因为水电大坝的混凝土用量大,用单机搅拌方式不能满足需要,集中搅拌首先在水电部门起步。在20世纪50—60年代,我国研制生产出了3×1000 L、4×1500 L等大型水电大坝用的混凝土搅拌楼;70年代为修建葛洲坝大坝研制出4×3000 L搅拌楼。混凝土搅拌站的研究起步于60年代中期,70年代中期开始小批量生产HZZ-15型混凝土搅拌站。80年代末到90年代,混凝土搅拌站有了一个飞速发展。主要是以单、双卧轴为主;称量以机械电子秤和电子秤为主;上料方式有悬臂拉铲、皮带机上料、装载机上料等多种方式;控制系统有单板机、工控机等型式。

南方路机、三一重工、中联重科、徐工集团等主流厂家产品的整体性能均达到或接近发达国家水平。在生产效率、控制系统功能的完善性方面我国处于世界领先水平。国内主流厂家的搅拌站附有完备的生产数据网络化管理系统、远程监控及远程故障诊断系统供客户选配,这些都是国外厂家所不具备的。但国内厂家在可靠性、稳定性方面和国外产品相比还存在一些差距,尚需国内厂家进一步提高生产工艺水平。

在规格品种方面,目前批量生产的是120～300 m³/h的搅拌站、75～120 m³/h的高速铁路专用工程搅拌站、30～120 m³/h的城镇搅拌站。

23.2　混凝土搅拌站的用途与分类

23.2.1　混凝土搅拌站的用途

水泥混凝土搅拌站是用来搅拌混凝土的成套设备,亦称混凝土工厂。因其机械化和自动化程度较高,生产率较高,常用于混凝土工程量大、施工周期长、施工集中的公路路面及桥梁工程、大中型水利电力工程、建筑施工及混凝土制品工程和商品混凝土生产工程。

23.2.2　混凝土搅拌站的分类

混凝土搅拌站按用途可分为商品混凝土搅拌站(简称商混站)、工程混凝土搅拌站(简称工程站)、专用搅拌站(如PC站、煤炭回填站)。商混站专业生产商品混凝土,一般建于城郊近河道的位置,与混凝土搅拌运输车、拖泵或泵车成套使用,为周围40 km以内地区提供新鲜混凝土。商混站一般建成永久性建筑物,环保要求高,搅拌主楼整体包装,隔音隔热效果好,外观装修考究,VI标识醒目,通常占地面积较大,配有砂石堆场、绿化区、洗车场、停车场、实验室、办公生活楼等,如图23-1、图23-2所示。

图 23-1 钢结构商混站

图 23-2 混凝土+钢结构商混站

工程站一般用于混凝土施工现场,如水电、公路、桥梁、电厂、机场、港口等重大工程施工工地,又可分为固定式、快装式和移动式三种。固定式一般用于施工周期较长的大型水电工程(如三峡大坝),多为大型搅拌站(楼),生产效率高、方量大;快装式是广泛使用的工程搅拌站,一般采用模块化设计,转场运输安装方便;移动式则用于需经常性转场的工作场合,结构轻巧,集集料、称量、提升、搅拌于一体,有装车运输和拖行两种移动方式。

23.2.3 国内外主要产品介绍

1. 三一重工主要产品介绍

作为国内混凝土泵送机械的龙头企业,三一重工股份有限公司从2002年起开发以搅拌站为中心的成套设备,为用户提供商品混凝土设备整体解决方案,现已成为国内首屈一指的混凝土设备供应商。三一搅拌站共有商品混凝土搅拌站和快装式工程搅拌站两大系列,如图23-3所示。

图 23-3 三一重工搅拌站

三一重工混凝土搅拌站外观设计新颖,有国内首创主楼箱式除尘系统,完美地解决了除尘和搅拌主机内负压的问题;根据流体力学与摩擦学成果研制开发的双卧轴搅拌机,性能稳定,可靠性高;采用可编程控制器自动控制,利用工控机实现管理功能,用双显示屏同时显示动态模拟和数据管理。三一重工快装式工程搅拌站采用加强型轨道设计,设有中间待料仓,骨料提升斗变频调速,骨料提升装置安全可靠。其主要产品见表23-2。

表 23-2　三一重工混凝土搅拌站主要型号

分　类	型　号			
商混站	HZS180C8	HZS240C8	HZS270C8	HZS300C8
工程站	HZS60F	HZS90F8	HZS120F8	HZS180F8
	HZS30V8	HZS60V8	HZS90V8	
	HZS90K8	HZS120K8	—	—
PC 站	HZS120PC	HZS180PC	—	—
C8H 环保站	HZS180C8H	HZS240C8H	HZS270C8H	HZS300C8H
C8D 顶置式站	HZS180C8D	HZS240C8D	HZS270C8D	HZS300C8D
H8 搅拌楼	HLS270H8	HLS300H8	—	—

2. 徐工主要产品介绍

徐州工程机械集团有限公司（简称徐工）生产的混凝土搅拌站采用三点吊秤结构，针对粉料秤和主机内气压平衡设计，大幅提高了粉料配料精度，避免亏料现象；采用高速皮带输送机，输送时序智能优化，提高了骨料输送效率；搅拌机采用螺旋围流搅拌技术，搅拌效率更高，优化耐磨件元素配比和处理工艺，使用寿命更长；全系配备脉冲布袋除尘器，除尘效果更好，噪声更低，如图 23-4 所示。其主要产品见表 23-3。

图 23-4　徐工搅拌站

表 23-3　徐工混凝土搅拌站主要型号

分　类	型　号			
商混站	HZS90V	HZS120V	HZS180V	HZS240V
	HZS270V	HZS180VH	HZS240VH	HZS270VH
工程站	HZS90VT	HZS120VT	HZS180VT	—
	HZS60VG	HZS90VG	HZS120VG	HZS180VG
顶置环保站	HZS180VD	HZS240VD	HZS270VD	—
搅拌楼	HLS180V	HLS240V	HLS270V	HLS300V
箱式搅拌站	HZS90VGJ	HZS120VGJ	—	—

3. 中联重科主要产品介绍

中联重科股份有限公司从 2002 年起开发以搅拌站为中心的成套设备，为用户提供商品混凝土设备整体解决方案，现已成为国内首屈一指的混凝土设备供应商。中联搅拌站共有商品混凝土搅拌站和集装箱快装式工程搅拌站两大系列，如图 23-5 所示。

图 23-5 中联重科搅拌站

中联重科商品混凝土搅拌站外形美观,国内首创的复合螺带高效搅拌主机,实现了三维沸腾式搅拌,搅拌匀质、快捷、节能,性能稳定可靠。率先引入高低速喂料技术,实现各种物料的高效、精准计量,保证混凝土品质;研发出搅拌主楼集中主动除尘系统,完美地解决了搅拌主机、骨料中间仓、粉料秤多点除尘和计量秤负压问题;采用可编程控制器自动控制,利用工控机实现管理功能,用显示屏实现显示动态模拟,生产数据自动存储与统计,一键启停自动完成生产全流程,操作简单。中联重科集装箱快装式工程站,采用模块化设计,积木式安装,单站安装时间仅 12 天,外封装转场后可重复利用,满足工程站交付快捷、转场频繁的需求。其主要产品见表 23-4。

表 23-4 中联重科混凝土搅拌站主要型号

分 类	型 号			
商混站	HZS180E	HZS240E	HZS270E	HZS300E
豪华型商混站	HZS180S	HZS240S	HZS270S	HZS300S
集装箱工程站	HZS60	HZS90R	HZS120R	HZS180R
PC 站	HZS90PC	HZS120PC	HZS180PC	—
搅拌楼	HLS180E	HLS240E	HLS270E	HLS300E

4. 南方路机主要产品介绍

福建泉州南方路面机械有限公司(简称南方路机)自 1991 年建厂以来,一直致力于混凝土搅拌设备开发,拥有一支专业的研发、制造、安装队伍,产品定位以中端市场为主,在行业内有很高的知名度。

南方路机搅拌站(图 23-6)品种规格齐全,整机性能比较稳定,搅拌主机以双螺带搅拌机为主;控制系统采用双机双控模式,可同时或单独完成对整个生产流程的控制和管理。

主要产品型号有:

移动式搅拌站 YHZD25、YHZS50、YHZS75 等;

商品混凝土搅拌站 HZS50、HZS75、HZS100、HZS150、HZS200 等;

混凝土搅拌楼 HLS150;

快装式搅拌站 HZSD75、HZSD100、HZSD150 等。

图 23-6 南方路机搅拌站

5. 利勃海尔主要产品介绍

利勃海尔集团公司设在德国巴特舒森瑞德(Bad Shussenrried)的混凝土设备制造厂成立于 1954 年,向世界各地供应混凝土搅拌运输设备。利勃海尔混凝土搅拌站的销售量在欧洲市场上一直独占鳌头,其市场占有率长期保持在60%~70%,迄今为止世界范围内有超过7000台的利勃海尔搅拌站正在使用。1995年利勃海尔集团公司在我国徐州成立了合资公司,目前徐州利勃海尔混凝土机械有限公司已成为独资公司。

利勃海尔搅拌站(图23-7)骨料采用累加称量、提升斗输送,结构紧凑,一般无外包装、易于搬迁,其特点是安全、稳定性高、维护成本低;但其产品更新换代的速度慢,我国市场上大部分用户个性化的需求对其是个挑战。利勃海尔搅拌主机有双卧轴搅拌机、行星搅拌机等。主要搅拌站型号有Mobilmix2.25、Betolmix3.0。

图23-7 利勃海尔搅拌站

23.3 混凝土搅拌站构造及工作原理

23.3.1 概述

混凝土搅拌站是制备新鲜混凝土的成套专用机械,其功能是将混凝土的原材料——水泥、掺合料、水、砂、石料和外加剂等,按预先设定的配合比,进行上料、输送、储存、配料、称量、搅拌和出料,生产出符合质量要求的成品混凝土。按其生产能力和自动化程度的高低,可分为大、中、小型混凝土搅拌设备。大型混凝土搅拌设备主要是用于预拌混凝土工厂和混凝土制品厂,生产效率可达100~200m³/h,且均采用计算机控制,自动化程度很高;中型混凝土搅拌设备主要是作为中小型建筑工程和道路修建工程现场使用的各种简易的工程混凝土搅拌站,其生产能力一般为60~90 m³/h;小型混凝土搅拌设备主要指那些适用于零散浇筑的简易搅拌机,生产率一般在20 m³/h以下,控制方式以手动控制较常见。

混凝土搅拌站(楼)具有机械化和自动化程度高、生产效率高的特点。混凝土搅拌站(楼)的结构形式以实现混凝土的拌制工艺为基本要求,混凝土搅拌站与混凝土搅拌楼的区别在于搅拌站将砂石储存料仓安置在地面上,砂石的称量也在地面上完成,称量完的砂石再通过砂石料输送装置(皮带输送机或斗式提升机)运到搅拌机或骨料待料斗中。而搅拌楼则将砂石储存、计量都设置在搅拌机上方。

混凝土搅拌站的形式是多样的,主要区别在于砂石供料形式上的区别和机电结构组合的多样性。大多工程施工用的搅拌站在砂石计量完后,采用提升机构将骨料提至搅拌机上方,再卸入搅拌机进行搅拌;而大多数商品混凝土搅拌站则采用带式输送机将称量好的骨料提升到搅拌机上方的骨料待料斗中暂存起来,在接到控制系统发出的卸料信号后,再将骨料卸入搅拌机。

搅拌是混凝土生产工艺过程中最重要的一道工序。在混凝土搅拌站中,通过搅拌机来实现对混凝土原材料的搅拌。因此,搅拌机是搅拌设备的核心组成部分,其结构性能好坏将直接影响到混凝土搅拌的均匀性和设备的生产效率。

计量系统控制着混凝土生产过程中各种拌和料的配比。精确、高效的称量设备不仅能提高生产率,而且是优质高强度混凝土的可靠保证。对计量系统的要求,首先是准确,一般称量仪器其自身的精度都能达到0.5%。但由于物料下落时的冲击,给料装置与秤斗之间有一定距离等原因,计量达不到标示的精度。其次是要求快速,以提高搅拌站的生产率。但准确和快速两者是矛盾的,为了解决这一矛盾,许多自动计量设备都将称量过程分为粗称和精称两个阶段。在粗称阶段大量给料,缩短称量时间。在精称阶段小量给料,以提高称量的精度。

23.3.2 混凝土搅拌站的基本构造

混凝土搅拌站总体结构如图 23-8 所示,结构上主要由储料系统、计量系统、输送系统、供液系统、气动系统、搅拌系统、主楼框架、控制室、除尘系统等组成,用以完成混凝土原材料的储存、计量、输送、搅拌和出料等工作。

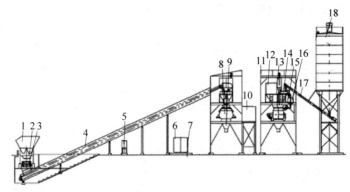

1—骨料储料仓;2—骨料计量;3—水平皮带输送机;4—斜皮带输送机;5—气动系统;6—外加剂箱;7—水池;8—搅拌系统;9—卸料斗;10—控制室;11—主楼框架;12—骨料待斗;13—除尘系统;14—粉料计量;15—外加剂计量;16—水计量;17—螺旋输送机;18—粉料罐

图 23-8 混凝土搅拌站示意图

1. 储料系统

储料系统包括生产混凝土所用原材料的储料系统(粉料罐、水池、骨料储料仓、骨料待料斗和外加剂罐等)和成品混凝土的储料系统(卸料斗)。为实现混凝土生产的连续性、提高生产率,配制混凝土所需的各种原材料必须保证一定的储存量,这也可在一定程度上缓解因原材料短期内短缺而影响生产的情况。因此,储料系统各部分容积的大小应合理分析混凝土原材料的供应情况,在对混凝土搅拌站具体配置进行选型时,可针对当地原材料的供应情况来进行确定。其储存量以能满足原材料集运所必要的周转时间及在排除故障的时间内还能连续生产混凝土为宜。无须一味追求大的存储量,只要有一个合理的储存量就可以,本质上还得靠原材料的不断集运。而成品混凝土的储料系统主要是为缓解搅拌机卸料快与搅拌车进料速度慢、搅拌车周转时间长的矛盾。下面分别对储料系统进行介绍。

粉料罐是储存粉状物料的筒仓,储存如水泥、掺合料(粉煤灰、矿粉、沸石粉和硅灰)、干式粉状外加剂等。筒仓的截面几乎都是圆形,因为这种形状受力状况最好,有效容积也最大。按容积的不同分别有不同规格的粉料罐,如 50 t、100 t、150 t、200 t、300 t 等,以满足不同情况的使用需要。可运输的粉料罐一般容量为 50 t、100 t,较大的如 200～500 t 需在搅拌站安装现场进行制作。粉料罐在大直径、大吨位情况下也有其他要求,例如,仓内隔开,装两种不同物料,采用双锥结构,借助两根螺旋输送机分别上料等。粉料罐的基本结构如图 23-9 所示。

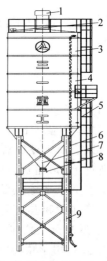

1—仓顶除尘器;2—压力安全阀;3—阻旋式料位计;4—仓体;5—检修爬梯;6—打粉管;7—助流气嘴;8—手动螺阀;9—支腿

图 23-9 粉料罐示意图

仓顶除尘器如图23-10所示,其主要作用是在散装水泥车向粉料罐内泵送散装物料时,在压缩空气通过仓顶除尘器排到大气的过程中,阻止压缩空气中夹杂的粉尘直接排出,从而达到保护环境的作用。每次往粉料罐中输送物料前,必须开动除尘器,除尘器工作过程中定时会通过气流反吹震落除尘器滤芯上的粉尘,保证罐内外气流的顺畅。

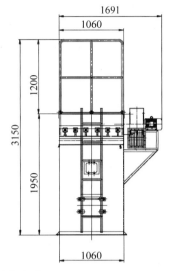

图23-10　仓顶除尘器

压力安全阀如图23-11所示,其作用是当散装水泥车泵向粉料罐内泵送散装物料时,如果仓顶除尘器因堵塞而排气不顺畅,导致粉料罐内气压升高,为保护粉料罐,当压力升高到一定值后,安全阀开启卸压,从而起到保护粉料罐的作用。

图23-11　压力安全阀

打粉管在弯道处应有耐磨措施,散装水泥输送车的出灰软管上有快速接头,能方便快捷地与水泥筒仓上打粉管相连接。

为了探测粉料罐内粉料的储存量,常在筒仓内设置有料位计。料位计如图23-12所示,一般分为极限料位计和连续式料位计两类。极限式料位计有电容式、音叉式及阻旋式。连续式料位计有重锤式、超声波式、射频电容式

等。一般采用阻旋式料位计,设高低料位指示。高位报警,表示粉料罐中的物料已快装满,应停止往罐内输送物料;低位报警,表示粉料罐中的物料已快用完,应准备往罐内重新输送物料。

图23-12　阻旋式料位仪

手动蝶阀上部与仓体出料口相连,下部通过过渡管与螺旋输送机相接。在正常工作状态下,手动蝶阀门打开,让罐体内粉料落入螺旋输送机。当螺旋输送机发生故障时,在拆卸螺旋输送机前必须关闭手动蝶阀,防止粉料从罐体内卸出。

粉料罐中粉料的流动性与物料种类、温度和贮存时间长短有关,刚输送来的水泥温度较高,经气体输送后较为疏松,其堆积密度约为

0.8～1 t/m³，很容易流动。在积压一段时间后其堆积密度可达 1.6 t/m³，有时甚至更高。这种存放时间较长的水泥流动性较差，在卸料时常常产生起拱现象。

为了提高粉料罐的卸料性能，常常在筒仓的下部锥体上安装破拱装置。它可以破坏粉料拱桥，使卸料通畅。破拱装置目前常见的有气吹破拱、锤击破拱等。气吹破拱即在仓体锥部离出料口一定高度处设 3～6 个助流气嘴（图 23-13）进行气吹破拱。锤击破拱是利用气锤锤击仓体来实现破拱，锤击过程中噪声较大，对仓体壁有破坏。检修梯子主要用来检修粉料罐上相关设备，如清理除尘器滤芯、检修料位计、压力安全阀等。在爬检修梯子之前，必须系好安全带，戴好安全帽，按照相关安全操作规程进行作业。

仓体是一个空腔容器，上部为圆柱形，下部为锥形，由钢板卷制、拼焊而成。仓体必须

图 23-13　助流气嘴

密封，不允许雨水流入，否则会导致罐内粉料结块。

支腿是粉料罐的承重件，它一般由钢管和角钢或槽钢拼焊而成。

骨料储料仓是储存砂石料的仓体，和骨料计量部分连成一体后，通常称为配料站。上部仓体可由混凝土在地面上浇筑而成，也可整体做成钢结构，常以地仓式配料站和钢结构配料站进行区分。地仓式配料站如图 23-14 所示。

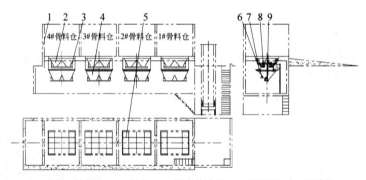

1—混凝土储料仓；2—料斗；3—拉式传感器；4—配料门；5—震动器；
6—汽缸；7—计量斗；8—计量斗卸料门；9—筛网。

图 23-14　地仓式配料站

上部混凝土储料仓和料斗等构成骨料储料仓。筛网用来筛除骨料中不符合要求的粗骨料，保证设备的正常运转。开关储料斗门可对计量斗配料，储料斗门为弧形门，通过调节斗门与料斗的间隙，能够有效防止料门卡料。压缩气体通过电磁阀到达执行元件汽缸活塞两端，使汽缸活塞杆动作，从而驱动斗门的开关，实现对各种骨料的配给。因砂料有较大的黏性，在配砂料时，斗门打开，震动器延时震动，使砂顺畅下料。钢结构配料站如图 23-15 所示。

前板、后板、隔板、侧板和储料斗等构成钢结构配料站的骨料储料仓。配料站起到储存砂石料和在称量砂石料时控制配料的作用。它具有上料方便、下料顺畅、结构紧凑、安装快捷、运输方便的特点。配料站中仓体的数量与配制混凝土需要的砂石料种类有关，有 3 仓、4 仓和 5 仓，一般 4 仓即可满足使用需要。

水池是储存生产混凝土用水的设备，一般在进行混凝土搅拌站的安装基础施工时浇筑

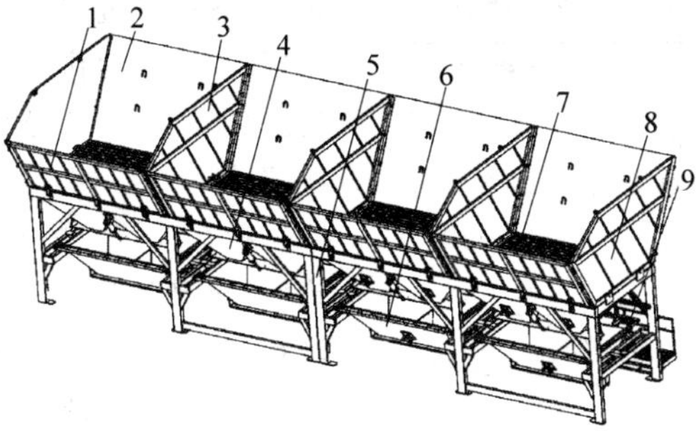

1—前板；2—后板；3—隔板；4—储料斗；5—支架；6—骨料计量斗；7—筛网；8—侧板；9—压式传感器。

图 23-15 钢结构配料站

而成，水池的供水方式和容积的大小可以根据场地情况来定。如设备需要在低温下使用，必须考虑合适的加热方式。

外加剂罐是储存液体外加剂的罐体。随着外加剂的普遍使用，它已成为混凝土搅拌站的必备设备，它由罐体、卸污阀、外加剂泵、检修口及防沉淀系统等构成。罐体为圆柱形，现多为 PE 罐，使用寿命长且不易泄漏，PE 罐为半透明状，可以更清楚地观测罐内外加剂容积，及时进行补液以及防止补液过多导致的溢液。外加剂泵启动后，泵出的外加剂送到外加剂计量斗进行计量。因外加剂容易沉淀，时间久了容易在罐底积成"淤泥"，通过卸污阀就可以将这些废料排出。而在使用过程中为了液状外加剂的成分均匀，防止沉淀，在罐内设置了防沉淀系统，通过气流促使外加剂处于一种流动状态，从而避免外加剂的沉淀，保持外加剂的匀质性，有利于提高混凝土质量的稳定性。

骨料待料斗是个过渡料斗，起到暂存骨料的作用。它缩短了搅拌站工作循环时间，是搅拌站提高生产率的重要保证。骨料在进入骨料待料斗时会有较强的冲击，并会伴有扬尘现象，因此骨料待料斗有耐磨损机构和防尘措施。骨料待料斗由防尘罩、斗体、检修门、耐磨机构、防尘帘、汽缸和震动器组成。斗门开后，震动器延时动作，将骨料待料斗中的骨料快速卸尽。

卸料斗是成品混凝土料从搅拌机卸出后，落入搅拌车前的一个过渡料斗。它起到了对成品料的暂存作用，对搅拌车来说起到了缓冲作用，能够让搅拌机中的成品料尽快卸出。它由斗体、耐磨衬板、橡胶管、卡箍等组成。

2. 计量系统

混凝土搅拌站的计量系统包括对骨料、粉料（水泥和掺合料）、水和外加剂的计量。计量系统是搅拌设备中最关键的部分之一。其计量方式一般采用质量计量，也有采取容积计量的（但应换算成质量给定或指示），目前除水和外加剂可以采用容积计量外，其他物料都采用质量计量。

根据一个计量斗中所称量物料的种类可分为单独计量和累计计量。单独计量是每个计量斗只称一种物料；累计计量是用同一称量装置在计量完一种物料后，累加计量另一种或几种物料的称量型式。累计计量可以实现多种物料同时计量，缩短计量时间，而且可实现不同的混凝土搅拌工艺，如高性能混凝土搅拌工艺中的砂石分别投料搅拌。

按照《建筑施工机械与设备 混凝土搅拌站（楼）》（GB/T 10171—2016），各种物料的称量精度如表 23-5 所示。

按秤的具体传力方式可以分为杠杆秤、杠杆电子秤和电子秤。杠杆秤一般由多级杠杆及圆盘表头组成，电信号是由表头内部的高精度电位器发出；杠杆电子秤一般由一级杠杆及一个传感器组成；电子秤是由一个或多个传感器直接与计量斗相连。随着传感器技术的发展，电子秤具有结构简单、占用空间小、精度高的特点。目前，电子秤的技术性能已趋于成熟，

表 23-5 混凝土搅拌楼物料称量精度表

物料种类	周期式 在大于或等于称量30%量程范围内单独配料计量或累计配料计量精度	连续式 最大称量值的30%以上的量程
配料	(约定)真值的±2% (最大骨料粒径≥80 mm 时为±3%)	(约定)真值的±2%
水泥 水 掺合料 外加剂	(约定)真值的±1% 或满量程的±0.3% (取两者的最大值)	(约定)真值的±1%

因其具有体积小、反应快、灵敏度高、易于与微处理器配套,实现粗称、精称和多扣少补等各种功能,而被广泛推广使用。只是在采用电子称量装置时,应就防震、防潮、防尘和抗干扰等方面采取必要的保护措施。

搅拌站普遍采用电子秤,称量系统由称量斗、拉式传感器(图 23-16)、接线盒、屏蔽电缆等组成。

图 23-16 拉式传感器

骨料计量。骨料计量的计量方式分两种:累计计量和独立计量。骨料的累计计量装置由斗体、传感器、皮带机等组成,斗体与皮带机连成一体,当所有的骨料计量完毕后,皮带机才起动运转,将所有骨料送入提升装置(提升斗、斜皮带机)。骨料的单独计量装置由计量斗斗体、斗门、传感器、汽缸等组成,计量开始前斗门关闭,计量开始时骨料仓两个斗门打开,当骨料的重量值达到某个设定值时,关闭骨料仓其中一个斗门,进行骨料的精计量,当骨料重量达到设定的称量值时,斗门全部关

闭,完成称量过程。当计量斗汽缸得到开门信号后,汽缸杆动作,斗门打开,开始卸料。称空(传感器测得的信号为零)后延时汽缸杆动作,斗门关闭。

粉料计量。粉料计量由计量斗、支架、传感器、气动卸料蝶阀、胶管、气动球型震动器、进料口、排气管等组成。因水泥和掺合料粉尘多、污染严重、易吸水,一般要求水泥和掺合料的计量在密闭容器内进行。为使得计量系统独立,计量斗同其他部件的连接必须采用软连接,确保计量的准确性。计量开始时螺旋输送机得到信号,开始启动,输送粉料到计量斗,计量斗一部分空气和粉尘通过排气管到达收尘装置。当粉料的重量达到预先设定的重量值时,螺旋输送机停止输送粉料,完成计量。当气动卸料蝶阀(图 23-17)得到卸料的指令后,气动卸料蝶阀动作,开门卸料。与此同时气动球型震动器(图 23-18)开始震动,加快卸料速度。称空后气动卸料蝶阀延时动作,关闭卸料口,停止震动。

图 23-17 气动卸料蝶阀　　图 23-18 气动球型震动器

水计量。水计量由计量斗、支架、传感器、气动卸料蝶阀、胶管等组成。水计量开始时水泵得到信号,开始启动,将水池中的水抽到水计量斗。当水的重量达到预先设定的值时,水泵停止工作,完成计量。当气动卸料蝶阀得到卸料的指令后,气动卸料蝶阀动作,开门卸水。称空后气动卸料蝶阀延时动作,关闭卸料口。

在混凝土制备过程中,正确地实现所设计的水灰比是保证混凝土质量的关键。为了准确地控制加入混凝土的数量,仅有高精度的量水设备是不够的,因为包含于砂石中的水会随砂石一同进入搅拌机中。如果不考虑这部分

水的存在,就不能准确地实现设计的水灰比。只有事先测定砂石的含水率,并从配置的水中扣除这部分水,这样才可以保证混凝土配合比的精度。采用砂石含水率测定仪,就可以对砂石含水率进行连续测定,从而实现对用水量和用砂量的自动修正。

外加剂计量由计量斗、支架、传感器、气动卸料蝶阀等组成。因外加剂有较强的腐蚀性,计量斗通常采用不锈钢制作而成。外加剂计量开始时外加剂泵得到信号,开始启动,将外加剂箱中的外加剂抽到计量斗。当外加剂的重量达到预先设定的值时,外加剂泵停止工作,完成计量。当气动卸料蝶阀得到卸料的指令(水称量完成后)后,气动卸料蝶阀动作,开门将外加剂卸到水计量斗。称空后气动卸料蝶阀延时动作,关闭卸料口。

3. 输送系统

在混凝土搅拌站中输送系统主要包括骨料的输送和粉料的输送。骨料的输送常采用带式输送机或提升斗;粉料的输送常采用螺旋输送机和气力输送。不管是骨料的输送还是粉料的输送都应尽量减少粉尘的产生。其输送速度和效率需与系统的循环时间相匹配。

带式输送机是化工、煤炭、冶金、矿山及交通运输等部门广泛使用的运输设备。适用于输送松散密度为 $0.5\sim2.5$ t/m³ 的各种粒状、粉状等散体物料,也可输送成件物品。在混凝土搅拌站中使用水平皮带输送机和倾斜皮带输送机来实现砂石料的水平输送和倾斜输送。其中,倾斜皮带输送机在实际使用中常根据工地的情况采用各种形状的输送带,如平皮带、人字形皮带、裙边皮带等。

水平皮带输送机基本结构如图 23-19 所示。改向滚筒用于改变输送带的运行方向或增加输送带与传动滚筒间的围包角。调节螺杆用于张紧输送带和调节输送带运行状态,使输送带运行在正常位置。托辊是用于支承输送带及输送带上所承载的物料,保证输送带稳定运行的装置。清扫器用于清扫输送带上黏附的物料。导料斗用于调整所输送物料的落料点,使它落到设定位置上。

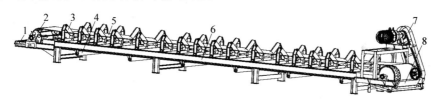

1—调节螺杆;2—改向滚筒;3—槽形托辊;4—平行下托辊;5—输送带;6—机架;7—驱动装置;8—清扫器。

图 23-19 水平皮带输送机

倾斜皮带输送机基本结构如图 23-20 所示。张紧装置是使输送带具有足够的张力,保证输送带和传动滚筒间产生摩擦力使输送带不打滑,同时可以调整输送带长度变化所带来的影响。机罩主要起防尘、防雨作用,因起风容易将骨料中粉尘吹起,污染环境;而输送带在雨天被淋湿后,容易引起皮带打滑。倾斜皮带输送机两边的检修走道方便检修皮带机。急停开关是作为皮带输送机运行时的安全保护装置,设在皮带机头部和尾部,在输送带运行发生故障或事故时,可紧急停止皮带运行。

斗式提升机在狭窄的施工场所,往混凝土搅拌站储料装置输送骨料,斗式提升机是最合适的提升设备,它占地面积小,但提升功率较大。提升斗的有效容积至少为搅拌出料容量的 1.6 倍。砂石提升斗卸料主要有倾翻式和底开门式两种,都是应用带制动卷扬机并通过滑轮组、钢丝绳牵引,达到升降料斗的目的。在大、中型搅拌站上,往往采用双钢丝绳传动方式;在小型搅拌站上,大都直接采用悬挂的单绳传动或在料斗上装动滑轮导向的单绳传动方式。提升卷扬机由一台电机驱动,在大型搅拌站上则由两台电机驱动,电机轴实行强制同步。料斗提升速度大都为 $0.4\sim0.5$ m/s。为

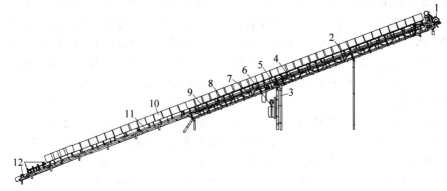

1—清扫器；2—驱动装置；3—机架；4—悬挂式托辊；5—平行下托辊；6—改向滚筒；
7—张紧装置；8—机罩；9—检修走道；10—皮带；11—接料斗；12—调节螺杆。

图 23-20 倾斜皮带输送机

了提高料斗的输送生产率，也可使用变频调速或双速电机，这样就可以选择多种工作方式，如慢速启动-快速提升、快速下降-慢速就位。

螺旋输送机是借助旋转的螺旋叶片，或者靠带内螺旋面而自身又能旋转的料槽来输送物体的输送机。在混凝土搅拌站（楼）中所使用的粉状物料是由螺旋输送机输送的，通过控制螺旋叶片的旋转、停止，达到对粉状物料上料的控制。其输送必须在完全密封的腔体内进行，以免污染环境和使输送物料受潮而结块，一般采用管式螺旋输送机来输送水泥及掺合料。管式螺旋输送机的基本结构如图 23-21 所示。粉状材料的输送生产率与螺旋螺距及转速有关，也与输送物料的容重和装满程度有关。为提高输送能力，采用变螺距输送叶片的形式，下端加料区段比输送区段螺距小，在加料区段填充量大，随着螺距变大填充量减小，可防止高流动粉状物料在输送时倒流。

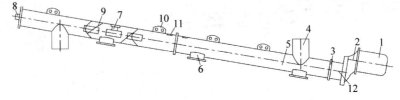

1—电动机；2—齿轮减速器；3—齿轮减速器轴密封；4—进料口；5—管形外壳；6—观察口；
7—中间轴承；8—出口端轴承；9—螺旋叶片；10—吊耳；11—序列号；12—进口端轴承。

图 23-21 管式螺旋输送机

一般输送螺旋均在一定的倾角下进行工作，倾角可达 45°，较大的倾角可达 60°。通过增减标准节可以得到不同长度的螺旋输送机，每条螺旋的最大长度不应超过 14 m。更长的输送距离，可用螺旋接力的方式实现。较长的螺旋管规定要采用中间支承和可以润滑的联轴节，以便安装。

用于输送水泥和掺合料的输送螺旋，其螺旋管径一般为 168～323 mm，输送生产率一般为 20～100 t/h，其转速范围一般为 90～300 r/min。

螺旋输送机工作时装料情况与落料情况、输送物料状态有关，螺旋管中的填满系数大约为 30%～50%。

螺旋机的磨损情况与被输送的物料有关，螺旋磨损之后，首先是螺旋顶面与螺旋管之间的间隙增大（正常情况下叶片与管壁的间隙在 10 mm 左右），输送效率下降，并且经常出现螺旋叶片卡坏、卡死、阻塞和电机烧坏的现象。

在空气湿度非常大的地区，当使用的螺旋机要停放闲置一段时间时，应将螺旋机中的存料全部卸尽。其方法为关闭螺旋机进料口手动蝶阀,启动螺旋机电机,运转几分钟后停止即可。

气力输送主要用来输送粉状物料。水泥及掺合料一般由散装水泥运输车运输,利用散装水泥输送车上的输送系统进行输送,散装粉状物料在输送中被压缩空气吹散成悬浮状态,混合气体沿管道输送到罐中,仓顶除尘器收集从罐中溢出气体中粉尘。当使用袋装水泥时,需要一套袋装水泥气力抽吸装置进行气力输送。

4. 供液系统

供液系统包括液体外加剂供应系统和水供应系统。混凝土搅拌用水一般都是清水,也可以部分采用从冲洗装置回收而来的工业用水。经过计量,水即可单独靠重力流入搅拌机,也可以在水计量斗下方安装一台水泵,向搅拌机进行加压供水,能够起到快速供水和冲洗搅拌装置的作用。按照 GB/T 10171—2016,周期式混凝土搅拌站(楼)向配套搅拌机内供水时间应符合表 23-6 的要求。

表 23-6 供水时间表

配套主机公称容量 L/L	型 式	
	强制式/s	自落式/s
$500 \leqslant L \leqslant 1500$	<18	<20
$1500 < L \leqslant 2000$	<20	<25
$2000 < L \leqslant 4000$	<22	<30
$4000 < L \leqslant 6000$	<25	<35

5. 气动系统

在混凝土搅拌站中大部分机构都是利用气压驱动,气压驱动具有低成本、无污染的特点。气动系统基本原理图如图 23-22 所示。

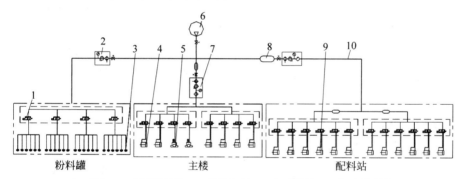

1—阀盒;2—过滤调压阀;3—助流气嘴;4—气动蝶阀;5—气动震动器;6—空压机;7—气源二联件;8—储气罐;9—汽缸;10—气管。

图 23-22 气动系统原理图

自空气压缩机出来的高压气体,经气源二联件处理,进入电磁阀,当电磁阀接到控制信号后,接通相应回路,压缩空气进入驱动元件(汽缸、震动器、助流气嘴),完成相应动作(料门开关、震动起停、破拱起停)。在各气动元件分别或同时工作时,工作压力应大于 0.6 MPa。

空压机的控制方式分为两种:气调控制(半自动型)和电调控制(全自动型)。气调控制空压机排气压力达到上限压力时,空压机卸载运行,达到下限压力时,空压机加载运行,一般应用在用气量较大及频繁加卸载运行的空气系统。气调控制全气压缩机用调压阀控制压缩机加载或卸载。电调控制空压机排气压力达到上限压力,空压机停止运行,达到下限压力空压机启动运行,一般应用在用气量较小及不频繁加卸载运行的系统。螺杆式空气压缩机如图 23-23 所示。

在选择空压机的安装地点时,必须考虑周围空气是否清洁、湿度小,以保证吸入空气的质量。同时要严格遵守限制噪声的规定。

气源二联件如图 23-24 所示,它在气动系统中起过滤、减压、油雾作用。过滤是将压缩

图 23-23 螺杆式空气压缩机

空气中的冷凝水和油泥等杂质分离出来,使压缩空气得到初步净化;减压可通过二联件来调节出口压力大小;油雾是喷出油雾润滑汽阀等。

图 23-24 气源二联件

6. 搅拌系统

该系统是把计量好的砂石、水泥、水、外加剂等原材料在搅拌机内进行搅拌,形成达到规定强度的成品混凝土。因为混凝土配合比是按细骨料恰好填满粗骨料的间隙设计的,而水泥胶质又均匀地分布在粗细骨料的表面,所以只有将配合料搅拌得均匀才能获得最密实的混凝土。

随着混凝土制备技术的飞速发展,也使得搅拌机的结构发生了变化,开发研制了多种型式的搅拌机。以搅拌原理来划分,分为自落式和强制式两大类;如果以作业方式来划分,又可分为周期式(又称间歇式)和连续式两大类。

自落式搅拌机都是以鼓筒作为工作装置,因此又称为鼓筒形搅拌机。它有以下几种结构形式:鼓筒搅拌机、锥形倾翻式搅拌机、双锥形搅拌机、双锥倾翻式搅拌机、橄榄形搅拌机。在自落式搅拌机上,鼓筒绕一根水平轴线或倾斜轴线旋转,其搅拌过程如下:借助于安装在鼓筒内的搅拌叶片使物料抬起,直到物料与搅拌叶片之间的静摩擦力小于物料下滑重力时,物料靠自身重量跌落。通过搅拌鼓筒的旋转和搅拌叶片的偏角(与拌筒母线或旋转轴心线的夹角)使骨料产生轴向串动,改善了搅拌效果。其中,橄榄形搅拌机的进出料是在同一侧,反转出料。这种筒体型式主要装置在混凝土搅拌输送车上,用于搅动预拌混凝土防止在运输过程中离析。

强制式搅拌机不是通过重力作用进行搅拌,而是借助于搅拌叶片对物料进行强制导向搅拌。其搅拌叶片可以是铲片型式,也可以是螺旋带型式。叶片可以绕水平轴旋转(卧轴式),也可以绕垂直轴旋转(立轴式)。这种搅拌机的搅拌强度通过叶片速度来确定。一般有以下几种型式:立轴涡桨搅拌机、立轴行星涡桨搅拌机、单卧轴搅拌机、连续式搅拌机、双卧轴搅拌机。

连续式搅拌机可以看成加长的卧轴搅拌机,只是它是个圆柱形的两端开口的筒体。必须给予它连续的配比供料,在叶片搅拌翻动原材料的同时不断向出料口推进,在到达出料口时混凝土达到所需的匀质性能。其主要应用在道路稳定土搅拌和低标号混凝土拌制中。

双卧轴搅拌机(图 23-25)是在单卧轴搅拌机的基础上发展来的,有两根水平配置的同步回转的搅拌轴,双轴回转方向相反,叶片除了翻动原材料外,其螺旋推动方向也是相反的,使物料在搅拌筒中形成回流,搅拌更为强烈。卸料系统有液压驱动卸料系统和气压驱动卸料系统两种常见型式,卸料门动作自动时,一般设置全开、全关、半开三种状态。液压驱动

图 23-25 双卧轴搅拌机

卸料系统由卸料门主体、液压油缸、液压油泵和限位接近开关组成,如珠海 SICOMA 公司的 MAO2250/1500、MAO3000/2000、MAO4500/3000 型搅拌机;气压驱动卸料系统由卸料门主体、汽缸、电磁阀和限位接近开关组成,如徐工的 JS2000、JS3000 型搅拌机和天津 BHS 公司的 DKX2.25、DKX3.0 型搅拌机。

搅拌主机利用了流体力学与摩擦学科研成果研制,两搅拌臂间呈 60°分布,搅拌臂及搅拌叶片呈流线形,这种独特的结构设计能实现混料的轴向、交错和循环流动,拌和效果好,效率高。它由传动装置、轴端密封、缸体及衬板组件、润滑装置、上盖及布水管装置、卸料系统和搅拌装置这几个部分组成的。

传动装置的构成为电机、电机皮带轮、V带、减速机皮带轮、同步传动轴、行星减速机、花键轴、花键轴套及皮带防护罩等。电机经 V 带传动及行星减速机减速,由高速至低速,经花键轴和花键轴套传递动力给搅拌主轴;同时在两个减速机中间连接同步传动轴,保证了两个搅拌主轴的同步。

对于卧轴式混凝土搅拌机,因工作时主轴完全浸没在摩擦能力很强的砂石水泥材料中,如果没有行之有效的轴端密封措施,主轴轴颈和轴承会很快被磨损。轴端密封由轴承座及轴承、润滑油路组成。轴承座及轴承固定在搅拌缸体上,用来定位和支承搅拌轴。润滑油路由润滑油泵、分配阀、油嘴及连接管组成,润滑油通过电动泵加压,经分配阀到搅拌机的四个轴端。压力油脂在轴端形成高压保护层,阻止泥浆侵入轴端,从而起到保护轴承和搅拌轴轴端的作用。如果润滑系统出现故障,将使轴端缺乏足够的压力油脂,泥浆将进入轴端,破坏密封系统,造成轴端漏油或漏浆,严重的会造成搅拌轴的磨损。

润滑系统与搅拌机同时、同步运行,所以当双卧轴搅拌机开始工作时,油泵电机必须处于开启状态,这样才能使搅拌机的四个轴端得到连续不断的润滑。在轴端加注润滑油,以供轴承座和轴承润滑、散热、密封,防止泥浆侵蚀,保护搅拌轴。

搅拌缸体是由宽厚的钢板弯制而成的 ω 形双筒,在特别设计并制作的框架支承下具有很高的强度,承托部位也能使缸体具有足够的刚性而确保双卧轴的平行度和单轴的同心度。在其侧面各装有一个检修平台,可根据需要收放和支撑,方便作业与维修。为了防止搅拌缸体的磨损,在搅拌缸体的内部和侧面装有衬板,衬板用螺栓固定在缸体上。

7. 主楼框架

主楼框架为钢结构,从下到上可分为出料层、搅拌层、计量层、楼顶。出料层是搅拌车进出接料的通道;搅拌层是搅拌机工作的楼层;计量层是水泥、掺合料、液体外加剂和水进行称量的楼层;楼顶是用来支撑包装材料的框架。

整个主楼框架用彩钢夹芯板包装,外形美观大方,并可防寒隔热。

8. 控制室

控制室是搅拌站操作人员对搅拌站进行操作、管理的场所。它由支架、控制室本体、操作台、电控柜、显示器、监视器、空调、打印机和打印小票下传筒等构成。支架用于支承控制室,并提供搅拌车进出通道空间;操作室本体由夹芯板包装,嵌塑钢门窗,内部进行精装修而成,具有保温、隔声、耐火的作用;操作台上有各类搅拌站的控制开关、按钮、称量仪表、电流表等;监视器显示所监视点设备的运行情况以便操作人员进行管理;打印小票下传筒用于将混凝土出货单从控制室传递给搅拌站司机。

控制室工作环境安静舒适,内部宽敞、明亮,操作符合人机界面工程,外观美观、大方。为避免搅拌机等其他设备的震动传递到控制室,影响电气元件的正常工作,在一般情况下它与主楼框架分开。

9. 除尘系统

除尘系统包括水泥及掺合料计量和卸料时的除尘、散装水泥车往粉料罐加料时的除尘及斜皮带机往骨料待料斗投料时的除尘三个部分。

水泥及掺合料计量、卸料时的除尘目前有布袋式除尘(图 23-26)、开放式箱体除尘

（图23-27）和强制式除尘等多种方式。布袋式除尘是充分利用了布袋的可伸缩性和密封性来进行工作的，布袋采用帆布制作而成，结构简单，成本低，能够有效地避免粉尘外漏，消除系统的正负压。这种方式在安装初期效果显著，时间一长，袋壁上积尘不予清理，则除尘效果下降，所以要定期清理积尘。开放式箱体除尘是利用箱体来收集粉尘，并通过箱体顶部的单向吸气口来消除搅拌机在卸料时产生的负压。强制式除尘结构较复杂，成本高，它能够有效除去水泥及掺合料计量和卸料时所产生的粉尘，但容易产生正负压，从而对水泥及掺合料计量精度产生负面影响。在使用强制式除尘时，充分考虑了气压的平衡性，保证了各系统的互通及补气，用于消除粉料、水等投料以及主机卸料时产生的正负压。

23.3.3 工作原理

在混凝土搅拌站中混凝土的拌制分原材料准备阶段、原材料称量阶段、原材料输送阶段、原材料卸料阶段、搅拌阶段、成品卸料阶段共六个阶段进行。

1. 原材料准备阶段

装载机将骨料从堆料场装入骨料仓，散装水泥输送车将水泥及掺合料打入粉料罐，将水及液体外加剂装入水池和外加剂罐。

2. 原材料称量阶段

启动搅拌站（空压机、平皮带机、斜皮带机、主机开始运转），设置所需要生产的混凝土原材料配方，运行设备。骨料仓的料门打开，将骨料投入计量斗，开始骨料的粗、精称量。当计量斗传感器测得的重量值达到设定的粗称值时，关闭其中骨料仓一个料门，开始对骨料进行精称量。称量完毕关闭料门。水泥、掺合料、水及液体外加剂称量与骨料称量同时进行。根据设定选用的水泥、掺合料及重量值，相对应筒仓下的螺旋输送机启动，将水泥、掺合料分别输送到水泥计量斗、掺合料计量斗进行称量，称量完毕即关闭螺旋输送机；根据设定选用的液体外加剂，启动相应的外加剂泵，将外加剂送入外加剂称量斗称量，达到粗称设定值时关闭外加剂泵，随后通过开启精称启动球阀进行精称量，直至达到配比需要量。水泵将水送入水计量斗进行称量，称量完毕即关闭水泵。

3. 原材料输送阶段

骨料称量完毕后，当系统检测到骨料待料斗门关闭后，骨料计量斗卸料门打开，将骨料卸到已经运行的平皮带机上，称空后关闭卸料门。平皮带机将骨料转运到斜皮带机上，斜皮带机将骨料转入骨料待料斗。水泥及粉煤灰经过螺旋输送机输送到计量斗，水及外加剂经过管道泵送到相应的计量斗进行称量。

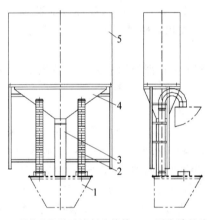

1—通往主机的过渡料斗接管；2—通往计量斗的波纹管；3—布袋与搅拌机的连接管；4—帆布袋；5—帆布袋罩

图23-26 布袋式除尘示意图

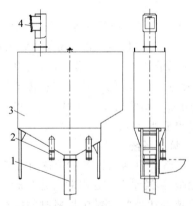

1—布袋与搅拌机的连接管；2—通往计量斗的胶管；3—箱体；4—单向吸气口

图23-27 开放式箱体除尘示意图

4. 原材料卸料阶段

当水和外加剂完成称量后，外加剂计量斗上卸料气动蝶阀动作，将外加剂投入到水计量斗。根据系统设定的动作顺序，骨料待料斗斗门、水计量斗卸料气动蝶阀、水泥及掺合料卸料气动蝶阀分别打开，将骨料、水、外加剂、水泥及掺合料卸入搅拌机，进行搅拌。

5. 搅拌阶段

按照设定的搅拌时间，搅拌机将原材料进行拌和。

6. 成品卸料阶段

搅拌完成后（搅拌时间延时可调）打开搅拌机的卸料门，将成品混凝土经卸料斗卸至搅拌运输车中。卸料时间及卸料状态（半开门、全开门）可根据使用状况调整。

搅拌机卸完料后即可根据需要进入下一个工作循环。

23.4 电气控制系统

23.4.1 控制系统概述

1. 混凝土搅拌站的控制工艺流程

混凝土搅拌站的控制系统根据混凝土生产工艺的要求，控制各种执行部件，完成混凝土的生产过程，其工艺流程图如图 23-28 所示。

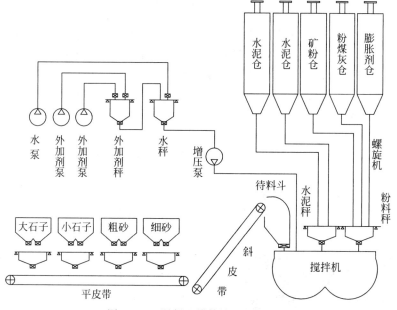

图 23-28 混凝土搅拌站工艺流程图

混凝土搅拌站控制工艺的简单过程为：骨料（砂石）通过配料站的称量系统称够分量后，通过上料皮带机，输送至搅拌机上部的待料斗中暂存；同时水泥、水、添加剂也由各自的称量系统称够自己的分量。物料全部称好后，按一定的工艺顺序，投放到搅拌机中进行搅拌，搅拌均匀后成品混凝土放出到搅拌运输车输送至工地使用。

2. 控制方式分类

控制方式如图 23-29 所示。

例如，徐工集团工程机械有限公司采用 PC+PLC+配料控制器的分布式网络架构控制，强弱电隔离设计，稳定性更好，可实现远程控制，环境舒适，计量精准。

23.4.2 电气系统

配料控制系统主要包括传感器、传感器接线盒及配料控制器。传感器采集的重量信号送入到配料控制器，由配料控制器对信号进行 A/D 转换、运算、输出及显示等工作，并负责秤

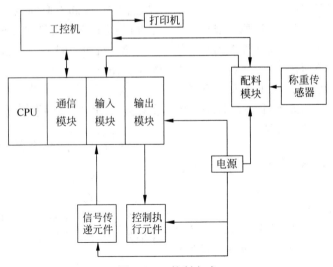

图 23-29 控制方式

的配料和卸料工作。工业控制计算机通过和 PLC 配料控制器进行通信,向配料控制器下发命令及读取参数,并读取配料控制器的实时数据,以及 PLC 逻辑控制的设备运行状态,并在上位机监控界面显示。

23.4.3 计算机系统

1. 系统的硬件

计算机系统的硬件主要包括可编程序控制器(PLC)和工业控制计算机两部分,如图 23-30 所示。

图 23-30 计算机系统硬件

1) 可编程序控制器

PLC 在控制结构中称为下位机,主要用来采集各种现场信号并对现场设备进行控制。在搅拌站控制系统中,PLC 处于中心地位,是系统的关键部件。控制系统所用的 PLC 是德国 SIEMENS 公司的 S7-1200 系列的中型 PLC,PLC 的控制功能是通过 CPU 模块和丰富的扩展模块所组成的构架来实现的。

2) 工业控制计算机

工业控制计算机又称作工控机,是用于工业控制的计算机,工控机与普通计算机的不同之处在于其为了适应工业现场的恶劣环境所进行的各个细节方面的设计,比一般计算机具备更多的防尘、防震等使之运行更稳定可靠的功能。工控机在控制结构中称为上位机,主要用来对控制过程中的数据进行管理,并采用直观形象的形式对控制过程进行监控。

3) 通信系统

工控机通过 RS485 串行通信的方式和配料控制器进行通信。PLC 以网线和工控机的网口进行连接,通过 ModbusTcp 协议进行通信。通过在上位机的组态软件中设置相关变量,可以完成上位机、PLC 及配料控制器之间的通信。PLC 在每一个扫描周期将采集到的现场信息发送给上位机,配料控制器将秤的重量数据发送给上位机,上位机则把命令和其他参数发送给 PLC 和各个配料控制器。在生产过程中,现场的各种信号通过 PLC 进行采集。搅拌站控制系统所采集的现场信号主要是开关量信号,这些信号包括操作按钮发出的指令信号、现场的位置开关的位置信号、称重终端仪表发出的配料和卸料的信号等。其中,产生位置信号的器件包括机械开关、接近开关及气体和液体的压力开关,还有经过中间继电器转换的信号。

2. 系统的软件

系统的软件包括两部分,即 PLC 软件、上位机软件。PLC 的软件可以使用工程控制软件的三种标准语言:结构化文本、梯形图、功能块图编制,并可以在三种语言之间切换,常用的是梯形图编程。PLC 的软件主要完成搅拌站工作流程的逻辑控制任务。上位机软件采用 C♯编写,主要包含生产操作监控与生产管理两大业务板块。生产操作监控:包含生产参数设定与调整,设备实时监控、运行提示、运行日志记录功能,保证设备正常运行。生产管理:包含生产任务管理、配方管理和基于单机的生产调度、车辆管理、客户管理、物料管理、用户与权限管理等基础功能,支持设备自动生产与基本业务流程。PLC 软件和上位机软件通过交互点来完成设备状态的读取,并控制指令的下发。

23.5 混凝土搅拌站的安装与调试

23.5.1 设备安装准备与要求

1. 安装前的场地要求

(1) 基础要求:进场安装前,需对基础进行验收,主要验收基础的各位置尺寸、基础标高等要求。

(2) 场地要求:安装现场地基应平整,且吊车和运输车能开进来,搅拌站所有部件有安放和转运的位置。

(3) 电源要求:安装工地应提供 30 kV 以上的工作电源供安装施工用电。

(4) 仓库要求:安装工地应准备一间 25 m² 以上的房间,作为工地仓库。

2. 电气要求

搅拌站电气设备需遵循严格的规定,以保证设备的正常运转和人员的安全。这些设备必须符合国家现行标准,电气安装示意图如图 23-31 所示。

3. 安装前的准备工作

(1) 工具准备:16 t 及 25 t(或 50 t)吊车各

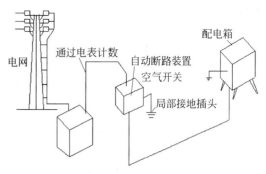

图 23-31 电气安装示意图

一台,电焊、氧割工具钢丝绳、水准仪等工具。

(2) 人员准备:安装工 6~8 名,现场工程师 1 名。

(3) 资料准备:安装所涉及的装配图、零件图、配件、材料清单。

(4) 配件、材料准备:按配件材料清单准备。

23.5.2 设备安装步骤

准备工作做好后,便可发运设备的所有零部件。设备发运到工地后,必须对照发货清单对零部件进行清点,发现缺件或损坏必须及时反馈,并重新发货。安装前,对零部件进行开箱检查。

1. 搅拌主楼的安装

(1) 搅拌层的安装:

① 安装主楼支腿前,检查基础的位置尺寸,比对是否符合图纸设计要求。在基础预埋件上,按图纸尺寸画好线;

② 倒置平台焊接件,同时,将拢料斗倒扣在两个平台焊接件中间,安装平台连接板;

③ 略吊起拢料斗,使拢料斗铰接耳与连接座的孔基本对齐,安装开口销,拆掉吊装绳,安装橡胶管套;

④ 安装支腿及斜撑;

⑤ 翻转平台,正立于地面;

⑥ 将平台吊装至混凝土地基上;

⑦ 调整支腿位置,使各支腿落点正确;

⑧ 将支腿与预埋钢板焊接固定。

(2) 吊装搅拌主机。

(3) 安装上人楼梯,定位后,将支腿焊接在基础预埋件上。

(4) 安装控制室及支架。

(5) 计量层的安装：

① 倒置平台焊接件，安装平台连接板；

② 安装支腿及斜撑；

③ 翻转平台，正立于地面；

④ 将平台吊装至搅拌层平台上；

⑤ 安装立柱，紧固所有连接处螺栓；

⑥ 吊装水、粉、外加剂计量系统及骨料缓存系统。

(6) 安装计量层立柱和顶架。

2. 斜皮带输送机的安装

斜皮带输送机可整体安装或分段安装，其安装工艺相同。整体安装时需 2 台吊车，否则皮带机机架容易变形。

(1) 在皮带机基础位置附近，把地面适当铺平，并垫上支撑物来调平皮带机的安装平面。

(2) 将走道安装在皮带机机架上。

(3) 将传动滚筒安装在头部机架上，穿上螺栓但不紧固。

(4) 将皮带机机架整体吊装就位后，需找正其中心线，要求皮带机中心线的直线度误差小于 10 mm。

(5) 找正后，把皮带机机架支腿焊接在基础预埋件上。

(6) 把下平行托辊安装到皮带机机架上。

(7) 安装环行皮带。

(8) 安装上部托辊组、下平行托辊组、挡轮组、尾部滚筒、张紧滚筒等。

(9) 安装斜皮带的配重箱时，先加到箱体容积的 2/3 处，在调试过程中，逐渐加至合适重量。在正常运行一段时间后，再按实际情况增加。

3. 配料站的安装

(1) 配料站水平皮带输送机安装就位。

(2) 斜皮带输送机接料斗的安装。注意与平皮带机之间的衔接。接料斗与斜皮带之间的间隙（铁与橡胶之间）为 10~20 mm 较好。

(3) 安装配料站挡板与隔板。

(4) 配料站吊装就位。

4. 粉料仓的安装

(1) 按照施工图，把粉料仓吊装到相应的基础位置。要求保证其垂直度误差小于 3/1000。

(2) 安装粉料仓上相关附件（除尘器、压力安全阀、料位计、手动蝶阀）。

5. 螺旋输送机的安装

(1) 在地面将螺旋输送机组装好。

(2) 安装螺旋输送机前，先打开相应粉料仓的手动蝶阀，把粉料仓里的铁屑清理干净。

(3) 将整条螺旋输送机安装就位。其万向节与粉料仓蝶阀相连接，出料端对准粉料秤的适当位置，保证其出料口到粉料秤表面约 250 mm。同时，其外壳与粉料秤的最小距离应大于 100 mm。

(4) 按步骤(3)要求就位后，便可进行螺旋输送机的固定。螺旋输送机中部吊一根 $\phi 6$ 钢丝绳，另一端固定在粉料仓上。其出料端与螺旋支撑连接，根据实际情况，调整螺旋支撑的长度。

6. 水、外加剂管路的安装

(1) 安装水路，安装流程为：水泵→进水管→止回阀→主水管→出水口→水计量斗。

(2) 外加剂循环管路的安装，安装流程为：外加剂储液箱吸液口→球阀→管道泵→外加剂输送管路→外加剂箱。

(3) 外加剂输送管路的安装，安装流程为：外加剂储液箱吸液口→球阀→管道泵→外加剂输送管路→出水口→外加剂计量斗。

7. 主楼、斜皮带的外封装

装完螺旋输送机及顶架后，主楼才能进行外封装。斜皮带输送机的封装应在主楼封装之后进行。

8. 气路的安装

按照原理图，进行气路的安装，并需注意以下事项。

(1) 安装时，注意有安装方向的气动元件，如气源二联件、单向阀、电磁换向阀等。

(2) 送气时，先检验各气动球阀和气动蝶阀的方向是否正确，如果方向反了，要及时调换过来。

(3) 检查各气管接头,不得有漏气现象。

9. 电控系统的安装

在控制室安装好后,方可进行电控系统的安装,安装步骤如下。

(1) 安装定位接线盒,包括主楼秤盒、检测盒;骨料仓的秤盒、检测盒和粉仓接线盒。

(2) 安装线槽、线管。主要安装控制室到骨料仓的线槽、控制室到主楼接线盒的线槽、控制室到粉料仓之间的线管等。

(3) 布线。按图进行布线。

(4) 接线。按接线图进行接线,接线时,注意线的颜色和记号不能搞错。

23.5.3 安装后的检查

安装完毕,必须严格检查。对各种异常,必须立即予以纠正,使其满足以下要求。

(1) 检查各大部件相对位置,垂直度误差不大于 3/1000。各小件不得有少装、漏装现象。

(2) 各连接件,如销轴、螺栓等,必须连接牢固,不可有松动现象。螺栓必须有防松措施,且拧紧力矩适中;销轴必须有防脱措施。

(3) 供水管路、供气管路必须密封可靠,不可有漏水、漏气现象,管路布置要美观、整齐。

(4) 骨料、粉料输送系统各连接处(如螺旋输送器出入口处、搅拌主机入口处等)必须密封可靠,不得漏灰。

(5) 皮带输送机安装时,必须保证机架中心直线度误差不大于 2‰,机架两侧必须水平。各托辊、滚筒转动灵活,清扫器与皮带接触均匀,可自由转动。皮带松紧适当,各滚筒轴线水平且互相平行。

(6) 各粉料仓连接牢固,粉料仓轴线与地面垂直度误差不大于 2‰。

(7) 电气走线正确,接线牢固。设备工作中,保证其不会被搅拌运输车辆、上料机械损坏。电气绝缘可靠,搅拌站对地电阻不大于 4 Ω。

(8) 对未润滑的部位加以润滑。

(9) 设备外观应整洁,无掉漆现象。

23.5.4 系统的调试

搅拌站的系统调试依据其结构和功能划分为以下几大项:

(1) 电气柜及操作台。

(2) 电气设备调试。

(3) 称重传感器标定。

(4) 系统调试。

1. 电气柜及操作台

1) 电气柜和操作台调试

开始准备调试后,要首先进行电气柜和操作台调试,调试主要包括电气元件参数整定,供电测试,电气柜操作台与计算机系统的通信连接测试等。通过调试可以验证系统中各子系统的基本功能的正确性,以及各子系统基本通信的正确性。

只有通过电气柜和操作台调试完成,确保系统基本功能正确性后,才能进行电气设备调试。

2) 电气元件参数整定

电气元件参数整定主要是调整电机保护型断路器和过载保护器过载电流设置。断路器的保护电流按照电机铭牌标定的额定电流进行调节,对于星三角启动的过载电流的设置依据电机铭牌额定电流进行设置,星三角启动时间继电器设定 4~6 s。

3) 系统供电

完成电气元件参数整定后,可以进行系统供电调试。调试前应确保电气柜和操作台中的所有断路器处于断开状态。

主电源供电后,接通主断路器,观察电气柜上的电压表查看电压是否正常。通过转换开关分别查看三相电的相电压和线电压是否正常。

对于电磁阀的操作,通过面板或计算机界面执行打开和关闭电磁阀动作时,观察对应的中间继电器动作是否正确。根据电磁阀和对应控制回路的中间继电器编号可查询随机配套的电气原理图。

2. 电气设备调试

1) 概述

执行完电气柜和操作台调试后,可以进入

外部电气设备的调试。外部电气设备调试主要调试外部执行元件(电机、电磁阀等)动作是否正常,检测元件(微动开关、接近开关、压力开关等)是否能正确检测设备部件状态。只有通过外部电气设备调试,确认外部电气设备运行正确后才能进行设备联动调试。调试的数据记录在"电气设备调试记录"中。

2) 调试前准备工作

电气设备调试前,应确保完成如下工作:

(1) 电气设备相关的机械部件安装调整完毕,旋转设备已经按要求加注润滑剂或润滑液。

(2) 外部电气线路检查完毕。

(3) 气路线路检查完毕。

(4) 电气柜和操作台调试完毕。

3) 电机调试

在进行完准备工作后可以进行电机调试,电机调试主要调试电机转向是否正确(电机转向要符合附属设备的要求),电机及附属设备空载运行是否正常。

4) 电磁阀和检测元件调试

电机调试完毕后,可以进行电磁阀和检测元件调试。调试前应启动空压机,检查系统是否检测到骨料仓低压力和主楼低压力信号。在空压机对气路和气罐充气完毕,并且压力表指示到达指定压力时,检查系统中骨料仓低压力和主楼低压力信号是否消失。如果在压力低时没有检测到信号或在压力满足时信号没有消失,需要检查压力开关参数和检测回路线路是否正确。

5) 急停和拉线开关

电机调试完毕后,需要对急停开关和拉线开关进行测试。启动电机,按下对应的急停开关或拉线开关,确认电机停止运行。先按下对应的急停开关或拉线开关,然后启动电机,确认电机不能启动。急停和拉线开关测试结果记录在"电气设备调试记录"中。

6) 互锁关系及一致性调试

互锁关系调试,主要测试涉及系统运行安全的互锁关系。在测试互锁关系时,要首先确认测试条件满足要求。互锁关系调试结果记录在"电气设备调试记录"中。一致性调试,主要测试上位机是否与外部电气设备对应关系的一致性。如震机与料门位置是否一致;破拱是否与水泥配料一致;高低料位是否与水泥仓一一对应等。

7) 整机空载运行调试

完成设备单独调试后,需要进行一小时的整机空载运行调试,以测试整机在长时间运行时电气设备和附属设备是否有发热、异响和异味等异常情况。

3. 称重传感器标定

1) 概述

在进行调试生产前,系统各个秤必须进行标定。原则上,秤必须由当地计量相关职能部门认定后才能进行正式生产。

秤标定主要有三个步骤。首先对空秤进行零位标定。零位标定后把砝码均匀放入秤中,然后通过软件进行标定,标定后通过增减砝码校核计算机显示重量和实际重量的误差,并做好记录,只有误差在允许范围内,才能进行下一步调试。

秤静态误差应小于实际砝码重量的1‰。

2) 标定前准备工作

标秤前应提前20分钟为传感器和变送器通电预热。

在标秤前,应确保:

(1) 秤内无杂物(砝码摆放支架除外)。

(2) 秤与机架之间无机械干涉。

(3) 多点传感器秤平面应保持水平。

(4) 各个秤的量程、分度间距、小数位等参数设置完毕。

3) 标定

进行标秤时首先确认秤内无杂物,需要使用砝码摆放支架的秤可以把支架放在秤上。在秤读数稳定时,通过计算机对秤进行零位标定。零位标定以后,把标定的砝码(砝码重量不小于最大量程的80%)放入秤中或支架上。在秤读数稳定后,通过计算机标定秤的当前重量。

4) 校核

秤标定后,需要通过逐个减少砝码,比较

砝码的实际重量和计算机显示重量的差别,直至取出所有砝码,并将相应数据记录在"秤标定记录"中,如果校核过程中发现秤的误差超过允许范围,需要对秤进行调整,在对秤调整后重新开始标定,所有标定的数据都要记录在"秤标定记录"中,校核后误差在允许范围内的秤,如果是使用多个传感器的多点秤(如骨料秤、水泥秤、掺和料秤)还需要进行偏载校核,使用一个传感器的单点秤(水秤、外加剂秤)则不需要。

5) 多点秤的偏载校核

多点秤校核合格后,需要使用一个 25 kg 的砝码进行偏载校核。校核时,把 25 kg 砝码分别放在秤的四个角,四次计算机读数一致为合格,否则为不合格。偏载校核不合格的秤,需要对秤进行调整,调整后重新开始标定(步骤 3)。偏载校核的结果和数据记录在"秤标定记录"中。

4. 系统调试

1) 概述

在电气柜和外部电气设备调试完毕后,可以进入系统调试。系统调试主要测试系统是否能满足生产工艺要求。

2) 调试前准备工作

在进行系统调试前应确保:

(1) 电气柜和外部电气设备已经调试完毕。

(2) 各个物料存储仓已经按照生产工艺要求存放足够的原料。

(3) 所有秤已经标定完毕,并且经校核合格。

(4) 根据调试需求,用户下发调试用的"混凝土配合比"。

3) 单盘调试

单盘调试用于测试控制系统的生产流程是否能正确执行,并且能否满足用户的生产需求。进行单盘调试时,生产方量设置为搅拌站额定生产方量。生产任务按照标准流程创建。生产任务的创建参阅按照控制系统使用说明书。调试数据记录在"系统调试记录"中。单盘调试时需要仔细观察设备运行状态,并在"系统调试记录"中记录运行的状态和出现的异常及处置措施。

第一次执行任务时,因为秤的过冲值都使用默认值,在实际配料过程中可能误差会过大,除配料使用自动外,投料和卸料转换成手动方式。开始执行任务后,首先执行自动配料。在配料完成后,查看每个秤的误差,并根据误差大小决定是否采取必要的手动处置措施。根据误差值适当手动调整秤的过冲值,然后将投料方式转换成自动,系统会自动执行投料,直至所有物料投放到主机中进行搅拌,在执行自动投料过程中,要仔细观察搅拌站各个设备的运行情况,并把异常情况及处置措施记录在"系统调试记录"中。系统流程能正确执行,并且搅拌完成后,将卸料方式转换成自动,系统会自动执行成品混凝土卸料,卸料前应确认装载车辆已经就位。任务执行完毕后,通过计算机软件查询生产报表,以确认系统正确记录了生产数据。

只有在通过单盘调试确认生产流程能正确执行,并且计算机软件能正确记录生产数据时才能进入多盘连续调试。

4) 多盘连续调试

在完成单盘调试后可以进行多盘连续调试,多盘连续调试主要测试系统在能进行正确单盘执行的基础上,执行多盘连续生产时协调多盘之间生产进度的协调能力,以确保搅拌站能进行正常生产,达到设备设计要求。多盘调试时需要仔细观察设备运行状态,并在"系统调试记录"中记录运行的状态、出现的异常及处置措施。

5) 系统功能调试

系统功能调试主要按照系统使用说明书验证系统管理的功能是否能正确执行。

23.6 混凝土搅拌站的保养与维护

23.6.1 日常检查

(1) 检查各转动部位润滑点的工作情况,

及时补给润滑油。

(2) 检查搅拌机润滑油杯内润滑油油量,及时补给润滑油。

(3) 每周检查一次气路系统上的油雾器的油面高度,使用黏度为 2.5～70 E 的润滑油。

(4) 每天打开一次排水阀,将空气压缩机和储气罐内凝聚的水排出。

(5) 紧固件(如螺栓和螺母)要经常检查是否松动,发现有松动时,必须及时拧紧,尤其是一些受变幅载荷的零部件。

(6) 经常检查供水、供气及外加剂系统的各设备是否正常。

(7) 检查电气控制系统及各仪表是否正常。

(8) 检查搅拌机的搅拌轴和筒体是否干净清洁,如果搅拌轴上凝结的混凝土过多,必须人工进入清理。

(9) 定期清理或更换粉料罐除尘器中的过滤网。

(10) 若停机时间超过一周,必须放空各计量斗内的物料(如水泥、水、外加剂及各种骨料),并清洗搅拌主机、出料斗等处,以免物料板结。

23.6.2 易损件的更换

1. 搅拌叶片和衬板

搅拌叶片和衬板的材料为耐磨铸铁,寿命一般为 5～6 万罐次,更换时按说明书要求更换配件。

2. 输送皮带

由于载荷及使用条件恶劣,输送皮带易产生老化或破损,如影响生产时需更换。

3. 除尘器中的滤芯

如果经清理滤芯后除尘效果仍不好,必须更换除尘器中的滤芯。

23.6.3 检查保养周期

表 23-7 为需要检查的项目和周期。

表 23-7 检查项目及周期表

项 目	周 期				
	每日	2千罐次	1万罐次	3万罐次	5万罐次
油杯内润滑油油量	√				
各润滑点		√			
搅拌轴清洗清洁	√				
搅拌叶片、衬板					√
粉料罐的除尘器滤芯			√		
输送皮带	√				
螺栓、螺母松动	√				
空压机的储气罐排水	√				
油雾器的油面高度		√			
气动蝶阀			√		
电磁阀		√			
除尘器系统	每周一次				

23.6.4 空压机的使用、维护

1. 维护保养

(1) 保持机器清洁。

(2) 储气罐之泄水阀每日打开一次排出油水。在湿度较高的地方,每四小时打开一次。

(3) 润滑油面每天检查一次,确保空压机之润滑作用。润滑油最初运转 100 h 换新油,以后每 1000 h 换新油一次(使用环境较差者应 500 h 换一次油)。

(4) 空气滤清器约 150 天清洗或更换(滤芯为消耗品),可视环境之不同酌情增减时间。

(5) 每月检查一次皮带及各部位螺丝的松紧。

(6) 每使用1000 h(或半年)将汽阀拆出清洗。

(7) 每年将机器各部清洗一次。

2. 皮带松紧度调整保养

空气进气过滤器的进口必须保持清洁,以防止堵塞造成的供气量降低。调整皮带松紧度方法:在两皮带轮中点施力(约3～4.5 kg)时,三角皮带比原来高度低10～15 mm为宜。若三角皮带过紧会增加电机负荷,电机容易发热、耗电,皮带张力过大容易断裂。三角皮带过松,则容易造成皮带打滑而产生高热,损毁皮带,且使空气压缩机转数不能稳定。

23.6.5 双卧轴搅拌主机的维护

1. 原料的使用要求

搅拌机腔体结构见图23-32所示。对体积大于150 mm^3 的呆滞物质和数量超过12%,湿度接近15%的泥土等黏附性介质不适用本搅拌机。半干混凝土混合料粘在搅拌轴上,将使搅拌轴直径增加,最终会降低搅拌臂的搅拌效率,所以必须保持搅拌轴的清洁。

图23-32 主机搅拌腔结构图

2. 搅拌机的清洗

工作一周期(混凝土固化时间,一般2 h以内)内,应至少清洗搅拌机一次。每天打完料后,应对搅拌机内积料进行全面的清理。在用水清洗的过程中,可配500 kg左右的碎石进行搅拌,以便清洗得更干净。

3. 搅拌机的润滑

(1) 第一次投入使用50 h,需更换润滑油。以后每隔1000 h或最少半年更换一次减速箱润滑油。第一次换油要注意,把油放完后,要加2 L左右的润滑油清洗减速箱。在以后的换油过程中,如润滑油品牌有变化,也要用润滑油清洗减速箱。

(2) 液压系统润滑油每隔2000 h或最少一年更换一次。

(3) 润滑油泵(润滑油泵主要向轴头密封供油):冬季用0♯锂基润滑脂,夏季用2♯锂基润滑脂,必须从进油过滤器加油,严禁打开油泵上盖加油。

(4) 润滑部位:主轴轴承、卸料门轴承、电机底板转轴、电机底板撑杆转轴、液压油缸转轴。

4. 搅拌主机的密封

(1) 轴端密封。轴端密封的好坏直接决定搅拌机的使用效率和寿命。全自动轴头密封润滑系统,提高密封效果和寿命。气压轴头保护装置,确保搅拌机工作运行更加平稳可靠。

(2) 全自动轴头密封润滑系统检查润滑油脂是否真正到达主机轴头,方法如下。

① 检查油压表指示(10～60 bar)(1～6 MPa)。若油压表指示低于10 bar(1 MPa),则阀心堵塞;若油压表指示高于60 bar(6 MPa),则分流阀心堵塞。

② 检查润滑脂消耗量(≥150 mL/h)。即每天消耗整罐的80%,若低于此消耗量,则必须检查四个轴头是否有润滑油送达,方法如下:四个轴端分别装有一个备用黄油嘴,可以用指甲顶压一下黄油嘴之球芯,若有油脂从球芯处冒出,则说明润滑油泵正常。

③ 若发现轴头缺油,首先应检查轴头油管是否畅通,再检查分流阀是否堵塞,最后检查泵心是否正常供应。如故障不能停机处理时,应从轴端黄油嘴处用黄油枪加黄油,每天不少于2次。

④ 衬板与叶片之间的间隙调整。间隙测量叶片与缸体最高处,正常工作间隙1～5 mm。叶片螺栓调整力矩为200 N·m。间

隙调整后,工作几个周期后,应再次检查螺栓的松紧。

5. 其他日常检查项目

(1) 螺栓松紧程度。工作一周,应检查叶片、搅拌臂、衬板螺栓的松紧程度。工作 2000 h,必须检查皮带轮和联轴器连接螺栓松紧程度。

(2) 螺栓拧紧力矩。搅拌臂 420 N·m、叶片 200 N·m、衬板 100 N·m、皮带轮 130 N·m、联轴器 100 N·m、轴头 450 N·m。

(3) 易损件磨损程度。搅拌臂磨损程度达 50% 时更换,衬板厚度小于 3 mm 时更换,叶片间隙不能再调整时更换。

(4) 检查和调整传动皮带的张紧程度。

23.6.6 皮带输送机维护与保养内容

1. 传动装置(电动滚筒或减速机)的维护与保养

电动滚筒必须空载启动,严禁重负荷启动;定期检查滚筒内油面的高度,根据损耗情况进行补充。

2. 滚筒轴承的润滑

滚筒轴承用润滑脂润滑,每半月加油一次。

3. 滚筒与托辊的清理

经常清理滚筒和托辊上的积料,积料过多会影响皮带的运行(跑偏)。

4. 刮砂装置的维护

定期检查刮砂装置的磨损程度,刮砂装置磨损到一定程度后及时更换。

5. 橡皮挡边的更换

橡皮挡边(平皮带橡皮挡边部分无)磨损严重,有料撒出时应及时更换(包括接料斗橡皮挡边和平皮带橡皮挡边)。

6. 皮带机跑偏的调整方法

方法 1:调整滚筒(改向滚筒和张紧滚筒)(图 23-33)。

方法 2:调整托辊(槽形上托辊和平行下托辊)(图 23-34)。

7. 接口断裂及横向撕裂的防范及处理

尽量减少负载,特别是有配重张紧装置的皮带,应控制配重在 200~300 kg 内,以雨季不打滑为宜;加强巡查,防止异物卡死皮带,划伤

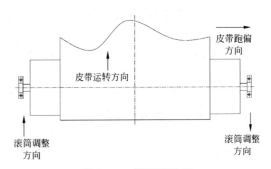

图 23-33 滚筒调整图

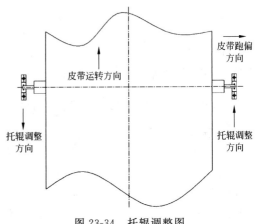

图 23-34 托辊调整图

皮带;加强对皮带装配人员的培训,防止皮带接口方向装反。

8. 表面脱胶的防范及处理

脱胶原因:皮带与托辊间发生相对运动产生的磨损;清扫器与皮带发生相对运动产生的磨损;胶层硫化处理不合格;物料,特别是尺寸偏大物料对皮带产生的冲击磨损。

危害:皮带变薄;强度变低。

防范及解决方法:加强巡查,及早发现,及早处理。

9. 纵向撕裂的防范及处理

撕裂原因:物料中混有的如圆钢、角钢等异物,这些异物常有锐利的边口,极易扎伤皮带,如果是卡在某处,会造成对皮带表面的顶压和持续划擦,越卡越紧,压力越来越大,最后刺穿皮带,造成沿皮带运动方向的纵向撕裂;托辊过度磨损甚至穿孔,卷起的边角,会割伤皮带;槽形托辊是三个托辊组成的,各托辊间有一小段间隙,如果托辊卡死,就有可能在间

隙间夹碎石等有尖角的异物,如果没有及时清除就会刮伤皮带;人为误操作,操作人员在做清理皮带等操作时,损坏皮带。

危害:严重损坏皮带;撒料。

防范及解决方法:使用者必须要求物料供应商严格控制物料尺寸;另外加强对配料站格筛网的维护,有损坏及时修复;必须要求物料供应商对物料进行除铁处理或客户自行进行除铁处理;多巡视,及早发现问题,及时处理,加强维护是关键;橡胶输送带的修补可以采用冷粘修补,处理由专业人员来做。

23.6.7 粉料罐的维护与保养

1. 泵送粉料安全操作规范

泵送粉料时应先开罐顶除尘机除尘1～2 min。粉料泵送完毕后需开罐顶除尘机除尘1～2 min。除尘器的滤芯堵塞或损坏应及时清理或更换。罐顶安全阀定期检查是否因粉料结块失效。

2. 粉料罐顶冒灰问题防范及处理

原因:除尘器滤芯堵塞,在泵灰时,粉料罐内压力升高,升高到罐顶安全压力阀的调整压力时,安全阀打开,带灰气体从安全阀中跑出,造成罐顶冒灰。

防范及解决方法:在泵送粉料前,启动罐顶除尘器1～2 min,通过气流反吹把除尘器滤芯上的积灰振落,另需定期清理除尘器滤芯和安全阀。

3. 输送管返灰问题防范及处理

现象:散料输送车向粉料罐打料完毕后,取下输送接头后,有粉料从粉料罐输送管返回地面,污染环境和造成浪费。

原因:仓顶除尘器滤芯堵塞,在打料阶段,粉料罐内形成一定正压,取掉送灰管后,形成飘浮的一部分粉料,沿输送管返回;上料位计损坏,致使上料量超出输送管出口,取掉送灰管后,多余的一部分粉料沿输送管返回。

防范及解决方法:清理仓顶除尘器滤芯;检查修复上料位计。

4. 输送管漏灰问题防范及处理

原因:输送管被物料冲刷、磨穿,转弯处更易磨穿。

防范及解决方法:经常检查弯头等易磨损处,如发现过度磨损,需更换配件或焊补磨损处。

5. 油漆脱落问题防范

故障现象:粉仓表面油漆鼓泡/脱落/表面生锈等。

原因:油漆质量差;表面处理不彻底;待处理表面温度没有依照国标规定高于环境空气露点温度3℃以上,导致油漆涂层外观粗糙(起橘皮、光色不均匀、花脸等),机械强度差(冲击、弹力、硬度、附着力等不符合标准),耐候性能(日晒、雨淋等)差,耐酸碱性能差等;使用环境有酸碱侵蚀等。

防范及解决方法:喷涂前,严格按照国标《涂覆涂料前钢材表面处理 表面处理方法 总则》(GB/T 18839.1—2002)进行表面处理。

6. 粉仓冒顶问题防范及处理

故障现象:造成除尘器与粉仓连接处撕开,使除尘器从粉仓顶掉下的事故。

故障原因:上料时,除尘器滤芯堵塞,压力安全阀失灵,仓内压力升高,仓顶薄弱部位因高压产生变形或破坏。

防范及解决方法:经常性维护和保养除尘器和压力安全阀等附件。

7. 粉仓料位计失灵问题防范及处理

原因:仓顶或仓壁漏水,引起水泥等在叶片上结块,堵死料位计旋转叶片。

防范及解决方法:经常检查粉仓的密封情况。发现失灵,可拆开料位计的安装螺栓,清除结块,并移出料位计,确认料位计运转是否正常。检验料位计时,注意安全。运转正常后,再将料位计装好。安装料位计时,一定要在螺栓部位加密封胶带。

8. 螺旋输送机的维护与保养

每天运行结束后,要放空螺旋喂料机。每周检查一次减速箱运转、密封、润滑状况,应无异响、漏油等现象,油量不足应及时补充,但不得超过油位线。每周检查一次出口和吊挂轴承是否有沉积物,如果有,则清除沉积物以免阻滞。每月检查一次整机连接紧固状况。输送物料内，严禁混入坚硬的大块物料或异物。减速箱最初运转 100 h 后，需换新润滑油，以后每 1000 h 更换一次。

9. 计量系统维护

所有软连接的红胶管和称量斗中的波纹管在自然状态时不受拉力，否则会影响称量精度。传感器安装好后，只能承受正压力(对于悬臂式或压式传感器)或正拉力(对于 S 形或拉式传感器)，不能承受扭矩。对于同一杆秤，其传感器(3 个或 4 个)必须同型号同规格。因此安装传感器时一定要检查其铭牌上的内容是否一致，不同规格的传感器其外形有可能相同。在称量斗上进行电焊作业时，必须断开控制电源，并将传感器短接或把电焊机的地线直接搭在称量斗上，避免焊接时过大的电流通过

传感器而将其损坏。拉式传感器(S 形)安装好后，需拧紧锁紧螺母，悬吊螺杆不能顶住传感器槽型根部，即悬吊螺杆与 S 形传感器槽型根部应留有 10 mm 左右的间隙。

23.6.8 电磁阀的保养

基本要求：润滑油为黏度为 2.5～70 E 防锈汽轮机油；最低工作频率为每 30 天至少动作一次；不能在高尘、大量水滴和蒸汽以及具有腐蚀气体、化学药品及溶液的环境内使用，应使用经过滤、干燥、洁净的压缩空气(空气过滤度小于 40 μm)。

23.6.9 搅拌机常见故障的处理

搅拌机常见故障的处理如表 23-8 所示。

表 23-8 搅拌机常见故障、原因及处理措施表

故障	原因	措施
润滑油泵不工作	电源部分故障	检查控制电源；接线箱主供电源；监控器控制电源
	电机及机械故障	若电机故障，更换电机；若电机与油泵连接齿轮损坏，更换齿轮
油压表压力低(低于 1 MPa)	供油阀总成阻塞或损坏	清洗供油阀总成或更换
	油压表损坏	更换油压表
	存在泄漏	检查轴头供油管
油压表压力过高(高于 6 MPa)	分配阀堵塞	清洗分配阀
	用油不标准	按标准用油
分流阀无转换	主供油管不出油	检查润滑油泵主供油回路
	分流阀阻塞	清洁分流阀阀芯及油嘴
	分流阀不切换	阀芯阻塞，清洗阀芯
	用油不当	按制造商指定用油
卸料门运行不畅	液压电机不工作	检查电机有无损坏，电源有无缺相、控制线路是否有问题
	压力太小	液压缸内缺油，补充液压油，调整主压力
	电磁阀不工作	检查电磁阀有无损坏，供电源有无问题
	限位接近开关损坏	更换同型号限位接近开关
	油压缸损坏	更换卸料门油压缸
	液压油路阻塞	检查清洗液压油路
	电磁阀线圈损坏	更换同型号电磁阀线圈
	相关机械连接断裂	更换或焊补
	轴承损坏	更换轴承
	卸料门卡死	清除卸料门周围积料

续表

故　　障	原　　因	措　　施
搅拌机闷机跳闸	主电机不工作	主电机有无损坏,检查控制回路有无问题
	传动皮带太松	重新调整皮带张紧力
	安全开关故障	检查安全开关是否正常
	机内搅拌刀间隙过大	重新调整其搅拌刀间隙,更换衬板、搅拌刀
	搅拌料过载	检查整个称料系统,按配比进料,不要过量
	误操作	属操作人员问题(如频繁启动),应急处理即可
	减速箱及菊花轴损坏	检查更换
	轴头轴承损坏	更换轴头轴承
	过载引起跳闸	立即切换到手动状态,按搅拌机卸料按钮,打开搅拌主机卸料门卸料。在处理过程中,可点动主机电机,加速混凝土卸出,但不得频繁点动,以免损坏电机
	停电	立即将主机卸料门液压泵开关打到手动位置,然后手动打开卸料门
	搅拌叶片与衬板间卡有异物	清除异物,调整间隙
	待料斗下料太快	待料斗门改小
	待料斗积料,下料或多或少	查找积料原因
搅拌机异响	机内搅拌刀碰衬板	调整搅拌刀
	配料超标	按标准选用配料
	轴头异响	检查有无润滑油跟进,保护圈 A/B 有无摩擦
	搅拌刀变形、损坏	清除断裂搅拌刀,重新更换
	电机异响	检查电机保护罩有无松动,轴承有无问题
	菊花轴异响	菊花轴套配合太松,更换菊花轴套,调整同心度
上盖漏水、漏灰	上盖变形	加装密封条、密封胶
	观察门不严	更换观察门密封条,处理压平
	观察窗关不上	更换观察门密封条,更换处理锁扣
监控器 POWER 灯不亮	保险丝烧毁(1A)	更换 1A 保险丝
	DC24V 电源不正常	更换变压器或整流器
	指示灯烧毁	更换指示灯
	线路断路	检修线路
	用油规格不对	更换标准用油
	线路短路	更换传感器
	线路断路	检修线路
指示灯报警,蜂鸣器不报警	蜂鸣器损坏	更换蜂鸣器
	线路故障	检修线路
	指示灯二极管损坏	更换指示灯二极管

23.6.10　螺旋输送机常见故障的处理

螺旋输送机常见故障的处理方法如表 23-9 所示。

23.6.11　空气压缩机常见故障的处理

空气压缩机常见故障的处理如表 23-10 所示。

表 23-9 螺旋输送机常见故障、原因及处理措施表

故　　障	原　　因	措　　施
减速箱漏油	轴端密封破损	更换轴端密封
减速箱漏灰	轴端密封垫破损	更换密封垫
观察窗漏灰	未锁紧	将观察窗顶杆螺丝锁紧
		在密封胶板上涂一层玻璃胶
万向节漏灰	万向节连接处	将万向节连接处焊接或涂一层玻璃胶
电机噪声或异响	电机轴承损坏	更换轴承
减速箱噪声或异响	输入轴承损坏	更换同型号轴承
	润滑油不干净或不足	更换润滑油并补足到油镜的2/3处
螺旋管噪声或异响	螺旋芯轴(叶片)刮到管内壁	调整芯轴同心度
	中吊轴断裂	更换中吊轴
粉料罐输送量不足	粉料起拱	开启破拱装置
	粉料罐内物料不足	补充物料

表 23-10 空气压缩机常见故障、原因及处理措施表

故　　障	原　　因	措　　施
电机不运转	压力开关按钮在OFF位置	将按钮置于ON位置
	启动器过载保护开关跳开	让启动器冷却并按复位按钮
	保险丝熔断或断路器跳开	检查熔断的保险丝并根据需要更换或复位电流断路器,不要使用高于规范标准的保险丝或断路器
	接线错误	检查接线是否正确,参考推荐的线型
	空气压力超过压力开关的开启压力	当储气罐压力降至空气开关的启动压力以下时空压机电机自动启动
	电气连接松动	检查接线
	电机故障	除非电机有明显损坏时,将电机拆下送至当地电机制造商的服务中心进行检查,如有必要则更换
储气罐安全阀开启	压力开关没有切断电机	手动操作压力开关,将断开按钮置于OFF位置,如果电机仍然运转则更换压力开关
气流受到节制	空气进气过滤器过脏	清洁或更换新的进气过滤气芯
漏气	单向阀有缺陷	当储气罐内有压力而压缩机停止转动时,有缺陷的止回阀会造成空气的持续泄漏,如果阀门泄漏,则必须更换
	安全阀漏气	手动将安全阀提环拉起,如果阀仍然漏气则更换
	安全阀开启	如果压力开关正常,说明安全阀缺陷,必须更换
	管道或软管连接松动	紧固泄漏处的连接,用肥皂水在压力下检查(不要过紧)

续表

故障	原因	措施
排气压力过低	在进气口气流受到节制	清洁或更换空气进气过滤器
	汽缸盖垫圈破损	更换新的汽缸盖垫圈
	阀片破损	更换新的阀片及垫圈
	活塞环损坏或磨损	更换新的活塞环
	V形皮带太松	如果需要则调节皮带松紧度
	空气泄漏	按空气泄漏现象检查并解决
	压缩空气用量过大	降低压缩空气用量,相对空气需求而言,空压机能力不足
输出的空气中油含量过高	活塞环磨损	更换新的活塞环
	汽缸划伤、磨损或不平滑	更换新的汽缸
	进气气流受到限制	清洁或更换空气过滤器芯,在空气进气端检查有无其他节流
	曲轴箱内油量过多	排油至适当油位
	润滑油牌号不对	选用正确牌号的润滑油
有异常声响	油位偏低	检查油位并保持在规定的水平
	螺栓或螺母松动	检查所有的螺栓和螺母并根据需要拧紧
	电机皮带轮松动	紧固皮带轮螺栓
	压缩机皮带轮松动	检查皮带轮螺丝并按需要紧固
	阀片破损或松动	检查阀片,根据需要清洁或更换
	连杆、活塞销或曲轴轴承、主轴承磨损或不平衡	检查所有部件,根据需要更换

23.6.12 皮带输送机常见故障的处理

皮带输送机常见故障的处理如表 23-11 所示。

23.6.13 气路系统常见故障的处理

气路系统常见故障的处理如表 23-12 所示。

表 23-11 皮带输送机常见故障、原因及处理措施表

故障	原因	措施
皮带跑偏	托辊上粘有泥砂	清除托辊上的泥砂
	配重过少或皮带过松	增加配重或通过调节丝杆调紧皮带
	物料落料不在皮带中部	采取措施使物料落在皮带中部
	皮带拉长不均匀	调整皮带输送机尾部滚筒或上下托辊
托辊不转或有异响	托辊轴承损坏	更换轴承
托辊磨穿	使用时间长	更换托辊
刮料板磨损	使用时间长	更换刮料板
皮带撕裂	机械故障	对于轻微的撕裂可用胶粘修补
皮带拉长	长期承受张紧	割短皮带,再用胶硫化粘接
接料斗橡胶挡边磨损	使用时间长	更换橡胶挡边

表 23-12 气路系统常见故障、原因及处理措施表

故　　障	原　　因	措　　施
气路没有气压	气动回路中的开关阀等未打开	予以开启
	电磁换向阀未换向	查明原因后排除
	管路扭曲、压扁	纠正或更换管路
	滤芯堵塞或冻结	更换滤芯
	介质或环境温度太低,造成管路冻结	及时清除冷凝水
气路压力不足	耗气量太大,空压机输出流量不足	选择输出流量合适的空压机或增设一定容积的储气罐
	空压机活塞环磨损	更换空压机活塞环
	管路漏气	更换损坏的密封件或软管、接头及螺钉
	减压阀输出压力低	调节减压阀至正常使用压力
	管路细长或管接头选用不当	加粗管径,选用过流量大的管接头及汽阀
排气口和消声器有冷凝水排出	忘记排放冷凝水	坚持每天排放冷凝水,确认自动排水器能正常工作
	空压机进气口处于潮湿处或淋入雨水	将空压机安置在低温、湿度小的地方,避免雨水淋入
	压缩机用油不当	使用低黏度油,则冷凝水多,应选用合适的空压机油
排气口和消声器有灰尘排出	从空压机入口和排气口混入灰尘	在空压机吸气口安装过滤器,在排气口安装消声器,灰尘多环境中元件加装保护罩
	系统生锈、金属粉末和密封材料粉末	元件及配管应使用不生锈耐腐蚀材料,保证良好润滑条件
	安装维修时混入灰尘	安装维修时应防止混入铁屑、灰尘和密封材料碎片等,安装结束后应用压缩空气充分吹洗干净
汽缸动作速度太慢或不动作	气压不足	提高压力
	负载过大	提高使用压力或增大缸径
	供气量不足	查明哪些器件节流太大或堵塞
	汽缸摩擦力增大	改善润滑条件
	缸筒或活塞密封圈损伤	更换相应零件
	汽缸活塞杆卡住	重新调整汽缸的安装位置
	电磁阀线圈已坏	更换电磁阀线圈
	磁性开关至 PLC 线路断路或接线不良	接上线路
电磁换向阀的主阀排气口漏气	活塞密封圈损伤	更换密封圈
	异物卡入滑动部分,换向不到位	清洗主阀
	气压不足,造成密封不良	提高压力
	气压过高,使密封件变形太大	使用正常压力
	润滑不良,换向不到位	改善润滑
	密封件损伤	更换密封件
	阀芯阀套磨损	更换阀芯阀套

续表

故　障	原　因	措　施
电磁换向阀阀体漏气	密封垫损伤	更换密封垫
	阀体压铸件不合格	更换阀体
电磁先导阀的排气口漏气	异物卡住动铁芯	清洗动铁芯
	动铁芯或弹簧锈蚀	注意排出冷凝水

23.6.14 皮带输送机的传动装置常见故障处理

皮带输送机传动装置常见故障的处理如表 23-13 所示。

23.6.15 其他常见故障的处理

其他常见故障的处理如表 23-14 所示。

表 23-13 皮带输送机传动装置常见故障、原因及处理措施表

故　障	原　因	措　施
轴端渗油	油过量	检查油量,若多则放出一些
	油封损坏	更换油封
空运转噪声大	油量不足	检查油量,加入适当润滑油
间断出现噪声	滚筒内有杂物	清除杂物后,重新注油
出现异常噪声	齿轮或轴承损坏	更换齿轮或轴承
很大间断噪声	轴承或逆止器损坏	更换轴承或逆止器
空载时滚筒不能正常运转	接线错误,电压过小	改变接线方法
启动时跳闸	接线错误,电压过大	改变接线方法
带逆止器的滚筒不能启动	接线错误	改变相序,重新接线
电流不平衡	电机质量问题	更换电机

表 23-14 其他常见故障、原因及处理措施表

故　障	原　因	措　施
自动运行时,配料站骨料储料仓不卸料,各骨料称重显示器均为零	骨料斗阀门电磁换向阀不换向	清洗或更换电磁阀
	气路压力不足	提高气路压力
	汽缸漏气严重	更换密封件或汽缸
	汽缸上磁性开关已坏,不能闭合	更换磁性开关
	磁性开关至 PLC 线路断路或接线不良	接上线路
配料站骨料称量斗不卸料	待料斗或精称门未关闭或未关到位	手动操作斗阀门或精称门电磁阀,关上斗阀门,或重新调整磁性开关的位置
	气路压力不足	提高气路压力
	汽缸漏气严重	更换密封件或汽缸
	待料斗阀门汽缸上磁性开关已坏	更换磁性开关
	磁性开关至 PLC 线路断路或接线不良	接上线路
	骨料计量斗称重传感器终端损坏	更换损坏的零件
	平皮带未运行	开启平皮带

续表

故　障	原　因	措　施
供电系统正常,但运行中主机突然停止运行	断路器跳闸	打开动力柜门,查看是哪一个断路器跳闸,若是主机断路器跳闸,应立即打开搅拌机卸料门和检修门,用水冲洗,加速混凝土卸出,然后查找跳闸的原因;若是斜皮带机断路器跳闸引起主机停止运行,不得强行合闸,应查明原因,排除故障后方可合闸
骨料及水、粉煤灰、水泥均不卸料	搅拌机卸料门没有关闭或关闭不到位	关闭卸料门或重新调整卸料门感应开关的位置
粉料罐顶部冒灰	除尘器滤芯堵塞	每次打灰前,先开除尘振动器 1~2 min,打灰后再开除尘振动器 1~2 min
	粉料满罐	当上料位计给出有料信号时,应停止打灰

23.6.16　电气控制系统常见故障的诊断与排除

电气控制系统常见故障的诊断与排除如表 23-15 所示。

表 23-15　电气控制系统常见故障、原因及处理措施表

故　障	原　因	措　施
双击打料软件无反应	GRID++未安装	安装 GRID++
	SQL2005 未安装	安装 SQL2005
授权升级不成功	提示"Another update must be installed first""有未注册的文件,请先注册另一个文件"	向公司信用销售部索要未使用的注册文件
	提示"Key with specified ID was not found"表示未找到加密锁	重新拔插加密锁或重新安装加密锁驱动
	数据库登录失败	重新分离并附加数据库
	数据库登录失败	重新分离并附加新数据库
打开程序提示"载入属性文件异常"	属性文件损坏	替换属性文件 Control\Data\Property 的 SmartConcreteStudio.xml 文件
双击打料软件提示注册生产线	属性文件损坏	替换属性文件 Control\Data\Property 的 SmartConcreteStudio.xml 文件
仪表通信故障	全部仪表通信故障	信号屏蔽线是否接好(机壳连接转换模块电源负极)
		仪表通信串口 COM 口选择是否正确
		接线是否接好
	个别秤通信故障	查看 ID 号是否对应
		接线是否接好

续表

故　　障	原　　因	措　　施
PLC 通信故障	IP 地址不正确	智能 IO 里的 IP 地址是否正确
	网线损坏	网线是否完好
	若 IP 地址、网线都没问题，仍无法连接	PLC 重启，重新连接
	PLC 程序不正确	重新下载 PLC 程序
生产界面提示某种物料超差	精称值与落差值不合适	调整精称值与落差值
生产界面提示骨料急停、三层急停或粉仓急停报警	骨料急停、三层急停、粉仓急停动作	将对应的急停复位
生产界面提示平皮带、斜皮带拉绳开关报警	斜皮带、平皮带拉绳开关动作	将对应的拉绳开关复位
骨料计量斗不进料	计量斗门未关到位	检查计量斗门是否关到位及限位开关是否工作正常，如果损坏，立即更换
	门限位开关损坏	
	称量仪表工作不正常	检查仪表称量指示灯是否点亮
	自动配料没有勾选	勾选自动配料
	骨料气压低报警未解除	解除报警
	电气柜有动作，料门无反应	检查气路、电磁阀、汽缸及料门等
粉料计量斗不进料	计量斗门未关到位	检查计量斗门是否关到位及限位开关是否工作正常，如果损坏，立即更换
	门限位开关损坏	
	称量仪表工作不正常	检查仪表称量指示灯是否点亮
	自动配料没有勾选	勾选自动配料
	骨料气压低报警未解除	解除报警
	螺旋开关未送电	开关送电
	粉料余料不足	更换料仓或者尽快进料
粉料进料缓慢	粉料仓蝶阀没有完全打开	完全打开蝶阀
	粉料起拱或有结块	破拱和清理结块
螺旋输送机不转动	螺旋输送机叶片卡住	反转电机，清除异物
	电机或者减速机损坏	检修电机或者减速机
液体计量斗不进料	计量斗门未关到位	检查计量斗门是否关到位及限位开关是否工作正常，如果损坏，立即更换
	门限位开关损坏	
	称量仪表工作不正常	检查仪表称量指示灯是否点亮
	自动配料没有勾选	勾选自动配料
	骨料气压低报警未解除	解除报警
	开关未送电	开关送电
	余料不足或管路堵塞	更换料仓、疏通管路
骨料计量斗计量完毕不投料	平皮带未启动	启动平皮带
	骨料缓存斗没有关门信号	检修骨料缓存斗关门信号
	骨料缓存斗状态为有料	手动将缓存斗料门打开，全开时间走完，缓存斗状态切换为正常
粉料秤称量仪表读数逐渐变小	蝶阀未关闭发生泄漏	调整蝶阀使其关闭到位

续表

故　　障	原　　因	措　　施
骨料缓存斗、水泥等三层计量斗不向主机投料	主机状态不正确	完成主机搅拌、卸料等流程，使主机处于"进料状态"
	主机未启动	启动搅拌主机，且有主机运行信号
	主机没有关门信号	恢复主机关门信号

23.7 混凝土搅拌站的选型及施工范例

23.7.1 选型原则

按照混凝土估算方量进行选择。一年按照300个工作日，每天工作8小时计算，实际使用受到多方面因素的影响，实际效率要比理论值低。同时，考虑到设备的定期保养及维护需要，为保证某些时期需求量特别大的情况，建议选购2台设备。

1. 按市场容量选型

考虑到混凝土搅拌站实际生产能力是随着所生产的混凝土变化，而且商品混凝土需求市场起伏变化和季节的变化都会影响混凝土搅拌站的利用率。表23-16是按照市场容量进行选型的参照表。

表23-16 按市场容量选型表

年预期混凝土量/m³	年工作天数/天	建议选用规格	站台数
$<5\times10^4$	300	1 m³ 主机（HZS60）	1～2
$10\times10^4\sim20\times10^4$	300	1.5 m³ 主机（HZS90）	1～2
$20\times10^4\sim30\times10^4$	300	2 m³ 主机（HZS120）	1～2
$30\times10^4\sim50\times10^4$	300	3 m³ 主机（HZS180）	1～2

2. 按场地大小选型

对于一般的客户而言，大都是先买好了地，再考虑建混凝土搅拌站，所以在这种情况下就要根据场地大小进行选型。总的原则是除了满足能放置搅拌站外还要留够空间放置料场、停车场、道路、办公大楼、维修车间、回收池等。对于一个HZS120站或HZS180站而言，设备占地约21 m×51 m；如场地为50 m×120 m（约10亩地），则选用单站；如果场地为100 m×120 m（约20亩地），则选用双站。若场地形状比较复杂，则应按照设备的布局，根据场地利用率来定。

各组件的选用原则如下。

粉料罐主要是要与搅拌站（楼）产量相匹配，考虑原材料等资源的运作成本，一般选择200 t的粉料罐。如果水泥的资源比较紧张，则可选择300 t、500 t的粉料罐作为水泥仓。并且可以选择两个以上的粉料罐储存水泥。粉煤灰、矿粉的使用量不如水泥大，原材料一般也不会太紧张，选择200 t的粉料罐即可。储存膨胀剂的粉料罐可以选100 t的，因为其使用量更小。

配料站按仓数可分为三仓、四仓、五仓；按安装方式可分为钢结构式（图23-35）和地仓式配料站（图23-36）。可以根据骨料级配的情况及搅拌站的大小进行选择，具体选择情况如表23-17和表23-18所示。

表23-17 各方站对应仓数选择表

配料站	方　　站			
	1方站	1.5方站	2方站	3方站
三仓	可选	可选		
四仓		可选	可选	可选
五仓			可选	可选

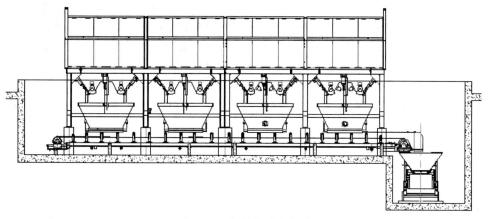

图 23-35 钢结构式配料站

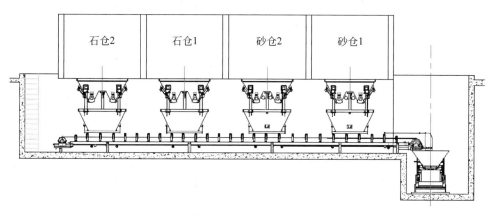

图 23-36 地仓式配料站

表 23-18 地仓式和钢结构式配料站特点对比表

配料站	优　点	缺　点
地仓式	装料高度低,节省能源,称量部分在地下,具有良好的保温功能、防尘功能	土建工作量大
钢结构式	安装检修方便	装料高度高,防尘、保温效果差

目前,国内上料机构普遍选用平皮带机和斜皮带机上料,根据场地尺寸的紧凑程度,可选用人字皮带机、波纹带皮带机。如果场地有限,可以选择斗式提升机进行上料。

23.7.2 混凝土搅拌站使用范例介绍

1. 带污水处理装置搅拌站的选型和使用范例

随着商品混凝土被广泛应用,各地新建的商品混凝土搅拌站日益增多,虽然集中搅拌很大程度上减少了施工现场的环境污染,但搅拌站本身的环境状况却不尽理想,尤其以洗机水和骨料清洗水等生产污水的排放而造成的污染为重。有的搅拌楼下污水横流,有的就近排放到附近的河道内,需要花费若干人力物力定期清淤疏浚。随着城市环境管理的法制化、现代化、规范化、科学化,人民保护环境意识的不断提高,在兴建商品混凝土搅拌站时就需要优先考虑生产污水的处理问题,将污水处理方案纳入搅拌站的总体规划和工艺设计之中。

带污水处理装置搅拌站的选型首先按前一节选好合适的搅拌站，然后根据需要选择污水处理装置。

要想对搅拌站进行污水处理，就得分清污水的来源，找出可以清理的方法，最终目标就是达到搅拌站零污染。

1) 商品混凝土搅拌站生产污水的主要来源

(1) 混凝土搅拌机的冲洗水。主要为定时冲洗搅拌机内部黏附的混凝土而产生的污水。

(2) 搅拌运输车的冲洗水。主要为定时冲洗车内部及进出料而产生的污水。

(3) 混凝土泵车的冲洗水。主要为混凝土泵送结束后，清洗泵车料斗和泵管的冲洗污水。

(4) 砂、石骨料的冲洗水。主要为冲洗砂、石的泥土杂质而产生的污水。由于此类污水量大，其杂质多为石粉和黏土，处理困难且难以回收利用。如果本地有经过筛洗处理的砂、石骨料货源，应优先选购经冲洗处理后的骨料，使场内部不产生此类污水源。

2) 污水的性质

由混凝土的组成材料和生产过程可知，厂内生产污水主要受到混凝土集料的物理性污染和水泥水化学性污染。

(1) 物理性污染。物理性污染主要为黏附在机壁上混凝土集料，经水冲刷后而产生，如水泥、黄沙和石子颗粒等，这些颗粒难溶于水而易于沉淀。

(2) 化学性污染。化学性污染源主要是水泥中的硅酸根离子、铝酸根离子水解时使污水呈碱性，同时还有少量的金属离子。由于水泥中的主要成分 $CaCO_3$、SiO_2、Al_2O_3、Fe_2O_3，在水中都是难溶物质，当它们在水中的溶解达到平衡时，溶液饱和。此时水中的水泥仅能以晶体的形式存在，而不再继续溶解。硅酸根离子、铝酸根离子的水解也是同理，当其水解达到平衡时，碱度也不再加大。此外，还有硅酸三钙和硅酸二钙和水起化学反应生成的氢氧化钙。

(3) 污水处理的定位。为了缩短污水流程，并考虑车行路线，结合厂区现状和规划要求，将污水处理池和洗车台并列设置，并尽量接近搅拌系统。

3) 污水处理主要方法

(1) 简易型。简易型污水处理主要包括如下设施：沉淀池一个、泥浆池一个、搅拌器两个、泥浆泵一个。工艺流程为冲洗过混凝土搅拌车的砂石泥浆水经过沉淀池沉淀进入泥浆池；在泥浆池中的搅拌器不停搅拌，防止泥浆结块；然后由泥浆泵将其抽入搅拌站中循环使用。该种方案投资较小，能起到一定的除污染功能和废水再利用功能。

(2) 较好型。较好型污水处理主要包括如下设施：沉淀池一个、泥浆池一个、砂石分离机一台、搅拌器两个、泥浆泵一个。工艺流程为搅拌车倒车至料斗正确位置，触及行程开关的碰杆，加水管立即自动向搅拌车内注水（约 5 min 加水 3 m^3），将搅拌车内残渣及水倒入受料斗，同时受料斗冲洗泵加水（进一步稀释），此时主机自动启动。残渣与水混合，在冲洗泵水的冲击下，进入分离机，在分离机内自动清洗，将砂、石、浆水分离。分离出来的砂、石分别送到出砂口与出石口，而溢流出来的浆水进入沉淀池，通过三级沉淀，其中在泥浆池中的搅拌器不停搅拌，防止泥浆结块，然后由泥浆泵将其抽入搅拌站中循环使用，而清水池则可以由水泵抽入砂石分离机或者抽入到搅拌主机中循环使用。

(3) 完善型。完善型污水处理主要包括如下设施：沉淀池一个、泥浆池一个、砂石分离机一台、搅拌器两个、泥浆泵一个、皮带输送机一台或数台。工艺流程前面与较好型相同，最后分离出来的砂石经过皮带输送机输送到相应的料场或者是直接输送到配料站料斗中重复利用。

2. 北方带保暖措施搅拌站的选型和使用范例

1) 搅拌站采取保温措施的必要性

北方地区，因其气候条件，冬天气温较低，可达 $-30 \sim -20℃$，甚至更低。现有的搅拌站,除控制室外其余部分均未添置防寒措施,只能适合中原、南方地区的气候条件或北方开春后使用。如果要在北方全天候打料,为保证混凝土的出机温度,使混凝土运送到现场的温度不低于10℃,入模温度不低于5℃,需对现有产品必须进行升级,有针对性地添置保温设施,以适合北方市场。

2)搅拌站各种元件使用温度

目前,搅拌站上电磁阀的使用温度为:5～15℃;传感器的使用温度为:-20～65℃;汽缸的使用温度为:5～60℃;冷冻式干燥机的使用温度为:2～42℃。而且,普通皮带的脆性温度较高。显然,就冬天的气候条件,要有针对性的保温措施。

3)搅拌站保温措施

(1)从结构上采取保温的结构。目前搅拌站可以采用混凝土结构和钢结构两种,对于钢结构搅拌站需要对其四周采用岩棉彩钢夹芯板进行包装,只留搅拌车出入口,主楼仍然采用彩钢夹心板包装,主楼内布置蒸汽散热片,主楼卸料斗布置蒸汽管保温。对于混凝土结构搅拌站需要保持一定的墙壁厚度,并且只留搅拌车出入口。配料站需要采用地仓式,因为其主体在地下,无论是加热性能还是保温性能都较好。

(2)各种元件的保温。

① 气路元件的保温。气路系统,增加冷冻干燥机 ADH-30F 一台,气路中大部分水经过干燥机后会分离出来,防止气路结冰损坏执行元件。添置外加剂小屋一个,将空气压缩机和储气罐放置在里面,并在小屋内添置火炉或者供暖设施,保证小屋内的温度。对于气路系统采用集中控制的方式,将控制元件集中到主楼或者控制室中进行保温。

② 供液系统各元件的保温。供液系统中包括对水池、外加剂罐及管道的保温。对水池应该添加加热装置,可以采用锅炉进行加热。外加剂罐放置于外加剂小屋中进行保温,并在罐内布置蒸汽管道进行加热。供水管道应该全部包扎玻璃纤维棉进行防寒。

(3)皮带输送机保温。斜皮带机采用全封闭结构,用彩钢夹心板包装,皮带采用耐寒型的皮带,并在皮带两侧添加散热片。水平皮带机置于地下,在地仓内添加散热片。

(4)运输车辆防寒。车辆机械的保暖:盖设保暖棚来停放各种设备。保暖棚的尺寸根据各种设备的实际尺寸,使设备能够停放于保暖棚内;墙身采用砖结构,房顶采用油毡、石棉瓦铺设,保暖棚门用双层帐篷布做门帘。保暖棚取暖根据现场实际情况采取两种方案:其一是修建保暖棚时加设火墙取暖;其二是采用锅炉集中供暖的方法。根据实际情况,保暖棚离生活区较远时采用火墙取暖,靠近生活区附近的采用锅炉集中供暖。

(5)原材料防寒。要保证混凝土的入模温度,应该优先考虑加热水的方式,如果不能达到要求,则需要对砂石进行加热。首选是进行保温,即将整个料场封闭起来,这样既可以防寒,又可以防尘,如果还是不能达到要求则可以对砂石进行蒸汽加热,使其达到需要的温度。

23.8 混凝土搅拌站试验技术及评定

23.8.1 性能指标

1. 一般性能指标

(1)全部零部件均应按规定的图样加工,并符合有关的建筑机械通用技术条件的规定。

(2)搅拌机的技术条件符合《建筑施工机械与设备　混凝土搅拌机》(GB/T 9142—2021)的规定。

(3)搅拌站(楼)的钢结构件应符合《建筑施工机械与设备　混凝土搅拌站(楼)》(GB/T 10171—2016)中的相关规定。

(4)外购件均应符合有关国家标准的规定,并具有产品合格证。

(5)润滑系统要求。各运动部件的润滑点(润滑控制机构、联动机构、铰链和支承点等)均用规定的润滑剂,各润滑剂的供给机构应灵活、可靠。

(6) 带式输送机。

① 输送带上方应有护罩、照明和维修平台。

② 搅拌楼的带式输送机应安置回转式分料器。

③ 带式输送机的全部托辊应运转灵活,并有良好的对中性能,保证在满载运行时能有效地输送物料而不溢出或在接收点堆积。

④ 带式输送机设张紧(调节)装置和清扫装置。

⑤ 带式输送机应与回转分料器联锁,并有可靠的定位装置。

⑥ 带式输送机的生产能力,当不同粒径的骨料用同一输送机交替供料时,每小时的额定供料量应大于实际需要量的1.5倍;当几种骨料混合供料时,应大于实际需要量的1.2倍。

(7) 水泥和掺和料(通称粉料)供给装置。

① 粉料仓的容量应能满足搅拌站(楼)一个工作台班的需要量。

② 粉料仓内应设置料位指示器,粉料的最高和最低位置应在控制室(台)显示出来。

③ 粉料仓内应设置破拱装置,气动破拱装置必须保证其气量能顺利地排出仓外而不得影响称量精度;机械破拱装置应工作可靠,控制灵敏。即使在水泥容重变化时(水泥容重 $0.9 \sim 1.6$ t/m³),也能可靠工作。

④ 粉料仓底部设置手动蝶阀。

(8) 螺旋输送机。

① 螺旋输送机组装后,运转应灵活、平稳、无异常噪声。

② 螺旋输送机与水泥仓卸料口处可铰接或借助于弹性元件连接,连接处应防水、防潮,并便于拆装和维修。

③ 外加剂供料装置应有耐腐蚀性能,输送泵的泵送能力应大于每小时需用量,并有防止沉淀的措施。

(9) 供水装置。

① 供水管路不得渗、漏,并采用防锈管件。

② 混凝土搅拌用水可用水秤、水箱和各种流量仪表等质量计量或容积计量方式,并保证计量精度可靠。

③ 任何形式的供水方式向搅拌机内加水的时间应小于等于17.5 s。

④ 其他供料方式应符合 GB/T 10171—2016 的规定。

(10) 配料系统。

① 混凝土各组成材料一般按质量计量(水和外加剂也可采用容积计量,但应折算成质量给定和指示),可采用一种材料单独配料称量,也可采用几种材料累计配料称量。

② 称量装置应符合 GB/T 10171—2016 中 6.2 条的规定。

(11) 空气压缩机和气动系统。

① 空气压缩机的供气量与气路系统匹配,在各气动部件分别或同时工作时,工作压力应大于 0.6 MPa。

② 气路系统应配备油水分离器和油雾器。

③ 电磁汽阀动作应灵敏、可靠,切换时间应不超过 0.1 s,在正常工作压力下不允许漏气,密封件使用寿命不少于 10 万次。

(12) 电力设施。混凝土搅拌站(楼)控制系统的所有电力设备和布线均应符合《电气控制设备》(GB/T 3797—2016)和工厂电力设计技术规程及 GB/T 10171—2016 中的相关规定。

(13) 安全要求。搅拌站(楼)应符合下列安全要求。

① 搅拌站(楼)应有防雷接地的措施。

② 搅拌站(楼)上的工作平台应有防护扶梯栏杆。

③ 物料提升机构、搅拌机等传动系统的运动部件应有防护装置,在进行保养维修时有联锁断电装置或给出信号的装置。

2. 重要项目指标

1) 计量精度

计量不准确导致混凝土配比不正确,直接影响混凝土的质量。各种物料的计量精度应符合表23-19的规定。

表 23-19　称量精度要求表

配　料	在大于称量1/2量程范围内单独配料称量或累计配料称量精度	备　注
水泥	±1%	—
水（按体积或质量计量）	±1%	—
骨料	±2%	骨料粒径≥80 mm时为±3%
掺和料（粉煤灰）	±1%	—
外加剂	±1%	—

2）搅拌时间

搅拌机生产出符合 GB 50204—2015《混凝土结构工程施工质量验收规范》的匀质混凝土一罐次所用的时间。搅拌时间越少，生产效率越高。根据搅拌时间把搅拌机分成三个等级，见表 23-20。

表 23-20　搅拌时间表

搅拌机等级		
≤35 s	≤30 s	≤25 s
合格品	一等品	优等品

3）工作循环周期

搅拌站在标准工况下每小时的工作循环次数越多，搅拌站的生产能力越高。根据工作循环次数把搅拌机分成三个等级，见表 23-21。

表 23-21　工作循环周期表

搅拌站等级		
≥40 次	≥50 次	≥55 次
合格品	一等品	优等品

4）搅拌站（楼）的可靠性要求

可靠性试验时间为 300 h。首次故障前工作时间≥100 h；平均无故障工作时间≥200 h；可靠度≥85%。

5）控制系统

搅拌站（楼）的控制系统应能按搅拌不同标号，不同坍落度的混凝土随时进行调节，而搅拌站的程序仍有节奏的配合，生产出符合《混凝土结构工程施工质量验收规范》（GB 50204—2015)的混凝土。

6）噪声要求

搅拌站（楼）在工作时的噪声要求见表 23-22。

表 23-22　噪声要求表

检测位置	基准噪声型噪声限值	低噪声型噪声限值	噪声限值
离搅拌机中心 7 m，离地面 1.5 m 处	89 dB	79 dB	—
控制室内	—	—	82 dB

7）粉尘要求

搅拌站（楼）无论在何种供料形式的工作状态下，离搅拌站（楼）主体（砂、石、水泥经计量后投入搅拌机的进料口处）粉尘源头下风口 30 m 远，高 1.5 m 处的粉尘浓度不得大于 10 mg/m^3。

8）停电应急要求

搅拌站（楼）在发生临时停电或意外事故时，其强制式搅拌机应有应急机构，能将搅拌机内的混凝土随时卸出。

9）运输车要求

搅拌站（楼）的卸料高度应根据运输车辆的类型确定。用搅拌运输车时，卸料高度应≥3.8 m。

10）钢结构要求

搅拌站（楼）的钢结构部分应符合有关钢结构设计规范的规定，能在下列环境中正常地工作：

（1）环境温度为 1~40℃；

（2）湿度≤90%；

（3）最大雪载 800 Pa；

（4）最大风载 700 Pa；

（5）作业海拔高度≤2000 m。

23.8.2 试验技术与评定

1. 准备工作

试验前的检查工作如下：

(1) 检查各运动部件及主要拆装结构件的紧固件是否安装牢固。

(2) 检查各动力源、减速机的传动关系是否正确。

(3) 检查减速机及各运动件是否加注了润滑油（脂）。

(4) 检查各配设备的安装关系、运行路线是否合理、正确。

(5) 检查电气系统接线是否牢固、安全、正确。

(6) 测定混凝土搅拌站（楼）各称量装置的静态精度。

(7) 外观质量应符合《工程机械 涂装通用技术条件》(JB/T 5946—2018)的规定。

2. 空载试验

搅拌站（楼）出厂时应做下列试验。大、中型搅拌站（楼）可在厂内进行独立部件试验，整机试验可在工地安装后结合用户验收进行。

(1) 接通电源，首先开启空气压缩机，使其达到额定的压力，持续 15 min，观察或试验其电磁控制阀、管路、汽缸、油雾器、油水分离器等部件是否漏气。当压力达到 0.7 MPa 时，安全阀或限压阀能否可靠动作。

(2) 检查各料门、称量斗门的各气动元件（包括汽缸、电磁阀、蝶阀等）启闭是否灵活、到位、可靠。

(3) 检查各种机构的行程开关，限位机构设置是否牢固、动作是否安全可靠。

(4) 检查控制台的各种按钮，按键是否符合预设的功能，启闭是否准确、可靠。

(5) 检查控制系统的手动、全自动程序的逻辑关系是否正常。

(6) 搅拌站（楼）连续空运转 30 个循环，分别检查各部件的运行是否正常、灵活、可靠。

(7) 在砂、石称量斗和水泥称量斗中放置标准砝码为最大量程的 50%、75%、100%，观察其是否达到规定精度要求。

3. 负载试验

搅拌站（楼）在技术鉴定、生产许可证发放、评定优质产品和质量检查时应进行负载试验，可结合生产验收时进行。

1) 测定条件

(1) 混凝土各组成材料供应充分，成品混凝土出料及时，混凝土搅拌站（楼）应连续运转。

(2) 应有固定的混凝土配比，骨料级配、水泥种类和标号、混凝土标号和坍落度、用水量均按规定的要求。

(3) 每一循环的混凝土生产量应以混凝土搅拌机的公称容量计算和测试。

(4) 搅拌时间以该产品说明书标定的达到混凝土匀质性要求的最少时间为准。

(5) 不加掺和剂和附加剂，不进行干搅拌，无等待阶段。

(6) 试验工况和试验用混凝土和配制按《建筑施工机械与设备 混凝土搅拌机》(GB/T 9142—2021)中的相关要求进行。

2) 生产率的计算

当测某机生产过程中从开始卸料时起，经数次循环后，该机又开始卸料止，并分别测出上料时间、搅拌时间和卸料时间，计算出这一周期的间隔时间，然后计算其小时生产率，公式如下：

$$Q = 3600/(T \cdot P)$$

式中：Q——搅拌站（楼）的生产率，m^3/h；

T——搅拌一罐次所需的平均时间，s；

P——搅拌站（楼）主机的公称容量，m^3。

注：卸料时间仅以搅拌主机的卸料时间为准，不按搅拌运输车进料时间计算。

(1) 坍落度差值的测定按 GB/T 9142—2021 中的相关要求进行。

(2) 搅拌时间的测定按 GB/T 9142—2021 中的相关要求进行。

(3) 混凝土残留率的测定按 GB/T 9142—2021 中的相关要求进行。

(4) 混凝土匀质性的测试。

(5) 噪声的测定。

(6) 粉尘浓度的测定。

(7) 混凝土试块强度试验。

① 混凝土试块的制作按 GB/T 9142—2021 标准的有关规定执行。

② 做混凝土试块时,应标明实际的搅拌时间。

(8) 混凝土搅拌站(楼)砂、石、水泥、水、掺合料、外加剂等物料称量精度(静态计量精度)的测定。

4. 配料秤的静态称量首次检定最大允许误差

加载或卸载时,配料秤的静态称量首次检定最大允许误差如表 23-23 所示。

表 23-23 配料秤的静态称量首次检定最大允许误差表

最大允许误差	m(以检定分度值表示) 1
±0.5e	0≤m≤50
±1.0e	50＜m≤200
±1.5e	200＜m≤1000

5. 准确度表示法

配料秤的准确度用百分比表示,即为多次测得的定量值(显示值)偏离预定值的相对误差。

6. 自动称量最大允许误差

配料秤的自动称量最大允许误差见表 23-24。

表 23-24 配料秤自动称量最大允许误差

准确度等级	首次或周期检定	使用中检定
Ⅳ	±0.5%	±1%

注：使用中检定的最大允许误差,是首次检定最大允许误差的两倍。

7. 最小称量

自动称量的最小称量,不应小于最大称量的 30%,除最后一批物料外,不得使用小于最小称量的物料。

8. 鉴别力

当称量改变 1.4 倍检定分度值 e 时,原来的示值应有变化。

9. 称重显示控制器

称重显示控制器应符合如下要求：

(1) 各项指标应符合《电子称重仪表》(GB/T 7724—2023)中的有关规定。

(2) 称重显示控制器的误差不应大于整机称量之差的 0.7 倍。

10. 最大安全负荷

最大安全负荷为 1.25 倍最大称量。

11. 重复性

对于同一载荷,多次称量所得的结果之差,应不大于该称量的最大允许误差的绝对值,即

$$P_{max} - P_{min} \leq |\text{mpe}|$$

12. 误差计算

秤上的砝码 m,电子衡器的示值为 I,逐一加放 0.1e 的小砝码,直到秤的示值明显地增加了一个 e,则成为 ($I+e$),为使配料秤末位数增加一个检定分度值,附加的小砝码值为 Δm,化整前的示值为 P,则 P 由以下公式给出：

$$P = I + 0.5e - \Delta m$$

化整前的误差为

$$E = P - m = I + 0.5e - \Delta m - m$$

化整前的修正误差为

$$E_c = E - E_0 \leq \text{mpe}$$

式中：E_0——零点或接近零点(如 5e)的误差。

13. 实际分度值的计算

实际分度值按下式计算：

$$d = \max/n$$

当准确度等级为Ⅳ级时取 200＜n≤1000, d 为 $1\times 10k$、$2\times 10k$、$5\times 10k$,k 为正、负整数或零。

14. 试验条件

(1) 温度：15～35℃ 范围内任一稳定温度。

(2) 相对湿度：45%～75%。

(3) 通电预热不大于 30 min。

(4) 检查各功能键的动作应正常。

15. 标准砝码

试验用质量标准器为四级砝码。

16. 标准砝码的最小量值

试验用标准砝码的最小量值应根据搅拌站(楼)的各种功能的配料秤的大小决定。当检定最大称量值大于 1000 kg 时，允许用其他恒定载荷替代标准砝码，但至少应有 1000 kg 或最大称量值 50% 的标准砝码(二者取其中的较大值)。

17. 空秤复位试验

将秤斗往复推动几次，等静止后观察称重仪表每次显示的数值是否一致，否则应予以检查和调整。

18. 初次标定

根据不同功能的称量器，对实际分度值进行计算和标定，并用 80% 满量程以上的砝码进行检验和标定。

19. 偏载试验

采用 1/10 满量程的标准砝码做以下试验：

(1) 单只传感器悬挂结构的料斗秤，可将秤斗面分成 4 等分，砝码放置在边角处。

(2) 用两只传感器的料斗秤，将砝码放置在传感器上方位置或悬挂在传感器下方位置。

(3) 用 4 只传感器的料斗秤，将砝码放置在传感器下方位置。

(4) 机械电子式的料斗秤，根据料斗的形状定角差的点数(四方形或三角形)，将砝码置于被测位置的下方。

任何位置的修正误差(E_c)均不能超过此量程的允许误差(mpe)，否则应对相应的元、器件进行调整，并重试角差，直到符合要求为止。

20. 称量试验

称量测试应在以下五个点进行加、卸载荷：

$\min(10e)$、$50e$、$200e$、$50\%\max$、$\max$ 记录每一点的示值及附加小砝码值。每一称量点的修正误差均不能超过此量程的允许误差。

21. 鉴别力试验

在 min 和 max 两处进行测试(可在称量测试中进行测试)。

测试方法：在承载器(称量斗)上加放一定量的砝码和 10 个 $0.1d$ 的小砝码，然后依次取下小砝码，直到示值 I 确实减少一个实际分度值为 $I-d$，加上 $0.1d$ 后，再加上 $1.4d$ 的砝码，示值必须为 $I+d$。

22. 重复性试验

在 50%max 和 max 处进行两组测试，试验三次(其中一次取称量测试中的记录)。

每次测试都执行首次检定的最大允许误差。

测试方法：在 50%max 测试后再加到 max 进行测试，然后全部卸下。

23. 最大安全负荷试验

测试方法：在称量测试 max 后，再在最大值的基础上加 0.25 倍的 max 的过载砝码静压 15 min，零部件应无异常。卸下过载砝码，测试最大称量的误差应不大于该称量的允差 mpe (1.5e)。

24. 减量法称量装置静态精度的测定

(1) 对于称重范围在 2 t 以内的秤，检验方法按本节负载试验的有关内容进行。

(2) 对于称重范围在 2 t 以上的秤，可用当量砝码代替部分荷重。

25. 可靠性试验

1) 试验条件

(1) 在出厂 3~6 个月的产品中进行可靠性运行试验。

(2) 所有项目的测试和试验只能在同一台样机上进行。

(3) 在可靠性试验前，允许对样机进行维修、保养、更换有关易损件等，并做出必要的记录。

(4) 可靠性试验可在生产过程中进行。

2) 试验时间

(1) 可靠性试验时间为 300 h。

(2) 正常的维护保养时间不计入试验时间和故障排除时间，每试验 8 h 允许停机 0.5 h，进行维护保养(不允许更换非随机备件)。

(3) 因生产原因连续中断负载试验 7 天以上，试验应重新开始。

3) 故障判定规则

(1) 故障分类。可靠性试验出现的故障，根据其对人身安全、零部件损坏程度、功能降低程度及修复的难易等因素分为致命故障、严重故障、一般故障和轻度故障四类。

(2) 故障判定规则。故障的判定按如下规则进行。

① 故障判定时应详细了解样机发生故障时的使用情况和试验条件,包括负荷状态、累计试验时间、故障类别、故障造成的后果等,以保证故障判定的准确性。

② 可靠性试验只对样机在试验中发生的故障类别进行统计,非故障类别不计入故障次数但应如实记录。

③ 当发生基本故障,并造成可靠性试验中断时,允许重新抽样、试验。

④ 同时发生的多个故障,若为非关联故障,则各个故障应分别统计故障类别;若为关联故障,则按最严重的那个故障统计故障类别,但其余故障应在试验记录的备注中注明。

⑤ 一个故障应判定为一个故障次数,并只能判定为故障类别中的一类;

⑥ 按使用说明书规定更换随机备件不作为故障,但应在试验报告中加以说明。

4) 试验结果分析

(1) 划分故障类别。根据试验记录,按附录的规定对所发生的故障划定类别。若发生附录以外的故障,可类比表中相似的故障特征划定故障类别。

(2) 换算试验时间。可将供水系统的试验次数换算为时间,若发生故障,同时将其发生故障时已工作的次数也换算成时间(供水系统按每 40 次折算为 1 h)。

(3) 确定首次故障前平均工作时间(MTTFF)。首次故障前工作时间按下式表示:

$$MTTFF = t$$

式中:t——累计的当量故障数等于或大于"1"时,已完成的工作时间。

注:搅拌机构可靠性试验中任何一种可靠性试验首先发生了累计当量故障数等于或大于"1"的故障时,就以该种可靠性试验统计计算首次故障前工作时间。当样机按规定试验时间和次数进行可靠性试验后,未发生故障或只发生累计的当量故障数小于"1"的轻度故障(在规定的 300 h 试验时间内未发生任何故障或在规定的 300 h 试验时间内只发生若干次轻度故障),则首次故障前工作时间按下式表示:

$$MTTFF = t_0$$

式中:t_0——样机累计的试验时间。

(4) 平均无故障工作时间(MBTF)。平均无故障工作时间按下式计算:

$$MBTF = t_0/rb$$

注:当量故障次数为配料系统可靠性试验、搅拌机构可靠性试验、供料系统可靠性试验、电气系统可靠性试验四者当量故障次数之总和。

式中:rb——试验样机在规定的可靠性试验时间内出现的当量故障次数,其值按下式计算:

$$rb = \sum_{i=1}^{3} n_i \times \varepsilon_i$$

式中:n_i——在可靠性试验中,样机出现 i 类故障次数;

ε_i——第 i 类故障的危害系数。

当样机按规定试验时间和次数进行可靠性试验后,未发生故障或只发生累计的当量故障数小于"1"的轻度故障(在规定的 300 h 试验时间内未发生任何故障或在规定的 300 h 试验时间内只发生若干次轻度故障),则平均无故障工作时间按下式表示:

$$MBTF = t_0$$

(5) 可靠度(R)。可靠度按下式计算:

$$R = \frac{t_0}{t_0 + t_1} \times 100\%$$

式中:t_1——修复故障所用时间总和。

注:t_0、t_1 均不含保养时间。

26. 检验规则

1) 出厂检验

(1) 所有产品均应进行出厂检验,并需经制造厂质量检验部门检验合格后方可出厂。产品出厂时应有质量检验部门签发的产品合格证。

(2) 出厂检验应包括下列内容:

本节"1.准备工作"和"2.空载试验"的全部内容。

2) 型式检验(包括性能试验和可靠性

试验)

(1) 产品有下列情况之一时,应进行型式检验:

① 新产品鉴定或老产品转厂生产的试制鉴定;

② 产品停产3年及3年以上时,可能影响产品性能时;

③ 国家质量监督、检测机关提出要求时。

(2) 型式试验包括本节的"1.准备工作""2.空载试验"和"25.可靠性试验"的全部内容。

(3) 供性能试验或可靠性试验的样机,应从近一年内生产的产品中随机抽取,样机为一台,随时做好记录和封存。

(4) 产品应满足如下要求:

① 75 m^3/h 以下(含75 m^3/h)的混凝土搅拌站,应提供不少于3台(含3台)进行抽样。

② 75 m^3/h 以上的搅拌站(楼)应在近一年期内生产或已在工地运行的产品中,提供2台产品进行抽样。

(5) 型式试验由下列原则判定:

① 23.8.1节规定的各项要求全部合格时,该批产品或该种产品可判为技术性能合格。

② 除重要项目指标的规定要求外,其他项目若有5项(含5项)不合格时,允许在被抽检的产品中再抽取两台进行复检,复检项目允许有两项不合格。若仍有三项不合格时则判为不合格。

23.8.3 检测标准

1. 混凝土搅拌站(楼)出厂试验规程

1) 范围

本规程规定了HZS混凝土搅拌站试验规范和程序。

本规程适用于HZS混凝土搅拌站。

2) 试验内容

(1) 检查各运动部件及主要拆装结构件的紧固件是否安装牢固。

(2) 检查各动力源、减速机的传动关系是否正确。

(3) 检查减速机及各运动件是否加注了润滑油(脂)。

(4) 检查各配设备的安装关系、运行路线是否合理、正确。

(5) 检查电气系统接线是否牢固、安全、正确。

3) 零部件试验

(1) 气动系统。接通电源,开启空气压缩机,使其达到0.5 MPa的压力,持续15 min,观察电磁控制阀、管路、汽缸、油雾器、油水分离器等部件是否漏气;当压力达到0.7 MPa时,安全阀或限压阀能否可靠动作;开启电磁控各汽缸动作是否灵活、行程是否正确。

(2) 称量系统标定。在砂、石称量斗,水泥称量斗、水、外加剂称量斗中放置标准砝码为最大量程的50%、75%、100%标定秤。

(3) 皮带机。转向正确,不跑偏。

(4) 供水系统。开启水泵,工作正常,管路不漏。

(5) 外加剂系统。开启外加剂泵,工作正常,管路不漏。

(6) 粉料供给系统。开启螺旋输送机,转向正确,工作正常。

(7) 搅拌机。电机通电,转向正确。油泵工作正常。

(8) 控制系统。检查各种机构的行程开关,限位机构设置是否牢固、动作是否安全可靠;检查控制台的各种按钮,按键是否符合预设的功能,启闭是否准确、可靠;检查手动、全自动程序的逻辑关系是否正常。

4) 整机调试

搅拌站(楼)连续空运转30个循环,分别检查各部件的运行是否正常、灵活、可靠。

2. 混凝土搅拌站(楼)出厂检验标准

1) 范围

本标准规定了混凝土搅拌站(楼)检验规则。

本标准适用于工程建设用周期式混凝土搅拌站(楼)。

2) 规范性引用文件

下列标准中的条款通过本标准的引用而成为本标准的条款。凡是注日期的引用文件,其随后所有的修改单(不包括勘误的内容)或修订版均不适用于本部分,然而,鼓励根据本标准达成协议的各方研究是否可使用这些文件的最新版本。

《电气控制设备》(GB/T 3797—2016);

《建筑施工机械与设备　混凝土搅拌机》(GB/T 9142—2021);

《建筑施工机械与设备　混凝土搅拌站(楼)技术条件》(GB/T 10171—2016);

《混凝土结构工程施工质量验收规范》(GB 50204—2015);

《钢制压力容器焊接工艺评定》(JB 4708—1992);

《压力容器无损检测》(JB 4730—1994);

《工程机械　涂装通用技术条件》(JB/T 5946—2018);

《电力系统二次电路用控制及继电保护屏(柜、台)通用技术条件》(JB/T 5777.2—2002);

《建筑机械与设备噪声限值》(JG/T 5079.1—1995);

《建筑机械与设备噪声测试方法》(JG/T 5079.2—1995)。

3) 外观检验

(1) 沾手性:手摸漆膜,不沾手。

(2) 干透性:拇指压漆膜,不得有凹陷件。

(3) 不得有皱皮、脱皮、漏漆。

(4) 不得有流痕、气泡。

(5) 整机颜色一致。

(6) 焊接质量:不得有漏焊处,不得有裂纹、烧穿,不得有弧坑、气孔或夹渣,同一条焊缝宽度一致,不得有焊渣、飞渣。

(7) 罩壳质量不得有明显锤痕,不得有罩壳边皱折。

4) 零部件检验

(1) 全部零部件均应按规定的图样加工,并符合有关的建筑机械通用技术条件的规定。

(2) 搅拌机的技术条件符合 GB/T 9142—2021 的规定。

(3) 搅拌站(楼)的钢结构件应符合 GB/T 10171—2016 中的相关规定。

(4) 外购件均应符合有关国家标准的规定,并具有产品合格证。

(5) 润滑系统要求。各运动部件的润滑点(润滑控制机构、联动机构、铰链和支承点等)均用规定的润滑剂,各润滑剂的供给机构应灵活、可靠。

(6) 带式输送机电机运行转向正确,张紧(调节)装置和清扫装置工作正常,皮带不跑偏。

(7) 螺旋输送机组装后,运转应灵活、平稳、无异常噪声。

(8) 外加剂供料装置输送泵工作正常,管路不漏。

(9) 检查砂、石、水泥、水、外加剂称量精度达到表 23-25 中要求。

表 23-25　砂、石、水泥、水、外加剂称量精度表

配料	在大于称量 1/2 量程范围内单独配料称量或累计配料称量精度	备注
水泥	±1%	
水(按体积或质量计量)	±1%	
骨料	±2%	骨料粒径≥80 mm 时为±3%
掺合料(粉煤灰)	±1%	
外加剂	±1%	

(10) 气动系统。接通电源,开启空气压缩机,使其达到 0.5 MPa 的压力,持续 15 min,检查电磁控制阀、管路、汽缸、油雾器、油水分离器等部件不漏气;当压力达到 0.7 MPa 时,安全阀或限压阀能否可靠动作;开启电磁控制阀各汽缸动作灵活、行程正确。

(11) 供水装置供水管路不得渗、漏,并采用防锈管件。任何形式的供水方式向搅拌机内加水的时间应≤17.5 s。其他供料方式应符合 GB/T 10171—2016 的规定。

(12) 电力设施。混凝土搅拌站(楼)控制系统的所有电力设备和布线均应符合 GB/T 3797—2016 和工厂电力设计技术规程及 GB/T 10171—2016 中的相关规定。

5）整机试验

搅拌站（楼）连续空运转30个循环，分别检查各部件的运行是否正常、灵活、可靠。

6）记录

按表23-26记录各项检查结果，要求全部合格。

表23-26　HZS搅拌站检验记录

名称：　　　　　　　　　编号：　　　　　　　　　调试时间：

序号	项目	内容	标准或要求	检查方法	检验结果	操作者	检验员
1	外观质量	油漆质量	不得有沾手、皱皮、脱皮、漏漆、流痕、气泡。整机颜色一致	目测			
		焊接质量	不得有漏焊、裂纹、烧穿、弧坑、气孔或夹渣、焊渣、飞渣	目测			
			同一条焊缝宽度一致				
		罩壳质量	不得有明显锤痕、罩壳边皱折	目测			
2	准备工作	检查油箱润滑点	按说明书要求	目测			
		减速机的润滑油油位置	油位至减速机油标中位	目测			
		传动部分	清理缸体内和传动皮带有无异物阻碍旋转	目测			
		接上气源	气源压力不小于0.6 MPa	看压力表			
		接上电源	连接可靠	目测			
3	主机	油泵转向	与标识方向一致	目测			
		管道接头	连接可靠无漏油	目测			
		轴端密封	缸体内主轴两端油封口应均匀出油	目测			
		单台电机通电运行主轴转向	在电机侧看左轴为逆时针	目测			
4	配料机	开门汽缸的动作灵活	动作灵活	目测			
		皮带机运行状况	无异响	耳听、目测			
		平皮带张紧度	适中、运行不跑偏	目测			
5	提升机	传动部分	灵活无异响	耳听、目测			
		停位	停位准确	目测			
		轨道跨距变形	提料运行	卷尺，每米1处			
		运行	要求运行无冲击,重复提料运行不少于1000次	目测			
6	水、外加剂系统	抽水运行	无异响、无泄漏	耳听、目测			
7	气路系统	开机运行	运行正常不得漏气	耳听、目测			
8	螺旋机	通电运行	要求运行正常	耳听、目测			
9	蝶阀检查	通气检查	要求工作正常	目测			
10	控制系统	按各零部件的动作和顺序要求	符合周期时间要求	目测			

续表

序号	项目	内　容	标准或要求	检查方法	检验结果	操作者	检验员
11	校秤	在砂、石称量斗，水泥称量斗，水、外加剂称量斗中放置标准砝码为最大量程的50％、75％、100％重量	显示值与标准砝码相同	目测			
12	空载运行	自动空载运行30循环	运行正常	耳听、目测			

第24章

混凝土搅拌运输车

24.1 概述

24.1.1 定义

混凝土搅拌运输车(简称搅拌车)是用来运送混凝土的专用车。

24.1.2 用途

搅拌车主要用于混凝土的搅拌和运输,在运输过程中始终保持搅拌筒转动,可保证混凝土的质量,同时也可保证混凝土不凝固,实现混凝土从搅拌站到工地的长距离运输。

24.1.3 国内外发展概况及趋势

1. 国内混凝土搅拌车发展历史

"七五"计划以前,我国使用的搅拌车主要从国外购买,耗费大量外汇。国内虽然有几个厂家引进了日本的生产技术,但尚未国产化,难以满足我国市场的需要。

"七五"计划期间,根据建设部产品发展规划,我国着手开发国产搅拌车。徐州工程机械厂、山东省建机厂、中建二局洛阳建机厂、浦沅工程机械厂、国营四四六厂、长沙建筑机械研究所共同研制了 6 m³ 搅拌车。上述六厂生产的 JCD6、JCD6A 和 JC6 三种型号搅拌车分别于 1988 年 4 月和 12 月通过建设部组织的鉴定,产品达到 20 世纪 80 年代初国外同类产品水平,并投入市场。

"八五""九五"计划期间,在发展"一站三车"(即搅拌站、搅拌车、混凝土泵(车)、散装水泥车)方针指导下,我国搅拌车的生产进入成熟阶段,国产搅拌车已在各项工程中发挥良好的作用,也从根本上改变了我国搅拌车依赖进口的被动局面,节省了大量外汇,取得了较大的社会效益和经济效益。

进入 21 世纪后,我国搅拌车产品得到更快的发展。近年来,随着混凝土市场规模的迅速扩大和国产底盘品质的提升,部分搅拌车生产厂家已批量装配国产底盘搅拌车。相比进口底盘搅拌车,国产底盘搅拌车更适合中国国情,目前已得到生产厂家和客户的重视,国产底盘搅拌车已遍布中国大地,并已开始走向国际市场。

随着商品混凝土的发展和生产施工水平的提高,混凝土机械在工业、民用建筑、国防施工、基础施工、交通、水利、能源等工程建设中得到越来越广泛的应用,也催生了搅拌车的升级换代。

2. 国外混凝土搅拌车发展历史

随着预拌混凝土工厂的发展,迫切需要解决混凝土从制备地点到浇灌现场的运输设备。1926 年,美国首先成功研制了搅拌筒水平放置的 2 m³ 搅拌车,该车保证了运往施工现场的混凝土质量。到了 20 世纪 30 年代,又生产出 1.9~2.6 m³ 的搅拌车。40 年代开始生产搅拌筒倾斜放置搅拌车,其容量达 4.2 m³。

早在 20 世纪 40 年代中期,国外厂商就已试制出采用液压传动的搅拌车。但由于当时液压元件制造成本高、系统压力低,因而没能得到推广使用。到了 50 年代末,由于液压元件的普及,才开始生产并推广液压传动的搅拌车。1963 年利勃海尔公司生产了其第一台液压驱动搅拌车,如图 24-1 所示。

图 24-1　利勃海尔第一台液压驱动搅拌车

20 世纪 60 年代,各厂商主要致力于减轻搅拌车的空车重量,以便尽可能多地装载混凝土。

20 世纪 70 年代以前生产的搅拌车,绝大部分搅拌筒采用链轮、链条传动。因为搅拌车在承载运输时,用于支撑搅拌筒的底盘会随着路面的起伏而产生变形,所以搅拌筒的末级传动就只能是柔性结构,才能免除底盘的变形对搅拌筒传动的影响。但是对于在开式传动中的链条寿命,在正常的使用条件下,一般只有 3 年左右,而且平时还必须对链条进行润滑和保养。为了对这一薄弱环节进行改进,80 年代初,经过多次试验和改革,开始推广一种搅拌筒直接驱动的结构。这种搅拌筒直接驱动的结构是采用一种球形轴承的联轴器,从而使搅拌筒的一对传动齿轮之间允许有±5°的偏转角,这样就能消除底盘在承载运输时变形所造成的影响,并且还减少了链轮、链条等部分运动零件。

20 世纪 80 年代中期,在美国出现一种全新的,具备混凝土搅拌、运输及现场自走式浇筑功能的前卸式搅拌车,这种车辆只需建立简易搅拌站,在司机视野范围内可直接进行卸料。

随着现代建筑工程对混凝土质量要求的不断提高,为了使搅拌筒在运输途中的转速不受汽车行驶速度变化的影响,自 20 世纪 80 年代以来,又有一种搅拌筒恒速转动的液压自动控制系统被研制成功。

当前,国外厂家生产的搅拌车,主要采用液压传动,并采用搅拌筒直接驱动和装有搅拌筒恒速自动控制的装置。另外,为了提高搅拌车的运输性能和扩大其使用范围,各国又相继推出了新型结构的搅拌车,如快速更换系统搅拌车、具有输送带装置的搅拌车、具有混凝土泵装置的搅拌车、具有伸缩斜槽的搅拌车等。

3. 发展趋势

搅拌车的轻量化、智能化、电动化、无人化是搅拌车的发展方向。目前,徐州工程机械集团有限公司运用高强耐磨材料、轻量化结构优化、x-link 智能平台等技术,已研制出行业最轻的 4 桥 8 方智能化搅拌车,并实现了量产。

24.2　分类

混凝土搅拌车按物料分为干式搅拌车和湿式搅拌车;按卸料的方式分为前卸式和后卸式;按取力方式又可分为底盘发动机取力和副发动机取力。

24.3　搅拌车基本构造及工作原理

24.3.1　总体构造

1. 搅拌车整车结构

搅拌车由底盘和上装两大部分组成。搅拌车上装部分由机械系统、液压驱动系统、电气系统等部分组成(图 24-2)。

2. 搅拌车工作原理

通过搅拌车底盘上的取力口(power take-off,PTO),将发动机动力传递给液压油泵,产生高压液压油。高压液压油驱动马达高速旋转,经行星齿轮减速机产生大扭矩,从而驱动搅拌筒的转动,搅拌筒旋转时利用螺旋传递原

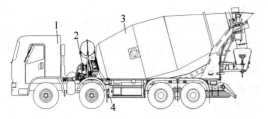

1—底盘；2—液压驱动系统；3—机械系统；4—电气系统。

图 24-2　搅拌车结构图

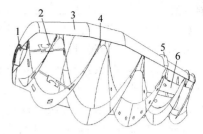

1—连接法兰；2—辅助叶片；3—筒体；4—搅拌叶片；
5—滚道；6—进料喇叭。

图 24-3　搅拌筒结构

理，内置叶片不断地对混凝土进行强制搅拌，使它在一定的时间内不产生凝固现象。通过操作系统来控制搅拌筒的正、反转和控制发动机的油门，完成进料搅拌、搅动、出料、高速卸料和停止五种工作状况。

24.3.2　机械系统的基本构造

搅拌运输车的机械系统主要结构由搅拌筒、托轮、副车架、进出料装置、操纵系统、供水系统、覆盖件等组成。

1. 搅拌筒

搅拌筒是搅拌车最重要的工作部件，搅拌筒内对称地布置有两条螺旋叶片，当搅拌筒转动时两条螺旋叶片被带动，做围绕搅拌筒轴线的螺旋运动，完成对混凝土的搅拌或卸料。

搅拌筒主要由筒体、搅拌叶片、连接法兰、进料喇叭、滚道、搅拌辅助叶片等组成，进料喇叭呈漏斗状，口径大，能确保顺利进料。搅拌筒筒体和搅拌叶片皆由高强度耐磨钢板制成，具有极高的耐磨性。叶片呈曲面状，在搅动时使混凝土不产生离析现象。同时混凝土能均匀地在搅拌筒内流动，延长初凝时间，提高匀质性。搅拌辅助叶片具有良好的搅拌功能，有利于保持预拌混凝土的质量，如图 24-3 所示。

搅拌筒绝大部分都是采用梨形结构，整个搅拌筒的壳体是一个变截面不对称的双锥体，外形似梨。中部直径最大，两端对接一对不等长的截头圆锥，前段锥体较短，端面与一封头焊接在一起；后段锥体较长，端部开口。搅拌筒前端安装法兰，后锥上安装垂直搅拌筒中心轴线滚道，法兰中心线、滚道中心线与搅拌筒中心线同轴。搅拌筒前端法兰安装在减速机

上，滚道放置于安装在副车架的两个对称托轮上。搅拌筒通过减速机和对称支承托轮所组成的三点支承安装在副车架上。液压马达驱动减速机，带动搅拌筒平稳地绕其轴线转动。搅拌筒的驱动动力来自于液压泵。

搅拌筒内部从筒口到筒体内，沿内壁对称地焊接两条带状的螺旋叶片，当搅拌筒转动时两条螺旋叶片随之转动，做围绕搅拌筒轴线的螺旋运动，实现混凝土的搅拌与进出。搅拌筒内还装有提高搅拌效果的搅拌辅助叶片。

在搅拌筒筒口处，沿两条螺旋叶片内边缘焊接着一个进料喇叭，它将筒口以同心圆的形式分割为内外两部分，中心部分为进料口，混凝土由此装入搅拌筒内；进料小锥与筒壁形成的环形空间为出料口，卸料时，混凝土在叶片反向螺旋运动的推力下从此流出。

在搅拌筒的中段设有检修孔盖，用于发动机出故障时对搅拌筒的清理和维修。

搅拌筒为搅拌车的关键部件，搅拌筒螺旋叶片对搅拌筒的搅拌与进出料性能有决定作用。徐工与国内名牌大学合作，建立搅拌叶片数学模型，利用最新的研究成果，对其进行优化设计，使徐工搅拌筒达到国内领先水平，混凝土匀质性好、出料残余率低、出料速度快。

搅拌筒容积大，装载额定方量混凝土，正常工况下(坡度≤10%)均不会出现溢料、漏浆等问题。采用耐磨性好的高强度细晶粒合金钢材料，使搅拌筒寿命比使用普通的 Q345B 钢材的高 2 倍以上。

2. 托轮

托轮对称地安装在副车架后台上，与减速

机一起对搅拌筒实现三点支撑。托轮由底座、轴、轴承、滚轮等组成,如图 24-4 所示。轴通过螺母与限位板固定在底座上,滚轮通过轴承安装在轴上,通过轴套压紧在底座上固定其轴向位置,滚轮可以绕轴转动。轴上设有润滑通道,通过润滑通道注入润滑脂,实现轴承的润滑。滚轮两端由挡盖与密封圈构成密闭的润滑空间,防止润滑脂泄漏与杂质进入。当需要加润滑脂时,通过油杯将润滑脂注入。

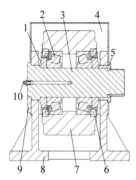

1—挡盖;2—轴承;3—轴;4—托轮罩;
5—套筒;6—密封圈;7—滚轮;8—底座;
9—限位板;10—油杯。

图 24-4 托轮结构示意

3. 副车架

副车架起连接底盘大梁及支承搅拌筒、进出料装置等上装功能部件的作用,是搅拌车的重要部件,要求其具有良好的强度、刚度和抗疲劳能力。在使用过程中,由于副车架和底盘大梁的不断振动,在底盘后桥中心线位置处发生弹性变形,当达到一定的疲劳次数后,副车架将产生塑性变形直至断裂。若承料后,由于副车架和底盘纵梁变形,后台下沉,引起搅拌筒倾角减小,导致搅拌筒与副车架发生干涉,最终导致搅拌筒不能正常工作。

副车架主要由主梁、前支座、后支座、斜拉梁和后围梁等组成,如图 24-5 所示。

4. 进出料装置

进出料装置是搅拌车进出料及辅助搅拌筒工作的重要机构,如图 24-6 所示,进出料装置由进料斗、出料斗、溜槽、延长排料槽、支撑摇杆、伸缩支撑等组成。进料斗对搅拌站的预拌混凝土接料,并传送给搅拌筒;出料装置及

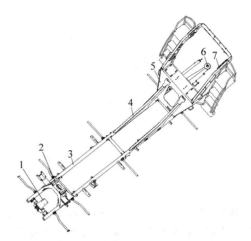

1—油泵装置;2—前支座;3—主梁;4—斜拉梁;
5—后支座;6—支撑悬梁;7—后围梁。

图 24-5 副车架结构

卸料装置将搅拌筒排出的混凝土传递给泵送料斗或直接送至施工地面上。

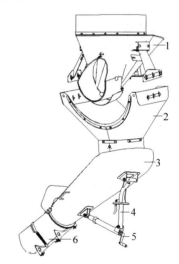

1—进料斗;2—出料斗;3—溜槽;4—支撑摇杆;
5—伸缩支撑;6—延长排料槽。

图 24-6 进出料装置结构

5. 操作系统

操作系统为机械式操作方式。

机械式操作系统由副车架后台上机械操作和驾驶室软轴联合控制,它由操纵手柄、旋转体、转轴-摇臂机构、连杆机构、推拉软轴和调速器拉杆等组成,如图 24-7 所示。

后台机械操作系统中设置了机械限位,控

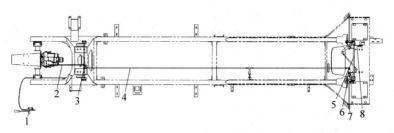

1—推拉软轴；2—油泵拉杆；3—油泵控制轴；4—拉杆总成；5—油门控制轴；
6—操纵支撑；7—操纵手柄；8—远程油泵拉杆。

图 24-7 机械式操作系统

制油泵控制阀的行程大小，在机械操作的行程范围内，操作是靠设置钢珠与弹簧压在定位孔上固定的，共分五个挡位，两个搅拌挡、两个卸料挡、一个空挡。在挡位间能无级控制搅拌筒的转速。

操作系统主要控制搅拌筒的旋转方向及转速。操作系统能控制搅拌筒的五种工作状态：

进料：搅拌筒正转，转速为 6～14 r/min；
搅动：搅拌筒正转，转速为 0～6 r/min；
出料：搅拌筒反转，转速为 0～6 r/min；
高速卸料：搅拌筒反转，转速为 6～14 r/min；
停止：搅拌筒静止状态。

6．供水系统

供水系统主要用于冲洗搅拌筒、叶片、进出料装置、车身等。当搅拌筒内混凝土坍落度较小时，也可向搅拌筒内混凝土适量供水。

目前徐工搅拌车供水形式为气压式供水，原理如图 24-8 所示。

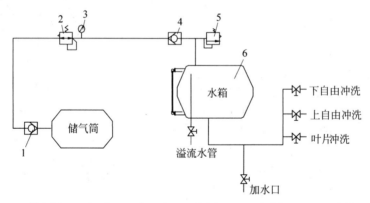

1—单向阀；2—减压阀；3—气压表；4—单向阀Ⅱ；5—安全阀；6—压力水箱。

图 24-8 气压式供水系统

气压式供水系统由压力水箱、液位计、水枪、水管、接头、球阀、安全阀等各种气压元件组成，压力水箱安装在减速机的顶部。

气压式供水系统设置了一个能承受一定压力的密封水箱、气压元件和相关控制阀类零件。工作时，利用汽车制动储气筒内的压缩空气，经调压后给压力水箱内的水充气，使水箱内的水产生压力。打开球阀或水枪时，水能以一定压力喷射出来对搅拌车需要冲洗的部位进行冲洗，达到冲洗效果。气压式供水系统工作压力为 0.35～0.4 MPa，压力不得随意调节。

采用气压式供水系统不会影响汽车的制动效果，该系统设计采用单向阀、球阀、减压阀、安全阀等气动元件，可有效防止水箱的水反流气罐，影响汽车制动效果；也能防止因压缩空气泄气，影响汽车制动效果。

该供水系统在搅拌筒叶片后端的进料斗支撑上设计有冲洗水管,打开球阀可以对叶片自动冲洗;在进料斗的左侧设计有自由冲洗水管,可以在扶梯上对进料斗及搅拌筒上部进行自由冲洗;搅拌车后端自由冲洗水枪可清洗搅拌车的任何地方。给水箱加水时,先关闭进气球阀,打开溢水管的排放阀,将进水管接到快速接头上,打开进水球阀,便可给水箱加水。加水时注意观看水箱上的液位计,当水箱加满时停止加水,并关闭进水球阀,打开排汽阀。对搅拌车冲洗时,先打开进气球阀、关闭排汽阀给水箱内的水加压,压力表指示范围在 0.35~0.4 MPa(若气压不在此范围,可以将减压阀手轮上拔调好后再将手轮按下自锁),打开冲洗水管球阀便可以对搅拌车冲洗。冲洗结束后关闭进气球阀并打开排汽阀排掉余气。在气温低于 0 ℃或车辆停放不用时,必须排尽上装水箱、管路、阀等内的残水,以免冻裂。

7.覆盖件

覆盖件主要提供车辆的安全防护功能及其他辅助设施。要求尺寸和强度完全符合国家相关法律法规的要求,同时还要运用人机工程、工业造型等手段,以满足客户对舒适、美观的需求。

覆盖件主要包括侧防护、后防护、走台板、扶梯、踏板、挡泥罩等,如图 24-9 所示。

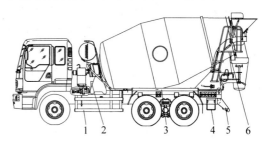

1—侧护栏;2—工具箱;3—轮胎罩;4—下踏板;
5—追尾护栏;6—扶梯。

图 24-9 覆盖件示意

其中,侧防护、后防护属于安全防护装置,应符合汽车和挂车侧面防护要求。

24.3.3 液压驱动系统的基本构造与工作原理

一般搅拌车液压系统只完成一个动作,即搅拌筒旋转。通过搅拌筒的正、反转和转速快、慢的变化,来完成进料、搅拌、搅动、出料等操作。考虑到节能、安装空间、控制方便等因素,大部分搅拌车制造商都采用闭式系统。

液压系统是由变量柱塞泵和柱塞马达所组成的闭式回路,原理如图 24-10 所示。

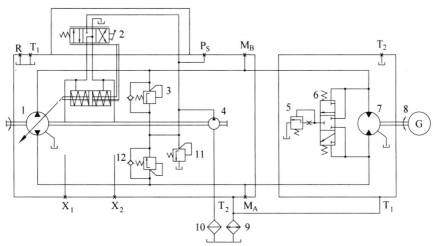

1—主油泵;2—控制阀;3—高压溢流阀;4—补油泵;5—冲洗溢流阀;6—冲洗阀;7—马达;
8—减速机;9—散热器;10—过滤器;11—补油溢流阀;12—高压溢流阀。

图 24-10 液压系统原理图

液压系统是由搅拌车底盘上的柴油机或搅拌车上装自选柴油机作为动力源,带动变量柱塞泵转动,从散热器的油箱内吸取液压油,将动力传递给柱塞马达,柱塞马达带动减速机转动,从而驱动搅拌筒。变量柱塞泵可以控制正、反转及排量大小,供给系统液压油流量的大小可随变量柱塞泵排量大小和柴油机转速快慢而变化,从而使搅拌筒快速或慢速正、反转,可以起到拌料或出料的作用。

变量柱塞泵是由主油泵、补油泵、控制阀、溢流阀组成的综合性油泵,如图24-11所示。由主油泵给马达供油形成闭式回路,补油泵一方面给闭式回路补充由于冲洗和内泄漏造成的油量损失,另一方面为油泵的变量提供控制油;控制阀可以通过操作手柄的运动来控制补油泵的控制油进入变量活塞的大小和方向,从而控制主油泵流量的大小,供油口A、B进出油方向;溢流阀对整个系统起保护作用。

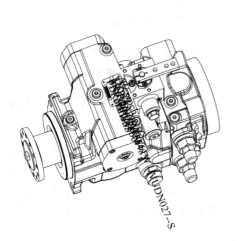
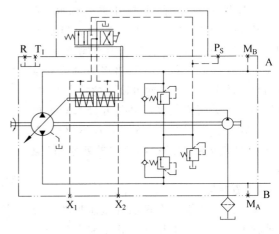

图 24-11　变量柱塞泵外形及原理图

柱塞马达是由马达、冲洗阀、节流阀、冲洗溢流阀等组成的综合性马达,如图24-12所示。由于目前搅拌车都是采用闭式回路,搅拌筒经常拌料或出料,要求油马达经常交替正反转。工作时,马达的油口A、B间产生压差,压力能转换为机械能向系统传递扭矩。冲洗阀、节流阀、冲洗溢流阀组成一个冲洗系统,用于在工作过程中使低压侧的油液一部分通过冲洗溢流阀溢流,使系统一小部分油液可以不断地与外界交换,冲洗系统内部,利于散热。

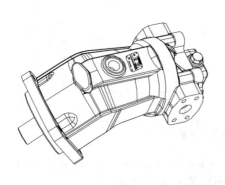
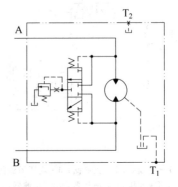

图 24-12　柱塞马达外形及原理图

系统除了变量柱塞泵和柱塞马达这类关键组成元件外,还有散热器油箱组件、管接头、各种胶管、各种密封件等元件。

散热器油箱组件是由风机总成、油箱、过滤器、温控开关等组成的一个组合体,如图24-13所示。其中,风扇起冷却油温的作用;油箱储存液压油;过滤器过滤系统液压油;温控开关感应油的温度,当油温达到一定数值时,温控开关控制风机上的继电器,打开风机上的风扇,使系统的液压油冷却。

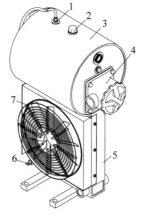

1—通气口;2—加油口;3—油箱;4—过滤器;
5—散热翅片;6—温控开关;7—风机总成。

图24-13 散热器油箱组件

24.3.4 电气控制系统的基本构造与工作原理

1. 电气控制系统的组成

搅拌车的上装电气系统由三部分组成:PTO远程油门装置、散热器风扇控制部分和后示廓、侧标志灯、工作灯部分。

1)PTO远程油门装置

PTO远程油门主要控制搅拌筒转速和调节搅拌筒正转、反转。PTO远程油门通过位于副车架后台左右侧的操作手柄进行操作。

2)散热器风扇控制部分

散热器风扇的起停由温控开关自动控制,温度高于55℃时风扇启动,低于50℃时风扇停止。温控开关位于散热器上,继电器与保险片在驾驶室中央配电盒内。

3)后示廓、侧标志灯、工作灯部分

后示廓、侧标志灯用于夜间表示车后部轮廓大小、侧面轮廓标识,与后牌照灯同时点亮与熄灭。工作灯用于夜间进料与卸料照明用,开关在驾驶室内。

2. 电气控制系统原理

上装部分电气原理图如图24-14所示。

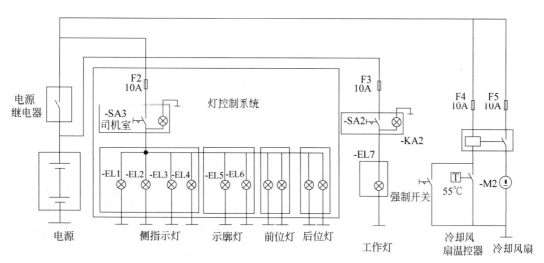

图24-14 上装电气原理图

24.4 核心技术分析

24.4.1 设计手段分析

1）设计作图平台

利用三维设计软件 PRO/E、AutoCAD、MDS 进行搅拌车上装和底盘的三维设计和二维平面设计,并生成生产施工图。

2）设计分析平台

利用流体力学软件 FLUENT 平台,对混凝土在搅拌筒的流态进行分析处理,进行可视化优化设计。利用有限元分析 ANSYS 结构分析系统对搅拌筒和副车架的应力进行分析,使其结构更加合理。

3）软件开发平台

利用 AutoLISP 软件对搅拌筒叶片形态进行设计,保证搅拌叶片按照最优化的设计参数,形成最佳的搅拌性能、最快的出料速度和最低的残余。

4）与高校的长期合作

通过与著名高校的技术合作,使徐工搅拌车始终处于行业领先地位。

24.4.2 产品的关键技术与最新技术

在搅拌筒设计中,由于混凝土是一种固、液混合的黏性物质,搅拌筒内混凝土的流动可以视作是由沙子、石块和流体所组成的一个多相流系统。因此搅拌过程中混凝土原料的流动形态十分复杂。考虑到软件计算能力和计算机硬件性能的限制,须将其简化。根据混凝土的组成,可以将其视作是由固体颗粒和流体所组成的流固两相流系统,采用物化性质与混凝土组成材料相近的 Mud 和 Sand 材料拟合混凝土。

采用基于计算流体动力学(computer fluid dynamics,CFD)的多相流模型来对其进行解析。它的基本原理是在时间域或空间域上连续分布的物理量的场(速度和压力),用一系列有限离散点的变量值来代替,通过一定的原则和方式建立起关于这些离散点上变量之间的代数方程组,然后再对方程组进行迭代求解,得出流体流动的流场在连续区域上的离散分布,从而近似地模拟流体流动。通过计算,可以得到流场内各个位置上的基本物理量(如速度、压力、温度、浓度)的分布情况,以及这些物理量随时间的变化情况。

目前有两种数值计算的方法处理多相流:欧拉-拉格朗日法和欧拉-欧拉法。在 Fluent 软件的拉格朗日离散相模型中,流体相被处理为连续相,直接求解 N-S 方程,而离散相是通过计算流场中大量的粒子、气泡或者是液滴的运动得到的。但该模型的基本假设是,作为第二相的体积比率很低,粒子或液滴的运行轨迹的计算是独立的,它们被安排在流体相计算的指定间隙完成。这样能较好地符合雾化干燥、煤和液体燃料燃烧等,不适合第二相体积率不能忽略的情形。

采用欧拉-欧拉混合物理模型,不同的相被处理成互相贯穿的连续介质,由于一种相的体积无法再被其他相占有,故引入相的体积率(phasic volume fraction)的概念。体积率是时间和空间的连续函数,各相的体积率之和等于 1。相被处理为相互贯通的连续体,混合物模型求解的是混合物的动量方程,并通过相对速度来描述离散相。混合物的应用包括低负载的粒子负载流、气泡流、沉降和旋风分离器。混合物模型也可用于没有离散相相对速度的均匀多相流。

用该模型对不同形态搅拌叶片在搅拌筒内混凝土的运动进行可视化数值解析,可直观地了解搅拌筒搅拌基本特征要求。既可以对搅拌筒的进、出料过程进行解析,又能量化混凝土在运输过程中的均质性能,最终达到搅拌筒整体性能最优。各仿真和模型图如图 24-15~图 24-22 所示。

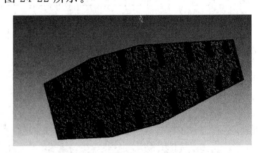

图 24-15 搅拌筒几何模型

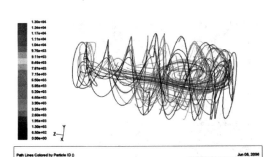

图 24-16　搅拌叶片螺旋角变化 1

图 24-17　搅拌情况仿真

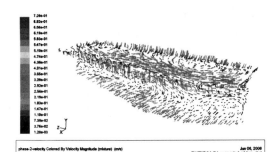

图 24-18　搅拌叶片螺旋角变化 2

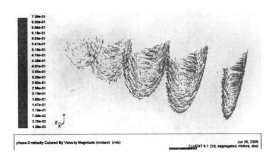

图 24-20　速度场（轴向若干竖直面）

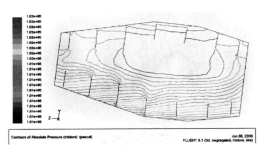

图 24-21　压强场（竖直面）

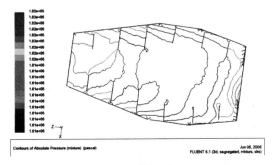

图 24-22　压强场（水平面）

24.4.3　钢结构技术分析

通过对搅拌筒的有限元分析与应力、应变测试，找出搅拌筒的最大应力集中点，并对部件进行内外加强，使结构设计更加合理、可靠，延长使用寿命。

通过副车架有限元分析，能找出应力集中点，并进行相应的改进设计，使副车架满足各种工况下的刚度和强度要求。

上装有限元分析如图 24-23 所示；副车架有限元分析如图 24-24 所示；纵梁有限元分析如图 24-25 所示；车架前部有限元分析如图 24-26 所示；车架后部有限元分析如图 24-27

所示；车架拖轮有限元分析如图 24-28 所示。

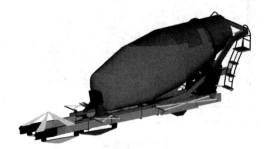

图 24-23　上装有限元分析结果

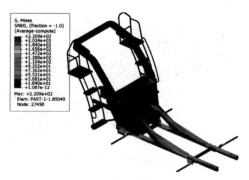

图 24-27　车架后部有限元分析结果

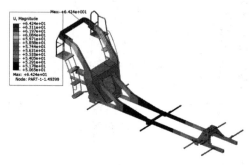

图 24-24　副车架有限元分析结果

图 24-28　车架拖轮有限元分析结果

图 24-25　纵梁有限元分析结果

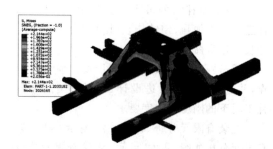

图 24-26　车架前部有限元分析结果

24.5　选用原则和选用计算

一般选用"一站三车"的匹配原则，"一站"指搅拌站，"三车"指混凝土搅拌车、泵车、散装水泥运输车。根据实际生产的需要，混凝土搅拌站、混凝土搅拌车、泵车、散装水泥运输车这 4 种设备的大致配套比例为 2∶10∶2∶(1～2)。

24.5.1　与搅拌站配套

一般商品混凝土搅拌站的年生产能力多在 20 万 m^3 左右。以建造一个年生产能力约 20 万 m^3 的商品混凝土搅拌站为例，在类型匹配的情况下，搅拌站一般设置两套搅拌设备，以保证混凝土连续供应，如选用 8 m^3 的混凝土搅拌车，按照每天工作 10 h，每次搅拌车的运输时间在 90 min 内，则一辆搅拌车每天的运输量大约为 50 m^3，其年实际运输量约为 1.8 万 m^3，一般需要 10 辆 8 m^3 的搅拌车。

对于大容量搅拌站，如 HZS270 搅拌站，每次搅拌混凝土容量为 4.5 m^3，最高出料速度为

30 s，生产效率高，应适当增加搅拌车的配置数量。

24.5.2 与泵送设备配套

在满足混凝土现场泵送的条件下，一般 1 辆泵车或 1 台拖泵配套 5～6 辆搅拌车。例如，HB62V 混凝土输送泵平均每小时输送混凝土 80 m³ 左右，搅拌车的运输时间控制在 90 min 内，按照每辆搅拌车的容量 8 m³ 计算，每 15 min 要求有一辆搅拌车向拖泵喂料，则一般需要 6 辆 8 m³ 的搅拌车与之配套。

24.5.3 典型施工范例介绍

1. 装料工序

搅拌车接班前，司机应检查搅拌筒内有无积水，同时使搅拌筒反转，将搅拌筒内洗车水或雨水及残料杂物全部卸净，以确保装运混凝土的质量。当水排净后，切记将操作杆置于进料搅拌状态。

司机必须按规定熄火排队等候生产指令，接受当班调度统一指挥，接到明确指令后才可向指定的站内倒车接料，不得在站内任意移动车辆，如有特殊情况，必须请示调度，听从安排。

进站后，将搅拌筒设置在装料状态，同时将操纵杆锁牢，稍加油门，保持搅拌筒中速转动，使搅拌筒保持 3～5 r/min 的状态。

当听到铃声、指示灯闪亮时，装料结束。一定要听清铃声，将搅拌车开出接料口，避免多接或少接现象。同时检查混凝土料位有无异常，如有溢料须及时请示生产部门。

到调度室领取送货单，并核对送货单上混凝土标号与所装车的混凝土型号是否一致，对工程名称、混凝土强度、抗渗、防冻、坍落度等主要内容详细掌握，明确工地位置，掌握规定的行车路线。

2. 运输工序

搅拌车必须按照车队制定的路线行车，严禁私自下线，如有特殊情况，应及时汇报。混凝土须经出厂检验，合格后将相应的标识牌置于风挡右侧显著位置，严禁放错标识牌。出搅拌站前可用少量有一定压力的水冲洗料斗和下料溜槽，但应控制水量。

行车前将操纵杆压下，设定在搅动状态，搅拌车在运输途中，搅拌筒应保持 1～3 r/min 的搅动状态。满载时搅拌车的滚筒不得停止转动，以免混凝土在运输过程中产生离析、分层等现象。

随时观察仪表、指示灯、警报灯及报警器，发现问题应立刻停车排除。

摆动出料溜槽必须转至行车锁紧位置，防止行车、出入工地伤人及转弯时刮碰其他车辆。

在混凝土运输途中，严禁私自加水，如有特殊情况，及时向当班调度请示，通知技术部门，寻求最佳的解决办法。

为保证商品混凝土质量，从搅拌到入模不允许超过混凝土的初凝时间，混凝土初凝时间视水泥品种、外加剂品种、坍落度大小和气温等情况而异，一般运输时间应控制在 90 min 以内。

3. 卸料工序

搅拌车到达施工现场，应先将混凝土送货单交给泵车人员验收，核对型号无误后，泵车人员签章，再经用户签章确认。

搅拌车驾驶员负责卸料，当前车混凝土卸至 1/2 时，应观察本车中的混凝土坍落度是否适宜。如果混凝土坍落度过小，可在现场技术人员或泵车司机的指导下进行处理，筒体快转 3～5 min 后方可出料。混凝土坍落度过大时，须向站内调度请示，同意后返回站内，在技术人员的指导下进行调整。

搅拌车到达现场后不能随意加水，卸料时如果混凝土坍落度偏小，可采用减水剂后掺法，添加适量的高效减水剂和少量水，在搅拌筒内进行 2 min 的高速搅拌，搅拌均匀后方可卸料。

在卸料前，需要将搅拌筒快速转动（6～

10 r/min)30~60 s,使混凝土搅拌均匀。将出料溜槽挂钩抬起,按下锁紧装置,将支筒退出锁紧卡槽,旋转到所需角度,再抬升到所需卸料高度锁紧。在倒车至泵车料斗前,一定要注意角度和位置,严防与泵车刮碰。

搅拌车喂料应中速旋转搅拌筒,使混凝土拌和均匀。同时应配合泵送均匀进行,且使混凝土保持在集料斗内高度标志线以上,避免溢料和吸空(尤其避免吸空,一是容易引起泵料伤人,二是极易引起堵泵)。较长时间中断喂料作业时,应保持搅拌筒低速搅动,搅拌筒不得长时间停止转动,以免混凝土初凝或分层离析。

无现场管理人员明确指令,严禁将混凝土卸至他处,更不准在现场倒料。

4. 清洗工序

搅拌车卸料完毕后,应及时将车开出,不得影响后面搅拌车的卸料,在工地指定的位置或适合地点进行冲洗清理搅拌筒。锁紧卸料操纵杆,搅拌筒保持停止状态,驾驶员必须将进料斗、搅拌筒、车体、出料溜槽和出料叶片等存留的混凝土冲洗掉;然后将搅拌筒操纵杆锁紧在搅动位置,使搅拌筒处于搅动状态下回站。

搅拌车按规定的行车路线安全及时地回到站内,将客户已签章确认的"商品混凝土送货单"搅拌车联交给调度并签字确认,并做好下次出车的准备。只有在做好准备后,方可继续排队等候下一生产指令。

天气炎热或运输特殊标号混凝土后,可向搅拌筒内加少量水,边行车边清洗搅拌筒内部,注意车回站后必须排净以免影响混凝土质量。站内冲洗搅拌筒必须在指定的清洗场地进行,污染残料排入分离机内分离回收。搅拌车每次从工地返回后应及时清洗筒体,若工地较近则立刻返回,应避免时间过长而导致混凝土挂壁,影响装载数量和质量。

每天工作结束后,要及时彻底地清洗车辆,尤其是搅拌系统、搅拌筒内外、出料叶片,不得有混凝土残渣,及时排尽搅拌筒内积水。搅拌筒内外、出料溜槽等处局部有混凝土结块时,要及时清理,严禁积留后用大锤击打。

不及时冲洗,不仅会造成搅拌筒内混凝土的黏结,使装载量减少,进料不畅,还会给机构带来故障,是事故的诱发因素之一。

24.6 安全使用规程

24.6.1 维护周期

为避免发生故障,延长搅拌车使用寿命,务必定期对搅拌车进行保养与检修。具体保养与检修时间如表24-1所示。

表24-1 检修时间表

检修部位		检修内容	检修时间		
			日常	月	年
搅拌系统	搅拌筒	有无过度磨损、松动及不正常的声音		●	
	搅拌筒滚道	有无过度磨损及损伤		●	
	搅拌筒内部	是否黏结着混凝土		●	
	搅拌筒叶片	是否过度磨损		●	
	卸料槽转动部分	转动是否灵活		●	
	双头螺柱	有无松动	●		
驱动系统	驱动轴	法兰螺母有无松脱;万向节有无松动		●	
操作系统	操作手柄、驾驶室内操作手柄	操纵是否正常、灵活	●		

续表

检修部位		检修内容	检修时间		
			日常	月	年
液压系统	液压油	泵或马达工作是否有异响,过热工作不正常		每2000 h（约2.7个月）	
	减速机	有无漏油 油量是否足够 油内是否含有杂质	●	6个月	
	滤油器	更换		每2000 h（约2.7个月）	
	柱塞泵	是否漏油或者不能正常工作	●		
	油管	是否漏油	●		
供水系统	水管	有无漏水	●		
紧固件	螺栓、螺母	有无松动	●		

24.6.2 维护前的安全准备

为了保证搅拌车正常运行,避免发生故障影响施工,所有的检查、维护和保养工作都必须严格执行。只有这样,才能减少搅拌车的故障率,提高易损件寿命,减少维修费用,从而获取更高的收益。

在进行维护工作之前,须做好以下安全准备工作。

1）安全工作场所

（1）将产品移至维护区。

（2）用栅栏隔开维护区。

（3）当几台产品在同一场所工作时应有防碰撞措施。

注意：维护区应该是独立的专用工作场地,有足够大的空间,并且空气流通。

2）产品安全措施

（1）使用警示标志。

（2）停止搅拌车的运行并拔出点火开关,由操作人员携带保管,防止非授权人员违规操作。

（3）维护前请清理搅拌车的油、燃料或防腐剂,清洁工作完成后检查所有燃油管路、发动机管路及液压管路是否漏油。

（4）保证搅拌车把手、台阶、栅栏、平台和梯子上的清洁,无泥土、积雪覆盖或结冰现象。

（5）对于手册中未涉及的其他情况或工况方面的信息应求助于服务站。

3）人员安全保护措施

（1）穿戴防护装备（安全帽、安全鞋、安全手套等）。

（2）根据工作任务需要选定专职人员和专业操作手。

24.6.3 日常使用维护

为了增强搅拌运输车使用的可靠性,延长搅拌运输车的使用寿命,减少修理费用和停机时间,应对搅拌车进行以下维护操作。

（1）每次作业完后都应清洗搅拌筒内部（图24-29）。

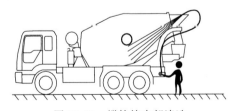

图24-29 搅拌筒内部清洗

（2）搅拌车在施工现场出料完毕、返回搅拌站前,应将进料斗、出料斗及出料溜槽等部位清洗干净,除去黏结在车身各处的污泥及混凝土,若有凝结的混凝土块粘在上面,应用铲子铲除干净,以防止锈蚀车体（图24-30）。

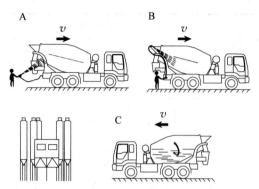

图 24-30 搅拌运输车清洗

(3) 每天工作结束后,应向搅拌筒内注入适量的清水,并使搅拌筒以 10~14 r/min 的转速转动 5~10 min,然后排放干净,避免混凝土黏结在叶片上,以确保筒内清洁。

24.7 常见故障及排除方法

24.7.1 机械系统常见故障的诊断与排除

机械系统常见故障的诊断与排除如表 24-2 所示。

表 24-2 机械系统常见故障分析及排除方法

故障现象	故障原因	排除方法
搅拌筒进料出料都不能转动	操纵连杆有异常 脱落或损坏	按正规安装或调整
	伺服机构用手扳不动 伺服阀失灵	更换伺服阀或拆开修理
	工作压力不正常 高压溢流阀失灵	更换高压溢流阀或拆开修理
	油泵、油马达损坏	更换油泵、油马达
	减速机损坏	更换减速机或拆开修理
	补油(泵)压力低于标准值 2.2 MPa 补油泵失灵	更换补油泵总成
	补油溢流阀失灵	更换补油溢流阀或拆开修理
	液压泵或马达严重磨损	更换液压泵、马达
	托轮轴承卡死 轴承损坏、间隙过紧	调大轴承游隙,无效果时,更换托轮
未装预拌混凝土前能旋转但装上后就不能转	工作油黏度过大或被污染	更换
	托轮轴承损坏、卡死	更换托轮
高塌落度预拌混凝土时能旋转但低塌落度时不能转动	高压溢流阀失灵	更换高压溢流阀或拆开修理
	补油泵效率降低	拆检补油溢流阀泵
	补油溢流压力降低	拆检补油溢流阀
	柱塞泵效率降低	维修或更换油泵
空载时搅拌筒不转动,提高发动机转速时虽转动,但不按规定的转速转动	工作油已污染	更换
	油量不足	添加
	过滤器过滤网堵塞	清洗或更换
	高压溢流阀失灵	更换或修理
装载预拌混凝土时,在运输中(定速回转)搅拌筒变成排料旋转	驾驶室内的锁定手柄松动或忘记进行锁定	重新加以锁定
搅拌筒只做单向旋转或未装预拌混凝土时旋转正常,但装载时只做单边旋转	伺服机构动作不好	更换或修理
	不转动一边的高压溢流阀失灵	更换或修理
手柄停止位置而搅拌筒仍在转动	操作连杆调整不好	重新调整

续表

故障现象	故障原因	排除方法
冲洗无力	气压不够	将减压阀手轮上拔调节减压阀的压力后再将手轮按下自锁
	减压阀漏气	更换减压阀
水管漏水	水管破裂	更换供水系统橡胶水管
	水管接头松动漏水	涂密封剂和生料带重新拧紧
水箱不能加满水	石英玻璃管损坏	更换石英玻璃管
	溢水管断裂或过短	更换上装水箱或重新焊接溢水管
	进气球阀未关闭,溢水管球阀未打开	关闭进气球阀,打开溢水管球阀
水箱漏水	水箱焊缝开裂	更换上装水箱或对焊缝打磨重新补焊
漏料、漏浆	胶皮磨损	更换进料斗胶皮,重新调整进料斗与搅拌筒之间的间隙
	进料斗圆环与搅拌筒间隙过大	调整进料斗圆环与搅拌筒间隙
进料斗后支撑连接块脱落	连接螺栓松动或断裂	更换连接块,拧紧紧固螺栓
搅拌车走行时工具箱有异响	工具箱密封条脱落	重新安装密封条
	工具箱锁固定柄未将工具箱压实	冷压弯工具箱锁固定柄,调整到与工具箱压紧为止
传动轴转动时有金属撞击的声音或异响	护罩因人为踩踏而向下弯曲,与传动轴干涉,当传动轴转动时,发出异响	用钳具将护罩向上折弯抬高到与传动轴最小间隙大于15 mm,同时要求工作人员不要踩踏护罩
油门拉线断裂	油门拉线质量问题	现场整改或更换油门拉线
	操作不当	按操作规程操作
油门加速不工作	调速器损坏	更换或修理
	调速器拉杆松脱	重新装配
侧护栏铝横梁松动	螺栓松动	重新拧紧
	铝横梁连接部分破损	将铝横梁平移,错开破损的地方后重新拧紧螺栓
扶梯破损	扶梯受到外力作用弯曲变形	校形
	焊缝开裂	清理杂质后及时补焊,防止裂纹进一步扩展
	扶梯钢管出现裂纹	将裂纹开个坡口后补焊,或在裂纹处加焊半圆形垫板
工具箱与搅拌筒干涉	搅拌筒重载后变形、弯曲,间隙变小	将工具箱重新钻孔,使其位置前移
轮罩支架开裂	疲劳破裂	在破裂处加焊垫板

混凝土搅拌车在使用过程中会出现各种各样的故障,要求操作人员对搅拌车各部件工作原理有所了解,并能分析、排除常见的故障,以免因小的故障造成大的损失。

24.7.2 液压系统常见故障的诊断与排除

液压系统是混凝土搅拌车非常重要的组成部分之一,如果此系统出现故障,将会严重影响混凝土搅拌车的使用功能。

1. 液压系统中压力不足或完全没有压力

产生原因包括以下几种。

(1) 液压泵油压不够,泵的转速过低,需要检查油泵的动力系统。

(2) 液压油黏度过低,会导致液压系统容积效率降低,也会造成压力上不去,此时需要更换适当黏度的液压油。

(3) 溢流阀的工作压力调得低于规定值,则需要按规定重新调好;如造成溢流阀工作不正常,阀内存在脏物、阀不能关闭,先导阀阀座脱落或弹簧折断而失去作用等,则需要对溢流阀进行清洗、更换或修理。

2. 流量太小或完全不出油

如果泵运转正常,但仍然没有油输出,则可能是以下一些原因造成的:

(1) 油箱油面太低。

(2) 吸油器或吸油滤油器堵塞。

(3) 吸油管路密封不好,吸入空气。

(4) 油的黏度太高,阻力过大等。

排出故障的办法是,应该加油或清洗吸入管路及滤油器,或者更换密封或更换低黏度液压油等。重点指出的是,一旦发现油泵运转但无液压输出,就应该立即停止油泵的运转,否则泵的内部可能会因缺乏润滑而烧坏,将造成非常严重的后果。

如果出现油泵虽然有油输出,但流量却不足的现象,则可能是下列原因:

(1) 泵内部的机构磨损导致了内泄,需要更换或修理内部零件。

(2) 油的黏度过低,以致油的容积效率太低,需要更换适当黏度的液压油。

(3) 油泵转向不对或转速过低,需要改正泵的转向或检查油泵的动力系统。

3. 压力波动或流量脉动

出现这种现象的原因一般有两种。

(1) 液压油中混入了大量的空气。首先检查油箱,如有泡沫或气泡,则要更换油箱;其次还要检查和消除吸油管路中的漏气现象。

(2) 溢流阀工作不稳定而产生跳动,引起压力波动或流量脉动。其原因可能是阀内有脏物堵塞、阀座磨损或调压弹簧损坏等,处理方法是清洗阀件、更换零件或换新件。

4. 严重噪声

产生噪声的原因包括以下几种。

(1) 吸油管路中混入了空气。混入空气的原因可能是油箱油面过低,应该加油至规定刻度,保证吸油顺畅;混入空气的另一种原因,可能是油泵轴的密封漏气或吸油管路接头漏气,应该更换密封或修理、更换接头。

(2) 油泵吸空时,也可能导致严重噪声。可能是吸油滤油器堵塞或吸油管路堵塞,也可能油泵转速过高,或者是油的黏度太高或油温太低。对于第一种情况,应该清洗滤油器或吸油管路;对于第二种情况,应该检查油泵动力系统;对于最后一种情况,则需要更换油液或加热油液。

5. 操作阀工作时跳动

操作阀工作时跳动产生原因包括:

(1) 油液太脏,致使滑阀的配合部位有污物和杂质,此时应该拆下并清洗阀件。

(2) 滑阀或滑座表面有伤痕,需要更换或修理阀座。

(3) 滑阀回位弹簧变形或损坏,需要更换回位弹簧。

6. 油马达不动作或动作不平稳

油马达不动作或动作不平稳产生原因包括:

(1) 油马达中的密封件磨损严重,致使压力腔和回油腔之间产生泄漏增大所致,应该更换密封件。

(2) 油马达内部的高压溢流阀设定与低压溢流阀设定压差太小,应调整高压溢流阀设定压力与低压溢流阀设定压力。

(3) 系统中压力不足或完全无压力、发动机怠速、流量太小或完全不出油以及压力波动或流量脉动等原因所致。

24.7.3 电气控制系统常见故障的诊断与排除

电气控制系统常见故障的诊断与排除如表 24-3 所示。

表 24-3　电气控制系统常见故障分析及排除方法

故 障 现 象	故 障 原 因	排 除 方 法
液压风扇不转	温控开关损坏	更换温控开关
	继电器损坏	更换继电器
	风扇损坏	更换风扇
	保险烧断	检查线路,更换保险
工作灯不亮	灯泡烧坏	更换灯泡
	保险烧断	更换保险
	线路接触不良、开关损坏	检查线路、更换开关
后示廓示高灯、侧标志灯不亮	灯泡烧坏	更换灯泡
	保险烧坏	更换保险
	线路断路或插接件接触不良	检修线路或更换开关
PTO 远程油门	油门失效	更换 PTO 油门
	接插件松脱	检查线路,插好接插件
	线束磨破、接触不良	检查线路

24.7.4　其他故障的诊断与排除

1. 发动机或柱塞油泵发生紧急故障

连接紧急驱动软管,依靠其他搅拌车的动力,驱动搅拌筒旋转并将混凝土排出,如图 24-31 所示。但是若减速器同时发生故障时,则不可采用此法。

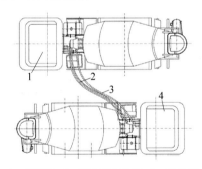

1—故障车；2—紧急驱动软管；3—紧急回油胶管；4—救援车

图 24-31　救援车工作示意图

具体操作步骤如下。

1) 准备工作

准备好紧急驱动软管两根和紧急回油胶管一根。

2) 故障车(被驱动车)的操作

(1) 将故障车的发动机熄火。

(2) 将油马达上的高压软管(两根)压板紧固螺母(左右各有一个)朝左旋松；将高压软管从马达接头处卸下。

(3) 将油马达上的回油胶管卡箍松开,回油胶管卸下。

(4) 将紧急驱动软管两根和紧急回油胶管一根接到马达接头上。

3) 救援车(驱动车)的操作

(1) 将操作手柄置于空挡位置。

(2) 将发动机熄火。

(3) 将高压软管从油泵出油口处卸下,油马达回油管从散热器上的接头上卸下。

(4) 将紧急驱动软管(两根)接到油泵出油口处,紧急回油胶管接到散热器上的接头上。

(5) 启动救援车的发动机。

(6) 将救援车的操作手柄拨至"出料"位置,使故障车内的混凝土排出。

(7) 紧急驱动完毕后,使两车各自恢复原状。

2. 供水系统气管破裂

方法一：换上新的气管,使底盘贮气罐的气压恢复正常,从而使底盘的制动系统能正常运转。

方法二：将储气罐上的气管接头拆下换上堵头,使底盘储气罐的气压恢复正常,从而使底盘的制动系统能正常运转。

第25章

混凝土泵送设备

目前各类建筑工程市场上混凝土泵送设备主要分为臂架式混凝土泵车、车载式混凝土输送泵和拖式混凝土输送泵。

25.1 臂架式混凝土泵车

25.1.1 定义

臂架式混凝土泵车是一种将泵送混凝土的泵送系统和用于布料的臂架系统集成在汽车底盘上的设备。泵送系统利用底盘发动机的动力，将料斗内的混凝土加压送入管道内，而管道附着在臂架上，操作人员控制臂架移动，将泵送系统泵出的混凝土直接输送到浇筑点。

25.1.2 用途

臂架式混凝土泵车是将混凝土泵的泵送机构、用于布料的液压卷折式布料臂架和支撑机构集成在汽车底盘上，集行驶、泵送、布料功能于一体的混凝土输送设备。适用于城市建设、住宅小区、体育场馆、立交桥、机场等建筑施工时混凝土的输送。

25.1.3 分类

1. 按臂架长度分类

臂架式混凝土泵车按臂架长度可分为短臂架、常规型臂架、长臂架和超长臂架四种。

短臂架：臂架垂直高度小于38 m。

常规型臂架：臂架垂直高度大于等于38 m小于49 m。

长臂架：臂架垂直高度大于49 m小于等于60 m。

超长臂架：臂架垂直高度大于60 m。

其主要规格有：26 m、30 m、37 m、40 m、43 m、47 m、50 m、52 m、56 m、58 m、59 m、60 m、62 m、65 m、66 m、67 m、69 m、72 m。

2. 按泵送方式分类

臂架式混凝土泵车按泵送方式可分为活塞式、挤压式、水压隔膜式和气罐式。目前，以液压活塞式为主流；挤压式仍保留一定份额，主要用于灰浆或砂浆的输送；其他两种方式均已被淘汰。

3. 按分配阀类型分类

臂架式混凝土泵车按分配阀型式可以分为：S阀、裙阀等。目前，使用最为广泛的是S阀，它具有简单可靠、密封性好、寿命长等特点。在混凝土料较差的地区工程，裙阀也占有一定的市场。

4. 按臂架折叠方式分类

臂架的折叠方式有多种，臂架式混凝土泵车按照折叠方式分为R(卷绕式)型、Z(折叠式)型、RZ综合型(图25-1)。R型结构紧凑；Z型臂架在打开和折叠时动作迅速。

5. 按支腿型式分类

支腿分类主要根据前支腿的型式分类，主

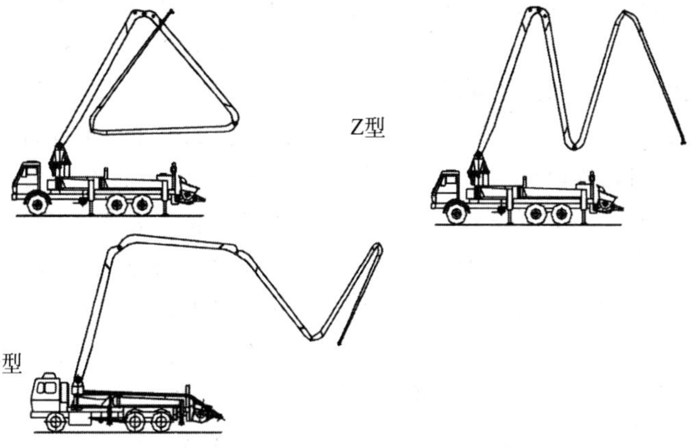

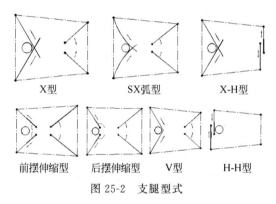

图 25-1 臂架常见折叠型式

要类型有：X 型、SX 弧型、X-H 型、前摆伸缩型、后摆伸缩型、V 型、H-H 型支腿等（图 25-2）。

图 25-2 支腿型式

X 型：前支腿伸缩，后支腿摆动，是目前使用较普遍的支腿型式。在中、短臂架泵车中，使用较为广泛，支腿展开时直线运动，展开占用空间小，能够实现布料范围在 120°～140°的单侧支撑功能。

SX 弧型：前支腿沿弧形箱体伸出，后支腿摆动。SX 弧型支腿是德国施维英（Schwing）公司专利技术，在其产品系中被大量使用。该型支腿在节约泵车施工空间和减重两方面都有一定优势。

X-H 型：前后支腿伸缩，常用于 40 m 以下中短臂架泵车中。

前摆伸缩型：这种支腿一般级数为 3～4 级，其伸缩结构一般采用多级伸缩油缸、捆绑油缸、油缸带钢绳、马达带钢绳（或链条）等方式，后支腿摆动。国外主要使用德国普茨迈斯特（Putzmeister）公司的长臂架泵车，展开占用空间少，能够实现 180°单侧支撑，制造难度稍高。

后摆伸缩型：前支腿朝车后布置，工作时可以摆动并伸缩；后支腿直接摆动到工作位置。使用广泛，属于传统型支腿。

V 型：三一专利结构，前支腿呈 V 型伸缩结构，一般为 2～4 级，后支腿摆动。

H-H 型：前支腿左右伸缩，后支腿直接伸缩支撑，主要应用在短臂架泵车上。

25.1.4 国内外发展概况

自从水泥被发明后，混凝土的输送与浇筑就一直是人们研究的对象。传统的建筑施工采用吊斗运输水泥，效率低，不能满足现代工业化的发展要求。20 世纪初期，欧洲就研究出混凝土输送泵，但使用效果不佳，未能得到推广应用。直到 20 世纪 50 年代德国施维英公司生产出世界上第一台液压驱动的拖式混凝土输送泵（简称拖泵），才使拖泵得到了迅猛发展，之后其结构不断完善，泵送能力也不断增强。到目前为止，混凝土泵送高度最高已达 606 m，泵送最长水平距离达 2015 m，最大理论泵送量达 230 m³/h，最高压力达到 50 MPa，拖泵极大地提高了生产效率，尤其是在高层建筑施工中，已成为必备的设备。但是，在使用过程中，人们逐渐发现了拖泵的一些局限性。

(1) 使用拖泵时必须在建筑物上铺设管道，准备工作量大。

(2) 随着浇灌位置变化，必须不断移动管道出口，很不方便。

(3) 拖泵总在固定的地点工作直到工程完成，这种工作方式使设备利用率很低。

针对拖泵的这些不足，在20世纪70年代，集行驶、泵送、布料功能于一体的臂架式混凝土泵车被研制成功。

臂架式混凝土泵车将用于泵送混凝土的泵送机构和用于布料的臂架系统集成在汽车底盘上的设备，泵送机构利用底盘发动机的动力，将料斗内的混凝土加压送入管道内，管道附在臂架上，操作人员控制臂架移动，将泵送机构泵出的混凝土直接送到浇筑点。

与拖泵相比，泵车有以下优点。

(1) 准备时间短。臂架上附着管道，无须另配管道，开到工作地点后，很快就能打开臂架进行工作，通常在半小时内就能准备就绪。

(2) 工作效率高。配备液压卷折式臂架，在工作范围内能灵活地转动，布料方便快捷，而且泵送速度快，一般为 $100 \sim 200 \text{ m}^3/\text{h}$。

(3) 自动化程度高。整台泵车从泵送到布料均能由一人操作，一般配备无线遥控系统，操作方便。

(4) 机动性能好。在一个工程作业完成后能迅速转移到另一个工程继续作业，能同时负责几个工程的混凝土泵送，设备利用率高。

尽管泵车有许多优点，但也有局限性，如泵送高度受到臂架的限制，施工所需的场地比较大，对混凝土的要求也比拖泵高。随着我国经济的快速发展，为了加强城市建设管理，保障工程建设质量，加快工程建设速度，改善城市环境，减少工程施工对城市生活环境的污染，一些大中型城市已禁止在施工现场搅拌混凝土，促使预拌混凝土成为政府部门政策引导的方向。

我国泵车最早使用开始于1979年，当时从日本引进泵车在上海宝钢建筑项目进行施工。1982年湖北建设机械厂从日本石川岛公司引进臂架生产技术开始生产泵车，成为国内第一家臂架式混凝土泵车生产厂。随着建筑业的发展，泵车生产厂家逐渐增多，但臂架部分大多是进口，如中联重科、辽宁海诺从意大利引进臂架，安徽星马从日本极东引进臂架，徐州工程机械厂从普茨迈斯特引进臂架等。现在逐步改为自制为主和进口为辅的生产配套模式。目前，我国臂架式混凝土泵车生产制造企业有十余家，主要有三一重工、徐工施维英、中联重科、北汽福田、鸿得利、安徽星马等。

欧洲是混凝土输送泵的发源地，臂架式混凝土泵车生产厂家主要集中在德国和意大利，其中德国主要生产厂家有：施维英公司、普茨迈斯特公司、莱西(Reich)公司等。意大利主要生产厂家有：西法(Cifa)公司、赛马(Sermac)公司、莫克波(Mecob)公司等。

下面对国内外臂架式混凝土泵车主要生产厂家进行介绍。

1. 三一重工

三一重工集团有限公司是我国第一家独立设计臂架并生产臂架式混凝土泵车的企业，三一重工于2012年成功收购德国普茨迈斯特公司，其拥有较大的混凝土机械研发、生产基地。

2. 德国普茨迈斯特

普茨迈斯特公司因其专利技术——C型阀(又称象鼻阀)而被人熟知，所以在中国又被叫作"大象公司"。它成立于1958年，主要从事臂架式混凝土泵车、拖泵等产品的开发、生产。它生产的臂架式混凝土泵车具有如下特点：臂架折叠方式多为Z型；泵送排量大、规格多；支腿型式主要采用X型支腿、前摆式多级伸缩支腿。

3. 中联重科

中联重科股份有限公司其前身为长沙建设机械研究院，2001年开始生产臂架式混凝土泵车，最初主要从意大利引进臂架进行组装，现逐步改为自制。2008年收购意大利西法公司，现产品型谱涵盖 $38 \sim 67 \text{ m}$ 臂架式混凝土泵车。

4. 徐工施维英

徐州徐工施维英机械有限公司(徐工施维英)是徐工集团旗下、全面致力于混凝土机械可持续发展的核心企业,是徐工与德国施维英公司战略合作后成立的合资公司。公司着力打造集混凝土机械生产、销售、再制造为一体的高端工程机械制造服务型企业。公司拥有强大的生产制造能力、科学的管理管控体系和覆盖全球的营销网络,产品主要涵盖泵车、车载泵、拖泵、搅拌车、搅拌站、喷浆车、工业泵及工业系统等。产品型谱涵盖 30~69 m 全系列臂架式混凝土泵车,其臂架式混凝土泵车特点是泵送排量大、吸料效率高,臂架折叠型式主要以 Z 型、RZ 型为主,支腿型式主要采用 X 型支腿。

25.1.5 结构组成及工作原理

臂架式混凝土泵车是一种将用于泵送混凝土的泵送机构和用于布料的臂架系统集成在汽车底盘上的设备。泵送机构利用底盘发动机的动力,将料斗内的混凝土加压送入管道内,管道附在臂架上,操作人员通过控制臂架移动,将泵送机构泵出的混凝土直接送到浇筑点。

1. 基本构造

臂架式混凝土泵车的种类很多,但其基本组成部件是相同的,臂架式混凝土泵车主要由底盘、臂架系统、转塔、底架、泵送系统、液压系统和电气系统七大部分组成(图25-3)。

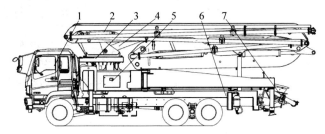

1—底盘;2—臂架系统;3—转塔;4—液压系统;5—电气系统;6—底架;7—泵送系统。

图 25-3 臂架式混凝土泵车总图

底盘由汽车底盘、分动箱和传动轴等部分组成,主要用于泵车移动和工作时提供动力。臂架系统由臂架、连杆、臂架油缸及附在臂架上的输送管道等部分组成,主要用于混凝土的布料。转塔由转台、回转机构、固定转塔(连接架)和支撑结构等部分组成,用于臂架式混凝土泵车整车支撑并驱动臂架 360°旋转。泵送系统由主油缸、水槽、砼输送缸、砼活塞、料斗、S阀总成、分配阀、搅拌机构等部分组成,用于将混凝土沿输送管道连续泵送到浇筑现场。液压系统主要由液压泵、液压马达、阀组、蓄能器、管路系统及其他液压元件等部分组成。液压系统主要分为泵送液压系统和臂架液压系统两大部分,其中,泵送液压系统包括主泵送油路系统、分配阀油路系统、搅拌油路系统及水泵油路系统;臂架液压系统包括臂架油路系统、支腿油路系统和回转油路系统三部分。电气系统是臂架式混凝土泵车的神经中枢,主要由控制器、显示屏、遥控器及其他电气元件等部分组成,臂架式混凝土泵车的一切指令均需通过电气系统来控制执行。

2. 工作原理

混凝土泵集成在汽车底盘的尾部,以便混凝土搅拌运输车向泵的料斗卸料。混凝土搅拌车卸料到臂架式混凝土泵车料斗后,由其泵送机构泵送到输送管,经由附着在臂架上的输送管、末端软管排出。各节臂架的展开和收拢由各个臂架油缸来完成,同时臂架可以通过回转马达、减速机及回转支承绕转塔台做±360°旋转,来实现 360°范围内的布料。37 m 臂架式混凝土泵车工作示意图如图 25-4 所示。

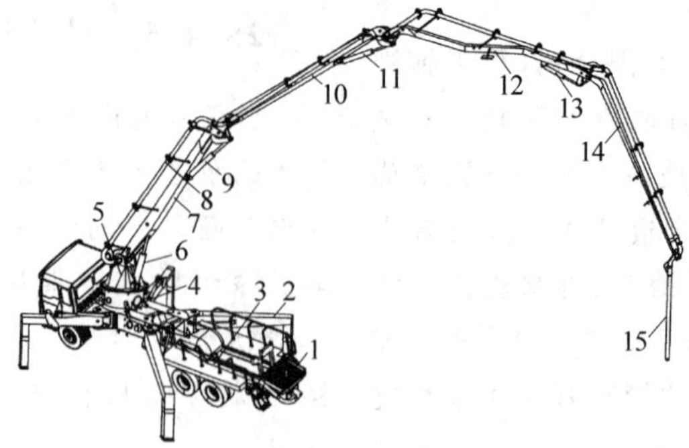

1—泵送机构；2—支腿；3—配管总成；4—固定转塔；5—转台；6—1#臂架油缸；7—1#臂架；8—臂架输送管；9—2#臂架油缸；10—2#臂架；11—3#臂架油缸；12—3#臂架；13—4#臂架油缸；14—4#臂架；15—末端软管。

图 25-4　37 m 臂架式混凝土泵车工作示意图

25.1.6　典型设备介绍

三一重工 56 m 泵车（图 25-5）配置在四桥底盘上，既保证了其施工的场地灵活适应性，又能提供更高的泵送高度和更大的泵送半径，四桥底盘标配排量世界最大，同规格臂架重量世界最轻，独有自动高低压系统，可适应各种标号混凝土。三一重工 56 m 泵车技术参数如表 25-1 所示。

图 25-5　三一重工 56 m 臂架式混凝土泵车

表 25-1　三一重工 56 m 泵车技术参数表

项	目	参　数		项　目	参　数
	型　号	SYM5449THB 560C-8A	支腿	支腿型式	X 型伸缩
整车	质量/kg	44×10³		跨距(前×后×前后)/(m×m×m)	9.4×12.6×10.5
	长度/m	13.94			
泵送系统	油缸内径×行程/(mm×mm)	$\phi 160 \times 2100$	臂架	折叠型式	RZ 综合型
	输送缸内径×行程/(mm×mm)	$\phi 260 \times 2100$		节数/节	6
	压力/MPa	低压 8.5　高压 12		垂直高度/m	56
	排量/(m³·h⁻¹)	低压 180　高压 80			

25.1.7　选用原则

臂架式混凝土泵车主要由汽车底盘、泵送机构、转塔（含支腿）和布料臂架等几个部分组成、通过液压、电控系统将几个部分融为一体，精确配合、协调一致，轻松灵活地将混凝土源源不断送达作业面。下面主要从几个方面介绍臂架式混凝土泵车的选型。

1. 泵送技术参数的选择

泵送系统是臂架式混凝土泵车核心工

机构,其主要技术参数有泵送排量和泵送压力,此外,易损件的使用寿命、系统的维护性及自动化程度也是评价泵车性能的重要指标。

排量选择。一般工况下,泵送实际排量在 $70\sim120$ m³/h 可以满足需求,但应注意泵车泵送实际排量一般为其理论排量的 $70\%\sim85\%$(与料的塌落度和组成成分有关),所以相应理论排量选择应该为 $100\sim170$ m³/h。泵车的排量一般均可以实现连续调节,所以选择更大的排量能够提高设备的通用性,满足多种工况需求。

压力选择。由于泵车泵送距离(或高度)有限,为了泵送不同品种混凝土,根据经验泵送压力不应低于 6 MPa,同时,在泵送坍落度较低的混凝土时易发生堵管现象,建议选择配置高低压自动切换功能的泵车,以降低堵管风险。传统泵车采用调换油缸连接胶管的办法,不仅浪费时间和液压油,而且易污染液压系统;而新型泵车采用全自动高低压切换技术,使高低压切换无须停机、无须拆管、没有任何泄漏,操作可以在一瞬间完成,极大地减少了堵管风险。

易损件选择。易损件包括眼镜板、切割环、输送管、活塞等,选择采用特殊工艺和材料的易损件,能有效提高工作效率。同时配置大口径的输送缸(直径 230 mm 或 260 mm)的泵车,具有吸料性能好、冲程次数少的优点,也能减少磨损,延长易损件寿命,而且降低了运营成本。目前,国内企业采用新耐磨材料、新工艺、新技术不断提高易损件的使用寿命,眼镜板、切割环的使用寿命已达到 20 000 m³ 左右,输送管的使用寿命达到 30 000 m³ 左右。

泵送机构的维护性,主要体现在易损件的易更换性上,对于活塞,现在先进的泵车采用泵送双活塞一键自动退回技术,只要通过简单的操作就可将活塞自动退回到泵送机构的水槽里,不仅可以很方便地拆卸、安装活塞,平时还可以查看活塞磨损和润滑情况,更好地维护活塞,延长其使用寿命。

2. 底盘的选择

目前,国内臂架式混凝土泵车制造商主要采用奔驰(Benz)、沃尔沃(Volvo)、汕德卡公司生产的底盘和国产自制底盘。汕德卡底盘价格稍低,在国内服务较完善,沃尔沃与奔驰底盘外观豪华、驾驶舒适、自动化程度高,但价格略高。底盘排放建议选择欧Ⅴ或欧Ⅵ标准,以满足国内不同地区对排放的要求。

3. 臂架、支腿的选择

臂架式混凝土泵车的作业范围受布料臂长度的限制,布料臂长度越长其作业范围越大,适用范围也越广。但布料臂长度越长,整车长度也就越长,泵车在施工中所需要的支撑宽度也就越大,这样在城市里行驶和在工地上施工往往受到限制。因此在选择同样臂架长度时,需考虑底盘桥数等。

随着我国技术的进步,布料臂架已进入国产化时代,我国企业已经掌握了研究和制造布料臂架的核心技术,相继研制出了 26 m、30 m、37 m、40 m、43 m、47 m、50 m、52 m、56 m、58 m、59 m、60 m、62 m、65 m、66 m、67 m、69 m、72 m 臂架的泵车,达到国际先进水平。

臂架的选择除臂架长度外,还有臂架折叠型式的选择,现臂架常用的折叠型式主要有 R 型、Z 型和 RZ 综合型。各种折叠型式都有其独到之处。R 型结构紧凑;Z 型臂架在展开和折叠时动作迅速,展开时所需空间低,主要应用在中短臂架泵车上;RZ 综合型则兼有前两者的优点,因此逐渐被广泛地应用在中长臂架泵车上。

臂架式混凝土泵车的支腿型式主要有 X 型支腿和摆动支腿两种,不同的支腿型式特点不一。摆动支腿支撑占地面积大,易实现大跨距支撑,现主要应用在超长臂架臂架式混凝土泵车上。X 型支腿由于展开、收拢是直线运动,具有占用空间小,展开、收拢迅速等优点,且易实现单侧支撑、小支撑和全支撑等功能。具有单侧支撑、小支撑和全支撑的泵车可以通过安全锁定装置控制臂架的回转范围,实现支撑系统的单侧支撑、小支撑和全支撑,从而进一步缩小了施工占地空间。

4. 液压、电控系统的选择

液压和电控系统是臂架式混凝土泵车的核心部分。臂架式混凝土泵车的泵送液压系统有采用开式回路的,也有采用闭式回路的。

一般而言，开式回路具有油液清洁度高、温度低、液压元件集成化、工作可靠的优点，但换向冲击较大。闭式回路换向平稳，但液压油温度高，影响系统寿命。为解决这个"鱼与熊掌"不可兼得的问题，电液比例缓冲技术应运而生。电液比例换向智能缓冲技术系统简单，无冲击，油温低。布料杆液压系统为变量泵电液比例遥控负载敏感控制系统，集成式平衡阀，使布料杆操纵更方便、灵活、微动性好、功率损失小，布料杆运行平稳，振动小，且平衡阀安全性高。

泵车电控系统一般采用PLC控制，并配备文本显示器及触摸式按钮。分布在泵车各部分的监测器将信号送到PLC，PLC通过文本显示器显示泵车的工作状态。遇到异常情况，系统内设的保护程序立即启动，保护泵车不受损害，同时在文本显示器上显示出故障原因。

近年来国家对基础设施建设加大投入，混凝土机械市场也得以快速发展，泵车生产企业不断涌现，产品型号也越来越多，面对参差不齐的泵车市场，究竟该如何选择？作为用户在选择泵车的时候，需要考虑的因素主要有品牌、质量、技术性能、运营成本、服务、成套设备。

(1) 品牌。国内外臂架式混凝土泵车品牌众多，主要有三一重工、徐工施维英、中联重科等。国外品牌产品的特点：有先进的技术、较好的质量，但在国内缺乏完善的服务体系，服务和配件价格均较高，其国内销售产品也以低技术含量产品为主。国内品牌产品的特点：随着多年技术积累，技术已经达到国际先进水平，质量也得到广大用户认可，同时有优质的售后服务网络和配件供应体系。

(2) 质量。国内泵车使用强度非常高，工况条件比较恶劣，部分国外产品在国内使用几年后就会出现较多的质量问题，其对国内使用环境的适应性仍需改进。而国内主要泵车厂家借助多年的本土使用经验，技术日趋成熟，在产品质量上更能满足国内使用环境。

(3) 技术性能。近几年，国内泵车技术上得到了长足发展。节能、通用分组无线业务(general packet radio service，GPRS)、故障诊断、智能臂架、单侧支撑、防倾翻保护、减震技术、专用控制器、高低压自动切换、砼活塞自动退回、主油缸防水密封技术等广泛地应用于产品上，取得了显著的成效。

(4) 运营成本。泵车的主要运营成本是油耗、易损件成本、人工费用。优先选用节能技术的泵车可以降低油耗。选用长寿命易损件可降低成本，提高效率。

(5) 服务。厂家提供的售后服务非常重要，应考察供货企业的售后服务网点的情况、零配件供货能力及服务质量。

(6) 成套设备。采购设备时，有时还需采购与混凝土机械相关的成套设备，包括混凝土搅拌站、混凝土搅拌车、混凝土输送泵和臂架式混凝土泵车等。选择成套设备供应商具有价格、运营成本、服务等多方面优势。

(7) 其他注意事项。检查产品的安全性和环保要求；核对专用车辆强检项目、制动性能、排放指标及噪声限值是否符合各标准要求；购买产品后应验收供货清单和有关资料，检查合格证书、使用说明书、附件、配件是否齐全，购车手续是否完整等。

25.1.8 安全使用规程

1. 应用安全常识

1) 安全使用的基本规定

臂架式混凝土泵车是可以在公路上行驶的工程机械，是根据道路交通法和建筑机械管理法有关规定而设计制造的，在没有事先获得供应商的同意下，禁止对机器做任何修改、添加或变更，以免影响到安全问题，臂架式混凝土泵车只能用于密度不大于 2400 kg/m³ 混凝土的输送(泵送非混凝土之外的物资需获得供应商的允许)，绝对不允许用于交通运输、起吊重物等任何其他用途。

2) 工作环境要求

(1) 臂架式混凝土泵车使用的海拔高度一般情况下要求在 1000 m 以下(如在超过海拔 1000 m 的地区使用，应首先获得供应商的允许)。

(2) 工作时的允许环境温度为 $-10 \sim 40$ ℃ (温度为 0 ℃ 以下时，工作完后应及时将设备中的水和混凝土排除干净)。

(3) 布料作业时,风速不超过 13.8 m/s (6级),有暴风雨、龙卷风的前兆时,应停止作业,收回臂架并复位固定。

(4) 泵车放置或走行的地面必须有足够的承载能力,涉及空中领域时,需对空中场地有要求。

3) 操作及维修人员的资格

接受过专职培训并持有供应商认可的操作资格证书的人才能对泵车进行安全操作和维护,有资格的专业技术人员和售后服务人员才能维修泵车,泵车驾驶员必须持有效驾驶证件才能驾驶泵车。

4) 危险区域

(1) 启动泵车时可能引起末端软管突然摆动而造成人身安全事故,因此开机前所有人必须远离末端软管的危险区域,不允许未授权的人员进入危险区域。

(2) 作业时切不可站在建筑物的边缘手握末端软管,软管或臂架的摇摆有可能导致操作人员坠落发生人身事故。

(3) 展开支腿时,要防止身体被夹入支腿与其他物体之间。

(4) 禁止站在臂架下,防止被坠物砸伤。

5) 操作及维修人员自我保护设备

在工作区域作业时,必须佩戴安全帽、安全鞋、安全耳套、安全手套、安全眼罩、安全绳索、呼吸装备与面具,以防止人员伤亡。

安全帽可以保护操作者头部,防止跌落的混凝土或输送管的部件(输送管破裂)击伤头部;安全鞋可以保护操作者脚部,防止跌落或投掷的尖锐物体击伤脚部;当操作者靠近发出强声的机器时,安全耳套可以起到保护操作者双耳的作用;安全手套保护操作者手部免于腐蚀性化学试剂的侵蚀,或者机械操作造成的摩擦与割伤;安全眼罩可以保护操作者眼部,防止飞溅的混凝土粉末或其他颗粒造成的伤害;在高空作业时,安全绳索可以防止操作者跌落;操作者佩戴呼吸装备与面具可以防止建筑材料粉尘、颗粒通过呼吸道进入人体内(如混凝土混合物等)。

6) 运输与驾驶安全

(1) 在臂架式混凝土泵车处于行驶状态之前,务必确定臂架已经完全收拢并已固定,否则不得上路行驶,如图 25-6 所示。

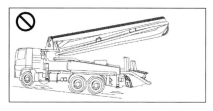

图 25-6 禁止泵车在臂架展开时行驶

(2) 检查支腿是否都收回到位,并确定支腿锁是否锁紧,禁止泵车在支腿展开时行驶,如图 25-7 所示。

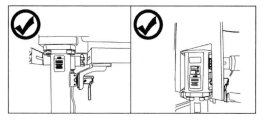

图 25-7 禁止泵车在支腿展开时行驶

(3) 检查油箱、水箱的关闭和密封情况,不允许有泄漏情况发生。

(4) 对底盘进行安全检查(如制动系统、转向系统、照明系统和胎压等)。

(5) 检查整车附件是否固定在安全位置。

(6) 将底盘切换至行驶状态。

当臂架式混凝土泵车处于行驶状态的时候,务必与斜坡或凹坑保持适当的距离;横穿地下通道、桥梁、隧道或高空管道、高空电缆时,一定要保证有足够的空间和距离;行驶速度不允许超过泵车技术数据表中最大速度,否则有倾翻的危险;臂架式混凝土泵车的重心较高,转弯时须减速慢行,以防倾翻,如图 25-8 所示。

图 25-8 泵车转弯时须减速行驶

2. 支承安全知识

1) 工作场地空间要求

在开始工作之前,操作者必须熟悉场地的基本情况,包括支撑地面的主要构成成分、承载能力和其上的主要障碍物,如图 25-9 所示。对场地的大小和高度要求,必须参见泵车支腿跨距的相关技术参数。

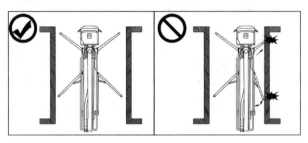

图 25-9　选择合适的工作场地

具有单侧支撑功能的泵车,若不使用单侧支撑功能,四条支腿必须伸缩和展开到规定的位置,否则有倾翻的危险。当使用泵车单侧支撑时,泵车控制系统将自动识别该项功能,为防止泵车施工过程中发生倾翻的危险,臂架布料范围受到限制。支腿支撑方式根据布料范围的不同,可以选择以下两种支撑方式:

(1) 左侧支腿收拢,右侧支腿展开到位,以泵车中轴线为 0 点,臂架旋转角度为 0°~120°;

(2) 右侧支腿收拢,左侧支腿展开到位,以泵车中轴线为 0 点,臂架旋转角度为 0°~120°,如图 25-10 所示。

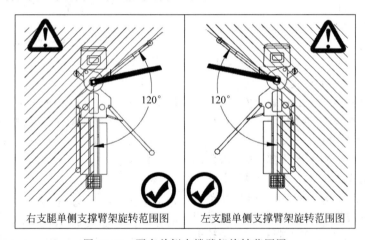

图 25-10　泵车单侧支撑臂架旋转范围图

2) 支承示意标识

在安装支腿前,务必了解工作场地地面的承载能力,然后对照每个支腿上承重载荷所标识的数值,以确认地基支承能力是否足够,如图 25-11 所示。

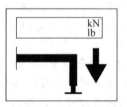

图 25-11　支腿承重标识

3) 不同地形的支承摆放

(1) 无论支承地面的形状如何,支承地面都必须是水平的,否则有必要做一个水平支承表面,不能支承在空穴或斜坡上,如图 25-12 所示。

(2) 泵车必须支承在坚实的地面上,泵车施工前应检查支承地面的承载能力,若支腿最

图 25-12 支腿禁止安放在有空穴或斜坡的地面

大压力大于地面许用压力,必须用支承板或辅助方木条来增大支承表面积。地面许用压力如表 25-2 所示。

表 25-2 不同地面种类对应的许用压力

地面种类	许用压力/$(kN \cdot m^{-2})$
未夯实的客土	150
最小厚度不小于 20 cm 沥青马路	200
夯实的碎石混凝土材料	250
硬黏土或泥浆土	300
质地不同的凹凸不平的地面	350
卵石密集的地面	400~500
卵石层(适当夯实的卵石地面)	750
干枯的岩石地面	1000

(3) 当支腿最大压力(标示于支腿臂上)大于地面许用压力时,应加支承板(A)和辅助方木条(B),如图 25-13 所示。辅助方木条一般使用 4 个,辅助方木条最小长度 C 如表 25-3 所示。图中支承板尺寸为 50 cm×50 cm×2.5 cm,辅助方木条尺寸为 15 cm×15 cm×C。

(4) 表 25-3 为考虑支腿最大压力和地面许用压力得出的与辅助方木条尺寸 C 的关系和支腿能否支承的范围。

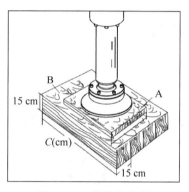

图 25-13 辅助方木条

4) 泵车支承在坑、坡附近时,应保留足够的安全间距

(1) 离斜坡的最小间距 A 如图 25-14 所示。支腿压力≤12 tf 时,$A=1$ m;支腿压力>12 tf 时,$A=2$ m。

(2) 离坑的安全间距 B 如图 25-15 所示,松土、回填地面 $B \geqslant 2 \times T$(坑深);实心地面 $B \geqslant T$(坑深)。

(3) 支承时,须保证整机处于水平状态,整机前后左右水平最大偏角不超过 3°,如图 25-16 所示。

5) 安全辅助设备要求

安装支腿前须确认地基支承能力是否足够。若地基不足以支承时,须在支腿底部加支承板及辅助方木条以增大地面承载面积。

表 25-3 支承板及辅助方木条的安装区域及禁止安装支腿区域

地面种类	许用压力/(kN·m⁻²)	承力外伸支腿的作用力（标示在支腿臂上）/kN													
		50	75	100	125	150	175	200	225	250	275	300	325	350	375	400
未夯实的客土	150			84	112	138	166	194								
最小厚度不小于 20 cm 的沥青马路	200				84	104	126	147	166	187		禁止承载的区域				
夯实的碎石混凝土材料	250					84	89	117	132	150	166	184				
硬黏土或泥浆土	300						84	96	112	126	138	154	166	180		
质地不同的凹凸不平的地面	350						84	96	106	120	132	144	153	166	180	190
卵石密集的地面	400							84	94	104	115	126	135	147	156	166
卵石密集的地面	500								74	84	91	98	109	117	126	132
适当夯实的卵石层	750	使用支承垫板 A(50×50×2.5) cm 时,不增加辅助方木条 B 也可支承的区域												73	77	84	89
干枯的岩石地面	1000															
		辅助方木条 B 的最短距离 C/cm														

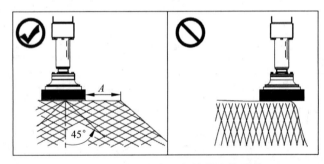

图 25-14 支腿与斜坡保持的最佳距离

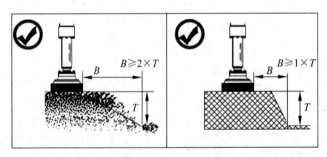

图 25-15 支腿与坑保持的最佳距离

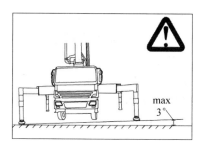

图 25-16　整机前后左右水平最大偏角不超过 3°

3. 伸展臂架安全知识

1) 基本原则

只有确认泵车支腿已支承妥当后,才能操作臂架。操作臂架必须按照操作规程说明的顺序进行。

雷雨或恶劣天气情况下,不能展开臂架;有暴风雨、龙卷风的前兆时,应停止作业,收回臂架并复位固定;臂架不能在大于 6 级(13.8 m/s)风力的天气中使用;移动臂架和展开支腿前,应检查周围是否有障碍物,要防止臂架或支腿触及建筑物或其他障碍物。操作臂架时,臂架应全部在操作者的视野内。当操作员所在位置不能观察到整个作业区或不能准确判定泵车外伸部与相邻物体之间距离时,应配引导员指挥。如果臂架出现不正常的动作,就要立即按下急停按钮,由专业维护人员查明原因并排除后方可继续使用。泵车只能用于混凝土的输送,除此以外的任何用途(比如起吊重物)都是危险和不允许的。

2) 工作场地空间要求

在展开臂架之前,操作者必须熟悉场地的基本情况。对场地的大小和高度要求必须符合泵车臂架展开的相关技术参数。操作者必须了解泵车禁止布料的范围,如图 25-17 所示。

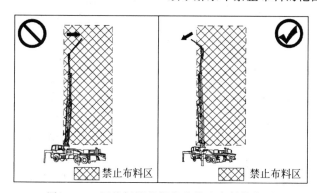

图 25-17　网格标识的部分为禁止布料的范围

3) 触电危险

在有电线的地方须小心操作,注意与电线保持适当距离,否则在泵车上及附近或与其连接物(遥控装置、末端软管等)上作业的所有人员都有致命的危险。当高压火花出现时,设备下及周围就会形成一个"高压漏斗区"。离中心越远,这种电压越弱。往漏斗区里每走一步都是危险的!如果工人跨过不同的电压区(跨步电压)电位差产生的电流就会流过人体,如图 25-18、图 25-19 所示。

泵车距电线最小安全距离如表 25-4 所示。

如果泵车触到了电线,应当采取的措施是:

(1) 不要离开驾驶室;

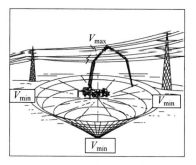

图 25-18　高压漏斗区与跨步电压

(2) 条件允许时把泵车开出危险区;

(3) 警告其他人员不要靠近或接触泵车;

(4) 通知供电专业人员切断电源。

图 25-19　禁止在高压电线附近作业

表 25-4　距电线最小安全距离

电压/kV	最小距离/m
0~1(含 1)	1
1~110(含 110)	3
110~220(含 220)	4
220~400(含 400)	5
电压不详	5

4）危险区域

臂架下方是危险区域，可能有混凝土或其他杂物掉落伤人，如图 25-20 所示。禁止攀爬臂架或用臂架作为工作平台。

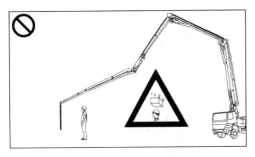

图 25-20　臂架下方严禁站人

5）末端软管要求

（1）末端软管规定的范围内不得站人。泵车启动泵送时不得用手引导末端软管，它可能会摆动或喷射出混凝土而引起伤人事故。启动泵车时的危险区就是末端软管摆动的周围区域，区域直径是末端软管长度的两倍，末端软管长度最大为 3 m，则危险区域直径为 6 m。

（2）切勿折弯末端软管（图 25-21），同时末端软管不能没入混凝土中。

图 25-21　切勿折弯末端软管

（3）禁止加长末端软管的长度。

4．泵送及维护安全知识

1）不允许的工作范围

在特定的使用情况下，某些操作可能引起臂架负载过重，或者会损坏臂架。

2）运动部件安全要求

（1）泵车运转时，不可打开料斗筛网、水箱盖板等安全防护设施，不可将手伸进料斗、水箱里面或用手抓其他运动部件，如图 25-22 所示。

图 25-22　运转时不可将手伸进料斗、水箱里

（2）泵送时，必须保证料斗内的混凝土在搅拌轴的位置之上，防止因吸入气体而引起的混凝土喷射。

3）堵管处理

在正常情况下，如果每个泵送冲程的压力高峰值随冲程的交替而迅速上升，并很快达到设定的压力（如 32 MPa），正常的泵循环自动停止，主油路溢流阀发出溢流声，这表明发生堵塞。这时一般先进行 1~2 个反泵循环就能自动排除堵塞（注意：正-反泵操作不能反复多次进行,以防加重堵塞)。如循环几次仍无效,则表明堵塞较严重,应迅速处理。

(1) 若反泵疏通无效则应立即判定堵塞部位,停机清理管道。堵塞部位的判别方法:操作人员进行正-反泵操作的同时,其他人员沿输送管道寻找堵塞部位。一般来说,从泵的出口起到堵塞部位的管段振动会比较强烈,堵塞段以后则相对安静。堵塞段混凝土被吸动有响声,堵塞段以外无响声。敲打管道,堵塞段有发闷的声音和密实的感觉,堵塞部位以外声音则比较清亮,感觉比较空荡。

(2) 找到堵塞部位,在正-反泵的同时用木锤敲打该部位,有可能恢复畅通,若无效应立即拆卸管道进行清洗。

(3) 在堵塞判断不准的情况下,可进行分段清洗。若拆管清洗时发现砼料已开始凝结,应立即打开所有管接头,逐步快速清理,并清洗泵,以免砼料凝结造成更大损失。拆管时,一定要先反泵释放管道内的压力,然后才能拆卸输送管道。

4) 维护的安全常识

(1) 只有当泵车在稳定的地面上放置好,并确保不会发生意外的移动时,才能进行维护修理工作。

(2) 只有臂架被收拢或安放在可靠的支撑上,发动机关闭,并固定好支腿时,才可以进行维护和修理工作,如图 25-23 所示。

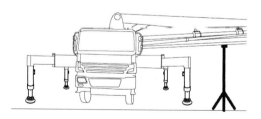

图 25-23　臂架固定后,才能进行维护

(3) 进行维护前必须先停机,并释放蓄能器压力。

(4) 如果没有先固定相应的臂架就打开臂架液压锁,会造成臂架下坠伤人的危险。

25.2　车载式混凝土输送泵

25.2.1　定义

车载泵(图 25-24)是车载式混凝土输送泵的简称,是一种将用于泵送混凝土的泵送机构安装在汽车底盘上的混凝土泵送设备,所以车载泵具有行驶功能和泵送混凝土的功能。

图 25-24　车载泵

25.2.2　用途

在混凝土工程施工过程中,混凝土的运输和浇筑是一项关键性的工作。它要求迅速、及时、保证质量和降低劳动消耗。尤其是对于一些混凝土量很大的大型钢筋混凝土建筑物,如何正确选择混凝土运输工具和浇筑方法更为重要。

车载泵是一种将混凝土通过水平或垂直铺设的管道连续输送到浇筑施工现场的高效混凝土施工设备,是混凝土机械化施工不可缺少的重要设备之一。使用车载泵施工,混凝土的输送和浇筑作业是连续的,施工效率高,工程进度快,比传统的输送设备提高工效近 10 倍。在正常泵送条件下,混凝土在管道中输送不会污染环境,能实现绿色施工。它广泛应用于现代化城市建设、机场、道路、桥梁、电力等混凝土建筑工程。

25.2.3　分类

车载泵按其行驶动力与泵送动力间的关系可以分为动力共用型和动力不共用型两类。

动力共用型车载泵只有一台发动机,通过

分动箱或取力器进行动力切换,根据需要将动力传给底盘行驶系统或泵送系统。

动力不共用型车载泵有两台发动机,其中一台为底盘发动机,只用于车的行驶。另一台为附加发动机,专作泵送动力。动力不共用型车载泵根据发动机不同,又可分为柴油机泵和电动泵两种。

两种类型的车载泵的优缺点对比如下:

动力共用型车载泵结构紧凑,外形美观,维修空间较大,便于维护。

动力不共用型车载泵的行驶发动机使用寿命长,在进行泵送作业中,如泵送发动机发生故障,车可迅速转移。

25.2.4 国内外发展概况

20世纪50年代中期,混凝土泵开始采用液压驱动,从工艺上来说,这可以称得上是一种最为成功的构造方案。60年代,随着液压式混凝土泵的不断完善,开始出现转子式挤压泵和拖挂式泵车。随着混凝土泵的生产能力的提高,就有可能在较短时间之内完成必需的工作量;另外,液压驱动的混凝土泵价格比较昂贵,需要施工人员必须最有效地利用混凝土泵。在这种背景下,60年代中期安装在汽车底盘上的混凝土泵——车载式混凝土输送泵(车载泵)应运而生。车载泵的出现极大地方便了客户,使得在一个班内,有多个工程上可以同时使用一台混凝土泵。

德国是最早发明车载泵的国家之一,拥有许多技术水平和生产水平较高的制造厂,其产品在国际上也有较高的声誉。主要生产厂家有:普茨迈斯特(Putzmeister)公司、施维英公司等,其主要产品有 VS50(PTO)、VS70(PTO)。日本、韩国也有企业生产车载泵。

国内早在20世纪70年代就已经出现了车载泵,但由于种种原因,直到2002年,车载泵才真正发展起来。目前国内生产车载泵的厂家主要有:徐工施维英、三一重工、中联重科等。

车载泵作为混凝土泵送设备中的一员,随着城市交通管理的加强和混凝土泵送设备出租业务的发达,再加上其良好的机动性,已进入了高速发展的时期,其常规排量和压力区间逐渐超越了拖泵。

25.2.5 结构组成及工作原理

车载泵作为一种混凝土泵,其泵送系统工作原理与拖泵的基本相同:由发动机带动液压泵产生压力油,驱动两个主油缸带动两个混凝土输送缸内的活塞产生往复活动;再通过分配阀与主油缸之间的有序动作,使得混凝土不断从料斗被吸入输送缸并通过输送管道送到施工现场。车载泵不管是动力共用型还是动力不共用型,一般可以分为底盘、动力系统、冷却系统、电气系统、液压系统、支撑系统、水洗系统、润滑系统、泵送系统等组成系统,其基本构造如图25-25所示。

1—底盘;2—动力系统;3—液压系统;4—润滑系统;5—电气系统;6—泵送系统;7—结构件总成;8—水洗系统。

图 25-25 车载泵基本结构

车载泵作为一种具有行驶功能的混凝土泵,除了结构件其泵送系统、液压系统、电气系统结构与拖泵基本相同,下面着重介绍其与拖泵不同之处(底盘、支撑系统、液压系统、电气系统)的构造。

1. 底盘

车载泵底盘一般都由普通载货汽车底盘(4 m×2 m)改装而成,但是根据动力共用与否,其所起作用也相同。动力不共用型车载泵底盘主要是起行驶作用,其功率要求也不高,只要能满足行驶就够了,改装时传动部分基本可以不作改动,底盘改动量也就相对较小。动力共用型车载泵底盘不但起行驶作用,在进行混凝土泵送作业时还要向泵送系统提供动力,因此对相同规格的泵送系统来说,底盘功率要求也相对要大些;并且底盘改装时还需要对其传动系统进行加装分动箱或取力器,其改动量也就相对较大,如图 25-26 所示。

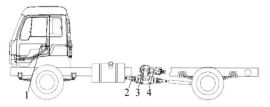

1—底盘;2—传动轴;3—分动箱;4—油泵组。

图 25-26 底盘改装

2. 支撑系统

支撑系统主要包括副车架、前后支腿等。其主要是在车载泵进行泵送时将整机支起,保证机器的稳定性。具体如图 25-27 所示(图中省略平台和梯子)。

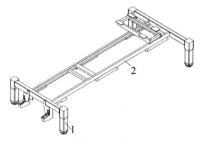

1—支腿;2—副车架。

图 25-27 支撑系统

支腿包括支腿油缸、支腿座等,见图 25-28。支腿液压回路是采用液压锁的锁紧回路,可以将液压油缸较长时间锁定在工作位置,并可防止由于外部油路泄漏而引起油缸下滑。

副车架包括副梁架、平台、料斗支承、梯子等,主要是用来固定发动机、泵送系统,并将上装部分与底盘连成一台整机。

3. 车载泵辅助液压回路的基本构造

车载泵的辅助液压回路包括主油缸活塞

1—支腿油缸;2—支腿座。

图 25-28 支腿

杆防水密封液压回路、自动退砼活塞液压回路和液压支腿回路。其中,活塞杆防水密封液压回路和自动退砼活塞液压回路与混凝土拖泵的完全一样,以下仅介绍不同的液压支腿回路,如图 25-29 所示。

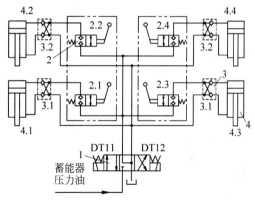

1—电磁换向阀;2—支腿操作阀;
3—液压锁;4—支腿油缸。

图 25-29 液压支腿回路

该回路由电磁换向阀、支腿操作阀、液压锁和支腿油缸组成。电磁换向阀上的电磁铁 DT11 和 DT12 的得电与否由装配在支腿操作阀旁边的钮子开关控制,单独扳动支腿操作阀 2.1～2.4 的手柄,可以使支腿油缸 4.1～4.4 分别动作。

25.2.6 典型设备和选用原则

1. 车载泵型号和参数

车载泵的型号和参数见表 25-5。

表 25-5 车载泵型号和参数

序号	产品型号	类型	压力/MPa	排量/(m³·h⁻¹)	功率/kW	底盘
1	SY5133THBE-10020C-10S	C10 车载泵	10~20	58~108	180	三一重工
2	SY5133THBE-11023C-10GS		12~23	80~115	(180+136)	三一重工
3	SY5128THBE-10020C-8S	C8 车载泵	10~20	58~108	180	东风天锦
4	SYM5151THBE-11020C-8GE	柴电双动力	10~20	柴 60（电 48）/柴 115（电 88）	(110+206)	中国重汽
5	SY5133THBE-10020C-6S(DPF)	DPF	10~20	58~108	180	三一重工
6	SY5128THBE-9014C-8E	电动车载泵	8~14	50~90	132	东风天锦
7	SYM5161THBE-10028C-8GS	超高压车载泵	16~28	68~110	(180+206)	中国重汽

2．产品选型

车载泵分配阀均为 S 阀，根据泵送高度进行压力选型（常规混凝土 C30～C45），可参照拖泵选型，对于纯水平泵送，一般按水平距离与垂直高度 3：1 折算。

对于排量选择，主要根据施工的方量需求选择，对于车载泵，在恒功率变量之前（一般恒功率变量点为 15～16 MPa），其实际排量为理论排量的 75%～80%；如 10020 车载泵，实际排量为 $108 \times 0.8 = 86$ m³/h，除去施工时搅拌车的倒车等时间，每小时可达 75～80 m³。

对于高标号或超高层混凝土输送设备的选型，可选超高压车载泵或直接与公司进一步沟通选型。

25.2.7 安全使用规程

1．泵机位置与首层地面管道布置原则

（1）泵机摆放位置要利于搅拌车进退，减少换车时间、提高效率，同时要考虑周边环境以减少噪声对外界的影响。

（2）如若有备用泵管，须预先铺设好并可以快速连接到主管路中，以备应急。

（3）为了平衡垂直管道混凝土产生的反压，地面水平管道铺设长度为建筑主体高度的 1/5～1/4。建议塔楼地面水平管道铺设长度为 60～70 m。

（4）在泵的出口端水平管安装一套液压截止阀，阻止垂直管道内混凝土回流，便于设备保养、维修与水洗。

（5）输送管布置要求沿地面和墙面铺设，并全程做可靠固定。

2．施工注意事项

（1）地面上要设有管道水洗用的排水沟。

（2）混凝土从运输到泵送至浇筑点，时间不应超过 1 h。

（3）泵送前，先泵 1 m³ 水，再泵 2～3 m³ 砂浆，湿润管道后，再泵送混凝土。

（4）高楼泵送过程最好连续泵送，停顿时间最好不超过 15 min；如泵送间断时间或待料时间超过 15 min，约每隔 10 min 操作一次反泵+正泵，避免管道内混凝土初凝，同时也避免料斗内粗骨料沉积影响 S 管阀摆动。

（5）C60 以上混凝土，粗骨料粒径≤20 mm，坍落度最好控制在 240 mm 左右。

（6）混凝土压力泌水率要≤30%。

（7）泵送时，注意观察主系统压力表变化，一旦压力异常波动，先降低排量，再视情况反泵 1～2 次，再正泵。

（8）在混凝土浇筑完毕后，为保证泵机水洗的顺利进行，同样需要先泵 2～3 m³ 砂浆，再泵水进行水洗。砂浆的配比为水泥与砂子的比例为 1：1。

（9）每次管道清洗，必须将管道内残余混凝土清洗干净。

（10）定期检查管道是否松动、漏浆；检查眼镜板和切割环的间隙。

（11）严格记录下每次混凝土泵送的情况，以及维修保养的时间、部位，易损件的更换情况。

3. 水洗注意事项
(1) 确认眼镜板及切割环密封良好。
(2) 砂浆的质量。
(3) 足够流量的水源。
(4) 不能随意停止。

25.3 拖式混凝土输送泵

25.3.1 定义

拖式混凝土泵(以下简称拖泵)是一种安装在可以拖行的底架上并通过管道进行混凝土泵送施工的现代化建筑设备,具有作业安全、施工效率高、质量好、成本低且不会污染环境等优点。它广泛应用于现代化城市建设、机场、道路桥梁、水利、电力、能源等混凝土建筑工程,如图 25-30 所示。

图 25-30 拖式混凝土输送泵

25.3.2 用途

在混凝土工程施工过程中,混凝土的运输和浇筑是一项关键性的工作。它要求迅速、及时、保证质量和降低劳动消耗。尤其是对于一些混凝土量很大的大型钢筋混凝土建筑物,如何正确选择混凝土运输工具和浇筑方法尤为重要。

拖泵是一种将混凝土通过水平或垂直铺设的管道连续输送到浇筑施工现场的高效混凝土施工设备,是混凝土机械化施工不可缺少的重要设备之一。使用拖泵施工,混凝土的输送和浇筑作业是连续的,施工效率高、工程进度快,比传统的输送设备提高工效近 10 倍。在正常泵送条件下,混凝土在管道中输送不会污染环境,能实现绿色施工。它广泛应用于现代化城市建设、机场、道路、桥梁、电力等混凝土建筑工程。

25.3.3 分类

拖泵的种类很多,可以按分配阀、动力结构、用途等情况进行分类,如图 25-31 所示。

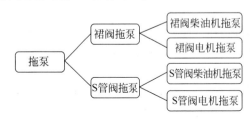

图 25-31 拖式混凝土泵分类结构图

1. 按分配阀分类

拖泵按分配阀的型式主要分为 S 管阀、裙阀拖泵(图 25-32)。每一大类又可分为几个品种。种类很多,且仍在不断发展和创新,目前最常用的是 S 管阀和裙阀拖泵。

S 管阀

裙阀

图 25-32 分配阀的两种典型结构

2. 按动力结构分类

拖泵按动力结构可分为电动机式和柴油机式。柴油机拖泵适用于缺乏电源或电压偏低的施工场合,电动机拖泵适用于电源充足稳定的施工场合。电动机拖泵相对结构简单,控制方便,造价略低。

3. 按用途分类

拖泵按用途的不同可分为普通拖泵和特制拖泵(如三级配拖泵、超高压拖泵和轨道拖泵等)。

25.3.4 国内外发展概况

混凝土泵的发展迄今已有近百年的历史，早在1907年，德国就有人开始研究混凝土泵，在1913年，美国人考耐尔和吉也提出了混凝土泵的建议，并且取得了设备专利，但一直未能付诸应用。直到1923年才研制出第一台得到成功应用的机械传动式混凝土泵，其输送排量为15 m³/h，垂直输送距离为23 m，水平输送距离为150 m。机械传动式混凝土泵在20世纪20年代至20世纪50年代初期发展相当缓慢，真正给混凝土泵带来突破性进展的是50年代末期，在混凝土泵上采用了液压驱动技术，标志着混凝土泵的发展进入了一个新的阶段。

我国作为混凝土泵的新兴发展国家，起步较晚，在20世纪50年代开始从国外引进混凝土泵，但直到80年代才取得较快发展。特别是进入90年代以后，随着我国建设事业的迅速发展，我国混凝土泵发展非常迅速。

25.3.5 结构组成及工作原理

拖泵的机械系统是由泵送机构、主动力系统、液压油箱、支承与走行机构、水泵装置等主要部件组成。根据分配阀的不同，泵送机构可分为S管阀泵送机构和裙阀泵送机构。按动力源的不同，主动力系统可分为柴油机主动力系统和电动机主动力系统。

1. S管阀泵送机构

1) S管阀泵送机构的组成

它包括主油缸、水箱、输送缸、砼活塞、摇摆机构、搅拌机构、料斗和S管阀等主要零部件，如图25-33所示。

1,12—主油缸；2,10—砼活塞；3,9—输送缸；4,8—摆阀油缸；5—料斗；6—S管阀；7—搅拌系统；11—水箱。

图25-33 管阀泵送机构的组成

2) S管阀泵送机构工作原理

泵送混凝土时，在主油缸1、12的作用下，砼活塞10前进，2后退。此时摆阀油缸8处于伸出状态，4处于后退状态，通过摆臂作用，S管阀6接通混凝土输送缸9，9里面的混凝土在活塞10的推动下，由S管进入输送管道；而料斗5里的混凝土被不断后退的活塞2吸入混凝土输送缸3。当10前进，2后退到位以后，控制系统发信号，使摆阀油缸4伸出，8后退，摆阀油缸4、8换向到位后，发出信号，使主油缸1、12换向，推动活塞2前进，10后退，上一轮吸进输送缸3a里的混凝土被推入S管阀6进入输送管道，同时，输送缸9吸料。如此反复动作完成混凝土料的泵送。

反泵时，通过反泵操作使吸入行程的混凝土缸与S管阀连通，使处在推送行程的混凝土缸与料斗连通，从而将管路中的混凝土泵回料斗，如图25-34所示。

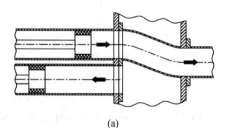 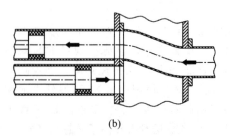

(a) (b)

图25-34 泵送系统工作状态简图

(a) 正泵状态；(b) 反泵状态

2. 闸板阀泵送机构

1) 闸板阀拖泵送机构的组成

它主要有：主油缸、砼活塞、闸板阀总成、搅拌系统、水箱、输送缸、料斗、Y字管等主要部件组成。结构如图25-35所示。

1—主油缸；2—砼活塞；3—闸板阀总成；4—搅拌系统；5—Y字管；6—料斗；7—输送缸；8—水箱；9—主油缸活塞。

图25-35 闸板阀泵送机构工作原理图

2) 闸板阀拖泵送机构工作原理

当压力油进入右主油缸无杆腔时，活塞杆推动右侧砼活塞将输送缸中混凝土排出，此时右侧闸板在滑阀油缸的作用下，封闭了右侧输送缸通向料斗的通道，输送缸中排出的混凝土被排向Y字管（与输送管道相连）。与此同时右侧主油缸有杆腔的液压油通过闭合回路进入左侧主油缸有杆腔，使活塞杆带动左侧砼活塞缩回并吸入混凝土，而左侧闸板在滑阀油缸的作用下已运动至下位，封闭了左侧面输送缸通向Y字管的通道，料斗里的混凝土在搅拌叶片的助推作用下被吸入左输送缸。当上述运动到达终点时，右侧主油缸无杆腔高压油推动液控换向阀，实现自动换向。首先，使闸板阀换向，然后主油缸换向，于是左侧混凝土缸中的混凝土被排向Y字管，右侧混凝土缸吸入料斗中的混凝土而完成一个工作循环，如此往复，左、右输送缸不断交替完成吸、推动作，料斗里的混凝土就被源源不断地排送出去到达浇筑点。

3. 主动力系统

拖泵按动力源的不同可分为柴油机主动力系统和电动机主动力系统。如图25-36所示，左边为柴油机主动力系统，右边为电动机主动力系统。

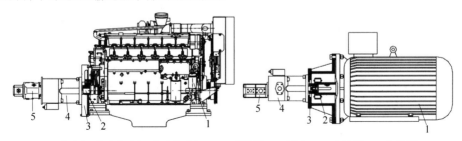

1—发动机（左为柴油机，右为电动机）；2—联轴器；3—泵座；4—主油泵；5—齿轮泵。

图25-36 主动力系统结构简图

4. 液压油箱

液压油箱是一种特制容器，除了贮存液压油外，还有散发热量、沉淀油垢的作用。为防杂质进入液压油中，液压油箱不能随便揭开上盖。它是由快速加油接头、空气滤清器、温度计、油位计、吸油自封装置、箱体、排污阀等主要部件组成，如图25-37所示。各组件的用途如下。

（1）空气滤清器。防止外界杂物混入和滤清空气。

（2）油位计。用于观察油箱中油液量，拖

图25-37 液压油箱简图

泵工作时,油位必须在油位中间位置以上。

(3) 温度计。显示液压油油温。

(4) 排污阀。供油箱清洗时排出污油用,平时是关闭的。

5. 支承和走行机构

支承和走行机构是由底架、车桥、导向轮等主要部件组成。底架是拖泵各部件连接的基础件,对各部件起支承作用,前与料斗相连,后有拖架,可将拖泵由一个工地转运到另一个工地。通过螺钉将覆盖件安装在底架框架上。它是由料斗固定座、液压油箱固定架、主阀块支座、水箱固定座、柴油机安装座、电瓶箱座、导向轮安装板、拖架、活动支腿、工具箱、车轿安装座、框架等部件组成,如图25-38所示。

25.3.6 冷却系统

液压油的冷却有水冷、风冷、风冷+水冷三种方式,根据地区气候的差异及施工条件,可选用不同的冷却方式。

25.3.7 润滑系统的基本构造及工作原理

润滑系统是机械设备中不可缺少的一部分,它主要对机械运动副起润滑作用。拖泵的润滑系统分为S管阀拖泵润滑系统与闸板阀润滑系统。

S管阀润滑系统可分为手动润滑和自动润滑两种。

1. 手动润滑

采用旋盖式油杯,先向油杯内加满润滑脂,靠旋紧杯盖产生的压力将润滑脂压到摩擦面上,如果两个摆阀油缸座上各有一个旋盖式油杯,在泵送过程中,应每4 h旋盖润滑一次,使球形摩擦面处于良好的润滑状态。

2. 自动润滑

自动润滑系统结合了双线润滑系统和递进式润滑系统的优点,能分别以润滑脂和液压油进行润滑。由手动润滑泵、干油过滤器、单向四通阀、递进式分配阀、双线润滑中心和管道组成,如图25-39所示。对以下各润滑点进行润滑:搅拌轴承、S管阀大小轴承、输送缸内的砼活塞。

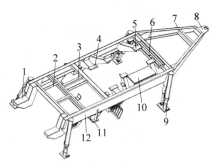

1—料斗固定座;2—液压油箱固定架;3—主阀块支座;4—水箱固定座;5—柴油机安装座;6—电瓶箱座;7—导向轮安装板;8—拖架;9—活动支腿;10—工具箱;11—车轿安装座;12—框架

图25-38 底架

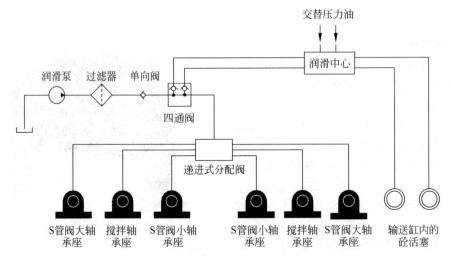

图25-39 S管阀拖泵自动润滑系统原理图

在自动润滑系统中,手动润滑泵为润滑辅助供脂装置,每次开机泵送前应扳动润滑脂泵的手柄,在观察到搅拌轴承、S管阀大小轴承处均有润滑脂溢出后,即可停止手动泵油。在泵送混凝土时,系统由双线润滑中心提供的液压油作为润滑剂自动为机械系统提供润滑。

手动润滑泵:夏季用非极压型"00"号半流体锂基润滑脂,冬季用非极压型"000"号半流体锂基润滑脂。

双线润滑中心的工作原理建立在两条管路上的压力交替作用的基础上,双线润滑中心的交替压力油来源于泵送系统中主油缸换向的信号压力油,这样不仅满足使用要求,而且还能准确地对输送缸内砼活塞进行润滑。同时,可调整分配阀中的柱塞位移量,从而精确地控制润滑油量。递进式分配器负责把压力润滑油定量地分配到各个润滑点上。单向四通阀保证润滑脂不通过润滑中心进入液压系统。通过干油过滤器对润滑脂进行过滤,防止杂质进入递进式分配器和各润滑点。

25.3.8 超高压泵送与水洗技术介绍

随着泵送高度的增加,混凝土的输送压力也不断提高。对于垂直高度大于 400 m 的超高层建筑,一般采用高强度混凝土,因黏度大,其混凝土泵的出口压力需要在 20 MPa 以上,泵送非常困难。这种高强度混凝土的超高压泵送因混凝土压力过高,容易产生泄漏导致混凝土离析、堵管等诸多问题,一直是混凝土施工的一大难题。要解决此难题,必须解决设备的超高压混凝土的密封、超高压管道、超高压混凝土泵送施工工艺及管道内剩余混凝土的水洗等方面的技术问题,使其具有高可靠性和超强的泵送能力。

1. 超高压泵

设备的配置应以高可靠性为首要原则,一旦因设备故障而中止泵送 2 h 以上时,混凝土在输送管内会出现压力泌水、离析而导致堵管,将使整个管道系统内混凝土报废而严重影响施工质量。

HBT90CH 超高压泵采用两台柴油机分别驱动两套泵组。应用双动力功率合流技术,平时两套泵组同时工作,当一组出故障时可切断该组,另一组仍维持 50% 的排量继续工作,避免施工过程中断造成损失,既可同时工作提高工作效率,也可单独作业,大大提高了施工过程的可靠性。

对于混凝土泵来说,体现其泵送能力的两个关键参数为出口压力与整机功率。出口压力是泵送高度的保证,而整机功率是输送量的保证。表 25-6 列出了 HBT90CH 两种超高压泵的泵送性能参数。

表 25-6 超高压泵性能参数

序号	型号	最大理论输送量/(m³·h⁻¹)	最大泵送压力/MPa	发动机功率/kW	输送缸直径×行程/(mm×mm)	理论输送距离/m	
						水平	垂直
1	HBT9028CH-5D	105/75	14/22	181×2	200×2100	1500	480
2	HBT90CH-2135D	100/78	19/35	273×2	180×2100	2500	850

2. 超高压混凝土密封

超高压混凝土密封包括动密封与静密封。动密封关键要解决眼镜板与切割环这一对偶合件之间的密封,静密封主要是输送管道内混凝土的密封。

1) 动密封

尽管采取特殊措施提高了眼镜板、切割环这一对偶合件的耐磨性,但这对摩擦副之间的磨损是不可避免的,因此如何消除磨损之后产生的间隙,是超高压混凝土动密封要解决的一个关键问题。为此,设计了图 25-40 所示的间隙自动补偿装置。该自动补偿结构主要是依靠被压缩的橡胶弹簧的弹性,来推动切割环与眼镜板紧密贴合,消除间隙。因橡胶弹簧的弹性是线性变化的,故可实现 Δx 范围内间隙的自动补偿。

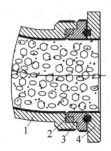

1—S管;2—橡胶弹簧;3—切割环;4—眼镜板。

图 25-40 间隙自动补偿简图

2) 静密封

当管道内的压力较高时,普通砼密封圈很容易从管夹的间隙中被挤出来,导致密封圈损坏而出现压力泄漏。一旦漏浆,混凝土就会无法流动,发生堵管。充分考虑了此问题,打破成规,把管道密封改为锥面定心、O 形密封圈密封结构,成功解决了该难题。

3. 超高压管道

1) 如何解决超高压管道的耐磨性和爆管问题

在进行超高压泵送时,管道内压力最大可达到 35 MPa,管道磨损加剧,一旦发生爆管将造成很大损失。

采用合金钢特制的耐磨超高压管道,经特殊淬火处理,寿命比普通 Q345 钢管提高 3~5 倍,保障了管道的抗爆能力和耐磨损寿命,管道使用寿命≥50 000 m³。

超高压耐磨管道与普通管道性能比较如表 25-7 所示。

2) 超高压管的密封性和拆装困难问题

在超高压泵送施工中,超高压管道内压力最大可达到 35 MPa,纵向将产生 411.6 kN 的拉力,常规的连接与密封方式已不能满足要求,如果管道密封不好,就会发生漏浆,严重时导致堵管。因管道特别重,且受施工环境影响,管道拆装很不方便。三一重工采取专利技术特制耐磨管道(专利号 200610031992.x)成功解决了以上问题,如图 25-41 所示。

表 25-7 超高压耐磨管道与普通管道性能比较

材料	混凝土最大压力/MPa	材料强度/MPa	材料硬度	最小爆管壁厚度/mm	管道设计厚度/mm	磨损量/mm
Q345	35	345	HRC23	7.5	12	4
45Mn2	35	735	HRC55	3.2	9/12	5/8

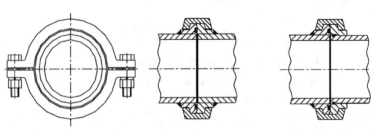

图 25-41 超高压耐磨管道的连接方式

不常拆卸管道连接采用公母扣固定结构形式,O 形密封圈密封、锥面定心,确保连接密封可靠,防止泵送时漏浆。

需拆卸管道连接采用公母扣活动结构形式,拆装方便,O 形密封圈密封、锥面定心,确保连接密封可靠。

3) 超高压液压截止阀

混凝土泵送施工中,有时需要对泵机进行保养或维修。为保证此时的保养或维修工作正常进行,需在混凝土泵出口端附近管路接入液压截止阀,如图25-42右侧,用于阻止垂直泵管内混凝土回流。

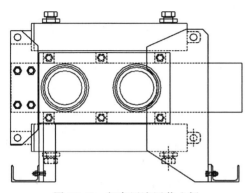

图25-42 超高压液压截止阀

液压截止阀采用液压油缸驱动,控制阀操作;插板采用浮动密封环结构,密封性能好,无压力泄漏。

4) 超高压管道的固定与安装

为了解决因泵送震动而引起的管道松动问题,无论是地面水平管还是墙壁垂直管,均需使用特殊固定装置U码固定牢固。管道固定装置如图25-43、图25-44所示。

图25-43 水平安装

图25-44 垂直安装

4. 超高压混凝土泵送施工工艺

除了在设备方面满足超高层建筑工程混凝土的泵送要求外,还对混凝土施工工艺和混凝土配合比进行了研究,研究结果如下所示。

(1) 管道布道。超高压管道布管时,尽量减少弯管的用量,在底部设有垂直高度1/4左右的水平管道来抵消垂直管道内混凝土的自重产生的反压。

(2) 输送管直径。输送管直径越小,输送阻力越大,但直径过大的输送管抗爆能力差,而且混凝土在管道内停留的时间长,影响混凝土的性能,最好选用直径为125 mm的输送管。

(3) 水泥用量。适用于超高层泵送的混凝土,其水泥用量必须同时考虑强度与可泵性。水泥用量少,强度达不到要求;水泥用量过大,则混凝土的黏性大,会增加泵送难度,而且会降低吸入效率。

(4) 粗骨料。在泵送混凝土中,粗骨料粒径越大,越容易堵管,常规的泵送作业要求最大骨料粒径与管径之比不大于1∶3,在超高层泵送中,因管道内压力大,易出现离析,大骨料粒径与管径之比宜小于1∶5,而且其中的尖锐扁平的石子要少,以免增加水泥用量。

(5) 坍落度。普通的泵送作业中,混凝土的坍落度在160 mm左右最利于泵送。坍落度偏高易离析;坍落度小,流动性差。在超高层泵送中,为减小泵送阻力,坍落度宜控制在180~200 mm。

(6) 掺入粉煤灰及外加剂。粉煤灰和外加剂复合使用,可显著减少用水量,改善混凝土的和易性。但由于外加剂品种较多,对粉煤灰的适应性也各不相同,其最佳用量应通过试验来确定。

5. 超高压直接水洗技术

水洗技术本身是一种施工方法,关键是需要具备下述保障条件,即混凝土泵具有足够的压力、输送管道不漏水,眼镜板、切割环密封良好。

传统的水洗方法是在混凝土管道内放置一海绵球(图25-45),用清水作介质进行泵送,通过海绵球将管道内的混凝土顶出。由于海绵球不能阻止水的渗透,水压越高,渗透量就越大。大量的水透过海绵球后进入混凝土中,会将混凝土中的砂浆冲走,剩下的粗骨料失去流动性引起堵管,使水洗失败。所以传统的水洗方法水洗高度一般不超过 200 m。

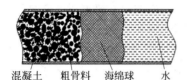

图 25-45 传统水洗方法示意图

在多年的泵送施工实践中,研究出了一套针对 200 mm 以上垂直高度管道的超高压水洗方法(图 25-46):管道中不加海绵球,而是加入 1~2 m³ 的砂浆进行泵送,然后再加入水进行泵送。由于在混凝土与水之间有一较长段的砂浆过渡段,不会出现混凝土中砂浆与粗骨料分离的状况,保证了水洗的顺利进行。

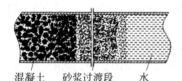

图 25-46 超高压水洗方法示意图

水洗可将残留在输送管内的混凝土全部输送至浇筑点,几乎没有混凝土浪费。以香港国际金融中心为例:混凝土泵送总层数为 91 层,每层泵送 5 次,混凝土管道总长度 560 m,输送管直径 125 mm。按平均长度计算每次管道内残留的混凝土约 3.5 m³,施工完成后累计将有 1592.5 m³ 的残留混凝土。在香港,C60 混凝土的价格为 720 HK \$/m³,1592.5 m³ 的混凝土折合港币为 114.66 万元。若不能将管道内混凝土水洗到浇筑点而将之遗弃,既浪费了大量的混凝土,同时对环境造成很大的污染。因此,水洗具有显著的环保及经济效益。

25.3.9 三级配混凝土泵送技术

三级配混凝土指混凝土配合比中,粗骨料粒径分为 5~20 mm、20~40 mm、40~80 mm、80~120 mm 四个级别,通常把配合比中只含有一、二 2 个级别粗骨料的混凝土称为二级配混凝土,含有一、二、三 3 个级别粗骨料的混凝土称为三级配混凝土。

以前,尚无三级配混凝土泵送设备和技术,施工中主要采用门机、塔机、吊罐、自卸车等设备,极少数工程从国外进口了塔带机等大型设备,原因在于三级配混凝土泵送施工存在三级配混凝土吸料困难、可泵性差、容易堵管、对易损件磨损大等技术难题。为此,三一重工在二级配混凝土泵送技术的基础上,运用技术集成手段,针对三级配混凝土输送泵、三级配泵送混凝土配合比及三级配混凝土泵送施工工艺等方面进行了研究,解决了这些技术难题,取得了"三级配混凝土输送泵",同时取得了国家发明专利,其具有以下特点。

(1) 吸料问题的解决方案——创新的双轴搅拌强制喂料机构。

(2) 可泵性问题的解决——合适的三级配泵送混凝土配合比。

(3) 堵管问题的解决。

(4) 易损件耐磨性能的提高。

25.3.10 选用原则

1. **型谱**

拖式混凝土输送泵的典型设备型号及参数见表 25-8。

2. **产品选型**

(1) 6006A-5 拖泵因其闸板阀结构,密封性不如 S 管阀所以一般用于短距离(一般最大高度 50 m 或最大水平 350 m)或隧道内部施工(施工距离短,一般水平 50 m 左右;混凝土标号低,如 C15 等),如设备放置于隧道外部施工,则不能选用 6006A-5 拖泵。

(2) 对于常规 S 管阀拖泵,根据泵送高度一般按如下方式进行压力选型(常规混凝土 C30~C45);对于纯水平泵送,一般按水平距离与垂直高度 3:1 折算,如表 25-9 所示。

(3) 对于排量选择,主要根据施工的方量需求选择,对于拖泵,在恒功率变量之前(一般恒功率变量点为 15~16 MPa),其实际排量为理论排量的 75%~80%。例如,6016C-5 拖泵,实际排量为 70×0.8=56 m³/h,除去施工时搅拌车的倒车等时间,每小时可达约 50 m³

表 25-8 典型设备型号及参数

序号	产品型号	类型	压强/MPa	排量/(m³·h⁻¹)	功率/kW
1	HBT6006A-5	电动泵	7	70	75
2	HBT6013C-5	电动泵	8~13	65~40	90
3	HBT6016C-5	电动泵	10~16	70~45	110
4	HBT8016C-5	电动泵	10~16	85~55	132
5	HBT8018C-5	电动泵	10~18	85~50	160
6	HBT5008C-5S	柴油泵	8	50	55
7	HBT6013C-5ST3	柴油泵	8~13	65~40	120
8	HBT6016C-5 ST3	柴油泵	10~16	75~45	186
9	HBT6016C-5 ST3	柴油泵	10~16	75~45	180
10	HBT8018C-5 ST3	柴油泵	10~18	85~50	180
11	HBT9050CH-5M	柴油泵	24~50	90~50	287
12	HBT12020C-5M	柴油泵	11~21	120~75	287

表 25-9 泵送高度对应拖泵型号

序号	泵送高度/m	出口压强/MPa	对应选型
1	100 以下	13	6013C-5、6013C-5ST3
2	100~150	16	6016C-5、6016C-5ST3
3	150~250	18	8018C-5、8018C-5ST3
4	250~350	28	9028CH-5S
5	350~500	35	9035CH-5M
6	500 以上	50	9050CH-5M

25.3.11 安全使用规程

1. 泵机位置与首层地面管道布置原则

(1) 泵机摆放位置要利于搅拌车进退,减少换车时间,提高效率,同时要考虑周边环境以减少噪声对外界的影响。

(2) 利于搭建隔音降噪棚,配置排风系统,同时可防雨水进入料斗。

(3) 推荐两台主泵机位置相近,方便集中管理。

(4) 如若有备用泵管,须预先铺设好并可以快速连接到主管路中,以备应急使用。

(5) 为了平衡垂直管道混凝土产生的反压,地面水平管道铺设长度为建筑主体高度的 1/5~1/4。建议塔楼地面水平管道铺设长度为 60~70 m。

(6) 在泵的出口端水平管安装一套液压截止阀,阻止垂直管道内混凝土回流,便于设备保养、维修与水洗。

(7) 输送管布置要求沿地面和墙面铺设,并全程做可靠固定。

(8) 每套输送管在垂直管道部分设置缓冲弯。

2. 施工注意事项

(1) 地面上要设有管道水洗用的排水沟。

(2) 需配置约 2 m³ 的废料承接容器。

(3) 混凝土从运输到泵送至浇筑点,时间不应超过 1 h。

(4) 泵送前,先泵 1 m³ 水,再泵 2~3 m³ 砂浆,湿润管道后,再泵送混凝土。

(5) 泵送过程最好连续泵送,停顿时间最好不超过 15 min;如果泵送间断时间或待料时间超过 15 min,约每隔 10 min 操作一次反泵+正泵,避免管道内混凝土初凝,同时也避免料斗内粗骨料沉积影响 S 管阀摆动。

(6) C60 以上混凝土,粗骨料粒径≤20 mm,坍落度最好控制在 240 mm 左右。

(7) 混凝土压力泌水率≤30%。

(8) 泵送时,注意观察主系统压力表变化,一旦压力异常波动,先降低排量,再视情况反泵 1~2 次,再正泵。

(9) 在混凝土浇筑完毕后,为保证泵机水洗的顺利进行,同样需要先泵 2~3 m³ 砂浆,再泵水进行水洗。砂浆的配比为水泥同砂子各为1∶1。

(10) 每次管道清洗,必须将管道内残余混凝土清洗干净。

(11) 定期检查管道是否松动、漏浆;检查眼镜板和切割环的间隙。

(12) 配置超声波测厚仪定期对超高压管壁厚进行检测,以防过度磨损而发生爆管。根据经验,输送管主要检测点为水平管底部、弯管外侧,特别是水平转垂直管处的弯管。

(13) 严格记录每次混凝土泵送的情况,以及维修保养的时间、部位,易损件的更换情况。

3. 水洗注意事项

(1) 确认眼镜板及切割环密封良好。

(2) 保证砂浆的质量。

(3) 足够流量的水源。

(4) 不能随意停止。

第26章

预应力混凝土张拉设备

26.1 概述

26.1.1 定义

预应力混凝土张拉设备主要用于预应力筋（特别是桥梁预应力筋和岩土锚索）的张拉施工和锚固性能试验，现在已经发展升级到智能型设备。它是通过PLC和工业平板组合的方式控制智能泵站和智能千斤顶的张拉，利用测力传感器和位移传感器的测量数据反馈，实现预应力同步和精确张拉，同时对张拉过程数据进行储存，自动生成报表，可随时查看历史数据。智能型设备的运用可消除人为因素干扰，有效地保证预应力张拉施工质量。

26.1.2 发展概况及趋势

1. 预应力技术概况

1955年，由铁道部科学研究院、铁道部定型事务研究所和丰台桥梁厂联合进行的12 m后张法预应力梁试验研究取得成功。1956年，由丰台桥梁厂预制的预应力梁用80 t悬臂架桥机架设在陇海线的新沂河桥上。我国第一座预应力混凝土桥的建成，开创了铁路桥梁工业化大批量生产的道路，也促进了日后32 m预应力混凝土铁路标准梁的发展，为我国桥梁建设做出了重要的贡献。在经历了改革开放40年的基础建设高峰期后，我国大跨径预应力混凝土连续钢构桥和连续梁桥的建桥技术，已居于国际领先水平。显示了我国预应力混凝土工程技术领域具有雄厚实力，接近甚至达到国际先进水平。

1）材料技术发展

（1）混凝土材料技术。我国大量应用的混凝土强度等级是C20~C40，平均C30，预应力机构中使用的混凝土强度等级为C40~C50。C50、C60级高性能混凝土在工程中已有较为普遍的应用，少量工程已设计并使用到C80~C100级混凝土，并能泵送施工。

（2）预应力筋材料技术。我国从20世纪80年代开始引进国际上先进的低松弛、高强度预应力钢丝、钢绞线生产线。目前，我国低松弛钢材年产量已大于200万t，年使用量180万t左右，已成为世界第一大生产和使用大国。高强度、低松弛预应力筋成为我国预应力筋的主导品种。

（3）预应力筋张拉锚固技术。目前，我国预应力钢绞线的锚具基本上为国产自主创新开发的品种，数量居世界第一，在性能指标方面已达到了国际预应力协会（FIP）《后张预应力体系的验收建议》的技术要求。

2）工艺技术发展

（1）先张预应力技术。目前，国内先张预应力构件用量逐年减少，先张预应力施工工艺落后,预应力空心板仍使用中低强度预应力筋,没有形成利用高强材料的先进成套技术。

(2) 后张有黏结预应力技术。后张有黏结预应力技术目前在国内建筑、桥梁、特种结构等工程中广泛应用,并已成功开发并应用了多种相关技术,如成孔技术、高强材料生产技术、高强材料张拉锚固技术等。

(3) 后张无黏结预应力技术。目前我国已开发并应用了成套无黏结预应力技术。在工程应用中也取得了不少成就,如解决超长结构设计、楼板减轻重量等。特别是近年对无黏结筋防腐和耐久性的研究和改进,使该技术可用于二、三类工作环境。

2. 预应力技术发展趋势

预应力混凝土具有很多优点,在国内外应用十分广泛,特别是在大跨度、重载荷机构及不允许开裂的结构中,预应力技术日趋完善。随着科技进步,施工技术、预应力体系等的发展,预应力混凝土结构发生着较大变化,各种新材料、新技术、新设计理念不断涌现,展望未来,预应力技术发展可以简单概述如下:

1) 应用范围越来越广

过去,预应力技术主要用于公路与铁路桥梁、油罐和水塔、压力管道等混凝土结构。现在,预应力技术在深基坑开挖、边坡稳定、水电工程、加固工程等领域应用也十分普遍。今后,必然会更广泛地应用于各种结构工程和其他领域。

2) 混凝土材料向高性能、轻质量方向发展

工程实践表明,一些使用期限较长的预应力混凝土结构在不利环境下毁坏的原因并不是强度的缺陷,而是耐久性问题。因此,从施工受力及耐久性等方面看,未来混凝土必将向着易浇筑、易密实、耐疲劳、耐磨损、抗腐蚀等方向发展。

3) 预应力施工工艺将会更加成熟

施工机具将会向专业化、智能化、质量控制系统化等方向发展。

4) 预应力设计、计算理论更加完善

随着科学技术的发展,预应力设计、计算理论及计算方法将更加符合实际受力情况,更加可靠。

26.2 预应力混凝土智能张拉设备类型简介

根据预应力产品锚固体系的应用领域及施工工艺,预应力智能张拉设备的系列型号可分为后张预应力体系用智能张拉设备、先张预应力体系用智能张拉设备、地锚索预应力体系用智能张拉设备、轨道板预应力用智能张拉设备。

26.3 典型的后张预应力混凝土智能张拉设备工作原理

26.3.1 机构组成及工作原理(技术性能)

预应力混凝土智能张拉设备主要由预应力智能张拉泵站、智能千斤顶、监视系统及预应力智能张拉控制系统组成。其工作原理为控制系统控制泵站工作,通过千斤顶对预应力筋进行张拉,监视系统采集张拉信息(包括千斤顶油压、张拉力值及预应力筋伸长量)反馈到控制系统,控制系统根据信息调节张拉参数(张拉速度、力值等)。

26.3.2 设备参数控制原理

控制原理和方法一般依据《公路桥涵施工技术规范》(JTG/T 3650—2020)和经验进行,采用双控法,以张拉力控制为主,伸长量控制为辅。其理论依据是液压技术和材料力学。

张拉力的测量主要是测量油压的大小,间接测量出钢绞线的力值。一般千斤顶的标定公式如下:

$$y = ax + b \qquad (26\text{-}1)$$

式中:y——千斤顶的油压,MPa;

a——油压与张拉力之间的线性相关系数;

x——张拉力值,kN;

b——千斤顶自身修正系数,MPa。

$$x = cf \qquad (26\text{-}2)$$

式中:c——钢绞线根数;

f——每根钢绞线的力值,kN。

钢绞线的理论伸长量 L_1 一般按下式计算:

$$L_1 = \frac{P_p L}{A_p E_p} \qquad (26\text{-}3)$$

式中:P_p——预应力钢绞线的平均张拉力,kN;

L——预应力钢绞线的长度,mm;

A_p——预应力钢绞线的截面积,mm^2;

E_p——预应力钢绞线的弹性模量,MPa。

在预应力张拉时,应先调整到初应力 σ_0,该应力一般为张拉控制应力 σ_{con} 的 10%~25%,伸长量从初应力开始量测。实际伸长量除量测的伸长量外,尚应加上初应力以下的推算伸长量。预应力张拉的实际伸长量 L_s 按下式计算:

$$L_s = L_1 + L_2 \qquad (26\text{-}4)$$

式中:L_1——从初应力到最大张拉应力之间的实测伸长量,mm;

L_2——初应力以下的推算伸长量,mm。

在预应力张拉时,上位机程序实时采集压力传感器的压力数据和位移传感器采集的位移数据,在张拉过程中实时将采集到的压力值与设置的目标压力值进行对比,计算压力相对误差;同时,将采集到的位移数据转化成实测伸长量,并与钢绞线的理论伸长量进行对比,计算伸长量相对误差。当压力值未达到目标值,且钢绞线伸长量与理论伸长量相对误差不超过 6% 时,应继续进行张拉;当压力值超过目标值 1%,或者钢绞线伸长量与理论伸长量相对误差超过 6% 时,暂停张拉,进行持荷。如果张拉力未达到目标值则进行相应的处理后继续张拉,这就是双控的过程。

26.3.3　典型的智能张拉设备示例

SPT 系列智能张拉系统硬件主要由预应力智能张拉油泵、智能千斤顶、高压油管等组成。在预应力混凝土梁体上进行张拉时的基本结构图如图 26-1、图 26-2 所示。

图 26-1　SPT1B1D 型智能张拉系统

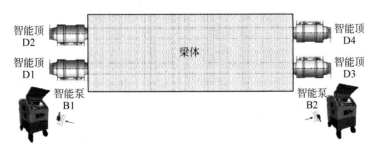

图 26-2　SPT1B2D 型智能张拉系统

SPT 系列智能张拉系统具有以下特点。

（1）一套 OVM 预应力智能张拉系统适用多种工况：单束钢绞线两端同步张拉、单端单束或两束单端张拉。

（2）PLC 控制器和工业平板组合控制方式，即将微电脑接入泵站内，智能泵站之间进行无线通信，在泵站触摸屏上操作，以减少冗余件，提高系统可靠性，减少故障率。

（3）采用 PLC 技术实现智能泵站的精确压力控制，自动张拉的控制力值精度可达±1.5％，并能实现双控；两台以上智能顶对称两端张拉时，各智能顶之间同步张拉力误差小于 2％。

（4）张拉过程历史数据可以再现，便于质量控制和管理。

（5）适用于长预应力束换行程张拉，伸长量在换行程前后自动累加。

（6）多重安全保护：张拉压力保护、顶行程保护、回程压力保护。

（7）张拉完成后上位机直接生成张拉数据报表。

（8）具有断电保持功能，防止张拉过程意外断电造成张拉数据丢失，重新上电后可以继续张拉。

系列设备适用如下工况。

1）双束四顶智能张拉工况

针对预应力箱形梁等结构的预应力张拉施工，通常对双束预应力筋进行对称同步张拉，需要四台液压千斤顶施工。采用一泵驱动双顶的智能泵站，即两台智能泵站和四台智能千斤顶，可满足施工要求。

当需要远程监控张拉施工时，需要配备上位计算机和相应的控制软件，远程通信可采用有线或无线方式。

2）单束双顶智能张拉工况

针对预应力 T 形梁等结构的预应力张拉施工，通常需要对单束预应力筋两端进行同步张拉，需要两台液压千斤顶施工，采用两台智能泵站和两台智能千斤顶。

3）单端张拉工况

针对预应力筋的单端张拉预应力张拉施工或试验，只需要一台液压千斤顶，采用一台智能泵站和一台智能千斤顶，可满足要求，如图 26-3 所示。

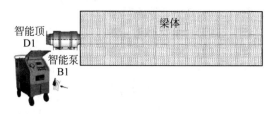

图 26-3　单端张拉工况

26.3.4　预应力混凝土张拉设备（智能）主要构造

1. 智能泵站

YZB-1B2D-4/58 智能泵站为智能张拉系统提供源动力，通过泵站输出的液压动力驱动千斤顶伸缸及缩缸。智能泵站主要包括电机、高压泵、控制阀组、控制箱、控制面板和油箱等，如图 26-4 所示。

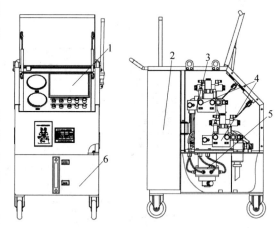

1—控制面板；2—控制箱；3—电机；4—阀组；
5—高压泵；6—油箱。

图 26-4　智能泵站结构示意图

1）液压原理图

液压原理图如图 26-5 所示。

2）阀组结构

通过旋转安全阀的调节旋钮（右旋调大或

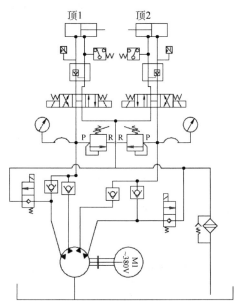

图 26-5　液压原理图

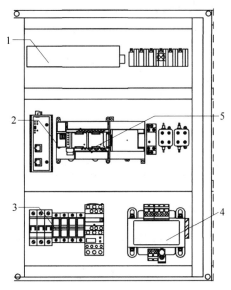

1—开关电源；2—通信模块；3—断路器；
4—隔离变压器；5—PLC 控制器。

图 26-7　控制系统图

左旋调小）来设定系统的安全压力，当系统超过此压力时，安全阀打开，压力油通过安全阀流回油箱，安全阀调定压力不得超过 58 MPa，电磁球阀起调节流量大小作用。其结构如图 26-6 所示。

图 26-6　阀组结构图

2．控制系统

控制系统由 PLC 控制器、通信模块、开关电源等组成，如图 26-7 所示。

3．智能千斤顶

智能千斤顶构造如图 26-8 所示。该型千斤顶主要由三大部分组成，一是由油缸、穿心套、定位螺母、大堵头、后密封板、后压紧环、位移传感器组件及密封件组成的"不动体"；二是由活塞及其密封件组成的"运动体"；三是便于吊运的提手部分。

图 26-8　智能千斤顶构造图

26.4　常用的预应力混凝土张拉设备的技术性能指标

26.4.1　预应力混凝土张拉设备（智能）性能要求

（1）智能泵站应符合《预应力用电动油泵》（JG/T 319—2011）中 5.2.1 条、5.2.2 条、5.2.3 条中的要求。

（2）张拉系统按 JG/T 319—2011 中 6.1.1 条中联机负载试验后性能应满足以下要求：

① 张拉力控制精度误差宜为 ±1.5%；

② 多个千斤顶同时工作时，各千斤顶张拉力应同步，允许误差宜为 ±2%；

③能有效实现保压、加载持荷等张拉过程，保证千斤顶具有足够的持荷时间。

（3）各千斤顶张拉力、位移行程等技术参数应符合表 26-1 规定。

表 26-1　千斤顶张拉力、位移行程等技术参数表

技 术 要 求	技 术 指 标
力值测量准确度	≤1% FS
位移测量准确度	≤1 mm
自动控制张拉	按程序要求输入不同的张拉级数，能进行分级张拉、持荷
同步控制	两台或四台智能型千斤顶同步进行张拉，张拉力允许同步误差为±2%

26.4.2　典型预应力混凝土张拉设备（智能）主要性能参数

YZB-1B2D-4/58 型张拉系统主要性能参数见表 26-2。

表 26-2　YZB-1B2D-4/58 型张拉系统主要性能参数表

项　目		参　　数
控制系统	压力传感器测力精度	0.3%FS
	位移测量精度	0.1 mm
	各顶同步张拉力	<2%
	系统工作电源	AC380 V/50 Hz 三相四线制
	控制电压	220 VAC/50 Hz
	使用环境	温度为−5～40℃ 相对湿度：30%～90% 大气压：86～106 kPa
控制系统	额定压力	58 MPa
	额定流量	2×(1.9+1.9) L/min
	电机功率	7.5 kW,380 V/AC,50 Hz
	液压工作介质	L-HM 32#优等品抗磨液压油（环境温度在−10～30℃） L-HM 46#优等品抗磨液压油（环境温度在 25～45℃）
	油箱有效容积	85 L
	外形尺寸（L×W×H）	920 mm×560 mm×1300 mm
	质量	净质量：220 kg,装油后总质量：280 kg
控制系统	控制系统	PLC+工业平板
	压力测量	量程：0～100 MPa 精度：0.3%FS
	位移测量	量程：0～225 mm 分辨率：0.1 mm 精度：0.05%FS
	通信	以太网通信 无障碍环境下可靠传输距离：1 km
智能千斤顶	公称张拉力	1000～6500 kN（配套 100～650 t 智能顶）
	张拉行程	200 mm
	行程允许偏差	0～5 mm

26.4.3 试验技术及评定标准、出厂检验标准

1. 智能张拉设备的一般要求

(1) 张拉系统应能在温度-10~40℃、相对湿度不大于85%的露天环境中正常工作。

(2) 张拉系统工作地点应能承受一般的振动和冲击。

(3) 张拉系统配置电源为交流三相五线制供电,额定电压(AC):380 V、220 V,电压波动范围不大于额定值的±15%。

(4) 张拉系统的液压油应符合JG/T 319—2011中5.1.1条和《预应力用液压千斤顶》(JG/T 321—2011)中的5.1的规定。

(5) 张拉系统各密封件应符合JG/T 319—2011中5.1.2条的规定。

(6) 张拉系统中的压力表应符合《抗震压力表》(JB/T 6804—2006)的规定。

(7) 张拉系统各油管应符合相关规范标准的规定。

张拉系统中连接各设备之间的电缆、油管应按编号一一对应,连接应可靠,无脱落现象。

2. 智能千斤顶

(1) 千斤顶的外协外购件、制造应按JG/T 321—2011中5.3条和5.4条的要求。

(2) 千斤顶使用性能应按JG/T 321—2011中5.2条的规定。

3. 智能泵站

(1) 液压系统应符合《液压传动 系统及其元件的通用规则和安全要求》(GB/T 3766—2015)中第4、5章的要求,液压元件应符合《液压元件 通用技术条件》(GB/T 7935—2005)中第4、5章的要求。

(2) 液压系统正常工作时,系统油温不应大于65℃。

(3) 液压油注油点位置应可视性好,加注方便。

(4) 油箱箱体应有足够的刚性和强度,能承受容许的容量并能有效地防止油渗漏。

(5) 油箱内表面应保持清洁,内外表面应酸洗磷化处理,应有有效的防锈措施。

(6) 按钮操作应标有易懂、清晰的文字注释或图形符号,明显地表示出各动作方向和功能,且便于操作。

(7) 泵站安装垂直倾斜度不应超过5%,如果工作场所地面不平,应做适当的调整。

4. 控制系统

1) 系统配置

控制系统由现场控制系统、位移传感器、无线(或有线)传输测控系统、人机界面等组成。

控制系统装配在主、副泵站上,由主泵通过无线(或有线)通信控制副泵运行。

2) 电气系统

(1) 电气系统的设计、装配和安装应符合《机械电气安全 机械电气设备 第1部分:通用技术条件》(GB/T 5226.1—2019)中的有关规定。

(2) 电气系统的防护等级不低于《外壳防护等级(IP代码)》(GB/T 4208—2017)的规定。

(3) 应配置独立的安全保护接地保护装置,外接地电阻应小于4 Ω。

(4) 电气元件布置,应排列整齐,操作方便,工艺合理和维护检修安全。

3) 传输测控系统

(1) 测控系统应具有自动和手动操作功能、程序编辑功能、自动诊断功能。

(2) 测控系统接收和发送信号应及时、准确。

(3) 测控系统应能自动测量伸长量等参数。

(4) 应有数据传输接口、采集系统工作的各项数据,图形应能及时保留。

(5) 测控系统中的油压指标由压力传感器测量。

4) 人机操作界面

(1) 人机操作界面应符合人体工程学要求,便于操作和维修。

(2) 应选用抗静电性能好、防紫外线、工作温度为-20～50℃的触摸屏，触摸屏字符应清晰、完整。

(3) 触摸屏上应能及时显示各种功能和数据，显示灯、按钮应灵敏。

26.5 选型及应用范例

26.5.1 选型

目前市场上的张拉机具品种繁多，吨位大小不一，在选用时应遵循如下原则。

1. 设备吨位计算

合理选择张拉机具吨位、压力表规格等是确保工程质量，保证安全的重要环节。具体计算如下。

预应力张拉力(kN)：

$$N_Y = \sigma_k \cdot A_Y \cdot n / 1000 \quad (26-5)$$

式中：σ_k——预应力筋张拉控制应力，MPa；
A_Y——预应力筋横基面面积，mm^2；
n——预应力筋数量。

张拉机具吨位(kN)：

$$Q = (1.5 - 2.0) N_Y \quad (26-6)$$

2. 压力表选用

计算压力表读数/MPa：

$$p = \frac{1000 N_Y}{s} \quad (26-7)$$

式中：s——选用千斤顶的活塞面积，m^2。

实际压力表读数(MPa)：

$$N_Y = (1.5 - 2.0) p \quad (26-8)$$

根据式(26-6)和式(26-8)选择配套泵站。

3. 张拉设备品牌选择

当前张拉设备市场品牌众多，优劣不一。选择时应综合考虑品牌、产能、售后及价格等因素。如果条件允许，应到实地考察，综合考虑多方面因素后再决定。

26.5.2 应用范例

应用范例如图26-9、图26-10所示。

图26-9 项目应用图

图26-10 智能张拉系统在预制梁厂工地应用图

26.6 安全使用规程

预应力张拉设备为超高压设备，作业过程中会产生巨大的压力，如发生意外，会对设备、梁体甚至人身安全造成很大的危害。因此，使用设备时应严格按照设备安全操作规程作业。

26.6.1 设备操作规程

(1) 应严格按照设备规定的额定电压及接线方式连接电源，必须接地线，并随时检查各处绝缘情况，以免触电。

(2) 液压设备应远离火焰或者热源。过高的温度会软化包装和密封材料，导致油液泄漏。过热的同时还会削弱软管的材料和包装。为了保持最好的工作状态，不要将液压设备暴露在温度高于65℃的环境中。防止电火花飞溅到油缸和软管上。

(3) 新的或久置后的千斤顶，因油缸内有较多空气,开始使用时活塞可能出现微小的突跳现象,可将千斤顶空载往复运行2~3次,以排出内腔空气。

(4) 油管在使用前应检查有无裂纹,接头是否牢靠,接头螺纹的规格是否一致,以防止在使用中发生意外事故。

(5) 千斤顶和油泵有压力时,严禁拆卸液压系统中的任何零件。

(6) 千斤顶带压工作时,操作人员应站在两侧,端面方向禁止站人,危险地段应设防。

(7) 千斤顶张拉行程为极限行程,工作时严禁超过。

(8) 智能张拉系统要根据规范进行定期校验,以防误差过大而造成损失。

(9) 油泵按照设备使用说明书选用优等品液压油。合格的液压油清洁度等级是保证设备正常运行的前提,加注的液压油必须是新油,不得使用二手翻新液压油,采购的液压油品种必须正确且质量等级为优等品。液压油必须经专用过滤装置过滤3次以上,之后方可注入油箱,专用过滤装置的过滤精度必须达到 $10\mu m$ 以上。油的水分、灰分、酸性值应符合液压油的有关规定,使用过程中严禁打开油箱盖或注油口孔。当油面低于最低液面时,注意补充新油。

(10) 在操作液压设备时,务必穿上适当的保护性衣物。

(11) 设备不能超载使用,不要试图张拉超过油缸最大承载力的预应力束,超载使用会引起设备失效或人员受伤。

(12) 千万不能将溢流阀的压力调定在高于油泵额定最大压力值。过高的设定可能导致设备损坏或人员受伤。在系统中安装压力表以监控工作压力,压力表是操作人员了解系统情况的窗口。

(13) 避免损坏液压软管,在卷绕液压软管时,避免对液压软管剧烈弯曲或打结。使用弯曲的或打结的液压软管会引起很大的压力。剧烈的弯曲或打结会引起软管内部损坏或者导致过早的失效。

(14) 张拉过程中,预应力钢绞线出现断丝现象,千斤顶严重漏油,调换千斤顶时,均应重新使用标准力校正系统校核智能泵站。

(15) 不要使用液压软管或旋转接头来提升液压部件,应使用搬运手柄或其他安全的搬运方法。

(16) 张拉时,现场应有明显标志,与该工作无关的人员严禁入内。

(17) 张拉或退锚时,千斤顶后面严禁站人,以防预应力钢筋拉断或锚具、夹片弹出伤人。

(18) 作业时应有专人负责指挥,操作时严禁摸踩及碰撞力筋。

(19) 张拉时,夹具应有足够的夹紧能力,防止锚具、夹具不牢而滑出。

(20) 千斤顶支架必须与梁端垫板接触良好,位置正直对称,严禁多加垫块,以防支架不稳或受力不均倾倒伤人。

(21) 已张拉完而尚未压浆的梁,严禁剧烈震动,以防预应力钢筋断裂而酿成重大事故。

(22) 专职安全员在每次张拉施工前应根据施工安全技术规范,针对张拉易出现安全问题的环节做细致检查分析,将隐患杜绝于萌芽状态,不将隐患带入张拉施工阶段。同时,专职安全员监控张拉全过程的安全施工,如发现有安全隐患,应及时采取措施进行处理和纠正。

(23) 鉴于张拉属于高空作业,安全事项必须参照墩柱、盖梁安全技术交底中的各项规定,专职安全员应按照高空作业的安全要求对张拉的安全作全面细致检查,避免事故的发生。

(24) 禁止用手推拉带压力的软管。高压下泄漏的油液会穿透皮肤引起严重的伤害。如果油液进入皮肤,须立即到医院就诊。

26.6.2 设备保养与维修

(1) 整个系统必须严格按照使用说明书进行操作。

(2) 液压泵站要由专人管理和维护。使用人员应掌握常规液压系统的操作及维护规程并熟悉泵站结构、各阀的功能及其动作程序。操作前应仔细阅读说明书,严格按照操作规程操作。

(3) 工作完成后拆卸油管时,应先使泵站内油压卸荷完,严禁带压力拆卸油管。高压胶管拆除后,应戴上各接头盖或用塑料袋包好以免灰尘微粒、杂物进入胶管。

(4) 泵站上的电气部分必须采取防雨、防雾霜、防潮措施。

(5) 保护好电缆,地面部分要采取防踩、防压、防砸措施,不得使用破旧的连接插座及插头。

(6) 设备长期存放应将各部件擦净,并用塑料袋罩好。若重新使用,则必须首先检查油箱内油液的情况,绝对禁止在无油情况下启动运转油泵,工作前应空载运行 10~15 min 以排出系统中积聚的空气,检查各电磁换向阀的阀芯在线圈通电后是否动作灵活。在负载情况下检查系统压力是否稳定。

(7) 泵站的油箱为密闭式,油箱内的油面应确保在液位计 2/3 以上。使用过程中严禁打开油箱盖或注油口孔。

(8) 泵站应使用优等品 L-HM32# 或 L-HM46# 抗磨液压油,合格的液压油清洁度等级是保证设备正常运行的前提。加注的液压油必须是新油,不得使用二手翻新液压油,采购的液压油品种必须正确且质量等级为优等品。液压油必须经专用过滤装置过滤 3 次以上,之后方可注入油箱,专用过滤装置的过滤精度必须达到 10 μm 以上。油的水分、灰分、酸性值应符合液压油的有关规定,使用过程中严禁打开油箱盖或注油口孔。

(9) 油液清洁度保养措施。每一个生产年定期清洗液压油箱,同时更换新的过滤好的液压油。清洗油箱时必须清除油箱底部杂质,用干净的 97# 汽油进行清洗之后,方可加注过滤好的新液压油。

26.7 设备安装及调试(张拉设备的标定)

1. 设备标定的参考标准

(1)《混凝土结构工程施工质量验收规范》(GB 50204—2015);

(2)《铁路混凝土工程施工技术指南》(铁建设〔2010〕241 号);

(3)《液压千斤顶》(JJG 621—2012)。

2. 设备的检验内容

在进行预制梁预应力张拉施工前,需对自动张拉系统设备及传感器的精度、性能进行检定校核。具体校核的设备详见表 26-3。

表 26-3 自动张拉系统设备及传感器的精度、性能进行检定校核表

试 验 名 称	需检定设备名称
自动预应力张拉试验	自动张拉千斤顶
	智能油泵
	数显油表
	自动张拉位移传感器

(1) 智能千斤顶、智能泵站数显油压表首次使用前和连续使用期间要进行校正、检验和标定,两者应配套标定、配套使用。标定的流程和结果应符合《铁路混凝土工程施工技术指南》(铁建设〔2010〕241 号)中 7.6.1 条规定,当处于下列情况之一时,应重新进行标定:

① 连续使用时间超过一个月;

② 张拉作业达 300 次;

③ 张拉设备检修或更换配件后。

(2) 张拉设备传感器的标定。自动张拉设

备配备的油压传感器和位移传感器应由当地经国家授权的法定计量技术机构进行检定校核,检定结果应符合《压力传感器(静态)检定规程》(JJG 860—2015)、《线位移传感器校准规范》(JJF 1305—2011)的相关规定,并出具检定合格证书,方可用于张拉。

自动张拉设备配备的各类传感器应按照国家相关检定规定的检定周期进行检定,最长检定周期不得超过 1 年。

3. 张拉设备标定流程

(1)按检定装置安装框架图(图 26-11),将所有设备和仪器仪表安装就位。将千斤顶和油管连接正常,将传感器与仪表连接,开机预热 10 min。

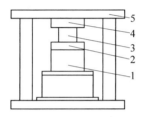

1—千斤顶;2—下垫块;3—标准测力仪;
4—上垫块;5—框架。

图 26-11 检定装置安装框架图

(2)连续标定三次取标准测力传感器和压力传感器读数(数显),并将其平均值作计算。

(3)采用最小二乘法回归分析千斤顶的标定经验公式。

(4)油压表与对应压力(顶力)的线性回归方程,当代表回归方程与试验数据真实函数间的近似程度的均方误差≤10(即回归系数 $\gamma \geq 0.999$)时即认为标定合格,否则应查明原因,重新标定。

(5)千斤顶校正系数须不大于 1.05,校正系数可按下式进行计算:

$$校正系数 = \frac{油表压力(MPa) \times 张拉千斤顶活塞面积(mm^2)}{传感器计算压力(N)}$$

4. 张拉设备的连接

张拉系统设备的连接主要有两个步骤。

(1)连接千斤顶。将随机配件中的油管两端接上快换接头(SKJ.0),应注意油管接头与快接头处需使用铜密封圈,根据标定对应的智能顶和智能泵站(顶出厂编号和压力变送器编号对应,不能混接),将智能千斤顶和智能泵站连接起来,智能顶油缸的进油口连接智能泵站的伸缸(左边),智能顶油缸的回油口(出顶端)连接智能泵站的缩缸(右边),紧固接头后检查无液压油渗漏完成连接。

(2)位移传感器组件的安装和连接。智能顶带有高精度位移传感器,在安装好油管后,将位移传感器连接线连接到智能泵站上控制箱左侧面位移传感器接头。

张拉设备的连接如图 26-12、图 26-13 所示。

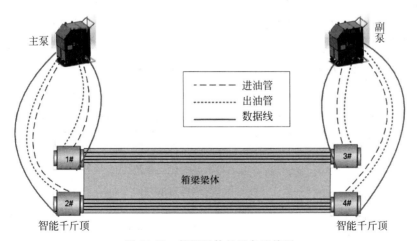

图 26-12 箱梁梁体的设备连接图

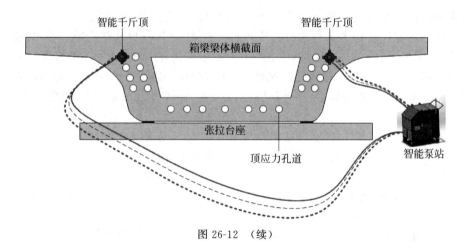

图 26-12 （续）

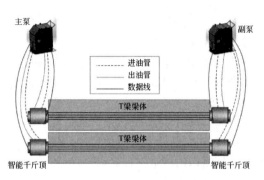
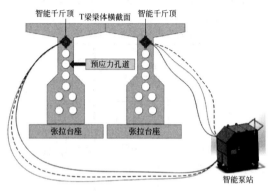

图 26-13 T梁梁体的设备连接图

26.8 常见故障及排除

1. 液压系统

液压系统常见故障及原因见表 26-4。

表 26-4 液压系统常见故障及原因

故障	可能的原因
泵不能启动	没有电源或者电压错误
电机在负载下停转	电压太低
电磁阀不能动作	没有电源或者电压错误，接线松脱
泵不能建立压力	溢流阀设定值太低； 外部系统泄漏； 泵的内部泄漏； 阀的内部泄漏； 系统元件的内部泄漏

续表

故障	可能的原因
泵不能建立满压	负载大于油缸在满压时的承载能力； 进入油缸的油液堵塞
油缸自己缩回	外部系统泄漏； 系统元件内部泄漏

2. 电气系统

电气系统常见故障及原因见表 26-5。

表 26-5 电气系统常见故障及原因

故障	可能的原因
显示器不能点亮	没有电源或者电压错误
传感器没有信号	信号电缆插头没有装好，接线松脱
电动阀不能动作	没有正确连接电源箱或者电压错误

续表

故障	可能的原因
同步误差太大	控制阀组及平衡阀阀芯卡死；变频器故障
按同步按钮无效	置零没结束

参考文献

[1] 冯大斌,栾贵臣.后张预应力混凝土施工手册[M].北京：中国建筑工业出版社,1999.

[2] 李军,王平.预应力设备与机械化施工技术[M].北京：中国建筑工业出版社,2015.

[3] 唐杰军,刘德坤.预应力智能张拉与压浆技术[M].北京：人民交通出版社,2014.

[4] 柳州欧维姆机械股份有限公司.YZB-1B2D-4-58型预应力智能张拉系统操作说明书[Z].

[5] 柳州市力天预应力设备厂.LTS-2型智能张拉系统使用说明书、LTS-4型智能张拉系统使用说明书[Z].

第27章

混凝土压浆设备

27.1 概述

27.1.1 定义

混凝土压浆设备是用于后张法预应力构件的预应力筋张拉后，往孔道里灌充水泥浆或砂浆所用的设备，主要包括灰浆搅拌设备和灰浆泵。孔道灌浆的目的是使预应力筋与构件有良好的黏结力，防止预应力筋的锈蚀，提高结构的抗裂性和耐久性。

混凝土压浆设备现在已经发展升级为智能型设备。混凝土智能压浆设备集制浆、储浆、压浆、保压为一体，融入电子称重、高速制浆、压力自动控制等技术，确保了压浆质量和孔道充盈度，满足规范的各项技术指标。适用于公路、铁路桥梁及涵洞等工程预应力张拉后孔道灌浆施工，目前国内已生产出多种规格灰浆泵，产品均符合行业标准《公路桥涵施工技术规范》(JTG 3650—2020)、《铁路后张法预应力混凝土梁管道压浆技术条件》(TB/T 3192—2008)要求。

27.1.2 国内外发展概况及趋势

在预应力混凝土结构中，张拉完成后的预应力筋，需要通过在预埋孔道中进行压浆施工来确保预应力筋与混凝土间形成良好黏结，保证结构的共同工作及力学性能。预应力孔道压浆是预应力结构在张拉后的预应力能够有效传递和保证运营期安全的关键。压浆的质量依靠压浆的密实度来进行评价，密实度越高预应力筋所受到的损害就越小，桥梁安全性也越好。

目前，在预应力孔道压浆施工中，基本都采用正压压浆工艺及常规压浆设备，利用压浆泵，在0.5~1.0 MPa的压浆压力下，将水灰比为0.4~0.45的稀水泥浆压入预应力孔道，然后待出浆口流出浆液后完成压浆。这种压浆工艺中，由于浆液中的气泡和浆液水灰比较大造成孔道中水泥浆离析、析水、干硬后收缩等现象，产生孔隙，导致压浆不密实，对预应力筋造成锈蚀和破坏。经过大量的事实和实验以及压浆的工程的实践和经验教训，国内外提出和发展了真空压浆技术，现有资料和数据表明，真空辅助压浆工艺能够显著地控制浆料中的气泡数量以及浆体凝固时的收缩等问题，可以有效提高孔道压浆密实度。

真空压浆设备大多为典型的分离式结构，较之普通压浆仅在工艺上引入预抽真空，设备上添置真空泵，压浆的操作与水泥浆的配比等工作均依靠施工工人和技术人员手动实现。因此，施工中的水灰比等重要参数及过程控制效果仍完全依靠操作人员的责任心来保证，在实际施工中难以保证实际施工中的压浆质量。此外，由于真空压浆工艺复杂，且需要特定的设备，对施工人员的技术要求较之普通压浆工艺要高，造成实际工程中真空压浆工艺推广应用还不够理想，迫切需要研究更为理想有效的压浆工艺及设备来实现高效高质量的孔道压浆施工。

《公路桥涵施工技术规范》(JTG 3650—2020)中将预应力孔道压浆质量提到了前所未有的高度,并指出了传统压浆模式中存在以下四个方面的严重问题:

(1) 工艺不合理。
(2) 人为因素影响严重。
(3) 采用劣质材料,用浆量大。
(4) 采用不达标的设备。

智能压浆系统是针对浆体配制质量及施工工艺缺陷,基于传统压浆设备改进、设计的。该系统以自动化控制代替人工操作控制,自动完成称量、搅拌、抽真空、压浆的全过程,精确控制"水胶比"等浆体质量参数,可确保压浆时浆体的质量。该系统采用独特的抽真空加循环压浆工艺。抽真空工艺能够抽出压浆前孔道内的空气,循环压浆工艺能够消除压浆时浆液中的空气及气泡,并减少孔道中浆液内部气泡。智能压浆系统将真空加循环的压浆工艺流程固化为操作程序,存储于计算机内,由计算机代替人工完成压浆,减少人工对压浆质量的影响,确保孔道压浆的密实度。该系统采用一体化设计,其将真空泵、上料搅拌机构、压浆泵、控制系统结合为一体,不仅便于维护和使用方便,同时还可以减少系统故障。

目前,预应力智能压浆技术及设备正在逐步推广应用,应用实践表明,采用智能化的施工工艺及设备,可直接提高施工控制精度及施工效率,同时为施工、监理、建设及质量安全监督等各方之间创造了一个信息化交互的质量控制与管理平台,真正实现了预应力施工的远程实时化、信息化管理、精细化的管理模式。

27.2 混凝土智能压浆设备类型

压浆设备有:砂浆搅拌机、灌浆泵、计量设备、储浆桶、过滤器、橡胶管、连接头、控制阀等。传统的压浆设备包括灰浆搅拌设备及灰浆泵。压浆泵分为柱塞式、挤压式和螺杆式三种。

(1) 灰浆泵分类:手动灰浆泵和自动灰浆泵。

(2) 柱塞式电动灰浆泵分类:螺杆式电动灰浆泵、电动灰浆泵、挤压式电动灰浆泵。

27.3 典型的后张预应力混凝土压浆设备工作原理

典型的后张预应力混凝土压浆设备的系统结构如图 27-1 所示。

27.3.1 系统构成与工作原理

典型的后张预应力混凝土压浆设备的系统构成与工作原理如图 27-2 所示。

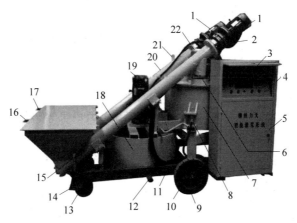

1—上料电机;2—减速机;3—显示器;4—控制面板;5—控制操作箱;6—下料口;7—高速搅拌筒;8—称重传感器;9—高速筒浆料出口;10,13—轮子;11—车架;12—压浆泵连接口;14—支撑脚;15—黄油口;16—水泥料斗;17—添加剂料斗;18—低速搅拌筒;19—低速电机;20—上料筒;21—进水管;22—高速电机。

图 27-1 系统结构图

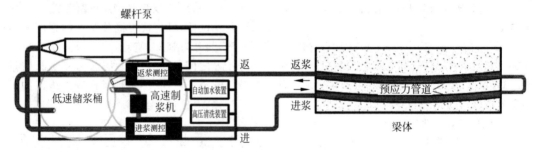

图 27-2　系统构成与工作原理图

预应力智能循环压浆设备由制浆系统、压浆系统、测控系统、循环回路系统组成。浆液在由预应力管道、制浆机、压浆泵组成的回路内持续循环以排净管道内空气,及时发现管道堵塞等情况,并通过加大压力进行冲孔,排出杂质,消除致压浆不密实的因素。

在压浆机出浆口设置专用传感器实时检测压浆管道压力。在出、返浆口分别设置专用传感器实时监测浆流量。在返浆口装置专用检测返浆信号设备。并实时反馈给系统主机进行分析判断,测控系统根据主机指令进行压浆调整,保证预应力管道在施工技术规范要求的浆液质量、压力大小、稳压时间等重要指标约束下完成压浆过程,确保压浆饱满和密实。

主机判断管道充盈的依据为返浆信号设备给出明确信号及进出浆流量相差在一定范围内保持一定的恒定时间。

27.3.2　典型的智能压浆设备

本压浆台车集自动上料、自动称重、高低速搅拌、泵送浆液(选配,建议分离安装)为一体,用于搅拌水泥灰浆及其他浆料。可广泛应用于公路、铁路建设工程及部分化工企业生产使用。具有移动方便、自动化程度高、操作简单易学等特点。

27.3.3　预应力混凝土智能压浆设备主要构造

本压浆台车设计为移动式,主要由自动上料系统、自动称重系统、微机自动控制系统、水泥灰浆搅拌系统、拖动车架底盘系统等部分组成。该设备高速搅拌部分每次最高可搅拌 450 kg 浆料,每小时可搅拌 2500～6000 kg。另设有低速搅拌储料桶,可储存 900 kg 左右的浆体。高低速搅拌相配合,可实现向压浆设备不间断供料。

本台车结构新颖,生产效率高,搅拌质量好。完全符合《铁路后张法预应力混凝土梁管道压浆技术条件》(TB/T 3192—2008)的要求。

1. 高速搅拌机构

该机构由搅拌桶、叶片、传动部分和拖动电机组成。搅拌叶片安装在桶体内的主轴上,通过变速机构与电机连接。工作时叶片在搅拌桶内高速旋转,使桶内的浆体充分搅拌。

高速搅拌机构通过三个称重传感器固定在三角架上,经微机测控,实现各配料的准确投入。

2. 自动上料机构

该机构由两个螺旋输送机和两个料斗组成。两种粉料分别装入两个料斗内,在微机自动控制下经由螺旋输送机精确地输入高速搅拌桶。

3. 低速搅拌机构

低速搅拌机构由低速搅拌桶、叶片、减速器和电机组成。其功能是在确保浆料不沉淀的情况下囤积高速搅拌系统搅拌后的浆料,以满足压浆时的浆液需求。

4. 供水机构

供水机构由电机、水泵和相关管路组成。在微机的自动控制下,该系统可自动精确地将水直接注入高速搅拌桶。

5. 压浆系统(单独说明)

压浆系统由连续压浆泵组成。压浆机的进浆口连接在低速搅拌桶的出料口上,进行注浆工作。

6. 拖动车架系统

车架由12♯槽钢焊接而成,下面装有600-14轮胎两只,车架前部装有三角牵引杠,车架的四角装有丝杠支腿。台车工作时应将支腿支牢并保持整机水平,以防设备倾斜导致计量不精确。

7. 中央控制系统

该系统集中安装在电气控制箱内,在控制箱的面板上设有手动开关和微机自动控制系统。该系统可自动或手动完成台车各机构的数据计算及精确运行。

27.4 常用的预应力混凝土智能压浆设备的技术性能指标

27.4.1 主要性能参数

常用的预应力混凝土智能压浆设备的主要性能参数见表27-1。

表27-1 主要性能参数

设备型号		ZNYJ700A
高速搅拌部分	搅拌转速	1430 r/min
	计量精度	±1 kg
	单次搅拌量	280 kg
	电机功率	5.5 kW
低速搅拌部分	搅拌转速	45 r/min
	容量	900 kg
	电机功率	3 kW
自动上料系统	工作形式	螺旋输送
	电机功率	3 kW
电控系统	系统名称	全自动计算机计量系统
拖动车架部分	拖行速度	≤20 km/h
	轮胎规格	600-14
压浆系统	灰浆输送量	9 m^3/h
	工作压力	2 MPa
	电机型号	132S-4
	电动机容量	5.5 kW
	排浆口胶管内径	25 mm(1″)或 38 mm(1.5″)
	进浆口胶管内径	64 mm(2.5″)
	柱塞缸数	2
整机外形尺寸和质量	外形尺寸(长×宽×高)	3900 mm×1866 mm×2600 mm
	质量	1130 kg

27.4.2 试验技术及评定标准、出厂检验标准

常用的预应力混凝土智能压浆设备的试验技术及评定标准、出厂检验标准可参考 TB/T 3192—2008 的4.3.2条、4.3.3条和4.3.4条,详见表27-2。

27.4.3 孔道压浆工艺铁路与公路的区别

孔道压浆工艺铁路与公路的区别见表27-3。

表27-2 常用的预应力混凝土智能压浆设备的试验技术评定标准、出厂检验标准

序号		检验标准
1	4.3.2.1 施工设备	搅拌机的转速不低于1000 r/min,浆叶的最高线速度限制在15 m/s以内。浆叶的形状应与转速相匹配的,并能满足在规定时间内搅拌均匀的要求
2	4.3.2.1	压浆机采用连续式压浆泵。其压力表最小分度值不应大于0.1 MPa,最大量程应使实际工作压力在其25%~75%的量程范围内
3	4.3.2.1	储料桶应带有搅拌功能
4	4.3.2.1	如选用真空辅助压浆工艺,真空泵应能达到0.092 MPa的负压力
5	4.3.2.2 称量精度	在配制浆体拌和物时,水泥、压浆剂、水的称量应准确到±1%(均以质量计)
6	4.3.2.2	计量器具应经法定计量检定合格,且在有效期内使用
7	4.3.3 搅拌工艺	在压浆料由搅拌机进入储料罐时,应经过过滤网,过滤网空格不应大于3 mm×3 mm
8	4.3.3.2	浆体搅拌操作顺序为:首先在搅拌机中先加入实际拌和水用量的80%~90%,开动搅拌机,均匀加入全部压浆剂,边加入边搅拌,然后均匀加入全部水泥。全部粉料加入后再搅拌2 min,然后加入剩余的10%~20%的拌和水,继续搅拌2 min
9	4.3.3.3	搅拌均匀后,现场进行出机流动度试验,每10盘进行一次检测,其流动度在表4规定的范围内,即可通过过滤网进入储料罐。浆体在储料罐中应继续搅拌,以保证浆体的流动性; 不应在施工过程中由于流动度不够额外加水
10	4.3.4 压浆工艺	压浆的最大压力不宜超过0.6 MPa。压浆充盈度应达到孔道另一端饱满并于排气孔排出与规定流动度相同的浆体为止。关闭出浆口后,应保持不小于0.5 MPa的压力下保压3 min的稳压期
11	4.3.4.4	对于连续梁或者进行压力补浆时,让管道内水—浆悬浮液自由地从出口端流出。再次泵浆,直到出口端有匀质浆体流出,0.5 MPa的压力下保压5 min。此过程应重复1~2次。压浆后应从锚垫板压/出浆孔检查压浆的密实情况,如有不实,应及时补灌,以保证孔道完全密实
12	4.3.4.5	如果选用真空辅助压浆工艺,在压浆前应首先进行抽真空,使孔道内的真空度稳定在−0.06~−0.08 MPa之间。真空度稳定后,应立即开启管道压浆端阀门,同时开启压浆泵进行连续压浆
13	4.3.4.6	压浆顺序下后上,同一管道压浆应连续进行,一次完成。从浆体搅拌到压入梁体的时间不应超过40 min
14	4.3.4.7	压浆过程中,每孔梁应制作3组标准养护试件(40 mm×40 mm×160 mm),进行抗压强度和抗折强度试验。并对压浆进行记录。记录项目应包括压浆材料、配合比、压浆日期、搅拌时间、出机流动度、浆体温度、环境温度、保压压力及时间、真空度、现场压浆负责人、监理工程师等

表27-3 孔道压浆工艺铁路与公路的区别

分类	铁路	公路
水灰比	≤0.33	0.26~0.28
工艺搅拌顺序	先加入80%~90%的水; 开机,加入全部压浆剂,然后加入全部水泥,再搅拌2 min; 加入剩余全部的水,继续搅拌2 min	先加入100%的水; 开机,加入全部压浆剂,然后加入全部水泥,再搅拌3~5 min
流动度	18±4	10~17

27.5 选型及应用范例

27.5.1 选型

根据设计工艺文件要求,主要以压浆设备的额定压力、额定流量、额定搅拌量等主要参数为标准进行选用。其中,额定压力主要是确定管道压浆保压压力;额定流量主要是从管道大小、压浆效率考量等确定;搅拌量主要是从压浆管道长度考量确定。

27.5.2 应用范例

应用范例如图27-3和图27-4所示。

图27-3 应用范例1

图27-4 应用范例2

27.6 安全使用规程

预应力张拉设备为超高压设备,作业过程中会产生巨大的压力,如果发生意外,会对设备、梁体,甚至人身安全造成很大的危害。因此,使用设备时应严格按照设备安全操作规程作业。

27.6.1 设备操作规程

(1)准备工作。

① 检查各部件是否有杂物,特别是上料储备桶、高速搅拌桶、低速搅拌桶,若有杂物,应清理干净。

② 对照智能压浆系统清单,清点设备,确保设备完好、配件齐全。

③ 核对仪器的编号。由于仪器都在出厂前统一标定(流量计、压力计等),使用时应注意对应。

④ 熟悉压浆设备的操作使用说明书和相关注意事项。

⑤ 接入电源,电源电缆为三相四线制(3P+PE),确保电源总开关处于关闭状态,且设备必须接地线。

⑥ 检查电机转向,包括高速搅拌电机、低速搅拌电机和压浆泵电机。

(2)设备上电开机,检查各电气元件仪表显示正常和机械部件运行动作正常。

(3)管道连接。选择合适接口的高压胶管与仪器正确连接,保证管路中不出现堵塞管路的情况,确认管路连接正确后,可以按下电源接通按钮启动仪器。

(4)根据具体压浆设备和操作说明书对设备控制面板、软件界面进行相应操作。

(5)设备调试。在设备调试过程中,要求确保设备电源已经接通,但各电动机须处于关闭状态。首先,观看电控箱上平板电脑显示的各项参数,如果各项参数长时间保持不动或是有明显异常的情况,可能是线路松动或接触不良,压力、流量应处于零点附近。手动操作点动各电机、阀等部件,查看动作是否有异常。

(6)制浆控制。

① 根据施工单位工艺要求提供的压浆配合比,在参数设置界面输入配合比,水胶比计算公式为:水胶比=水的质量/(外加剂+水泥的质量)。

②启动制浆,系统将自动加水和水泥、压浆剂,在由上料机构自动上料过程中,会启动高速搅拌机搅拌,一边上料一边搅拌,上料完成后,自动完成制浆过程,注意搅拌时间设定为 3~5 min。

③测量流动度,将高速搅拌制好的浆液,取一定量出来,测量流动度。

④测量流动度合格后,打开低速储浆桶旁的阀门开关至流向低速储浆桶方向,同时开启低速搅拌机。

(7) 压浆施工。

①压浆前准备:输入梁构件信息;检测管道连接确认管道连接正确,是否紧固。

②通知梁两边工作人员,注意安全,启动压浆按钮。

③当回浆管浆液流出以后,按"开始压浆"按钮,此时密切注意显示屏显示的压力值是否正常,如有异常立即按"暂停压浆"按钮并进行相关检查。在压浆施工过程中严禁运行其他程序,操作人员时刻关注相关数值,严禁离开设备。

④在压浆过程中应密切注意智能压浆设备的工作情况,注意安全。如有异常情况立即按"暂停压浆"按钮,并按压浆台车"急停"按钮停止压浆。待排除异常情况后,方可继续压浆。

⑤每一次压浆完成后,在下一个压浆步骤开始之前,设备操作人员应再次检查仪器是否正常。

(8) 压浆结束。

①待整片梁板压浆施工完成后,依次关闭软件、电动机,切断电源,拆卸高压管。

②将进浆管与返浆管对接,按"设备清洗"按钮进行管路冲洗。

③压浆系统所有设备在压浆完毕以后必须妥善保管,仪器必须有良好的防晒、防水措施,以免保管不当造成设备损坏。

④定期维护。压浆泵每使用一个月必须进行维护保养,并经常清除内部浆液凝固后的沉淀物。

27.6.2 维护与保养

(1) 设备应可靠接地,保证人身安全以及设备安全可靠运行。

(2) 整个设备操作必须严格按照使用说明书进行操作,若有疑问时应咨询清楚后再操作。

(3) 开机运行前,必须检查各个仪器、仪表是否正常工作,连接处有无漏水现象,发现问题应及时处理,严禁带"病"作业。

(4) 压浆设备要由专人管理和维护。使用人员应掌握常规电机、减速机等基本机械结构的操作及维护规程;熟悉设备的结构、各阀的功能及其动作程序;操作前应仔细阅读本说明书,严格按照操作规程操作。

(5) 压浆操作中若出现异常现象(如压力表振动剧烈、发生漏油、电动机声音异常等),应立即停止作业。

(6) 施工结束后应确保各电机处于关闭状态。

(7) 设备的电气部分必须采取防雨、防雾霜、防潮措施。

(8) 保护好电缆,地面部分要采取防踩、防压、防砸措施,不得使用破旧的连接插座及插头。

(9) 设备长期存放应将各部件擦净,并用防水布罩好。

(10) 当高速搅拌或低速搅拌有物料时严禁停止搅拌,以免物料凝结。

(11) 压浆完成后,必须清洗设备及相关管道,直至清洗出清水为止。

(12) 严禁在无浆无水的情况下启动压浆泵。

(13) 每月检查减速装置的油面,必要时加注或更换机油。

(14) 定期检查搅拌叶片有无磨损。

(15) 定期检查移动车架的车轮部位是否完好。

27.7 设备安装及调试

1. 台车的安放与移动

机器的安放场地地面应平整坚固,机器就位后通过调整四角的丝杠支腿将台车调整至水平状态并锁紧调整系统,以保证设备的稳定运行、准确计量,移动该设备时应事先将丝杠支腿升起并锁紧。

2. 连通供水系统

车架后部装有水箱、水泵、水位计、放水阀、供水管路等装置,使用前应将水箱的进水口接入施工现场的给水管网。

3. 电气接线

建议使用截面积不小于 10 mm² 的四芯护套电缆作为主电源供给线。要求供电电压波动不超过 380 V 的 10%。接线时注意相位的关系,禁止反转。为确保安全,用户应另行安装漏电保护器及采取其他安全保护措施。

4. 运行前的检查与准备

(1) 确保各电气元件的接线正确可靠。

(2) 检查各连接螺栓是否牢固,特别是传动部分的连接螺栓。

(3) 检查各变速系统的润滑油位是否正常。

(4) 检查中央控制系统的各手动旋钮是否处在停止状态。

27.8 常见故障及排除

常见故障及排除方法见表 27-4。

表 27-4 常见故障及排除方法

故障现象	故障原因	故障处理方法	备 注
送电控制柜相关仪表不亮	供电未接入	正常接入供电	仪表含 PLC 模块等
	接触不良	检测相关接线	
	仪表运输损坏	请与供货方联系	
电机未能启动或异常	电压、电流过低;介质黏度过高;新泵转、定子配合过紧	检查、调整电路;稀释介质黏度;用工具人力转几圈电机轴	找不到原因请与供货方联系
本地启动设备无效	本地/远程切换不对	切换至本地	
	启动按钮有问题	更换按钮	
	柜面急停按下	复位柜面急停	
	线路接触不良	检测相关接线	
	中间继电器故障	更换中间继电器	
	设备故障	请与供货方联系	
泵不出浆	旋转方向不对	调整方向	
	吸入管路有问题	检查泄漏,打开出浆阀门	
	浆液黏度过高	稀释介质黏度	
	转动部位损坏	检查更换	
	管道或泵内有异物堵塞	排除更换	
流量达不到	管路泄漏	检查修理管路	
	阀门未打开或局部堵塞	打开全部阀门、排除堵塞	
	转速太低	调整转速	
	泵转、定子磨损	更换损坏零件	
压力达不到	泵转、定子磨损	更换转、定子	

续表

故障现象	故障原因	故障处理方法	备注
电机过热	电机故障	检查电机、电压、电流	
	搅拌桶内浆液黏度过高 电机超载	向桶内添加适量水	
	泵轴定子烧坏,粘在转子上	更换坏件	
流量压力急剧下降	管突然堵塞或泄漏	除参照以上的案例,逐项排查	
	螺杆泵定子磨损严重		
	浆液黏度突然改变		
	电压突下降		

声明：在搅拌或压浆过程中,出现任何故障,在不能快速排除故障时,要及时把桶内或管道内的浆料清洗干净,以免浆液凝固时卡死转动轴或堵塞管道,造成机械零件损坏,本公司概不负责。

参考文献

[1] 冯大斌,栾贵臣.后张预应力混凝土施工手册[M].北京：中国建筑工业出版社,1999.

[2] 李军,王平.预应力设备与机械化施工技术[M].北京：中国建筑工业出版社,2015.

[3] 唐杰军,刘德坤.预应力智能张拉与压浆技术[M].北京：人民交通出版社,2014.

[4] 柳州欧维姆机械股份有限公司.ZNYJ700A型智能搅拌压浆台车-使用说明书[Z].

[5] 柳州市力天预应力设备厂.LGS300型智能高速搅拌台车使用说明书[Z].

第28章

混凝土布料机

28.1 概述

混凝土布料机是与混凝土泵出口连接的混凝土输送、布料设备,称为布料机,又称布料杆。其具有省时、省料、省人工并能保证混凝土浇筑质量等优点,广泛应用于现代化城市建设、机场、道路、桥梁、水利、电力、能源等混凝土建筑工程。

28.2 布料机的用途

布料机是混凝土输送泵(拖泵、车载泵等)的辅助配套设备,也是泵送混凝土的末端设备,其作用是通过标准的输送管与混凝土输送泵连接,将泵送来的混凝土通过管道送到要浇筑构件的模板内。布料机有效地解决了现场构件浇筑布料的难题,对减轻工人劳动强度、提高施工效率,发挥了十分重要的作用。布料机施工图如图28-1所示。

在混凝土施工中,拖式混凝土泵浇筑施工作业面只是出料管口这一个点,不能浇筑整个作业面,施工效率不高。使用布料机可有效解决这个问题,将混凝土浇筑在任何布料范围内,尤其适合高层建筑施工,省时、省料、省人工并能保证混凝土浇筑质量。

图 28-1 布料机施工图

28.3 布料机的分类

布料机的种类很多,根据安装方式不同,可以分为内爬升式、移动式、塔式、船载式、高铁专用式、爬模式布料机等,其中内爬升式又分为楼面式和电梯井式。

根据臂架长度分,其主要规格有:18 m、20 m、21 m、24 m、28 m、33 m、36 m、39 m、41 m、45 m等。

28.4 布料机国内外发展概况

1. 国外发展概况

德国是最早研究布料机的国家,布料机从20世纪70年代发展起来,随后的40多年间布料机设备及技术取得了长足发展,但近年发展缓慢,主要体现在以下5点。

(1) 德国普茨迈斯特公司已开发出全自动爬升内爬式布料机。

(2) 德国普茨迈斯特、施维英公司的布料机等采用模块化安装,臂架系统可直接匹配泵车和布料机。

(3) 国外布料机采用电液比例和可编程控制,可靠性高、动态性能好。

(4) 目前德国、英国、美国等均开展了大量的建筑自动化设备研究,但布料机暂未有相关报道和应用,自动化程度不高。

(5) 5层建筑主要使用内爬式布料机,少见有安装在爬模上的布料机应用。

2. 国内发展概况

从2000年开始,在迅猛发展的基础建设浪潮推动下,国内布料机设备和技术也取得了长足发展,成果主要体现在以下6点。

(1) 三一重工、中联重科等企业先后攻克布料机自动爬升技术,并取得了相应专利。

(2) 三一重工、徐工、中联重科,开发了国内独特的船载式、高铁专用布料机。

(3) 三一重工针对广州电视塔建筑独特特点,开发了世界独有的附墙式布料机。

(4) 北京建筑大学总结了布料机机器人的关键技术和技术难点,给出了布料机器人的运动学方程。

(5) 三一重工、中联重科在核心筒使用末端横折臂功能的布料机,解决了塔机后方布料难题。

(6) 三一重工为在超高层建筑爬模上安装布料机,进行了大量的研究和运用,安装规格包括18 m、20 m、21 m、28 m等。

28.5 结构组成及工作原理

布料机主要由臂架系统、转塔系统、支撑系统、平台及楼梯系统、液压系统、控制系统、爬升系统(内爬升和塔式布料机独有)等部件组成,如图28-2所示。

臂架系统由臂架、连杆、臂架油缸及附在

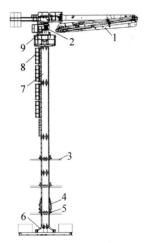

1—臂架总成;2—动力单元控制系统;3—楼面;4—爬升油缸;5—爬升装置;6—基座;7—标准节总成;8—防护装置;9—回转底座。

图28-2 布料机结构图

臂架上的输送管道等部分组成,主要用于混凝土的布料。

转塔系统由转台、回转机构、固定转塔(连接架)等部分组成,用于混凝土泵车整车支撑并驱动臂架360°旋转。

支撑系统用于支撑布料机,主要包括底座、塔式、连接件等,根据安装方式不一样,塔身有管柱形式、圆柱形式、标准节形式等。

液压系统主要由液压油箱、液压泵、阀组、管路系统及其他液压元件等部分组成。液压系统主要为臂架液压系统,臂架液压系统包括臂架油路系统和回转油路系统两部分。另根据型号不同,内爬升、塔式还包括有顶升液压系统,主要用于整个布料机的顶升。

电气系统是布料机的"神经中枢",主要由控制器、显示屏、遥控器、电机及其他电气元件等部分组成,布料机的一切指令均需通过电气系统来控制执行。控制方式分为近控和无线遥控方式。

平台及楼梯系统主要由平台、梯子、防护栏等组成,主要用于放置电气、液压系统,并用于设备检修。

爬升系统主要由爬升框、顶升油缸、插销等组成,主要用于布料机的顶升。

28.6 典型设备重点技术介绍

以下介绍三一重工33 m楼面布料机。

28.6.1 技术参数

三一重工33 m楼面布料机技术参数见表28-1。

表28-1 三一重工33 m布料机技术参数

项 目			参 数
型号			HGR33B
性能	最大布料半径/m		33
	塔身高度(至臂根铰点)/m		20(安装立柱为2×9)
	臂架回转角度/(°)		360
	回转制动		常闭
	工作环境温度/℃		−20~50
	整机质量/kg		17 000
	电源		380 V/50 Hz
电机	型号		Y160L-4/15 kW IP55 IMB35
	功率/kW		15
	防护等级		IP55
	绝缘等级		F
液压系统	系统压力/MPa		32
	流量/(L·min^{-1})		24
液压油牌号	环境温度5~48℃		ESSO NUTO H46
	环境温度−20~5℃		ESSO NUTO H32
控制方式			近控/无线遥控
输送管清洗方式			水洗/干洗
塔身结构形式			管柱
塔身截面/(m×m)			0.75×0.75
臂架	形式		四节Z形液压卷折
	输送管径/mm		125
	末端软管/mm		ϕ125×3000
	第一节臂	长度/m	9050
		转角/(°)	0~92
	第二节臂	长度/m	7900
		转角/(°)	0~180
	第三节臂	长度/m	7950
		转角/(°)	0~241
	第四节臂	长度/m	7960
		转角/(°)	0~235

28.6.2 关键技术

(1) 分体式臂架。臂架分体，重量更轻，满足塔机最小起吊要求。

(2) 智能化电控系统。良好的人机界面、超强的操作功能，采用"三一智能遥控器"，具有近控、遥控两种操作模式。

(3) 分体式爬升框。方便安装及搬运。

(4) 快速安装技术。塔身各处采用销轴连接，无须专用工具即可装拆，方便拆装。

(5) 低能耗。全系采用由原来的 30 kW 改为 15 kW 电机,节约能耗。

(6) 无配重设计。节省材料成本、减小整机重量及减小尾部回转半径。

28.7 选用原则

下面主要从两个方面介绍布料机的选型。

1. 安装形式的选择

布料机有内爬升式(又分为楼面式和电梯井式)、移动式、塔式、船载式、高铁专用式、爬模式布料机等安装形式。

内爬升布料机主要用于高层建筑施工,可在建筑物的楼层、电梯井、壁挂安装使用,甚至可在阶梯形墙壁(渐缩)安装使用。楼面布料机安装在三个楼层上,楼层开有孔以便布料机的立柱穿过,通过楔块将立柱与楼层楔紧。电梯井布料机三个框架安装在电梯井壁,布料机安装在三个框架里用楔块楔紧。内爬升布料机爬升既可采用油缸顶升,安全、可靠、简单,也可采用齿轮齿条传动爬升,但其结构复杂、加工困难、成本高。

移动式布料机结构紧凑、经济实用、性价比高。一般不需要固定,放在平整坚实的地面上即可作业。其重量轻便、方便吊装移动,主要用于大面积布料建筑施工,如铁路、桥梁、核电站等。

塔式布料机一般为桁架式塔身,具有较强的抗风载能力,安全可靠。一般安装在建筑物外地基上,塔身低时可不依附建筑物。塔式布料机具有顶升功能,可视施工要求高度,以增加标准节的方式,随建筑物高度增加而增高。主要用于大型基础、工业民用建筑、核电站、高铁梁预制厂、水利等大面积布料项目。

船载式布料机安装在砼船上,混凝土在砼船进行搅拌、泵送,对桥墩及码头布料。整体结构形式及安装较简单,平衡性好,本身具有较强的抗倾翻能力,具备风力报警功能,抗风载能力强。主要用于砼船、海滩、码头、跨海大桥等特殊环境建筑施工等。

高铁专用式布料机专为标准预制高铁梁设计,结构紧凑,经济实用,性价比高,重量轻便、方便吊装移动,主要用于高铁梁预制厂、核电站、粮仓、路桥、低层建筑施工等。

爬模式布料机主要用于高层建筑,一般安装在核心筒爬模上,随爬模爬升而爬升,结构简单、施工灵活、可靠性高。

2. 布料半径的选择

目前布料机的主要规格有:18 m、20 m、21 m、24 m、28 m、33 m、36 m、39 m、41 m、45 m等。

内爬升布料机主要有 24 m、28 m、33 m、36 m 等型号。

移动式布料机主要有 18 m、20 m、21 m 等型号。

塔式布料机主要有 39 m、41 m、45 m 等型号。

船载式布料机主要有 33 m、36 m、39 m、41 m、45 m 等型号。

高铁专用式布料机主要有 20 m、21 m、24 m 等型号。

爬模式布料机主要有 18 m、20 m、21 m、24 m、28 m、33 m 等型号。

28.8 安全使用规程

安全防范措施依据住房和城乡建设部制定的《建筑施工高处作业安全技术规范》(JGJ 80—2016)条例规定如下。

(1) 委任一名合格人员担任安全员,负责环境、施工、人员的安全工作,定期对周边环境、施工设备、施工现场安全设施、操作人员操作程序进行安全工作检查,消除安全隐患。

(2) 施工前,全面进行安全技术教育和交底,落实所有安全措施和人身防护用品。

(3) 高处作业中的安全标志、工具、仪表、电气设施和各种设备及安全设施,必须在施工前加以检查,确认其完好,方能投入使用。

(4) 高处作业中所用物料,均应堆放平稳,不得妨碍通行和装卸,并防止从高处坠落。工具应随手放入工具袋,作业中的走道、通道板和登高用具,必须随时清扫干净,拆卸下的物料、余料、废料必须及时清理运走,不得任意乱置或向下丢弃,传递物件禁止抛掷。

(5) 进入工地必须戴安全帽,穿防滑绝缘的工作靴。

(6) 严格遵守攀登作业安全规程,严禁戴手套攀爬脚手架。上下梯子时,必须面向梯子,且不得手持器物。

(7) 严格遵守 JGJ 80—2016,特殊情况下如无可靠的安全设施,高空作业必须系安全带并扣好保险钩。

(8) 严格遵守交叉作业安全规程,每层安装尽可能先安装防护平台及防护围栏。

(9) 严格检查各工作平台、防护围栏,确保安全可靠。

(10) 每次操作前应检查各螺栓连接处是否松动,如松动按标准扭矩拧紧。

28.9 布料机选型与应用范例

(1) 布料机型号:HG17B-3R。
(2) 生产厂家:浙江信瑞重工科技有限公司。
(3) 品牌:TRUEMAX 骐瑞。
(4) 施工项目:沪苏通大桥。
(5) 项目情况:桥梁应用布料机的部位为主塔,国内大部分桥梁主塔高度都在 260 m 以下,300 m 以上极为罕见,而沪苏通长江大桥主塔高达 330 m,相当于 110 层高楼。南主塔共完成混凝土用量高达 7.3 万 m^3,施工体量在世界桥梁建设史上绝无仅有。

(6) 应用情况简介:为保证施工效率及质量,选用液压布料机施工(图 28-3、图 28-4),主塔截面自下而上不断缩小,选型上选用了 2 台 17 m 布料半径的移动式布料机,吊装方便且在任意施工面都可满足混凝土浇筑要求,适用工况;液压布料机使用全液压遥控操作,极大地提高了施工效率,保障了作业安全,可单次不间断连续浇筑混凝土,避免了施工冷缝,保障了工程施工质量。

图 28-3 液压布料机施工

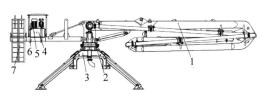

1—臂架总成;2—上支座总成;3—底架总成;4—电气系统;5—液压系统;6—平衡臂;7—配重块。

图 28-4 液压布料机结构图

液压布料机结构总成和系统组成内容见表 28-2。

表 28-2 液压布料机结构总成和系统组成内容

序号	部件名称	配置	备 注
1	臂架总成	三臂 R 型	三节臂,大臂分两段,含 DN125 输送管 1 套、3 m DN125 双头法兰软管 1 根、油缸 3 根
2	上支座总成	1 套	含回转机构 1 套
3	底架总成	1 套	含 4 根斜支腿
4	电气系统	1 套	含电控柜 1 个、无线遥控器 1 套、有线遥控器 1 套
5	液压系统	1 套	液压泵站 1 套,系统压力 25 MPa,电机功率 4 kW/380 V/50 Hz
6	平衡臂	有	含配重块 2 块
7	配重块	2 块	

第6篇

水上施工设备

桥梁跨越江河湖海，桥梁施工必须在水上进行，这就需要使用各种水上施工设备，人员运输需要交通艇，材料运输需要运输船，水中施工需要定位船、工作船、打桩船、起重船、混凝土搅拌船等，没有水上施工设备就无法完成水中桥梁的建设。20 世纪 50 年代修建武汉长江大桥时，为保证各水中墩施工，用 400 t 铁驳安装各种设备组装成各种功能不同的船舶，在铁驳上安装柴油发电机组成发电船为水中墩施工供电，安装空气压缩机和水泵成为工作船供风供水，安装 30 t 拼装式吊机成为 30 t 吊船，安装混凝土搅拌机成为简易水上混凝土工厂，就是这些简易的水上施工设备解决了水中施工的问题。随着桥梁施工技术的进步，对水上施工设备的要求也在不断发生变化，有些水上施工设备已被淘汰，被其他设备所取代，如发电船、供水供风工作船等，而必要的水上施工设备越来越专业化、大型化、现代化，尤其是越来越多的海上桥梁工程建设中，长江及内河工程船舶无法在海上使用，必须使用适应海上作业条件、满足海上桥梁施工要求的工程船舶，海上大型施工设备成为海上建桥的关键设备。2002 年 6 月开工建设的上海东海大桥是我国第一座长距离外海跨海大桥，之后又相继建设了杭州湾跨海铁路大桥、舟山跨海大桥、青岛胶州湾大桥、上海长江大桥、港珠澳大桥、平潭海峡公铁大桥、深中大桥等一大批海上桥梁工程，海上桥梁施工装备从无到有，目前已建成了一大批海上桥梁施工大型装备。

　　水上施工设备种类很多，本篇仅介绍与桥梁施工相关的几种工程船舶，包含抛锚定位船、起重船、打桩船、混凝土搅拌船、粉料船五种主要设备。

第29章

抛锚定位船

29.1 概述

29.1.1 抛锚定位船的定义

抛锚定位船又叫抛锚艇,主要用于配合大型工程船舶起抛锚定位,也可用于船舶现场拖带移位。

29.1.2 抛锚定位船的用途

抛锚定位船是用来配合大型施工船舶如起重船、挖泥船、打桩船等需要锚泊定位的辅助型施工船舶。现在的抛锚艇功能也是越来越完善,除了最基本的起抛锚功能外,还可在桥梁施工现场用来运输淡水、驳运油料、简易拖带、短驳交通、现场警戒等,是水上施工项目不可或缺的辅助设备。

29.1.3 国内外发展概况

1. 国外抛锚艇发展现状

早期,国外抛锚定位船和国内多数A字架式锚艇类似。抛锚定位船作为海工辅助船的一类,又将之称为抛锚艇。外国的疏浚公司,将抛锚艇称为多功能疏浚辅助船舶,在功能上进行了很大拓展,不仅用于沿海水域施工的大型船舶起抛锚作业,还承担工程施工中的其他作业,例如,排泥管线铺设、维修施工、工程船舶及工程施工所需的相关设备进行近距离拖带作业、工程船舶燃油、物料供应服务等。一般均为自航、整体式、单甲板、钢质平底箱式结构,艏部设有克令吊。

2012年,荷兰达门(Damen)公司造船厂为荷兰万沃德(Van Oord)公司建造的一艘多功能辅助船舶 DAMEN MULTI CAT3213 "CRONUS",是为全新的超大型自航绞盘挖泥船"Athena"(总装机功率 24 702 kW)提供疏浚辅助服务的辅助船舶。

2. 国内抛锚艇发展现状

随着现代工程项目的大力发展和海上工程项目的增多,国内抛锚定位船逐渐形成了一套相对完整的造船体系,技术力量也在不断增强。

目前,国内大型抛锚定位船主要应用于疏浚工程。一些小型抛锚艇根据其船舶自身配备特点,进行辅助工程船舶施工。国内相关的船舶诸如"航艇1号""津航艇40""圣发167""圣发169"等数量相对较多。传统型的抛锚艇有明显的特征:配有A字架,开放式的工作甲板面积小,就现有大型绞吸船配套服务,其起锚能力相对不足,辅助工作能力较差。如图29-1、图29-2所示,分别为内河、沿海抛锚艇。

现在国内抛锚艇主要集中在江苏、浙江等地,多数应用于内河起抛锚定位作业。近两年因为海上风电项目的发力,国内2400马力(约1765 kW)以上的抛锚艇建造呈现井喷状态,现在新建抛锚艇最大双机功率达到6000马力(约4410 kW),如图29-3所示。国内抛锚艇也紧

(a)　　　　　　　　　　　　　　　　(b)

图 29-1　内河抛锚艇

(a) 抛锚能力 20 t；(b) 抛锚能力 30 t

图 29-2　沿海抛锚艇（抛锚能力 40 t）

跟着国家"一带一路"倡议的步伐，去到国外参与海外工程项目建设施工，如图 29-4 所示。

图 29-3　6000 马力的抛锚艇

图 29-4　金鑫 17 前往孟加拉施工

3. 抛锚艇发展前景

在国家提出构建节约型、可持续发展、绿色环保等相关要求下，伴随着海上项目的建设发展，船舶新技术、新材料、新工艺的应用，抛锚艇将朝着大型化、多功能化、绿色环保方向发展。

1）大型化、多功能化

随着内河工程项目的建设基本完成，在国内中、小型抛锚艇资源过剩和海上桥梁项目、海底隧道、海上平台等大型项目的开发，为满足项目施工需求，抛锚艇将必然朝着大型化、多功能化发展。例如，为港珠澳大桥隧道安装工程量身打造的抛锚能力 120 t 的抛锚艇，其不仅是国内现应用于实际工程项目最大抛锚能力锚艇，而且兼具自航、工程船舶短距离辅助拖带，航道深度测量等多项功能。2019 年建造下水的抛锚艇 16，抛锚能力达到 140 t，服务于深中通道工程建设，如图 29-5 所示。

图 29-5　抛锚艇 16

2）绿色环保、节能船型

在国家积极推进绿色环保、节能减排的环境保护背景下，环境保护部批准并发布国家环境保护标准《船舶水污染物排放控制标准》（GB 3552—2018），以及船检、海事新规范、新标准不断出台，通过灵活设计使船舶充分适应未来市场变化，满足海上船舶设计符合涂层新标准（PSPC 标准）、新船能效设计指数（energy efficiency design index，EEDI）等要求，充分运用绿色设计理念和船舶节能技术，将成为未来船舶发展的方向。

29.2 抛锚定位船的分类及选用原则

29.2.1 抛锚定位船的分类

抛锚定位船外观结构与工程船舶相似，船舶主体尺寸相对较小，功率较大，具有推进系统，自身并不载运货物或运送旅客。起抛设施包括拖钩、扒杆、缆绳绞车等，锚艇有 A 字架和安装旋转式起重机之分。根据设计航区的不同，锚艇可分为内河抛锚定位船和沿海抛锚定位船，可在相应的航区进行起抛锚作业，并可执行救援任务。

1. 内河抛锚定位船

由于近些年我国长江沿岸码头开发及跨江大桥建设已经基本完成，所以内河抛锚定位船由于作业能力偏小，不能前往沿海作业、起锚操作不灵活等原因已经基本被市场淘汰。

2. 沿海抛锚定位船

沿海抛锚定位船一般为钢质、单体、单甲板、横骨架式、双机、双桨、双舵的尾机型船舶。船体以上一般设置两到三层甲板室。一般设计船速约为 10 kn（海里），起锚能力为 50 t 以上。

29.2.2 抛锚定位船的选用原则

抛锚定位船正常情况都是通用的，只存在船体大小、主机功率、锚机拉力的区别。具体选择参考因素有以下四点。

（1）锚机的匹配。锚机的有效拉力要大于施工船定位锚加锚链重量的 3 倍。

（2）送锚的长度。这方面主要看锚艇主机的推进能力，当然也要综合考虑现场的水深情况、水流风流等因素。

（3）抗风浪条件。水上施工项目选择抛锚艇之前应查看当地历年来水文、风浪情况来选择合适的船体及主机功率。

（4）吃水深度。围海吹填项目使用的抛锚艇会着重考虑抛锚艇吃水问题，吃水太重会严重影响挖泥船的有效施工时间。

29.3 抛锚定位船在工程中的应用

29.3.1 项目概况

1. 桥梁简介

孟加拉国帕德玛多用途桥梁，位于首都达卡偏西南约 40 km 处，横跨帕德玛河（恒河），距印度洋入海口直线距离约 150 km，是连接 Mawa 与 Janjira 的主要交通要道。主要项目包括：总长 6150 m 的跨帕德玛河的双层钢桁混凝土结合梁主桥和两岸总长 3679 m 的高架桥（其中公路引桥部分长 3147 m，铁路引桥部分长 532 m）。

2. 气象条件

孟加拉国大部分地区属亚热带季风气候，全年分为三季。凉季（11—2 月）平均气温 11～29℃，1 月份气温最低，平均 20～25℃，最低温度为 5℃；暑季（3—6 月）平均气温 21～40℃，4 月份气温最高，平均 25～30℃；雨季（7—10 月）平均温度 30℃，6—8 月平均降雨量为 1194～3454 mm。

29.3.2 "圣发 167"基本参数

孟加拉国帕德玛大桥虽然是内河桥梁，但综合考虑其工况条件，选择性能较好的近海域抛锚定位船进行作业，用以配合工程施工船舶完成抛锚定位作业、短距离拖带等任务。下面以"圣发 167"抛锚定位船为例进行介绍，其主要性能参数如表 29-1 所示。

表 29-1 "圣发 167"基本参数

参数项目		参数值		
基本参数	总长/m	31.9		
	总吨位/t	255		
	起锚能力/t	40		
	定员/人	5		
	航速/kn	14		
	型宽×型深/(m×m)	9.28×2.8		
	艏吃水(空载)/m	1.498		
	艏吃水(满载)/m	1.6		
	排水量(空载)/t	251.6		
	排水量(满载)/t	320.4		
主机参数	型号	N6170ZLC10		
	台数	2		
	功率/kW	440		
	转速/(r·min^{-1})	1350		
	启动方式	压缩空气启动		
副机参数	柴油机	型号	T2X280L-4-H	T2X225L-4-H	STC2-15H
		功率/kW	120	50	15
		转速/(r·min^{-1})	1500	1500	1500
		台数	2	1	1
	发电机	型号	NT6135ZCzfA	WP4C82-15	S1115M-2
		电制	AC	AC	AC
		电压/V	400	400	400
		发电量/kW	141.1	60	14.71
锚机参数	型号	DMA-15		
	数量	2		
	吊锚杆形式	A 字架		
	起锚能力/t	20		
	施工水域	近海		

29.3.3 "圣发 167"基本结构及组成

"圣发 167"为钢质、单底、单甲板、具有两层甲板室的双柴油机推进、双舵桨装置的抛锚工作船。主要由船体、主机、锚机、A 字架及吊机、推进系统、驾驶室等上部建筑组成。抛锚艇基本结构图如图 29-6 所示。

(1) 船体。船体主要是以优质船用碳素钢为材料,遵照中国船级社(China Classification Society,CCS)《钢质海船入级与建造规范》(2001 年版)的要求进行制造,其主要构件保持连续贯通,钢结构焊接满足 CCS 规范要求。船体结构呈方形,便于船体承载力加大,船型吃水减轻,方便一些沿岸施工项目不受潮水限制,给大型施工船舶增加有效施工时间。

(2) 主机。本船配置 2 台柴油发电机组。发电机均为防滴船用型、无刷、自励、带电压调节器。发电机与柴油机用螺栓安装在焊接的公共底座上,公共底座与柴油机座之间采用弹性安装。

(3) 锚机。电动锚绞盘左右舷各一,锚绞车为机旁操作形式。

(4) 吊机。吊机由 A 字架臂杆、钢丝绳、滑

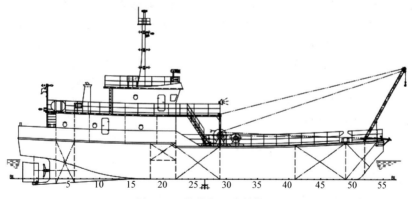

图 29-6　抛锚艇基本结构图

轮饼结构组成。具备 20 t 起吊能力，A 字架起吊用于辅助工程船舶处理打架的锚缆施工，在有风有浪的环境中，A 字架施工更加安全。

（5）推进系统。本船主推进装置形式为双机、双舵桨。主机为高速柴油机，通过离合器、轴系驱动定距舵桨。

（6）驾驶室建在甲板面上层建筑二层，便于操控船舶作业和操作者观察周围水域情况。

此外，本船还配有电动泵、压缩空气装置、热交换器、轴流风机、锚泊设备、系泊设备、管系、消防器材及其他工具用品等，形成了船舶燃油系统、滑油系统、冷却水系统、压缩空气系统、排气系统、全船疏水、生活污水等各大系统，共同构成了船舶整体结构。

旋转式起重机抛锚定位船结构大致相同，只是将起锚所用 A 字架更换为旋转式起重机。

29.3.4 "圣发 167"工作原理

工程船舶在作业时，受到环境中的力的方向既有纵向也有横向，而且有一定的转艏力矩，所以工程船的锚绳是向四周散布的，各锚绳布置方向应该根据风浪的大小、方向来确定，工程船舶布锚可简化为长方形，如图 29-7 所示。

抛锚定位船在抛锚作业时，船舶靠近工程船舶艉锚位置处，用牵引绳将工程船提前准备好的副缆绳（连接于工程船舶锚链上）拉入抛锚定位船舶的卷扬机滚筒上，工程船移锚绞车开始松锚绳，同时抛锚定位船收副缆绳。待副

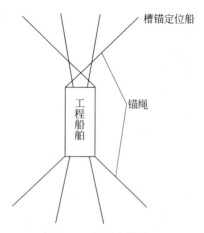

图 29-7　抛锚定位施工

缆绳完全受力时，锚重量完全由副缆绳承载，工程船脱开离合器、打开刹车，保持锚绳处于完全不受力状态，抛锚定位船开大车，向布锚位置方向行驶，到达布锚位置后，将锚慢慢松出，副缆绳连接锚浮标（用于确定锚大概位置）后去入水中，依次循环，完成抛锚作业。

抛锚定位船在起锚作业时，船舶靠近锚浮标位置，利用卷扬机钢丝绳将锚浮标绞至甲板，解除锚浮标后，慢慢将副缆绳收入卷扬机滚筒上，船舶跟着副缆绳漂浮，待副缆绳受力后，即抵达锚所在位置；继续收副缆绳使锚离地，通知工程船收锚绳，抛锚定位船处于漂浮状态，随着工程船收锚绳移动，待工程船舶锚绳开始受力，抛锚定位船缓慢送副缆绳，同时工程船继续绞锚绳，将锚收入锚托架上，同时从抛锚定位船上收回副缆绳，并整理放置好，即完成起锚作业。

锚位设置一般遵循以下原则：

（1）锚位的设置应满足各类工程船舶在桥区各墩位处相应的施工区域定位；

（2）锚位选择不应占用主航道或影响其他船舶作业区域；

（3）锚位的选择要考虑锚绳的长度和角度，保证船舶能在较大范围内移船。

29.3.5 "圣发167"的安全操作规程

1. 起、抛锚操作注意事项

（1）当得到驾驶室抛锚命令后，大副立即指示工作人员松开制动带，让锚凭自重落下。水不太深时，第一次松出链一般为一节入水至多二节，锚着底后应将锚链刹住，同时应显示锚泊信号（关航行灯）。

（2）为保证锚链顺利松出，船舶应保持适当的退速，并控制速度快慢，若退速太慢则锚链堆积，太快则锚链刹不住。此时应报告驾驶台锚链方向，以便用车舵给予配合。

（3）当松链长度约为2.5倍水深时，将锚链刹住，利用船惯性使锚爪啮入土中。待松出的链吃力张紧前及时松链，每次半节左右，反复几次，使锚能抓底抓牢，一直松至所需链长。

（4）抛锚过程中，大副应随时用口头或手势（夜间用手电筒）向船长报告锚链在水中的方向及受力情况。工作人员用钟声报告锚链松出的节数。

（5）抛锚完成后上好制链器，切断电源，罩好锚机操纵台的帆布罩。

（6）绞锚过程中，大副应随时将锚链的方向报告给船长，以便驾驶室进行车、舵配合。工作人员用钟声报告锚链在水中的节数。

（7）绞锚时若风大流急，锚链绷得很紧，此时不能硬绞，而要报告驾驶室进车配合，等船身向前移动锚链松弛后再绞，以防损伤锚链和锚机。若锚链横越船首，应利用车、舵将船逐渐领直后再绞。

（8）锚一离底，应敲乱钟报告，同时降下锚球或关闭锚灯。锚出水后，要观察锚爪上是否挂有杂物，若有应及时清理，然后根据需要将锚悬于舷外待用或收妥。

2. 判断锚是否到底

锚链在甲板部分突然松弛，出现下垂后伸直现象；船舶移动时，锚链倾斜，锚机负荷减小等现象，表明锚已到底。

3. 判断锚是否离底

锚爪出土瞬间锚机负荷最大，锚离底后锚机负荷会突然下降，锚机转速由慢变快，声音变得轻快。锚离底瞬间锚链将向船边荡来，随即锚链处于垂直状态。

4. 深水抛锚操作

水深超过25 m时，为防止锚冲击力过大和锚链松出太快，抛锚时须用锚机送锚至距海底10 m左右再自由抛下。水深大于40 m时，应用锚机将锚送至海底，再用制动慢慢松链，每次松链只能松出几米。

除符合船舶通用操作规程外，抛锚定位船在作业过程中还要注意：

（1）抛、起、移锚应有专人指挥，正确使用车舵，控制航速；

（2）风浪中起抛锚时，抛锚艇不得横浪或强行起锚；

（3）开脱钩装置抛锚时，操作人员应站在安全位置，及时避让；

（4）连接缆绳的卡环通过导缆孔、带缆桩时，缆绳应缓慢收放并设专人监护；

（5）起抛锚作业时，施工船舶应与抛锚艇作业相互配合协调。

29.3.6 "圣发167"的施工应用

由于孟加拉湾沿岸是世界上遭受风暴潮袭击最严重的地区，常发生龙卷风及偶发性飑线风，施工难度较大。施工水域情况较为恶劣，河内含沙量较高，并存在大量水草等杂物，淤泥沉淀较为严重，经常会出现抛出去的锚设备陷入淤泥，造成工程船舶移船绞车施工困难，锚设备被杂草缠绕等现象。因此，抛锚定位船需经常性协助工程船舶活锚，处理锚缆绕、副缆绳打绞等问题。

"圣发167"在孟加拉国帕德玛大桥项目中，配合"天一号""大桥海宇""华勇28""大桥海虹"等多艘工程船舶抛锚定位作业、锚泊移位、短距离辅助拖带、处理锚打绞等各种任务。

较好地完成了施工任务,为桥梁建设发挥了重要作用。

参考文献

[1] 刘凯锋.国内外疏浚辅助船舶发展现状及特点浅析[J].工业设计,2016(6):2.

[2] 徐鹰.机动起锚船[J].林业科技,1982(4):56-57.

[3] 王前进.内河船舶发展的现状及前景分析[J].世界海运,2010(10):4.

[4] 王滇庆,李成连.120马力喷水抛锚艇[J].船舶工程,1983(5):6-7.

[5] 赵雨,孙靓.新型多用途起锚艇的研发与建造[J].船海工程,2015,44(2):4.

第30章

起 重 船

30.1 概述

30.1.1 起重船的定义

起重船是以浮体/船体作为起重机的载体，在水上或岸边作业，供筑港、水工建筑进行水下打捞和港口装卸等，用以在水上起吊重物的工程船，又称为浮式起重机。

30.1.2 起重船的用途

起重船更多地用于海洋工程作业，主要用于跨海大桥的修建、浅海石油钻井平台作业、打捞救助、海底石油管道的铺设等，在我国的工作区域主要在海岸线各港口和黄海、渤海、南海的浅水区域。

30.1.3 国内外发展概况

大型起重船作为海洋工程的辅助船舶，不仅在海洋油气田的开发过程中发挥着重要的作用，还是海上工程吊装、海洋打捞作业中不可或缺的装备，近年来得到了大力的发展。

1. 国外起重船发展概况

大型起重船的出现，使海上工程周期大为缩短且降低了造价，同时又提高了安全性。目前，世界上拥有起重船较多的国家有日本、韩国、中国、挪威等13个国家。起重船是高科技产品，虽然外表"傻大粗笨"，可它的核心集中了众多尖端科技。例如，有的自航式起重船具备自动定位功能，在不抛锚的情况下，可以利用全球卫星定位系统，对来袭的风浪流向进行判定，自动产生抗力，定位精度误差不超过半米，这一切都是在计算机控制下瞬间自动完成的。

目前，世界上能够建造起重力千吨以上巨型起重船的国家不多。过去，我国只能从日本、荷兰等国家进口大吨位的起重船。现在，我国已经能设计和建造千吨甚至接近万吨重力的起重船。但是起重船的真正核心技术仍没有攻克，特别是复杂的配重压载调节系统和大功率起升降电机控制系统的专利技术还掌握在其他国家手里。

起重船大致可以分为三种形态。

（1）用大型油轮改装而成。如"梭尔号"和"沃登号"均采用油轮的前半部分，它们的造型相仿，艏部为上层建筑，顶上设有直升机平台，艉部设置一台全回转起重机，起重量分别为2000 t和3000 t。

（2）半潜式起重船。这种船型在国外被称为第三代全回转起重船。这种起重船分为三个部分，即浮体、上层甲板、起重机，20世纪70年代出现了这种船型。半潜船型由于其耐波性好，能很好适应较恶劣的海况，特别适合在水深的海域作业，但由于其造价昂贵，因此世界上只有少数该类型船。

世界上现役的起重船有荷兰 Heerema

Offshore Service B. V 公司(简称 HOS)的 Thiaf,如图 30-1 所示。该起重船配置两台全回转式起重机(两台起重机为 7100 t、31.2 m),每台机起吊能力 7100 t,总能力达 14 200 t。

图 30-1　Thiaf 2×7100 t 起重船

另外,还有 Saipen SPA 公司的 Saipem 7000,如图 30-2 所示。同时还有 Hermod(左起重机为 3628 t、26 m,右起重机为 4536 t、24 m)、Balder(左起重机为 2720 t、26 m,右起重机为 3630 t、24 m);McDERWOOT 公司的 DB101(单台起重机为 3500 t、24 m)等起重船。

图 30-2　Saipem 7000,2×7000 t 起重船

半潜重型起重船设计目的是运载各种不同的设备,如 TLP's、甲板、起重机、桥梁分段和其他浮动或非浮动结构。为了使甲板空余面积最大化,船尾的浮力铸件可移动并可存放于船首。

(3) 自航起重敷管船,如图 30-3 所示,是以法国"ETPM 1601 号"和"ETPM 1602 号"为代表的自航单体起重敷管船,除具有海洋全回转起重船的良好特性外,还设置有敷管装备,可以承担海底油、气管线的敷设作业。

世界起重船功能逐渐在向多样化转移,起重船的活动区域日益全球化、起重能力越来越

图 30-3　自航起重敷管船

大,对环境的适应越来越强,特别是深海作业能力不断提升。

随着人类找寻新能源的步伐不断向前,能源相关产业进一步向深海发展,用于海洋工程的超大型起重船因其在大型工程中的不可替代性,显得日益重要。一批老旧的海洋石油平台,也已进入生命周期的末端并被列入拆除计划。如何高效地拆卸这些海上"巨无霸",同时又不产生环境公害,也是一项新的挑战。前文所述的海洋工程市场的先驱者荷兰 HOS 公司,正在谋划制造超大型起重船,配置两台起重量 10 000 t 的全回转起重船,以适应新的市场需求。

2. 国内起重船发展概况

我国早期的起重船一般采用扒杆式驳船,吨位较小,起重能力较差,主要用于内河、码头、港口等浅水区域,功能主要为货物的过驳、结构件的安装等。

为满足工程适用性的要求,小型全回转吊机逐步得到应用,我国建造了一大批起重能力为小吨位的全回转起重船,其典型代表有"大桥雪浪号",如图 30-4 所示。

图 30-4　"大桥雪浪号"起重船

目前，我国 2000 t 以上的起重船主要有 2016 年制造的 12 000 t 全回转起重船"振华 30"，它也是世界上单臂架起吊能力最大的起重船，其起重能力达到 12 000 t，如图 30-5 所示。2002 年建成的大型起重敷管船"蓝鲸号"，主吊起重能力 3800 t，可在 150 m 水深实施起重和铺管作业，如图 30-6 所示。"蓝鲸号"全长 241 m，宽 50 m，型深 20.4 m，是单臂起重能力最大的起重船。总质量 64 110 t，起重吊梁高 98.1 m，最大起重能力 7500 t。此外，我国典型的起重船还有上海中港装备工程有限公司建造的"四航奋进号"，该船是非旋转、固定扒杆式、可变幅的大型起重船。船长 100 m，宽 41 m，型深 7.6 m，自航马力达 2300 hp（约 1690 kW），能就地进行 360°自由调节，其起吊高度达 80 m。该船起重臂架为两套，每套配有两只主钩，每钩额定起重量为 650 t，四只主钩同时工作时最大起重量为 2600 t，可以轻而易举地吊起一栋 100 m² 的六层楼。小钩每钩额定起重量为 100 t。

总吨位 15 676 t。"长大海升号"为可变幅式双臂架结构，其每座臂架配置 2 个 800 t 主钩，1 个 100 t 副钩，主、副钩呈纵向直线布置，主钩最大吊装高度 100 m，副钩最大吊装高度 120 m。每座臂架由一组双联变幅卷扬机控制其臂架的角度变化，两个主钩和一个副钩分别由一组双联卷扬机控制其升降，每座臂架同时有两台索具钩卷扬机和两台稳索绞车。

为适应跨海大桥的建设，我国建成了一批特殊用途的固定扒杆起重船。大型固定扒杆吊类型的船舶，具有代表性的是"小天鹅号" 2500 t 运架梁一体起重船，如图 30-7 所示。"天一号"3600 t 海上运架梁专用起重船，装有首侧推进器，具有水平横移能力和很强的定位能力，如图 30-8 所示。还有 2017 年建造的"大桥海鸥号"3600 t 固定臂架式起重船，如图 30-9 所示。

图 30-5 "振华 30"起重船

图 30-7 "小天鹅号"起重船

图 30-6 "蓝鲸号"起重船

图 30-8 "天一号"3600 t 起重船

"长大海升号"是一艘 3200 t 起重船，总长 110 m，宽 48 m，型深 8.4m，设计吃水 4.8 m，

整体来看，我国起重船集中在 2000～5000 t，这与我国目前海洋资源的开发主要在浅海有关，起重作业的主要任务为跨海桥梁的吊装和

图 30-9 "大桥海鸥号"3600 t 起重船

内河桥梁的吊装。

3. 起重船未来发展的趋势

起重船在近几十年有了很大的发展,其趋势或方向大致可从以下几个方面来看。

1) 起重船的用途重心转向海洋工程

起重船用途重心转向海上油气开发、大型海上工程和海上沉船及其他沉海物打捞,并因此促进了起重船大型化、作业水域向海上发展以及随之带来的技术进步。随着海洋油气开发、大型海上工程和海难救助事业的发展,大型起重船成为了不可缺少的工程船舶之一。我国自改革开放以来,在这方面发展很快,特别是近年来,势头更为迅猛。在我国,海上平台吊装工程已有不少,这些工程所需最主要的装备就是大型起重船。我国最近大型桥梁工程很多,杭州湾大桥、上海崇明桥隧等已建成通车,还有一些大桥正在规划建设。这些桥梁的桥面板吊装主要依靠大型起重船。此外,快速打捞沉船、海上风电场的风力发电机吊装等市场需求也促使大型起重船成为发展热点。

2) 起重船趋于大型化

随着对船载起重机起重量的要求越来越高,促使搭载起重机的起重船平台及其设备向大型化发展。起重船已由起重量几十吨、百余吨的内河扒杆起重驳船发展到起重量 2×7100 t 的超大型半潜平台起重船(very large semi-submersible crane vessel, VLSSCV)。此外,还有比这更大的特殊类型的海上起重系统。

3) 起重船的作业水域进入近海

起重船的作业水域从港区、内河到海上,也就是海洋开发中常说的近海,说是"近海"(也称作"离岸"),其实与风大浪急的旷海也并无确切的划分和不同,海上使用起重船的技术要求与内河起重驳船相比,简直是一场技术上的革命,即使海上平台使用较小的起重设备,也已开发成能在海上安全作业的系列产品。

4) 起重船的多功能化

由于海上大重量起吊是很多海洋工程中所必需的作业内容,加之大型起重船造价不菲,而使用工程安排又比较少,装备闲置不可避免。为尽量减少闲置率,提高使用率,配置大型起重船时都会考虑多功能设置。

另一方面敷管船也承担了大型海上吊装工程;专门设计的起重/打捞船在承担海上沉船打捞任务之外,也大量承接海上油气开发装备的海上吊装业务等。这几种大型工程船的功能已经相互交叉通用了。

30.2 起重船的分类及选用原则

30.2.1 起重船的分类

按船体机动性能起重船可分为自航式和非自航式两种。国内多数工程船舶建造时间在 10 年以上,都不具备自航能力,需要拖轮辅助拖带,近些年新建的船舶虽然配备了推进系统,但只适用于在项目工段内短距离航行。

按起重臂结构型式起重船可分为固定扒杆式和回转式。这是目前国内起重船最常见的分类方法,固定扒杆式又可分为固定臂架式起重船和固定架中心起吊式起重船。固定架中心起吊式起重船的结构简单,抗风浪能力较强;固定臂架式起重船结构简单,成本相对较低,但抗风浪能力较弱。回转式起重船的结构相对复杂,可在恶劣工况下生存,作业灵活性也高,但成本较高。回转式起重船又分为半回转式和全回转式。起重机部分可作 360°回转的,称为全回转浮式起重机。半回转式起重船结构简单,操作方便,一般固定于码头上吊运散装货物等;全回转式起重船结构较为复杂,但其起重臂架能作 360°回转,不仅在中小型起重船上应用十分广泛,且随着技术水平的不断提高,在大型起重船上的应用也越来越广泛。

固定架中心起吊式起重船的典型代表有"小天鹅号""天一号"等。以"天一号"为例,其是为满足杭州湾大桥预应力混凝土箱梁整孔预制架设的需要,专门设计建造的一艘海上运架梁专用起重船,是国内首创的单体船型结构、中心起吊、运架一体、大起重量、全电力推进的海上架梁施工专用起重船,它集取梁、运梁和架梁于一体,能适应海上多变的气候条件,运架梁作业平稳,施工组织方便,施工效率高,为我国跨海大桥桥梁整孔架设提供了可靠的施工新工艺。

30.2.2 起重船的选用原则

通常根据施工需求、水域情况、船舶基本参数、起吊能力等因素来选择合适的起重船。通常考虑起重船的主要性能参数有额定起重量、起升高度、工作速度、幅度、尾部回转半径等,尾部回转半径仅适用于全回转式起重船。

(1) 额定起重量:起重机允许起升物料的最大重量称为额定起重量。

(2) 起升高度:起重机吊具的最低工作位置与水面之间的垂直距离称起重机的起升高度。

(3) 工作速度:根据起重机的三大机构,可分为起升速度、回转速度、变幅速度。

(4) 幅度:起重船处于水平工作面时,空载吊具垂直中心线至回转中心线之间的水平距离。

(5) 尾部回转半径:一般是后部配重处最外缘距转台回转中心的距离,就是尾部回转半径。

30.3 "大桥雪浪号"400 t全回转起重船

30.3.1 工程概况

南京大胜关长江大桥全长约9.273 km,位于京沪高速铁路总体里程DK992+724.14至DK1001+993.377处,如图30-10所示。其中,南合建区引桥0.856 km,北合建区引桥1.202 km,北岸高速铁路引桥5.599 km。长江水域主桥1.615 km,为六跨连续钢桁拱桥,大桥主跨为2×336 m,连拱为世界同类桥梁最大跨度。该桥位于南京长江三桥上游1550 m处,规模宏大、施工复杂,是京沪高速铁路的控制性工程之一。

图30-10 南京大胜关长江大桥

30.3.2 "大桥雪浪号"基本参数

"大桥雪浪号"400 t全回转起重船技术参数,详见表30-1。

表30-1 "大桥雪浪号"技术参数表

项 目		参 数
船式		钢质单底单甲板全电焊非自航全回转起重船,箱形船体,主甲板无脊弧、纵骨架式
功能		适用于桥梁基础围堰施工、钢护筒插钉、水上施工平台吊装、平台设备吊装、钢筋笼安插、预制梁构件安装架设等
工作条件	工作区域	中国沿海和长江A、B级,近海航区拖带调遣
	抗风能力	在风力≤6级、有义波高1 m、流速3 m/s以下能够施工作业; 在风力≤10级、波高2 m、流速4.5 m/s,水深30 m以下能够锚泊
	避风	10级风以上进港抛锚避风

续表

项　目		参　数	
主钩		350 t 全回转时,保证最大舷外吊距 16 m；艏吊 400 t 时,有效吊高在水线上 45 m 时吊点中心线距臂架结构水平距离≥10 m；侧吊舷外吊距 25 m,有效起升高度 60 m 时,起重量≥150 t	
船员定员/人		20	
船体	主尺度/m	66.00×30×5.4(总长×型宽×型深)	
	总吨位/t	3396(净吨位 1019)	
	设计吃水/m	3.10	
最大起重力矩/(N·m)		$120.246×10^6$	
主钩最大起升高度/m		65	
副钩最大起升高度/m		72(改装加长臂后可达 77)	
吊臂长度/m		68	
		主　钩	副　钩
最大起重量/t		400	80
吊距幅度/m		24.5~65.8	25.5~68.5
额定速度/(m·min^{-1})		0~3.23	0~10
容绳量/m		705	310
钢丝绳/mm		ϕ40	ϕ28
倍率/单绳拉力/tf		20/27	8/13
变幅及回转机构		变幅	回转
		型式　绳拉桁架式	型式　行星减速器+针轮传动
		变幅范围/(°)　30~75	回转范围/(°)　0~360
		额定绳速/(m·min^{-1})　28	回转速度/(r·min^{-1})　0~0.3
		容绳量/m　340	支承型式　滚子+反钩支承
		钢丝绳/mm　ϕ40	减速比　253×21.4
		倍率/单拉力/tf　28/32	滚道中径/mm　ϕ12
起重机重量/t		1320(不含钢丝绳为 1275)	
起重发动机功率/kW		317×2	
发电设备	类型	主发电机	停泊发电机
	发电机	型号：HCM434D1;(200×2)kW 1500 r/min	型号：UCM274C13；64 kW 1500 r/min
	原动机	型号：NTA855-G1M;(240×2)kW 1500 r/min	型号：6BT5.9-GM80；80 kW 1500 r/min
锚泊设备	锚机	名称　液压(泰兴市东方船舶配套厂)	
		型号　FYMJ-3504-00(98 kW)	
	锚链	1 只 M20Mn 钢,AM2 等级 ϕ48 mm×275 m	
	锚	共 7 只德尔泰锚	
	锚绞车	移船绞 350 kN×6 台,带边卷筒 4 台,无边卷筒 2 台；无边卷筒的系缆绞车 250 kN×2 台；1 台 AM2ϕ48 mm 锚机	
	拉锚索	镀锌钢索(钢芯)6 根,ϕ52 mm×600 m	

30.3.3 "大桥雪浪号"结构与组成

全回转起重船典型代表船舶为"大桥雪浪号"400 t全回转起重船,本船为非自航全回转起重船,箱形船体、主甲板无脊弧、纵骨架式、单底单甲板钢质焊接结构。具备近海水域施工条件,又能够满足内河施工需求。

如图30-11所示,"大桥雪浪号"主要由船体和起重机两大部分组成。其中,船体部分由船舶动力系统、甲板移船绞车系统、照明和应急系统、压载系统等组成;起重机部分由起重臂、主钩起升机构、副钩起升机构、变幅机构、回转机构、索具吊钩机构、转台结构、三角架总成、吊臂托架及吊钩滑槽、起重动力及液压系统、电气系统组成。

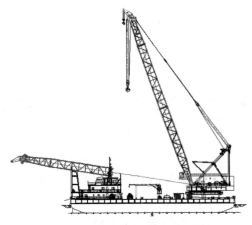

图30-11 "大桥雪浪号"基本结构

1. 船舶动力系统

船舶设置有2台主柴油发电机组,每台功率200 kW,满足船舶生产生活用电。

2. 甲板移船绞车系统

采用液压传动,由液压泵站为其提供动力,甲板艏艉设置有6台350 kN移船绞车,2台250 kN系缆绞车。

3. 起重臂

"大桥雪浪号"的起重臂采用低合金高强度钢管焊接桁架结构,臂架分为尾段、中段、首段。起重臂布置有主钩定滑轮组、副钩定滑轮组、索具吊钩滑轮及转向滑轮、到臂架顶部各部位的检修通道及工作平台等。

4. 主钩起升机构

主钩起升机构由主钩卷扬机、钢丝绳、动(定)滑轮组、吊钩组成。主钩起升机构采用2台双联液压卷扬机,卷筒轴向刚性连接,卷筒钢丝绳缠绕采用典型缠绕,主钩卷扬机设置常闭式制动器、减速器、液压马达、棘轮棘爪安全装置、安全防脱装置。

5. 副钩起升机构

副钩起升机构由副钩卷扬机、钢丝绳、动(定)滑轮组、吊钩组成。副钩起升机构采用2台双联液压卷扬机,选择Lebus折线卷筒。主钩卷扬机设置常闭式制动器、减速器、液压马达、棘轮棘爪安全装置、安全防脱装置。

6. 变幅机构

变幅机构由变幅卷扬机、钢丝绳和变幅动滑轮组等组成。变幅机构采用2台双联液压卷扬机,制动器为常闭制动器,设有棘轮棘爪安全装置,在三角架上还设置有吊臂装置,防止臂架后仰。

7. 回转机构

回转机构是全回转起重船的重要装置,回转机构有4台回转驱动装置,驱动装置安装在转台上,呈四角布置。每个回转驱动装置由液压马达、制动器、行星齿轮减速机及小销齿轮组成,小销齿轮与大销齿轮之间采用偏法兰定位,可对两者之间的间隙进行调整。采用多滚轮支承方式,回转支承采用圆锥滚柱支承,滚柱采用锻造,表面淬火处理工艺生产,轨道采用高强度耐磨钢,表面经淬火处理。回转支承底座及上下轨道整体安装。

8. 索具吊钩机构

索具吊钩机构由索具卷扬机、钢丝绳、转向滑轮和吊钩等组成,卷扬机为单联液压卷扬机。

9. 转台结构

转台结构采用低合成高强度结构钢焊接,转台上安装有机房,机房用于安装各机构设备和司机室。在转台前后方向,每端各布置2套反钩滚轮,用来平衡两个方向的倾覆力矩,在上转台和基座之间,设一中心枢轴,使起重机牢固地与船体连接在一起,将起重机的水平力传递到船体。

10. 三脚架总成

三脚架总成采用低合金高强度结构钢焊接成型,其顶部安装变幅定滑轮组、主副钩转向滑轮组等。

11. **吊臂托架及吊钩滑槽**

吊臂托架及吊钩滑槽位于船艉,采用低合金高强度结构钢焊接成型,在船体二层甲板上设置了主、副钩滑槽,托架上方中部设空槽,方便主、副钩钢丝绳摆放,拖航状态时用以搁置吊臂,采用高精度对位系统便于放置吊臂,保证拖航时起重机的安全要求。

12. **起重动力及液压系统**

起重机动力系统与船舶动力系统分开设置,在起重机转台机房安装有2台317 kW柴油发电机组,通过分动箱驱动液压泵组为各机构运转提供动力。分别驱动主钩卷扬机马达、副钩卷扬机马达、变幅卷扬机马达、回转马达、索具卷扬机马达;2台发电机互为备用,液压泵组并联使用。

13. **电气系统**

400 t全回转起重机各种动作的限位、控制、报警等的电气保护功能由接近开关、继电器和可编程控制器(PLC)来实现。起升卷扬机、变幅卷扬机装有接近开关,卷扬机工作时,接近开关感应到的脉冲信号输入到PLC进行运算、检测,从而控制吊钩的上、下限位和变幅角度的限位工作,并在限位工作时发出报警提示,同时对油温、滤器堵塞也进行监测和报警。

30.3.4 "大桥雪浪号"安全操作规程

1. 施工前检查

起重机作业前,使用者必须认真做好以下准备工作,防患于未然。

(1) 检查柴油机、回转机构等各连接螺栓是否有松动现象。

(2) 柴油机启动前的准备工作应按柴油机厂家提供的说明书进行。

(3) 进行外形检查,包括起重臂、三角架、转台、钢丝绳等。

(4) 确认中央监控系统各限位器的状态是否良好。

(5) 确认各种仪表指示是否正常值。

(6) 各机构连接螺栓、螺母是否松动,液压系统有无漏油现象。

(7) 电气系统配线及开关是否正常。

(8) 检查燃油箱(油量约3990 L)、液压油箱(油量约7140 L)、机油(油量约90 L)。

(9) 使用者在作业前应熟知起重机技术性能和注意事项。

(10) 起重机工作前,司机应检查主控操作台上所有主令开关及操作手柄均处于正常起重作业操作的起始零位,即电源、"准备动作""回转快速"及"主应急加载"开关置于关闭状态,棘轮控制开关置于锁定挡,各操作手柄处于零位(提示:所有控制开关的手柄在正常零位均为垂直方向)。

(11) 起重机在空载下进行试运转,在运转过程中,分别缓慢操作各工作机构的动作,并认真检查各机构的运转是否正常;确认载荷限制器、高度限位器、棘轮棘爪动作是否正常;各种仪表是否指示正常。

2. **操作者基本要求**

起重机在作业过程中,要求平稳、安全可靠和高的工作效率,这取决于使用者的操作经验和熟练程度,因此对操作者的基本要求如下。

(1) 在起重机上作业的人员必须持证上岗。

(2) 本起重机对于操作者来说比较直观和简单,作业时主要机构动作都集中在司机室内操作。司机室操作台主要包括柴油机启动面板、中央监控系统、操作开关、操纵手柄及显示仪表,对操作者来说首先要了解这些配置的功用,才能进行正确的操作,并在实践中不断掌握其操作特性,提高操作经验和技巧。

(3) 操作者要认真学习业务知识,包括起重机安全操作知识、起重机工作机理(动力、液压、电气、控制等工作机理)。

(4) 在作业时操作者一定要使用中央监控系统,并监视起重机信号是否和实际一致。

(5) 进行某项作业时,一定要使用电喇叭警示;作业中吊重接近人员时,也要继续使用电喇叭警示。

(6) 作业操作时应根据船面指挥信号进行;对紧急停机信号,不论何人发出,都应立即执行。

30.3.5 "大桥雪浪号"在南京大胜关长江大桥建设中的应用

"大桥雪浪号"在南京大胜关长江大桥施工中主要施工作业包括桥梁基础围堰施工、钢护筒插钉、水上施工平台吊装、平台设备吊装、钢筋笼安插、预制桥梁构件安装架设等。该船与普通同类起重船相比,最大特点是具有大起重幅度和大起升高度,以满足桥梁施工的特殊要求。船舶停泊在桥梁施工平台旁边,可以代替陆地塔吊、汽车吊完成吊装任务,充分展现了全回转起重船在水上大型吊装中的优越性,为南京大胜关长江大桥的建设做出了巨大贡献。

30.4 "大桥海鸥号"3600 t 固定臂架式起重船

30.4.1 工程概况

平潭海峡公铁大桥全长 16.34 km,起于福建省福州市长乐区松下镇,经人屿岛、长屿岛、小练岛、大练岛,依次跨越元洪航道、鼓屿门水道、大小练岛水道、北东口水道,在苏澳镇上平潭岛。大桥工程包括跨越元洪航道、鼓屿门水道和大小练岛水道的三座航道桥,以及引桥、铁路路基三大部分,三座桥都是钢桁结合梁斜拉桥。大桥上层设计为时速 100 km 的六车道高速公路,下层设计为时速 200 km 的双线Ⅰ级铁路。

30.4.2 "大桥海鸥号"基本参数

"大桥海鸥号"3600 t 起重船技术参数,详见表 30-2。

表 30-2 "大桥海鸥号"技术参数

项 目		参 数
船 式		非自航双臂架变幅式起重船,箱形船体、纵骨架式、单甲板钢制焊接结构,单底(机舱处双层底)、首尾流线型、方艉方舱,自身带有移船能力并配有 3600 t 起重机
工作条件	工作区域	适用于在港口或遮蔽及沿海水域环境条件或相当于上述环境条件时的近海区域起重作业,满足无限航区拖带调遣要求
	作业海况	风力≤8 级,水流速度≤6 kn(相当 3.1 m/s),浪高≤2.5 m
	调遣拖航条件	风速≤9 级,无限航区
	锚泊环境	在风力≤10 级,水流速度≤8 kn(相当 4.1 m/s)的条件下,就地抛锚抗风(风力>10 级时,本船进港避风)
船体	主尺度(总长×型宽×型深)/(m×m×m)	118.9×48.00×8.80
	总吨位/t	16 889
	设计吃水/m	4.8
	净吨位/t	5066

续表

项　目		参　数		
起升设备	类型	主钩		副钩
	双臂架起重量/t	2×(2×900)		2×300
	起升高度(水面上工作幅度42 m)/m	110		130
	工作幅度(距船首)/m	38～90		48.2～104
	满载起升速度/(m·min^{-1})	0.15～1.5		0.6～6
	电机功率/kW	8×250		4×250
	变幅机构	4×315 kW；工作幅度 38 m/68.35°，90 m/39.17°		
	工作时最大消耗功率/kW	约 2000		
	过桥通航条件	约14°(起重机最大高度(距水面)≤45 m)		
发电机组设备	类型	主发电机组 CCFJ1150JCS$_T$	停泊发电机组 CCFJ250JCS$_T$	生活发电机组 CCFJ90JCS$_T$
	发电机型号	PM734E2（无锡斯坦福）	HCM434F（无锡斯坦福）	UCM274E2
	功率及数量/kW	1150×4	250×2	90×1
	电压及频率	AC400 V,50 Hz		
	原动机型号	QSK50-D(M1)（进口康明斯）	N855-DM（重庆康明斯）	6CT8.3-GM115（东风康明斯）
	功率及数量/kW	4×1290	2×284	100
	主配电板及屏数/屏	4	2	1

30.4.3 "大桥海鸥号"基本结构与组成

固定臂架式起重船结构基本与全回转起重船相似，主要区别在于固定臂架式起重机固定在船艏部，不具备回转功能。"大桥海鸥号"3600 t 固定臂架式起重船由船体和起重机两大部分组成，船体部分与全回转起重船结构相似，只是尺寸根据设计要求不同而存在差异，如图 30-12 所示。

固定臂架式起重船船体部分为箱形船体、纵骨架式、单甲板钢质焊接结构，设置有船舶动力系统、甲板移船绞车系统。起重机由主要结构、主要机构、辅助机构、安全保护装置、电气系统等组成。

1．船舶动力系统

本船采用柴油发电机组集中提供全船原动力，配置有 4 台 1290 kW 涡轮增压中冷高速主柴油发电机组、2 台 284 kW 增压中冷高速停泊发电机组，1 台 100 kW 生活发电机，为全船生活及生产提供动力。本船设置 2 个 1500 kW 的全回转电力推进装置，2 个 550 kW 的侧推装置，主要用于进出港口，靠离作业平台。

2．甲板移船绞车系统

甲板移船绞车系统主要由移船绞车卷筒、液压泵站、锚绳及锚设备组成，既可以机旁控制，又可以集控。在船舶甲板艏艉共设置有 8 台主卷筒额定拉力为 600 kN 的移船绞车，3 台

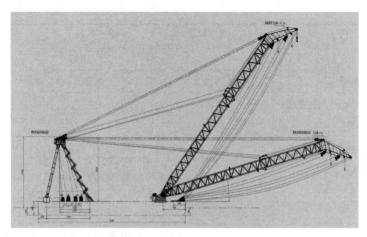

图 30-12 "大桥海鸥号"基本结构

300 kN 杂用绞车,绞车为单卷筒,并设排缆装置,靠船舷的 4 只设边卷筒;绞车液压泵站分首尾两套,分别驱动首部移船绞车和尾部移船绞车,每套泵站设有主泵组、控制泵组,泵组全部启动能满足 2 台移船绞车满载全速工作;配置直径为 60 mm 的锚绳,7 只 12 t、1 只 14 t 大抓力锚。

3. 主要结构

主要结构包括臂架、臂架支座、人字架。

1）臂架及臂架底座

臂架采用钢管桁架双臂架。单臂架主肢为 8 根 Q690E 的直焊缝钢管,缀管采用 Q345C/Q345D 钢管。单臂架底部臂架绞座中心距 20 m,双臂架中心间距 24 m。臂架头部安装有主钩定滑轮组、索具钩改向滑轮、副钩定滑轮组、变幅滑轮组等。臂架支座采用 EH36 钢板拼装,臂架与臂架支座采用销轴连接。

2）人字架

人字架由上部横梁、前撑杆、后拉杆组成,横梁为箱形结构,人字架前撑杆、后拉杆与船体采用全熔透焊接,人字架上部安装有变幅定滑轮组、主钩导向滑轮组、副钩导向滑轮组、变幅导向滑轮组。

4. 主要机构

本船主要机构包括主钩起升机构、副钩起升机构、变幅机构;辅助机构包括索具起升机构、稳索绞车。每座臂架设置一套主钩起升机构,一套副钩起升机构,一套变幅机构,由相应的绞车、定（动）滑轮组、钢丝绳组成。每座臂架设置有两套索具起升机构,由单卷筒起升绞车、滑轮、吊钩组成；两套稳索绞车,用于辅助施工及将主、副钩拉回甲板。

5. 安全保护装置

安全保护装置主要包括高速端制动器、低速端制动器、棘轮棘爪保护、超速保护、力矩限制保护、超行程保护等。

6. 电气系统

根据各机构的使用控制和操作要求,各机构驱动系统采用交流变频调速驱动,PLC 集中控制,并配置有起重机 CMS 管理系统,电气设备主要布置在变频舱、电阻舱、变压器舱和操作室内部,整船配有完整的照明、视频监视等辅助设施。

30.4.4 "大桥海鸥号"安全操作规程

1. 施工前设备安全检查

在每次吊装前,都要对起重设备的卷扬机、钢丝绳、臂架、人字架上的滑轮组、限位装置进行检查;对甲板设备：工作锚机、钢丝绳、锚机视频监控系统、系泊设备、导缆器进行检查；对轮机设备：压载系统、冷却系统、艉艎液压泵站及驾驶室的通信导航设备进行一次全面的检查,不放过任何一个可能存在的安全隐患。

2. 施工过程设备安全检查

在施工作业过程中需进行"三巡视"。"一次巡视"指安排值班机工严格按标准对机舱设备的主机、辅机、空压机、板式冷却器、日用燃油舱液位、冷却水管路进行巡视检查,防止主、辅机故障,燃油日用柜油料不足和管系漏气、漏水等。"二次巡视"指安排机工进行液压管路、阀件、泵站、马达等液压系统巡视检查,严防液压系统爆管漏油。"三次巡视"指安排起重司机进行绞车房内起重设备巡视,防止出现卷扬机排绳不齐,压坏钢丝绳。同时也要重点关注卷扬机制动系统开合是否正常,管路是否有漏油,各机构件润滑是否到位。"三巡视"制度保证了施工过程中能及时发现设备故障、安全隐患,及时扑灭故障和隐患的苗头。

3. 施工后安全检查

施工结束船舶退至安全水域锚泊后,检查各设备是否恢复到位,尤其是检查各锚绳受力情况,锚刹刹车是否闭合,刹车间隙是否过大,起重卷扬机保险是否合上。检查结束后,按照值班标准进行 24 h 锚泊值班。值班人员必须严格按照标准要求进行值班巡视,并做好值班记录,按照标准填写航海日志。

30.4.5 "大桥海鸥号"在平潭海峡公铁大桥建设中的应用

"大桥海鸥号"从建造出厂就投入了平潭海峡公铁大桥的建设中,所处水域具有风大、浪高、水深、流急等特点,是世界三大风口海域之一。"大桥海鸥号"充分发挥了船舶自身特点,克服种种恶劣工况条件,随着 2017 年将重达 1350 t 的钢桁梁放置到墩顶,2019 年完成最后一片钢梁架设,"大桥海鸥号"在平潭海峡公铁大桥中共完成架设钢梁 71 片,总起重量约 12 万 t,如图 30-13 所示。"大桥海鸥号"顺利完成全部施工任务,顺利完成了它的使命,也证明了大型起重船在跨海桥梁建设工程中不可替代的作用。

图 30-13 "大桥海鸥号"架梁作业

30.5 "天一号"3600 t 固定架中心起吊式起重船

30.5.1 工程概况

孟加拉国帕德玛多用途桥梁,位于首都达卡偏西南约 40 km 处,横跨帕德玛河(恒河),距印度洋入海口直线距离约 150 km,是连接 Mawa 与 Janjira 的主要交通要道。

主要项目包括:总长 6150 m 的跨帕德玛河的双层钢桁混凝土结合梁主桥和两岸总长 3679 m 的高架桥(其中公路引桥部分长 3147 m,铁路引桥部分长 532 m)。

孟加拉帕德玛大桥主桥上部结构由 41 孔跨度为 150 m 的钢混叠合梁组成,其桥式布置为 $6\times(6\times150)+1\times(5\times150)=6150$ m。本桥单孔质量约 3000 t,全桥总质量约为 13 万 t,如图 30-14 所示。

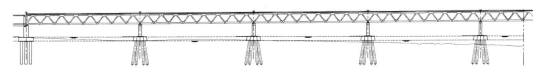

图 30-14 主桥纵断面示意图

30.5.2 "天一号"技术参数

"天一号"3600 t 固定架中心起吊式起重船技术参数,详见表30-3。

30.5.3 "天一号"基本结构

"天一号"基本结构如图30-15所示。该船为箱形船,钢质、单底、单甲板、具有五层甲板室

表 30-3 "天一号"技术参数表

项 目			参 数
	船式		钢质、单底、单甲板、具有五层甲板室的固定式箱形自航起重船
工作条件	工作区域		内河 A 级、B 级,沿海自航,近海及无限航区由拖船拖航
	抗风能力		在风力 6 级及其以下能够施工作业 能适应 8 级风及相应波浪条件下的载梁航行
	避风		10 级风以上进港抛锚避风
	波高/m		≤2
	流速/(m·s^{-1})		≤3.5
	环境温度/℃		−10~45
	船员定员/人		50
	自持力/天		45
船体	主尺度(总长×型宽×型深)/(m×m×m)		93.4×40×7.0
	排水量(吨位)/t		12 194.7
	设计吃水/m		3.8
	船体结构/t		约 3603
起重机	起重量/t		3600(动滑轮组和钢丝绳 200、钢梁吊具 200、其他 3200)
	起升高度/m		62(动滑轮组吊轴距水面)
	吊距/m		16(吊点中心与起重架立柱中心线的水平距离)
	起升速度/(m·min^{-1})		0~0.766
	总功率/kW		1350
	通航时最大高度/m		83.8(水面以上)
	主桁中心距/m		28
	立柱中心距后铰点/m		26.7
	起重机整机质量/t		2810(不含吊具 2646.5)
轮机	推进电动机	型号	D400L-4
		功率/kW	900×4
		转速/(r·min^{-1})	1800
	推进系统	型号	SR550(SCHOTTEL)
		型式	全回转舵桨(船尾)(Z 型推进)
		功率/kW	550/台 共 4 套
		推力/kN	28(侧推器)
		直径/mm	1400
		输入转速/(r·min^{-1})	1800
	驱动侧推的电动机	型式	异步滑环电动机
		功率/kW	400
		转速/(r·min^{-1})	1470

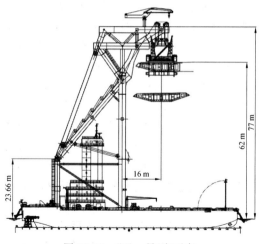

图 30-15 "天一号"起重船

的固定架中心式起重船。船尾设置 4 台全回转推进装置,船首设 1 台侧推力器,可进入我国内河 A 级、B 级航区作业或沿海海域作业和近海及无限航区拖航调遣。内河 A 级、B 级及沿海为自航,近海及无限航区则由拖船拖航。

船体设五道纵舱壁及四道横舱壁,把船体划分为压载水舱、舵桨舱、机舱、油舱等部分。除具备船舶动力系统、移船绞车系统等配套设施外,固定架中心起吊式起重船构造主要由起重架、吊梁扁担、起升系统、司机室、液压系统、电气系统、安全保护装置、绑扎托架、吊梁辅助设备等组成。

1. 起重架

起重架采用封闭箱形杆件的桁架形式,总质量约 1500 t,水面以上高 69 m。起重架上部采用可拆式钢架结构,下部距水面 24 m 以下部分为整体式、永久性结构。

2. 吊梁扁担

为适应帕德玛大桥 150 m 钢桁梁整孔架设需要,特设专用吊具用于钢桁梁吊装,起重吊具由扁担梁、拉索及锚梁组成。

3. 起升系统

起升系统由 4 套双联液压卷扬机、钢丝绳和滑轮系统组成,每套液压卷扬机设平衡滑轮,使每套液压卷扬机的 2 根钢丝绳始终保持相同的张力,同时可补偿钢丝绳因缠绕差异及弹性变形引起的位移误差。每套卷扬机中的 2 台卷筒之间采用齿形联轴器进行刚性连接,以达到同步性能。

同步升降系统采用了闭环控制,即在卷扬机低速端设置轴角编码器进行取样,取样信号经 PLC 处理后反馈给相应的液压泵进行速度控制,完成卷筒角位移的同步控制,此外根据工况要求可对吊点进行单独调整。

4. 司机室

司机室置于起重架 2 根立柱间的平台上,距水面高 57 m,使操作者在操作过程中能够对桥梁的情况进行观察。司机室内设有起重机操作手柄及控制按钮和显示仪表,并有通信装置可随时与现场指挥人员保持联络,司机室内还设有空调、灭火器等装置。

5. 液压系统

起重机液压系统采用中央集中控制的电液比例调速的恒功率控制系统,为开式系统,本系统由主回路、控制回路、回油回路和冷却回路组成。

6. 电气系统

电气控制系统主要由供电、照明、电力拖动、电液控制及集中信号处理等部分组成。

7. 安全保护装置

安全保护装置设有起重量限制装置,当其任一起升重量超载时,电气控制系统将报警,并使所有的制动器均处于制动状态,直到系统恢复正常。起升卷扬机构除了高速轴带制动器以外,还设有棘轮棘爪止动装置。此外系统还设有起升高度上、下极限位置的报警、限动装置,梁体水平状态显示装置。

8. 绑扎托架

绑扎托架置于起重架下方的船甲板上,用于混凝土梁体的支承、固定,可使船甲板和起重机共同承担 3600 t 的起重量,满足本船吊梁自航的工况。

9. 吊梁辅助设备

船体甲板面上设备由 2 根托梁、4 根托梁安装架、滚轮架、4 台液压卷扬机、2 个托梁液压站组成,沿船体中心线对称布置,一个托梁液压站可同时或单独驱动所对应的 2 台液压卷扬机,方便完成托梁的伸缩。

吊梁扁担上设备由4件均衡梁、4件滑轮架、8根拉索、4台托梁卷扬机和4台拉索卷扬机组成,每2台托梁卷扬机完成1根托梁的升降,每台拉索卷扬机完成2根拉索的升降。

30.5.4 "天一号"施工方案

1. 总体安排

根据下部结构施工顺序,以及水位对钢梁架设的影响,钢梁总体架设按如下顺序进行:第七联(A→F)→第六联(F→A)→第五联(F→A)→第一联(F→A)→第二联(A→F)→第四联(F→A)→第三联(F→A)。

存放区内的钢梁节段通过台车横移至钢梁下河码头后,由"天一号"起重船运至待架孔位架设,一联钢梁除首孔外,其余跨钢梁由菱形吊架辅助逐孔安装,一联架设完成后进行下一联架设。

其中,"天一号"起重船码头取梁、载梁运输、桥位抛锚定位等工作由中铁大桥局集团有限公司船舶管理分部承担。

2. 结构及设备检查

(1) 横移轨道、钢梁下河码头、墩顶布置等结构在钢梁架设前经全面检查验收。横移轨道基础、钢梁下河码头钢箱梁顶面按10 m左右间距布设平面位移及沉降观测点,以便定期观测轨道及栈桥沉陷和变位情况。

(2) 滑移前,横移台车首先空载试运行,检查所有电气设备是否安全,各急停按钮是否回到工作位置,各个操作开关是否在零位;检查各故障报警指示灯有无报警指示;检查管线、接头位置是否有漏油、渗油的现象;液压管路、动力电缆、信号电缆、通信电缆等是否连接紧固好。

(3) "天一号"完成试吊、验收,具体指标应符合现行建筑机械安全操作规程的要求。使用前对所有电气设备、各机构运转情况进行检查签认,并对吊具结构各连接部位进行检查。

3. 施工过程

1) 取梁

"天一号"逆水流行驶至钢梁下河码头前端,抛设前端中部自救锚稳定船体;挂设前端①、③、④号前缆;由抛锚船配合,抛设⑤、⑥、⑦、⑧号尾锚;车舵配合,缓慢收紧前锚及后端尾锚,收起中部自救锚,通过绞锚方式进行钢梁下河码头内。"天一号"码头取梁作业如图30-16所示。

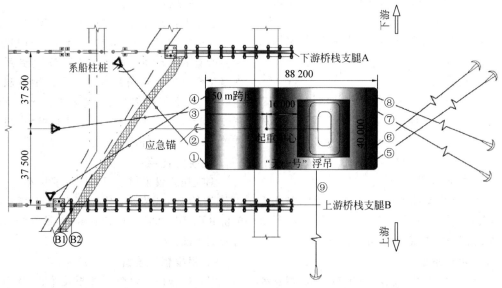

图30-16 "天一号"码头取梁作业示意图

(1) 挂设上游侧⑨号腰缆,通过收紧调整各锚绳,初步定位"天一号"平面位置。

(2) 钢梁横移至钢梁下河码头取梁位置停止,精确调整"天一号"位置与钢梁对位。

(3) 起重机下放吊梁扁担,在浮吊或卷扬机配合下完成下锚梁吊索固定。

(4) 检查吊点后,缓慢提升起梁超过横移台车约 1 m,退出横移台车。

(5) 解除⑨号腰缆,通过前后锚收紧、放松将"天一号"退出钢梁下河码头;抛设前端中部②号自救锚,稳定船体,船体转向使船头逆水流站位;解除前端①、③、④和后端⑤、⑥、⑦、⑧号尾锚。

(6) 收起自救锚,"天一号"离开钢梁下河码头,在码头外水域锚泊,准备进行钢梁与船体临时固定。

2) 载梁航行

航行前,须事先掌握气象情况,了解风力、风向,以便正常航行。

航行时,一般不宜采取大舵角转向或避让船舶的措施(除紧急情况外),以尽量减轻因大舵角改变航向而导致船舶横摇。航行中必须充分考虑到横流横风等对船舶的影响,及早采取措施,保持船舶在计划航线上航行。

3) 船舶精确定位及架梁

(1) 船舶初步定位。

当"天一号"运梁至待架孔位前时,利用抛锚艇抛(挂)设三个艏锚及艉锚(其中⑦号尾锚是否抛设视流速、流向情况确定)。为便于调位,靠船体前端外侧①、④号锚成交叉状态抛出,③号锚应顺待架梁孔横桥中线方向抛出。船体尾部⑤、⑧号锚向外抛出,⑥号(或⑥、⑦号)顺待架孔横桥中线方向抛出。向外抛出的前锚和尾锚,两锚间夹角约 65°～70°,在临时航道内架梁时由于受航道宽度限制,两侧事先设置地垄,直接与船舶锚绳挂设即可。抛锚情况如图 30-17 所示。

(2) 船舶精确定位。抛(挂)设好各锚绳后,利用绞锚机将"天一号"向前绞进,当钢梁距离桥墩约 20 m 时,停止绞锚,提升钢梁超过墩顶支座约 1.5 m,继续绞进桥孔位置,如图 30-18 所示。

(3) 落梁。每联首孔钢梁落梁,墩顶竖向千斤顶伸出,顶面达到设计高程。通过收紧、放松前锚、尾锚锚绳,精调"天一号"平面

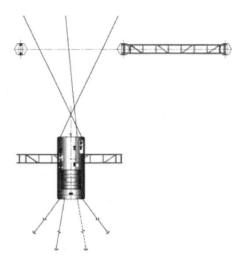

图 30-17 "天一号"抛锚就位

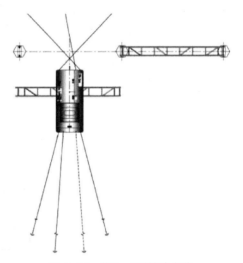

图 30-18 "天一号"精确定位

位置,通过两侧滑轮组起降调整钢梁倾角,满足要求后缓慢落梁于墩顶竖向千斤顶上。每联第二孔及剩余钢梁落梁。待架孔钢梁远端墩顶竖向千斤顶伸顶,顶面达到设计高程。通过收紧、放松锚绳,调整"天一号"位置,通过两侧滑轮组起降调整钢梁纵向倾角,合龙口纵横向距离满足要求后,挂设钢梁吊架吊索。"天一号"继续松钩落梁,钢梁远端支撑于墩顶竖向千斤顶上,近端悬挂于钢梁吊架上。

30.5.5 "天一号"施工工艺流程

"天一号"施工工艺流程如图 30-19 所示。

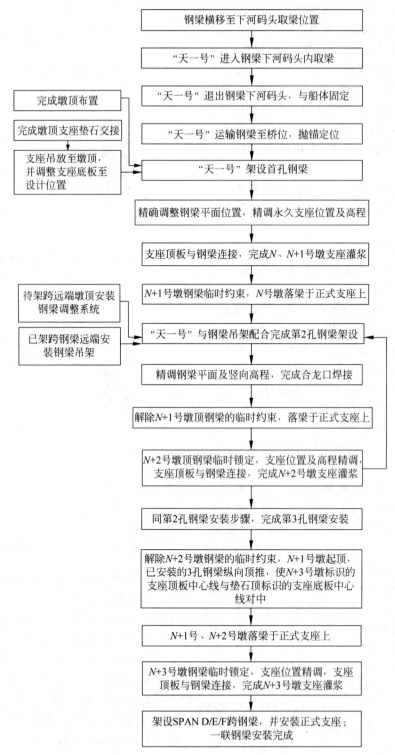

图 30-19 施工工艺流程
（以 6 m×150 m 一联 A→F 方向为例）

30.5.6 "天一号"在帕德玛大桥建设中的应用

"天一号"起重船在帕德玛大桥项目建设中,克服复杂工况条件,完成了从码头取梁,运抵项目施工水域,并顺利完成钢梁架设任务。"天一号"钢梁架设施工,如图30-20所示。架设单片梁质量约为3100 t,累计正式梁29片,临时梁5片。充分展现了其运架梁一体专用船优势,为帕德玛大桥建设的工程质量和进度提供了有力的保障。

图30-20 "天一号"架梁施工

30.6 "小天鹅号"2500 t固定架中心起吊式起重船

30.6.1 工程概况

港珠澳大桥是国家高速公路网规划中珠江三角洲地区环线的组成部分和跨越伶仃洋海域的关键工程,是连接粤、港、澳三地的大型跨海通道,也是举世瞩目的重大基建工程。港珠澳大桥工程包括香港、珠海和澳门三地口岸连接线,海中桥隧主体工程,总长约35.6 km,其中海中桥隧主体工程(粤港分界线至珠海和澳门口岸段)长约29.6 km,由粤港澳三地共同建设。

港珠澳大桥主体工程采用桥隧组合方案,其中隧道长约6.7 km,桥梁长约22.9 km。该桥CB05标浅水区非通航孔桥采用85 m连续组合梁桥,全长5440 m,共64孔,其中在九州航道桥以东跨径组成为$5×85$ m$+8×(6×85$ m$)$,共53孔;在九州航道桥以西跨径组成为$6×85$ m$+5×85$ m,共11孔。全桥高墩区共13个桥墩,低墩区共49个桥墩,高墩区墩身分为3节,低墩区墩身分为2节,共137节。高、低墩区承台外部轮廓尺寸均为15.6 m$×11.4$ m$×4.5$ m,预制承台及底节墩身最大质量2370 t,预制墩帽最大质量1420 t。

30.6.2 水文地质

桥址区潮汐属不规则半日潮混合潮型。设计平均水位0.54 m,潮差1.5~2.0 m。桥址区处于热带气旋路径上,登陆和影响桥位的热带气旋平均每年2个,最多时每年可达6个,主要集中在6—10月。桥址区海床面较平坦,海床面高程一般为-6.2~-4.0 m,中间部分区段海床面高程为-4.0~-3.5 m。海底主要有淤泥、粉质黏土、淤泥质粉质黏土、粉质黏土夹砂等,且存在孤石。

30.6.3 施工过程

1. 施工特点

预制承台墩身架设具有形体大、质量大(2370 t)、起吊高度高,作业海域水文气象条件复杂的特点,架设施工中关键技术包括构件的匹配性要求高、海上运架设备研制及箱梁在墩顶精确调整位置等。

2. "小天鹅号"起重船主要技术规格性能(表30-4)

表30-4 "小天鹅号"起重船性能参数

项　　目	参　　数
船式	钢质、单底、单甲板、具有二层甲板室的双体自航起重船
功能	专用于建桥施工中梁梁的运输和起重架设作业,亦可用于其他大型桥梁预制构件的运输与安装等

续表

项目		参 数	
工作条件	工作区域	沿海海域锚泊、作业和调遣。近海及无限航区调遣航行由拖船拖航	
	抗风能力	在风力6级、浪高2 m、流速2 m/s以下能够施工作业	
	避风	10级风以上进港抛锚避风	
	波高/m	≤2	
	流速/(m·s^{-1})	≤2	
	环境温度/℃	−10~45	
船体	主尺度(总长×型宽×型深)/(m×m×m)	86.8×46×5.9	
	片体型宽及片体间距/m	单片体型宽：16；片体间距：14	
	总吨位/t	7554	
	吊重2500 t/1600 t 吃水/m	3.35/3.0	
	设计吃水/m	3.5	
起重设备	起重量/t	2500(含吊梁扁担)	
	起升高度/m	41(梁顶距水面)	
	吊距/m	12(吊点中心与起重架立柱中心线的水平距离)	
	起升速度/(m·min^{-1})	0.08~0.75	
	总功率/kW	800	
	主桁中心距/m	19	
	立柱中心距后铰点/m	22.4	
	通航时最大高度/m	60.5(水线以上)	
轮机设备	驱动柴油机	型号	TBD604BL6(河柴)
		功率/kW	537(4台)
		转速/(r·min^{-1})	1800
	舵桨	型号	SRP330(SCHOTTEL)
		型式	全回转舵桨
		最大输入功率/kW	550(4台)
	发电机组	型号	主发电机组 HCM534C2 / 停泊发电机组 UCM274E13
		功率/kW	320(2台) / 1台、90
		型式	防滴、无刷、风冷、AC400 V、3Φ、50 Hz
	原动机	型号	TBD234V12 / D234V8
		数量、功率、转速	2台、373 kW、1500 r/min / 1台、117 kW、1500 r/min
锚泊设备	自救锚机(2台,艏部左右片体各一台)	型号	YMA68×9
		负载/kN	197锚链轮负载；500卷筒额定拉力
		锚链	AM2ϕ68,长度302.5 m(11节)
		锚	霍尔锚,6 t/只,共2只
	移船绞车(6台)	拉力/kN	500
		锚	AC-14大抓力锚8.3 t/只,共6只(前2后4)

3. 吊具和吊点设置

"小天鹅号"净吊距为10.8 m,而墩帽宽度为23.5 m,吊距不够,只能斜就位。为了适应承台墩身的起吊运输,吊具根据"小天鹅"起重系统进行设计,专用于港珠澳大桥CB05标段承台墩身墩帽安装。吊具通过8套滑轮组与船体起重架和上部起重系统相连。吊具系统设有平移机构和旋转机构,可实现预制承台墩身起吊后平面内±200 mm及±30°旋转。

预制承台采用四点吊装,吊点布置在承台四根角桩处,预留孔处每个吊点处设一根转换扁担梁,上端采用两根PESH7-139平行钢丝束与"小天鹅号"的吊重扁担连接,下端采用两根直径130 mm的连接钢棒与承台连接。

4. 承台及底节墩身安装施工流程

承台及底节墩身安装采用"小天鹅号"安装,如图30-21所示。在海上作业抛锚后,"小天鹅号"会随着波浪顺桥向摆动。考虑到围堰严禁碰撞,所以在围堰外侧安装6根钢管桩对围堰形成一个保护圈。为增加其抗撞击能力,采用型钢折架将靠围堰的四根钢管桩连接成整体。

图30-21 "小天鹅号"吊装承台

围堰封底强度达到要求后抽水,安装桩顶的钢立柱及竖向千斤顶,"小天鹅号"将承台及底节墩身运输到墩位进行挂桩。挂桩完成后,通过6台千斤顶将承台的标高与垂直度调至设计位置,浇筑预留孔第一层混凝土,混凝土达到设计强度后拆除千斤顶;钢立柱及吊挂系统绑扎钢筋,浇筑施工预留孔第二层混凝土,孔面硅烷浸渍承台及底节墩身,安装施工完成。

"小天鹅号"浮吊吊装承台及底节墩身运至墩位处后进行抛锚定位作业,使定位精度控制在±150 mm以内,完成承台就位的第一次调整,将承台及底节墩身用缆风绳固定在小天鹅甲板上,避免两者发生相对运动,精确控制承台墩身下放承台,下放过程应缓慢进行下放,

速度不得大于0.5 m/min。预制承台下放至设计标高以下10 mm位置时,停止下放,先用承台水平调节,装置调整平面位置,然后通过调节承台预留孔中的6个600 t千斤顶使千斤顶与扁担梁接触,"小天鹅号"缓缓放松吊钩,将吊点受力转换到6个千斤顶上,6个千斤顶同步起顶,使承台受力均匀,将预制承台起顶到设计位置并锁定。锁定完成后,解除"小天鹅号"吊钩和承台吊具,"小天鹅号"驶离围堰。"小天鹅号"从进入围堰到驶离围堰的时间应尽量控制在一个潮水期内,以防"小天鹅号"碰撞钢围堰。

5. 施工小结

港珠澳大桥预制承台墩身安装的施工过程中完成了全世界首例承台墩身整体吊装施工;首次设计并成功在承台墩身安装时采用了旋转扁担可实现平面位移和旋转角度,提高了吊装的施工精度;专门研制的2500 t吊具,为工程施工技术发展开拓了一个全新的施工方法。

参考文献

[1] 刘振辉,谭卫卫,谭家华.超大型海洋工程起重系统发展现状[J].中国海洋平台,2006,21(2):5.

[2] 单淑梅,张勇忠.起重机司机[M].北京:机械工业出版社,2010.

[3] 陈龙剑,胡国庆.杭州湾跨海大桥70 m预应力混凝土箱梁海上运架专用起重船技术参数研究[C]//中国公路学会桥梁和结构工程分会2005年全国桥梁学术会议论文集,2005.

[4] 谭少华.港珠澳大桥主体工程浅水区非通航孔桥埋置式承台设计与施工[J].中外公路,2014,34(6):6.

[5] 张铁军,刘昊槟,杨润来.港珠澳大桥钢圆筒振沉施工船舶驻位工艺[J].中国港湾建设,2015,35(7):3.

[6] 张海燕.港珠澳大桥预制承台墩身墩帽安装技术[J].江西建材,2013(6):220-221.

第31章

打 桩 船

31.1 概述

31.1.1 打桩船的定义

打桩船指用于水上打桩和拔桩的非自航工程船,船型为钢制箱形结构,船艏正中设有坚固的三角桁架式桩架机构和打桩锤,可前俯、后仰以适应施打斜桩的需要,去掉桩锤可作为起重船使用。

31.1.2 打桩船的用途

打桩船可在一定水深的沿海和江河、湖泊上作业,作业时需要与抛锚船、拖船、桩驳配合,广泛应用于桥梁、码头、水利工程施工,打桩船通常以打桩长度命名,如54 m打桩船。

31.1.3 国内外发展概况

1. 国外打桩船现状

随着对能源资源需求的不断增长,以及陆地资源的逐步紧缺,人类活动范围不断向海洋延伸,世界各国纷纷把海洋作为获取能源资源和发展经济的重要方向,通过海洋油气开发、海上风电开发、港口码头建设、跨海大桥建设等发展向海经济。伴随着海洋工程建设快速发展,打桩船已成为海洋工程建设中不可或缺的重要基础装备,发展空间也在不断扩大。

20世纪80年代以前,全球打桩船建造市场基本由欧洲、美国和日本等国家和地区主导。海上打桩作业一般由大型起重船或平台作为载体,利用其上的起重机通过液压锤吊方式进行高桩承台桩、导管架桩和大型桥梁桩基等施工。例如,荷兰"Seaway Yudin号"和"Seaway Strashnov号"起重船,在装配液压打桩锤后,曾用于海上石油导管架平台和海上风机安装的打桩作业。

目前,全球打桩船船队的区域分布较为集中,如图31-1所示。其中,船队规模前三的国家分别是美国、中国和新加坡,市场份额分别为21.5%、11.1%和11.1%。另外,日本、荷兰、印度尼西亚、意大利和阿联酋等国家也拥有较为可观的打桩船数量。

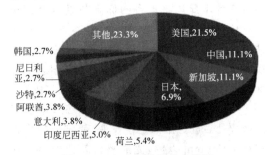

图 31-1 全球打桩船分布情况

欧美的打桩船一般由大型起重船或平台兼用。表31-1为日本拥有的变幅式打桩船和全回转打桩船。

表 31-1　国外打桩船主要情况

序号	船舶名称	所属国家或单位	桩架高度/m	最大桩径/mm	最大桩重/t
1	KSC-Super70	日本	75	2000	—
2	第 28 不动号	日本	65	1600	80
3	伯荣第 80 光号	日本	65	1600	80
4	神翔-1600	寄神建设/全回转	95	2000	75

2. 国内打桩船发展现状

20 世纪七八十年代，我国对于打桩船的装备需求主要通过海外进口来满足。进入 21 世纪以来，在政府力推海洋经济发展的背景下，我国和东南亚地区合作的海上工程建设项目数量日渐攀升，南海、东海的油气开发，海上风电场建设、跨海大桥、港口码头建设等，都需要大型打桩船提供基础支撑，因此我国打桩船的设计建造能力也获得了快速提升。2003 年，国内建成第一艘桩架高度超过 90 m 的桩架式打桩船。此后又相继建造或引进了多艘超大型打桩船，以满足大型码头、跨海大桥工程建设的需求，形成了以"大桥海威 951"变幅式打桩船和"海力 801"全旋转打桩船为典型代表的打桩船，如图 31-2、图 31-3 所示。2018 年开始建造的 130 m 打桩船"三航桩 20 号"，如图 31-4 所示。其船长 108 m，型宽 38 m，型深 7.2 m，桩架高 133 m，主钩起重能力 450 t，能够满足水下 50 m、直径 5 m 的桩粗施工需求。目前，在用的主流打桩船均为百米级。

图 31-3　"海力 801"打桩船

图 31-4　"三航桩 20 号"打桩船

图 31-2　"大桥海威 951"打桩船

我国自主研发建造的世界首艘 140 m 级打桩船"一航津桩"由振华重工启东海洋工程股份有限公司建造，142 m 的桩架及配套装备，使其成为全球桩架最高、吊桩能力最大、施打桩长最长、抗风浪能力最强的专用打桩船。"一航津桩"自身质量达 1500 多 t，可打最大桩长 118 m＋水深、质量 700 t、直径 6 m 的大型桩基。

国内桩架高度在 90 m 以上的大型打桩船共有 16 艘，100 m 以上的打桩船有 8 艘，我国 90 m 以上打桩船基本情况见表 31-2。

表 31-2　90 m 以上打桩船基本情况

序号	船舶名称	所属单位	建造时间	桩架高度/m	最大桩径/mm	最大桩重/t
1	桩 8	路桥建设（日本引进）	—	92	3200	—
2	浙桩 8 号	宁波交通工程建设	2018 年改造	98	2000	120
3	三航桩 15、16	中交三航局	2003 年	93	2000	120
4	粤工桩 8	中交四航局	2005 年	93.5	2500	120
5	桩 18	中交一航局	2003 年	93.5	2000	120
6	葛飞腾 2	葛洲坝集团	2009 年	93.5	2000	120
7	大桥海威 951	中铁大桥局（2018 年改造至 105 m）	2009 年	105	2500	120
8	三航桩 18、19	中交三航局	2018 年改造	108	3000	150
9	长大海基	广东长大	2012 年	100	3200	150
10	中建桩 7	中建港务（2019 年改造至 110 m）	2013 年	100	3200	170
11	铁建桩 01 号	中铁建港航局	2014 年	108	3500	200
12	海力 801	中交二航局	2003 年	95	2500	100
13	天威号	中交一航局（日本引进）	2018 年	92	—	65
14	雄程 1	上海雄程海工程有限公司	2014 年	128	5000	600
15	雄程 2	上海雄程海工程有限公司	2015 年	128	5000	600
16	一航津桩	中交三航局	2022 年	140	6000	700

31.1.4　打桩船的发展趋势

从船队的船龄结构来看，当前全球在役的打桩船平均船龄为 32 年，其中船龄在 20 年以上的打桩船数量 170 艘，船龄在 10 年以下的打桩船数量为 55 艘。由此可以看出，当前投入运营的打桩船船队"老龄化"严重，并且随着海上施工条件和人类开发活动范围的不断变化，老旧船舶的打桩作业能力难以与实际市场需求匹配。

海上打桩工程施工的难点之一是桩柱的安装。将直径 3~8 m、质量达 500~2000 t 甚至更大的桩柱插入泥线以下，即"打桩"，这不仅需满足桩柱的吊高、吊重和位置的要求，还要保证桩柱的角度。因为抱桩机安装在船体上，因此要求船体在打桩全过程不能移动，过去曾用抛锚绞车来稳定船体，但由于它是柔性系统，无法保证船体固定不动，不适用于打桩作业。

近年来，为切实提高打桩作业效率，在总结多艘插桩式打桩船设计建造经验的基础上，设计了新型座底自升式打桩船。其大幅度地提升了生产效率，同时大大提高了其市场竞争力和经济效益。保证船体稳定性的方式是将打桩船自身带有桩靴的桩腿深深插入泥中使其在海上风浪涌袭击下保持稳定，普遍采用可抬离水面的插桩式打桩船，以在施工过程中来稳定船体自身。

31.2　打桩船的分类及选用原则

31.2.1　打桩船的分类

(1) 变幅式打桩船。桩架可绕其前支点做俯仰动作，俯仰角度一般为 $-18.5°\sim35°$，主要用于施打直、斜桩，如"大桥海威 951""三航桩 15""三航桩 16"等。

(2) 旋转式打桩船。桩架除可俯仰外，还可做水平旋转，通常在方驳上安装旋转式起重机和龙口等组成桩，主要用于施打群集的堆桩，如"海力 801""天威号"等。

(3) 摆动式打桩船。桩架上的龙口具有左右摆动的性能，主要用于施打受水位限制或左右倾的斜桩。

(4) 吊龙口式打桩船。以起重船或方驳船安装起重机,吊立龙口,并改变上、下支撑长度,形成不同俯仰角度,主要用于施打浅滩、陆沿的斜桩与桩群补桩。

(5) 吊打式打桩船。以起重船或打桩船直接悬吊无打桩龙口式桩锤的打桩方式,主要用于施打群桩的补桩与井架附属桩。

(6) 平台式打桩船。在自升式平台上,配有打桩台车架和桩锤等,具有俯仰、摆动、吊龙口和吊打多种性能桩的能力,主要用于施打外海大型桩。

31.2.2 打桩船的选用原则

根据桩径、桩长、桩重、桩的斜度、桩锤重量及桩锤打击能量等参数来选择打桩船,同时应考虑作业环境、经济效益等。

31.3 "大桥海威951"108 m 打桩船

31.3.1 项目概况

舟岱大桥起于烟墩互通,路线向北延伸,在马目山入海后转向东北,依次跨越长白西航道、舟山中部港域西航道和岱山南航道,大桥全长16.34 km,主通航孔桥采用550 m+550 m三塔双索面钢箱梁斜拉桥,全长1630 m。

31.3.2 "大桥海威951"技术参数

结合该项目施工需求、施工水域条件及船舶自身特点,选"大桥海威951"108 m打桩船,其具体技术参数见表31-3。

表31-3 "大桥海威951"技术参数表

项目		参数	
船式		钢质单底单甲板,具有三层甲板室的非自航工程船	
功能		适用于沿海海域水工建设工程的打桩作业需要而设计的超大型打桩专用工程船,能满足沿海海域水上工程的打桩作业要求,也可兼作起重船使用	
工作条件	工作区域	中国沿海、近海、长江、无限航区拖带调遣	
	抗风能力	在风力7级、流速3 m/s以下能够施工作业(水深20 m);在风力12级、流速4.5 m/s条件下,作业区水域就地锚泊	
船员定员及自持力		18人 45天	
船体	主尺寸(总长×型宽×型深)/(m×m×m)	74.75×27×5.2	
	吨位/t	3145	
	设计吃水/m	2.80	
桩架高度/m		108(距设计水线)	
桩架变幅		−70°~+20°(作业变幅±18.5°间)	
典型桩参数		最大桩径 ϕ2500 m,最大桩长87 m+水深,最大桩重150 t	
桩架工作高度/m		桩架顶平台至水线108	
抱桩器抱桩能力/mm		ϕ800~ϕ2500	
抱桩器距水面高度/m		约14	
抱桩中心距导轨平面距离		900~1350 mm	
桩锤性能		液压锤(BSPCGL370) 最大能量370 kN·m;行程200~1500 mm; 最大行程时锤击次数可达30次/min; 锤击频率范围1~100次/min; 工作压力2.5 MPa; 工作流量0.65 m³/min; 锤芯质量25 000 kg; 锤体基本质量(不含桩帽)34 650 kg	柴油锤(D180-32) 上活塞质量18 000 kg/8 t; 每次打击能量384.3~610 kN·m 上活塞最大跳动高度3.5 m; 打击次数36~46次/min; 作用于桩上最大爆炸力5100 kN; 适宜打桩规格最大为100 t

续表

项 目		参 数	
拖航		−70°(高度约 47 m)	
桩架型式		三角形塔架	
发电设备	类型	柴油机	发电机
	主发电机组	COMMINS；(155×2) kW；1500 r/min	COMMINS；(136×2) kW；1500 r/min
	停泊发电机组	COMMINS；78 kW；1500 r/min	COMMINS；64 kW；1500 r/min
锚泊设备	锚机	DFYMJ-3504-00(98 kW)	
	锚	共 9 只(6 t 的斯贝克锚 1 只；10 t 的海军锚 8 只)	
	锚链	AM2 等级，直径 68 mm，1 根，长 285 m	
	锚绞车	带边卷筒的 350 kN 的移船绞车 6 台； 无边卷筒的 250 kN 的系缆绞车 2 台； 1 台锚机	

31.3.3 "大桥海威 951"的基本结构与组成

打桩船具备起重功能、配置打桩锤，可以进行打桩作业。打桩船基本结构如图 31-5 所示。其可分为船体和桩架系统两大部分。其中，船体部分由主船体、船舶动力系统、甲板移船绞车系统、其他辅助设备组成。桩架系统由桩架、尾托架、变幅机构、吊桩机构、桩锤及桩锤起升机构、抱桩器及背板、升降电梯、电气控制与保护等组成。

1. 主船体

本船为单底，机舱为双层底的箱形船型，主船体设两道水密纵舱壁和四道水密横舱壁。主船体采用纵骨架式形式，上甲板、船底、舷侧及边纵舱壁均采用纵骨架式，强框架的间距不大于四档肋距。本船机舱区域为双层底，双层底高 1000 mm，隔挡设置实肋板。上层建筑采用横骨架式，横舱壁为垂直扶强材加水平桁的横骨架结构形式。甲板艏部设置有象鼻梁结构。

2. 船舶动力系统

船舶配置有 2 台 136 kW 主柴油发电机组、1 台 64 kW 停泊柴油发电机组和 2 台 678 kW 驱动液压油泵组柴油机，为全船生活及生产提供动力。

3. 甲板移船绞车系统

本船配置有 7 台额定拉力为 350 kN 的带边移船绞车，1 台额定拉力为 350 kN 的液压组合锚机，2 台电动变频杂用绞车，相应机配套旁操作台和锚绳等相关设备。

4. 桩架

桩架主结构为后三角形桁架形式。桩架下部两只前支铰与船体铰座相铰接，后支铰与变幅油缸活塞杆支铰相铰接，桩架由主架、副架、吊桩平台、吊锤平台、变幅油缸活塞杆支铰滑轨、桩锤和电梯导轨、铰座等主结构件组成。

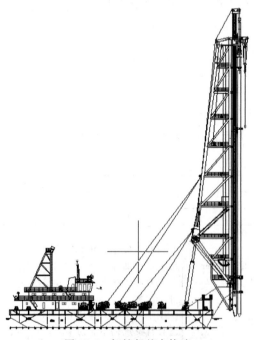

图 31-5 打桩船基本构造

吊桩平台上设置吊桩滑车组。桩架辅助结构件有分层平台、扶梯和栏杆、滑轮座、吊钩滑车铰座和滑车组的维修平台和栏杆等。

5. 尾托架

尾托架是由箱形梁组成的门架结构。在打桩船远距离拖航时，为保障拖航安全，桩架放倒搁置在尾托架上，一般变幅式打桩船才有该装置。

6. 变幅机构

用于改变变幅式打桩船桩架角度的机构，一般采用液压油缸驱动桩架变幅，从而实现打桩、起重、拖航和通航作业，是变幅式打桩船特有的机构。

7. 吊桩机构

吊桩机构由主吊桩机构和副吊桩机构组成。吊桩机构将桩吊至龙口的工作机构，吊装机构结构同起重船主钩起重结构组成一致，一般由卷扬机、定（动）滑轮饼、钢丝绳、吊钩等部件组成。

8. 桩锤及桩锤起升机构

打桩锤有蒸汽锤、柴油锤、液压锤、振动桩锤等。本船采用桩锤形式液压锤为主，兼用柴油锤，桩锤主要包括锤头、桩帽、替打。液压锤控制系统及动力站随锤配套，独立设置在艉甲板适当的位置，作业时液压软管和控制电缆随桩锤运动（桩锤详细工作原理及结构见6.3、6.4节内容）。同时桩架配置1台吊锤绞车控制桩锤升、落运动，另配置1台启锤绞车用于柴油锤启动发火架，完成柴油锤启动工作。

9. 抱桩器及背板

在桩架的下部设置一套液压抱桩器，由独立的电动-液压泵组提供动力。最大抱桩直径为2500 mm，最小抱桩直径为800 mm。在桩架的下部和抱桩器的下部分别设置一套背板装置，由电动背板绞车牵引背板装置在导轨上移动。用于固定桩的位置，防止脱开龙口的装置。

10. 升降电梯

在桩架两侧设置升降电梯，升降电梯具有变幅调平和手动回转功能，用于载人和物。

11. 电气控制与保护

打桩绞车和变幅油缸均为柴油机-液压驱动，既可在操纵室进行遥控，也可在机旁进行就地控制，遥控与机旁控制互锁。控制系统主要由操纵室监控台、就地控制台和其他电气设备等组成，保证绞车和变幅油缸启动、停止、调速、制动和限位开关动作准确，并在操纵室显示打桩设备的工作状态，可以及时预警和自动切断电源。

31.3.4 "大桥海威951"打桩船的工作原理

"大桥海威951"打桩船的工作原理主要指整体船舶在具体工程应用中的工作原理，由船舶抛锚定位原理和桩锤工作原理共同构成。

船舶抛锚定位原理可分为船舶初定位和精确定位两部分。船舶初定位是船舶在即将进行吊桩、打桩施工前，由拖轮拖带、起锚船协助在施工点附近水域锚泊等待的过程。船舶精确定位指在打桩前将船舶移位到打桩精确位置水域。

31.3.5 "大桥海威951"打桩船施工过程

1. 工艺流程

打桩船锚抛完成→向运桩船移动，上升锤和替打→下放大小钩→桩船移到运桩船边上，放捆桩吊索落到运桩船上进行捆桩→水平起吊→上升一定的高度后向沉桩区域移动→放小钩（下点）起大钩（上点）→立桩（立桩时船停止移动）→桩进龙口→套好背板、桩帽→解下小钩（下点）→在测量人员指挥下进行对位→对好后下桩，直到锤、替打、桩自重下沉停止→解开大钩（上点）、打开抱桩器→放下背板→放下发火绳→发火架挂上后上升进行打桩作业→打到标高或规定的贯入度停锤→沉桩完成，然后起锤→退船→吊桩。如此完成一个循环。

2. 具体施工过程

1）钢管桩运输

108 m桩的海上运输对装运码头的装卸能力和运输船舶的运输能力都提出了更高的要

求。综合现有船型，可以选用一种特殊结构的中空型自航驳船承担运输任务，在刚性允许的范围内，将超长钢管桩的两头悬挑至舷外。为了保证钢管桩在运输和施工期间的安全性，必须在悬挑至舷外的钢管桩上加装警示标志，避免在夜间与渔船碰撞。

2）船舶定位

钢管桩船运至施工现场之后，运桩船靠泊至提前在桩位附近抛锚的定位驳船旁边，完成运桩船定位，为打桩船移船吊桩做好准备。

3）沉桩施工

(1) 吊桩。将打桩船移至运桩驳船一侧，令两船处于相对垂直状态，下方吊钩，钢管桩有4个吊点，主钩吊靠近桩顶部吊点，副钩吊靠近桩底部吊点，主副钩同时起升，将钢管桩吊离运输驳船，如图31-6所示。然后通过甲板移船绞车紧松锚绳，将打桩船退出并运送至桩位附近，准备立桩。

图 31-6 吊桩

(2) 立桩。主吊钩上升，副钩下降，逐个解去副吊钩，使得钢管桩由水平姿势转变为竖直姿态，如图31-7所示。龙口桩后倾，使得钢管桩与滑道保持平行，将桩置于背板，启动抱桩器，合龙并锁定，替打沿着轨道滑移至桩顶部，并套入桩顶。

(3) 沉桩。松紧锚绳，微调船位，使得桩船到达指定位置，按照打俯桩前倾、打仰桩后仰的原则，将钢管桩调整到设计倾斜角度，慢慢放主钩，打开抱桩器，利用钢管自重插入水中，插桩后应采用GPS定位系统复测桩位，反复起落主吊钩纠正桩位误差。待对位完成后，解除

图 31-7 立桩

主吊钩，桩锤进行锤击沉桩施工，刚开始要轻打，待贯入度正常后再逐步加大冲击能量。如图31-8所示，为打前倾沉桩作业。

图 31-8 前倾沉桩

(4) 停锤、移船。待钢管桩按照既定标准，达到指定标高及贯入度要求后，停止锤击作业，将船舶退出。

4）作业要点

作业前需按照船舶操作维护保养规程对船舶各设备及部件进行详细检查；作业中要注意船舶浮态情况，稳桩时要预留适当偏移量；沉桩前要注意张紧锚绳；沉桩时要保持桩锤、替打、桩身在同一条直线上，沉桩过程要时刻注意桩贯入度、倾斜角度等情况，发现异常问题应立即停锤检查。

31.3.6 "大桥海威951"打桩船施工应用

"大桥海威951"在舟岱大桥项目建设中，克服舟岱大桥水域恶劣情况，利用船舶四周布置的GPS-RTK定位系统精确定位，打桩定位误差较小，较好地完成了108 m沉桩施工任

务,展现了"大桥海威951"船机设备性能的先进性,同时也验证了打桩船作为核心设备在大型桥梁建设中的关键作用。

31.4 "海力801"全旋转打桩船

本节以"海力801"全旋转打桩船在象山港大桥中钢管桩沉桩施工为背景,对海上超长超重大直径钢管桩沉桩施工进行介绍。

31.4.1 工程概况

宁波象山港大桥及接线工程是浙江省水路交通"十一五"期间规划建设的沿海高速公路(甬台温复线)和宁波市高速公路网的重要组成部分,它位于宁波市和象山县之间、横山码头和西泽码头西侧的象山港水域,桥梁全长6.761 km。大桥北岸引桥P14~P23、P32~P70号墩采用钢管桩基础。其中P14~P23、P32~P52承台布置有12根钢管桩,P53~P70承台布置有16根钢管桩。钢管桩为开口桩,材质为Q345C低合金钢,直径为1.6 m,自桩顶以下45 m范围壁厚22 mm,其余壁厚20 mm。桩长82~92 m,桩顶标高为1.2 m,桩底设计进入黏土或含黏性土圆粒持力层约2.0 m。全桥共有钢管桩660根,均为斜桩,斜率为5∶1、6∶1,平面角为10°~50°。

31.4.2 打桩设备介绍

1. 钢管桩技术要求

钢管桩采用打桩船锤击沉桩施工工艺,具有如下特点:①钢管桩长82~92 m,质量68~75.8 t,全为超长超重大直径斜桩;②施工水域远离陆地,自然条件差、施工难度大,沉桩定位不能使用传统测量手段;③桥墩间距60 m,桩位呈放射状分布,沉桩施工需频繁下锚移船、调向。钢管桩沉桩质量标准见表31-4。

表31-4 钢管桩沉桩质量标准

序号	项 目	规定值或允许偏差	检验方法或频率
1	桩尖高程或最后贯入度	符合施工规定	查沉桩记录
2	设计标高处桩顶平面位置	边桩D/4,中桩D/2	用GPS定位
3	直桩	±1%	吊线用钢尺量或测斜仪检查抽查10%,不小于10根
4	斜桩	±15‰	

2. 打桩设备选择

目前,国内的打桩船主要有固定桩架式和全旋转桩架式两种,固定桩架式和小型全旋转桩架打桩船桩锤均为柴油锤,大型全旋转式打桩船国内仅有"天威号""海力801"两艘,桩锤均为液压锤。根据上述钢管桩沉桩技术要求,本项目选用"海力801"打桩船进行沉桩施工,桩锤为S-280液压锤。打桩船和液压锤的主要性能参数见表31-5、表31-6。

表31-5 "海力801"打桩船主要性能参数表

船型尺寸/ (m×m×m)	桩架型式	桩架高度/m	吊重/t	沉桩桩长/m	桩锤	定位方式
80×30×6	全旋转式	95	100	80+水深	S-280液压锤	GPS定位

表31-6 S-280液压锤主要性能参数表

型号	最大冲击能量/ (kN·m)	最小冲击能量/ (kN·m)	最小冲击频率/ (次·min^{-1})	锤总重/t	锤芯重/t	工作压力/Pa
S-280	280	10	45	29	13.6	300

3. "海力 801"的优势

(1) 稳定性好。打桩船锚碇系统配备 7 台 50 t 锚机和相应的 7 个 10 t 铁锚,另有 4 根 (1.5×1.5×30) m 液压锚碇桩,打桩船驻位稳定性好,移船便捷。

(2) 转桩架吊桩便利。打桩船抛锚驻位后,运桩船可以直接停靠,不需抛锚,吊桩时,只要桩架旋转 90°即可直接进行吊桩。

(3) 方便施打平面扭角频繁变化的斜桩。打桩船是全旋转桩架,施打平面扭角变化较大的钢管桩时不需重新抛锚,通过旋转桩架,保持桩架轴线与桩平面扭角轴线重合即可沉桩,提高了沉桩效率。

(4) 沉桩适应性强。全旋转桩架可以伸出船艏 30 m 左右、桩架可以提升 18 m,对打桩先后顺序、桩间距离、桩的斜率及桩位平面扭角等条件要求明显降低。

(5) 配备 Trimble-700 GPS 定位系统,定位准确,满足外海施工精度要求。

(6) 在高潮位沉桩,桩顶在水面以下,不需要另外安装送桩,"海力 801"利用可升降的桩架及水下 2.5 m 仍然可正常工作的液压锤能直接把桩送到水下。

31.4.3 沉桩施工过程

1. 管桩沉桩顺序

本项目桩位呈放射状分布,为尽量减少沉桩施工中频繁的下锚移船及调向,加快进度节约成本,水上钢管桩施打顺序满足以下三点:①桩船先进行优先墩位的沉桩,然后在施工区域内依次推进;②近标段墩位先施工,减少相互间干扰;③哑铃形和矩形承台墩的钢管桩同步进行,拟先完成部分哑铃形承台墩的钢管桩沉放,然后完成部分矩形承台墩的钢管桩沉放,以保证两种类型承台同步施工。钢管桩平面布置图如图 31-9 所示。打桩船下游驻位,由于"海力 801"具有桩架可以全旋转并伸出船艏一定距离等优越于固定桩架打桩船的特点,钢管桩可以插打,沉桩顺序很灵活,原则上先打上游,再打下游;若水深限制,则高潮位时打俯桩,低潮位时打仰桩。

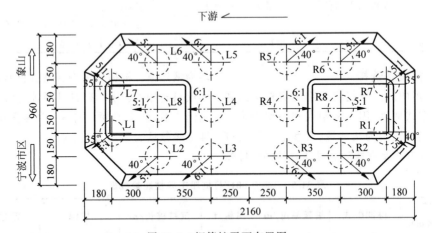

图 31-9 钢管桩平面布置图

2. 打桩船定位

打桩船由拖轮拖到施工地点附近,根据打桩船上 GPS 定位系统显示的数据进行粗定位。下插定位桩,用 50 t 抛锚船顶水抛锚,抛锚定位如图 31-10 所示。由于"海力 801"是全旋转打桩船,为减少移锚次数,打桩船左右两侧锚抛出 400 m 左右,可大大减少移锚作业时间。

3. 运桩船定位

待打桩船定位完成后,运转船靠近打桩船,并系在打桩船上。

4. 打桩作业

船舶定位完成,分别进行吊桩、立桩、沉

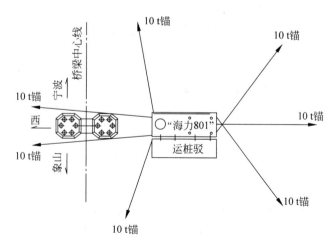

图 31-10 "海力 801"抛锚定位示意图

桩、停锤作业。"海力 801"GPS 打桩定位系统的构成如图 31-11 所示。船艉的 GPS 为 L1 单频接收机,主要功能为测量船体方位及作导航仪用。中部 2 台 Trimble 5700 型双频 GPS 接收机以 RTK 方式工作,在接收 GPS 卫星信号的同时,通过旁边的 2 根无线电天线接收岸上基准站发射的数据链,实时获得这 2 根 GPS 接收机天线的 WGS-84 坐标,再根据转换参数及投影方法实时地计算出 2 台 GPS 接收天线在施工坐标系中的平面坐标及高程。

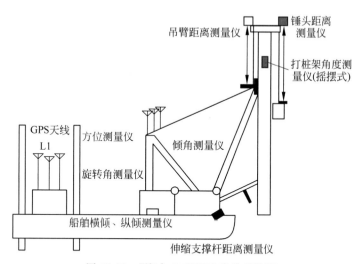

图 31-11 "海力 801"GPS 定位系统图

由于"海力 801"打桩船为全旋转式打桩船,船体、桩架、锤三者的几何关系总是处于动态变化中,为此,在桩架上放置了 2 台瑞士 Leica DISTO pro4a 智能型激光测距仪,在伸缩支撑杆下方放置了 1 台同型号的测距仪,在吊机中心处及吊机悬臂处分别放置了日本产 AC58、6013ES、41PGW 型角度计各 1 台,在吊机尾部放置了 1 台日本产电气式横倾、纵倾测量仪。通过这些辅助测量仪器,在定位及打桩中,可实时计算出锤(桩中心)在设计桩顶标高处相对于 2 个 GPS 天线的平面位置,进而可以计算出桩在施工坐标系中的平面位置,还可计算出桩的倾斜度、桩顶至桩尖的方位角(桩的平面扭角)、桩顶的标高。沉桩测量定位所需的一系列技术参数包括基桩的坐标、方位角、倾斜度、桩顶标高等以数字及图像的方式显示在计算机的屏幕上，为施工人员指挥打桩船调整船位、定位下桩及锤击沉桩施工提供了清晰而可靠的依据，沉桩施工的最后监测结果存储在电脑硬盘上，同时也可用打印机输出。

31.4.4 沉桩施工效果

"海力801"在象山港大桥共沉钢管桩630根（全桥共有钢管桩660根，由于船舶调度，另外30根桩由其他船舶沉放），均沉放至设计标高，倾斜度偏差均满足规范及设计要求。

参考文献

[1] 彭晨阳,刘二森.全球打桩船市场版图[J].中国船检,2019(5)：5.

[2] 金晔.108 m打桩船在超长超重钢管桩施工中的应用[J].船舶与海洋工程,2019,35(2)：5.

[3] 俞有力.打桩船在跨海大桥中的应用研究[J].建筑与装饰,2018(9)：2.

[4] 王永东,杨胜龙.全旋转打桩船"海力801"超长超重钢管桩沉桩技术[J].中国港湾建设,2011(2)：6.

[5] 汪德隆,曾平喜,宋向荣.杭州湾外海沉桩施工技术[J].水运工程,2005(2)：6.

第32章

混凝土搅拌船

32.1 概述

32.1.1 混凝土搅拌船的定义

混凝土搅拌船,即具有船载混凝土搅拌站的工程驳船。主要用于跨海、跨江大桥等水上建设工程的混凝土生产,大型水上混凝土搅拌船已成为跨海、跨江桥梁建设中必不可少的主要施工设备。

32.1.2 混凝土搅拌船的用途

混凝土搅拌船适用于内河及沿海附近现场混凝土浇筑施工,主要包括海上风电场基础、海上小岛建筑设施等施工,道路与桥梁运用,跨海跨湖高速公路、高铁及其需要的各式大桥基础和路面等施工,码头建设。

混凝土搅拌船在现场浇筑混凝土,可根据施工需求灵活布置、拖运、定位;船舶自备材料储备仓,便于实现混凝土连续不间断浇筑;整体性能好,浇筑效率高,满足水上工作平台、大型桥梁混凝土浇筑施工需求;施工质量可以保证,能够满足工程要求。

32.1.3 混凝土搅拌船国内外发展概况

1. 国外混凝土搅拌船发展及现状

日本是最早在水上建设工程中大规模使用混凝土搅拌船的国家,我国早期的混凝土搅拌船大多是从日本引进的,并以其为模式在驳船上进行改造。进入21世纪,国内的混凝土搅拌船技术发展基本上与日本同步,而其他国家混凝土搅拌船则远远落后于我国与日本,如图32-1、图32-2所示为日本混凝土搅拌船的外观。

图32-1 日本楼式单线搅拌船

图32-2 日本楼式双线搅拌船

2. 国内混凝土搅拌船的发展历程

20世纪70年代初,国内着手改装、自制混凝土搅拌船,通过研究引进当时日本较先进的砼搅拌船,经过几十年来的各类工程施工,积累了较丰富的设计、改装混凝土搅拌船的技术和实践经验。在此基础上，1996年研制成功的 50 m³/h 混凝土搅拌船，如图32-3所示，是国内第一艘计算机控制搅拌船，混凝土生产全过程由计算机程序控制，解决了长期困扰我国混凝土搅拌船研发的重要技术问题，从而将混凝土搅拌船的生产技术、经济性、混凝土质量稳定性提高到一个新的水平。在20世纪末，随着国内控制、计量技术的进步，专业化程度较高的混凝土搅拌船才迅速发展起来。

图32-4 "大桥海天4号"

目前，国内企业积极响应国家海洋战略，迈向海洋工程机械板块，于2013年研制出一艘长 69.9 m、宽 25 m、型深 4.8 m，每小时出产 360 m³ 混凝土的"豪舟砼1号"，如图32-5所示。该搅拌船布料杆布料半径达到 46 m，塔身高度 7.5 m，超越水面 56 m，施工范围更广，被誉为"水上移动式混凝土生产工厂"。同时，在排水量、仓容量、出产效力、布料半径、绿色环保等各项机能指标方面，均处于国内领先水平。

图32-3 "三航砼11号"

国内砼搅拌船发展至今，根据砼搅拌船的工作流程，大致可分成以下4个阶段。

(1) 人工计量、人力投料、机械辅助搅拌、吊机输送、布料阶段。

(2) 机械电气控制计量、人工机械控制投料，机械搅拌，拖泵配合布料杆或皮带机输送布料阶段。

(3) 计算机控制全自动生产，拖泵车布料杆输送、布料浇筑控制阶段。

(4) 更高可靠性的砼双条生产线系统布置。

21世纪初，随着特殊水工工程施工作业对混凝土浇筑的可靠性、连续性要求越来越高（水下嵌岩桩施工、候潮水作业的各类水中、下墩台施工等），对混凝土搅拌船控制、生产系统的可靠性要求更加提高，混凝土搅拌船的设备布置出现了双条砼生产线、双套控制操作系统。该类典型代表船舶有我国2009年建造的"大桥海天4号"，如图32-4所示。

图32-5 "豪舟砼1号"

32.1.4 混凝土搅拌船的发展趋势

随着我国海上工程的发展，海工装备向大型化和多功能化方向发展。海上大型风电场、南海岛礁的建设等都需要混凝土搅拌船，混凝土搅拌船要适应这些工程，必须向以下几个方向去发展。

1. 大型化

随着施工区域离陆地越来越远，水域海况条件将更加恶劣。船舶大型化是混凝土搅拌船未来发展的趋势。现有最大的搅拌船一次连续方量为 1500 m³，应对以后的超大型工程施工明显能力不足，未来的发展方向应是一次连续方量为 3000 m³，可近海作业，无限航区调遣。

2．功能多元化

为满足海上安全施工的要求，对混凝土搅拌船的机动性能要求更高。非自航混凝土搅拌船机动性差，远距离施工必须配备一条拖轮，经济性较差。因此，建造成自航式混凝土搅拌船，再配置推进装置，可以在 5 km 的施工水域灵活机动施工，就能极大地提高功效、安全性及经济性。另外，在船上配备一台起重能力 200 t 左右的吊机，这样在施工现场可实行多工种作业，一船多用。

随着水工施工混凝土种类的增多，对混凝土质量的要求越来越高。由于各工程施工的环境不同，最容易受环境温度影响。如果混凝土搅拌船在较热的地区施工，对混凝土的出料口温度就有要求。设计中一般都要求增加配置冷水生产系统，以保证砼出搅拌机机口的温度。由于水上施工环境变化较大，在混凝土生产过程中，砂石料的干湿程度、温度高低变化很大，增设砂石料含水率测定仪、骨料舱及斜皮带防雨、遮阳棚，可适当地维持砂石温度、稳定含水率，进一步提高稳定混凝土质量。

3．智能化

新的混凝土搅拌船智能化程度体现在两个方面：一是船舶的智能化，二是搅拌系统的智能化。混凝土搅拌船如果能实现采用电力推进、驾驶和维护更加智能方便，配置的通信系统安全可靠、定位和测深系统精准，施工就可更安全、快捷。混凝土的生产已经实现全自动化，配置更加全面和科学，料仓顶配置更可靠的除尘系统，生产时通过砂石含水率测定仪

实现自动配水补偿；通过料位计信号检测各种物料的库存总量；通过监控探头随时掌控生产过程；配置拖泵和船头布料杆实现全过程生产和输送混凝土；船上配置混凝土实验室，用于取样和实验。最新的搅拌船生产统计报表和监控画面可实时远程发送，相关部门负责人可掌控现场施工过程。

4．节能环保

随着人类对地球生存环境认识的提高，环境保护成为人们关注的焦点。粉尘、噪声及废混凝土回收问题在新型的搅拌船设计中必须加以重视。一般均要求对整个混凝土生产过程的作业范围进行全封闭，控制扬尘和噪声，增加废混凝土、废水回收处理装置，达标后才可以排放废水、回收处理废渣。

5．可靠性

随着水工工程的多样化和设计要求提高，几百立方米的砼量需连续浇筑（如钻孔灌注桩等），若混凝土浇筑过程中由于某种原因发生中断，就会导致施工中已灌注的混凝土报废，造成各方面的损失。因此，提高混凝土搅拌船的可靠性是未来必然的发展趋势。

32.2 混凝土搅拌船的分类及选用原则

32.2.1 混凝土搅拌船的分类

混凝土搅拌船按海事法规定来分类，可分为内河、遮蔽水域、沿海、近海 4 类。

按搅拌系统来分类，则分单线搅拌船和双线搅拌船两类。国内混凝土搅拌船基本信息详见表 32-1。

表 32-1　国内主要的搅拌船列表

序号	船　　名	类型	主尺寸/(m×m×m)	性　能　参　数	航区
1	路桥砼 1、2、3 号	站式双线	72×21.7×4.5	1000 m³/船；2×100 m³/h	沿海
2	三航砼 21 号	站式双线	72×21.7×4.8	1000 m³/船；2×100 m³/h	沿海

续表

序号	船 名	类型	主尺寸/(m×m×m)	性能参数	航区
3	大桥海天2、3、4号	站式双线	72×21.7×4.8	1000 m³/船;2×150 m³/h	沿海
4	海天号	站式双线	85.8×23.4×5.45	1000 m³/船;2×120 m³/h	沿海
5	四航砼1号	站式双线	72×21.7×4.8	1000 m³/船;2×100 m³/h	沿海
6	上海港工砼2号	楼式单线	72×21.7×4.8	1000 m³/船;120 m³/h	沿海
7	上海奔腾砼7号	楼式单线	69.6×19.6×4.5	750 m³/船;100 m³/h	沿海
8	三航砼15、16号	楼式单线	82.4×19.5×4.5	1000 m³/船;100 m³/h	沿海
9	三航砼17、18号	楼式单线	69.8×19.6×4.5	750 m³/船;100 m³/h	沿海
10	广东长大砼16号	站式单线	49.8×18×4.0	400 m³/船;100 m³/h	内河A级
11	豪舟砼1号	站式双线	69.9×25×4.8	1200 m³/船;2×150 m³/h	沿海
12	浙港工砼1、2、3号	站式单线	55×20×3.8	500 m³/船;75 m³/h	沿海

32.2.2 混凝土搅拌船的选用原则

根据工程中混凝土作业的位置、规模、工程量、工期等因素及施工水域条件,以安全、可靠、经济、实用为原则,明确所需船舶基本作业能力。选择合适的混凝土搅拌船,衡量混凝土搅拌船作业能力主要有以下几项参数。

1. 船舶基本参数

通常取决于工程项目需求、施工水域情况、船舶的设计等因素,适用的作业海区一般可分为港内、沿海、外海三种。它主要参考船舶的尺度、排水量、吃水及稳性等因素。

2. 作业能力

混凝土搅拌船的作业能力通常指每小时最大的浇筑能力,取决于搅拌设备的搅拌能力。一般小型的混凝土搅拌船每小时可浇筑 $10\sim20$ m³ 混凝土;中型的为 $20\sim60$ m³;大型的为 80 m³ 以上。

3. 连续作业能力

混凝土搅拌船的连续作业能力指满载一次的浇筑方量,即在满载状态下,不再补充料/水/油的情况下,可连续浇筑的方量,取决于仓容或贮存仓的大小和供料能力。一般小型的混凝土搅拌船可连续浇筑 $100\sim200$ m³;中型的为 $200\sim600$ m³;大型的为 600 m³ 以上。

4. 布料半径

布料机的布料范围,即作业范围、混凝土投放点至船舶的距离和高度,它受水深及潮差的影响。主要取决于布料机的长度和高度。一般布料范围可在船舶或船舷外 $15\sim35$ m,距离水面高度 $4\sim30$ m。

5. 补料能力

补料能力,即混凝土作业船随时从装有生料的驳船上进行补充的能力,主要取决于船舶上是否配备补料的抓斗吊机。有补料能力的船舶可减少调遣次数,从而无限期延长作业时间。

32.3 "大桥海天2号"150 m³/h 混凝土搅拌船

32.3.1 工程概况

沪通长江大桥位于长江澄通河段,在江阴长江大桥下游 45 km、苏通长江大桥上游 40 km 处,北岸为南通市,南岸为张家港。沪通长江大桥是我国铁路网沿海通道及长三角地区快速轨道交通网的重要组成部分,沪通长江大桥为沪通铁路的控制性工程,整个桥全长为 11.072 km。

桥型设计分:正桥、主航道桥、专用航道

桥、跨横港沙区段桥梁、跨南北岸大堤、北岸引桥、南岸引桥。其中，HTQ-2标段桥梁以26号墩为界，分为南北两个标段，南边为HTQ-2标段，工程范围长6.006 km，工程内容包括跨长江主航道两塔五跨斜拉桥(142+462+1092+462+142) m共2300 m、跨南岸大堤3×112 m简支钢梁桥和南岸陆域引桥。主航道主墩基础采用沉井基础，主塔采用混凝土塔，塔高325 m，边墩、辅助墩基础均采用矩形沉井基础，墩身采用单箱三室空心墩。主航道桥整体结构如图32-6所示。

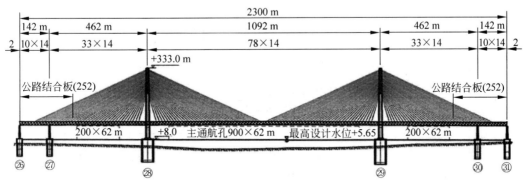

图32-6 主航道桥布置图

南岸3×112 m跨大堤简支钢梁桥，自31号墩~34号墩。主桁桁高15.756 m，节距10.8 m、11 m，桁宽29 m，采用三片桁结构，如图32-7所示。

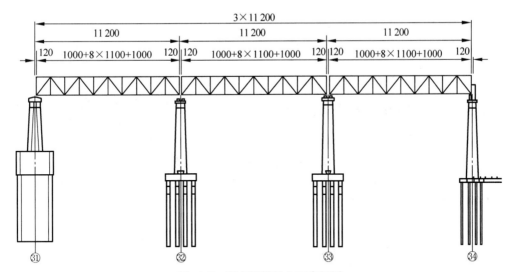

图32-7 简支钢桁梁立面布置图

全桥共计95节段，南北各47段，中间一个为合龙节段。其中28号墩、29号墩为主塔墩，结构形式相同，采用钢筋混凝土结构，混凝土使用量为73 216 m³，桥面以上为倒Y形，桥面以下塔柱内收为钻石形结构。塔顶高程333 m，塔底承台高程8 m。

32.3.2 "大桥海天2号"性能参数

结合该项目施工需求、施工水域条件及船舶自身特点，选择"大桥海天2号"150 m³/h水上混凝土搅拌船，其具体技术参数见表32-2。

表 32-2 "大桥海天 2 号"主要技术性能表

项目		数据	
工作条件	船式	钢质、单甲板、单底(骨料输送舱为双底)、非自航	
	工作区域	沿海	
	抗风能力	在风力 7 级、浪高 2 m、流速 3 m/s 以下能够施工作业 在风力 8 级、浪高 2 m、流速 3 m/s 以下能够锚泊抗风	
	避风	8 级风以上异地抛锚避风	
船体	船舶配员/人	30	
	载重量	在设计吃水,海水密度为 1.025 t/m³ 时,约 3580 t	
	主尺寸/(m×m×m)	72×21.7×4.8(总长×型宽×型深)	
	吨位/t	2348	
	设计吃水/m	3.5	
	舱容/m³	饮水舱 263.2	燃油舱 196.5
		生产用淡水舱 412.7	砂料舱 600
		石料舱 600+400	水泥舱 170+140
		粉煤灰舱 70×2	硅粉舱 40×2
发电设备		主发电机组	停泊发电机组
	功率×数量	283 kW×3	90 kW×1
	电压电流	400 V;AC;487 A	400 V;AC;180 A
	总功率/kW	283×3+90×1=939	
锚泊设备	锚机	250 kN×4;200 kN×2	
	t/只	5	
搅拌系统	生产能力/(m³·h⁻¹)	150	
搅拌机	生产能力/m³	2	
输送泵	泵送能力/(m³·h⁻¹)	100×2	
抓斗吊		2 m³×18 m	
布料杆	布料半径/m	42(2 台)	

32.3.3 "大桥海天 2 号"结构及组成

本文以"大桥海天 2 号"为例介绍混凝土搅拌船。混凝土搅拌船一般为非自航钢质平底船,主体钢结构连体构成主船体部分。主船体由设置 2 道贯穿首尾的纵舱壁把船舶划分成压载舱、机舱、骨料输送舱、帆缆舱、首压载舱、液舱或空舱。混凝土搅拌船主要由船舶动力系统、移船绞车系统、骨料贮存系统、骨料输送系统、混凝土搅拌系统、混凝土输送系统、布料系统等组成,如图 32-8 所示。

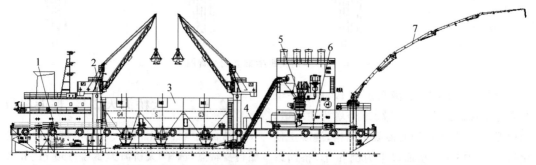

1—船舶动力系统;2—移船绞车系统;3—骨料贮存系统;4—骨料输送系统;
5—混凝土搅拌系统;6—混凝土输送系统;7—布料系统。

图 32-8 搅拌船基本结构

1. 船舶动力系统

船舶动力系统设置在机舱，主要由3台250 kW主柴油发电机组、1台90 kW停泊柴油发电机组构成。此外，还配置有压缩空气系统、海淡水系统、燃油滑油系统等，辅助为船舶日常生活及生产施工提供原动力，形成一套完整的船舶动力系统。

2. 移船绞车系统

本船甲板艏、艉部各设有2台250 kN双卷筒型移船绞车，为驱动4台移船绞车，配备了一套液压动力站。液压动力站的液压系统由油箱组件、电动液压泵组、手动换向阀、电磁换向阀、带遥控的手动比例复合阀、非遥控的手动比例复合阀、比例先导阀、制动液压缸、离合器液压缸、球阀、液压马达和平衡阀元件组成。

3. 骨料贮存系统

骨料贮存系统主要指储存石料和砂料的储藏舱，由钢板分隔成2排3列共6个料斗，每个料斗上部为长方体，下部接锥体，向下延伸至主船体，每个料斗下方设2个下料口，下设骨料秤吊架和检修平板闸门，并由弧形门配料器向置于下方的称量斗配料，为对应的2条平皮带定量给料。

在骨料舱外设置有2台5 t全回转抓斗吊机，便于混凝土连续浇筑施工。抓斗吊机由支撑圆筒、转盘、转柱、抓斗组成。主要钢结构部分为支撑圆筒、转盘结构和转盘上部的转柱结构和臂架结构件。

4. 骨料输送系统

骨料输送系统主要由平皮带、槽皮带及相应的托辊架结构组成，用于将骨料舱经称量后的定量给料运送到搅拌楼等待料斗内。

5. 混凝土搅拌系统

混凝土搅拌系统主要由搅拌主机、称量系统、计算机控制部分等组成。

搅拌系统是整个搅拌船的"心脏"，直接关系到混凝土生产的各方面性能。现在多数搅拌船的控制系统采用工业控制计算机和微机配料仪相结合的控制方式。

称量系统由电子压力传感器和微机配料仪组成，每一种物料的称量斗由压力传感器检测，在船舶一定摇摆范围内误差极小，传感器输出信号采用串联连接的方式，信号叠加后输入至微机配料仪进行运算显示称重数据。微机配料仪能显示重量，对传感器输出信号进行A/D转换后的数字量进行运算、判断处理后送出相应的控制信号给输出继电器，从而实现对物料的自动配料控制。

在计算机控制下作业时，微机配料仪只是一台电子秤，所有的操作在计算机上完成。计算机控制由系统操作、参数设定、实时监控、数据查询、报表打印等几方面组成。系统操作就是对计算机系统本身进行维护操作，确保系统正常工作，包括配料仪通信线路自测、检测电子秤皮重、数据库文件检查等；参数设定就是可输入、修改和存储所有生产时所需的各种参数，如微机配料参数、微机卸料参数、实际配方值、理论配方值、微机搅拌参数等；实时监控是整个计算机系统的核心，它实现了整个生产过程的计算机控制。

6. 混凝土输送系统

混凝土输送系统由混凝土拖泵、泵管等结构组成。

7. 布料系统

布料系统采用HGC41船载布料杆，主要由臂架、转台装配、回转机构、固定砖塔、立柱、输送管道、液压系统、电气系统组成。可以将搅拌好的混凝土布料到指定地点，完成混凝土浇筑任务。

32.3.4 "大桥海天2号"工作原理

1. 船舶定位原理

根据施工生产调度通知，船舶定位一般靠近桩孔附近处，按照通知灌注的桩号和钻孔布局图确定桩孔的位置，进而确定船舶定位具体位置。由于混凝土工作船为非自航船，船舶的移位、定位需借助于锚艇和拖轮来完成，根据这一特点和工作需求，船舶定位分为两种：初定位和精确定位。

船舶初定位指船舶在即将进行混凝土施工前，由拖轮拖带、起锚船协助在施工点附近水域锚泊等待的过程。

船舶精确定位指在开盘前将船舶移位到布料杆的最佳布料工作位置，满足布料杆正常工作有效范围,确保将混凝土送至布料点。

2. 搅拌系统的工作原理

骨料由骨料仓卸料皮带机卸入计量秤中,每种骨料单独计量,计量好后卸到始终运转的平皮带和斜皮带机上,斜皮带机将骨料送入楼顶的骨料斗中,粉料仓中的料由螺旋输送机送往各自计量斗中计量。水从水箱流到流量计量斗中,外加剂由外加剂箱流到计量斗中。当各种物料混合计量完毕后,将骨料斗卸料门打开,将骨料卸入搅拌机内,延时依次将水、外加剂、水泥、粉煤灰等卸入搅拌机内搅拌,搅拌好的混凝土由主机卸料口卸入混凝土输送泵中,再通过布料杆输送出去,完成一个工作循环。

32.3.5 "大桥海天2号"施工工艺流程

混凝土搅拌船施工工艺流程图如图32-9所示。

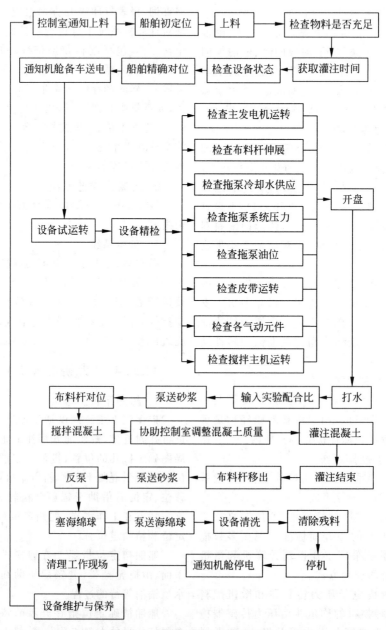

图 32-9 混凝土施工工艺流程图

根据混凝土配料比及搅拌机容量,计算出每罐混凝土的各原料重量,在计算机控制的计量系统上输入设定计量值。砂、石子、水泥经过机械电气控制的传感器称重机构计量后,投入搅拌机内。水、外加剂通过机械电气控制的传感器称重机构称量后,由电磁阀控制进入搅拌机。经适当时间搅拌完成后自动控制出料,经拖泵泵送通过布料杆输送至混凝土浇筑点,混凝土的输出由拖泵人工控制。

32.3.6 "大桥海天 2 号"施工过程

1. 总体施工安排

主航道架梁前,完成除 28♯墩、29♯墩以外其他辅助墩、边墩浇筑,先完成主塔施工,然后进行悬臂架设钢梁。

2. 施工过程

1) 施工准备

(1) 设备启动准备。船舶定位后,船长发布指令,全体船员就位,启动各项设备,在各项设备启动后还要对各设备的运行状态进行检查、试运行。

(2) 物料储备。物料储备主要指砂、石料、水泥、粉煤灰、水和添加剂的储备。在添加前要了解各物料的库存量,确保各物料充足。物料的检验由甲方实验室来完成,物料经实验室检验合格,得到实验室的上料通知后才能进行上料作业。

(3) 机械设备准备。机械设备准备阶段主要指对机械设备的检查,机械设备检查要专人专职,认真落实到位。此环节的设备检查主要为设备静态检查,检查设备在静止状态下有无异常,是否处于正常可工作状态。主要分为五大部分:轮机部、拖泵、布料杆、集控室、皮带仓。

2) 施工全过程

(1) 机舱发动主发电机送电。机舱根据指令发动主发电机,并机、送电。并通知拖泵、布料杆、集控室人员可以开机。由于发电机发电容量有限,再加上各电机启动电流较大,各处电机要分阶段逐一启动。

(2) 启动拖泵。先打开电控柜上的空气开关,打开电机开关,启动电机。待电机运转起来后,要检查整机有无异常噪声,滤油器是否堵塞。气温较低时需空运转一段时间,要将液压油的温度升至 20℃以上;空运转 10 min,检查压力表显示是否正常。检查各油管及接头、主阀块系统是否漏油;同时还要检查搅拌轴密封状况是否正常,活塞是否处在良好状态,搅拌叶片工作状态是否正常。确认运行正常后,将控制模式切换到远控模式,检查远控开关是否灵活。一切正常后,通知布料杆操作人员可以启动布料机。

(3) 启动布料杆。打开电控柜空气开关,打开遥控器电源,等待 2～3 s 后拨动电机开关,启动电机,电机启动过程中为"Y-△"转换,时间约 6 s,转换完成电机运行正常后再伸展臂架。操作人员必须佩戴安全帽,不能站在臂架下面进行操作。臂架展开过程中要时刻注意场地设备的干扰和影响,要确保布料机的安全,同时也不能对其他设备和人员造成损害。首先要展开一臂,展到与竖直方向夹角小于30°;接着展开二臂,二臂展开到水平才允许展开三臂;三臂展开到水平才允许展开四臂;按同样方法顺序地展开四臂和五臂,放下根部软管。在操作所有臂架按钮时不要一次拨到底,操作手柄要慢慢过渡到最大位置。展开过程中也要留意是否有异常的响声和现象,检查液压油路是否有泄漏,是否有阀块泄压。待臂架全部展开后,再调节各臂架,将导管伸到围堰附近非施工水域水面上,准备泵送水和砂浆。

(4) 启动搅拌设备。布料杆启动后,集控室操作人员打开总空气开关,打开控制电源和计算机,运行控制软件,打开水泵、外加剂泵和空压机开关,启动搅拌机电机(如果搅拌机停机时间达 4 天以上,在启动电机前最好检查一下搅拌叶片是否被凝结的混凝土卡死。可打开减速机皮带箱盖,通过转动皮带轮来检查。如果发现搅拌叶片卡死,要及时关掉电源,打开搅拌机检修门,进入搅拌机内清理),运行正常后再询问皮带仓人员,斜皮带正常后启动斜皮带电机。结合控制软件提示检查各检测开关、电磁阀是否正常。检查空压机和储气罐压力是否达到工作压力,各气管及接头处有无漏气。等所有设备运行正常后,向船长报告设备运行正常。船长向围堰施工人员反映已经做好准备,等待开盘。

(5) 开盘浇筑。待需要浇筑桥墩施工人员做好准备工作后,通知船长开盘。由船长下达指令正式开盘。在泵送混凝土前要先对输送管进行清洗润滑,泵送清水,检查各管接口处,保证密封良好不渗水,再泵送砂浆润滑管道。

(6) 布料杆对孔(位)。布料杆对孔前,首先要和围堰施工人员取得联系,告诉他们布料杆准备对孔,请协助对位。还要通知集控室操作人员和拖泵操作人员停止下料、泵送。在没有得到布料杆操作人员可以泵送的通知时,千万不要泵送,否则可能在布料杆转移过程中混凝土喷出伤人。然后在围堰施工人员的信号引导下对孔,按围堰施工人员要求将布料杆软管放在入料口上方适当位置,围堰施工人员做好一切准备后就会通知可以生产、泵送混凝土。

(7) 生产、泵送混凝土。接到泵送混凝土通知,集控室操作人员按实验室人员提供的混凝土配合比建立任务单,输入各骨料的含水率,检查无误后,进行混凝土生产。由于实验室是抽样检测骨料的含水率,所以开始时可能对含水率把握得不是很准确,开始几盘混凝土要在半自动模式下单盘生产。实验室人员根据开始几盘搅拌的混凝土情况来调整含水率,待调好后,征得实验室人员同意后方可在自动模式下连续生产。在生产、泵送混凝土时,全体船员要时刻保持畅通的联系,确保相互间信息传递到位。在使用对讲机发出消息时,语速要慢、吐字清晰,相应人员接到命令后要迅速做出回应。

(8) 移出布料杆。混凝土灌注完成后,布料杆操作人员要与围堰(现场)施工人员取得联系,告知准备移出布料杆,请附近施工人员注意避让。同时通知集控室操作人员停止下料,拖泵操作人员停止泵送。布料杆操作人员将布料杆移到围堰附近非施工区域水面,然后通知集控室和拖泵操作人员可以准备泵送砂浆和泵送水清洗。

(9) 停机。清洗输送管,待输送管中积水清除后,拖泵操作人员关闭拖泵电机电源。布料杆操作人员收布料杆,收好布料杆后,停机、关闭电源。集控室操作人员关闭搅拌主机和斜皮带电机,关闭控制软件并关闭计算机,关闭控制电源。混凝土生产系统用电设备关闭后,通知机舱部停止供电。

32.3.7 "大桥海天 2 号"在工程中的应用

沪通长江大桥 28# 主墩、29# 墩、辅助墩及边墩采用水上平台的施工方案,"大桥海天 2 号"150 m³/h 水上混凝土搅拌船主要负责 26#~30# 墩的沉井与承台混凝土浇筑和墩座现浇施工,以及辅助墩、边墩承台混凝土的浇筑。26#~30# 墩共计需要浇筑混凝土约 60 万 m³,"大桥海天 2 号"先后共完成 28 万 m³ 混凝土浇筑任务,"大桥海天 2 号"水上混凝土搅拌船沉井混凝土施工如图 32-10 所示。

图 32-10 "大桥海天 2 号"混凝土浇筑

"大桥海天 2 号"150 m³/h 混凝土搅拌船在沪通长江大桥沉井灌注施工中,采用的三一HBT100C8016 型大排量混凝土泵,配备了两台 2 t 抓斗吊机,1000 m³ 储料舱,保证了混凝土的供应速度,确保了混凝土在初凝前灌注完毕。在主墩承台浇筑施工中,本船的大料仓容积和边生产边上料的生产方式,保证了混凝土长时间、大方量的连续生产。在 28# 主墩承台浇筑施工中,"大桥海天 2 号"150 m³/h 水上混凝土搅拌船连续生产混凝土方量超过 2 万 m³。该船选用布料半径为 42 m 的三一重工布料机,船舶在平台四周施工时,布料臂覆盖了整个平台范围。同时,该船采用的 450 m 长的锚绳,250 kN 的移船绞车,保证了船舶在主墩与辅助墩、辅助墩与边墩交叉施工时,可以直接通过绞锚进行船舶的移位,而不需要进行拖带作业,方便了施工,也降低了施工费用。

"大桥海天 2 号"150 m^3/h 混凝土搅拌船充分发挥了其移位灵活、上料储料方便、搅拌自动化程度高、生产速度快、泵送范围广等优势,为沪通长江大桥建设的工程质量和进度提供了有力的保障。该船在沪通长江大桥施工中的使用情况,也证明了大型水上混凝土搅拌船目前在出海口及跨海桥梁建设施工中使用是合理的,性能是优越的。

参考文献

[1] 焦予民,王梯品. STC150 系列混凝土搅拌船在水上基础施工工程中的应用[J]. 建设机械技术与管理,2006,19(9):4.

[2] 罗平生,黄剑波. 160 m^3/h 水上混凝土搅拌船的设计与应用[J]. 公路,2006(6):3.

[3] 陈德明. 混凝土船在海洋开发中的应用与发展[J]. 造船技术,1987(11):5-8.

[4] 张凌文,夏润京. 单双系统混凝土搅拌船分析[J]. 筑路机械与施工机械化,2004,21(9):3.

第33章

粉 料 船

33.1 概述

33.1.1 粉料船的定义

粉料船是随着船舶专业化发展而来的工具船,属于散货船的一类,是对专门装运矿砂、水泥、粉煤灰等基础建设原材料船舶的统称。

由于谷物、煤和矿砂等的积载因数(每吨货物所占的体积)相差很大,所要求的货舱容积的大小、船体的结构、布置和设备等许多方面都有所不同。因此,一般习惯上把仅装载粮食、煤等货物积载因数相近的船舶,称为散装货船;而根据装载积载因数较小的矿砂等货物的船舶称为矿砂船、粉末运输船、水泥运输船等。虽然各类粉料种类不同,但其船舶构造基本相同,本章主要以水泥运输船为主,对粉料船进行介绍。

33.1.2 粉料船的用途

我国是水泥生产大国,水泥产量多年居世界第一,运输水泥的方式也是各种各样,但是不外乎包装水泥和散装水泥。包装水泥由于纸袋破损和纸袋内残留,每年的水泥损失在5%以上,散装水泥有着运量大、损耗少、成本低、污染少等优点,所以现在水泥的运输多采取船舶运输。现阶段,水泥需要使用散装水泥船进行水上运输,运输船上装备有专门的水泥运送设备,还设有集尘室或在舱盖上装空气滤清器、水泥运输船安装罐,用于装载水泥。

随着越来越多的水泥厂在沿江、沿海地区的建成,水路运输散装水泥具有运输成本相对较低,单次运量大等优点,这使得近些年散装水泥运输船得到了快速的发展。现有的水泥船造价低廉,材料容易获得,建造设备和施工工艺简单,维修保养费用低,且能节约木材和钢材。

33.1.3 国内外发展概况

1. 国外散装水泥运输船发展状况

大部分的散货船是在韩国、日本、中国等亚洲国家建造的。煤、谷物、矿石等干散货,早先由杂货船承运,随着船舶专用化的发展,在20世纪初出现了铁矿石专用运输船,1912年又出现了自卸矿石船,直至第二次世界大战期间,散货船都是以矿石运输船和运煤船为主发展起来的。"二战"后,水泥、化肥、木片、糖等也开始采用散装运输方式,散货船应用范围和船队规模快速扩大。世界散货船保有量由1954年的61艘、载重116.7万t(其中矿石船占70%)增至1960年的471艘、载重8711万t(其中矿石船占57%)。此后,散货船数量以更快的速度增长,在1960—1990年的30年间,散货船数量增长了9.8倍,载重吨数增长了27倍,1990年散货船保有量达5087艘、载重 242 555 万 t。

在 1960—1975 年的 15 年里，散货船数量急剧增加。20 世纪 80 年代前半期，与油船吨位急速下降相反，散货船吨位快速增长，但在 1986—1994 年间，散货船数量有所下降，此后又呈现稳定增长趋势。总体来看，1980 年以来在油船、散货船、集装箱船和杂货船（含多用途货船）四种类型船舶中，集装箱船发展最快，散货船增长也较快，油船吨位在前期大幅度下降后，近几年缓慢增长，而常规杂货船（含多用途货船）呈持续减少趋势。

2017 年，京鲁船业有限公司建造的 "MAHANUWARA"号 21 000 t 粉状水泥运输船，其续航力约 10 000 nmile（海里），可同时装载普通硅酸盐水泥（OPC）和火山灰质硅酸盐水泥（PPC）两种等级的水泥物品。该船配备的水泥自卸/装载系统是采用机械传输，自卸和装载能力高达 1000 t/h，同时采用密闭舱室装/卸货，实现水泥粉尘的有效收集，避免环境污染。2020 年新加坡 Global United 公司建造的 22 000 DWT 散装水泥运输船"阿迪维他"是目前世界上新造吨位最大的散装水泥运输船，该船总长 159.5 m，载重量可达到 22 000 DWT，可同时装载普通硅酸盐水泥（OPC）、火山灰质硅酸盐水泥（PPC）、飞灰（FLYASH）以及高炉矿渣（GGBFS）四种等级的水泥物品。满载下相当于 440 辆 50 t 散装水泥罐车的载重量。载货量增加，不仅仅是增加排水量这么简单，作为第二代散装水泥运输船，无论在装卸速率、稳定性、快速性，还是在节能环保和安全性能方面都更加突出，各项技术性能世界领先。

2. 国内散装水泥运输船发展状况

自从 20 世纪 50 年代中期国内出现散货船以来，其发展总体上呈现强劲的增长势头。在国际航运业中，散货船运输占货物运输的 30%以上。散货船运输可以获得良好的经济效益，已经成为运输船的主力军。随着世界经济的发展，散货运输将继续保持高增长势头。

据初步了解，国内的散装水泥运输船多以几十吨至几百吨的居多，这和我们的邻国日本相比有很大的差距。日本是一个岛国，大型水泥厂均布置在沿海，全世界万吨以上的散装水泥运输船，一半以上属于日本，而我国的散装水泥运输船几乎全部是千吨以下的小型船，我国大型的水泥运输船主要有中华造船厂制造的 9000 DWT 散装水泥船，最大水泥装载量 8500 t，全船配备 4 个舱，可同时装载两种不同细粒度的水泥；上海船舶设计研究院设计的 5700 DWT 散装水泥船，设置有专用的气力-机械式装卸系统及与之相应的结构、电力系统。

15 000 t 自卸水泥船为上海船舶研究设计院设计的国内最大且唯一拥有自主知识产权的先进自卸水泥船，如图 33-1 所示，主要技术指标达到国际先进水平。该船采用了目前世界上最先进的集机械式和气动式装卸货于一体的自卸设备，具有安全（集尘器、货位指示器等多重保护）、环保（全封闭式、装卸货零污染）、自动化程度高（所有操作均由一人完成）等特点。

图 33-1　15 000 t 自卸水泥船

33.2　粉料船的分类及发展趋势

33.2.1　粉料船的分类

粉料船是一种较为专业的散货运输船。散货船按照载重量的不同可划分为五类，在此不再赘述；粉料船主要按照船运及装卸方式分类。

1. 按照船运方式分类

按船运方式分，有普通散货运输船、传统水泥运输船、自卸式水泥运输船。

普通散货运输船及传统水泥运输船没有除尘、卸载设备，因此要求码头具备卸船设备、螺杆式卸船设备或气力负压抽吸系统。自卸式水泥船附带有货物装卸系统，无须岸上卸船设备，不受码头设备的限制，可以在大部分的港口装卸。卸货作业现在应用越来越多的气动系统直接从由一个管路正压吹送到船舱。自卸式水泥运输船因对环保无污染、计量准确、不需要清舱等优点受到大家欢迎。

2. 按照装/卸料方式分类

按装/卸料方式不同，分为机械式和气动式两种。

机械式主要是借助机械装置的机械力作用输送粉体物料的。常用的机械装置有带式输送机、链式输送机、螺旋输送机、振动输送机和斗士提升机。

气动式指借助空气的流动在管道中输送干燥的散状固体粒子或颗粒物料的输送方式。空气的流动直接给管道内物料粒子提供移动所需的能量，管内空气流动则是由管子两端压力差来推动。

1) 机械式装货

机械式装货时，如图 33-2(a)所示，水泥由机械装货点载入，在水平螺旋系统中输送，通过机械装货点注入货舱。每个货舱的前后及左右均匀地设置 4 个进货口，保证了货物尽可能地均匀装载，从而避免了平舱工作；另外，在末货舱靠后的两个进货口及前货舱靠前的两个进货口下方设置了缓冲槽，缩短了水平螺旋系统的长度从而节省了成本。每个进货口的附近的上甲板下装有货位指示器，装货过程中，指示器底端的桨叶旋转。当装载至桨叶位置时，桨叶受阻停止转动并发出报警信号，该支路便中止装货，起到了安全保护的作用。在装货的过程中，货舱内部空间一直处于混沌状态，如果混合着颗粒状水泥的气体密度过大则会导致爆炸。对此，在每个货舱中间的顶部各设置一个封闭的集尘室，每个集尘室内部设置两台集尘器，集尘器底部布置了数量众多的细管与货舱连通。装卸货过程中集尘器一直处于工作状态，收集货舱里悬浮的水泥粉尘，排出货舱内过量的空气，达到降低粉尘密度、平衡舱内压力的目的。装卸货结束时，收集的水泥可以重新释放至货舱内。另外，在相邻货舱的顶部通过倒 V 形连通管，使整个货舱区域连通。此项技术保证了整个货舱区域的压力平衡，同时也避免了单台集尘器负荷过重，可以说是起到了双重保护的作用。

图 33-2 机械式、气动式装货
(a) 机械式装货；(b) 气动式装货

2) 气动式装货

气动式装货，如图 33-2(b)所示，船上的气动装货点通过软管与码头上的水泥存储库连接，水泥直接通过气动管道分流至各个货舱。每个货舱均匀布置了 4 个气动进货口，货位指示器和集尘器在装货过程中同时工作。

3) 机械式卸货

机械式卸货时，货舱正中间的垂直螺旋系统两侧的流控制阀开启，如图 33-3 所示，水泥靠自身的重力注入其中，通过该装置提升到水平螺旋系统。当水泥在水平螺旋系统中传送至机械装货点位置时，通过其下端的横向螺旋式输送装置与之相连的卸料臂,输送至码头上的罐装卡车或水泥储存库。自卸水泥船的高效率的体现之一是不需要清仓。为达到最大的卸货率,将各货舱的内底设计成漏斗形双斜度的形式,如图33-4所示,使水泥能够最大限度地利用自身的重力集中至货舱中心。当各个货舱的水泥卸载至90%～95%时,由于水泥的黏性及较大的休止角,双斜度内底已不能很好地解决残余水泥的卸载,此处涉及水泥船设计的关键技术之一：气流床的设计与安装。整个内底由约1600 m^2 的帆布覆盖,帆布通过螺栓固定在内底上。每个货舱的内底靠近船中处设置两排充气管,下端与两根总管连接,总管由位于泵舱底部的两台鼓风机驱动。当水泥卸载至90%～95%时,鼓风机启动,充气管使各货舱内底上表面的帆布受力,其上的水泥在摩擦力的作用下从高处向低处滚动,最终在最低点汇集。通过以上的措施,基本上可以达到100%的卸货率。

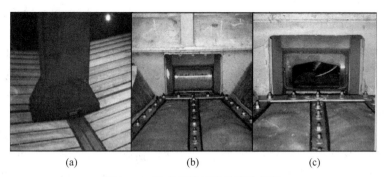

图33-3 垂直螺旋系统的流控制阀
(a)垂直螺旋系统；(b)流控制阀关闭；(c)流控制阀打开

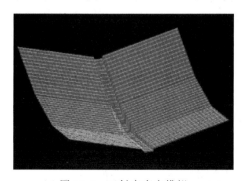

图33-4 双斜度内底模拟

4）气动式卸货

气动式卸货的前期阶段与机械式卸货类似,水泥通过垂直螺旋系统进入水平螺旋系统。之后通过与水平螺旋系统连接的支管进入泵舱顶部的缓冲漏斗,缓冲漏斗的底部与两套鼓吹泵系统连接,如图33-5所示,水泥由缓冲漏斗流入鼓吹泵的同时,位于泵舱顶部压缩机室的两台空气压缩机启动并加压,其强大的驱动力使水泥顺着与鼓吹泵连接的管道流出,由甲板两侧的气动卸货管道及与之连接的岸上软管,传送到码头上的水泥储存库。

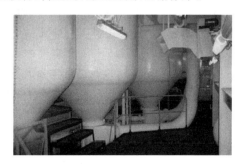

图33-5 鼓吹泵系统

3. 粉料船的技术特点

(1) 全封闭、无粉尘、无污染、环保型设计,水泥输送管道密封性能高,无粉尘泄漏,所有操作在船内控制,采用特殊的湿度控制系统。

(2) 能从船舱底部吸出水泥,抽吸灵活,可从船尾至水泥舱每个角落吸出水泥。

(3) 输送管线上无活动部件,仅设若干用于自动控制的电磁阀,自动化程度高,输送装置耗气量小、输送量大、管道磨损小。

（4）电站功率大，电动机控制设备先进、节能，电动机的输入功率根据实际需要自动调节，达到节能环保。

（5）采用先进的推进装置和新型的电站管理系统。

（6）为了防止船舶放空，除了可装水泥外还可装运其他散装货品如铝矾土、高岭土、石灰石、精矿砂等，往返均可装货，以提高经济效益。

33.2.2 粉料船的发展趋势

根据国内外装卸码头的建设情况，采用开舱方式直接装货、气动式卸货的形式越来越多，传统封闭式水泥船比较难以适应新的使用要求。另外，目前我国在日照、连云港等地均建有专用泊位，采用的是气动负压吸附式卸船设备。如果船舶设计成气动式散装水泥船，就既可以装散装水泥，又可装氧化铝等其他细小颗粒散货以保证返航不会放空，提高经济效益。

因此，未来的水泥运输船是全新型的水泥船，这种水泥船的自卸设备主要包括负压抽吸系统和正压输送系统，如图33-6所示，以负压抽吸式替代老式气流床式利用可伸缩的液压臂移动吸口以气动形式将水泥和空气的混合物从货舱输送到卸货塔，再通过空气分离器和机械输送臂将水泥卸到码头，若需要输送到远距离的储存库，则将水泥和空气的混合物通过气动式双联舱式泵正压经管路输送至储存库。

这种新型散装水泥船就是普通散货船和传统水泥船的结合，其显著的特点是平坦的货舱底，有货舱口和舱口盖，有水泥专用装卸设备，既有普通散货船适用性广的特点，清舱后可以装载其他散杂货，可大大降低经营风险，也有传统水泥船自装卸的能力，而无普通散货船适用码头少的限制及传统水泥船不能利用码头现有卸船设备的弊病。传统水泥船因无舱口，受雨天影响小，但因卸货设备和码头接收方式受雨天限制，一般也不适合在雨天卸货。新型水泥船需要开舱卸货，受雨天影响较大。

新型水泥船由于不必做成压力容器，故自重轻、有效装载量增加、造价便宜、供气设备一机两用，即将风机的进出口产生的正负压分别利用，达到正压供料、负压吸料的效果，节省了投资装置抽吸管，可将无自卸能力的其他船舱内水泥抽吸出来，即该船还可当作工作船使用。控制系统采用PLC实现了卸送操作自动化，新型散装水泥运输船利用码头机械或气动输送设备，装置气动输送卸船机，安装在舯部甲板室内，可以通过双联舱式泵正压排出水泥，实现远距离输送或开舱后利用码头的螺杆或气动卸船机进行卸货。

33.3 粉料船的构造

33.3.1 粉料船的结构组成

新型多功能散装粉料运输船是一种集卸货、运输于一体的多功能船种，如图33-7所示，

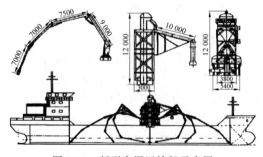

图33-6 新型水泥运输船示意图

图33-7 粉料船

由船体、密闭货舱、货舱集料系统、舱式输送泵、空压机、螺杆提升机、控制柜、螺旋桨、柴油机动力设备等部分组成。工作部分由三大系统组成：货舱集料系统、正压气动输送系统、螺杆提升机系统。

1. 货舱集料系统

货舱集料系统在货舱中部设置一定角度斜坡和 V 形槽构成隔离空间，作为机舱。V 形槽作为集料槽，底部装有空气斜槽，它能使槽中的散装物料由两边向中间流动，通过下料口流入泵中，进行气动输送，如图 33-8 所示。

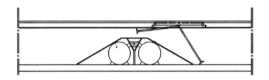

图 33-8　集料及泵送布置图

在货舱铺设轨道，设置牵引式集料车，牵引钢绳分别伸出货舱前后两端，油缸拉动滑轮组牵引。集料车两端装刮板，一端铰接，一端钢绳与油缸连接，油缸拉动钢绳，控制升降。工作的初始阶段，集料车停在货舱后部，两个刮板处于水平位置，具体步骤如下。

(1) 打开后油缸泄油阀，后刮板利用重力下降，下降速度可通过阻尼调节，避免因速度过快而冲击船底。刮板上焊有阻力板，当刮板降到料面时自动停止。这时油缸锁紧，限制了刮板下降的自由度，在刮灰过程中，不会因越犁越深而增大载荷。

(2) 集料车前行，带动刮板将物料刮到中间的 V 形槽中，这时前刮板正好处在设定位置。

(3) 后刮板升至水平，前刮板下降，集料车后行，重复这个流程。

随着料面的降低，刮板的下降高度自动发生变化，直至清舱，当刮板通过 30°的斜坡时，会在法线方向产生一个分力，由于刮板上升的自由度未予限制，在重力和分力的作用下，刮板将紧贴斜坡上升。

2. 正压气动输送系统

正压气动输送系统分为舱式输送泵系统、柱塞式输送泵系统、复式输送泵系统三种类型，可分别选用。一般采用舱式输送泵系统，本系统由控制系统、CY 型双舱式气动连续输送泵(图 33-9)、空压机等部分组成，主要配备螺杆空压机、控制系统、抗压圆筒、油缸控制阀的部件。

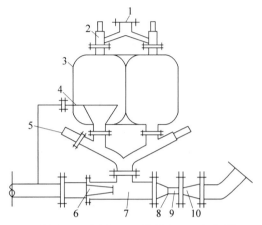

1—进料斗；2—进料门；3—物料仓；4—气化系统；
5—出料门；6—喷射器；7—收容室；8—混合管；
9—稳压管；10—扩散管

图 33-9　CY 型双舱式输送泵

3. 螺杆提升机系统

工作过程中，新型散装船可作为工作船，利用螺杆提升机(图 33-10)，将普通驳船货舱内的水泥或粉料抽吸到工作船的货舱中，再用船上的散装物料气动输送设备进行正压输送。螺杆提升机系统配备：①横螺旋机——水平螺杆；②垂直螺旋机——垂直螺杆；③电动旋转回转支架装置——卷扬机；④后续螺旋机。

4. 输送系统卸料过程的工艺流程

(1) 货舱集料装置的灰铲动作，将水泥集中到货舱下部的料斗内，通过进料阀进入 CY 泵舱内。

(2) CY 泵舱内的水泥物料流态化。

(3) 对泵舱加压，同时气流从文丘里喷射器的喷射口高速喷出，使周围静压降低，形成更大的压力差，促使泵舱内流态化的水泥随气流向喷射口压出。

(4) 通过文丘里喷射器的混合室使流态化的水泥与空气混合，经稳压管稳压。

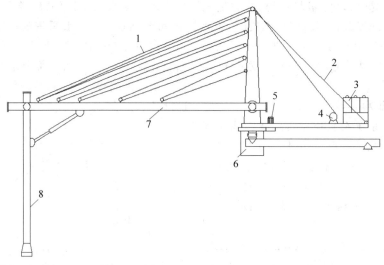

1—起吊绳；2—拉绳；3—配重块；4—卷扬机；5—电动平台；6—圆筒；7—水平螺杆；8—垂直螺杆。

图 33-10 螺杆提升卸船机

(5) 通过文丘里喷射器的扩散管,压力增大、速度减小,使水泥在出料管中成为正压输送到指定位置。

5. 关键技术

(1) 采用下送料式的正压输送方式,节省管道投资,占用空间小。

(2) 运用输送要素匹配优化技术,任意控制风量和气流压力,既可满足不同工况的要求,又节约能源。

(3) 成功地将马格努斯效应理论与文丘里管理论应用于输送过程,经过舱内汽化、混合室混合、稳压管稳压、扩散管再次混合,物料达到充分流态化状态,产生升力,从而消除堵管的内在因素。

(4) 阀门具备自动补偿功能。

(5) 独创的货舱集料装置,通过油缸牵引和提升,程序控制灰铲,拖动舱内水泥,完成集料。相比货舱汽化槽汽化集料方式,效率大大提高,同时降低了货舱改造成本。

33.3.2 典型粉料船的技术参数

250 DWT 散装水泥船技术参数如表 33-1 所示。

表 33-1 250 DWT 散装水泥船技术参数表

项 目	参 数
船名	250 DWT 散装水泥船
载重量/t	241
船长/m	38
垂线间长/m	35
船宽/m	7.5
型深/m	1.95
吃水/m	1.55
建造单位	西江造船厂
航速/kn	7.5
续航能力/n mile	855
燃油舱/m^3	6
压载舱/m^3	20
货舱/m^3	225
柴油发电机	12 kW×1 台
主机型号	6135Ca×1 台
最大功率	88 kW×1500 r/min
连续服务功率	74 kW×1500 r/min
螺旋输送机	53 m^3/h×2 台
技术特点	本船为单桨双舵内河散装水泥船,具有良好经济性,设置两套螺旋输送系统,每台螺旋输送机输送量为 53 m^3/h,是内河散装水泥运输船的良好船型

5700 DWT 散装水泥船技术参数如表 33-2 所示。

表 33-2 5700 DWT 散装水泥船技术参数表

项 目	参 数
船名	5700 DWT 散装水泥船
载重量/t	5700
船长/m	134
垂线间长/m	120
船宽/m	16
型深/m	7.2
吃水/m	5.0
主机型号	MAN/B&W6L35MC×1 台
最大功率/转速	3353 kW/(200 r/min)
连续服务功率/转速	74 kW/(193 r/min)
设计单位	上海船舶设计研究院
航速/kn	13.5
续航能力/n mile	3000
清水舱/m³	121
燃油舱/m³	150
压载舱/m³	1850
货舱/m³	4500
柴油发电机	276 kW×3 台
应急发电机	90 kW×3 台
装卸设备 螺旋输送机	专用自卸装备
装卸设备 技术特点	设置专用气动-机械式散装水泥装卸系统,电动控制系统

9000 DWT 散装水泥船技术参数如表 33-3 所示。

表 33-3 9000 DWT 散装水泥船技术参数表

项 目	参 数
船名	9000 DWT 散装水泥船
载重量/t	9000
船长/m	130
垂线间长/m	123.2
船宽/m	18.4
型深/m	9.2
吃水/m	6.9
主机型号	MAK/6M3×2 台
最大功率/转速	2640 kW/(200 r/min)
连续服务功率/转速	2244 kW/(193 r/min)
首侧推	650 kW×1 台
建造单位	中华造船厂
航速/kn	13
续航能力/n mile	5000
清水舱/m³	150
燃油舱/m³	650
压载舱/m³	3300
货舱/m³	8500
柴油发电机	480 kW×1 台
应急发电机	84 kW×1 台
轴带发电机	1600 kW×2 台
装卸设备 螺旋输送机	水平螺杆 2 台 | 垂直螺杆 4 台
装卸设备 技术特点	本船按照调桨、双中速机、单齿轮箱驱动的散装水泥船设计,全船共设置有 4 个货舱,可以同时装载两种不同细粒度的水泥。载重量为 9000 t,水泥装载量为 8500 t

参考文献

[1] 刘晓阳.散装水泥船船型发展趋势[J].船舶工程,2006,28(5):3.

[2] 孙家鹏.新一代自卸水泥船的装卸货特点及其发展趋势[J].船舶与海洋工程,2012(3):5.

[3] 张海泉,侯万新.长江新型散装水泥船运输方式及船型探讨[J].武汉造船,1999.

[4] 浙江海洋学院舟山.50 m 水泥运输船的结构设计.

[5] 长沙湖大石水技贸有限公司.1000 t 新型多用途散装物料运输船制造[Z].

[6] 张剑锋,刘健.散装水泥船运装卸系统及其选型[J].武汉造船,1999(5):4.

[7] 张桂芝,唐鸿芳.大型粉料装船机的开发[J].水泥,2008(2):36-37.